böhlau

Der Briefwechsel zwischen August Sauer und Bernhard Seuffert 1880 bis 1926

Herausgegeben

in Verbindung mit Bernhard Fetz und Hans-Harald Müller

von Mirko Nottscheid, Marcel Illetschko
und Desiree Hebenstreit

BÖHLAU VERLAG WIEN KÖLN WEIMAR

Veröffentlicht mit der Unterstützung des Austrian Science Fund (FWF):
PUB 587-G30

Open Access: Wo nicht anders festgehalten, ist diese Publikation lizenziert unter der Creative-Commons-Lizenz Namensnennung 4.0; siehe http://creativecommons.org/licenses/by/4.0/

Die Publikation wurde einem anonymen, internationalen Peer-Review-Verfahren unterzogen

Bibliografische Information der Deutschen Nationalbibliothek:
Die Deutsche Nationalbibliothek verzeichnet diese Publikation in der
Deutschen Nationalbibliografie; detaillierte bibliografische Daten sind
im Internet über http://dnb.d-nb.de abrufbar.

© 2020 by Böhlau Verlag Ges.m.b.H & Co. KG, Wien, Kölblgasse 8–10, A-1030 Wien

Umschlagabbildung: © Staatsarchiv Würzburg

Korrektorat: Patricia Simon, Langerwehe
Einbandgestaltung: Michael Haderer, Wien
Satz: Michael Rauscher, Wien
Druck und Bindung: Prime Rate, Budapest
Gedruckt auf chlor- und säurefrei gebleichtem Papier
Printed in the EU

Vandenhoeck & Ruprecht Verlage | www.vandenhoeck-ruprecht-verlage.com

ISBN 978-3-205-23279-7

Inhalt

Vorwort 15
Abkürzungen 17
  1. Allgemeine Abkürzungen 17
  2. Handschriftenstandorte 19
  3. Zeitschriften, Zeitungen, Jahrbücher, Buchreihen 19
  4. Gedruckte Quellen und sonstige Literatur 20
  5. Nachschlagewerke 25

Einführung in den Briefwechsel 27

Briefwechsel 63
  1. (B) Sauer an Seuffert in Würzburg. Lemberg, 7. Juli 1880. Mittwoch 63
  2. (B) Seuffert an Sauer in Lemberg. Würzburg, 10. Juli 1880. Samstag 64
  3. (K) Seuffert an Sauer in Lemberg. Würzburg, 28. Dezember 1880. Dienstag 65
  4. (K) Sauer an Seuffert in Würzburg. Lemberg, 31. Dezember 1880. Freitag . 67
  5. (B) Seuffert an Sauer in Lemberg. Berlin, 4. Juli 1881. Montag 68
  6. (B) Sauer an Seuffert in Berlin. Lemberg, 6. Juli 1881. Mittwoch 70
  7. (K) Seuffert an Sauer in Berlin, 8. Juli 1881. Freitag 71
  8. (B) Sauer an Seuffert in Würzburg. Wien, 5. September 1881. Montag ... 72
  9. (K) Seuffert an Sauer in Lemberg. Würzburg, 6. Oktober 1881. Donnerstag 73
  10. (B) Sauer an Seuffert in Würzburg. Lemberg, 20. Oktober 1881. Donnerstag 75
  11. (K) Sauer an Seuffert in Würzburg. Lemberg, 6. März 1882. Montag 77
  12. (K) Seuffert an Sauer in Lemberg. Würzburg, 11. März 1882. Samstag ... 78
  13. (K) Sauer an Seuffert in Würzburg. Wien, 9. April 1882. Sonntag 80
  14. (K) Seuffert an Sauer in Wien. Würzburg, 10. April 1882. Montag 81
  15. (K) Sauer an Seuffert in Würzburg. Wien, 12. April 1882. Mittwoch ... 82
  16. (B) Seuffert an Sauer in Wien. Würzburg, 13. April 1882. Donnerstag ... 83
  17. (B) Sauer an Seuffert in Würzburg. Wien, 12. April 1882. Mittwoch ... 84
  18. (K) Seuffert an Sauer in Wien. (Wien), 15. April 1882. Samstag 84
  19. (B) Sauer an Seuffert in Würzburg. Lemberg, 7. Juni 1882. Mittwoch ... 85

20. (B) Seuffert an Sauer in Lemberg. Würzburg, 10. Juni 1882. Samstag ... 87
21. (B) Sauer an Seuffert in Würzburg. Lemberg, 13. Juni 1882. Dienstag ... 89
22. (B) Seuffert an Sauer in Lemberg. Würzburg, 20. Juni 1882. Dienstag ... 92
23. (B) Sauer an Seuffert in Würzburg. Lemberg, 30. Juni 1882. Freitag 94
24. (B) Sauer an Seuffert in Würzburg. Lemberg, 24. Januar 1883. Mittwoch . 96
25. (B) Seuffert an Sauer in Lemberg. Würzburg, 27. Januar 1883. Samstag .. 98
26. (B) Sauer an Seuffert in Würzburg. Lemberg, 3. April 1883. Dienstag ... 100
27. (K) Seuffert an Sauer in Lemberg. Würzburg, 6. April 1883. Freitag 103
28. (K) Sauer an Seuffert in Würzburg. Lemberg, 9. Juni 1883. Samstag 104
29. (K) Seuffert an Sauer in Lemberg. Würzburg, 11. Juni 1883. Montag ... 105
30. (K) Sauer an Seuffert in Würzburg. Lemberg, 25. Juni 1883. Montag ... 106
31. (K) Sauer an Seuffert in Würzburg. Lemberg, 26. Juni 1883. Dienstag ... 107
32. (K) Seuffert an Sauer in Lemberg. Würzburg, 26. Juni 1883. Dienstag ... 107
33. (B) Seuffert an Sauer in Lemberg. Würzburg, 29. Juni 1883. Freitag 108
34. (B) Sauer an Seuffert in Würzburg. Lemberg, 3. Juli 1883. Dienstag 110
35. (B) Seuffert an Sauer in Lemberg. Würzburg, 28. Juli 1883. Samstag 112
36. (B) Sauer an Seuffert in Würzburg. Lemberg, 1. August 1883. Mittwoch .. 114
37. (B) Seuffert an Sauer in Lemberg. Würzburg, 2. September 1883. Sonntag 116
38. (K) Sauer an Seuffert in Würzburg. Graz. 15. Oktober 1883. Montag ... 117
39. (K) Seuffert an Sauer in Graz. Würzburg, 17. Oktober 1883. Mittwoch .. 119
40. (B) Sauer an Seuffert in Würzburg. Graz, 16. Mai 1884. Freitag 119
41. (B) Seuffert an Sauer in Graz. Würzburg, 2. Juni 1884. Montag 123
42. (B) Sauer an Seuffert in Würzburg. Graz, 4. September 1884. Donnerstag . 126
43. (B) Seuffert an Sauer in Graz. Würzburg, 8. September 1884. Montag ... 134
44. (B) Sauer an Seuffert in Würzburg. Graz, 17. September 1884. Mittwoch . 136
45. (B) Sauer an Seuffert in Würzburg. (Graz), 20. März 1885. Freitag 137
46. (B) Seuffert an Sauer in Graz. Würzburg, 24. März 1885. Dienstag 140
47. (B) Sauer an Seuffert in Würzburg. Graz, 15. April 1885. Mittwoch 142
48. (B) Seuffert an Sauer in Graz. Würzburg, 17. April 1885. Freitag 144
49. (K) Sauer an Seuffert in Würzburg. Westerland auf Sylt, 21. September 1885. Montag.. 146
50. (K) Sauer an Seuffert in Würzburg. München, 29. September 1885. Dienstag... 147
51. (B) Sauer an Seuffert in Würzburg. Graz, 10. Oktober 1885. Samstag ... 148
52. (B) Seuffert an Sauer in Graz. Würzburg, 20. Oktober 1885. Dienstag ... 153
53. (B) Sauer an Seuffert in Würzburg. Graz, 22. Oktober 1885. Donnerstag . 155
54. (K) Seuffert an Sauer in Graz. Würzburg, 25. Oktober 1885. Sonntag ... 157
55. (B) Sauer an Seuffert in Würzburg. Graz, 6. Januar 1886. Mittwoch 159

56. (B) Seuffert an Sauer in Graz. Würzburg, 13. Januar 1886. Mittwoch . . . 162
57. (B) Sauer an Seuffert in Würzburg. (Graz), 16. Januar 1886. Samstag . . . 164
58. (B) Seuffert an Sauer in Graz. Würzburg, 18. Januar 1886. Montag 165
59. (B) Sauer an Seuffert in Würzburg. Graz, 6. April 1886. Dienstag 166
60. (B) Seuffert an Sauer in Graz. Würzburg, 11. April 1886. Sonntag 169
61. (B) Sauer an Seuffert in Würzburg. Graz, 12. April 1886. Dienstag 171
62. (K) Seuffert an Sauer in Prag. Würzburg, 17. Mai 1886. Montag 173
63. (B) Sauer an Seuffert in Würzburg. Prag, 14. Juni 1886. Montag 174
64. (B) Seuffert an Sauer in Prag. Würzburg, 21. Juni 1886. Montag 179
65. (B) Sauer an Seuffert in Würzburg. Prag, 22. Juni 1886. Dienstag 182
66. (K) Seuffert an Sauer in Wien. Würzburg, 23. August 1886. Montag 183
67. (B) Sauer an Seuffert in Würzburg. Wien, 24. August 1886. Dienstag . . . 184
68. (B) Seuffert an Sauer in Wien. Würzburg, 28. August 1886. Samstag 185
69. (B) Sauer an Seuffert in Würzburg. Wien, 30. August 1886. Montag 186
70. (B) Seuffert an Sauer in Wien. Würzburg, 1. September 1886. Mittwoch . 190
71. (B) Sauer an Seuffert in Würzburg. Wien, 3. September 1886. Freitag . . . 192
72. (B) Sauer an Seuffert in Würzburg. Wien, 22. September 1886. Mittwoch . 196
73. (K) Seuffert an Sauer in Prag. Graz, 4. November 1886. Donnerstag 196
74. (B) Seuffert an Sauer in Prag. Graz, 8. Dezember 1886. Mittwoch 197
75. (K) Seuffert an Sauer in Prag [nachgesandt nach Segen Gottes, Mähren]. Graz, 24. Juli 1887. Sonntag 199
76. (K) Seuffert an Sauer in Prag. Graz, 9. September 1887. Freitag 200
77. (B) Sauer an Seuffert in Graz. Wiesbaden, 3. Oktober 1887. Montag 202
78. (B) Seuffert an Sauer in Prag. Graz, 7. Oktober 1887. Freitag 205
79. (B) Sauer an Seuffert in Graz. Prag, 3. November 1887. Donnerstag 209
80. (B) Seuffert an Sauer in Prag. (Graz, Ende November/Anfang Dezember 1887) 213
81. (B) Sauer an Seuffert in Graz. (Prag), 28. Dezember 1887. Mittwoch 217
82. (B) Seuffert an Sauer in Prag. Graz, 6. Januar 1888. Freitag 219
83. (K) Seuffert an Sauer in Prag. Graz, 27. Februar 1888. Montag 222
84. (K) Sauer an Seuffert in Graz. Prag, 25. April 1888. Mittwoch 224
85. (B) Sauer an Seuffert in Graz. Prag, 16. Juli 1888. Montag 225
86. (B) Sauer an Seuffert in Graz. Prag, 22./23. August 1888. Mittwoch/ Donnerstag 228
87. (B) Seuffert an Sauer in Prag. Graz, 26. August 1888. Sonntag 236
88. (B) Seuffert an Sauer in Prag. Graz, 25. November 1888. Sonntag 244
89. (B) Sauer an Seuffert in Graz. Prag, 22. Dezember 1888. Samstag 247
90. (B) Sauer an Seuffert in Graz. Prag, 16. Februar 1889. Samstag 250

91. (K) Seuffert an Sauer in Prag. Graz, 30. März 1889. Samstag 252
92. (B) Sauer an Seuffert in Graz. Prag, 11. Mai 1889. Samstag 253
93. (K) Seuffert an Sauer in Prag. Graz, 14. Mai 1889. Dienstag 255
94. (B) Sauer an Seuffert in Graz. Prag, 9. Juli 1889. Dienstag 256
95. (K) Seuffert an Sauer in Liebegottesgrube bei Rossitz, Mähren. Graz, 19. August 1889. Montag 260
96. (B) Sauer an Seuffert in Graz. Prag, 14. Oktober 1889. Montag 261
97. (B) Seuffert an Sauer in Prag. Graz, 6. November 1889. Mittwoch 264
98. (B) Sauer an Seuffert in Graz. (Prag, 25. oder 26. Januar 1890. Samstag oder Sonntag) 267
99. (B) Seuffert an Sauer in Prag. Graz, 23. Februar 1890. Sonntag 271
100. (K) Sauer an Seuffert in Graz. Prag, 15. März 1890. Samstag 276
101. (B) Sauer an Seuffert in Graz. Prag, (8. April) 1890. Dienstag 276
102. (B) Seuffert an Sauer in Wien. Graz, 11. April 1890. Freitag 279
103. (B) Sauer an Seuffert in Graz. Wien, 14. April 1890. Montag 282
104. (K) Seuffert an Sauer in Prag. Graz, 19. Juli 1890. Samstag 283
105. (K) Seuffert an Sauer in Prag. Graz, 1. Januar 1891. Donnerstag 283
106. (B) Seuffert an Sauer in Prag. Graz, 7. Februar 1891. Samstag 284
107. (B) Sauer an Seuffert in Graz. Wien, 9. Februar 1891. Montag 286
108. (B) Sauer an Seuffert in Wien. Graz, 10. Februar 1891. Dienstag 287
109. (B) Sauer an Seuffert in Graz. Prag, 14. Februar 1891. Samstag 290
110. (B) Seuffert an Sauer in Prag. Graz, 12. März 1891. Donnerstag 292
111. (B) Sauer an Seuffert in Graz. Prag, 22. März 1891. Sonntag 294
112. (K) Sauer an Seuffert in Graz. Prag, 17. Juni 1891. Mittwoch 296
113. (K) Sauer an Seuffert in Graz. Westerland auf Sylt, 10. August 1891. Montag 297
114. (K) Seuffert an Sauer in Prag [nachgesandt von Prag-Weinberge nach Prag-Smichow]. Graz, 17. Mai 1892. Dienstag 297
115. (B) Seuffert an Sauer in Prag. Graz, 4. August 1892. Donnerstag 299
116. (B) Sauer an Seuffert in Graz. Krummau, Böhmen, 8. August 1892. Montag 302
117. (K) Seuffert an Sauer in Prag. Graz, 25. November 1892. Freitag 304
118. (K) Sauer an Seuffert in Graz. Prag, 27. November 1892. Sonntag 304
119. (B) Sauer an Seuffert in Graz. Prag, 28. März 1893. Dienstag 305
120. (K) Sauer an Seuffert in Graz. Prag, 27. Mai 1893. Samstag 306
121. (B) Seuffert an Sauer in Weimar. St. Peter am Kammersberg, Obersteiermark, 31. Juli 1893. Montag 308
122. (B) Sauer an Seuffert in Graz. Prag, 18. September 1893. Montag 310

123. (K) Seuffert an Sauer in Prag. Graz, 23. September 1893. Samstag 314
124. (K) Seuffert an Sauer in Prag. Graz, 6. Oktober 1893. Freitag 315
125. (B) Sauer an Seuffert in Graz. Prag, 8. Oktober 1893. Sonntag 315
126. (B) Sauer an Seuffert in Graz. Prag, 29. Oktober 1893. Sonntag 317
127. (K) Seuffert an Sauer in Prag. Graz, 1. November 1893. Mittwoch 319
128. (B) Sauer an Seuffert in Graz. (Prag), 6. Dezember (1893. Mittwoch) ... 320
129. (K) Sauer an Seuffert in Graz. Prag, 8. Dezember 1893. Freitag 321
130. (B) Seuffert an Sauer in Prag. Graz, 8. Dezember 1893. Freitag 322
131. (K) Sauer an Seuffert in Graz. Prag, 13. Dezember 1893. Mittwoch 324
132. (K) Sauer an Seuffert in Graz. Prag, 15. Dezember 1893. Freitag 325
133. (K) Seuffert an Sauer in Prag. Graz, 16. Dezember 1893. Samstag 326
134. (B) Sauer an Seuffert in Graz. Prag, 25. Dezember 1893. Montag 327
135. (B) Sauer an Seuffert in Graz. (Prag, vor dem 15. Januar 1894) 330
136. (B) Seuffert an Sauer in Prag. Graz, 15./16. Januar 1894. Montag/
   Dienstag 332
137. (B) Sauer an Seuffert in Graz. Prag, 18. Januar 1894. Donnerstag 337
138. (K) Sauer an Seuffert in Graz. Prag, 24. Februar 1894. Samstag 339
139. (B) Sauer an Seuffert in Graz. (Prag, Anfang März 1894) 341
140. (B) Sauer an Seuffert in Graz. (Prag), 9. März 1894. Freitag 343
141. (B) Seuffert an Sauer in Prag. Graz, 12. März 1894. Montag 346
142. (K) Sauer an Seuffert in Graz. Prag, 9. Mai 1894. Mittwoch 349
143. (B) Seuffert an Sauer in Weimar. Graz, 12. Mai 1894. Samstag 350
144. (K) Seuffert an Sauer in Prag. Graz, 28. Mai 1894. Montag 352
145. (B) Sauer an Seuffert in Graz. (Prag), 13. Juni 1894. Mittwoch 353
146. (B) Sauer an Seuffert in Graz. Prag, 20. Juni 1894. Mittwoch 357
147. (B) Sauer an Seuffert in Graz. Prag, 24. Oktober 1894. Mittwoch 359
148. (B) Sauer an Seuffert in Graz. Prag, 27. Oktober 1894. Samstag 361
149. (B) Sauer an Seuffert in Graz. Prag, 8. Februar 1895. Freitag 365
150. (B) Sauer an Seuffert in Graz. (Prag, Ende April 1895) 371
151. (K) Seuffert an Sauer in Prag. Graz, 11. Mai 1895. Samstag 373
152. (B) Sauer an Seuffert in Graz. (Prag, vmtl. am 21. oder 22. Mai 1895) .. 374
153. (K) Sauer an Seuffert in Graz. Prag, 19. Mai 1896. Dienstag 377
154. (B) Sauer an Seuffert in Graz. Prag, 17. Juni 1896. Mittwoch 378
155. (B) Seuffert an Sauer in Prag. Graz, 19. Juni 1896. Freitag 382
156. (B) Sauer an Seuffert in Graz. Prag, 13. Oktober 1896. Dienstag 387
157. (B) Sauer an Seuffert in Graz. Prag, (nach dem 2. Dezember 1896) 389
158. (B) Seuffert an Sauer in Prag. Graz, 28. Dezember 1896. Montag 390
159. (B) Sauer an Seuffert in Graz. Prag, 30. Dezember 1896. Mittwoch 391

160. (K) Seuffert an Sauer in Prag. Graz, 23. Januar 1897. Samstag 393
161. (B) Sauer an Seuffert in Graz. Prag, 9. Februar 1897. Dienstag 394
162. (B) Seuffert an Sauer in Prag. Graz, 14. Februar 1897. Sonntag 396
163. (B) Sauer an Seuffert in Graz. Prag, 8. April 1897. Donnerstag 399
164. (B) Seuffert an Sauer in Prag. Graz, 10. April 1897. Samstag 400
165. (B) Sauer an Seuffert in Graz. Prag, (17. April 1897). Samstag 402
166. (K) Seuffert an Sauer in Prag. Graz, 1. Juni 1897. Dienstag 404
167. (B) Seuffert an Sauer in Prag. Graz, 5. Oktober 1897. Dienstag 405
168. (K) Adolf Hauffen. Hans Lambel, Franz Niesner, Richard Rosenbaum, August Sauer, Hans Tschinkel, Johann Weyde und Spiridion Wukadinović an Seuffert in Graz. Prag, 22. Januar 1898. Samstag 409
169. (B) Sauer an Seuffert in Graz. (Prag, um den 30. März 1898) 410
170. (K) Sauer an Seuffert in Graz. Prag, 30. März 1898. Mittwoch 414
171. (B) Seuffert an Sauer in Prag. Graz, 31. März 1898. Donnerstag 415
172. (B) Sauer an Seuffert in Graz. Prag, 1. Juli 1898. Freitag 416
173. (B) Sauer an Seuffert in Graz. (Prag, 10. Oktober 1898. Montag) 417
174. (B) Sauer an Seuffert in Graz. Prag, 28. Februar 1899. Dienstag 420
175. (B) Seuffert an Sauer in Prag. Graz, 6. März 1899. Montag 423
176. (B) Sauer an Seuffert in Graz. Prag, (nach dem 6. März 1899) 426
177. (B) Seuffert an Sauer in Prag. Graz, 1. Mai 1899. Montag 428
178. (B) Sauer an Seuffert in Graz. Prag, 4. Mai 1899. Donnerstag 431
179. (B) Seuffert an Sauer in Prag. Graz, 5. Mai 1899. Freitag 432
180. (B) Sauer an Seuffert in Graz. (Prag, um den 8. Mai 1899) 435
181. (B) Seuffert an Sauer in Prag. Graz, 9. Mai 1899. Dienstag 436
182. (B) Seuffert an Sauer in Prag. Graz, 9. Mai 1899. Dienstag 438
183. (B) Sauer an Seuffert in Graz. Prag, (nach dem 6. Juli 1899) 439
184. (K) Sauer an Seuffert in Goisern, Oberösterreich. Steinach am Brenner, Tirol, 14. August 1899. Sonntag 441
185. (B) Sauer an Seuffert in Graz. (Prag, um den 6. Oktober 1899) 443
186. (B) Seuffert an Sauer in Prag. Graz, 7. Oktober 1899. Samstag 446
187. (B) Sauer an Seuffert in Graz. Prag, 9. Oktober 1899. Montag 448
188. (B) Sauer an Seuffert in Graz. Prag, 29. Dezember 1899. Freitag 449
189. (B) Sauer an Seuffert in Graz. Prag, 12. Januar 1900. Freitag 453
190. (B) Seuffert an Sauer in Prag. Graz, 13. Januar 1900. Samstag 455
191. (B) Sauer an Seuffert in Graz. Prag, 19. September 1900. Mittwoch . . . 458
192. (B) Seuffert an Sauer in Prag. Graz, 21. September 1900. Freitag 461
193. (B) Sauer an Seuffert in Graz. Prag, (nach dem 21. September 1900) . . . 464
194. (K) Seuffert an Sauer in Prag. Graz, 6. Februar 1901. Mittwoch 467

195. (K) Sauer an Seuffert in Graz. Prag, 9. Februar 1901. Samstag 469
196. (B) Sauer an Seuffert in Graz. (Prag, um den 27. April 1901) 469
197. (B) Seuffert an Sauer in Prag. Graz, 3./4. Mai 1901. Freitag/Samstag . . . 474
198. (B) Sauer an Seuffert in Graz. Prag, (nach dem 29. Mai 1901) 477
199. (B) Sauer an Seuffert in Graz. Prag, (nach dem 29. Mai 1901) 480
200. (B) Sauer an Seuffert in Graz. Prag, 1. November (1901. Freitag) 481
201. (B) Sauer an Seuffert in Graz. Prag, 11. November 1901. Montag 484
202. (K) Seuffert an Sauer in Prag. Graz, 26. Dezember 1901. Donnerstag . . . 487
203. (B) Sauer an Seuffert in Graz. Prag, 2. Juni 1902. Montag 488
204. (B) Sauer an Seuffert in Graz. Prag, 7. Juni 1902. Samstag 492
205. (B) Sauer an Seuffert in Graz. Prag, 9. (Juni) 1902. (Montag) 496
206. (B) Seuffert an Sauer in Prag. Graz, 26. Dezember 1902. Freitag 499
207. (B) Sauer an Seuffert in Graz. Prag, 27. Dezember 1902. Samstag 500
208. (B) Seuffert an Sauer in Prag. Graz, 5. Januar 1903. Montag 508
209. (B) Sauer an Seuffert in Graz. Prag, 6. Januar (1903. Dienstag) 510
210. (B) Seuffert an Sauer in Prag. Graz, 27. Januar 1903. Dienstag 511
211. (B) Sauer an Seuffert in Graz. Prag, 8. April 1903. Mittwoch 512
212. (B) Sauer an Seuffert in Graz. Prag, (nach dem 3. August 1903) 517
213. (B) Sauer an Seuffert in Graz. Prag, 5. September 1903. Samstag 518
214. (B) Seuffert an Sauer in Prag. Graz, 15. September 1903. Dienstag 521
215. (B) Sauer an Seuffert in Graz. Prag, 17. September 1903. Donnerstag . . . 522
216. (K) Seuffert an Sauer in Wien. Graz, 2. Oktober 1903. Freitag 523
217. (B) Sauer an Seuffert in Graz. Prag, 22. April 1904. Freitag 524
218. (B) Sauer an Seuffert in Graz. Prag, 5. Mai 1904. Donnerstag 527
219. (K) Sauer an Seuffert in Goisern, Oberösterreich. Zinnowitz auf Usedom,
    20. August 1904. Samstag 528
220. (K) Sauer an Seuffert in Graz. Prag, 26. Oktober 1904. Mittwoch 529
221. (K) Sauer an Seuffert in Graz. Prag, 3. November 1904. Donnerstag . . . 530
222. (B) Sauer an Seuffert in Graz. Prag, 21. Dezember 1904. Mittwoch 530
223. (B) Seuffert an Sauer in Prag. Graz, 2. Januar 1905. Montag 533
224. (B) Seuffert an Sauer in Prag. Graz, 5. April 1905. Mittwoch 534
225. (K) Seuffert an Sauer in Mondsee, Oberösterreich. Obertressen bei
    Aussee, Steiermark, 11. August 1905. Freitag 535
226. (K) Seuffert an Sauer in Mondsee, Oberösterreich. Obertressen bei
    Aussee, Steiermark, 24. August 1905. Donnerstag 536
227. (B) Seuffert an Sauer in Prag. Würzburg, 27. August 1905. Sonntag 537
228. (B) Sauer an Seuffert in Würzburg. (Mondsee, um den 29. August 1905) . 539
229. (K) Seuffert an Sauer in Prag. Graz, 18. September 1905. Montag 542

230. (B) Sauer an Seuffert in Graz. Prag, 10. Oktober 1905. Dienstag 542
231. (K) Sauer an Seuffert in Graz. Prag, 18. Januar 1906. Donnerstag 544
232. (B) Sauer an Seuffert in Graz. Prag, 17. April 1906. Dienstag 545
233. (B) Sauer an Seuffert in Graz. Prag, 1. Mai 1906. Dienstag 546
234. (B) Seuffert an Sauer in Prag. Graz, 3. Mai 1906. Donnerstag 548
235. (K) Sauer an Seuffert in Graz. Prag, 11. Mai 1906. Freitag 549
236. (K) Seuffert an Sauer in Prag. Graz, 3. Juni 1906. Sonntag 550
237. (B) Sauer an Seuffert in Graz. Prag, 28. Oktober 1906. Sonntag 551
238. (K) Seuffert an Sauer in Prag. Graz, 8. November 1906. Donnerstag ... 552
239. (B) Sauer an Seuffert in Graz. Prag, 22. November 1906. Donnerstag ... 553
240. (B) Sauer an Seuffert in Graz. Prag, 25. März 1907. Montag 554
241. (B) Sauer an Seuffert in Graz. (Prag, vor dem 11. Mai 1907) 556
242. (K) Seuffert an Sauer in Prag. Graz, 27. Juni 1907. Donnerstag 558
243. (K) Sauer an Seuffert in Graz. Prag, 1. Juli 1907. Montag 558
244. (B) Sauer an Seuffert in Graz. Bad Muskau, Preußisch Schlesien,
    15. August 1907. Donnerstag 559
245. (B) Seuffert an Sauer in Prag. Obertressen bei Aussee, Steiermark, (nach
    dem 15. August 1907) 561
246. (B) Sauer an Seuffert in Graz. Bad Muskau, Preußisch Schlesien,
    21. August 1907. Donnerstag 562
247. (B) Sauer an Seuffert in Graz. Prag, 23. September 1907. Montag 563
248. (B) Seuffert an Sauer in Prag. Graz, 24. September 1907. Dienstag 564
249. (B) Seuffert an Sauer in Prag. Graz, 9. November 1907. Samstag 565
250. (B) Seuffert an Sauer in Prag. Graz, 28. November 1907. Donnerstag ... 568
251. (B) Sauer an Seuffert in Graz. Prag, 7. Januar 1908. Dienstag 570
252. (B) Seuffert an Sauer in Prag. Graz, 19. Februar 1908. Mittwoch 574
253. (B) Sauer an Seuffert in Graz. Prag, (nach dem 5. März 1908) 576
254. (K) Sauer an Seuffert in Graz. Prag, 15. November 1908. Sonntag 578
255. (K) Seuffert an Sauer in Prag [nachgesandt nach Wien]. Graz,
    16. Dezember 1908. Mittwoch 579
256. (B) Sauer an Seuffert in Graz. Prag, (nach dem 16. Dezember 1908) ... 581
257. (K) Sauer an Seuffert in Graz. Prag, 15. Januar 1909. Freitag 582
258. (K) Seuffert an Sauer in Prag. Graz, 16. Januar 1909. Samstag 582
259. (B) Sauer an Seuffert in Graz. Prag, 20. Januar 1909. Mittwoch 583
260. (B) Sauer an Seuffert in Graz. Wien, 7. April 1910. Donnerstag 584
261. (B) Sauer an Seuffert in Graz. Prag, 13. Juni 1911. Dienstag 587
262. (B) Seuffert an Sauer in Prag. Graz, 15. Juni 1911. Donnerstag 589

263. (K) Seuffert an Sauer in Prag [nachgesandt nach Wien]. Schruns, Vorarlberg, 26. August 1911. Samstag 590
264. (B) Sauer an Seuffert in Graz. Prag, 30. August 1911. Mittwoch 590
265. (K) Sauer an Seuffert in Graz. Prag, 13. Februar 1912. Dienstag 592
266. (B) Sauer an Seuffert in Graz. Prag, 25. Februar 1912. Sonntag 593
267. (B) Sauer an Seuffert in Graz. Prag, 16. Dezember 1912. Montag 595
268. (K) Sauer an Seuffert in Graz. Prag, 4. Januar 1913. Samstag 595
269. (K) Seuffert an Sauer in Prag. Graz, 7. Januar 1913. Dienstag 597
270. (K) Seuffert an Sauer in Prag. Graz, 6. Mai 1913. Dienstag 598
271. (B) Sauer an Seuffert in Graz. Prag, 9. Mai 1913. Freitag 599
272. (B) Seuffert an Sauer in Prag. Graz, 9. Juli 1913. Mittwoch 600
273. (B) Sauer an Seuffert in Graz. Prag, 11. Juli 1913. Freitag 601
274. (K) Seuffert an Sauer in Prag. Graz, 6. Dezember 1913. Samstag 603
275. (B) Sauer an Seuffert in Graz. Prag, 8. Dezember 1913. Montag 604
276. (B) Sauer an Seuffert in Graz. Prag, 12. Januar 1915. Dienstag 606
277. (B) Seuffert an Sauer in Prag. Graz, 26. September 1915. Sonntag 608
278. (B) Seuffert an Sauer in Prag. Graz, 27. September 1915. Montag 609
279. (K) Seuffert an Sauer in Prag. Graz, 19. Dezember 1916. Dienstag 611
280. (K) Sauer an Seuffert in Graz. Prag, 22. Dezember 1916. Freitag 612
281. (K) Sauer an Seuffert in Graz. Prag, (um den 8. Februar 1918) 613
282. (B) Seuffert an Sauer in Prag. Graz, 22. März 1919. Samstag 613
283. (B) Sauer an Seuffert in Graz. Prag, 2. Januar 1921. Freitag 615
284. (B) Seuffert an Sauer in Prag. Graz, 7. Januar 1921. Freitag 617
285. (B) Sauer an Seuffert in Graz. Lans, Tirol, 13. September 1921. Dienstag 620
286. (K) Seuffert an Sauer in Prag. Graz, 2. April 1923. Montag 622
287. (B) Sauer an Seuffert in Graz. Prag, 29. April 1923. Sonntag 623
288. (B) Sauer an Seuffert in Graz. Prag, 26. November 1923. Montag 626
289. (K) Sauer an Seuffert in Graz. Prag, 13. Mai 1924. Dienstag 628
290. (K) Seuffert an Sauer in Prag. Graz, 30. Mai 1924. Freitag 629
291. (B) Sauer an Seuffert in Graz. Prag, 16. Februar 1925. Montag 630
292. (B) Sauer an Seuffert in Graz. (Prag, um den 14. März 1925) 632
293. (B) Sauer an Seuffert in Graz. Prag, 7. November 1925. Samstag 633
294. (K) Sauer an Seuffert in Graz. Prag, 22. Mai 1926. Samstag 634
295. (K) Sauer an Seuffert in Graz. Prag, 2. September 1926. Donnerstag . . . 635

Nachträge zum Briefwechsel 637

Editorischer Bericht 641
1. Zur Überlieferung der Korrespondenz Sauer/Seuffert 641
2. Druckausgabe, digitale Edition, Webplattform 644
3. Auswahlkriterien für die gedruckte Ausgabe 646
4. Ordnende Prinzipien 649
5. Textkonstitution und Textdarstellung 651
6. Kommentar 656

Anhänge 659
Anhang 1: Gesamtverzeichnis zur Korrespondenz Sauer/Seuffert (1880–1926) . 659
Anhang 2: Zeittafel August Sauer 699
Anhang 3: Zeittafel Bernhard Seuffert 702
Anhang 4: Bibliografie der von Bernhard Seuffert und August Sauer
herausgegebenen Neudruckreihen 704

Kommentiertes Namensregister 713
Quellenverzeichnis zum Register 713
Abkürzungsverzeichnis zum Register 720
Register 723

Vorwort

Das vorliegende Buch ist hervorgegangen aus dem dreijährigen binationalen Forschungsprojekt »Kommentierte Auswahl-Edition des Briefwechsels zwischen August Sauer und Bernhard Seuffert. Ein Beitrag zur Kultur- und Wissenschaftsgeschichte der Germanistik in Österreich und Deutschland (1880–1926)«. Das Projekt wurde in den Jahren 2012 bis 2015 im Rahmen der DACH-Kooperation vom Fonds zur Förderung der wissenschaftlichen Forschung (FWF) und der Deutschen Forschungsgemeinschaft (DFG) gefördert. Die Arbeiten wurden anteilig von je einer Arbeitsgruppe am Literaturarchiv der Österreichischen Nationalbibliothek in Wien und am Institut für Germanistik der Universität Hamburg durchgeführt. Ein zweites Ergebnis dieses Forschungsprojekts ist die 2016 von der Österreichischen Nationalbibliothek online gestellte unkommentierte Ausgabe der gesamten überlieferten Korrespondenz auf der Webplattform *Briefwechsel Sauer-Seuffert* (http://sauer-seuffert.onb.ac.at/).

Für die freundliche Genehmigung zum Abdruck der Handschriften, für Reproduktionen sowie wertvolle Erschließungshinweise danken wir der Österreichischen Nationalbibliothek (Nachlass Sauer), dem Staatsarchiv Würzburg (Nachlass Seuffert) und dem Deutschen Literaturarchiv Marbach am Neckar (Teilnachlass Josef Nadler). Zahlreiche weitere Archive und Bibliotheken in Österreich und Deutschland, die im Verzeichnis der Handschriftenstandorte gesondert angeführt werden, haben uns mit Auskünften und Reproduktionen unveröffentlichter Quellen, die für den Kommentar ausgewertet wurden, großzügig unterstützt.

Für Teile der Edition konnten wir vergleichend eine Rohtranskription der frühen Briefe Sauers sowie der Karten von Seuffert heranziehen, die Nora Probst MA (Köln) und Dr. Myriam Isabell Richter (Hamburg) im Rahmen der Vorbereitung des Antrags erarbeitet haben.

Als studentische und wissenschaftliche Hilfskräfte haben der Hamburger Projektgruppe Christian Bartl (Leipzig), Inga Manott BA (Hamburg), Ines Marx MA (Hamburg), Dr. Felix Oehmichen (Hamburg), Tamara Larissa Nehls BA (Hamburg), Dr. Arne Offermanns (Hamburg) und Wolfgang Wagner MA (Hamburg) zugearbeitet. Für kompetente Beratung und konkrete Hilfe sind wir auch den Mitarbeiterinnen und Mitarbeitern der Verwaltung am Literaturarchiv der Österreichischen Nationalbibliothek und am Institut für Germanistik der Universität Hamburg sowie den Bibliothekarinnen und Bibliothekaren vor Ort verpflichtet.

Für wertvolle Hinweise, Material und Diskussion sind wir schließlich Dr. Michaela Giesing (Hamburg), Dr. Jeanette Godau (Weimar), Ulrich Goerdten (Berlin), Dr. Elisabeth Grabenweger (Wien), Dr. Bernd Hamacher † (Hamburg), Dr. Walter Hettche (München), Dr. Eckart Krause (Hamburg), Dorit Krusche M. A. (Marbach am Neckar), Prof. Dr. Klaus Lennartz (Hamburg), OR Dr. Mag. Gabriele Mauthe (Wien), Prof. Dr. Uwe Meves (Oldenburg), Dr. Helmuth Mojem (Marbach am Neckar), Dr. Rüdiger Nutt-Kofoth (Wuppertal), Dr. Dr. Harald Lönnecker (Koblenz), Dr. Margarete Payer (Graz), Dr. Ute Pott (Halberstadt), Jolanda Poppovic (Wien), Dr. Thorsten Ries (Gent), Dr. Gabriele Radecke (Göttingen), Dr. Christine Putzo (Lausanne), Prof. Dr. Jörg Schönert (Hamburg), Dr. des. Cosima Schwarke MA (Hamburg), Prof. Dr. Wilt Aden Schröder (Hamburg), Dr. Rüdiger Schütt (Kiel), Harald Stockhammer (Innsbruck), Dr. Jens Thiel (Berlin), Dr. Ralf-Erik Werner (Hamburg) und Univ.-Prof. Dr. Herbert Zeman (Wien) zu Dank verpflichtet. Außerdem allen Kolleginnen und Kollegen, die im Rahmen von Tagungen über Zwischenergebnisse unseres Projektes kritisch mit uns diskutiert haben.

Unser besonderer Dank gilt dem FWF und der DFG, die unsere Arbeit ermöglicht haben.

Bernhard Fetz, Desiree Hebenstreit, Marcel Illetschko, Hans-Harald Müller, Mirko Nottscheid

Abkürzungen

Die folgenden Verzeichnisse beziehen sich nur auf Abkürzungen im Kommentar der Korrespondenz sowie in der Einleitung und im editorischen Bericht. Für die Abkürzungen im kommentierten Namenregister siehe die beiden vor dem Register abgedruckten Verzeichnisse (Quellenverzeichnis zum Register; Abkürzungsverzeichnis zum Register).

1. Allgemeine Abkürzungen
2. Handschriftenstandorte
3. Zeitschriften, Zeitungen, Jahrbücher, Buchreihen
4. Gedruckte Quellen und sonstige Literatur
5. Nachschlagewerke

1. Allgemeine Abkürzungen

Ab.-Bl.	Abendblatt
Abk.	Abkürzung
Anm.	Anmerkung
Art.	Artikel
Bl.	Blatt/Blätter
Bd.	Band
Bde.	Bände
bes.	besonders
Bhf. (Poststempel)	Bahnhof
bzw.	beziehungsweise
Diss.	Dissertation
Dbl.	Doppelblatt/Doppelblätter
ders.	derselbe
d. i.	das ist
ebd.	ebenda
f.	folgende (Seite)
ff.	folgende (Jahre)
fl. (Text)	Gulden (florin)
Frankfurt/M.	Frankfurt am Main

franz.	französisch
Freiburg/Br.	Freiburg im Breisgau
geb.	geboren
gest.	gestorben
griech.	griechisch
Halle/S.	Halle an der Saale
H.	Heft
Homburg v. d. H.	Homburg vor der Höhe
hrsg.	herausgegeben (von)
I. N.	Inventarisierungsnummer
Jg.	Jahrgang
Jgg.	Jahrgänge
kgl.	königlich
k. k.	kaiserlich-königlich
lat.	lateinisch
Mo.-Ausg.	Morgenausgabe
Mo.-Bl.	Morgenblatt
N. F.	Neue Folge
NL	Nachlass
Nr.	Nummer
N. S.	New Series
öst.	österreichisch
o. D.	ohne Datum
o. J.	ohne Jahr
o. O.	ohne Ort
r	recto
Rez.	Rezension
s.	siehe
S.	Seite/Seiten
SA (Text)	Sonderabzüge/-abdrucke
Sp.	Spalte
Thl.	Theil
Thle.	Theile
Tl.	Teil
Tle.	Teile
u.	und
u. a.	und andere/unter anderem
u. d. T.	unter dem Titel
Univ.	Universität
v	verso
V.	Vers
vmtl.	vermutlich
wiederh.	wiederholt

zit. n. zitiert nach

2. Handschriftenstandorte

ABBAW	Archiv der Berlin-Brandenburgischen Akademie der Wissenschaften
AUK, FF NU	Archiv Univerzity Karlovy, Filozofická fakulta Německé [Archiv der Karlsuniversität Prag, Philosophische Fakultät der Deutschen Universität]
BSB	Bayerische Staatsbibliothek, München
DLA	Deutsches Literaturarchiv Marbach am Neckar
ÖNB	Österreichische Nationalbibliothek, Sammlung von Handschriften und alten Drucken, Wien
ÖStA	Österreichisches Staatsarchiv
StAW	Staatsarchiv Würzburg (wenn nicht anders vermerkt: Nachlass Bernhard Seuffert)
SUBG	Niedersächsische Staats- und Universitätsbibliothek Göttingen
ThULB	Thüringische Universitäts- und Landesbibliothek Jena
UA Tübingen	Universitätsarchiv Tübingen
UA Würzburg	Universitätarchiv Würzburg
UA Wien	Universitätsarchiv Wien
WBR	Wienbibliothek im Rathaus

3. Zeitschriften, Zeitungen, Jahrbücher, Buchreihen

AfdA	Anzeiger für deutsches Alterthum und deutsche Litteratur
AfLg	Archiv für Litteraturgeschichte
BfdBG	Blätter für das Bayerische Gymnasialwesen
DLD	Deutsche Litteraturdenkmale des 18. (später: und 19.) Jahrhunderts in Neudrucken
DLZ	Deutsche Literaturzeitung
DNL	Deutsche National-Litteratur
DR	Deutsche Rundschau
DVjs	Deutsche Vierteljahrsschrift für Literaturwissenschaft und Geistesgeschichte
editio	editio. Internationales Jahrbuch für Editionswissenschaft
Euph.	Euphorion
GGA	Göttingische Gelehrte Anzeigen
GJb	Goethe-Jahrbuch
GRM	Germanisch-Romanische Monatsschrift
JbGG	Jahrbuch der Grillparzer-Gesellschaft
JbNdLg	Jahresberichte für Neuere deutsche Literaturgeschichte
LBl	Literaturblatt für Germanische und Romanische Philologie

LCBl	Lit(t)erarisches Centralblatt für Deutschland
NFP	Neue freie Presse (Wien)
ÖR	Österreichische Rundschau
QF	Quellen und Forschungen zur Sprach- und Culturgeschichte der germanischen Völker
Sb. Wien	Sitzungsberichte der Kaiserlichen Akademie der Wissenschaften, Wien, philologisch-historische Classe
VfLg	Vierteljahrschrift für Litteraturgeschichte
VZ	Vossische Zeitung (Berlin)
WND	Wiener Neudrucke
WZUH	Wissenschaftliche Zeitschrift der Martin-Luther-Universität Halle-Wittenberg (Gesellschafts- und sprachwissenschaftliche Reihe)
ZfaG	Zeitschrift für allgemeine Geschichte, Kultur-, Litteratur- und Kunstgeschichte [genannt: Cotta'sche Zeitschrift]
ZfdA	Zeitschrift für deutsches Alterthum und deutsche Litteratur
ZfdöG	Zeitschrift für die österreichischen Gymnasien
ZfdPh	Zeitschrift für deutsche Philologie
ZfG	Zeitschrift für Germanistik

4. Gedruckte Quellen und sonstige Literatur

Adam: Euph. – Wolfgang Adam: Einhundert Jahre Euphorion. Wissenschaftsgeschichte im Spiegel einer germanistischen Fachzeitschrift. In: Euph. 88 (1994), S. 1–72

Auktionskatalog Kürschner – Katalog der Sammlungen des zu Eisenach verstorbenen Herrn geheimen Hofrat Professor Kürschner. Leipzig: Boerner, 1904

Briefw. Burdach/Schmidt – Konrad Burdach – Erich Schmidt. Briefwechsel 1884–1912. Hrsg. von Agnes Ziegengeist. Stuttgart, Leipzig: S. Hirzel, 1998

Briefw. Minor/Sauer – Sigfrid Faerber: Ich bin ein Chinese. Der Wiener Literarhistoriker Jakob Minor und seine Briefe an August Sauer. Frankfurt/M., Berlin u. a.: Lang, 2004 (Hamburger Beiträge zur Germanistik. 39)

Briefw. Roethe/Schröder – Regesten zum Briefwechsel zwischen Gustav Roethe und Edward Schröder. Bearbeitet von Dorothea Ruprecht u. Karl Stackmann. 2 Bde. Göttingen, 2000 (Abhandlungen der Akademie der Wissenschaften in Göttingen. Philologisch-historische Klasse, 3. Folge. 237)

Briefw. Scherer/Sauer – Briefwechsel Wilhelm Scherer – August Sauer: 1877–1886. In: Müller/Nottscheid: Disziplin, S. 274–369

Briefw. Scherer/Schmidt – Wilhelm Scherer – Erich Schmidt. Briefwechsel. Mit einer Bibliographie der Schriften von Erich Schmidt hrsg. von Werner Richter u. Eberhard Lämmert. Berlin: E. Schmidt, 1963

Briefw. Scherer/Seuffert – Briefwechsel Wilhelm Scherer – Bernhard Seuffert: 1876–1886. In: Müller/Nottscheid: Disziplin, S. 63–210

Briefw. Scherer/Werner – Briefwechsel Wilhelm Scherer – Richard Maria Werner: 1877–1886. In: Müller/Nottscheid: Disziplin, S. 211–273

Briefw. Schmidt/Minor – Zu Jakob Minors 100. Geburtstag (15. April). Briefe von Erich Schmidt an Jakob Minor, aus dessen Nachlaß im Besitz von Margarete Zobl-Minor. Mitgeteilt von Eduard Castle. In: Chronik des Wiener Goethe-Vereins 59 (1955), S. 77–95

Buxbaum: Sauer – Elisabeth Buxbaum: »An Herrn Professor August Sauer, Smíchov 586, Prag«. Die erste Werkstätte der österreichischen Literaturforschung. In: Literatur – Geschichte – Österreich. Probleme, Perspektiven und Bausteine einer österreichischen Literaturgeschichte. Thematische Festschrift zur Feier des 70. Geburtstags von Herbert Zeman. Hrsg. von Christoph Fackelmann u. Winfrid Kriegleder. Wien, Berlin: LIT, 2011, S. 201–225

Danielczyk: Lit. Verein – Julia Danielczyk: Der Literarische Verein in Wien. Eine Initiative zwischen Literaturarchiv und Editionsunternehmung. In: Beiträge zur österreichischen Literatur des 19. Jahrhunderts. Hrsg. von Julia Danielczyk u. Ulrike Tanzer. Wien: Lehner, 2014 (Quodlibet. 12), S. 259–271

Egglmaier: Entwicklungslinien – Herbert H. Egglmaier: Entwicklungslinien der neueren deutschen Literaturwissenschaft in der zweiten Hälfte des 19. Jahrhunderts und zu Beginn des 20. Jahrhunderts. In: Wissenschaftsgeschichte der Germanistik im 19. Jahrhundert. Hrsg. von Jürgen Fohrmann u. Wilhelm Voßkamp. Stuttgart, Weimar: Metzler, 1994, S. 204–235

Faerber: Minor – Sigfrid Faerber: Ich bin ein Chinese. Der Wiener Literarhistoriker Jakob Minor und seine Briefe an August Sauer. Frankfurt/M., Berlin u. a.: Lang, 2004 (Hamburger Beiträge zur Germanistik. 39)

Festgabe Heinzel (Lit.) – Forschungen zur neueren Litteraturgeschichte. Festgabe für Richard Heinzel [zu dessen 60. Geburtstag am 3.11.1898]. Weimar: Emil Felber, 1898

Festgabe Heinzel (Phil.) – Abhandlungen zur germanischen Philologie. Festgabe für Richard Heinzel. Richard Heinzel zur Vollendung fünfundzwanzigjährigen Wirkens an der Universität Wien in dankbarer Verehrung überreicht von F.[erdinand] Detter, M[ax]. H[ermann]. Jellinek, C[arl]. Kraus, R[udolf]. Meringer, R[udolf]. Much, J[osef]. Seemüller, S[amuel]. Singer, K[onrad]. Zwierzina. Halle/S.: Niemeyer, 1898

Gerlach: Seuffert – Klaus Gerlach: Bernhard Seuffert und Wielands gesammelte Schriften. Das Problem der Institutionalisierung von Editionen unter sich verändernden gesellschaftlichen Bedingungen. In: Neugermanistische Editoren im Wissenschaftskontext: Biographische, institutionelle, intellektuelle Rahmen in der Geschichte wissenschaftlicher Ausgaben neuerer deutschsprachiger Autoren. Hrsg. von Roland S. Kamzelak, Rüdiger Nutt-Kofoth u. Bodo Plachta. Berlin: de Gruyter, 2011 (Bausteine zur Geschichte der Edition. 3), S. 113–127

Gladt: Grillparzer-Ausg. – Karl Gladt: Die historisch-kritische Gesamtausgabe der Werke Franz Grillparzers. Vom Werdegang der Editionsarbeiten. In: Grillparzer Forum Forchtenstein 1966, S. 91–97

Gleim: Kriegslieder – Johann Wilhelm Ludwig Gleim: Preußische Kriegslieder von einem Grenadier. [Hrsg. von August Sauer]. Heilbronn: Henninger, 1882 (DLD. 4)

Godau: Sauer/Leitzmann – Jeanette Godau: Germanistik in Prag und Jena – Universität, Stadt und Kultur um 1900. Der Briefwechsel zwischen August Sauer und Albert Leitzmann. Stuttgart: Hirzel, 2010 (Beiträge zur Geschichte der Germanistik. 2)

Grabenweger: Germanistik – Elisabeth Grabenweger: Germanistik in Wien. Das Seminar für

Deutsche Philologie und seine Privatdozentinnen 1897–1933. Berlin, Boston: de Gruyter, 2016 (Quellen und Forschungen zur Literatur- und Kulturgeschichte. 85 [319])

Grundsätze (WA) – Grundsätze für die Weimarische Ausgabe von Goethes Werken. [Weimar: Hofbuchdruckerei, 1886]. Faksimilierter Neudruck in: Supplement zur Weimarer Ausgabe im Deutschen Taschenbuch Verlag. München: dtv, 1987

Hall/Renner: Handbuch – Handbuch der Nachlässe und Sammlungen österreichischer Autoren. 2. neu bearb. u. erweiterte Aufl. Wien, Köln, Weimar: Böhlau, 1995 (Literatur in der Geschichte/Geschichte in der Literatur. 23)

HKGA I–III – Franz Grillparzers Werke [ab 1916: Sämtliche Werke]. Historisch-kritische Gesamtausgabe. Im Auftrag der Reichshaupt- und Residenzstadt [ab 1923: Bundeshauptstadt] Wien [ab 1930: Mit Unterstützung des Bundesministeriums für Unterricht und der Bundeshauptstadt Wien]. Hrsg. von August Sauer. [ab 1930: Fortgeführt von Reinhold Backmann]. Abt. I–III [Abt. I: Werke der reifen Zeit nach 1816; Abt. II: Jugendwerke, Tagebücher, literarische Skizzenhefte; Abt. III: Briefe und Dokumente]. 42 Bde. Wien: Gerlach & Wiedling [1909–1917]; Wien: Schroll [1917–1948], 1909–1948

HKStA – Adalbert Stifters Sämmtliche Werke. Hrsg. im Auftrage der Gesellschaft zur Förderung deutscher Wissenschaft, Kunst und Literatur in Böhmen von August Sauer [vor 1924: ohne Namensangabe auf dem Titel]. 25 Bde. Prag: Calwe [1904 ff.]; Reichenberg: Kraus [1927 ff.]; Graz: Stiaßny [1958–60]; Hildesheim: Gerstenberg [1979], 1904–1979 ([Bd. 1–24] Bibliothek deutscher Schriftsteller aus Böhmen [ab 1928: Bibliothek deutscher Schriftsteller aus Böhmen, Mähren und Schlesien])

Hof- u. Staatshandbuch – Hof- und Staats-Handbuch der österreichisch-ungarischen Monarchie. Wien: Verlag der k. k. Hof- und Staatsdruckerei, 1874–1918

Höhne: Sauer – August Sauer (1855–1926). Ein Intellektueller in Prag zwischen Kultur- und Wissenschaftspolitik. Hrsg. von Steffen Höhne. Köln, Weimar u. a.: Böhlau, 2011 (Intellektuelles Prag im 19. und 20. Jahrhundert. 1)

König/Lämmert – Literaturwissenschaft und Geistesgeschichte 1910 bis 1925. Hrsg. von Christoph König u. Eberhard Lämmert. Frankfurt/M.: Fischer, 1993

Leitner: Graz – Erich Leitner: Die neuere deutsche Philologie an der Universität Graz 1851–1954. Ein Beitrag zur Geschichte der Germanistik in Österreich. Graz: Austria, 1973 (Publikationen aus dem Archiv der Universität Graz. 1)

Lönnecker: Studentenschaft – Harald Lönnecker: Von »Ghibellinia geht, Germania kommt!« bis »Volk will zu Volk!« – Mentalitäten, Strukturen und Organisationen in der Prager deutschen Studentenschaft 1866–1914. In: Jahrbuch für sudetendeutsche Museen und Archive 1995–2001. München: Sudetendeutsches Archiv, 2001, S. 34–77

Minor: Schiller – Jakob Minor: Schiller. Sein Leben und seine Werke. 2 Bde. Berlin: Weidmann, 1890

Müller/Nottscheid: Disziplin – Disziplinentstehung als community of practice. Der Briefwechsel Wilhelm Scherers mit August Sauer, Bernhard Seuffert und Richard Maria Werner aus den Jahren 1876 bis 1886. Hrsg. von Hans-Harald Müller u. Mirko Nottscheid. Stuttgart: Hirzel, 2016 (Beiträge zur Geschichte der Germanistik. 6)

Müller/Nottscheid: Wissenschaft – Hans-Harald Müller/Mirko Nottscheid: Wissenschaft ohne Universität, Forschung ohne Staat. Die Berliner Gesellschaft für deutsche Literatur (1888–

1938). Berlin/Boston: de Gruyter, 2011 (Quellen und Forschungen zur Literatur- und Kulturgeschichte. 70 [304]).

Müller/Richter: Prakt. Germ. – Hans-Harald Müller/Myriam Isabel Richter: Praktizierte Germanistik. Die Berichte des Seminars für deutsche Philologie der Universität Graz 1873–1918. Unter Mitarbeit von Margarete Payer. Stuttgart: S. Hirzel, 2013 (Beiträge zur Geschichte der Germanistik. 5)

Nottscheid: Sauer – Mirko Nottscheid: »Seltsame Begegnung im Polenlande« – August Sauer in Lemberg. Die unveröffentlichte Korrespondenz mit Wilhelm Scherer als Quelle für eine wenig bekannte Phase seiner wissenschaftlichen Biographie. In: August Sauer (1855–1926). Ein Intellektueller in Prag zwischen Kultur- und Wissenschaftspolitik. Hrsg. von Steffen Höhne. Köln, Weimar u. a., 2011 (Intellektuelles Prag im 19. und 20. Jahrhundert. 1), S. 105–132

Nottscheid: Vorbild – Mirko Nottscheid: »vorbild und muster«. Praxeologische Aspekte in Wilhelm Scherers Korrespondenz mit deutschen und österreichischen Schülern in der Konstitutionsphase der Neueren deutschen Literaturgeschichte (1876–1886). In: ZfG N. F. 23 (2013), H. 2, S. 374–389

Nottscheid: Wissenschaft – Mirko Nottscheid: Wissenschaft, Verlag, Mäzenatentum. Kooperative Strukturen in der frühen Neugermanistik – das Beispiel von Editionsreihen und Werkausgaben. In: Symphilologie. Formen der Kooperation in den Geisteswissenschaften. Hrsg. von Stefanie Stockhorst, Marcel Lepper u. Vinzenz Hoppe. Göttingen: Vandenhoeck, 2016, S. 215–238

Renner: Lit.-Gesch. – Gerhard Renner: Die ›Deutsch-österreichische Literaturgeschichte‹. In: Literarisches Leben in Österreich 1848–1890. Hrsg. von Klaus Amann, Hubert Lengauer u. Karl Wagner. Wien: Böhlau, 2000, S. 859–889

Richter/Müller: Euph. – Myriam Isabel Richter/Hans-Harald Müller: August Sauer, die Gründung des »Euphorion« und die Modernisierung der Germanistik im Ausgang des 19. Jahrhunderts. In: August Sauer (1855–1926). Ein Intellektueller in Prag zwischen Kultur- und Wissenschaftspolitik. Hrsg. von Steffen Höhne. Köln, Weimar u. a., 2011 (Intellektuelles Prag im 19. und 20. Jahrhundert. 1), S. 147–174

Rosenbaum: Sauer – Alfred Rosenbaum: August Sauer. Ein bibliographischer Versuch. Prag: Gesellschaft deutscher Bücherfreunde in Böhmen, [1925]

Sauer: Brawe – August Sauer: Joachim Wilhelm von Brawe der Schüler Lessings. Straßburg, London: Trübner, 1878 (Quellen und Forschungen zur Sprach- und Kulturgeschichte der germanischen Völker. 30)

Sauer: Frauenbilder – August Sauer: Frauenbilder aus der Blütezeit der deutschen Litteratur. Leipzig: Titze, [1885]

Sauer: Ges. Schr. 1–2 – August Sauers gesammelte Schriften. Mit einem Vorwort von Hedda Sauer. Hrsg. von Otto Pouzar. Bd. 1: Probleme und Gestalten. Stuttgart: Metzler, 1933; Bd. 2: Franz Grillparzer. Stuttgart: Metzler, 1941

Sauer: Goethe und Österreich 1–2 – Goethe und Österreich. Briefe mit Erläuterungen. 2 Thle. Hrsg. von August Sauer. Weimar: Goethe-Gesellschaft, 1902, 1904 (Schriften der Goethe-Gesellschaft. 17–18)

Sauer: Kleist's Werke – Ewald von Kleist's Werke. Hrsg. u. mit Anmerkungen begleitet von August Sauer. 3 Thle. Berlin: Hempel, [1881–1882]

Sauer: Reden und Aufsätze – August Sauer: Gesammelte Reden und Aufsätze zur Geschichte der Literatur in Österreich und Deutschland. Wien, Leipzig: Fromme, 1903
Sauer: Stürmer und Dränger – Stürmer und Dränger. 3 Thle. Hrsg. von August Sauer. Berlin, Stuttgart: Spemann, [1883] (DNL. 79–81)
Sauer: Uz – Johann Peter Uz: Sämmtliche Poetische Werke. Hrsg. von August Sauer. Stuttgart: Göschen, 1890 (DLD. 33–38)
Scharmitzer: A. Grün – Dietmar Scharmitzer: Anastasius Grün (1806–1876). Leben und Werk. Wien, Köln u. a.: Böhlau, 2010 (Literatur und Leben N. F. 79)
Scherer: Briefe – Wilhelm Scherer: Briefe und Dokumente aus den Jahren 1853 bis 1886. Hrsg. u. kommentiert von Mirko Nottscheid u. Hans-Harald Müller. Unter Mitarbeit von Myriam Richter. Göttingen: Wallstein, 2005 (Marbacher Wissenschaftsgeschichte. 5)
Scherer: Lit.-Gesch. – Wilhelm Scherer: Geschichte der deutschen Litteratur. Berlin: Weidmann, 1883
Seuffert: Frischlin – Bernhard Seuffert: Frischlins Beziehung zu Graz und Laibach. In: Euph. 5 (1898), S. 257–266
Seuffert: Maler Müller – Bernhard Seuffert: Maler Müller. Im Anhang Mitteilungen aus Müllers Nachlaß. Berlin: Weidmann, 1877
Seuffert: Prolegomena – Prolegomena zu einer Wieland-Ausgabe. Im Auftrag der deutschen Kommission entworfen von Bernhard Seuffert. 9 Bde. [Bd. 9 zusammen mit Margarethe Seuffert]. Berlin: Akademie der Wissenschaften/de Gruyter, 1904–1941 (Abhandlungen der Akademie der Wissenschaften zu Berlin, phil.-hist. Kl.)
Seuffert: Sauer – Bernhard Seuffert: August Sauer. In: Akademie der Wissenschaften in Wien. Almanach für das Jahr 1927. 77. Jahrgang. Wien, 1927, S. 323–339
Seuffert: Teplitz – Bernhard Seuffert: Teplitz in Goethes Novelle. Weimar: H. Böhlau, 1903
Suchy: Grillparzer-Ges. – Viktor Suchy: Hundert Jahre Grillparzer-Gesellschaft. Materialien und Reflexionen. In: JbGG 3. Folge 18 (1991–1992) [Jubiläumsband. Im Auftrag des Präsidiums hrsg. von Robert Pichl u. Hubert Reitterer], S. 1–208
Universitätsgesetze – Die österreichischen Universitätsgesetze. Sammlung der für die österreichischen Universitäten gültigen Gesetze, Verordnungen, Erlässe, Studien- und Prüfungsordnungen usw. Hrsg. von Leo Ritter Beck von Mannagetta u. Carl von Kelle. Wien: Manzsche k. u. k. Hof-Verlags- und Universitätsbuchhandlung, 1906
WA I–IV – [Johann Wolfgang von] Goethes Werke [= Weimarer Ausgabe]. Hrsg. im Auftrag der Großherzogin Sophie von Sachsen. Abt. I–IV. 133 Bde. [in 143]. Weimar: Böhlau, 1887–1919
Wieland: Briefw. – Wielands Briefwechsel. Hrsg. von der Deutschen Akademie der Wissenschaften zu Berlin, Institut für deutsche Sprache und Literatur [seit 1968: durch Hans Werner Seiffert; seit 1975: hrsg. von der Akademie der Wissenschaften der DDR durch Hans Werner Seiffert; seit 1990: hrsg. von der Akademie der Wissenschaften, Berlin, durch Siegfried Scheibe; seit 1993: hrsg. von der Berlin-Brandenburgischen Akademie der Wissenschaften durch Siegfried Scheibe]. 20 Bde. Berlin: Akademie-Verlag, 1963–2007
Wieland: Schriften – [Christoph Martin] Wielands Gesammelte Schriften. Hrsg. von der Deutschen Kommission der Königlich Preußischen Akademie der Wissenschaften [ab 1954: von der Deutschen Akademie der Wissenschaften zu Berlin]. Abt. I–II [Abt. I: Werke; Abt. II: Überset-

zungen]. Berlin: Weidmann [1909 ff.]; Berlin: Akademie-Verlag [1954 ff.], 1909–1975 [1993: offiziell abgebrochen]

Wiesinger: Germanistik – Peter Wiesinger/Daniel Steinbach: 150 Jahre Germanistik in Wien. Außeruniversitäre Frühgermanistik und Universitätsgermanistik. Wien: Praesens 2001

Zeman: Sauer – Herbert Zeman: August Sauer (1855–1926) – ein altösterreichischer Gelehrter in seinem persönlichen Umfeld. Mit bisher unveröffentlichten Briefen und Dokumenten. In: Literatur – Geschichte – Österreich. Probleme, Perspektiven und Bausteine einer österreichischen Literaturgeschichte. Thematische Festschrift zur Feier des 70. Geburtstags von Herbert Zeman. Hrsg. von Christoph Fackelmann u. Winfrid Kriegleder. Wien, Berlin: LIT, 2011, S. 129–200

5. Nachschlagewerke

ADB 1 ff. – Allgemeine Deutsche Biographie. Auf Veranlassung und mit Unterstützung Seiner Majestät des Königs von Bayern Maximilian II. hrsg. durch die historische Commission bei der Kgl. Akademie der Wissenschaften. 56 Bde. Leipzig: Duncker & Humblot, 1875–1912; 2., unveränderte Aufl.: Berlin (West): Duncker & Humblot, 1967–1971. Online: NDB/ADB. Deutsche Biographie. https://www.deutsche-biographie.de [abgerufen am: 26.09.2019]

Alth: Burgtheater – Burgtheater 1776–1976. Aufführungen und Besetzungen von 200 Jahren. [Hrsg. vom Österreichischen Bundestheaterverband. Sammlung und Bearbeitung des Materials Minna von Alth]. 2 Bde. Wien: Ueberreuter, [1979]

DFWB – Deutsches Fremdwörterbuch. Begonnen von Hans Schulz. Fortgeführt von Otto Basler. 2. Aufl., völlig neu erarbeitet im Institut für Deutsche Sprache von Herbert Schmidt (Leitung), Dominik Brückner, Ilsolde Nortmeyer, Oda Vietze. Bd. 1 ff. Berlin [u. a.]: de Gruyter, 1995 ff. Online (Bd. 1–5: A–H): http://www.owid.de/wb/dfwb/start.html [abgerufen am: 26.09.2019]

DGb – [Art.] Gurlitt. In: Deutsches Geschlechterbuch 22 (1912), S. 101–126

Dietzel/Hügel – Thomas Dietzel/Hans-Otto Hügel: Deutsche literarische Zeitschriften 1880–1945. Ein Repertorium. [Hrsg. vom Deutschen Literaturarchiv Marbach am Neckar]. 5 Bde. München u. a.: Saur, 1988

DWB – Deutsches Wörterbuch von Jacob und Wilhelm Grimm. 16 Bde. in 32 Tl.-Bden. Leipzig: Hirzel, 1854–1961. Online: http://woerterbuchnetz.de/DWB/ [abgerufen am: 26.09.2019]

NDB – Neue deutsche Biographie. Hrsg. von der Historischen Kommission bei der Bayerischen Akademie der Wissenschaften. Bd. 1 ff. Berlin (West): Duncker & Humblot, 1953 ff. Online: NDB/ADB. Deutsche Biographie. https://www.deutsche-biographie.de [abgerufen am: 26.09.2019]

Wilpert/Gühring – Gero von Wilpert/Adolf Gühring: Erstausgaben deutscher Dichtung. Eine Bibliographie zur deutschen Literatur 1600–1990. 2., vollständig überarbeitete Aufl. Wissenschaftliche Beratung Harro Kieser. Redaktion Beate Mnich. Stuttgart: Kröner, 1992

Einführung in den Briefwechsel

1.

Der mehr als 1200 Briefe und Karten aus den Jahren zwischen 1880 und 1926 umfassende Briefwechsel zwischen August Sauer und Bernhard Seuffert gehört zu den bedeutenden Germanistenkorrespondenzen des ausgehenden 19. und beginnenden 20. Jahrhunderts. Sauer und Seuffert, beide Schüler Wilhelm Scherers, zählten in Deutschland und Österreich zu den einflussreichsten Germanisten ihrer Zeit: Ihre Arbeiten leisteten einen substanziellen Beitrag zur Herausbildung und eigenständigen Profilierung der Neueren deutschen Literaturgeschichte innerhalb der Germanistik und sie dokumentieren, in welch raschem Tempo und auf welche Weise sich die österreichische Germanistik von der reichsdeutschen selbstständig zu entwickeln begann.

Die Korrespondenz ist eine reichhaltige Quelle für die Wissenschaftsgeschichte. Sie informiert über den wissenschaftlichen und beruflichen Werdegang Sauers und Seufferts sowie über ihr akademisches Umfeld, insbesondere an den Universitäten in Würzburg, Lemberg, Graz und Prag. Sie dokumentiert die Zukunftspläne, Forschungsvorhaben, Editionen und Publikationen der beiden Gelehrten, berichtet über die Formen ihrer Zusammenarbeit und wechselseitigen Unterstützung und ist eine ergiebige Quelle für die Herausbildung und Entwicklung philologischer Praktiken im Bereich der Neueren deutschen Literaturgeschichte. Sie bietet umfangreiche, bisher unbekannte Informationen über die Gründung von Buchreihen und Zeitschriften – darunter Sauers *Euphorion* – sowie über den Anteil Sauers und Seufferts an Projekten der germanistischen Großforschung, etwa der Weimarer Goethe-Ausgabe, der Grillparzer-Ausgabe der Stadt Wien oder der Wieland-Ausgabe der Preußischen Akademie der Wissenschaften. Ausführlich geschildert werden die fachlichen und persönlichen Beziehungen zu anderen Gelehrten, zu zeitgenössischen wissenschaftlichen Netzwerken und Institutionen wie zur Goethe-Gesellschaft und zum Goethe-Schiller-Archiv in Weimar, zur Grillparzer-Gesellschaft und zum Literarischen Verein in Wien oder zur Gesellschaft zur Förderung deutscher Wissenschaft, Kunst und Literatur in Böhmen.

Eine Quelle stellt die Korrespondenz jedoch nicht allein für die Wissenschaftsgeschichte, sondern auch für die Kulturgeschichte dar. Sie macht zum einen auf die Bedeutung des Gelehrtenbriefs in der Geschichte der wissenschaftlichen Kommunikation und im Kontext mit der Gründung wissenschaftlicher Fachzeitschriften aufmerksam.[1] Sie informiert zum anderen über die persönlichen Lebensumstände der Korrespondenten, über Freund- und Feindschaften mit Kollegen, soziale Beziehungen am Universitätsort, über Eheschließung und Nachkommenschaft, über Krankheiten und Reisen. Nicht zuletzt lässt sich ihr entnehmen, wie aus einer anfänglichen Arbeitsbeziehung zwischen zwei Gelehrten mit ausgeprägten Eigenheiten und Empfindlichkeiten allmählich eine Freundschaft entstand, die sich im Verlauf einer annähernd 45-jährigen Korrespondenz bewährte.

2.

Bernhard Seuffert[2] wurde als Sohn einer alten Würzburger Honoratiorenfamilie am 25. Mai 1853 geboren. Nach dem Abitur (1871) studierte er in Würzburg Klassische Philologie, Geschichte und Germanistik. Nach einem Studienaufenthalt in Straßburg bei Wilhelm Scherer im Wintersemester 1875/76 wurde er 1876 bei Scherers Schüler Erich Schmidt in Würzburg mit einer Arbeit über Maler Müllers *Faust* – einem Auszug aus seiner großen Müller-Monografie[3] – promoviert. Im folgenden Jahr habilitierte er sich in Würzburg mit einer Abhandlung über *Die Legende von der Pfalzgräfin Genofeva*[4] im Fach Deutsche Sprache und Literatur. Nachdem wiederholte Versuche, in Würzburg ein Extraordinariat für Neuere deutsche Literaturgeschichte für ihn zu schaffen, gescheitert waren, erhielt Seuffert nach annähernd neunjähriger Tätigkeit als Privatdozent erst 1886 einen Ruf auf eine außerordentliche Professur in Graz. Hier trat er die Nachfolge seines nach Prag berufenen Freundes August Sauer an. 1892 wurde Seuffert zum Ordinarius ernannt; er lehrte in Graz über die Altersgrenze hinaus bis 1927. Die

---

1 Vgl. dazu etwa Regine Zott: Briefwechsel als Kommunikationsmedium. In: Probleme der Kommunikation in den Wissenschaften. [Hrsg. von Annette Vogt u. Regine Zott]. Als Manuskript gedruckt. Berlin, 1991 (Institut für Theorie, Geschichte und Organisation der Wissenschaften, Kolloquien. 75), S. 115–140; dies.: Die unzeitgemäßen Hundsposttage … Fragen nach einer Brieftheorie. In: Wissenschaftliche Briefeditionen und ihre Probleme. Editionswissenschaftliches Symposion. Hrsg. von Hans-Gert Roloff. Berlin: Weidler, 1998 (Berliner Beiträge zur Editionswissenschaft. 2), S. 43–72; Nottscheid: Vorbild, bes.: S. 378–381; Richter/Müller: Euph.
2 Zu Seuffert vgl. ausführlich Leitner: Graz, S. 119–157; speziell zur Tätigkeit als Herausgeber Wielands vgl. Gerlach: Seuffert. Umfangreiches neues Material zu Leben und Werk bietet die kommentierte Ausgabe der Korrespondenz mit Wilhelm Scherer (Briefw. Scherer/Seuffert; s. auch die Einleitung zu dieser Ausgabe: Müller/Nottscheid: Disziplin, bes.: S. 27–30). Einen ausführlichen Bericht über seinen Bildungsgang gibt Seuffert in seinem Brief an Sauer vom 2.6.1884 (Brief 41).
3 Bernhard Seuffert: Maler Müller. Im Anhang Mittheilungen aus Müllers Nachlaß. Berlin: Weidmann, 1877.
4 Würzburg: Thein, 1877.

1913 an ihn ergangenen Rufe nach Berlin als Nachfolger Erich Schmidts und nach Wien als Nachfolger Jakob Minors lehnte er ab. Am 15. Mai 1938 starb er in Graz.

Im Unterschied zu Seuffert stammte der am 12. Oktober 1855 in Wiener Neustadt geborene Kaufmannssohn August Sauer[5] nicht aus einer Akademikerfamilie. Das Studium der Germanistik bei Richard Heinzel und Karl Tomaschek in Wien schloss er 1877 bei Letzterem mit einer Arbeit über Joachim Wilhelm von Brawe ab, die er 1877/78 während eines – durch ein ministeriales Stipendium geförderten – zweisemestrigen Studienaufenthalts in Berlin unter Scherers Anleitung überarbeitete.[6] Nach der Teilnahme am österreichischen Okkupationsfeldzug gegen Bosnien habilitierte sich Sauer 1879 in Wien mit einer Abhandlung *Ueber den fünffüßigen Iambus vor Lessing's Nathan*[7] und lehrte anschließend dreieinhalb Jahre als Supplent des germanistischen Lehrstuhls in Lemberg/Galizien.[8] 1883 erhielt er eine außerordentliche Professur in Graz, 1886 wurde er – als Nachfolger des nach Wien berufenen Jakob Minor – auf das neugermanistische Extraordinariat an der deutschen Karl-Ferdinands-Universität in Prag berufen. Hier wirkte er, 1892 zum Ordinarius befördert, bis zu seinem Tode am 17. September 1926.

3.

Den Berufungen Sauers nach Prag und Seufferts nach Graz gingen langwierige Planspiele zwischen Wilhelm Scherer und Erich Schmidt voraus, die ihre guten Beziehungen zum Wiener Kultusministerium nutzten.[9] Die wissenschaftlichen Karrieren

---

5 Zu Leben und Werk von Sauer vgl. ausführlich Leitner: Graz, S. 101–118; Zeman: Sauer u. Müller/Nottscheid: Disziplin, S. 31–35 (= Einleitung zu Briefw. Scherer/Sauer). Zu einzelnen Aspekten vgl. Renner: Lit.-Gesch.; Faerber: Minor (Korrespondenz mit Jakob Minor); Nottscheid: Sauer; Müller/Richter: Euphorion; Godau: Sauer/Leitzmann; Buxbaum: Sauer sowie die Beiträge zu dem von Steffen Höhne herausgegebenen Sammelband *August Sauer (1855–1926). Ein Intellektueller in Prag zwischen Kultur- und Wissenschaftspolitik* (Höhne: Sauer). Vgl. außerdem Sauers autobiografische Hinweise zu Herkunft und Bildungsweg in seinem Brief an Seuffert vom 4.9.1884 (Brief 42) sowie den Nachruf auf Sauer, den Seuffert 1927 im Auftrag der Österreichischen Akademie der Wissenschaften schrieb (Seuffert: Sauer).
6 August Sauer: Joachim Wilhelm von Brawe der Schüler Lessings. Straßburg, London: Trübner, 1878 (QF. 30).
7 in: Sb. Wien 90 (1878), S. 625–717 (auch separat: Wien: Gerold, 1878).
8 Zu Sauers Lemberger Zeit, insbesondere zu seinen Konflikten mit den Autoritäten an der polnisch dominierten Universität, die seine spätere, stark antislawische Ausrichtung vorwegnahmen, vgl. ausführlich Nottscheid: Sauer.
9 Vgl. dazu Müller/Richter: Prakt. Germ., S. 32. Zu dem besonders langwierigen Berufungsverfahren in Prag und seiner komplexen Vorgeschichte s. Brief 25 (dazu Anm. 7), Brief 53 u. Brief 55.

Sauers und Seufferts lassen sich am besten vor dem Hintergrund der Situation des Fachs Neuere deutsche Literaturgeschichte erklären, das sich in den 1880er Jahren erst allmählich herauszubilden begann und zu dessen frühesten Repräsentanten Sauer und Seuffert zählten.

Nach einer Reihe von gescheiterten Versuchen gelang es der jungen Disziplin erst um 1880, sich in einer philologischen Konzeption als Teilfach der Germanistik an den deutschen und österreichischen Universitäten kontinuierlich durchzusetzen. Dass dieser Prozess in Österreich – nicht zuletzt auf Betreiben Scherers – früher Erfolg hatte als im Deutschen Reich, hob Jakob Minor später zu Recht hervor:

> Die germanistischen Lehrkanzeln in Österreich waren ein Ruhmestitel der alten österreichischen Unterrichtsverwaltung. Nicht bloß, weil hier die ersten Lehrkanzeln für neuere Literaturgeschichte gegründet wurden, mit denen die österreichischen Universitäten sogar den deutschen vorangegangen sind, sondern auch deshalb, weil die österreichischen Lehrkanzeln sowohl im älteren als im neueren Fach fast überall mustergiltig besetzt waren und auch die kleineren Provinzuniversitäten über Lehrkräfte verfügten, die jeder ersten Hochschule zur Ehre gereicht hätten.[10]

Im Kontext mit dieser forciert betriebenen Einrichtung von Extraordinariaten für Neuere deutsche Literaturgeschichte wurden Sauer und Seuffert nach Prag bzw. nach Graz berufen. Ihre Berufung fällt in eine Zeit, in der die theoretischen und methodologischen Grundlagen des neuen Fachs ebenso wie dessen Konturen in Forschung und Lehre sich erst herauszubilden begannen. Sauer und Seuffert beteiligten sich aktiv an diesem Prozess. Ihre Korrespondenz nutzten sie zur Verständigung über die mit ihm verbundenen praktischen Probleme. Darüber hinaus waren sie bemüht, die Praxis dieser neuen Wissenschaft nicht allein in einer informellen Fachgemeinschaft[11] ehemaliger Scherer-Schüler, sondern auch in wissenschaftlichen Zeitschriften, Fachgesellschaften, Editionsprojekten und exemplarischen literaturgeschichtlichen Publikationen zu erproben, zu diskutieren und zu organisieren.[12]

---

10 Jakob Minor: Die Lehrkanzeln für ältere deutsche Sprache und Literatur an den Hochschulen in Österreich. In: NFP, Nr. 16923, 2.10.1911, Nachmittags-Bl., S. 1 f., hier: S. 1. Zum wissenschaftshistorischen Zusammenhang vgl. Egglmaier: Entwicklungslinien u. Müller/Nottscheid: Disziplin, S. 39–47.

11 Vgl. Müller/Nottscheid: Disziplin, S. 47–53.

12 Vgl. Mirko Nottscheid/Desiree Hebenstreit/Marcel Illetschko: Der Briefwechsel zwischen August Sauer und Bernhard Seuffert (1880 bis 1926). Ein wissenschaftsgeschichtliches Forschungsprojekt untersucht die Anfänge der modernen Neugermanistik in Deutschland und Österreich. In: Jahrbuch für internationale Germanistik 46 (2014), S. 191–202, hier: S. 196.

Die Korrespondenz setzt 1880 zu einem Zeitpunkt ein, an dem Sauer und Seuffert nach der Habilitation ihre akademische Laufbahn planten. Beide verfügten weder über das finanzielle noch über das symbolische Kapital, um sich im Bereich der Forschung auf ihre Spezialgebiete beschränken zu können. Von den dürftigen Zuwendungen, die sie als Privatdozent oder als Extraordinarius erhielten, konnten sie nicht leben. Es galt mithin für sie, dass sie mit ihren wissenschaftlichen Publikationen sowie der Herausgabe von Editionen und Zeitschriften zum einen Geld verdienen, zum anderen die Aufmerksamkeit der *scientific community* gewinnen mussten. Die Hauptarbeitsgebiete beider lagen auf dem Gebiet der biografischen Grundlagenforschung, der Edition sowie der Literaturgeschichtsschreibung des 18. und 19. Jahrhunderts. In den ersten Berufsjahren bildeten sowohl Sauer als auch Seuffert diejenigen Forschungsschwerpunkte aus, die sich durch ihr gesamtes wissenschaftliches Œuvre hindurchziehen sollten: bei Seuffert Werk und Werkkontext Christoph Martin Wielands, bei Sauer das auch von einem starken emotionalen Impuls und Sendungsbewusstsein geprägte Gebiet einer Literaturgeschichte Österreichs.

4.

Der Briefwechsel beginnt jedoch mit einer Kooperation auf dem Gebiet des Editionswesens, dem Sauer und Seuffert sich nicht allein aus wissenschaftlichen, sondern, wie sie selbst festhielten, auch aus pekuniären Gründen zuwandten. Der Markt der Klassikereditionen und literaturgeschichtlichen Neudruckreihen schien Verlegern im Ausgang des 19. Jahrhunderts als attraktiv, besonders dann, wenn den Editionen das philologische Gütesiegel germanistischer Hochschullehrer aufgeprägt war.[13]

August Sauer gehörte zu den zahlreichen Wissenschaftlern, die an der von Joseph Kürschner herausgegebenen, monumentalen Editionsreihe *Deutsche National-Litteratur. Historisch-kritische Ausgabe* (1882–1899) mitarbeiteten. Die uneinheitliche Konzeption der Reihe, in der sich wissenschaftliche mit popularisierenden und wirtschaftlichen Zielen verbanden, war in der zeitgenössischen Germanistik äußerst umstritten, ihr kommerzieller Erfolg zudem sehr viel geringer, als der von Kürschner und seinem Verleger Wilhelm Spemann bewiesene lange Atem vermuten lassen würde.[14] Schon

---

13 Zum Folgenden vgl. ausführlich Illetschko/Nottscheid: Krit. Ausg.; speziell zu den kooperativen Strukturen des neugermanistischen Editionswesens auch Nottscheid: Wissenschaft.
14 Vgl. Rudolf Wilhelm Balzer: Aus den Anfängen schriftstellerischer Interessenverbände. Joseph Kürschner: Autor – Funktionär – Verleger. In: Archiv für Geschichte des Buchwesens 16 (1976), Sp. 1457–1648, hier: Sp. 1517–1521.

1881 hatte Bernhard Seuffert die *Deutschen Literaturdenkmale des 18. und 19. Jahrhunderts in Neudrucken* (1881–1924) gegründet. Wilhelm Scherer beriet Seuffert bei der Konzeption der Reihe, August Sauer wurde in den ersten Jahren sein aktivster Mitarbeiter. Ein Großteil der Korrespondenz zwischen Sauer und Seuffert gilt der Verständigung über die Konzeption und die Details der einzelnen Neudrucke. Die *Deutschen Literaturdenkmale* waren in Aufmachung und Auflagenhöhe ungleich bescheidener als Kürschners *National-Litteratur*, brachten es aber unter Seufferts (bis 1891) und Sauers Leitung (bis 1904) immerhin auf 128 Nummern. Im Unterschied zu Kürschner verfolgten Seuffert und Sauer jedoch in erster Linie wissenschaftliche Ziele. Zugleich war die Reihe philologisch komplexer angelegt als etwa Wilhelm Braunes *Neudrucke deutscher Literaturwerke des 16. und 17. Jahrhunderts* (1876 ff.), die das Vorbild für diese Art der Publikationsform boten.

Es ging Sauer und Seuffert einerseits darum, für den Deutschunterricht an Gymnasien und das Universitätsstudium philologisch verlässliche Neuausgaben selten gewordener Drucke älterer Zeit bereitzustellen. Andererseits wollten sie in der Reihe neue editorische Praktiken erproben und realisieren. Die an der Edition von Erstdrucken orientierten *Deutschen Literaturdenkmale* gestatteten den einzelnen Herausgebern, ihre Editionen nach neuen Prinzipien zusammenzustellen, die von dem vollendungsästhetisch geprägten Prinzip der Edition letzter Hand zum Teil erheblich abwichen. So folgte eine ganze Reihe von Neudrucken dem Prinzip, den Text der Gedichte eines Autors nach den jeweils ältesten, authentischen Abdrucken wiederzugeben und die spätere Überlieferung im kritischen Apparat zu verzeichnen. Auf diese Weise entstanden für damalige Verhältnisse eher ungewöhnliche Ausgaben erster oder früher Hand, wie sie beispielsweise Ernst Elster für Heines *Buch der Lieder*, August Sauer für die Gedichte von Johann Peter Uz und Carl Schüddekopf für die frühen Gedichte von Johann Nicolaus Götz vorlegten.[15]

Doch nicht allein auf dem Gebiet der Editions*praxis* gingen die Herausgeber der *Literaturdenkmale* neue Wege: Sie berücksichtigten eine ganze Reihe von Autoren –

---

15 Johann Peter Uz: Sämtliche poetische Werke. Hrsg. von August Sauer. Stuttgart: Göschen, 1890 (DLD. 33–38); Heinrich Heine: Buch der Lieder. Nebst einer Nachlese nach den ersten Drucken oder Handschriften. [Hrsg. von Ernst Elster]. Heilbronn: Henninger, 1887 (DLD. 27); Johann Nicolaus Götz: Gedichte aus den Jahren 1745–1765 in ursprünglicher Gestalt. Hrsg. von Carl Schüddekopf. Stuttgart: Göschen, 1893 (DLD. 42). Im Gegensatz zu der von Michael Bernays und Salomon Hirzel besorgten Ausgabe *Der junge Goethe* (1875), die hier in mancherlei Hinsicht Pate stand, ordneten Elster und Sauer die Texte jedoch nicht chronologisch nach ihrer Entstehungszeit an, sondern folgten der bereits ›kanonisierten‹ Anordnung der Ausgaben später Hand. Eine ähnliche Ausgabe war in den *DLD* beispielsweise auch für die Gedichte von Georg Heinrich Jacobi geplant, kam aber nicht zustande (vgl. Brief 86, dazu Anm. 22).

beispielsweise aus der Anakreontik und dem Sturm und Drang –, die bislang nicht zum literarischen Kanon gehört hatten, nun aber über die Neudrucke Eingang in den akademischen Unterricht und die Literaturgeschichte fanden. Dasselbe gilt für Neudrucke von frühen Fassungen kanonisierter Werke, wie Goethes *Faust*-Fragment (1790), Texte mit Bildbeigaben, etwa Goethes Erzählung *Die guten Weiber* (1801), oder Zeitschriften – etwa der 1772er-Jahrgang der *Frankfurter gelehrten Anzeigen*, an dem u. a. Goethe, Herder und Wieland mitgearbeitet hatten, oder Herders *Von deutscher Art und Kunst* (1773) –, denen allen gemeinsam war, dass sie zu dieser Zeit nicht in die herkömmlichen Gesamtausgaben eines Autors aufgenommen wurden.[16]

August Sauer begründete nach dem Vorbild der *Literaturdenkmale* eine eigene Reihe, die *Wiener Neudrucke* (1883–1886), für österreichische Autoren des 16. bis 19. Jahrhunderts; sie musste jedoch wegen geringer Nachfrage bald wieder eingestellt werden. Mit diesem Unternehmen, das von einer Reihe einschlägiger Studien unter dem Titel *Beiträge zur Geschichte der deutschen Literatur und des geistigen Lebens in Österreich* (1883/84) ergänzt wurde, verdeutlichte Sauer bereits zu Beginn der 1890er Jahre sein Interesse an einer eigenständigen Geschichte der österreichischen Literatur, der er in den Folgejahren seine verstärkte Aufmerksamkeit und Arbeitskraft schenkte.

Die Zusammenarbeit auf dem Gebiet der Neudrucke kommentierte Seuffert einmal mit dem Satz: »Ich denke wir beiden könnten beim zusammenwerfen unserer erfahrungen einmal bestimmte principien publicieren.«[17] Zu einer Publikation dieser Prinzipien kam es zwar nicht, aber zweifellos lernten Sauer und Seuffert aus den praktischen Erfahrungen, die sie am überschaubaren Format des Neudrucks machten, für die umfangreichen Editionen, die sie später veranstalten sollten.

5.

Zunächst aber mussten die beiden Germanisten unter den für die Weimarer Goethe-Ausgabe (1887–1919) aufgestellten Prinzipien leiden, an der sie auf unterschiedliche

---

16 [Johann Wolfgang von] Goethe: Faust. Ein Fragment. [Hrsg. von Bernhard Seuffert]. Heilbronn: Henninger, 1882 (DLD. 5); ders.: Die guten Frauen. Mit Nachbildungen der Originalkupfer. [Hrsg. von Bernhard Seuffert]. Heilbronn: Henninger, 1885 (DLD. 21); Frankfurter Gelehrte Anzeigen vom Jahr 1772. [Hrsg. von Bernhard Seuffert]. 2 Bde. [= 1. u. 2. Hälfte]. Heilbronn: Henninger, 1882–1883 (DLD. 7–8); Von Deutscher Art und Kunst. Einige fliegende Blätter (1773). [Hrsg. von Hans Lambel]. Stuttgart: Göschen, 1892 (DLD. 40–41).

17 Seuffert an Sauer, Karte vom 7.7.1883 (StAW; für die nicht in der vorliegenden Ausgabe abgedruckten Briefe vgl. generell die Online-Ausgabe: http://sauer-seuffert.onb.ac.at/).

Weise beteiligt waren.[18] Die Konzeption der bald nach dem Tod Walter Wolfgang von Goethes im April 1885 sehr rasch geplanten Weimarer Goethe-Ausgabe sah vor, dass Goethes Werke nach dem Text und der Anordnung der vollständigen Ausgabe letzter Hand von über 50 Herausgebern im Einvernehmen mit einem Redaktor aus dem Kreis des als Redaktionsausschuss firmierenden Leitungsgremiums der Ausgabe und unter Kontrolle eines Generalkorrektors ediert werden sollten. Bereits von der ersten Jahresversammlung der Weimarer Goethe-Gesellschaft im Mai 1886 teilte Seuffert Sauer mit, er sei als Generalkorrektor der Ausgabe vorgesehen: »Aber ich fürchte die riesenarbeit der 150 bände und kann den Wieland nicht verschmerzen.«[19] Seuffert nahm das Amt daher erst nach längerem Zögern an und legte es bereits nach einem Jahr nieder. Für diese Entscheidung könnten drei Gründe den Ausschlag gegeben haben.[20] Zum einen zeigte sich Seuffert von der Arbeit im Redaktionsausschuss, dem in den ersten Jahren neben ihm selbst Wilhelm Scherer (der aber bereits im August 1886 starb) sowie Gustav von Loeper, Erich Schmidt, Herman Grimm und Bern-

---

18 Eine ausführliche Darstellung zur Geschichte der Weimarer Ausgabe ist ein Desiderat. Aus der neueren Literatur vgl. vor allem Peter-Henning Haischer: »In majorem Goethii gloriam«? Zu Geschichte und Bedeutung der »Weimarischen Ausgabe« von Goethes Werken. In: Das Zeitalter der Enkel. Kulturpolitik und Klassik-Rezeption unter Carl Alexander. Hrsg. von Hellmut Th. Seemann u. Thorsten Valk. Göttingen: Wallstein, 2010 (Jahrbuch der Klassik Stiftung Weimar), S. 123–147; W. Daniel Wilson: Goethes Erotica und die Weimarer ›Zensoren‹. Hannover: Wehrhahn, 2015, bes.: S. 125–167; Nottscheid: Wissenschaft; Rüdiger Nutt-Kofoth: Die Weimarer Goethe-Ausgabe als germanistischer Kristallisationspunkt: Perspektiven der wissenschaftsgeschichtlichen Methodik – Ein Vorschlag. In: Die Präsentation kanonischer Werke um 1900. Semantiken. Praktiken. Materialität. Hrsg. von Philip Ajouri. Berlin: de Gruyter, 2017 (Beihefte zu editio. 42). Für erste Hinweise zum Quellenwert der Korrespondenz Sauer/Seuffert für die Geschichte der Weimarer Goethe-Unternehmungen vgl. auch Illetschko/Nottscheid: Krit. Ausg., S. 119–125.
19 Seuffert an Sauer, Karte vom 17.5.1886 (Brief 62). Ähnlich äußerte er sich auch in einem Brief vom 24.6.1886 (StAW): »Ueber die generalkorrektur ist das letzte wort nicht gesprochen. Ich fürchte nicht sowol ein gänzliches aufgeben Wielands als eine allzu lange verzögerung. 3–5 korrekturen in der woche zerreissen alle zusammenhängende arbeit. Auch fürchte ich, dass meine philologische neigung durch die korrektur neue nahrung erhält und ich dem ästhetisch-historischen darstellen noch mehr entfremdet werde. Der erziehliche einfluss einer solchen jahrelangen beschäftigung ist gewiss nicht günstig. Doch immer wider – ich brauche geld und ich weiss es zu schätzen mit allen bedeutenden männern des fachs durch die korrektur in fühlung zu sein.«
20 Seuffert gab in einem Brief an Bernhard Suphan vom 29.8.1887 (GSA, 150/A 473, zit. n. Gerlach: Seuffert, S. 117, Anm. 17) die folgende Begründung: »Den Herren Leitern der Weimarischen Goetheausgabe beehre ich mich mitzutheilen, dass ich gezwungen bin, das Amt des Generalcorrectors der Ausgabe niederzulegen. Die bisherige Erfahrung lehrt mich, dass ich dasselbe in der Weise, wie ich seine Pflichten auffasse, nicht fortführen kann, ohne Schaden für meinen Lehrberuf zu fürchten, und jedenfalls nicht, ohne alle sonstige wissenschaftliche Thätigkeit, an die ich zum Theil durch ältere Contracte gebunden bin, einzustellen.«

hard Suphan angehörten, derart frustriert, dass er einmal sogar seinen »austritt« aus der »mitarbeiterschaft« anbot: »Es gehört verflucht viel opferwilligkeit zu diesem geschäft u. meine ist verbraucht.«[21] Zum Zweiten hatte Seuffert nach seiner Berufung in Graz eine Gehaltserhöhung bekommen, sodass er auf die Einkünfte aus Weimar nicht mehr so dringend angewiesen war. Drittens könnte bei Seufferts Entscheidung eine Rolle gespielt haben, dass er seit Frühjahr 1887 mit Erich Schmidt über den Plan einer neugermanistischen Zeitschrift gesprochen und dabei erfahren hatte, dass Schmidt ihn als deren leitenden Herausgeber wünschte.

Nach dem Rücktritt als Generalkorrektor bewahrte Seuffert der Weimarer Ausgabe dennoch die Treue. Er blieb bis zum Abschluss der Ausgabe Mitglied des Redaktionsausschusses. Als Herausgeber besorgte er – neben der Erzählung *Die guten Weiber* (1895), deren Erstdruck er bereits in den *Litteraturdenkmalen* bearbeitet hatte – die Bände zu den *Noten und Abhandlungen zum besseren Verständnis des West-östlichen Divans* (1888) sowie zu *Die Leiden des jungen Werther* (1899). Der Letztere gilt mit seinem Apparat noch heute als ein »Meilenstein der Editionsphilologie«.[22]

War Seuffert auf allen Ebenen dauerhaft in die Redaktionsgeschäfte der Weimarer Ausgabe involviert, so hatte Sauer – neben der kurzen Erzählung *Der Hausball* (1895) – nur ein größeres Werk zu edieren, den *Götz von Berlichingen*. Der *Götz* wurde jedoch infolge seiner komplexen Werkgeschichte, die etliche Fassungen des Dramas sowie verschiedene Bearbeitungen für das Theater umfasst, sowie falscher Entscheidungen im ursprünglichen Editionsplan der Weimarer Ausgabe zu einem schwierigen Problemkomplex, dessen Lösung alle Beteiligten und vor allem Sauer als verantwortlichen Herausgeber über viele Jahre beschäftigen sollte.[23] Für derartige Problemfälle enthielten die vom ursprünglichen Redaktionsausschuss (Wilhelm Scherer, Gustav von Loeper, Erich Schmidt) aufgestellten *Grundsätze* keine hinreichenden Handlungsmaximen. Da es zudem auch an grundlegenden Vorarbeiten und Hilfsmitteln fehlte, kam es immer wieder zu Kommunikationsproblemen zwischen den Bandbearbeitern und den zuständigen Redaktoren. Über die Probleme, die Sauer mit der Edition der *Götz*-Texte und mit seinem Redaktor Bernhard Suphan hatte,

---

21 Seuffert an Sauer, Karte vom 24.7.1887 (Brief 75).
22 Gerlach: Seuffert, S. 117. – Wenig Beachtung fand bislang Seufferts Aufsatz *Philologische Betrachtungen im Anschluß an Goethes Werther* (Euph. 7 [1900], S. 1–47), den er in einem Brief an Sauer vom 11.1.1900 (StAW) »nicht als wiederholung meiner Wertherausgabe, sondern als ergänzung und noch mehr als eine vorschule des philologen überhaupt« bezeichnete.
23 Am Ende erstreckte sich die vollständige Publikation aller Fassungen auf vier Bände der Weimarer Ausgabe zwischen 1889 und 1901. Vgl. hierzu Illetschko/Nottscheid: Krit. Ausg., S. 123. Für eine knappe Zusammenfassung des Vorgangs s. Brief 76 mit Anm. 2, dazu auch Brief 77, 85, 86, 87, 90, 91, 191, 196, 197, 199.

führen seine Briefe beredte Klage; hier verstand Seuffert unter Hintanstellung der Probleme, die auch er mit Suphan hatte, immer wieder zu vermitteln.

6.

Sauer und Seuffert waren nicht allein bestrebt, mit ihren Editionen zu einem modernen Lehr- und Forschungsbetrieb in der Neueren deutschen Literaturgeschichte beizutragen, sie wollten auch die Kommunikationsstrukturen im Fach selbst modernisieren. Der rasche quantitative Anstieg von Studierenden und Lehrenden in der Neugermanistik während des letzten Jahrhundertdrittels hatte zu einer Veränderung der Forschungslandschaft und der Kommunikationsbedürfnisse der Fachvertreter geführt. Dominierte zu Jahrhundertbeginn in der disziplinären Gemeinschaft der Germanisten noch das Bedürfnis nach einem Austausch über einzelne Forschungsgegenstände, so wurde gegen Ende des Jahrhunderts die Notwendigkeit unabweisbar, sich mithilfe von Rezensionen, Forschungsberichten und Bibliografien einen Überblick über den Stand und die Desiderata der Forschung zu verschaffen. Solchen gestiegenen Anforderungen genügten die wenigen vorhandenen Fachzeitschriften der Neueren deutschen Literaturgeschichte nicht:[24] Weder das kurzlebige, von Richard Gosche herausgegebene *Jahrbuch für Literaturgeschichte* (1865) noch das zunächst noch von ihm, dann von Franz Schnorr von Carolsfeld herausgegebene *Archiv für Literaturgeschichte* (1874–1887), noch schließlich die von Max Koch begründete *Zeitschrift für vergleichende Litteraturgeschichte* (1886–1891) waren auf die Konzeption und die Anforderungen einer philologisch orientierten Neueren deutschen Literaturgeschichte zugeschnitten.[25]

Seuffert beschäftigte sich mit der Idee einer Zeitschriftengründung bereits ein Jahr nach seiner Berufung nach Graz, die seine neunjährige prekäre Existenz als unbesoldeter Privatdozent in Würzburg beendet hatte. Über die Ursprünge des Plans, der 1888 zur Gründung der *Vierteljahrschrift für Litteraturgeschichte* führte,[26] und die ers-

---

24 Zu den Vorläufern der *Vierteljahrschrift für Litteraturgeschichte* vgl. Richter/Müller: Euphorion, S. 148.
25 Vgl. dazu aus der zeitgenössischen Diskussion Max von Waldberg [Rez.]: Vierteljahrschrift für Litteraturgeschichte. Bd. 1. In: GGA 19 (1888), S. 748–752, hier: S. 748. Waldberg charakterisiert die Entwicklung zu einer philologischen Literaturgeschichte und schreibt: »Die segensreichen Wirkungen dieser Entwickelung haben wir an den litteraturhistorischen Leistungen der letzten Jahre kennen gelernt, und es ist nur eine natürliche Folge, wenn nun eine, diesen neuen wissenschaftlichen Bestrebungen angepaßte Zeitschrift ins Leben tritt.«
26 In seinem Brief an Sauer vom 15./16.1.1894 (Brief 136) charakterisierte Seuffert den Unterschied zwischen den Gründungen der *Vierteljahrschrift* und des *Euphorion*: »Sie haben den Euphorion ge-

ten Schritte zu seiner Realisierung berichtete Seuffert sehr ausführlich in seinem Brief vom 7. Oktober 1887 an Sauer. Folgt man ihm, so ging die Initiative von Seuffert und Erich Schmidt aus, der jedoch – soeben von Weimar nach Berlin berufen – nicht die redaktionellen Aufgaben des Herausgebers übernehmen wollte. Daraufhin wurde der Plan in verschiedene Richtungen ventiliert, verschiedene Herausgeber wurden erwogen. Schließlich wurde die folgende Konzeption beschlossen: Herausgegeben von Erich Schmidt, Bernhard Suphan und Bernhard Seuffert, sollte die Zeitschrift mit einer finanziellen Unterstützung der Großherzogin Sophie von Sachsen im Verlag von Hermann Böhlau in Weimar erscheinen. Seuffert hatte dieser Lösung erst zugestimmt, nachdem er, wie er schrieb, von Schmidt und Suphan die Zusicherung erhalten hatte, »dass sie mir nichts drein reden, was ich nicht will«.[27] Dass ihm die Zustimmung zu diesem Plan nicht leicht gefallen war, weil er glaubte, das Talent zur Herausgabe und redaktionellen Leitung nicht zu besitzen, und weil er überdies befürchtete, seine eigenen Arbeiten insbesondere zu Wieland auf unabsehbare Zeit zurückstellen zu müssen,[28] betonte Seuffert in seinen Briefen immer wieder. Er formulierte für die *Vierteljahrschrift* schließlich ein knappes Programm, das mit der Einbeziehung aller drei deutschsprachigen Länder sowie aller literaturwissenschaftlichen Richtungen redaktionell zwar liberal,[29] in philologischer Hinsicht jedoch sehr streng ausfiel. So hieß es dort:

> Die Vierteljahrschrift setzt sich keine engen Schranken der Zeiten und Völker, um der Entwicklung der heimischen Überlieferung und des für Deutschland besonders wichtigen Verkehres der Weltlitteratur offen zu stehen. Sie verschliesst sich aber allem nicht streng wissenschaftlichen Vergleichen und Sammeln. / Sie sucht philologisch-historische Betrachtung mit der Pflege ästhetischer Studien zu vereinigen.[30]

---

gründet; ich habe die VJSchrift nicht gegründet; ich habe die übernahme der redaction schliesslich zugesagt, als die gründung von andern bis auf diese personenfrage beschlossen war. Ich habe überdies nicht alles einrichten können, was ich wollte; gerade den kritischen teil nicht.«

27 Seuffert an Sauer, Brief vom 7.10.1887 (Brief 78). Für den Text der entsprechenden schriftlichen Erklärung, die Suphan und Schmidt am 1./2.10.1887 unterzeichneten s. Brief 78, Anm. 12.

28 Elias von Steinmeyer hob in seiner Rezension des ersten Jahrgangs der *Vierteljahrschrift* hervor (AfdA 15 [1889], S. 375 f.): »man mag es in Seufferts eigenstem interesse bedauern, dass er das ebenso dornenvolle wie undankbare geschäft eines redacteurs übernommen hat, man mag beklagen, dass die veröffentlichung seiner lang vorbereiteten Wielandbiographie [...] nunmehr in weite ferne gerückt erscheint: doch die zeitschrift konnte in keine geeigneteren hände gelegt werden als die seinen.«

29 Vgl. dazu etwa Seuffert an Sauer, Karte vom 27.4.1888 (StAW): »Mein stolz ist jetzt Österr., Dtschld., Schweiz zu vereinigen, Berlin, Heidelberg, Leipzig zu versammeln, akademiker u. laien u. halbwüchsige genossen. Seh ich nicht auf multa u. multos, so fang ich keinen kritikaster und keinen abonnenten.«

30 Zit. n. dem Exemplar des Prospekts, auf das Seuffert seinen Brief an Sauer von Ende November/Anfang Dezember 1887 (Brief 80) schrieb.

Sauer beglückwünschte Seuffert zu dem Zeitschriftenplan bereits am 3. Oktober 1887: »Ich habe die Überzeugung, daß Sie diesem neuen Schiffe ein vorzüglicher Steuermann sein werden und es soll mich freu*[en]* auf Ihr Commando als leichter Matrose auf die Raaen klettern zu können oder als Heizer bei dem Keßel der Dampfmaschine Verwendung zu finden.«[31] Sauer wurde denn auch ein treuer Beiträger der *Vierteljahrschrift*, obwohl er deren Programm und Praxis als eher zu konventionell und zu streng philologisch empfand. Die von Seuffert angekündigte »Pflege ästhetischer Studien« kam entschieden zu kurz. Seuffert war es zudem nicht gelungen, für die Zeitschrift einen Rezensions- oder Berichtsteil durchzusetzen. Um eine finanzielle Unterstützung durch das österreichische Kultusministerium suchte er mehrfach vergeblich nach; um sie zu erlangen, hatte er nachdrücklich für mehr österreichische Beiträge in der *Vierteljahrschrift* gesorgt.

Neben seinen Verpflichtungen als Hochschullehrer und als Redakteur der Weimarer Goethe-Ausgabe bemühte Seuffert sich mit großer Anstrengung und Sorgfalt, aber ohne allzu große innere Neigung, die Zeitschrift zu redigieren und am Leben zu halten. Er fühlte sich daher eher befreit,[32] als ihm nach dem 6. Jahrgang infolge des Verkaufs des Böhlau-Verlags die Möglichkeit gegeben war, die Redaktion niederzulegen.[33] Die philologisch orientierte *Vierteljahrschrift für Litteraturgeschichte* – von 1888 bis 1893 die repräsentative Zeitschrift der Neueren deutschen Literaturgeschichte – stellte ihr Erscheinen ein.

Das Bekanntwerden dieser Nachricht löste innerhalb der *scientific community* große Bestürzung aus: »Überall begegnete ich demselben Bedauern über das Eingehen Ihrer Zs.«,[34] schrieb Sauer von einer Reise nach Weimar und Berlin. In der Germanistik begann ein heftiges Nachdenken über ein Nachfolgeorgan, allerlei Pläne wurden erwogen. Sauer selbst bekannte schon im Oktober 1893, dass er »nicht übel Lust« hätte, »selber eine neue [Zeitschrift] zu gründen«.[35] Seuffert ermunterte ihn alsbald, »aus Ihrer ›lust‹ [...] die tat zu machen«.[36]

---

31 Sauer an Seuffert, Brief vom 3.10.1887 (Brief 77).
32 Vgl. Seuffert an Sauer, Karte vom 27.5.1893 (Brief 121): »Ich bin nun bei den letzten heften der Vierteljahrschrift u. freue mich auf die freiheit, die mir darnach winkt.«
33 Vgl. dazu Seuffert an Sauer, Brief vom 7.6.1902 (Brief 204): »ich wünschte beim 5. bd. redacteurwechsel; darauf erst hat Böhlau erklärt: dann verlege er nicht weiter; so blieb ich; und er setzte das ende wegen seines verlagverkaufes, wobei er sich allerdings darauf berufen durfte, dass ich ja auch unlustig sei.«
34 Sauer an Seuffert, Brief vom 18.9.1893 (Brief 122).
35 Sauer an Seuffert, Brief vom 8.10.1893 (Brief 125).
36 Seuffert an Sauer, Brief vom 11.10.1893 (StAW).

7.

War Sauer bereits 1891 Seufferts Nachfolger als Herausgeber der *Deutschen Literaturdenkmale* geworden, so beschloss er 1893, eine Nachfolgezeitschrift für die *Vierteljahrschrift* zu gründen, den *Euphorion*, der bis heute existiert. Freilich hätte er diese Aufgabe ohne die Hilfe Seufferts nicht bewältigen können. Die jahrzehntelange uneigennützige Hilfe, mit der Seuffert Sauer in der gesamten Publikationsgeschichte des *Euphorion* bis 1926 freundschaftlich unterstützte, lässt sich aus dem Briefwechsel recht genau rekonstruieren: Seuffert beriet Sauer nicht allein in der Konzeption der Zeitschrift, die er Nummer für Nummer einer Kritik unterzog, sondern auch in Fragen der praktischen Redaktionsarbeit und der Finanzierung – Letzteres erwies sich als besonders wichtig, da der *Euphorion* in den ersten Jahrzehnten ein unterfinanziertes und daher immer wieder von Krisen heimgesuchtes Unternehmen war. Sauer wusste die Hilfe Seufferts zu schätzen. Bereits vor Erscheinen der ersten Nummer schrieb er ihm: »Lieber Freund! Wird aus der Zeitschrift etwas Tüchtiges, so gebührt Ihnen allein das Verdienst; denn Sie haben mir den Gedanken nahe gelegt und haben mich ermuntert. Ich danke Ihnen herzlich und vielmals. Bleiben Sie mir ein treuer Berather und Mitarb[ei]ter. Ich werde oft an Ihre Güte appelieren <!> müssen.«[37] Das blieb keine leere Ankündigung.

Da die Gründungsgeschichte des *Euphorion* von den ersten Plänen bis zum Erscheinen der Zeitschrift ausführlich untersucht ist,[38] können wir uns auf die Skizzierung der wesentlichen Unterschiede beschränken, die den *Euphorion* von der *Vierteljahrschrift* trennten. August Sauer war ein modernerer Gelehrtentypus als Seuffert und er besaß mehr Organisations- und Improvisationstalent als dieser.[39] Er verband mit der Zeitschriftengründung das Ziel, die Randlage, aus der heraus er in der Prager Germanistik agierte, durch die Gründung eines zentralen Organs der (deutschen) Literaturgeschichte zu kompensieren und das Verständnis für die Geschichte der deutschsprachigen Literatur in Österreich zu vertiefen. Für diese Zielvorstellung brauchte der *Euphorion* ein anderes Gesicht als die *Vierteljahrschrift*. Entsprechend kündigte Sauer

---

[37] Sauer an Seuffert, Brief vom 6.12.(1893) (Brief 128).
[38] Vgl. Richter/Müller: Euph. Einen wissenschaftshistorischen Überblick über die ersten 100 Jahrgänge der Zeitschrift (1894–1994) gibt Adam: Euph.
[39] Vgl. dazu auch die knappe Charakterisierung Sauers durch Carl von Kraus in einem Brief an Edward Schröder vom 19.3.1905 (SUBG, Cod. Ms. E. Schröder 540, II, Nr. 80): »Er ist so ganz anders geartet als ich, amerikanisch-betriebsam, Volksbildner mit wolentwickelter Phraseologie, voll Temperament in Kleinigkeiten und ohne Seele für's Grosse, kurz der Mann der ›Jetztzeit‹, aber auch mit dessen guten Seiten, einer unermüdlichen Arbeitskraft und grosser Geschicklichkeit für das Geschäftliche in der Fakultät.«

die geplante Zeitschrift an: »*[T]atsächlich* wird es allerdings ein ganz neues Organ und auch ein andres.«[40] Seinen Kollegen Albert Leitzmann ließ Sauer wissen:

> Sie wird allerdings auch ein andres Gesicht bekommen; die wichtigste Änderung ist, dass jedes Heft einen allgemeineren Artikel enthalten soll und dass Recensionen nach Art der Zs. f. d. A. [Zeitschrift für deutsches Altertum] aufgenommen werden sollen. Auch der Geist soll ein andrer sein, ein freierer und frischerer. Dass auch die Geschichte der Presse gepflegt werden soll, das werd ich im Prospect ausdrücklich betonen.[41]

Eine moderne literaturgeschichtliche Zeitschrift durfte nach Sauers Auffassung nicht allein ein Publikationsorgan für wissenschaftliche Abhandlungen sein; sie musste zugleich eine Servicefunktion für die *scientific community* übernehmen, indem sie Rezensionen und bibliografische Informationen lieferte. »Freier und frischer« als ihre Vorgängerin sollte sie werden nicht allein durch die Publikation allgemeiner Artikel, sondern auch durch die Aufnahme von Beiträgen, die nicht aus dem engeren Kreis der philologischen Schule, sondern aus dem Bereich der geistesgeschichtlichen Literaturwissenschaft stammten, die seit den 1890er Jahren allmählich stärker an Boden gewann. Sauer war – gelegentlich zu Seufferts Verdruss – liberal bis lax bei der Aufnahme von Beiträgen. Dass er dabei stets auch auf Wirkung aus war, illustriert vielleicht am besten das Gundolf-Sonderheft, das er 1921 plante, nachdem er mithilfe einer amerikanischen Spende den Fortbestand des *Euphorion* hatte sichern können. An Seuffert schrieb er dazu:

> […] und da bin ich denn um das Interesse in weiteren Kreisen dafür wieder zu erwecken auf die Idee verfallen, ein Agitationsheft herauszugeben und zwar ein Sonderheft über Gundolfs Goethe. (Der Prospekt geht Ihnen demnächst zu.) Ich bin auf diese verrückte Idee dadurch gebracht worden, dass die Zeitschrift Logos dasselbe *[für]* Spenglers Untergang des Abendlandes tut.[42]

---

40 Sauer an Seuffert, Karte vom 9.12.1893 (ÖNB, Autogr. 422/1-234). Vgl. dazu auch Sauers Brief an Edward Schröder vom 25.12.1893 (SUBG, Cod. Ms. E. Schröder 894, Nr. 25), in dem er ankündigt: »Es wird allerdings eine andere Zeitschrift werden; denn so wie sie jetzt ist, kann sie kein Verleger fortführen. Wir wollen in jedem Heft einen allgemeinen Artikel (Darstellendes, Zusammenfassendes, Essay, Methodisches etc.) bringen, der lesbar sein soll und auch Echo finden. Dann sollen Recensionen aufgenommen werden. Indem ich mir nun zunächst Ihre freundliche Mitwirkung erbitte, möchte ich auch von vornherein zu Ihrer Zs. in ein gutes nachbarliches Verhältnis treten.«
41 Sauer an Leitzmann, 9.12.1893 (ThULB, NL Leitzmann VII 1 S). Für die freundliche Überlassung ihrer Transkription der Briefe Sauers an Leitzmann sind wir Dr. Jeanette Godau zu Dank verpflichtet.
42 Sauer an Seuffert, Brief vom 2.1.1921 (Brief 283).

Seuffert erkannte das Herausgebertalent Sauers früh und neidlos an: »Sie packen alles frischer an als ich tat, eifriger, geschickter. Ich liess die leute kühl an mich herankommen. Die VJS. war zu pedantisch – gelehrt – vornehm; so erzielt eine zs. keinen absatz.«[43]

8.

Neben den finanziellen Problemen des *Euphorion* und Auseinandersetzungen mit einzelnen Beiträgern – insbesondere mit Sauers Freund und Konkurrent Jakob Minor – gab es nur eine einzige echte Krise um die Ausrichtung der Zeitschrift.[44] Am 17. Juni 1898 teilte Sauer Seuffert mit, der *Euphorion*-Verleger C. C. Buchner (Inhaber: Rudolf Koch) wolle den Kontrakt mit der Zeitschrift zum Jahresende lösen, er habe aber bereits in dem Wiener Verlag Carl Fromme einen Nachfolger gefunden. Dieser wolle den *Euphorion* übernehmen und ihn mit einer periodischen Beilage zur österreichischen Literaturgeschichte erscheinen lassen: Die Beilage solle von Jakob Willibald Nagl und Jakob Zeidler verantwortet werden, die an einer *Deutsch-Österreichischen Literaturgeschichte* arbeiteten. Mit dem Satz »und heute ist der Contract perfect geworden«[45] suchte Sauer die Angelegenheit vor Seuffert als ein Fait accompli erscheinen zu lassen.[46] Seuffert erhob dagegen in seinem Brief vom 19. Juni 1896 schwerste Bedenken, zum einen gegen die wissenschaftliche Integrität Nagls und gegen dessen Projekt einer österreichischen Literaturgeschichte, zum anderen gegen dessen Fähigkeit, eine literaturwissenschaftliche Zeitschrift zu redigieren – Bedenken, die in der Frage gipfelten, »ob bei solcher lage es wahrscheinlich ist, dass das minist. eine Naglsche Zs. unterstützt? und ob dem Euph. dieser anhang nicht ideell und materiell mehr schadet

---

43 Seuffert an Sauer, Karte vom 28.12.1893 (StAW).
44 Die hier knapp referierten Zusammenhänge wurden erstmals differenziert dargestellt bei Renner: Lit.-Gesch.
45 Sauer an Seuffert, Brief vom 17.6.1896 (Brief 154).
46 Nagl hatte Sauer bereits in einem Brief vom 1.4.1896 (WBR, I. N. 163.335) geschrieben: »Obwohl die Sache vorläufig noch im Interesse des Verlages geheimgehalten wird, glaube ich doch Ihnen vertrauliche Mitteilung machen zu sollen, dass ein ›Leitfaden der deutschen Lit. in Österreich‹ geplant wird, an den sich eine Zeitschrift anschließen soll. Das Unternehmen ist materiell gesichert. An dem Leitfaden arbeiten ziemlich viele Spezialisten, fast durchgehends jüngere Leute, mit aus allen Ländern der Monarchie. Auch die Zeitschrift ist mit dem Verleger im Principe beschlossen, doch ist die Frage nach dem Wie? noch nicht dringend. Vor allem möchte ich noch Ihre Meinung hören, ob nicht ›Euphorion‹ diese Aufgabe mit übernehmen und von unserem Verleger (Fromme) gehalten oder unterstützt werden könnte. Man soll nicht zuviel neue Unternehmen gründen.« – Nagl hatte jedoch auch Seuffert informiert (s. Brief und Karte an Seuffert vom 1.4.1896 bzw. 6.4.1886, StAW, Kasten 45).

als nützt«.⁴⁷ Seufferts Brief hinterließ »tiefen Eindruck«⁴⁸ bei Sauer und bewog ihn zu einer völligen Kursänderung. Er schaltete Nagl und Zeidler, die ihm den Weg zu Fromme gebahnt hatten, in den folgenden Verhandlungen aus, verzichtete auf die Beilage zur österreichischen Literaturgeschichte und schloss den Herausgebervertrag mit Fromme allein ab. Allerdings wäre es wohl verfehlt, Sauers Kurswechsel allein auf Seufferts Einrede zurückzuführen: Sauer scheint klar geworden zu sein, dass es strategisch günstiger war, Nagl und Zeidler als vernachlässigenswerte Konkurrenz zu behandeln denn als gleichwertige Partner.⁴⁹

Sauer unterschied zwischen ›inneren‹ und ›äußeren‹ Arbeiten, die österreichischen zählten zu den ›inneren‹, und zu ihnen hatte er eine sehr viel stärker emotional geprägte Beziehung als Seuffert zu seinen Arbeiten.⁵⁰ Mit dem literarischen Leben Wiens kam Sauer sehr früh durch die Theaterleidenschaft des Vaters in Verbindung, der den Sohn regelmäßig mit ins Burgtheater nahm. Hugo Mareta, Deutschlehrer am Schottengymnasium,⁵¹ machte Sauer und seinen Klassenkameraden Jakob Minor schon früh mit der österreichischen Literatur und ihrer Geschichte intensiv vertraut.⁵² In einem langen, autobiografischen Brief an Bernhard Seuffert berichtete Sauer 1884, dass es für ihn bereits beim Schulabschluss feststand, »Germanist zu werden und

---

47 Seuffert an Sauer, Brief vom 19.6.1896 (Brief 155). Auf einer Karte vom 1.6.1897 (Brief 166) teilte Seuffert mit: »Ich hörte sehr vergnügt von A. E. [Anton Emanuel Schönbach] dass Sie Nagls los sind und beglückwünsche Sie und den Euphorion dazu.«

48 Sauer an Seuffert, Brief vom 13.10.1896 (Brief 156).

49 Vgl. dazu Renner: Lit.-Gesch., S. 865. Dieses Verhalten hinderte Sauer nicht, 1921 aus der Rückschau zu bedauern, dass das ursprüngliche Übereinkommen mit Nagl und Zeidler nicht verwirklicht wurde: »Wir hätten dadurch vielleicht die Begründung der wissenschaftlich gerichteten landschaftlichen deutschen Literaturgeschichte um zwei Jahrzehnte früher anbahnen und einleiten können« (August Sauer: Otto Fromme †. In: Euph. 23 [1921], S. IX–XII, hier: S. IX).

50 Vgl. Sauer an Seuffert, Brief vom 16.5.1884 (Brief 40): »Ich habe äußere und innere Arbeiten. Die letzteren treten ab und zu an das Tageslicht, um wieder unter den Felsen zu verschwinden. Meine österreichi[sch]en Probleme hege ich im Stillen.« Diese Unterscheidung korrespondiert mit den »zwei Grundlinien«, die Seuffert in seinem Nachruf auf Sauer in dessen Werk ausmachte (Seuffert: Sauer, S. 328). Bernhard Seuffert: August Sauer. In: Akademie der Wissenschaften in Wien. Almanach für das Jahr 1927. 77. Jahrgang. Wien, 1927, S. 323–339.

51 Zur Bedeutung des Schottengymnasiums für die Pflege einer eigenständigen nationalen, österreichischen Kultur vgl. Agnès Bernard: La formation des élites entre l'église et l'état: les lycées catholiques viennois à l'ère libérale. In: Zwischen Orientierung und Krise. Zum Umgang mit Wissen in der Moderne. Hrsg. von Sonja Rinofer-Kreidl. Wien [u. a.], 1998 (Studien zur Moderne. 2), S. 177–208 u. Werner Michler: »Das Materiale für einen österreichischen Gervinus«. Zur Konstitutionsphase einer ›österreichischen Literaturgeschichte‹ nach 1848. In: Literaturgeschichte: Österreich. Prolegomena und Fallstudien. Hrsg. von Wendelin Schmidt-Dengler, Johann Sonnleitner u. Klaus Zeyringer. Berlin: E. Schmidt, 1995 (Philologische Studien und Quellen. 132), S. 181–212, hier: S. 205.

52 Vgl. auch August Sauer: Hugo Mareta. In: ÖR 28 (1911), S. 205–207.

dadurch hauptsächlich der öst. Lit. Gesch. ein Retter zu sein«: »Und wenn es mir je gelingt, den Plan einer Gesch. der deutschen Litt. in Österreich auszuführen, dann darf ich sagen, daß ich mein Lebensziel erreicht habe.«[53]

Unter ›Österreich‹ verstand Sauer niemals den gesamten habsburgischen Großstaat, sondern allein Deutschösterreich sowie die deutschsprachigen Minderheiten in den Kronländern – von den anderssprachigen Nationalitäten hielt er nicht viel. Er schätzte sich glücklich, einen Ruf von Lemberg nach Graz erhalten zu haben: »Keine polnischen Juden und keine polnischen Collegen«.[54] Der nach 1866 erstarkte deutsch-österreichische Patriotismus machte sich in der Literatur und der Literaturgeschichte deutlich bemerkbar[55] und ergriff auch die Scherer-Schüler Jakob Minor, August Sauer und Richard Maria Werner. Mit Seuffert konnte es auf dem Gebiet der österreichischen Literaturforschung zu keiner Konkurrenz kommen, da dieser kein Verständnis für die österreichische Literatur besaß oder entwickelte. Sie war ihm insgesamt ein »schwer zugängliche[s] gebiet[]«.[56] Im Hinblick auf Sauers Herzensautor bezeichnete er sich als »Grillparzertaub«[57] und meinte: »Ich muss da einen ganz besonderen defekt haben.«[58]

Dagegen ergab sich für Sauer mit den Kollegen Minor und Werner auf dem neuen Forschungsgebiet eine produktive Zusammenarbeit, die jedoch durchaus auch von Konkurrenz geprägt war. Die Idee einer Publikationsreihe zur »Geschichte der deutschen Litteratur in Österreich« stammte ursprünglich von Werner.[59] Die dann von Minor, Sauer und Werner gemeinsam herausgegebenen *Beiträge zur Geschichte der*

---

53 Sauer an Seuffert, Brief vom 4.9.1884 (Brief 42).
54 Sauer an Seuffert, Brief vom 16.5.1884 (Brief 40).
55 Vgl. Jörg Kirchhoff: Die Deutschen in der österreichisch-ungarischen Monarchie. Ihr Verhältnis zum Staat, zur deutschen Nation und ihr kollektives Selbstverständnis (1866/67–1918). Berlin: Logos, 2001, S. 30 u. Lisa Kienzl: »Das goldenen Zeitalter der Sicherheit«. Nationale österreichische Identitätskonstruktionen und deren Beziehung zum wachsenden Antisemitismus im deutschsprachigen Raum der Donaumonarchie 1866–1914. Diss. phil. Univ. Graz, 2012 [https://unipub.uni-graz.at/download/pdf/224112; abgerufen am: 26.09.2019], S. 121.
56 Seuffert an Sauer, Karte vom 10.4.1882 (StAW).
57 Seuffert an Sauer, Brief vom 25.11.1888 (Brief 88).
58 Seuffert an Sauer, Brief nach dem 15.8.1907 (Brief 245).
59 Vgl. Werner an Sauer, Brief vom 3.2.1880 (WBR, I. N. 187.733). Werner fügte hinzu: »›Unsere‹ Studien – ich spreche schon, als wenn wir eine reihe von 100 hinter uns hätten – dürften aber nicht blind in patriotismus machen. wir müßten im programme deutlich aussprechen, daß wir ein ehrliches streng historisches urteil zu erreichen suchen, ferne von chauvinismus wie von pessimismus. was schlecht ist werden wir so nennen und was mittelmäßig ist, soll noch nicht gut heiszen. weder über- noch unterschätzung. vor allem der zwecke, die fäden aufzudecken, durch die österr.-dtschen mit der reichsdtschen litt zusammenhängt. Müsste verteufelt interessant werden!«

*deutschen Literatur und des geistigen Lebens in Österreich*⁶⁰ brachten es aus Gründen mangelnden Absatzes in den Jahren 1883 und 1884 allerdings nur auf drei Bände.⁶¹ Von Werner stammte auch die Idee einer neuen Geschichte der deutschen Literatur in Österreich, zu der, wie er an Sauer schrieb, »wir vielleicht einen grundriss gemeinsam anlegen könnten«.⁶² Zu dieser Gemeinsamkeit kam es nicht. Werner wurde 1883 als Nachfolger Sauers nach Lemberg berufen und schied aus dem Forschertrio aus.⁶³ Stattdessen kündigte Sauer allein Anfang 1883 in Gestalt einer »Vorausverkündigung auf *[la]*nge Jahre« einen »Grundriß«⁶⁴ zur Geschichte der deutschen Literatur in Österreich an, der unter diesem Titel nie erschienen ist. Der Konzeption nach ist hier jedoch die nahezu enzyklopädische bibliografische Übersicht vorgezeichnet, die Sauer wesentlich später, seit 1897 innerhalb der Neubearbeitung von Karl Goedekes *Grundriß zur Geschichte der deutschen Dichtung*⁶⁵ publizierte und die von Herbert Zeman als »bibliografische[] Meisterleistung«⁶⁶ gewürdigt wurde. Mit seinem Wiener Kollegen Minor blieb Sauer hingegen bis zu dessen Tod (1912) auf eine unselige Weise verstrickt und verbunden; die Beziehung brachte Sauer 1908 mit der Einschätzung auf den Punkt: »Minor ist eigentlich mein ärgster Feind; nur dass er die Feindschaft gelegentlich durch Freundschaftspa*[ro]*xismen, übertriebene Widmungen und dgl. unterbricht.«⁶⁷ Die *Wiener Neudrucke*, die es zwischen 1883 und 1886 auf immerhin 16 Bände brachten, gab Sauer bereits allein heraus.

---

60 Vgl. auch Brief 13, Anm. 1.
61 Robert Keil: Wiener Freunde 1784–1808. Beiträge zur Jugendgeschichte der deutsch-österreichischen Literatur. Wien: Konegen, 1883; Franz Spengler: Wolfgang Schmeltzl. Zur Geschichte der deutschen Literatur im XVI. Jahrhundert. Wien: Konegen, 1883; Johannes Meissner: Die englischen Comödianten zur Zeit Shakespeares in Österreich. Wien: Konegen, 1884 (Beiträge zur Geschichte der deutschen Literatur und des geistigen Lebens in Österreich. II, III u. IV). Der erste Band, den Sauer mit einer kommentierten Edition von Grillparzers *Ahnfrau* beisteuern wollte, erschien nie.
62 Werner an Sauer, Brief vom 3.2.1880 (WBR, I. N. 187.733).
63 Werners letzter größerer Beitrag zur älteren österreichischen Literaturgeschichte war die von ihm besorgte Ausgabe mehrerer Hanswurstiaden innerhalb von Sauers *Wiener Neudrucken* (s. Brief 26, dazu Anm. 8 u. 10). Er verlegte seinen Arbeitsschwerpunkt auf poetologische Studien und die editorische Erschließung der Werke und Briefe Friedrich Hebbels (vgl. Müller/Nottscheid: Disziplin, S. 36 f.).
64 Sauer an Seuffert, Brief vom 24.1.1883 (Brief 24). Für Einzelheiten s. Brief 24, Anm. 4.
65 Es handelt sich um den § 298 (Österreich), erschienen in den Bänden VI u. VII von Goedekes *Grundriß*. Zu diesem und Sauers weiteren Beiträgen zum *Grundriß* s. Brief 86, Anm. 28.
66 Vgl. Literaturgeschichte Österreichs von den Anfängen im Mittelalter bis zur Gegenwart. Unter Mitwirkung von [...] hrsg. von Herbert Zeman. Freiburg/Br., Berlin, Wien: Rombach, 2014, S. 798: »Die systematische Bestandsaufnahme [zur österreichischen Literaturgeschichte] beginnt im Goedeke mit August Sauers bibliografischer Meisterleistung [...]«.
67 Sauer an Seuffert, Brief vom 7.1.1908 (Brief 251).

Aufgrund seiner vielfältigen Belastungen mit Editionsprojekten und mit der Österreich-Bibliografie für den *Grundriß* kam Sauer mit seinen Arbeiten an einer Literaturgeschichte Österreichs nicht voran und wurde von seinen Kollegen Willibald Nagl und Jakob Zeidler überholt, die, vom Wiener Verleger Otto Fromme ermutigt,[68] bereits 1896 ihren programmatischen Aufruf *An die Herren Mitarbeiter des Leitfadens und der Zeitschrift für deutsche Literatur in Oesterreich-Ungarn* veröffentlichen und seit 1897 die *Deutsch-österreichische Literaturgeschichte*[69] in monatlichen Lieferungen erscheinen ließen.[70] Sauers Verhalten gegenüber diesen beiden Unternehmungen lässt sich nicht mit wissenschaftlichen Grundsätzen rechtfertigen: Er lehnte die Nagl/Zeidler'sche *Literaturgeschichte* ab, noch ehe er die erste Lieferung sorgfältig zur Kenntnis genommen hatte,[71] und schwieg das Unternehmen tot, obwohl sein Verleger ihm wegen dieses Verhaltens sogar eine Kündigung des *Euphorion*-Vertrags androhte.[72] Eine Grundsatzkritik Sauers im *Euphorion* hätte möglicherweise eine Diskussion über regionale[73] und stammeskundliche Literaturgeschichtsschreibung

---

68 Vgl. dazu Renner: Lit.-Gesch., S. 861.
69 Deutsch-österreichische Literaturgeschichte. Ein Handbuch zur Geschichte der deutschen Dichtung in Österreich-Ungarn. Hrsg. von Johann Willibald Nagl, Jakob Zeidler u. Eduard Castle. 4 Bde. Wien, Leipzig: Fromme, 1899–1937.
70 Vgl. Renner: Lit.-Gesch., S. 872.
71 Vgl. Sauer an Seuffert, Brief vom 17.4.1897 (Brief 165): »Nagls Machwerk, die elende Zeidlerei hat in mir den Entschluß zur Reife gebracht, die Beilage der öst. Lit. Gesch. zum Euphorion nicht zu dulden, selbst auf die Gefahr hin, daß dieser zu Grunde gienge. Daß Jemand *[dur]*ch diese Weise ein Buch zusammenstoppeln, zusammenstückeln könne, war mir unerfindlich. Gelesen habe ich es noch nicht, nur das Leseblatt angesehen.« Die in einem Brief an Karl Glossy vom 19.2.1898 umrissene Grundsatzkritik an der Literaturgeschichte führte er nie aus (vgl. dazu Renner: Lit.-Gesch., S. 868).
72 Vgl. Sauer an Seuffert, Brief nach dem 6.3.1899 (Brief 176): »Fromme hat den Euphorion für Ende d. Jahres gekündigt. Der Hptgrund ist der, daß ich die Öst. Lit. Gesch. *[bis]* jetzt nicht darin besprochen habe.« Bereits Ende 1898 hatte Otto Fromme Sauer ein aufwendig gedrucktes Blatt mit Auszügen aus durchweg positiven Rezensionen zur *Österreichischen Literaturgeschichte* von Nagl/Zeidler geschickt und handschriftlich hinzugefügt (WBR, NL Sauer, 3.1.): »Dürfte Herr <!> Professor vielleicht interessieren. Wann kommt Ihre Rezension im Euphorion? Diese Anzahl günstiger Besprechungen – ich habe noch nicht eine ungünstige gelesen – beweist nur, das Buch doch nicht so verdammenswerth ist, wie man es in gewissen Kreisen behauptet; allerdings hat sich noch niemand getraut aus diesen gewissen Kreisen das Buch anzugreifen – und wenn es vielleicht noch kommen sollte, es würde dem Werk nichts schaden.«
73 Otmar Schissel von Fleschenberg wies in einem Brief an Joseph Golnar vom 21.10.1914 (Staatsarchiv Ljubljana, NUK Ms. 1377) darauf hin, dass Nagl und Zeidler es versäumt hätten, sich mit dem Begriff der »Provinzlitteratur« auseinanderzusetzen: »Es wäre überhaupt sehr interessant jenen merkwürdigen litterarhistorischen Begriff einmal zu fixieren. Dies wäre das »Problem« der deutsch-österreichischen Litteraturgeschichte gewesen, der Gesichtspunkt, unter dem alle litterarischen Erscheinungen ihres Gesichtskreises hätten gewertet werden sollen. Dass den Herausgebern und Mitarbeitern [...] dieses Problem nicht aufgegangen ist, ja dass sie es nicht einmal geahnt haben, das entscheidet für das Miss-

ausgelöst, welch letztere Seuffert bereits 1891 strikt ablehnte,[74] während Sauer sie ihm gegenüber nur schwach verteidigte.[75] Dieses Schauspiel wiederholte sich 1907 nach der Publikation von Sauers programmatischem Vortrag *Literaturgeschichte und Volkskunde*,[76] den Seuffert mit sehr grundsätzlichen Argumenten angriff,[77] während Sauer sich nur evasiv verteidigte und einräumte: »Die höchsten ästhetischen Spitzen und künstlerischesten Leistungen werden vielleicht nicht berührt oder ändern sich wenigstens nicht nach meiner neuen Betrachtungsart; aber das Gesa*[mm]*tbild verschiebt sich.«[78]

9.

»Grillparzer, Raimund u. Schreyvogel – meine heil. Dreifaltigkeit«,[79] lautete Sauers literarisches Glaubensbekenntnis für Österreich. Nachdem er eine dreibändige Raimund-Ausgabe mit Karl Glossy bereits 1881 abgeschlossen hatte und eine gemeinsam mit Glossy geplante Ausgabe der Tagebücher von Schreyvogel bereits 1889 »fast gedruckt«[80] vorlag, konzentrierte Sauer sich seit Ausgang der 1880er Jahre auf Grillparzer. Im Frühjahr 1886 war ihm von Cotta die Besorgung der neuen (vierten) Ausgabe der Werke Grillparzers übertragen worden, für die er eine neue Einleitung schreiben sowie zwei Ergänzungsbände vorbereiten sollte. Da ihm für diese Zwecke das streng behütete Grillparzer-Archiv »zu unbeschränktem Gebrauche geöffnet« wurde, fasste er sogleich den Plan, »eine große Grillparzer-Biographie auszuarbeiten, wozu ich durch meine Vorstudien, Sammlungen, Excerpte, durch Geburt und Neigung wie

---

lingen des Werkes von Nagl und Zeidler, der beiden christlichsozialen Streber, die nur eine indigeste moles altbekannter Notizen zu hinterlassen vermochten.«

74 Vgl. Seuffert an Sauer, Brief vom 12.3.1891 (Brief 110).
75 Vgl. Sauer an Seuffert, Brief vom 22.3.1891 (Brief 111): »Auch ich tappe vielfach im Dunkeln, weiß auch daß meine Begabung nicht nach dieser Seite liegt; von einem einzelnen aus, sei es nun Schiller, Thukydides oder Grillparzer, wird sich die Frage überhaupt nicht lösen lassen.« Josef Nadler wies in seinen Memoiren darauf hin, dass der stammeskundliche Gesichtspunkt bei Sauer um diese Zeit »gar keine Rolle« gespielt habe (Josef Nadler: Kleines Nachspiel. Wien [1954], S. 25).
76 August Sauer: Literaturgeschichte und Volkskunde. Rektoratsrede, gehalten in der Aula der k. k. Deutschen Karl-Ferdinands-Universität in Prag am 18. November 1907. Prag: Calve, 1907.
77 Seuffert an Sauer, Brief vom 5.3.1908 (StAW). Vgl. die Zitate daraus in Brief 253, Anm. 1.
78 Sauer an Seuffert, Brief nach dem 5.3.1908 (Brief 253).
79 Sauer an Seuffert, Karte vom 29.10.1888 (ÖNB, Autogr. 422/1-132).
80 Sauer an Seuffert, Brief vom 14.10.1889 (Brief 96). Der Band erschien jedoch erst 1903 unter der alleinigen Herausgeberschaft Glossys (vgl. Brief 96, Anm. 12).

ich glaube recht eigentlich prädestinirt bin«.[81] Dieser »Herzenswunsch«[82] Sauers ging nicht in Erfüllung. Im Dezember 1888 schrieb er an Seuffert, er wolle die Biografie am 15. Januar 1891 erscheinen lassen,[83] im Oktober 1889 berichtete er, das Buch nähme »immer greifbarere Gestalt an«.[84] Im Mai 1890 vereinbarte er mit dem Gemeinderat der Stadt Wien vertraglich, dass das Buch zur Feier des 100. Geburtstags von Grillparzer vorliegen werde.[85] Am 1. Januar 1892 galt ihm das Projekt endgültig als gescheitert[86] – »was mir allerdings mehr ans Leben gieng als irgend Jemand weiß«,[87] wie er Seuffert später anvertraute.

Nach außen war von einem Scheitern Sauers nichts zu spüren. Im Gegenteil, es machte den Anschein, als wolle er es durch erhöhte Aktivität kompensieren. Allerdings gingen unter den zahllosen Aktivitäten die genuinen wissenschaftlichen Einzelarbeiten tendenziell zurück, während die organisatorischen, wissenschafts- und kulturpolitischen Tätigkeiten zunahmen.

Die Edition der in den beiden umfangreichen Bänden *Goethe und Österreich*[88] gesammelten Briefe Goethes mit österreichischen Korrespondenten ging auf einen länger gehegten Plan Sauers zurück, dem Seuffert zunächst »die Einheit« der beiden titelgebenden Gegenstände bestritten hatte.[89] Sauer versicherte, dass nicht »österreich[ischer] Localfanatismus«[90] das Buch hervorgebracht habe, und nach dem Erscheinen ließ Seuffert sich von der Berechtigung des Werks zumindest teilweise überzeugen.[91] Da der Goethe-Gesellschaft der gesamte Briefwechsel Goethes mit

---

81 Sauer an Seuffert, Brief vom 6.4.1886 (Brief 59).
82 Sauer an Seuffert, Brief vom 14.6.1886 (Brief 63).
83 Sauer an Seuffert, Brief vom 22.12.1888 (Brief 89).
84 Sauer an Seuffert, Brief vom 14.10.1889 (Brief 96).
85 Vgl. dazu Suchy: Grillparzer-Ges., S. 28 u. S. 57 f.
86 Vgl. Sauer an Seuffert, Karte vom 1.1.1892 (ÖNB, Autogr. 422/1-204): »Von der Biographie keine Ahnung. Ich habe es dem Gemeinderathe anheimgestellt, d. Vertrag zu lösen u. erwarte jeden Tag ein freier Mann zu werden.«
87 Sauer an Seuffert, Brief vom 9.2.1897 (Brief 161). Ausführlicher berichtete Sauer seinem Kollegen Edward Schröder von dem Scheitern (s. Brief 59, Anm. 6).
88 Goethe und Österreich. Briefe mit Erläuterungen. Hrsg. von August Sauer. 2 Thle. Weimar: Böhlau, 1902–1904 (Schriften der Goethe-Gesellschaft. 17–18).
89 Vgl. Sauer an Seuffert, Brief nach dem 21.9.1900 (Brief 193): »Sie glauben daß dem Thema: Goethe u. Oest. die Einheit fehle. Zugeben muß ich, daß G. erst spät, seit der Bekanntschaft mit Sternberg Öst. als Einheit aufzufassen begann u. auch da ist die Einheit mehr Böhmen als Österreich. Gehen Sie aber von Österreich aus, kehren Sie den Titel um, dann werden Sie zugeben müssen, daß eine Einheit zu finden ist. Es kommt übe*[rha]*upt bei der Behandlg. des Themas viel mehr für die Geistesgeschichte Österreichs heraus als etwa für d. Entwicklg. Goethes; für jene aber sehr viel.«
90 Sauer an Seuffert, Brief vom 9.(6.)1902 (Brief 205).
91 Vgl. Seuffert an Sauer, Brief vom 27.1.1903 (StAW).

österreichischen Korrespondenten für eine Publikation zu umfangreich war,[92] spaltete Sauer einige Briefwechsel ab und gab sie separat heraus. Sie erschienen in der von der Gesellschaft zur Förderung deutscher Wissenschaft, Kunst und Literatur in Böhmen[93] herausgegebenen, 1899 unter Sauers Ägide gegründeten *Bibliothek deutscher Schriftsteller aus Böhmen, Mähren und Schlesien*. Der wichtigste Briefwechsel war der Goethes mit Kaspar von Sternberg,[94] dessen Edition Sauer auch als »politische That«[95] in dem von ihm mit den Tschechen geführten Kampf um das kulturelle Erbe Böhmens gewürdigt wissen wollte. In der *Bibliothek deutscher Schriftsteller* erschien auch die seit 1900 geplante[96] Prag-Reichenberger Stifter-Ausgabe.[97] Sauer, der als Gesamtherausgeber der Ausgabe verantwortlich zeichnete, edierte in ihr lediglich den ersten Band von Stifters *Studien* (1904).[98] Gänzlich in den Bereich der kulturpolitischen Tätigkeiten gehört es, dass Sauer, wie er an Albert Leitzmann schrieb, »unsere nationale Zeitschrift aus dem Schlamm ziehen«[99] musste. Gemeint war die ab 1901 von der Gesellschaft zur Förderung deutscher Wissenschaft, Kunst und Literatur (Prag) herausgegebene Zeitschrift *Deutsche Arbeit*, an deren Gründung und Programm Sauer maßgeblich beteiligt war und deren Leitung er von 1901 bis 1918 – als er den Vorsitz der Gesellschaft übernahm – innehatte.[100]

---

92 Vgl. Sauer an Seuffert, Brief vom 2.6.1902 (Brief 203).
93 Zu ihr vgl. Petra Köpplová: Die »Gesellschaft zur Förderung deutscher Wissenschaft, Kunst und Literatur in Böhmen« und die »Deutsche Arbeit«. In: brücken. Germanistisches Jahrbuch Tschechien – Slowakei. N. F. 8 (2000), S. 143–178.
94 Briefwechsel zwischen J. W. von Goethe und Kaspar Graf von Sternberg (1820–1832). Hrsg. von August Sauer. Prag: Calve, 1902 (Bibliothek deutscher Schriftsteller aus Böhmen, Mähren und Schlesien. 13/Ausgewählte Werke des Grafen Kaspar von Sternberg. 1).
95 Sauer an Seuffert, Brief vom 27.12.1902 (Brief 207).
96 Vgl. August Sauer: Erster Bericht über die im Rahmen der »Bibliothek deutscher Schriftsteller aus Böhmen, Mähren und Schlesien« geplante kritische Gesammtausgabe der Werke Adalbert Stifters. Prag, 1900 (Gesellschaft zur Förderung deutscher Wissenschaft, Kunst und Literatur in Böhmen. Mittheilung. XII).
97 Vgl. Alois Hofmann: Aufbruch der Stifter-Forschung in Prag. August Sauer und sein Kreis. In: Adalbert Stifter. Studien zu seiner Rezeption und Wirkung. 1868–1930. Linz: Stifterhaus, 1995 (Schriftenreihe des Adalbert-Stifter-Institutes des Landes Oberösterreich. 39), S. 79–95; Karoline Riener: August Sauer und Adalbert Stifter. In: Höhne: Sauer, S. 283–308; zur Edition s. Jens Stüben: Stifter Editionen. In: Editionen zu deutschsprachigen Autoren als Spiegel der Editionsgeschichte. Hrsg. von Bodo Plachta. Tübingen: de Gruyter, 2005 (Bausteine zur Geschichte der Edition. 2), S. 403–431.
98 Adalbert Stifters Sämmtliche Werke. Bd. 1,1: Studien. Hrsg. von August Sauer. Prag: Calve, 1904.
99 Sauer an Leitzmann, Brief vom 19.11.1905 (ThULB, NL Leitzmann VII 1 S).
100 Vgl. Steffen Höhne: August Sauer – ein Intellektueller im Spannungsfeld von Kultur- und Wissenschaftspolitik. In: Höhne: Sauer, S. 9–38 u. Jeanette Godau: »... solang ich die ›DArbeit‹ redigieren muss, bin ich für die Menschheit tot«. Der Briefwechsel zwischen August Sauer und Albert

All diese Prager Aktivitäten, zu denen noch die große Belastung durch das Rektorat der Deutschen Universität im Jahr 1907/08 hinzukam, lenkten Sauer nicht von seinem Ziel ab, eine Professur in Wien zu erlangen. Mit diesem Plan[101] verfolgte er zwei Absichten. Zum einen war ihm klar, dass Wien der einzige Ort war, an dem er wissenschaftspolitisch und -organisatorisch wirkungsvoll würde agieren können,[102] zum anderen wollte er an den Ort des Grillparzer-Archivs, um eine neue historisch-kritische Ausgabe von Grillparzers Werken zu konzipieren. Die Hürden für eine Berufung von Prag nach Wien lagen jedoch sehr hoch, da der Unterrichtsminister Wilhelm Hartel es aus politischen Gründen ablehnte, qualifizierte deutsch-österreichische Professoren aus Prag wegzuberufen. Sauers Plan war es nun, das Desiderat einer – im Gegensatz zu der von Nagl/Zeidler vorgelegten – genuin wissenschaftlichen, auf verlässlichen bibliografischen Vorarbeiten beruhenden österreichischen Literaturgeschichte, die nur in Wien erarbeitet werden könne, ins Feld zu führen, um den Ruf durchzusetzen. In diesem Zusammenhang hatte er bereits 1898 in einem Brief an Karl Glossy von einem »Institut für österreichische Literaturforschung« gesprochen, das nach dem Vorbild des universitätsunabhängigen Instituts für österreichische Geschichtsforschung anzustreben sei.[103] Fünf Jahre später legte er ein entsprechendes Vorhaben, über das Sauer sich nie öffentlich äußerte, seinem Freund Glossy in den Mund:

> Glossy knüpft noch weitere Hoffnungen daran (wie ich Ihnen streng vertraulich sage), die ich aber nicht theile u. deren Realisierung ich jetzt auch kaum mehr wünsche. Er meint, es würde sich eine Art Institut für österreich. *[L<i>t<eratur>.]*forschung (nach Art des Instituts für österr. Geschichtsforschg) daraus sich <!> entwickeln, als dessen Leiter ich doch noch nach Wien kommen könnte. Das war vor Jahren allerdings mein eigner Plan. Aber Minor wird sich diesem Plan gewiß widersetzen oder wird wenigstens streben, eine andre Persönlichkeit als mich an die Spitze zu bringen: Werner, Weilen, Zeidler, auch Wackernell werden trachten mir im Weg zu sein.[104]

      Leitzmann und die Zeitschrift »Deutsche Arbeit«. Ebd., S. 175–192; ausführlicher Godau: Sauer/Leitzmann, Kap. 3, S. 126–204: »Der Literaturhistoriker in der Kulturpolitik«.

101 Auf diese Zusammenhänge hat zuerst Renner: Lit.-Gesch., S. 867–870 hingewiesen. Vgl. hierzu den scharfen Widerspruch von Herbert Zeman gegen die Deutung Renners, die »weder dem Charakter des Gelehrten noch der Wahrheit« entspreche (Zeman: Sauer, S. 145).

102 An Albert Leitzmann hatte Sauer bereits in einem Brief vom 26.1.1896 (ThULB, NL Leitzmann VII 1 S) geschrieben: »Aber von einem Ort wie Prag aus kann man niemandem nützen oder auch nur rathen. Er liegt außerhalb der deutschen Machtsphäre.«

103 Vgl. dazu Renner: Lit.-Gesch., S. 869.

104 Sauer an Seuffert, Brief vom 8.4.1903 (Brief 211).

Dem Ziel, ihn einer Berufung nach Wien näherzubringen, diente auch Sauers Engagement in der 1890 gegründeten Grillparzer-Gesellschaft, die ein wichtiges gesellschaftlich-kulturelles Forum mit Verbindungen zum Wiener Stadtrat darstellte, der Sauer 1890 bereits mit der Grillparzer-Biografie betraut hatte.[105] Sauer hatte zu den Mitunterzeichnern des Aufrufs zur Begründung der Gesellschaft gehört, und er beantragte gleich auf der Gründungsversammlung, dass die Gesellschaft – anders als im Satzungsentwurf vorgesehen – sich nicht auf die »Pflege der mit Grillparzer und seiner Zeit verknüpften Literatur« beschränke, sondern dass »sich das Arbeitsgebiet auf die ganze deutsch-österreichische Literatur seit dem 16. Jahrhundert erstrecke, und daß statt des Jahrbuchs [der Grillparzer-Gesellschaft] eine ›Zeitschrift zur Geschichte der neueren deutschen Literatur in Oesterreich‹ herausgegeben werde«.[106] Wäre sein Antrag angenommen worden, hätte Sauer die Grillparzer-Gesellschaft für seine umfassenden literarhistorischen Ziele einsetzen und eine Zeitschrift zur österreichischen Literaturgeschichte nach seinen Vorstellungen gründen können. Sauers Vorschlag wurde indes mit großer Mehrheit abgelehnt, er selbst jedoch gleichwohl in den Vorstand der Gesellschaft gewählt.

Da sich die Grillparzer-Gesellschaft für seine weiter gesteckten Ziele als ungeeignet erwiesen hatte, leitete Sauer die Gründung eines neuen Vereins in die Wege. Der Litterarische Verein in Wien wurde am 5. April 1907 durch Karl Glossy und Anton Bettelheim gegründet, die Initiative dazu ging aber von Sauer aus.[107] In einem Brief an Seuffert schrieb Sauer unverblümt, der »neue« Verein sei eine »Notwendigkeit« gewesen, weil die Grillparzer-Gesellschaft seine Anträge abgelehnt habe. Mit diesem neuen Verein verknüpfte Sauer nun die Hoffnung auf eine Lehrkanzel in Wien:

> Bleibt aber Hartel längere Zeit noch am Ruder, dann ist es möglich, daß er eine *[Lehr-]* kanzel f. öst. Lit. Gesch. gründet u. mir übergibt. Um dieses Ziel nun wenigstens nicht zu verlieren, werde ich trachten, an den Arbeiten des Vereins aus der Entfernung regen Antheil zu nehmen u. Hartels Wünsche zu befriedigen. Ich gestehe Ihnen offen, dass mich die ganze Sache etwas aus dem Gleichgewicht gebracht hat; ich hatte seit Jahren alle ähnlichen Pläne ganz aufgegeben gehabt u. mich in mein Schicksal gefügt. Nun sind alle wie ich glaubte ertödteten Wünsche wieder lebendig geworden und treiben tollen Unfug. Wär ich nur um 20 Jahre jünger![108]

---

105 Zum Folgenden, insbesondere zur Gründung der Grillparzer-Gesellschaft vgl. auch Brief 98, Anm. 7.
106 Emil Reich: Bericht über die Gründung der Grillparzer-Gesellschaft. In: JbGG 1 (1890), S. VII–XXVI, hier: S. XXII. Vgl. auch Anm. 106.
107 Vgl. Danielczyk: Lit. Verein, S. 262.
108 Sauer an Seuffert, Brief vom 8.4.1903 (Brief 211).

Sauer verknüpfte ganz arglos die wissenschaftlichen Ziele der österreichischen Germanistik mit seinen persönlichen Ambitionen. Er war denn auch, wie er Seuffert bekannte,[109] der Autor des – auch für heutige Leser noch – eindrucksvollen wissenschaftlichen Programms des Vereins, das anonym als Broschüre und im *Euphorion* publiziert wurde.[110] Ziel des Vereins war »neben großangelegten Editionsprojekten [...] die Einrichtung eines eigenständigen österreichischen Literaturarchivs mit Nachlässen und Autographen bedeutender österreichischer Autorinnen und Autoren«.[111] Der Verein wurde jedoch bereits im Ersten Weltkrieg wieder aufgelöst: Die hochgesteckten Ziele Sauers verwirklichte er nicht, aber er publizierte bis 1917 immerhin 24 Editionen.[112] Nach der Auflösung sollten die Aufgaben des Literarischen Vereins, wie Sauer 1917 in einem programmatischen Aufsatz schrieb, einem selbstständigen Forschungsinstitut übertragen werden; der Aufsatz endete mit dem Satz: »wir verlangen ein Reichsinstitut für österreichische Literaturforschung.«[113]

10.

Die Hoffnungen auf eine Wiener Professur erfüllten sich nicht, aber am 7. Januar 1909 beschloss der Wiener Stadtrat, Sauer mit den Editionsarbeiten für die historisch-kritische Gesamtausgabe der Werke Grillparzers zu betrauen.[114] Diese Entscheidung, auf die er jahrelang hingearbeitet hatte,[115] galt Sauer als »schönste Erfüllung meiner Wünsche«.[116]

Doch schon bevor der Entschluss des Stadtrats gefasst war, begann Sauer die Grillparzer-Ausgabe »in allen Tonarten zu verfluchen«.[117] Durch sein Agieren in den Wie-

---

109 Sauer an Seuffert, Karte vom 30.5.1903 (ÖNB, Autogr. 423/1-457).
110 [August Sauer]: Literarischer Verein in Wien. [Wien, 1904]; wiederholt in: Euph. 11 (1904), S. 373–378. Der Befund der Autorschaft ist auch abgesichert durch die Aufnahme des Programms in Sauers Personalbibliographie (s. Rosenbaum: Sauer, Nr. 525).
111 Danielczyk: Lit. Verein, S. 262.
112 Vgl. ebd. S. 268–271.
113 August Sauer: Die besonderen Aufgaben der Literaturgeschichtsforschung in Österreich. In: Österreich. Zeitschrift für Geschichte (Wien) 1 (1918), S. 63–68, hier: S. 68.
114 Vgl. Gladt: Grillparzer-Ausg., S. 91.
115 Bereits 1907 hatte er dem Wiener Stadtrat ein »Memorandum über eine kritische Grillparzerausgabe« vorgelegt (Sauer an Seuffert, Brief vom 11.5.1907 [Brief 241]); wegen des Editionskonzepts hatte er mehrfach auch Seuffert konsultiert (s. z. B. Brief 244).
116 Sauer an Seuffert, Brief vom 8.4.1903 (Brief 211).
117 Sauer an Seuffert, Brief vom 7.1.1908 (Brief 251). Vgl. auch seinen Brief vom 30.4.1911 (Brief 264): »Was für mich ein Glück zu sein schien, ist mir zur Tortur geworden.«

ner literarischen Vereinen und Gesellschaften hatte er sich zahlreiche Feinde gemacht und musste im Frühjahr 1908 feststellen, dass allerorten »Hetzereien«[118] gegen ihn einsetzten. Zudem erhielt er in dem Wiener Privatdozenten Stefan Hock einen Konkurrenten, der im Auftrag des deutschen Verlegers Bong eine eigene, populär aufgemachte Grillparzer-Ausgabe vorbereitete, die in den Jahren 1911 bis 1914 – parallel zu den ersten Bänden von Sauers Ausgabe (1909 ff.) – erschien.[119] Hock erhielt dabei mehrfach die Unterstützung seines Lehrers Jakob Minor, der Sauer nun als »ärgster Feind«[120] galt.

Die Kontroversen, die nach dem Erscheinen der ersten Bände von Sauers Ausgabe – insbesondere nach den kritischen Rezensionen von Edward Schröder[121] und Stefan Hock[122] – einsetzten, sind bislang nicht untersucht worden. Das ist aus wissenschaftshistorischer Sicht umso bedauerlicher, als diese Kontroversen in einem gegenwärtig gar nicht zu bestimmenden Maß Einfluss auf die Auseinandersetzungen um die Nachfolge des am 7. Oktober 1912 verstorbenen Jakob Minor ausübten.[123] Aber auch diese für die Geschichte der Germanistik insgesamt überaus wichtige Besetzung ist bis heute nicht in den Details geklärt. Nach der bislang eingehendsten Untersuchung, die in der Wiener Dissertation von Elisabeth Grabenweger vorliegt,[124] wird man sagen können, dass August Sauer um einen verdienten Platz auf der Berufungsliste gebracht wurde: zum einen durch das unentschiedene Verhalten der Besetzungskommission, zum anderen durch strategische Intrigen des gerade von Bonn nach Wien berufenen Ordinarius Carl von Kraus, die offensichtlich die Billigung des

---

118 Sauer an Seuffert, Brief vom 7.1.1908 (Brief 251).
119 Franz Grillparzers Werke in 16 Teilen. Hrsg., mit Einleitung und Anmerkungen versehen von Stefan Hock. 7 Bde. Berlin, Leipzig [u. a.]: Bong, 1911–1914. Zu den Auseinandersetzungen mit Hock und Minor vgl. auch das für den Kommentar zu Brief 251, 260 u. 273 erhobene Material.
120 Sauer an Seuffert, Brief vom 7.1.1908 (Brief 251).
121 Edward Schröder [Rez.]: Grillparzers Werke. Im Auftrag der Reichshaupt- und Residenzstadt Wien hrsg. von August Sauer. 1. Abt., Bd. 1 1909. Wien, Leipzig, 1910. In: GGA 175 (1913), S. 95–105.
122 Stefan Hock [Rez.]: Grillparzers Werke. [...]. 1. Abt., Bd. 1[...]; 2. Abt., Bd. 2 [...]. Wien, Leipzig 1910–1912. In: GRM 5 (1913), S. 280–285. In einem Artikel über den Wiener Literarischen Verein hatte Hock über Sauers Edition der Gespräche Grillparzers noch geschrieben: »Die Herausgabe dieses breit angelegten Werkes ist dem Berufensten übertragen worden, dem Prager Universitätsprofessor August Sauer, dessen langerwartete Grillparzer-Biographie der schönste Abschluß der Sammlung wäre.« (Stefan Hock: Der Literarische Verein in Wien. In: ÖR 3 [1905], S. 390–396, hier: S. 392).
123 Vgl. dazu die briefliche Einlassung Gustav Roethes an Edward Schröder vom 7.10.1912 (Briefw. Roethe/Schröder, Bd. 2, Nr. 4271, S. 609 f.): »Ich habe ihn persönlich nicht gekannt u. auch nicht geliebt; aber er war doch etwas: so gehts mir immerhin nahe. Hoffentlich nimmt man jetzt in Wien [Oskar] W[alzel] aus Dr[esden] und nicht den Prager Stiesel [August Sauer].«
124 Grabenweger: Germanistik, S. 21–39. Im Fazit stimmen Grabenwegers Ausführungen weitgehend überein mit der älteren Untersuchung von Zeman: Sauer, S. 145–149.

Kultusministeriums fanden. Die Tatsache, dass für eine gewisse Zeit sowohl Sauer als auch Seuffert als Nachfolgekandidaten für Minor im Gespräch waren und Seuffert im ersten Besetzungsvorschlag der Fakultät primo loco auftauchte, vermochte die Freundschaft zwischen beiden nicht zu trüben.[125] Seuffert lehnte den an ihn ergangenen Ruf bekanntlich ab.[126]

Mit der Grillparzer-Ausgabe geriet Sauer schon vor dem Ersten Weltkrieg stark in Verzug gegenüber den vertraglichen Vereinbarungen mit dem Wiener Stadtrat.[127] Während des Krieges kam die Edition zum Erliegen; erst am 18. September 1923 konnte Sauer mitteilen: »Nach 10 Jahren kommt tatsächlich die Ausgabe wieder in Fluss, nicht ohne grosse materielle und wissenschaftliche Opfer meinerseits; aber die Hauptsache ist gerettet.«[128] Über die Praxis der Zusammenarbeit Sauers mit seinem Mitarbeiter Reinhold Backmann, der die Ausgabe vermutlich von Beginn an begleitete, gibt es bislang keine klaren Erkenntnisse, obwohl eine Reihe kleinerer Aufsätze dazu vorliegen.[129]

Nach dem Ersten Weltkrieg war die eigentlich kreative Phase im Schaffen August Sauers vorüber. Anfang 1918 schrieb er: »Ich komme mir jetzt vor wie mein eigener Nachlassverwalter, der mit einer gewissen nervösen Hast die pa*[ar]* einzuheimsenden dürftigen Aehren noch in die Scheuer zu bringen sucht, bevor das letzte Dunkel endgiltig hereinbricht.«[130] Diese pessimistische Einschätzung lähmte Sauers Arbeitskraft aber kaum, nicht allein als Hochschullehrer und *Euphorion*-Herausgeber erfüllte er unermüdlich seine Pflichten, sondern auch als Editor und als Autor wissenschaftlicher Arbeiten. Das Ansinnen, Seuffert möge ihn in der Kontroverse unterstützen, die

---

125 Vgl. dazu Sauer an Seuffert, Brief vom 9.5.1913 (Brief 271) und Seuffert an Sauer, Brief vom 9.7.1913 (Brief 272). Sauer beglückwünschte Seuffert am 11.7.1913 (Brief 273) zu dessen Erfolgen in den Wiener und Berliner Besetzungsverfahren.
126 Auf einer Karte vom 6.12.1913 (Brief 274) teilte Seuffert mit, dass die Verhandlungen mit dem Kultusministerium abgebrochen worden seien, »nachdem ich 2 zu niedere angebote abgelehnt habe«.
127 Vgl. Sauer an Seuffert, Brief vom 25.2.1912 (Brief 266).
128 Sauer an Seuffert, Karte vom 27.5.1923 (ÖNB, Autogr. 423/1-625).
129 Vgl. Gladt: Grillparzer-Ausg., bes.: S. 91–97; Hermann Böhm: Franz Grillparzer: Der Nachlass und die historisch-kritische Ausgabe. In: Von der ersten zur letzten Hand. Theorie und Praxis der literarischen Edition. Hrsg. von Bernhard Fetz und Klaus Kastberger. Wien, Bozen: Folio, 2000, S. 30–35; Klaus Kastberger: Reinhold Backmann: »Zur Fertigstellung der Grillparzer-Ausgabe im Dienst belassen«. In: Neugermanistische Editoren im Wissenschaftskontext. Biographische, institutionelle, intellektuelle Rahmen in der Geschichte wissenschaftlicher Ausgaben neuerer deutschsprachiger Autoren. Hrsg. von Roland S. Kamzelak, Rüdiger Nutt-Kofoth u. Bodo Plachta. Berlin: de Gruyter, 2011 (Bausteine zur Geschichte der Edition. 3), S. 167–179; Sigurd P. Scheichl: August Sauers Historisch-kritische Grillparzer-Ausgabe. In: Höhne: Sauer, S. 283–308.
130 Sauer an Seuffert, Karte um den 8.2.1918 (Brief 281).

sich im Anschluss an Sauers schweres akademisches Fehlverhalten im Fall der Habilitationsablehnung Josef Körners entzündet hatte,[131] ignorierte Seuffert vornehm.[132]

Inzwischen war die Korrespondenz langsam in einen sporadischen Verlauf übergegangen; sie dauerte aber bis wenige Wochen vor Sauers Tod an. Zu der – angesichts der Zeitumstände – prächtig ausgestatteten Festschrift, mit der Sauer im Jahr zuvor anlässlich seines 70. Geburtstages durch Freunde und Schüler gewürdigt wurde, steuerte Seuffert einen Aufsatz über *Grillparzers Spielmann*[133] bei, einen seiner raren Beiträge zur österreichischen Literaturgeschichte und den einzigen zur Grillparzerforschung, dem zentralen Arbeitsfeld des Freundes.

11.

Im Gegensatz zu August Sauer, der extrovertiert und umtriebig war und sich gern mit Mitarbeitern umgab, war Bernhard Seuffert introvertiert, zurückhaltend und arbeitete am liebsten allein.[134] Er litt bei seinen Arbeitsvorhaben unter einem inneren Konflikt. Sauers Auffassung, »daß doch nur die Darstellung die Krone aller und jeder wissenschaftlichen Beschäftigung ist«,[135] teilte er. Auch für ihn war es ein »axiom, dass nur sie vollen genuss gibt, um den man sich viel von aussen gefallen lassen kann, da die innere befriedigung alles aufwiegt«[136] – zugleich litt er unter seinem Drang zur philologischen Genauigkeit und bezeichnete seine editorische »kleinlichkeit« als einen »feind«, dessen er nur »schwer und niemals völlig herr«[137] werde.

Im Hinblick auf seine Tätigkeiten als Generalkorrektor der Weimarer Goethe-Ausgabe fürchtete er etwa, »dass meine philologische neigung durch die korrektur neue nahrung erhält und ich dem ästhetisch-historischen darstellen noch mehr entfrem-

---

131 Vgl. Ralf Klausnitzer: Josef Körner. Philologe zwischen den Zeiten und Schulen. Ein biographischer Umriß. In: Josef Körner: Philologische Schriften und Briefe. Hrsg. von Ralf Klausnitzer. Mit einem Vorwort von Hans Eichner. Göttingen: Wallstein, 2001 (Marbacher Wissenschaftsgeschichte. 1), S. 385–461, hier: S. 423–445. Vgl. auch: Ingeborg Fiala-Fürst: Zum Umfeld von August Sauer: Der Germanist Josef Körner. In: Höhne: Sauer, S. 335–357.
132 Vgl. dazu Sauer an Seuffert, Brief um den 14.3.1925 (Brief 293).
133 Festschrift August Sauer zum 70. Geburtstag des Gelehrten am 12. Oktober 1925, dargebracht von seinen Freunden und Schülern. Stuttgart: Metzler, [1925], S. 291–311.
134 Vgl. Seuffert an Sauer, Brief vom 8.12.1886 (Brief 74): »Sie kennen mich ja, wissen dass ich anfangs zurückhaltend bin, überhaupt schwer aus mir herausgehe, mich schwer anschliesse. hab ich das erste überwunden, so ist der anschluss um so fester.«
135 Sauer an Seuffert, Brief vom 25. oder 26.1.1890 (Brief 98).
136 Seuffert an Sauer, Brief vom 23.2.1890 (Brief 99).
137 Seuffert an Sauer, Karte vom 3.1.1889 (StAW).

det werde.«[138] Seuffert war sich bewusst, welche Gefahr ihm von seiner Akribie drohte: »Aber wer so genau arbeitet, kommt zu nichts«,[139] meinte er zu Sauer, und bei der Goethe-Arbeit werde er sich »vollends zu grunde richten und niemand wird mirs danken«.[140] Vier Jahre später schrieb er: »Wer rechnet es mir an, dass ich die Goethe-ausgabe im wesentlichen eingerichtet habe? mindestens zur hälfte mit Erich Schmidt.«[141] Seuffert war klar, dass die Redaktionstätigkeit für die Ausgabe keine Reputation mit sich brachte – Gustav von Loeper war sicher nicht der Einzige, der sie als »peinlich, ledern und doch wichtig«[142] bezeichnete.

Der Konflikt zwischen dem Hang zur Akribie und dem Wunsch nach freier wissenschaftlicher Darstellung war jedoch wesentlich älter als Seufferts Korrespondenz mit Sauer. Diese Spannung machte ihm bereits zu Beginn seiner wissenschaftlichen Laufbahn zu schaffen und beinahe lebenslang auch auf seinem wichtigsten Arbeitsgebiet, der Wieland-Forschung.

Stark wirkte hier wohl noch in späteren Jahren die harsche Kritik nach, die Wilhelm Scherer an Seufferts erstem Buch, der Biografie über Maler Müller (1877) geübt hatte.[143] Dessen detailfreudige und zugleich ausladende Form – die erste Ausgabe umfasst samt Anhängen und Register 639 Seiten – entsprach wohl Seufferts damaligem Ideal einer großen monografischen Darstellung, während Scherer gerade darin einen Mangel an ästhetischer Durcharbeitung, konziser Komposition und präzisem Ausdrucksvermögen erblickte. »Mit Recht«, schrieb er seinem Hörer nach Durchsicht des Manuskripts,

> wird man an den Vertreter der modernen Philologie immer die Forderung stellen, daß der Formsinn den er haben muß sich auch in seiner eigenen Form, in seinem eigenen Stil bewähre. Es würde Ihnen auf Ihrer künftigen Laufbahn fortwährend nachgehen u. wäre eine schwer auszuwetzende Scharte, wenn Ihr erstes Buch, ein Buch von 20 Bogen, einen ungeschickten, schwerfälligen, manchmal durch Unbeholfenheit komischen Ausdruck aufwiese, den es jetzt noch hat.[144]

---

138 Seuffert an Sauer, Brief vom 24.6.1886 (StAW).
139 Seuffert an Sauer, Brief vom 13.1.1886 (Brief 56).
140 Seuffert an Sauer, Karte vom 9.2.1887 (StAW).
141 Seuffert an Sauer, Brief vom 3./4.5.1901 (Brief 197).
142 Gustav von Loeper an Herman Grimm, Brief vom 20.12.1886 (Hessisches Staatsarchiv Marburg, 340 Grimm, Br3771). Für den Hinweis auf diesen Brief danken wir Ralf-Erik Werner (Hamburg), der eine Edition der Briefe Loepers an Grimm vorbereitet.
143 Vgl. zum Folgenden Nottscheid: Vorbild, S. 383–387.
144 Scherer an Seuffert, Brief vom 12./14.7.1876 (Briefw. Scherer/Seuffert, Nr. 9, S. 74).

Noch während Seuffert im Sommer 1878 an einer erweiterten Darstellung des Themas seiner Habilitationsschrift über die Genofeva-Legende laborierte – die er nicht ausarbeiten sollte –, schickte er Scherer seine erste größere Arbeit zu Wieland, einen Vortrag über *Wielands Abderiten*,[145] und fügte hinzu: »Wenn mich die Genovefa nicht noch mit ihren keuschen armen umfinge, würde ich mich wol bald ganz von dem schalkhaften Wieland gefangen nehmen lassen. Mir ist als ob ich seine fessel noch manches studien- und lebensjahr hindurch tragen würde.«[146] Im November 1879 teilte er Scherer mit, dass er mit dem Verlag Ruetten & Loening einen Vertrag über eine Wieland-Biografie abgeschlossen habe;[147] im Jahr darauf, dass er die Leitung der *Deutschen Literaturdenkmale* übernommen habe. Bedenken, dass diese Tätigkeit die Wieland-Biografie hinauszögern könnte, »opferte« Seuffert

> der erwägung, dass ein derartiges unternehmen nützlich für das studium sei und bei der freundlichen aufnahme, die ich für den plan erwarte, meinem namen nicht unrühmliche verbreitung bringen könne. Ausserdem verhehle ich nicht, dass auch der pekuniäre gewinn meinen entschluss beeinflusste, da ich nicht in der lage bin, ohne alle einnahmen fortzuleben.[148]

Von Mai bis September 1881 bereiste Seuffert mit einem Stipendium des Bayerischen Staatsministeriums die deutschen und schweizerischen Archive, um Wieland-Handschriften aufzufinden; die Ausbeute dieser Reise war so umfangreich, dass er den Plan fasste, eine Wieland-Briefausgabe vorzubereiten, die teils vollständige Briefe, teils Regesten enthalten sollte. Dieser Plan gefiel Scherer, er gab jedoch zu bedenken: »Sollten Sie nicht frischweg die Biographie schreiben, darin Ihre Briefauszüge nach Daten und Empfängern citiren, so daß sie in jeder künftigen Ausgabe zu finden sein werden – u. sich alle diese Materialien aufheben auf bessere Zeiten d. h. bis das Interesse an Wieland durch Ihre u. a. Arbeiten gesteigert ist oder bis eine deutsche Akademie Lust hat, solche Arbeiten zu unterstützen?«[149] Seuffert stimmte dem Plan Scherers zu, verwies aber auf seine großen anderweitigen Belastungen und dazu auf »eine kaum zu besiegende angst, wie ich der grossen aufgabe einer Wielandbiographie gerecht werden soll«.[150] Zweieinhalb Jahre später berichtete Seuffert resigniert, dass er noch immer Wielandiana fände: »So muss ich denn ruhig weiter sammeln und den tadel über mich ergehen lassen, dass ich nichts grösseres schreibe, obwol ich fürchte

---

145 Berlin: Weidmann, 1878.
146 Seuffert an Scherer, Brief vom 6.7.1878 (Briefw. Scherer/Seuffert, Nr. 29, S. 91 f.).
147 Seuffert an Scherer, Brief vom 4.11.1879 (Briefw. Scherer/Seuffert, Nr. 44, S. 102).
148 Seuffert an Scherer, Brief vom 27.9.1880 (Briefw. Scherer/Seuffert, Nr. 50, S. 106).
149 Scherer an Seuffert, Brief vom 19.10.1881 (Briefw. Scherer/Seuffert, Nr. 65, S. 122).
150 Seuffert an Scherer, Brief vom 21.10.1881 (Briefw. Scherer/Seuffert, Nr. 66, S. 123).

der vorwurf könnte mir in meiner zukunft recht schädlich sein.« Zur Publikation der Wieland-Materialien entwickelte er einen neuen Plan: Im Herbst 1884 wollte er eine »Wieland-Epistolographie« unter dem Titel »Wieland-Studien I« herausgeben; als Fortsetzung der Studien sollte eine räsonnierende Wieland-Bibliografie folgen: »In der fortsetzung der Studien kämen dann alle detailuntersuchungen, deren ergebnisse in der einbändigen biographie vorgelegt werden.«[151] Die Wieland-Biografie, die einst an erster Stelle seiner Planungen gestanden hatte, war nunmehr an die letzte Stelle gerückt. Acht Wochen später bekannte Seuffert: »Ich weiss keinen ausweg. Und doch möchte ich mir die sachen vom halse schaffen: ohne das detail geordnet und veröffentlicht vor mir zu haben, komme ich bei meiner umständlichen arbeitsmanier nie zur biographie und scheitere gewiss auch an der versuchung, in die biographie zu viel einzelheiten einzuschachteln.«[152] Scherer sah ein, dass Seuffert sich in einer nahezu aporetischen Situation befand und sann auf einen Ausweg: »Das Schicksal der Wieland-Studien thut mir sehr leid u. ich habe wiederholt daran gedacht, wie man das Unternehmen wohl sichern könnte. Sagen Sie mir, zu meiner Orientirung, ob Sie event. bereit wären, an die Spitze einer vollständigen kritischen Wieland-Ausgabe zu treten, wenn dieselbe z. B. von der hiesigen Akademie unternommen würde.«[153] Scherer gelang es bis zu seinem Tode nicht, diesen Plan zu realisieren. Seuffert hatte mittlerweile über 2000 Wieland-Briefe gesammelt,[154] er verfügte indes weder über ein Einkommen noch besaß er irgendwelche Aussichten auf eine etatisierte Stelle.

In der Korrespondenz mit Sauer ging er selten und allenfalls sarkastisch auf seine prekäre Situation ein: »Ich lebe im hochgefühl eines 7jährigen privatdocenten, den fakultät, senat und minister aus barmherzigkeit zum extraordinarius machen wollten: die mitleidlosen landtagsabgeordneten aber sagten: das ist unnötig.«[155] Auch nach der – von Scherer und Schmidt erfolgreich betriebenen[156] – Berufung auf ein besoldetes Extraordinariat in Graz waren Seufferts Belastungen durch die Edition der *Deutschen Literaturdenkmale*, der Herausgabe der *Vierteljahrschrift für Litteraturgeschichte* und die Redaktionstätigkeit für die Goethe-Ausgabe so stark, dass er seine Wieland-Arbeiten nur in kleinen Schritten voranbringen konnte. Als er Sauer Ende 1888 den auf neuen, bisher unbekannten Quellen beruhenden Aufsatz über *Wielands*

---

151 Seuffert an Scherer, Brief vom 3.5.1884 (Briefw. Scherer/Seuffert, Nr. 127, S. 184).
152 Seuffert an Scherer, Brief vom 7.7.1884 (Briefw. Scherer/Seuffert, Nr. 131, S. 188).
153 Scherer an Seuffert, Brief vom 1.11.1884 (Briefw. Scherer/Seuffert, Nr. 133, S. 192).
154 Vgl. Seuffert an Scherer, Brief vom 6.10.1885 (Briefw. Scherer/Seuffert, Nr. 139, S. 200): »Das dritte Tausend der Briefe aus Wielands ungedruckter Korrespondenz ist längst angebrochen.«
155 Seuffert an Sauer, Karte vom 1.4.1884 (StAW).
156 Vgl. dazu Leitner: Graz, S. 112–123.

Berufung nach Weimar[157] schickte und dessen langwierige und verwickelte Entstehungsgeschichte schilderte, ermahnte und ermunterte ihn Sauer: »Aber, verzeihen Sie mirs, Sie dürfen nicht alles so schwer nehmen; sonst führt Sie Ihre Wielandforschung ins Unendliche. [...] Machen Sie einen Band Br*[ief]*e u. dann einen Band | Wieland. | Sein Leben und seine Werke. | von Bernhard Seuffert. | Weimar. | Böhlau | 1890«.[158]

Es entbehrt nicht der Ironie, dass Sauer, der kurz darauf an seiner Grillparzer-Biografie scheitern sollte, Seuffert zu dessen Wieland-Biografie Mut zusprach: »Glauben Sie mir, daß ich oft bei meinem Grillparzer an Ihren Wieland denke und mir sage: es wäre Jammerschad <!>, *[we]*nn Sie Ihre sicherlich einzig dastehende Kenntnis dieses Mannes nur zu Einzelstudien oder Briefpublikationen verwerteten; Sie müßen uns den ganzen Mann schildern und bleibt irgendwo eine Lücke: wo ist eine solche nicht?«[159] Seuffert wiederholte, was er schon oft geschrieben hatte: »Ihr zuruf: frisch an den Wieland! macht mich wehmütig; wie gern wollt ich ihn befolgen, aber ... Freilich will ich und werd ich, wenn mich der tod nicht überrascht, den ganzen Wieland darstellen. Aber gerade weil ich ihn darstellen will, muss ich der vorarbeitenden untersuchungen mich zuvor entledigen.«[160]

12.

Es waren nicht allein äußere, sondern auch innere Gründe, die Seuffert nicht zu einer zusammenfassenden monografischen Darstellung Wielands kommen ließen. 1904 beschloss die im Jahr zuvor begründete Deutsche Kommission der Preußischen Akademie der Wissenschaften, Seuffert mit der Leitung der Edition der Werke Wielands zu betrauen.[161] Sauer schrieb ihm: »Seit Jahren habe ich mich über nichts so gefreut wie über diese Nachricht. Nun erreichen Sie *[Ihr]* Lebensziel und in so ehrenvoller Weise.«[162] Bei Seuffert überwogen die Bedenken: »Ich freue mich, dass ein Wieland kommt; ich bange aber auch vor der leistung, die man von mir zu erwarten und zu fordern berechtigt ist. Wie und mit wem werd ich es tragen können?«[163] Dreizehn Jahre später berichtete er en passant: »Übrigens gewährt die Leitung überhaupt keine

---

157 VfLg 1 (1888), S. 342–435.
158 Sauer an Seuffert, Brief vom 22.12.1888 (Brief 89).
159 Sauer an Seuffert, Brief vom 25. oder 26.1.1890 (Brief 98).
160 Seuffert an Sauer, Brief vom 23.2.1890 (Brief 99).
161 Vgl. hierzu Gerlach: Seuffert.
162 Sauer an Seuffert, Brief vom 5.9.1903 (Brief 213).
163 Seuffert an Sauer, Brief vom 15.9.1903 (Brief 214).

Befriedigung, diese jungen Herren können sammt u. sonders nicht herausgeben.«[164] Seufferts Hauptwerk zu Wieland bleibt – sieht man von den größeren Aufsätzen zur Biografie und Werkgeschichte einmal ab – ein im engeren Sinne philologisches. Mit den neun Folgen seiner *Prolegomena zu einer Wieland-Ausgabe* (1904–1941) formulierte er nicht allein die Grundlagen zur Edition der Wieland-Ausgabe, sondern umriss »die erste nach wirklich wissenschaftlichen Gesichtspunkten konzeptualisierte historisch-kritische Edition, die ›nur dann ihren Anforderungen gerecht wird, wenn mit der Gewinnung des richtigen Textes eben die Darstellung der Fort- und Umbildung des Textes‹ einhergeht.«[165]

Klaus Gerlach, von dem diese Einschätzung stammt, meinte im Hinblick auf Seufferts Gesamtwerk: »Seuffert [...] war kein Hermeneutiker, sondern in erster Linie ein Sammler und Textkritiker.«[166] Erich Schmidt hatte Seuffert in einem Schreiben an Edward Schröder differenzierter beurteilt: »Seuffert macht durch seine Hyperphilologie [...] in die Ferne hin einen viel schlimmeren Eindruck als im Hörsaal u. im Verkehr. Da erscheint er angeregt u. anregend. Es fehlt ihm gar nicht an Gedanken u. Problemen höherer Art. Der Mensch ist absolut zuverlässig, weiss sich überall Respect zu verschaffen.«[167] Von diesen Einschätzungen weicht die Selbstcharakteristik deutlich ab, mit der Seuffert sich Sauer vorstellte:

> Von hause aus klassischer philologe und in deren etwas umständlicher methode erzogen freut auch mich wie Sie jede kleine entdeckung und ich spiele gerne mit ihr. Aber die rechte lust ist mir doch erst geworden, wenn ich sie als glanzlicht in ein grösseres bild eintragen kann. Mein streben geht immer aufs weite. Ich habe das wol noch aus der zeit an mir, wo ich aus Hettners buch die ersten nachhaltigen eindrücke empfing.[168]

---

164 Seuffert an Sauer, Brief vom 26.9.1915 (Brief 277).
165 Klaus Gerlach: C. M. Wielands Sämmtliche Werke. Die erste Ausgabe von der letzten Hand als Monument und als Dokument sowie in ihrer Bedeutung für den Typ der historisch-kritischen Ausgabe. In: Autoren und Redaktoren als Editoren. Hrsg. von Jochen Goltz u. Manfred A. Koltes. Tübingen: Niemeyer, 2008 (Beihefte zu editio. 29), S. 180–188, hier: S. 188.
166 Gerlach: Seuffert, S. 119.
167 Schmidt an Schröder, Brief vom 5.3.1906 (ABBAW, NL Schröder, Bl. 52; zit. n. Gerlach: Seuffert, S. 118, Anm. 19). Schröder hatte Schmidt im Hinblick auf eine Stellenbesetzung in Göttingen um sein Urteil über Seuffert gebeten.
168 Seuffert an Sauer, Brief vom 2.6.1884 (Brief 41). Mit »Hettners Buch« ist gemeint: Hermann Hettner: Die deutsche Literatur im achtzehnten Jahrhundert. 3 Tle. [in 4 Bden.]. Braunschweig: Vieweg, 1862–1870 (Literaturgeschichte des 18. Jahrhunderts. 3) [³1872–1879].

Hermann Hettner hatte an Seufferts Maler-Müller-Monografie das »genauere Eingehen auf die künstlerische Seite«[169] des Werks hervorgehoben; daraus war ein persönlicher Kontakt entstanden, der Seuffert später bewog, den Nachruf auf den 1882 gestorbenen Hettner zu schreiben. In ihm hob Seuffert hervor, Hettners literaturgeschichtlichen Forschungen liege »nicht die Philologie, sondern die Philosophie und Culturgeschichte zu Grunde«. Hettner habe die »Akribie in der Textgestaltung mit allen ihren kleinen Consequenzen« zwar als »wichtigste Grundlage allen Studiums« bezeichnet, jedoch »ein wegwerfendes Urtheil über Studien auf engem, kleinem Gebiete, über den Detailkram«[170] gehabt.

Das Interesse an Ästhetik und Poetik scheint bei Seuffert auch unter der Last editorischer Aufgaben virulent geblieben zu sein. 1894 bekannte er Sauer plötzlich, dass er nicht übel Lust hätte, einen größeren Aufsatz »über das thema: poesie, kunst, prosa«[171] zu schreiben. Auf Sauers erstaunte Nachfrage erklärte er, dabei handle es sich um ein »seit jahren durchdachtes und fürs Kolleg in verschiedenen ansätzen und ausführungen zurecht gelegtes thema«; es sei möglicherweise aber noch »nicht ganz ausgereift, vor allem es sei nicht an aller neuen ästhetik und poetik abgewogen«.[172] Im Zusammenhang mit der Klage über die ewige Terminarbeit erklärte Seuffert: »Mich sehnt es, nur Wieland zu leben, damit ich das buch erlebe. Freilich steckt daneben noch anderes im sinn, vielleicht sogar ein poetiklein, was aber wider nur Sie hören und was noch in weitem felde steht.«[173] Eine Poetik schrieb Seuffert auch nicht im Diminutiv, an ihrer Stelle veröffentlichte er zwischen 1909 und 1911 aber in drei zusammenhängenden Teilen *Beobachtungen über dichterische Komposition*.[174] Genaue formale Analysen der Personenkonfiguration in ausgewählten Romanen und Dramen werden hier verbunden mit einer Untersuchung der inneren Formgebung, die nach Seuffert »von der seelischen Lage des Autors« abhängt: »Da der Aufbau vor allem

---

169 Hermann Hettner [Rez.]: Bernhard Seuffert: Maler Müller. Im Anhang Mitteilungen aus Müllers Nachlaß. Berlin: Weidmann, 1877. In: Jenaer Literaturzeitung 6 (1879), Nr. 10, S. 140 f., hier: S. 141: »Ich hebe mit Absicht dieses genauere Eingehen auf die künstlerische Seite hervor, denn ich leugne nicht, dass ich bei den Arbeiten unserer jüngeren Literar- und Kunsthistoriker oft das Gefühl habe, als seien wir in der Gefahr, wieder dem ödesten Alexandrinertum zu verfallen.«
170 Bernhard Seuffert: Hermann Hettner. In: AfLg 12 (1884), S. 1–25, hier: S. 22.
171 Seuffert an Sauer, Brief vom 15.2.1894 (StAW).
172 Seuffert an Sauer, Brief vom 22.2.1894 (StAW).
173 Seuffert an Sauer, 19.6.1896 (Brief 155).
174 Bernhard Seuffert: Beobachtungen über dichterische Komposition [I–III]. In: GRM 1 (1909), S. 599–617 u. ebd. 3 (1911), S. 569–584 u. S. 617–632. Noch in einem Brief an Konrad Burdach vom 16.12.1927 (ABBAW, NL Burdach) schrieb Seuffert: »Schriebe ich etwas Theoretisches, so wäre es meine phil[ologische] Poetik; aber der Name ist zu hoch gewählt u. es ist nicht alles fertig, mangelt mir auch hier an nötigen Büchern. Also damit ists nichts.«

Ausdruck der inneren Form ist, kann die dichterische Absicht aus der Architektonik erhellt oder gar erst richtig erschlossen werden.«[175] Es ging Seuffert in seinen Beobachtungen letztlich um eine genaue Formanalyse als Heuristik für die Interpretation literarischer Werke. Seufferts Kompositionsanalysen fanden in der zeitgenössischen Literaturwissenschaft in Deutschland keine nennenswerte Beachtung – wiederentdeckt wurden sie in den Siebzigerjahren des 20. Jahrhunderts im Kontext mit der Suche nach Vorläufern des Russischen Formalismus,[176] als Sauer bereits in Vergessenheit geraten war. Zu Sauers 60. Geburtstag schrieb Seuffert:

> Wie anders als ich können Sie auf eine fülle von leistungen zurückschauen! der reichtum Ihrer arbeit liegt auf breitem felde vor uns ausgebreitet und jeder greift dankbar zu und mancher vergisst dabei, wer der schöpfer ist; so selbstverständlich ist es, von Sauers arbeit zu zehren. Ins enge und ins weite. Der in den seminarräumen begeistert, ermutigt, beherrscht den festsaal auch. Ein lenker, der die richtung zeigt, die bahn ebnet, die massen darauf führt, jeden an seinen platz stellt, alle zusammenhält. Eine ordnende leitende natur, die selbst überall zugreift, klärt und sichtet, aufgaben stellt und löst, überall bescheid weiss. Ein friedensfeldherr.[177]

---

175 Seuffert: Beobachtungen, S. 632.
176 Vgl. etwa Lubomír Doležel: Narrative Composition – A Link between German and Russian Poetics. In: Russian Formalism. Ed. by Stephen Bann u. John E. Bowlt. Edinburgh, 1973, S. 73–84. Vgl. auch ders.: Occidental Poetics. Tradition and Progress. Lincoln, 1990, S. 124–146. Vgl. zum Zusammenhang auch: Matthias Aumüller/Hans-Harald Müller: Russischer Formalismus, deutscher Geist, österreichische Kompositionstheorie – zur Klärung literaturtheoretischer Einflussbeziehungen. In: Scientia Poetica 16 (2012), S. 97–122, hier: S. 16–19.
177 Seuffert an Sauer, Brief vom 10.10.1915 (StAW).

Briefwechsel

1. *(B) Sauer an Seuffert in Würzburg*
   Lemberg, 7. Juli 1880. Mittwoch

   Lemberg in Galizien 7/7 80
   Sixtusgasse 14.

Sehr geehrter Herr Doctor!
Aus dem neuesten Hefte von Schnorrs Archiv[1] ersehe ich, dass Ihnen Benzlers Nachlaß[2] zur Veröffentlichung überlassen wurde. Nun hat Heinrich Pröhle in seinem ›Friedrich der Grosse u. d. d. L.‹[3] S. 270 f einen Brief Hirzels an Gleim vom 14. März 1759 mitgeteilt. Es wäre also wol möglich, dass sich andere Briefe Hirzels in diesem Nachlasse vorfinden, vielleicht also auch einige an E. v. Kleist. Sie wissen wol aus der Zs.[4], sehr geehrter Herr Doctor, dass ich in meiner Kleistausgabe[5] auch die gesammelten Briefe drucken lasse und ich möchte Sie freundlichst gebeten haben, mir das Einschlägige aus den Papieren gütigst mitzutheilen. Wie sehr man bei ähnlichen Sammlungen unter der Unvollständigkeit und Lückenhaftigkeit des Mater*[ia-]*les leidet, ist Ihnen ja so bekannt wie mir. Ich darf also wol die Bitte anfügen, wenn Sie sonst etwas von ungedruckten oder versteckten Kleistischen Briefen wissen, mir darüber Nachricht zu geben.
   Entschuldigen Sie meinen Brief. Durch gemeinsame Freunde wie etwa Erich Schmidt und Karl Luick meine ich Ihnen nicht ganz unbekannt zu sein, wie ich umgekehrt immer gerne von Ihnen erzählen hörte.
   Mit hochachtungsvollen Grüßen
   Ihr
   Ergebener
   Dr. August Sauer.

Handschrift: ÖNB, Autogr. 422/1-1. 1 Bl., 2 S. beschrieben. *Grundschrift:* deutsch.

1 Gemeint ist die von Franz Schnorr von Carolsfeld herausgegebene Zeitschrift »Archiv für Litteraturgeschichte« (14 Jg., 1874–1887), an der Sauer und Seuffert regelmäßig mitarbeiteten; s. zum Folgenden Bernhard Seuffert: Briefe von Herder und Ramler an Benzler. In: AfLg 9 (1880), S. 508–528.
2 Der literarische Nachlass Johann Lorenz Benzlers war von dessen Enkel Johann Benzler der Klosterschule

zu Roßleben vermacht worden. Korrespondenz Ewald von Kleists war darin laut Seuffert nicht enthalten (s. Brief 2). Eine Rekonstruktion des Roßlebener Bestandes, der im Laufe der 1990er Jahren veräußert wurde, ist derzeit nicht möglich. 165 Briefe von Ludwig Gleim an Benzler wurden 1996 durch das Land Sachsen-Anhalt erworben und liegen als Dauerleihgabe im Gleimhaus in Halberstadt (Auskunft von Dr. Ute Pott an M. Nottscheid vom 29.4.2014).

3 *Heinrich Pröhle: Friedrich der Große und die deutsche Literatur. Mit Benutzung handschriftlicher Quellen. Zweite Ausgabe. Berlin: Liebel, 1878 [¹Berlin: Lipperheide, 1872]. Zu dem dort abgedruckten Brief Hans Caspar Hirzels an Ludwig Gleim vom 14.3.1759 »über Friedrich, Bodmer, Klopstock und Gleim« merkt Pröhle in einer Fußnote an: »Mir von Hrn. Dr. [Johannes] Benzler [...] in Ilsenburg mitgeteilt« (S. 270).*

4 *Gemeint ist die »Zeitschrift für deutsches Alterthum«. Sauer hatte kurz zuvor in einer Rezension im »Anzeiger für deutsches Alterthum«, dem Rezensionsorgan der »Zeitschrift«, auf seine geplante Ausgabe der Briefe Ewald von Kleists hingewiesen (s. August Sauer [Rez.]: Lessings Werke. 20. Thl. Briefe von und an Lessing. Hrsg. und mit Anmerkungen begleitet von Carl Christian Redlich. Berlin: Hempel, [1880]. In: AfdA 6 [1880], S. 173–181, hier: S. 176 f.).*

5 *Ewald von Kleist's Werke. Hrsg. und mit Anmerkungen begleitet von August Sauer. 3 Thle. Berlin: Hempel, [1881–1882]. Die Briefe von und an Kleist erschienen im zweiten bzw. dritten Band.*

2. (B) Seuffert an Sauer in Lemberg
Würzburg, 10. Juli 1880. Samstag

Würzburg 10 juli 1880.
Herzogengasse 5

Sehr geehrter herr doktor,
Der verfasser des Brawe[1] und des fünffüssigen iambus[2] hat nicht nöthig mir seinen namen durch gemeinsame freundesbeziehungen wolklingend zu machen. Ich freue mich herzlich der gelegenheit mit Ihnen in persönliche beziehungen zu treten.

Freilich ohne dass Sie sich freuen werden: ich kann Ihnen nichts bieten! der Benzlernachlass enthält keine zeile von oder an Kleist, überhaupt nur briefe an und von Benzler (in sehr geringen ausnahmen kommt ein anderer briefwechsel als referat zur geltung), beginnt überhaupt erst mit dem jahre 1767. Woher Benzlers enkel den brief Hirzels hatte, den er Pröhle gab, weiss ich nicht; jedenfalls zufällig, da sein grossvater erst 1768 mit Gleim in berührung kommt. Übrigens ist der bei Pröhle genannte dr. Benzler (inzwischen †) eben derjenige, welcher die papiere seines grossvaters der klosterschule Rossleben schenkte, von wo ich dieselben bekommen habe. Von einer zersplitterung des nachlasses ist in Rossleben nichts bekannt.

Auch andere spuren Kleistscher briefe habe ich nicht gefunden. Ich bedaure für Sie dies resultat. seien Sie versichert, dass ich Ihnen sofort nachricht gebe, wenn ich etwas entdecke das für Sie werthvoll sein könnte.

Der name Kleist wird in den briefen, die mir vorliegen, öfters genannt; natürlich; wenn ich mich recht erinnere ohne irgend eine bedeutende aufklärung. Wie etwa, das können Sie aus dem beifolgenden sonderabdruck³ eines noch nicht erschienenen heftes der Zs des Harzvereins ersehen. Ich musste die sichtung der briefe liegen lassen, so sind sie mir etwas entfremdet. im august werde ich wol an die ausarbeitung gehen. Dann kann ich vielleicht mehr sagen, wenn auch stellen über Kleist keinen unmittelbaren werth für Ihre arbeit haben.

Mit den ergebensten grüssen eilig
Ihr
dr BSeuffert.

Handschrift: StAW. 1 Dbl., 3 S. beschrieben. Grundschrift: lateinisch.

1 *August Sauer: Joachim Wilhelm von Brawe der Schüler Lessings. Straßburg, London: Trübner, 1878 (QF. 30). Es handelt sich um Sauers für den Druck überarbeitete Wiener Dissertation, mit der er 1877 bei Karl Tomaschek promoviert worden war.*
2 *August Sauer: Ueber den fünffüssigen Iambus vor Lessing's Nathan. In: Sb. Wien 90 (1878), S. 625–717 (auch separat: Wien: Gerold, 1878). Eine erste Fassung des Themas hatte Sauer u. d. T. »Der fünffüßige Iambus bei Lessing und Brawe« als Exkurs zu seiner Brawe-Monographie veröffentlicht (Sauer: Brawe, Anhang 3, S. 128–145).*
3 *Bernhard Seuffert: Die Karschin und die Grafen zu Stolberg-Wernigerode. In: Zeitschrift des Harz-Vereins für Geschichte und Alterthumskunde 13 (1880), S. 189–208. Seuffert gibt hier einen kommentierten Abdruck der Briefe und Gedichte, die Anna Luise Karsch über den gräflichen Bibliothekar Johann Ludwig Benzler an die Grafen von Stolberg-Wernigerode schickte.*

3. *(K) Seuffert an Sauer in Lemberg*
Würzburg, 28. Dezember 1880. Dienstag

Würzbg. 28 XII 80.

Geehrter herr kollege, zu s. 6 Ihrer mir gütigst vorgelegten Kleistuntersuchungen¹ glaube ich Ihnen mitteilen zu sollen, dass Sie vielleicht bei h. premierlieutenant a. d. von Goeckingk in Wiesbaden (Blumenweg 2) über Ramlers nachlass etwas erfahren können. Derselbe soll sich für seinen urgrossvater, den dichter, sehr interessieren; ich kenne ihn nicht u. weiss von seiner existenz nur dadurch, dass ich von einem gemeinsamen bekannten ersucht wurde, genanntem herrn Goeckingkiana zuzustellen, wenn ich auf solche stosse; dazu hatte ich bisher keine gelegenheit. Jedesfalls ist er sammler des nachlasses Gs, ich vermute, dass er sein biograph² werden will. Wollen Sie davon nicht mehr gebrauch machen, als für Ihre zwecke Ihnen notwendig erscheint.

Meinen anzeigen³ hoffe ich bald den neudruck des ›Otto‹⁴ nachsenden zu können.

Prosit neujahr!
Ergebenster
BSeuffert.

Handschrift: StAW. *Postkarte. Adresse:* Herrn Dr. August Sauer / Lemberg / Sixtusg. 14 / Galizien. *Poststempel: Würzburg, 28.12.1880 – 2) Lemberg/Lwów, 30.12.1880. Grundschrift: lateinisch.*

1   August Sauer: Ueber die Ramlerische Bearbeitung der Gedichte E. C. v. Kleists. Eine textkritische Untersuchung. In: Sb. Wien 96 (1880), S. 69–101 (auch separat; Wien: Gerold, 1880). *Sauer wies in seiner Abhandlung nach, dass die posthume, von Karl Wilhelm Ramler besorgte Ausgabe von Kleists »Sämtlichen Werken« (1760), die bislang als maßgeblich gegolten hatte, in weiten Teilen durch nichtautorisierte Eingriffe des Herausgebers entstellt war. Ein Teil des Nachlasses von Ramler, in dem Sauer Kleists »letztredigirte[s] Manuscript« (ebd., Separatabdruck, S. 6) vermutete, hatte sich zuletzt im Besitz des Dichters Leopold von Goeckingk befunden. Zwar bestätigte dessen Urenkel, der von Seuffert empfohlene Hermann Adrian Günther von Goeckingk, die von Sauer bereits vermutete Übergabe der Papiere an die Königliche Bibliothek (s. ebd.); alle diesbezüglichen Nachforschungen verliefen zunächst ergebnislos: Wilhelm Scherer, der auf Bitten Sauers erneut in Berlin vorstellig wurde, vermutete, der Berliner Oberbibliothekar Johann Erich Biester, der 1802 den Empfang der Papiere quittiert hatte, habe »den Nachlaß zu eigenen Händen genommen« (Scherer an Sauer, Karte vom 2.2.1881, Briefw. Scherer/Sauer, Nr. 57, S. 331). Mitte der 1880er Jahre spürte jedoch Carl Schüddekopf »Ramlers verloren geglaubte[n] nachlass, freilich stark decimirt, im besitz von frau Louise Ritter in Berlin« auf, der zu diesem Zeitpunkt als »rest einer umfangreichen briefsammlung […] noch über 1000 briefe von fast 250 korrespondenten, ausserdem wenige handschriften eigener oder überarbeiteter gedichte, dokumente und drucke« enthielt (Carl Schüddekopf: Karl Wilhelm Ramler bis zu seiner Verbindung mit Lessing. Inaugural-Dissertation zur Erlangung der Philosophischen Doktorwürde an der Universität Leipzig. Wolfenbüttel: Zwissler, 1886, S. III). Aus dieser Quelle stammen die Dokumente, die Sauer einige Jahre später in Ergänzung seiner Kleist-Ausgabe sowie zur Stützung seiner Argumentation im Hinblick auf Ramlers Textbearbeitung veröffentlichte, darunter auch zwei zuvor unbekannte Briefe von Kleist an Ramler vom 12.8.1750 und vom 26.1.1759 (August Sauer: Neue Mittheilungen über Ewald von Kleist. In: VfLg 3 [1890], S. 254–295, hier: S. 254). Erst 1907 gelangte der Nachlass Ramler durch Schenkung der Erben an das Goethe-Schiller-Archiv in Weimar in öffentlichen Besitz (s. Dreiundzwanzigster Jahresbericht der Goethe-Gesellschaft. In: GJb 29 [1908], Anhang, S. 1–23, hier: S. 9).*

2   *Hermann Adrian Günther von Goeckingk hat keine Biografie über seinen Urgroßvater Leopold von Goeckingk veröffentlicht.*

3   *Bei den Rezensionen, für die sich Sauer in Brief 4 bedankt, könnte es sich um Seufferts Besprechungen zweier Arbeiten aus der Scherer-Schule im ersten Jahrgang der »Deutschen Literaturzeitung« gehandelt haben, der im Oktober 1880 eröffnet worden war* (Bernhard Seuffert [Rez.]: Erich Schmidt: Beiträge zur Kenntnis der Klopstockschen Jugendlyrik. Aus Drucken und Handschriften nebst ungedruckten Oden Wielands gesammelt. Straßburg, London: Trübner, 1880 [QF 39]. In: DLZ 1 [1880], Nr. 4, Sp. 129 f.; ders. [Rez.]: Otto Brahm: Das deutsche Ritterdrama des 18. Jahrhunderts. Studien über J. A. von Törring, seine Vorgänger und Nachfolger. Straßburg, London: Trübner, 1880 [QF 40]. Ebd., Nr. 12, Sp. 416 f.).

4   Friedrich Maximilian Klinger: Otto. Ein Trauerspiel. Leipzig: Weygand, 1775; Neudruck: [Hrsg. von Bernhard Seuffert]. Heilbronn: Henninger, 1881 (DLD 1). *Der Band eröffnete die von Seuffert im Verlag der Gebrüder Henninger (Heilbronn) gegründete Reihe »Deutsche Literatur-Denkmale des 18. [ab Bd. 15 (1883): 18. und 19.] Jahrhunderts in Neudrucken« (im Folgenden: »DLD«), von der zwischen*

1881 und 1924 insgesamt 151 Nummern (= 85 Bände) erschienen. Der Vorschlag, in Anlehnung an die die bereits 1876 durch Wilhelm Braune ins Leben gerufenen »Neudrucke deutscher Litteraturwerke des 16. und 17. Jahrhunderts« eine Reihe für Neudrucke deutscher Texte des 18. Jahrhunderts zu gründen, war, vmtl. im Spätsommer 1880, durch den Germanisten Elias Steinmeyer und den Romanisten Karl Vollmöller (beide Erlangen) an die Gebrüder Henninger herangetragen worden. Steinmeyer schlug vor, seinen früheren Straßburger Hörer Seuffert mit der Redaktion zu betrauen (s. Gebrüder Henninger an Seuffert, Brief vom 9.9.1880. StAW, NL Seuffert, Kasten 21). Über die Konzeption der Reihe beriet sich Seuffert intensiv mit seinem Lehrer Wilhelm Scherer, der gemeinsam mit ihm »ein programm von 50–60 nummern« (Brief 22) erarbeitete, von denen allerdings etliche nie realisiert wurden (s. Briefw. Scherer/Seuffert, vor allem Nr. 50– 54, 65–67, 78–79, 81 u. 83). Die Ziele des Unternehmens und allgemeine methodische Prinzipien steckte Seuffert in einem Prospekt ab, der auf den Umschlagseiten des ersten Heftes abgedruckt wurde: »Die Sammlung [...] wird seltene Orignalausgaben von deutschen Schriften des 18. Jahrhunderts in Neudrucken vorlegen. Es werden in derselben ausser wertvolleren metrischen und prosaischen Dichtwerken auch wichtige kritische Anzeigen und Abhandlungen über Poesie, zunächst aus der Zeit von Gottsched bis zu den Romantikern, Aufnahme finden. [...] Zumeist genügen diplomatisch getreue Abdrücke dem Bedürfnisse; doch sind Ausgaben mit kritischem Apparat vom Plane nicht ausgeschlossen. Von den Druckfehlern der Vorlage wird der Neudruck gereinigt werden; typographische Nachahmung der Originale wird nicht angestrebt. Indem alle Werke mit Zeilenzählung versehen sein werden, machen sich die Ausgaben für eingehende Studien, lexikalische wie stilgeschichtliche Arbeiten, vorzüglich als Quellen zu philologischen Uebungen nutzbar. Durch den Vermerk der ursprünglichen Paginierung bleiben ältere Citate nachschlagbar. In Vorbemerkungen wird der Herausgeber über die bibliographische Stellung des Textes Rechenschaft geben und die hauptsächlichste Speciallitteratur zu den einzelnen Denkmalen verzeichnen.« Nach dem Konkurs der Henninger (1890) erschienen die »DLD« in der G. J. Göschen'schen Verlagshandlung (Stuttgart, Leipzig). Im folgenden Jahr übergab Seuffert die Leitung der Reihe an Sauer, der von Beginn an intensiv an den »DLD« mitgearbeitet hatte und sie bis 1904, zuletzt im Verlag B. Behr (Berlin), fortführte. Er eröffnete 1894 eine »Neue Folge«, mit der er zugleich den Titelzusatz »in Neudrucken« fallen ließ und 1902 eine »Dritte Folge« der »DLD«. Nach seinem Ausscheiden wurde auf den Titelblättern der »DLD« kein verantwortlicher Herausgeber mehr ausgewiesen. Insgesamt erschienen zwischen 1881 und 1924, als B. Behr die Reihe einstellte, 128 Nummern in 85 Bänden (s. ausführlich Marcel Illetschko/Mirko Nottscheid: Kritische Ausgabe oder Neudruck? Editorische Praxis, konkurrierende Editionstypen und zielgruppenorientiertes Edieren am Beginn der Neugermanistik. In: editio 28 [2014], S. 102–126).

4. (K) Sauer an Seuffert in Würzburg
   Lemberg, 31. Dezember 1880. Freitag

L. Sylvester, 1880.

Herzlichen Dank, geehrter Herr College, für Ihre freundliche, aufmerksame Mitteilung, die ich mir in den nächsten Tagen zu Nutzen machen werde. Bis heute hielt mich die Vollendung der Kleist-Biographie[1] ab, die endlich morgen nach Berlin wandern soll. Auch für Ihre beiden Recensionen sage ich Ihnen meinen besten Dank. Dass wir alle Ihre Neudrucke[2] sehnlichst erwarten und freudig begrüßen werden, brauche ich Ihnen nicht zu versichern; bes. wir an den Grenzen der Civilisation postirten ›Pionniere‹.

Mit den fröhlichsten Neujahrswünschen
Ergebenst
August Sauer.

Handschrift: ÖNB, Autogr. 422/1-3. *Postkarte. Adresse:* Herrn Dr. Bernhard Seuffert / Privatdocent an der Universität / Baiern. Würzburg *Poststempel: 1) Lemberg/Lwów, 1.1.1881 – 2) Würzburg, 4.1.1881. Grundschrift: deutsch.*

1 *Gemeint ist Sauers »biographische Skizze« zu Ewald von Kleist, die er dem ersten Band seiner Kleist Ausgabe voranstellte (Sauer: Kleist's Werke, Bd. 1, S. XI–LXXI; auch separat: Berlin: Hempel, 1881).*
2 *s. Brief 3, Anm. 4.*

5. *(B) Seuffert an Sauer in Lemberg*
   Berlin, 4. Juli 1881. Montag

Berlin W. Krausenstrasse 6/7
Werners Hotel. 4 VII 81.

Sehr geehrter herr kollege,
Eine vertrauliche bitte! Möchten Sie in meinen Litteraturdenkmalen des 18. jhrhs. das 4. heft, Gleims Grenadierlieder[1] herausgeben?

Ich gestehe Ihnen offen, dass ich es selbst thun wollte, nun aber da ich das ganze semester u. bis in den herbst hinein auf wissenschaftlichen reisen[2] bin, finde ich schwer die zeit dazu. Sie würden also mir einen doppelt grossen gefallen erweisen, wenn Sie sich zur herausgabe entschlössen; einmal indem es mir überhaupt schmeichelhaft wäre Sie zum ersten mitarbeiter zu haben u. dann, indem Sie mich von einer augenblicklichen last befreien. Abgesehen davon sind Sie ja durch Ihre Kleiststudien der eigentlich berufene mann, auch diesen patrioten zu edieren u. es kann Ihnen keine mühe machen, da Sie ja Ihre vertrautheit mit dieser specialität in deutlichster weise bewiesen haben. Dass ich gerade Sie darum bitte, ist auch auf veranlassung Scherers geschehen, der mir Sie geradezu als den einzigen erprobten herausgeber bezeichnet hat.[3]

Die einrichtung der sammlung darf ich als bekannt voraussetzen. es handelt sich um einen neudruck der 1. ausgabe. Sollten Sie auf eine kritische ausgabe, d. h. auf das beifügen des kritischen apparates (offen gestanden wider mein erwarten) gewicht legen, so würde ich meinen verleger dazu bestimmen. In der vorrede sind Sie nur verpflichtet, über das bibliographische aufschluss zu geben. Doch würde es mir lieb sein, wenn Sie die litteraturgeschichtliche bedeutung einem allgemein gebildeten leserkreise darlegten, wie Sie es für Kleist ja so vorzüglich thaten. Einen bogen vorrede nehme ich als normalmass; doch würde auch ein etwas grösserer umfang Ihrem bedarf zur verfügung gestellt werden können. Ich bäte die arbeit bis oktober etwa druckfertig zu machen, damit das heft im november erscheinen kann. Die druckerei ist gut und prompt.

Mit Henninger[4] haben Sie nichts zu schaffen; nur mit mir. Um auch das äusserliche gleich zu fixieren, teile ich Ihnen mit, dass Sie pro bogen 20 m. honorar bei einer auflage von 1000 ex. erhalten. Wahrscheinlich wird aber vom 4. heft die aufl. 1500 ex. betragen, Sie also 30 m. pro bogen erhalten. Zudem 20 freiex. Ich lese als herausgeber 1 revision.

Nun bitte ich Sie diese nur für Sie bestimmte einladung sich zu überlegen u. mir hoffentlich den erbetenen bescheid zu geben. Bis ende der woche trifft mich Ihre antwort hier. Darnach Halberstadt postlagernd. Selbstverständlich wäre ich bereit, Ihnen in Halb. etwas nachzusehen.

Mit freundlichem grusse eilig
Ihr
ergebener
B. Seuffert.

Da der 2. bd. Ihres Kleist in Druck oder vielleicht schon fertig ist, haben Sie ja freie hand.

Handschrift: StAW. 1 Dbl., 3 S. beschrieben. Grundschrift: lateinisch.

1 *[Johann Wilhelm Ludwig Gleim]: Preußische Kriegslieder in den Feldzügen 1756 und 1757 von einem Grenadier. [Hrsg. von Gotthold Ephraim Lessing]. Mit Melodien. Berlin: C. F. Voß, [1758]; Neudruck u. d. T.: Preußische Kriegslieder von einem Grenadier von I. W. L. Gleim. [Hrsg. von August Sauer]. Heilbronn: Henninger, 1882 (DLD. 4). Sauer ergänzte den Neudruck der 11 Grenadierlieder in der von Lessing besorgten ersten Ausgabe um das 1759 separat erschienene Lied »Der Grenadier an die Kriegsmuse nach dem Siege bey Zorndorf, den 25. August 1758«. Die vorhergehenden Einzelabdrucke und ihre Varianten verzeichnete Sauer in der Einleitung zum Neudruck, der auf einen kritischen Apparat unter dem Text verzichtete (s. auch Brief 10). Die Anregung zu der Ausgabe ging auf Wilhelm Scherer zurück, der Seuffert in einem Brief vom 31.10.1880 (Briefw. Scherer/Seuffert, Nr. 53, S. 111) empfohlen hatte, »für den Anfang amüsante Sachen, die man kennt, von denen man gehört hat« in die Reihe aufzunehmen: »Denn die Hauptsache ist zunächst daß Sie ein großes Publicum für das Unternehmen gewinnen. [...] Gleims Kriegslieder haben für Preußen eine so große Bedeutung, daß viele sich dieselben kaufen würden, die nicht entfernt daran denken, den ganzen Gleim anzuschaffen. / In summa: Ich würde Gleims Kriegslieder am meisten empfehlen.«*

2 *Seuffert unternahm von Mai bis September 1881, gefördert durch ein Stipendium des Kgl. Bayerischen Staatsministeriums, eine Reise, um in deutschen und schweizerischen Archiven und Bibliotheken nach Briefen und Handschriften von Christoph Martin Wieland zu forschen. Die Reise führte ihn u. a. nach Berlin, Dresden, Leipzig, Jena, Weimar, Erfurt, Gotha, Halle, Halberstadt, Biberach, Bern, Aarau, Schaffhausen und Zürich (s. seinen Bericht in Seuffert: Prolegomena, Bd. 8, S. 3–5 sowie seinen Brief an Wilhelm Scherer vom 5.10.1881, Briefw. Scherer/Seuffert, Nr. 64, S. 120 f.). Das Unternehmen sollte ursprünglich einer umfassenden Wieland-Biografie dienen, über die Seuffert mit dem Verlag Rütten & Loening (Frankfurt/M.) einen Vertrag abgeschlossen hatte. Dieser Plan gelangte nicht zur Ausführung, aber die über Jahrzehnte fortgesetzten Quellenstudien bildeten die Grundlage für die Ausgabe von Wielands »Gesammelten Schriften« (= Wieland: Schriften, 1909 ff.), mit deren Leitung die Preußische Akademie der Wissenschaften in Berlin Seuffert ab 1903 beauftragte und die er in seinen »Prolegomena zu einer Wieland-Ausgabe« (9 Tle. Berlin: Weidmann; de Gruyter, 1904–1941) vorbereitete.*

3 *Vmtl. gab Scherer diese Empfehlung, die sich nicht in seiner Korrespondenz mit Seuffert findet, mündlich ab.*

4 *dem Verleger der »DLD« (s. Brief 3, Anm. 4).*

6. (B) Sauer an Seuffert in Berlin
Lemberg, 6. Juli 1881. Mittwoch

Lemberg Sixtusgasse
No 14.   6.VII.81.

Sehr geehrter Herr College!
Ihr freundlicher Brief hat mir grosse Freude gemacht und sage ich Ihnen für das entgegengebrachte Vertrauen meinen besten Dank.

Die Herausgabe des 4. Heftes Ihrer Denkmale übernehme ich herzlich gerne und hoffe dieselbe zu Ihrer Zufriedenheit durchführen zu können. Da ich aber zunächst aufs Land [g]ehe und erst im Herbst (2. Hälfte September) eine grössere Bibl. werde zur Verfügung haben, so möchte ich das druckfertige Man. nicht unbedingt für Anfang October wol aber für die 2. Hälfte dieses Monates in Aussicht stellen.

Soweit ich heute nach älteren Collationen den Text der Grenadierlieder übersehe ist eine kritische Ausgabe nicht nötig. Die Ausgabe mit der Lessingschen Vorrede wird zu Grunde gelegt werden müssen, diese stimmt mit den Einz[el]drucken fast ganz und ebenso mit dem Abdruck in der (wie überall so auch hier) wertlosen Körteschen [Au]sgabe.[1] Nur aus Manuscripten, wie sie dem Gleim-Kleist'schen und Gleim-Uz'schen Briefwechsel beiliegen u. sich vielleicht sonst noch in Halberstadt[2] vorfinden, wird sich einiges für den Text ergeben. Nur das letzte Gedicht: ›Der Grenadier an die Kriegsmuse nach dem Siege bei Zorndorf‹, das bei Lessing noch fehlt, das aber in die neue Ausgabe unbedingt aufgenommen werden muss, ist bei [K]örte verändert. Das Man., das ich hier habe, habe ich noch nicht verglichen.

Besitzen Sie etwa die Originalausgaben, so bitte ich Sie freundlichst mir dieselben zur Verfügung zu stellen; ich selbst habe keine. Auch was Sie sonst (an Recensionen etc.) für das Heft etwa gesammelt haben, werden Sie mir wol für die Einleitung schicken. Ich kann manches handschriftliche beisteuern.

Von dem Fortgange der Arbeit werde ich Sie verständigen und sehe eventuellen Wünschen von Ihnen jederzeit entgegen. Bis zum 15. bin ich hier. Später: per Adresse Bergingenieur Sauer. Liebegottesgrube bei Rossitz. Mähren. Dort bleibe ich wahrscheinlich b[is] Anfang September.

Von den ersten zwei Heften Ihrer Unternehmung habe ich eine kleine [A]nzeige[3] für die Götting. Gel. Anz. geliefert.

Ich kann diesen Brief nicht ohne den Wunsch schliessen, dass Sie noch öfter meine Kräfte für Ihre Neudrucke in Anspruch nehmen möchten.

Mit den besten Grüssen
Ihr
ergebener
Aug. Sauer.

Der Druck des II. Bd. Kleist geht langsam fort, hindert mich aber an anderer Arbeit nicht.

Handschrift: ÖNB, Autogr. 422/1-5. 1 Dbl. u. 1 Bl., 5 S. beschrieben. Grundschrift: lateinisch.

1 Johann Wilhelm Ludwig Gleim: Sämmtliche Werke. Erste Originalausgabe aus des Dichters Handschriften [hrsg.] durch Wilhelm Körte. 7 Bde. Halberstadt: Bureau für Literatur und Kunst, 1811–1813; hier Bd. 4: Kriegslieder (1811).
2 im Nachlass Gleims im Gleim-Haus in Halberstadt.
3 Sauers Rezension der Neudrucke von Klingers »Otto« (DLD. 1) und Heinrich Leopold Wagners »Voltaire am Abend seiner Apotheose« ([Hrsg. von Bernhard Seuffert]. Heilbronn 1881 [DLD. 2]) erschien in: GGA 1882, Nr. 10, S. 314–316.

7. *(K) Seuffert an Sauer in Lemberg*
Berlin, 8. Juli 1881. Freitag

Berlin W. Krausenstr. 6/7. Werners Hotel
8/VII/81.

Ihre zusage, sehr geehrter herr kollege, und die freundliche art, in der Sie dieselbe gaben, verpflichtet mich zu vielem danke. Wenn Sie bis mitte oktober das ms. liefern, sind verleger und leiter der sammlung sehr zufrieden. Ich möchte nur, dass das heft noch vor dem weihnachtstrubel versandt werden kann. Weiter wird Sie niemand drängen. Aber 14 tage – 3 wochen vor weihnachten thuen die sortimenter nichts für dergleichen erscheinungen. – Leider bin auch ich nicht in besitz der originalausgaben. Wenn Sie glauben, dass sie durch ein ausschreiben erreichbar sind (ich bezweifle es, aber man könnte es versuchen), werde ich die Henninger dazu veranlassen: sie müssen mirs um den buchhändlerpreis besorgen. Ich stelle Ihnen dann die drucke zur verfügung. An recensionen habe ich nichts gesammelt, aber vielleicht können Sie ein paar notizen[1] brauchen, die zu hause liegen: d. h. ich weiss nimmer, ob es wertvollere sind; ich werde anfg. august Ihnen darüber schreiben. Alles, was Sie mir über Ihre arbeit mitteilen, wird mir interessant sein, aber einmischung haben Sie nicht zu gefährden. In Halberstadt kann ich Ihnen nichts besorgen, ausser was etwa neben dem Gleim-Kleist u. Gl-Utz briefw. (die Sie beide zu kennen scheinen) vorliegt? Bitte schreiben Sie mir ein paar zeilen über meine 2 fragen nach Halberstadt, postlagernd. Ich danke f. die anzeige von DLD in d. Göttg. Gel. Mit freundschftl. gruss Ihr Seuffert.

Handschrift: StAW. Postkarte. *Adresse:* Herrn Dr. A. Sauer / Privatdocent / Lemberg / Sixtusg. 14. / Galizien. *Poststempel:* 1) Berlin, 8.7.1881 – 2) Lemberg/Lwów, 10.7.1881. *Grundschrift: lateinisch.*

1 Seuffert teilte Sauer seine Notizen zu den in der Königlichen Bibliothek zu Berlin vorhandenen Originaldrucken von Gleims »Grenadierliedern« sowie zu diversen zeitgenössischen Nachahmungen und den ihm bekannten Erwähnungen in der wissenschaftlichen Literatur in einem ausführlichen, hier nicht abgedruckten Brief vom 7.8.1881 (StAW) mit.

8. *(B) Sauer an Seuffert in Würzburg*
   Wien, 5. September 1881. Montag

Wien 5/9 81.

Sehr geehrter Herr College!
In der Eile der Abreise wenige Worte, damit mich Ihre Antwort noch rechtzeitig in Lemberg trifft.
   Ich habe während der Ferien an Text u. Einleitung zu den Kriegsliedern alles gethan, was ich thun konnte. Fertig machen kann ich beides erst in Lemberg, wo mich die mir noch unbekannten Einzeldrucke aus der Berliner Bibliothek hoffentlich schon erwarten. Ich werde Ihnen also das Man. des Textes am 15. senden können, muß aber wol das zu der Einleitung noch ein paar Tage zurückhalten.

In letzter Stunde sind mir aber viele Zweifel an der Berechtigung der Arbeit aufgestiegen. Der Text der Lieder stimmt fast ganz mit der Körteschen Ausgabe.¹ Eigentlich ist also ein Neudruck überflüssig. Wie wäre es also, wenn wir in diesem einen Falle für die Erklärung der Lieder etwas thäten in Form von Anmerkungen am Schluße des Bändchen.² Ich habe eine Reihe von Briefstellen, gedruckt & ung[ed]ruckt; die wichtigsten derselben könnte man den Anmerk. einverleiben, [na]türlich müßten auch die Lessingschen Stellen zu einzelnen Versen hinein. Zum Gedicht über die Schlacht bei Zorndorf habe ich einen interess. Brief von Uz mit Gleims Antwort über einzelne Ausdrücke & Wendungen, die man zerstückelt dort verwenden könnte. Ein Commentar scheint mir nach Ihren Worten in der Einleitung zum ›Voltaire‹³ von dem Plan der Sammlung nicht ausgeschloßen. Auf ›Nachahmungen‹⁴ [ka]nn ich in der Einleitung nicht eingehen.

Ich komme spätestens am 10. Oct. nach Lemberg, weil ich mich auf der Reise aufhalte. Vielleich[t] schreiben Sie mir bis dahin eine Karte.

Verzeihen Sie die Flüchtigkeit.

Mit besten Grüßen

Ihr

Ergebener

DrSauer.

Handschrift: ÖNB, Autogr. 422/1-8. 1 Dbl., 4 S. beschrieben. Grundschrift: deutsch.

1   s. Brief 6, Anm. 1. In seiner Einleitung zum Neudruck der Gleimschen »Kriegslieder« konstatierte Sauer dennoch den »ungenaue[n], in die vielbändige Gesammtausgabe vergrabene[n] Druck Körtes aus dem Jahre 1811«, der »heutigen wissenschaftlichen Anforderungen nicht mehr genügen« könne; der Neudruck müsse der von Lessing besorgten ersten Sammlung den Vorzug gegenüber den vorhergehenden Einzeldrucken der »Kriegslieder« einräumen: »Erst hier haben sie jene Gestalt bekommen, in der sie die grosse Wirkung auf die Zeitgenossen ausübten und die reiche Nachfolgerschaft erweckten.« (Gleim: Kriegslieder, S. III).

2   Sauer verfasste den Kommentar in Form einer Einleitung, in die u. a. auch Notizen aus Gleims Handexemplaren, Teile seiner damals noch ungedruckten Korrespondenz mit Ewald von Kleist und Johann Peter Uz sowie die Anmerkungen des ersten Herausgebers Lessing eingingen (s. Gleim: Kriegslieder, S. III–XXXVI).

3   s. Seufferts Einleitung zu Wagner: Voltaire (DLD. 2), S. IX: »Eines Kommentares bedarf Wagners Satire nicht. Die Anspielungen streifen sämmtlich bekannte Züge aus dem Leben und Wirken Voltaires.«

4   s. Brief 7, Anm. 1.

9. (K) Seuffert an Sauer in Lemberg
Würzburg, 6. Oktober 1881. Donnerstag

Wzbg 6.X.81.   Mein brief an Sie, lieber h kollege, war abgegangen mit seinen einlagen,¹ als ich den Ihren² erhielt. Ihre nachricht ist mir so wenig erfreulich wie Ihnen das resultat. Aber jetzt nützt die reue nichts mehr, dass ich mich durch fremden rat³ ohne gleich selbst zu prüfen, zur aufnahme der Grenll.⁴ verleiten liess. Wir müssen uns eben dahinter verschanzen, dass kein sonderdruck der Grenll. zugänglich ist u. dass manche, welche die gesammtausg. nicht wollen, doch diese ll. besitzen möchten. Sie finden gewiss eine beschönigende und uns schützende wendung. Uns dann ausserdem durch einen kommentar aufzuhelfen, ist ein gedanke, den ich freudig begrüsse. Nur möchte ich Sie bitten, denselben nicht als anmerkungen am schluss zu geben, sondern der einleitung einzuverleiben oder anzuhängen. Notenzählung brauchen wir nicht: die zeilenzählung ersetzt dieselbe. Gehts, wie ich wol glaube, mit einem zur darstellung abgerundeten komment. nicht, so können sie ja die knappen bemerkungen stets der citatziffer anfügen. Stellen Sie gedrucktes und ungedrucktes zusammen, was Sie für wertvoll halten. Wenn ganze briefe die ll. betr., desto besser; wenn nur stellen darin, so kann man ja die anrede- u. schlussformel u. die übrigen allotria (im ernsten sinne) weglassen. Wie viel platz rechnen Sie für die einleitung, wie viel für den text? Sie erlauben mir wol, dass ich Ihnen über die vorbemerkung vor deren drucklegung meine ansicht sage, da nun deren gestalt eine weiterbildung der sammlung bedeutet, die ich als herausgeber wol oder übel wegen der zukunft prüfen muss. – Ich komme immer wieder auf den gedanken zurück, man sollte nach den einzeldrucken veröffentlichen mit ausnahme des liedes, von dem Sie keinen einzeldruck auffinden konnten. Die 1. fassung des liedes nach d. schlacht bei Rossbach z. b. ist doch viel kräftiger durch ihre kürze. Sie könnten doch die abweichungen in der einleitg. geben? oder sind es genug zu einer krit. ausg.? In all diesem unterwerfe ich mich Ihrer besseren kenntnis. Gruss Ihr BSeuffert

Handschrift: StAW. Postkarte. Adresse: Herrn Dr. A. Sauer / Privatdocent an der Universität / Lemberg / Sixtusg. 14. Poststempel: 1) Würzburg, 6.10.1881 – 2) Lemberg/Lwów, 9.10.1881. Grundschrift: lateinisch.

1 *Seufferts hier nicht abgedrucktem Brief vom 5.10.1881 (StAW) hatte seine Rezension des ersten Bandes von Sauers Kleist-Ausgabe, der von ihm besorgte Neudruck zu Maler Müllers »Faust«-Dramen und der Erstdruck von Gleims Gedicht »Der Grenadier an die Kriegsmuse nach dem Siege bey Zorndorf den 25. August 1758« (o. O. 1759) beigelegen. Zu den beiden ersten Beilagen s. Brief 10, Anm. 3 und 4.*
2 *Brief 8.*
3 *Gemeint ist Wilhelm Scherer (s. Brief 5, Anm. 1).*
4 *Gren(adier)l(ieder); im Folgenden auch »ll.« für »Lieder«.*

10. (B) Sauer an Seuffert in Würzburg
    Lemberg, 20. Oktober 1881. Donnerstag

Lemberg 20/10 81.
Ulica Kotlarska

Lieber Herr College,
Noch nie ist es mir so schwer geworden, ein Man. abzuschicken, als diesmal. Heute muß es aber geschehen, sonst halten Sie mich für einen Zauderer und Trödler, der ich nicht bin.

Wir müßen die Lessing'sche Ausgabe abdrucken laßen; wenigstens wage ich es nicht die Einzeldrucke wiederzugeben. 1. habe ich nicht alle und vielleicht auch nicht immer die echten Drucke; 2) wüßte ich nicht, nach welchem Druck die anderen, nicht einzeln er[s]chienenen Lieder wiederzugeben wären; Der Schlachtgesang bei Eröffnung des Feldzuges 1757 scheint in der Bibl. der Wiss. zuerst gedruckt zu sein;[1] eine Einheit ließe sich kaum herstellen; damit nun die wenigen abweichenden Lesarten der Flugblätter nicht verloren gehen, so habe ich sie zusammengestellt u[n]d reihe sie der Vorrede ein, ebenso die handschriftl. Lesarten, die mir zu Gebote stehen, so daß wir eine kritische Ausgabe in nuce und doch den intacten Neudruck beisammen haben. Wenn Sie einen Blick auf meine (nur für mich gemachten Notizen) unter dem Striche werfen wollen, so können Sie sich über mein critisches Material selbst eine Meinung bilden. Interpunction und Orthogr. berücksichtige ich aber bei meiner Zusammenstellung in der Vorrede nicht. Diese wird also 1.) eine allgemeine Würdigung der KL.[2] 2) die bibliogr. Beschreib. der zu Grunde gelegten [A]usgaben 3) die Varianten der Einzeldrucke & Man. und 4) einige Beiträge zur Erklärung im Einzelnen an der Hand mehrerer ungedruckter Briefstellen bringen; ich vermeide die Form des Kommentars, ohne die Sache selbst aufzugeben. Ein wenig Zeit müßen Sie mir aber zu dieser Einleitung noch geben; ich denke, daß der Druck des Textes, wenn er gleich in Angriff gewonnen wird, doch mindestens 14 [Ta]ge dauert; bis dahin soll das Man. bereits von Ihnen durchgearbeitet sein. Denn es ist selbstverständlich, daß Sie mir ganz unbeschränkt Ihre Bemerkungen, Änderungsvorschläge etc. mitteilen. Ich glaube mit 1 ½ Bogen auszukommen.

Lachen Sie nicht über die komische Art, mit der ich den Titel der KL wiederzugeben suchte; ich bin aber in allen ›zeichnenden Künsten‹ schlecht bewandert. Im Orig. hat jedes Lied ein Schmutzblatt mit dem Titel vor sich, wie Sie aus der Zählung sehen werden. Ich glaube, daß es genügt, wenn wir nur bei jedem Liede eine neue Seite beginnen.

Und nun besten Dank für Brief, Karte, Buch[3] und Re*[cen]*s.[4] Die letztere hat mich sehr gefreut. Sie ist der schönste Lohn für meine Mühe, den ich mir vorstellen kann. Ich danke Ihnen herzlichst dafür. Sie hat mir aber auch viele Anregung gegeben. Bes. ist die Bemerkung *[da]*ß Ramler & Körte doch Kleistsche Lesarten in den gemeinsamen Versen benutzt hätten, nicht abzuweisen. Ohne neue gründl. Prüfung könnte ich freilich ein Urtheil nicht fällen. Daß ich Kleist zu günstig beurteilt habe, glaube ich auch heute noch nicht. Als Dichter gewiß nicht. Als Mensch vielleicht.

Ihre Einleitung zu Müllers Faust ist sehr schön, greift aber nach meiner Meinung zu weit aus. Wenn solche Vorreden das Publicum an die Sammlung heranziehen, dann freilich muß dieses Opfer gebracht werden; wie wärs, wenn Sie einmal ein *[lu]*stiges Heftchen aus den Romantikern brächten, Brentano, Tieck oder Arnim.[5] Auf die Frankfurter Gelehrten Anzeigen[6] freue ich mich sehr. Da hat die Masse der Philologen was zu kauen und ich sehe schon im Geiste wie jeder Recensent des Heftchens neue Entdeckungen über die Scheidung der Autoren macht.

Ich war mit Übersiedlung, Bücherordnen, Collegienbeginn etc. so beschäftigt, daß ich seit den zehn Tagen meines Lemberger-Aufenthaltes noch nicht zu Athem gekommen bin. Daher auch die Verzögerung, die Sie gütigst entschuldigen wollen ebenso wie die Flüchtigkeit dieses Briefes.

Und nun seien Sie bestens gegrüßt von

Ihrem

Ergebenen

DrSauer.

Das Heft ›an die Kriegsmuse‹[7] *[fo]*lgt zurück; es ist der Orig. Druck, den ich in 2 Exemplaren zur Verfügung habe. hätte ich ihn früher gehabt, so wäre vielleicht das Abschreiben zu ersparen gewesen.

Handschrift: ÖNB, Autogr. 422/1-9. 2 Dbl., 7 S. beschrieben. *Grundschrift:* deutsch. *Empfängervermerk (S. 1):* Ulica Kotlarska 2

---

1 Gleims Lieder »Schlachtgesang bey Eröffnung des Feldzuges 1757« und »Siegeslied der Preussen nach der Schlacht bey Prag« wurden von Lessing unter dem gemeinsamen Titel »Im Lager bey Prag« in der Zeitschrift »Bibliothek der schönen Wissenschaften und der freyen Künste« (Hrsg. von Friedrich Nicolai und Moses Mendelssohn. Bd. 1. 1. Stück. Leipzig: Dyck, 1757, S. 426–429) veröffentlicht. Zu dem »Schlachtgesang« ist ein früherer separater Abdruck nicht nachweisbar (s. Sauer in Gleim: Kriegslieder, S. XIII).

2 K(riegs)L(ieder).

3 Maler Müller: Faust's Leben. [Hrsg. von Bernhard Seuffert]. Heilbronn: Henninger, 1881 (DLD. 3). Die Ausgabe enthält einen Neudruck von Müllers Dramen »Situation aus Fausts Leben« und »Fausts Leben dramatisirt. Erster Theil« (Mannheim: Schwan, 1776 bzw. 1778). Sauers Bemerkung weiter unten zielt

auf den feuilletonartigen Stil der Einleitung von Seuffert, in der er weit ausgreifende kulturgeschichtliche Vergleiche zwischen den Faust-Literaturen der Reformationszeit und der Sturm-und-Drang-Periode zieht.

4 *zu Sauer: Kleist's Werke, Bd. 1.* Seuffert meldete in seiner Rezension (AfdA 7 [1881], S. 439–445) leise Zweifel an, ob einige der Änderungen in Kleists Text, die Sauer als verfälschende Eingriffe der Herausgeber Ramler und Körte identifiziert hatte (s. Brief 3, Anm. 1), nicht doch auf verschollene Revisionen des Autors zurückzuführen seien. Über Kleists literarische Bedeutung schrieb er u. a. (S. 441): »bei aller verehrung für den sänger darf man sein talent doch nicht zu hoch anschlagen. obgleich S[auer] dasselbe nicht überschätzt, wie die vorzügliche characteristik erweist, die er der lebensskizze angehängt hat, darf man sich doch wol noch etwas weniger von dem verklärenden strahle blenden lassen, mit welchem der heldentod den dichter beglänzt. gewis [!] wohnte in dem edlen mann eine empfindende und empfängliche seele – Lessings freundschaft und anerkennung bürgt dafür mehr als die des allvaters Gleim – aber als schöpferischer geist vermag Kl[eist] kaum zu gelten.«

5 Seuffert sah davon ab, in größerem Umfang Texte der Romantik in die »DLD« aufzunehmen, »da ich zu guter stunde bemerkte, dass sie ja zumeist noch autorrechtlich geschützt sind« (Seuffert an Scherer, Brief vom 30.10.1880. Briefw. Scherer/Seuffert, Nr. 52, S. 110), aber wohl auch, weil es ihm an geeigneten Bearbeitern für diese Periode fehlte. Jakob Minor, den Sauer 1883 für die Heraugabe des Neudrucks von Clemens Brentanos »Gustav Wasa« an Seuffert empfahl (s. Brief 25, Anm. 6), legte in den »DLD« außerdem eine Ausgabe von August Wilhelm Schlegels »Vorlesungen über schöne Litteratur und Kunst« (DLD. 17–19) vor, zog sich aber bald wieder von dem Unternehmen zurück. Texte von Achim von Arnim und Ludwig Tieck wurden nicht neugedruckt.

6 *Frankfurter Gelehrte Anzeigen vom Jahr 1772.* [Hrsg. von Bernhard Seuffert]. 2 Bde. [= 1. u. 2. Hälfte]. Heilbronn: Henninger, 1882–1883 (DLD. 7–8). Scherer hatte bereits einige Jahre zuvor eine genauere philologische Bestimmung der anonymen Beiträge Goethes, Herders, Wielands u. a. zum 1872er-Jahrgang der »FGA« angeregt (s. Wilhelm Scherer: Der junge Goethe als Journalist [1878]. In: ders.: Aufsätze über Goethe. [Hrsg. von Erich Schmidt]. Berlin: Weidmann, 1886, S. 47–71, hier: S. 66, Fußnote), für die er in seiner Einleitung zum zweiten Halbband des Neudrucks (S. III–XC) einen umfangreichen Entwurf vorlegte.

7 [Johann Wilhelm Ludwig Gleim]: *Der Grenadier an die Kriegesmuse nach dem Siege bey Zorndorf, den 25. August 1758.* o. O., 1759. Seuffert hatte den antiquarisch erworbenen Druck mit einem Brief vom 5.10.1881 (StAW) geschickt.

11. *(K) Sauer an Seuffert in Würzburg*
    Lemberg, 6. März 1882. Montag

L. 6.3.82.

Der ›Faust‹[1] präsentirt sich trotz Hollan[d] und Mohr[2] ‹jetzt›[3] schön und stattlich. Hoffentlich schadet auch die Concurrenz Ausgabe dem Absatz nicht viel. Herzlichen Dank dafür. Meine Rec. der DLD.[4] ist bereits gesetzt, ob schon erschienen, weiss ich noch nicht. Nächstens zeige ich auch 3–5 dort an. Ihre Einleitung mit den Wieland-Parallelen ist sehr hübsch. Dieselbe macht uns auf das Erscheinen Ihrer W.-Biographie[5] nur noch mehr gespannt. Im GJ. III ist ein prachtvoller Aufsatz[6] ESchmidts, den ich in den Correcturbogen geniessen konnte und der mir wahre

Bewunderung abnötigte. Ich möchte doch einmal etwas ähnliches zu Stande bringen. Gegen 20. fahre ich nach Wien.

Herzliche Grüsse von Ihrem   Ergebenem
Sauer

Handschrift: ÖNB, Autogr. 422/1-15. *Postkarte. Adresse:* Herrn Dr. Bernhard Seuffert / Herzogengasse 5 / Bayern / Würzburg *Poststempel:* 1) Lemberg/Lwów, Rest unleserlich – 2) Würzburg, 8.3.1882. *Grundschrift:* lateinisch.

1   *[Johann Wolfgang von] Goethe: Faust. Ein Fragment. Achte Ausgabe. Leipzig. Göschen, 1790 / Neudruck. [Hrsg. von Bernhard Seuffert]. Heilbronn: Henninger, 1882 (DLD. 5). In der Einleitung, auf die sich Sauer unten bezieht, wies Seuffert auf Parallelstellen zwischen Goethes Text und Wielands Singspiel »Die Wahl des Herkules« (1774) hin und versuchte den Vergleich der beiden Stücke für Rückschlüsse auf die umstrittene Textgeschichte des Fragments fruchtbar zu machen (s. S. III–X).*
2   *Bereits kurz vor Erscheinen von Seufferts Ausgabe war ein von Wilhelm Ludwig Holland herausgegebener Neudruck des »Faust«-Fragments im Verlag der Akademischen Buchhandlung J. C. B. Mohr (Inhaber: Paul Siebeck) erschienen (Goethe's Faust ein Fragment in der ursprünglichen Gestalt. Neu hrsg. von Wilhelm Ludwig Holland. Freiburg i. Br., Tübingen: Mohr, 1882 [²1882]). In der im gleichen Jahr bei Mohr eröffneten Reihe »Neudrucke aus dem Mohr'schen Verlage«, deren Konkurrenz Seuffert anfangs stark fürchtete (s. Brief 16), brachte es bis zu ihrer Einstellung (1883) lediglich auf zwei Bände.*
3   *in der Vorlage durch den die Schrift überdeckenden Poststempel nur schwer entzifferbar.*
4   *von den beiden ersten Heften der »DLD« (s. Brief 6, Anm. 3). In die daran anschließende Besprechung der Nummern 3 bis 5 (Maler Müller: »Faust's Leben«; Gleim: »Preußische Kriegslieder«; Goethe: »Faust. Ein Fragment«) bezog Sauer auch W. L. Hollands konkurrierenden Neudruck des »Faust«-Fragments mit ein (s. GGA 1882, 20. Stück, S. 638–640).*
5   *zu der geplanten Wieland-Biografie s. Brief 5, Anm. 2.*
6   *Erich Schmidt: Zur Vorgeschichte des Goetheschen Faust. 2. Faust und das 16. Jahrhundert. In: GJb 3 (1882), S. 77–131 (wiederh.: ders.: Charakteristiken. [1. Reihe]. Berlin: Weidmann 1886, S. 1–37).*

12. (K) Seuffert an Sauer in Lemberg
   Würzburg, 11. März 1882. Samstag

Wzbg 11.III 82.

Lieber herr kollege, Dank für karten und anzeige! Nachdem h Steinmeyer mir die rec. des 2. bdes Ihres Kleists[1] angetragen hatte, teilte ich ihm mit, dass ich dieselbe bis zum erscheinen des schlusses verschieben möchte. – Ihre gütige aufnahme meiner Faustbeobachtung und der DLD freut mich sehr. Ich beziehe jetzt alles auf den Wieland, aber das buch über ihn ist noch lange nicht fertig, obwol ich mich aller allotria entschlage. Zudem fliessen fortwährend noch neue quellen – hss u. briefe – zu. – Ihre mir sehr wertvollen vorschläge für DLD[2] treffen zumeist mit dem programm in meinem schreibpulte zusammen. Nur z. b. möchte ich der krit. Messiasausg.³ nicht konkurrenz machen; verleger u. herausgeber tun sich ohnehin schwer genug. Eben darum liess ich die Darmstädter odensammlg.⁴ bei seite. Göttinger Almanache⁵ kommen sicher. Die seltene Dichtkst Breitingers⁶ ist ärgerlich dick: ich muss darauf wegen meiner verleger grosse rücksicht nehmen; das kontraktliche jahrespensum wird schon in diesem jahre bedeutend überschritten. Ich versichere Sie, die auswahl ist sehr heikel. Ich hätte z. b. schon jetzt auf Hettners wunsch gerne die Masuren⁷ drucken lassen. Aber dann ists zu viel Sturm u. Drang! Andere wollen älteres.

Ihr
Seuffert.

Handschrift: StAW. *Postkarte. Adresse:* Herrn Dr. A. Sauer / Privatdocent a. d. Universität / Lemberg / Ulica Kotlarska / Galizien. *Poststempel: 1)* Würzburg, *11.3.1882 – 2)* Lemberg/Lwów, *13.3.1882. Grundschrift: lateinisch.*

1 *Sauer: Kleist's Werke. Seufferts gemeinsame Rezension der Bände 2 und 3 erschien in: AfdA 10 (1884), S. 262–267.*
2 *Seuffert bezieht sich im Folgenden auf Vorschläge zu Neudrucken, die Sauer in seiner Rezension der beiden ersten Hefte der »DLD« (s. Brief 6, Anm. 3) unterbreitet hatte.*
3 *Sauer hatte einen Neudruck des 1749 erschienenen »Messias«-Fragments angeregt, ein Vorschlag, den Seuffert trotz seiner hier geäußerten Zweifel aufgriff (Friedrich Gottlieb Klopstock: Der Meßias. Ein Heldengedicht. Halle: Hemmerde, 1749; Neudruck: <...>. Gesang I–III. [Hrsg. von Franz Muncker]. Heilbronn: Henninger, 1883 [DLD. 11]). Hoffnungen auf eine historisch-kritische Ausgabe des »Messias«, waren zuletzt durch Richard Hamels Studien »Zur Textgeschichte des Klopstock'schen Messias« (3 Hefte. Rostock: Meyer; Werther, 1879–1880) geweckt worden. Hamel legte einige Jahre später eine kommentierte Studienausgabe vor (Klopstocks Werke. Erster Theil: Der Messias. 2 Bde. Hrsg. von Richard Hamel. Berlin, Stuttgart: Spemann, [1884] [DNL. 46, 1–2]). Seuffert dachte vmtl. auch an die Initiativen des einige Jahre zuvor gegründeten Klopstock-Vereins zu Quedlinburg, der jedoch die finanziellen Mittel für eine kritische Gesamtausgabe, die Franz Muncker (München) und Jaro Pawel (Wien) besorgen sollten, nicht aufbringen konnte; zustande kam »lediglich« eine Ausgabe der »Oden« (Friedrich Gottlieb Klopstocks Oden. Mit Unterstützung des Klopstockvereins zu Quedlinburg hrsg. von Franz Muncker und Jaro Pawel. 2 Bde. Stuttgart: Göschen, 1889). Eine historisch-kritische Gesamtausgabe wurde erst in der zweiten Hälfte des 20. Jahrhunderts mit der »Hamburger Klopstock-Ausgabe« (1974 ff.) in Angriff genommen (s. Klaus Hurlebusch: Klopstock-Editionen. Annäherungen an den Autor. In: ders.: Buchstabe und Geist, Geist und Buchstabe. Arbeiten zur Editionsphilologie. Frankfurt/M., Berlin u. a.: Lang, 2010 [Hamburger Beiträge zur Germanistik. 50], S. 254–286, hier S. 268–274).*
4 *Friedrich Gottlieb Klopstock: Oden und Elegien. Vier und dreyssigmal gedruckt. Darmstadt: J. G. Wittich, 1771; kein Neudruck in den »DLD«.*
5 *Erst unter Sauers Leitung erschien in den »DLD« ab 1894 ein Neudruck der drei ersten, von Heinrich Christian Boie und Friedrich Wilhelm Gotter herausgegebenen Jahrgänge des »Göttinger Musenalmanach« (Göttinger Musenalmanach auf 1770 [bis 1772]. Hrsg. von Carl Redlich. 3 Bde. Stuttgart: Göschen, 1894, 1895, 1897 [DLD. 49–50; 52–53 = N. F. 2–3; 64–65 = N. F. 14–15]).*
6 *Johann Jakob Breitinger: Critische Dichtkunst Worinnen die Poetische Mahlerey in Absicht auf die Erfin-*

dung im Grunde untersucht und mit Beyspielen aus den berühmtesten Alten und Neuern erläutert wird. Mit einer Vorrede eingeführet von J. J. Bodmer. 2 Bde. Leipzig, Zürich: Orell, 1740; kein Neudruck in den »DLD«.

7 *[August Siegfried von Goué]: Masuren oder der junge Werther. Ein Trauerspiel aus dem Illyrischen. Frankfurt, Leipzig, 1775; kein Neudruck in den »DLD«.*

13. (K) Sauer an Seuffert in Würzburg
    Wien, 9. April 1882. Sonntag

Lieber Herr Collega! Eine vertrauliche Anfrage.[1] Haben Sie in nächster Zeit d[ie A]bsicht in Ihren Neudrucken öst[erre]ichische Sachen zu bringen: Hanswurststücke, Sonnenfels, Alxinger, Schreyvogel etc. oder ist dies überhaupt in Ihrem Plane gelegen. Ich glaube kaum, möchte Ihnen aber, falls dies sein sollte, nicht hinderlich sein. Da ich gegenwärtig viel in Austriacis arbeite, auch das erste Heft unserer Studien zur deutsch-öst. Lit. Gesch. vorbereite, so kommen mir allerlei Pläne. Sie würden mir eine Gefälligkeit erweisen, wenn Sie mir in den nächsten Tagen gleich antworten würden, so lange ich noch in Wien bin.

Glückliche Feiertage![2]

Mit besten Grüssen

Ihr

Sauer.

Wien I. Schwarzenbergstrasse 8.
9.IV.82.

Handschrift: ÖNB, Autogr. 422/1-16. Postkarte. *Adresse:* Herrn Dr. Bernhard Seuffert / Privatdocent an der Universität. / Königreich Bayern / Würzburg / Herzogengasse 5. *Poststempel:* 1) Wien, 9.4.1882 – 2) Würzburg Bhf., 10.4.1882. *Grundschrift: lateinisch.*

1 *Die Anfrage bezieht sich auf den Plan zu der Reihe »Wiener Neudrucke« (11 Hefte. Wien: Konegen, 1883–1886), die Sauer nach dem Vorbild der »DLD« für Texte aus der österreichischen Literaturgeschichte des 16. bis 19. Jahrhunderts, vor allem Erzeugnisse der komischen Wiener Bühne, konzipiert hatte (s. Brief 15 u. Brief 25, Anm. 5). Auch die im selben Verlag von Sauer, Jakob Minor und Richard Maria Werner begründeten »Beiträge zur Geschichte der deutschen Litteratur und des geistigen Lebens in Österreich« (3 Bde. Wien: Konegen, 1883–1884), die Sauer weiter unten erwähnt, verfolgten das Ziel, »die Entwicklung der deutschen Literatur, insofern sie sich auf österreichischem Boden vollzogen hat, heller ins Licht zu setzen« (zit. n. dem Prospekt in: Robert Keil: Wiener Freunde. 1784–1808. Beiträge zur Jugendgeschichte der deutsch-österreichischen Literatur. Wien: Konegen, 1883 [Beiträge zur Geschichte der deutschen Literatur und des geistigen Lebens in Österreich. II], Umschlagseite 1). Die »Beiträge« sollten ursprünglich mit einer Studie Sauers zu Grillparzers »Ahnfrau« eröffnet werden, die jedoch nicht erschienen ist. Beide*

Unternehmen konnten sich nur für kurze Zeit am Markt behaupten. Den Plan für die »Beiträge« hatte R. M. Werner schon in einem Brief an Sauer vom 3.2.1880 (WBR, H. I. N. 187.733) ausführlich skizziert: »Du weiszt, wie wenig vorarbeiten für eine geschichte der deutschen litteratur in Österr. existieren und wie schwer es ist, die nötigen bücher zu erlangen. Du weiszt aber auch wie gerade jetzt durch die sogenannte patriotische richtung angelockt eine reihe von stümpern und nichtswissern [...] sich auf das wenig betretene gebiet begeben haben, um da ausbeute zu holen. Wie wäre es, wenn wir uns zusammentäten: Du und ich und vorerst vorarbeiten liefern würden, entweder blos wir selbst oder andere mit uns: dies wäre das vernünftigere. Ich denke also, wir suchen einen verleger [...] dafür zu interessieren, daß er zwanglose hefte à la Q[ellen und]F[orschungen] publiciere unter dem stolzen titel: Studien zur Geschichte der deutschen Litteratur in Oesterreich herausgegeben von Dr August Sauer und Dr Richard Maria [!]. Ich möchte den beginn mit einer reihe von monographien gemacht sehen. Etwa als eines der ersten hefte: Friedrich Nicolai und Oesterreich. [...] / Du siehst der plan ist weit und grosz. Das resultat könnte eine geschichte der dtsch litt. in Oesterr. werden, in der wir vielleicht einen grundriss gemeinsam anlegen könnten. / [...] Mein plan ist noch nicht weitläufig erwogen, doch erscheint er mir sehr fruchtbar. Vom Ministerium bekommen wir wol jede unterstützung [...]. Ich bin schon sehr begierig, wie Dir mein plan gefällt und was Du dazu sagst. [...] ›Unsere‹ Studien – ich spreche schon, als wenn wir eine reihe von 100 hinter uns hätten – dürften aber nicht blind in patriotismus machen. wir müßten im programme deutlich aussprechen, daß wir ein ehrliches streng hinstorisches urteil zu erreichen suchen, ferne von chauvinismus wie von pessimismus. was schlecht ist werden wir so nennen und was mittelmäßig ist, soll noch nicht gut heiszen. weder über- noch unterschätzung. vor allem der zwecke, die fäden aufzudecken, durch die österr.-dtsche mit der reichsdtschen litt zusammenhängt. Müsste verteufelt interessant werden!«
2 *9.4.1882 = Ostersonntag.*

14. (K) Seuffert an Sauer in Wien
    Würzburg, 10. April 1882. Montag

Wzbg 10 IV 82

Lieber h. koll., Umgehend beantworte ich Ihre fragen dahin, dass ich kaum schon im nächsten jahre etwas österr. in meinen DLD bringen werde, es müsste denn sein, dass Sie durch Ihre genauere kenntnis dieses mir schwer zugänglichen gebietes mir ein <u>dringend</u> des neudrucks wertes werk nachweisen. Später aber kommen sicher auch Austriaca u. es wäre mir offen gestanden sehr fatal und würde meine verleger in verzweiflung setzen, wenn Sie wie ich zwischen Ihren zeilen zu lesen glaube, ein eigenes österr. unternehmen der art gründen wollten. Verzeihen Sie diese offenherzigkeit, ich muss auf meine verleger acht haben. Selbstverständlich kann dies geständnis Ihre entschlüsse nicht beeinflussen.

Ich habe keine rechte vorstellung was der 3 bd Ihres Kleist bringt? Ist er fertig? Ich habe inzwischen einen brief Kls. an Zellweger Schaffh. 5 II 53 gefunden u. stelle Ihnen denselben zur verfügung, wenn es noch zeit ist.[1] Im andern fall werde ich denselben in der anz. Ihrer fortsetzung[2] drucken lassen. Mit gruss

Seuffert.

Handschrift: StAW. Postkarte. Adresse: Herrn Dr. A. Sauer / Privatdocent / Wien I / Schwarzenbergstr. 8. *Poststempel: 1) Würzburg, 10.4.1882 – 2) Wien, 12.4.1882. Grundschrift: lateinisch.*

1 *Sauer druckte den Brief, wie Seuffert vorschlug, unter den Nachträgen zum letzten Band seiner Kleist-Ausgabe (s. Sauer: Kleist's Werke, Bd. 3, S. 327 f.).*
2 *s. Brief 12, Anm. 1.*

15. (K) Sauer an Seuffert in Würzburg
    Wien, 12. April 1882. Mittwoch

Lieber Herr College! Besten Dank für Ihre rasche Antwort. Das Unternehmen, das S[ie] richtig vermutheten, ist noch ganz i[m] Keime, würde Sie aber wol viel weniger beeinträchtigen, als Sie glauben. Werner, Minor und ich geben ›Studien zur deutsch-öst. Lit. Gesch‹ heraus, die ich mit einem Heft über das erste Manuscr. von Grillparzers Ahnfrau eröffne.[1] Je mehr ich mich nun mit öst. Lit. zum Zwecke dieses Unternehmens beschäftige, desto notwendiger scheint es mir, auch wichtigere öst. Sachen in Neudrucken vorzulegen. Ich würde die Samml., die sich keineswegs auf das 18. Jh. beschränken, sondern das 16–19 umfassen sollte, etwa mit einer Prehauserischen Comoedie[2] eröffnen, 2. etwa Sonnenfels über die Tortur,[3] 3. etwa ein Drama des 16. Jh. Jakob u s Söhne von Brunner[4] 4.5. Schreyvogels Sonntagsblatt.[5] 6. Sonnenfels Dramaturgische Briefe.[6] Das Hauptgewicht würde auf Hanswurststücke, auf Hafner, Perinet, Hensler etc. gelegt werden. Ich glaube, dass Sie auf lange Jahre hinaus bei Ihrem überreichlich fliessenden Stoff für dgl. Dinge nicht Raum finden werden. Auch würde ich specielle ›Viennensia‹ nicht verschmähen, die Sie gar nicht brauchen können. Sie werden also sehen, dass Ihre Furcht unbegründet ist. Ein eigentliches Concurrenz-Unternehmen wäre es nicht. Wenn ich es überdies ausschlage, so übernimmt ein anderer die Leitung. – Kleist III enthält die Briefe an Kleist und wird etwa im Mai fertig. Sie würden mich sehr verbinden, wenn Sie mir den Brief für meine Nachträge noch überliessen. Ich bleibe bis zum 21. hier.   Bestens grüssend   Ihr   Sauer.   Wien 12/4 82.

Handschrift: ÖNB, Autogr. 422/1-17. Postkarte. Adresse: Herrn Dr. Bernhard Seuffert / Privatdocent an der Universität / Königreich Bayern / Würzburg / Herzogengasse 5. *Poststempel: 1) Wien, 12.4.1882 – 2) Würzburg Bhf., 13.4.1882. Grundschrift: lateinisch.*

1 *s. Brief 13, Anm. 1.*

2 *nicht ermittelt. Stücke von Gottfried Prehauser sind in den »WND« ebenso wenig erschienen wie die unten angekündigten Hanswurstiaden von Philipp Hafner, Karl Friedrich Hensler und Joachim Perinet.*
3 *Joseph von Sonnenfels: Ueber die Abschaffung der Tortur. Zürich: Orell, Geßner, Fueßli, 1775; kein Neudruck in den »WND«.*
4 *Die schöne Biblische Historia / von dem heiligen Patriarchen Jacob / und seinen zwölf Sönen / Spielweis gestellet und gehalten zu Steyr im Land Osterreich ob der Ens / Durch Thomam Brunner von Landshut / Latinischen Schulmeister daselbst. Wittenberg: Schwenck, 1566. Ein Neudruck erfolgte erst im 20. Jahrhundert (Thomas Brunner: Jacob und seine zwölf Söhne. Ein evangelisches Schulspiel aus Steyr. 1566. Hrsg. von Robert Stumpfl. Halle/S.: Niemeyer, 1928 [Neudrucke deutscher Literaturwerke des XVI. und XVII. Jahrhunderts. 258–260]).*
5 *Thomas West [d. i. Joseph Schreyvogel]: Das Sonntagsblatt oder Unterhaltungen. 3 Jgg. 6 Bde. Wien, Leipzig: Camesina, 1807–1809; kein Neudruck in den »WND«.*
6 *Joseph von Sonnenfels: Briefe über die Wienerische Schaubühne. 4 Bde. Wien: Kurzböck, 1768; Neudruck: [Hrsg. von August Sauer]. Wien: Konegen, 1884 (WND. 7).*

16. (B) Seuffert an Sauer in Wien
    Würzburg, 13. April 1882. Donnerstag

Wzbg 13 IV 82

Anbei der Kleistbrief zu Ihrer verfügung, lieber herr kollege; er kommt aus dem Zellwegerarchiv in Trogen.

Ich habe wol nicht deutlich genug zwischen dem herausgeber und den verlegern der DLD unterschieden. Der erstere wird Ihr neues unternehmen natürlich nur freudig begrüssen, die andern werden, geneigt durch die Mohr-Siebecksche konkurrenz,[1] in demselben nur neues rivalisieren wittern. Ich werde sie seiner zeit zu beruhigen wissen. Selbstverständlich ist mir nichts angenehmer als wenn Sie die leitung haben. Mit einem fremden würden sich etwaige grenzstreitigkeiten nicht so leicht schlichten lassen. Also herzlich glück auf zu den beiden entreprisen!
    Eilig grüsst
    Ihr
    Seuffert.

Handschrift: StAW. 1 Bl., 1 S. beschrieben. Grundschrift: lateinisch.

1 *s. Brief 11, Anm. 2.*

17. (B) Sauer an Seuffert in Würzburg
  (Wien), 15. April 1882. Samstag

15/4 82

Indem ich mich anschicke, Ihnen für den willkommenen Kleistbrief bestens zu danken, fällt mir ein, daß ich mir für Sie ein Wielandsches Brieffragment[1] zurecht gelegt habe, das Sie wol kaum kennen dürften. Es würde mich freuen, wenn es engere Bezhg. zwischen Wieland & Wien aufzudecken helfen sollte. Sie könnten leicht einmal ›die öst. Nachkommenschaft Wielands‹, die sehr zahlreich ist, für unsere Studien[2] ein gros abschlachten.
  Herzlich grüßend
  Ihr
  Sauer.

Handschrift: ÖNB, Autogr. 422/1-18. 1 Bl., 1 S. beschrieben. *Grundschrift:* deutsch.

1 nicht ermittelt.
2 Gemeint sind die »Beiträge zur Geschichte der deutschen Litteratur und des geistigen Lebens in Österreich« (s. Brief 13, Anm. 1). Der Plan einer Studie über den Einfluss Wielands in Österreich gelangte nicht zur Ausführung. Seine endgültige Absage begründete Seuffert 1883 mit der Befürchtung, mit einem weiteren Buch über Wieland gegen seinen über die Wieland-Biographie geschlossenen Verlagskontrakt zu verstoßen (s. hierzu die Diskussion in Brief 30, 32–34).

18. (K) Seuffert an Sauer in Wien
  Würzburg, 16. April 1882. Sonntag

Wzbg 16 IV 82

Geehrter kollege,
  Vielen dank für das excerpt: der text muss auch anderswo gedruckt sein, denn er ist mir bekannt, ich kann nur nicht gleich finden woher. Dieser druckort ist mir neu.
  Ich habe unserm kollegen RMWerner schon früher einmal geschrieben, dass wenn ich dazu komme ich in Ihren österr. studien gerne den ›Wieland in Öst.‹ machen würde. Verzeihen Sie meine anfängliche animosität über Ihren andern plan: ich habe schon so viel missliches mit den neudrucken schlucken müssen, dass ich mich rasch verführen lasse auch da böses zu wittern, wo nur gutes zu erwarten ist.
  Grüssend
  Seuffert

Handschrift: StAW. Postkarte. Adresse: Herrn Privatdocenten / Dr. August Sauer / Wien I / Schwarzenbergstr. 8 *Poststempel: 1) Würzburg Bhf., 16.4.1882 – 2) Wien, 18.4.1882. Grundschrift: lateinisch.*

19. (B) Sauer an Seuffert in Würzburg
    Lemberg, 7. Juni 1882. Mittwoch

    L. 7/6 82.
    Ulica Kotlarska 2.

Lieber Herr College!
Wenn das Schreiben ein Aktenstück wäre, so müßte ich es mit dem Worte: ›Vertraulich‹ überschreiben. Ich bitte Sie also von den folg. Mitteilungen keinen weiteren Gebrauch zu machen, da ich das Versprechen vollständiger Discretion geben mußte.
    Ich bin vom Schicksal – scheint es – dazu auserkoren, mit Ihnen auf demselben Arbeitsboden zusammenzutreffen. Diesmal ist es noch viel weniger meine Schuld als bei dem früheren Project.[1] Speemann hat mich zu einer großen Sammlung deutscher Dichter des vorigen Jh. geworben[2] u. ich habe eine *[Au]*swahl d. Stürmer & Dränger,[3] sowie der Göttinger Dichter[4] übernommen. Die Ausgabe verfolgt rein populäre Zwecke, Interpunction & Orthogr. ist modernisirt. Nur die Wortformen bleiben unangetastet, also nach Hempels Muster.[5] Ich nehme Ihnen also höchstens die Kindermörderin[6] u. ein oder das andere Lenz'sche Stück vorweg, die Sie aber trotzdem noch einmal bringen mü*[ßte]*n. Von Ihren bisherigen Heften muß ich leider den Müllerschen Faust wieder bringen.[7] Ich weigerte mich. Aber Kürschner, der Leiter der Samml. will absolut nur das Princip der Wichti*[g]*keit gelten lassen. Im Allgemeinen hat auf 2 Bd. à 18 Bogen wirklich sehr wenig Platz.
    Nun muß ich aber überdies Ihre Hilfe noch in Anspruch nehmen. Ich möchte Sie fragen, wie ichs mit Müllers Genofeva <!> halten soll. Haben Sie etwa eine Abschrift?[8] oder ein Exemplar mit den Verbesserungen. Sie würden gewiß nichts dabei verlieren, auch wenn sie es in den DLD. später einmal abdrucken lassen wollten. Ich muß sonst *[w]*ie Hettner[9] Tieck abdrucken u. kann höchstens die Fehler berichtigen nach den von Ihnen im Anhang mitgeteilten Berichtigungen. Also ich bitte Sie darüber um Auskunft: womöglich um Beistand.
    Noch ein Wort zu meiner Rechtfertigung.[10] Ich habe Speemanns Anerbieten hauptsächlich aus *[p]*ekuniären Gründen annehmen müssen. Die Arbeit ist nicht groß – der Sommer wird freilich draufgehn – u. das Honorar erträglich, zumal da die

Correcturen wegfallen. So lange ich keine Anstellung habe, kann ich nichts von mir weisen, was den Lebensunterhalt halbwegs erträglich macht.

Ich bin recht fleißig – eigentlich nur fleißig, leide unter der Hitze ziemlich viel u. bleibe wol bis Sep[t.] in Lemberg. Was machen die Frankfurter gelehrten Anzeigen?

Kleist Band III wird sich in den nächsten Wochen präsentieren und um eine milde Behandlung bitten. Er ist nicht so gut wie I. Ohne Bibliothek soll d. Teufel Briefe herausgeben! Mit besten Grüßen   Ihr Sauer.

Handschrift: ÖNB, Autogr. 422/1-10   1 Dbl., 4 S. beschrieben. Grundschrift: deutsch.

1 den »Wiener Neudrucken« (s. Brief 13, Anm. 1).
2 *Die von Sauer übernommenen Ausgaben erschienen in Joseph Kürschners Editionsreihe »Deutsche Nationallitteratur« (164 Bde. in 222 Bden. Stuttgart: Spemann, 1882–1890), die von zahlreichen Herausgebern besorgte Ausgaben deutscher Texte von den Anfängen bis zur Goethezeit für ein größeres Publikum vorlegte. Die Bände der »DNL« boten in der Regel keine Gesamtausgaben einzelner Autoren, sondern nur eine Auswahl der jeweils ›wichtigsten‹ Werke. Weniger bedeutende Autoren wurden als Vertreter bestimmter Gattungen oder Epochen in Sammelbänden zusammengefasst. Die Texte wurden im Wortlaut für den Druck modernisiert und mit umfangreichen Einleitungen und Kommentaren versehen. Das monumentale Unternehmen, von Kürschner und seinem Verleger Wilhelm Spemann in der Vorbereitungsphase aufwendig beworben, war unter Scherers Schülern heftig umstritten, teils aufgrund der als ungenügend empfundenen kritischen Grundsätze, teils wegen des breit gestreuten Mitarbeiterkreises, der viele Angehörige gegnerischer Schulen einschloss. Während Sauer und Jakob Minor sich zur Mitarbeit entschlossen, lehnte Richard Maria Werner die ihm angebotenen Editionen ab (s. Werners Brief an Scherer vom 17.11.1882. Briefw. Scherer/ Werner, Nr. 36, S. 259 f.). Auch Seuffert, dem Kürschner wiederholt die Wieland-Edition seiner Reihe anbot (s. Brief 22), wurde nicht Mitarbeiter der »DNL«. Obschon Sauers anfängliches Misstrauen gegenüber Kürschner (s. auch unten Anm. 10) später kritischer Bewunderung wich, sollte er die für die »DNL« übernommenen Verpflichtungen, die ihn auf Jahre banden, später oft bereuen (s. u. a. Brief 51, 79 u. 98).*
3 *Stürmer und Dränger. 3 Thle. Hrsg. von August Sauer. Berlin, Stuttgart: Spemann, [1883] (DNL. 79–81).*
4 *Der Göttinger Dichterbund. 3 Thle. Hrsg. von August Sauer. Berlin, Stuttgart: Spemann, [1887, 1893, 1895] (DNL. 49–50, 1–2).*
5 *Gemeint ist Gustav Hempels »Nationalbibliothek sämmtlicher deutscher Classiker« (246 Bde. Berlin: Hempel, 1867–1877), deren Editionen aufgrund ihrer uneinheitlichen textkritischen Grundsätze zu Beginn der 1880er Jahre bereits vielfach als veraltet galten.*
6 *Heinrich Leopold Wagner: Die Kindermörderin ein Trauerspiel. Leipzig: Schwickert, 1776. Neudruck in den »DLD«: […] Nebst Scenen aus den Bearbeitungen K. G. Lessings und Wagners. [Hrsg. von Erich Schmidt]. Heilbronn: Henninger, 1883 (DLD. 13). Ein im Text modernisierter Abdruck erschien im gleichen Jahr im zweiten Teil von Sauers Sammlung »Stürmer und Dränger«, der den Werken von Wagner und Jakob Michael Reinhold Lenz gewidmet war. Dramen von Lenz sind nicht in den »DLD« erschienen.*
7 *Maler Müllers »Faust«-Dramen, deren Neudruck Seuffert in den »DLD« herausgegeben hatte (s. Brief 10, Anm. 3), und Müllers unten erwähntes Schauspiel »Golo und Genovefa« (1775/81) erschienen im dritten Band der »Stürmer und Dränger«.*
8 *Wie aus Brief 20 hervorgeht, überließ Seuffert Sauer seine Kollation des von Ludwig Tieck besorgten Erstdrucks von »Golo und Genoveva« (Mahler Müllers Werke. Bd. 3. Heidelberg: Mohr, 1811) mit der Handschrift Müllers aus dem Besitz Hermann Hettners; diese ging offenbar über die Verbesserungen hinaus, die*

Seuffert schon 1877 im Anhang seiner Monographie zu Maler Müller mitgeteilt hatte (s. Seuffert: Maler Müller, S. 309–315).
9 *Dichtungen von Maler Müller. Mit Einleitung hrsg. von Hermann Hettner. Thl. 2. Leipzig: Brockhaus, 1868.* Hettners Ausgabe der »Genoveva« (S. 1–158) folgt dem Text von Tiecks Erstdruck.
10 s. auch Sauers Brief an Scherer vom 26.1.1883 (Briefw. Scherer/Sauer, Nr. 65, S. 339): »Daß ich bei Kürschner mitarbeite, dürfen Sie mir nicht übel nehmen, lieber Herr Professor. Einige der Mitarbeiter, die dumme Ankündigung, die ganze aufdringliche Art des mehr dilettantischen Herausgebers und vieles andere mehr könnten einem die Sache gründlich verleiden. Auch will ich gerne zugestehen, daß er uns einen mit dem andern geködert hat. Für mich ist es eine Geldsache gewesen. Von meinen aerarischen 1000 fl. kann ich in dem teuren Lemberg kaum leben; muß mir also im Jahre fast ebensoviel dazu verdienen. Der Kleist war gerade fertig, als Speemanns Antrag kam. So habe ich gerne zugegriffen.«

20. (B) Seuffert an Sauer in Lemberg
    Würzburg, 10. Juni 1882. Samstag

Würzburg 10 VI 82.
Herzogeng. 5

Lieber herr kollege,
Ihre vertrauliche mitteilung nehme ich gar nicht tragisch. Selbst mit Ihnen als mitarbeiter wird die Spemannsche bibliothek den DLD nicht gefährlich werden können; um zu konkurrieren müsste man gleiche tendenzen haben. In der beziehung fürchte ich jetzt nur Mohr-Siebeck.[1]
Komisch war, dass ich eben die Kindermörderin, deren herausgabe bei mir Erich Schmidt zugesagt hat, angekündigt hatte auf der umschlag korrektur des 6. heftes,[2] als ich 12 stunden später Ihren brief empfing. Da ist nun nichts zu machen, und Sie werden Schmidts ausgabe den vorrang ablaufen. An Lenz neudrucke dachte ich noch nicht: ich habe ein stück teilweise kollationiert, Erich Schmidt ein anderes: wir fanden beide, dass die originale zu wenig von den Tieckschen drucken[3] abweichen. Müllers Faust – seis drum; ich hoffe er hat sein publikum schon gefunden u. wird in der einzelausgabe auch dann noch verkäuflich sein, wenn er in Ihren sammelbänden steht. So verstehe ich wenigstens Ihre angabe, dass Sie in 2 bänden eine auslese zusammendrucken lassen wollen oder sollen.
Müllers Genovefa will ich auch nicht bringen, wenigstens zunächst nicht. Sie erhalten anbei meine kollation. Bei Ihrer verwendung müssten Sie freilich wegen meiner stellung zur familie des toten besitzers der hs. sagen, dass ich durch Hettners güte eine kollation von der hs. machen durfte.   Entschuldigen Sie unreifheiten derselben damit, dass ich dieselbe in vorarbeiten meiner ersten litterarischen tätigkeit machte. Orthographisch habe ich – damals in der zeit sehr gedrängt – nicht kollationiert, d. h.

nur die kollationierten worte in der originalschreibung verzeichnet. Bei etwaigen differenzen der hsl. koll. mit der gedruckten liegt im druck der fehler, was Sie mir nicht allzu schwer ankreiden wollen. Den 1. druck korrigieren u. noch dazu so eilig, fiel mir nicht leicht.

Nun haben Sie mich aber neugierig gemacht und wenn Sies nicht unverschämt finden, bitte ich um nähere auskunft. Ihrem verleger schadets ja nicht, zumal ich Ihnen diskretion eigens noch zusichere. Mir aber als leiter einer sammlung ist es von wert zu wissen, was mit den Göttingern von Ihnen beabsichtigt ist. Ich stehe im begriff, auch darüber ankündigungen zu machen, da ich jetzt ein grösseres zukunftsprogramm aufstelle, um prioritätsstreite zu vermeiden.

Ferner möchte ich auch gerne fragen, wie es mit Ihrer österr. neudrucksammlung⁴ steht. Fragen kostet ja nichts u. Sie müssen ja nicht antworten.

In DLD steht jetzt Wielands epos Hermann nach der hs. hg. v. Muncker. Die ersten korrekturen sind sämmtlich erledigt. Das ist heft 6.   Von 7 ›Frkft Gel. Anz.‹⁵ sind 5 bogen gesetzt; in den herbstferien erscheint die 1. hälfte, zu ende des jahres die zweite. In aussicht stehen: Bodmer, Charakter d. d. gedd. (krit. ausg.).⁶ Brentano, Wasa.⁷ Hagedorn, Versuch einiger gedd.,⁸ Klinger Plimplamplasko⁹ (mit den holzschnitten), Moritz, Anton Reiser,¹⁰ AW Schlegel Ueber litt., kunst u. geist des zeitalters,¹¹ Wagner, Kindermörd., Wieland, Erzählungen¹² usf.   Die reihenfolge der erscheinungen ist noch nicht festgestellt. Sie hängt vom absatz des bisherigen u. von der bereitwilligkeit der mitarbeiter ab; ich muss nun werben gehen, da ich mich entlasten muss für andere sachen.   Bodmer macht mir Bächtold.

Ihrem Kleist sehe ich sehr freudig entgegen u. trotz Ihren vorbehalten so kritisch streng wie dem 1. band. ich bin überzeugt, dass Ihre ausgabe stich hält. Aber Sie dürfen auf die anz. nicht drängen: ich hab furchtbar viel zu tun.

Eilig grüsst
Ihr
Seuffert.

Handschrift: StAW. 1 Dbl., 3 S. beschrieben. Grundschrift: lateinisch.

1 s. Brief 11, Anm. 2.
2 Christoph Martin Wieland: Hermann. [Hrsg. von Franz Muncker]. Heilbronn: Henninger, 1882 (DLD. 6).
3 Jakob Michael Reinhold Lenz: Gesammelte Schriften. Hrsg. von Ludwig Tieck. 3 Bde. Berlin: Reimer, 1828.
4 den »Wiener Neudrucken«.
5 s. Brief 10, Anm. 6.
6 [Johann Jakob Bodmer]: Character der Teutschen Gedichte. [Zürich, 1734]. Der Neudruck u. d. T. »Vier kritische Gedichte« ([Hrsg. von Jakob Baechtold]. Heilbronn: Henninger, 1883) umfasst außer dem »Cha-

racter« auch Bodmers Gedichte »Die Drollingerische Muse«, »Untergang der berühmten Namen« und »Bodmer nicht verkannt«.

7 Maria [d. i. Clemens Brentano]: Satiren und poetische Spiele. Erstes Bändchen. Gustav Wasa. Leipzig: Rein, 1800; Neudruck u. d. T.: Gustav Wasa. [Hrsg. von Jakob Minor]. Heilbronn: Henninger, 1883 (DLD. 15).

8 [Friedrich von Hagedorn]: Versuch einiger Gedichte, oder Erlesene Proben Poetischer Neben-Stunden. Hamburg: König und Richter, 1729; Neudruck: [Hrsg. von August Sauer]. Heilbronn: Henninger, 1883 (DLD. 10).

9 Friedrich Maximilian Klinger: Plimplamplasko, der hohe Geist. (heut Genie). Eine Handschrift aus den Zeiten Knipperdollings und Doctor Martin Luthers. [Basel: Thurneysen], 1780; kein Neudruck in »DLD«.

10 [Karl Philipp Moritz]: Anton Reiser. Ein psychologischer Roman. Hrsg. von Karl Philipp Moritz. 4 Thle. Berlin: Maurer, 1785–1790; Neudruck: [Hrsg. von Ludwig Geiger]. Heilbronn: Henninger, 1886 (DLD. 23).

11 August Wilhelm Schlegel: Ueber Litteratur, Kunst und Geist des Zeitalters. Einige Vorlesungen in Berlin, zu Ende des J. 1802, gehalten. In: Europa. Eine Zeitschrift. Hrsg. von Friedrich Schlegel. Bd. 2. Frankfurt/M.: Wilmans, 1803, S. 3–95. Der Auszug wurde innerhalb der ersten Gesamtausgabe von Schlegels Berliner »Vorlesungen« neugedruckt, die Jakob Minor in den »DLD« nach dem Manuskript herausgab (August Wilhelm Schlegel: Vorlesungen über schöne Litteratur und Kunst. 1801–1804. [Hrsg. von Jakob Minor]. 3 Bde. Heilbronn: Henninger, 1884 [DLD. 17–19]).

12 [Christoph Martin Wieland]: Erzaehlungen. Tübingen: Löffler; [Heilbronn: Eckebrecht], 1752. Als Herausgeber des in den »DLD« geplanten Neudrucks war August Fresenius vorgesehen, den Wilhelm Scherer bereits 1878 für gemeinsame Arbeiten an Wielands Frühwerk an Seuffert empfohlen hatte (s. Scherer an Seuffert, 12.7.1878. Briefw. Scherer/Seuffert, Nr. 30, S. 93). Die Ausgabe kam jedoch nicht zustande, da sich Fresenius »über die beste Einrichtung des schwierigen Lesartenverzeichnisses nicht schlüssig werden konnte«; Seuffert gab 1927 aus Fresenius' Nachlass dessen bereits 1885 vollendete Einleitung heraus (August Fresenius: Die Verserzählung des 18. Jahrhunderts. In: Euph. 28 [1927], S. 519–540, hier Seufferts Vorbemerkung: S. 519).

21. (B) Sauer an Seuffert in Würzburg
Lemberg, 13. Juni 1882. Dienstag

L. 13/6 82

Lieber Herr College!
Für die freundliche Übersendung Ihrer Collation der Genovefa meinen besten Dank! Die Papiere folgen in einiger Zeit unversehrt zurück.

Dass Speemannsche Sammlungen Ihrem Unternehmen nicht schaden, ist auch meine Überzeugung. Ich habe selbst keinen genauen Einblick in das ganze Unternehmen, weil etwas geheimnisvoll umgegangen wird. Es scheinen Goethe, Schiller, Lessing, Wieland-Ausgaben etc. geplant zu sein. Ob auch diese nur in Auswahl weiss ich nicht. Ich habe übernommen 2 Bde Stürmer & Dränger mit Einleitungen und Anmerkungen zu versehen, in denen Klingers Zwillinge, Sturm & Drang, Faust;[1]

Lenzens Hofmeister, Soldaten² & Gedichte, Müllers Faust Genovefa & Gedichte, Wagners Kindermörderin & e*[ine]* Auswahl aus Schubart enthalten sein soll. Desgl. Göttinger 2 Bde: überall nur Auswahl. Ich werde die Luise³ in erster Fassung abdrucken lassen, dann Gedichte von Voss, Hölty, Miller, Stolberg, (Hahn?⁴) Claudius |*Randbemerkung:* Es kommen auf jeden etwa 4 ½ Bogen| und Leisewitzens Julius von Tarent.⁵ Bürger bekommt einen eigenen Band⁶ mit einer Auslese der Gedichte. Ich habe nur die Texte anzuordnen übernommen, habe keine Correcturen zu besorgen, mir aber eigens*[inni]*ge Änderungen von Seiten des Correctors strengstens verboten. ~~Ich habe ziemlich gebundene Marschroute und werde wissenschaftlich nicht viel dabei leisten können.~~ Die Ausgaben dürften nicht den Brockhausischen⁷ auf eine Stufe *[zu]* stellen sein. Wenn der Ton meines letzten Briefes mehr entschuldigend als blos mitteilend war, so wollte ich auch den Schein vermeiden oder beseitigen, als ob ich Ihnen ins Handwerk pfuschen möchte. – Überdies wollte sich Speemann wegen der Wieland-Ausgabe sogar an Sie selbst mit einer Anfrage wenden.⁸

Wegen der öst. Neudrucksammlung ist noch nichts beschlossen. Ich konnte mich mit dem Verleger nicht einigen; in etwa 14 Tagen dürfte die Sache entschieden sein; ich theile Ihnen das Re*[su]*ltat dann mit und sende Ihnen auch ein Verzeichnis der proj. Stücke ein; wahrscheinlich beginne ich mit Abraham a Sancta Clara Mercks Wien.⁹

Schliesslich hoffe ich trotzdem aus dem Kreise Ihrer Mitarbeiter nicht ganz ausgestrichen zu sein; es wäre vielmehr sehr schön, wenn Sie mir jetzt, wo sie solche ›werben‹ wollen, etwas übertragen m*[öc]*hten. Zwar für das heurige Jahr könnte ich nichts übernehmen, aber Sie machen ja Programm auf lange hinaus; da ich mich in die Gött. einarbeiten muss, ohne sie irgendwie erschöpfen zu können, so wäre ich vielleicht gerade für eine Aufgabe aus dieser Gruppe tauglich.¹⁰ Noch lieber übernähme ich Götzens Gedichte eines Wormsers¹¹ oder Uzens erste Sammlung.¹² Auch wenn Sie für Hagedorn niemanden haben, bin ich bereit. – Warum fehlt Wielands Oberon¹³ noch immer in Ihrer Liste und die ganze Serie der kritischen Schriften¹⁴ ebenfalls?

Einen Streit wie den über die *[P]*riorität des Faustfragmentes¹⁵ wird es a*[l]*so in keiner Bzhg zwischen uns geben.

Bestens grüssend und dankend
Ihr
Sauer.

Handschrift: ÖNB, Autogr. 422/1-20. 1 Dbl., 4 S. beschrieben. *Grundschrift: lateinisch.*

1 Friedrich Maximilian von Klinger: *Die Zwillinge. Ein Trauerspiel in fünf Aufzügen.* Hamburg: Theatralische Direcktion, *1776* (Hamburgisches Theater. 1); ders.: *Sturm und Drang. Ein Schauspiel.* Berlin: Mylius, *1776*; ders.: *Fausts Leben, Thaten und Höllenfahrt in fünf Büchern.* St. Petersburg: Kriele, *1791*.

2 *[Jakob Michael Reinhold Lenz]: Der Hofmeister oder Vortheile der Privaterziehung.* Leipzig: Weygand, 1774; *[ders.]: Die Soldaten. Eine Komödie.* Leipzig: Weidmann, 1776.
3 *Johann Heinrich Voss: Luise. Ein laendliches Gedicht in drei Idyllen.* Königsberg: Nicolovius, 1795.
4 *Auf einen Abdruck der Gedichte Johann Friedrich Hahns, die zu dessen Lebzeiten nie gesammelt worden waren, verzichtete Sauer, vmtl. weil eine Gesamtausgabe bereits erschienen war (Carl Redlich: Gedichte und Briefe von Johann Friedrich Hahn. Gesammelt. In: Beiträge zur Deutschen Philologie. Julius Zacher dargebracht als Festgabe zum 28. October 1879 [...]. Halle/S.: Waisenhaus, 1880, S. 245–266).*
5 *[Johann Anton Leisewitz]: Julius von Tarent. Ein Trauerspiel.* Leipzig: Weygand, 1776. *Richard Maria Werner, der erkannt hatte, dass diesem Erstdruck eine von der ersten Niederschrift vielfach abweichende, durch zahlreiche Fehler korrumpierte Druckvorlage von fremder Hand zugrunde gelegen haben musste und dass zudem mehrere Doppeldrucke existierten, von denen einer Sauers Neudruck in »Stürmer und Dränger« (Bd. 1, S. 317–375) zugrunde lag, gab einige Jahre später in den »DLD« eine mit den Drucken kollationierte Ausgabe von Leisewitzens Originalmanuskript heraus (J. A. Leisewitz: Julius von Tarent und die dramatischen Fragmente. [Hrsg. von Richard Maria Werner]. Heilbronn: Henninger, 1889 [DLD. 32]).*
6 *Gottfried August Bürger: Gedichte. Hrsg. von August Sauer.* Berlin, Stuttgart: Spemann, [1884] (DNL. 78).
7 *Gemeint ist die Reihe »Bibliothek der deutschen Nationallitteratur des 18. und 19. Jahrhunderts« (44 Bde. Leipzig: Brockhaus, 1867–1881), in der, im Gegensatz zu Hempels »Nationalbibliothek« (s. Brief 19, Anm. 5), keine Gesamtausgaben, sondern repräsentative Werkauswahlen auch nichtklassischer Autoren erschienen.*
8 *Die Wieland-Auswahl in der »DNL«, deren Herausgeberschaft Seuffert ablehnte (s. Brief 22), wurde an Heinrich Pröhle übertragen (Wieland's Werke. Hrsg. von Heinrich Pröhle. 6 Thle.* Berlin, Stuttgart: Spemann, [1883–1887] [DNL. 51–56]).
9 *Abraham a Sancta Clara: Mercks Wienn, Das ist: Desz wütenden Todts ein umständige Beschreibung [...].* Wien: Vivian, 1680; *kein Neudruck in den »WND«. Sauer eröffnete die Reihe stattdessen mit Abrahams Anti-Türken-Traktat »Auf auf ihr Christen!«* (Wien: Ghelen, 1683; Neudruck: Wien: Konegen, 1883 [WND. 1]).
10 *Mit Ausnahme von J. A. Leisewitz' »Julius von Tarent« (s. Anm. 5) erschienen in den »DLD« unter Seufferts Herausgeberschaft keinerlei Schriften aus dem engeren Umfeld des Göttinger Hain.*
11 *[Johann Nicolaus Götz]: Versuch eines Wormsers in Gedichten.* o. O., 1745; *kein Neudruck in den »DLD«. Sauer hatte schon 1880/81, parallel zur Arbeit an seiner Kleist-Ausgabe, im Gleimhaus Halberstadt auch textkritische Untersuchungen zu Götz durchgeführt und trug sich lange mit dem Plan einer kritischen Ausgabe, die gemeinsam mit seinen Editionen zu Gleim, Kleist und Uz eine dann nicht realisierte größere »Darstellung der Anakreontik im vorigen Jahrhundert« vorbereiten sollte (s. Sauers Brief an Scherer vom 1.1.1884. Briefw. Scherer/Sauer, Nr. 68, S. 345). Nachdem er sich in diesem Zusammenhang jahrelang vergeblich um den literarischen Nachlass von Götz bemüht hatte, der zwischenzeitlich in den Besitz Joseph Kürschners gelangt war (s. ausführlich Brief 40, Anm. 14), unterstützte er stattdessen die Götz-Arbeiten von Carl Schüddekopf, der in den »DLD« einen kumulativen Neudruck der bis 1765 im Druck erschienenen Gedichte herausgab (Gedichte von Johann Nicolaus Götz aus den Jahren 1745–1765 in ursprünglicher Gestalt. [Hrsg. von Carl Schüddekopf].* Stuttgart: Göschen, 1893 [DLD. 42]).
12 *[Johann Peter Uz]: Lyrische Gedichte.* Berlin: Weitbrecht, 1749; *kein Neudruck in den »DLD«. Sauer entschloss sich nach längeren Überlegungen stattdessen für eine kritische Ausgabe sämtlicher Gedichte nach den jeweils ältesten gedruckten Fassungen mit Verzeichnung der Varianten aus späteren Ausgaben: »Für eine neue zu literarhistorischen Zwecken veranstaltete Ausgabe mussten die Umarbeitungen aus der Spätzeit des Dichters vor den ursprünglichen Fassungen der Gedichte zurücktreten. Es kam darauf an, aus den seltenen, teilweise fast unzugänglichen ersten Drucken das Bild des Dichters so herzustellen, wie es seinen*

Zeitgenossen bei seinem ersten Auftreten und während der Periode seiner frischesten Thätigkeit erschienen war. Unserem Texte liegen daher die ersten echten Ausgaben der Gedichte zu Grunde [...]« (Johann Peter Uz: Sämtliche Poetische Werke. Hrsg. von August Sauer. 2 Bde. Stuttgart: Göschen, 1890 [DLD. 33–38], hier Bd. 1, S. LXXVIII). Zur langwierigen Genese dieses Plans und den vielfachen Schwierigkeiten der Drucklegung, die am Schluss erst nach dem Verlagswechsel der »DLD« von Henninger zu Göschen realisiert wurde, s. vor allem Brief 34, 35, 47, 48, 59, 64, 90, 92, 94, 96, 98, 99, 101, 103.
13 *[Christoph Martin Wieland]: Oberon. Ein Gedicht in Vierzehn Gesängen. Weimar: Hoffmann, 1780; kein Neudruck in den »DLD«.*
14 *Sauer dachte vermutlich weniger an das über Gesamtausgaben noch vergleichsweise gut greifbare essayistische Spätwerk als an die frühen, selbstständig erschienenen poetisch-kritischen Schriften der 1750er Jahre, die Wieland selbst in »Sammlung einiger Prosaischen Schriften« (3 Bde. Zürich: Orell & Comp., 1758) und »Poetische Schriften« (3 Bde. Zürich: Orell, Geßner u. Comp., 1762) zusammengestellt hatte.*
15 *s. Brief 11, Anm. 2.*

22. (B) Seuffert an Sauer in Lemberg
Würzburg, 20. Juni 1882. Dienstag

Würzburg 20 VI 82.
Herzogeng. 5.

Lieber herr kollege,
Dank für Ihre mitteilungen, die ich Ihnen freilich hätte ersparen können, da Kürschner kurz nach meinem letzten briefe an Sie mir das programm so viel und so wenig entwickelte, als es zur aufforderung, ihm den Wieland und einiges andere zu machen, nötig war. Ich habe abgelehnt aus verschiedenen gründen.

Ihre freundliche versicherung, dass Sie trotz Ihren neuen aufgaben meiner sammlung treue bewahren wollen, erwidere ich mit der bitte, mir Hagedorn, Versuch 1729 zu machen. Ich weiss nicht, ob eine übersichtliche krit. Ausg. möglich ist, da die abweichungen von späteren ausgaben, so weit ich sah, sehr bedeutend sind. Wenn aber, so würde sich wahrscheinlich für diesen fall ein kritischer apparat empfehlen. Doch überlasse ich die entscheidung darüber Ihrer näheren beschäftigung mit dem schriftchen. Es wäre mir lieb, wenn ich das ms. in der 1. hälfte januar 1883 haben könnte; schreiben Sie mir, ob Ihnen das möglich ist, sonst muss ich ein anderes heft voranstellen.

Später wird Ihnen der Götz-Wormser gedd. nicht entgehen. Die Göttinger kann ich Ihnen nicht bestimmt versprechen, da schon vor jahresfrist ein junger herr[1] sich um die herausgabe bewarb; ob ich ihn zulasse hängt von der tüchtigkeit seiner noch ausstehenden dissertation ab. Uz hatte ich mir wegen der Wielandopposition[2] ausersehen; aber ich werde mich freuen, wenn Sie denselben übernehmen.

Warum nicht Oberon? Nicht krit. schrften? Weil sie zu dickleibig sind.* Wälzer wie die Frkft. gel. Anz. darf ich nur ausnahmsweise bringen.   Jetzt steht Anton Reiser[3] als solcher in aussicht: der darf doch auf grosses publikum rechnen. Wer kauft mir aber Breitingers Dichtkst ab? Und die wäre das nötigste. Unter 7–8 m. könnte ich sie nicht neudrucken. Wo sind dann die abnehmer?   Wielands Oberon ist so billig zu haben, dass nur die engsten gelehrtenkreise eine krit. ausg. kaufen würden. Diese u. andere stücke sind nicht ausgeschlossen für die zukunft; aber zunächst muss kleines heft auf kleines heft kommen. nur so kann das unternehmen in schwung kommen; nur was unter 1 m. kostet, hat absatz. Kaufen aber einmal leute einige zeit hinter einander billige nummern, so nehmen sie dann der vollständigkeit der serie wegen auch eine teuerere in kauf. Ich muss solche spekulationen machen, weil der absatz <u>meinen</u> erwartungen nicht entspricht, wenn auch die verleger nicht klagen.

Sie werden noch manches angezeigt finden, was ich jüngst nicht nannte. Ich habe mit Scherer ein programm von 50–60 nummern festgestellt,[4] dessen kleinsten teil ich jetzt vorlege. Natürlich ist die reihenfolge noch nicht bestimmt und nicht ausgeschlossen, dass andere stücke eingeschoben werden. Wollen Sie sich daraus auslesen zur herausgabe, so werden Sie mich zu dank verpflichten.

Und noch eines: wie wäre es mit einem heftchen: kriegs-volkslyrik des 7 jähr. krieges?[5] Da sind Sie der mann, der allein sagen kann, ob sich das empfiehlt, ja ob eine zusammenstellung möglich ist. Dass Ihre bejahung die folge hat, dass Sie auch der herausgeber sind, ist ja selbstverständlich.

Creizenach nach Krakau?!⁶

Bestens grüsst und erwartet zusagen

Ihr

ergebener

Seuffert.

* Die kleinen eigentl. Streitschriften sind doch zu tot, um sie dem publ. als interessant vorzustellen. Ich habe in Zürich viele gelesen. <u>Später</u> kommen auch solche!

Handschrift: StAW, 1 Dbl., 4 S. beschrieben. Grundschrift: lateinisch.

1 nicht ermittelt.
2 Wieland hatte 1756/57 von Zürich aus in verschiedenen kritischen Schriften den ›Missbrauch‹ der Poesie durch die Anakreontiker, vor allem J. P. Uz, angeprangert. Seuffert überließ Sauer auf dessen Bitten ungedrucktes Material zu diesen Auseinandersetzungen für die Einleitung der Uz-Ausgabe (s. Sauer: Uz, Bd. 1, S. XX–LXII; s. auch unten Brief 51, Anm. 20).
3 von K. Ph. Moritz (s. Brief 20, Anm. 10).
4 s. Brief 3, Anm. 4.

5 nicht realisiert. *Seuffert* dachte vmtl. vor allem an Nachahmungen im Anschluss an die Gleim'schen »Grenadierlieder«, zu denen er *Sauer* bereits umfangreichere bibliographische Nachforschungen übermittelt hatte (s. Brief 7, Anm. 1).
6 Wilhelm Creizenach, bisher Privatdozent in Leipzig, war Mitte Juni 1882 zum Extraordinarius für deutsche Sprache und Literatur in Krakau berufen worden (s. NFP, Nr. 6392, 14.6.1882, Mo.-Bl., S. 3). Er trat hier die Nachfolge František Tomáš Bratraneks an, der im Jahr zuvor um seine Pensionierung eingekommen war. Sowohl *Sauer* als auch *Seuffert* hatten sich Hoffnungen auf den Ruf gemacht; mit *Seuffert* war noch im Frühsommer 1882 von Krakau aus verhandelt worden (s. *Seuffert* an *Scherer*, Brief vom 16.6.1882. Briefw. Scherer/Seuffert, Nr. 79, S. 139).

23. (B) *Sauer* an *Seuffert* in Würzburg
Lemberg, 30. Juni 1882. Freitag

Lemberg 30.VI.82.
Ulica Kotlarska 2

Lieber Herr College!
Ihr langer ausführlicher Brief hat mir viel Freude gemacht. Ich freue mich auf das Programm, das das nächste Heft bringen wird. Auf Uz verzichte ich gerne, wenn Sie sich das schon vorgenommen haben, nur glaube ich, daß ich, wenn mir die Halberstädter gewogen bleiben, wie es den Anschein hat, aus diesen Papieren noch manches für Ihre Samml. speciell für Uz *[fl]*üßig machen könnte. Ich bekomme im Sept. eine neue Sendung von dort, worunter wahrscheinlich Götz, Rudnik u Pyra-Sachen. Das hätte ich am liebsten langsam bei Ihnen verwertet.[1] Die Volks-Kriegslyrik ist ein ganz prächtiger Gedanke, den ich mit Freude und Eifer aufnehme. Nur wäre es doch nöthig, daß ich *[vo]*rher in Berlin gewesen wäre, wo vieles einschlägige in Handschriften liegt. Im Laufe des nächsten Jahres – wenn nicht zu Weihnachten dieses – wird nun mein Wunsch dahin zu reisen, endlich erfüllt werden. Wenn es Ihnen also recht ist, dieses Heft im Laufe der nächsten 2 Jahre – allgemein gesagt – zu bringen, so kann ich darauf eingehen u. bitte mir es zu reserviren. Hagedorn Versuch nehme ich selbstverständlich an und verspreche Man. erste Hälfte Januar zuverläßig. Ob kritische Ausgabe oder nicht, kann ich jetzt auch nicht entscheiden, will Ihnen aber in einiger Zeit – etwa *[im]* Sept. – wenn ich die Sachen durchgearbeitet habe, ausführlich Nachricht geben.

Was nun unsere österreich. Neudrucke anlangt, so bin ich mit dem Verleger übereingekommen, es zunächst mit 3 Heftchen zu wagen. Die Sachen, die ich bringe, liegen ganz außer Ihrem Gesichtskreis, nemlich

1. eine Schrift von Abraham a Sancta Clara.[2]

2. eine anonyme Erzählung ›Der Hausball‹,[3] deren Umarbeitung Goethe für das Tiefurterjournal[4] begonnen vgl Hempel V, 271.

3. Wahrscheinlich Kurz-Bernardon: Prinzessin Pumphia;[5] doch bin ich mit dem letzten noch nicht einig.

Dann würden sich wieder ältere Sachen anschließen. Ob nun die Unternehmung Bestand hat, ob der Verleger verstehen wird, die Heftchen zu vertreiben, wird sich ze[ig]en. Ihre Verleger wird das ganze nicht touchiren.

Mit vielem & herzlichem Danke sende ich Ihnen die Collation der Müllerschen Handschrift anbei zurück. Sie hat mir wesentliche Dienste geleistet. Daß ich bei dem Abdrucke Ihren und Hettners Namen nenne, ist selbstverständlich.

Creizenach wird wol nach Krakau kommen und wir bleiben wieder sitzen. Aber es sind nicht die [schl]echtesten Mädchen, die sitzen bleiben oder erst spät heiraten! Hier sind die Verhältnisse zum aus d Haut fahren!

Glückliche Ferien!

Herzlich grüßend

Ihr

Sauer

Handschrift: ÖNB, Autogr. 422/1-21. 1 Dbl., 4 S. beschrieben. Grundschrift: deutsch.

1 *Aus den hier angedeuteten Vorschlägen Sauers wurde in den »DLD« nur ein Neudruck der zweiten Ausgabe der gemeinschaftlichen Freundschaftslieder von Jakob Immanuel Pyra und Samuel Gottlob Lange realisiert (Thirsis und Damons Freundschaftliche Lieder. [...] Halle: Hemmerde, [1749]; Neudruck u. d. T.: Freundschaftliche Lieder von I. J. Pyra und S. G. Lange. [Hrsg. von August Sauer]. Heilbronn: Henninger, 1885 [DLD. 22]). Wie aus einer Karte Sauers an Seuffert vom 4.10.1882 (ÖNB, Autogr. 422/1-23) hervorgeht, dachte Sauer außerdem an einen Neudruck der gemeinsamen Anakreon-Übersetzung von Götz und Uz: »Bis zur gleichen Zeit könnte ich Ihnen, falls es Ihnen lieber wäre, ›Die Oden Anakreons Frankf u Leipz. 1746 von Uz Götz und Rudnik‹ [...] versprechen, wovon ESchmidt ein Ex. besitzt, das er gewiss herleiht.«*
2 *s. Brief 21, Anm. 9.*
3 *Der Hausball. Eine Erzählung von V***. Wien: Trattnern, 1781; Neudruck: [Hrsg. von August Sauer]. Wien: Konegen, 1883 (WND. 3). Als Verfasser bzw. Bearbeiter der auf eine Vorlage von Philipp Hafner zurückgehenden Erzählung wird heute Matthias Voll angenommen (s. Gustav Guglitz: »Der Hausball« und sein Bearbeiter. In: Chronik des Wiener Goethe-Vereins 56 [1952], S. 16–20).*
4 *Goethes Fragment gebliebene Bearbeitung »Der Hausball. Eine deutsche Nationalgeschichte« erschien 1781 im handschriftlich ausgegebenen »Journal von Tiefurt« (6. und 9. Stück). Den Erstdruck nach dem Manuskript von Schreiberhand mit Goethes eigenhändigen Korrekturen, auf den Sauer hier verweist, besorgte Gustav von Loeper in der Hempel'schen Goethe-Ausgabe (Goethe's Werke. Th. 5: Gedichte. Hrsg. von Friedrich Strehlke. Berlin: Hempel, [1872], S. 269–275). Sauer übernahm später die Herausgabe in der Weimarer Ausgabe (WA I, Bd. 18 [1895], S. 349–358 u. 491–494).*
5 *Joseph von Kurz: Eine neue Tragödie, Betitult: Bernardon Die getreue Prinzeßinn Pumphia, und Hannswurst der tyrannische Tartar-Kulican [...]. [o. O., 1756]; Neudruck u. d. T.: Prinzessin Pumphia von Joseph Kurz. [Hrsg. von August Sauer]. Wien: Konegen, 1883 (WND. 2).*

24. (B) Sauer an Seuffert in Würzburg
Lemberg, 24. Januar 1883. Mittwoch

Lemberg 24/1 83.

Lieber Herr College!
Nachdem bisher nur die Wiener Beiträger Minor und Werner[1] Exemplare der Neudrucke besitzen, erhalten Sie die ersten Hefte, die ich versenden darf. Nehmen Sie sie freundlich auf und sagen Sie mir auch gelegentlich ob sie Ihnen gefallen und ob Sie mit Wahl und Form zufrieden sind. Ich freue mich, daß gleichzeitig mit diesen 3 Heften[2] auch der Hagedorn[3] fertig ist, so daß ich meine Thätigkeit an beiden sammlungen beweisen kann. Ich habe die Vorrede am 16. imprimirt.

Sagen Sie mir nächsten[s] einmal auch, wann Sie beiläufig wieder ein Heft von mir brauchen, ob noch in diesem Jahre, oder erst im nächsten. Je später, desto besser.

Auf d. Umschlag von Heft 2 werden Sie einen Grundriß zur G. d. d. L. i. Ö.[4] angekündigt finden. Erschrecken Sie nicht vor diesem Wagnis. Es ist absichtlich eine Vorausverkündigung auf [la]nge Jahre; denn ich werde mich erst vom nächsten Jahr ab darauf concentriren können. Übrigens hängt diese [A]rbeit von meinen Wiener aufenthalten ab; denn alles kann ich nicht hieherschleppen.

Ich habe mich in den paar Wochen in Wien sehr erholt; hatte es aber auch schon gründlich nötig; sah Heinzel, Schönbach, Werner, Seemüller u. zuletzt auch noch Schmidt, dessen Lessing[5] ich bewundern durfte, soweit er fertig ist; am schönsten waren die Cap. über den jungen Gelehrten u. d. Sara. Im Theater: Calderons [R]ichter von Zalamea & Faust.[6] Vom 2. Thl einen großartigen Eindruck bekommen. Ungeahnte Schönheiten gingen mir auf. Ich möchte jetzt immer nur Faust lesen; habe aber so selten Zeit.

Über 100 neue Raimundbriefe[7] erweiterten meine Kenntnis des Dichters; einiges wenige kriegte ich auch aus Grillpar[zer]s Nachlaß[8] zu Gesicht; im ganzen wird dieser aber von feurigen Drachen gehütet und harrt erst eines Votums durch d. famosen Wiener Gemeinrat <!>, bis er erlöst werden darf.

Die Ernennungsfrage[9] ist auch wieder am Tapet, seitdem Creizenach[10] eingeschmuggelt wurde. Bis Ende Februar wurde d. Facultät Termin gesetzt, sich zu äußern. Ich bin das Supplenten u. Supplicantenwesen[11] schon satt.

Mit den herzlichsten Grüßen
Ihr
Ergebener
Sauer.

Handschrift: ÖNB, Autogr. 422/1-30. 1 Dbl., 4 S. beschrieben. *Grundschrift: deutsch.*

1 soll heißen: Minor und Werner in ihrer Eigenschaft als Sauers Mitherausgeber bei den »Beiträgen zur Geschichte der deutschen Litteratur und des geistigen Lebens in Österreich«.
2 Heft 1 bis 3 der »Wiener Neudrucke«, die Sauer im Alleingang besorgt hatte.
3 s. Brief 20, Anm. 8.
4 s. Kurz: Prinzessin Pumphia (WND. 2), Umschlagseite 4: »In Vorbereitung befindet sich: Grundriss / Geschichte der deutschen Literatur in Oesterreich / von Dr. August Sauer«. S. auch Sauer an Scherer, Brief vom 26.1.1883 (Briefw. Scherer/Sauer, Nr. 65, S. 339): »Der ›Grundriß‹, den ich ebenfalls ankündigen ließ, ist natürlich erst eine Arbeit der Zukunft. Weil Jaro Pawel u. [Hans] Lamb[e]l auch daran denken sollen, so war es notwendig, meine Absicht auszusprechen.« Der Plan – der vmtl. auf eine biobibliographische Systematisierung der deutsch-österreichischen Literaturgeschichte nach dem Vorbild von Karl Goedekes »Grundriß zur Geschichte der deutschen Dichtung« hinauslief – wurde nicht realisiert. Sauer scheint davon Abstand genommen zu haben, nachdem Jakob Minor und Richard Maria Werner ähnliche Projekte angedeutet hatten (s. Brief 79, Anm. 9).
5 Erich Schmidt: Lessing. Geschichte seines Lebens und seiner Werke. 2 Bde. [in 3 Bden.]. Berlin: Weidmann, 1884–1892 [²1899]. Im Folgenden sind Lessings Dramen »Der junge Gelehrte« (1747) und »Miss Sara Sampson« (1755) gemeint.
6 Sauer hatte Calderons »Richter von Zalamea« und Goethes »Faust« am Wiener Burgtheater gesehen. Adolf Wilbrandts aufsehenerregende, auf drei Abende ausgelegte Inszenierung beider Teile des »Faust« hatte am 2., 3. und 4.1.1883 Premiere und wurde bis November 1885 zwölfmal wiederholt (s. Alth: Burgtheater, Bd. 1, S. 334 f.).
7 Gemeint sind offenbar die Briefe Ferdinand Raimunds an seine Geliebte Antonie (Toni) Wagner, von denen Sauer und Carl Glossy 1881 nur eine kleine Zahl im dritten Band ihrer Raimund-Ausgabe veröffentlichen konnten (Ferdinand Raimund's sämmtliche Werke. Nach den Original- und Theater-Manuskripten nebst Nachlaß und Biographie hrsg. von Carl Glossy und August Sauer. 3 Bde. Wien: Konegen, 1881 [²1891; ³1903]; in den späteren Auflagen fehlt der »Nachlaß«; die von Glossy für den vierten Band geplante Biografie ist nicht erschienen). In den folgenden Jahren konnten Glossy und der Verleger Carl Konegen von Wagners hinterbliebenen Schwestern und Erbinnen sukzessive weitere Briefe für den Raimund-Bestand der Wiener Stadtbibliothek erwerben. 1894 veröffentlichte Glossy eine Auswahl von 120 Briefen aus der inzwischen auf 180 Stücke angewachsenen Sammlung (Carl Glossy: Briefe von Ferdinand Raimund an Toni Wagner. Mitgetheilt. In: JbGG 4 [1894], S. 145–306).
8 Sauer gehörte zu den ersten Benutzern des Nachlasses von Franz Grillparzer in der Handschriftenabteilung der Wiener Stadtbibliothek. Grillparzers Erbin Katharina Fröhlich hatte den gesamten Nachlass (Wohnungseinrichtung, Manuskripte, Briefe und Bibliothek) im Mai 1878 der Gemeinde Wien geschenkt, mit der Auflage, im neuen Rathaus ein Grillparzerzimmer einzurichten. Mit dem Tode Fröhlichs (3.3.1879) wurde das Legat wirksam. Der handschriftliche Nachlass, »der sich damals noch in den Händen des Freiherrn [Theobald] v. Rizy zur Sichtung und Ordnung befand, wurde erst nach dessen am 19. Mai 1882 erfolgten Tode, am 24. Mai 1882 von der Gemeinde Wien in Verwahrung genommen« (August Sauer: Zur Einführung [zur Historisch-kritischen Grillparzer-Ausgabe; 1909]. In: Sauer: Ges. Schr., Bd. 2, S. 85–109, hier: S. 102). Die Studien am Nachlass bildeten die Grundlage für Sauers lebenslange Beschäftigung mit Grillparzers Leben und Werk, die er ab Mitte der 1880er Jahre mit den von ihm übernommenen Werkausgaben sowie dem Plan zu einer großen Grillparzer-Biographie intensivierte (s. Brief 59).
9 Sauer vertrat seit dem Wintersemester 1879 die durch den Tod von Eugeniusz Arnold Janota unbesetzte Lehrkanzel für deutsche Sprache und Literatur an der Universität Lemberg. Die ihm bei Antritt der Supplikatur (Vertretungsprofessur) in Aussicht gestellte feste Anstellung und Ernennung zum Extraordinarius

wurde seitens der Philosophischen Fakultät immer wieder verschoben, wobei freilich eine bedeutende Rolle spielte, dass Sauer der vertraglich vereinbarten Erlernung der polnischen Sprache nicht nachkam (s. Nottscheid: Sauer, bes. S. 115–126). Die wiederholten, zuletzt durch eine gutachterliche Stellungnahme Wilhelm Scherers unterstützten Versuche, Sauers Ernennung gegen den Widerstand der Fakultät durchzusetzen, scheiterten endgültig, als diese im Februar 1883 mehrheitlich gegen Sauer und für die Berufung Richard Maria Werners nach Lemberg votierte (s. ausführlich Brief 26, Anm. 3).
10 s. Brief 22, Anm. 6.
11 *Das Wortspiel gründet auf dem Gleichklang zwischen »Supplent« (Stellvertreter) – der offiziellen Bezeichnung für Sauers Dienststellung in Lemberg – und »Supplicant« (Bittsteller).*

25. (B) Seuffert an Sauer in Lemberg
Würzburg, 27. Januar 1883. Samstag

Würzburg 27 I 83

Geehrter herr kollege,
Vielen dank für die WND! Dass Sie gleich mit 3 stücken auf dem schauplatze erscheinen, ist gewiss vorteilhaft. Auch ist die wahl gewiss gelungen. Ich freue mich dieses unternehmens jetzt sehr, denn es hat entschiedene familienähnlichkeit mit meinen DLD. Schon darum muss es mir gefallen. Wir sehen uns ähnlicher als dem grosspapa Braune.¹ Die farbe Ihres umschlages ist hübsch. die des meinen scheusslich; aber der Ihre ist dünn, meiner steifer. Auch ist Ihre schrift bedeutend kleiner – fast etwas klein fürs liebe grosse publikum sollte ich meinen. Sie haben 3 zeilen mehr auf der seite als ich. Endlich sind Sie um ein paar pfennig teurer; etwa 3 ₰² pro bogen, so viel sich bis jetzt berechnen lässt. Ich wünsche Ihnen von herzen gute aufnahme der WND. Man redigiert viel freudiger, wenns gut geht im laden u. in der kritik. An beidem kanns bei Ihnen nicht fehlen. Die Österr. kaufen mehr bücher als die Deutschen und der kritik werden Sie keine wunde stelle zeigen.

In beidem sind die DLD nicht gleich gut daran. Übrigens scher ich mich den teufel drum, so lang die verleger mutig bleiben.

Jetzt sind drei hefte im druck! aber unter uns! ich will Ihnen anvertrauen, dass Der Messias 1748³ u. Bodmer 4 Krit. gedd. unter der presse liegen. Dass drittens der 2. tl. der Frkft. gel. anz. vollständig gesetzt ist bis auf einleitung u. register, darf alle welt wissen.

Ihrem wunsche gemäss werde ich den fortgang meiner sammlung so einzurichten suchen, dass ich Ihre beihilfe bis nächstes jahr entbehren kann. Dann aber hoffe ich wider auf dieselbe zählen zu dürfen.

Ich denke, dass Ihnen in den allernächsten tagen die freiex. u. das honorar zu DLD 10⁴ zugehen.

Es scheint ja als ob Sie die WND ganz allein herausgeben wollen? ich schliesse das daraus, weil Sie die vorbemerkungen nicht unterzeichnet haben. Da müssen Sie eine eisernere arbeitskraft als ich besitzen, um das auf die dauer (›rasch!‹) auszuhalten.

Ihr vorwort[5] hat mir – ich darfs doch sagen, da Sie mich fragten – sehr gut gefallen. Eben so die vorbemerkungen. Ich empfand dabei eine gewisse genugtuung, dass Sie (gleich wie in den DLD geschieht) auch sehr verschiedenartige vorbemerkungen zu geben gezwungen sind. Das lässt sich nun einmal nicht meiden. Eine kritik, die sich hierüber aufhalten würde, verriete nur ihren eigenen unverstand. Anfangs freilich hatte ich an uniformierung der vorbemerkungen gedacht, sofort aber mich von der notwendigen differenzierung überzeugt.

Wenn ich nur einen herausgeber für Brentanos Gustav Wasa[6] wüsste; kennen Sie einen in dieser zeit u. gegend der litteratur bewanderten und textkritisch erprobten mann?

Darf ich wissen wer u. was zunächst in den schriften der Wiener beiträger auftritt? Darin werden Sie ja die besten quellenstudien u. vorarbeiten zu Ihrer Littgesch. haben. Glück auf zu beidem.

Glück auf auch zur erhofften beförderung. Dass Creizenach nach Krakau kam, war mir das unerwartetste von der welt. Der mann hat glück. Kurz zuvor erschoss sich ein kollege u. freund von ihm u. vermachte Creizenachen 50 000 m. Authentisch!

Die Prager stelle[7] wird Ihnen nun Minor wegangeln. Sie Österreicher sind doch noch gut daran, Sie bekommen doch unterstützungen. Wie gerne wollte ich supplicieren, wenns was nützte. Ich werde jetzt der welt bald adieu sagen müssen und mich als assistent in eine kleine landstadt verflüchtigen, wenn nicht irgend ein hoffnungsstern sich bald zeigt. Ich hätte es schon getan, wenn mir das herz nicht blutete, dann meinen wissenschaftlichen nachlass auf abbruch versteigern zu müssen. – –

Den 2. tl. Faust sah ich vor 2 jj. in Dresden glänzend auffführen[8] – aber ich besann mich ob dies ausstattungsstück Faust ist. Ich bin ein ketzer und glaube nicht an volle bühnenfähigkeit des Faust, weder des 1. noch des 2. tles.

Nochmals dank u. immer neuer u. treuer gruss
von Ihrem ergebenen
BSeuffert.

Handschrift: StAW. 1 Dbl., 4 S. beschrieben. Grundschrift: lateinisch.

1 *Wilhelm Braune hatte 1876 mit den »Neudrucken deutscher Literaturwerke des XVI. und XVII. Jahrhunderts« im Verlag von Max Niemeyer (Halle/S.) die erste neugermanistische Neudruckreihe begründet. In der – aufgrund ihres Erscheinungsortes auch »Hallesche Neudrucke« genannten – Reihe erschienen unter wechselnden Herausgebern bis 1957 325 Nummern (s. Wilfried Barner: »Literaturwissenschaft« im Max Niemeyer Verlag. In: ders.: Pioniere, Schulen, Pluralismus. Studien zu Geschichte und Theorie der Literaturwissenschaft. Tübingen: Niemeyer, 1997, S. 205–222, hier: S. 208–210 u. 216–219).*

2 *Abk.: Pfennig(e).*
3 *F. G. Klopstock: Der Messias (DLD. 11).*
4 *für Sauers Neudruck von Hagedorns »Versuch einiger Gedichte« (DLD. 10).*
5 *Sauer hatte das Programm der »Wiener Neudrucke« in einer kurzen Vorbemerkung begründet, die er in Form eines offenen Briefes »An Professor Hugor Mareta in Wien«, seinen Lehrer am Wiener Schottengymnasium, an den Anfang des ersten Heftes der Reihe stellte (s. A. a Sancta Clara: Auf auf Ihr Christen [WND. 1], S. III–VIII). Er konstatierte darin – in deutlicher terminologischer Anlehnung an Scherers »Blütezeiten«-Theorie – einen weitgehenden Tiefststand der österreichischen Literatur vom ausgehenden Mittelalter bis zum Ende des 18. Jahrhunderts, von dem er jedoch die Erzeugnisse der »komischen Bühne« in Wien ausnahm, welche den Hauptgegenstand seiner Reihe bilden sollten.*
6 *C. Brentano: Gustav Wasa (DLD. 15). Die Herausgeberschaft übernahm Jakob Minor, den Sauer in einer hier nicht abgedruckten Karte von Ende Januar 1883 (ÖNB, Autogr. 422/1-31) an Seuffert empfohlen hatte: »Zum Gustav Wasa schlage ich Ihnen Minor vor (Prag Stefansgasse 3III) er kennt die Romantiker, auch die jüngeren, erstaunend genau und wird es sehr gerne übernehmen.« Zur Stellung der Romantik in den »DLD« s. auch Brief 10, Anm. 5.*
7 *Das zweite Prager Ordinariat für Deutsche Philologie war bereits seit dem Weggang von Ernst Martin, der 1877 Nachfolger von Wilhelm Scherer in Straßburg geworden war, unbesetzt. Obschon Sauer in Prag 1882 sowohl durch das Auswahlkomitee der Philosophischen Fakultät als auch von der Fakultät selbst vorgeschlagen wurde und sich Johann Kelle, der das ältere Fach vertrat, unter dem Einfluss Scherers für ihn einsetzte, erfolgte seitens des Wiener Ministeriums kein Ruf. Erst 1884, nach der Teilung der Prager Universität, erhielt Jakob Minor, der sich 1882 von Wien nach Prag umhabilitiert hatte, ein neu geschaffenes Extraordinariat für Neuere deutsche Literaturgeschichte. 1886 wurde der inzwischen nach Graz berufene Sauer Minors Nachfolger in Prag. Die langwierigen Verzögerungen resultierten hauptsächlich aus der Blockadehaltung des Wiener Ministeriums, das entgegen den Wünschen der Prager Fakultät lange auf einer gemeinsamen Vertretung der Fächer Germanistik und Anglistik (wie bei Ernst Martin) beharrte; verzögernd wirkte sich bis 1882 auch die bevorstehende Teilung der Universität in je eine selbstständige deutsche und eine tschechische Hochschule aus (s. Herbert H. Egglmaier: Entwicklungslinien der neueren deutschen Literaturwissenschaft in der zweiten Hälfte des 19. Jahrhunderts und zu Beginn des 20. Jahrhunderts. In: Wissenschaftsgeschichte der Germanistik im 19. Jahrhundert. Hrsg. von Jürgen Fohrmann und Wilhelm Voßkamp. Stuttgart, Weimar: Metzler, 1994, S. 204–235, hier: S. 222 f., u. Faerber: Minor, S. 90–92).*
8 *Seuffert hatte den »Faust II« in der von Albrecht Marcks inszenierten Aufführung des Dresdner Hoftheaters (Premiere: 29.8.1881) gesehen.*

26. (B) Sauer an Seuffert in Würzburg
    Lemberg, 3. April 1883. Dienstag

Lemberg 3/4 83.

Sehr geehrter Herr College!
Ich bin länger in Ihrer Schuld, als es billig ist u. ich verantworten kann; nur indirect habe ich Ihnen kund gethan, daß ich Ihren letzten Brief erhalten habe. Ich freue mich innig, daß Minor Ihr Mitarbeiter geworden ist, und hoffe, daß beide Theile miteinander zufrieden sein werden. Es war die letzte Zeit mit ihm schwer auszukommen. Aber

man kann sich auch schwer in die Lage eines Menschen versetzen, der in einem Jahre von Mailand über Krakau (in effigie) nach Prag gesetzt wird,[1] ohne sicheres Einkommen heiraten muß[2] und so wenig zuversichtlich in die Zukunft blickt. Und dann sitzt ihm immer das Wort auf der Zunge u. das Tintenfaß geht ihm über von [de]m, was ihm im Herzen drängt. Ein wie grundguter, grundedler Mensch er ist: davon sollen Sie sich wol noch selbst überzeugen.

Die letzte Zeit ist an mich wieder die Prüfung herangetreten. Hier wurde Werner vorgeschlagen.[3] Ein Minoritätsvorschlag scheint vom Minist. nicht berücksichtigt zu werden. So hieng ich eine zeitlang in der Luft, bis mir endlich von Schönbach in des Minist. Namen ein Extraord. für neuere Lit. in Graz angetragen wurde, das ich mit Freuden annahm. Ich verliere momentan ein paar 100 fl. dabei, weil die Lehrkanzel in Graz noch nicht systemisirt ist, aber z[u] meinem schließl. Gewinne dürfte es doch ausfallen. Ich bin aus diesen unerquickl. Verhältnissen für immer erlöst; darf wieder Mensch u. wieder Deutscher sein. Zu solchem Völkerkampfe tauge ich nicht; da gehören härtere Naturen dazu oder leichtlebigere Menschen. Ich bin bei weitem nicht mehr das, was ich vor 4 Jahren gewesen u. will nur hoffen, daß ichs wieder werde. Im Herbst, wenn alles gut geht, wandre ich und [G]alizien sieht mich nie mehr wieder. Von meinen Arbeiten nur ein paar Worte; ich zehre noch immer an dem Fleiße des vorigen Jahres; die beiden ersten Bände der Stürmer & Dränger sind längst fertig, der 2. wol auch schon ausgegeben, ich habe aber noch keine Ex. Beim ersten habe ich die Gesammteinleit.[4] übermäßig lange verschleppt, bis ich aus der Sache völlig draus war u. mich wieder vom neuen [ei]narbeiten mußte. Nichtsdestoweniger ist sie g[ä]nzlich mislungen. Wie ich überhaupt an den ganzen Bänden keine Freude habe.

Neudrucke 4 Klemm, ›Der auf den Parnaß versetzte grüne Hut‹[5] ist fertig; die ganz kurze Einleit. dazu machte sehr viel Arbeit, ich mußte 12 Bände Zeitschriften durchmachen. 5. Schmeltzl Saul & Samuel 1545[6] ebenfalls, von Dr Spengler besorgt, von dem ein schönes Buch über Schmeltzl[7] in unseren Beiträgen erscheint. 6 soll Stranitzkys Ollapatrida[8] (von Werner besorgt) sein; Creizenachs Recension[9] beirrt mich darin nicht; sollte es aber meinen Verleger touchiren, bei dem ich erst anfragte, [so] hat Werner auch Stranitzkys Reisebeschreibung[10] schon fertig, die dann rasch eingerückt wird.

Das, was bei Ihnen jetzt kommt, erwarte ich sehnsuchtsvoll. In den letzten Wochen habe ich mich nach dem ›Anton Reiser‹[11] gesehnt.

Bleiben Sie mir gut und seien Sie mir herzlichst gegrüßt.   Ihr Ergebener
Sauer.

Handschrift: ÖNB, Autogr. 422/1-33. 1 Dbl., 4 S. beschrieben. Grundschrift: deutsch.

1 Jakob Minor, der sich 1880 in Wien habilitiert hatte, unterrichtete im Sommer 1882 als Lehrbeauftragter an der Accademia scientifico-letteraria in Mailand. Im Oktober des Jahres beantragte er die Übertragung seiner Lehrbefugnis von Wien nach Prag, wo er im Januar 1884 zum Extraordinarius ernannt wurde. Sein vorheriger Plan einer Umhabilitierung nach Krakau hatte sich durch die dorthin erfolgte Berufung Wilhelm Creizenachs zerschlagen (s. Faerber: Minor, S. 83–89 u. 108).
2 Minor hatte bereits am 12.9.1882 Margaretha (Daisy) Pille geheiratet (s. Minors Brief an Sauer vom 17.9.1882. Briefw. Minor/Sauer, Nr. 109, S. 395).
3 Richard Maria Werner, bisher Privatdozent in Graz, erhielt zum Sommersemester 1883 den Ruf auf das bisher von Sauer supplierte Extraordinariat für deutsche Sprache und Literatur in Lemberg (s. Brief 24, Anm. 9). In der entscheidenden Sitzung des Professorenkollegiums am 26.2.1883 hatte sich lediglich ein Mitglied der Fakultät, der mit Sauer befreundete ukrainische Philologe Omeljan Ohonowśkyj, für die Ernennung Sauers ausgesprochen. Im Bericht an das vorgesetzte Ministerium vom gleichen Tage heißt es, Sauer sei »dem Lande und der Bevölkerung, in welchem und unter welcher er zu wirken berufen war, fern und fremd geblieben, er hat sich keine Mühe gegeben, sich in die hiesigen Verhältnisse einzuleben. H. Dr Sauer – und dies ist unzweifelhaft das wichtigste – hat trotz seines drei und einhalb-jährigen Aufenthaltes in Lemberg sich durchaus keine Kenntniss der polnischen Sprache angeeignet, welche unstreitig das beste Mittel gewesen wäre, ihn mit der Universität, mit den Collegen und den Hörern inniger zu verknüpfen [...]« (ÖStA, AVA: Z 17467, o. Bl.-Ang.). Um dieselbe Zeit erreichte Sauer das Angebot, in die bisherige Position Werners in Graz einzurücken, wo er im Oktober 1883 gleichfalls zum Extraordinarius ernannt wurde (zum Vorgang der beiden Besetzungen s. ausführlich Leitner: Graz, S. 101–103; Nottscheid: Sauer, bes. S. 125 f.).
4 August Sauer: Die Sturm- und Drangperiode. In: Sauer: Stürmer und Dränger, Bd. 1, S. 7–57.
5 Chr. G. Klemm: Der auf den Parnass versetzte gruene Hut. 1767. [Hrsg. von August Sauer]. Wien: Konegen, 1883 (WND. 4).
6 Wolfgang Schmeltzl: Samuel und Saul. 1551. [Hrsg. von Franz Spengler]. Wien: Konegen, 1883 (WND. 5).
7 Franz Spengler: Wolfgang Schmeltzl. Zur Geschichte der deutschen Literatur im XVI. Jahrhundert. Wien: Konegen, 1883 (Beiträge zur Geschichte der deutschen Literatur und des geistigen Lebens in Österreich. 3).
8 Ollapatrida des durchgetriebenen Fuchsmundi [...]. [Wien], 1711; Neudruck: Hrsg. von Richard Maria Werner. Wien: Konegen, 1886 (WND. 10/Der Wiener Hanswurst. Stranitzky und seiner Nachfolger ausgewälte Schriften. II). Nach heutigem Forschungsstand wurde keiner der Texte, die früher dem Wiener Schauspieler Joseph Anton Stranitzky zugeschrieben wurden, von diesem selbst verfasst. Als wahrscheinlicher Verfasser der »Ollapatrida« gilt nach neueren Forschungen der aus Sachsen stammende Jurist und Gelegenheitsschriftsteller Johann Friedrich Grave (s. Bärbel Rudin: Morgenröte der Comédie italienne in Deutschland. Das gelöste Rätsel um den Autor der ›Ollapatrida‹-Collage [1711]. In: Wolfenbütteler Barock-Nachrichten 35 [2008], S. 1–21).
9 Wilhelm Creizenachs Rezension, vmtl. von Bd. 1 bis 3 der »WND«, konnte nicht ermittelt werden.
10 Lustige Reyß-Beschreibung Aus Saltzburg in verschiedene Länder. Herausgegeben von Joseph Antoni Stranitzky Oder den Den so genannten Wienerischen Hannß-Wurst. o. O., o. J.; Neudruck: Hrsg. von Richard Maria Werner. Wien: Konegen, 1883 (WND. 6/Der Wiener Hanswurst. Stranitzky und seiner Nachfolger ausgewälte Schriften. I).
11 s. Brief 20, Anm. 10.

27. (K) *Seuffert an Sauer in Lemberg*
    Würzburg, 6. April 1883. Freitag

Wzbg. 6 IV 83 Herzogeng. 5

Meinen aufrichtigen glückwunsch, verehrter herr – –
ja wie soll ich Sie nun anreden? ich bitte dass Sie auch als professor den untergeordneten privatdocenten nicht vergessen u. seine bekanntschaft nicht verschmähen. Ich hatte von der vertauschung Werners u. Sauers schon gehört, verstand aber die ratio nicht, da doch W. in Graz schon vorgeschlagen war. – Was Sie mir über Minor schreiben, war mir sehr wertvoll. Nun verstehe ich erst seine wunderlichen briefe. Sie haben mich so frappiert, dass ich mich schliesslich auf den trockensten geschäftsstil beim antworten einschränkte. Das werde ich nun nach Ihrer charakteristik nicht mehr tun. Hoffentlich habe ich M. nicht verletzt. – Ueber Ihre neudrucke habe ich für die Zs. f. d. A. Anz. eine notiz[1] gemacht auf Steinmeyers wunsch. Nehmen Sie mir nicht übel, dass ich gegen Ihre neigungen typographisch nachzuahmen, etwas ankämpfe. Ich freue mich recht auf die fortsetzg. Stranitzkys Ollapotr. wollte Wern. früher bei mir machen.[2] Scherer, mein berater, sprach sich sehr entschieden gegen den neudr. aus, u. so ward er zurückgestellt, obwol ich nicht ganz abgeneigt war. – Immer noch fehlt Scherers einleitg zu den Frkft. gel.[3] – Auch ESchmidt lässt nichts von sich hören. Ich wollte schon vergangene weihnachten das ms. zur Kindsmörderin[4] haben; seit jener zeit schweigt er sich aus. – Anton Reiser wird L. Geiger, der sich darum beworben hat, im nächsten jahre machen. Jetzt bekomme ich von ihm Frdr. d. gr.[5] Im mai von Martin die Ephemerides.[6] Ich seufze unter der last der korr. u. bin totmüde vor arbeit. Verzeihen Sie darum auch, dass ich Ihren brief mit so dürftigen zeilen beantworte. Wenn ich wider einmal (wann??) zu einer menschlichen stimmung komme, schreibe ich wider mehr u. besser.
   In Basel ist Bächtold, Henning, Roediger vorgeschlagen.[7] Treu grüsst Ihr ergebener BSeuffert.

Handschrift: StAW. Postkarte. Adresse: Herrn Dr. August Sauer / professor an der universität / Lemberg / Krassickigasse. *Poststempel: 1)* Würzburg, 6.4.1883 – *2)* Lemberg/Lwów, 9.4.1883. *Grundschrift: lateinisch.*

1 In der insgesamt wohlwollenden Rezension zu Heft 1 bis 3 der »WND« monierte Seuffert anhand zahlreicher Beispiele eine allzu starke Übernahme typographischer Eigenwilligkeiten aus den Vorlagen in die Neudrucke (AfdA 9 [1883], S. 310–312, hier: S. 311 f.): »Der herausgeber sucht [...] die titel typographisch nachzuahmen. es mag das bei einem ›liebhaber‹ stimmung machen; zweck hat es keinen und schön ist es gewis [!] auch nicht, die alte geschmacklosigkeit oder unbehilflichkeit da zu erneuern, wo doch der haupttext

modernen zuschnitt hat. überhaupt geht mir Sauer in bewahrung der eigentümlichkeiten der vorlage etwas zu weit.« Seuffert wünschte, dass der Herausgeber *»– und ein textkritischer kopf wie er muss rasch dahin kommen – [...] noch etwas weniger scheu vor dem heiligen originale gehabt hätte. je mehr kritische freiheit er bei aller philologischen akribie walten lässt, desto wertvoller wird seine sammlung sein.«*

2   in den »DLD«; s. Scherer an Seuffert, Brief vom 13.6.1882 (Briefw. Scherer/Seuffert, Nr. 78, S. 136): *»Von Ollapotrida Fuchsm. rathe ich ab wie von Lavaters Abraham. In beiden Vorschlägen erkenne ich meinen Richard Maria [Werner]. In der ersten sind so schöne ›Spasetteln‹, wie sie liebt [...].«* Tatsächlich hatte Scherer den Titel zu Beginn der Planungen zu den »DLD« noch selbst ins Spiel gebracht (Brief vom 31.10.1880. Ebd., Nr. 53): *»Stranitzky z. b., wenigstens die Ollapatrida hat noch in Wien eine gewisse Berühmtheit [...]«.*

3   zum Neudruck der »Frankfurter Gelehrten Anzeigen«.

4   von Heinrich Leopold Wagner (s. Brief 19, Anm. 6).

5   [Friedrich der Große]: De la Littérature Allemande [...]. Berlin: G. J. Decker, 1780; Neudruck: [Hrsg. von Ludwig Geiger]. Heilbronn: Henninger, 1883 (DLD 16) [²Berlin: B. Behr, 1902].

6   Ephemerides und Volkslieder von Goethe. [Hrsg. von Ernst Martin]. Heilbronn: Henninger, 1883 (DLD 14). Zwei Handschriften Goethes, die bisher nicht vollständig gedruckt vorgelegen hatten. Bei den sog. »Ephemerides« handelt es sich um ein Heft mit Aufzeichnungen und Exzerpten aus der Studienzeit (1770/71).

7   Moritz Heyne, Ordinarius für deutsche Sprache und Literatur in Basel, hatte zum Sommersemester 1883 einen Ruf nach Göttingen angenommen. Als mögliche Nachfolger wurden im Frühjahr 1883 neben Jakob Bächtold (Zürich) die Scherer-Schüler Rudolf Henning (Straßburg) und Max Roediger (Berlin) gehandelt. Nachdem Roediger den Anfang Mai an ihn ergangenen Ruf im Hinblick auf seine Ernennung zum Extraordinarius in Berlin abgelehnt hatte, wurde mit Beschluss vom 9.6.1883 der Heidelberger Extraordinarius Otto Behaghel nach Basel berufen (s. Scherer: Briefe, S. 328, Anm. 7 u. 8).

28. (K) Sauer an Seuffert in Würzburg
Lemberg, 9. Juni 1883. Samstag

Lemberg, 9/6 83.

Lieber Herr College! Unter einem[1] erhalten Sie heute Band 1 u. 2 meiner St & Dr.[2] *[s]*owie Heft 4 u. 5[3] meiner WND *[mi]*t der Bitte, alles freundlich aufzunehmen. Mit den St & Dr. habe ich viel Ärger & Verdruß gehabt; es ist gar nicht alles so wie ich wollte u. zu allem Unglücke ist das Zeug noch fehlerhaft gedruckt, wenigstens der 1. Band. Eigentlich bin ich für die Correcturen der Texte nicht verantwortlich, aber auch von meinen Einleitungen habe ich theilweise nur eine Correctur bekommen.

Für Ihren Nekrolog[4] besten Dank; ich habe leider Hettner nicht gekannt. Wie ich aus Berlin erfahre, soll die LitG.[5] bis aufs Register fertig sein; da werden Sie ja die Einleit. zu den Frankf. Gel. Anz. auch bald bekommen. Bei mir ist jetzt Heft 6 Stranitzkys Reisebeschreibung (Werner) u. 7 Sonnenfels Briefe in Druck. Der Verleger klagt u. die Geschichte wird wol glorreich eingehen. Sei's.

Mit vielen Grüßen   Ihr   Ergebener

AS.

Handschrift: ÖNB, Autogr. 422/1-34. *Postkarte. Adresse:* Herrn Dr. Bernhard Seuffert / Herzogengasse 5. / Bayern Würzburg *Poststempel:* 1) Lemberg/Lwów, 9.6.1883 – 2) *fehlt. Grundschrift: deutsch.*

1 *fehlendes Wort: vmtl. Kreuzband.*
2 *Sauer: Stürmer und Dränger.*
3 *s. Brief 26, Anm. 5 u. 6.*
4 *Bernhard Seuffert: Hermann Hettner. In: AfLg 12 (1884), S. 1–25. Seufferts Gedenkaufsatz über Hettner sollte ursprünglich bereits zu dessen erstem Todestag (29.5.1883) erscheinen, weshalb das Manuskript bereits im Mai 1883 gesetzt vorlag (s. Scherer an Seuffert, Karte vom 12.5.1883. Briefw. Scherer/Seuffert, Nr. 104, S. 163).*
5 *Wilhelm Scherer: Geschichte der deutschen Litteratur. Berlin: Weidmann, 1883. Das Werk war seit April 1880 in Lieferungen erschienen, deren letzte, welche Anmerkungen und Register enthält, am 3.12.1883 ausgeliefert wurde.*

29. *(K) Seuffert an Sauer in Lemberg*
    Würzburg, 11. Juni 1883. Montag

Geehrter herr kollege, das ist eine reiche beschenkung! ich freue mich recht auf Ihre einleitungen zum sturm- u drg. u. auf die neudrucke. Haben Sie für alles vielen dank. dass Sie mir auch etwas nicht von Ihnen ediertes schicken, beschämt mich, da der redakteur der DLD nicht so gut mit freiex. gestellt ist, das zu können. Das zusammenarbeiten mit Kürschner mag gewiss unangenehm sein; bei solcher massenproduktion ist sorgfalt im druck nicht möglich. die erneuerung der Prometheusviecher[1] ist aber sehr nett. Bei mir ist eben auch die Kindermörderin fertig geworden, nur Schmidts einleitung ist noch nicht gesetzt; ich erwarte täglich die korrektur. Bis mitte juli kommen 5 hefte DLD, vorausgesetzt dass Scherers einleitung[2] endlich, endlich eintrifft. Bevor dies ist, werden alle bände in arrest gehalten. Bodmer[3] ist ganz fertig, Wagner wie gesagt, Goethe Ephem. bis auf einleitung u. Gustav Wasa[4] ist im druck. Im juli kommt De la litt. allem.[5] an die reihe u. dann dieses jahr nur noch A W Schlegel Berl. vorlesgen.[6] Die verleger sind sehr überrascht, dass ich Ihnen das dreifache des kontraktlichen jahrespensum zu mute, aber ich sagte: der bien muss,[7] u. so fanden sie sich drein. Dass die WND nicht gleich florieren, sollte Ihren verleger nicht kopfscheu machen. Ich weiss allerdings auch nicht, wie lange sich meine Henninger den luxus erlauben; denn ein luxus ists neudrucken vom standpunkte eines verlegers. – Ist Ihre ernennung nach Graz eingetroffen? die Werners <u>soll</u> perfekt sein. – Wenn Sie auch hören, hier seien Walthers v. d. V. gebeine gefunden worden,[8] so erklären Sie energisch, dass das gerede leerer humbug sei.   Nochmals dank und treue grüsse von Ihrem ergebenen BSeuffert.

11 VI 83.

Handschrift: StAW. Postkarte. Adresse: Herrn Dr. A. Sauer / Universitätsprofessor / Lemberg / Krassickig. *Poststempel: 1) Würzburg Bhf., 11.6.1883 – 2) Lemberg/Lwów, 13.6.1883. Grundschrift: lateinisch.*

1   Gemeint sind die zum Neudruck von Heinrich Leopold Wagners Literatursatire »Prometheus Deukalion und seine Recensenten« (Düsseldorf, 1775) reproduzierten Abbildungen des Originals (Sauer: Stürmer und Dränger, Bd. 1, S. 360–380): Die Tier-Vignetten vertreten im Text die Namen der Figuren.
2   zu den »Frankfurter Gelehrten Anzeigen« (DLD. 7–8)
3   Johann Jacob Bodmer: Karl von Burgund. Ein Trauerspiel (nach Aeschylus). [Hrsg. von Bernhard Seuffert]. Heilbronn: Henninger, 1883 (DLD. 9). Das Drama war zuerst 1771 im »Schweizer Journal« erschienen.
4   C. Brentano: Gustav Wasa (DLD. 15).
5   Friedrich der Große: De la Littérature Allemande (DLD. 16).
6   s. Brief 20, Anm. 11.
7   »der Bien muß« – ndtsch. Redensart: »es muss sein, auch wenn es gar nicht geht«.
8   Ende Mai 1883 war bei Ausgrabungen am ehemaligen Kreuzgang des Kollegiatstifts zu Neumünster in Würzburg, dem sog. Lusamgärtchen, ein steinerner Sarkophag mit zwei Leichnamen geborgen worden. Die Zuschreibung des Grabs sowie eines der heute verschollenen Gebeine an Walther blieben umstritten (s. VL, Bd. 10, Sp. 672).

30. *(K) Sauer an Seuffert in Würzburg*
    Lemberg, 25. Juni 1883. Montag

Lieber Herr College, in der Anhoffung, daß Sie mir unumwunden die Wahrheit sagen w[er]den, richte ich eine Bitte an Sie. Währ[e]nd ich nemlich in diesen Tagen den Umschlag zu den ersten Heften unse[re]r ›Beiträge zur Geschichte der deutsch Lit. u. d. geistigen Lebens in Oest‹ redigirte, fiel es mir ein, daß Sie früher Werner u. später auch mir versprochen haben, bei Gelegenheit ein Heft ›Wielands Einfluß auf die deutsch-öst. Lit‹ oder wie Sie es dann betiteln wollen, für diese Sammlung zu spenden.[1] Dürften wir dieses Heft unter den anderen »in Vorbereitung befindlichen« ankündigen? Sie übernehmen dadurch keine bestimmte Verpflichtung, am wenigsten einen einzuhaltenden Termin. Auch bei anderen dort angekündigten Arbeiten ist noch nichts <u>lebendig</u> als der <u>Plan</u>. Sie würden mich u. meine beiden Herren Mitredacteure[2] sehr dadurch verbinden u. unserm Unternehmen entschieden nützen, da die Liste, wie Sie sehen werden im übrigen ziemlich armselig ist & ›illustre‹ Namen

völlig fehlen. Ein großes Ja auf einer Postkarte genügt für den beschäftigten Redacteur der DLD. Herzlich grüßend
    Ihr   AS.

Lemberg, 25.6.83.

Handschrift: ÖNB, Autogr. 422/1-35. *Postkarte. Adresse:* Herrn Dr. Bernhard Seuffert / Privatdocent an der Universität / Herzogengasse 5. / Würzburg / Bayern *Poststempel:* 1) Lemberg/ Lwów, 25.6.1883 – 2) Würzburg Bhf., 26.6.1883. *Grundschrift:* deutsch.

1 s. Brief 17, Anm. 2.
2 Jakob Minor und Richard Maria Werner.

31. (K) Sauer an Seuffert in Würzburg
    Lemberg, 26. Juni 1883. Dienstag

Lieber Herr College! Ich sage Ihnen beste[n] Dank für die Recension Ihrer | lies: Ihre Recension¹ der:| Neudrucke und ich werde gewiß mehrere Ihrer Ratschläge vor Augen halten; Sie dürfen nicht vergessen, daß ich als Redacteur ein Anfänger bin; auch war die Druckerei leider nicht so geschult wie die Ihre; nur daß mir gerade von Ihnen ein ›handwerksmäßiges‹ Vergehen vorgeworfen wird, hat mich geschmerzt; da Sie – wie ich meinte – aus meinen beiden bei Ihnen erschienenen Heften das Gegentheil hätten ersehen können. Bei mir ist oft sogar zu große Wärme für die Sache, die mich zu viel ins kleinliche führt. Für alles aber, was ich daraus gelernt habe, nochmals meinen aufrichtigen Dank.   Ihr treulich grüßender
    AS.

Datum: s. Poststempel. Handschrift: ÖNB, Autogr. 422/1-36. *Postkarte. Adresse:* Herrn Dr. Bernhard Seuffert / Privatdocent an der Universität / Herzogengasse 5 / Würzburg / Bayern. *Poststempel:* 1) Lemberg/Lwów, 26.6.1883 – 2) Würzburg Bhf., 27.6.1883. *Grundschrift:* lateinisch.

1 s. Brief 27, Anm. 1.

32. (K) Seuffert an Sauer in Lemberg
    Würzburg, 26. Juni 1883. Dienstag

Verehrter herr doktor, Verlagskontrakt zw. meinen verlegern u. mir¹ sagt in §. 1: ›dr BSfft verspricht kein ähnliches werk über Wld. zu veröffentlichen.‹ Nun halte ich

zwar, was ich etwa für Ihre beiträge stiften könnte, nicht für ein ›ähnl.‹ werk, aber die verleger sind etwas gereizt, weil ich sie warten lasse u. könnten an der ankündigung anstoss nehmen. Haben sie einmal mein ms. und halte ich dann noch die ausführung meiner idee, die ich nur so flüchtig hinfasste u. deren bearbeitung ich wol angedeutet aber nicht ›versprochen‹ haben kann, für zweckmässig, so gehts gewiss ohne einrede der herren ab. Aber jetzt – Sie werden begreifen, dass eine missliche hängerei entstehen könnte. Ich schlage Ihnen sehr ungern etwas ab, aber diesmal doch mit leichterem herzen: denn der name des langweiligen Sfft. mag zwar vielleicht im engeren kreise nicht unbekannt sein, aber als lockvogel fürs publikum ist er ganz stimmelos. also geschädigt werden Sie eher durch die ankündigung meiner mitarbeiterschaft als ohne dieselbe. Weisen Sie mich seiner zeit, wenn ich anzuklopfen wage, nicht ab, so wird mirs freude machen. In treuen grüssend ergebener
BSeuffert.
Wzbg 26 VI 83.

Handschrift: StAW. Postkarte. *Adresse:* Herrn Professor Dr. A. Sauer / Lemberg / Krassickig. *Poststempel:* 1) Würzburg Bhf., 26.6.1883 – 2) Lemberg/Lwów, 28.6.1883. *Grundschrift:* lateinisch.

1 *zwischen der Verlagshandlung Rütten & Loening in Frankfurt/M. und Seuffert in Bezug auf die von ihm geplante Wieland-Biografie (s. Brief 5, Anm. 2).*

33. *(B) Seuffert an Sauer in Lemberg*
   Würzburg, 29. Juni 1883. Freitag

Würzburg 29 VI 83.

Sehr geehrter herr kollege,
So erfreulich mir Ihre erste karte war, so bedauerlich die nachfolgende.
   Wenn Sie den umfang der Littnotiz über die Wiener neudrucke betrachten, der doch gewiss für diese stelle ein ganz abnormer ist, so mussten Sie schon daraus ersehen, dass mir die empfehlung Ihrer sammlung am herzen lag.
   Dass ich Ihre art zu arbeiten überhaupt sehr hoch einschätze, glaube ich wahrlich in der anzeige Ihres Kleist[1] bewiesen zu haben. Ausserdem können Sie überzeugt sein, dass ich Sie nicht um Ihre mitarbeiterschaft an den DLD gebeten hätte, wenn ich nicht Ihre arbeitskraft und -weise billigen, ja für musterhaft halten würde. Sie könnten gewiss sein, dass ich Sie nicht zum zweiten male gebeten hätte, wenn mir die herausgabe des 4. heftes[2] durch Sie nicht ganz zugesagt hätte. Ferner habe ich ja widerholt Sie darum zu ersuchen mir erlaubt, auch fürder Ihre beihilfe in anspruch

nehmen zu dürfen, habe in rücksicht darauf das von Ihnen gewünschte heft Pyra u. Lange, Thirsis und Damon auf dem umschlage der neuesten nummern angekündigt, was ich wahrlich nicht getan hätte, wenn ich an Ihnen irre geworden wäre. Ich hoffe und bitte ausdrücklich, dass Sie Ihre zusagen nicht zurückziehen, dass Sie dies, die preussischen volkskriegslieder[3] und anderes bei mir edieren.

Ich hätte geglaubt, diese tatsachen sprächen deutlich genug, um mich vor misverständlicher deutung meiner worte zu schützen. Trotzdem glaubten Sie leider, den satz, worin der ausdruck ›handwerksmässig‹ vorkommt, auf sich beziehen zu dürfen. Ich habe den satz ganz allgemein hingestellt und indem ich fortfahre: Sauer hat fehler beseitigt, wird ja doch klar, dass ich Sie zu den kritischen und nicht zu den handwerksmässigen neudruckern (bei denen ich lediglich an Hollands Faust, d. h. an Drugulins Faust[4] dachte) rechne. Was ich meinte, Ihnen sagen zu dürfen, ja sagen zu müssen im interesse einer gedeihlichen entfaltung des unternehmens, das war der wunsch, Sie möchten die kritik, die Sie bisher geübt in den WND, noch weiter ausdehnen.

Gewiss habe auch ich erst während des neudruckes gelernt und hoffe noch mehr zu lernen. Insbesondere gedenke ich – wenn ich selbst herausgeber eines stückes bin – das druckfehlerverzeichnis stärker zu kürzen als bisher. Aber ich wäre sehr froh gewesen, wenn sich jemand mit der äusseren seite meiner ausgaben beschäftigt hätte; dann hätte ich mit einem male gelernt, was ich erst nach und nach auf mich selbst angewiesen erfuhr. Die druckerei war von anfang an gut, dann ward sie nachlässig und ich habe vor 2 monaten einen grossen kampf mit ihr geführt; in der alternative, entweder den satz zu verlieren oder sich einen besseren korrektor anzuschaffen, wählte sie den letzteren weg. Aber auch jetzt ist sie kein Drugulin. Ich habe alle bogen der Frkft. gel. anz. in korr. und 2 revisionen, zuweilen in 3 revisionen gelesen, jede derselben mindestens dreimal; also jeden bogen 9–12 mal; und trotzdem sind sicher fehler stehen geblieben, durch meine eigene schuld u. die der druckerei.

Doch wozu rede ich davon! dass ich mich nicht für unfehlbar halte, wissen Sie wol. und dass ich gerade darum keinem anderen unbillige vorwürfe machen darf und will, am allerwenigsten Ihnen, liegt auf der hand.

Ich bitte also das misverständnis auszustreichen und unser verhältnis in der alten weise fortzuführen. Ich muss in diesem augenblicke um so ernstlicher darum bitten, als Sie wol gar meine antwort auf Ihre frage wegen des ›Wieland und Österr.‹ in einen zusammenhang mit Ihrer auffassung meiner Littnotiz bringen wollen. Damit ich sicher gehe, habe ich einem unbeteiligten Freunde meinen Wielandkontrakt und Ihre karte vorgelegt und auch er hat unbeeinflusst von meiner auffassung die befürchtung gehegt, meine verleger könnten gegen die von Ihnen angebotene ankündigung einspruch erheben. Ich bedaure aufrichtig, dass ich leichtsinnig kontrakte einging, die mir diesmal wie für die mitarbeiterschaft an den WND die hand binden.

In unveränderter hochachtung und ergebenheit grüsst   treulichst
BSeuffert.

Handschrift: StAW. 1 Dbl., 4 S. beschrieben. Grundschrift: lateinisch.

1   s. Brief 10, Anm. 4.
2   Gleim: Preußische Krieglieder (DLD. 4).
3   s. Brief 22, Anm. 5.
4   Wilhelm Ludwig Hollands Neudruck des Goethe'schen »Faust«-Fragments (s. Brief 11, Anm. 2) war in Wilhelm Drugulins Buch- und Kunstdruckerei in Leipzig hergestellt worden, einem auf besonders anspruchsvolle Drucke spezialisierten Unternehmen. Für Seuffert war dies ein Ausweis für den seiner Ansicht nach eher bibliophilen als wissenschaftlichen Charakter von Hollands Ausgabe.

34. (B) Sauer an Seuffert in Würzburg
    Lemberg, 3. Juli 1883. Dienstag

Lemberg 3/7 83.

Lieber Herr College!
Was zunächst den in Aussicht gestellten Wieland-Aufsatz betrifft, so kann von irgend einer Kränkung meinerseits keine Rede sein. Als ich die Ankündigungen auf dem Umschlag zusammenstellte, fiel mir ein, daß wir einmal darüber correspondirt u. ich hielt es für eine einfache Pflicht der Höflichkeit, nochmals bei Ihnen anzufragen. An Ihren Contract [m]it Rütten und Löning dachte ich nicht, sonst hätte ich die Bitte nicht gestellt. Können Sie später einmal dies oder eine andere Arbeit zur öst. Lit. Gesch. liefern, so stehen Ihnen die Blätter der Beiträge offen.

   Auch wegen Ihrer Recension – sehe ich jetzt ein – habe ich ja [g]uten Theil Unrecht; auch ich habe mir von befreundeter Seite Rat erholt u muß, um der Wahrheit Ehre zu geben, gestehen, daß man meine Auffassung des fraglichen Satzes nicht ganz teilte u. überhaupt den Ton der Recension für viel wolwollender erklärte, als ich anfangs gelten lassen wollte. Da nun noch Ihr aufklärender, freundlicher Brief dazu kommt, so wäre [e]s Thorheit von mir, irgend einen Schatten von Misverständnis zwischen uns walten zu lassen.

   Daß ich aber als Mitarbeiter den DLD. treu bleibe, ist über alle Zweifel erhaben. Ich danke Ihnen für die Ankündigung von Thyrsis & Damon u. [w]enn es Ihnen recht ist, kann ich dieses Heft im Laufe des nächsten Jahres zu einem von Ihnen näher zu bestimmenden Termin liefern. Ist Ihnen aber die erste Uzische Gedichtsammlung, resp. eine kritische Uz-Ausgabe (ich schwanke noch immer) lieber, so kann ich diese liefern.¹ Für Götz kann ich nichts machen, so lange die ›Gedichte eines Wormsers‹

unauffindbar sind; die preussischen Volkskriegslieder hängen von einer Reise nach Berlin ab, zu der ich hoffentlich von Graz aus leichter komme, als von hier.

Beschränkung des Druckfehlerverzeichnisses wäre auch mein Streben, besonders da ich an einem dicken Hefte (Sonnenfels Briefe über die wienerische Schaubühne) arbeite; aber wie stellen Sie sich diese Beschränkung vor; darf ich alles übergehen, was der 2. Druck in den Ges. Werken² gebe*[ss]*ert hat?! Eine große Gefälligkeit *[we]*rden Sie mir aber erweisen, wenn Sie mir Correctur oder Aushängebogen Ihres Registers zu den Fr. G. A.³ zur Verfügung stellen wollten; nur auf wenige Tage; ich soll zu Sonnenfels ebenfalls ein Register machen u. schlöße mich gerne Ihrem Muster an.

Ich danke Ihnen für Ihren langen, ausführlichen Brief und bitte Sie, meine Hitze mir nicht übel zu nehmen.

Mit herzlichen Grüßen
Ihr
treulichst ergebener
August Sauer.

Handschrift: ÖNB, Autogr. 422/1-32. 1 Dbl., 4 S. beschrieben. Grundschrift: deutsch.

1 s. Brief 21, Anm. 12.
2 Joseph von Sonnenfels: *Gesammelte Schriften.* 10 Bde., Wien: Baumeister, 1783–1787.
3 zum Neudruck der »*Frankfurter Gelehrten Anzeigen*« (DLD. 7–8). Seuffert, der die Bögen sofort übersandte, schrieb dazu auf einer Karte vom 7.7.1883 (StAW): »Mit dem register werden Sie gar nichts anzufangen wissen; denn es ist ad hoc gemacht u. ich glaube, es muss für jeden fall ein neues registerprincip aufgestellt werden. Mich hat die herstellung und sichtung viele wochen gekostet, grosse zweifel und schwere entschlüsse. Ich habe das ganze 3 bis 4 mal neu durchgearbeitet, um gleiche gesichtspunkte für die behandlung zu gewinnen. Auch jetzt noch wird manchem zu viel, anderen zu wenig geschehen sein. Für die einleitung verfahre ich rein äusserlich: jeder name der da steht (ausser denen der modernen autoren, die Sie aber in Ihren Kleist aufnahmen). Für den text ist das register zugleich eine eine art kommentar, indem es anonyma u. anspielungen etc. auflöst. – Bezüglich der graphischen einleitung schwebt mir vor (aber ich habe es noch nicht erprobt): von allen fehlern beispiele; auch die buchstabenverwechslungen alle, weil man aus ihnen einmal eine f. die textkritik (auch von hss.) wegweisende sammlung häufiger versehen zusammenstellen kann. [...] Ich denke wir beiden könnten beim zusammenwerfen unserer erfahrungen einmal bestimmte principien publicieren.«

35. *(B) Seuffert an Sauer in Lemberg*
Würzburg, 28. Juli 1883. Samstag

Würzburg 28 VII 83

Sehr verehrter herr kollege,
Da haben Sie das monstrum!¹ denken Sie sich den mann etwas gealtert, den bart etwas grösser, den haarbusch, damals à la kgl. bayr. raupenhelm² geschnitten, etwas erniedrigt und mit leichten grauen spitzen da u. dort – wie es eben bei jemand geht, der unter der last 6jährigen privatdocententums und 5jährigen brautstandes gebeugt ist. dazu die augen etwas weniger weit aufgerissen als dies in der verdammten photographier stube, atelier genannt, not tat.
 Und nun freue ich mich auf Ihre einkehr bei mir.
 Der Uz ist auf dem umschlag von DLD 16³ angekündigt. Sie brauchen damit nicht zu eilen. vor ostern wird die drucklegung kaum angehen. |*Randbemerkung mit geschweifter Klammer, bezogen auf den folgenden Absatz:* vertraulich| meine verleger haben nemlich neuerdings mir auszüge aus Ihren geschäftsbüchern geschickt von so erschreckender gestalt, dass ich ihren mut nicht begreife, mit dem sie auf der fortsetzung als etwas selbstverständlichem bestehen. aber eine folge hat das doch: ich darf im nächsten jahre nicht so hausen wie in diesem, wo ich allerdings unbändig viel auf den markt werfe. also haben auch Sie nachsicht, wenn ich Sie nicht so rasch mit dem Uz zur öffentlichkeit kommen lassen kann.
 Wissen Sie dass ein Wiener herr Schnürer oder wie, jetzt in Innsbruck über Uz u. Cronegk arbeitet?⁴ vielleicht ist es bequem für Sie, wenn er seine schrift so rechtzeitig ediert, dass Sie dieselbe noch nützen können.
 Ich soll nach Strassbg. kommen?!⁵ wie so denn? da Hennings berufung nach Basel fehl schlug,⁶ ist ja kein platz da. und wenn er wirklich – was ich bezweifle – nach Kiel berufen werden sollte, sässe Kluge in Strassburg zur empfangnahme des Henningschen extraordinariates bereit, und Kluge hat freunde.⁷ Sie wissen ja wol, dass weder Schmidts noch Hennings berufung nach Strsbg. glatt ging.⁸ selbst wenn ich also – im falle von Hennings einstigem abgange – von einer seite dort vorgeschlagen würde, würde die opposition wider sehr stark sein und gewiss alle kräfte aufbieten, um nicht zum 3. male in dieser frage zu unterliegen. Sie sehen, das gerücht fusst lediglich auf den unmöglichsten konditionalsätzen. ich sitze hier eingepfercht und habe nichts als das wolwollen der hiesigen fakultät und einige zustimmende freunde auswärts – aber beides sind ideale werte, die ich gewiss hoch einschätze, die aber keine praktische folge haben. –

Wenn ich mir überhaupt ferien gönne – und ich bin ziemlich abgearbeitet, – so gehe ich wahrscheinlich auf zwei wochen nach Thüringen. aber s'ist noch nicht bestimmt. jedesfalls genügt meine hiesige adresse zu jeder zeit.

NB: haben Sie eigentlich Ihr extraordinäres dekret[9] in der tasche? ich las noch nichts davon u konnte darum auch keinen rechtzeitigen glückwunsch überbringen.

Damit genug für heute: lassen Sie das bild ein unterpfand sein der treuen hochachtung

Ihres

ergebenen

BSeuffert.

Handschrift: StAW. 1 Dbl., 3 S. beschrieben. Grundschrift: lateinisch.

1 *Seuffert hatte auf einer Karte vom 22.7.1883 (StAW) den Austausch von Fotografien angeregt und war damit bei Sauer (Karte vom 25.7.1883. ÖNB, Autogr. 422/1-37) auf lebhafte Zustimmung gestoßen: »Daß Sie mir aber Ihr Bild versprechen, freut mich riesig! Bitte nur recht bald! Denn ich werde mich auch noch im nächsten Monate revangiren [!]. Ich laße mir in diesen Tagen ein Lemberger-Abschiedsbild machen u. davon war schon längst für Sie eines bestimmt. Das muß uns einstweilen die persönl. Bekanntschaft ersetzen, nach der ich mich schon recht sehne!«*

2 *Der Raupenhelm, bei dem »über der Helmglocke (direkt oder auf einem Metallbügel) eine Pelzraupe angebracht ist« (Wikipedia), war das charakteristische Kennzeichen des bayerischen Heers, das ihn bereits 1800 eingeführt hatte und auch nach der Reichsgründung bis zum Tode König Ludwigs II. beibehielt.*

3 *Friedrich der Große: »De la Littérature Allemande« (DLD. 16). Da Sauer hinsichtlich der endgültigen Form der Uz-Ausgabe noch immer schwankte (s. Brief 34) kündigte Seuffert den Titel nur knapp mit »Uz, Gedichte« an.*

4 *Der aus Wien stammende Franz Schnürer, der sich damals in Innsbruck auf die Lehramtsprüfung vorbereitete, war mit Studien am Nachlass des mit Johann Peter Uz befreundeten Ansbacher Dichters Johann Friedrich von Cronegk beschäftigt. Er legte, vmtl. Ende 1883, zu Cronegk zunächst eine Hausarbeit im Fach Deutsch vor, die er im folgenden Jahr zu einer Dissertation über »Die nicolaische Preisausschreibung und ihre nächsten literarischen Folgen« ausarbeitete. Die Cronegk-Biografie, die Schnürer damals geplant haben soll, wurde nicht realisiert (s. Brigitte Jenner: Franz Schnürer. Eine Biographie. Diss. phil. Univ. Wien, 1980, S. 15–17).*

5 *Seuffert bezieht sich auf eine Nachschrift auf Sauers Karte vom 25.7.1883 (ÖNB, Autogr. 422/1-37): »Ist es wahr, daß Sie nach Strassburg kommen sollen?? !!« Wilhelm Scherer versuchte zu dieser Zeit, die Berufung seines Schülers Rudolf Henning, seit 1881 Extraordinarius in Straßburg, nach Kiel zu erreichen, wo zur Vertretung des dauerhaft erkrankten Friedrich Pfeiffer eine »Ersatzprofessur« (Extraordinariat) für deutsche Sprache und Literatur eingerichtet worden war. Dadurch wäre die Straßburger Stelle für Seuffert »frei« geworden. Der Plan scheiterte, nachdem sich die Kieler Fakultät am 31.7.1883 gegen Henning und für den Greifswalder Extraordinarius Friedrich Vogt ausgesprochen hatte, der jedoch erst nach langwierigen Verhandlungen im Sommer 1885 berufen wurde (s. Erich Hofmann: Philologie. In: Geschichte der Christian-Albrechts-Universität Kiel 1665–1965. Bd. 5, Tl. 2: Geschichte der Philosophischen Fakultät. Bearb. von Karl Jordan u. Erich Hofmann. Neumünster: Wachholtz, 1969, S. 103–275, hier: S. 211 f.) Seuffert erfuhr von diesen Plänen zunächst offenbar nur indirekt, vmtl. über Erich Schmidt; s. Scherer an Seuffert,*

Karte vom 3.12.1883 (Briefw. Scherer/Seuffert, Nr. 123, S. 179): »*Was wir für Sie geplant haben, wissen Sie ja wohl. Aber die Aussichten sind auch dort nicht gut.*«

6 *s. Brief 27, Anm. 7.*
7 *Der Sprachwissenschaftler Friedrich Kluge hatte sich 1880 in Straßburg habilitiert. Mit den* »*Freunden*«, *deren Einfluss Seuffert fürchtete, dürften neben Kluges Straßburger Förderer Bernhard ten Brink vor allem das Netzwerk der Leipziger Schüler Friedrich Zarnckes gemeint sein. Kluge trat 1884 die Nachfolge von Eduard Sievers als Extraordinarius für Deutsche und Englische Philologie in Jena an.*
8 *Erich Schmidt hatte 1877 in Straßburg die Nachfolge des von Straßburg nach Erlangen berufenen Elias von Steinmeyer als Extraordinarius für Deutsche Sprache und Literatur angetreten. Als Schmidt 1880 einen Ruf nach Wien annahm, war ihm Rudolf Henning gefolgt. Zu den von Seuffert genannten Schwierigkeiten konnte nichts Näheres ermittelt werden. Schmidt berichtete Scherer am 18.10.1880 (Briefw. Scherer/Schmidt, Nr. 178, S. 151 f.), in Straßburg seien um seine Nachfolge* »*heftige Debatten*« *entbrannt:* »*In der Commission sind Chef [Ernst Martin] und [Ernst] Laas für Henning, [Bernhard] ten Brink für [Max] Roediger.*«
9 *zur Ernennung in Graz, die jedoch erst im Oktober erfolgte.*

36. (B) Sauer an Seuffert in Würzburg
    Lemberg, 1. August 1883. Mittwoch

Lemberg 1. August. 83.

Sehr geehrter Herr College!
Gestern hätte ich nur eine kurze Karte schreiben können: so habe ich lieber bis heute gewartet, um Ihnen für Ihr Bild recht herzlich zu danken. Es ist doch gleich etwas anderes: wenn man sich wenigstens auf diese Weise gesehen hat: Es bringt uns doch näher: man sieht denjenigen vor sich, an den man oft schreibt [un]d noch öfter denkt. Also ich habe mich so recht gefreut, als ob es ein leibhafter Besuch gewesen wäre und wie meine Bilder fertig werden: setze ich mich in einen Einspänner (zweispänner trägts mir nicht), um Ihnen die Gegenvisite zu machen. Aber auch Gegenklagen habe [ich] bereit. Meine Ernennung ist immer noch nicht herunten. Ich bin wol in Graz einstimmig vorgeschlagen worden; aber im Ministerium scheint alles auf Urlaub zu sein; ich muß mich daher wol bis Anfang Sept. gedulden. Sicher scheint die Sache: wenn man einer Regierung von der Perfidität der unseren trauen darf. In die kornblumenblaue Stadt¹ Graz [g]ehe ich aber jedenfalls, selbst wenn das unglaubliche wahr werden sollte.

Ihre Strssbrger Aussichten weiß ich durch Schmidt. Kluge soll ja nach Jena² kommen; oder wer sonst?

[Is]t es denn in Würzburg, Erlangen oder München nicht durchzusetzen, daß man Extraordinarien gründet?³ So zu arbeiten, wie wir seit 3 Jahren thun, hält man ja nicht aus. Ich bin manchmal so müde, daß ich mich selber nimmermehr kenne u.

trinke Thee bis zur Bewußtlosigkeit. Wenn ich aber dann in Graz diese Ruhe u. Ungestörtheit nicht *[ha]*ben werde, was dann?

Daß unsere Neudrucksammlungen nicht gut gehen, begreife ich aufrichtig gesagt nicht. Zuerst schreit alles, wir armen Provinzler, wir armen Studenten, wir armen Lehrer können nichts arbeiten, haben kein Material! u. s. w. Nun schafft man's ihnen u. es wird ignorirt. Man sollte meinen so 1000 Stück Frankf. Gel. Anz. etc. seien im Nu *[w]*eg! Aber mir geht's gerade so; wenn nich*[t]* der Wiener Gemeinderath jedem Besucher der hist. Ausstellung[4] einen Abraham a. S. C. als Belohnung mitgibt, so werden wir wol aufhören,[5] Auch ein Gesuch ans Min. habe ich deswegen gemacht. Sie unterstützen doch so vielerlei anderes, warum das nicht.

Ich bleibe bis gegen 8. Sept. hier. Dann ist bis 1. Oct. meine Adresse: Wien IX Mariannengasse 7; später Graz Univers. Wenn ich aber in Wien als elektrischer *[M]*aschinenmeister[6] Anstellung finde, bleibe ich dort.

Mit besten Grüßen
Ihr
treulich ergebener
Sauer.

Handschrift: ÖNB, Autogr. 422/1-38. 1 Dbl., 4 S. beschrieben. Grundschrift: deutsch.

1 Sauer spielt auf die mehrheitlich deutschnationale Ausrichtung der Grazer Bevölkerung an: Die blaue Kornblume – der Überlieferung nach die Lieblingsblume der 1810 verstorbenen Königin Luise von Preußen – war das politische Symbol der österreichischen Deutschnationalen. Auch bei den deutsch-österreichischen Burschenschaften war das Kornblumenblau als Perkussion (Einfassung des Bandes) oder Mützenfarbe sehr beliebt (s. Siegfried Becker: Kornblumen. Zur politischen und kulturellen Symbolik in den Nationalitätenkonflikten Österreich-Ungarns. In: Grünzeug. Pflanzen im ethnographischen Blick. Hrsg. von Andreas C. Bimmer. Marburg 1998 [Hessische Blätter für Volks- und Kulturforschung. 34], S. 69–114; Auskunft von Dr. Dr. Harald Lönnecker [Koblenz]).
2 s. Brief 35, Anm. 7.
3 In Bayern war mit der Regulierung der Beamtengehälter aus dem Jahre 1872 eine Mindestbesoldung für Professoren und außerordentliche Professoren festgesetzt worden. Zugleich war jedoch aus Budgetrücksichten die Beförderung von Privatdozenten zu außerordentlichen Professoren an den drei bayerischen Universitäten eingestellt worden. Anträge der Philosophischen Fakultät in Würzburg in den Jahren 1883, 1885 und 1886, die sowohl vom Senat der Universität als auch dem vorgesetzten Ministerium unterstützt wurden, für Seuffert eine außerordentliche Professur für Neuere deutsche Literaturgeschichte einzurichten, scheiterten am Einspruch der ultramontanen (politisch-katholischen) Majorität in der Bayerischen Kammer der Abgeordneten (s. Briefw. Scherer/Seuffert, Kommentar zu Nr. 68, Anm. 1 u. Nr. 122, Anm. 3 sowie Brief 56, Anm. 2).
4 Die »Historische Ausstellung der Stadt Wien« fand vom 12.9. bis 5.11.1883 anlässlich der 200. Wiederkehr der Türkenbelagerung von 1683 im neuen Wiener Rathaus statt. Neben Abraham a Sancta Claras Anti-Türken-Traktat »Auf auf Ihr Christen« (WND. 1) brachte Sauer in den »WND« mit »Vier dramatische Spiele über die zweite Türkenbelagerung aus den Jahren 1683–1685« ([Hrsg. von Carl Glossy und August

Sauer] Wien: Konegen, 1884 [WND. 8]) einen weiteren einschlägigen Neudruck heraus, der jedoch zu seinem Ärger erst nach Ende der Ausstellung ausgeliefert wurde (s. Brief 40 sowie Sauers Brief an Scherer vom 1.1.1884. Briefw. Scherer/Sauer, Nr. 68, S. 346).
5 Die »WND« wurden 1886 mit dem 11. Heft eingestellt.
6 Sauer spielt vmtl. auf die »Internationale Elektrische Ausstellung« (16.8.–4.11.1883) in Wien an, über die bereits im Vorfeld der Eröffnung ausführlich in der österreichischen Presse berichtet worden war.

37. *(B) Seuffert an Sauer in Lemberg*
    Würzburg, 2. September 1883. Sonntag

Würzburg 2 IX 83.
Herzogeng. 5

Lieber herr kollege,
Das ist freundlich von Ihnen, dass Sie mich bei meiner rückkunft aus Thüringen – denn dahin, in die nähe von Eisenach, bin ich ein paar wochen gezogen – mit einem bildlichen besuche erfreuen.[1] Seien Sie bestens bedankt! Gross und schlank habe ich mir Sie vorgestellt, aber – blond! warum, wüsste ich nicht; man macht sich ja aus briefen und schriftstellereien bilder von den verfassern und geht freilich auf diesem wege nicht sicherer als Lavater auf dem umgekehrten.[2] Nun werde ich beim lesen Ihrer schriften mir Ihr wahres porträt im auge behalten und so hoffentlich sicherer zu einem rechten verständnis Ihrer person gelangen. Wollen Sie mich nach wie vor durch Ihre briefe darin unterstützen!

Auf die angekündigten neudrucke freue ich mich sehr. Sie haben vor meiner sammlung voraus, dass Sie mich und wol viele Deutsche in ganz unbekannte gebiete führen. Ich freue mich des raschen fortschrittes und wünsche aufrichtig, dass der absatz Ihrem eifer entsprechend gross sein möge.

Auch auf den Bürgerband[3] bin ich sehr begierig. Ihre einleitung wird mir gewiss den mann verständlich machen: bisher wollte es mir nie gelingen, ihn als einheit zu fassen. Für meine vorlesungen war er mir immer eine wahre crux. In den DLD soll späterhin eine kritisch-historische ausgabe seiner gedichte kommen. ich habe bisher vergeblich nach einem fähigen bearbeiter umschau gehalten. jetzt weiss ich, an wen ich mich wenden darf.

Habe ich Ihnen wirklich nicht mitteilung gemacht, dass ich das 19. jhrh. auf den titel setzen wolle?[4] Die verleger wünschten es seit mehr als jahresfrist; ich sträubte mich gegen die vermehrte ausdehnung, da mir die arbeit ohnehin lästig ist. Aber schliesslich gab ich doch nach und bin nun sehr glücklich über die wahrhaft genussreichen Vorlesungen Schlegels,[5] deren druck eben h. Minor besorgt.

Zum schlusse den aufrichtigen wunsch, dass Ihre ernennung nach Graz baldigst einlaufen möge und dass Sie also angenehm zu dem gezwungen werden, was Sie doch auch freiwillig tun müssten. Vergessen Sie dann als wolbestallter professor den sitzengebliebenen privatdocenten nicht!

Nochmals dankend grüsst

Ihr

ergebener

BSeuffert.

Handschrift: StAW. 1 Dbl., 3 S. beschrieben. Grundschrift: lateinisch.

1 *Verschiedene Bezüge im vorliegenden Brief legen nahe, dass Sauer die im vorigen Brief angekündigte Fotografie einem weiteren Schreiben beigelegt hatte, das nicht überliefert ist.*
2 *Johann Kaspar Lavater entwickelte in seinem Hauptwerk »Physiognomische Fragmente zur Beförderung der Menschenkenntnis und Menschenliebe« (4 Bde. Leipzig: Weidmann & Reich; Winterthur: Steiner, 1775–78) eine Lehre von der Bestimmung menschlicher Charaktere aus Gesichtszügen und Körpermaßen.*
3 *Gemeint ist Sauers Ausgabe von Bürgers Gedichten für Kürschners »DNL« (s. Brief 21, Anm. 6). Der Plan, in den »DLD« eine kritische Ausgabe der Gedichte Bürgers zu bringen, den Seuffert schon 1880 Wilhelm Scherer eröffnet hatte (s. Seuffert an Scherer, Brief vom 27.9.1880. Briefw. Scherer/Seuffert, Nr. 50, S. 107), wurde dagegen nicht realisiert.*
4 *Der vollständige Titel der »DLD« wurde mit Band 15 (1883) in »Deutsche Litteraturdenkmale des 18. und 19. Jahrhunderts in Neudrucken« geändert.*
5 *A. W. Schlegel: Vorlesungen über schöne Litteratur und Kunst (DLD. 17–19).*

38. (K) Sauer an Seuffert in Würzburg
    Graz, 15. Oktober 1883. Montag

Graz, Sparbersbachgasse 45   15/10 1883.

Lieber Herr *[Col]*lege! Meine endlich erfolgte *[Er]*nennung werden Sie wol gelesen haben;[1] meine Übersiedlung kann ich Ihnen heute nur kurz vermelden u. Ihnen zugleich danken für Ihren letzten Brief, auf den ich wie ich glaube noch nichts erwidert habe. So habe ich Ihnen wol auch mein Entsetzen noch nicht geschildert als ich mich von Ihnen nach meiner Photographie als groß, schlank und blond verkannt sah. Ich bin keines von den dreien: Mittelgroß, gedrungen und kohlpechrabenschwarz, so daß mir Scherer seinerzeit den Namen ›Der Schwarze‹ gab, wie er noch heute im Freundeskreise gang und gäbe ist. Da das schwarze Haar bei meiner sonstigen Negerphysiognomie das einzige wäre, worauf ich stolz sein könnte, so muß ich es schon ein klein wenig verteidigen. Alles andere nächstens in einem längeren Briefe.

Herzlich grüßend
Ihr Ergebener
Sauer
der wol auch unter Scherers literarische
Heißsporne[2] sich einrechnen darf.

Handschrift: ÖNB, Autogr. 422/1-39. *Postkarte. Adresse:* Herrn Dr. Bernhard Seuffert / Privatdocent an der Universität / Würzburg / Herzogengasse 5 / Bayern *Poststempel: 1) Graz, 15.10. 1883 – 2) Würzburg, 17.10.1883. Grundschrift: deutsch.*

1 *Sauers Ernennung zum Extraordinarius in Graz aufgrund kaiserlicher Entschließung vom 14.9.1883 wurde in Österreich Ende September publiziert (s. Wiener Zeitung, Nr. 222, 27.9.1883, S. 1). In den deutschen Fachorganen wurde sie offenbar zuerst im Oktober erstmals angezeigt (s. LCBl 33 [1883], Nr. 46 vom 10.10.1883, Sp. 1620).*

2 *Sauer bezieht sich auf eine Bemerkung Scherers in dessen soeben erschienener Einleitung zum Neudruck der »Frankfurter Gelehrten Anzeigen vom Jahr 1772« (DLD. 7/8). Die Aufklärung von Goethes anonymem Anteil an den »Anzeigen« müsse sich, warnte Scherer, »auf die genaue Erwägung von Inhalt und Sprache« stützen: »Eine solche Untersuchung hier vorzunehmen, ist nun keineswegs meine Absicht. Ich habe es damit durchaus nicht eilig und möchte auch die jungen philologischen Heisssporne, die vielleicht schon ihre Federn zurecht legen, um uns mit den Resultaten ihrer Forschung über Goethes Anteil […] zu beglücken, vor allzu prompter Mitteilung ihrer wirklichen oder vermeintlichen Ergebnisse warnen. Es steht eine Schrift von Dr. Konrad Burdach über die Sprache des jungen Goethe in Aussicht, welche sich auf alle Teile der Grammatik erstreckt; und da man auf Grund dieser Schrift über sehr viele Punkte sicherer wird urteilen können, als vor dem Erscheinen derselben, so dürfte es sich empfehlen, eine neue Untersuchung über Goethes Autorschaft bis dahin zu versparen.« (FGA 1772, S. LXXVIII f.) Schon zuvor hatte sich Scherer deutlich von dem Versuch Richard Maria Werners distanziert, die Ermittlungen nach Beiträgen Goethes auch auf den 1773er-Jahrgang der »FGA« auszudehnen (ebd., S. LXXI–LXXVI; mit Bezug auf R. M. Werner: Frankfurter gelerte Anzeigen vom Jahre 1773. In: GJb 4 [1883], S. 359–363). Die Warnung dürfte aber, wie auch Seuffert vermutete (s. Brief 39), nicht zuletzt an Jakob Minor adressiert gewesen sein, der in seinem Aufsatz »Herder und der junge Goethe« bereits 1880 im Anschluss an Erörterungen zum Anteil Herders und Goethes an den »FGA« den Gang einer eigenen, größeren Untersuchung skizziert hatte (s. Jakob Minor/August Sauer: Studien zur Goethe-Philologie. Wien: Konegen, 1880, S. 72–116, hier: S. 115 f.). Burdachs Sprachuntersuchungen, von denen Scherer sich eine grundsätzliche Klärung des Problems versprach, blieben Fragment (Konrad Burdach: Die Sprache des jungen Goethe. In: Verhandlungen der 37. Versammlung deutscher Philologen und Schulmänner in Dessau [Oktober 1884]. Leipzig: Teubner, 1884, S. 166–180; wiederholt: ders.: Vorspiel. Gesammelte Schriften. Bd. 2. Halle/S.: Niemeyer, 1926, S. 38–60; s. aber Burdachs Rezension des Neudrucks in: AfdA 10 [1884], S. 362–369, bes.: S. 365–368).*

39. *(K) Seuffert an Sauer in Graz*
    Würzburg, 17. Oktober 1883. Mittwoch

Würzburg 17 X 83.

Sehr verehrter professor,
Nein, kein wort hab ich gelesen! Sonst hätte <!> dem ›Schwarzen‹ sogleich meine beifreude (Gr. WB I 1370)¹ ausgedrückt. Also: besten glückwunsch! Sie fühlen sich als Schererscher heissporn getroffen? ich dachte nur an Minor und bes. Werner, als ich die vorläufige verwarnung las. Gegen Rich. Maria hat er sich etwas schärfer ausgelassen, als ich wünschte. Aber da liess sich nichts mildern. Werner sandte mir den Stranitzky;² offen gestanden hatte ich mir mehr amusement davon versprochen.
    Verzeihen Sie gnädig meine irrige konstruktion Ihres süssen leibes: ich sehe wol, dass ich kein umgekehrter Lavater bin. Und lassen Sie, herr college meiner sich auch fürder herab – zum gegenstück des ewigen juden, zum ewig
    sesshaften BSfft.

Handschrift: StAW. Postkarte. Adresse: Herrn Dr. A. Sauer / Professor a. d. Universität / Graz / Sparbersbachgasse 45 *Poststempel: 1) Würzburg Bahnhof, 17.10.1883 – 2) Graz, 18.10.1883. Grundschrift: lateinisch.*

1 s. den Artikel »Beifreude« im »Deutschen Wörterbuch« der Brüder Grimm (DWB, Bd. 1, Sp. 1370).
2 Gemeint ist der Neudruck der J. A. Stranitzky herausgegebenen »Lustige Reyss-Beschreibung aus Saltzburg in verschiedene Länder (WND. 6).

40. *(B) Sauer an Seuffert in Würzburg*
    Graz, 16. Mai 1884. Freitag

Graz 16/5 84.

Lieber, verehrter Herr College!
Da ich eigentlich eine ziemlich rege Correspondenz führe, so begreife ich es nicht ganz, wie es kommt, von Ihnen so selten etwas ausführlicheres zu hören und umgekehrt an Sie so wenige längere Berichte zu liefern. Fast will es mir scheinen, als ob ich die Schuld auf Sie abwälzen dürfte.
    Schon lange liegt mir dieser [B]rief im Sinne und nur eine Lemberger Reise und traurige Erlebnisse¹ innerhalb meines engsten Freundeskreises haben ihn um 4 Wochen verzögert. Es hat mich tief betrübt, aus Erichs² Mitteilungen z[u] erfahren, daß

in Bayern für Sie nichts gethan wird; zwar darf ich mein Österreich nicht rühmen; um einen volkstümlichen Ausdruck zu gebrauchen, kann ich von meinen jetzigen Einkünften[3] sagen, sie seien zum Leben zu wenig und zum Sterben zu viel; aber wenigstens hat man Minor[4] und Werner[5] anständig versorgt und ich kann mich damit trösten, daß ich als der überzählige in die [W]elt der Germanistik eingetreten bin. Neuerlich sind wieder Gerüchte aufgetaucht, daß Sie in Straßburg[6] ankommen sollen; auch Wien[7] scheint aus dem Hintergrunde herzuleuchten und ich würde mich herzlich freuen, Sie bei uns begrüßen zu können. Meine Aussichten sind gleich Null; man hält nicht einmal die mir gegebenen Versprechungen und ich raufe mich noch immer wegen der Seminarremuneration für den vergangenen Winter.

Doch lassen wir diese traurigen Geschichten. Ich wenigstens bin ich <!> Graz sehr, sehr zufrieden. Keine polnischen Juden und keine polnischen Collegen. Ein netter, lieber Umgangskreis, engere Fachgenossen (Schönbach, Zingerle), Wien in der nächsten Nähe; eine herrlich[e] Gegend, eine erträgliche Bibliothek. Man sollt meinen, hier müße man frisch und gesund sein, was [b]ei mir nicht ganz der Fall ist. Aber ich bin so fleißig als es meine Gesundheit erlaubt, manchmal auch etwas mehr. Ich habe wie gewöhnlich mehrere Eisen im Feuer, kehre abwechselnd zu ihnen zurück, verbrenne mir gelegentlich auch die Finger: freue mich aber im ganzen herzlich, wie meine [A]rbeiten gedeihen und wachsen. Ich habe äußere und innere Arbeiten. Die letzteren treten ab und zu an das Tageslicht, um wieder unter den Felsen zu verschwinden. Meine österreichi[sch]en Probleme hege ich im Stillen. Für Kürschner fördere ich einiges,[8] was ich in Lemberg schon fast beendigt hatte, die alten Kleist-Untersuchungen[9] denke ich wieder aufzunehmen, da die entscheidenden Briefe über die Ausgabe letzter Hand gefunden wurden; für Uz habe ich Bücher aus [Be]rlin hier und Handschriften aus Halberstadt. Mein Publicum über Goethes Wilhelm Meister[10] interessirt mich riesig und ich habe viel dafür [zu]sammengelesen. Manchmal mache ich mir bittere Vorwürfe, daß ich es mir an Concentration fehlen lasse; aber wie oft läuft mir mein Rößlein ganz einfach davon und ich muß froh sein, durch ein paar Tage hindurch ein anderes reiten zu dürfen.

Freilich ein Buch wie Lessing von Schmidt[11] oder Ihr Wieland[12] geht aus dieser Vielgeschäftigkeit nicht hervor. Aber das eine darf ich diesen Arbeiten an die Seite setzen, die Liebe und Wärme, mit der ich alles pflege, w[as] in meinen Gesichtskreis tritt. Mir kann eine Lesart Herzenssache werden, was zwar pedantisch aber der Sache meines Erachtens nicht abträglich ist. Ich sah es wieder als ich meine Bürger-Einleitung[13] corrigirte, wie ein ganzes großes Stück Leben während der zwei Jahre als ich [da]ran gearbeitet hatte, hineinverwebt worden war und bei einzelnen Sätzen konnten <!> ich die Tage angeben, an denen ich sie geschrieben.

Soweit war ich gestern gekommen, als ich zu einem Spaziergange abge*[h]*olt wurde, an den sich eine Germanistenkneipe knüpfte; spät heimgekehrt, habe ich gegen Gewohnheit lange geschlafen und sitze erst spät am Schreibtische. Wol möchten sich die Gedanken noch lange fortspinnen; aber im Hause gegenüber singt eine kräftige schöne Stimme Lieder von Schubert und Rubinstein *[u]*nd ich bin zu viel Süddeutscher, besser gesagt zu viel Wiener als daß ich meine fünf Sinne zusammen halten könnte, wenn Musik an mein Ohr klingt. So schließe ich in der Hoffnung, daß Sie sic*[h a]*uch einmal ein Stündchen von Arbeits- oder Ruhezeit abreißen, um mir von Ihrem Leben und Weben etwas zu erzählen.
Mit besten Grüßen
Ihr
Ergebener
Saue*[r]*.

Kürschner hat den ganzen MalerMüllerschen Nachlaß erworben;[14] 8 Akte Faust darunter, eine Iphigenie etc. auch alle Handzeichnungen und die ganze Correspondenz der römischen Zeit. Er will glaube ich eine kritische Ausgabe machen. Auch den Nachlaß von J. N. Götz hat er. Diese Gräben wären also geöffnet.

Zum Schluße fällt mir ein, daß ich *[I]*hnen weder zu den prächtigen Bden der Schlegelschen Vorlesungen[15] gratulirt, noch über das selige Ende meiner Wiener Neudrucke[16] Nachricht gegeben habe. Sie sind am Samstag vor Ostern in eine bessere Welt hinüber gegangen. Zwar wurden während ich in Wien war Wiederbelebungs-*[v]*ersuche angestellt, bis jetzt ohne Erfolg. Im Juli will mir Konegen den allerletzten Entschluß mitteilen. Sei's! Über die beiden Hefte 7/8[17] hätte ich viel zu erzählen. Heft 7 war im August fertig bis auf die Einleitung, die durch die Ü*[be]*rsiedlung unterbrochen wurde und dann nur mühsam zu Stande gebracht werden konnte. Bei Heft 8 bin ich meinem Freunde Glossy aufs Eis gegangen. Es hätte während der Ausstellung[18] erscheinen und verkauft werden sollen. Er verschleppte es bis October, der Verleger ließ es bis jetzt liegen; also veraltet und für das Alte*[r]* zu wenig reichhaltig. Ein Misgriff in jeder Beziehung. –

Handschrift: ÖNB, Autogr. 422/1-42. 3 Dbl., 12 S. beschrieben. Grundschrift: deutsch. Empfängervermerk (S. 12): Prosch

1 *Sauers enge Freundin, die Schauspielerin Anna Löwe, war am 26.4.1884 in Lemberg gestorben. Sauer war zu ihrem Begräbnis nach Lemberg gereist (s. Brief 42).*
2 *Erich Schmidt.*
3 *Als unbesoldeter Extraordinarius bezog Sauer in Graz lediglich ein Jahreshonorar von 600 Gulden, wozu noch die geringen Einkünfte aus Hörergeldern und Prüfungstaxen kamen (s. Leitner: Graz, S. 111).*

4   s. Brief 26, Anm. 1.
5   s. Brief 26, Anm. 3.
6   s. Brief 35, Anm. 5.
7   Die Andeutung steht vmtl. mit dem zu dieser Zeit von Wilhelm Scherer verfolgten Plan in Zusammenhang, in Berlin die Stelle seines am 19.2.1884 verstorbenen Lehrers Karl Müllenhoff einzunehmen. Durch den Wechsel auf die altgermanistische Professur wäre Scherers Lehrstuhl für Neuere deutsche Literaturgeschichte für Erich Schmidt frei geworden, wodurch sich für Seuffert in Wien Aussichten auf Schmidts Stelle eröffnet hätten. Der Plan scheiterte daran, dass die Neubesetzung der Müllenhoff-Stelle im Laufe des Sommers 1884 bis auf Weiteres verschoben wurde (s. Scherer an Erich Schmidt, Brief vom 7.6.1884. Briefw. Scherer/Schmidt, Nr. 240, S. 191 f.).
8   vmtl. Arbeiten an der Auswahlausgabe »Der Göttinger Dichterbund« (s. Brief 19, Anm. 4).
9   s. Brief 3, Anm. 1; dort auch zu den neu entdeckten Kleist-Quellen.
10 Sauer las im Sommersemester 1884 »Ueber Goethes Wilhelm Meister« (1-st.).
11 s. Brief 24, Anm. 5.
12 Gemeint ist Seufferts nicht ausgeführte Wieland-Biografie (s. Brief 5, Anm. 2).
13 zur Ausgabe von Bürgers Gedichten (s. Brief 21, Anm. 6).
14 Die Nachlässe von Maler Müller und Johann Nicolaus Götz befanden sich bis 1884, als Joseph Kürschner sie für seine Sammlungen erwarb, im Besitz der Familie Götz in Mannheim. Sauer versuchte erfolglos, Kürschner dazu zu bewegen, ihm die Handschriften zur wissenschaftlichen Auswertung zu überlassen (s. Brief 51, 52, 79, 86). Nach Kürschners Tod wurden beide Nachlässe 1904 als Teil seiner umfangreichen Bibliothek und Autographensammlungen versteigert. Müllers Nachlass gelangte in die Sammlungen des Freien Deutschen Hochstifts in Frankfurt/M. (s. Katalog der Sammlungen des zu Eisenach verstorbenen Herrn Geheimen Hofrat Professor Kürschner. Handschriftlicher Nachlass von Friedrich Müller (Maler Müller) und Joh. Nic. Götz. Deutsche Litteratur des XVIII. Jahrhunderts. […]. Versteigerung 30. Mai bis 4. Juni 1904. [Vorwort von August Sauer]. Leipzig: Boerner, 1904; Otto Heuer: Der handschriftliche Nachlaß des »Mahlers« Friedrich Müller. In: Jahrbuch des Freien Deutschen Hochstifts. 1904. Frankfurt/M.: Knauer, 1904, S. 376–390, hier S. 377 f.). Der größte Teil des Götz-Nachlasses wurde von dem Schriftsteller Wolfgang Goetz, damals Student der Germanistik in Berlin, erworben. Goetz wollte die Papiere vmtl. für eine Dissertation bei Erich Schmidt auswerten, die er aber nicht fertigstellte. Die Handschriften bilden zusammen mit den Arbeitsmaterialien, die W. Goetz für eine kritische Ausgabe anlegte, einen Teil seines Nachlasses im Archiv der Akademie der Künste in Berlin, das ihn 1962 erworben hat. Ein Restnachlass von J. N. Götz, der in Familienbesitz geblieben war und lange Zeit irrtümlich als identisch mit den 1904 versteigerten Götz-Autographen galt, wurde 2009 aus dem Archiv der Freiherrn von Preuschen auf Burg Lahneck für das Deutsche Literaturarchiv in Marbach am Neckar erworben (s. ausführlich Felix Oehmichen: Johann Nicolaus Götz [1721–1781]. Leben und Werk. Diss. phil. Univ. Hamburg, 2015; zum Marbacher Bestand Auskünfte von Dr. Helmuth Mojem, DLA).
15 s. Brief 20, Anm. 11.
16 Die »WND« erschienen noch bis 1886.
17 die Neudrucke von Sonnenfels' »Briefe über die österreichische Schaubühne« (WND. 7) und »Vier dramatische Spiele über die zweite Türkenbelagerung« (WND. 8), von denen Sauer Freiexemplare an Seuffert geschickt hatte (s. Seuffert an Sauer, Karte vom 18.5.1884. StAW).
18 s. Brief 36, Anm. 4.

41. *(B) Seuffert an Sauer in Graz*
    Würzburg, 2. Juni 1884. Montag

Würzburg 2. VI 84.
Herzogeng. 5.

Geehrter, lieber herr professor,
Da haben Sie ganz recht, ausführlich zu schreiben ist nicht meine sache. Ich bin ein korrespondenzkartenmensch, d. h. ich schreibe schon auch briefe, aber sie sind inhaltlich und stilistisch nur mehrere postkarten. Damit hangt zusammen, dass ich selten etwas schreibe, was rein innerlich ist. Selbst mit h. Steinmeyer – und ich habe mit niemand einen regeren briefwechsel – tausche ich zumeist nur äusserlichkeiten, fachgenossische erlebnisse und vorgänge aus. Nun ich hab ich mirs ganz abgewöhnt, darüber hinaus zugehen. Nicht aus der heiligen scheu, die mein hochgehaltener freund Schnorr in Dresden hat, es möchte einem meiner korrespondenten einfallen, meine briefe einer öffentlichen bibliothek zu vermachen (das passierte dem Archiv-Schnorr!),[1] sondern weil ich überhaupt mich auf mich zurückgezogen habe. Früher hatte ich einen sehr engen kreis von freunden hier; dieser freie bund von fünfen scheint mir noch heute eine <!> ideal, obwol ich sonst nicht sehr idealistische neigungen habe. heute ist der bund zerstreut und die verschiedenheiten der stellung und berufsarten heben zwar den verkehr nicht auf, machen sich aber stärker geltend als beim persönlichen zusammenleben.

Ich blieb hier sitzen. Mit meinen kollegen habe ich keine fühlung, mit anderen menschenkindern ebenso wenig, eben weil ich früher in engem bunde lebte. Aus der geselligkeit – wenn man hier jetzt von einer solchen noch sprechen darf, was eigentlich ein anachronismus ist – hab ich mich ganz zurückgezogen, wie es einem sechsjährigen bräutigam geziemt.

Warum erzähl ich Ihnen das alles? um zu zeigen, dass ich das sich aussprechen durch meine hiesige lage verlerne und darum auch in briefen es selten zu wege bringe. Ich lebe recht einsam und beschränke mich ganz auf das haus meiner mutter[2] und meiner braut.[3]

Ich habe ja wol das gefühl, dass dies für mein ganzes sein nicht vorteilhaft ist. Pedantische anlagen wachsen dabei mächtig heran. Aber die einsicht nützt nichts: denn der zwang der lage ist stärker.

Uebrigens bin ich nun so in meine stube und an den schreibtisch und zum regelmässigen tagesleben gewöhnt, dass mirs ordentlich bang ist, wenn ein zufall mich daraus losreisst auf ein paar stunden. Und ich leugne nicht, dass ich am zufriedensten bin, wenn ich schriftstellere. Von hause aus klassischer philologe und in deren etwas umständlicher methode erzogen freut auch mich wie Sie jede kleine entdeckung und ich spiele gerne mit ihr. Aber die rechte lust ist mir doch erst geworden, wenn ich sie als glanzlicht in ein grösseres bild eintragen kann. Mein streben geht immer aufs weite. Ich habe das wol noch aus der zeit an mir, wo ich aus Hettners buch[4] die ersten nachhaltigen eindrücke empfing. Denn merkwürdiger weise hat mich dies werk zuerst für neuere litteratur geweckt. Ich sage merkwürdiger weise deswegen, weil Hettner im grunde philosoph ist und das bin ich gar nicht. Ich habe eine unglaubliche abneigung gegen alle philosophischen terminologien und systeme und tue mir unendlich schwer, sie zu verstehen, wenn ich einmal dahinter rücken muss. Die hauptschuld daran wird mein schwachkopf tragen; aber viele auch der Brentano, der dann zu Ihnen nach Wien kam:[5] er war der einzige philosoph, den ich hier hören konnte und hat in einem semester alles getan, mir diese disciplin zu verleiden.

Was mich an Hettner band, war ohne zweifel, dass er zugleich auch archäolog und kunsthistoriker war. Ich habe 5 semester lang mich viel mit alter kunst beschäftigt, freilich mehr privatim; wäre der geistvolle Urlichs zu meinen studentenzeiten nicht schon alt und träge gewesen, er hätte mit leichtigkeit mich bei seinem fache erhalten können.   Das ist überhaupt der fluch meiner universitätszeit: es fehlte mir ein lehrer mit überwältigendem eindrucke. Ich naschte da und dort, trieb bald sanskrit und vergleichende sprachwissenschaft, bald archäologie, bald antike litteratur, bald romanisch, bald germanisch und hauptsächlich geschichte. Von allen meinen lehrern hat keiner – auch Scherer nicht, den ich darnach in Strassburg hörte, noch Schmidt, dessen initien[6] ich hier mitmachte – einen ähnlichen einfluss auf mich gehabt wie der historiker Wegele. Acht ganze semester habe ich bei ihm gehört und gearbeitet. Aber er ist nicht der mann schule zu machen und methode zu lehren. Sein können ist zuvörderst das meisterhafte zeichnen von charakteren und einzelbildern: davon hat aber der schüler wenig. Doch werde ich nie vergessen, dass er mir freiere weltanschauung und historischen sinn gab.

Ich wollte mit 6 semestern die universität wechseln: da starb mein vater[7] und ich blieb hier bis zum 9. semester. Als ich dann nach Strassburg kam, war ich methodisch so ziemlich fertig und kritisch genug, um nicht jeden druck, jeden fingerzeig meiner dortigen lehrer – es waren neben Scherer Steinmeyer und Studemund – begeistert aufzunehmen. Und es traf sich auch da, dass ich keine litteraturgeschichte hören konnte. Ein wunderbarer zufall, dass ich, der ich jetzt nur litterarhistorie lehrend und schriftstellernd treibe, ausser einem publikum bei Schmidt und bei Scherer zeit meines lebens nie ein deutsches litterarhistorisches kolleg gehört habe. Bei Lexer hörte ich nur grammatik. Ich könnte mich also auf meinem hauptgebiete fast autodidakten nennen, wenn ich nicht aus den verschiedensten vorlesungen anderer art mir die methode für mich zusammengestoppelt hätte.

Ich schreibe Ihnen da viel mehr, als Sie interessieren kann. Aber Sie müssens hinnehmen, weil Sie selbst die aufforderung zum herausgehen aus mir selbst mir gaben durch Ihren lieben brief. Sie werden aus diesem bildungsgange die arten und unarten meiner leistungen leicht zusammenstellen, wenn Sie gefallen daran finden sollten.

Wenn ich sagte, dass ich beim schriftstellern am zufriedensten bin, so dürfen Sie das nicht so verstehen, als ob ich auf dem katheder ohne freude stände. In der tat befriedigt es mich mehr neues zu finden als zu reproducieren was andere auch wissen. Und die letztere tätigkeit ist doch überwiegend die eines akademischen lehrers von meinen jahren, wenn ich auch redlich mich bemühe, so weit möglich meine vorlesungen aus den quellen selbst zu schöpfen und selbständig zu bearbeiten. Aber die möglichkeit ist eben nicht sehr weit.

Auch müsste ich ein publikum vor mir haben, das specielles interesse für meinen gegenstand hat, wenn mich das docieren ganz befriedigen sollte. Dem ist aber hier nicht so. Es wäre ganz undenkbar ein publikum allein über WMeister hier zu lesen. Bekomme ich doch selbst für Schillers leben[8] nur etwa 60 leute in den hörsaal. Und habe ich im 4stündigen privatkolleg 30 mann, so bin ich heilfroh; selten warens mehr, oft weniger. Das ist wenig bei einer studentenzahl von 1000–1200; aber über die hälfte sind mediciner und der mediciner ahnt nicht, dass es eine historisch-philologische sektion gibt.

Entschuldigen Sie das lange gerede über meine existenz! Wenn ich die Ihrige aus Ihrem briefe lese, so ist sie flotter, freier, beweglicher. Ich meine das nicht in rücksicht auf Ihre professur, sondern im allgemeinen die ganze stellung. Wenn Sie andeuten, dass ich hoffnungen habe nach Strassburg oder Wien zu kommen, so erweisen Sie mir damit viel ehre. Aber ich glaubs nicht. Strassburg wäre ja vielleicht nicht ganz unmöglich, obwol es zweifelhaft ist, ob ein günstig gesinnter die stimmen der ganzen übrigen abgeneigten fakultät würde besiegen können. Aber es fehlt dazu die voraussetzung: Henning ist in Strassburg und ob er wegkommt?? nach dem was ich höre ist das sehr zweifelhaft. Und gar Wien! soll Schmidt wegkommen? nach Berlin etwa? und soll er dann mich vorschlagen? soll das ministerium einen Deutschen nehmen? Sie werden die zwei letzten fragen selbst mit: unmöglich! beantworten und ich wüsste auch die zwei ersten nicht zu bejahen. Und wenn Sie kunde haben, dass man sie bejahen darf, dann denken Sie an sich oder an Minor und treffen gewiss das richtige für die nachfolge.

Was Sie über Ihre neudrucke schreiben, bedaure ich. Ich freute mich Ihrer sachlichen nachbarschaft. Vielleicht besinnt sich Konegen wider. Gut heil für dies und für alles, was Sie schaffen und erleben!

Dank für Ihren brief!

In treuen grüsst

Ihr
ergebener
BSeuffert.

Könnten Sie mir die adresse von Prosch verschaffen?[9]

Handschrift: StAW. 2 Dbl., 8 S. beschrieben. Grundschrift: lateinisch.

1   *Franz Schnorr von Carolsfeld war Herausgeber des »Archiv für Litteraturgeschichte«, in dem zahlreiche ungedruckte Quellen, vor allem Briefe, abgedruckt wurden.*
2   *Amalie Seuffert, geb. Scheiner.*
3   *Anna Rothenhöfer.*
4   *Hermann Hettner: Die deutsche Literatur im achtzehnten Jahrhundert. 3 Tle. [in 4 Bden.]. Braunschweig: Viewweg, 1862–1870 (Literaturgeschichte des 18. Jahrhunderts. 3) [³1872–1879].*
5   *Franz Brentano hatte 1873 mit seinem Amt als katholischer Priester auch seine Würzburger Philosophie-Professur niedergelegt und war im folgenden Jahr einem Ruf nach Wien gefolgt.*
6   *lat.: Anfänge.*
7   *Johann Baptist Seuffert (gest. 13.5.1874).*
8   *Seuffert hatte im Wintersemester 1883/84 in Würzburg über »Schillers Leben und Werke« (2-st.) gelesen; das Kolleg war von 64 Hörern belegt worden (s. Übersicht der von Seuffert in Würzburg gehaltenen Vorlesungen. UA Würzburg, UWü ARS 769 Seuffert, nach Bl. 18v).*
9   *Der Wiener Gymnasiallehrer Franz Prosch hatte wiederholt Bände der »DLD« im »Deutschen Literaturblatt« angezeigt. Sauer teilte die Adresse auf einer Karte vom 3.6.1884 (ÖNB, Autogr. 422/1-43) mit.*

42. (B) Sauer an Seuffert in Würzburg
    Graz, 4. September 1884. Donnerstag

Graz 4. Sept. 1884
Sparbersbachgasse 45.

Sehr geehrter lieber Herr College!
Noch nie vielleicht im Leben habe ich einem *[Me]*nschen so beschämt gegenüber gestanden als heute Ihnen. Ich schreibe Ihnen nach mehrjähriger brieflicher Bekanntschaft einen aus dem geschäftlichen Verkehr herausgehenden, warm angehauchten Brief, wie ich ihn längst im Sinne trug, weil Sie mir unter den Fachgenossen, die mir nicht längst zu Freunden angehören, am meisten lieb und wert geworden waren. Sie weisen meine Bitte um ausführlichere Nachricht nicht von sich. Sie schreiben mir einen langen, freundlichen Lebensbrief, wenn *[i]*ch so sagen darf, Sie legen mir den Entwickelungsgang Ihrer Studien dar, schildern mir Ihren Umgang, Ihre Arbeitsweise. Und dieser Brief regt mich aufs tiefste an und auf. Ich erkläre mir alles im Zusammen-

hange, was mir bisher einzeln an Ihnen entgegengetreten war; ich stelle Vergleiche an zwischen meinem Lebens und Studiengange und dem Ihrigen; ich entwerfe eine An*[tw]*ort rasch und ausführlich – in Gedanken. Und doch vergehen Monate, ohne daß diese Antwort an Sie gelangt; die Ferien kommen heran, deren Anfang sonst zum Abschluß privater Angelegenheiten zu drängen pflegt. Ich aber schweige. Ich muß mir gestehen, daß ich mir über den bald vergangenen Sommer selbst schwer Rechenschaft geben kann; ich habe ihn in frevelhaf*[ter]* Schwäche und Unthätigkeit hingebracht und wieder einmal dem Spruche Bauernfelds alle Ehre angethan:

Zu unsern Unarten
Gehört zumeist das Warten:
So wird der Tag verprasst
So wird das Jahr verpasst.[1]

*[Da]*nn freilich kam die Waffenübung vom 1–28 August,[2] die mir zu irgend etwas Geistigem weder Zeit noch Kraft ließ. Sie aber hat mich doch aus dieser Lethargie aufgerüttelt und einer der Beweise daß es wieder besser mit mir geht, ist dieser Brief, in dessen Verlaufe sich auch der Grund meiner Stimmungslosigkeit enthüllen dürfte.

Wenn ich Ihnen einen Umriß meiner äußeren und inneren Entwicke*[l]*ung zu geben versuche, so müßte ich wol zuerst Neu-Oesterreich Ihnen schildern, wie es seit 48, 59 und 66 sich herausgestaltet hat. Ich müßte dabei aber betonen, daß das <u>Wesen</u> dasselbe geblieben ist, daß überstürzte Reformen nicht über Nacht alles das ändern und bessern konnten, was Jahrhunderte vernachlässigt haben, daß wir ganz in der alten Haut noch stec*[k]*en, unseren Charakter nicht verleugnet haben und wol nie verleugnen werden und daß wir daher wenn auch nicht mehr um <u>ganze</u> so gewiß noch um <u>halbe</u> Pferdelänge hinter dem übrigen Deutschland zurückstehen. Neben diesem <u>einen</u> Vorsprung haben <u>Sie</u> noch einen andern: Sie sind aus akademischen Kreisen hervorgegangen;[3] Sie haben die gelehrte Luft von Kindheit an eingesogen, sind wol auch systematisch zu einem gelehrten Berufe herangeleitet worden. Wie ganz anders bei mir.

Meine Familie stammt aus Deutsch-Böhmen u. ist seit 3 Generationen in Wien angesiedelt.[4] Der Urgroßvater[5] soll Schullehrer bei Leitmeritz gewesen sein. *[Der]* Großvater[6] war Kaufmann u. das ist mein Vater,[7] der sich später dem Versicherungswesen zu wandte, eigentlich auch gewesen. Meine Mutter,[8] die zweite Frau meines Vaters, starb, als ich zwei Jahre alt war, und als 5 Jahre später eine Stiefmutter zu uns 3 Jungens ins Haus zog, war ich in der Gunst meines Vaters schon zu sehr befestigt, als daß Ihre oft wol berechtigte Strenge mich jemals hätte aus dem Sattel werfen können. Vertrat mein Vater altbürgerliche Principien, so *[k]*am durch die Mutter eigentlich ein bäuerliches Element in die Familie und dadurch wurde ein Zwiespalt geschaffen, der bis zum heutigen Tage nicht ganz ausgeglichen ist. Das eine aber ist ihr Verdienst. Wir mußten lernen so viel als möglich und in späterer Zeit wurde es ihr Ideal, aus mir einen Juristen zu bilden[,] davon sie einige in ihrer Bekanntschaft hatte. In mir aber wallte frisches, heißes sinnliches Wiener Blut. Nur die Fröhlichkeit und Heiterkeit des Wieners habe ich nicht ganz geerbt: diese stellt sich immer erst langsam bei mir ein als die Blüte längeren inneren Zufriedenseins. Mein Vater war ein leidenschaftlicher Theaterfreund. Jahre lang war er ständiger Besucher des Burgtheaters, mit dessen älteren Mitgliedern [er] in persönlicher Verbindung stand. Theater und Musik war von Kindheit auf mein Lebenselement. Eine Vorstellung von Raimunds Alpenkönig und Menschenfeind[9] ist meine älteste Theatererinnerung. Wagners Don Carlos[10] die erste Gestalt, die [m]ir am Burgtheater entgegentrat; mein erster eigener Versuch war eine Nachahmung des Don Carlos. In meines Vaters Bücherkasten standen neben Schiller & Goethe: Grillparzer, Halm und Raimund. Und wenn es mir je gelingt, den Plan einer Geschichte der deutschen Litt. in Österreich auszuführen, dann darf ich sagen, daß ich mein Lebensziel erreicht habe. Die Vorliebe fürs Theater wurde durch meine enge Verbindung mit [M]inor, die bis in unser 12 Jahr zurückreicht, in mir bestärkt.[11] Minor wollte Schauspieler werden, besaß ein seltenes Talent, das leider durch ein Hals und Ohrenleiden geschädigt wurde. So las ich im Gymnasium alle modernen Dramatiker von Kotzebue bis Benedix mit Eifer durch, fraß sie so z[u] sagen mit Haut und Haar auf; denn Vollständigkeit war mir schon damals ein Herzensbedürfnis. Dazu kam Prof. Maretas sorgliche Anleitung bei unserer Privatlectüre im Obergymnasium; mit einem Worte: ohne je einen Universitätsprofessor gekannt, ja nur gesehen zu haben, stand es gegen den Willen meiner Eltern u. gegen den des Arztes (ich hatte mich damals überarbeitet) am [E]nde des Gymnasiums bei mir fest, Germanist zu werden und dadurch hauptsächlich der öst. Lit. Gesch. ein Retter zu sein.

Ich trieb nun in Wien durch vier Jahre Philologie bei Vahlen und Hartel, Geschichte bei Lorentz und Büdinger, Deutsch bei Tomaschek und Heinzel, [Ro]manisch bei Mussafia, Englisch bei Zupitza. Den ungünstigsten Einfluß hat Büdinger auf mich genommen. Die querköpfige Art, mit der er aus Herodot und Polybius tausenderlei Dinge herauszulesen meinte, die den trefflichen Griechen nie in den Sinn gekommen waren, entfremdete mich der class. Philologie; die egoistische Methode, mit der er mich alte Salzrechnungen aus der Zeit Ferdinand II und III im Finanzarchiv abschreiben ließ, um [dar]aus selbst Schlüße auf die politischen Verhältnisse zu ziehen, entfremdete mich der Geschichte. Ich erklärte eines Tages meinen Austritt aus dem hist. Seminar und widmete mich ganz der Germanistik. Tomaschek, der Vertreter der neueren Lit. Gesch., war ein für s. Fach begeisterter Mann, ein Jünger

Schillers in allem u jedem und in dieser grenzenlosen Verehrung hat er uns aufgezoge*[n]*. Aber er wußte eigentlich sonst sehr wenig, seine Vorträge konnten wir bald auf ihre Quellen zurückführen u. als solche ergaben sich bei Goethe Hettner u. die Einleitungen der Hempelschen Ausgaben.[12] Bei aller persönlichen Liebenswürdigkeit, bei allem Wolwollen war er nicht im Stande Schüler zu erziehen oder auch nur Themen zu stellen. Er hat mir in alle*[m]* Ernste: J. W. v. Brawe als passendes Thema für eine Dissertation angegeben[13] u. als ich ein halbes Jahr später die dürftigen Resultate mühsamsten Nachforschens ihm vorlegte, fragte er mich: Haben Sie schon bei Jördens[14] nachgesehen? !!! Heinzel war damals noch Anfänger als akademischer Lehrer. – *[Ei]*ntönig, stotternd, manchmal wie theilnahmslos, trug er s. Sachen vor, er gab sich keine Mühe uns kennen zu lernen, trat einem jedes Mal kälter und abstoßender entgegen und ich bin bis heute nicht im Stande mit Heinzel auch nur eine Viertel Stunde lang ein zusammenhängendes Gespräch zu führen. Die Vorträge, die er ganz aus eigenem schöpfte, so ein 2stünd. Publ. *[ü]*ber Tristan,[15] waren meist eine geistreiche Verkehrtheit, wie Müllenhoff von seinen Sachen zu sagen pflegte. Zum Glück gab er wenig eigenes, sondern es waren wörtlich & buchstäblich Scherers Collegien, die er uns mittheilte u. so bin ich indirect vom ersten Semester an Scherers Schüler gewesen. Und er erfüllte uns mit solchem Enthusiasmus zu seinem gleichaltrigen, *[b]*egabteren Freunde, sprach mit solcher Ehrfurcht und doch wieder mit solcher Liebe und Hingebung von ihm und seinen Arbeiten, daß wir Scherer als den Mittelpunkt unserer Wissenschaft ansahen, uns auf alles stürzten, was aus seinem Munde kam und ihm uns mit Leib und Seele zu eigen gaben. Scherer persönlich kennen zu lernen, war das sehnsüchtigste Ziel meiner ganzen Studentenzeit; *[die]* Griechen können nicht erhabener von Delphi gedacht haben als ich damals von Strßbrg. Es war ein Fieber, an dem ich förmlich krank lag. Endlich kam die heiß erflehte Zeit.[16] Ich stieg die Stufen zu seiner neu eingerichteten Wohnung in Berlin hinauf und stand vor ihm, *[sch]*eu, vor Freude und Schrecken sprachlos: ähnlich wie Grillparzer vor Goethe.[17] In Berlin habe ich erst arbeiten gelernt. In wenigen Tagen war ich mir klar bewußt, daß ich trotz meinem Doctor weniger von Methode verstände als ein Schüler Scherers im dritten Semester. Ich habe von da ab Tag und Nach <!> ununterbrochen gearbeitet und heute noch zehre ich von meinen Berliner Excerpten für die Periode Lessings u die folg. Zeit. Lücken aber lassen sich *[ni]*e ganz ausfüllen, versäumtes läßt sich nie ganz nachholen und so werden die Fehler und Schwächen, die meine bisherigen Arbeiten gezeigt haben, vielleicht nie ganz verschwinden; denn sie wurzeln in meiner ersten und längsten Bildungsepoche.

Über die Folgezeit kann ich mich kürzer fassen. Ein halbes Jahr in Bosnien, dann ein halbes Jahr in Wien während der Habilitation.[18] Dieses Jahr war *[ur]*sprünglich noch für Berlin bestimmt gewesen: aber im Rathe der Götter war es anders bestimmt gewesen. Herbst 1879 zog ich nach Lemberg. Wenn ich die vier Jahre dieser Übergangszeit überblicke, in der ich alles gearbeitet habe, was von mir vorliegt, so kann ich sie nicht als günstig für meine Entwickelung ansehen. Ich war dem eigentlich wissenschaftlichen Leben völlig entfremdet. Ich mußte alles aus mir selbst heraufpu[mp]en; das ist schlecht für erst reifende Menschen, die der Anregung bedürfen, wie dürres Gras eines Gewitterregens. Schädlicher aber sind die Jahre für mich als Menschen geworden. Als ich nach L. kam, war ich mit einer jungen [Wie]ner Dame[19] verlobt. Das Verhältnis löste sich ein Jahr später unter schmerzlichen Kämpfen. Hatte ich mich das erste Jahr von der Gesellschaft zurückgezogen, weil ich auch in der Ferne nur mit der Geliebten lebte, so drängte mich das zweite Jahr noch mehr in mein Inneres zurück; denn ich haßte die Menschen und verachtete die Frauen, wie es solche Perioden bitterster Enttäuschung mit sich bringen. Alle Anlagen einer sensibeln Natur, die in mir seit Kindheit vorhanden sind, entwickelten sich unter solchen Umständen üppig. Nichts hinderte mich, daß ich mich meinen Stimmungen ganz hingab und so that ichs. Das Resultat ist ein höchst hypochondrischer Mensch, der nun unter andere Verhältnisse versetzt, nichts mit sich anzufangen weiß und einmal ein böses Ende nehmen kann.

Zwar bin ich am Wege der [B]esserung gewesen. Es hat sich mir in Lemberg vom zweiten Jahre angefangen eine Beziehung[20] erschloßen, die die schönste meines Lebens war und es auch bleiben wird. Die Tochter des verstorbenen Hofburgschauspielers Ludwig Loewe, lebte dort seit mehr als 20 Jahren; zuletzt als die Wittwe eines Grafen Potocki allein, zurückgezogen, verbittert und kränklich. Selbs[t e]inst Schauspielerin gewesen, war sie als junges Mädchen diesem ihrem Berufe durch einen Beinbruch entzogen worden. Das mag wol mit die Veranlassung gewesen sein, daß Sie <!> ihre Bildung weit tiefer anlegte, [als] es sonst bei Schauspielerinnen der Fall zu sein pflegte. Mit den besten Traditionen der Weimarer Dichtung und der romantischen Philosophie verknüpfte sich bei ihr der offene Wiener Sinn und die herzlichste Gemütlichkeit. Die geistreiche alte Dame, mit der mich meine Arbeit an der Raimund-Ausgabe zusammenführte, hatte sich die Theilnahme an allen Lebensfragen u. Litteraturinteressen in seltenen <!> Maße bewahrt. Sie trat mir entgegen als die Verkörperung jener classischen Zeit Österreichs, an der ich seit meines Vaters Erzählungen hänge. Und sie nahm sich umgekehrt die Mühe sich in meinen Gefühls und Gedankenkreis zu versetzen; ich habe in diesen drei Jahren keine Zeile geschriebe[n], die ich ihr vor dem Drucke nicht vorgelesen habe, kein irgendwie bedeutendes Buch durchgearbeitet, das sie nicht mit mir genoßen hat. Im letzten Jahre war sie mein einziger Umgang. Ich kann Ihnen nicht im einzelnen darlegen, wie innig sie mit allen meinen Lebensinteressen verwoben war; ich gieng nie ohne Rath und Trost, nie ohne Freude und Dankbarkeit von ihr weg. Von dieser Seite war meine Abberufung *[au]*s Lemberg ein harter Schlag, wenn sie auch die erste war, die das Vortheilhafte des Wechsels für meine Zukunft laut anerkannte. Aber sie hat sich stärker geglaubt, als sie innerlich war und hat die Rückkehr zur alten einsamen *[Leb]*ensweise nicht mehr ertragen. Ein altes Leiden stellte sich wieder ein und machte ihrem Leben vorschnell ein Ende. Im April stand ich am Sterbebette und Grabe der Dreiundsechzigjährigen. Der Briefwechsel mit ihr war mir im Winter ein Bedürfnis geworden, ohne welches der Tag seinen Abschluß nicht finden konnte. So bin ich denn seit meiner letzten Rückkehr aus Lemberg im Anfang Mai dieses Jahres in jene hypochondrische Einsamkeit zurückgeschlagen, von der ich oben sprach. *[U]*nd ich bin noch nicht so stark gewesen, mich ganz aufzuraffen und dem Leben wieder ins Auge zu schauen. An einem besseren, klareren Tage des Mai mag es gewesen sein, als ich Ihnen jenen Brief schrieb, dessen Antwort vor mir liegt. Er war ein heller Moment innerhalb meines Dunkels. Und nun – damit kehre ich wieder zu der Darstellung *[m]*eines geistigen Lebens zurück und bringe sie zum Abschluße – ist seit jeher meine Arbeit aufs innigste mit meiner Seelenstimmung verquickt. Alles was ich schreibe, ist von Tag und Stunde abhängig, und darum arbeite ich so schwer, so unzusammenhängend, so ungleich. Jene himmlische Gelehrtenruhe, wie sie DF. Strauß in seinen letzten Lebensjahren[21] umgab, ist mir ein unerreichbares *[I]*deal. So bin ich entstanden, so bin ich, so lebe ich! Wenn die Menschen wirklich mit dreißig Jahren fertig sind, so bin ich bald fertig und muß dann den Rest meines Lebens so bleiben! Sei's!

Seit 5 Tagen bin ich der militärischen Kleidung ledig und athme wieder auf. Es ist eine Qual, die Sie nicht *[k]*ennen. Man wird während solcher vier Wochen ganz dumm. Außerdem sind mir meine Ferien ganz verdorben und ich hätte gerade heuer ausgiebige Luftveränderung nöthig gehabt. So gehe ich blos (circa am 15.) nach Vöslau zu Minor, dann zu meinem Bruder[22] nach Brunn und endlich zu den Eltern nach Wien. Am 13. Oct. muß ich hier sein und die Mühle beginnt.

Laßen Sie mich daher heute von litterarischen Plänen und Arbeiten schweigen; habe ich doch auch bemerkenswerte Fortschritte nicht zu berichten. Ihre Geduld aber habe ich in so starkem Maße mißbraucht, daß es Zeit ist, das Tintenfa*[ß]* zu schließen. Vergelten Sie nicht Gleiches mit Gleichem und laßen Sie mich, wo immer der Brief Sie treffe, mit ein paar Zeilen wißen, wie es Ihnen gehe.

Erich Schmidts Exodus nach Berlin[23] scheint verschoben zu sein. Haben Sie nicht Aussicht nach Zürich.[24] Ich werde mich wol um die Bedingungen *[er]*kundigen; hingehen aber möchte ich nicht.

Mit freundlichen Grüßen
Ihr
Treulichst Ergebener
Sauer

Handschrift: ÖNB, Autogr. 422/1-44. 5 Dbl. u. 1 Bl., 22 S. beschrieben. *Grundschrift: deutsch.*

1 Eduard von Bauernfeld veröffentlichte diesen Spruch – soweit ermittelt – zuerst 1841 als Teil einer Sammlung u. d. T. »Poetisches Tagebuch« in einer Anthologie (Album der Wohlthätigkeit durch Beiträge der vorzüglichsten Dichter und Künstler. [Hrsg. von Joseph Wache]. Wien, 1841, S. 126–136, hier: S. 135). Bauernfeld nahm die Verse jedoch nicht in spätere Abdrucke seiner kontinuierlich vermehrten Spruchdichtung auf (Eduard von Bauernfeld: Gesammelte Schriften. Bd. 11: Reime und Rhythmen. Wien: Braumüller, 1873; ders.: Poetisches Tagebuch in zahmen Xenien von 1820 bis Ende 1886. Berlin: Freund & Jeckel, 1887 [²1887]).

2 Als Reserveoffizier im k. k. Linien-Regiment Erzherzog Albrecht Nr. 44 unterlag Sauer der Militäraufsicht und regelmäßigen Waffenübungen. Von August 1878 bis Januar 1879 hatte er als Leutnant am Okkupationsfeldzug Österreichs gegen Bosnien teilgenommen (s. Zeman: Sauer, S. 143).

3 Seuffert stammte väterlicher- wie mütterlicherseits aus fränkischen Juristenfamilien, die seit mehreren Generationen als höhere Verwaltungsbeamte gewirkt hatten. Der Vater Johann Baptist Seuffert war juristischer Direktor des Oberpflegamtes am Würzburger Juliusspital. Seufferts älterer Bruder, der prominente Zivilrechtler Lothar (von Seuffert), setzte die juristische Familientradition fort. Im Elternhaus verkehrte »der Universalgelehrte Universitätsbibliothekar Dr. [Anton] Ruland [...] als intimer Freund des Hausherrn, der den Söhnen den Hang zu vielseitigem, schöngeistigem und allgemeinem Wissen vererbte« (Walter Seuffert [Art.]: Seuffert, Lothar von. In: Lebensläufe aus Franken. Hrsg. im Auftrag der Gesellschaft für Fränkische Geschichte von Anton Chroust. Bd. 4. Würzburg, 1930, S. 390–397, hier: S. 390).

4 Für Angaben zu Sauers Genealogie s. die Stammtafel bei Gottfried Fittbogen: August Sauer und Adolf Bartels. Gegensatz und Verwandtschaft. In: Dichtung und Volkstum, N. F. des Euphorion 41 (1941), S. 237–253, hier: S. 239.

5 Josef Sauer.

6 Franz Josef Sauer.

7 Karl Joseph Sauer. Die Namen seiner ersten und dritten Frau sind nicht ermittelt.

8 Josefa Sauer, geb. Höpfinger.

9 Ferdinand Raimunds »romantisch-komisches Zauberspiel« »Der Alpenkönig und der Menschenfeind« (1828) wurde in den frühen 1860er Jahren, in welche dieser Theaterbesuch fallen dürfte, u. a. im Carltheater und im Theater an der Wien inszeniert.

10 Joseph Wagner spielte die Titelrolle in Schillers »Don Carlos, Infant von Spanien« am Wiener Burgtheater mit kleineren Unterbrechungen von 1853 bis 1870 (s. Alth: Burgtheater, Bd. 1, S. 234).

11 Sauer und Minor waren seit 1866 Schüler des Wiener Schottengymnasiums, »wo sie unter dem Einfluss ihres Deutschlehrers Hugo Mareta ihre Interessen für Literatur und Literaturgeschichte entfalten und wo Sauer 1873, Minor ein Jahr später maturiert« (Faerber: Minor, S. 47; s. auch ebd. S. 28–31). Zum Folgenden s. auch August Sauer: Jakob Minor [1913]. In: ders.: Ges. Schr., Bd. 1, S. 242–248, bes. S. 242 f.

12 Goethe's Werke. Nach den vorzüglichsten Quellen revidirte Ausgabe. 36 Thle. [in 23 Bden.]. Berlin: Hempel, [1868–1877].

13 Sauer wurde 1877 bei Karl Tomaschek mit einer Studie über »Joachim Wilhelm von Brawe und seine Beziehungen zu G. E. Lessing« zum Dr. phil. promoviert. Die gedruckte Fassung, die Sauer unter Scherers Anleitung überarbeitet hatte, ist »Karl Tomaschek in Dankbarkeit zugeeignet« (Sauer: Brawe, S. V).

14 Lexikon deutscher Dichter und Prosaisten. Hrsg. von Karl Heinrich Jördens. 6 Bde. Leipzig: Weidmann, 1806–1811. Der Artikel über Brawe im ersten Band (S. 204–209) wurde in den Bänden 5 und 6 durch Nachträge ergänzt.

15 Richard Heinzel hatte in Wien im Wintersemester 1873/74 über »Gottfrieds von Straßburg Tristan« (2-st.) gelesen.

16 Sauer studierte, ausgestattet mit einem Stipendium des österreichischen Unterrichtsministeriums, im Wintersemester 1877/78 sowie im Sommersemester 1878 bei Scherer in Berlin, wo er auch Vorlesungen bei Karl Müllenhoff belegte. Am 30.10.1877 meldete er sich auf einer gemeinsamen Karte mit Richard Maria Werner zu Scherers Berliner Übungen an (Briefw. Scherer/Sauer, Nr. 1, S. 274). Bald darauf dürfte die erste Begegnung zu datieren sein.

17 Grillparzer begegnete Goethe am 29.9.1826 und an den folgenden Tagen in Weimar. Sauer spielt hier vor allem auf Grillparzers Bericht über die zweite Begegnung am 1.10. an: »Endlich kam der verhängnisvolle Tag mit seiner Mittagsstunde, und ich ging zu Goethe. [...] Als es aber zu Tisch ging und der Mann, der mir die Verkörperung der deutschen Poesie, der mir in der Entfernung und dem unermeßlichen Abstande beinahe zu einer mythischen Person geworden war, meine Hand ergriff, um mich ins Speisezimmer zu führen, da kam einmal wieder der Knabe in mir zum Vorschein und ich brach in Tränen aus. Goethe gab sich alle Mühe, um meine Albernheit zu maskieren. Ich saß bei Tisch an seiner Seite [...] Das von ihm belebte Gespräch ward allgemein. Goethe wandte sich aber auch oft einzeln zu mir. Was er aber sprach [...], weiß ich nicht mehr.« (Goethes Gespräche. Gesamtausgabe. Neu hrsg. von Flodoard Freiherr von Biedermann unter Mitwirkung von Max Morris, Hans Gerhard Gräf und Leonhard L. Mackall. Bd. 3: Vom letzten böhmischen Aufenthalt bis zum Tode Karl Augusts 1823 September bis Juni 1828. Leipzig: Biedermann, 1910, Nr. 2447, S. 294).

18 Sauer hatte nach seiner Rückkehr aus Bosnien (s. oben Anm. 2) zunächst geplant, sich mit einer altgermanistischen Arbeit in Wien zu habilitieren. Zur Eile gezwungen durch das Angebot, ab Herbst 1879 die germanistische Lehrkanzel in Lemberg zu vertreten (s. Brief 24, Anm. 9), beantragte er im Mai 1879 die Erteilung der Lehrbefugnis und reichte seine bereits im Druck vorliegende Abhandlung »Ueber den fünffüßigen Iambus vor Lessing« (1878) als Habilitationsschrift ein. Nach bestandenem Kolloquium (26.5.1879) und einem Probevortrag »Ueber die Blütezeit der deutschen Litteratur« (29.5.1879) empfahl das Professorencollegium mit Datum vom 16.6.1879 Sauers Ernennung zum Privatdozenten; die ministeriale Bestätigung erfolgte am 3.7.1869 (s. UA Wien, Phil. PA 3125, Sauer, Aug., Bl. 15–31; für Einzelheiten s. auch Sauers Briefe an Scherer vom 26.1. u. 29.5.1879. Briefw. Scherer/Sauer, Nr. 12, S. 284 u. Nr. 19, S. 292). Infolge seiner schnellen Übersiedlung nach Lemberg hat Sauer jedoch nie in Wien gelehrt.

19 Maria Ingenmey, die Tochter eines Wiener Buchhändlers. Die Beziehung dauerte von Weihnachten 1878 bis Ende September 1879, als Sauer die Verlobung löste (s. Sauers Brief an Scherer vom 2.11.1880. Briefw. Scherer/Sauer, Nr. 48, S. 321).

20 zu Anna Loewe (s. auch Brief 40, Anm. 1).

21 David Friedrich Strauß lebte, nachdem er 1839 in Zürich als Professor für Kirchen- und Dogmengeschichte noch vor Amtsantritt pensioniert worden war, als Privatgelehrter in Stuttgart, Heidelberg, München, Darmstadt, Heilbronn sowie in seiner Heimatstadt Ludwigsburg, wo er 1874 starb.

22 Julius Sauer.

23 s. Brief 40, Anm. 7.

24 Am Eidgenössischen Polytechnicum in Zürich stand die Neubesetzung der durch den Tod von Gottfried Kinkel (1882) frei gewordenen Halbprofessur für Ästhetik und Deutsche Literatur an. Kinkel hatte den Lehrgegenstand gemeinschaftlich mit Johannes Scherr vertreten. Die Position wurde 1885 mit dem Schweizer Julius Stiefel besetzt, der zuvor bereits als Privatdozent am Polytechnicum gewirkt hatte (s. Gottfried Kellers Brief an Adolf Stern vom 25.8.1884. In: Gottfried Keller: Gesammelte Briefe. Hrsg. von Carl Helbling. Bd. 4. Bern: Bentelli, 1954, Nr. 1059, S. 182 f. sowie die Hinweise in Brief 43 u. 44).

43. *(B) Seuffert an Sauer in Graz*
   Würzburg, 8. September 1884. Montag

Würzburg Herzogeng. 5
8 IX 84.

Gestatten Sie, dass ich Sie mit lieber Freund anrede. Ihr brief gibt mir dazu, glaub ich und hoff ich, das recht. Es war mir eine rechte freude, von demselben bei meiner gestrigen ankunft hier als dem ersten posteinlauf empfangen zu werden. Haben Sie dank dafür! Sie liessen mich in die intima cordis[1] blicken und ich weiss das wahrhaftig zu schätzen.

Es geht Ihnen wie meinem Wieland. Der sagt einmal von sich: es hat mir noch niemals geschadet, wenn mich jemand näher kennen lernte.[2] Ich weiss nicht wie es kam, dass ich mir von Ihnen, wie von Ihrem äusseren bevor ich Ihr bild erhielt, so auch vom inneren ein falsches bild machte. Ich hielt Sie für ein stilles wasser, für so tief als diese sind, aber ich ahnte nichts von den stürmen, die darin waren. Soll ich Ihnen mein mitgefühl versichern? Sie wissen, dass Sie es haben.

Vor allen dingen fesselt mich – ich möchte sagen, ich beneide Sie darum – Ihr verhältnis zur gräfin Potocki. Solche teilnahme ist das köstlichste, was der mensch finden kann. Und wenn sie Ihnen nun fehlt, so haben Sie doch die erinnerung, dass Sie die frist voll und rein ausgenossen haben.

Ich habe nur eine kleine erfahrung in derselben richtung. Als anfänglicher docent erteilte ich mehreren mädchen privatunterricht in der litteratur. Ich verkehrte mit ihnen auch gesellschaftlich und eine war darunter voll geist und interesse, die mich hob, indem ich sie förderte. Aber es kam dazwischen, was das verhältnis zwischen zwei jungen ehelosen leuten stört. ich war damals noch nicht verlobt, aber meine neigung war entschieden, meine wahl war getroffen. Empfindlich berührte mich zu hören, dass der verkehr mit meiner schülerin als liebesbeziehung gedeutet ward, empfindlicher, dass ich nicht mehr, einmal aufmerksam gemacht, verkennen konnte, dass in ihr sich eine neigung zu mir entwickelte. Ich antwortete mit meiner verlobung und schränkte den verkehr mit der schülerin ein, ich dürfte sagen, brach ihn ab; denn jetzt sehen wir uns selten und sprechen dann, was man eben beim souper spricht.

Aber ich kann vollauf begreifen, was Sie an der geistreichen freundin hatten.

Wenn ich Ihnen jetzt wünsche sagen soll, wäre es der, dass auch an Ihnen wahr wird: Die glocke tönt, die erde hat mich wider.[3] Ich meine die glocke der liebe. die tote gräfin soll und darf Ihnen nicht ersetzen, wenn Sie in der ehe glücklich werden wollen. Ihr geistiges leben wird weniger dabei genährt werden, aber die ruhe Ihres gemütes wird über Sie kommen und mit ihr wol die himmlische gelehrtenruhe, die Sie vermissen.

Ich kann sagen, ich habe dies köstliche gut, hab es trotz den inneren kämpfen wegen des äusserlich fruchtlosen lebens, trotz der aussichtslosen entfernung vom ehlichen <!> und beruflichen ziele. Bringt mich dies und jenes aus dem gleichgewicht: ich fänd noch jedesmal eine frohe und freie heiterkeit der stimmung bei der arbeit wider. Und selbst, wenn ich etwas anpacken musste, was mir anfänglich zuwider war, allemal stellte sich bei der vertiefung der genuss ein. Ich bin eigentlich nur unglücklich wenn mich eine körperliche indisposition vom arbeiten abhält, oder wenn sonstige äussere gründe mich auf ein paar tage dem schreibtische entfremden. Das geht so weit, dass ich auch keinen erholungsaufenthalt mehr zu geniessen vermag, ohne mindestens jeden zweiten tag einige stunden zu arbeiten und zwar nicht irgend etwas, sondern an dem, was mich überhaupt gerade beschäftigt.

So komme ich auch jetzt nach 3wöchentlichem aufenthalte am Bodensee mit vermehrten Wielandkenntnissen zurück. nach einiger vorbereitung gehe ich – in etwa acht tagen – nach Weimar: der grossherzog[4] gewährte mir wider erwarten die benützung der Wielandpapiere seines hausarchives.   Kann ich Ihnen in Weimar etwas besorgen? Briefe mit der hiesigen adresse treffen mich allzeit.

Und nun empfangen Sie nochmals dank, lieber freund. Wann werden wir uns einmal persönlich kennen lernen? Wird es bald oder spät, wir wollen inzwischen treue bruderschaft halten. Verkennen Sie mich nicht, auch wenn ich meiner ernsten und schwerfälligen natur nach dürftig und trocken bin.

– – Scherrs stelle wird doch wol Bächtold zufallen, (der sie wahrlich brauchen kann) sobald nur erst Scherr völlig zurücktritt, was nicht geschehen ist.

Die besten wünsche für Ihre ferien! und gruss
von Ihrem ergebenen
BSeuffert.

Handschrift: StAW. 1 Dbl., 4 S. beschrieben. Grundschrift: lateinisch.

1   lat.: das Innere des Herzens.
2   Das (indirekte?) Zitat konnte nicht ermittelt werden.
3   in Anlehnung an Goethes Faust I, V. 784: »Die Thräne quillt, die Erde hat mich wieder!«
4   Karl Alexander von Sachsen-Weimar-Eisenach. Seuffert forschte im September/Oktober 1884 drei Wochen lang im großherzoglichen Hausarchiv in Weimar nach Korrespondenzen Wielands. Über Wielands Urenkelin Marie Emminghaus erhielt er außerdem Zugang zu den noch in Familienbesitz verbliebenen Korrespondenzen (s. Seufferts Brief an Wilhelm Scherer vom 14.10.1884. Briefw. Scherer/Seuffert, Nr. 132, S. 191).

44. *(B) Sauer an Seuffert in Würzburg*
    Graz, 17. September 1884. Mittwoch

Graz, 17.9.84.

Lieber Freund! Ich kann nicht von Graz fortgehen, ohne Ihnen für I*[hr]*e herzlichen Worte gedankt zu haben und Ihre freundschaftlichen Gesinnungen durch ebensolches Entgegenkommen zu erwiedern. Ich habe nach der Absendung meines Briefes noch manche Zweifel gehabt; nicht als ob ich Ihnen etwa mehr gesagt habe als ich Ihnen hatte eröffnen wollen; sondern weil ich vielmehr das Gefühl hatte, über manches viel zu schnell weggegangen zu *[se]*in, was als Bindeglied notwendig gewesen wäre. Aber wenn ich die erregten Zeilen als Brouillon[1] behandelt hätte, so wäre gewiß auf dem Wege zur Reinschrift, die bei mir immer eine Umarbeitung ist, so manches verloren gegangen, was jetzt wie ich sehe auf so fruchtbaren Boden gefallen ist. Haben Sie *[D]*ank für Ihre Theilnahme, für Ihre Wünsche, für Ihre Ratschläge. Daß diese die richtigen sind, fühle ich selbst am tiefsten. Und es wäre ein Glück, wenn sich bei Zeiten ein solches Bündnis knüpfte, wie es Ihnen die Gegenwart verschönt und die Zukunft als begehrtes Ziel erscheinen läßt. Denn ich muß gestehen, dieses egoistische Hinleben in den Tag und für den Tag ist gräßlich. Nu*[r f]*ür sich selbst zu sorgen, eine Qual; für den andern zu sorgen, eine Lust. Glauben Sie mir, den Thee für mich selbst zu kochen, scheint mir überflüßig u. zwecklos. Und so geht's bis zum größten fort. Und dann ein anderes, was Frau Löwe in die Formel klei*[de]*te: laut zu denken. Alles sagen zu können, was einem in den Sinn kommt und der Aufnahme sicher zu sein! Aber ich vergeße, daß ich weniger als in Lemberg im Stande bin, eine Frau zu erhalten und meine Aussichten gleich Null sind. Die Stelle in Zürich ist nur eine Halbprofessur zu 4–5 Stunden wöchentlich und demgemäß mit nur 2000–2500 Francs Gehalt. Ich habe mich erkundigt; denn sie war in der Allg. Ztg.[2] als erledigt *[a]*usgeschrieben. So wird sie wol Baechtold bekommen.

Ich reise morgen früh nach Vöslau. Mit mehr Freude als mich in den letzten tagen beseelte; denn Scherer ist in Stixenstein, wo ich ihn besuchen werde. Es sind gerade 4 Jahre, daß ich ihn ebendort zum letzten mal sah. Unter einer mächtigen Eiche schl*[u]*g er mich mit meinem Säbel – ich war zufällig in Uniform – zum Ritter für die polnische Campagne![3] Was hat sich seitdem alles verändert; nur meine Liebe und Verehrung zu ihm ist die gleiche geblieben.

Viel Glück für Weimar und reiche Ausbeute. Ich beneide Sie darum, daß Sie so unverrückt mit <u>einem</u> Gegenstande sich beschäftigen können, während ich schließlich meine Kräfte zersplittert haben werde.

Nochmals tausend Dank für Ihr*[e]*n Brief. Es ist mir ein erhebender Gedanke, sich einen Freund erworben zu haben und je älter man wird, desto schwerer und seltener ist es. Nun walte die Treue!
Ihr   Sie herzlich Grüßender
Sauer.

Handschrift: ÖNB, Autogr. 422/1-45. 1 Dbl., 4 S. beschrieben. Grundschrift: deutsch.

1 franz.: Entwurf, Skizze.
2 die »Allgemeine Zeitung« (München); die Ausschreibung ist nicht ermittelt.
3 Kurz vor seiner Übersiedlung nach Lemberg war Sauer im September 1879, also bereits fünf Jahre zuvor, mit Scherer und Jakob Minor in Stixenstein/Ternitz zusammengetroffen. Ende September 1884 kam es zu einem erneuten Treffen der drei in Stixenstein, zu dem Minor seine Frau Margarethe mitbrachte (s. die von Sauer, Jakob und Margarethe Minor gemeinsam unterzeichnete Karte an Scherer vom 21.9.1884. Briefw. Scherer/Sauer, Nr. 80, S. 357).

45. (B) Sauer an Seuffert in Würzburg
   (Graz), 20. März 1885. Freitag

20/3 85.

Lieber Freund!
Wenn etwas die Notwendigkeit unseres Neudruckes zu beweisen im Stande ist, dann muß es diese Verzögerung thun.[1]

Denn ich habe zwar die andern verlangten Bücher, wie ich nach Absendung meines letzten Briefes sah, aus Berlin[2] bekommen; die 2. Auflage (die meinem Text zu Grunde liegt) ist aber ausgeliehen; Scherer, an den ich mich wandte, weil ich weiß, daß er das Buch besitzt, kann es nicht auffinden.[3] Nun steht meine Hoffnung auf Bernays oder die Münchner Bibliothek; auch in Berlin habe ich gebeten das Buch zurückzuverlangen. Sie können also getrost zu drucken anfangen; von einer Seite wird das Buch schon eintreffen.

Ich habe nun alle rein orthographischen Varianten (bis auf 2–3 sehr interessante) weggestrichen; den Wechsel zwischen n u. m in der Adjectivflexion, so unregelmäßig er auch auftritt, glaubte ich verzeichnen zu sollen; ebenso die Abweichungen in der Interpunction. Ich habe aber nichts dagegen, *[w]*enn Sie etwa noch wegstreichen, was Ihnen überflüßig scheint. Die Chiffern A und a habe ich weggelassen, B beibehalten; auch die Druckfehler habe ich soweit es mir nothwendig schien in die Lesarten aufgenommen; zu den im Druckfehlerverzeichnisse von B verbesserten habe ich (Dr.) hinzugefügt. Sonst glaube ich, daß alles in Ordnung und außer Zweifel ist. Höchstens wegen der Neuen Seiten oder Blätter werden Sie in Widerspruch mit mir sein; ä*[nd]*ern Sie das, wie es Ihnen gut dünkt; ich bins zufrieden.

Das Inhaltsverzeichnis folgt mit der Einleitung. Wahrscheinlich *[s]*chicke ich Ihnen auch ein <u>Wortverzeichnis</u>, das Sie dann nach Gutdünken aufnehmen oder weglassen können.[4]

Von mir werden Sie im nächsten Monate mancherlei gedruckt sehen, was seit langem vorbereitet ist.[5] Der be*[g]*innende Frühling weckt auch meine schlummernden Kräfte u. so gehts lustig mit allem zu Ende.

Sie fragen mich um meine Ansicht über Zarnckes Buch.[6] Ich habe es im vorigen Sommer gleich nach s. Erscheinen gelesen u. für au*[s]*gezeichnet befunden. Scherers kühleres Urteil hat mich nachdenken gemacht. Und nun muß ich gestehen, daß es stellenweise recht breit ist u. andererseits doch die Resultate nur andeutet, bis zu denen die Untersuchung wird vordringen müßen. Aber eine *solc[he]* Entdeckung bringt immer Ruhm mit sich, während andere ebenso mühsame u. gute Arbeiten kaum Anerken*[n]*ung erwarten dürfen.

Schreiben Sie mir doch einmal Ihre Meinung über eine große Wieland Ausgabe.[7] So sehr ich mit Munckers Thätigkeit einverstanden bin, so soll ihm doch nicht <u>alles</u> in die Hände fallen. Er macht den Lachmannschen Lessing neu[8] *[u]*. hat sich mit Pawel zur kritischen Ausgabe Klopstocks für den Kl.-Verein[9] verstanden. Sie sollten sich <u>Wieland</u> nicht entgehen lassen. Ich habe viel mit Fresenius[10] vor Jahren darüb*[er]* verhandelt u. mir längst *[P]*läne dazu entworfen. Es ist doch eine unabweisliche Aufgabe unserer Wissenschaft, die bedeutendsten Classiker <u>abschließend</u> herauszugeben. Wären wir ein reiches Volk wie Engl. & Franz., so wäre es wol schon längst geschehen.

Oft wollte ich Ihnen das *[sch]*on schreiben. Laßen Sie nur Ihre Ansichten wissen.
Mit freundlichen Grüßen
Ihr treulichst ergebener
A. Sauer.

Handschrift: ÖNB, Autogr. 422/1-51. 2 Dbl., 8 S. beschrieben. Grundschrift: deutsch.

1 *Dies und das Folgende bezieht sich auf Sauers Neudruck zu den »Freundschaftlichen Liedern« (DLD. 22) von S. G. Lange und I. Pyra. Die Verzögerung trat ein, weil Sauer Schwierigkeiten hatte, ein Original der seltenen zweiten Ausgabe (1749) zu ermitteln, die dem Neudruck zugrunde gelegt werden sollte, um seine frühere Kollation erneut zu vergleichen. Am 24.4.1885 teilte er Scherer mit (Briefw. Scherer/Sauer, Nr. 87, S. 362): »Es war mir leid, daß Ihnen meine Bitte um die freundschaftlichen Lieder so viel Zeit geraubt hat: [Michael] Bernays hat dann ausgeholfen.«*
2 *aus der Königlichen Bibliothek zu Berlin.*
3 *s. Sauers Karte an Scherer vom 16.3.1885 sowie dessen Brief vom 18.3.1885 (Briefw. Scherer/Sauer, Nr. 85 u. Nr. 86, S. 361).*
4 *Sauer verzichtete auf das Wortverzeichnis.*

5 nicht ermittelt.
6 Friedrich Zarncke: Christian Reuter, der Verfasser des Schelmuffsky, sein Leben und seine Werke. In: Abhandlungen der kgl. sächsischen Gesellschaft der Wissenschaft Bd. 21 (1884), S. 455–661 [auch separat: Leipzig: Hirzel, 1884]). Zarncke hatte erstmals Reuter als Verfasser des anonymen Schelmenromanes »Schelmuffskys Warhafftig Curiöse und sehr gefährliche Reisebeschreibung Zu Wasser und Lande« (1696) nachgewiesen. Seuffert, der eine Rezension der Abhandlung vorbereitete (erschienen: AfdA 12 [1886], S. 55–68) hatte sich auf einer Karte vom 8.3.1885 (StAW) nach Sauers Meinung erkundigt. Das »kühlere« Urteil Scherers, der den »Schelmuffsky« als »genialste deutsche Lügendichtung« (Scherer: Lit.-Gesch., S. 755) schätzte und Seuffert bereits in einem Brief vom 31.10.1880 (Briefw. Scherer/Seuffert, Nr. 53, S. 111) zu einem Neudruck geraten hatte, ist nicht ermittelt; eine Rezension hat er nicht geschrieben.
7 Die Möglichkeiten einer historisch-kritischen Wieland-Ausgabe hatte Seuffert in den vergangenen Jahren im Zusammenhang mit der von ihm geplanten Wieland-Biografie sondiert und sich darüber wiederholt mit Wilhelm Scherer ausgetauscht. Am 1.11.1884 fragte Scherer bei Seuffert an, »ob Sie event. bereit wären, an die Spitze einer vollständigen kritischen Wieland-Ausgabe zu treten, wenn dieselbe z. B. von der hiesigen [Berliner] Akademie unternommen würde« (Briefw. Scherer/Seuffert, Nr. 133, S. 192). Das Unternehmen wurde jedoch erst ab 1903 unter Leitung Seufferts und auf Grundlage seiner jahrzehntelangen Sammlungen von der Berliner Akademie in Berlin in Angriff genommen (zu Wieland: Schriften s. Brief 5, Anm. 2). Die leicht missverständlichen Formulierungen im vorliegenden Brief wurden von Seuffert so gedeutet (s. Brief 46), als plane Sauer selbst eine Wieland-Ausgabe. Sauer beeilte sich, Seufferts Befürchtungen auf einer Karte vom 27.3.1885 (ÖNB, Autogr. 422/1-52) zu zerstreuen: »Es will mir scheinen, als ob Sie einen Passus meines letzt[en] Briefes misverstanden haben. [Ich] finde es bedauerlich, daß Lachmanns Lessing nicht von einem Schüler Lachmanns oder wenigstens von einem s. Anhänger neu gemacht wird. M[uncker] hat dies offenbar durch Bernays & Goedekes Empfehlung erreicht. Ich meinte also, Sie sollten sich nicht etwa auch den Wieland entgehen lassen. Ob M. daran denkt, weiß ich nicht. Aber glauben Sie ja auch nicht, daß ich daran denke. Ich werde an einer Wielandausgabe nur wie an der Herders als eifriger Leser u. dankbarer Schüler theilnehmen; ich bin auf Jahre hinaus in den Kreis meiner gegenwärtigen Arbeiten gebannt u. will dann mein Leben ganz den Oesterreichern weihen. Aber erwogen habe ich den Plan oft, wie man denn die notwendigsten u dringendsten Aufgaben s. Wissenschaft gerne bei sich hegt. Und weil ich wieder die grenzenlose Armut meiner Bibliothek in Wieland in diesen Wochen inne wurde, so ließ ich den Wunsch laut werden. Und er scheint zu laut geworden zu sein. Wenn wir nur einmal ein paar Tage reden könnten!« Seuffert gab sich auf einer Karte vom 29.3.1885 (StAW), die das Missverständnis beilegte, versöhnlich, ohne jedoch seine vorläufige Absprache mit Scherer offenzulegen: »Sagte ich denn nicht, dass mir Ihre begegnung auf dem wege zum gleichen ziele erfreulich sei? Warum sollten Sie keine Wielandausgabe machen? Es wäre mir lieber, als wenn Sie sich ganz in austriacis vertiefen. Freilich lehren können Sie uns alle dabei sehr, sehr viel; aber ob Sie in der grenzprovinz der literatur (wie ich mir Österreich vorstelle!) genügen für sich finden?? – – Ich kann nicht sagen: ich werde eine Wielandausgabe machen; aber wenn mich jemand dazu auffordert, mitarbeiter an einer zu sein, d. h. an einer wissenschaftlichen [...] gesammtausgabe, so glaube ich einiges nützliche beitragen zu können. Muncker fürchte ich nicht: zu plänen gehören verleger!« Franz Muncker besorgte einige Jahre später eine mehrbändige Auswahlausgabe ohne kritischen Text (Wielands gesammelte Werke. 6 Bde. Mit einer Einleitung von Franz Muncker. Stuttgart: Cotta, 1889).
8 Gotthold Ephraim Lessings sämtliche Schriften. Hrsg. von Karl Lachmann. Dritte, aufs neue durchgesehene und vermehrte Auflage. Besorgt durch Franz Muncker. 23 Bde. Stuttgart, Leipzig: Göschen [Bd. 23: Berlin: de Gruyter], 1886–1924 [¹<...> Hrsg. von Karl Lachmann. 13 Bde. Berlin: Voß, 1838–1840; ²<...> Aufs neue durchgesehen und vermehrt von Wendelin Maltzahn. 13 Bde. Leipzig: Göschen, 1853–1857].
9 Die von Muncker und Pawel im Auftrag des Klopstockvereins zu Quedlinburg vorbereitete Ausgabe kam nicht zustande (s. ausführlich Brief 12, Anm. 3).

10 zu August Fresenius' Wieland-Plänen, über die Seuffert aus erster Hand gut unterrichtet war, s. Brief 20, Anm. 12.

46. (B) Seuffert an Sauer in Graz
Würzburg, 24. März 1885. Dienstag

Würzburg, Herzogeng. 5
24 III 85

Lieber freund,
Heute früh ward mir Ihr ms.[1] auf der zollstation ausgehändigt. Ich danke Ihnen vielmal für die übersendung. Jetzt ist es schon unterwegs nach Heilbronn. An Ihrem kritischen apparat habe ich natürlich nichts geändert. Nur von Ihrer erlaubnis betr. des eintritts neuer blätter habe ich gebrauch machen zu müssen geglaubt; ich darf hoffen, dass die wenigen änderungen Ihre zustimmung haben. Ihre titelblattdurchzeichnung lege ich bei: sie könnte den setzer zur nachahmung verführen und die ist ja wie Sie wissen für mich stier ein roter lappen.[2] Ferner erlaubte ich mir, statt der beschreibung der titelvignette (es ist die, die Hemmerde auch auf die Messiasdrucke setzte)[3] nur [Vignette] auf den titel zu setzen; nach analogie der früheren hefte wäre die beschreibung in der vorrede unterzubringen, wenn es Ihnen passt. Dann notierte ich dreimal: [Kopfleiste] bei, weil ich das jetzt auch in der sammlung angefangen habe. Endlich möchte ich die vorrede zu Wort des höchsten nicht gerne in Schwabacher gesetzt haben; sonst müssten für die 2 ersten vorreden auch grössere typen verwendet werden als für die lieder, dem original entsprechend und das hielten Sie ja auch nicht für nötig. Ich setzte in den kritischen apparat: Die vorrede ist in Schwabacher schrift gedruckt.* Passt Ihnen das?

Dass Sie der einleitung inhalts- u. wortverzeichnis beifügen wollen, freut mich, obwol ich bekenne, dass mir zunächst der inhalt des glossares noch nicht klar ist.

Auf Ihre ankündigungen betr. neuer schriften aus Ihrer feder bin ich aufrichtig gespannt.

Ueber Schelmuffsky – Zarncke denke ich, dass ein alter herr geschwätzig ist, sich gerne widerholt, was man ihm stillschweigend zu gute hält und dass man manches andere hätte sagen dürfen, vielleicht auch sollen, aber nicht müssen. Sie sehen, ich denke wie Sie.

Und nun von Wieland. Ja, will denn Muncker wirklich dran? ich dächte Lessing und Klopstock füllen ein paar gute jahre leben allesfalls aus! Natürlich hab ich lange schon darüber gesonnen, auch seit dem jahre 1881 mündlich und brieflich bis in die neueste zeit mit grossen verlegern und grossen und kleinen fachgenossen darüber beraten. Es liegt mir ja nahe und ist fatal genug dass es mir mit der biographie geht wie Haym Suphan gegenüber:[4] die ausgaben sollten zuvor da sein! Aber – – Kein aber, einmal muss die möglichkeit werden. Zunächst bilde ich mir ein, mehr einzeldrucke und ausgaben gesehen zu haben als die meisten von uns, habe auch manuskripte, gedruckte und ungedruckte ausgekundschaftet und mir zugänglich gemacht, kenne teilnahmen an zss. u. dgl., die wenigstens öffentlich bisher nicht angezeigt sind. So könnte ich zu einer Wielandausgabe allerdings wol ziemlich viel beisteuern und wills auch wenn die zeit kommt durchführen. Ich freue mich sehr, dass Sie auch pläne in der gleichen richtung haben und dass sich also unsere wünsche auch hier freundschaftlich begegnen. Auch mit Fresenius, der neujahr bei mir war, streifte ich das thema. Zunächst verband er sich mit mir wie Sie zu den DLD.

Entschuldigen Sie die dürre, härte, kälte dieses briefes mit der eile: Sie sollen auf die empfangsbestätigung nicht warten.
    Treu ergeben
    Ihr
    Seuffert

* Konsequent müsste man dann auch die grössere schrift der 1. einleitung anmerken!

Handschrift: StAW. 1 Dbl., 4 S. beschrieben. Grundschrift: lateinisch.

1 *zum Neudruck der »Freundschaftlichen Lieder« von Lange und Pyra.*
2 *zu Seufferts Abneigung gegen zeilen- und positionsgenaue typographische Nachahmungen in Neudrucken s. Brief 27, Anm. 1.*
3 *Die »Freundschaftlichen Lieder« waren ebenso wie die verschiedenen Folgen von Klopstocks »Messias« (1749/1773) im Verlag von Carl Hermann Hemmerde (Halle/S.) erschienen.*
4 *soll heißen: wie Rudolf Haym bei der Arbeit an seiner Herder-Biografie gegenüber der in Entstehung befindlichen kritischen Ausgabe (Rudolf Haym: Herder nach seinen Leben und Werken. 2 Bde. Berlin: Reimer, 1880, 1885; Herders Sämmtliche Werke. Hrsg. von Bernhard Suphan. 33 Bde. Berlin: Weidmann, 1877–1913). Sehr ähnlich äußerte sich Seuffert in einem Brief an Scherer vom 3.5.1884 (Briefw. Scherer/ Seuffert, Nr. 127, S. 184) mit Blick auf Erich Schmidt, der bei seiner Lessing-Biografie, deren erster Band soeben erschienen war, auf die bereits abgeschlossene Lessing-Ausgabe von Lachmann zurückgreifen konnte: »Wer freilich die Wielandlitteratur kennt, weiss, dass zu einer Wielandbiographie ganz andere vorarbeiten nötig sind als etwa zu Lessing, wo bibliographie und epistolographie und viel viel einzelnes gründlich und bequem zur hand liegt.« Seuffert plante daher zunächst eine »Wielandepistolographie« erscheinen zu lassen: »Alle gedruckten und mir bekannten ungedruckten briefe von und an Wieland sollen da verzeichnet und die wichtigen ungedruckten ganz oder teilweise oder in auszügen, alle ungedruckten mit kurzer inhaltsangabe veröffentlicht werden.«*

47. (B) Sauer an Seuffert in Würzburg
  Graz, 15. April 1885. Mittwoch

Graz 15.4.85.

Mit Uz, lieber Freund, ist es eine v[er]zwickte Sache geworden. Ich habe alle Drucke beisammen, von fast der Hälfte der Gedichte die Manuscripte, weiß aus dem Briefw. zw. Gleim & Uz alles wissenswerte über s. Dichtungen u. möchte am liebsten eine Gesamt-Ausgabe bringen nach Art meines ›Kleist‹.[1] Erste oder letzte Fassungen mit allen Varianten; chronol. Reihenfolge; hübsche Gruppierung [n]ach Entwicklungsstufen; vor jeder Gruppe kurze Einleitungen, die übrigens auch vorn zusammengefaßt werden können u. eine biographische Skizze. Das soll zwar alles knapp u. möglichst gedrängt gegeben werden; aber es wird doch zie[mli]ch viel. Sie können es sich nach einer beliebigen Ausgabe ausrechnen. Ob Sie nun vom redactionellen Standpunkt aus einem Dichter von der Bedeutung Uzens so viel Raum widmen können, müßen Sie allein entscheiden. Gehen Sie auf eine solche kritische Ausgabe ein, so muß ich, bevo[r] ich sie abschließen kann, an einigen Bibliotheken Deutschlands u. speciell in Anspach[2] gewesen sein und wenn mir diese Reise im Herbste gelingt, kann ich zu Neujahr Manu[scr]ipt versprechen.
  Eine andere Möglichkeit sich mit Uz abzufinden wäre, die Ausgabe von 1768[3] abdrucken zu lassen mit den Varianten aller früheren (die von 1772[4] & 1804[5] könnten separat zusammengestellt werden); weil dies die eigentliche Ausgabe letzter Hand ist; ein Anhang könnte die paar späteren Gedichte anreihen. – Dies würde bei[lä]ufig ebensoviel Raum einnehmen als die früher skizzirte Ausgabe.
  In diesen beiden Fällen würde Uz in s. Gesammtthätigkeit vorgeführt werden. Da er als Lyriker nun ungleich bedeutender ist denn als Ep[ik]er & Satiriker, so wäre eine dritte Mögichkeit nur die lyrischen Gedichte zu reproduciren; also etwa den ersten Band der Ausgabe 1768 mit den Varianten. (Man könnte dann später den zweiten wenn es verlangt wird, nachfolgen lassen.) – [Die Ausgabe von 1768 ist überdies wie mir scheint, nicht so schrecklich selten]
  In allen diesen Fällen wür[d]en die Lesarten der Manuscripte mit herangezogen werden; wollen Sie sich auf einen bloßen Neudruck der ersten Ausgabe, von 1749[6] die ungemein selten ist, beschränken, so würde diese gar wenig Raum einnehmen. (Ich habe sie abgeschrieben u. könnte eine Vorbemerkung dazu aus dem Vollen bald liefern.) Bei den folgenden Ausgaben von 1755, 1756, 1765, 1767[7] [s]ind zu den »lyrischen« Gedichten überall schon die »anderen« gekommen. Eine Reproduction einer dieser Ausgaben hätte keinen Sinn.

Ich bemerke noch, daß ich, wenn ich meine bisherigen Vorarbeiten für Ihre Sammlung nicht gan*[z v]*erwenden kann, dann wahrscheinlich eine kleine Monographie über Uz machen werde;[8] sie giengen mir also nicht verloren. Aber eine kritische Gesammtausgabe wäre mir natürlich das liebste.

Über die Unterhaltungen[9] werde ich berichten, so bald ich Sie <!> bekomme; ich glaube: die Pyraschen Gedichte *[i]*n einem Anhange zu bringen, wäre das Beste.

Nun besten Dank dafür daß Sie mir die Trennungszeichen ge*[op]*fert haben.[10] Ich habe auch die Punkte nach (Dr) gestrichen. Da ich mir deswegen vom 1. Bog. noch eine Revision ausgebeten habe, so bitte ich Sie mir über folg. 2 Stellen ihre <!> Ansicht zu schreiben:[11]

Wie fassen Sie 9,15 ›die sie ohnedem ein gerechtes Verlangen bezeiget haben‹ *[a]*uf? Relativisch! oder: soll ich ›da sie‹ schreiben

10,10 ›meinen … auf ihre verfertigte Traurliedern‹

kann kaum stehen bleiben?!

Hoffentlich ist Ihre Mutter nicht gefährlich krank![12] Aber wie es immer sei, ist es viel verlangt von Ihnen, einen so langen Brief zu lesen.

Also beste Grüße von

Ihrem

treulichst Ergebenen

Aug. Sauer.

Ich habe jetzt die Widmungsode an Meier[13] als 1 mitgezählt. das ist doch viel vernünftiger.

Handschrift: ÖNB, Autogr. 422/1-55. 2 Dbl., 8 S. beschrieben. Grundschrift: deutsch. Empfängervermerke (S. 7): verschiedene Notizen zu Stellen in den »Freundschaftlichen Lieder« von Pyra und Lange.

1 *Sauer: Kleist's Werke. Im Hinblick auf J. P. Uz entschied sich Sauer für eine Gesamtausgabe der Gedichte, der er die jeweils ältesten, echten Drucke zugrunde legte, unter Ausschluss der Epen, Satiren und Übersetzungen (s. Brief 21, Anm. 12). Auf eine größere biografische Würdigung von Uz im Kontext mit einer allgemeinen Geschichte der Anakreontik, die Sauer zu diesem Zeitpunkt noch plante (s. Brief 21, Anm. 11), verzichtete er zwar, gab jedoch in der Einleitung den hier bereits skizzierten genauen Überblick zur Entstehungsgeschichte und den Änderungen zwischen den einzelnen, zwischen 1749 und 1804 erschienenen Ausgaben (Sauer: Uz, Sämtl. Poet. Werke, Bd. 1, S. LXXXVI–LXXXVIII).*

2 *Ansbach in Franken, die Geburtsstadt von Uz, in der er den größten Teil seines Lebens verbrachte. In seiner Ausgabe vermerkt Sauer dankbar die Mithilfe des Ansbacher Landgerichtsdirektors Carl Schnizlein, »der mir die auf zahlreichen Bibliotheken vergeblich gesuchten Gelegenheitsgedichte zugänglich machte« (Sauer: Uz, Sämtl. Poet. Werke, Bd. 1, S. LXXXIV).*

3 *Johann Peter Uz: Poetische Werke. 2 Bde. Leipzig: Dyk, 1768.*

4 *Johann Peter Uz: Sämmtliche Poetische Werke. Neue Auflage. 2 Bde. Leipzig: Dyk, 1772.*

5 *Johann Peter Uz: Poetische Werke. Nach seinen eigenhändigen Verbesserungen hrsg. von Ch. F. Weiße. 2 Bde. Wien: Degen, 1804.*
6 *s. Brief 21, Anm. 12.*
7 *Johann Peter Uz: Lyrische und andere Gedichte. Ansbach: Posch, 1755; ders.: Lyrische und andere Gedichte. Leipzig: Weitbrecht, 1756; ders.: Lyrische und andere Gedichte. Neue und rechtmäßige Auflage. Ansbach, Leipzig: Posch, 1767. Eine Ausgabe von 1765 ist nicht feststellbar (s. Wilpert/Gühring, S. 1523 f.).*
8 *Der Plan kam nicht zur Ausführung.*
9 *Samuel Gotthold Lange: Einer Gesellschaft auf dem Lande poetische, moralische, ökonomische und kritische Beschäftigungen. Halle: Curt, 1777. Sauer hatte Seuffert auf einer Karte vom 11.4.1885 (ÖNB, Autogr. 422/1-54) den Fund eines Exemplars der äußerst seltenen Schrift in der Kgl. Bibliothek zu Berlin mitgeteilt. Seuffert (Karte vom 13.4.1885. StAW) hatte einen Neudruck der »Unterhaltungen« angeregt, Sauer nahm jedoch lediglich die darin enthaltene »Nachlese zu den Gedichten des sel. Pyra« als Anhang in den Neudruck der »Freundschaftlichen Lieder« auf (Sauer: Lange/Pyra, Freundschaftliche Lieder, S. 165–167).*
10 *bezieht sich auf Einzelheiten im Satz des kritischen Apparates zu den »Freundschaftlichen Liedern«, um die Sauer auf seiner Karte vom 11.4.1885 (ÖNB, Autogr. 422/1-54) gebeten hatte.*
11 *Die beiden Stellen befinden sich in der »Vorrede zu der Zweyten Auflage« der »Freundschaftlichen Lieder«; die erste blieb im Neudruck unangetastet, die zweite wurde zu »auf ihre verfertigten« verbessert (Sauer: Lange/Pyra, Freundschaftliche Lieder, S. 9 f.; s. auch Brief 47).*
12 *s. Seufferts Karte an Sauer vom 13.4.1885 (StAW): »Zerstreut – meine mutter ist krank – und eilig!«*
13 *Gemeint ist das Widmungsgedicht »An Herrn Georg Friedrich Meier, öffentlichen Lehrer der Weltweißheit zu Halle« (Lange/Pyra, Freundschaftl. Lieder, S. 3 f.).*

48. (B) *Seuffert an Sauer in Graz*
    Würzburg, 17. April 1885. Freitag

Würzburg Herzogeng. 5
17 IV 85

Lieber freund,
Eine vollständige kritische Uz ausgabe wäre mir ebenso das liebste wie Ihnen. Ich überschlage, dass der text etwa 20 bogen füllen könnte; dazu 5–7 bogen einleitung, so würde die sammlung den band tragen können. Aber dann wäre mir lieb, wenn Sie den text der ersten drucke zu grunde legten und die einführungen zusammenschöben; auch die biographische skizze lässt sich vielleicht hiermit vereinigen, damit die einleitung als ganzes angenehm lesbar werde. Aber das gibt sich.   Glauben Sie, dass ich mich im umfang schwer verrechnet habe?   Briefwechsel wollen Sie doch nicht mit abdrucken? ich frage weil Sie auf EvKleist als muster verweisen.   Ferner bitte ich zu überlegen, ob Sie nicht anderwärts mehr honorar ernten können, als ich Ihnen bieten kann. für den fall müsste ich, wenn auch sehr ungerne, zurücktreten. aber Sie sollen durch Ihre freundlichkeit nicht in schaden kommen. Sie wissen, dass ich für die bogen mit bedeutendem kritischen apparat 25 m. zahlen kann. (beim Pyra wirds

wol mit 20 m. sein bewenden haben müssen, da der apparat doch sehr klein und nicht allzu mühsam ist; oder erwarteten Sie mehr? ich bitte um volle offenheit.)

Auf Ihre fragen wegen des Liedertextes:

9,15 fasse ich als relativsatz und würde nicht ändern.

10,10 würde ich verfertigten schreiben, obwol auch in den liedern die rektion ungleich ist.

Erlauben Sie mir ein paar bemerkungen:

Am Ende von zeilen, besonders langen fehlt häufig die interpunktion. Lied 7, 15 würde ich ein komma anhängen. (7,41.68 würde ich die sprecher nach unserer druckweise gerne vor die zeile setzen.)

NB[1] ist alles dummes geschwätze und bei Pyra stets ganz richtig; der temporalsatz hört mit schertzt auf und zu ›deinem Mann‹ und ›mich‹ ist ›auf‹ zu ergänzen aus v. 46. So hatt ichs beim ersten lesen verstanden und inzwischen vergass mein taubes gehirn den zusammenhang!!

Auf Ihre nachrichten über die Unterhaltungen bin ich begierig.

Ihre vorrede darf ich wol bald erwarten. Bis wir korrektur erhalten, ist der setzer immer schon mit dem nächsten bogen fertig, da eine korrektur in der druckerei gelesen wird.

Noch hab ich keine stimmung zum behaglich schreiben. Zwar die ernsten sorgen um die mutter sind vorüber, aber die langsame rekonvalescenz umfängt noch den sinn.   Entschuldigen Sie damit auch, wenn ich noch schlechter korrigiere als sonst.

In treuen
Ihr
ergebenster
BSeuffert.

Den umschlags- und einleitungstitel stellt man wol so:
Freundschaftliche
Lieder
von
J. J. Pyra und S. G. Lange?

Wann kommen denn Ihre Sonnenfelsanmerkungen?[2]

Handschrift: StAW. 1 Dbl., 4 S. beschrieben. Grundschrift: lateinisch.

1 *lat.: n(ota) b(ene): wohlgemerkt, übrigens.*
2 *Sauer hatte am Schluss seiner Einleitung zum Neudruck von J. v. Sonnenfels' »Briefen über die wienerische Schaubühne« (WND. 7) auf die Notwendigkeit eines Kommentars zu den »Briefen« hingewiesen (S. XIX):*

»Ich habe mich daher entschlossen umfangreichere Anmerkungen in einem selbständigen Hefte nachfolgen zu lassen, in welchem auch die Gegenschriften mitgeteilt werden sollen.« Der Plan wurde nicht ausgeführt.

49. (K) Sauer an Seuffert in Würzburg
Westerland auf Sylt, 21. September 1885. Montag

Lieber Fre[u]nd! Wenn alles so stimmt, [wie] das Reichs-Kursbuch es mir ausweist, fahre ich

am 23. Abends (Mittwoch) 10 Uhr 15 Minuten von Hamburg ab und bin

am 24. Nachmittag um 2 Uhr 34 Minuten in Würzburg.[1]

Es wäre mir unangenehm, Sie während Ihrer Essenszeit zu stören; bemühen Sie sich lieber nicht auf den Bahnhof. Ich steige in dem von Ihnen empfohlenen Hotel ab.

Auf Wiedersehen

Ihr

AS

Westerland 21.9.85.

Handschrift: ÖNB, Autogr. 422/1-70. Postkarte. *Adresse:* Herrn Dr. Bernhard Seuffert / Privatdocent an der Universität / Würzburg / Herzogengasse 5 / Bayern *Poststempel:* 1) Westerland auf Sylt, 22.9.1885 – 2) Würzburg, 23.9.1885. *Grundschrift:* deutsch.

1 Um den 10.8.1885 war Sauer zu einem mehrwöchigen Erholungsurlaub im Nordseebad Westerland auf Sylt aufgebrochen. Auf dem Hinweg hatte er für einen Tag Wilhelm Scherer in Berlin besucht. Auf dem Rückweg machte er am 24.9. bei Seuffert in Würzburg Station. Über den eineinhalb Tage dauernden Besuch, die erste persönliche Begegnung zwischen den Briefpartnern, schrieb Seuffert in einem hier nicht abgedruckten Brief vom 7./8.10.1885 (StAW): »Zuvörderst meinen herzlichen dank für Ihren freundschaftlichen besuch: wie kurz er war, empfind ich hinterdrein doppelt schwer, wo ich allerlei mit Ihnen besprechen möchte. Als wir aus einander gehen mussten, waren wir erst warm geworden, mein ich. Rechnen Sies meiner natur, nicht meinem willen und meiner gesinnung zu schuld, dass ich zurückhaltend anhebe. [Moritz] Heyne, so interessant wol auch Ihnen seine bekanntschaft war, hat uns eigentlich gestört und besonders die lange sitzung bei dem leidenden [Matthias] Lexer war zeitvergeudung. Also: das müssen wir bald nachholen.« Weitere Stationen auf Sauers Rückreise nach Graz waren Stuttgart, Heilbronn und München (s. Brief 50).

50. *(K) Sauer an Seuffert in Würzburg*
   München, 29. September 1885. Dienstag

München, Deutscher Kaiser[1] 29.9.85.

Lieber Freund! *[I]*n Stuttgart fand ich nicht Zeit, Ih*[n]*en den Erfolg meines Heil-*[b]*ronner Besuches zu erzählen. Ich traf *[di]*e 3 Brüder[2] zu Hause. Vortrag. Pause. Neuer Anlauf meinerseits. Pause. Dritter Versuch. Endlich winkten sie sich mit d. Augen zu & d. Sprecher antwortete zustimmend. Wenn Sie die Werke in die Lit. Denkmale aufnehmen, sind H. bereit die Biographie in Verlag zu nehmen. Dann nahmen mich 2 in d. gemütlichsten Weise unter d. Arm: schleppten mich in eine Weinstube: begleiteten mich zur Bahn. Sind famose Leute. Habe so viel von Ihren Wielandschätzen erzählt, daß ihnen der Mund nach einer Sammlung ungedruckter Briefe wässerte. In Stuttgart bei Kü[3] die scheußlichste Jagd nach dem Glücke, wie er es nennt, nach d. gelde, wie ich es nenne. Liter. Fabrik. Manches ist übrigens besser an ihm, als aus d. Entfernung scheint. In Maler Müllers Papieren gewühlt. Hunderte von Briefen; alle Entwürfe & Concepte. Zeichnungen. Das Berliner Material[4] scheint blos Bruchstücke aus dieser Masse zu enthalten. Götz. Iffland. etc. – Hermann Fischer in d. Bibl. aufgesucht; die Hölderlinpapiere[5] mit heiligem Schauer besehen. Cotta: Koch der leider ein schauerlicher Jude. – Nun will ich hier mein Glück versuchen. Den mir nachgesandten Brief habe erhalten. Vielen Dank dafür. Mit freundl Grüßen
   Ihr   AS.

Handschrift: ÖNB, Autogr. 422/1-71. Postkarte. Adresse: Herrn Dr. Bernhard Seuffert / Privatdocent an der Universität / Würzburg / Herzogengasse 5. *Poststempel: 1) München, 29.9.1885 – 2) Würzburg, 30.9.1885. Grundschrift: deutsch.*

1   *Hotelgasthof in München, Arnulfstraße, nahe dem Hauptbahnhof.*
2   *Gemeint sind die Gebrüder Henninger, in deren Heilbronner Verlag Seufferts »Deutsche Litteraturdenkmale« erschienen. Der im Folgenden skizzierte Plan Sauers, in den »DLD« zunächst eine kritische Ausgabe der Werke Friedrich Hölderlins herauszugeben und später im selben Verlag eine Biografie erscheinen zu lassen, war vmtl. während des vorherigen Besuches in Würzburg (s. Brief 49) mit Seuffert abgestimmt worden. Bereits auf einer Karte an Seuffert vom 13.12.1881 (ÖNB, Autogr. 421/1-13) hatte Sauer um »wichtigere Notizen über Hölderlin […] Alte Drucke von ihm in Almanachen etc.« gebeten und eine »kleine Publication über H. […] im Verein mit zweien meiner Schüler« angekündigt, die jedoch nicht erschienen ist. Kurz vor der Intervention in Heilbronn hatte er die wissenschaftliche Diskussion über Hölderlins Frühwerk durch einen Abdruck bislang unbekannter Jugendgedichte aus dem Homburger Folioheft sowie eines Bruchstücks aus einer frühen Fassung zum »Hyperion«-Roman neu belebt (August Sauer: Ungedruckte Dichtungen Hölderlins. In: AfLg 13 [1885], S. 358–387). Die geplante Ausgabe hätte die von Christoph Theodor Schwab besorgten »Sämmtlichen Werke« (2 Bde. Stuttgart: Cotta, 1846), in denen das lyrische Œuvre in strenger Auswahl und ohne kritischen Apparat dargeboten wird, ersetzen und durch ungedrucktes Material*

aus dem inzwischen zugänglichen Nachlass (s. unten Anm. 5) ergänzen sollen. Sauers vorläufige Konzeption, über die er sich auch mit dem Stuttgarter Bibliothekar Hermann Fischer austauschte, sah eine kritische Edition der Gedichte bis etwa 1800, der »Empedokles«-Fragmente und, wie man annehmen darf, des »Hyperion« vor. Die lyrischen Entwürfe aus der so genannten »Wahnsinnszeit« sowie Hölderlins Briefe wollte er nicht aufnehmen (s. Brief 51). Vmtl. weil er durch andere Arbeiten gebunden war, aber wohl auch, weil sich von verschiedener Seite konkurrierende Pläne abzeichneten, verzichtete Sauer auf die Ausführung (s. Henning Bothe: »Ein Zeichen sind wir deutungslos«. Die Rezeption Hölderlins von den Anfängen bis zu Stefan George. Stuttgart: Metzler, 1992, S. 59). Eine neue Gesamtausgabe unter – freilich noch immer selektiver – Einbeziehung des Nachlasses legte einige Jahre später der Scherer-Schüler Berthold Litzmann vor, der dabei auf Vorarbeiten seines Vaters Carl Theodor Litzmann zurückgriff (Hölderlins Gesammelte Dichtungen. Hrsg. von Berthold Litzmann. 2 Bde. Stuttgart: Cotta, 1895). Erst nach der Jahrhundertwende rückte das auch von Sauer noch tabuisierte lyrische Spätwerk Hölderlins aus den Jahren nach 1800 zunehmend in den Fokus der Forschung.

3 *Joseph Kürschner; dieser hatte 1884 die Nachlässe von Maler Müller und J. N. Götz erworben (s. Brief 40, Anm. 14). Zu der Begegnung s. auch Sauers Bericht in Brief 51.*

4 *Gemeint ist der größtenteils aus Manuskripten und literarischen Entwürfen bestehende Teilnachlass von Maler Müller in der Königlichen Bibliothek zu Berlin, den Seuffert in seiner Müller-Monographie von 1877 bereits zu großen Teilen publiziert hatte (Seuffert: Maler Müller, S. 318–585).*

5 *Die Königliche Öffentliche Bibliothek in Stuttgart hatte 1883 aus der Hinterlassenschaft von Christoph Theodor Schwab den größten Teil von Hölderlins literarischem Nachlass erworben. Die Sammlung, deren erste Ordnung der Bibliothekar Hermann Fischer besorgte, bildete den Grundstock zum Hölderlin-Archiv der heutigen Württembergischen Landesbibliothek (s. Liselotte Lohrer: Hölderlin-Ausgabe und Hölderlin-Archiv. Entstehung und Geschichte. In: In libro humanitas. Festschrift für Wilhelm Hoffmann. Stuttgart: Klett, 1962, S. 289–314).*

51. *(B) Sauer an Seuffert in Würzburg*
    Graz, 10. Oktober 1885. Samstag

Graz, 45 Sparbersbachgasse 10/10 85

Lieber Freund!
Sie sind mir mit Ihrem Briefe[1] zuvorgekommen; morgen oder übermorgen hätte ich [ge]schrieben. Ich bin erst gestern mit der großen Bücherreinigung fertig geworden, die eines nahen Hausbaues wegen heuer doppelt nothwendig und doppelt beschwerlich war. – Ja gewiß, lieber Freund, war unser Zusammensein zu kurz und obendrein gestört; auch mir lag noch manches auf der Seele und Zunge, das herausgelockt sein wollte und herausgelockt worden wäre. Aber auch so bin ich herzlich froh Sie kennen gelernt zu [ha]ben und die Anregung, die Sie mir gegeben haben, wird durch den einsamen Winter hindurch in mir nachwirken. Lassen Sie mich etwas ausführlicheres noch über meine Reise sagen. Henningers haben auch mir gegenüber ihre Zustimmung ähnlich formulirt und ich bin zufrieden damit. Denn wenn die Arbeiten nicht

gut werden, dann will ich niemanden damit prellen. Ich habe nun die Hölderlin-Papiere selbst gesehen und habe einen deutlicheren Beg*[riff]* auch von den Details ihrer Ausnutzung. Ich habe auch den Plan der Ausgabe und Biographie mit dem Bibliothekar Fischer genau durchgesprochen, der neben Petzold[2] die Papiere am genauesten kennt, weil er sie selbst mühsam geordnet hat. Es ist sehr viel neues und schönes drinnen, auch ungedrucktes. Die späteren Umarbeitungen der guten Gedichte aus der Wahnsinnszeit wird ma*[n]* für eine Ausgabe bei Seite lassen müssen. Die Empedocles Fragmente sind abgesondert; sie lassen sich ganz gut früher erledigen als die übrige Masse und ich bin jetzt erst recht dafür, daß <u>diese</u> den Anfang der Ausgabe machen. Fischer hält eine vollständige Sammlung der Briefe[3] für nothwendig, was ich bestreite; überdies soll Kelchner in Homburg, wo *[n]*och andere Hölderliniana liegen, eine solche vorbereiten.[4] Dann wäre die Biographie ganz entlastet. Näheres kann ich Ihnen erst mittheilen, wenn ich mit Petzold, der wahrscheinlich hieherkommen wird, darüber gesprochen habe.

    Kürschner ist in der That ein genialer Mensch, der ein großartiges Erfindungs- und Organisationstalent besitzt; alles aber ist in den Dienst seiner grenzen*[l]*osen Erwerbssucht gestellt, die freilich ihrerseits wieder einem idealen Ruhe-Bedürfnis dienen soll. Sechs Jahre denkt er in dieser rastlosen Hast noch fortrasen zu müssen, um sich dann seinen Lieblingsstudien hingeben zu können. Schaut man aber das schwindsüchtige Männchen dabei an, so möchte man hinzusetzen: Wenn Du bis dahin noch lebst. 40000 Mark verdient er jetzt im Jahre, er müste es noch auf 50000 brin*[ge]*n und eine Reihe von Unternehmungen begründen, die ihm eine jährliche Rente abwerfen. Heuer übersetzt er sein Lexicon[5] ins französische und englische; im nächsten Jahre soll ein Lexicon der Zeitgenossen[6] erstehen und so fort. Sein Kopf glüht förmlich vor lauter Plänen. In der ersehnten Ruhezeit dann will er seine litterarischen Schätze verarbeiten, auch den Maler Müller; er denkt an eine große Ausgabe; aber irgend etwas greifbares hat er mir nicht entwickelt. Ich will ihn auf die andern Handschriften Müllers aufmerksam machen.[7] Ich habe mir alle Mühe gegeben, ihm den Götz zur Bearbeitung zu entlocken. Mit diesen Papieren, die hunderte und hunderte von Gedichten enthalten und ein mehrjähriges kritisches Studium verlangen kann <u>er</u> absolut nichts anfangen; das sieht er auch schon zum Theile ein und er hätte sie mir vielleicht gegeben, wenn er nicht fürchtete, mich dadurch von der DNL[8] abzulenken, für die ich ich noch einiges übernommen habe (nicht jetzt, sondern vor 3 Jahren.) Diese wird sich noch durch 4–5 Jahre hinausziehen; er versprach mich gar nicht zu drängen und so gelang es mir nicht davon loszukommen, wie eigentlich meine Absicht war. Und da kann ich gleich an Ihren neuen Plan[9] anknüpfen, der mir sehr große Freude gemacht hat. Ich bin zwar des Herausgebens überdrüßig; aber zu den Musenalmanachen habe ich große Neigung. Nun habe ich aber bei Kürschner 2 Bände: Lyriker und Epiker der Goethe- und Schillerzeit[10] übernommen, deren Plan ich Ihnen wol entwickelt habe (Ich bin aber meiner Sache nicht sicher, weil ich [a]uch Kürschner und Max Koch davon gesprochen habe.) Es wird dies äußerlich einer Anthologie gleich sehen, ohne es doch eigentlich zu sein. Die Eintheilung soll nach den Musenalmanachen geschehen:

Der Kreis des Göttinger M A.[11]

Vossischen[12]

Stäudlinschen[13]

Schillerschen[14]

Berlinischen[15]

Wienerischen[16] etc.

Dazwischen werden die bedeutendsten Dichter wie Matthisson selbständig behandelt werden und den Schluß sollen die Freiheitsdichter bilden. Ich habe viel dazu gesammelt und besonders Almanache. Nun werde ich in diesen Bänden einzelnes aus den M A. gewiß abdrucken lassen; von einer vollständigen Reproduction kann schon dem Raume nach nicht die Rede sein und es müssen auch diejenigen Gedichte berücksichtigt werden, die nicht zuerst in M A. standen. Wenn Sie nach dieser Mittheilung noch auf Ihrem Antrage bestehen, dann können Sie mich für die Musenalmanache in Vormerk bringen. Ich möchte aber nicht das Odium des doppelten Herausgebens auf mich laden, das Düntzer und Boxberger so in Verruf gebracht hat.

Wenn ich noch einmal zum Reisebericht zurückkehre, so geschieht es nicht, um Ihnen die etwas lederne Hochzeit in Pola[17] zu schildern (bei der mein Herz ganz intakt blieb, denn ich fuhr mit drei Bräuten im Wagen) sondern um Ihnen die Hexenkomödie mit Bernays und meine Bekanntschaf[t m]it Max Koch zu erzählen. Letzterer hat mir sehr gut gefallen. Ich habe das Gefühl, daß wir, Minor und ich, ihm schweres Unrecht gethan haben und wenn ich auch nicht Freundschaft suche, so will ich wenigstens den Frieden zu erhalten suchen. Bernays hat mir Weihrauch in der Größe von Taubeneiern gestreut, war aber etwas enttäuscht als er nur Hirsekörner zurückerhielt. Es waren gerade die Tage, [in] denen sein Artikel über den Braunschweiger[18] erschien, den er für eine große Leistung ansieht. Was könnte man in dieser Bibliothek, die alles enthält, was mein Herz begehrt, für schöne Dinge arbeiten. Er hat mir einen mir ganz unbekannten Privatdruck mit Uzischen [Ge]dichten[19] geliehen, so daß er nun auch da wie bei Pyra das Gefühl haben wird, wir hätten alles von ihm!!!

So bin ich denn auf großen Umwegen bei Uz angelangt, dem Ihr Brief gewidmet ist.[20] Ich weiß gar nicht, wie ich Ihnen für diese reichen Mittheilungen danken soll und mein erster Gedanke war, daß Sie selbst in der Zs. einen Artikel ›Wieland und Uz‹ als Pendant zu ›Wieland und Goethe‹[21] schreiben sollten, den ich dann dankbar benutzen werde. Sie haben alle Wieland-Ausgaben, die ich mir erst zusammensuchen muß und der Schwerpunkt in einem solchen Aufsatze läge auf W., nicht auf Uz. In die Einleitung werden diese Streitigkeiten, wie Sie richtig bemerken, kaum hineinpassen, obwol sie für die Entwickelung Uzens als Dichter sehr wichtig sind. Da Sie ja wahrscheinlich sogleich an die Ausarbeit[un]g eines solchen Aufsatzes nicht gehen dürften, so lassen Sie mir Zeit, bis ich wol im nächsten Monate zu Uz zurückkehre; bis dahin kann ich Ihnen eventuelle Einwändungen gegen Ihre Vorschläge zur Einrichtung des Apparates erst machen; ich werde mich zunächst strenge an das Muster halten. Die abgekürzten Jahreszahlen aber gefa[lle]n mir nicht. Alle übrigen Mittheilungen werde ich sorgfältig beachten, die Spuren weiterverfolgen und so auch hier auf Ihren Schultern stehn wie beim Pyra.

Ich wühle heute in den Papieren des Loeweschen Nachlaßes, aus dem ich ein paar wertvolle Stücke zu meines Vaters 70. Geburtstage als Handschrift[22] drucken lassen will. Ich weiß, daß diese österreichischen Sachen Sie nicht interessiren; vielleicht werfen Sie um des Zusammenstellers willen einen Blick auf die Blätter, wenn sie Ihnen zukommen.

Dank für die kleine Recension,[23] viel Glück zur Wintercampagne und herzliche Grüße!

Aufrichtig Ergeben

Ihr

Sauer.

Handschrift: ÖNB, Autogr. 422/1-72. 3 Dbl., 11 S. beschrieben. Grundschrift: deutsch.

1 *Gemeint ist Seufferts umfangreicher, hier nicht abgedruckter Brief vom 7./8.10.1885 (StAW).*
2 *Emil Petzold, ein Schüler Sauers aus Lemberg, hatte den Nachlass im Zusammenhang mit der Arbeit an seiner Dissertation über Hölderlins Elegie »Brot und Wein« eingesehen, mit der er jedoch erst 1897 bei Richard Maria Werner promovierte (Emil Petzold: Brot und Wein. Ein exegetischer Versuch. Sambor, 1896 [Separatabdruck aus: Jahresberichte des k. k. Elisabeth-Obergymnasiums zu Sambor für die Schuljahre 1895/96 u. 1896/97]; Neudruck. Hrsg. von Friedrich Beißner. Darmstadt, 1967).*
3 *Um eine auf Vollständigkeit bemühte Sammlung der Briefe von und an Hölderlin bemühte sich seit einigen Jahren der Berliner Privatgelehrte Carl Litzmann; seine Dokumentation, zugleich die erste umfassende Hölderlin-Biografie, erschien 1890 aus dem Nachlass (Friedrich Hölderlins Leben. In Briefen von und an Hölderlin. Bearbeitet und hrsg. von Carl C. T. Litzmann. [Hrsg. von Berthold Litzmann]. Berlin: Hertz, 1890).*
4 *Der Bibliothekar Ernst Kelchner hatte die in seinem Besitz befindlichen Hölderliniana aus dem Nachlass des Homburger Lokalhistorikers Johann Georg Hamel übernommen, der sie wiederum von Christoph Theodor Schwab erhalten hatte. Kelchner hatte Stücke aus der Sammlung, vor allem Briefe, in einer kleinen Schrift publiziert (Friedrich Hölderlin in seinen Beziehungen zu Homburg vor der Höhe. Nach den hinterlassenen Vorarbeiten des Bibliothekars J. G. Hamel bearbeitet. Homburg v. d. H.: Taunusbote, 1883) und Sauer ungedruckte Dichtungen zum Abdruck überlassen (s. Brief 50, Anm. 2). Die später in den Besitz der Stadt Homburg v. d. H. übergegangene Sammlung liegt seit 1977 als Dauerleihgabe im Hölderlin-Archiv der Württembergischen Landesbibliothek.*

5 [Joseph] Kürschners Taschen-Konversations-Lexikon. Stuttgart: Spemann, 1884 [⁹1920]; engl.: The Pocket encyclopaedia. A compendium of general knowledge for ready reference. London: Sampson Low & Co., [ca. 1886; ²1888]. Eine französische Ausgabe, die Kürschner im Herbst 1888 als »teilweise im Druck vollendet« anzeigte, konnte nicht ermittelt werden (Joseph Kürschner: Vorwort. In: Kürschners Quart-Lexikon. Ein Buch für Jedermann. Berlin, Stuttgart: Spemann, [1888], Sp. V).

6 nicht erschienen.

7 Seuffert, der selbst nicht mehr an seine frühen Arbeiten über Maler Müller anknüpfen wollte, hatte Sauer in seinem Brief vom 7./8.10.1885 (StAW) gebeten, Kürschner auf verschiedene Müller-Handschriften außerhalb des Nachlasses hinzuweisen, die ihm inzwischen bekannt geworden waren.

8 von den für Kürschners Reihe »Deutsche National-Litteratur« übernommenen Ausgaben.

9 In einem hier nicht abgedruckten Brief vom 25.12.1884 (ÖNB, Autogr. 422/1-49) hatte Sauer den Plan einer »Entwickelungsgeschichte deutscher Lyrik im 18. & 19. Jh« angedeutet, den er jedoch nicht ausführte. In seinem Brief vom 7./8.10.1885 regte Seuffert darauf bezugnehmend an, das Buch kumulativ aus den Einleitungen von Sauers diversen Ausgaben deutscher Lyriker zu erarbeiten. In diesem Zusammenhang schlug er zudem den Neudruck verschiedener »Musenalmanache« des 18. und frühen 19. Jahrhunderts in den »DLD« vor: »Ueberlegen Sie sichs einmal in sonnigen stunden, wenn Sie wandeln, ob Sie nicht die Schillerschen Musenalmanache und auslesen aus Vossischen und dann den Tieckschen neudrucken lassen wollen, gemächlich, nach und nach, und dabei schreiben Sie als einleitungen ein kapitel der entwicklungsgeschichte nach dem andern! Sie setzen Ihren Kleist und Ihren Uz und Ihren Gleim und Ihren Bürger und alle übrigen vorarbeiten voran, und ich folge Ihnen mit neudrucken auf schritt und tritt und eines tages ist die ganze geschichte fix und fertig; das störende detail lassen Sie in meinen vorreden aufgespeichert, das allgemein wichtige heben Sie heraus, fügens zusammen und das buch ist fertig, ohne dass Sies merken. So kommen Sie auf dem bequemen umweg von ausgaben doch zu einem selbständigen buche.« Lediglich Teile des Göttinger »Musenalmanach« wurden einige Jahre später in den inzwischen von Sauer geleiteten »DLD« neugedruckt (s. Brief 12, Anm. 5).

10 Der Plan gelangte nicht zur Ausführung.

11 [Göttinger] Musenalmanach für das Jahr 1770 [bis 1804]. Hrsg. von Heinrich Christian Boie [1770–74], Johann Heinrich Voß [1775], Leopold Friedrich Günther von Goeckingk [1779–94], Gottfried August Bürger u. a. 35 Bde. Göttingen: J. C. Dieterich [u. a.].

12 Musenalmanach für das Jahr 1776 [bis 1800]. Hrsg. von Johann Heinrich Voss und Leopold Friedrich Günther von Goeckingk [1780–1788]. 25 Bde. Lauenburg: Berenberg; Hamburg: Bohn [u. a.].

13 Schwäbischer Musenalmanach Auf das Jahr 1782 [bis 1786; ab 1783: Schwäbische Blumenlese]. Hrsg. von Gotthold Friedrich Stäudlin. 5 Bde. Tübingen: Cotta. Sauer könnte (auch) an Stäudlins späteren »Musenalmanach fürs Jahr 1792« bzw. seine »Poetische Blumenlese fürs Jahr 1793« (Stuttgart, 1792 bzw. 1793) gedacht haben, welche die frühesten Drucke von Gedichten Hölderlins enthalten.

14 Musen-Almanach für das Jahr 1796 [bis 1800]. Hrsg. von Friedrich Schiller. 5 Bde. Neustrelitz: Michaelis; Tübingen: Cotta.

15 Berliner Musenalmanach für 1791. Hrsg. von Carl Heinrich Jördens. Berlin: Matzdorff; Neuer Berlinischer Musenalmanach für 1793 [bis 1797]. Hrsg. von Friedrich Wilhelm August Schmidt und Ernst Christoph Bindemann. 5 Bde. Berlin: Franke; Hartmann; Oehmigke [u. a.].

16 Wienerischer Musenalmanach auf das Jahr 1777 [bis 1802; ab 1786: Wiener Musenalmanach]. Hrsg. von Joseph Franz von Ratschky [1777–92] und Aloys Blumauer [1781–94] u. a. 22 Bde. Wien: Kurzbök; Trattnern; Gräffer [u. a.].

17 nicht ermittelt.

18 Michael Bernays: Zur Erinnerung an Herzog Leopold von Braunschweig. In: Allgemeine Zeitung (München), Beilage, Nr. 270–273, 29.9.–2.10.1885 (wiederholt: ders.: Schriften zur Kritik und Litteraturgeschichte. Bd. 2. [Hrsg. von Erich Schmidt]. Leipzig: Göschen, 1898, S. 137–184).

19 nicht ermittelt. In der Einleitung seiner Uz-Ausgabe dankte Sauer Bernays nur allgemein für »Nachweise und Büchersendungen« (Sauer: Uz, Sämtliche poetische Werke, S. LXXXIV). Bereits beim Neudruck der »Freundschaftlichen Lieder« von Lange und Pyra hatte Bernays mit Quellen ausgeholfen (s. Brief 45, Anm. 1).

20 In seinem Brief vom 7./8.10.1885 war Seuffert sehr ausführlich auf Einzelheiten der geplanten Uz-Ausgabe eingegangen. Im Folgenden bezieht sich Sauer vor allem auf Seufferts Vorschläge zur Einrichtung des textkritischen Apparates sowie Hinweise und längere Abschriften aus ungedruckten Quellen über das Verhältnis zwischen Wieland und Uz. Nachdem Seuffert den Vorschlag, das Thema selbst in einem Aufsatz zu behandeln, abgelehnt hatte (s. Brief 52), benutzte Sauer das ihm Mitgeteilte für einen längeren Exkurs über die Auseinandersetzungen Wielands mit Uz und Gleim in der Einleitung seiner Uz-Ausgabe (s. Sauer: Uz, Sämtliche poetische Dichtungen, S. XX–LXII).

21 Bernhard Seuffert: Der junge Goethe und Wieland. In: ZfdA 26 (1882), S. 252–287.

22 Aus Ludwig Löwe's Nachlaß. [Hrsg. von August Sauer]. Als Handschrift gedruckt. Graz, 1885. Die auf den 12.10.1885 datierte Widmung des Heftes, das u. a. Briefe von Franz Grillparzer und Heinrich Laube an Löwe enthält, lautet: »Meinem theuren Vater Karl Josef Sauer zu seinem siebzigsten Geburtstage [am] 18. November 1885« (zit. n. Rosenbaum: Sauer, Nr. 89).

23 nicht ermittelt.

52. (B) Seuffert an Sauer in Graz
Würzburg, 20. Oktober 1885. Dienstag

Würzburg 20.X 85

Lieber freund,
Sie hatten mir allerdings flüchtig gesagt, dass Sie für Kürschner noch weitere bände übernommen haben, wol auch berührt, dass es lyrik sei, aber das nähere verrieten Sie mir nicht. So kommt meine bitte betr. der Musenalmanache viel zu spät. Denn so reiflich ich mirs überlegt habe und so ungern ich von meinem plane abweiche, Sie als herausgeber zu wünschen, so kann ich mich doch der einsicht nicht verschliessen, dass Sie durch, wenn auch nur halbe, doppeltherausgaben Ihrer tätigkeit schaden könnten – wozu ich Sie nicht verleiten darf – und auch dass es meiner sammlung nicht wol anstehen möchte, mit dem gleichen bearbeiter der Nationallitteratur scheinbare konkurrenz zu machen. Ich werde also zu früheren personalplänen zurückgreifen oder auch die sache selbst erledigen müssen.

Was Sie mir über Kürschner schreiben, war mir sehr interessant. Es ist jammerschade, dass er den Götz nicht aus den händen lässt. Jetzt ist gerade diese partie der litteratur an der reihe der bearbeitung – tatsächlich wendete sich ein auswärtiger[1] wegen einer arbeit über die ältere anakreontik an mich – und so werden diese studien unvollständig und anderseits die spätere publikation Kürschners verspätet.

Auch Ihr übriger reisebericht fesselte mich sehr. Schüren Sie am Hölderlin. Ich empfange ihn mit offenen armen. Ueber Koch habe ich mich gegen Sie schon geäussert. Ich halte ihn für geistig bedeutender als Muncker, nur war dieser und ist es wol noch der kenntnisreichere und solidere arbeiter nach meiner meinung.

Einen artikel über Wieland-Uz zu schreiben, brenne ich jetzt nicht; äusserlich das thema zu fassen, wäre leicht und rasch getan, aber eine innerliche behandlung der sache zieht mich jetzt in andere jahrzehnte als die briefe, die ich hier habe und kopieren muss. Auch meine vorlesung[2] liegt zeitlich weiter herab. Da Sie den artikel nicht schreiben wollen, so werde ich überlegen, was ich tun kann, um Ihnen das material bequem zum benützen vorzulegen.

Entschuldigen Sie das zerhackte des briefes. Ich fühle mich nicht frisch und habe so viel jagendes vor mir: massenhaft Wielandiana, deren perlschrift[3] den kopisten in eine aufreibende hast bringt. Immer noch korrekturen am Iffland,[4] dessen einleitung – eheu!![5] fast so gross wird als der text, was mir sehr, sehr gegen den willen ist und gewiss nicht wider vorkommen soll. Den nahen beginn des semesters und dazu die nagende sorge, es könne mein letztes sein. Ich glaube ja nicht im entferntesten an das rosige bild, das Ihnen und mir die Allg. ztg.[6] vormalte, d. h. wol in bezug auf Sie, aber nicht auf mich. Wie steht Ihre sache in Graz oder Prag? Will denn Werner nicht nach Prag? Ich muss die zurückhaltung, die ich mir darüber auferlegte, weil mir nichts peinlicher ist, als mit freunden zu rivalisieren und ich weiss, dass dabei jedes wort der umdeutung preis gegeben ist, aufgeben. Meine seele zehrt sich auf. Ich bin ja allerdings vom minister wider ins bairische budget eingesetzt, aber die ultramontane kammermajorität wird, zumal sie noch extremer auftritt als in der letzten session, auch diesmal den posten verweigern.[7] Auch darüber fallen die würfel erst im januar. Sie gestehen mir wol zu, dass ich qualen des langens und bangens zu tragen habe. Und darnach le deluge[8] sehe. Im frühjahr muss ich bezahlter extraordinarius sein oder einen andern lebensweg einschlagen. Dass ich unter solchen umständen nach Oesterreich hinüberschiele, trotz aller unwahrscheinlichkeit, finden Sie begreiflich.

Auch die sache gehört zu den dingen, über die ich gerne schweigen würde: dass ich eine annonce[9] von Titze durch meinen sortimenter erhalten habe, die Ihren namen trägt. Wenn das einer der punkte, die ich wie Sie schreiben aus Ihnen hätte herauslocken sollen, war, so tut es mir leid, das wie das übrige unterlassen zu haben. Aber es entspricht nicht meiner natur auszufragen, was andere treiben; ich denke, was sie gerne sagen, offenbaren sie auch so. U. was sie geheim halten wollen, werde ich ihnen gewiss nicht abringen. In dem speciellen falle wäre es doppelt unanständig von mir gewesen zu fragen, da ich Ihnen einen druckbogen von Drugulin – wie ich auf der adresse lesen musste – übergab. Der anlass war gegeben, aber mir war verboten, ihn zu benützen.

Ich schreibe nicht aus empfindlicher seele. Wollte ich nicht dass Sie mein wesen richtiger beurteilten, so würde ich auch jetzt darüber kein wort haben verlauten lassen. Aber ich möchte meine zurückhaltung nicht misdeutet wissen. – Vergessen wir, was in anderthalb tagen verschwiegen wurde und behalten freundlich im sinne was wir sprachen!

Mit treuen grüssen und wünschen
Ihr
ergebenster
BSeuffert

Handschrift: StAW. 1 Dbl., 4 S. beschrieben. Grundschrift: lateinisch.

1 vmtl. Carl Schüddekopf, der zu dieser Zeit seine Dissertation über Karl Wilhelm Ramler vorbereitete (s. Brief 3, Anm. 1), nach deren Abschluss er sich 1888 um die Herausgabe der Gedichte von Johann Nicolaus Götz in den »DLD« bewarb (s. Brief 21, Anm. 11; s. dazu auch Seufferts hier nicht abgedruckte Karte an Sauer vom 1.4.1888. StAW).
2 Seuffert las im Wintersemester 1885/86 über »Geschichte der deutschen Litteratur der neuesten Zeit von der Verbindung Goethe's und Schiller's an« (4-st.).
3 besonders kleines Schriftmaß im Buchdruck.
4 August Wilhelm Iffland: Ueber meine theatralische Laufbahn. [Hrsg. von Hugo Holstein]. Heilbronn: Henninger, 1886 (DLD. 24). Neudruck der ersten Ausgabe aus Ifflands »Dramatischen Werken« (Bd. 1. Leipzig: Göschen, 1798). Holsteins Einleitung war mit 106 Seiten tatsächlich beinahe so umfangreich wie der eigentliche Neudruck (130 Seiten) ausgefallen.
5 lat.: o weh!
6 die »Allgemeine Zeitung« (München); der Bezugstext konnte nicht ermittelt werden. Der Artikel war offenbar auf die Neubesetzung des Prager Extraordinariates für Neuere deutsche Literaturgeschichte eingegangen, das durch Jakob Minors Berufung nach Wien frei geworden war (s. Brief 25, Anm. 7).
7 s. Brief 36, Anm. 3.
8 franz.: die Sintflut.
9 zu Sauers Buch »Frauenbilder aus der Blütezeit der deutschen Litteratur« (Leipzig: Titze, [1885]). Die Sammlung mit Porträts zu Frauengestalten der klassisch-romantischen Periode war aus Vorträgen hervorgegangen, die Sauer 1883 im Lemberger Kreis um seine Freundin Anna Löwe gehalten hatte, deren Andenken das Buch gewidmet ist (s. Brief 53). Der bibliophil ausgestattete Band war in der Offizin von W. Drugulin (s. Brief 33, Anm. 4) hergestellt worden.

53. *(B) Sauer an Seuffert in Würzburg*
 Graz, 22. Oktober 1885. Donnerstag

GRAZ, 45 SPARBERSBACHGASSE 22/10 85

Der unglückselige Heyne![1] lieber Freund! Als Sie am zweiten Tage meines Würzburger Aufenthaltes mich abzuholen kamen, da hatte ich vor die Bilder[2] aus meinem Koffer zu nehmen und sie Ihnen zu zeigen und wenn sich eine ruhige Viertelstunde ergeben hätte, so hätte ich gerne einen oder den andern Correcturbogen aus der Tasche gezogen. Nun müssen Sie auch so das Buch nicht unfreundlich aufnehmen, wenn es in etwa 14 Tagen sich bei Ihnen einstellt. Sie thun am besten, es Ihrer Braut zu Weihnachten zu schenken und einen freundlichen Gruß von mir dabei [a]uszurichten. Denn die Bilder sind in der That sehr schön, besonders die nach Handzeichnungen wie die Stein und die Hertz. Der Text besteht aus Vorträgen, die ich vor 4 Jahren in Lemberg gehalten habe. Der Plan des lange und still gehegten Buches rührt von meiner vers[tor]benen Lemberger Freundin[3] her, über die ich Ihnen einmal geschrieben habe[4] und der das Buch gewidmet ist.[5] Und vielleicht muß es von dieser Widmung aus begriffen werden. Es macht keinen Anspruch wissenschaftlich [zu] sein; ist aber mit dem wärmsten Herzensantheil geschrieben, den niemand verkennen wird.

Und nun das andere! Glauben Sie mir, es versteht Ihre Qualen vielleicht keiner Ihrer Freunde so gut wie ich; denn seit 6 Jahren habe ich sie selber zu bestehen und am Anfang dieser Zeit bin ich auch durch zwei Jahre verlobt gewesen.[6] Das Verhältnis löste sich eben deswegen, weil ich so rasch die erwünschte Versorgung nicht bieten konnte und freilich hat sich dadurch das Mädchen und ihre Familie der Liebe unwürdig erwiesen, die ich an sie verschwendete. Ich sehe es auch ein, daß Scherer und Schmidt Ihre Anstellung mehr am Herzen liegen muß als die meinige und ich weiß, daß sich beide jetzt [gr]oße Mühe gegeben haben, Prag für Sie zu gewinnen. Ob es ihnen geglückt ist, weiß ich nicht, höre aber auf Umwegen daß Kelle zunächst an ein Provisorium denkt und sich mit Lambel eine Zeit lang begnügen will.[7] Hier wird vielleicht die Facultät wieder eine Eingabe für mich machen. Aber wenn ich ganz aufrichtig schreiben sollte, so müßt[e] ich Ihnen einen Einblick in eine selten egoistische Natur gewähren, an die mein Schicksal leider gebunden ist. Und das kann ich aus anderen Gründen nicht, weil ich dieser Persönlichkeit[8] trotz alledem zu großem Danke mich verpflichtet fühle. Bei mir hat sich aber die Erbitterung, die mich in den letzten zwei Jahren beseelte, etwas gelegt in der Einsamkeit des Sommers, in dem ›Bade der Stille‹[9] (mit Frau von Kalb zu reden) und ich bin so froh, wieder Herr über meinen Willen und meine Arbeitskraft zu sein, daß mir die Zukunft momentan gleichgiltig ist. Ich habe auch keinen Menschen auf der Welt, dem zu Liebe ich vorwärtsstreben sollte und wollte; und alles nur seinetwegen zu thun, dazu geht einem die Lust endlich aus.

Also, lieber Freund, fürchten Sie [in] mir keinen Rivalen und thun Sie für Prag, was Sie thun können.

Ich habe Ihnen am Montag zwei Hefte WND.[10] gesandt; auch Nr. 10[11] ist für Sie bestimmt, aber noch nicht eingetroffen. Über sonstige geschäftliche Dinge ein andres mal. Ich wollte nur in persönlicher Beziehung kein M[is]verständnis zwischen uns aufkommen lassen.

Herzlich grüßend
Ihr
treulichst ergebener
Sauer

Handschrift: ÖNB, Autogr. 422/1-73. 1 Dbl. u. 1 Bl., 6 S. beschrieben. *Grundschrift: deutsch.*

1 Sauer spielt darauf an, dass Seuffert und er die Begegnung mit Moritz Heyne während Sauers Besuch in Würzburg im August als Störung ihrer ohnehin knapp bemessenen gemeinsamen Zeit empfunden hatten (s. Brief 49, Anm. 1).
2 s. Brief 52, Anm. 9.
3 Anna Löwe.
4 s. Brief 42.
5 Die Widmung lautet: »Meiner unvergeßlichen Freundin Anna Loewe Geb. zu Cassel 29. September 1821. Gest. zu Lemberg 26. April 1884« (Sauer: Frauenbilder, S. V).
6 s. Brief 42, Anm. 19.
7 Der langjährige Prager Privatdozent Hans Lambel hatte, obschon seine Schwerpunkte in der älteren deutschen Sprache und Literatur lagen, in Prag wiederholt Vorlesungen aus dem Bereich der Neueren deutschen Literaturgeschichte gehalten. Er war bereits im Dezember 1880 auf einer Liste für die Neubesetzung der Prager Lehrkanzel an dritter Stelle – nach Sauer und Seuffert – in Vorschlag gebracht worden (s. Johann Kelles Brief an Wilhelm Scherer vom 23.12.1880. ABBAW, NL Scherer, Nr. 554).
8 Gemeint ist offenbar Sauers Grazer Kollege Anton E. Schönbach.
9 aus einem Brief Charlotte von Kalbs an Jean Paul vom 1.6.1802: »Mich verwandelt der Gedanke anderer in das Gefühl, so bin ich. Dann muß ich ein Bad der Stille brauchen.« (Briefe von Charlotte von Kalb an Jean Paul und dessen Gattin. Hrsg. von Paul Nerrlich. Berlin: Weidmann, 1882, Nr. 82, S. 86).
10 Sterzinger Spiele. Nach Aufzeichnungen des Vigil Raber. Hrsg. von Oswald Zingerle. 2 Bde. Wien: Konegen, 1886 (WND. 9 u. 11). Die Bände, für die sich Seuffert in Brief 54 bedankt, lagen offenbar – trotz des Datums »1886« auf dem Titel – bereits im Herbst fertig gedruckt vor. Zingerles Einleitung ist »September 1885« (Bd. 1, S. XII) datiert.
11 Ollapatrida des durchgetriebenen Fuchsmundi (WND. 10); der zweite Teil der von Richard Maria Werner herausgegebenen Wiener »Hanswurstiaden« (s. Brief 26, Anm. 8).

54. *(K) Seuffert an Sauer in Graz*
    Würzburg, 25. Oktober 1885. Sonntag

Dank, herzlichen dank, l. fr., für Ihren lieben brief. Ob ich Ihr buch, das Sie gütig versprechen, wirklich meiner braut ankündige, bezweifle ich doch: ich werde Ihre charakterbilder zu notwendig brauchen, um sie ausser haus zu geben. Denn ich bin über diese frauenzimmer ganz dumm und bedarf belehrung. Ists nebenher ein schönes buch in stil und ausstattung, so ists desto besser. Ich möchte meine Wieland-biographie auch warm schreiben und suche nach mustern. Aber später soll Ihr wunsch in erfüllung gehen und das buch meiner frau gehören; den gruss bestell ich ihr gleich

heute. Ich hab inzwischen von dem alten reinen Sokrates-Wieland wider stimmung und frieden gesogen und das wehmüllern[1] aus dem hause verwiesen. Ich weiss ja, dass Sie auch nicht auf rosen gebettet waren noch sind. Drum eben ist mir doppelt fatal, dass wir uns im lichte stehen sollten. Aber Ihre nachrichten entheben dieser not: also Lambel! nun, wenn er erst aushilft, dann rutscht er schon ganz hinein, und selbst Richard Maria[2] wird ihm nicht den rang ablaufen, wenn er sich auch bemüht. Lambel! der casus macht mich lachen.[3] Dass übrigens Scherer der mir noch nie über d. Oesterreicher stellen schrieb und Schmidt sich mehr für mich erwärmen sollten als für Sie, klingt Ihnen doch selbst unwahrscheinlich. Es müsste denn sein – aber ich kanns nicht glauben, obwol ich mich alles freundlichen sonst von beiden versehe – dass sie jetzt noch mehr mitleid mit dem 8jährigen docenten als dem Hinterextraordinarius haben. NB[4] in Innsbr. soll Z.[5] bleiben u. der dortige docent[6] hilfs eo. werden. Obs wahr ist, weiss ich nicht.   In den Fastnachtspielen[7] hab ich doch schon gelesen, der reiz war zu gross. Aristophanes nennt Wieland einen schweinigel.[8] Was würde der Osmantinese[9] von diesen dingen sagen? Er würde sie trotzdem (oder gar eben deswegen?) famos finden.   Besten gruss! In treuen
    Ihr BSeuffert

Wzbg. Herzogeng. 5. 25 X 85

Handschrift: StAW. *Postkarte. Adresse*: Herrn Dr. A. Sauer / Professor an der Universität / Graz / Sparbersbachg. 45 *Poststempel: 1) Würzburg, 25.10.1885 – 2) Graz, 27.10.1885. Grundschrift: lateinisch.*

1   Anspielung auf Clemens Brentanos Erzählung »Die mehreren Wehmüller und ungarischen Nationalgesichter« (1843).
2   Richard Maria Werner.
3   s. Goethe: Faust I, V. 1323 f.: »Das also war des Pudels Kern! / Ein fahrender Scolast? Der Casus macht mich lachen.«
4   lat.: n(ota) b(ene): wohlgemerkt, übrigens.
5   Ignaz Zingerle war seit 1859 Ordinarius für Deutsche Sprache und Literatur in Innsbruck; er blieb bis 1890 im Amt.
6   Joseph Eduard Wackernell, ein Schüler Zingerles, der auch bei Scherer und Karl Müllenhoff in Berlin gehört und sich 1881 in Innsbruck habilitiert hatte. Hier wurde er 1887 zum außerordentlichen Titularprofessor ernannt, bevor er im folgenden Jahr ein neu eingerichtetes Extraordinariat für Neuere deutsche Literaturgeschichte erhielt.
7   s. Brief 53, Anm. 10.
8   In dem von Karl August Böttiger überlieferten Gespräch zwischen Goethe und Wieland (22.1.1799) hatte Wieland, entgegen der Erinnerung Seufferts, Aristophanes gegen den Vorwurf der Pornographie in Schutz genommen: »Darum ist eben mein Aristophanes kein solcher Schweinigel, als ihn unsere Überfeinerung achten will.« (Literarische Zustände und Zeitgenossen. In Schilderungen aus Karl Aug. Böttiger's handschriftlichem Nachlasse. Hrsg. von K. W. Böttiger. Bd. 1. Leipzig: Brockhaus, 1838, S. 238).

9 *Anspielung auf Wielands Gut Ossmannstedt bei Weimar.*

55. *(B) Sauer an Seuffert in Würzburg*
    Graz, 6. Januar 1886. Mittwoch

GRAZ, 45 SPARBERSBACHGASSE 6. Jan. 86.

Lieber Freund!
Ich bin 14 Tage bei meinem Bruder[1] gewesen und ich bin dort, sowie vorher und nachher *[wie]*der unwohl gewesen. Das alte Übel ist stärker wiedergekehrt und ich sehe den nächsten unter allen Verhältnissen arbeitsreichen Wochen mit Angst und Bangen entgegen. Vieles hat mich böse und bitter verstimmt. Die eine Woche, die ich im November in Wien zubrachte, hat so viel Ärger, Verdruß, Trauer und Sorgen mit Eltern, Verwandten und Freunden heraufbeschworen, daß ich in der katzenjämmerlichsten Stimmung nach Hause zurückkam. Aber wenn ich ganz aufrichtig *[se]*in soll: das was mich am meisten zurückgeworfen hat, waren die Auskünfte im Ministerium und die darauf folgenden Prager Vorschlagsgeschichten. Man erklärte mir rundweg, daß die Grazer Vorschläge[2] für die Katze seien und daß man mir hier höchstens eine mäßige Gehaltsaufbesserung versprechen könne. Würde ich in Prag vorgeschlagen, so käme ich wahrscheinlich hin. Mit dieser tristen Nachricht, die durch Minors Mittheilungen über Lambls Stellung in der Prager Facultät noch verstärkt wurde, kehrte ich nach Graz zurück. Da erwartete mich nun freilich ein Brief Kelles[3] mit der Erklärung, daß ich primo loco von der Kommi*[ssi]*on vorgeschlagen worden sei. Kelle hat aber so viel ich weiß siebenmal innerhalb 3 Monaten seine Meinung geändert. Endlich hat Lambl doch insoweit gesiegt, daß er pari loco mit mir wenn auch nach mir vorgeschlagen wurde. Statt der alphabethischen Reihenfolge, die Lambls Freunde anstrebten, hat Kelle doch die der Wertschätzung durchgesetzt, wenn ich recht berichtet bin. Den elenden Machinationen[4] des Strebers Brandl i*[s]*t es gelungen, seinen Spießgesellen u*[n]*d Landsmann Wackernell an zweiter, resp. dritter Stelle durchzuschwindeln.[5] Eine unerhörte Frechheit. Der Mann hat eine Rec. über Belling Schillers Metrik[6] geschrieben und vor Jahren in einer verschollenenen öst. Ztschrft[7] ein paar Gedichte Platens[8] u. Briefe Lichtenbergs[9] abdrucken lassen. Und wir müßen es uns gefallen lassen, einem solchen Menschen gleichgestellt, ja nachgesetzt zu werden. Lieber Freund, der Prager Vorschlag *[ist]* unter diesen Umständen für mich mehr eine Schande als eine Ehre und ich habe nur den einen Seufzer: Warum bin ich nicht unabhängig! Warum bin ich nicht frei! Diesem bornirten OtfriedKrämer[10] seinen ganzen Antrag vor die Füße zu werfen, wäre mir der höchste Genuß! So werde ich, wenn ich hinkomme, Frieden mit ihm halten müßen und wieder alles in mich hineinfreßen müßen, wie

es hier mein Loos ist. Obgleich ich auf der Reise zu meinem Bruder Wien passiren mußte, habe ich *[m]ich* in die Stadt nicht hineinbemüht. Wieder die alte Bettelei im Ministerium anzufangen, widerstrebt meinem Gefühle. Setzt Lambl s. Ernennung durch, seis![11] Dieses Grillparzersche Wort wird auch mich trösten und ich werde dann neue Wege einzuschlagen suchen! –

Indem ich Ihren letzten Brief wiederlese, sehe ich, wie weit ich mich von dem Gedankenkreise desselben entfernt habe; ich kann mich jetzt wol auch nicht leicht hineinfinden; bes. über die Frauenbilder fehlt mir momentan jedes Urtheil.[12] Nach dem wenig erfreulichen Bericht des *[Ver]legers* haben sie nur einen Achtungserfolg erzielt.

Für die beiden Hefte DLD[13] & für die Rücksendung d. Ollapatrida[14] habe ich – soviel ich mich erinnere – vor d. Feiertagen gedankt. Ihre beiden großen Rec.[15] habe ich studiert. Über Eigenbrodt muß ich freilich jetzt anders denken. Bei Reuter scheinen Sie mir nicht immer recht zu haben. Doch habe ich die Stücke nicht gelesen. Wie immer habe ich Ihre Schärfe, Ihren Fleiß u Ihre Genauigkeit im Recensieren bewundert.

Unter die wenigen Freuden, die mir das abgelaufene Jahr gebracht hat, gehört die, *[S]ie* von Angesicht zu Angesicht kennen gelernt und einen <!> dauerndes persönliches Freundschaftsverhältnis mit Ihnen geschlossen zu haben. Ich kann heute nur sagen: haben Sie mit dem gedrückten u. leidenden Freunde etwas Geduld! Vielleicht kommen doch bessere Zeiten. Möge uns beiden 1886 günstiger sein.   Mit herzlichen Grüßen Ihr
    Treulich Ergebener
    AS.

Kennen Sie Diesen <!> Nachdruck?![16]

Handschrift: ÖNB, Autogr. 422/1-77. 1 Dbl., 4 S. beschrieben. Grundschrift: deutsch.

1 *Julius Sauer war Bergbauingenieur in Liebegottesgrube bei Rossitz, Mähren.*
2 *betrifft offenbar einen Vorschlag der Philosophischen Fakultät in Graz Sauers unbesoldetes Extraordinariat in eine systemisierte Stelle umzuwandeln; nähere Einzelheiten nicht ermittelt.*
3 *s. Johann Kelles Brief an Sauer vom 20.11.1885 (WBR, H. I. N. 163.307):* »Die Kommission, welche von der Facultät gewählt worden ist, um Vorschläge zur Wiederbesetzung der erledigten Professur für neuere Literatur zu erstatten, hat auf meinen Antrag beschlossen, Sie primo loco in Antrag zu bringen. Bevor wir jedoch hier über an die Facultät referieren, erlaube ich mir noch die Anfrage, ob Sie nicht etwa principiell abgeneigt sind, einen Ruf nach Prag anzunehmen, falls ein solcher von Seite des Unterrichtsministeriums an Sie ergienge.« *Über die beiden anderen Namen der Dreierliste – Hans Lambel und Eduard Wackernell – muss Sauer von anderer Seite, vmtl. durch Jakob Minor, informiert worden sein, da Kelle sie nicht erwähnt.*
4 *v. lat.: machinatio: Ränke, List.*
5 *Der Anglist Alois Brandl, seit 1884 Extraordinarius in Prag, hatte gemeinsam mit Wackernell in Innsbruck und Berlin studiert. Beide waren in Tirol geboren.*

6 Eduard Belling: Die Metrik Schillers. Breslau: W. Koebner, 1883. Wackernells Rezension erschien in: ZfdPh 17 (1885), S. 449–465.
7 Das von Anton Edlinger in Wien herausgegebene »Literatur-Blatt. Wochenschrift für das geistige Leben der Gegenwart« erschien von 1877 bis 1879.
8 Ungedruckte Gedichte Platen's. Mitgetheilt von J. E. Wackernell. In: Literatur-Blatt 3 (1879), Nr. 11, S. 178–181, Nr. 13, S. 209–211, Nr. 15, S. 237–239, Nr. 17, S. 272–276. Enthält fünf zuvor ungedruckte bzw. nur in späteren Fassungen bekannte Gedichte August von Platens (»Epistel an Nathanel Schlichtegroll«; »To Nathanael Schlichtegroll«; »An Guido«; »Ode auf den Cölibat« und »Prolog am Carolinen-Vorabend«), deren Handschrift die Königliche Bibliothek zu Berlin 1864 erworben hatte.
9 Ungedruckte Briefe Georg Christoph Lichtenberg's. Mitgetheilt von J. E. Wackernell. In: Literatur-Blatt 3 (1879), Nr. 23, S. 365–368 u. 416–418. Mit 13 Briefen an Jeremias David Reuß aus den Jahren 1788 bis 1797. Den in der Einleitung angedeuteten Plan einer Lichtenberg-Biografie führte Wackernell nicht aus.
10 Sauer spielt auf Johann Kelles jahrzehntelange Beschäftigung mit Otfrieds von Weißenburg Evangeliendichtung an (Otfrieds von Weissenburg. Evanglienbuch. Hrsg. von Johann Kelle. 3 Bde. Regensburg: Manz, 1856–1881).
11 Sauer benutzt hier Grillparzers sprichwörtlich gewordenes, resignatives Diktum, das durch etliche zeitgenössische Berichte belegt ist: »Vor dem Fünfzigsten hört er [Grillparzer] zu dichten auf und bis übers Achtzigste spricht er zu allem, was da vorgeht, sein Amen, sein berühmtes ›sei's!‹« (Ferdinand Kürnberger: Grillparzers Lebensmaske [1872]. In: ders.: Feuilletons. Ausgewählt und eingeleitet von Karl Riha. Frankfurt/M.: Insel, 1967, S. 109–113, hier: S. 111).
12 In einem hier nicht abgedruckten, am 25.11. und 6.12.1885 geschriebenen Brief (StAW) hatte Seuffert sich ausführlich zu den Porträts in Sauers Buch »Frauenbilder aus der Blütezeit der deutschen Litteratur« geäußert: »Die berühmten frauen hab ich natürlich längst ganz und zum teil wiederholt gelesen, auch erfolgreich propaganda in dem kleinen frauencirkel dafür gemacht, den ich hier kenne, so dass wol zu weihnachten hier ein paar exemplare abgesetzt werden. [...] Wenn ich recht offen sein darf, so glaub ich doch zu merken, dass Ihre eingehenden studien über Bürger der Molly sehr zu gut gekommen sind und dass dies weib darum mehr farbe bekam als andere. Den romantischen frauen bringen Sie mehr liebe entgegen als ich; das ist eine mir längst bekannte schwäche meiner organisation. Aber ich kann mir nicht helfen. Vielleicht werd ich noch einmal klüger. Ich wünsche es mir besonders der [Henriette] Herz wegen. Auch Eva Lessing ist mir nichts, das gerade gegenteil einer Bettina [von Arnim]. Uebrigens glaub ich, dass es frauen gegenüber viel viel schwerer ist zu einem einheitlichen urteile zu gelangen, als männern gegenüber. Es spielt so viel mit, sie sind zu vielseitig, der sieht das, jener ein anderes stärker hervortreten. Im ganzen aber genoss ich so viel anregung und belehrung – Sie tun zwar als ob es eine schande sei, wenn ich dabei etwas lerne, aber ich schäme mich doch nicht – aus Ihren bildern, dass ich nochmals herzlich danken muss. Die darstellung, wenn ich darüber reden darf, ist mir zuweilen zu lapidar; man kann sie warm, man kann sie kalt vorlesen. Ich glaube, dass Ihnen gelingen müsste, den vorleser durch den stil immer zur wärme zu zwingen. Scherers schwebende ausdrucksweise in den Vorträgen langt wol für frauenbilder besser als die bestimmte. Aber auch das ist nur meinung. Es drängt mich trotzdem zu diesen äusserungen, weil ich unsere freundschaft für fest genug zu solchen proben halte.«
13 Gemeint sind K. Ph. Moritz' »Anton Reiser« (DLD. 23) und A. W. Ifflands »Ueber meine Laufbahn« (DLD. 24), für deren Übersendung sich Sauer auf einer Karte vom 14.12.1885 (ÖNB, Autogr. 422/1-76) bedankt hatte. Sauer bot Seuffert auf einer Karte vom 10.1.1886 (ÖNB, Autogr. 422/1-78) die Rücksendung der Bücher an, da er sie zugleich als Rezensionsexemplare erhalten hatte.
14 Den ihm übersandten Neudruck der »Ollapatrida des durchgetriebenen Fuchsmundi« (WND. 10) hatte Seuffert an Sauer zurückgehen lassen, da er ihn bereits vom Herausgeber R. M. Werner erhalten hatte.
15 von Friedrich Zarnckes Abhandlung »Christian Reuter, der Verfasser des Schelmuffsky« (s. Brief 45, Anm. 6)

und von Wolrad Eigenbrodt: Hagedorn und die Erzählung in Reimversen. Berlin: Weidmann, 1884. Die beiden umfangreichen Besprechungen Seufferts erschienen unmittelbar aufeinander folgend in: AfdA 12 (1886), S. 55–68 u. S. 68–97.

16 von Ch. M. Wielands satirischem Roman »Die Abderiten. Eine sehr wahrscheinliche Geschichte«, der von 1774 bis 1780 in Fortsetzungen in Wielands Zeitschrift »Teutscher Merkur« erschienen war (s. Seufferts Dank in Brief 56). Sauer hatte den Hinweis offenbar auf einem separaten Blatt notiert, das nicht erhalten ist. Seuffert hatte dem lebensgeschichtlichen Hintergrund des Romans eine ausführliche Untersuchung gewidmet (Bernhard Seuffert: Wielands Abderiten. Ein Vortrag. Berlin: Weidmann, 1878).

56. (B) Seuffert an Sauer in Graz
Würzburg, 13. Januar 1886. Mittwoch

Würzburg 13 I 86.

Lieber freund,
Es ist ja wahr, dass man Ihnen nicht so recht zu der nennung in P. gratulieren kann. Die gesellschaft ist gar so schlecht. U. es ist ein freundschaftliches misgeschick, dass Sie jetzt mit dem Lambel in ein joch gespannt werden, mit dem ich vor jahren gejocht[1] war. »Ich bin stehen geblieben« diktiert Kelle, also Lambels gesellschaft nicht mehr würdig. Ja freilich, Lambel hat seit 10 und mehr jahren erstaunliche fortschritte gemacht! Na, ob Sie hin kommen, hin müssen oder nicht: etwas haben Sie und denken Sie bei dem etwas an mich, der gar nichts hat und heute die nachricht erhielt, dass der abgeordnetenausschuss, dem die erste entscheidung obliegt, die professur wider abgelehnt hat,[2] so kommt Ihnen Ihr geschick vielleicht etwas weniger tragisch vor. Sie dienen dem staate kürzer als ich und haben seit jahren eine subvention, von anfang an, und ich bis heute keinen pfennig. Der trost ist herzlich schwach. Aber es ist doch ein trost zu wissen, anderwärts ists noch schlechter. Und den kann ich Ihnen geben.

Rechnen Sie dazu, dass meine mutter schwer und unheilbar krank seit mitte dezember ist,[3] dass ich langjähriger bräutigam bin und machen sich dann einen Lenauschen vers auf mich und meine stimmung.

Ein ende mach ich meiner situation jetzt doch nicht. Ich lasse das schicksal mich rufen. Aus freien stücken darf ich jetzt nur hier am krankenbette bleiben. So ists mir pflicht und bedürfnis.

Auch ich denke mit vergnügen an Ihren besuch und danke nochmals herzlich dafür.

Wie im vorigen so war auch in diesem jahre dr. Fresenius aus Berlin der erste der mich aufsuchte. Wir haben drei tage gewielandet. Da kann man philologisch arbeiten lernen. Aber wer so genau arbeitet, kommt zu nichts. Nur ihm lohnen sich die feinsinnigsten schlüsse aus unendlich mühsamen statistiken. Seine Erzählungen ausgabe[4] wird vortrefflich; das muster eines kritischen apparates und zugleich, fürchte ich, der beweis, dass bei solchen veränderungen ein kritischer apparat, der übersichtlich wirkt, kaum mehr möglich ist. Die Goethegesellschafter[5] können für die neue ausgabe draus lernen, glaub ich.

Auch Erich Schmidt war einen tag hier. Gross und frisch; im strudel des hoflebens glücklich und in den äusserlich engen, geistig weiten verhältnissen eingelebt.

Wär mein gemüt frei gewesen, so wären es schöne tage gewesen. So litt ich durch den gegensatz und die schwunglosigkeit meiner gefesselten seele.

Dank für den unbekannten Abderitendrucknachweis. Dank für das angebot mir die doubletten zu senden. Darf ich wählen, so wähl ich das angestempelte exemplar.

Werner tadelt auf einer karte, dass ich Iffland neu drucken liess, die Laufbahn sei nicht selten. Da hat er recht. Aber ich wollte 2 hefte fürs grosse publikum, um die sammlung über wasser zu halten; mit fachwissenschaftlich allein interessantem töte ich sie. Ich wollte auch den gymnasialdirektor,[6] der den iffland anbot, nicht abweisen: so gewinn ich, hoffentlich, endlich gymnasialkreise zu käufern. Um den bestand des unternehmens zu sichern, darf man wol zuweilen sein programm überschreiten. Freilich haben mir beide herausgeber nicht genüge geleistet. Doch – vergleichen Sie. Ihnen als recensenten darf ich das nicht schreiben. Vergessen Sie's. Sie müssen unbefangen urteilen.

Haben Sie den Lessing[7] angezeigt? Bald denk ich meine anzeige in der DLZ zu lesen.

Auch für die freundliche aufnahme meiner anzeigen danke ich. Haben Sie sich am rande notiert, wo Sie betr. Reuter anderer ansicht sind, so schicken Sie mir doch ja die glossen. Bitte.

Und noch eins: sollten sich bei Ihnen meine korrekturen zu Hagedorn, Versuch[8] erhalten haben, so zeigen Sie mir die bogen, wo ich auf Goethe und Schiller verwies. Ich weiss es nicht mehr genau und bräuchte es, da Biedermann[9] auch auf Goethe-Hagedorn kam.

Glück auf! und trotz gegen misgeschick!
Freundschaftlich
Ihr
BSeuffert.

Handschrift: StAW. 1 Dbl., 4 S. beschrieben. *Grundschrift: lateinisch.*

1 *s. Brief 53, Anm. 7.*
2 *Der Finanzausschuss der Bayerischen Kammer der Abgeordneten hatte am 12.1.1886 mit den Stimmen der ultramontanen Mehrheit gegen die Einrichtung eines Extraordinariats für Neuere deutsche Literaturgeschichte gestimmt, das die Philosophische Fakultät in Würzburg für Seuffert beantragt hatte. Hinweise*

zum Verhandlungsverlauf sind einem Referat im »Bayerischen Kurier« (Nr. 14, 14.1.1886, 2. Bl., S. 1) zu entnehmen: »Für einen [...] außerordentlichen Professor der neueren deutschen Literatur sind 3,180 Mk. postulirt. Der Referent beantragt Ablehnung. Der Correferent ist für Genehmigung. / Frhr. [Franz August Schenk] v. Stauffenberg nimmt sich des Postulates auf's Wärmste an. Abg. [August Emil] Luthardt spricht sich entschieden gegen das Postulat aus. Die Pflege der neueren deutschen Litteratur sei gewiß wünschenswerth; allein einen practischen Werth für die Studirenden könne er in einer solchen Professur nicht erblicken. Dasselbe wird abgelehnt.« Am 6.2.1886 nahm die Zweite Kammer »in ihrer plenarsitzung ohne debatte den ausschussantrag [an], die für mich vom minister verlangte professur zu streichen« (Seuffert an Scherer, Brief vom 8.2.1886. Briefw. Scherer/Seuffert, Nr. 145, S. 206). Der Antrag, den die Fakultät ähnlich bereits in den Jahren 1883 und 1885 gestellt hatte, scheiterte endgültig am 5.4.1886, als das Votum durch die Erste Kammer des Landtags, den sog. Reichsrat, bestätigt wurde. Der Beförderung von Privatdozenten standen an den bayerischen Universitäten besondere, budgetrechtliche Obliegenheiten entgegen (s. Brief 36, Anm. 3).

3   Amalie Seuffert starb am 18.1.1886 (s. Brief 58).
4   s. Brief 20, Anm. 12.
5   Die Weimarer Goethe-Gesellschaft war am 21.6.1885 gegründet worden. Sie unterstützte die von Weimar ausgehenden Initiativen zur historisch-philologischen Aufarbeitung von Goethes Nachlass, der nach dem Tode Walter von Goethes (15.4.1885) persönliches Eigentum der Großherzogin Sophie von Sachsen-Weimar geworden war. Das von ihr gestiftete Goethe-Archiv koordinierte die Arbeiten an der Weimarer Ausgabe von Goethes Werken (1887–1917), an der auch Sauer und Seuffert mitwirkten. Zum Gründungsdirektor des Archivs war im Sommer 1885 Erich Schmidt ernannt worden, der für diese Position seine Wiener Professur aufgab.
6   Hugo Holstein, der Herausgeber des Neudrucks von Ifflands »Ueber meine theatralische Laufbahn« (DLD. 23), war Gymnasialdirektor in Wilhelmshaven.
7   Gemeint ist Erich Schmidts Lessing-Monographie (s. Brief 24, Anm. 5). Sauer hatte eine Besprechung des ersten Bandes (1884) für den »Anzeiger für deutsches Alterthum« übernommen, die er jedoch nicht fertigstellte (s. Brief 79). Seufferts Besprechung des ersten Teiles des zweiten Bandes erschien in: DLZ 7 (1886), Nr. 6, Sp. 188 f.
8   Gemeint sind die von Seuffert durchgesehenen Korrekturfahnen zu Sauers Neudruck von Hagedorns »Versuch über einige Gedichte« (DLD. 10).
9   Woldemar von Biedermann: Goethe-Forschungen. Neue Folge. Leipzig: F. W. Biedermann, 1886. Seufferts ausführliche Besprechung erschien u. d. T.: Bemerkungen zu von Biedermanns neuen ›Goethe-Forschungen‹. In: AfLg 14 (1886), S. 378–402 (zu den dort besprochenen Themen s. Brief 64, Anm. 7).

57. *(B) Sauer an Seuffert in Würzburg*
    (Graz), 16. Januar 1886. Samstag

Lieber Freund, indem ich Ihnen beifolgend die gewünschten Blätter übersende (nur dies habe ich bewahrt; es wird aber alles von Ihnen bemerkte sein), kann ich es nicht thun, ohne ein paar Worte d. Antwort hinzuzufügen. Da sich schweres häusliches Leid hinzugesellt, mein lieber Freund, ist freilich Ihr Loos das trübere; was ich leide, leide ich ferner allein und Sie müßen noch den Antheil, den Mutter [un]d Braut daran nehmen, miterleiden. – Ganz vertraulich will ich Ihnen nun mittheilen, daß mir Schönbach bereits ganz sicher versprochen hat, falls ich wegkäme, Sie und zwar allein (wie sichs gebührt) vorzuschlagen. Meine Ansicht ist, daß sich losgelöst von meiner Person, die seit Lemberg im Ministerium schlecht angeschrieben war, eine Professur hier wird durchsetzen lassen. Heinzel hat mir im November so warm von Ihnen gesprochen, daß er sich wol für Sie einsetzen wird. Schmidt und Scherer haben vielleicht, wenn sie wollen, auch noch Einfluß. In meiner Angelegenheit hat allen diesen Herren der gute Wille gefehlt.

Mir würde durch diese Aussicht der Abschied von Graz erleichtert werden; denn ich gehe ungern weg u. am unliebsten nach Prag.

Nur so viel für heute nebst herzlichen Grüßen von
Ihrem
Treulich ergebenen
Sauer.

16/1 86.

Handschrift: ÖNB, Autogr. 422/1-79. 1 Dbl., 2 S. beschrieben. Grundschrift: deutsch.

58. *(B) Seuffert an Sauer in Graz*
   Würzburg, 18. Januar 1886. Montag

WIR SENDEN IHNEN DIE TRAUERBOTSCHAFT VON DEM HEUTE ERFOLGTEN HINSCHEI-
DEN UNSERER LIEBEN MUTTER
AMALIE SEUFFERT GEB. SCHEINER,
JULIUSSPITALDIRECTORS-WITTWE.

WÜRZBURG, 18. JANUAR 1886.

UNIV.-PROF. DR. LOTHAR SEUFFERT IN
ERLANGEN UND FRAU AUGUSTE GEB. SCHIERLINGER
ELISE SEUFFERT.
GYMN.-PROF. DR. ADAM EUSSNER UND
FRAU BABETTE GEB. SEUFFERT.
PRIV.-DOC. DR. BERNHARD SEUFFERT.

Handschrift: StAW. Gedruckte Trauerkarte. Schrift: Antiqua.

59. (B) Sauer an Seuffert in Würzburg
   Graz, 6. April 1886. Dienstag

GRAZ, 45 SPARBERSBACHGASSE 6. April 86.

Lieber Freund! Gestern Nachmittag sind Ihre Wielandbücher[1] endlich auf die Post ge[ko]mmen, von meines technischen Freundes Stelzel[2] kunstvoller Hand eingepackt, so daß sie wol gut bei Ihnen anlangen werden. Vielen, vielen Dank dafür! Wenn ich Ihnen nur einen Gegendienst erweisen könnte! Bücher hätte ich genug, aber keine, die Sie brauchen können. Die Masse meiner Bücher lastet gerade jetzt, wo ich die Übersiedlung in Erwägung ziehen muß, schwer auf meiner Seele. 30 Kisten habe ich bereits gehabt, als ich von Lemberg abreiste; um ein Drittel dürfte sich das Quantum hier wol vermehrt haben. Wenn sich die einstweilen nur vertraulich an mich gelangte Nachricht[3] bestätigt, so werde ich in der Charwoche meine Hütte abbrechen und wandern. Ich thue es leichteren Herzens, seitdem ich weiß, daß Schönbach alles thun wird, um Sie zu meinem Nachfolger z[u] machen.

Ich hatte die Möglichkeit einer Übersiedlung jetzt zu Ostern schon ganz bei Seite gelassen und ich sehe mich in den Plänen die ich mir für die nächsten Monate entworfen hatte mannigfach gekreuzt. So muß ich die Maifahrt nach Weimar[4] aus Geld- und Zeitmangel sein lassen und damit zerstieben die Hoffnungen Sie und andere m[ei]ner deutschen Freunde zu sehen. Dann hatte ich mir ruhige Arbeit für die 3 Sommermonate vorgenommen, von der ich nun nicht weiß, wie sie gedeihen wird. Cottas haben mir nemlich – ältere Verhandlungen wieder aufnehmend – die Besorgung der neuen (4.) Ausgabe von Grillparzers Werken[5] ü[be]rtragen. Da die jetzt vorhandenen 10 Bde stereotypirt sind, so handelt es sich nur um eine 3 Bogen starke Einleitung und um 2 Ergänzungsbände, für welche mir das Material von Vollmer bereits zum Theile gesichtet übergeben wurde. Aber da mir das Wiener Archiv nun einmal zu unbeschränktem Gebrauche geöffnet ist, werde ich die Gelegenheit benutzen, so viel als mög[lich] von dem Material für mich zu gewinnen u. werde also die Sommermonate in Wien versitzen. Ich habe durch diese Arbeit angeregt auch bereits den Plan gefasst, eine große Grillparzer-Biographie[6] auszuarbeiten, wozu ich durch meine Vorstudien, Sammlungen, Excerpte, durch Geburt und Neigung wie ich glaube recht eigentlich prädestinirt bin und der Stein der Wei[s]en, d. h. mein Schriftsteller, mein großes Buch (Sie erinnern sich wol meiner Klagen!) wäre also gefunden. Das sind alles natürlich noch Träume u. als solche werden Sie sie auch in sich verschließen.

Daran knüpfe ich eine andre Bemerkung. In meinen heurigen Stilübungen[7] habe ich auch Hamann (aus dem Tragelaphen[8] von P. u. H., sehen Sie, daß ich Plato schreiben wollte) vorge*[n]*ommen und einer meiner Zuhörer[9] hat sich mit mit besonderer Liebe und Tiefe in diesen Schriftsteller versenkt. Er hat mir in den Übungen u. in mündlichen Gesprächen nachgewiesen (was mir übrigens längst klar war) daß für die Erklärung Hamanns alles noch zu thun ist u. daß diese nur möglich ist mit einer ausgebreiteten *[Ke]*nntnis der antiken Litteraturen, bes. aller der entlegenen griechischen Schriftsteller, welche der Magus in s. phänomenalen Gedächtnisse aufgestoppelt hatte. Mir fiel dabei ein, ob Sie nicht einmal eine kleine Hamannsche Schrift als specimen einer commentirten Ausgabe in Ihren DLD. bringen sollten.[10] Sie müßten einen *[c]*lassischen Philologen dazu finden, der die nöthige Neigung mitbringt und in deutscher Litteratur gut beschlagen ist. Besagter studiosus Johann Conta würde sich nach einigen Jahren vielleicht dafür eignen; ich will ihn im Auge behalten, erkläre aber ausdrücklich, daß ich Sie nur auf die Sache aufmerksam machen wollte.

Nun: Uz! Es wäre mir lieb, wenn Sie mir sagten, bis wann Sie auf das Mskrt rechnen oder rechneten. Der Text macht keine Schwierigkeiten mehr; aber die Einleitung noch viele, weil mir die Zeitschrift <!> fehlen, gerade die schweizerischen; aber auch andere. Von Prag aus wäre ein ›Rutscher‹ nach Dresden leicht; etwa im Juli, bevor *[ich]* nach Wien gehe. Ich werde mir das nach Ihrer Antwort einteilen. Wären etwa schon von Fresenius' Heft einige Bogen gedruckt, so würden Sie mir durch deren Communication meine Arbeit erleichtern.

Ich weiß gar nicht, ob ich Ihnen alles g*[es]*chrieben habe, was ich Ihnen schreiben wollte; das ist der Fluch meiner menschenscheuen, briefscheuen Periode, in der ich alles in mich verbeißen mußte. Damit wirds ja jetzt wol zu Ende sein. Auch meine Mutter – obwol sie vor 10 Tagen neuerlich an einer Lungenentzündung erkrankt war – ist wieder besser. Hätte es nicht schon mehrmals trügerisch das Ansehen gehabt, so wür*[d]*e ich sagen: es scheint mir, als ob sich endlich Glück und Zufriedenheit zu mir herabsenken würde; wenigstens lebe ich zunächst an der Seite der Hoffnung.

Strafen Sie mich nicht zu sehr und lassen Sie etwas von Ihnen hören. Mit freundlichen Grüßen Treulichst
Ihr
AS.

Handschrift: ÖNB, Autogr. 422/1-82. 2 Dbl., 7 S. beschrieben. Grundschrift: deutsch.

1 *Schriften, die Seuffert für die Arbeit an Sauers Uz-Ausgabe übersandt hatte.*
2 *Karl Stelzel war Professor für Baumechanik und Bauingenieurskunst an der Technischen Hochschule Graz.*
3 *Sauers Ernennung zum Extraordinarius für deutsche Sprache und Literatur (mit deutscher Vortragssprache) in Prag war am 4.4.1886 aufgrund kaiserlicher Entschließung erfolgt. Sauer wollte vmtl. die öffentliche Proklamation abwarten, die am 8.4. in der amtlichen »Wiener Zeitung« (Nr. 80, S. 1) erfolgte.*
4 *zur ersten Jahresversammlung der Weimarer Goethe-Gesellschaft am 2.5.1886.*

5   *Grillparzers Sämmtliche Werke. Vierte Ausgabe. [Hrsg. von August Sauer]. 16 Bde. Stuttgart: Cotta, 1887 [²20 Bde., 1892–1893]. Die von Sauer neu bearbeiteten Supplementbände 11 bis 16 kamen 1888 auch in einer separaten Ausgabe heraus (zur Konzeption der Ausgabe s. auch Brief 63). Sauers für den ersten Band (S. III–LXXV) verfasste Einleitung erschien auch separat u. d. T.: Franz Grillparzer. Eine litterarhistorische Skizze. Stuttgart: Cotta, 1887 [²1892].*

6   *Den hier erstmals angedeuteten Plan einer umfassenden Grillparzer-Biografie hat Sauer in den Jahren 1886 bis 1892 mit großer Intensität verfolgt, ohne ihn zur Ausführung bringen zu können. Nach umfangreichen Vorarbeiten schloss er Anfang Mai 1889 mit der J. G. Cotta'schen Verlagsbuchhandlung in Stuttgart einen Vertrag über das Werk ab. Ein Jahr später, am 7.5.1890, ergänzten Sauer und Cotta ihre Übereinkunft um eine Abmachung mit dem Gemeinderat der Stadt Wien, die eine Ablieferung des Manuskriptes bis zum 1.11.1890 und die Auslieferung des Werkes zu Beginn des folgenden Jahres vorsah – ein Zeitpunkt, der mit Blick auf die Feierlichkeiten zu Grillparzers 100. Geburtstag (15.1.1891) gewählt war, aber Sauer bei der Ausarbeitung unter starken Druck setzte (s. auch Brief 89). Der Umfang des Buches sollte bei einer Auflage von 1150 Exemplaren 50 Druckbogen nicht überschreiten, für die Sauer ein Honorar von je 50 Mark oder 30 österreichische Gulden je Bogen erhalten sollte. Die Stadt Wien verpflichtete sich bei rechtzeitiger Ablieferung zur Übernahme der vollen Honorarkosten sowie der Kosten zur Herstellung von Druckvorlagen für Illustrationen aus ihren Sammlungen, die innerhalb der Biografie erscheinen sollten. Als Gegenleistung sollte der Wiener Gemeinderat als Auftraggeber des Werkes auf dem Titel firmieren (s. Suchy: Grillparzer-Gesellschaft, bes. S. 57 f.: Sitzungsprotokoll des Wiener Gemeinderates Nr. 91 vom 19.11.1889; ebd., S. 196–202: Faksimile des Vertrags vom 7.5.1890). Es gelang Sauer weder, den vereinbarten Termin einzuhalten, noch das offenbar schon recht weit fortgeschrittene Manuskript zu einem späteren Zeitpunkt abzuschließen. Am 28.5.1891 ließ er Seuffert auf einer Karte lakonisch wissen (ÖNB, Autogr. 422/1-199): »Die Biographie ruht ganz.« Spätestens am Ende des Jubiläumsjahres sah Sauer das Projekt als gescheitert an (Sauer an Seuffert, Karte vom 1.1.1892. ÖNB, Autogr. 422/1-204): »Von der Biographie keine Ahnung. Ich habe es dem Gemeinderate anheimgestellt, d. Vertrag zu lösen u. erwarte jeden Tag ein freier Mann zu werden.« Die näheren Gründe, Umstände und die Folgen deutete Sauer Jahre später in einem Brief an Edward Schröder vom 31.12.1898 (SUBG, Cod. Ms. E. Schröder: 894) an, in welchem er ausführlich von den Erschöpfungszuständen berichtet, unter denen er während seiner Lemberger und Grazer Jahre gearbeitet hatte: »Es war eine Zeit fieberhafter Überanstrengung, die ich die erste Zeit in Prag – damals allerdings in wissenschaftlicher Concentration – fortsetzte. Damals war ich im besten Zuge einen Theil meiner mir gesetzten Lebensaufgabe rasch zu lösen. Leider wollte ich es zu rasch thun. So lange ich mir selbst blos einen Termin gesetzt hatte, gieng es; als aber Freunde in der wohlwollendsten und liebenswürdigsten Absicht mich zum Bevollmächtigten einer öffentlichen Körperschaft machten, brachten sie eine Unruhe in mein Streben, die immermehr zunahm und schließlich zur Krankheit wurde. Grad in der Zeit, in der die letzte Hand an ein in vielen Theilen weitgediehenes Werk hätte gelegt werden sollen, versagte die Kraft mit einem Schlage. Ich war lange Zeit schlaflos und schwer neurasthenisch, konnte nur meine dringendsten Geschäfte mühsam besorgen und habe meine Arbeitskraft und Arbeitsfreudigkeit erst sehr langsam, im vollen früheren Ausmaß überhaupt nicht wieder gefunden. Und da nun in dieser Zeit durch meine Verheiratung auch meine ganze Existenz sich verschob insofern als ich neben meinem Beruf noch andere Verpflichtungen und Interessen erhielt, so waren die fallen gelassenen Fäden nur schwer wieder aufzunehmen. Die ersten Jahre nach meinem Miserfolg, den ich so stark empfand, daß ich mich in Wien gar nicht zeigen wollte, konnte ich meine Papiere überhaupt nicht ansehen, ohne in eine Erregung zu verfallen.« Eine Auswahl der zahlreichen, in Vorbereitung der Biografie oder im Zusammenhang mit den verschiedenen von ihm besorgten oder geleiteten Grillparzer-Ausgaben entstandenen Aufsätze erschien, noch von Sauer selbst vorbereitet, erst nach seinem Tode (August Sauer: Franz Grillparzer. Mit einem Vorwort hrsg. von Hedda Sauer. Stuttgart: Metzler, 1941 [Gesammelte Schriften. 2]).*

7 *Sauer bot in seinem Grazer Seminar im Wintersemester 1885/86 »Stilübungen« an, die von 22 Hörern belegt wurden. Ihr Ziel war, wie der Seminarbericht an das Ministerium vermerkt, »die entstehung und entwickelung unseres klassischen prosastiles von dem zweiten viertel des achtzehnten jahrhunderts bis zu Schiller und Goethe an typischen beispielen zu verfolgen« (Müller/Richter: Prakt. Germ., Nr. 23, hier S. 98).*

8 *griech./lat. ›tragelaphus‹: Bockhirsch; im übertragenen Sinn ein literarisches Werk, das mehreren Gattungen zugeordnet werden kann.*

9 *Johann Conta, dessen aus den Übungen hervorgegangene schriftliche Arbeit über »J. G. Hamann's Stellung zu Klopstock, Lessing, den Litteraturbriefen, zu Goethe und zur französischen Litteratur« im Seminarbericht besonders gelobt wurde: »diese arbeit ist aus den vorstudien erwachsen, welche der verfasser für die mündlichen stilübungen anstellte. sie bietet daher keine zusammenhängende untersuchung dar, sondern eine reihe geschickt verwendeter und gruppierter lesefrüchte, wobei sich allerdings zeigt, wie tief der verfasser in diesen unverständlichen schriftsteller eingedrungen ist und wie richtig er dessen verhältniß zu den hervorragendsten zeitgenossen aufgefasst hat.« (Müller/Richter: Prakt. Germ., Nr. 23, S. 98). Conta erhielt für seine Arbeit eine Prämie in Höhe von 40 fl. Er wurde 1889 bei Seuffert in Graz mit einer Studie über »Hamann als Philologe« promoviert. Die annähernd 500 Seiten umfassende Dissertation, deren umfangreichster Teil eine »Sammlung und Nachweisung der Citate Hamanns aus der griechischen u. römischen Litteratur« umfasst, blieb ungedruckt.*

10 *Der Plan wurde nicht realisiert. Sauer kam noch im Frühjahr 1899 im Rahmen einer Denkschrift zur zukünftigen Entwicklung der Reihe, die er für den Verleger der »DLD« ausgearbeitet hatte, auf den Vorschlag einer kommentierten Hamann-Ausgabe zurück (Sauer an Adalbert Bloch, Brief, o. D. [Februar/März 1899]. WBR, NL Sauer, ZPH 103, 1.4.1): »Eine gute, reich commentierte Ausgabe der Gedichte Schillers, Goethes, Klopstocks, Lessings wäre ein Bedürfnis. Natürlich müsste mit dem raum gar nicht gespart werden. Wie gut gehen die ganz schlechten Düntzerschen Kommentare! Einzelne Schriftsteller sind ohne Kommentar gar nicht verständlich. Hamanns Kreuzzüge eines Philologen könnten den Anfang machen.« Zu Sauers Denkschrift s. ausführlich Brief 174, Anm. 7.*

60. (B) Seuffert an Sauer in Graz
Würzburg, 11. April 1886. Sonntag

Würzburg 11.IV 86

Lieber freund

In der erwartung Ihrer ernennung[1] stöberte ich heute österreichische zeitungen durch und fand sie richtig proklamiert. Nehmen Sie meinen ehrlichen glückwunsch dazu. Sie gehen nicht gerne, aber es wäre doch schlimmer gewesen, wenn Sie so hätten bleiben müssen und ein anderer nach Prag gekommen wäre. Mögen Sie gut eingewöhnen und angenehmes leben in und ausser dem hörsaale finden.

Ihre neuerlichen verheissungen über Schönbachs gesinnung gegen mich tun mir ›sanfte‹;[2] aber, aber, ich fürchte das ministerium, wenn wirklich in Graz die jetzige meinung sich in tat umsetzt. Wie erbärmlich mirs wieder in Baiern gegangen ist, schrieb ich auf der karte,[3] die mit Ihrem briefe kreuzte. Wie vor 2 jahren verweigerte der landtag meine professur und der minister[4] ist dagegen bei uns machtlos. Diesmal war die weigerung um so schroffer als die reichsratskammer das veto der zweiten kammer reparierte, dann aber die 2. Kammer abermals ihr nein widerholte. Warum, fragen Sie. Angeblich, weil solche stellen nur an den grössten universitäten zulässig seien[.] Ueberdies sei die behandlung der neueren litteratur zumeist nichts als heroenkult und dafür professuren zu errichten, sei nicht begründet! Ich wette, wär ich ultramontan wie unsere abgeordnetenmehrheit, so wäre mein extraordinariat schon vor zwei und mehr jahren unentbehrlich gewesen. Ich habe in diesen monaten des hin- und herverhandelns furchtbar gelitten.

Für die ablieferung der wolbehalten angelangten bücher und für Ihren brief sage ich besten dank. Ich freue mich dass Ihnen die sorge um die mutter genommen ist (mir ist sie auch genommen, aber wie anders!!), freue mich dass Ihnen Ihr Grillparzer nun als fixstern am produktionshimmel steht. Mög er Ihnen leichter werden als mir mein Wieland, für den ich immer noch sammle, sammle, sammle. (Jetzt gerade kopierte ich Alxingerbriefe an ihn.)

Dass Sie auf Hamann für die DLD weisen, dank ich Ihnen auch und will sehen, was sich tun lässt. Die hauptschwierigkeit wird sein, einen passenden herausgeber zu finden. Wer mag viel gelehrsamkeit auf den wunderling verwenden und doch braucht man so viel, um dies konglomerat von kopf zu zerlegen. Wer Hamann liebevoll behandelt, ist mehr schwärmer als forscher, wer ihn nüchtern untersucht, verliert die liebe zu ihm; so glaub ich. Vielleicht wächst sich Ihr zuhörer gut aus oder findet sich ein anderer geeigneter mann.

Jetzt hab ich eine kolossale einleitung zu Meyers kleinen schriften[5] vor mir, die die beziehung zwischen Goethe und M. neu prüft. In 14 tagen will der herausgeber das heft druckbereit machen.

Mit Ihrem Uz dräng ich nicht gerne, weil die übersiedlung Ihnen versprechungen schwer macht. Wenn Sie aber im juli und august text und einleitung abschliessen können, wär es ein segen für mich.

Von Fresenius' Wieland ging noch nichts in die druckerei. Die übernahme der DLZ[6] scheint ihn ganz in anspruch zu nehmen. Auch mit anderer mitarbeiter zusagen ging bisher alles krumm und ich bin ausser möglichkeit zuverlässige berechnungen anzustellen.

Leben Sie wol! Nochmals glück auf!
Ihr
Seuffert

Handschrift: StAW. 1 Dbl., 4 S. beschrieben. Grundschrift: lateinisch.

1 s. *Brief 59, Anm. 3.*
2 mhdt. ›sanfte tuon‹: gut tun.
3 s. Seufferts Karte an Sauer vom 6.4.1886 (StAW): »der landtag hat die für mich eingesetzte professur definitiv abgelehnt. Sorgen Sie also, dass Sie die fettere pfründe bekommen, damit Sie mir dann die magerere wenigstens zuschieben können und vor allem: cura ut valeas.«
4 Johannes von Lutz.
5 Heinrich Meyer: *Kleine Schriften zur Kunst.* [Hrsg. von Paul Weizsäcker]. Heilbronn: Henninger, 1886 (DLD. 25).
6 August Fresenius hatte 1886 von Max Roediger die Redaktion der »Deutschen Literaturzeitung« übernommen.

61. (B) Sauer an Seuffert in Würzburg
Graz, 12. April 1886. Dienstag

GRAZ, 45 SPARBERSBACHGASSE 12.4.86. Dienstag

Lieber Freund!
Ich antworte rasch, weil wol bald eine größere Pause in meiner Correspondenz eintreten wird. Gestern war Abschiedskneipe der Studenten; jetzt jeden Tag Einladungen; am Montag Abschiedsabend d. Professoren; Dienstag noch ein Vortrag bei der Trauerfeier für Scheffel;[1] dann *[da]s* Packen und Ostersonntag hoffe ich in Wien zu sein. Der Abschied fällt mir recht, recht schwer.

Inzwischen haben Sie nun Schönbachs Brief[2] erhalten, der Sie über die Situation ganz aufgeklärt hat. Im Vertrauen: es ist ihm wirklich ernst darum, Sie herz[u]bekommen. Aber verlieren will er dabei nichts. Wenn er z. B. sich entschließen könnte, die 600 fl, die er fürs Seminar bezieht, mit dem Extraordinarius zu theilen; dann könnte dieser vielleicht auch mit 1000 fl oder 1200 hergehen, falls sich das Ministerium zu den ganzen 1620 fl. nicht herbeiließe. Ich kann Ihnen nur sagen, daß man hier sehr billig und angenehm lebt, daß Sie – zumal Sie ja doch mit fertigen Collegienheften herkommen werden – sehr viel Zeit zur eigenen Arbeit haben werden und daß die Selbständigkeit und Unabhängigkeit auch eines Extraordinarius hier nichts zu wünschen übrig läßt. Schönbach hat viele Eigenheiten; aber wer hat die nicht! Und seine Aufrichtigkeit läßt einen über manches hinwegsehen.

Heinzel will Ihnen sehr wohl, Scherer desgleichen; Schmidt hat zwar nicht mehr vielen, aber doch einigen Einfluß. Wenn diese drei sich beim Ministerium f[est] ansetzen; dann erreichen sie es auch. Für mich haben sie es nicht gethan. Wäre es schon entschieden!

Wenn ich in Prag in Ordnung bin und die Situation überblicken kann, will ich wegen Uz einen Termin bestimmen. Bis dahin üben Sie Nach[si]cht.

Vielen Dank für Ihren Brief und herzliche Grüße
Ihr
Sauer.

Handschrift: ÖNB, Autogr. 422/1-83. 1 Dbl., 4 S. beschrieben. Grundschrift: deutsch.

1 Sauer hatte die Gedenkrede auf den am 9.4.1886 verstorbenen Joseph Viktor von Scheffel bei der öffentlichen Trauerfeier des Grazer Schriftstellervereins Konkordia gehalten (gedruckt u. d. T.: Joseph Viktor von Scheffel [Gestorben am 9. April 1886]. Eine Gedenkrede. In: ZfaG 3 [1886], H. 5, S. 369–383; wiederholt: Sauer: Reden und Aufsätze, S. 319–335). Sauer hielt die Rede kurz nach seiner Übersiedlung nach Prag erneut bei einem Kommers der Lese- und Redehalle der deutschen Studenten in Prag.

2 Anton E. Schönbach hatte Seuffert wenige Tage zuvor, am 8.4.1886, im Zusammenhang mit Sauers Berufung nach Prag mitgeteilt (StAW, NL Seuffert, Kasten 25), dass er beabsichtige, »bei den kommissions- und fakultätsberatungen über die besetzungen dieses extraordinariates Sie dafür vorzuschlagen, und zwar Sie allein«; weiter hatte er sich nach den Bedingungen für eine Annahme des Rufes erkundigt. Seuffert antworte am 12.4.1886 in einem ausführlichen Schreiben, das hier nach seiner Abschrift (StAW, NL Seuffert, Kasten 4) zitiert wird: »Zuvörderst sage ich Ihnen für Ihre gütigen und mir ehrenvollen gesinnungen verbindlichen dank. Wird Ihr plan und mein wunsch verwirklicht, so werde ich alles daran setzen, das vertrauen, das Sie durch eine berufung mir erweisen, zu rechtfertigen und Ihnen und der fakultät keine schande zu machen. / Auf Ihre frage, unter welchen bedingungen ich nach Graz kommen würde, antworte ich so, dass ich mich Ihrem und der fakultät gutem willen völlig anvertraue. Einem fast neunjährigen privatdocenten, dessen beförderung in Bayern durch die jetzige haltung der landboten den hochschulen gegenüber widerholt gehemmt wurde, muss daran gelegen sein irgend eine sichere lebensstellung zu erhalten. Meine hiesige einnahme an kollegiengeldern ist ja allerdings höher als die in Graz zu erwartende, aber feste bezüge habe ich nicht, auch nicht für meine tätigkeit am seminar. Sie sehen also, dass ich mich nur verbessern kann. / Andererseits werden Sie den dringenden wunsch nicht verargen, dass ich nach so langer zeit des wartens endlich in eine wirklich feste und sichere lage kommen möchte, zumal, was doch auch ein menschlich rühren verdient! ich seit mehr als sieben jahren verlobt bin. Ich bitte Sie inständig alles zu tun, mir ein volles extraordinariatsgehalt zu verschaffen – ich würde dann freier meine kräfte dem lehramt widmen können und sie nicht aus honorarnot zersplittern müssen – oder doch, wenn das jetzt durchaus nicht erreichbar sein sollte, wenigstens verlässige versprechungen in dieser richtung zu erzielen. So gebe ich mich ganz in Ihre hände und baue darauf, dass Ihre fürsorge, wie Ihr brief verheisst, mir das möglichst beste bereiten wird. / [...] Ich erlaube mir hier noch die übersicht meiner zuhörerzahlen anzufügen, die ich, wenn Sie wünschen, Ihnen amtlich vorlegen werde. [...] Die zahl der hier studierenden philologen hat im letzten semester bedeutend abgenommen und offenbart sich auch im rückgang der seminaristen von 19, der höchsten zahl, auf 8. Die öffentlichen vorlesungen waren gröstenteils besser besucht, als die inskriptionslisten ausweisen. / Sollten Ihnen weitere aufschlüsse dienlich sein, so brauchen Sie nur zu winken (um ein lieblingswort meines Wielands zu verwenden). Dass ich seiner zeit in Prag und neuerlich in Wien an zweiter stelle vorgeschlagen war, glaubte ich in meinem curriculum nicht erwähnen zu sollen.« Die im Mai auf Antrag Schönbachs von der Philosophischen Fakultät in Graz eingesetzte Kommission brachte in ihrem Bericht vom 1.6.1886, der am 14.6. an das zuständige Ministerium weitergeleitet wurde, Seuffert unico loco für das Extraordinariat für neuere deutsche Sprache und Literatur in Vorschlag. Der Bericht ging ausführlich darauf ein, dass zu diesem Zeitpunkt, in Österreich – mit Ausnahme Sauers und Jakob Minors (Wien) – keine Kräfte mit vergleichbarer Eignung vorhanden waren. Ende August trat das Wiener Ministerium mit Seuffert in Verhandlungen über den Ruf, der sich grundsätzlich mit den ihm angebotenen finanziellen Bedingungen

einverstanden erklärte. Diese sahen, da die Lehrkanzel – worauf Seuffert erfolglos gedrungen hatte – nicht systemisiert war, zunächst nur ein Jahresgehalt von 1000 fl. vor; zudem wurden Seuffert zur Deckung der Kosten seiner Übersiedlung von Würzburg nach Graz einmalig 300 fl. zugesagt. Aufgrund allerhöchster Entschließung vom 19.9. nahm Seuffert mit Wirkung vom 1.10.1886 seine Lehrtätigkeit in Graz auf. Schon im folgenden Jahr wurden seine Bezüge auf 1200 fl. sowie eine Zulage von 420 fl. erhöht, nachdem Erich Schmidt Seuffert im April 1887 für die Nachfolge als Direktor des Weimarer Goethe-Archivs ins Spiel gebracht hatte. Seufferts Tätigkeit im Seminar wurde ab Wintersemester 1887/88 mit einer jährlichen Zulage von 200 fl. vergütet (s. ausführlich Leitner: Graz, S. 111–118 u. 124).

62. *(K) Seuffert an Sauer in Prag*
    Würzburg, 17. Mai 1886. Montag

Lieber freund, Mit dem ersten gruss in Ihre neue wirkungsstätte verbinde ich den wunsch, Sie möchten sich leicht eingewöhnt haben. Ich danke Ihnen noch für die letzten worte aus Graz und dass Sie bei Sch.[1] für mich sprachen. Im juni wirds ja da entschieden werden und fällt das loos so, dass es nach Wien weiterläuft, so werd ich neue monate eines sehr zweifelhaften hoffens durchleben. Ich war in Weimar beim Goethetag[2] und lernte da auch Waldberg kennen. Viele alte und neue bekannte, viel zu viel getöse für meine jetzige stimmung und einsame lebensart. Loeper war da, endlich ward die schriftliche bekanntschaft zur mündlichen. Aber Scherer fehlte und fehlte sehr.[3] Schmidt war der liebenswürdige wirt. Wissen Sie, dass ich den Göttling II[4] für die gesellschaftsausgabe spielen soll? Aber ich fürchte die riesenarbeit der 150 bände und kann den Wieland nicht verschmerzen. Ich flüchtete aus den keilversuchen mich mit der urenkelin[5] meines götzen an sein grab und suchte seinen dämon durch lorberspende zu versöhnen. Aber – er verzeiht mir doch nicht, wenn ich wie seine zeit wegen des grösseren von ihm abtrünnig werde.   Lassen Sie mich in einer zeile hören, dass es Ihnen gut geht. Grüssend
   BSeuffert

   Wzbg. 17.V. 86.

Handschrift: StAW. Postkarte. Adresse: Herrn Dr. August Sauer / Professor an der deutschen Universität / Prag *Poststempel: 1) Würzburg, 17.5.1886 – 2) Prag/Praha, 17.5.1886. Grundschrift: lateinisch.*

1   *Anton E. Schönbach.*
2   *s. Brief 59, Anm. 4.*
3   *Wilhelm Scherer hatte am 18.11.1885 einen Schlaganfall erlitten, von dessen Folgen er sich nur langsam erholte.*

4 Der Jenaer Philologe Karl Wilhelm Göttling war von Goethe mit der Redaktion seiner Werke für die »Vollständige Ausgabe letzter Hand« (1827–1835) beauftragt worden. Wilhelm Scherer hatte relativ früh angeregt, Seuffert als Generalkorrektor der Weimarer Ausgabe einzusetzen, »als ein Corrector der zugleich mit Verstand die Controlle verstärkt dafür, ob die einheitlichen Grundsätze [der Ausgabe] überall eingehalten sind. Er gehört zu denen, auf deren Genauigkeit ich das größte Vertrauen setze.« (Scherer an Schmidt, Brief vom 3.7.1885. Briefw. Scherer/Schmidt, Nr. 270, S. 212) Nach längerem Zögern und Verhandlungen über das Honorar – das schließlich auf 6 Mark pro Bogen festgesetzt wurde – akzeptierte Seuffert schließlich im Sommer 1886. Nachdem sich seine Einkommenssituation in Graz wesentlich verbessert hatte, legte Seuffert die Generalkorrektur – auch im Hinblick auf die damit verbundene Arbeitsbelastung – bereits im Herbst 1887 nieder, blieb aber bis zum Abschluss der Weimarer Ausgabe Mitglied des Redaktionskollegiums (s. Brief 87).
5 Marie Emminghaus, die Urenkelin Christoph Martin Wielands.

63. (B) Sauer an Seuffert in Würzburg
   Prag, 14. Juni 1886. Montag

Prag II Stefansgasse 3.
14. Juni 1886.

Lieber Freund! Ich hätte die Pfingstfeiertage nach Wien fahren sollen; auch zu einem andern Ausfluge wollte man mich bereden; ich aber bin froh die Ruhe und Ordnung die ich mir endlich geschafft habe auch genießen zu können und eine der ersten Früchte, die sie mir getragen hat zu pflücken indem ich die halb abgerissenen Fäden meiner Correspondenz wieder anknüpfe. Ihnen wollte ich gleich nachdem mir das erfreuliche Resultat von Schönbach mitgetheilt worden war zu dem Vorschlage gratulieren. Aber wieder eine so trockene Karte[1] wie meine erste von hier aus war – ich brachte es nicht über mich. Ich kann es Ihnen nicht sagen, was für eine Freude und Befriedigung es mir gewähren würde, wenn Sie nach Österreich, wenn Sie nach Graz kämen, und da Sie nicht allein, sondern gleich mit Ihrer Frau die Verpflanzung in die neuen Verhältnisse vornehmen werden, so wird sie Ihnen leichter fallen, als mir, der ich in kurzer Zeit zweimal allein unter fremde Menschen geworfen wurde. Wir würden uns dann im Laufe des Herbsts in Wien (oder Graz) treffen und ich könnte Ihnen mündlich meine Ansichten über die dortigen Verhältnisse besser mittheilen als auf dem Papier, auf dem alles so schwer und klebrig sich ausnimmt.

   Nachdem der Kaiser zu Justis Berufung[2] (die sich wie ich höre inzwischen wieder zerschlagen haben soll) seine Zustimmung gegeben hatte, so ist nicht zu fürchten, daß politische Gründe Ihre Ernennung verderben könnten. Zu fürchten ist einzig u[n]d allein der Finanzminister;[3] aber Gautsch soll viel mehr bei ihm durchsetzen als Conrad, der immer auf Kriegsfuß mit ihm lebte.[4]

Ich habe während der letzten zwei Monate in großer Unruhe und Aufregung gelebt, die sich erst jetzt allmälig legt. In Graz zwang man mich zum Abschiede eine Scheffelrede[5] zu halten, die ich etwas widerwillig und unter dem Getriebe des Abreisens ausarbeitete, dann aber mit Glück bei einem Commers in den allerersten Tagen hier wiederholte. Sie ist im Maiheft der Cott[asc]hen Zeitschrift[6] gedruckt und die Grazer Collegen haben sie gelobt. Ich fühle nur zu gut, daß ich ganz von außen an die Sache herangegangen bin. Dann habe ich meine jetzige Kenntnis über die öst. Litteratur des 19. Jh. in meiner Antrittsvorlesung[7] knapp zusammengefasst, die drucken zu lassen ich mich aber trotz mehrseitigen Zureden nicht entschließen konnte, weil das wichtigste daraus in meinem Buch über die ›Ahnfrau‹[8] und in meiner Einleitung zur neuen Grillparzer Ausgabe[9] seinerzeit zu lesen sein wird. In Wien habe ich peinliche Tage verlebt, indem ich die schwerkranke Mutter und den trostlosen Vater um mich hatte; ich konnte mich auch zu den notwendigsten Besuchen nicht zwingen; war nur [i]m Ministerium; 2 mal höchst einsilbig bei Minor, der übrigens mit seinen Hofrats-Allüren unausstehlich war; sonst saß ich immer im Stadtarchiv[10] u. habe mit großem Genuß den ganzen Nachlaß rasch durchgenommen, so daß ich wenn ich Ende Juli nach Wien komme, gleich intensiv zu arbeiten anfangen kann. Ich glaube mich zu erinnern, daß Sie Grillparzer wenig Interesse entgegenbringen; aber einiges will ich Ihnen doch vorplaudern. Die neue Ausgabe soll 14 Bände umfassen, von welchen die zehn den alten entsprechenden un[ve]rändert bleiben müssen weil sie stereotypirt sind. Der zweite wird eine Nachlese zu den Gedichten und 4 fertige Jugenddramen enthalten, darunter die Blanka von Castilien. Der neunte wird den gesammten dramatischen Nachlaß, der aus wenigstens 30 Fragmenten, Skizzen, Plänen besteht zusammenfassen; darunter ein reizendes Fragment Psyche, wahrscheinlich eine Vorstudie zur Hero; scharfe litterarische u. politische Satiren in dramat. Form, so eine Fortsetzung der Zauberflöte gegen Kaiser Franz & Metternich. Das wichtigste ist ein Stück Fortsetzung der Esther, Schluß des 2. Aktes mit einer ganz prachtvollen Scene zwischen Haman und Mordechai und Beginn des 3. Aktes. Der 11 Band wird die Studien zu den griechischen und spanischen Dramatikern, der 13. alles übrige Ungedruckte aus den Pros[a]schriften enthalten, soweit es wertvoll und verständlich ist. Da Dr. Glossy gleichzeitig eine Sammlung von Briefen Grillparzers[11] bei Cotta heraus gibt, so wird das Bild des Dichters in nächster Zeit ein volleres und reicheres werden. Mir aber geht ein Herzenswunsch in Erfüllung, den ich seit Grillparzers Tod und noch länger in mir trage und mit Hopfen kann ich sagen:

Als Jüngling hat man von so manchen Sachen
Gedanken, die nicht Stich zu halten pflegen[.]
Eins müßte mich vor Allem glücklich mache[n],

> Meint' ich, und Deutschland und die Welt bewegen
> Womöglich unter Cottas altem Drachen
> Solch einen Band Gedichte zu verlegen.¹²

Ich habe mich nach der Obhut des alten Drachen immer gesehnt und ich glaube, daß diese neu eingegangene Verbindung für mich von Segen sein wird.

Doch, lieber Freund, wenn Sie diesen Brief lesen, werden Sie ein falsches Bild bekommen von dem was ich arbeite. Zwar lerne ich für Grillparzer fleißig spanisch und denke oft an diese Arbeit; aber diese selbst wird ja doch erst in den Ferien beginnen und den Winter ausfüllen; jetzt soll der ältere Ansbacher Freund¹³ ans Tageslicht, [a]uf das er so lange harrt. Zwar der Abstecher an die Dresdner Bibliothek war mir noch nicht möglich; denn ich blute noch aus alten Wunden von der Übersiedlung her und das Ministerium hat mir bis jetzt keinen Kreutzer ersetzt; auch ist mein Manuscript voll klaffender Lücken; aber ich hoffe doch diese auszufüllen und wenn Sie mir während des halben Jahres, den ja der Druck des Textes in Anspruch nehmen wird, die Einleitung wieder auf eine Zeit zur Nachbesserung zurückstellen wollen, werde [ic]h mich leichter dazu entschließen, sie Ihnen zu schicken. An einen bestimmten Tag kann ich mich vorerst noch nicht binden; es hängt so vieles von Frau Sonne ab; ob sie sich entschließt, länger hinter dem Wolkenschleier auszuharren oder ihre versengenden Blicke in den glühenden Thalkessel sendet, in den Prag gebannt ist.

Über Ihre Arbeit an der Goethe-Ausgabe habe ich Ihnen meine Meinung schon geschrieben. Sie opfern so viele Zeit der Sammlung Ihrer Neudrucke, Zeit, die Ihnen (wie mir bei der meinigen¹⁴) doch eigentlich für die eigene Arbeit entgeht, wenn Sie diese auch noch so energisch fördern. Wollen Sie beides bewältigen? Wenigstens sollen Sie sich für die DLD inzwischen eine Hilfskraft nehmen[;] ich komme immer mehr zur Einsicht, daß man mechanische Arbeiten wie Abschriften etc. ganz von sich abwälzen soll und auch bei dem Correcturlesen sich so viel als möglich helfen lassen soll. Freilich übe ich praktisch diese Einsicht noch nicht aus; wenn sich meine Verhältnisse aber stabilisiren werden, dann soll es geschehen. Erich Schmidt scheint dies jetzt in großem Style zu thun; denn eigentlich käme ihm diese Arbeit der Revision selber zu. Wie die g[an]ze Ausgabe organisirt sein wird, das interessirt mich lebhaft. Daß Herr von Loeper die Biographie¹⁵ schreibt, halte ich nicht eigentlich für glücklich. Aber Scherer hat Recht: wenn ich einen Goethe schreibe – sagte er – so will ich ihn allein schreiben und meine Art der Betrachtung nimmt mir Herr von L. doch nicht weg. (Denken Sie sich: Max Koch hat Cotta eine dreibändige Goethe Biographie angeboten,¹⁶ die diese ablehnten! Im jetzigen Augenblicke!! Aber machen Sie keinen Gebrauch davon.)

Was sagen Sie dazu, daß Brahm auch einen Schiller[17] schreibt. Hepp,[18] Weltrich,[19] Minor,[20] Brahm. Wenn einer von den vieren die Briefe gesammelt hätte,[21] das wäre doch vernünftiger. Minor will im nächsten Jahre mit dem 1. Bde heraus!

Ich weiß nicht, ob wir über Kochs neue Zeitschrift[22] unsere Meinung schon ausgetauscht haben. Ich weiß nicht, ob er der rechte Mann dazu ist. Er will durchaus etwas ins erste Heft von mir haben; ich kann aber mit dem besten Willen wahrscheinlich nichts geben. Schönbach hält die ganze Idee für verfrüht, was ich nicht glaube.

Erwarten Sie heute keine Details über hiesige Verhältnisse; der Sommer ist eine schlechte Zeit zum Anfang in einer großen Stadt; ich trauere um das schöne, grüne, gesunde Graz in diesem Steinhaufen und vermisse wol auch gute Bekannte. Die Hörer (15 an der Zahl) sind reine Brotstudenten; sehr arm, ganz unwissend. Neue Litt. hat hier gar keine Tradition. Kelle ist sehr liebenswürdig; im Umgang witzig, unterhaltend; auch recht fleißig; aber einseitig und verschlagen. Sonst sind die Ordinarien hier sehr hochmüthig, ganz anders als in Graz.

Ihr armer König![23] Hier spricht man von nichts anderm. Unsere Zeitungen aber wühlen im Dreck. Pfui und nochmals Pfui!

Lassen Sie bald was von sich hören u. seien Sie herzlich gegrüßt von Ihrem aufrichtig ergebenen   AS.

Handschrift: ÖNB, Autogr. 422/1-85. 2 Dbl., 7 S. beschrieben. Grundschrift: deutsch.

1 *Sauer hatte Seuffert auf einer Karte vom 18.5.1886 (ÖNB, Autogr. 422/1-84) nur knapp über seine ersten Eindrücke von Prag informiert: »Ich habe in den letzten 4 Wochen äußerlich viel, aber noch mehr innerlich durchlebt und bin wieder einsam in der Fremde. Ich will noch kein Urteil fällen, ich will nicht undankbar scheinen; aber ....«.*

2 *Dies betrifft die Neubesetzung der ersten Wiener Lehrkanzel für Kunstgeschichte, die seit dem Tod Rudolf Eitelberger von Edelbergs im April 1885 unbesetzt war. Nachdem der renommierte Bonner Ordinarius Carl Justi den an ihn ergangenen Ruf im Mai 1886 abgelehnt hatte, beschloss die Philosophische Fakultät der Wiener Universität die Besetzung mangels weiterer geeigneter Kandidaten auf einige Zeit zu vertagen. Nachdem mehrere weitere Versuche in den frühen 1890er Jahren gescheitert waren, wurde das langwierige Verfahren erst im Oktober 1897 durch die Ernennung des Österreichers Alois Riegl abgeschlossen (s. Walter Höflechner/Christian Brugger: Zur Etablierung der Kunstgeschichte an den Universitäten Wien, Prag und Innsbruck. Samt einem Ausblick auf ihre Geschichte bis 1938. In: 100 Jahre Kunstgeschichte an der Universität Graz. Mit einem Ausblick auf die Geschichte des Faches an deutschsprachigen und österreichischen Universitäten bis in das Jahr 1918. Hrsg. von Walter Höflechner und Götz Pochat. Graz, 1992 [Publikationen aus dem Archiv der Universität Graz. 26], S. 6–71, hier S. 30–40). Interna über das Verfahren könnten durch Erich Schmidt an Sauer gelangt sein, der bis zu seiner Berufung von Wien nach Weimar der ersten, von der Fakultät eingesetzten Berufungskommission angehört hatte (s. ebd., S. 31, Anm. 114).*

3 *Der einflussreiche Staatsmann Benjámin von Kállay war von 1882 bis 1903 k. k. Finanzminister und zugleich Gouverneur von Bosnien und Herzegowina.*

4 *Paul Gautsch von Frankenthurn war bereits seit 1879 k. k. Minister für Cultus und Unterricht im Kabinett Eduard Taaffe. Sein Amtsvorgänger war Sigmund Conrad von Eybesfeld.*

5 s. Brief 61, Anm. 1.
6 D. i. die »Zeitschrift für allgemeine Geschichte, Kultur-, Litteratur- und Kunstgeschichte« (Stuttgart: Cotta, 1884–1887).
7 Sauer hatte seine Prager Antrittsvorlesung über die »Nachblüte der deutschen klassischen Litteratur in Österreich« am 20.5.1886 gehalten (s. Sauers Karte an Seuffert vom 18.5.1886. ÖNB, Autogr. 422/1-84). Der Text blieb ungedruckt.
8 s. Brief 13, Anm. 1.
9 s. Brief 59, Anm. 5.
10 Gemeint ist die Wiener Stadtbibliothek mit Grillparzers Nachlass (s. Brief 24, Anm. 8).
11 Die Ausgabe entstand in Zusammenarbeit zwischen Glossy und Sauer (Grillparzers Briefe und Tagebücher. Eine Ergänzung zu seinen Werken. Gesammelt und mit Anmerkungen hrsg. von Carl Glossy und August Sauer. 2 Bde. Stuttgart: Cotta, [1903]).
12 Sauer zitiert, mit kleinen Varianten in der Interpunktion, die Anfangsverse der neunten Strophe des Gedichtes »Was ist das Glück?«, mit dem Hans Hopfen 1883 seine »Gedichte« (Berlin: A. Hofmann, 1883) eingeleitet hatte.
13 Johann Peter Uz.
14 den »Wiener Neudrucken«.
15 Das von Großherzogin Sophie von Sachsen angeregte, aber nicht realisierte Projekt einer umfassenden Goethe-Biografie sah nach dem ursprünglichen, mit Gustav von Loeper und Wilhelm Scherer besprochenen Plan mehrere, nach verschiedenen Sachgebieten unterteilte Bände vor, die jeweils von ausgewiesenen Experten bearbeitet werden sollten (s. die bei Wolfgang Goetz: Fünfzig Jahre Goethe-Gesellschaft. Weimar: Boehlau, 1936 [Schriften der Goethe-Gesellschaft. 49], S. 20 abgedruckte Konzeption).
16 nicht erschienen.
17 Otto Brahm: Schiller. 2 Bde. Berlin: Hertz, 1888–1892.
18 Carl Hepp: Schillers Leben und Dichten [...]. Leipzig: Bibliographisches Institut, 1885.
19 Richard Weltrich: Friedrich Schiller. Geschichte seines Lebens und Charakteristik seiner Werke. Unter kritischem Nachweis der biographischen Quellen. Bd. 1 [mehr nicht erschienen]. Stuttgart: Cotta, 1885 [²1899].
20 Jakob Minor: Schiller. Sein Leben und seine Werke. 2 Bde. Berlin: Weidmann, 1890.
21 Dies geschah erst einige Jahre später durch den Berliner Schillerforscher Fritz Jonas (Schillers Briefe. Kritische Gesammtausgabe. Hrsg. und mit Anmerkungen versehen von Fritz Jonas. 7 Bde. Stuttgart u. a.: Deutsche Verlags-Anstalt, [1892–1896]).
22 Die von Max Koch im Verlag von Emil Felber (Berlin) gegründete »Zeitschrift für vergleichende Litteraturgeschichte« (1886–1901) sollte zur Etablierung eines Fachgebietes vergleichender Literaturstudien beitragen. Sauer und Seuffert haben sich nicht an dem Unternehmen beteiligt.
23 König Ludwig II. von Bayern war am Pfingstsonntag den 13.6.1886 im Würmsee (heute: Starnberger See) bei Schloss Berg ertrunken. Die ungeklärten Todesumstände – Freitod oder Fremdeinwirkung – sorgten in ganz Europa für großes Aufsehen.

64. *(B) Seuffert an Sauer in Prag*
   Würzburg, 21. Juni 1886. Montag

Würzburg Herzogeng. 5
21 VI 86

Lieber freund,
Vor allem will ich Ihnen danken für Ihren anteil an unsers königs traurigem geschick. Es ist ein schwerer schlag für Baiern, das so lange auf seinen idealen, hochgebildeten, deutschgesinnten regenten stolz war, ein schwerer schlag fürcht ich auch fürs reich. Mögen wenigstens die letzteren befürchtungen unnütz sein!
   Und nun meinen glückwunsch zur <!> Ihrer vertiefung in Grillparzer. So verrannt bin ich denn doch nicht, dass ich Ihre studien über ihn ohne freude verfolgte. Ja ich hege die überzeugung, dass ich ein liebevolleres verständnis für den dichter, der allerdings jetzt meiner seele noch fremd ist, gewinne, wenn Sie mich führen. Mögen Sie sich unter dem Cottaschen drachen wol fühlen. Ich kämpfe mit dem eindrucke dass diese firma niedergeht und mehr auf alten lorbern ruht als neue pflückt. Aber auch darin täusche ich mich gern.
   Mit Ihrer Scheffelrede sind sie <!> ja bereits in den Cottaschen kreis eingetreten. Ich habe sie mit aufmerksamkeit gelesen. Ich hätte die gedenkworte nicht so warm zusammen gebracht, als es die veranlassung heischte. Die schlotterigen verse ärgern mich immer aufs neue, obwol ich mir tausendmal sage, dass sie dem Gaudeamus[1] und noch mehr dem Trompeter[2] anstehen, besser als stilvolle vollendung. Ich bin für Scheffels humor gar nicht unempfindlich und huldige vor seinem Ekkehard.[3] Aber da scheint er mir am meisten Scheffel, wo seine dichtung unreif sprudelt.
   Uebrigens bin ich ein antiquar und verzeihe sündhafter weise den poeten vergangener jahrhunderte mehr als den neuen. Warum haben Sie aber auch Goethe als vormann!
   Goethe! Sie haben nun auch die Grundsätze der neuen ausgabe[4] erhalten. So erstaunt wie ich werden Sie aber den 14. grundsatz nicht gelesen haben. Ich warte noch heute auf die verheissene nähere bestimmung des generalkorrektorberufes. Bis dahin versprach ich, die gegebene ablehnung nicht als eine definitive zu betrachten. Wer nun recht behalten wird, ob die gesellschaft oder ich, ist schwer zu sagen. E Schmidt schrieb mir erst heute, ich möchte mir noch überlegungszeit lassen und nur jetzt nicht absagen. Dies <u>im vertrauen und</u> nur für Ihre augen.
   Hüben steht der Wieland, drüben Goethe; hüben darstellung drüben textkritik; hüben beifall oder blamage, drüben eine stille tätigkeit; hüben eine individuelle vorliebe, drüben die beteiligung an einem monumentalen werke; hüben wenig pekuni-

ärer gewinn, drüben eine kleine aber sichere einnahme. Was fällt schwerer in die wagschale?

Die DLD gebe ich darum nicht auf, wenn sie die verleger nicht aus triftigen gründen einschlafen lassen. Ihren rat einen teil der arbeit abzuwälzen kann ich auch nicht befolgen. Statt meine aufsicht einzuschränken, habe ich sie von heft zu heft gesteigert, wenigstens neuen mitarbeitern gegenüber, habe die vorreden stark beeinflusst, den druck mit den originalen verglichen und gesehen, wie dringend notwendig das war. Danken wird mirs niemand, als die sache selbst. Nach diesen erfahrungen, die für die methodische bildung mancher männer guten namens recht betrübend sind, kann ich mich erst recht nicht entschliessen, einen hilfsarbeiter anzunehmen, selbst wenn sich einer fände, der mir verlässig genug schiene. Auch halte ich es für verdammte pflicht und schuldigkeit, wenn ich als herausgeber der sammlung figuriere, es auch zu sein.

Bei Ihrem Uz werde ichs ja wider leicht haben. Aber ich möchte doch bitten, dass Sie die einleitung fertig stellen. Die verleger sind in diesem punkte ganz unzugänglich geworden; ich fürchte, auch ein vorgelegter brouillon bestimmt sie nicht zum beginne des satzes. Ich kann es ihnen auch nicht ganz verargen; denn es ist fatal ein heft ¾ jahre lang fertig zu haben und immer noch auf die einleitung zu warten. Dazu kommt, dass sie das tempo überhaupt eher verlangsamern <!> als beschleunigen wollen, weil der bisherige absatz ihnen nicht genügt. Aber Ihren Uz drucken wir, sobald das ms. druckfertig ist, darauf können Sie sich verlassen.

Von Kochs Zs. erwarte ich mir gar nichts. Ich habe ihm, dessen leeres strebertum mir im grunde der seele zuwider ist, auf seine zusendung des programmes nicht geantwortet. Dann traf ich ihn in Weimar und schlug die mitarbeiterschaft vorläufig ab, hielt ihm auch die verdiente standrede, wie er zur Goetheversammlung erscheinen möge, nachdem er in den Bll. f. bair. gymn. wesen so unflätig über die clique, die die gesellschaft beherrsche, geschimpft habe[5] und sonst jede gelegenheit benütze Scherer und seine freunde in der boshaftesten weise in den kot zu ziehen. An diesem gesellen verfängt nichts. Zum dank für meine grobheit verfolgt er mich mit höflichkeit. Mir ists leid, wenn Sie und andere anständige menschen unter seinen namen arbeiten stellen.

Sagen Sie mir eben so offen Ihre meinung über Franzos' Deutsche dichtung.[6] Er forderte mich brieflich zur mitarbeiterschaft auf.

Von der ghgl. Goethebiographie erwart ich mir wenig. H v Loepers kenntnisse in ehren, schreiben kann er nicht.

Ein Schiller von Brahm wird ihm den fluch aller schwaben zuziehen. Mir ists willkommen, wenn einmal ein zersetzender geist über Schiller kommt. Ich weiß die übertreibungen dann schon abzustumpfen. Aber vor büchern wie Weltrichs bewahr uns ein gütiger gott. Ich hoffe, dass er das ende seines buches nicht erlebt.

Ich habe eben eine rezension über Biedermanns N. G. Forschungen abgeschlossen, mich für Satyros-Herder erklärt und über Elpenor viel getüftelt.[7] Bin selbst begierig wie mir diese denkübung gedruckt gefällt. Ich fürchte, sie blamiert mich. Aber ich habe nicht zeit, sie länger ausreifen zu lassen.

Jetzt bin ich wider bei Wielandbriefen. Die bächlein rieseln noch. London und Brüssel müssen auch herhalten.

Ich hoffe, Sie werden noch besser in Prag eingewöhnen, als sie es jetzt zu sein scheinen. Und ich hoffe, Sie bekommen Anlass, mir zum einleben in Graz zu helfen. Freilich weiss ich noch nicht mehr als Sie aus den zeitungen oder von Schönbach erfuhren. Heinzel scheint sich der sache anzunehmen. Und es können noch wochen und monate vergehen, ehe ein verheissungsvoller schritt für oder gegen geschieht. Möglich, dass ich einmal selbst in Wien mich produciere, aber lieber unterlasse ichs. Doch könnten Sie die güte haben, mir für den fall der reise – die dann wol <u>bald</u> geschehen würde – einen gasthof zu nennen, der anständig u. doch dem geldbeutel nicht zu gefährlich ist. Fahre ich und höre ich gutes, so geh ich über Graz zurück, wenn ich hier so lange kolleg schwänzen kann (jedesfalls jage ich) und wo soll ich in Graz absteigen, wenn ich überhaupt übernachte?

In Wien werde ich an Minor nicht vorübergehen, möchte aber doch von Ihrer freundschaft vertraulich erfahren, welche aufnahme ich zu gewärtigen habe.

Mit den besten grüssen und wünschen

Ihr

treu ergebener

BSeuffert

Handschrift: StAW. 1 Dbl., 4 S. beschrieben. Grundschrift: lateinisch.

1 *Joseph Victor von Scheffel: Gaudeamus! Lieder aus dem Engeren und Weiteren. Stuttgart: Metzler, [1868].*
2 *Joseph Victor von Scheffel: Der Trompeter von Säckingen. Ein Sang vom Oberrhein. Stuttgart: Metzler, 1854.*
3 *Joseph Victor von Scheffel: Ekkehard. Eine Geschichte aus dem zehnten Jahrhundert. Frankfurt/M.: Meidinger, 1855 (Deutsche Bibliothek. 7).*
4 *Die von Gustav von Loeper, Wilhelm Scherer und Erich Schmidt aufgestellten »Grundsätze für die Weimarische Ausgabe von Goethes Werken« waren den Mitarbeitern im Sommer 1886 zugesandt worden. § 14 (Grundsätze [WA], S. 8) lautet: »Herr Bernhard Seuffert besorgt als Generalcorrector der Ausgabe die letzte Durchsicht aller Druckbogen.«*
5 *Max Koch machte die von Seuffert monierten Äußerungen in einer Rezension zu Heinrich Düntzers »Abhandlungen zu Goethes Leben und Werken« (2 Bde. Leipzig: Wartig, 1885) in den »Blättern für das Bayer. Gymnasialschulwesen« (Bd. 21 [1885], S. 43–49; alle folgenden Zitate S. 44). Diese hebt mit einer allgemeinen Würdigung von Düntzers Goethe-Forschungen an, der schon vor einem halben Jahrhundert, jene »gründliche, wissenschaftliche Durchforschung von Goethes Schriften und Leben [...] ziemlich allein stehend« gefordert habe, wie sie erst jetzt »in weitesten Kreisen als berechtigtes und vor allem in nationa-*

ler Beziehung wichtiges Ziel anerkannt« werde. Die Weimarer Goethe-Gesellschaft und die Arbeiten des Goethe-Archivs seien jedoch zu einer einseitigen parteilichen Angelegenheit gemacht worden, die von einer »bestimmte[n] Schule« – gemeint sind offenbar die Schüler Wilhelm Scherers und Erich Schmidts – betrieben werde, während bedeutende Forscher wie Düntzer ausgeschlossen seien: »Was eine nationale Sache hätte werden sollen und können, ist zur Domaine einer vielfach von Parteiinteressen beherrschten, trefflich disziplinierten Schule verengert. Die thatsächliche Anerkennung und Ausbreitung der Notwendigkeit einer wissenschaftlichen Beschäftigung mit Goethe, welche in dem raschen Anwachsen der Mitgliederzahl der Goethegesellschaft liegt, muss indessen trotz des Bedauerns über jenes engherzige Parteiwesen jedem, dem es um die Sache selbst zu thun ist, mit Genugthuung erfüllen. Wenn Düntzer auch gleich [Friedrich] Zarncke, [Karl] Bartsch, [Karl Julius] Schröer, [Michael] Bernays und andern Götheforschern bei der Gründung der Goethegesellschaft von der herrschenden Schule zur Seite gedrängt wurde, die Goethegesellschaft wird keine Arbeit in Angriff nehmen können, bei der nicht Düntzers und seiner Leistungen auf dem Felde der Goethelitteratur gedacht werden müsste.«

6 Karl Emil Franzos' literarische Halbmonatsschrift »Deutsche Dichtung« erschien von 1886 bis 1904. Sauer antwortete in einem Brief vom 22.6.1886 (ÖNB, Autogr. 422/1-87): »Gegen Franzos habe ich ein altes Vorurteil; er ist und bleibt doch ein polnischer Jude und diese Sorte kenne ich. Ich habe ihm abgeschrieben; war aber dabei auch etwas von dem Gedanken beeinflußt, Cottas nicht vor den Kopf zu stoßen, die mit Bonz [dem Verlag von A. Bonz in Stuttgart] in Feindschaft leben.«

7 In seiner Besprechung zur zweiten Ausgabe von Biedermanns »Goethe-Forschungen« (s. Brief 56, Anm. 9) bezog Seuffert ausführlich zu den seit längerer Zeit kontrovers geführten Diskussionen über die Deutung von Goethes Verssatire »Satyros oder Der vergötterte Waldteufel« (1773) sowie zur Entstehung des Dramenfragments »Elpenor« (1781/84) Stellung. Hinsichtlich der strittigen Frage, ob Herder oder Johann Bernhard Basedow das »Urbild« für Goethes »Satyros« gewesen sei, über die sich zwischen Biedermann und Wilhelm Scherer sowie ihren jeweiligen Unterstützern eine langjährige Debatte entzündet hatte, die zeitweise auch außerhalb der Goethe-Philologie Aufsehen erregte, schloss sich Seuffert – »nicht ohne Schwankungen des Urtheils« (AfLg 14 [1886], S. 383) – Scherers entschiedener Deutung auf Herder an (s. Wilhelm Scherer: Aus Goethes Frühzeit. Bruchstücke eines Commentares zum jungen Goethe. Mit Beiträgen von Jacob Minor, Max Posner, Erich Schmidt. Straßburg, London: Trübner, 1879 [QF. 34], S. 43–68; ders.: Satyros und Brey. In: GJb 1 [1880], S. 81–118; Biedermann: Goethe-Forschungen, S. 11–84).

65. (B) Sauer an Seuffert in Würzburg
    Prag, 22. Juni 1886. Dienstag

Lieber Freund!
Nur in Eile einige Zeilen! Sie werden durch Schönbach die Absicht des Ministeriums erfahren haben.[1] Wenn es mit Ihren Verhältnissen halbwegs vereinbar ist: bitte, gehen Sie auf den Vorschlag ein. Thun Sie es nicht, dann setzt uns das Ministerium noch den greulichen Wackernell nach Graz und ich würde mich über einen solchen Nachfolger zu Tode ärgern. Aus der Generalrevision der Goethe-Ausgabe erfließt Ihnen auf Jahre hinaus eine sichere und regelmäßige Einnahme, die Ihnen über diese Zeit hinweghelfen wird und Graz ist billig. Kein Zweifel, daß sich inzwischen ein

bestimmtes Gehalt wird herausschlagen lassen. Vielleicht lassen Sie sich einen bestimmten Termin dafür vom Ministerium zusichern.

Ich kann nur sagen: es wäre für die Sache ein Unglück, wenn Sie nicht beistimmten.

Mit freundlichen Grüßen
Ihr
treulich ergebener
August Sauer.

Prag 22/6 86.

Handschrift: ÖNB, Autogr. 422/1-86. 1 Bl., 2 S. beschrieben. *Grundschrift:* deutsch.

1 betrifft die Verhandlungen über die Berufung nach Graz. Seuffert akzeptierte die für ihn relativ ungünstigen finanziellen Bedingungen, die das Ministerium an den Ruf knüpfte (Brief 61, Anm. 2). Über den Stand des Verfahrens antwortete er Sauer in einem Brief vom 24.6.1886 (StAW): »Einer berufung nach Graz auf der bezeichneten grundlage werde ich keine schwierigkeiten in den weg legen. Wäre ich nur erst so weit, dass ich ernstlich den ruf erwarten dürfte. Ich mistraue dem minister und fühle mich nach den vorsichtigen mitteilungen Heinzels zu dem optimismus, den nun Schönbach hat, nicht berechtigt.«

66. (K) Seuffert an Sauer in Wien
Würzburg, 23. August 1886. Montag

Lfr. Gestern lief das berufungsschreiben von David ein. Vielleicht komm ich bald nach Wien.   Schönbach sprach ich vergangenen freitag in Erlangen.¹ Dann fuhr ich nach Jena zu Schmidt u. paktierte über die generalkorrektur und die mitredaktion an Scherers stelle.² Gestern abends kam ich zurück.

In eile
Ihr
treu ergebener
BSeuffert

Wzbg. Herzogeng. 5
23 VIII 86.

Handschrift: StAW. Postkarte. *Adresse:* Herrn Dr. August Sauer / Professor an der universität Prag / Wien IX / Pelikangasse 10. 2. Tr. *Poststempel:* 1) Würzburg, 23.8.1886 – 2) Wien Alsergrund, 24.8.1886. *Grundschrift:* lateinisch.

1 *Seuffert traf sich zwischen dem 20. und 28.8. zweimal mit Anton E. Schönbach in Erlangen, um über Einzelheiten der Annahme des Rufes nach Graz zu verhandeln (s. auch Brief 68).*
2 *Wilhelm Scherer war am 6.8.1886, nur wenige Tage nachdem er einen zweiten Schlaganfall erlitten hatte, in Berlin gestorben.*

67. *(B) Sauer an Seuffert in Würzburg*
    Wien, 24. August 1886. Dienstag

Wien, IX Pelikangasse 10.

L. F.   Ich freue mich herzlich, daß die Sache endlich in Fluß kommt! Möge es Ihnen bei uns recht gut gefallen u. recht gut gehen!

Ich bitte Sie sehr, falls Sie nach Wien kommen, [mic]h rechtzeitig zu verständigen, daß ich Sie am Bahnhof erwarten und Ihnen etwas an die Hand gehen kann. Für die Vormittage (bis zwei Uhr) freilich müßten Sie mich im weiteren Verlauf Ihres Hierseins entschuldigen; aber d. Nachmittag & Abend soll ganz Ihnen gehören.

Mich hat Scherers Tod halb krank gemacht; [s]. arme 70jährige Mutter[1], bei der ich einige Mal schon Stunden lang gesessen, ist schwer krank – ein rechter Jammer! Was wird nun in Berlin[2] werden!

Eiligst im Rathaus unter Grillparzerpapieren
   mit vielen Grüßen
   Ihr   AS.

24.8.86.

Handschrift: ÖNB, Autogr. 422/1-90. Kartenbrief. *Adresse:* Herrn Dr. Bernhard Seuffert / Privatdocent an der Universität / Würzburg. Bayern / Herzogengasse 5. *Poststempel:* 1) Wien, 25.8.1886 – 2) Würzburg, 26.8.1886. *Grundschrift:* deutsch.

1 *Anna Stadler.*
2 *betrifft die Besetzung der beiden germanistischen Lehrstühle in Berlin: Für die Nachfolge Scherers auf dem Ordinariat für Neuere deutsche Literaturgeschichte schlug die Philosophische Fakultät nach nur kurzer Beratung Scherers Schüler Erich Schmidt vor, der bereits am 6.12.1886 ernannt wurde, sein Amt aber – mit Rücksicht auf die Abwicklung seiner Verpflichtungen als Direktor des Goethe-Archivs – erst zum Sommersemester 1887 antrat. Für die Neubesetzung des von Karl Müllenhoff hinterlassenen Lehrstuhls für deutsche Philologie, die 1884 zunächst sistiert worden war, wurden Richard Heinzel (Wien), Elias von Steinmeyer (Erlangen) und Eduard Sievers (Tübingen) in Betracht gezogen. Nachdem Heinzel den an ihn ergangenen Ruf im Dezember 1886 abgelehnt hatte, beantragte die Fakultät beim Kultusminister, von einem Ruf vorläufig absehen zu wollen, da sich weder Steinmeyer, den die Fakultät im Zweifel vorgezogen hätte, noch Sievers »unzweifelhaft« für die Stelle eigneten. Das Ministerium folgte dem Vorschlag und ernannte statt-*

dessen zur Absicherung des Lehrbetriebs die bisherigen Berliner Privatdozenten Edward Schröder und Julius Hoffory, beide Schüler von Scherer und Müllenhoff, zu Extraordinarien. Erst 1889 wurde Karl Weinhold (Breslau) auf die zweite Professur berufen und übernahm neben Schmidt die Direktion des 1887 eröffneten Germanischen Seminars in Berlin (s. Wolfgang Höppner: Wilhelm Scherer, Erich Schmidt und die Gründung des Germanischen Seminars an der Berliner Universität. In: ZfG 9 [1988], S. 545–557, bes.: S. 546–549).

68. *(B) Seuffert an Sauer in Wien*
   Würzburg, 28. August 1886. Samstag

Würzburg Herzogeng. 5
28 VII 86

Lieber freund,
Dank für Ihre wünsche. Ich habe Schönbach zweimal in Erlangen besucht und nach der zweiten zwiesprache gestern meine annahme der berufung bedingungslos erklärt. Hoffentlich fällt nun kein stein mehr aufs geleise und kommt die ernennung ohne allzu starke geduldprüfung.

Schönbach erklärte mein jetziges erscheinen in Wien für ganz überflüssig und so komme ich nicht dahin. Aber ich treffe Sie doch noch dort, wenn wenigstens meine braut von ihrem scharlach so weit erholt ist, dass ende september die hochzeit[1] u. dann die übersiedelung nach Graz statt finden kann. Ich werde dann zuvor in Wien besuche machen müssen.

Haben Sie unter Ihren Grillparzerarbeiten eine müssige und zerstreute stunde, die sie dem praktischen alltag opfern mögen, so erinnern Sie sich Ihres versprechens, mich über Grazer personen und verhältnisse zu unterrichten. Für das äusserlichste und doch wichtige werden Sie freilig wenig rat spenden können. Schönbach wünschte, dass ich selbst zum wohnungmieten vorher komme; aber das ist mir zu kostspielig. Lässt er oder ein anderer hilfreicher mann – den ich nicht kenne – sich nicht darauf ein, für mich zu mieten, so nehme ich, was ich eben sofort haben kann, im oktober. Haben Sie junggeselle erfahrung, ob ich etwa 5 zimmer für höchstens 500 fl. haben kann und in welchem stadtteile ich am besten <u>bescheiden</u> unterkommen, so enthalten Sie mir sie nicht vor.

Schönbach empfiehlt eine antrittsvorlesung[2] zu halten. Da ist wol kürze das beste, der gehalt nebensache. Oder darf man eine glockenstunde sprechen? Sie schrieben von einer kommerce rede <!> gelehrten inhaltes.[3] Werde ich auch in diese ganz ungewohnte verlegenheit kommen? Derlei kommerce kennen wir hier gar nicht.

Wie ist das gesellige leben? Rege u. nahe und einfach, oder sprungweise, steif und üppig? Familiär oder nur im bierhause?

Ich hätte so viel zu fragen, aber es ginge fragen u. antworten mündlich so viel leichter, und ich darf Ihre arbeitszeit nicht schädigen. Sonst fragte ich, ob die kleidungspreise hoch sind – dann staffierte ich mich hier vorsorglich aus –, ob schreinerarbeiten hoch bezahlt werden – dann liesse ich mir hier noch büchergestelle machen totz der transportkosten.

Wie viel haben Sie umzugsentschädigung nach Prag erhalten? Wissen Sie etwas davon, ob versetzungs- und brautgut frei von zoll eingeht?

– – – –

Scherers tod geht uns allen mit dem gefühle der verwaisung nach. Was in Berlin werden wird, weiss wol noch niemand. Schmidt, Steinmeyer, Schönbach, Martin, Lexer wissen so viele vermutungen wie Sie und ich, aber nicht mehr. Mit Martin, Steinmeyer u. Schönbach war ich jüngst in Bamberg beisammen.   Dass ich bei Schmidt war und die generalkorrektur u. mitredaktion der Weimarschen ausgabe übernahm, schrieb ich wol schon.

Ich bin zerstreut, hastig, freue und fürchte mich.   Wir wollen nun die staatliche gemeinschaft zu doppelt guter freundschaft ausnützen. Das ist mir einer der wenigen festen punkte der zukunft und ein lieber punkt.

Lassen Sie mich abbrechen. Ich habe zu viel am herzen, um gemütlich zu plaudern.
Grüssend
Ihr
BSeuffert

Handschrift: StAW. 1 Dbl., 4 S. beschrieben. Grundschrift: lateinisch.

1   *Die Eheschließung zwischen Seuffert und Anna Rothenhöfer erfolgte am 14.10.1886 in Würzburg. Das Paar war bereits seit August 1878 verlobt.*
2   *Seuffert hat, soweit ermittelt, keine Antrittsvorlesung in Graz gehalten.*
3   *Sauer hatte seine Grazer Scheffelrede bei einem Kommers in Prag wiederholt (s. Brief 61, Anm. 1).*

69. *(B) Sauer an Seuffert in Würzburg*
    Wien, 30. August 1886. Montag

Wien IX Pelikangasse 10.
30. August 86.

Lieber Freund! Ich hoffe mit Ihnen, daß nun alles glatt ablaufe und daß ich Sie mit Ihrer jungen Frau Ende Spt. oder Anfang October hier noch werde begrüßen können.

Da wird sich mündlich noch manches aussprechen lassen, wovor die Feder zurückzuckt. Aber die wichtigsten Ihrer Fragen hoffe ich Ihnen genügend beantworten zu können.

Freilich wegen der Wohnung weiß ich wenig Rath. Sie können nur in den neuen Stadttheil (Jakomini)[1] ziehen und müßen Sich eine der ruhigen Straßen Lessing-Rechbauerstraße etc. aussuchen; die Straße, in der ich wohnte ist eine der ruhigsten. Aber theuer sind die Wohnungen dort allerdings und um 500 fl. werden Sie wol nur 4 Zimmer kriegen. Wenn Schönbach sich nicht angetragen hat, Ihnen etwas zu verschaffen, so will ich Mittel und Wege suchen, Ihnen eine Wohnung miethen zu lassen – freilich auf die Gefahr hin, daß sie Ihnen nicht ganz convenirt. Aber im October ist es auch schwer, etwas passendes zu erraffen.

Ich habe mich seinerzeit der Antrittsvorlesung in Graz entzogen, obgleich Schönbach sie gewünscht hatte, in Prag habe ich sie jetzt gehalten; Sie müßen doch ¾ Stunden reden; ich würde zu keinem speziellen Thema [r]athen; etwas methodologisches empfiehlt sich am besten. Oder eine Einleitung zu Ihrem Hauptcolleg? –

Wegen der Kommersrede müßen Sie mich misverstanden haben. Gelehrte Reden werden da überhaupt nicht gehalten und als neuangekommener, als Ausländer noch dazu können Sie sich durch lange [J]ahre hindurch aller solcher Zumuthungen entziehen. Es gibt viele Leute in Graz, die nie eine öffentliche Rede gehalten haben.

Über die geselligen Verhältnisse könnte ich Ihnen die genauesten Auskünfte geben, wenn Sie als Junggeselle einzögen. Mit der Frau gestaltet sich so etwas anders; jedenfalls viel complicirter. Die Fakultäten pflegen in Graz ziemlich abgeschlossen zu sein; dennoch würde ich Ihnen rathen bei Helly, dem Gynokologen <!> Besuch zu machen, dessen praktische Frau[2] in allen häuslichen Dingen als Orakel gehört wird; wenn Sie an Krafft-Ebing, den Psychiatriker heran könnten, wäre da[s v]on großem Vortheil. Er ist ein Badenser, seine Frau[3] – glaube ich – auch eine Reichsdeutsche. Ich habe in beiden Häusern nicht verkehrt. Was unsere Fakultät betrifft, so empfehle ich Ihnen als den Treuesten der Treuen Prof. Gurlitt, eine goldene, reine Seele; [e]in gescheuter Mensch, der, mehr Künstler als Professor, es leider in der letztern Laufbahn noch nicht sehr weit gebracht hat. Seine Frau[4] ist mir unter allen in Graz die sympathischeste; sie ist auch ganz anders als die andern; in einem hocharistokratischen, fürstlichen Hause erzogen hat sie mit [d]er Feinheit der Bildung nicht auch zugleich die Ansprüche des Adels in sich aufgenommen und waltet in ihren bescheidenen Verhältnissen als die lieblichste Hausfrau. Prof. Bauer (alte Geschichte) wird Sie durch sein liebenswürdiges Behnemen <!> gewiß bald gewinnen; seine Frau[5] könnte der Ihrigen wol in praktischen Fr[ag]en gut an die Hand gehen. Von jüngeren Collegen sei Ihnen Prof. Haberlandt, der Botaniker warm ans Herz gelegt; dessen Frau,[6] eine Würtembergerin, anfangs still und scheu, bei näherem Bekanntwerden etwas ungemein Anziehendes hat. Endlich sind aus meinem näch/ste/n Freundeskreise – denn diesen habe ich zuerst umrissen – Zwiedineck und Frau[7] hervorzuheben; stoßen Sie sich bei ersterem nicht an dem burschikosen Wesen, das manchmal durchbricht, bei letzterer nicht an [d]en etwas pretensiösen Allüren – die französischen Ausdrücke sind absichtlich gewählt – : Sie werden in beiden ein paar herzensgute Leute kennen lernen, die Ihnen gewiß aufs freundlichste entgegenkommen werden. In allen diesen Häusern werden Sie sans gêne[8] nur im kleinen Kreise verkehren und sich hoffentlich wohl fühlen.

Von älteren Collegen machen zunächst Karajans Haus: ich bin im Groll von der Frau[9] geschieden, Ihrer übertriebenen Zimperlichkeit wegen u. Schönbach wird Ihnen auch nur böse Erfahrungen mittheilen: aber sie ist eine ganz gescheut[e] Frau, die mit Ihrem Wissen nur etwas weniger flunkern müßte; eine Mainzerin; da gibt es im Winter steife und trockene Musik-Abende. Dann kämen für Sie wol Graffs in Betracht, wo zwar nicht ich, aber Schönbach und andere angenehm verkehren. Er war früher an der Forstakademie in Ascha/ff/enburg; seine Frau[10] ist zwar eine Grazerin – wie ich glaube – hat aber viel deutsches Wesen angenommen. Bei Krones und Goldbacher da werden Sie zu größeren Tafeln geladen werden, die dann meistens [r]echt ungemütlich ausfallen; in diesen beiden Familien, sowie beim Chemiker Pebal herrscht am meisten österreichischer Ton und wenn dieser vermieden, umgangen werden soll, wirds einfach gräulich. Wappnen Sie sich da mit Geduld! (Bei Gott: [d]er Brief wird sehr vertraulich; denn wenigstens bei Krones war ich viel im Hause; aber immer nur en petite comitee[11] und als Junggeselle. Frau Gurlitt hat beide Häuser längst aufgegeben.) Erich Schmidt wird Sie gewiß an den Chemiker Schwarz von der Technik[12] weisen, eine angenehme sächsische Familie; die Frau [r]echt hausmütterlich. Da waren noch vor zwei Jahren große Tafeln, bei denen die Tische sich bogen; aber durch Krankheit ist es unterbrochen worden. – Die Gasthausgesellschaften kenne ich zu wenig; Bauer hat als Junggeselle eine regelmäßige Skatgesellschaft gehabt[,] die er auch jetzt noch gelegentlich besucht. Sonst gehen die Professoren wenig in Gasthäuser.

Wegen Kleidung fehlt mir der Maßstab. Ich habe in dem »1. Männer-Kleider-Macher Consortium« Herrengasse (ich glaube 5; [g]leich beim Auerspergbrunnen arbeiten lassen u. war zufrieden. Mein Winterrock kostete dort fl. 40; ein Salonrock 32; aber da müßte man die Sachen erst sehen. Hingegen glaube ich, daß Sie die Büchergestelle in Graz billiger und ebenso gut bekommen. Werner hat sich als er schon im Lemberg war, von Graz alles nachschaffen [l]assen. Gurlitt hat einen vorzüglichen Schreiner; auch Zwiedinecks Stellagen sind hübsch. Meine waren und sind ganz einfach; bei einem Tischler in der Sparbersbachgasse, (Nr. etwa 31 oder 33??) gemacht, den ich für ganz gewöhnliche Arbeit empfehlen kann. Wegen Übersiedlungsgebühr müßen Sie mit dem Ministerium verhandeln. Ich habe seinerzeit für die Strecke Lemberg *[–]* Graz 150 fl. (Werner für dieselbe 200) bekommen; nach Prag habe ich noch nichts erhalten; bei Avançement¹³ *<!>* gebührt nichts; ich habe aber angesucht. Österreich ist in dieser Beziehung sehr knickerig; Sie müßen dem Minister direct deswegen zu Leibe gehen. Versetzungs- und Brautgut ist unbedingt zollfrei (ich weiß es von Schmidts Übersiedlung und sonst); aber es müßen genaue Verzeichnisse angefertigt u. an dem Aufgabeort – von wem?? – bestätigt sein.

So viel, lieber Freund, etwas eilig und flüchtig; aber zunächst wol genügend. Bitte, stellen Sie mir weitere Fragen; ich antworte sehr gern. Wegen der Wohnung präcisiren Sie Ihre Wünsche und ich will mein Glück probiren.

Sind wir auch in Zukunft weit auseinander, so treffen wir uns doch wol öfter im gemeinsamen Mittelpunkt und *[G]*raz soll mir von nun an eine doppelt angenehme Besuchsstation sein.

Herzlichst
Ihr
aufrichtiger
ASauer.

Handschrift: ÖNB, Autogr. 422/1-91. 3 Dbl. u. 1 Bl., 13 S. beschrieben. Gedruckter Briefkopf auf der jeweils ersten Seite der Doppelblätter, auf S. 1 durchgestrichen: Prag, 3, Stefansgasse. *Grundschrift: deutsch.*

1 *Die Grazer Vorstadt Jakomini, benannt nach ihrem Stifter Kaspar Andreas von Jakomini, war 1869 im Rahmen einer Gemeindereform als II. (heute IV.) Grazer Stadtbezirk eingemeindet. Seuffert mietete seine Wohnung in der Harrachgasse 1, unweit des Campus der Neuen Universität im Stadtzentrum.*
2 *Josefina von Helly.*
3 *Luise von Krafft-Ebing.*
4 *Mary Angelique Gurlitt, die leibliche Tochter von James Gotthold Sabatt und Josephine Maria von Gaupp-Berghausen, war als Pflegekind von Hugo K. F. Fürst und Altgraf zu Salm-Reifferscheidt-Raitz und seiner Frau Elisabeth, einer geborenen Prinzessin von und zu Liechtenstein, in Wien aufgewachsen (s. [Art.] Gurlitt. In: Deutsches Geschlechterbuch 22 [1912], S. 118 f.).*
5 *Amalie Bauer.*
6 *Charlotte Haberlandt.*
7 *Anna Zwiedineck.*
8 *franz.: ungezwungen, nach Belieben.*
9 *Auguste von Karajan.*
10 *Eugenie Graff de Panscova.*
11 *recte: en petit comité; franz.: in kleiner Runde.*
12 *Der Chemiker Heinrich Schwarz war Professor an der Technischen Hochschule Graz. Der Name seiner Frau konnte nicht ermittelt werden.*
13 *recte: avancement; franz.: Aufrücken in eine höhere Stellung.*

70. *(B) Seuffert an Sauer in Wien*
   Würzburg, 1. September 1886. Mittwoch

Würzburg Herzogeng. 5. 1 IX 86

Lieber freund,
Ihr brief ist goldes wert. Ich danke Ihnen lebhaft dafür und werde die vertraulichen äusserungen redlich für mich bewahren aber auch für mich nutzen. Gurlitts werden Sie uns ja nicht gönnen; soll er nicht nach Prag[1] kommen? Graff kenne ich, wie ich mich jetzt erst erinnere; d. h. ich hab einmal mit ihm und seinem freunde Erich Schmidt ein stündchen verkneipt. Sonst sah ich ihn nicht. Noch kenne ich von aussen einen liebenswürdigen alten herrn v. Ettingshausen oder wie, botaniker seines zeichens, der hier beim jubiläum[2] war. Sie nannten ihn nicht. Ihr schreiben war sehr woltätig, denn eine freundin[3] meiner braut, die kurze zeit in Graz lebte, bis ihr vater (Röll, direktor der tierarzneischule oder so was) reaktiviert nach Wien zurückkehrte, hatte ein ziemlich tristes bild vom Grazer dasein gezeichnet. Ich bin recht dankbar, dass Sie es etwas menschlich belebten.

Ihre güte wegen der wohnung in anspruch zu nehmen, behalt ich mir vor. Jetzt hab ich noch nicht courage zu mieten; oder meinen Sie, das dekret sei unausbleiblich? Auch hat Schönbach sich erboten, adressen zu sammeln und ich denke, dann ist die mühe des mietens nicht mehr gross, dessen odium er nur scheut. Oder fällt derlei Schönbach schwer? ist er eine unpraktische natur? Er bot auch seine haushälterin, frau Pöltl oder ähnlich an. Ist sie die perle, für die er sie hält? Darf man ihr eine bemühung zumuten und anvertrauen?

Sie sehen ich schreibe gleich wider einen brief mit fragezeichen und da Sies erlaubt haben, fahr ich darin fort. Antworten Sie mir nur lakonisch, damit Ihre zeit nicht allzu sehr darunter leidet. Aber Ihre auskünfte haben meiner braut u. mir so imponiert, dass wir uns gerne weiter an sie klammern.

Also: pflegt es in Graz grimmig kalt zu werden? ich meine, dass 10 und mehr kältegrade Réaumur anhalten?

Wegen der wohnung: die universität ist doch noch in der stadt beim dome? ich habe einen stadtplan von 1882 vor mir, wo ein neubau in der nähe der Schubertgasse bei naturwissenschaftlichen instituten skizziert ist.[4] Ist hier das kollegienhaus? Ich scheu weite wege nicht, denke also der billigkeit wegen an die peripherie der neuen stadtteile zu ziehen, wenn es da nicht besondere hinderungsgründe gibt. Auch viele treppen irren mich nicht. Die freundin meiner braut tat als ob überall gasleitung wäre; mir ist eine hängelampe lieber. Vier ordentliche zimmer oder drei mittelgrosse u. zwei kleinere, dazu magdkammer, garderobe oder dgl. wären mir lieb. Auf wanzen und derlei gäste verzichte ich gerne. Oder stellen sie sich überall von selbst und ungebeten ein? wie in Berlin O?   Bitte nennen Sie mir einen führer von Graz mit stadtplan, den ich mir durch die hiesige buchhandlung besorgen kann. Ich würde mir den neuen Bädeker kaufen, wenn nicht gerade auf 1887 eine neue auflage[5] versprochen wäre und ich nicht lieber etwas ausführlicheres hätte.   Ich mag Schönbach nicht darum schreiben, weil das wie bettelei ausschaut.

Noch eins! Schönbach empfahl mir italienisch zu lernen wegen der prüfungen – und dann sauste der zug mit ihm ab. Ich lese nun so leidlich italienisch, aber ich kanns nicht schreiben geschweige sprechen. Wozu brauch ichs? u. wie viel?

Meine braut liegt immer noch zu bette an ihrem fatalen scharlach. Das erschwert den abschluss der vorbereitungen ungemein. Hoffentlich kommt nicht auch noch besorgnis dazu.

Kennen Sie Linz? lohnt sich ein kurzer aufenthalt da? und wo sollte man absteigen? Ich denke daran, bei gutem wetter von Passau an auf der Donau zu fahren, das soll sehr hübsch sein. Bädeker empfiehlt auch über Linz hinaus die wasserstrasse zu ziehen. Das wird aber die langsamkeit des vorwärtskommens nicht lohnen?

Ihre übersiedelungsgelder sind knapp. In Baiern erhält jeder von auswärts berufene solche gelder bis zu 2400 m. worin allerdings die anstellungstaxe 10 % vom gehalt inbegriffen ist. Nur wer in Baiern avanciert, erhält nichts (also wie Sie von Graz nach Prag).

Sagen Sie mir gelegentlich auch darüber noch ein wort aus Ihrer erfahrung. Schmidt drängte mich bedingnisse vorher abzumachen und auch Sie rieten s. z. mir zuvor den zeitpunkt des überganges der unbesoldeten lehrkanzel in eine systemisierte versprechen zu lassen.[6] Schönbach widerriet jeden anspruch als gefährlich für den ausgang so entschieden, dass ich mich mit gebundenen händen dem ministerialrat zu füssen warf. Schönbach sagte, nach u. nach liessen sich allerlei kleine aufbesserungen, seminarvorstandschaft, dann später remuneration hiefür, weiter aufbesserung u. s. f. erreichen, auch die übersiedelungskosten sollte ich erst später fordern. Hat Schönbach mit dieser auffassung der staatsverwaltung recht? oder behandelt er gerne alles dilatorisch? Ich vertraue mich mit solchen fragen Ihrer diskretion an, wie Sie der meinigen für Ihre antworten sicher sind.

So viel heute. Sie sind gar nicht sicher, dass bald wider ein fragebogen kommt. Haben Sie geduld mit mir.

Denken Sie nur, Martin will in einem jahre den Wackernagel[7] bis zum schlusse – Platen-Rückert scheint es – fertig haben. So sagte er mir. Ich glaube aber, er wollte mir dadurch nur ad oculos[8] demonstrieren, dass er der richtigste nachfolger Scherers ist. Flehen Sie doch mit mir zu den guten göttern, dass sie uns den balken nicht zum könige setzen.

Treulich
Ihr
BSeuffert

Handschrift: StAW. 1 Dbl. u. 1 Bl., 6 S. beschrieben. Grundschrift: lateinisch.

1 *Wilhelm Gurlitt war vmtl. für die Neubesetzung für den Lehrstuhl für Klassische Archäologie in Prag im Gespräch, dessen bisheriger Inhaber Eugen Petersen 1886 Erster Sekretär des Deutschen Archäologischen Instituts in Athen geworden war. Die Stelle wurde jedoch erst 1892 wiederbesetzt.*
2 *Gemeint sind die Feierlichkeiten zum 300. Jahrestag der Gründung der Julius-Maximilians-Universität zu Würzburg im Jahr 1882.*
3 *Maria Röll.*
4 *Die 1871 beschlossenen Erweiterungspläne für die neue Grazer Universität waren zu dieser Zeit erst teilweise realisiert. Auf neu erschlossenem Baugrund zwischen Heinrichstraße und Schubertgasse wurden 1875 das Physikalische Institut und 1878 das Chemische Institut eröffnet. Das neue Hauptgebäude der Karl-Franzens-Universität konnte erst mit großer Verspätung in den Jahren 1891 bis 1895 fertiggestellt werden (s. Walter Höflechner: Zur Geschichte der Universität Graz. In: Tradition und Herausforderung. 400 Jahre Universität Graz. Hrsg. Kurt Freisitzer, Walter Höflechner, Hans-Ludwig Holzer und Wolfgang Mantl. Graz, 1985, S. 3–76, hier: S. 36 f.)*
5 *K[arl] Baedeker: Oesterreich-Ungarn. Handbuch für Reisende. Mit 24 Karten und 22 Plänen. 21. Aufl. Leipzig: Baedeker, 1887.*
6 *s. Brief 65.*
7 *Wilhelm Wackernagel: Geschichte der Deutschen Litteratur. Ein Handbuch. 2. verm. u. verb. Aufl. besorgt von Ernst Martin. 2 Bde. Basel: Schweighauser; Schwabe, 1879–1894 (Deutsches Lesebuch. 4, 1–2). Der zweite Band, der größtenteils auf Martins eigenen Forschungen beruhte, begann 1885 in Lieferungen zu erscheinen.*
8 *lat.: vor Augen.*

71. *(B) Sauer an Seuffert in Würzburg*
    Wien, 3. September 1886. Freitag

Wien, 3.9.86.

Lieber Freund! Es freut mich, daß meine raschen Bemerkungen ir[g]endwie nützlich sein können und wäre es auch nur zur momentanen Beruhigung eines furchtsamen Frauenherzens. Ich muß gleich heute antworten, weil die nächsten Tage durch eine in der Nähe unangenehme Verpflichtung – eine Rede bei der Enthüllung der Gedenktafel F. Raimunds in Pottenstein¹ – ausgefüllt sein werden.

Meine Revue der Collegen war nur nach dem Gesichtspunkt der Gefälligkeit angeordnet; da Ettingshausen, den ich sonst gut kenne, niemanden bei sich sieht, so habe ich ihn übergangen; nachträglich fiel mir aus meinem näheren Bekanntenkreise noch Dölter ein, der Mineralog; wo alljährlich ein großer Ball war [un]d wo ich auch sonst gelegentlich einen Sonntag-Abend verbrachte. Er ist der Sohn eines Juden und einer Creolin;² wenn er aus seiner türkischen Lethargie aufgescheucht wird (wie bei der Frage des chemischen Institutes³) ein brauchbarer, gar nicht unebener Mann. Sie, eine Wie[ner]in,⁴ aber, um mich des sonderbaren Ausdruckes zu bedienen, Aristokratenfexin; sehr oberflächlich; gelegentlich aber ganz amüsant. – Was die Freundin Ihrer Braut sagt begreife ich. Die Wiener sind alle unglücklich in Graz, eben weil sie Wiener sind. – Wenn Schönbach Ihnen versprochen hat, Adressen zu sammeln dann können Sie zufrieden sein; denn er rührt da keinen Fuß, das macht alles Frau Pöltl, die praktischeste <!> und bravste Person (nebenbei auch die häßlichste) die Sie sich vorstellen können. Ich habe freilich ein geheimes faible für Sie, weil Sie mich an meinen [s]tabilen Montag-Abenden mit meinen Lieblingsspeisen traktirte. Graz ist ziemlich rauh; da ich aber für Kälte gar nicht empfindlich bin, so kann ich die Grad-anzahl schwer angeben. Jedesfalls sorgen Sie sich so vor, als ob es 10° gäbe.

Die Universität, soweit Sie an derselben zu thun haben ist noch immer beim Dom; das neue Haus steht immer noch n[ur] auf dem Papier. Entfernungen gibt es in Graz überhaupt nicht; ich hatte von der Herz-Jesukirche (die Sie auf Ihrem Plan finden werden) zur Universität 12–15 Minuten (die Grazer nannten das freilich sehr weit). Also an die Peripherie der neuen Stadttheile können Sie sich immerhin ziehen; nur das Einkaufen, die Entfernu[n]g des Marktes (wo wol der jetzige Kaiser-Josefplatz bei der protestantischen Kirche) ins Auge zu fassen ist, gäbe zu bedenken. –

Möglich, daß die ganz neuen Häuser Gas haben; durchschnittlich ist es nicht. Ich hatte eine vollkommen reinliche Wohnung in Graz u. solche finden sich wol viele. Wenn ich Ihnen mit meinem Baedeker (denselben den ich in Würzburg kaufte 1884) bis auf weiteres aushelfen kann, so soll er per Kreuzband folgen; ich habe ihn ein[g]epackt; ich weiß eigentlich nicht wozu? Ich hatte – wenn ich nicht irre – einen Plan aus den »Steierischen Wanderbüchern«⁵ von dem Grazer Touristenverein herausgegeben u. war ganz zufrieden damit.

Das Italienisch lernen ist wieder eine der beliebten Schönbach-schen Schrullen. Da fiel ihm nichts anderes mehr ein u. da kam e[r] damit. Sie werden nemlich gelegentlich bei slavischen und italienischen Lehramtscandidaten zu constatiren haben, ob sie des Deutschen so weit mächtig seien, daß sie wissenschaftliche Werke lesen und verstehen können. Schönbach pflegte Ihnen <!> da eine von Lessings Fabeln lesen und [de]m Inhalt nach wiedergeben zu lassen; ich nahm meistens ein beliebiges Buch. Da müßten Sie also ebenso gut slovenisch lernen, was weder Schönbach selbst, noch irgend sonst jemand außer dem Slavisten kann. Also keine Spur einer Not[w]endigkeit!

Die Fahrt bis Linz soll auf der Donau sehr schön sein; daß es die andere ist, weiß ich aus eigener Erfahrung; Linz selbst ist ganz unbedeutend u. wol eines Aufenthaltes nicht werth; es wäre denn, daß Sie sich für das Landesmuseum interessiren, das, glaube ich, ziemlich reich ist. Aber dergleichen läßt man auf der Hochzeitsreise doch links liegen.

Hoffentlich geht es Ihrer Braut bald ganz gut. Das ist doch des Teufels, daß jetzt Krankheit dazwischen kommen muß.

Nun zu dem wichtigsten & schwierigsten. Würden Sie als »bezahlter außerordentl.« Prof. hereinberufen, dann wäre an einer Übersiedlungsgebühr nicht zu zweifeln; Sie werden aber wol – wie ich es war – zum »unbesoldeten außerord.« Prof mit Remuneration ernannt. Und da eben das ganze leicht an den Geldforderungen scheitern könnte, so ist es – nachdem Sie sich einmal entschloßen haben, unter diesen Verhältnissen, nach Graz zu gehen, besser, auf nicht*[s]* zu pochen. Immerhin können Sie, wenn irgend weitere Verhandlungen noch statt finden sollten, wegen dieser Übersiedl. Gebühr eine Forderung stellen. Schönbach ist in allen Dingen, die ihn selbst betreffen, sehr energisch u. zugreifend; zu mir sagte er ganz dasselbe, was er Ihnen sagte; aber alle die kleinen Aufbesserungen, Seminarremunerationen etc. erwiesen sich als Luft; ich hatte in Graz nur meine nackten 600 fl.; zweimal machte er Vorschläge, mit denen er Ihnen gegenüber auch nicht kargen wird u. er meinte wol auch, sie würden Erfolg haben; aber über diese akademische Art der Förderung hinaus, hob er keine Hand auf und ich habe es ihm gelegentlich eines Streites zum Vorwurf gemacht, daß er 2mal in Wien war – zu einer Zeit, wo ich Aufbesserung hoffte – u. *[de]*n Weg ins Ministerium nicht machte. Und wegen des Seminars steht es so. Schönbach hat 600 fl. Remuneration;[6] das ist sehr, sehr viel. Mehr kann das Ministerium nicht leicht zahlen; er müßte sich also entschließen, diese Remuneration mit Ihnen zu theilen. Ich habe es nicht ve*[rla]*ngt u. konnte es nicht verlangen. Er hat nie etwas dergleichen gethan. Übrigens wird in Ihrem Dekret stehen, was z. B. in meinem für Prag steht, daß das Seminar ohne Anspruch auf spezielle Vergütung zu leiten ist.

Alles das war u. ist bei mir. Ausländer hat man in der Regel viel coulanter behandelt. Überdies will Ihnen Heinzel sehr wol (der für mich nie etwas that) und Sie haben keinen Gegner in Wien; während Schmidt uns im Ministerium direct geschadet hat;[7] wenn auch nicht immer mala fide.[8]

Ihre Ernennung halte ich zwar für sicher; aber da haben Sie Recht: Wohnung miethen können Sie doch noch nicht!

Über Berlin höre ich böse Sachen; Sievers u. Willmanns oder beide sollen Aussicht haben.[9] Da wäre die lachmannsche Schule endgiltig todt. Ich kann nur immer wieder sagen: Scherers Tod ist ein großes, großes Unglück für uns alle.

Verzeihen Sie meine schlechte Schrift; ich habe heute Vormittag zwei mal meine Rede ins Reine geschrieben, einmal für mich und einmal für den Druck und da giengs jetzt nicht mehr besser.

Fragen Sie weiter, lieber Freund, u. ich will weiter antworten, so gut ich eben kann.   Herzlich grüßend

Ihr   Aug. Sauer.

Handschrift: ÖNB, Autogr. 422/1-92. 3 Dbl., 12 S. beschrieben. Gedruckter Briefkopf auf der jeweils ersten Seite der Doppelblätter, auf S. 1 durchgestrichen: Prag, 3, Stefansgasse. Grundschrift: deutsch.

1 *August Sauer: Ferdinand Raimund. Rede zur Enthüllung der Gedenktafel in Pottenstein. (5. September 1886). In: Deutsche Zeitung (Wien), Nr. 5273, 5.9.1886, Mo.-Bl., o. S. (wiederholt: Sauer: Reden und Aufsätze, S. 231–239). Die Gedenktafel wurde an Raimunds 50. Todestag vor dem Gasthof zum »Goldenen Hirschen« in Pottenstein/Niederösterreich enthüllt, wo er am 5.9.1836 gestorben war.*
2 *Cornelio August Doelter (y Cisterich) war aus Arroyo/Puerto Rico gebürtig. Sein Vater war der in Emmendingen geborene, nach Puerto Rico ausgewanderte Plantagenbesitzer Carl August Doelter, von lutherischer Konfession; die Mutter Francisca Doelter, geb. de Cisterich y de la Torre stammte aus Puerto Rico (s. Walther Fischer: Cornelio Doelter [1850–1930]. In: Joanneum. Mineralogisches Mitteilungsblatt, Nr. 1–2 [1971], S. 217–253, hier: S. 217 f.).*
3 *s. Brief 70, Anm. 4.*
4 *Eleonora Anna Philippine Doelter.*
5 *Steirische Wanderbücher. Hrsg. vom Fremdenverkehrs-Comité des steirischen Gebirgsvereines. 5 Bde. Graz: Pechel; Leykam, 1880–1885; hier Bd. 1: Graz und Umgebung.*
6 *s. Brief 61.*
7 *Sauer spielt hier auf die Strategien an, mit denen Erich Schmidt seit Sommer 1885 im Zusammenhang mit der Neubesetzung seines Wiener Lehrstuhls und bei den darauffolgenden Neubesetzungen in Prag und Graz agiert hatte. Seinen diesbezüglichen Plan erläuterte er in einem Brief an Jakob Minor vom 24.6.1885 (Briefw. Schmidt/Minor, Nr. 14, S. 84): »Ich gehe definitiv im October nach Weimar u. lege mein Scepter in Ihre Hände. Das unterliegt gar keinem Zweifel; hab auch [Ministerialreferent Benno von] David heut früh [...] gesagt u. er billigt die Wahl, die in der Comm. ganz sicher auf Sie primo wenn nicht unico loco fällt. Sie würden schon zum Herbst herberufen werden; zunächst als Eo. wie ich 1880. Dann muß Sauer avancieren (Schreiben Sie das, bitte, Sauer), u. wenn für ihn in Graz oder Prag gesorgt ist, will ich für Seuffert bohren.« An Wilhelm Scherer schrieb Schmidt am 28.6.1885 (Briefw. Scherer/Schmidt, Nr. 269, S. 212) präzisierend und die spätere Konstellation beinahe bis ins Detail vorwegnehmend: »Ich denke: Minor 1., dann Sauer und Seuffert aequo loco zur Ausfüllung der Terna. Sauer kann dann E. o. in Prag werden, Seuffert mit 800 fl. in Graz anfangen. David ist einverstanden damit. An [Richard Maria] Werner werde ich schreiben, daß er zu Gunsten Sauers klaglos zurücktreten muß.« Vmtl. sah Sauer bei Schmidt auch eine Teilverantwortlichkeit dafür, dass er von der Prager Fakultät im November 1885 zwar primo, aber nicht unico loco, sondern gemeinsam mit Hans Lambel und Joseph Eduard Wackernell (und unter Nichtnennung von Seuffert) vorgeschlagen worden war (s. Brief 55, Anm. 3 und die Hinweise bei Leitner: Graz, S. 123).*
8 *lat.: in böser Absicht.*
9 *s. Brief 67, Anm. 2.*

72. *(B) Sauer an Seuffert in Würzburg*
    Wien, 22. September 1886. Mittwoch

Wien 22.9.86.

Lieber Freund!
Da ich die Wienerzeitung nicht sehe, so erfuhr ich Ihre Ernennung[1] erst aus dem Abendblatte und es war zum telegraphiren zu spät. Also auf diesem Wege meinen aufrichtigen Glückwunsch! Möchten Sie es nicht nur nie bereuen nach Österreich gegangen zu sein, sondern möchten Sie sich wohl und behaglich fühlen. Ich glaube, wenn man an Deutschland einen Rückhalt hat, ist es in Österreich doppelt angenehm; fast jeder Reichsdeutsche hat sich hier noch eingelebt.
   Ich bin bis 3. October hier u. hoffe Sie zu sehen.
   Auf treue Freundschaft im gemeinsamen Wirkungslande!
   Ihr
   Sauer.

Handschrift: ÖNB, Autogr. 422/1-93. 1 Dbl., 2 S. beschrieben. Gedruckter Briefkopf, durchgestrichen: Prag, 3, Stefansgasse. *Grundschrift: deutsch.*

1 *Seufferts Ernennung in Graz aufgrund kaiserlicher Entschließung vom 19.9.1886 wurde am 22.9. in der* »Wiener Zeitung« *(Nr. 217, S. 1) publiziert. Sauer hatte die Bekanntmachung im Abendblatt der* »Neuen Freien Presse« *(Nr. 7929, 22.9.1886, Ab.-Bl., S. 1) gelesen.*

73. *(K) Seuffert an Sauer in Prag*
    Graz, 4. November 1886. Donnerstag

Lfr. Der erste gruss aus Ihrem vaterland. Ihre adressen für Wien taten uns sehr wol. Hier sind wir Harrachgasse 1/III vortrefflich untergebracht und fast eingerichtet. Die zollwirtschaft u. die langsamkeit des spediteurs hielt uns eine weile auf. Schönbach ist voll freundlichkeit. Andere kollegen kenne ich noch nicht, da ich noch keine besuche machte ausser bei rektor u. dekan.[1] Der hörsaal war stark besucht, ich beginne aber erst am montag regelmässig zu lesen[2] u will sehen, ob ich den studenten ein annähernder ersatz für Sie bin. Mein dekret musste ich im ministerium in W. aus seiner vergessenheit loslösen, sonst wär es nimmer expedirt worden, wie man gestand. H v David war zuvorkommend. Heinzel voll aufmerksamkeit, Minor gezwungen. Ich sprach ihn nur einmal in seiner wohnung, ging allerdings auch nicht zuerst zu ihm, sondern zu Heinzel. Graz selbst besticht mich vorläufig nicht, aber seine umgebung sieht sich vorzüglich an.

Auf gute landsmannschaft!   Treulich Ihr
BSeuffert.

NB. Hochzeitsanzeigen[3] liess ich nicht drucken.

4 XI 86

Handschrift: StAW. Postkarte. Adresse: Herrn Professor Dr. August Sauer / Prag / Stefang. 3 Poststempel: 1) Graz, 4.11.1886 – 2) Prag/Praha, 6.11.1886. Grundschrift: lateinisch.

1 *Als Rektor der Universität Graz amtierte im Unterrichtsjahr 1886/87 der Mediziner Adolf Schauenstein; als Dekan der Philosophischen Fakultät der Mineraloge Cornelio August Doelter.*
2 *Seuffert eröffnete seine Grazer Lehrtätigkeit im Wintersemester 1886/87 mit Vorlesungen über Goethe (3-st.) und »Ueber den deutschen Roman« (1-st.). Im germanistischen Seminar bot er Übungen zu Goethes Faustfragment an. Die Titel der Lehrveranstaltungen, die nicht mehr ins Vorlesungsverzeichnis gelangten, sind einem wohl zu Beginn der Grazer Zeit entstandenen, eigenhändigen Lebenslauf im Nachlass (StAW, NL Seuffert, Kasten 1) entnommen.*
3 *s. Brief 68, Anm. 1.*

74. *(B) Seuffert an Sauer in Prag*
    Graz, 8. Dezember 1886. Mittwoch

Graz Harrachg. 1
8 XII 86

Mit dem gewünschten ausführlichen bericht, lfr., hat es gute weile gehabt. es hangt zu viel an einem eingewöhnen und gar an einem zweischichtigen, drum und dran. Dank der ausgezeichneten zuverlässigkeit der mir hier angeratenen tischler[1] kam ich endlich letzten samstag in besitz der nötigen ureinfachen büchergestelle, entbehre aber noch immer andere bestellte dinge, kleinigkeiten, die mir jedoch abgehen zur behaglichkeit.

Sonsten lebt sichs hier – wenn man dem ochsenfleische und dem knoblauch entrinnt, was allerdings schwierig ist – recht gut. Und ich kann sagen, dass die eingewöhnung vollzogen ist. Im kolleg bin ich sehr zufrieden, mit der zahl und mit der aufmerksamkeit, im seminar ist die zahl 20 fast zu gross und was ich bisher zu hören bekam erfreute mich nur durch seinen aussergewöhnlichen fleiss. Ich lebe übrigens lediglich den vorlesungen und habe für mich noch nichts gethan.

Nun zu den menschen. Zuvorkommend sind sie alle. Und dann und wann glaube ich Ihrem gütigen vorworte, dessen gewicht hier gross ist wie ich merke, die freundlichkeit zu verdanken. Ihre beschreibung führte mich eben so bequem wie korrekt in den kreis ein.[2] Dass derselbe in der Stadt Triest[3] zusammenkommt, wissen Sie. Und ich hoffe, dass dieser verkehr dauert. Gurlitt wird freilich da nicht erscheinen, sagt man. ich habe einen gemütlichen abend bei ihm verlebt. Auch Graffs nicht oder kaum, was ich, zu ihnen als einstigen Unterfranken und wegen seiner lebendigkeit und ihrer feinheit hingezogen, sehr bedaure. Frau v Zwiedinek vermisst Sie schmerzlich und ich kann ihr das nicht annähernd sein, was Sie ihr waren. Ihr mann bewies mir gleich beim ersten eintritt in die Joanneumsbibliothek[4] seine grosse gefälligkeit. Die liebe frau Bauer und ihr mann, den ich von allen kollegen bevorzuge, die sehr anregende und äusserst zuvorkommende frau Dölter, in deren gefolge ihr mann alle seine freundlichkeit aufbietet, Richter und Haberlandt und ihre frauen, mir noch zu wenig durchsichtig, vervollständigen die gruppe. Wir sind so ins richtige nest gekommen und werden uns bald eingetan fühlen, wenn man uns so nachsichtig weiter duldet wie bisher. Sie kennen mich ja, wissen dass ich anfangs zurückhaltend bin, überhaupt schwer aus mir herausgehe, mich schwer anschliesse. hab ich das erste überwunden, so ist der anschluss um so fester. Schliess ich aus der art, wie man sich uns gleich offenbart, auf die art die man von mir erwartet, so werde ich enttäuscht haben: denn so sehr ich mich bemühe, ich kann mir die gleiche gemütlichkeit und vertraulichkeit nicht abgewinnen. Und das zugeknöpfte, das Schönbach in meinem auftreten fand, werden alle andern finden und mich darüber und über meine stumme langweiligkeit bei Ihnen mit fug verklagt haben, wenn sie es der mühe wert fanden.

Von der umgegend kenne ich noch wenig, eigentlich nichts. Die frau ist keine eifrige gängerin und ich zerreisse mir die arbeitszeit nicht gerne. Wir weiden uns am anblick der einzig schönen schneelandschaft von den fenstern aus.

Dass Schönbachs maschine[5] brach, er stürzte und das schwache bein dehnte und quetschte, setze ich als bekannt voraus. es wird vor neujahr nichts mehr mit dem lesen werden. gestern probierte er – da das schreibtischsitzen wider möglich war – das anlegen der maschine, es ist ihm aber nicht gut bekommen. Für die predigten II[6] ists gut so.

Ich hörte von dem riesenerfolge Ihrer vorlesungen[7] und freue mich von herzen darüber. das wird Ihnen manches Prager leid überwindbar und erträglicher machen.

Was sagen Sie zu Schmidts nachfolger?[8] Und wer wird nun die von Heinzel abgelehnte professur erhalten?[9] ich fürchte Sievers. dann dürfen wir unsere traditionen begraben und ich wäre wirklich begierig zu sehen, wie viele unserer jungen kollegen die schwenkung ins andere lager machen. Zunächst bin ich froh, dass wenigstens Schmidt gerufen wurde und los kam.

Mit den besten grüssen
Ihr
BSeuffert

Handschrift: StAW. 1 Dbl., 4 S. beschrieben. Grundschrift: lateinisch.

1   s. Brief 69.
2   s. Brief 69 und 71.
3   Zur Stadt Triest, Hotelgasthof am Jakominiplatz in Graz; ab 1905 Grandhotel Steirerhof.
4   Hans von Zwiedineck-Südenhorst war Direktor der Bibliothek des Joanneums in Graz, die 1811 als öffentliche »Lese-Anstalt« für das neue Innerösterreichische Nationalmuseum (genannt: Joanneum) gegründet worden war.
5   A. E. Schönbach litt infolge einer Typhuserkrankung in seiner Jugend »unter einer Verkürzung und Atropie des rechtens Beins, was ihn zum Tragen eigens konstruierter Stiefel und einer wartungsintensiven Maschine zwang« (Birgit Scholz [Art.]: Anton E. Schönbach. In: Literatur- und kulturgeschichtliches Handbuch der Steiermark im 19. Jahrhundert online. http://woerterbuchnetz.de/DWB/; abgerufen am: 26.09.2019).
6   Altdeutsche Predigten. Texte. Hrsg. von Anton E. Schönbach. 3 Bde. Graz: Styria, 1886–1891. Der zweite Band der Edition erschien 1888.
7   Sauer hatte seine Prager Lehrtätigkeit im Sommersemester 1886 mit einer Vorlesung über »Geschichte der deutschen Literatur von 1805 bis 1832« (5-st.) eröffnet, die von 20 Hörern belegt wurde. Im Wintersemester 1886/87 las er vor 28 Hörern über »Geschichte der deutschen Literatur im 18. Jahrhundert« (3-st.) und publice »Ueber Grillparzers Leben und Werke« (1-st.). 19 Hörer belegten die im Seminar angebotenen Übungen »a) Lecture und Interpretation ausgewählter Oden Klopstocks. b). Literarhistorische Vorträge« (s. für die Hörerzahlen Sauers eigenhändige Aufzeichnungen in: WBR, NL Sauer, ZPH 103, 3.15: Notizbuch 1).
8   Nachfolger von Erich Schmidt als Direktor des Goethe-Archivs wurde im April 1887 der Berliner Oberlehrer Bernhard Suphan, der als Herausgeber von J. G. Herders »Gesammelten Werken« (1877 ff.) umfangreiche Erfahrungen in der Organisation editorischer Großunternehmen gesammelt hatte. Der Briefwechsel enthält zahlreiche Zeugnisse für die von Misstrauen und Antipathie geprägten Arbeitsbeziehungen von Sauer und Seuffert zu Suphan (s. vor allem Brief 76–78, 86–87, 90–91, 116, 122, 130 u. 145).
9   s. Brief 67, Anm. 2.

75. (K) Seuffert an Sauer in Prag [nachgesandt nach Segen Gottes, Mähren]
 Graz, 24. Juli 1887. Sonntag

Lieber freund, Österreichisches klima ist für korrespondenz nicht gut, wie es scheint. Ich schreibe auch weniger als sonst und leide sehr unter der hitze. Dazu seufze ich wie Sie unter korrekturen. Was ich für not und ärger seit mai hatte, dagegen ist alles was ich Ihnen im frühjahr sagte, nichts, gar nichts. Die Goethearbeit geht vielfach nicht nach meinen ansichten, ich kann mich nicht überzeugen, dass sie darum besser wird, zumal Schmidt in allem wesentlichen mit mir übereinstimmt. Ich will schriftlich nicht aus der schule schwatzen. Wen haben Sie als redaktor[1] über sich? – Die sache war einmal so dass ich meinen austritt so gar <!> aus der mitarbeiterschaft anbot. Es gehört verflucht viel opferwilligkeit zu diesem geschäft u. meine ist verbraucht. Ob ich mir neue anschaffe??

Creizenach freut mein herz:[2] ich habe Schmidt vor jahren vor ihm gewarnt. Nun entpuppt er sich. Sehen Sie doch die beiträge[3] an; da springt man mit Müllenhoff auch gut um. Die hh. Leipziger marschieren vor, da Bismarck u. Moltke[4] uns tot sind. Halle haben sie auch erobert.[5] Ich lösche alle friedenslust aus. – Morgen fahren wir – die frau erwidert Ihren gruss freundlichst – langsam nach Würzburg, Herzogeng. 5 u. in der 1. septbrwoche über Wien hieher zurück. Begegnen wir uns wo?   Die besten wünsche für leib u. seele
    von Ihrem BSeuffert

Graz 24 VII 87

Handschrift: StAW. Postkarte. *Adresse:* Herrn Professor Dr. August Sauer / Prag / Stefansg. 3 *Adresse durch Postzusteller gestrichen und ersetzt:* Segengottes/Mähren *Poststempel: 1)* Graz Stadt, 25.7.1887 – 2) Prag/Praha, 26.7.1887 – 3) Segen Gottes/Boží Požehnání, 28.7.1887 – 4) unleserlich. *Grundschrift: lateinisch.*

1 *Einzelnen Bände bzw. größeren Textpartien der Weimarer Ausgabe war jeweils ein Redaktor zugeordnet, der als Ansprechperson für die Bearbeiter diente und die Kontrolle des Manuskriptes im Hinblick auf die Einhaltung der Editionsprinzipien vorzunehmen hatte. Redaktor für die Sauer zur Bearbeitung zugewiesenen verschiedenen Fassungen von Goethes »Götz von Berlichingen« war Bernhard Suphan.*
2 *Sauer hatte sich auf einer Karte vom 22.7.1887 (ÖNB, Autogr. 422/1-100) erkundigt: »Was sagen Sie zu der Creizenachiade? <u>Das</u> sind Schmidts Schützlinge.« Wilhelm Creizenach, Ordinarius in Krakau, hatte kurz zuvor in einem Aufsatz die von Wilhelm Scherer aufgestellten Hypothesen zur Genese von Goethes »Faust« scharf kritisiert (Wilhelm Creizenach: Wilhelm Scherer über die Entstehungsgeschichte von Goethes Faust. Ein Beitrag zur Geschichte des literarischen Humbugs. In: Die Grenzboten 46 [1887], 2. Vierteljahr, S. 624–636 [auch separat: Leipzig: Grunow, 1887]).*
3 *Die von Wilhelm Braune und Hermann Paul herausgegebene Zeitschrift »Beiträge zur Geschichte der deutschen Sprache und Literatur« (1877 ff.) galt als Organ der Leipziger Schule um den Germanisten Friedrich Zarncke.*
4 *Seuffert vergleicht Müllenhoff und Scherer, die verstorbenen Häupter der Berliner Schule, mit Reichskanzler Bismarck und Helmuth von Moltke, dem Chef des preußischen Generalstabs.*
5 *Julius Zacher, langjähriger Ordinarius für deutsche Philologie in Halle/S., war am 23.3.1887 gestorben. Seine Nachfolge trat zum Wintersemester 1887 der Zarncke-Schüler Eduard Sievers an.*

76. (K) Seuffert an Sauer in Prag
    Graz, 9. September 1887. Freitag

Lieber freund, Schade, schade, dass wir uns nicht sehen. Ich hätte viel zu erzählen, was ich nicht schreiben darf. Gute arbeit in weimar! Sie werden Schmidt dort treffen, der nach seinen briefen in herrlicher stimmung ist, geniessbar wie in den besten zeiten und uns freundschaftlich gesinnt.   Ihr redaktor ist Suphan. Verlassen Sie sich auf sich. Ich weiss nicht wie es weiter mit der redaktion wird. Schmidts Faustapparat[1] gefällt mir. Aber Ihr Götz[2] ist viel schwieriger. Wer von der 2. serie an generalkorr. wird, weiss ich nicht.[3] Ich habe niedergelegt und bin nur mehr im fünfercomité,[4] dh ein ›leiter der G.ausg.‹

Wenn Sie mir ein vertraulich wörtlein über Suph. schreiben, auch ob er über mich spricht, bleibts gut bewahrt.[5] Ich vertrage mich nicht mit ihm, richtiger: er verträgt mich nicht. Aber lassen Sie diese offenherzigkeit gegen keine seite merken.

Grüssen Sie Schmidt u. Köhler und Ruland u. Böhlau von mir.   Ich hoffe jetzt etwas ferien zu kriegen, bisher habe ich wie ein sklave geschafft.

In treuen
Ihr
BSfft.

Graz – wo ich gestern abend eintraf –
Harrachg. 1   9 IX 87

Handschrift: StAW. Postkarte. *Adresse:* Herrn Dr. August Sauer / Professor an der deutschen Universität / Prag / Stefang. 3 *Poststempel:* 1) Graz, 9.9.1887 – 2) Prag/Praha, 10.9.1887. *Grundschrift:* lateinisch.

1 *von »Faust I« innerhalb der Weimarer Ausgabe (WA I, Bd. 14 [1887]).*
2 *Sauer hatte innerhalb der Weimarer Ausgabe die Bearbeitung der verschiedenen Fassungen von Goethes »Götz von Berlichingen« (Urfassung »Geschichte Gottfriedens von Berlichingen« [1771]; Drama »Götz von Berlichingen mit der eisernen Hand« [zuerst 1773]; Theaterbearbeitungen [1804 ff.]) übernommen. Der ursprüngliche Editionsplan hatte lediglich den vollständigen Abdruck der Urfassung sowie des Dramentextes (s. WA I, Bd. 39 [1897] bzw. Bd. 8 [1889]) nach der Ausgabe letzter Hand vorgesehen. Erst als sich der aus dieser Vorgehensweise resultierende textkritische Apparat des Dramas – in den Sauer die komplexe Überlieferung der verschiedenen Theaterbearbeitungen ›eingeschachtelt‹ hatte – als zu umfangreich und unübersichtlich erwies, wurde ein separater Abdruck der Bühnenfassungen beschlossen (s. WA I, Bd. 13, 1–2 [1894, 1901]). Infolgedessen war Sauer gezwungen, sein Manuskript umfangreich zu überarbeiten, was Verzögerungen im Druck nach sich zog. Die Korrespondenz dokumentiert im Folgenden die vielfachen Schwierigkeiten des Arbeitsprozesses und Sauers daraus resultierende Konflikte mit der Weimarer Administration (s. bes. Brief 77, 85–87 u. 90).*
3 *Mit dem Amt des Generalkorrektors der Weimarer Ausgabe, das Seuffert niedergelegt hatte (s. Brief 62, Anm. 4) wurde 1887 Julius Wahle betraut, ein Schüler Erich Schmidts. Da man Wahle, der erst kurze Zeit als Hilfsarbeiter im Goethe-Archiv tätig war, zunächst »ausprobieren« wollte, wurde die Beförderung nicht sofort publiziert (s. Brief 87).*
4 *Dem Redaktionskomitee der Weimarer Goethe-Ausgabe (später Redaktionsausschuss genannt) hatten ursprünglich Gustav von Loeper, Wilhelm Scherer und Erich Schmidt angehört. Nach dem Tode Scherers und*

der Ablösung von Schmidt als Archivdirektor waren 1887 Seuffert, Bernhard Suphan und Herman Grimm zugewählt worden.
5 Sauer schrieb Seuffert hierzu auf einer Karte aus Weimar vom 22.9.1887 (ÖNB, Autogr. 422/1-102): »Derjenige, über den Sie Auskunft begehren, ist mir viel zu selbstbewußt, manirirt, eingeherdert und eingehamannt, als daß ich ihn vertragen könnte. Von seinem neuen Geschäft weiß er so gut wie gar nichts noch. Jeder ist sich selbst überlassen u. das Werk wird in s[einen] einzelnen Theilen ebenso ungleich wie nur die Hempelausgabe etwa s[ein] kann.« Zu Sauer Arbeitsaufenthalt im Weimarer Archiv s. Brief 77.

77. (B) Sauer an Seuffert in Graz
      Wiesbaden, 3. Oktober 1887. Montag

Wiesbaden, Hotel Block. 3/10 87.

Lieber Freund! Gerne hätte ich Ihnen [n]och von Weimar aus geschrieben; es war aber im Drang zwischen Arbeit, idealem Genuß und freundschaftlichen Zusammenkünften unmöglich. Hier ist mir ein ruhiger Tag gegönnt und ich beginne mich wieder auf mich selbst zu besinnen und vollziehe nun in der prachtvollen Kurstadt, was ich im lieblichen Weimar versäumt.

Eigentlich in Jena, von Schmidt und Prof. Rosenthal, bei einem anregenden Abendessen, erfuhr ich Ihre Gehaltserhöhung,[1] die uns alle sehr sehr erfreute. Ich wünsche Ihnen aus voller Seele Glück dazu und freue mich, daß dieser Gewinn nun auch für die Zukunft Ihren eventuellen Nachfolgern verbleiben werde, wenn Sie [u]ns längst entführt sein werden an eine der blühendsten Universitäten des Reichs. Aber auch zu dem Zeitschrift-Unternehmen,[2] über das mir Schmidt zuerst leise Andeutungen, später reichere Mittheilungen zukommen ließ, muß ich Sie beglückwünschen. Ich habe die Überzeugung, daß Sie diesem neuen Schiffe ein vorzüglicher Steuermann sein werden und es soll mich freu[en] auf Ihr Commando als leichter Matrose auf die Raaen klettern zu können oder als Heizer bei dem Keßel der Dampfmaschine Verwendung zu finden. Diese Gründung wird unserer stark geschädigten Schule, die durch H Reimers Tod[3] wie ich glaube den größten Verlust erlitt, der ihr [i]m gegenwärtigen Augenblicke widerfahren [k]onnte, wieder auf die Beine helfen. Also: Schwimme, glücklicher Schwimmer!

In Weimar wars herrlich. Schmidt war freundlich; mit Minor kam ich nach ernster Auseinandersetzung endlich wieder ins Gleichgewicht. Rödiger wiederzusehen freute mich sehr. Boxberger, Strehlke, der sehr nette Elster waren angenehme Bekanntschaft. Der prächtige Geologe Walther ein guter Kneip-Kumpan. Von den ein[hei]mischen ist Köhler ein Juwel, das geradezu unschätzbar ist. Ein goldtreuer Mensch, dem man für immer angeeignet ist, wenn man ihn etwas näher kennen gelernt hat. Die Spaziergänge mit ihm gehören zu den schönsten Stunden meines Lebens. Suphan fehlt in dieser Liste. Er ist mir nicht sympathisch, wie jeder Mensch, dem ich nicht ins Aug blicken kann. Er ist mir ein widerliches Gemisch von Hochmuth u. Demuth. Außerdem trägt er eine unverkennbare Abneigung u. Geringschätzung alles dessen zur Schau, was mit der Universität zusammen hängt. Minors Ausfall[4] birgt endlich & schließlich als ›Charakter[i]stik‹ das Wahrste in sich. Er war überdies sehr liebenswürdig gegen mich u. ich habe keinen Grund mich mit ihm schlecht zu stellen. Nur fließt ein breiter Strom zwischen uns.

Der Text des Götz ist sehr einfach; die Lesarten werden sehr complicirt; bes. dadurch, daß die eine Theaterhandschrift, die vorhanden ist, drei verschiedene Stadien der Umarbeitung vertritt. Feststeht mir bis jetzt nur folgendes. Die älteste Handschrift muß ganz für sich stehen: ohne Lesarten einer späteren Fassung. Zum [Tex]t von C müssen alle Lesarten bis E, (aber nicht bis zu H)[5] gegeben werden. – Wie die Theaterbearbeitungen zu behandeln sind, ist mir noch zweifelhaft. Aber ich glaube, daß Sie recht haben, wenn Sie meinen so, wie Schmidt U im Faust.[6] Nur wird der Apparat weit unübersichtlicher als der zum Faust ist. – So viel für heute. Grüßen Sie die Freunde: Meister,[7] Gurlitts (denen Frau Schmidt[8] Grüße schickt) Bauers, Zwiedinecks und empfehlen Sie mich Ihrer lieben Frau. Herzlichst und

treulichst der Ihrige.
AS

Sonntag komme ich nach Hause.

Handschrift: ÖNB, Autogr. 422/1-103. 1 Dbl., 4 S. beschrieben. Grundschrift: deutsch.

1 s. Brief 61, Anm. 2.
2 Gemeint ist der Plan zur »Vierteljahrschrift für Litteraturgeschichte« (VfLg), die von 1888 bis 1894 bei Hermann Böhlau (Weimar) erschien. Neben Seuffert als verantwortlichem Redakteur zeichneten Erich Schmidt (Berlin) und Bernhard Suphan (Weimar) als Mitherausgeber. Finanzielle Unterstützung gewährte, zumindest in der ersten Zeit, die Großherzogin Sophie von Sachsen-Weimar (zur Genese des Plans s. Seufferts Erläuterungen in Brief 78). Als Publikationsort für Studien und Quellen hauptsächlich zur neueren deutschen Literaturgeschichte schloss die »Vierteljahrschrift« an Franz Schnorr von Carolsfelds »Archiv für Litteraturgeschichte« (1874–1887) an, sollte aber zugleich dem inzwischen gewachsenen Professionalisierungsgrad der Neugermanistik Rechnung tragen. Das Programm und die Stellung zu früheren und bestehenden Fachorganen legte Seuffert ausführlich in einem Ende 1887 ausgegebenen Prospekt dar (s. Apparat zu Brief 80): »Sie [die »Vierteljahrschrift«] wird mit strenger Auswahl des Bedeutenden unbekannte und nicht allzu umfängliche Urkunden und Hilfsmittel der Litteraturforschung veröffentlichen und womöglich zugleich erläutern. / Auch kleine Nachrichten, kritische und exegetische Bemerkungen wird sie bringen. / Zusammenfassende Berichte über neue Erscheinungen sind in Aussicht genommen. / Die Vierteljahrschrift setzt sich keine engen Schranken der Zeiten und Völker, um der Entwicklung der heimischen Überlieferung und des für Deutschland besonders wichtigen Verkehres der Weltlitteratur offen zu stehen. Sie

verschliesst sich aber allem nicht streng wissenschaftlichen Vergleichen und Sammeln. / Sie sucht philologisch-historische Betrachtung mit der Pflege ästhetischer Studien zu vereinigen. / In Weimar verlegt, knüpft die Vierteljahrschrift an die dort alt vererbten und neu belebten Bemühungen an und möchte, ein anderes ›Weimarisches Jahrbuch‹, den grossen Idealen der Litteraturgeschichte im Sinne Herders, Goethes, Schillers dienen. / Sie strebt das ›Archiv für Litteraturgeschichte‹ zu ersetzen und will die selbständige Ergänzung der ›Zeitschrift für deutsches Alterthum und deutsche Litteratur‹ sein, die, durch ihre Geschichte vorwiegend auf die ältere Zeit angewiesen, für neuere Litteratur nicht genügenden Raum zur Verfügung hat. Neben ihr und den ›Beiträgen zur Geschichte der deutschen Sprache und Litteratur‹ möchte die Vierteljahrschrift als neue Heimstätte deutscher Philologie stehen. / Ein Band der Vierteljahrschrift für Litteraturgeschichte wird etwa 30 Bogen gr. 8 zählen. Doch sind die Hefte nicht an ein bestimmtes Mass gebunden, damit die Beiträge rasch zum Drucke gelangen können. Dem Schlusse des Jahrganges werden genaue Inhaltsverzeichnisse beigegeben.« Obschon Seuffert einen bedeutenden Teil der Fachgemeinschaft als Mitarbeiter gewann, gelang es nicht, das Erscheinen der Zeitschrift durch ausreichend hohe Abonnentenzahlen und staatliche Zuwendungen dauerhaft abzusichern.

3 Hans Reimer, der Inhaber der Weidmannschen Buchhandlung in Berlin, in der u. a. die »Zeitschrift für deutsches Alterthum« und die »Deutsche Litteraturzeitung« verlegt wurden, war am 21.9.1887 im Alter von 48 Jahren gestorben.

4 Jakob Minors »Ausfall« gegen Bernhard Suphan befindet sich in dem Aufsatz »Quellenstudien zur Litteraturgeschichte des 18. Jahrhunderts« (ZfdPh 20 [1888], S. 55–80). Die betreffende Stelle weist Kritik zurück, die Suphan zuvor in einer Rezension von Minors Tieck-Ausgabe geübt hatte (Tieck's Werke. 2 Thle. Stuttgart: Spemann, [1886] [DNL. 53–54]; dazu Suphan in: LCBl 36 [1886], Nr. 23, Sp. 804–806). Suphan hatte im Kommentar den Hinweis auf Parallelstellen bei Schiller vermisst, was Minor nun scharf zurückwies (S. 75): »Schiller sagt im Spaziergang v. 173: ›Des gesetzes gespenst steht an der könige thron‹ und meint damit [...] das zur leblosigkeit erstarte [!], aber noch immer künstlich in geltung erhaltene gesetz und recht. Tieck führt das gesetz als ›Popanz‹ ein, welcher in verschiedenen verwandelungen, als rhinoceros, als löwe usw. die leute in schrecken versetzt. Was hat denn Tieck hier von Schiller parodiert? Schiller sagt im Wilhelm Tell: ›So lang der Popanz auf der Stange hängt‹ – vielleicht will mein recensent von dieser parallele gebrauch machen und einfluss des Tieckschen ›Katers‹ auf den ›Wilhelm Tell‹ behaupten: so stelle ich ihm dies citat zur verfügung. Man ist noch lange nicht der irische dechant mit der peitsche, wenn man seinen stil auch noch so schulmeisterlich nachzustümpern versteht.« Der Vergleich mit dem »irischen Dechanten« geht zunächst auf Johann Gottfried Herder – Suphans Hauptforschungsgegenstand – zurück, der sich in einem Brief an Johann Heinrich Merck vom 17.10.1772 mit Bezug auf die Schärfe seiner Rezensionen als »Irrländische[r] Dechant mit der Peitsche« bezeichnete (J. G. Herder: Briefe. Bd. 2: Mai 1771 – April 1773. Bearb. von Wilhelm Dobbek u. Günter Arnold. Weimar: Böhlau, 1977, Nr. 122, S. 245). Letztlich bezieht sich die Anspielung auf Herders Vorbild, den irischen Schriftsteller Jonathan Swift, der seit 1713 als Dechant (Dekan) der St. Patrick's Cathedral in Dublin gewirkt hatte.

5 Zum Erstdruck des »Götz von Berlichingen« (1773) ist kein Manuskript Goethes überliefert. Sauer benutzt die in der Weimarer Ausgabe üblichen Siglen: E = Erstdruck; H = Handschrift; C = Goethe's Werke. Vollständige Ausgabe letzter Hand. 60 Bde. Stuttgart, Tübingen: Cotta, 1827–1842. Der Text von C bildete die Textgrundlage für die Weimarer Ausgabe.

6 U = Urfaust. Seuffert hatte auf einer Karte vom 24.9.1887 (StAW) Fragen Sauers hinsichtlich der editorischen Behandlung der Bühnenbearbeitungen zum »Götz« aufgegriffen: »Die bühnenbearbeitgen wie die Faustinscenierungsversuche zu behandeln, will mir nicht recht einleuchten.* |Anmerkung: * weil sie sich doch z. tl. wörtlich treffen.| Ich meine vielmehr, sie wären wie U[rfaust] zu behandeln. Aber es wird nützlich sein, ein Scenarium, vielleicht vgl. scenentabelle, am schlusse beizufügen.« Erich Schmidt hatte die erst 1887 wiederentdeckte Urfaust-Abschrift (s. Brief 80, Anm. 9) innerhalb der Weimarer Ausgabe nur für das

Variantenverzeichnis zum »Faust I« ausgewertet (WA I, Bd. 14 [1887]); ein separater Abdruck des Textes, der zu diesem Zeitpunkt offenbar nicht geplant war (s. ebd., S. 252), wurde erst später beschlossen (WA I, Bd. 39 [1897]).
7 *Gemeint ist A. E. Schönbach.*
8 *Walburg Schmidt, die Ehefrau Erich Schmidts.*

78. *(B) Seuffert an Sauer in Prag*
   Graz, 7. Oktober 1887. Freitag

Graz Harrachg. 1.   7 X 87.

Lieber freund,
Ich möchte Sie bei Ihrer rückkehr gleich begrüssen und für Ihren brief danken. Es ist mir gar nicht recht, dass mir Schmidt in der mitteilung des zs.planes bei Ihnen zuvorkam. Ich konnte mich nicht früher darüber äussern.[1]   Sie erinnern sich wol nicht, dass Sie mir im vorigen jahre schon schrieben, dass eine zs. uns not tue.[2] Ich war damals noch nicht für eine gründung, sprach aber mit Schmidt im august darüber, er solle sich, wenn er nach Berl. komme, die sache bedenken. Im mai d. j. kam Schm. auf die sache zurück u. fragte mich, ob ich redigieren wolle. Ich schlug das aus mit verweisung auf die generalkorrektur. Damals erfuhr ich, in Weimar zuerst, vom nahen ende des Archivs.[3] Dazu Zachers tod u. das vermutliche aufhören seiner Zs.[4] So war auch äusserlich raum u. ich drängte in Schm., ernst zu machen. Er wollte – ich möchte nicht dass Sie dies weiter sagen, es waren lauter vertrauliche vorbesprechungen, von denen Sie alles wissen sollen – eine zs. bei Reimer. Zur verschiebung unseres planes, für den aber ein redacteur fehlte, trug die idee[5] bei, die Loeper, geschmackvoll genug beim festmahl, den Goethegesellschaftern vortrug: monatshefte für kunst u. litteratur, allzeit bereites organ für Goetheana, schneller, detaillierter als das G-Jahrb.[6] Der plan war Grimmisch. Er wollte für sich u. seinen schützling Suphan eine verherrlichungsstätte, erst mit dem schönen hieroglyphentitel W. K. F.,[7] dann als ihm das lächerliche vorgehalten wurde: Goethearchiv u. G.-museum hg. v. Suph u. Gr.

Loep. war feuer u. flamme. Böhlau sollte bereit sein (das war aber nicht so ganz richtig). Suph., ohnehin von der arbeitslast der sinecure die er in W. erwartet hatte bitter enttäuscht zog nicht recht, bat um aufschub. Schmidt verekelte den herren beim abendbrot die sache etwas u. ich sekundierte dabei. Im laufe des sommers kam Schmidts u. mein brfw. widerholt auf die sache. Wir entwarfen pläne, bedachten die abfindung mit Steinmeyer,[8] überlegten herausgeber, es bot sich auch schon einer u. der andre an, der uns untauglich schien. Da legte ich die generalkorr. nieder u. in demselben briefe, worin Schm. mir deren annahme durch die direktion mitteilte, schrieb er, nun sei ich frei u. solle redigieren. Ich weigerte mich, im hinblick auf meine fortdauernde verwendung als Goetheredaktor, als hgeber der DLD (die ich vergeblich abzuschütteln versuchte, um für Wieland freie hand zu bekommen) und auf Wieland. Er liess nicht nach u. wir bedachten den modus einer geschäftsredaktion, mit Schmidts aufsicht u. unter meiner event. unterstützung der geschäfte. Denn Schm. selbst wollte die geschäfte nicht haben u. taugt auch nicht dazu meine ich. Dass ich leider besser zu so äusserlicher geschaftlhuberei als zu darstellenden arbeiten eigne, habe ich ja einsehen lernen u. so fragte ich mein gewissen, ob ich mich nicht bescheiden solle zu leisten was ich eben vielleicht kann u. grösseres, was mir kaum gelingt, zu verschieben und nebenher gehen zu lassen. So kam ich nach Erlangen u. beredete die sache mit Steinmeyer. Er riet mir ab. Aber wie die sachen liegen, hoffte ich mit Steinm. am leichtesten von allen jüngeren ein abkommen treffen zu können, das dahin ging, dass wir die zs. in einen alten u. neuen teil mit gesonderter redaktion teilen. Das war <u>mein</u> ideal. Denn es ist doch wunderlich, wenn die Zs. die neue bibliogr.[9] u. den Anz. neuer litt. behält. Dies zu lösen, verbiss ich mich u. eben weil ich mir einbildete, wenn es einem gelänge, so wäre ichs bei meiner nahen stellung zu Steinmeyer, verbohrte ich mich in die möglichkeit, doch gegen den willen redacteur zu werden. Bei einem späteren besuche in Erlangen, ein paar wochen darnach, meinte ich auch Steinm. viel geneigter zu finden. Die sache – und auch hiefür wie für alles bitte ich um strenge vertraulichkeit – war darum so heikel, weil Steinm. gerne die redaktion los hätte, während ich ihn erst recht binden wollte: es redigiert uns keiner die Zs. so wie er. Nun kam eine neue wendung: die grossherzogin Sophie wünschte die zs. für Weimar. Da musste aber ein Weimaraner redigieren. Köhler wäre nicht zu haben. Suph. untauglich. Also ein heer von mitwirkern: Suph., viell. Köhler, Schmidt, Grimm u. ich als geschäftsleiter. Dagegen verwahrte ich mich. Ich schlug vor Böhlau zum verleger zu nehmen, dabei solle sich die grosshzgin bescheiden, aber womöglich schon dafür zahlen. Da rückte Schm. heraus, dass er auf dem Titel stehen u. mitredigieren wolle. Ich lehnte das ab, entweder allein oder nicht. Nun führte ich die entscheidende korrespondenz mit Steinm., deren resultat meine niederlage war. Die teilung motivierte er als unmöglich aus äusseren u. inneren u. persönlichen gründen. Darauf riet ich Sophie auszunützen u. das Weimarische unternehmen ohne mich in scene zu setzen, entwarf ein programm u. hoffte los zu kommen. Schm. liess mich nicht los. Böhlau, den ich principiell empfahl schon weil man Reimer nicht zumuten konnte sich selbst ein konkurrenzbl. zu gründen, auch weil ich von ihm schlechte bedingungen fürchtete u. weil an seiner firma parteiodium[10] klebt, war bereit; serenissima[11] war bereit. Mein programm, das in wesentlichen punkten von Schmidts entwurf abwich, z. b. statt der recensionen jahresberichte enthielt usf., war angenommen. Aber wenn Sophie etwas tun sollte, was doch sachlich recht nützlich war, musste

Schmidt u. Suph. auf den titel. Nun schien mir allerdings die formel unter mitwirkg. von ES u. BSu hg von BSe acceptabler als hg. v. ES u. BS, aber ich wollte mir nichts drein reden lassen, wenn ich schon das opfer überhaupt bringen wollte, zu dem mich Schönbach mit aller überredungskunst drängte. Schliesslich musste ich auch, damals noch im unklaren über meine systemisierung, ein paar 100 mark redaktionsgebühren anschlagen. Trotzdem weigerte ich mich, bis Schm. das unerhörte anbot, er u. Suph. wollten mir einen schein ausstellen, dass sie mir nichts drein reden, was ich nicht will.[12] Darauf sehen Sie ein war ein nein grobheit. Ich empfing den schein u. bin redacteur, freilich noch ohne zu wissen was die grossherzogin tut. Jedesfalls hab ich mir auch völlige unabhängigkeit von ihr bedungen u. sie wird wol gar nicht genannt werden. Nun schmiede ich am prospekt, der durch Schms. u. Suphs. esse geht u. Sie sehen ihn vielleicht bald gedruckt.

Mir liegt es schwer auf der seele. Wie werd ich mich zurechtfinden? Wie werd ichs leisten können? Ich habe liebe zur sache, besser gesagt eifer, aber keinen mut. Hier wo ich keine bibliothek zur verfügung habe, so weit vom druckort: lauter umstände, die ich gegen mich geltend machte, umsonst geltend machte. Ich bin nichts ohne den guten willen der fachgenossen. Werden Sie ihn haben? Von Ihnen hoff ich ihn u. erbitt ich ihn. Beweisen Sie mir ihn gleich durch einen beitrag zum ersten heft, das im j. 1888 erscheinen soll, sobald wir stoff genug haben. Machen Sie mir womöglich etwas österreichisches, Grillparzer oder sonst was aus der neuen zeit. Sie müssen mir auch der ständige referent über alle Austriaca[13] sein. Schlagen Sie ein. Von allen engeren fachgenossen steht mir nächst Schmidt keiner so nahe wie Sie, das brauche ich Ihnen kaum zu sagen. – –

Was ist das für ein ausfall Minors gegen Suphan von dem Sie schreiben? – Ich beneide Sie um die Weimarer tage.

Nochmals: lassen Sie alle geschichte der vierteljahrschrift in Ihrer brust beschlossen sein u. schreiben Sie mir bald ein ermutigendes wort. Das brauch ich.

Meine frau grüsst. Mit Bauers u. Gurlitts leben wir viel.
Treulich Ihr
BSfft.

Handschrift: StAW. 1 Dbl., 4 S. beschrieben. Grundschrift: lateinisch.

1 Seufferts folgende Zusammenfassung zur Genese des Planes zur Gründung der »Vierteljahrschrift für Litteraturgeschichte« (s. Brief 77, Anm. 2) stützt sich z. T. auf die diesbezüglichen Ausführungen, die ihm Erich Schmidt u. d. T. »Promemoria über eine neue Zeitschrift« mit einem Brief vom 8.9.1887 (StAW, NL Seuffert, Kasten 17) übersandt hatte: »1) Herman Grimm hat, zunächst im Hinblick auf Suphan und zur Erneuerung des Goethischen Journalismus, die Gründung eines Weimarischen Organs angeregt, das dem classischen Bildungsideale gemäß Litteratur u. Kunst umfassen soll und den Titel WKF – eine Hieroglyphe!

– oder Goethearchiv u. Goethemuseum führen und von Suphan und ihm redigiert werden sollte. Die Verquirrung zweier nah verwandter, aber doch selbständiger Disciplinen scheint mir aus inneren u. äußeren, fachlichen u. persönlichen Gründen undurchführbar. Geschäftlich empfiehlt sie sich gar nicht. Kein Verleger würde darauf eingehen. Böhlau hat überhaupt keine Lust zu einem Grimm-Suphanschen Journal. Die Großherzogin, die mich neulich in Gastein in dieser Sache consultierte, wünscht die Gründung sehr, um Weimar wieder zum Centrum litterar. Forschung zu machen. Aber Suphan kann schon als Archivdirector keine Redaction führen; Reinhold Köhler weigert sich natürlich; ein dritter kann in Weimar nicht in Frage kommen. Ich nehme an, daß Seuffert nicht Lust hat die ganze Arbeit für eine Zs. ›herausgegeben von Bernhard Seuffert u. Bernhard Suphan‹ oder ›B. S., H. G., E. S., B. S.‹ zu thun. Soll's aber ein Weimarisches Unternehmen sein, so müßte doch ein Weimaraner mit auf dem Titel stehen. / Also transeat! Ich werde Serenissima sagen, der Plan sei unausführbar, habe auch heute in einem Billett an Grimm, der natürlich am liebsten eine Zs. ad personam in freien Heften à la ›Kunst u. Künstler‹ wünscht, meine Scrupel und die Absicht einer unabhängigen Gründung angedeutet. / 2.) wäre eine Verbindung mit Steinmeyers Zs möglich nach dem von Dir bezeichneten Modus, d. h. nach dem Muster des Fleckeisen [d. h.: den von Alfred Fleckeisen 1855 bis 1899 redigierten »Jahrbüchern für Philologie und Pädagogik«], aber mit der Möglichkeit die Abtheilung für neuere Litteratur, die ohne die orthogr. Normen der 1. Abtheilung zu drucken wäre, für sich zu beziehen. Also Zs f. d. Spr. u. Litteratur herausge. von E. St. u. B. S. mit Separattiteln. Das hat starke redactionelle u. geschäftliche Schwierigkeiten. Die Zeit ist hoffentlich nicht fern, wo nach dem seligen Ende der Zacherschen Zs. [der Zeitschrift für deutsche Philologie] u. der Germania die altdeutsche Philologie 2 Organe besitzt: die Zs [Zeitschrift für deutsches Alterthum und deutsche Litteratur] mit dem Schwerpunkt auf Textkritik, Alterthumskunde, Geschichte der älteren Litteratur, die Beiträge mit dem Schwerpunkt auf Grammatik u. Metrik. Dazu käme /   3) ein selbständiges Organ für neuere Litteratur des 16.–19. Jhrs. / Titel: Zeitschrift für deutsche Litteraturgeschichte. / Zs ist kaum zu vermeiden. Journal unmöglich, Museum dgl. altmodisch, Beiträge, Archiv, Vierteljahrschrift, Blätter aus verschiedenen Gründen abzulehnen, ein Name wie Germania schwer zu finden. / herausgegeben von Bernhard Seuffert / Findest Du es empfehlenswerth die Verbrüderung von Deutschland und Österreich durch Hinzufügung meines Namens zu verkünden und willst Du mir etwas Antheil an der Redactionsarbeit geben, so könnte es heißen / herausgeg. von B. S. und E. S. / Verleger: Hans Reimer, wenn er Lust hat, wie ich glaube. Ein Vorschlag für Honorierung des die Geschäfte führenden Redacteurs hätte von ihm auszugehen; Erhöhung der Bezüge bei gutem Fortgang wäre zu stipulieren. / Quartalhefte von 8–9 Bogen. / Honorar für die Mitarbeiter: 20 M. pro Bogen. 20 Separatabzüge. / Druck: Fractur. Wäre mir lieber als: Antiqua, deutsche Citate: Fractur, fremdsprachige cursiv / Miscellen und Recensionen petit? […] / Recensionen nach Belieben, ohne das stets illusorische Versprechen alles Bedeutende zu kritisieren. Einläufe werden am Schluß jedes Heftes verzeichnet. / Gleich im Prospect, der sehr knapp zu halten wäre, müßte die Überschwemmung durch Abdruck unnützer Briefe (Klopstock-Hemmerde, Goethe-Weinhändler) u. langer Werke (Stolbergs Insel) abgewehrt und der Hauptaccent auf Abhandlungen gelegt werden. Rücksichtslose Strenge der Redaction gegen die Boxberger etc. / Jahresbericht? Würde Steinmeyer auf Strauch verzichten? / Wie weit Rücksicht aufs Goethejahrbuch? / Einladung u. Prospect Anfang October. / 1. Heft im Januar […]«.

2 Seuffert bezieht sich offenbar auf den kurzen Austausch über Max Kochs »Zeitschrift für vergleichende Litteraturgeschichte« (s. Brief 63 u. 64).

3 Gemeint ist das »Archiv für Litteraturgeschichte« (s. Brief 77, Anm. 2).

4 Die seit 1868 erscheinende »Zeitschrift für deutsche Philologie« wurde nach dem Tode ihres Gründers Julius Zacher ab 1889 von dessen Schüler Hugo Gering weitergeführt.

5 Zu dem angedeuteten Zeitschriftenplan von Herman Grimm (auf den sich die Anspielung »Grimmisch« bezieht), Gustav von Loeper und Bernhard Suphan konnte nichts Näheres ermittelt werden. Loepers diesbezügliche Bemerkungen während des Festessens, mit dem die zweite Generalversammlung der Weimarer

Goethe-Gesellschaft am 21.5.1887 beschlossen wurde, fanden keinen Eingang in den »Jahresbericht« der Gesellschaft (s. GJb 8 [1888], Appendix, hier S. 5).

6 *Das seit 1880 unter der Leitung von Ludwig Geiger erscheinende »Goethe-Jahrbuch« war 1885 zugleich offizielles Organ der Weimarer Goethe-Gesellschaft geworden.*

7 *Unter der Chiffre »W. K. F.« (= Weimarische Kunstfreunde) zeichneten Goethe und der Kunstschriftsteller Johann Heinrich Meyer ab 1799, zeitweise in Zusammenarbeit mit Schiller, Erklärungen zum Weimarer Kunstleben sowie später allgemeine Aufsätze zu Kunstfragen (s. Wilpert: Goethe-Lexikon, S. 1158). Herman Grimm unterzeichnete seine Kunstkritiken in der »Deutschen Rundschau« mit der auf den Goethe-Kontext anspielenden Chiffre »B. K. F.« (Berliner Kunstfreund).*

8 *Elias von Steinmeyer in seiner Funktion als verantwortlicher Herausgeber der »Zeitschrift« und des »Anzeigers für deutsches Alterthum«, deren Schwerpunkt zwar auf der mittelalterlichen Literatur lag, in denen aber auch Arbeiten zur neueren Literaturgeschichte erschienen.*

9 *Philipp Strauch bearbeitete von 1885 bis 1890 jährlich ein »Verzeichnis der auf dem Gebiete der neueren deutschen Litteratur [...] erschienenen wissenschaftlichen Publikationen« für den »Anzeiger für deutsches Altherthum«.*

10 *s. Brief 77, Anm. 3.*

11 *Gemeint ist die Großherzogin Sophie von Sachsen-Weimar.*

12 *Die diesbezügliche, von Schmidt aufgesetzte und von Suphan und ihm selbst am 1. bzw. 2.10.1887 unterzeichnete Erklärung hat sich in Seufferts Nachlass (StAW, NL Seuffert, Kasten 17) erhalten: »Die Unterzeichneten sind bereit an der Gründung und Leitung einer neuen, im H. Böhlau Verlag erscheinenden Zeitschrift theilzunehmen, welche den Titel führen soll Vierteljahrschrift für Litteraturgeschichte / unter Mitwirkung / von Erich Schmidt und Bernhard Suphan / herausgegeben / von Bernhard Seuffert; so zwar, daß die Redaktion im vollen Umfang vom Herausgeber B. Seuffert geführt wird und die Mitwirkung der Unterzeichneten sich auf Vorschläge, die nur durch den Redakteur selbst zur Abstimmung gestellt werden können falls dieser überhaupt eine Abstimmung wünscht, und auf gelegentliche mit B. Seuffert zu vereinbarende Unterstützung oder Vertretung beschränkt. / Weimar, den 1. Oktober 1887   B. Suphan / Jena, 2. October 87   Erich Schmidt«*

13 *Der von Seuffert angeregte Jahresbericht über Neuerscheinungen auf dem Gebiet der österreichischen Literaturgeschichte (s. auch Brief 79) kam nicht zustande.*

79. (B) Sauer an Seuffert in Graz
Prag, 3. November 1887. Donnerstag

Prag 3.11.87.
Stefansgasse 3.

Lieber Freund! Es ist mir wirklich peinlich, daß ich gerade diesen Brief so lange unbeantwortet lassen mußte, der mich bis tief in die Seele freute u. *[er]*quickte. Aber: Anfang des Septembers; ein Grammat. Colleg (Encyclopädie);[1] maßenhafte Correcturen (während meiner Reise wurden zwei Bände[2] gedruckt, die jetzt meiner harren); eine unbedingte notwendige Umstellung meiner Bücher; endlich eine Reise zu meinen Eltern, die ich im Sommer nicht hatte besuchen können. Mit einer Karte wollte ich aber *[g]*ar nicht beginnen ...

Wie glücklich ich über die Gründung einer neuen Zs. bin, hat Ihnen schon mein letzter Brief bewiesen. Glauben Sie mir: es taugt keiner von uns – denn auch ich hätte im heurigen Sommer die Redaction einer Zs.³ übernehmen können, wenn ich Neigung und Beruf dazu in mir verspürt hätte – zu dieser aufopferungsvollen Stellung als Sie. Das einzige, was dabei bedauernswert ist: daß der Wieland in weitere Fernen rückt. Könnte vielleicht dadurch ausgeglichen werden, daß gerade die Zs. ein Ort wäre, um Ihren Wielandstudien zur Herberge zu dienen. Bringen Sie der Wissenschaft und Ihren Freunden dieses Opfer.* Wir werden Sie gewiß nicht im Stiche laßen und werden Ihnen sehr dankbar dafür sein.

Wir, schreibe ich. Aber gerade ich bin ein recht schlechter Mitarbeiter bei Zs., oder war es wenigstens bisher. Während Sie u. alle anderen massenhaft Recensionen wertvollster Art geschrieben haben: *[k]*omme ich über kurze Anzeigen nie hinaus. Während Sie so manche schöne Untersuchung in Zs. veröffentlicht haben: stecken meine Arbeiten in Einleitungen verborgen, wo sie niemand sucht u. sie mir niemand dankt. Ich möchte wünschen, daß dies anders würde. Für die allernächste Zeit aber habe ich noch an den Sünden meiner Vergangenheit zu tragen u. erst wenn ich meine Versprechen für die DLD u. für Kürschner voll eingelöst habe, bin ich wieder ein freier Mann. Da ich mein reiches Wissen über Grillparzer auch in eine Einleitung⁴ habe unterstecken müssen, so kann ich Ihnen zunächst gar nichts für die Zs. versprechen; wenigstens keine Untersuchung. Es wäre denn, Sie nehmen den zweiten Thl. ›Über die Ramlerische Bearbeitung e*[tc]*.⁵ an, der eigentlich für die Akademie bestimmt ist. Wenn Sie auch Material veröffentlichen, so kann ich manches beisteuern: ich besitze interessante Briefe von Bürger an Goeckingk,⁶ deren Veröffentlichung mir vielleicht von d. Familie G. gestattet wird; auch sonst verschollene Bürgeriana;⁷ Nachträge zu Kleist; Vossische Jugendge*[d]*ichte.⁸ Aber das ist doch alles nur Füllsel. –

Was den Jahresbericht betrifft, so möchte Minor für die Austriaca weit besser taugen als ich, weil er im Continuum ist u. weil er doch einmal durch s. Bibliographie⁹ dieses einst von mir inne gehabte Arbeitsgebiet an sich gerissen hat. Auch wird Werner darauf Anspruch erheben u. ich habe beim Grillparzer schon so viel Anfechtung erfahren, daß ich gerne ins Dunkel zurück trete.

Nun gleich zwei Fragen:

1. Strauch bittet mich, ich solle in der öst. Gymnasialztschrft ein paar lobende Worte über s. Bibliographie¹⁰ sagen, weil er aus Öst. noch immer keine Beiträge dazu bekommt. Ich könnte das nur thun, wenn Sie damit einverstanden sind u wenn der Jahresbericht in Ihrer Zs. dem Strauchischen nicht allzu ähnlich wäre.

2.) Erinnern Sie sich vielleicht, daß ich in gräßlicher, jetzt durch gar nichts mehr [z]u entschuldigender Weise die Recension des Schmidtischen Lessings[11] für Steinmeyer verbummelt habe. Durch mehrere Jahre schon. Die Recension liegt halbfertig da u. wenn ich mich drüber mache, so kann sie in einigen Wochen leicht fertig sein. Glauben Sie, daß sie Steinmeyer jetzt noch drucken wird? Er hat höchst wahrscheinlich die schlechteste Meinung [v]on mir u. ich habe mich in d. That gar nicht gut gegen ihn benommen. Ich werde nun wol nie mehr in die Zs. schreiben: ich möchte aber nicht gar so in Unehren von diesem Organ & seinem Leiter Abschied nehmen. An Steinmeyer kann ich mich mit einer Anfrage nicht mehr wenden. Ich kann ihm nur die Recension senden auf gut Glück oder weiter schweigen.

———

Nun noch Diverses:
Kürschner hat den Maler Müller Nachlaß noch in Besitz.[12] Das »mit Amerika« war ein Schreckschuß für Deutschland. Er denkt ihn nach Berlin zu bringen. Wenn ich ihm nur den N. Götz herausfilutiren[13] könnte. Er ist aber mit allen Salben gerieben.

Minors Ausfall ist im letzten Heft der Zacherschen Zs. unter den Quellenstudien: man ist noch lange nicht der irische Dechant mit der Peitsche, wenn man dessen Stil auch noch so schulmeisterlich nachzustümpern gelernt hat.[14]

Auch ich habe es abgelehnt, im Goetheverein[15] zu lesen. Auch mir ist meine Zeit u. meine Arbeit zu kostbar, als daß ich [sie] so mir nichts dir nichts wegwerfen könnte. Wol müssen wir Österreicher zusammenhalten; aber M. versteht darunter: seinen Wünschen & Winken Folge leisten.

Elster hat mir DLD 27[16] versprochen; bis jetzt aber nicht geschickt. Warten Sie noch 8 Tage, bis Sie das Heft vergeben. Ich bitte Sie darum, wenn von Elster nichts kommt. Können Sie meinen ›Göttinger Dichterbund‹ I (Voss) etwa brauchen? Die Exemplare liegen seit [v]ielen Monaten ungenutzt da. Ich wollte sie erst mit dem II. Bd. verschicken; aber nun dauerts mir doch zu lange. Vom Grillparzer kann ich Ihnen leider nur die Einleitung schicken; ich bekomme nur 3 Ex.   Empfehlen Sie mich Ihrer lieben Frau und grüßen Sie – bitte – den schweigsamen Meister.[17]

Herzlichst & Treulichst   Der Ihrige   AS.

* Für Ihre große Aufrichtigkeit, wie für alle Ihre Mittheilungen meinen herzlichsten Dank. Ich habe alles in mich eingeschloßen u werde es für mich behalten.

Handschrift: ÖNB, Autogr. 422/1-105. 2 Dbl., 8 S. beschrieben. Grundschrift: deutsch.

1 Sauer las im Wintersemester 1887/88 erstmals eine »Einführung in das Studium der deutschen Philologie« (3-st.).
2 von Sauers Grillparzer-Ausgabe, deren erste Bände im November 1887 ausgegeben wurden.
3 nicht ermittelt. Sauer schreibt hierzu in einem Brief vom 24.11.1887 (ÖNB, Autogr. 422/1-106): »Über jenen Zeitschrift-Plan vom Sommer habe ich versprochen nichts näheres auszusagen. Nur so vi[el], daß die Sache mir gänzlich verfehlt schien. Der Verleger meinte, man müße in aller Stille ein erstes Heft vorbereiten u. es wie einen Blitzstrahl herausschleudern; während ich hingegen als erste Bedingung hinstellte, alle maßge[be]nden Personen vorher einzuladen & zu verständigen. Auch wenn der Verleger, wie ich nicht glaube, den Plan ausführt, so brauchen Sie ihn nicht zu fürchten. Es wird ein todt gebornes Kind sein. Alle Mitarbeiter Ihrer Ztschrft thun gewiß dabei nicht mit u. ohne diese Mitarbeiter können Sie sich höchstens eine Ztschrft für vgl. Litteraturgeschichte denken.«
4 s. Brief 59, Anm. 5.
5 über Ewald von Kleist (s. Brief 3, Anm. 1; dort auch zu den unten erwähnten Nachträgen).
6 August Sauer: Aus dem Briefwechsel zwischen Bürger und Goeckingk. In: VfLg 3 (1890), S. 62–113 u. 416–476.
7 August Sauer: Nachträge zu Bürgers Gedichten und Briefen. In: VfLg 1 (1888), S. 260–263.
8 nicht erschienen. Eine Auswahl aus dem Werk von J. H. Voss war 1887 im ersten Band von Sauers Edition »Der Göttinger Dichterbund« (DNL. 49) erschienen.
9 Jakob Minor: Zur Bibliographie und Quellenkunde der österreichischen Literaturgeschichte. In: ZfdöG 37 (1886), S. 561–584. Minor hatte einleitend auf das Projekt eines »Grundriß zur Geschichte der deutschen Literatur in Österreich« angespielt, den Sauer bereits 1883 angekündigt hatte (s. Brief 24, Anm. 4): »Bis zum Erscheinen eines Grundrisses der deutschen Literatur in Österreich, den wir alle sehnlichst erwarten, wird noch geraume Zeit vergehen; inzwischen können vielleicht meine Aufzeichnungen denen, die sich als Lehrer oder Schriftsteller mit diesem Gegenstande beschäftigen, einen geringen Ersatz bieten.« (S. 561).
10 s. Brief 78, Anm. 9. Die für die »Zeitschrift für die österreichischen Gymnasien« bestimmte Rezension ist nicht erschienen.
11 Die für den »Anzeiger für deutsches Altherthum« bestimmte Rezension ist nicht erschienen (s. Brief 56, Anm. 7). Seuffert antwortete hierzu in einem Brief vom 6.11.1887 (StAW): »Rund heraus: ich glaube nicht, dass Steinm. Ihre Lessinganzeige noch nimmt. Er war verstimmt. U. gerade weil die lage heikel ist, möchte ich nicht ohne speciellen auftrag von Ihnen anfragen. Ich habe widerholt mit empfehlungen von referenten bei Steinm. kein glück gehabt (NB. dass er Ihnen Schmidts buch gab, geschah aber ohne mein wissen) und darum hüte ich mich seit einiger zeit, über seinen Anz. mit ihm zu reden. Beauftragen Sie mich aber, so werde ich sehr gerne u. zwar ohne ihm zu sagen dass ich beauftragt sei ihm die sache vorlegen. Nur müsste dann allerdings auf seine antwort, wenn sie bejahend lautete, Ihr ms. umgehend folgen können.«
12 zum Verbleib der Nachlässe von Müller und Götz s. Brief 40, Anm. 14.
13 filutiren (v. franz. filou): »auf listige Weise stehlen, betrügerisch entlocken« (Samuel Kroesch: Germanic Words for »deceive«. A Study in Semantics. Göttingen: Vandenhoeck & Ruprecht, 1923 [Hesperia. 13], S. 112).
14 s. Brief 77, Anm. 4.
15 Der Wiener Goethe-Verein (heute: Österreichische Goethe-Gesellschaft), dessen Vorstand Jakob Minor angehörte, war 1878 gegründet worden. Zu seinen Hauptzielen gehörte neben der Förderung des allgemeinen Goethe-Enthusiasmus die Sammlung von Geldmitteln für ein Wiener Goethe-Denkmal, das schließlich im Jahr 1900 nach dem Entwurf von Edmund Hellmer enthüllt wurde. Der Verein baute eine Goethe-Bibliothek auf, veranstaltete regelmäßige Vortragszyklen und gab seit 1886 die »Chronik des Wiener Goethe-Vereins« heraus (s. Faerber: Minor, S. 252).
16 Heinrich Heine: Buch der Lieder. Nebst einer Nachlese nach den ersten Drucken oder Handschriften.

[Hrsg. von Ernst Elster]. Heilbronn: Henninger, 1887 (DLD. 27). Zur Konzeption dieses Neudruckes s. Brief 80, Anm. 3.
17 A. E. Schönbach.

80. *(B) Seuffert an Sauer in Prag*
 (Graz, Ende November/Anfang Dezember 1887)

Lieber freund, Dank für Ihren Voss und brief und karte.[1] Heine war schon unterwegs an Sie, da Sie ihn ablehnten. Wenn Sie ihn mir zurück schicken, hab ich eine passende verwendung für das ex.   Böhlau ist über die mö[2] – – – Ich wurde unterbrochen, der anfang blieb liegen, die post bringt den Heine; ich danke dafür; dass Ihnen die idee gefällt macht mich sehr zufrieden;[3] ich habe bedenken gehabt, als ich sie erfand: harte philol. können sagen: dies hat nie als B. d. ll.[4] existiert. Auch Elster nahm anfangs anstoss, als ich ihn für meinen plan zu gewinnen suchte, befreundete sich aber dann damit. Die vorr. ist unter starkem drängen geschrieben; Elster hatte mich sitzen lassen, z. tl. freilich ohne schuld. So ist sie zu lang geraten und etwas quatschig. Auch stimm ich nicht mit allem überein, hätte lieber nur das herausgehoben gehabt, was diese fassung anders macht als spätere, u. dessen ist unglaublich viel, woraus sich der junge H. poetischer zeigt als der alte. Aber ich kann die vorreden nicht so schreiben lassen, wie ich sie für recht halte, wobei noch gar nicht gesagt wäre, dass es so recht wäre. Der fall drückt mich nun schwer, wenn ich an zs.-beiträge denke. Wie oft werd ich da meine meinung verleugnen müssen oder um eines guten wortes willen viel mässige ertragen; und das aller schlimmste, gelegentlich doch auch nur um der person willen!! Es gibt für den unabhängigen und schroffsten redacteur grenzen. U. ich fürchte mich sehr vor diesen. – – Böhlau ist, um auf das angefangene zurückzukommen, über die möglichkeit, der jahresbericht werde zu gross u. zu belastend für die Vjs., ängstlich geworden; u. so werden zunächst keine regelmässigen berichte u. nicht umfassende erscheinen, bis die neue zs. auf festen füssen steht. Aber wir wollen einstweilen langsam anfangen und muster von kurzen, lebendigen, geschmackvoll zusammenfassenden berichten geben und Sie sollen ja das jahr 1888 sich zusammenstellen u. sobald sichs lohnt los schiessen. Über die äußere u. innere art schreib ich ihnen einmal mehr; heute nur noch, dass Sie alle bücher gratis bekommen, welche die verleger gratis als rec.ex. abgeben, und 40 m. honorar pro bogen bericht.

Das 1. hft. soll anfangs märz heraus; ich fürchte es wird anfang april werden. Doch brauch ich vorher ms., um übersicht zu haben. Also müssen Sie was wählen, das bald fertig sein kann.[5] Haben Sie denn keinen entwurf, keine reichlichen notizen für den verlornen Raimund? Oder Grillparzers Ahnfrau: fragen Sie doch Konegen direkt, ob er ein 1. heft⁶ bald bringen will. Warum sollen Sie die studien noch länger ablagern lassen? Vor Cotta brauchen Sie gewiss keine scheu zu haben: steht in Ihrem kontrakte, dass Sie nichts über Grillparzer drucken lassen dürfen? wenn das nicht drin steht, haben Sie freiheit, jedes kapitel Ihrer biographie da u. dort zu publicieren, nur dürfen Sie eben nirgends eine ganze biogr. veröffentlichen. Das ist also kein anstoss. Bis mitte januar bitte ich um ms.   U. ausser dem österreichischen, an dem mir wegen des ministeriums, wie neulich schon gesagt, liegt u. das ich von Ihnen am liebsten hätte, weil Sie den grösten <!> plan dazu u. wol am längsten hegen (während die andern an reichsdeutsche themata gebunden sind) schicken Sie jedesfalls die Lessingsche Faustquelle als abhandlung?⁷ und was sie sonst an neuem zu Schmidts buch notierten als miscellen.

Dass Sie den Elpenoraufsatz⁸ mit Demetrius in verbindung bringen, überrascht mich ungemein. Ich habe bis zu Ihrer bemerkung keinen moment an Demetrius gedacht. Ich habe überhaupt an gar keine parallele gedacht und suchte mich recht eigentlich auf das fragment zu beschränken.   So möchte ich wol auch einmal an den Göchhausenschen Faust⁹ herantreten. Nur ist es da schwerer, sich aller einfälle zu enthalten, welche der vervollständigte Faust gibt u. wol auch kaum erlaubt. An die Schweizer reise hab ich noch nicht gedacht. Aber ich möchte die schülerscene (u. dann wol auch den keller) nach Leipzig setzen. Mich dünkt der pedantische Meph. so schal, dass er nur als persönliche karikatur (Clodius??) wirken kann, also im kreise der Leipziger zechbrüder. Für Strassburg ist so fuchsenmässige erfahrung undenkbar, obwohl das ausschliessliche besprechen der medicin eher dahin als nach Lpz. passt. Vielleicht verbrenne ich mir den mund einmal mit solchen hypothesen. Mehr noch aber reizt mich die verquickung der nachtscene u. Wald u. höhle: da ist ein angelpunkt, da war etwas einfacher, was später gespalten wurde; und das einfache möchte ich zu ende denken können; aber es klappt noch nicht in meinem hirn.

Bartsch ist ein lump. Ich habe seine totenschau¹⁰ leider gelesen. Zarncke begräbt in der Nibelgenvorr.¹¹ die streitaxt u. reibt sich im Ctrbl.¹² doch an Scherer.

Ihre empfindung für Schönbach¹³ ist mir so wol erklärlich, dass auch ich nicht nur mit kritik an seine ›nebenstunden‹ herantrete; mir ist leid, seinen enthusiasmus zu stören; mir ist aber eben so leid, dass er sich solche blössen gibt – denn dafür halt ich die vorlesungen –; und aus diesem dilemma kam ich nicht hinaus, hab ihn geschont, mehr als mein gewissen erlaubt, ihm einwürfe gemacht, mehr als seine liebhaberei vertrug. Schliesslich kam es doch zu keinem ernsten kampfe, u. wir sind gute freunde, die sich nur etwas genauer kennen lernten: der eine hält den andern für zu beschränkt, der andere den einen für zu schweifend. Treulich Ihr BSfft.

Datum: Die Korrespondenzstelle ergibt sich aus den inhaltlichen Bezügen auf vorausgehende Kor-

respondenz, die hier nicht abgedruckt wird (s. unten Anm. 1). Der folgende Brief Sauers (Brief 81) wurde mit einem gewissen zeitlichen Abstand geschrieben. Handschrift: StAW. 1 Dbl., 2 S. beschrieben. Grundschrift: lateinisch. Der Brief ist auf der ersten und letzten Seite des Prospektes geschrieben, der das Erscheinen der »Vierteljahrschrift für Litteraturgeschichte« ankündigte (s. ausführliches Zitat Brief 77, Anm. 2).

1 *Gemeint sind ein Brief Sauers vom 24.11.1887 sowie eine Karte vom 26.11.1887 (ÖNB, Autogr. 422/1-106 bzw. 422/1-107); in Letzterer hatte Sauer sich im Voraus für ein Freiexemplar zum Neudruck von Heines »Buch der Lieder« (DLD. 27) bedankt, aber zugleich mitgeteilt, dass er das Buch auch als Rezensionsexemplar erhalten würde.*
2 *mö(glichkeit); s. unten.*
3 *s. Sauers Karte an Seuffert vom 26.11.1887 (ÖNB, Autogr. 422/1-107): »Die Idee ist vorzüglich. Gegen die Einleitung habe ich manche Bedenken.« Ernst Elster hatte seinem Neudruck, einer Anregung Seufferts folgend, weder die erste Buchausgabe von Heines »Buch der Lieder« (1827) noch die vorherigen Ausgaben der Einzelzyklen zugrunde gelegt, sondern die jeweils ältesten Drucke der einzelnen Lieder aus Journalen, Zeitungen und Almanachen. Angeordnet wurden die Gedichte indes nach der letzten von Heine autorisierten Auflage. Die relativ umfangreiche Einleitung, die neben der Entstehungs- und Textgeschichte auch Interpretationsfragen berührte, beschloss Elster mit einer umfangreichen bibliographischen Dokumentation.*
4 *B(uch) d(er) L(ieder).*
5 *s. zum Folgenden Sauers Brief an Seuffert vom 24.11.1887, in dem er verschiedene Vorschläge für Beiträge zum ersten Heft der »Vierteljahrschrift für Literaturgeschichte« gemacht hatte: »Für Raimund müßte ich alles neu machen. Glossy hat mir d[e]n betreffenden Aufsatz vor einer Reihe von Jahren verloren. / Bliebe: Grillparzer. Da komme ich an allen Ecken und Enden mit Cotta und dem Wiener Gemeinderath [in] Conflict. Ich hatte eine Idee: das Ahnfraubuch, das ja zum Theil gedruckt da liegt, zu condensiren, da es ja selbständig nicht mehr erscheinen wird. Aber wird Cotta das erlauben, wo ich eine Biographie bei ihm schreiben <!>; wird nicht Konegen schließlich doch auf seinem Schein bestehen und nun ein erstes Heft der Beiträge haben wollen. Die Sachen sind sehr verwickelt. Einen großen Aufsatz, den ich über den Text und die Anordnung von Grillparzers Gedichten (zum Zweck einer Jubiläumsausgabe) vorbereite, kann ich erst abschließen, wenn ich die ersten Drucke in den Almanachen, die sehr selten & sehr zerstreut sind, alle verglichen habe. [...] Können Sie so lange mit dem Erscheinen des 1. Heftes nicht warten, so will ich Ihnen für dieses einen kleinen Aufsatz über die Quelle von Lessings Faust liefern.«*
6 *Die für das erste Heft der »Beiträge zur Geschichte der deutschen Litteratur und des geistigen Lebens in Österreich« angekündigte Studie Sauers über Grillparzers »Ahnfrau« ist nicht erschienen (s. Brief 13, Anm. 1).*
7 *August Sauer: Das Phantom in Lessings Faust. In: VfLg 1 (1888), S. 13–27 u. Nachträge dazu, ebd., S. 522 f.*
8 *Gemeint ist Seufferts Rezension von Biedermanns »Goethe-Forschungen« (s. Brief 56, Anm. 9). Dazu Sauers Brief an Seuffert vom 24.11.1887: »Bei der Ausgestaltung des Elpenor Planes hat Sie der Demetrius wie ich erinnere, etwas zu sehr beeinflußt. Aber ich kann Ihren Vermuthungen nichts Positives entgegenstellen.«*
9 *Erich Schmidt hatte am 5.1.1887 im Nachlass des Hoffräuleins Luise von Göchhausen die vmtl. 1776/77 entstandene Abschrift der frühen »Faust«-Entwürfe entdeckt; die erste Ausgabe des sog. »Urfaust« erschien noch 1887 (Goethes Faust in ursprünglicher Gestalt, nach der Göchhausenschen Abschrift. Weimar: Böhlau, 1887). Zum Folgenden s. Sauers Karte vom 26.11.1887: »Der Urfaust ist famos. Halten Sie nicht für möglich, daß die Scene in Auerbachs Keller überhaupt auf d. Schweizerreise, gleichzeitig mit jenem tollen Tagebuch entstanden ist?«.*
10 *Karl Bartsch: Todesernte. In: Germania. Vierteljahrsschrift für deutsche Alterthumskunde N. F. 20 (1887), S. 382 f. Bartsch hatte seinen Nekrolog auf Wilhelm Scherer dazu benutzt, ein sehr subjektives Resümee der*

weit zurückreichenden fachlichen Konflikte mit Scherer zu ziehen (S. 383): »Es ließ sich indeß erwarten, daß das gute Verhältniß nicht von Dauer sein würde. Meine Recension von [Franz] Lichtensteins Tristan weckte Scherers hellen Zorn, und den Angriff gegen sich gerichtet wähnend, ließ er sich zu eines Mannes unwürdigen Unbesonnenheiten hinreißen. Daß ich den Sieg davon getragen, beweist die Thatsache, daß von da an Scherer das altdeutsche Gebiet, wenigstens literarisch, ganz verließ und sich ausschließlich der neuern Literatur zuwendete. – Scherer war eine genial angelegte, reich begabte Natur, der es nur an der zügelnden Kritik fehlte, um das größte zu leisten. Aber hier liegt seine Schwäche: es fehlte ihm an Regelung wie an Verständniß dafür. Das zeigt sich zunächst in seiner Auffassung der Textkritik: ›Fingerarbeit‹ nannte er sie verächtlich. Er hatte keine Ahnung von der Reihe von Denkoperationen, die der kritischen Aufstellung eines Textes nach mehreren Handschriften vorausgehen, der Classificirung derselben, der logischen Begründung der Lesarten etc., keine Ahnung, welcher Gewinn für die philologische Schulung darin liegt. [...] Aber auch auf literarischem Gebiete zeigt sich der Mangel an kritischem Sinne; er läßt seine Phantasie in die Lüfte hinaus spazieren, und baut Kartenhäuser auf, denen jedes solide Fundament fehlt. Festeren Boden hat er auf grammatischem Gebiete unter sich; das liegt in der Natur des Stoffes. Daher halte ich sein Buch ›Zur geschichte der deutschen Sprache‹ für seine beste Leistung. Jener Mangel tritt erst in seinen spätern Arbeiten mehr und mehr hervor. Aber das hindert uns nicht nochmals die reiche Begabung anzuerkennen, die mit ihm in ein frühes Grab gesunken ist.«

11 *Friedrich Zarncke hatte im »Vorwort« der neuesten Auflage seiner Nibelungenausgabe eine kurze Übersicht über die in den vergangenen Jahrzehnten zwischen der Leipziger und der Berliner Schule ausgefochtenen Positionkämpfe gegeben. Seuffert bezieht sich offenbar vor allem auf die Schlusspassagen: »Besonders bin ich auch bemüht gewesen, die Schärfe des polemischen Tones [in der Einleitung zum Text] zu mildern: es steht jetzt ein neues junges Geschlecht auf der Bahn, und wir wollen ihm nicht wieder und wieder in die frische Lust an der wissenschaftlichen Arbeit den verbitterten und verbitternden Ton des alten Haders hineinrufen. Wir Aelteren, die wir damals unsere Pflicht gethan und unsern Posten nicht verlassen haben, können doch nur unsere Freude daran haben, wenn jetzt die alten Spaltungen anfangen vergessen zu werden und in jedem gegebenen Falle [...] nur noch die sachlichen Momente die Gegnerschaft bestimmen und der Polemik ihre Färbung geben« (Das Nibelungenlied. Hrsg. von Friedrich Zarncke. 6. Aufl. 12. Abdruck des Textes«. Leipzig: Wigand, 1887, S. VII f.).*

12 *Die auf Scherer bezüglichen Stellen in Zarnckes »Litterarischem Centralblatt für Deutschland« sind nicht ermittelt.*

13 *s. Sauers Brief vom 24.11.1887: »Schönbach hat mir sein Bild[u]ngsbuch bereits angekündigt. Auch ich stehe diesen seinen amerikanischen Streifzügen ziemlich ferne. Aber sein ganzes Glück liegt in solchen Debauchen: er findet darin Ersatz für so vieles, was ihm wol ewig versagt bleibt und so mischt sich bei mir immer eine wehmüthig[e] Theilnahme ein, welche mich wärmer erscheinen läßt als ich bin.« »Bildungsbuch« bezieht sich auf Anton E. Schönbach: Über Lesen und Bildung. Umschau und Rathschläge. Graz: Leuschner & Lubensky, 1888 [²1888; ⁶1900]. Die Kritik von Sauer und Seuffert galt wohl weniger speziell diesem Buch als Schönbachs starkem Interesse an den modernen europäischen und außereuropäischen Literaturen.*

81. *(B) Sauer an Seuffert in Graz*
   (Prag), 28. Dezember 1887. Mittwoch

28.12.87.

L. F. Ich bin heuer mit Antworten an Sie so saumselig gewesen, daß ich nicht auch noch das neue Jahr heraufkommen lassen will, bevor ich Ihnen geschrieben habe. Glauben Sie mir, es war neben einer Reihe tiefeingreifender innerer E*[rl]*ebnisse, von denen niemand im Zusammenhange weiß und die ich Ihnen nur in langwierigem Gespräche darlegen könnte; neben diesen inneren Erschütterungen und Zerrüttungen, die drei Viertel dieses Jahres ausfüllten, war es hauptsächlich die nun eben fertig gewordene Grillparzer Ausgabe, die mich außer allen Verkehr mit meinen Freunden setzte. Denn Sie werden von andern Grazer Freunden dieselben Klagen über mich vernommen *[ha]*ben. Nun bin ich wenigstens auf eine Zeitlang den Correcturen entbunden. Auch sonst schaffe ich mir manches vom Halse: in einem Jahre etwa werde ich meine ganze Zeit frei für Untersuchungen haben. Gott genade der VJS die sie alle aufnehmen und den Lesern, die sie alle verdauen müßen.

Ihr Programm[1] finde ich präcis, einfach, polemisch-sicher; lapidar. Ob nicht zu wortkarg? Ich bin etwas entsetzt über das niedrige Honorar. Ein Mensch wie ich, der viel verdienen muß, der kraut[2] sich hinter den Ohren bei 20 Mark! 40 für den Jahresbericht klingt schon etwas besser. Sie sollen aber in der ersten Z*[ei]*t alles haben, was Sie von meinen Sachen brauchen können. Einen Aufsatz über Stolberg[3] habe ich Zwiedineck versprochen: Das ist aber ohnedies nichs für Sie. Bis Mitte Januar bekommen Sie gewiß etwas von mir noch fürs erste Heft. Wie es ausfällt, kann ich noch nicht sagen. Vielleicht auch eine Kleinigkeit über österreichisches, für das Schmidt übrigens einiges zusammenstellt.

Die Grillparzersachen sind deshalb so verwickelt, weil sich in alles meine Kenntnis der Papiere hineinschlingt und da passen die Cerberusse in Wien: auf der einen Seite die Stadtbibliothek und ihre Behüter, auf der andern Seite Minor als Gegner auf u. mir sind die Hände gebunden. Was hätte ich sonst alles!!

Möchten Sie mir nicht einiges von dem verrathen, was Sie an Manuscript-Vorrat haben. Ich will es still ins Herz beschließen.

Unter den Briefen Bürgers an Goeckingk, *[de]*ren ich 80 Stück besitze, ist einer,[4] biographisch vielleicht der interessanteste, den wir von B. haben, indem er ein Stück glühendsten Liebesbriefes an Molly enthält. Ich habe eine Zeitlang gedacht ihn abzutrennen u. für Heft I darzureichen; ein Anknüpfungspunkt an Gedichte für eine einleitende Bermerkung hätte sich gefunden. Aber einmal sind ein paar ziemlich freie Ausdrücke im späteren Verlauf des Briefes, die für diesen Zweck vielleicht nicht ganz *[p]*aßten, während sie im weiteren Fortgang der Ztschrft Niemandem <!> geniren und zweitens würde mir der Rest der Correspondenz ziemlich entwerthet. Und wenn ich auch nicht verlangen kann, daß Sie alles freundschaftliche Gewäsche drucken, so ist doch die Mehrzahl der Briefe deshalb des Druckes bedürftig, weil die Antworten Göckingks in der Strodtmannschen Sammlung[5] zugänglich sind.

Noch ein Wort vom Grillparzer. Bitte sind Sie mir nicht böse, daß ich Ihnen kein Ex. d. Werks schicken kann, da doch Schönbach eines erhält. Ich bin ihm von meiner Grazer Zeit her mannigfach verpflichtet; er hat mir unter anderem *[s.]* großes Predigtbuch[6] geschenkt; er hat sich ferner viel mit Gr. beschäftigt; vieles mit mir durchgesprochen etc. Für Sie haben ja auch die ganzen Werke weniger Interesse u. die Einleitung, auf die ich <u>allein</u> Wert lege, erhalten Sie baldigst. Sagen Sie mir ein gutes Wort drüber; denn es hängt – neben vieler, vieler Mühe; denn fast hinter jedem Satze steckt eine Untersuchung – es hängt mein ganzes Herz dran. Mit dieser Liebe habe ich nichts geschrieben seit der Widmung der Neudrucke[7] und fast will es mir scheinen, als würde ich nichts mehr mit *[di]*eser Liebe schreiben; denn in dem großen Werke, das ich gewiß ausführe, müßen die andern Geisteskräfte überwiegen. – Bald werde auch ich Ihnen zu schweifend sein; aber nein: ein kleines Gebietchen zu träumen, ja phantasieren, zu schwelgen; das gestehen Sie ja jedem von uns gern zu. Grüßen Sie mir Ihre liebe Frau vielmals und laßen Sie uns auch fernerhin an einander festhalten.

Treulichst Ihr AS.

Handschrift: ÖNB, Autogr. 422/1-108. 1 Dbl., 4 S. beschrieben. Grundschrift: deutsch.

1 Gemeint ist der Prospekt zur »Vierteljahrschrift für Litteraturgeschichte«, auf dem Seuffert seinen vorherigen Brief geschrieben hatte (s. Apparat zu Brief 80).
2 »krauen, gleich kratzen« (DWB, Bd. 11, Sp. 2085).
3 Der geplante Aufsatz über Friedrich Leopold Graf zu Stolberg für die von Hans von Zwiedineck-Südenhorst herausgegebene »Zeitschrift für allgemeine Geschichte, Kultur-, Litteratur- und Kunstgeschichte« ist nicht erschienen.
4 Gemeint ist Bürgers Brief an Goeckingk vom 12.11.1779, der mit einem ausführlichen Zitat aus einem Liebesbrief Bürgers an »meine Einzige« – Augusta Leonhart, genannt Molly, die Schwester seiner Frau Dorothea – eröffnet. Sauer bezeichnete den Brief als »das glühendste, offenste, wahrste Document, das wir aus seiner Feder besitzen« (VfLg 3 [1890], S. 426).
5 *Briefe von und an Gottfried August Bürger. Ein Beitrag zur Literaturgeschichte seiner Zeit. Aus dem Nachlasse Bürger's und anderen, meist handschriftlichen Quellen hrsg. von Adolf Strodtmann. 4 Bde. Berlin: Paetel, 1874.*
6 s. Brief 74, Anm. 6.
7 s. Brief 25, Anm. 5.

82. *(B) Seuffert an Sauer in Prag*
   Graz, 6. Januar 1888. Freitag

Graz 6 I 88
Harrachg. 1

Lieber freund
Gestern ward ich abgehalten Ihnen zu schreiben, heute kommt glücklich Ihre karte[1] dazu.
 Gestern nemlich wollte ich Ihnen wegen Ihres schülers Fellner schreiben. Er war bei mir, es scheint mit dem drucke seines Immermann[2] bald zu ende zu gehen, er sprach vom rigorosum. U. wegen des letzteren möchte ich Ihre geheime hilfe anrufen. Mir machte nemlich in den wenigen gesprächen die ich mit F. hatte er den eindruck, als ob er sich zwar mit feinheit in die einzelheiten seiner Immermannfunde vertieft habe, aber darüber hinaus nicht gut beschlagen sei. Wenn ich mich teusche, desto besser; Sie werden das beurteilen können. Aber wenn ich mich nicht teusche, so setzen Sie, der einfluss auf ihn hat, ihm zu. Denn ich möchte um alles in der welt nicht, dass er sich im rigorosum blössen gibt. Ich habe ihm selbst einiges gesagt; aber wenn ich als examinator in spe zu ihm spreche kommt alles so autoritativ heraus u. ich möchte den mann nicht zu ängstlich machen. Ich habe deswegen besondere sorge, weil ich mit Schönbach neulich bei einem rigorosum einen bösen zusammenstoss hatte: er nahm es sehr übel, dass ich seinem Bezjak[3] nicht wie er das ›ausgezeichnet‹ gab, das er nach meiner sachlichen überzeugung nicht verdiente. Schönbach deutete das so, dass er mir nicht wissenschaftlich u. streng genug examiniere. Nach einer sehr peinlichen auseinandersetzung haben wir uns wider beglichen. Aber ich fürchte, es bleibt so viel davon zurück – was ich natürlich F. nicht sage –, dass Schönbach höhere anforderungen stellt, besonders wenn die dissertation aus der neueren litteratur genommen ist. Es wäre mir leid, wenn F. darunter litte. U. doch scheint er mir mit dem MA[4] nicht auf gutem fusse zu stehen. Ich kann Schönbach natürlich nicht hindern u. will es nicht: denn nach dem, was ich mir erzählen lasse, wird hier wirklich mit dem ›ausgezeichnet‹ ein misbrauch getrieben, an dem ich mich nicht beteiligen werde. Ich habe auch widerholt kandidaten abgeschlagen, ihnen ein engeres gebiet zum rigorosum zu bezeichnen, wie das bisher usus gewesen sein soll. Ich kann nicht verlässlich erfahren, wie Ihre praxis war. Sie werden sich selbst denken, dass ich mich über derlei mit Bauer u. Gurlitt benehme und deren billigung dazu eingeholt habe, auch dass ich Schönbach davon verständigte, der mir allerdings nur das recht, nicht mehr, dazu zugesteht. Ich sehe keinen grund, warum die promotion so sehr erleichtert werden soll. Ich glaube nicht, dass ich die kandidaten mit detailfragen belästige; aber ich

will mich überzeugen, ob sie einen begriff der geschichte von 15–1800 haben. Ich bin durch die prüfungsordnung gehalten, das thema der dissertation abzufragen, ich werde natürlich mich auch an verwandtes halten – wie ich F. erklärt habe, dass ich bei ihm eine besondere kenntnis des dramas u. der dramaturgie der ganzen neuzeit voraussetze – aber er muss mir auch über andere dichtgattungen die hauptsachen sagen können.

Ich glaube in all diesem auf Ihre zustimmung zählen zu dürfen. Ich schreibe so viel davon, weil ich Sie bitten möchte auf F. in diesem sinne einzuwirken; er scheint das für unberechtigte ranküne zu halten, er meinte – ganz irrig – das rigorosum diene lediglich dazu festzustellen, ob die dissertation vom kandidaten verfasst sei. Ich weiss nun nicht, ob Sie ihm darüber gelegentlich äusserungen zugehen lassen können u. mögen. Mir liegt daran, dass Ihr schüler mit ehren durchkommt. Aber ich bitte Sie ausdrücklich, ihn nicht ahnen zu machen, dass ich Sie darüber anging, u. alles vertraulich zu behandeln. Sonst wird F. kopfscheu, sieht die dinge, die ihm ohnedies ungeheuer erscheinen, grösser als sie sind; und sonst wittert Schönbach wider weiss gott welche intrige zu seinem sturze, da ich ihm vielmehr doch in die hand arbeite. Ich hoffe, Sie misverstehen mich nicht.

Conta benimmt sich unglaublich wunderbar u. alle meine versuche, in sein herz zu dringen, scheitern. Er brütet über Hamann,[5] ich weiss nicht wie u. was. Im seminar bin ich gar nicht erbaut von ihm. Er hält sich für ungemein klug, hat gewiss auch sehr viel wissen, aber mit dem arbeiten geht's schlechter, als da ich eintraf. Sie wussten ihn offenbar besser zu führen als ich. – –

Ihren beiträgen sehe ich mit verlangen entgegen. Schmidts u. Suphans beiträge[6] sind noch nicht da, wurden aber von mir in das 1. heft natürlich schon eingerechnet, das ohne die herren mitwirker gar nicht erscheinen kann. Werners Zur physiologie der lyrik[7] bei Franzos gilt mir weniger als Ihnen u. ich würde einen derartigen aufsatz in der VJS nicht abdrucken; er hat noch nichts eingereicht. Ihn oder Minor zu austriaca aufzufordern habe ich nicht lust; eine solche aufforderung ist ein halbes versprechen, das bestellte dann auch anzunehmen, und dazu sind mir die beiden zu unsichere leute. Mit Schiller[8] will Minor später kommen.

Eine frage an Sie als Hölderlinkenner:[9] Ist Hölderlins gedicht: An die klugen Rathgeber. »Ich sollte nicht mit allen Kräften ringen« oder seine andere fassung: Der Jüngling an die klugen Rathgeber. »Ich sollte ruhn? Ich soll die Liebe zwingen« irgendwo gedruckt? u. ebenso ist sein Vanini. »Den Gottverächter schalten sie dich? mit Fluch« gedruckt? Ich fand beides in Schillers nachlasspapieren. Machen Sie sich keine mühe damit. Ich meine nur zu wissen, dass Sie sich mit Hölderlin besonders genau befasst haben u. also bescheid erteilen können.

Ihr Brandl soll aussichten nach Göttingen haben?[10] dort ist Roethe an Goedekes stelle vorgeschlagen.[11] Burdach soll gehaltloser eo. geworden sein.[12] Braune lehnte berufung nach Heidelberg ab,[13] höre ich, ich wusste gar nicht, dass Bartsch d. gr. ersetzt werden soll.

Leben Sie wol und bleiben Sie gut

Ihrem

Sfft.

Handschrift: StAW. 1 Dbl., 4 S. beschrieben. Grundschrift: lateinisch.

1 *Seufferts Karte an Sauer vom 31.12.1887 (StAW), die hier nicht abgedruckt wird.*
2 *Richard Fellner: Geschichte einer deutschen Musterbühne. Karl Immermanns Leitung des Stadttheaters zu Düsseldorf. Stuttgart: Cotta, 1888. Infolge einer Verurteilung wegen Majestätsbeleidigung von der Universität relegiert, konnte Fellner sein Studium in Graz nicht abschließen. Er wurde 1889 mit der von Sauer angeregten Immermann-Studie bei Hermann Fischer in Tübingen promoviert (s. ausführlich Brief 85, Anm. 1). Über seine Beziehungen zu Fellner hatte sich Sauer ausführlich in einem Brief an Seuffert vom 9.1.1888 (ÖNB, Autogr. 422/1-110) geäußert: »Es ist aber niemand von Graz her mein Schüler im engeren Sin[n]e, wie denn durch meine raschen Übersetzungen überhaupt kein Germanist zusammenhängend 3 oder 4 Jahre um mich gewesen u. bei mir gelernt hat, es wäre denn ein oder der andere Lemberger. Die zählen aber gar nicht mit. Am wenigsten nun kann ich Herrn Fellner meinen Schüler im landläufigen Sinne des Wortes nennen. Er war vielleicht längere Zeit bei mir inscribirt. Ich erinnere mich aber nur, daß er im letzten Semester wirklich gehört [ha]t. Einmal war er im Seminar u. da kamen wir über Schillers Maltheser fast auseinander, wie unser Verhältnis überhaupt anfangs mehr ein gegensätzliches war. Erst als ich den glücklichen Griff mit dem Diss.-Thema that, faßte er Vertrauen zu mir, unsere Bzhg. erstarkten erst bei meinem Weggange u. wurden erst seitdem er im vorigen Winter 14 Tage bei mir war – buchstäblich Tag & Nacht bei der Arbeit – innigere. Ich habe ihn recht liebgewonnen als Arbeiter wie als Menschen, er hängt dankbar an mir u. wenn aus dem überreichen Materiale s. Immermann halbwegs etwas geworden ist, so darf ich mir das allerdings zum Verdienste anrechnen. – Aber Sie sehen aus dieser Darlegung meiner Bzhgen zu ihm: an den Lücken in seinem Wissen, an seinem ganzen Entwicklungsgange bin ich vollständig unschuldig. / Was Sie mir nun schreiben, das habe ich ihm mündlich & schriftlich oft und oft gesagt; [e]r hat auch, so weit es neben einer anstrengenden Detailarbeit, neben dem Drucke eines 30 Bogen starken, z. Thl petit gedruckten Buches angieng, in früheren Epochen gearbeitet. Über das Ausmaß s. Wissens bin ich gleichfalls nicht orientirt u. müßte bei der Prüfung ganz so vorgehen wie Sie. Vor Ihnen scheint er aber nun freilich eine Höllenangst zu haben, das schließe ich aus einzelnen Äußerungen von ihm selbst & sowie aus Schönbachs Frage zu Ostern, warum er denn nicht das Rigorosum in Prag ablege. Wenn Schönbach ihn jetzt härter anließe als er sonst geth[an] hätte, thäte es mir um Fellners gegenwärtigen Ernst & Fleiß leid. Was an mir liegt, will ich nicht fehlen lassen: ihm noch einmal energisch zur Arbeit rathen, ihm ins Gewissen reden. Ich kann dies ohne daß es ihm auffällt getrost thun, danke Ihnen auch für alle Mittheilungen herzlichst.«*
3 *Der Slowene Janko Bezjak hatte in Graz das Lehrerexamen abgelegt.*
4 *M(ittel)a(lter).*
5 *s. Brief 59, Anm. 9.*
6 *Erich Schmidt: Goethes Proserpina. In: VfLg 1 (1888), S. 27–52; Bernhard Suphan: Aus ungedruckten Briefen Herders an Hamann. Ebd., S. 136–147.*
7 *Richard Maria Werner: Zur Physiologie der Lyrik. In: Deutsche Dichtung 3 (1888), H. 7, S. 206–209;*

s. dazu Sauers Karte an Seuffert vom 4.1.1888 (ÖNB, Autogr. 422/1-109): »Werner hat in [Karl Emil] Franzos' D[eutsche]D[ichtung]. über d. Physiologie der Lyrik bereits gehandelt. Ganz vernünftige Einfälle in seiner unglaublich quatschigen Manier vorgetragen.« Von Werner erschien im ersten Jahrgang der »Vierteljahrschrift« der Aufsatz »Des Sängers Fluch von Ludwig Uhland« (VfLg 1 [1888], S. 503–511).

8 Jakob Minor: Der junge Schiller als Journalist. In: VfLg 2 (1890), S. 346–394. Den ersten Jahrgang der Zeitschrift eröffnete Minor mit einem Aufsatz über »Christian Thomasius« (VfLg 1 [1888], S. 1–9).

9 Die Gedichte »Vanini« und »An die klugen Rathgeber«, sowie des Letzteren überarbeitete Fassung »Der Jüngling an die klugen Rathgeber«, gehörten zu den Texten, die Hölderlin 1796/97 für Schillers »Musenalmanach« einsandte, der sie jedoch nicht zum Druck annahm. Die Manuskripte verblieben in Schillers Redaktionspapieren (heute Goethe-Schiller-Archiv, Weimar) und wurden von Seuffert zuerst publiziert (Bernhard Seuffert: Gedichte Hölderlins. In: VfLg 4 [1891], S. 599–609). Zu Sauers Arbeiten über Hölderlin s. Brief 50, Anm. 2.

10 Alois Brandl, seit 1884 Extraordinarius in Prag, erhielt 1888 die neu eingerichtete ordentliche Professur für Englische Philologie in Göttingen.

11 Gustav Roethe, der sich 1886 in Göttingen habilitiert hatte, trat 1888 die Nachfolge Karl Goedekes an, der am 27.10.1887 gestorben war. Die bisherige Denomination der Stelle wurde von Deutsche Literaturgeschichte auf Deutsche Philologie geändert und Roethe nahm zugleich einen besonderen Lehrauftrag für Neuere deutsche Literaturgeschichte wahr.

12 Konrad Burdach hatte sich 1884 in Halle habilitiert. Nachdem dort 1887 der Sprachhistoriker Eduard Sievers die Nachfolge des verstorbenen Julius Zacher angetreten hatte (s. Brief 75, Anm. 5), wurde Burdach, der neben der Sprachgeschichte auch auf dem Gebiet der älteren und der neueren Literatur ausgewiesen war, auf Antrag der Philosophischen Fakultät im Dezember 1887 zum Extraordinarius für Deutsche Philologie (ohne Gehalt) ernannt.

13 Wilhelm Braune, seit 1880 Ordinarius in Gießen, wurde zum Wintersemester 1888/89 Nachfolger von Karl Bartsch in Heidelberg. Der infolge von Bartschs schlechtem Gesundheitszustand bereits seit längerer Zeit vorbereitete Ruf erfolgte primo et unico loco (s. Burckhardt: Germanistik, S. 38 f.). Bartsch, der in Heidelberg neben der deutschen Philologie auch die Romanistik vertreten hatte, starb am 19.9.1888.

83. (K) Seuffert an Sauer in Prag
   Graz, 27. Februar 1888. Montag

Lfr. Dank für Ihre worte u. die besten wünsche, dass Sie sich rasch in dem neuen verhältnis, das Ihnen doch auch seelisch und später körperlich – weil Sie von Ihren allzu grossen arbeitsvergraben abgehalten werden – wohltätig sein wird.[1] – Ich habe nie gedacht Ihr Phantom[2] verschwinden zu lassen u. begreife nicht, wie Sie zu der annahme kamen. Auch den Bürger[3] wollte ich immer aufnehmen, nur den brief kürzen dürfen. Doch darüber sind wir nun einig.

Die adresse des Hölderlinsammlers[4] in Berlin haben Sie in der eile ausgelassen. Bitte tragen Sie dieselbe noch nach! – Wegen Ihrer anm. hab ich dem verleger geschrieben u. hoffe, dass er sich darauf einlässt. Ich weiss ja noch nicht, wie er mit dgl. verfährt.   Über Ihren Grillparzer[5] sollten Sie einen brief haben, aber ich komme mit dem besten willen nicht dazu. Litterarhistorisch scheint mir die einleitung in jedem

betracht ausgezeichnet. Es steckt kolossal viel drinnen, man merkt oder ahnt, wie viel arbeit voraus liegt u. dass sie liebevoll geschah.   Nach der seite der charakteristik – ich darf zu Ihnen doch ganz ehrlich reden – scheint sie mir nicht gleich gelungen, da vermisse ich stärkere striche.   Ihre liebe empfindet man überall u. sieht doch, dass Sie zugleich gerechtes urteil sprechen und einschränken oder tadeln.   Ein richtiger beurteiler des ganzen bin ich mit meiner geringen kenntnis Gr.s und mit meiner noch nicht besiegten abneigung gegen ihn nicht. Für einen leser wie ich bin setzen Sie zu viel kenntnis auch der fragmente voraus; da müsste ich nachstudieren, was ich jetzt nicht kann.   U. nun, um mein herz ganz auszuschütten – aber Sie nehmen mirs ja nicht übel! bitte!! – noch eines: Sie lassen Ihren mann ein kap. zu früh sterben u. verderben sich den guten ausklang, da doch die eingangsakkorde sehr voll und sehr schön gegriffen sind.   Gerne schriebe ich mehr, aber ich kann nicht. Treu Ihr
ehrlicher
BSfft. 27 II

Datum: s. Poststempel. Handschrift: StAW. Postkarte. Adresse: Herrn Professor Dr. A. Sauer / Prag II / Stefansgasse 3 *Poststempel: 1) Graz Stadt, 27.2.1888 – 2) Prag/Praha, 28.2.1888. Grundschrift: lateinisch.*

1 *Karl Sauer war nach dem Tode seiner dritten Frau, Sauers Stiefmutter, aus Wien zu seinem Sohn nach Prag gezogen. In einem Brief vom 25.2.1888 (ÖNB, Autogr. 422/I-114) hatte Sauer über seine Situation berichtet: »Tausend Dank für Ihre theilnehmenden Worte. Es hat einen Riß nicht blos in mein Inneres gemacht; auch meine äußere Existenz ist mit ei[ne]m Schlage eine andere geworden. Mein Vater ist gleich mit mir nach Prag gefahren und bleibt bei mir; wir haben vom Mai ab eine größere Wohnung gemiethet und werden zu wirtschaften beginnen. Zunächst bedeutet dies für mich leider eine Fülle von Abhaltungen und Störungen; später werde ich auch die Vortheile dieses Zusammenlebens ge[ni]eßen.«*
2 *s. Brief 80, Anm. 7.*
3 *s. Brief 79, Anm. 6.*
4 *Gemeint ist Carl Th. Litzmann, den Sauer in seinem Brief vom 25.2.1888 als Experten für die Lokalisierung von Briefen Hölderlin empfohlen hatte (s. auch Brief 51, Anm. 3).*
5 *Gemeint ist die monographische Einleitung zu Sauers Grillparzer-Ausgabe (s. Brief 59, Anm. 5). Sauer antwortete auf einer Karte vom 29.2.1888 (ÖNB, Autogr. 422/I-115): »Was Ihr Urtheil über Gr. betrifft, so gestatten Sie mir folg. zur Antwort. Sie verfallen in den selben Fehler wie leider einige andre Leser des Heftes (so daß mich der S[eparat]A[bdruck]. d. Einleitung schon reut), die Arbeit als etwas selbstän[dig]es anzusehen, während sie nichts sein wi[ll] u. kann als eine Orientirung für den Leser der Werke, vor oder eigentlich nach diesen zu studiren. Daraus erklärt sich auch der frühe Tod meines Helden, der sonst nicht zu rechtfertigen wäre. Hier war ein andrer Schluß geboten. Zweitens aber, das werden Sie mir – Ihre Person ausgenommen, wol selbst zugeben, daß in einer Einleitung zu einer 16bändigen Gesammtausgabe, welche in circa 10,000 Ex. verbreitet werden soll, auf welche Tausende warten, welche neue Leserkreise erobern soll, nicht auf Leute berechnet sein kann, welche dem Dichter Abneigung entgegenbringen. Hier ist zwar nicht Schönfärben, aber Liebe, Liebe und dreimal Liebe am Platze. Gerade meine Charakteri[stik] Grs. ist von allen intimen Kennern des Dichters so weit ich bis jetzt Urtheile habe, übermäßig gelobt worden; Sie stehen*

offenbar unter dem Banne der Schererischen Litteraturgesch., welche ich in jedem Worte bekämpfe. Aber das ganze ist ja nur eine bescheidene Skizze, ein Entwurf, möge die Ausführung Sie einst besser belehren.«

84. (K) Sauer an Seuffert in Graz
    Prag, 25. April 1888. Mittwoch

L. F. Ich schicke Ihnen gleichzeitig meine Heinerec.[1] u. bitte Sie um Elsters Adresse, damit ich ihm einen Abzug schicken kann. Sind Sie zufrieden damit?

Letzten Sonntag bekenne ich: las ich die VJS. Im ganzen können Sie sehr stolz auf das 1. [Hef]t sein. Schmidts Aufsatz[2] ist – abgesehen vom schwülstigen Anfang ausgezeichnet; Supphans Briefe[3] höchst interessant. Diese 2 Aufs. tragen die Ehren davon. Minor?!?[4] – Martin[5] in der That dürre und trocken; Strauch[6] aber nicht schlecht. Bei Kögel[7] Schmidts Beisatz zwar das wertvollste, aber die Ansagung zu der Anmerk. ist schon ein Verdienst. Nur das 19. Jh. hätte ich an Ihrer Stelle auch vertreten sein lassen und eine chronol. Ordnung hätte ich eingeführt. Minors Festaufsatz hätte trotzdem als Einleitung stehen bleiben können. Wann werden Sie als Autor theilnehmen??[8] Druck, Ausstattung etc. ist sehr gut. Möchten die A[bon]nenten nicht ausbleiben.

Ich übersiedle in der nächsten Woche in meine neue Wohnung[9] u. es herrscht bei mir in Folge dessen ein etwas dissolutes Wesen. Aber was treibt Ihr in Graz: Leitgeb, Gross, Frau Kergel, Fellner!!! Freundlichst grüßend Ihr   treulichst Ergeb.   AS.

Datum: s. Poststempel. Handschrift: ÖNB, Autogr. 422/1-119. Postkarte. Adresse: Herrn Professor Dr. Bernhard Seuffert / Harrachgasse 1. / Graz. / Steiermark *Poststempel: 1) Prag/Praha, 25.4.1888 – 2) Graz Stadt, 26.4.1888. Grundschrift: deutsch.*

1 August Sauer: Heinelitteratur. In: DLZ 8 (1888), Nr. 17, Sp. 638–641. Die Sammelbesprechung geht u. a. auf Ernst Elsters Neudruck zu Heines »Buch der Lieder« (DLD. 27) ein.
2 s. Brief 82, Anm. 6.
3 s. Brief 82, Anm. 6.
4 s. Brief 82, Anm. 8.
5 Ernst Martin: Verse in antiken Massen [!] zur Zeit von Opitz [!] Auftreten. In: VfLg 1 (1888), S. 98–111.
6 Philipp Strauch: Zwei fliegende Blätter von Caspar Scheit. In: VfLg 1 (1888), S. 64–98.
7 Rudolf Kögel: Kleinigkeiten zu Goethe. In: VfLg 1 (1888), S. 52–64. Auf S. 52 f. hatte Erich Schmidt eine Fußnote mit Ergebnissen aus einer erneuen Kollation der Göchhausenschen Abschrift des »Urfaust« eingefügt.
8 Erst im dritten Heft des ersten Jahrgangs der »Vierteljahrschrift« veröffentlichte Seuffert einen eigenen Beitrag (Bernhard Seuffert: Wielands Berufung nach Weimar. In: VfLg 1 [1888], S. 342–435).
9 Königliche Weinberge bei Prag, Hawlitschekgasse 62.

85. *(B) Sauer an Seuffert in Graz*
   Prag, 16. Juli 1888. Montag

Prag, Weinberge
Hawlitschekgasse 62

16.7.88.

Obgleich mir lieber Freund in keiner Weise so zu Muthe ist als ob das Semester schon zu Ende wäre, so muß ich aber doch *[bei]* meinen Freunden die richtige Ferien- und Reisestimmung voraussetzen.

Ich habe Ihnen also zunächst für den ausführlichen Brief zu danken, den Sie mir in der Fellnerschen Angelegenheit[1] geschrieben haben[2] und auch für jene Zeilen, die Sie nach Tübingen selbst richteten. Über den vorläufigen Stand der Angelegenheit sind Sie durch Strauchs Antwort[3] unterrichtet; ich bin zunächst froh, daß man mir meine *[Fü]*rsprache nicht übel genommen hat. Ich habe bei dieser Gelegenheit die Erwägung angestellt, wie wenig Glück ich bisher mit meinen Schülern hatte – wenn ich überhaupt von solchen reden darf. Wie ist mir der Hölderlin-Petzold[4] so ganz verunglückt. Seit Jahr und Tag höre ich nichts von ihm; auf meine letzte Anfrage nicht einmal eine Antwort. Wenn ich nur an Hauffen mehr Freude erlebe.

Ich stecke ganz im Götz[5] und kann Ihnen sagen: eine höllischere Arbeit hab ich bisher nie gemacht. So abstumpfend, öde, unergie*[bi]*g. Dabei die bange Furcht, wie ungleich die Ausgabe im ganzen wird. Herr von Loeper soll einmal von dem subjectiven Charakter der Lesarten gesprochen haben; es wäre uns allen viel mehr gedient, wenn es eine Lesarten Maschine gäbe; dann diese <u>fast</u> gleichlautenden Drucke!! Wer bürgt einem, daß man nicht doch eine Kleinigkeit übersehen habe. Und um Ihnen mein Herz ganz auszuschütten. Band 1 und 14[6] sind recht schlecht; Band 1 freilich um vieles schlech*[ter]* als Band 14, doch auch in letzterem Abweichungen des Textes von d. Lesarten die nur Fehler sein können. Bei Herrn v. Loeper ist aber kaum <u>ein</u> Gedicht <u>ohne</u> Fehler. Die Handschriften wie die der ersten Epistel lassen sich aus den Lesarten unmöglich restituiren! Man kann nichts anderes thun, als diesen Band einstampfen u. eine neue Auflage machen. Ich kann mir Ihre verzweifelte Lage als Generalcorrector jetzt erst in vollem Umfange vorstellen! Ich bin begierig <u>wo</u> ich mit meinem Herrn Redactor[7] a*[n]*komme; bis jetzt macht er mir d. Eindruck: wasch mir den Pelz u. mach mich nicht naß.

Für meine äußere und innere Unruhe während der letzten Monate hat meine Ordinariatsangelegenheit[8] reichlich genug gesorgt. Es hat sich zwar alles <u>hinter</u> den Culissen abgespielt u. das Resultat war ein einstimmiger Beschluß ohne jede Commissionswahl, aber die einzelnen Stadien waren weniger erquicklich. Zunächst habe ich ja a[u]ch von dem Vorschlage wol kaum einen Nutzen; ja ich habe die Überzeugung, daß es ohne Urgirung nicht zu erreichen sein wird und das erst in einiger Zeit: immerhin ist wenigstens meine Stellung der Facultät gegenüber eine gesicherte. Wie leicht liest es sich in einer Biographie: ›1883 zum außerordentl; 1893 zum ord. Prof. ernannt‹!!

Ich bleibe bis auf weiteres hier, hoffe Anf. Aug. mein Man. nach Weimar zu senden; gehe dann, wenn wie es scheint ich von der Waf[fen]übung[9] verschont bleibe, vielleicht in den Böhmerwald u. bin spätestens am 1. Spt. in Wien, wo Sie mich falls Sie dahin kämen in Zeit bis zum 4/5 Oct täglich in der Stadtbibliothek (Neues Rathaus) erfragen können. (Ich weiß noch nicht, wo ich wohnen werde). Weiter nach Süden komme ich heuer kaum.

Bleiben Sie in Steiermark oder reisen Sie in die Heimat? Was macht Frau und Kind?[10] Es wünscht Ihnen recht glückliche Ferien [u]nd Freiheit von allen lästigen Geschäften nebst herzlichen Grüßen

Ihr

aufrichtig Ergebener

ASauer.

Handschrift: ÖNB, Autogr. 422/1-125. 1 Dbl., 4 S. beschrieben. Grundschrift: deutsch.

1 *Der Grazer Doktorand, Richard Fellner, ein früherer Schüler Sauers und bekanntes Mitglied der deutsch-nationalen Akademischen Burschenschaft Libertas in Wien, war am 18.4.1888 durch das Landesgericht in Graz in erster Instanz nach § 64 ÖStGB (Beleidigung von Mitgliedern des Kaiserlichen Hauses) wegen Beleidigung des Kronprinzen Rudolf von Habsburg zu einer dreizehnmonatigen Kerkerstrafe verurteilt worden. In einem Bericht der »Neuen freien Presse« (Nr. 8495, 19.4.1888, Mo.-Bl., S. 7), der mit Blick auf Fellners burschenschaftliche Aktivitäten in Deutschland und Österreich den politischen Hintergrund des Verfahrens andeutet, heißt es: »Der Angeklagte hatte beim Universitäts-Commers am 22. November v. J. während der Hospizkneipe eine Rede gehalten, durch welche nach der Anklage die Ehrfurcht gegen den Kronprinzen verletzt wurde. In der Anklage wird betont, daß Fellner von eminent staatsfeindlicher Gesinnung und bestrebt sei, diese Gesinnung unter der akademischen Jugend, auf welche er nicht geringen Einfluß hat, zu verbreiten.« (s. auch die Prozessberichte in: Grazer Volksblatt, Nr. 90, 19.4.1888, S. [3] u. Nr. 91, 20.4.1888, S. [2]). Nach der Berichterstattung in Fellners Tübinger Promotionsakte hatte er in seiner Kommersrede »das Interesse des damaligen deutschen Kronprinzen [Friedrich] für die Wissenschaft [...] im Gegensatz zur ›modernen Pseudowissenschaft, mit der heute so viele sich schmücken‹« erwähnt (Hermann Fischer: Bericht über das Promotionsgesuch von Richard Fellner, 10.10.1889. UA Tübingen, 131/39b, 21; dort auch die weiter unten aus dem Promotionsverfahren angeführten Dokumente). Dies sei als beleidigende Anspielung auf die populärwissenschaftlichen Interessen des Kronprinzen Rudolf ausgelegt worden, der u. a. mit Reiseschilderungen und ornithologischen Beiträgen hervorgetreten war. Im weiteren Verlauf wurde die seitens der Verteidigung gegen das Urteil erhobene Nichtigkeitsbeschwerde vor dem Obersten Gerichts- und Cassationshof in Wien am 18.1.1889 zurückgewiesen; das Gericht nahm als zweifellos an, »daß die incriminirte Aeußerung auf den Kronprinzen Rudolf gemünzt und der Redner der Tragweite*

seiner Aeußerung sich bewußt gewesen sei« (Beleidigung eines Mitgliedes des kaiserlichen Hauses. In: Die Presse [Wien], Nr. 19, 19.1.1889, Mo.-Bl., S. 11). Dennoch erreichte Fellner anschließend – ob durch Urteil oder kaiserliche Begnadigung, war nicht zu ermitteln – eine Herabsetzung der Strafe auf vier Monate Kerker, die er in einem bezirksgerichtlichen Gefangenenhaus in Deutschlandsberg/Steiermark verbüßte. Es kann nur vermutet werden, dass sich die bedeutende Minderung des ursprünglichen Strafmaßes auch Fellners familiären Verbindungen verdankte, der ein Bruder des prominenten Wiener Theaterarchitekten Ferdinand Fellner (Firma Fellner und Helmer) war (s. N. N.: Dr. Richard Fellner †. In: Grazer Tagblatt, Nr. 199, 21.7.1910, Mo.-Bl., S. 3; Auskünfte von Harald Stockhammer [Innsbruck], dem wir für umfangreiche Recherchen danken). Durch das schwebende Verfahren daran gehindert, in Graz (oder an einer anderen österreichischen Hochschule) das Doktorexamen abzulegen, richtete Fellner am 4.7.1888 einen ersten Antrag auf Zulassung zur Promotion an die Philosophische Fakultät der Universität Tübingen, die den Germanisten Hermann Fischer als Referenten einsetzte, aber das Gesuch im August zunächst – bis zum Abschluss des Gerichtsverfahrens – sistierte. Nach Verbüßung seiner Strafe erneuerte Fellner sein Gesuch am 5.10.1889. Hermann Fischer empfahl der Fakultät in seinem Gutachten vom 10.10. die Annahme von Fellners Monographie über Karl Immermann als Dissertation, die in Graz unter Aufsicht Sauers entstanden und inzwischen im Druck erschienen war (s. Brief 82, Anm. 2), nicht ohne darauf hinzuweisen, dass August Sauer Fellner in »Beziehung auf seine germanistisch-litterarischen Studien [...] in brieflicher Mittheilung an den Unterzeichneten ein recht vortheilhaftes Zeugnis ausgestellt« habe. Nachdem die Philosophische Fakultät noch ein Leumundsgutachten über Fellner in Graz eingeholt hatte, das der Philosoph Alexius Meinong mit Datum vom 24.10.1889 in empfehlender Weise erstattete, wurde Fellner zum Promotionskolloquium zugelassen, das er am 28.10. mit der Note »bene« bestand, und anschließend zum Dr. phil. promoviert. – Zu der prominenten Rolle, die Fellner seit Beginn der 1880er Jahre im deutsch-nationalen Burschenschaftswesen Österreichs und Deutschlands sowie als Vertreter des radikal antisemitischen Flügels im Verein Deutscher Studenten gespielt hatte, s. die zeitgenössische, stark antisemitisch gefärbte Dokumentation bei Herman von Petersdorff: Die Vereine Deutscher Studenten. Zwölf Jahre akademischer Kämpfe. Im Auftrag des Kyffhäuser-Verbandes unter Benutzung der Vereinsarchive hrsg. [...]. Zweite vermehrte Auflage. Leipzig: Breitkopf und Härtel, 1895, Register. Im Anschluss an die Verbüßung seiner Haftstrafe, heißt es dort auch, habe sich »mit Fellner [...] ein Umwandlungsprozeß vollzogen. Aus dem Antisemiten, der bald nach seiner Rückkehr nach Österreich wegen Beleidigung des Kronprinzen Rudolf unseligen Angedenkens zu längerer Kerkerhaft verurteilt wurde, ist ein deutschfreisinniger Journalist geworden.« (ebd., S. 184).

2 s. Seufferts ausführlichen Brief an Sauer vom 18.6.1888 (StAW): »Fellner kam zu mir mit seinem buche u. sagte, er könne nun in Österreich nicht promoviert werden, er wolle nach Dtschld zu diesem zwecke, habe sich promotionsordnungen eingeholt u. die Tübinger passe ihm am besten. Er denke da event. sogar in absentia promoviert zu werden. Ich habe ihn in diesem vorsatze bestärkt u. habe ihn zur eile gedrängt [...]. Ich glaube nicht, dass man an der sache draussen anstoss nehmen wird. Draussen ist derlei, so viel ich weiss, kein gemeines verbrechen, sondern ein politisches, also nicht ehrraubend. Ich habe auch keine ahnung davon, ob für den dr. draussen sittliche führung vorgeschrieben ist wie hier zu lande. Ich für meine person halte den dr. lediglich für ein wissenschaftliches reifezeugnis u. keineswegs für einen ehrentitel; bin aber damit im entschiedenen gegensatze zu Schönbach u. zum österr. strafgesetzbuch, das die entziehung des dr.-titels als strafe kennt. Das ist meines wissens draussen nicht der fall. Kurz ich glaube nicht, dass F. draussen wegen seiner tat zurückgewiesen wird. Übrigens hab ich mit Erich Schm. gesprochen, der sich entschieden weigerte, den mann zu promovieren. Aber der kennt unsere verhältnisse und steht noch in ihrem banne. / Ich bin weit davon entfernt, Fs. auftreten irgendwie zu entschuldigen. Ich finde, es geschieht ihm nur sein recht. Aber ich für meine person sehe nicht, warum diese geschichte ihm am dr-werden hindern soll. [...] Es ist gar nicht ausgeschlossen, dass F. als ›politischer märtyrer der deutschen sache‹ [...] draussen wo unsere zustände unverstanden sind sympathien erwirkt. Ich würde mich nicht berufen fühlen, sie ihm zu zerstören, obwol ich sie nicht teile.«

3 In der Angelegenheit Fellner hatten sich Sauer und Seuffert auch an den Germanisten und damaligen Tübinger Extraordinarius Philipp Strauch gewandt, den Seuffert von seinen Straßburger Semestern her persönlich kannte. Er hatte vmtl. im Hintergrund vermittelt, war aber nicht aktiv an Fellners Prüfungsverfahren beteiligt. Seuffert schrieb hierzu in einem hier nicht abgedruckten Brief vom 5./6.8.1888 (StAW): »Für meinen Fellnerbrief an Strauch zu danken, haben Sie keinen anlass: ich tat das gern. Wenn nur Ihr eintreten ihm nützt! Er hat mir einen teil seiner eingaben u. briefe nach T[ü]b[in]gen. vorgelesen u. das war sehr gut; denn ich musste dem heissporn allerlei zu streichen raten.«
4 Emil Petzold schloss seine bei Sauer in Lemberg begonnenen Dissertation über Hölderlin erst einige Jahre später ab (s. Brief 51, Anm. 2).
5 zu Sauers Ausgabe des »Götz von Berlichingen« innerhalb der Weimarer Ausgabe s. Brief 76, Anm. 2.
6 Gemeint sind die beiden ersten, 1887 erschienenen Bände der Weimarer Ausgabe: »Gedichte. Erster Theil«, bearbeitet von Gustav von Loeper (WA I, Bd. 1) und Erich Schmidts Ausgabe von »Faust. Erster Theil« (WA I, Bd. 14). Seuffert teilte Sauers Auffassung, dass man Bd. 1 »einstampfen« lassen solle, vgl. Brief 86, Anm. 6.
7 Bernhard Suphan.
8 Die Philosophische Fakultät der deutschen Universität Prag war am 1.6.1888 durch ein von dem Germanisten Johann Kelle und drei weiteren Fakultätsmitgliedern unterzeichnetes Schreiben aufgefordert worden, »sich bei einem hohen k. k. Ministerium für Cultus und Unterricht nachdrücklichst dahin [zu] verwenden, daß der außerordentliche Professor Dr. August Sauer zum ordentlichen Professor ernannt werde« (zit. in Johann Kelle u. a. an die Philosophische Fakultät, Brief vom 15.4.1891. AUK, FF NU, kart. 11: August Sauer, Bl. 17). Die Fakultät war daraufhin am 21.6.1888 beim Ministerium erstmals um die Beförderung eingekommen. Dem Antrag wurde jedoch erst nach wiederholter Vorlage (1889 und 1891) durch allerhöchste Entschließung vom 5.6.1891 mit Wirkung vom 1.1.1892 stattgegeben (ebd. Bl. 19 ff.).
9 s. Brief 42, Anm. 2.
10 Gertraud Seuffert (geb. 25.3.1888).

86. (B) Sauer an Seuffert in Graz
   Prag, 22./23. August 1888. Mittwoch/Donnerstag

Prag 22.8.88.
Weinberge Hawlitschekgasse 62

Lieber, mir immer näher verbundener Freund!
Ihr überaus reicher Brief[1] traf mich nicht i[n] Prag. Mein Unwolsein im Juli bewies mir daß ich meine Kräfte überschätzt hatte und ich mußte ins Freie. Leider konnte ich nicht sehr weit weg wegen des Offiziersrapports Mitte dieses Monats; so war ich mit Maly in Hohenfurth im südl. Böhmen u. dann bei meinem älteren Bruder.[2] Halb und halb erfrischt, kam ich Anfangs dieser Woche zurück; aber die Arbeiten wollen noch immer nicht vowärts; vielleicht hilft mein liebes altes Wien. Jedoch habe ich die lange anstrengende [Kärr]nerarbeit aufgegeben u. werde nur etwa 14 Tage dort schürfen; wahrscheinlich erst in der 2. Hälfte Spt.

Ich habe Ihren Brief nun wieder genau durchgenomen u. will ihn der Reihenfolge der Materien nach beantworten.

Schüddekopf hat mir auch geschrieben;³ ich werde ihm noch heute antworten. Ich glaube, Sie haben ganz recht gethan; u. sollte sich das Kürschnersche Schatzhaus, das eher einer Grabeshöhle gleicht, auch einmal öffnen, so wird eine Sammlung der zerstreuten Gedichte Götzens sogar neben einer Ausgabe nach den Man. ihren sel*[b-]*ständigen Wert behalten. Schüddekopf kommt damit gewiß rascher zum Ziele als ich mit dem Anakreon⁴ (obgleich der Text des letzteren fertig im Pulte liegt); ob Ihnen das dann nicht zu viel Götzendienstes ist, laße ich dahingestellt. Vorderhand schreibe ich den Neudruck auf die Liste der von mir zu liefernden Werke und behalte die Sache im Auge.

Fellners Proceß scheint nach einem dürftigen und ungenauen Telegramm in der Boh*[em]*ia schief gegangen zu sein,⁵ was mir wirklich in die Seele hinein leid thut. Aus Tübingen habe ich nichts mehr gehört u. meine Hoffnung, die ohnehin nicht groß war, ist nun ganz gesunken. Wenn er die Strafe nur über sich ergehen läßt u. nicht etwa in der Aufregung Hand an sich legt. Das fürchte ich am meisten.

Ihre Mittheilungen über die Goethe Ausgabe⁶ haben mir die Augen noch weiter geöffnet, als ich sie schon aufgesperrt hatte. Von einer Geschichte des Werkes, oder auch nur des Textes ist mir gar nichts bekannt.⁷ Nach den Grundsätzen⁸ ist dergleichen sogar ausgeschlossen! Da schreibe ich j*[a ü]*ber den Götz einen ganzen Band! Dazu habe ich hier auch gar nicht das Material, müßte noch einmal nach Weimar oder an eine große Bibl. Das kann wie Sie wol auch meinen erst geschehen, wenn die ganze Ausgabe vorliegt.

Jetzt, wo ich nach einer Pause wieder zu den Sachen zurückkehre, stehe ich einem Chaos gegenüber. Man hätte unbedingt critische Grundsätze ausarbeiten müssen; eine Geschichte der Goethe-Ausgaben vorher schreiben lassen sollen. Der Text des Gö*[t]*z ist so viel ich sehe dreimal durch unechte Ausgaben hindurchgegangen.⁹ Der 2. Ausg. vom Jahre 74 liegt ein Nachdruck der ersten Ausgabe zu Grunde; der Göschenschen Ausg liegt h zu Grunde; A baut sich auf der 4bändigen Göschenschen Ausgabe auf, die doch auch unecht ist. Muß nun alles was nachweislich aus diesen Ausgaben stammt, aus dem Text wieder herausgeschafft werden. z. B. In E sagt Weislingen im Monolog des 1. Aktes: ›Heiliger Gott, was will aus dem allen werden!‹¹⁰ Von den Drucken aus dem Jahre 1774 hat der ric*[ht]*ig paginirte keine Änderung; die beiden falsch paginirten: ›Heiliger Gott, was will will aus dem allen werden!‹   h¹ setzt ein Komma zwischen den beiden ›will‹; h² = E.   S nimmt die Lesart von h¹ herüber u. sie erbt sich bis C fort. Dem Stil des Götz entspricht diese Wiederholung vollständig. Darf man da streichen oder nicht?

Während nun solche Änderungen wichtigerer Art sehr selten sind, so beruht aber die ganze Interpunction des Götz <u>auch</u> auf diesen unechten Ausgaben, insbesondere au*[f]* h¹ und Sᵃ, ABC ändern daran nach Willkür und so ist die Interpunction in C meiner Ansicht nach das größte Kauderwelsch das man sich denken kann. Ja noch mehr. Die Theaterhandschriften lehnen sich in Text u. Interpunction an die Ausgaben vor h¹ an, geben also Goethes Intentionen genauer wieder. Befolge ich nun Burdachs Grundsatz als was in Goethescher Hdschrft vorliegt vollständig genau zu verzeichnen, so muß ich die ganze Interpunction der Theaterhandschriften wiedergeben,[11] dadurch indirect auch die der Ausgaben <u>vor</u> h¹. Wenn ich nun in meinem Text normalisire weiß niemand wie die Interpunction von S–C aussieht; also muß ich auch diese verzeichnen. Ließen sich für die Interpunction vor Relativsätzen, vor <u>daß</u>, <u>und</u> etc allenfalls Beispiele angeben, Was <!> mache ich mit den zahllosen Frage und Ausrufungssätzchen, welche bald mit Punctum, bald mit ! bald mit ? geschlossen sind. Von Consequenz ist da nirgends auch nur eine Spur zu finden. Erwäge ich nun das was Sie schreiben von der Wichtigkeit der Druckusancen des 18 Jh. etc., so komme ich zu dem Schluß, daß die Interpunction entweder <u>gar nicht</u> berücksichtigt werden darf oder <u>vollständig</u> verzeichnet werden <u>muß</u>.[12]

Am liebsten möchte ich mit der Fort*[setz]*ung meiner Arbeit bis zum Erscheinen der nächsten Serie <u>warten</u>. (NB: Suphan verlangt mein Man. für October) Ich bitte Sie daher mir sobald es Ihnen möglich ist auf einer Karte zu schreiben <u>wann</u> Ihre und Burdachs Arbeit erscheint; vielleicht daß ich mich nach diesen Mustern richten kann. Und weil ich schon im Fragen bin, so möchte ich gerne wissen, ob Suphan (oder Wahle) zu Auskünften <u>verpflichtet</u> sind; ob sie Auszüge aus Tagebüchern etc. liefern <u>müssen</u> oder ob das Gefälligkeit gegen den Specialherausgeber ist. Ich brauche nothwendig alle Theaterzettel der Aufführungen des Götz u. andere Dinge, die ich mir nur aus Weimar zu verschaffen weiß.

Was meine Coll.[13] anlangt, so habe ich mich dadurch zu sichern gesucht, daß ich jeden Text mit dem unmittelbar vorausge*[h]*enden u. mit dem unmittelbar nachfolgenden u. dann dh meistens auch mit C oder E verglichen habe. Bei einem umfangreichen Werk wie der Werther ist erfordert aber diese Methode eine Frist von mehreren Jahren. Ich begreife, daß Schmidt über das Variantenklauben wüthend ist.

Glauben Sie, daß man mir Ihr Elaborat[14] schickt, wenn ich es verlange? Ich scheue mich bei Suphan eine Fehlbitte zu thun. Bei all ihrer <!> Strenge: Ich wäre zu Tod froh, wenn ich Sie als Redactor über mir wüßte. Mir kommt es vor, als ob sich S. nicht dafür interessirte.

Vom 2. Heft Ihrer Ztschrft habe ich bisher blos Bruchstücke gesehen, darunter sind die Forschungen zum Faustbuch[15] die wertvollsten. Über die Schleswigschen Lit. Briefe[16] habe ich große Freude, dgl. über Moritz.[17] Julius v. Tarent[18] ist ein nothwendiges Übel. Wie denken Sie über den Phöbus?[19] Über Canitz?[20] Bes. den Anhang zur zweiten Ausgabe. Oder verfällt der schon den Berlinern?[21] Georg Jacobi?[22] – Ich nehme im Seminar im Winter 16 Jh. im Anschluß an das Colleg.[23] –

Daß Ihnen Frau v. Zwiedineck nahe getreten ist, freut mich zu hören. Auch ich mußte mich erst durch das Dornengestrüpp durchwinden bevor ich ins Heiligthum Ihrer <!> Seele Einlaß bekam. Aber sie gehört nun zu meinen treuesten. Von Gurlitt höre ich nichts, von Bauer wenig. Schönbach soll ein ahd. Man. entdeckt haben;[24] ich lese so wenig Ztgen daß ich das Wichtigste übersehe. Kelle war in der Schweiz auf einer Handschriftenjagd, die Resultate scheinen nach s. Berichten mehr negativer Art zu sein; aber er ist zufrieden. Was sagen Sie zu Rödigers neuer Sammlung.[25] Anti-QF?? Oder nicht?

Als Rechtshistoriker fürchten wir Schuster,[26] als Engländer hoffe ich Pogatscher.[27] Schmidt ist in Brandl vernarrt. Ich erfahre immer mehr wie er gegen mich hier agitirte.

Empfehlen Sie mich Ihrer Frau u. arbeiten Sie nicht zu viel. Man sagt mir das so oft, daß ich es fast schon befolge. Mit herzlichen Grüßen   Ihr AS.

Ich muß noch ein Frageblättchen hinzufügen. Ehlermann hat mich gebeten für die 2. Aufl. des Goedekeschen Grundrisses[28] den § über die StDränger zu übernehmen u. da er angab im Einverständnisse mit ESchmidt die Vertheilung getroffen zu haben, sagte ich zu. Nun ist die Sache doch sehr kitzlich, da wieder wie bei Goethe keine Grundsätze existiren. Nach meiner Meinung müßte der frühere II Band ganz in der Weise des früheren III behandelt werden; d. h. ich glaube bei Lenz etwa müßte ebenso jedes Gedicht verzeichnet werden wie etwa bei Rückert; ein Dichter wie Schubart kommt in der 1. Aufl. unglaublich schlecht weg. Auf diese Weise schwillt aber ein § auf das 5 oder 10fache des Raumes an (was allerdings in den bisherigen Bden der 2. Aufl. auch geschehen ist.) Ich möchte Sie nun fragen, ob Sie auch mitarbeiten[29] u. wie Sie es dabei h[al]ten. 2. Wie es mit dem Honorar steht. E. will kein Angebot machen; mir fehlt jeder Maßstab zu einer Forderung. Da offenbar viele unserer Bekannten mitarbeiten (Minor[30] hat dunkle Andeutungen fallen laßen), so könnte man vielleicht ein einheitliches Vorgehen dabei erzielen. Ich will kein über[m]äßiges Honorar; aber ganz um der Ehre Willen kann man doch nicht immer arbeiten; schon bei der Goethe Ausgabe verschreibt man mehr Papier mit Varianten als die Vergütung beträgt.

Nochmals der Ihrige
AS.

II. Ergänzungsblatt.

Wenn sich das Erscheinen Ihres Goethebandes verzögern sollte, *[kö]*nnten Sie nicht vielleicht so gefällig sein und mir Correcturbogen schicken; vom Text einige Proben, die Varianten im Zusammenhang. Ich würde sie gewiß nicht misbrauchen. Dürften Sie auch Burdachs Bo*[g]*en als Correctur weitergeben, so wäre mir doppelt geholfen. Nun aber genug. Zur Post!

23./8 88.

Vor zehn Jahren war ich in Bosnien[31] um diese Zeit. Jeder Tag bringt eine andere Erinnerung mit sich herauf.

Handschrift: ÖNB, Autogr. 422/1-126. 2 Dbl., 2 Bl., 11 S. beschrieben. Grundschrift: deutsch.

1 Gemeint ist ein hier nicht abgedruckter, umfangreicher Brief vom 5./6.8.1888 (StAW), aus dem in den folgenden Anmerkungen ausführlich zitiert wird.
2 Julius Sauer.
3 s. Seufferts Brief an Sauer vom 5./6.8.1888: »Schüddekopf hat von Kürschner keine antwort wegen der Götzpapiere erhalten, ich habe lust mich um diesen nachlass nicht zu kümmern u. eine sammlung zerstreuter Götzianer durch Sch. besorgen zu lassen. Wer weiss, ob wir je den Kürschnerschen besitz verwerten können! Dazu schreibt mir Sch., er wisse aus hsl. briefen des Götz dass der Versuch eines Wormsers nur gedichte (7) enthalte, die auch im Anakreon 1748 stehen, aber korrekter dort; ›jene würden also für Sauers neudruck zu benutzen sein.‹« Da Joseph Kürschner weder Carl Schüddekopf noch Sauer Einblick in den Nachlass von Johann Nicolaus Götz nehmen ließ, nahm Schüddekopf einen Neudruck der gedruckten Gedichte von Götz in Angriff (s. ausführlich Brief 21, Anm. 11 u. Brief 40, Anm. 14).
4 Die Oden Anakreons in reimlosen Versen. Nebst einigen andern Gedichten. [Übersetzt von Johann Nicolaus Götz und Johann Peter Uz]. Frankfurt a. M., Leipzig, 1746. Der in den »DLD« geplante Neudruck, welchen Sauer bereits 1882 angeboten hatte (s. Brief 23, Anm. 1), kam jedoch nicht zustande.
5 Die Prager Tageszeitung »Bohemia« hatte am 21.8.1888 (Nr. 232, S. 3) irrtümlich gemeldet, dass die von Richard Fellner in Bezug auf seine Verurteilung wegen Beleidigung des Kronprinzen Rudolf eingebrachte Nichtigkeitsbeschwerde vom Obersten Gerichtshof zurückgewiesen worden sei, »da die Strafe eine vollkommen begründete sei«; tatsächlich geschah dies erst im Januar 1889 (s. Brief 85, Anm. 1).
6 In seinem Brief vom 5./6.8.1888 war Seuffert in Anknüpfung an die Fragen zur Edition des »Götz von Berlichingen«, die Sauer in Brief 85 aufgeworfen hatte, ausführlicher auf seine bisherigen Erfahrungen als Generalkorrektor, Redaktor und Mitarbeiter der Weimarer Goethe-Ausgabe eingegangen. Längere Passagen, auf die sich Sauer im Folgenden bezieht, betrafen u. a. die Rekonstruktion der jeweiligen Werk- und Textgeschichte im Zusammenhang mit dem textkritischen Apparat, verschiedene Ansichten zur Bewertung und Dokumentation handschriftlicher und gedruckter Varianten, insbesondere im Bereich der Interpunktion, sowie Regeln für die Normalisierung des Textes nach Goethes Ausgabe letzter Hand (sigliert: C), der Textgrundlage der Weimarer Ausgabe. Die in den Briefen erwähnten diesbezüglichen Untersuchungen, die Seuffert in Brief 87 weitergehend erläuterte, hatte er im Zusammenhang mit der von ihm und Carl Siegfried bearbeiteten Ausgabe der »Noten und Abhandlungen zum besseren Verständnis des Westöstlichen Divans«

(WA I, Bd. 7 [1888]) sowie bei der Redaktion der von Konrad Burdach bearbeiteten Ausgabe des »Westöstlichen Divan« (WA I, Bd. 6 [1888]) angestellt: »Ihr verdruss über den Götz v. B. ist mir sehr verständlich. Ich weiss, was ich mit bd. 7 Noten zum Divan durchmachte u. durchmache. Der krit. apparat ist bis auf vielleicht 6 stellen interesselos. Ich habe das werk erst auf interpunktion durchgearbeitet u. habe mir eine ziemlich genaue statistik davon gemacht, auch sicheres über die absichten C's gegen E[rstdruck] in einigem herausgebracht. Nur ein teil der rel.-sätze u. compar-sätze blieb dunkel willkürlich u. die interpktion vor und. Sie können sich das vergnügen die hunderte von rel-sätzen zu zählen, zu sichten, so u. so auf mögliche gesetze zu prüfen, vorstellen. Aber mir schien das überhaupt not, denn die neuausgabe machte es sich damit bisher zu bequem. U. für das 1. prosawerk erst recht not; denn hier kommt nur das oratorische neben der logik in betracht, die interpunktionsverhältnisse sind also kontrolierbarer als bei poetischen werken, wo alle möglichen finessen gesucht werden können, wie ich glaube ohne viel recht gesucht werden. Ich habe über meine funde u. ihre lücken ein promemoria im archiv niedergelegt, das so viel ich höre bearbeitern von prosabänden mitgeteilt werden soll. Für meinen bd. habe ich tapfer drauf los normalisiert. Worin übrigens auch Burdach consentiente me redactore [lat.: mit meinem Einverständnis als Redaktor] für seine Divangedichte mehr tat als die andern herausgeber: ich habe nur wegen einiger seiner rhythmischen abklärungen bedenken. [Erich] Schmidt ist für das heilige C, sogar im typographischen; ich meine, er sucht zu viel überlegung in C. Auch haben Sie ja recht, dass an seinem bd. 14 nicht alles schön ist: zu solcher arbeit ist er nicht erzogen, nicht gewöhnt, nicht geduldig. Es war das auch nicht [Wilhelm] Scherers sache. U. es ist nicht zweifelhaft, dass es schneller u. müheloser geht, wenn man nicht normalisiert. Übrigens hat Schmidt bei der 1. serie viel gelernt. Jüngst haben wir über kürzung der apparate korrespondiert. Ich habe für bd. 7 alles verzeichnet ausser in sich sinnlose druckfehler. Die orthographien natürlich durch: so immer, so oft u. dgl. gekürzt. Ich verkannte nie, dass damit für die ausgabe viel unnützer ballast geschleppt wurde. Aber ich halte in solchen dingen jede subjektive auswahl für bedenklich – u. objektiv lassen sich die grenzen nicht scheiden; [Heinrich] Düntzer hält z. b. erstaunlich viel für puren druckfehler, was ich für die richtige, ja einzige mögliche lesung halte – und ich meine, dass für die entwicklung unserer syntax (worüber wir noch gar nichts wissen) die geschichte der interpunktion ein, wenn auch kein immer fester stützpunkt sei; dass ferner auch die geschichte unserer orthographie doch für die lautlehre nicht ganz wertlos sei: die junggrammatiker haben ja schon manches damit gemacht. U. für dies könnte nur ein vollständiger apparatus vorarbeiten. Schmidt aber ist für entlastung der ausgabe u. ich begreife, dass es ein gesichtspunkt ist, in einer Goetheausg. nur das für Goethe wesentliche zu tun. Burdach steht auf einem standpunkt, den ich für ganz wertlos gewählt halte, obwol ihn jeder richtige Goethefex teilen wird: er nimmt es mit den drucken im app. nicht genau, verzeichnet aber jede schreibung Goethes. Nun ist nichts zufälliger als diese; sie hat für das individuum Goethe keine bedeutung u. für die geschichte der orthogr. u. interpunktion keine, oder doch in beidem betracht nur sehr wenige. Was gedruckt ward repräsentiert viel mehr Goethes schreibung wie er für die welt sie wollte u. repräsentiert jedesfalls den für die geschichte zweifellos wichtigeren gebrauch der druckereien. Das hat man fürs 16. jhrh. schon eingesehen, fürs 18. muss es auch zur geltung kommen. / Ich habe, weil ich auf gleichförmigkeit der ausgabe halte die freilich doch verschieden genug wird u. weil ich als mitarbeiter mich füge wo es irgend geht, meinen apparat auf ¼ etwa zusammen gestrichen, orthographien fast ganz beseitigt, von interpunktion aber beispiele aller art gegeben. Das letztere dient mir auch zur illustration der eigenart der drucke u. bes. der [Karl Wilhelm] Göttlingschen recensio. Ich habe auch für nützlich erachtet sogar druckfehlerproben zu geben: sie beweisen, wie viel oder wenig sorgfalt aufgewendet ward u. dienen so zur einschätzung des druckes; nur so gewinne ich die basis, ob ich den druck für vollkommen halten soll oder daran gelegentlich ändern darf. U. die benützer sollen das mir nicht glauben, sondern einiges prägnante material selbst prüfen können. / Ich schreibe Ihnen das aus anlass des ›subjektiven‹ apparatmachers [Gustav von] Loeper – Ihre ansicht, man solle seinen bd. 1 einstampfen, hat [Bernhard] Suphan schriftlich von mir seit erscheinen des bdes. –, schreibe es um Ihre ansicht zu hören u. weil es Ihnen für Ihre *ausgabe vielleicht etwas dienen kann. Ich vermute, dass Sie wie andere, von Suphan keine oder falsche fingerzeige erhalten, woraus Ihnen wie anderen doppelte arbeit erwachsen kann. Ist doch das was für die herausgeber gedruckt ist dürftig, ungenügend und – irrig. So mache ich Sie als freund, denn als redactor hab ich glücklicher weise* |Anmerkung: *Denn ich bin der 1 ½ jj. Goethe grundsatt u. möchte etwas ruhe davon haben. Es wird ja so noch genug collegialgutachten wirtschaft an mich kommen.| mich nicht einzumengen, aufmerksam auf die Grundsätzeforderung einer vollständigen geschichte des betr. werkes. Dass sie Loeper für die gedichte nicht gab, hat seinen ersichtlichen grund. Im Faust konnte sie zur not u. mit mühe gegeben werden u. ward nicht gegeben. Burdach hat sie für seinen Divan eingereicht; er hat die Tagebücher in der hs. dazu ausgenützt u. nun über 40 ss. seines mscpts. damit gefüllt: dazu ist nach meiner u. Suphans ansicht die ausgabe nicht da, so vortrefflich gewiss die arbeit ist. Ich habe zuvor von Suph. auszüge aus den tagebüchern für bd. 7 erbeten u. er versprach sie. Nun zieht er das versprechen zurück u. ich habe nichts dagegen, beantrage nur, dass überhaupt keine geschichte des werkes, nur des textes, mehr gegeben werden soll. In meinem mscpt zu bd. 7, das da eben gesetzt wird, steht ein kleiner rest: ich habe frei gestellt, ob man ihn nicht tilgen wolle. Bedenklich war mir ja nur, dass die späteren herausgeber die dann gedruckten tagebücher ausnützen werden u. dass also wider ungleichheit um sich greift, wenn ich die Tagebb. nicht ausnütze. / Auch ich fühle mich unsicher, u. fürchte im krit. apparat etwas zu übersehen. Wie suchen Sie sich möglichst zu schützen? Wie oft kollationieren Sie? Man wird dabei stumpfsinnig u. die verschiednen lettern (bei mir gar antiqua u. fraktur) greifen die augen an. / Was Sie von Ihrem redactor [Bernhard Suphan] zu erwarten haben, weiss ich nicht. Genau nimmt ers kaum. Ich bitte Sie seinen geschraubten stilum nicht übel zu nehmen, er kann das witzeln nicht lassen u. ist überhaupt ohne geschickte hand in geschäftsführung. Ich schreibe das natürlich vertraut, u. ich bitte Sie um nachsicht, nicht weil ich ihn in schutz zu nehmen mich berufen fühlte, sondern weil die sache leidet, wenn man ihn ganz ernst nimmt. Ich glaube übrigens dass mit keinem redactor so schwer auskommen ist wie mit mir, wenn ich mir auch einbilde, dass der betr. herausgeber in zweifeln eine stütze an mir hat.«*

7   s. hierzu auch Seufferts ergänzende Aufklärungen in Brief 87.
8   Gemeint sind die 1886 u. d. T. »Grundsätze für die Weimarische Ausgabe von Goethes Werken« an die Mitarbeiter versandten Editionsprinzipien der Weimarer Ausgabe.
9   zum Folgenden s. Sauers Rekonstruktion der Druckgeschichte des »Götz« in WA I, Bd. 8 (1889), S. 309–316. Sauer benutzt die in der Weimarer Ausgabe üblichen Siglen: E = Einzeldruck; A, B, C = die drei bei Cotta erschienenen Ausgaben von »Goethes Werken«, von denen die »Vollständige Ausgabe letzter Hand« (C) die Textgrundlage der Weimarer Ausgabe bildete (s. Brief 77, Anm. 5); S = die verschiedenen, bei G. J. Göschen erschienenen Ausgaben von »Goethe's Schriften«; h (h1–3): die verschiedenen bei Chr. Fr. Himburg erschienenen Ausgaben von »Goethens« bzw. »J. W. Goethens Schriften«. Die textkritische Bedeutung der nicht autorisierten Nachdrucke von Himburg und Göschen beruht darauf, dass sie zum Teil für die Redaktion der Cotta'schen Ausgaben herangezogen wurden.
10 s. [J. W. Goethe]: Götz von Berlichingen mit der eisernen Hand. Ein Schauspiel. [Darmstadt: Selbstverlag von J. H. Merck], 1773, S. 32. In der Weimarer Ausgabe behielt Sauer, dem Rat Seufferts folgend (s. Brief 87) im edierten Text die Lesart »will, will« aus C bei (s. WA I, Bd. 8 [1889], S. 28, Z. 15 u. S. 320).
11 Von diesem Problem wurde Sauer nachträglich durch die Entscheidung enthoben, Goethes Theaterbearbeitungen des »Götz« separat abzudrucken (s. Brief 76, Anm. 2).
12 Sauer entschloss sich, auch auf Anraten Seufferts (s. Brief 87), die Interpunktion der Ausgabe letzter Hand nur behutsam zu normalisieren und anschauliche Beispiele ihrer Entwicklung im Apparat zu geben. In der Einleitung zu den Lesarten führte er hierzu aus (WA I, Bd. 8 [1889], S. 316): »Auch die Interpunction dieses naturalistischen Stückes widerstrebt einer allzuweitgehenden Normirung. Es wurde daher von den allgemeinen Regeln insofern abgewichen, als auch vor ›daß‹ und ›der‹ der meist auf ältere Ausgaben sich gründende Gebrauch von C beibehalten wurde; von der bedeutenden Wandlung, welche die eigenthümliche

Interpunction von E1 auf dem Wege bis zu C durchmachen musste, geben zahlreiche Beispiele ein hinlänglich deutliches Bild.«

13 *Coll(ation).*

14 Gemeint ist das im Brief vom 5./6.8.1888 erwähnte »promemoria« über die »interpunktionsverhältnisse« von Goethes Ausgabe letzter Hand (s. Anm. 6).

15 Zu den Quellen des ältesten Faustbuches. In: VfLg 1 (1888), S. 161–195. Unter der gemeinsamen Überschrift erschienen fünf Miszellen: Siegfried Szamatólski: Kosmographisches aus dem Elucidarius (S. 161–183; Hugo Hardtmann: Fausts Reisen, Kapitel 26 und 27 (S. 183–189); H. Stuckenberger: Verse aus Luther (S. 189 f.); Adolf Bauer: Verschiedene Anklänge. Daspodius (S. 190–195); Erich Schmidt: Agrippa. Homer (S. 195).

16 Gemeint ist Heinrich Wilhelm von Gerstenbergs Zeitschrift »Briefe über Merkwürdigkeiten der Litteratur« (3 Bde. Schleswig, Leipzig: Hansen, 1766–1767), nach dem Verlagsort auch »Schleswigische Literaturbriefe« genannt, und Gerstenbergs an diese anschließende Schrift »Über Merkwürdigkeiten der Litteratur. Der Fortsetzung 1. Stück« (Hamburg, Bremen: Cramer, 1770); Neudruck: [Hrsg. von Alexander von Weilen]. Stuttgart: Göschen, 1890 (DLD. 29–30).

17 Karl Philipp Moritz: Ueber die bildende Nachahmung des Schönen. Braunschweig: Schul-Buchhandlung, 1788; Neudruck: [Hrsg. von Sigmund Auerbach]. Stuttgart: Göschen, 1888 (DLD. 31).

18 von J. A. Leisewitz (DLD. 30); zu der für die »DLD« ungewöhnlichen Konzeption der Ausgabe s. Brief 21, Anm. 5.

19 Phöbus. Ein Journal für die Kunst. Hrsg. von Heinrich v. Kleist und Adam H. Müller. 1. Jg. Dresden: Gärtner; Dresden: Walther, 1808 [mehr nicht erschienen]; kein Neudruck in den »DLD«.

20 [Friedrich Rudolph Ludwig von Canitz]: Neben-Stunden Unterschiedener Gedichte. [Hrsg. von Joachim Lange]. Berlin: Rudiger, 1700 [?1719]. Die zweite Ausgabe (1702) enthält einen Anhang fremder Gedichte verschiedener Autoren (Neukirch, Dach, Oelven, Grüwel, Besser); kein Neudruck in den »DLD«.

21 Gemeint sind »Berliner Neudrucke« (12 Bde. Berlin: Paetel, 1888–1894), eine von Ludwig Geiger, Bruno Alwin Wagner und Georg Ellinger gegründete Neudruckreihe für Texte mit Berliner Lokalbezug aus dem 17. und 18. Jahrhundert.

22 Wilhelm Scherer hatte während der Beratungen zum Programm der »DLD« bereits im Oktober 1881 »eine sorgfältige kritische Ausgabe der Joh. Georg Jacobischen Jugendgedichte« angeregt, die Daniel Jacoby herausgeben sollte (Scherer an Seuffert, Brief vom 19.10.1881. Briefw. Scherer/Seuffert, Nr. 65, S. 122). Dabei war vmtl. an Neudrucke von Jacobis Sammlungen »Poetische Versuche« (Düsseldorf: Stahl, 1764), »Nachtgedanken« (o. O., 1769) und »Die Winterreise« (Düsseldorf, 1769) gedacht. Der Plan, den Sauer im Auftrag Seufferts nochmals bei Jacoby anregte (s. Seufferts Karte vom 23.9.1888. StAW) wurde nicht realisiert.

23 Sauer las im Wintersemester 1888/89 über »Geschichte der deutschen Litteratur im 16. Jahrhundert«; in seinem Seminar standen daran anschließend »Lectüre und Interpretation ausgewählter Schriftsteller des 16. Jahrhunderts« auf dem Programm.

24 Nicht Anton E. Schönbach, sondern der Innsbrucker Bibliothekar Ludwig Hörmann war bei Revisionsarbeiten am 17.8.1888 auf zwei bisher unbekannte Fragmente einer Waltharius-Handschrift mit deutschen Glossen (heute: Universitätsbibliothek Innsbruck, Fragm. 89 und 90) gestoßen (s. auch Seufferts Hinweis in Brief 87).

25 Schriften zur germanischen Philologie. Hrsg. von Max Roediger. 9 Bde. Berlin: Weidmann, 1888–1899. Sauer befürchtete eine Konkurrenz dieser neuen, vornehmlich für Arbeiten aus der Berliner Germanistik bestimmten Reihe zu den »Quellen und Forschungen zur Sprach- und Kulturgeschichte der germanischen Völker« (QF).

26 Der Jurist Heinrich Maria Schuster wurde 1889 Nachfolger des verstorbenen Hugo Kremer von Auenrode auf dem Prager Ordinariat für Deutsches Recht und österreichische Reichsgeschichte.

27 Der Anglist Alois Pogatscher, der sich 1888 in Graz habilitiert hatte, wurde noch im selben Jahr Extraor-

dinarius für Englische Philologie in Prag. Er trat die Nachfolge von Alois Brandl an, der einem Ruf nach Göttingen folgte.
28 Karl Goedeke: Grundriß zur Geschichte der deutschen Dichtung. Nach den Quellen. 3 Bde. Hannover, Dresden: Ehlermann, 1856–1881. Goedeke selbst begann 1884 eine »2., ganz neu bearbeitete Auflage« des Grundwerks, die nach seinem Tode (1887) unter der Leitung von Edmund Goetze fortgeführt, seit 1928 von einer Arbeitsstelle bei der Deutschen Kommission der Preußischen Akademie der Wissenschaften in Berlin bearbeitet und erst 1998 abgeschlossen wurde (s. zur Geschichte Herbert Jacob: Eine Bibliographie und ihre Verleger. In: Buchhandelsgeschichte, Nr. 2/1985, S. B 54–B 68). Sauer bearbeitete für die 2. Auflage des »Goedeke« die Abschnitte (Paragraphen): § 230: »Geniezeit/Sturm und Drang« (Bd. IV, 1891, S. 299–359; umfangreich überarbeitet unter Mitarbeit von Wolfgang Stammler in: Bd. IV,1, 1916 [= als 3. Aufl. bezeichnet], S. 740–774 u. 800–943); § 298: »Österreich« (Bd. VI, 1898, S. 499–794, 811–814 u. Bd. VII, 1900, S. 1–160); § 323: »Franz Grillparzer« (Bd. VIII, 1900, S. 317–468); sowie in § 336: »Böhmen/Mähren/Schlesien« (Bd. XII, 1929, S. 290–401).
29 Seuffert, der sich zunächst bereit erklärt hatte, für die zweite Auflage des »Goedeke« den Abschnitt über Ch. M. Wieland unter Zuhilfenahme der von Goedeke hinterlassenen Vorarbeiten neu zu bearbeiten, nahm seine Zusage im Mai 1889 zurück, da er das vom Verleger Ehlermann angebotene Bogenhonorar von 50 Mark für zu niedrig hielt, um ein »gegenangebot« zu machen (s. Brief 93). Im Herbst 1889 berichtete er an Sauer (Karte vom 8.10.1889. StAW): »Ich muss nun doch den Wieland für Goedeke machen, Ehlermann u. Goetze liessen mich nicht mehr aus. Ich setze 3–4 monate daran.« Ende 1890 trat er infolge von Arbeitsüberlastung endgültig von der Mitarbeit zurück (s. Brief 105). Der Wieland-Abschnitt wurde kurzfristig von Franz Muncker (Einleitung) und Edmund Goetze (Bibliographie) übernommen, die dabei vmtl. einen Teil von Seufferts Vorarbeiten benutzten (s. Goedeke, Bd. IV, 1891, § 223, S. 118–208; neubearbeitet: Bd. IV,1, 1916 [= als 3. Aufl. bezeichnet], S. 527–575).
30 Jakob Minor hat nicht an der zweiten Auflage des »Goedeke« mitgearbeitet.
31 s. Brief 42, Anm. 2.

87. (B) Seuffert an Sauer in Prag
Graz, 26. August 1888. Sonntag

Graz 26 VIII 88

Lieber freund

Mög Ihnen die unfreiwillige ruhe gut bekommen! Sie sollten mehr ausspannen auf Ihre arbeit hin. Ich spüre selbst, wie nötig das ist. Aber ich bin mit einer kleinen <!> behaftet, und da hilft alles nötigsein nichts. Manchmal meine ich, es geht nicht mehr weiter. Aber es muss eben gehen.

Mit Götz halten wirs wie Sie sagen. Wir lassen Schüddekopf voran gehen, Ihren Götz später folgen. Zuvor möchte ich doch gerne Ihren Uz. Ich dächte zu weihnachten oder januar, <u>wenn</u> es Ihnen passt, jedenfalls 1889.

Und nun zum andern ›Götz‹. Wenn Sie Zu den grundsätzen f. d. Weimarische Goetheausgabe s. 4 oben ansehen, so finden Sie, dass <u>alle urkundlich</u> gesicherten Data der hsl. u. gedruckten textquellen des Götz vor dem apparat von Ihnen zu bezeichnen sind.¹ Darnach müssten Sie für alle redaktionen alle betr. briefstellen etc. Goethes u. anderer sammeln. Aber dieser unglücks§ ist gestrichen, d. h. Zu den grundsätzen s. 4 ist getilgt u. der alte §. 13 restituiert; einzig das was zur geschichte des textes, nicht des werkes wichtig ist soll überdies über §. 13 hinaus verzeichnet werden.² Beispielsweise hiefür: der abschnitt Israel i. d. wüste in den Divan-Noten u. -abhdlgen³ ruht auf einem im G-Archiv erhaltnen mscpt., das nicht datiert ist, aber zweifellos das ist, wovon Goethe-Schillers brfw. 1797 spricht;⁴ also auf diesen brfw. u. die tagebb. soll verwiesen werden. U. dgl. Doch allzeit ohne ausführliche entwickelung der ›geschichte‹.

Vorarbeiten – ich gehe Ihren brief antwortend durch – hätten freilich der sache genützt. Aber ich habe, als ich gelegentlich lange vor meinem eintritt ins collegium⁵ anlass hatte ein bischen mitzuraten, nur beantragt die orthographischen u. interpunktionsgrundsätze von C auszuarbeiten; auch das war zu viel, es geschah nichts.

Jetzt haben wir nach flüchtigen stichproben vor u. während der ersten serie allerlei* entschieden u. hängen doch in der luft. Für eine reihe von dingen zu bd. 7⁶ habe ich mir erst aa. beispiele gesucht; zumeist mit hilfe des Grimmschen WB,⁷ das freilich die taschenausgabe⁸ citiert, worauf man erst C nachsuchen muss. Übrigens ist Wahle recht aufmerksam, d. h. er passt auf u. weiss gelegentlich parallelstellen, war auch gegen mich immer gefällig. Fragen Sie ihn also: er muss als generalkorrektor antworten oder besser, adressieren Sie aussen: ans Goethearchiv, innen an die Generalkorrektur. Denn ich habe von Suphan einmal einen rüffel bekommen, da ich Wahle gen-korr. nannte, u. eine antwort, gezeichnet: die generalkorrektur. Seitdem wende ich mich an diese ›behörde‹. (Die sache liegt so: da wir der brauchbarkeit Wahles nicht sicher waren, wurde bei meinem rücktritt ihm die arbeit unter Suphans aufsicht und quasi-verantwortlichkeit zugeteilt. Suphan wacht eifrig darüber, dass man nichts von seiner mühewaltung vergisst, obwol er doch so ziemlich alles auf Wahle abwälzen <u>soll</u>! dicitur nicht debet⁹)

Betreffs der vererbung unechter lesarten bis in C stehe ich im allgemeinen auf dem standpunkt (den ich auch im collegium eifrig vertrat), dass eine verschlimmerung des textes, die von einer echt Goetheschen ausgabe adaptiert wird, auch als authentisch zu gelten hat. Ich habe unter stillem zustimmen widerholt den satz verteidigt: wir dürfen Goethe nicht besser machen als er war, nehme deshalb auch offenbare fehler in sachen (falsche jahreszahlen) in die Sophienausgabe auf, so fern sie in allen echten ausgaben stehen. Mein bd. 7 hat ein paar beispiele dafür. Einen Ihrer lage gleichen fall hat bd. 7 nicht, da keine unechte ausgabe dazwischen liegt. Aber ähnlich sind versehen von C¹, die in C übergingen. Da habe ich mir denn einige mal, aber nicht immer, erlaubt, auf E zurückzugreifen, und zwar lediglich nach subjektivem ermessen, ob eine absichtliche oder nicht gewollte veränderung vorliegt. Ob man das richtige dabei trifft, ist allerdings fraglich. Im ganzen muss man C möglichst konservativ behandeln, sonst geht alles aus den fugen nach meinen erfahrungen an bd. 1.6.7.14. Ich würde also bei dem will will-fall aus Weisslingens monolog akt 1 bei C bleiben, obwol die lesart auf einen nachdruck zurückgeht; Goethe hat sie sanktioniert. Diese meinung ist nicht nur theoretisch gegründet. Sie haben gewiss so gut wie ich erfahren, dass manchmal ein setzerirrtum einem etwas nahe legt, was einem besser behagt als was man selbst geschrieben hat; folg ich dem setzer, so ist meine lesart auch strenge genommen unecht, aber ich mache sie authentisch durch meine aufnahme. Goethe freilich wird in den seltensten fällen solche überlegung angestellt haben, er war nicht so pünktlich wie – nach jetziger meinung – z. b. Wieland war. Aber war er nachlässig, warum sollen wir ihn ›besser machen als er ist‹? Und gar in der interpunktion. Ich glaube, Goethe hatte dafür niemals grundsätze, vielleicht sogar niemals einen gebrauch. Gerade dafür lässt er Göttling freie hand und hat gewiss der druckerei-usance freie hand gelassen. Hat ihnen freie hand gelassen, obwol sie seine so viel ich weiss sehr spärliche interpunktion überreichlich mehrten. Auch hier hat er stillschweigend sanktioniert. Auch hier ist C gesetz (von dem man überhaupt pricipiell nur in den starken genetivformen abweichen darf, die Göttling anfangs u. auch noch als Goethes protest ihm vorlag, in den text einführte). Nur glaub ich, dass man hier Göttling nachhelfen darf u. muss. So lange wir darüber nicht reichlichere beobachtungen haben als die Burdachs zu bd. 6[10] (und die kenne ich nur allgemein; mein antrag bei Suphan, meine bitte bei Burdach, er möge seine beobachtungen hierüber detailliert zu den akten der ausgabe geben, hat bis jetzt keine erhörung gefunden) und meine zu bd. 7,[11] wird jeder herausgeber neue statistik seines bandes machen müssen und zwar so, dass er beobachtet, wie Göttling sich zu C^1 und zu dem nächstvorhergehenden drucke stellt: da wird man gesetze finden, was er ändern wollte, und diese gesetze führte ich – mit abweichungen zu gunsten von sinnes- und deklamationspausen (alte rhetorische kommatisierung) – durch. Es hat dies verfahren von bd. zu bd. natürlich ungleichheiten im gefolge. Das ist aber nicht ganz schlimm: denn so retten wir einen teil der jeweils bodenständigen interpunktion in die neue ausgabe herüber. Die historische interpunktion, d. h. die der früheren ausgaben berücksichtige ich nicht principiell, ausser wo sie eine sinnesänderung veranlasste u. die ältere interpunktion zweifellos den sinn richtiger traf.

Loeper u. Schmidt verfahren anders. Jener hat grossen respekt vor der historischen interpunktion, wenn ich bei dem erklärten ausdruck beharre; Schmidt schwört auf C auch wo es nachlässig ist; Wahle hat mich darüber bei bd. 15[12] befragt, ich habe normalisieren geraten, u. so viel ich weiss, besorgt das nun Wahle bei der generalkorrektur. auf eine differenz der normalisierenden parteien will ich speciell aufmerksam machen: 2 attributive adjectiva sind in der 1. serie nie durch komma getrennt, ausser wo dasselbe adjektiv doppelt steht, wenigstens in der theorie. Burdach hat das adoptiert. Ich in bd. 7 nicht, weil da das – allerdings nicht streng durchgeführte – bestreben herrscht, adjektive die das gleiche verhältnis zum subst. haben durch kommata zu trennen, nur die ohne , zu lassen, die ein verschieden nahes verhältnis zum subst. haben. Ich verhehle mir nicht, dass dabei spitzfindigkeiten mit unterlaufen, aber das ist nun so. Änderungen des (der) texte(s) in solchen fällen habe ich im apparat angemerkt. Auch sonst interpunktionsproben gegeben. Burdach merkt jede an im einverständnis mit Schmidt (der an meiner stelle als redactor des apparates von bd. 6 eintrat) u. zwar weil ›in diesem fall wie kaum sonst die entwicklung von g^{13} zu E zu C in fester lückenloser kette gegeben werden könne‹. Ich fürchte Schmidt täuscht sich mit diesem entschuldigungsgrund seines abweichens von §. 16 der Grundsätze (wo in ›Orthographie‹ interpktion eingeschlossen ist)[14] und Zu den grundsätzen s. 7 oben;[15] der fall wird nicht so vereinzelt stehen. Aber er ist ein guter redaktor, besonders gegen Burdach. Wenn Werner dasselbe täte, wie würde er fluchen! Ich entschuldige ihn nur damit, dass wir endlich mit Burdachs eigenwillen uns abfinden müssen, ein ende not tut. Ich habe mich nicht dazu hergegeben, die unnützen abweichungen von der uniform der ausgabe mit meinem redactornamen zu decken;[16] Schmidt kann sich erlauben, dies und noch mehr mit seinem namen und seiner stellung zuzudecken.

In Ihrem falle würde ich doch die für E charakteristische interpunktion verzeichnen, und dabei natürlich wie lange E fortlebt; von den neubildungen der interpktion zwischen E und C aber höchstens charakteristische beispiele geben; es lässt sich das ja allerdings nur vor welcher, daß u dgl. präcisieren, aber man darf auch sagen: ›weh!] weh, in ähnlichen Fällen öfters so‹ und die sache ist abgemacht. Eigentlich müsste man ja, wie Sie, sagen: entweder vollständig oder das wenigste; aber ich habe doch einen mittelweg eingeschlagen, weil mich dünkte, dass auch die interpunktion zur charakteristik des wertes des betr. druckes beitrage. Ich leugne nicht, dass das der standpunkt des philol. liebhabers ist, der wissen will, was jeder text wert ist. U. ich glaube, dass Ihnen Ihr redaktor nichts mehr dankt, als wenn Sie recht kürzen.

Sie haben ein richtiges gefühl, dass von Suphan etwas schwer verlangen ist. Er ist gleich mit seinem väterlichen ›wozu das‹ bei der hand. Wäre ich nicht so hartnäckig, so hätte er mir z. b. das korr.-exempl. zu bd. 7[17] nicht geschickt u. doch ist dies, dessen benützung er ganz überflüssig fand, der einzige wertvolle teil meines apparates. Oder er schickt mir eine abschrift aus dem archiv, ich verlange angabe, wo die ss. beginnen u. schliessen: darüber wundert er sich höllisch. U. doch hätte ich ohne das die fragmente nicht ordnen können. Also wenn Sie ihn ungeschoren lassen, ists ihm am liebsten; er ist ein freund der ruhe und vor seiner philologischen genauigkeit hab ich leider wenig respekt; es ist ein kindischer scherz einem der über ein paar interpunktionen der hs. rat erholte vorzurechnen: kostet das komma der ausgabe 15 ₰ porto oder dgl. Ich sag Ihnen das, um Sie vorzubereiten, damit Sie sich dann nicht ärgern. Müsste ich so wenig rücksicht auf Suphan haben wie Sie, so schriebe ich allzeit curialiter ans Goethearchiv kurz u. bündig und liesse mich auf gar keine auseinandersetzungen ein. Man schreibt mir: ›mit Suphan ist geschäftlich nicht zu verkehren.‹

Zu auskünften über archivalia ist Suphan quod partem editionis editori[18] verpflichtet: ›bei geringem material‹ §. 21 der Grundsätze kann auch hieher bezogen werden.[19] Tagebücherexcerpte hat er bisher machen lassen, von nun an nicht mehr: ich hab für diese weigerung eine bedauerungswendung ad acta gegeben, aber seit die ›geschichte des werkes‹ aufgegeben ist, wird das nicht nötig sein. Überhaupt aber stützen Sie sich auf §. 21 der Grundsätze: auch die theaterzettel gehören zu den unentbehrlichen einzeldrucken. Schreiben Sie einfach ich bitte mir zuzustellen ... die ich zum abschluss meines bdes. bedarf. punctum.

Passt Ihnen eine vorschrift der Grundsätze oder Ihres redaktors nicht, so verfassen Sie einen grossquartbrief oder gar folioakt an das redaktionscollegium der Weim. G-ausgabe, zu handen des redaktors des bd. x und setzen Ihre schmerzen auseinander, so dass mit ja u. nein drauf zu stimmen ist. Es kommt aber selten was gescheutes dabei heraus. Suphan hat 2 stimmen, seine u. HGrimms; Loeper hängt im luftzug. Aber liegt Ihnen wirklich etwas ernstes an einer sache, über die Sie sich mit Ihrem redaktor nicht einigen können, so scheuen Sie sich nicht zweimal ans collegium zu gehen, wenn es auch zuerst gegen Sie entschieden hat; Burdach und Schmidt hat <!> auf diese weise die majorität immer mürbe gemacht. Der herausgeber muss nur sagen: ich bestehe darauf.

Der kern meiner interpunktionsuntersuchungen ist:

Komma steht vor u. nach daßsätzen, vor u. nach kondit.-sätzen mit oder ohne konjunktion, indirekten fragesätzen, causalsätzen, absichtssätzen damit u. um, temporalsätzen. Relat-sätzen mit welcher, mit praep. vor relat. (welcher oder der), u. wenn das relat. (welcher wo oder der) von seinem bezugswort getrennt ist[1]), wenn das relat. sich auf einen ganzen satz bezieht, wenn der rel.satz eine koord. oder subord.periode ist[2]). Ausnahmen [1]): Das ... was ..., alles ... was .., nichts .... was ..., diejenigen ... die ..., u. dgl. wo das anfangskomma fehlen kann, aber immer schlusskomma steht (während ich sonst jedes anfangskomma ein schlusskomma nach sich ziehen liess). [2]) wenn die relat.periode an ein das vorhergehende zusammenfassendes isoliertes wort anknüpft; also z. b. x + x + x, alles eigenschaften die man braucht, um .... Rel. sätze mit der was wo wozu udgl., in denen das rel. hart am bezugswort steht können komma haben oder nicht; dafür fand ich kein gesetz. Objekt- u. subjektrel.sätze können komma haben oder nicht, die statistik gibt kein gesetz (anders Burdach).

Kein komma vor infinitivsätzen (ohne um).

Vor und ist das komma oratorisch. Subjektwechsel ist kein kriterium. Appositionen mit komma.

Adverbiale erweiterungen oratorisch, unkontrolierbar. Hier soll gespart werden.

Kompar. verhältnisse, sowol attributivisch als periodisch, sind willkürlich behandelt. – –

Was mir Burdach mitteilte lege ich bei u. bitte es zurück.

Burdachs apparat, an dem gesetzt wird, erhalte ich nicht in korr-bogen da ich die redaktion niederlegte, den text allein kann ich Ihnen in korr.bogen schicken, wird Ihnen aber nichts nützen.

Meinen apparat in korr.bogen sollen Sie erhalten, so bald ich ihn entbehren kann für die revision, die in den nächsten tagen geschehen wird, wenn die gen-korrektur prompter arbeitet als bisher.

DLD betr. Phöbus ist zu überlegen. Auch Prometheus.[20] Gg. Jacobi möchte ich längst gerne. Aber wer machts? Canitz: auf die Berliner nehme ich keine rücksicht, aber ich weiss nicht, ob er notwendig ist. Waldberg will mir Rosts Vorspiel[21] machen.   Ich denke an Trillers Aesthetik in einer nuss??[22] Wüsste ich jemand verlässigen, so liesse ich den Nötigen vorrat[23] neudrucken: aber die einleitung müsste rectificieren. Was meinen Sie zu der idee?

Gurlitt schreibt ein buch oder büchlein.[24] Bauer ist fleissig am Calvaryschen jahresbericht.[25]   Nicht Schönbach, sondern Hörmann hat Waltharireste entdeckt.   Rödiger ist unklug seine produktionslosigkeit durch neue redaktion zu decken (aber ic[h klo]pfe mich an der eignen nase.)   Ehlermann hat mir Wieland übertragen u. ich habe zugesagt. Dass er kein honorar [kund tut is]t mir fatal; ich habe mich geweigert, eines zu fordern. I[ch habe ih]m gesagt, dass Wieland mindestens doppelt so gross wird. Natürlich müssen alle einzeldrucke aus zss. hinein. Schlecht bezahlen lass ich mich nicht.

Leben Sie wol. Es ist genug des geschmieres. Wenn es Ihnen nur ein bischen dienen könnte.

Treulich
Ihr
BSfft.

NB: haupths. heisst H ohne exponent. Dann folgen chronologisch die andern mit exponent 1 bis 1000. Wollen Sie eine andere sigle für hs. als H, so bedürfen Sie erlaubnis des gesammtcollegiums. Haben Sie anstände, so kann ich Ihnen vielleicht nützen, wenn Sie mich vor offiziellen schritten beim collegium darüber unterrichten.

* auch falsches z. b. Seinesgleichen, neben dem wir jetzt auch seines Gleichen zulassen müssen.

Handschrift: StAW. 2 Dbl., 8 S. beschrieben. Grundschrift: lateinisch.

1 s. Zu den Grundsätzen für die Weimarische Goetheausgabe. [Weimar: Hofbuchdruckerei, 1887], S. 4: »Die Bestimmung im § 13 über chronologische Data wird dahin erweitert, dass nicht bloss die in der betr. Goethischen Handschrift enthaltenen Data, sondern alle urkundlich gesicherten angeführt werden sollen; und zwar im Eingang des Apparats.« Die Handreichung für die Mitarbeiter der Weimarer Ausgabe enthält Änderungen, Ergänzungen und Ausführungsbestimmungen zu den 1886 ausgesandten »Grundsätzen für die Weimarische Ausgabe von Goethes Werken«.

2 s. Grundsätze (WA), § 13, S. 7: »Der Herausgeber hat nur das Wort am Schlusse des Bandes, an der Spitze der Varianten eines jeden einzelnen Werkes. Hier giebt er Auskunft über die handschriftlichen und gedruckten Quellen des Textes und läßt dann die Varianten folgen. Chronologisches wird nur angemerkt, soweit die Handschrift bestimmte Data führt.«

3 s. WA I, Bd. 7 [1888], S. 156–182.

4 s. Goethes Brief an Schiller vom 12.4.1797 (WA IV, Bd. 12 [1893], Nr. 3522, S. 86): »Über den Zug der Kinder Israel durch die Wüsten habe ich einige artige Bemerkungen gemacht, und es ist der verwegne Gedanke in mir aufgestanden: ob nicht die grosse Zeit welche sie darinne zugebracht haben sollen, erst eine spätere Erfindung sey?«

5 das Redaktionskomitee der Weimarer Ausgabe, dem Seuffert seit 1887 angehörte (s. Brief 76, Anm. 4).

6 die von Seuffert und Carl Siegfried bearbeiteten »Noten und Abhandlungen zu besserem Verständnis des West-östlichen Divans« enthaltend.

7 das »Deutsche Wörterbuch« der Brüder Grimm.

8 Die sog. »Taschenausgabe« von »Goethe's Werke. Vollständige Ausgabe letzter Hand« (1827–1830; Sigle: C1) begann vor der sog. »Oktavausgabe« (C) zu erscheinen. Es gilt heute als erwiesen, dass die Redaktoren der Weimarer Ausgabe den textkritischen Wert von C1 gegenüber C unterschätzten.

9 lat.; hier sinngemäß: so heißt es – dazu verpflichtet ist er nicht.

10 zur Ausgabe des »Westöstlichen Divan« (s. auch WA I, Bd. 6 [1888], bes. S. 358 f.).

11 s. neben den Einzelbeobachtungen, die Seuffert unten im Brief mitteilt, auch das Resümee seiner statistischen Untersuchung zu den Redaktionsprinzipien von Karl Wilhelm Göttling, mit dem er die Einleitung zum textkritischen Apparat der »Noten und Abhandlungen« beschloss (WA I, Bd. 7 [1888], S. 267): »Die Interpunction sucht er [Göttling] zu ordnen; im allgemeinen sei bemerkt, dass C1 C gegenüber E eine starke Vermehrung der Kommata vor und nach untergeordneten Sätzen, besonders vor ›dass‹ und Relativpronomen, zeigt. Öfters aber ist die Änderung der Interpunction nur halb durchgeführt oder völlig vergessen. Es galt bei der neuen Ausgabe, Göttlings Arbeit zu ergänzen und zu berichtigen. Der vorliegende Text hält sich an die Regeln der Gesammtausgabe, besonders an den nächstverwandten Bd. 6 [»Westöstlicher Divan«], so weit es richtig erschien. [...] Die Interpunction dieses Prosawerkes durfte genauer geregelt werden, nach statistischer Beobachtung der Grundsätze von C, natürlich aber so, dass declamatorische und andere wünschenswerthe Einschnitte freier behandelt wurden.«

12 WA I, Bd. 15, 1–2 (1888) mit der von Erich Schmidt bearbeiteten Ausgabe des »Faust II«.

13 Mit der Sigle ›g‹ wurden in der Weimarer Ausgabe die von Goethes eigener Hand – und nicht der seiner Sekretäre – herrührenden Aufzeichnungen bezeichnet.

14 s. Grundsätze (WA), § 16, S. 9: »Unbedeutende durchgehende oder häufige Varianten können [...] beim

ersten Vorkommen mit ›immer so‹ oder ›oft so‹ abgethan werden. Bei Eigenhändigem ist dies ›immer so‹ nur im Fall unbedingter Ausnahmslosigkeit anzuwenden.«

15 *s. Zu den Grundsätzen (WA), S. 6 f.: »Um nicht Werthloses anzuhäufen und das Wichtige in der Masse gleichgiltiger Varianten zu ersticken, wird überall da, wo Goethes eigne Hs. keine genau zu reproducirende Grundlage des Textes bildet, nicht jede lässige Schreibung [...] angeführt, wird ferner auf die Interpunction Goethes, der in seiner Jugend darin ganz sorglos verfuhr und auch im Alter oft längere Versreihen ohne irgend ein Komma u. s. f. niederschrieb, nur in den Fällen Rücksicht genommen, wo Fragen des Sinnes und der Überlieferung offen stehen.«*

16 *In Konrad Burdachs Ausgabe des »Westöstlichen Divan« wird in der Einleitung zum textkritischen Apparat, wo dies üblicherweise geschah, kein Redaktor ausgewiesen (s. WA I, Bd. 6 [1888], S. 313).*

17 *Seuffert hatte in einem Korrekturexemplar zum Erstdruck der »Noten und Abhandlungen zu besserem Verständnis des West-östlichen Divans« (1819) Korrekturen zweier verschiedener Hände identifiziert, die er, obschon eine direkte Beteiligung Goethes nicht nachweisbar war, als authentische Varianten wertete (s. WA I, Bd. 7 [1888], S. 263–265).*

18 *lat.: dem Herausgeber im Hinblick auf die Edition.*

19 *s. Grundsätze (WA), § 21, S. 11: »Die Mitarbeiter erhalten die ihnen nöthigen Partien von C geliefert und leihweise die unentbehrlichen Einzeldrucke, soweit letztere überhaupt verschickt werden. Die Handschriften des Archivs sind nur an Ort und Stelle zu benutzen. Bei geringem Material können Collationen u. s. w. aus Weimar geliefert werden [...].«*

20 *Prometheus. Eine Zeitschrift. Hrsg. von Leo v. Seckendorf und Jos. Lud. Stoll. 6 Hefte. Wien: Geistinger, 1808; kein Neudruck in den »DLD«.*

21 *[Johann Christoph Rost]: Das Vorspiel. Ein episches Gedicht. Bern, 1742. Ein Neudruck in den »DLD« erschien erst, nachdem sich Sauer von der Herausgabe der Reihe zurückgezogen hatte (Mit einer Einleitung hrsg. von Franz Ulbrich. Berlin: B. Behr, 1910 [DLD. 142 = 3. Folge. 22]).*

22 *[Christoph Otto von Schönaich]: Die ganze Ästhetik in einer Nuß, oder Neologisches Wörterbuch [...]. [Breslau: Hebau], 1754; Neudruck: Mit einer Einleitung hrsg. von Albert Köster. Berlin: B. Behr, 1900 (DLD. 70–81 = N. F. 20–31). Seuffert verwechselt Schönaich hier mit Daniel Wilhelm Triller, einem anderen Dichter aus dem Umfeld von Johann Christoph Gottsched.*

23 *Nötiger Vorrat zur Geschichte der deutschen dramatischen Dichtkunst, oder Verzeichniß aller Deutschen Trauer-, Lust- und Sing-Spiele, die im Druck erschienen, von 1450 bis zur Hälfte des jetzigen Jahrhunderts. Gesammlet und ans Licht gestellet von Johann Christoph Gottscheden. 2 Thle. Leipzig: Teubner: 1757–1765; kein Neudruck in den »DLD«.*

24 *Wilhelm Gurlitt: Über Pausanias. Untersuchungen. Graz: Leuschner & Lubensky, 1890.*

25 *Adolf Bauer: Jahresbericht über die griechische Geschichte und Chronologie für 1881–1888. In: Jahresbericht über die Fortschritte der classischen Alterthumswissenschaft. Begründet von Conrad Bursian. Hrsg. von Iwan von Müller. Bd. 60. Jg. 17 (1889). Berlin: S. Calvary, 1890, S. 1–190.*

88. *(B) Seuffert an Sauer in Prag*
   Graz, 25. November 1888. Sonntag

Graz 25 XI 88.   nachts.

Lieber freund
Für Ihre aufmerksame korrektur meines Wieland[1] sage ich Ihnen herzlichen dank und ebenso für Ihre nachsichtige beurteilung. Möchten auch andere gutes daran finden. Mich dünkt er, auch im druck, zu breit, aber die neuen quellen waren mein ausgangspunkt und wenn durch ihre mitteilung die sache auch schrittchenweise nur und langsam vorrückt, so waren sie <u>mir</u> doch zu wichtig, um sie nur zu excerpieren*. Ich meine, man druckt manche briefe, die unwichtiger sind. Gerade die Weimarer zeit <u>vor</u> Goethe liegt ganz im dunkel, ich habe selbst in Weimar über manche namen und sachen (theater z. b.) keinerlei auskünfte erhalten u. finden können.   Dass nicht auch die briefe Wielands an die herzogin ganz und in borgissatz erscheinen hat einen höfischen grund: mir ist nicht gestattet die <u>briefe</u> zu publicieren, nur das biographische material derselben. Darum erscheinen sie äusserlich nicht als briefe, damit Burkhardt keine unannehmlichkeiten bekommt, u. darum sind sie nicht vollständig. Albern, aber allerhöchster befehl, den ich eben dehnte so gut ich konnte.   Das urteil über Constantin ist geradezu phänomenal, noch besser als die über Carl August.   Ich habe zu Böhlaus verdruss in die korrektur wenigstens noch accente aufs französische gesetzt: es sah zu scheusslich aus, sprachfehler aber als charakteristisch nicht verbessert, wo sie keine schreibfehler sind. Man sieht so was im druck ganz anders als in der hs. u. abschrift, wo die flüchtigkeiten viel erträglicher sind. Und es ist wahr, wir treiben mit der diplomatischen treue etwas misbrauch. Ich war sehr froh, dass Ihre bemerkung hinterdrein mein verfahren erlaubte. Recht misslich ist die französisch-deutsche mischung, aber sie hängt mit dem bemerkten grhgl. ukas zusammen; u. so viel als möglich wollte ich doch den – manchmal schwer übersetzbaren – urtext geben.

Diese briefe suchte ich nun auch psychologisch, nicht blos inhaltlich zu erklären; ich weiss nicht, ob ich daran recht tat; andere pflegen ja diese analyse als selbstverständlich klar zu verschweigen. Ich meinte einiges für Wielands charakter dabei zu gewinnen. Ich hab ihn hoffentlich nicht zu sehr geschont, obwol ich auch in seine schwächen verliebt bin.

Dieser biographische teil sollte durch eine untersuchung gehoben werden. Durch welche, war sicher. Das wie machte mir sorge. Wenn die teilung so gut gelang wie Sie sagen bin ich sehr glücklich. Reiflich überlegt ist die anordnung wie vielleicht bei keiner andern meiner arbeitchen. Der erste anfang wurde ein paar mal gemacht, nachdem der mittelteil, die briefinterpretation fertig war. Dann schrieb ich den eingang nach ziemlich brauchbaren entwürfen die teile ordnend, dann den schluss nach excerpten ohne entwurf. Für mich eine ungewohnte kühnheit. Politische litteratur hab ich reichlich gelesen, wenig festes gefunden. So schmiss ich fast alles bei seite. Übrigens ist in diesem punkte meine sicherheit nur schein. Ich hab mich zwar in meiner universitätszeit mehr als gut war mit socialpolitischen schriften des vorigen jahrhunderts befasst, veranlasst durch einen befreundeten Rousseauschwärmenden juristen,[2] aber zu sicherheit bracht ichs nie. Hätt ich diesen freund zur seite gehabt, so wäre gewiss mehr zu machen gewesen.

Der äusserste schluss hat Sie hoffentlich so überrascht wie mich. Ich habe diese stärke des einflusses auf Carl A. noch nicht geahnt gehabt. U. man merkt ihm, glaub ich, die freudige überraschung an. Er ist mir wie ein quod erat demonstrandum gekommen, obwol ich diese aufgabe meiner beweisführung gar nicht gestellt hatte. Und er versöhnt hoffentlich einige leser mit den öden strecken der mitte. – –

Ihr woltätiges urteil hat mich verlockt die entstehungsgeschichte dieses opusculums zu traktieren. Nehmen Sies nicht als zu langweilig. –

Ihren Raimund[3] hab ich längst gelesen und mit lust. Nur, ehrlich, ist mirs zu viel – für die ADB – und zu wenig – für Ihr buch über ihn. Mich dünkt er besser verfasst als Ihre Grillparzereinleitung[4] zur ausgabe, die mir zu schwer ist. Es steht aber immer im wege, dass ich Grillparzertaub bin und Raimund besser begreife. Das einleitungsgedicht Grillparzers,[5] das Sie der VJS jetzt spendeten, hat mich mehr gepackt als alles andere, was ich von Gr. kenne. Ich will doch sehen, ob ich dieser partiellen fühllosigkeit noch lo[s] werde.

Zwischen Sie u. mich tritt in der VJS ein elender Herder-Goethe-schmarren[6] von Burkhardt, den ich trotz dem feindlichen archivarkollegen in Weimar[7] mit glacéehandschuhen anfasse.

Ich schrieb Ihnen doch, dass vd Hellen Goethearchivarius[8] wurde?

Mit Schönbach bin ich gar nicht zufrieden. Er fühlt sich nicht recht wol, ist aber nach meiner meinung übertrieben ängstlich, wartet auf einen herzschlag, ist moros, leutscheu, und ich bin nicht lustig genug ihn herauszureissen. Sie verdienen sich gottes lohn, wenn Sie ihn aufheitern. Aber verraten Sie mich nicht, sonst meint er, ich nehme sein leiden ernst. Bin ich frisch, so sagt er: du mein gott, du bist halt viel strammer als ich, ich werd mich ganz zurückziehen. Er dauert mich, tut sich und – mir weh. Mir ists leid u. fatal, dass er auch den studenten gegenüber mich vorschiebt u. mich zwingt statt seiner protektor des akadem. philol. vereins[9] – der nun auch die germanisten umfasst – zu werden. Ich taug nicht dazu. Er geht nicht zum professorenessen, nicht in fakultätssitzungen, nicht zum doctorschmaus, nicht auf germanistenkneipe.[10] Letzteres hoff ich aber noch durchzusetzen. U. wenn einer, so braucht er geselligkeit. Sehr stolz bin ich, dass er jeden sonntag kommt, mein madel[11] anzugucken, obwol es doch noch recht dumm ist. Auch lässt er sich bewegen, alle 4 wochen das abendbrot mit uns zu teilen und wird da nach der 1. verstimmten stunde zumeist recht gemütlich.

Leben Sie wol. Ich bin jetzt so gehetzt, dass ich sogar redaktionsgeschäfte verschleppen muss.

Treu

Ihr dankbarer

BSeuffert.

Gelegentlich: kann man in dem gasthof, wo Sie zuletzt in Wien waren, einmal mit frau absteigen? Der Matschakerhof,[12] wo wir immer waren, ist bequem gelegen, aber teuer.

Anfang u. schluss Ihrer Grillparzerkorr. hab ich erhalten. Haben Sie wünsche für die registereinrichtung der VJSchrift, so schreiben Sie mir bitte gleich.

* Auch wollt ich, um mich nicht schön zu machen seis gestanden, einen teil des für die Görtzbriefe[13] gezahlten geldes heraus kriegen. Der artikel kostet mich mehr baar, als ich honorar erhalte.

Handschrift: StAW. 1 Dbl., 4 S. beschrieben. Grundschrift: lateinisch.

1 *Bernhard Seuffert: Wielands Berufung nach Weimar. In: VfLg 1 (1888), S. 342–435. In Seufferts umfangreiche Untersuchung der ersten Weimarer Jahre Wielands, seiner Beziehungen zu Großherzogin Anna Amalia und seines – von Seuffert besonders betonten – erzieherischen Einflusses auf den Charakter und späteren Regierungsstil des Kronprinzen Carl August waren etliche bisher ungedruckte Quellen aus Wielands Nachlass sowie aus dem Großherzoglich Weimarischen Hausarchiv eingeflossen, dessen Bestände Seuffert nur mit besonderer Genehmigung und unter strengen Auflagen hatte benutzen dürfen. Sauer hatte den Aufsatz, den Seuffert ihm in der Druckfahne gesandt hatte, auf einer Karte vom 21.11.1888 (ÖNB, Autogr. 422/I-134) kommentiert: »Man sieht bei jeder Zeile, bei jedem Wort, wie Sie aus dem Vollen schöpfen, wie Sie sicher und fest auftreten. Es ist der beste Aufsatz, den Ihre Zs. bis jetzt gebracht hat u. er gewährt gute Aussicht für die Zukunft. Jetzt, da ich fertig bin, muß ich auch Anordnung und Abrundung höchlichst bewundern; [...]; dabei ist Ihre Darstellung lebendiger als je. Haben Sie vielen Dank für die Sendung. Zu bemerken fand ich wenig. Bei den franz. Texten zuckt einem oft die Feder in der Hand wie Ihrer Hohen Protectorin [der Großherzogin Sophie von Sachsen-Weimar], aber ich weiß, daß da nicht zu ändern ist. Mehr, mehr, mehr dergleichen!«*

2 *nicht ermittelt.*

3 *August Sauer [Art.]: Raimund, Ferdinand. In: ADB, Bd. 27 (1888), S. 736–755. Unter den Literaturangaben am Schluss des Artikels verweist Sauer auf eine von ihm geplante »Biographie« Raimunds, die als Supplement-Band zu der von Karl Glossy und Sauer herausgegebenen Raimund-Ausgabe (1881) erscheinen*

sollte: »[D]ie namhaften Vorarbeiten dazu hat mir Dr. Glossy [...] für meine Darstellung zur Verfügung gestellt.« *Das Buch ist nicht erschienen (s. auch Brief 89).*

4 s. Brief 59, Anm. 5.
5 Gemeint ist offenbar einer der Texte, die Sauer in seinem Aufsatz »Zu Grillparzers dramatischen Fragmenten« (VfLg 1 [1888], S. 443–469) aus Grillparzers Entwurfshandschriften veröffentlicht hatte, vmtl. die im ersten Abschnitt als Parallelstelle zu dem Jugenddrama »Blanka von Kastilien« zitierten Verse aus dem Fragment »Rosamunde Clifford« (S. 446 f.).
6 Carl A. H. Burkhardt: Herder und Goethe über die Mitwirkung der Schule beim Theater. In: VfLg 1 (1888), S. 435–443.
7 Gemeint ist offenbar Bernhard Suphan, der als Direktor des Goethe-Archivs ein »Kollege« von C. A. H. Burckhardt war, der dem Großherzoglich Weimarischen Hausarchiv vorstand.
8 Eduard von der Hellen war 1888 Mitarbeiter des Goethe-Archivs geworden.
9 Der Akademische Philologen-Verein in Graz wurde im April 1876 als Vereinigung von Studenten der Klassischen Philologie gegründet. Leitung und Organisation lagen bei den Studenten, von Lehrendenseite übernahm der Philologe Max Th. von Karajan die Funktion eines »Protektors«. Dem Vereinsziel, der gegenseitigen wissenschaftlichen Förderung, dienten Vorträge und Diskussionen, zu denen die Mitglieder in wöchentlichen Sitzungen während des Semesters zusammenkamen. Daneben wurden gesellige Zusammenkünfte in Form von »Kneipen«, Ausflügen und Weihnachtsfeiern veranstaltet. Im Wintersemester 1888/89 wurde die Satzung »in der Weise geändert, dass sich auch Germanisten im Verein bethätigen konnten. [...] Nun trat Professor Seuffert in liebenswürdiger Weise als Protector an die Seite Karajans, stets hilfsbereit in Rath und That. Auch trat der Verein der Goethe-Gesellschaft bei.« (Festschrift des Deutschen Akademischen Philologen-Vereins in Graz. Ausgegeben zur zwanzigsten Stiftungsfeier im Sommersemester 1896. Graz: Leuschner & Lubensky, 1896, S. 14). Seuffert legte das Protektorat im Winter 1892/93 nieder, blieb jedoch, wie die Chronik vermerkt, »ein warmer Freund des Vereines bis auf den heutigen Tag« (ebd., S. 17).
10 Die Tradition einer »Germanistenkneipe«, bei der sich die Lehrenden mit aktiven und ehemaligen Mitgliedern ihres Seminars während des Semesters wöchentlich zu geselligem Austausch trafen, hatte Wilhelm Scherer 1873 in Straßburg begründet und später in Berlin fortgesetzt. Ähnliche Kneipen wurden später auch an anderen Hochschulorten ins Leben gerufen, wo sie den zwanglosen Gegensatz zur formell-strengen Ausbildung im Seminar bildeten (s. Kolk: Berlin oder Leipzig, S. 64).
11 Gertraud Seuffert.
12 Hotelgasthof, Wien I., Spiegelgasse 5/Seilergasse 6.
13 bezieht sich auf die von Seuffert in seinem Aufsatz mitgeteilten Briefe Wielands an den Weimarer Hofmann Johann Eustach Graf von Goertz, von denen er vmtl. gegen Honorar Abschriften hatte anfertigen lassen.

89. *(B) Sauer an Seuffert in Graz*
   Prag, 22. Dezember 1888. Samstag

Prag 22.12.88.

Lieber Freund!
Ihr letzter Brief war so eingehend und aufschlußreich, daß er früher beantwortet zu werden verdient hätte. Aber soll ich Ihnen, der Sie selbst damit kämpfen, die Schrecken eines Collegs beschreiben? Und jede freie Viertelstunde war mit dem leidigen

Götztext ausgefüllt, den ich nun endlich einmal loswerden muß. Jetzt [in] den Feiertagen drängt sich wieder vieles persönliche zusammen; aber ich will Sie wenigstens begrüßen. Ich habe das Gefühl, Ihnen im verflossenen Jahre noch näher gerückt zu sein; daß wir uns der Unterschiede in unseren Anlagen und Neigungen dadurch um so mehr bewußt werden, das ist gut; um so schwerer wiegt unsere Übereinstimmung. Und am wenigsten soll uns der Grillparzer entzweien, wob[ei] bei mir allerdings der Gedanke im Hintergrunde schlummert, Sie würden einst wenn Sie länger in Österreich sein werden und die Beschäftigung mit ihm nicht so scheuen, auf seine und meine Seite herübergezogen werden. Den höchsten Anforderungen halten meine Aufsätze über Grillparzer u. Raimund in der That nicht Stand; beide sind ja aus einem Compromiß her[vo]rgegangen. Auch ich weiß, daß der Raimundartikel für die ADB. zu groß gerathen ist. Aber da ich nicht weiß, ob ich das Buch über R. jemals schreiben werde, da ich Glossy durch eine selbständige Publication nicht vor den Kopf stoßen will, so wollte ich doch andrerseits meine reichen Sammlungen nicht nutzlos liegen lassen, um so mehr als sie mir Schmidt ohnehin schon ohne Quellenangabe vorweg [au]sgebeutet hat.[1] Also ein Zwischenglied u. nicht mehr will der Aufsatz sein.

Die Entstehungsgeschichte Ihres Opusculums hat mich gerade unter diesen Umständen sehr interessirt. Aber, verzeihen Sie mirs, Sie dürfen nicht alles so schwer nehmen; sonst führt Sie Ihre Wielandforschung ins Unendliche. Freilich die Goetheaner haben es leicht, die dürfen alles mit Haut und Haar drucken lassen und d[as] will ich Ihnen nicht als Gesetz aufstellen. Wenn Sie aber bei der Masse Ihres Materials weiterhin bei jedem Wort so subtil erwägen, ob es druckenswert sei oder nicht, werden Sie niemals fertig. Auch denke ich über Quellenpublikationen insofern etwas anders, als ich meine: man könne nicht wissen, nach welcher Richtung etwas das man wegläßt einem andern interessant sein kann, ob nicht einer einmal über Titulaturen und Briefunterschriften Forschungen anstellen wolle etc. Machen Sie einen Band Br[ief]e u. dann einen Band

Wieland

Sein Leben und seine Werke.

von

Bernhard Seuffert.

Weimar.

Böhlau

1890

Ich habe mich entschlossen, die Grillparzer-Biographie[2] in einem Bande (50 Bogen) abzuschließen u. wenn die Götter günstig sind, soll sie am 15. Jan. 91[3] heraußen sein u. seitdem ich den lange hin und hergewälzten Beschluß gefasst habe, ist mir wohler und fast möchte ich denjenigen danken, die mich dazu gebracht haben.

(Selbstverständlich habe ich mich nicht verpflichtet, bis zu einem bestimmten Termin fertig zu sein!) Der Tod des Freiherrn von Cotta,[4] den ich auch in andrer Hinsicht bedauere, hat mich zunächst leider etwas hingehalten; aber wenn der Plan nicht ganz in die Brüche geht, so wird er rasch in einem Zuge durchgeführt. Wir müssen einmal mit einem großen Werke hervortreten; schaun Sie Schönbach an, wies dem gelungen ist.[5]

Sie haben mir Schönbach in Ihrem letzten Brief ans Herz gelegt; ich habe Ihrem Wunsch aber nicht Folge leisten können. Man weiß nie, in welcher Stimmung ein Brief empfangen, geöffnet und gelesen wird, und gerade Sch. ist so sehr Stimmungsmensch, daß man du[rch] eine solche Verschiebung des Verkehrs bei ihm an Freundschaft eher verlieren als gewinnen könnte. Wir stehen sehr gut miteinander, wir schreiben uns in mehr oder weniger regelmäßigen Intervallen aufrichtig und herzlich, wir senden uns unsere Aufsätze zu: zu mehr will ich Sch. nicht bewegen. Gerade ihn nicht, weil ich ihn nach dieser Seite sehr gut zu kennen vermeine.

Wann erscheint das Doppelheft?[6] Ich bin sehr begierig darauf. Für Jahrgang 2 sollen Sie allerlei von mir kriegen, wenns die Zeit erlaubt. Läge mir nicht so vieles Halbfertige im Pulte.

Bei Jacoby habe ich angefragt,[7] [er] bat um Bedenkzeit; vielleicht daß er um Neujahr herum schreibt.

Wissen Sie, wer Aussicht hat nach Marburg zu kommen;[8] könnte sich da nichts für unseren Seemüller ergeben?

Bringen Sie das Fest recht gut zu und grüßen Sie mir die Ihrigen vielmals.

In treuer und aufrichtiger Gesinnung

Ihr

Sauer.

Handschrift: ÖNB, Autogr. 422/1-136. 2 Dbl., 7 S. beschrieben. Grundschrift: deutsch.

1 s. Erich Schmidt: Ferdinand Raimund. In: NFP, Nr. 6405, 27.6.1882, Mo.-Bl., S. 1–3 (wiederholt: ders.: Charakteristiken. Berlin: Weidmann, 1886, S. 381–402). Der Aufsatz war zugleich eine Besprechung der Raimund-Ausgabe von Sauer und Glossy (1881). Zu einem späteren, erneuten Abdruck des Absatzes ergänzte Schmidt in einer Fußnote: »Etliche Belege aus älteren Possen [...] gab mir der Einblick in handschriftliche Vorarbeiten Sauers, der seither Raimund in der Allg. Deutschen Biographie so kundig behandelt hat.« (Erich Schmidt: Charakteristiken. Erste Reihe. Zweite Auflage. Berlin: Weidmann, 1902, S. 363–383, hier: S. 363).
2 s. Brief 59, Anm. 6.
3 Grillparzers 100. Geburtstag (15.1.1791).
4 Karl von Cotta, der Geschäftsführer der J. G. Cottaschen Buchhandlung, war am 18.9.1888 gestorben. 1889 ging der Traditionsverlag durch Verkauf in den Besitz der Brüder Adolf und Paul Kröner über, die ihn als J. G. Cottasche Buchhandlung Nachfolger weiterführten. Seuffert kommentierte hierzu auf einer Karte vom

22.12.1888 (StAW): »*An Cottas zerschlagung tut mir leid, dass Sie den verleger verlieren, mit dem Sie so glücklich waren. Mög Ihnen der nachfolger genehm sein.*«
5 *Die Anspielung geht hauptsächlich auf A. E. Schönbachs Ausgabe »Altdeutsche Predigten«, deren Bände seit 1886 in schneller Folge erschienen (s. Brief 74, Anm. 6).*
6 *Heft 3 und 4 des ersten Jahrgangs der »Vierteljahrschrift für Litteraturgeschichte« erschienen Anfang 1889 als Doppelheft.*
7 *s. Brief 86, Anm. 22.*
8 *Carl Lucae, Ordinarius für Deutsche Philologie in Marburg, war am 30.11.1888 gestorben. Zu seinem Nachfolger wurde 1889 Edward Schröder berufen, zuvor Extraordinarius in Berlin.*

90. (B) Sauer an Seuffert in Graz
Prag, 16. Februar 1889. Samstag

Prag 16/2 89.

Lieber Freund! Was ich Ihnen heute mittheile ist mehr ein Schmerzensschrei als eine Bitte um Unterstützung und Abhilfe. *[Su]*phans langes Schweigen nach der Übersendung meines Götz machte mich schon sehr besorgt. Nun kommt heute ein Brief[1] von ihm übertriefend vom Lobe meines »Künstlerfleißes« zugleich aber den Vorschlag enthaltend, die Arbeit zu zerstören u. noch einmal zu machen, d. h. die Theaterbearbeitung vom Jahre 1804 selbständig – an einem erst zu suchenden Platze – mit den Varianten der späteren Theaterbearbeitungen zu drucken.

Nun liegt die Sache so; schon in den Studien zur Goethephilologie[2] stellte ich die Forderung auf, eine critische Ausgabe müße 3 Texte bringen wie die Ausgabe letzter Hand. Ich war höchlichst erstaunt, als ich den Plan zur Weimarer Ausgabe in die Hand bekam, für die Theaterbearbeitung kein Plätzchen vorgesehen zu finden und gab meinem Erstaunen darüber Schm. gegenüber – u. wol auch Ihnen – lebhaften Ausdruck. In Weimar als nun gar die neue bis dahin unzugängliche Hdschrft zu Tage kam, sagte ich Schmidt u. Suphan wie unpractisch die Einschachtelung sei, im Spt. in Wien ersterem abermals. Man hielt mir Goethes eigene Meinung im Briefe an Rochlitz[3] als feste Richtschnur entgegen und ich stellte mich nun streng auf den Boden de*[r]* ›Goetheverfassung‹, ohne an deren Richtigkeit zu glauben. Die Mühe war furchtbar. Ich habe Texte & Apparate schon genug gemacht wie Sie wissen; etwas so schwieriges & subtiles noch nicht. Ich schrieb das ganze 3mal um, habe das ganze vorige Jahr damit vertändelt, mußte dreimal abbrechen, weil ich ganz stumpf gew*[or-]*den worden <!> von dem Lesartenchaos. Mein Manuscript hat 312 S. Großquart.

Gehe ich auf Suphans Vorschlag ein, so muß ich alles neu arbeiten; ich muß auch die Lesarten von E–C aus der Masse erst wieder herausfischen und neu anordnen; kein Wort kann neben dem andern bleiben. Ja da ich die Interpunction gerade wegen des Ballasts der Theatervarianten so sehr zurückge*[dr]*ängt habe, wird es bei der Theilung nothwendig sein, wenigstens die von 1773 (wie <u>Sie</u> mir ganz richtig vorschlugen) mehr zu berücksichtigen. Ich habe nun Suphan erklärt, daß ich der Wichtigkeit der Sache wegen die Arbeit gerne noch einmal machen will, aber daß ich sie unmöglich umsonst machen kann, resp. die alte nicht umsonst gemacht haben wolle. Mein Man. in der gegenwärtigen Form – Text & Lesarten hätte mir 1100–1200 Mark getragen, die ich in diesem Halbjahr *[in]* meine Badzeit eingestellt habe. Jetzt soll ich für 200 S. Theaterbearbeitung 1 M. p. Seite statt 4 M – und wer weiß wann – bekommen. Das <!> das der einzelne nicht tragen kann, das werden alle dabei betheiligten Rectoren <!> in Weimar einsehen; ich bin nicht schuld daran, kann daher auch die Strafe nicht auf mich nehmen.

Ihnen mußte ich dies um so mehr jetzt schon sagen, als die verfluchte Arbeit am Götz einzig und allein an der Verzögerung des <u>Uz</u> *[sch]*uld ist, dessen Manuscript fröhlich gedeiht, falls nicht der Weimarer Hagel darauf fällt.

So viel für heute: Sie kriegen ja wohl amtlich mit der Sache zu thun. Kriege ich keine Entschädigung, leg ich die Stelle als Mitarbeiter einfach nieder; habe ich nicht Recht?   Eiligst und aufgeregt   Ihr   Sie bestens grüßender   AS.

Handschrift: ÖNB, Autogr. 422/1-143. 1 Dbl., 4 S. beschrieben. Grundschrift: deutsch.

1 *Bernhard Suphan hatte Sauer in einem Brief vom 15.2.1889 (WBR, I. N. 164.977) dankend den Empfang des Manuskriptes zum textkritischen Apparat der Ausgabe des »Götz von Berlichingen« bestätigt und ausdrücklich den »Kunstfleiß« der Arbeit gelobt. Diese sei ein »opus omnibus numeris absolutum«, welches aber in der vorliegenden Form den Rahmen der Weimarer Ausgabe sprenge: »Aber er [der Apparat] ist 312 Seiten lang; Seiten, deren jede vielleicht einer Seite Druck gleich kommt. Vielleicht und höchstens 3 Seiten Schrift = 2 Seiten Druck. Das gäbe 13 Bogen Druck. Ich fürchte, wir fremden das lesende Publicum immer mehr an, bewirken, daß es sich mit scheuer Ehrfurcht vor dieser Ausgabe zurückzieht. Und daß wir dann in unserer papiernen Burg allein sitzen. / Mir scheint, zur Entlastung würde es nur <u>einen</u> Ausweg geben. Das wäre: Man druckte die Theaterbearbeitungen 1804 seorsum, und gäbe ihr die Varianten der übrigen Theater-Bearbeitungen bei. – Ich halte die beiden Götze 1773 und 1804 für so incommensurable Größen, daß man den zweiten (in großen Parthien) kaum auch als Variante zum ersten betrachten kann. Dies ist eine zweite Betrachtung, durch welche jene erste lediglich praktische Erwägung wohl zu stützen wäre. Anderseits hat dieser Götz von 1804, nachdem er einmal, sei es auch invita Minerva, invitis Goethii Manibus gedruckt ist, doch wohl ein Recht auf eine Sonder-Existenz als ein Ganzes. Man besitzt ihn doch als ein solches seit einem halben Jahrhundert. Unsre Ausgabe ersetzt, durch die Auflösung in Lesarten, dem Leser nicht, was ihm die früheren boten. – / [...] Für den Götz von 1804 müßte eine besondere Stelle ermittelt werden. Eins nach dem andern, Eins mit dem andern. Ich muß zuerst wissen, ob [...] Sie sich dazu verstehen mögen, <u>die</u> Bifurcation des Apparats zu vollziehen, die den Anhang von Band 8 erleichtert, und dem anderwärts zu druckenden Götz 1804 einen besonderen Apparat sichert.«*

2 *s. [August Sauer]: Die zwei ältesten Bearbeitungen des Götz von Berlichingen. In: ders./Jakob Minor: Studien zur Goethe-Philologie. Wien: Konegen, 1880, S. 117–236, hier: S. 120, wo Sauer auf Grundlage der damals bekannten Überlieferungsverhältnisse ausführt, eine künftige »historisch-kritische Ausgabe*

von Goethes Werken« müsse »vier Texte des Götz neben einander stellen«: die erste Niederschrift u. d. T. »Geschichte Gottfriedens von Berlichingen mit der eisernen Hand« (1771), den Erstdruck von »Götz von Berlichingen mit der eisernen Hand« (1773), die Weimarer Bühnenfassung (1804) sowie eine weitere Bühnenbearbeitung (1819 bzw. 1828), von der zu dieser Zeit nur Bruchstücke bekannt waren.

3 *s. Goethes Brief an Friedrich Rochlitz vom 11.9.1811 (WA IV, Bd. 22 [1901], S. 163), in welchem er sich rückblickend skeptisch zum Unternehmen der Bühnenbearbeitung des »Götz« von 1804 äußert.*

91. *(K) Seuffert an Sauer in Prag*
    Graz, 30. März 1889. Samstag

Lfr. Länger hätt ich Ihnen gerne geantwortet, aber semesterabschluss u. anderes drängte. Auch heute finde ich angesichts der sommerarbeiten die ich schleunig durchsehen muss keine briefzeit. Doch möcht ich Ihnen melden, dass Ihre letzte überraschende aufklärung über die sachlage der Götzausg. mir anlass gegeben hat, Suphan gelegentlich zu schreiben: ich hätte durch Sie, mit dem ich alleweil korrespondenz pflege, jetzt private nachrichten erhalten, welche mein urteil umbildeten; hätte das Suphansche rundschreiben diese gründe nicht verschwiegen, so würde ich schon damals anders gestimmt haben, bezw. überhaupt eine definitive meinung haben äussern können.   Suph. nahm, wie ein soeben eingelaufner brief¹ zeigt, das gut auf u. entschuldigt sein verschweigen der gründe mit seiner rücksicht auf das übereilte votum des ältesten redactionscomités. In meinen augen war solche rücksicht nicht am platze, durch sie blieben wir vier mitredactores blind.   Ich habe aus Ihrem briefe auch die überzeugung gewonnen, dass Sie die umarbeitung im interesse der sache selbst wünschen. Seien Sie überzeugt, dass ich Ihren verdruss vollkommen billige; gerade nachdem Sie die herrn vorher aufmerksam gemacht hatten auf die bedenken, durfte Ihnen die arbeit nicht zurückgeschickt werden. Sie müssen in der höflichsten weise gebeten werden, jeder druck auf Sie wäre ein grobes unrecht. Ich hoffe, dass der centralleiter das auch begreift. Ich habe das meinige dazu getan, dass er das verschulden bei sich suche, das kann ich Sie versichern.   Nach einer dunkeln andeutung Suphans scheint übrigens die angelegenheit bereinigt, der Götz im druck. Er habe an Sie geschrieben, was auch für mich gelte: ein sonderbarer umweg. Treulich und herzlich Ihr BSfft.   Bernays wird Goethefestredner!²
    30 III 89

Handschrift: StAW. *Postkarte. Adresse:* Herrn Professor Dr. August Sauer / Prag-Weinberge / Hawlitschekgasse 62 *Poststempel:* 1) Graz Stadt, 30.3.1889 – 2) Prag/Praha, 31.3.1889 – 3) Königl. Weinberge/Královske Vinhorady, 31.3.1889. *Grundschrift: lateinisch.*

1 nicht ermittelt.
2 Auf der vierten Generalversammlung der Weimarer Goethe-Gesellschaft hielt Michael Bernays am 13.6.1889 den Festvortrag »Ueber Goethes Geschichte der Farbenlehre« (s. Ludwig Geiger: Michael Bernays, geb. 27. Nov. 1834, gest. 25. Febr. 1897. In: GJb 18 [1897], S. 297–302, hier S. 300; s. dazu auch Seufferts brieflichen Bericht, zit. in Brief 94, Anm. 1).

92. *(B) Sauer an Seuffert in Graz*
   Prag, 11. Mai 1889. Samstag

Prag 11. Mai 1889.

Es liegt mir schwer auf der Seele, lieber Freund, daß ich Ihnen seit einer Woche nichts als zwei Karten geschrieben habe und ich will die *[Woch]*e nicht zu Ende gehen lassen, ohne endlich ausführlich mit Ihnen zu reden. Ich danke Ihnen also nochmals für Ihre Meinungsäußerungen.[1] Könnten wir ein paar Stunden drüber reden, so gienge es ja noch besser und rascher. Ich stimme im ganzen mit Ihnen überein; nur kürzen Sie mir etwas zu stark. Ich habe manchmal ein Strophengefüge (aus H besonders) als ganzes stehen lassen, wenn auch eine Zeile mit dem Text ganz oder theilweise übereinstimmt, weil es wirklich schwer ist, da*[s]* ganze sich zu reconstruiren. Aber darin haben Sie ja recht, für flüchtige Leser ist ein krit. Apparat nicht gemacht u. der langsam Arbeitende kommt schließlich auf alles. Inzwischen haben wir uns auch über die Reihenfolge geeinigt u. ich habe sachlich fast nichts zu bemerken, als daß Uz an der Wochenschrift »Der Freund« nach seiner bestimmten Erklärung gegen Gleim nicht mitgearbeitet hat. Ich habe auch nichts darinnen finden können, was ihm etwa zuzuweisen wäre. Ob andre *[A]*nsbacher Zeitschriften in Betracht kommen, weiß ich nicht. Leider hüllen sich die Herren in Ansbach in tiefes Schweigen ein; seit einem halben Jahre verspricht Schnitzlein Antwort. Jetzt kann ich nicht mehr darauf warten. Was etwa sonst bei der Durcharbeitung sich ergibt, schreib ich Ihnen bei der Wieder-Übersendung des Man.
   Nun einiges Persönliche. Daß Sie häusliche Sorgen haben, thut mir herzlich leid. *[Sie]* sollten mit Ihrer Kleinen[2] aufs Land. Wollen Sie die heurigen Ferien wieder ganz in Graz zubringen? Unsere Ernennungs-Angelegenheiten stehen leider sehr ungünstig und nicht zum mindesten deswegen weil man sie im Ministerium zu verquicken scheint. Da werden sie immer den einen gegen den andern ausspielen. Daß aber auch das Gesuch wegen der Subvention für die Vierteljahrsschrift abgewiesen wurde, ist *[ga]*nz wider meine Erwartungen.[3] Werner ist allerdings kein Diplomat und wenn das Dutzend voll gewesen wäre, so wäre vielleicht die Sache durchzubringen gewesen;

aber der Hauptfehler liegt darin, daß sich niemand persönlich eingesetzt hat. Warum war Heinzel nicht bei David? Das hätte sicher zum Ziele geführt.

Über Weimar will ich nicht mehr klagen; ich drucke bei Bogen 8 und endlich wird ja auch dieses Elend ein Ende nehmen. Aber dann will ich mit der Goethe-Ausgabe nichts mehr zu thun haben.

Hätte ich auch nur 8 freie Tage, so könnte ich für die VJS etwas fertig machen; ich fürchte aber fast, daß ich vor Schluß des Semesters nicht mehr dazu komme. Ich habe schändlich viel zu thun. Haben Sie aber doch die Freundlichkeit mir zu sagen, bis wann das Manuscript in Ihren Händen sein müßte, damit es ins 3. (eventuell 4.) Heft käme. Im Herbst mache ich Ihnen in Wien einen Grillparzer Aufsatz fertig über die Entstehung der Selbstbiographie[4] und da das Buch über die Ahnfrau[5] nun wohl definitiv aufgegeben ist, werde ich ein oder das an*[dere]* Capitel für die VJS abrunden. Vossische Jugendgedichte;[6] Briefwechsel zwischen Bürger u. Goeckingk;[7] Neues zur Kritik EvKleists;[8] ein Aufsatz zur Geschichte der Musenalmanache (aus Goeckingk – Boie Briefen.):[1] alles das liegt halbfertig da. Aber ich bin im Versprechen vorsichtiger geworden; ich habe mir immer zu viel zugetraut. Wäre der verpfuschte Götz-Apparat nicht gewesen, wäre das alles fix und fertig.

Wie schön muß es jetzt in Graz sein; ich werde zu Pfingsten eine ebenso große Sehnsucht *[da]*hin haben wie ich sie zu Ostern hatte; im August aber, wenn ich dort sein werde, werden Sie wahrscheinlich fehlen. Sind Sie aber in der Nähe, so suche ich Sie gewiß auf. Darüber verständigen wir uns noch. Grüßen Sie Schönbach gelegentlich von mir und empfehlen Sie mich Ihrer lieben Frau. Ich bin mit freundlichen Grüßen Ihr

   aufrichtig Ergeb
   AS.

Handschrift: ÖNB, Autogr. 422/1-154. 1 Dbl., 4 S. beschrieben. Grundschrift: deutsch.

1 *Sauer hatte Seuffert mit seinem Brief vom 27.4.1889 (ÖNB, Autogr. 422/1-151) ein »»Probemanuscript« zur Uz-Ausgabe sowie ein »Promemoria« – eine Liste mit Fragen zur Gestaltung des textkritischen Apparates – übersandt. Er müsse »tausendmal um Entschuldigung bitten, daß ich Ihnen überhaupt so etwas zumuthe. Aber ich bin durch den kläglichen Miserfolg des Götz [von Berlichingen] so herabgestimmt, daß ich mir nun nichts mehr zutraue. Sie stehen außerhalb der Sache; es wird Ihnen gewiß nicht schwer fallen zu entscheiden, ob ich das [r]ichtige getroffen habe oder nicht. […] Bekomme ich das Manuscript von Ihnen zurück, so mache ich es augenblicklich fertig und der Druck kann beginnen.« Das Folgende bezieht sich auf die ausführlichen Kommentare zu der Sendung, die Seuffert in einem Brief vom 1.5.1889 (StAW) gemacht hatte.*
2 *s. Seufferts Brief vom 1.5.1889: »Mein kind [Gertraud Seuffert] war krank u. genest langsam. / Meine frau ist sehr herunter von der pflege.«*
3 *Seuffert war einige Wochen zuvor mit einem seit längerer Zeit vorbereiteten Gesuch um finanzielle Unter-*

stützung der »Vierteljahrschrift für Litteraturgeschichte« beim österreichischen Kultusministerium eingekommen. Die Eingabe war von allen germanistischen Professoren an österreichischen Hochschulen unterschrieben worden, mit Ausnahme von Wilhelm Creizenach (Krakau), den Seuffert nicht dazu aufgefordert hatte. Über den Erfolg hatte Seuffert in seinem Brief vom 1.5.1889 berichtet: »Viertjs.: das gesuch mit den 11 unterschriften ging ins ministerium. Bald erhielt ich zuschrift, worin genauerer aufschluss über geschäftslage erbeten ward. Daraus las ich, man sei geneigt. Ich gab natürlich antwort, deren inhalt in der tat mitleidswürdig war. Nun war [Richard Maria] Werner in ministerio u. schrieb mir: 1) Kleemann falle das fehlen Creizenachs auf, er habe es ihm erklärt 2) das ministerium wünsche einen durchschnittspreis zu erfahren, der wechselnde preis des jahrgangs sei schwierig. Den 2. punkt habe ich auch rasch erledigt. Gleich darnach kam der entscheid: der minister habe dermalen kein geld!! – – Warum wussten das die herren nicht gleich? warum fragten Sie dann so viel? u. wirklich, nicht 150–160 fl. verfügbar?? Glauben Sies? Ich fürchte, Werner hat über Creizenach was rebellisches gesagt, Kleemann ist Polenfreund; in der ersten zuschrift sagte das minist.: eingabe der proff. d. d. spr. u. litt. an den österr. univers., im schlussentscheid zählte es die univers. namentlich auf. An dem fehlen Krakaus also liegts. Hoffentlich hat Werner nicht erst die augen darüber geöffnet. Er meinte es ja gut, u. drum will ich ihm über die unerbetene einmischung nichts als dank sagen, aber ehrlich! ich gestehe ein leises mistrauen in sein diplomatisches geschick. Was brannte ihn die sache?« Auch ein zweites Gesuch, das Seuffert im Herbst 1890 eingereicht hatte, wurde im Februar des Folgejahres abschlägig beschieden (s. Brief 106, Anm. 2).
4   nicht erschienen. Grillparzer verfasste seine »Selbstbiographie« 1853 für die Kaiserliche Akademie der Wissenschaften, der Text wurde erstmals 1872 aus dem Nachlass publiziert.
5   s. Brief 13, Anm. 1 u. Brief 80, Anm. 5.
6   s. Brief 79, Anm. 8.
7   s. Brief 79, Anm. 6.
8   s. Brief 3, Anm. 1.
9   nicht erschienen. Zu Sauers Plänen betreffend Neudruck und Dokumentation der deutschen und österreichischen »Musenalmanache« s. Brief 51.

93. (K) Seuffert an Sauer in Prag
   Graz, 14. Mai 1889. Dienstag

Ich dank Ihnen, l. fr., für karte u. brief. Leider muss ich mich auf die kürzeste antwort beschränken. Ich habe auch dazu nur zeit, weil Conta, dessen dürftige Hamanndissert.[1] |*über der Zeile eingefügt:* er kam sichtlich herunter, weil Sie ihm fehlten; ich war ihm nichts| ich mich <!> not approbierte, sein rigorosum heute nochmals absagte, da er mit der vorbereitung erst in 3 tagen fertig werde! – Also: Ich schickte Ehlermann den Goedekenachlass zu Wieland[2] zurück u. lehnte die arbeit ab. Eine »wesentlich erweiterte« biogr. wie er sie nun verlange, könne ich um 50 M. pro bogen nicht liefern, das honorar sei zu gering, um überhaupt ein gegenbot darauf zu machen. – Den apparatum historico-criticum machen Sie ja nach Ihrem gutdünken. – Aufs land gehen wir nur, wenn der arzt es fordern sollte. Dann muss das geld gefunden werden. Die ferien bleibe ich aller voraussicht nach in Graz u. freue mich sehr auf Ihren besuch. Durch Bauers werden Sie wol in Graffs haus oder garten finden, wo sie nun naturschwelgen nach der steinernen aussicht ihrer früheren wohnung. Ich glaube auch nicht, dass das kleine frl. Gurlitt[3] den eltern reisen erlaubt, frau Mary säugt!! – Nach pfingsten soll ich nach Weimar. Sie haben ja von Prag nicht weit, kommen Sie doch auch!! – Ihre äusserung über unsere aussichten ist betrüblich, dass ich unschuldiger weise auch noch Sie schädigen sollte, mir empfindlich; schon die alberne konkurrenz zw. Bauer u. mir,[4] welche die fakult. töricht heraufbeschwor, machte mir pein. Hoffnung hatt ich nie, so weit ein wünschender hoffnungslos sein kann. – Von VJSchrift hft 2 muss ich einige fahnen an nah interessierte senden; es bringt wenig bedeutendes; wo möglich kriegen Sie was. – Haben Sie Conrad über Grillparzer[5] in d. Preuss. Jahrbb. gesehen? – Auf Ihre VJSchriftverheissungen freu ich mich, namentl. auf Grillparzer u. auf d. Musenalmanache. Herzlich Ihr BSeuffert. 14 V 89.

Handschrift: StAW. Postkarte. Adresse: Herrn Professor Dr. August Sauer / Prag-Weinberge / Hawlitschekgasse 62 *Poststempel: 1) Graz Stadt, 14.5.1889 – 2) fehlt. Grundschrift: lateinisch.*

1 s. Brief 59, Anm. 9.
2 s. Brief 86, Anm. 29.
3 Brigitte (Gitta) Gurlitt, die am 6.5.1889 geborene Tochter von Mary und Wilhelm Gurlitt.
4 zwischen Adolf Bauer und Seuffert bezüglich der Ernennung zum Ordinarius in Graz; mehr nicht ermittelt.
5 Hermann Conrad: Franz Grillparzer als Dramatiker. In: Preußische Jahrbücher Bd. 63 (1889), H. 5, S. 419–477.

94. *(B) Sauer an Seuffert in Graz*
    Prag, 9. Juli 1889. Dienstag

Prag 9/7 89.

Lieber Freund! Ihr langer Brief,[1] die lebendige Charakteristik der Weimarer Goetheforscher, die zahl/rei/chen Neuigkeiten, Ihr freundschaftlicher Rath: alles das hätte früher eine Antwort erheischt. Nun kann sie um so länger und herzlicher ausfallen.

Zuerst: Uz.[2] Henningers schrieben auch mir. Allerdings daß sie von einer kurzen verzögerung sprechen, ist sonderbar. Aber sie waren wol selber in einer Zwangslage. Die Hofmannsche Druckerei hat einen guten Ruf. Meine Löwe-Briefe[3] wurden dort höchst präcis gedruckt. Hoffen wir das beste. Ob ich aber die ganzen Ferien hindurch werde Correcturen lesen können, das kann und will ich heute nicht versprechen. Wenn ich eine mehrwöchentliche Pause machen muß, können mir Henninger das nicht übel nehmen. Über die Einlieferung der Fortsetzung gebe ich Ihnen Nachricht bevor ich von Prag weggehe, was in diesem Monat kaum mehr geschieht.

Bürger:⁴ Ich hatte mir, als ich an die Arbeit gieng, nicht gedacht, daß die Briefe so viel Bogen geben möchten; ich wollte eben Ihren Wünschen rasch nachkommen und alles übrige hätte mehr Zeit beansprucht. Nun glaube ich Ihnen gerne, daß Ihnen *[d]*er nächste Jahrgang etwas zu sehr damit belastet wird und ich nehme es Ihnen nicht im mindesten übel, wenn Sie mir das Manuscript zurückschicken. Ihr Rath ist ja oder wäre nicht schlecht. Nur haben Sie dabei nicht gewußt oder nicht daran gedacht, daß ich ohnedies eine Goeckingk-Publication vorbereite, für die ich einen Verleger suche, nemlich den Briefwechsel zwischen Goeckingk und Gleim. In der Einleitung dazu eine *[biog]*raph.-litterarhist. Skizze auf Grund von Familienpapieren etc. Auf diese Veröffentlichung kommt es dem Wiesbadener Urenkel⁵ hauptsächlich an. Ich bin wesentlich Mandatar der Familie dabei. Die Bürger Briefe waren so eine Art Drein- oder Draufgabe, sind aber eigentlich das interessantere. Nun hätte der Besitzer wahrscheinlich gar nichts dagegen, wenn ich auch diese *[in]* Buchform veröffentlichte. Aber zwei Bücher: Goeckingk und Gleim; Goeckingk und Bürger; das ist etwas viel. Wären die Dinge nicht so incongruent, d. h. läge nicht in dem einen Fall ein lückenloser Briefwechsel und in dem andern blos die Ergänzung zu einer halb schon gedruckten Correspondenz vor: so ließen sie sich in einem Bande vereinigen. Wären die Briefe Goeckingks an Gleim auch im Besitze der Familie *[(]*sie liegen im Gleimarchiv in Halberstadt), so ließen sich ganz hübsch zwei Bändchen: »Aus Goeckingks Nachlaß« arrangiren: 1. Gleim   2. Bürger. Man könnte den Bibra dann sogar als 3. einmal nachfolgen lassen. – Ich schreibe so ausführlich über die Sache, weil mir der Plan eines Buches, wie Sie ihn skizziren, sehr gefällt und weil ich erwarte, daß Sie mir weiter einen Rath geben. Auf Honorar verzichte ich dabei ganz gerne. Ich h*[abe]* nie darauf gerechnet in dieser Sache. also <!> gelegentlich noch ein Wort darüber. Bitte!

Über den Eichlerischen Aufsatz⁶ hätte ich mehr geschrieben, wenn Hauffen meine Vermuthung, der Vf. sei ein Schüler von Ihnen nicht widerlegt hätte. Ich glaubte nemlich Ihre bessernde Hand stark darin zu spüren. Sie haben rasche Erfolge, rascher als ich in Graz und Prag. Lassen Sie sich durch des Meisters⁷ eifers*[üchti]*ge Anwandlungen nicht abschrecken.

Suphan kommt auf der Rückreise von Wien auch nach Prag. Aber hoffentlich nicht in Werbegeschäften.⁸ Ich betheilige mich an einer Schillerausgabe⁹ gewiß nicht, laße mich überhaupt nicht und nirgends mehr ins Schleppthau nehmen. Seine Weimarer Rede finde ich höchst abgeschmackt. Diese Selbstzufriedenheit – na ich will nicht bitter werden.

Auf diesem feierlichen Blatte – würde Suphan schreiben – will ich Ihnen nun für Ihr Kleist-Aufsätzchen¹⁰ danken. Ich nahm Wielands Werk her und *[las]* es wieder einmal mit großem Vergnügen durch; aber die Anknüpfungspunkte finde ich etwas geringfügig. Sie bringen aber die Sache so vorsichtig vor und schießen so wenig übers

Ziel, daß man Einwendungen gar nicht wagen darf. Schade, daß Sie den Brief Luisens nicht als Ganzes bringen durften; es hätte noch mehr gewirkt.

Haben Sie den Paulschen Grundriß[11] gelesen? Wie kann ein Mensch, der so wenig von Litteraturwiss. versteht, der von den Briefwechseln der class. Periode als von einer schwer zu bewältigenden Masse spricht, wie kann ein solches Individuum die Frechheit haben, über Methode dieser Wissenschaft zu – kohlen.[12] Und dann, will ich auch die Bekämpfung Scherers gelten lassen – die Art und Weise wie er Müllenhoff gegenüber dem großen Leipziger Pan[13] in Schatten stell/t,/ ist perfid. Es ist Jammerschade <!>, daß dieses Werk, das zweifellos einen großen Erfolg haben wird, eine so wüste Parteischrift ist. Fände sich doch jemand, der P. auseinandersetzte, was Philologie und was Litteraturgeschichte ist.

Sie fragen mich – fällt mir ein – um meine Meinung wegen Werners Leisewitz.[14] Aufrichtig gesagt: hätte ich als Leiter der Sammlung dieses Manuscript nicht acceptirt. Und diese Einleitung, und dieser Stil. Liest man sie und seine Aufsätze in d. Gymnasialz.,[15] so weiß man wenigstens ganz genau die Ursache, warum die galizischen Gymnasiallehrer nicht deutsch schreiben können.[16]

Verlassen Sie mich nicht während der Uz-Correcturen. Ihre Winke waren mir immer sehr fruchtbar. Mit vielen Grüßen an Ihre Frau   herzlichst   Ihr aufrichtig Ergeb.
AS.

Beilage:

Reihenfolge des Manuscriptes

Nr 97	Versuch über die Kunst stets fröhlich zu sein.
Nr. 98	Sieg des Liebesgottes
Nr. [9]9	Schreiben über eine Beurtheilung des Sieges des Liebesgottes
Nr 100–106	Briefe.
Nr. 107–117	Anhang. Von hier an Fahnenkorrektur

Handschrift: ÖNB, Autogr. 422/1-159 u. 422/158. 1 Dbl., 1. Bl. u. 1 Bl. (Beilage), 7 S. beschrieben.
Grundschrift: deutsch.

1 *Gemeint ist ein hier nicht abgedruckter Brief vom 26./29.6.1889 (StAW), in dem Seuffert u. a. ausführlich über die vierte Generalversammlung der Weimarer Goethe-Gesellschaft am 13./14.6.1889 berichtet hatte: »Vom Götzapparat hat mir Suphan in Weimar nicht gesprochen. Die herren dort sind meiner überdrüssig, sie begreifen nicht, dass ich so viel zeit habe, so ausführlich meine meinung zu sagen. Offenbar ists ihnen lästig, man will stimmvieh. Ich werde das zwar nicht abgeben, aber ich kann auch schweigen. Suphan sonnt*

sich in der jetzt völlig erlangten hofgunst u. ist behaglich. Der netteste ist [Julius] Wahle. E[rich] Schmidt ging mir im Trubel mehr verloren als ich und er wollten, war herzlich, menschlich, verlässlich und tritt, wie mich dünkt, nun auch nur noch in der Goethegesellschaft, nicht mehr als redactor heraus. [Herman] Grimm u. [Gustav von] Loeper waren nicht da. Wenn ich die weite reise der redactorensitzung wegen tue, hätten sie ihre kurze vielleicht doch auch wagen können. Doch so wenig fröhlich ich über die ›geschäftslage‹ denke – denn Suphan hat Ihre untersuchungen über den text nicht verstanden; sein a und o ist schimpfen auf Göttling –, so hübsch war es, Schmidt, [Philipp] Strauch – seit 1876 zum 1. male –, den vorzüglichen [Ernst] Elster wider zu sprechen; und [Reinhold] Köhler zu ehren blieb ich einen halben tag länger. Auch alte freunde aus Würzburg, die nun in Jena leben, kamen mir zu lieb herüber. [Max von] Waldberg war recht angenehm. [Georg] Witkowski und [Julius] Elias sind mir um keine spur sympathischer geworden. Und Otto Francke sah ich nur betroffen – das ist accusativ! Der besuch war schwächer als sonst, die mitgliederzahl der gesellschaft ist durch todesfälle u. austrittserklärungen gesunken, während sie durch kaiser Wilhelms [II.] beitritt höfischen glanz mehr erhielt. [Eduard von] Simson wird recht alt. [Michael] Bernays ist noch jugendlich gross in tönenden worten; neues hat er kaum jemand gesagt; aber es klang, ich will nicht sagen gut, nur es klang. Der eitle mensch mit seinen phrasen und freundesküssen ist mir nun einmal unverdaulich. [Salomon] Kalischer, [Wolfgang von] Öttingen – den sehr jugendlichen – [...] kennen zu lernen, freute mich. [Ludwig] Geiger sass im winkel schweigsam wie immer, ein sechstes rad am wagen. [Berthold] Litzmann fängt wahrhaftig an, männlich zu werden und war ein ganz brauchbarer tischnachbar. Und so weiter; ich will keine liste schreiben. Das schwatzen mit fachleuten ist doch reizvoll; hier hab ich nur den einen Schönbach und abwechslung ist gesund. Noch den Otto Hoffmann will ich nennen, ein rechter Berliner schulmeister und zungenfertiger kleinmeister, wie mich dünkt.«

2 betrifft Verzögerungen im Druck der Uz-Ausgabe, die Seuffert in seinem Brief vom 26./29.6.1889 angekündigt hatte.
3 s. Brief 51, Anm. 22.
4 Seuffert hatte Sauer in seinem Brief vom 26./29.6.1889 den Rat gegeben, den für die »Vierteljahrschrift« bestimmten, sehr umfangreichen Briefwechsel zwischen Bürger und Goeckingk (s. Brief 79, Anm. 6) nicht in einer Zeitschrift zu »verzetteln«, sondern lieber separat zu veröffentlichen: »Ihrem litterarischen rufe würde ein buch besseren vorschub leisten. Schreiben Sie ja eine biograpisch-litterarische einleitung Göckingk u. Bürger, charakterisieren die 2 Musenalmanache, geben Sie mit hilfe [Adolf] Strodtmanns mehr darstellung zwischen den briefen und ein buch von 15 bogen ist fertig. Das wird Ihnen nützen. Sie riskieren dabei nur die 160 mark honorar, denn honoriren wird Ihnen allerdings kaum ein verleger das werk.« Der im Folgenden skizzierte Plan, die Korrespondenzen Goeckingks mit Gleim und Sigmund von Bibra in separaten Bänden abzudrucken, wurde nicht ausgeführt.
5 Hermann Adrian Günther von Goeckingk in Wiesbaden, an den Sauer ursprünglich durch Seuffert empfohlen worden war (s. Brief 3).
6 Ferdinand Eichler: ›Kein seeliger Tod ist in der Welt‹. In: VfLg 2 (1889), S. 246–264.
7 Anton E. Schönbach.
8 Bernhard Suphan hatte auf der Generalversammlung der Weimarer Goethe-Gesellschaft im Juni 1889 die Übergabe des handschriftlichen Nachlasses sowie der Bibliothek Schillers durch seine Erben an das Goethearchiv bekannt gegeben, das zugleich in Goethe- und Schiller-Archiv umbenannt wurde (s. Bernhard Suphan: Das Goethe- und Schiller-Archiv in Weimar. Vortrag in der vierten Generalversammlung der Goethe-Gesellschaft am 13. Juni 1889 gehalten. In: DR Bd. 60 [1889], S. 139–142).
9 Eine neue historisch-kritische Schiller-Ausgabe auf Grundlage des Nachlasses wurde erst im 20. Jahrhundert mit der »Schiller Nationalausgabe« (1943 ff.) in Angriff genommen.
10 Bernhard Seuffert: Handschriftliches von und über Heinrich von Kleist. In: VfLg. 2 (1889), S. 304–314. Seuffert verband den Abdruck neuer Dokumente zu den Beziehungen zwischen Kleist und der Familie

Wieland mit einer kurzen Analyse von Ch. M. Wielands Briefroman »Menander und Glycerion« (1803). Der Roman war, nach Seufferts Auffassung, durch die Liebesbeziehung Kleists zu Wielands jüngster Tochter Luise motiviert.

11 *Grundriß der Germanischen Philologie. Hrsg. von Hermann Paul. 2 Bde. Straßburg: Trübner, 1891–1893 [23 Bde., 1901–1909]. Die erste Lieferung zu Band 1 war im Mai 1889 ausgegeben worden. Sauers Bemerkungen beziehen sich auf die beiden darin von Paul selbst bearbeiteten Abschnitte zur »Geschichte der Germanischen Philologie« und zur »Methodenlehre«, vgl. auch Brief 154, Anm. 10. – Zu Pauls kritischer Auseinandersetzung mit Karl Müllenhoff und Wilhelm Scherer s. die Rezension von Ernst Martin in: ZfdPh 22 (1890), S. 462–468, hier S. 466 f.*
12 *kohlen, verkohlen; v. ›Kohl reden‹: lügen, Unsinn erzählen (s. DWB, Bd. 11, Sp. 1581).*
13 *Gemeint ist Pauls Lehrer, der Leipziger Ordinarius Friedrich Zarncke.*
14 *zu Richard Maria Werners Werners Ausgabe von Leisewitzens »Julius von Tarent« (DLD. 32).*
15 *Gemeint ist die »Zeitschrift für die österreichischen Gymnasien«, zu deren regelmäßigen Mitarbeitern zu dieser Zeit sowohl Sauer als auch R. M. Werner gehörten.*
16 *Sauer spielt auf R. M. Werners Aufsatz »Der deutsche Unterricht an den galizischen Mittelschulen« (ZfdöG 40 [1889], S. 262–270) an. Werners scharfe Kritik am galizischen Bildungssystem, vor allem der Qualität des gymnasialen Deutschunterrichts und den Qualifikationen der Lehrkräfte, gründete auf einer eingehenden Untersuchung der in galizischen Schulprogrammschriften dokumentierten Personalnotizen, Lehrinhalte und Prüfungsausgaben.*

95. (K) Seuffert an Sauer in Liebegottesgrube bei Rossitz, Mähren
    Graz, 19. August 1889. Montag

Lfr. Denken Sie was der schürfer Witkowski gefunden hat? Die gesellschaft auf dem lande![1] Darin von Kleist: Filinde lag am Strauche 12 strophen. Und wo hat ers gefunden! in der kgl. bibl. zu Berlin!! W. gab mir den fund für die VJS. Ich verrat ihn nur Ihnen. Was sagen Sie zu den Wielandschen Wahlverwandtschaften?[2] ich hätte die vergleichung breiter herausarbeiten sollen, wie ich erst am gedruckten sah. – Jetzt ist auch Behaghel mitarbeiter der VJS,[3] die also neutraler boden ist; ich gewähre denn gerade flüchtlingen aus den andern lagern (wie die Schweizer den Deutschen) ein sehr gedehntes asylrecht und frage nicht genau nach der güte ihrer papiere. Ihr name ist mir wichtig; fürs andere tragen sie ihre haut selbst zu markte. Herzlich grüssend
    Ihr
    BSfft.

Graz 19.8.89

Handschrift: StAW. Postkarte. Adresse: Herrn Professor Dr. August Sauer / Liebegottesgrube / Post Segengottes Mähren *Poststempel: 1) Graz Stadt, 19.8.1889 – 2) Segen Gottes/Boží Požehnání, 20.8.1889. Grundschrift: lateinisch.*

1   Sauer erinnerte Seuffert auf einer Karte vom 23.8.1889 (ÖNB, Autogr. 422/1-164) daran, dass er das in der Königlichen Bibliothek befindliche Exemplar von Samuel Gotthold Langes Schrift »Einer Gesellschaft auf dem Lande poetische, moralische, ökonomische und kritische Beschäftigungen« (1777) bereits 1885 für seinen Neudruck der »Freundschaftlichen Lieder« von Pyra und Lange benutzt hatte (s. Brief 47, Anm. 9) und dabei auch auf das in seiner Kleist-Ausgabe von 1880 fehlende Gedicht »Filinde« gestoßen war. Georg Witkowski publizierte den Fund in der »Vierteljahrschrift« (Ein Gedicht Ewald von Kleists. In: VfLg 3 [1890], S. S. 251–254).

3   Bernhard Seuffert: Briefe von Minna Herzlieb. Wahlverwandtschaften vor Goethe. In: VfLg 2 (1889), S. 465–470.

3   Otto Behaghel: Zu Heinse. In: VfLg 3 (1890), S. 186–191. Behaghel, ein Schüler von Karl Bartsch, stand als Sprachhistoriker den ›Junggrammatikern‹ um Hermann Paul, Wilhelm Braune u. a. nahe.

96. (B) Sauer an Seuffert in Graz
   Prag, 14. Oktober 1889. Montag

Prag 14. Oct 89.

Lieber Freund! Wien ist eine prächtige, eine herrliche Stadt, voller Anregungen, voller Neuigkeiten, erholt, erfrischt trotz stetem Arbeiten kam ich letzten Mittwoch, noch Zwiedineks Reisesegen im Herzen, nach Prag zurück. Wollt, daß ich Flügel hätt' und öfter hinflattern könnte! Was ich an theatralischen Früchten (Räuber, Gyges, Jüdin, Medea, Esth[er,] Verschwender, Bluthochzeit)[1] eingeheimst habe, wie ich mich an guter Musik vollsaugte: das kommt mir alles den langen Winter hindurch zu Gute. Von Fachcollegen sah ich Seemüller, der an seinem Ottokar[2] nun endlich druckt; Burdach und Wahle nur im Fluge; Minor 3mal; er hat sich im vorigen Herbst mit Schmidt halb u. halb zertragen, daher er eine große Sehnsucht nach Anschluß an Fachcollegen hat. Aber von uns allen scheint er zu glauben, daß wir ihn um seine Wiener Central-Professur beneiden und der Heularsch Werner bestärkt ihn in diesen seinen Vermuthungen. »Also im russischen Kriege erschossen zu werden haben Sie keine Aussichten«[3] waren RMarias letzte Worte an den erbosten Herrn Nimor.[4] An Suphan hat er einen Narren gefressen, we[il] dieser ihm vor versammeltem Seminar eine – Rose überreichte. Ich sagte darauf: diese Scene hätte verdient durch ein Av-Wernersches Gemälde[5] verewigt zu werden. Über die VJS schimpft er weidlich; er selbst schreibe aber in die Zachersche Zs.[6] weil diese einmal besser zahle und weil Sie gern regelmäßig Heinzel nicht aber auch ihn auf der Universität aufsuchten. Ich sagte ziemlich derb darauf, der Redacteur könne doch nicht jedem Mitarbeiter die Artikel persönlich aus dem Steiße ziehen. Sonst war er ganz Schiller:[7] 30 Bogen bis zur Flucht; ob da die vier Bände bis zum Tode reichen werden? Aber ich glaube, das Buch wird wirklich großartig. Zu mir sagte er: ich sollte zu einer gescheidteren Zeit nach Wien kommen damit die Sehnsucht seiner Studenten mich zu sehen einmal befriedigt werde. Zu einem germanistischen Panorama bin *[ich]* mir aber doch noch zu gut. Sonst war er liebenswürdig, fast gemütlich. Herr v. Waldberg nett, gelehrt, mit einer Geschichte des deutschen Romans[8] schwanger. Heinzel an einem Abend im Hotel de France[9] ungemein gesprächig, bes. über Methode im Betrieb der neueren Litteraturgeschichte. Er ist der vornehmste aller älteren Germanisten.[10] – Im Ministerium sagte man mir das Haupthindernis meiner Ernennung[11] sei das geringe Erträgnis der Branntweinsteuer; ich bat daher alle meine Freunde, sie sollen tiefer ins Glas blicken. – Mein Hauptverkehr war Glossy. 2 Bände Schreyvogels Tag*[ebü]*cher[12] mit wertvollen Briefen im Anhang sind fast gedruckt; einen Band Grillparzer Briefe[13] habe ich selber druckfertig gemacht (Herausgeber auch Glossy); Raimund[14] soll zum 100. Geburtstag illustrirt werden, in Melk wird der Briefwechsel[15] zwischen Halm und Enk edirt, u. später sollen vom Kloster aus auch Enks Werke gesammelt werden: Kurz und gut die Vorarbeiten zu meiner öst. Lit. Gesch. gehen flott vorwärts. Eigentlich aber habe ich an meinem Grillparzer Buch[16] gearbeitet, das immer greifbarere Gestalt annimmt. Ich halte heuer im Seminar Übungen über Grs dramatische Fragmente[17] u. werde auch sonst jedes Zeit-Atomchen dem ›Hauptges*[c]*häfte‹ widmen.

Daß der Uz stockte u. noch immer stockt ist fatal. Ich hoffe mein Wort trotzdem halten zu können, obwol ich vom 2. Thl. jetzt weder Manuscr. noch Correcturbogen habe. Einige Ergänzungen hat Schnizlein noch gesandt. Kleist[18] hoffe ich gleichfalls liefern zu können, wenn meine rein frühjahrsmäßige Arbeitsstimmung nur einige Zeit anhält; und ich hoffe das, weil ich mich trainire, meinen Körper munter und geschmeidig zu erhalten trachte, was bei mir das Wichtigste ist. – Daß Sie nun doch beim Grundriß[19] mitthun, ist hübsch von Ihnen. Götze ist im (schriftlichen) Ver*[keh]*r nett. Ich habe viele Lücken in der eben erscheinenden Lieferung ausgefüllt, was er in einem spontanen Dankschreiben anerkannte; u. ich will auch in Zukunft beisteuern was ich habe. – Was Sie über Pfeifer – Klinger – Faust[20] schreiben, verstehe ich nicht ganz. Meine St u. Dr. wollen keine wiss. Edition sein und haben deshalb beim größeren Publikum weit mehr Anklang gefunden u. passen besser in die (ob ihrer Existenzberechtigung allerdings zweifelhafte) Sammlung[21] als der wissenschaftlichere Bürger und Voß.[22] Was der junge Heißsporn also so Böses über mich sagen kann, weiß ich nicht. Aber thun Sie auch recht daran, diese Arbeit, die ja allerdings wenn sie ihren Vf. fördern könnte, gedruckt zu werden verdient hätte, noch nach dem Tode des Vf. in aller schreckliche*[n]* Breite drucken zu lassen?!

Durch Zwiedinecks Erzählungen bin ich über Graz und seine Bewohner, insbesondere über die im Alter von 1–2 Jahren wieder im Laufenden. Ich muß schon der Kinder wegen einmal kommen; denn die Kinder: das ist mein Theil; bei meinem Bruder[23] waren sie heuer im Sommer das erste und fast einzige. Liegt aber mein Kind, der Grillparzer einmal im Schaukasten bei Leuschner[24] aus, dann komme ich und hole mir aller Euer Lob.

Grüßen Sie mir Ihre liebe Frau un[d] behalten Sie mich, auch wenn ich heuer in Schweigsamkeit verfalle. An A. E.[25] schreibe ich gleichzeitig, Mit seiner Fruchtbarkeit kann niemand concurriren. Mit herzlichen Grüßen

Der getreueste Mitarbeiter der DLD und der VJS   AS.

Handschrift: ÖNB, Autogr. 422/1-170. 1 Dbl., 4 S. beschrieben. Grundschrift: deutsch. Empfängervermerk: s. Anm. 10.

1   *Sauer hatte während seines Aufenthaltes in Wien am Burgtheater Aufführungen von Schillers »Die Räuber«, Friedrich Hebbels »Gyges und sein Ring«, Grillparzers »Die Jüdin von Toledo«, »Medea« und »Esther« sowie Raimunds »Der Verschwender« gesehen. Albert Lindners »Die Bluthochzeit oder die Bartholomäusnacht« wurde am neu eröffneten Deutschen Volkstheater gespielt.*
2   *Ottokars österreichische Reimchronik nach den Abschriften von Franz Lichtenstein hrsg. von Joseph Seemüller. 2 Bde. Hannover: Hahn, 1890–1893 (Monumenta Germaniae Historica. Deutsche Chroniken. 5,1–5,2).*
3   *Die zitierte Bemerkung bezieht sich nicht auf ein aktuelles Ereignis, sondern auf Werners – im Vergleich zu Jakob Minors zentraler Stellung in Wien – geografische Randlage in Lemberg.*
4   *Anagramm zu (Jakob) Minor.*
5   *Der Berliner Maler Anton von Werner war durch opulente, in fotografischer Manier ausgeführte Gemälde historischer Ereignisse zu Prominenz gelangt.*
6   *die von Julius Zacher begründete »Zeitschrift für deutsche Philologie«.*
7   *Der zweite Band von Jakob Minors Schiller-Monographie (s. Brief 63, Anm. 20) reicht bis zu Schillers Flucht aus Stuttgart (22./23.9.1782), nachdem ihm aufgrund der 1781 erschienenen »Räuber« Festungshaft angedroht worden war.*
8   *Max von Waldbergs lange vorbereitete gattungshistorische Studien erschienen erst etliche Jahre später im Druck (Max Frhr. von Waldberg: Der empfindsame Roman in Frankreich. Teil 1: Die Anfänge bis zum Beginne des XVIII. Jahrhunderts. Straßburg: Trübner, 1906; ders.: Studien und Quellen zur Geschichte des Romans. Bd. 1: Zur Entwicklungsgeschichte der »schönen Seele« bei den spanischen Mystikern. Berlin: Felber, 1910 [Literarhistorische Forschungen. 41]).– Vgl. auch Olha Flachs: Max Freiherr von Waldberg (1858-1938). Ein Beitrag zur Geschichte der Germanistik. Heidelberg 2016, S. 214-252 sowie Hans-Harald Müller und Mirko Nottscheid: Galante Lyrik und Empfindsamkeit. Die Korrespondenz zwischen Wilhelm Scherer und Max von Waldberg (1882 bis 1886) und ihr wissenschaftshistorischer Kontext. In: Euph. 112 (2017), S. 395–444.*
9   *Hotelgasthof, Wien, I., Schottenring 3.*
10 *Diesen Satz hat Seuffert mit blauem Bleistift eingeklammert.*
11 *zum Ordinarius in Prag.*
12 *Joseph Schreyvogels Tagebücher 1810–1823. Mit Vorwort, Einleitung und Anmerkungen hrsg. von Karl Glossy. 2 Thle. Berlin: Gesellschaft für Theatergeschichte, 1903 (Schriften der Gesellschaft für Theatergeschichte. 3).*
13 *s. Brief 63, Anm. 11.*
14 *Ferdinand Raimunds Dramatische Werke. Nach den Original- und Theater-Manuscripten hrsg. von Carl Glossy und August Sauer. 2., durchgesehene Aufl. 3 Bde. Wien: Konegen, 1891. Die laut Vorwort (Bd. 1,*

S. VI) im August 1890 abgeschlossene Neuauflage erschien erst einige Monate nach Raimunds 100. Geburtstag (1.6.1890) ohne Illustrationen. Im Gegensatz zu den »Sämmtlichen Werken« der Erstauflage von 1881 (s. Brief 24, Anm. 7) fehlte der »Nachlaß« im dritten Band.

15 Briefwechsel zwischen Michael Enk von der Burg und Eligius Freiherr von Münch-Bellinghausen [Ps.: Friedrich Halm]. Hrsg. von Rudolf Schachinger. Wien: Hölder, 1890. Im Vorwort dankte Schachinger »dem hochverehrten Herrn Professor an der deutschen Universität in Prag, Dr. August Sauer« (S. VII) für Hinweise. Die Werkausgabe ist nicht erschienen.

16 s. Brief 59, Anm. 6.

17 Sauer behandelte im Wintersemester 1889/90 in seinem Seminar »Grillparzers dramatische Fragmente« (2-st.).

18 Sauer hatte Seuffert in seinem Brief vom 4.9.1889 (ÖNB, Autogr. 422/1-166) eine Fortsetzung seiner Untersuchungen zur Textgeschichte der Gedichte Ewald von Kleists angekündigt: »Meine Kleistiana sollten Sie sich nicht entgehen lassen; denn es ist der entscheidende letzte Brief Kleists über die Anordnung der Ausgabe darunter, der meine Untersuchungen zum großen Thl zwar bestätigt, aber doch auch ergänzt; ferner die Stücke der (von mir supponirten) Ramlerschen Bearbeitung des Frühlings aus dem Jahre 49. Ich habe schon an eine Akademieschrift gedacht. Aber Ihnen gäbe ich es lieber.« Der Aufsatz erschien u. d. T.: Neue Mittheilungen über Ewald von Kleist. In: VfLg 3 [1890], S. 254–295 (zu diesem Themenkomplex s. auch Brief 3, Anm. 1).

19 s. Brief 86, Anm. 29.

20 Georg Joseph Pfeiffer: Klinger's Faust. Eine litterarhistorische Untersuchung. Nach dem Tode des Verfassers hrsg. von Bernhard Seuffert. Würzburg: Hertz, 1890. Es handelt sich um eine überarbeitete Fassung von Pfeiffers Grazer Dissertation, mit der er 1887 bei Seuffert promoviert worden war. Pfeiffer deutete in einer Fußnote zu Beginn seiner Untersuchung (S. 1, Anm. 2) an, dass er der Textgrundlage der Sauer'schen Ausgabe von F. M. Klingers Roman »Fausts Leben, Thaten und Höllenfahrt« (s. Sauer: Stürmer und Dränger, Bd. 1, S. 141–304) misstraue und daher nach dem Erstdruck zitiere. Seuffert hatte Sauer auf einer Karte vom 8.10.1889 (StAW) mitgeteilt, dass er den inzwischen verstorbenen Pfeiffer wiederholt gebeten habe, die Fußnote wegzulassen: »Er bestand aber hartnäckig darauf, obwol die sache sehr unwesentlich u. geringfügig ist, u. da ich nur sein nachlassverwalter bin, wagte ich nicht mehr zu tun als möglichst seine hitze zu dämpfen.« Sauer korrigierte seine Ansicht nach Lektüre der Arbeit (s. Brief 98).

21 Joseph Kürschners Reihe »Deutsche National-Litteratur«.

22 Gemeint sind Sauers Ausgabe von G. A. Bürgers »Gedichten« (DNL. 78) bzw. seine Auswahl aus dem Werk von J. H. Voß im ersten Band »Der Göttinger Dichterbund« (DNL. 49); beide waren waren in Joseph Kürschners »Deutsche National-Litteratur« erschienen.

23 Julius Sauer.

24 Leuschner & Lubensky, Verlagsbuchhandlung in Graz.

25 Anton E. Schönbach.

97. (B) Seuffert an Sauer in Prag
Graz, 6. November 1889. Mittwoch

Graz 6. XI 89.

Ich that also wie freund Sauer riet, schrieb nach Weimar, erhielt heute den Rugo, Weimars Erinnerungen 2. vermehrte auflage 1875,[1] aber aber – darin steht A Amalias selbstbiographie nicht. Das sind lauter gedichte Rugos über Weimarer situationen usf. Auch in seinen quellen hat er ›Meine gedanken‹ nicht citirt. Nun führen Sie diese allerdings aus der 1839er ausgabe an, aber sollte die 2. ›vermehrte‹ auflage eine ›verkürzte‹ sein? auch passt etwas fremdes gar nicht in dies büchlein. Können Sie nicht auf einem alten fetzen nachschauen, wie es um Ihre notiz bestellt ist? Ich wäre sehr dankbar. –

Ihr heiterer brief[2] hat mich sehr gelabt. Er brachte etwas leben und luft in die stille Grazer klause. Die Minoranekdoten sind vortrefflich. Suphan ihm die tugendrose überreichend – ganz Suphan der düftelnde. Minor hat ganz recht sich zu beschweren, dass ich Heinzel u. nicht ihn aufsuche. Aber ich habe auch recht, so zu thun. Heinzel war vom 1. tag an, da ich österreichischen boden betrat entgegen-, ja zuvorkommend. Minor erwiderte den einzigen besuch nicht einmal den ich ihm machte. Heinzel kam trotz meiner ablehnung seines gegenbesuches, Minor schützte sich hinter der bekannten phrase der reisenden, sie seien doch nicht zu treffen. Heinzel schickt mir stets seine arbeiten, Minor nie.   Wenn M. die VJS verlässt, so geht der, um dessen beiträge ich die meisten vorwürfe aushalten musste. Bei Zacher wird er sich in gesellschaft der herren finden, deren arbeiten ich zurückgewiesen habe. Aber er kriegt mehr honorar und das wiegt schon die schlechtere gesellschaft etwas auf. Wol bekomms! – Wenn Sie da wären, erzählte ich Ihnen allerlei zu dem kapitel. –

Fellner ist also glücklich in Tübingen promovirt worden![3] Conta ist an der Wiener univ.-bibl. u. lernt orientalische sprachen aus pflicht.   Meine vorlesungen sind für hiesige verhältnisse gut besucht.[4]   Die arbeiten gehen matt.   Ich habe meinen schwager[5] verloren, an dem ich seit 25 jahren als schüler und freund hing. Das nimmt stimmung und kraft.   Jetzt quäle ich mich mit Braitmaier[6] für Bechtel. Es kommt nichts dabei heraus, nämlich bei meiner anzeige.

Schönbach war in Wien bei seinem vater[7] u. kam heiter zurück. Walther[8] umgibt ihn in jeder minute.

Zu Ihrem Grillparzer lauter gute stunden! ich bin recht neidisch, dass ich nicht auch ein darstellendes buch machen kann. Aber der dienst! Am 3. bd. der VJS wird gesetzt. Die Henninger schweigen;[9] ich weiss nicht warum und werde heute noch einmal drängen. Auch Weilens heft[10] stockt ganz. Ich will nicht hoffen, dass die firma kracht.

Haben Sie Zwiedinecks »bibliotheksgeschichte«[11] in Fleischers revue gelesen? ich wollte, er hätte sie bei sich behalten.

Wie machen Sies mit den Grillparzerfragmenten? die leute müssen doch exemplare in der hand haben. gibt der verleger bände einzeln ab? dann leg ich sie auch einmal übungen zu grunde.

Grüssen Sie, bitte, Hauffen. Wie schlägt er ein?[12]

Von den 2 Polacken,[13] die wir Werners gunst verdanken, kenn ich erst einen, Schreyer benamst! Sein cylinderhut ist recht hübsch. Sonst weiss ich nichts von dem mann. Ich möchte hier nicht den lector des Deutschen machen. Ob er mitkommt, werden wir ja bald sehen.

Götze schrieb auch mir, Sie hätten so viel gutes am Grdriss getan. Ich hab keine freude, dass ich mich einfangen liess. Die zeit fehlt zu etwas ordentlichem.

Leben Sie wol! Meine frau grüsst.

Ihr

BSfft.

Wollen wir im sommersemester ein coll. publ. ankündigen: der branntwein, sein einfluss auf die deutsche litteratur und ihre pflege?

Handschrift: StAW. 1 Dbl., 4 S. beschrieben. Grundschrift: lateinisch.

1 *August Rugo: Weimar's Erinnerungen. 2., vermehrte Aufl. Weimar: Kühn, 1875 [16 Hefte. Weimar: Albrecht, 1839–1843]. Seuffert hatte sich, vmtl. auf einer kurz vor dem 30.10.1889 geschriebenen Karte, die nicht überliefert ist, nach dieser Schrift erkundigt, die Sauer in seinem Buch »Frauenbilder aus der Blütezeit der deutschen Litteratur« als Quelle für autobiografische Aufzeichnungen der Großherzogin Anna Amalia von Sachsen-Weimar u. d. T. »Meine Gedanken« angeführt hatte (s. Sauer: Frauenbilder, S. 102). Auf einer Karte an Seuffert vom 30.10.1889 (ÖNB, Autogr. 422/1-171) empfahl ihm Sauer, sich das relativ seltene Buch aus Weimar schicken zu lassen. Seuffert benötigte die Quelle vmtl. für die Arbeit an seinem Aufsatz »Der Herzogin Anna Amalia Reise nach Italien. In Briefen ihrer Begleiter« (Preußische Jahrbücher Bd. 65 [1890], S. 535–565), in dem sie jedoch nicht zitiert wird.*
2 *Brief 96.*
3 *s. Brief 85, Anm. 1.*
4 *Seuffert las im Wintersemester 1889/90 über »Geschichte der classischen deutschen Litteratur« (3-st.) und »Deutsche Dichtung des 16. jahrhunderts« (1-st.).*
5 *Der Altphilologe Adam Eussner, seit 1871 mit Seufferts Schwester Babette verheiratet, war am 24.10.1889 in Würzburg gestorben (s. Wecklein: Nekrolog. Dr. Adam Eussner, k. Gynasialprofessor a. D. in Würzburg. In: BfdBG 26 [1890], S. 62–64).*
6 *Friedrich Braitmaier: Geschichte der Poetischen Theorie und Kritik von den Diskursen der Maler bis auf Lessing. 2 Tle. Frauenfeld: Huber, 1888–1889. Seufferts Rezension erschien in den von Fritz Bechtel redigierten »Göttingischen Gelehrten Anzeigen« (1889, Bd. 1, Nr. 1, S. 28–44). Zu Braitmaiers Reaktion auf diese sehr kritische Besprechung s. Brief 115, Anm. 13.*
7 *Joseph Schönbach.*
8 *Anton E. Schönbach arbeitete an seiner Monographie »Walther von der Vogelweide. Ein Dichterleben« (Dresden: Ehlermann, 1890 [²⁻³Berlin: Hoffmann, 1895, 1910 (Geisteshelden. 1)]).*
9 *Der Verlag der Gebrüder Henninger stand unmittelbar vor einem Konkursverfahren, das 1890 zur Auflösung der Firma führte.*
10 *H. W. Gerstenbergs »Briefe über Merkwürdigkeiten der Litteratur« (DLD. 29–30).*
11 *Hans von Zwiedineck-Südenhorst: Edwina, eine Bibliotheksgeschichte. In: Deutsche Revue. Hrsg. von Richard Fleischer, Bd. 14 (1889), Nr. 5, 1889, S. 138–155.*

12 Adolf Hauffen, ein Schüler Schönbachs und Sauers in Graz, hatte sich zum Wintersemester 1889/90 in Prag für Deutsche Sprache und Literatur habilitiert.
13 Die gebürtigen Polen Albin Schreyer und Julian Stefanowicz setzten das bei Richard Maria Werner in Lemberg begonnene Studium in Graz fort. Über die von Schreyer zu Seufferts Übungen für das Wintersemester 1889/90 eingereichte Arbeit »Rubin's Gedichte ins Neuhochdeutsche übersetzt« heißt es im Seminarbericht: »Der Verfasser (Pole) hat noch sehr mit den Schwierigkeiten des Neuhochdeutschen zu kämpfen und vermochte daher die des Mittelhochdeutschen nur mühsam zu überwinden.« Im Sommersemester 1890 stellte Seuffert indes fest, Schreyer habe im »Gebrauche des Deutschen [...] bedeutende Fortschritte gemacht, auch in der Behandlung der Sache nimmt er einen tüchtigen Anlauf, hält sich aber bei den Beweisen zu sehr im Allgemeinen« (zit. n. Müller/Richter: Prakt. Germ., S. 110 u. 112).

98. (B) Sauer an Seuffert in Graz
  (Prag, 25. oder 26. Januar 1890. Samstag oder Sonntag)

Sonntag[1] 25.1.90

Lieber Freund! Ganz genau kann ich es nicht angeben, wie lange ich Ihnen nicht geschrieben habe. Ich weiß nur, daß, jetzt in der Zeit meiner kürzesten Briefe, ich bald dazuschauen muß, sonst wächst m*[ir]* das Mitzutheilende wirklich über den Kopf. Hätte ich nicht so oft Ihre Schrift gesehen, nicht so oft Ihr sicheres Aug – auch in schwerer Zeit – bewundert; nicht so oft Ihre Ratschläge befolgt oder wenigstens nach allen Seiten erwogen: vielleicht hätte es mich noch mehr getrieben, mich Ihnen mitzutheilen; so war aber scheinbar und thatsächlich ein reger Verkehr vorhanden. – Ich habe in den letzten 3 Monaten eine höchst merkwürdige Zeit verlebt; ärgerlich und hochgestimmt zu gleicher Zeit; trübsinnig und heiter; verbittert und innerlichst befriedigt; ärgerlich über die Wiener Verwaltungsorgane, die unsere Angelegenheit *[me]*hr als billig verschleppten;[2] ich sagte mir oft: gehen alle Geschäfte der Wiener Gemeinde diesen elenden Schneckengang, dann ist Wien (und Österreich mit ihm) wert, daß es zu Grunde gehe. Kein Contract, keine Papiere, keine Bücher; nur Worte, Worte, Worte und nicht einmal die immer. Drei Tage nach einander Telegramme und dann wieder Allvaters berühmtes Schweigen; dazu Schmähungen von antisemitischen Organen und geldgierigen Buchhändlern und Arbeit, daß die Haare dampften. – Dabei aber wirklich höchstes Glück. Ich sage Ihnen, lieber Freund, es gibt nichts schöneres, als so aus dem Vollen zu arbeiten, die großen Maßen zu ordnen und zu gliedern, das Wesentliche vom Unwesentlichen zu *[son]*dern und über das Kleine nicht so sehr hinwegsehen zu dürfen als es dem Großen und Wichtigen unterzuordnen. Sie wissen, wie sehr ich Detailarbeit schätze und liebe: daher darfs ich sagen: daß doch nur die Darstellung die Krone aller und jeder wissenschaftlichen Beschäftigung ist, wo Sie mit der Kunst in Berührung tritt, in diese übergeht.

Glauben Sie mir, daß ich oft bei meinem Grillparzer an Ihren Wieland denke und mir sage: es wäre Jammerschad <!>, [we]nn Sie Ihre sicherlich einzig dastehende Kenntnis dieses Mannes nur zu Einzelstudien oder Briefpublicationen verwertenten; Sie müßen uns den ganzen Mann schildern und bleibt irgendwo eine Lücke: wo ist eine solche nicht? Ich arbeite nicht leichtsinnig, und nicht leicht. Im Gegentheil. Aber ich sage mir: es ist unmöglich alle Einzeluntersuchungen selbst zu machen; ich weiß, daß über jedes Werk meines Dichters noch ein Buch wird geschrieben werden; die Ziele dieser Einzeluntersuchungen stecke ich ab und vielfach n[eh]me ich die Resultate voraus. Mein Buch wird daher auch ein ganz andres werden als der Schiller Minors und ich hoffe nicht ganz zu meinem Nachtheil wird der Vergleich ausfallen. Freilich ein solcher Herrscher über Speciallitteratur kann ich nicht sein, weil sie für Gr. noch nicht existirt; aber etwas mehr hoffe ich den Leser mitzureißen und weniger doctrinär hoffe ich zu sein. Gebe ich die namenlose Breite überdies zu und sehe ich von den mancherlei stilistischen [M]onstren wie der ausgezogene alte Adam³ und die immer wiederkehrenden Geburtswehen der neuen Zeit ab: dann bleibt mir wirklich nur Bewunderung über für die eiserne Consequenz und Sicherheit, mit der er unsere Methode handhabt. Aber breit ist es wirklich: ich habe das bon mot gemacht: daß man ein Jahr lang Urlaub nehmen müße, um das fertige Werk zu lesen. – Überdies an Minors Charakter beginne ich zu zweifeln. Nicht nur daß er von mir verlangte: ich solle das Werk anzeigen in der Gymn. Z.schr.⁴ mit dem Beisatz: ›Du brauchst es nicht aus Freundschaft zu loben, Du brauchst es [nu]r zu loben‹; sondern er motivirte diese Forderung mit dem mir höchst wertvollen Bekenntnisse: »Wenn wir so fortfahren einander zu schaden …«. Also er hat mir bisher zu schaden versucht und wird darin auch fortfahren, wenn ich ihn nicht vor aller Welt lobe: so darf man wol diese Construction auffassen. Ich bin mir nicht bewußt, ihm geschadet zu haben und kann daher in dieser löblichen Beschäftigung auch nicht fortfahren. Leider habe ich ihn in [W]ien diesmal nicht gesehen. Auch dort aber sind mir Proben seiner Charaktertüchtigkeit und Überzeugungstreue entgegengetreten: in dem Briefe an den Bürgermeister,⁵ in welchem er s. Nichterscheinen bei der Sitzung des Raimund-Denkmal-Comittees<!>⁶ entschuldigte: erklärte er sich mit den Beschlüssen der Majorität für einverstanden. Bei der Grillparzergesellschaft⁷ wurde er einfach fahnenflüchtig, nachdem er seinen Namen zu dem wüstesten Dilettantismus hergeliehen hatte. Freilich so unpolitisch als ich war er nicht, der ich die Gesellschaft in offener Sitzung mit wenig Glück bekämpft und mich dann noch dazu von den Wiener Ztgn todt schweigen lassen mußte. Ich hoffe, dieses mein öffentliches Auftreten in Wien war mein erstes und letztes. Man muß dort – oder vielleicht überall? – zu einer Clique gehören, wenn man etwas ausrichten will. Meine Geduld war aber schon zu Ende. Gemeinderäthen und [de]m Bürgermeister, Magistratsbeamten und Bibliothekaren: allen sagte ich Wahrheiten &

Grobheiten und ließ mich durch das ehrwürdige Waschweibsgesicht des ästhetischen Hofraths[8] nicht einmal abhalten, anderer Meinungen zu sein als er.

Zu alledem habe ich nur mehr wenig persönliches hinzuzufügen. Ich laße mich für den Sommer von den Vorlesungen dispensiren,[9] halte aber Seminar u. bleibe am Orte, wo ich ja besser und ruhiger arbeite als an jedem andern Orte; ich hoffe, Excellenz geht mir auf den ›vaterländischen‹ Leim, den ich auf meinem Gesuche ausgestrichen habe. Nur so [h]offe ich meinen Löwen bezwingen zu können; denn noch immer wächst das papierene Gebäude um mich an: Briefe und Akten wollen kein Ende nehmen. Mit der Gesundheit gehts mir bis jetzt merkwürdig gut (nur die Influenzatage waren bös; Vater und Magd lagen auch; nichts zu essen, schlechte Bedienung etc. etc.) und wird dann erst besser gehen, wenn der fatale Uz überm Berg ist. Die Correcturen waren eine Höllenarbeit; die Druckerei nachlässig über die Maßen; vieles, von dem, was Sie in 2. u. 3. Correctur tadelten, hatte ich schon in 1. angestrichen. Der Anfang macht mir noch ein paar Tage Mühe, weil eine Stiluntersuchung nöthig ist, um unter 2 Sterbegedichten das richtige herauszufinden; dann mache ich die Einleitung fertig. Einige Tage wirds noch dauern. Verzweifeln Sie nicht!

Was ich aus Ihrem Hause die Zeit her hörte, war wenig; aber um so trauriger. Aber glau[be]n Sie mirs: ich weiß heute noch nicht was Ihrem Kinde fehlte;[10] jeder der schrieb setzte es echt professorenmäßig als bekannt voraus. Ich habe ähnliches im allernächsten Freundeskreise mitgemacht und kann mir denken, wie ganz anders es an der Seele rütteln mag, wenns das eigene Kind ist. Die arme, arme Mutter! Mögen die Befürchtungen sich als irrig erwiesen haben und das Kindchen nun genesen sein. Ich wünsche dies aus vollster Seele. Sie haben sich Ihr Glück so lange erkämpfen müßen: daß nun die bittern Tropfen in der Süßigkeit Ihnen [hä]tten erspart bleiben sollen. Auch sonst soll viel Krankheit in Graz gewesen sein. Aber meine Berichte sind höchst spärlich. – Gedankt habe ich Ihnen noch nicht für den Aufsatz über HSachs[11] aus dem neuen Band der VJS, der ehrenwerte Localforschung enthält und für die von Ihnen so pietätvoll geförderte nachgelassene Schrift ihres Schülers.[12] Sie nimmt sich besser aus als ich nach der Diss. gemeint habe und kommt doch zu ganz hübschen Resultaten. Die abfällige Äußerung über meinen Text habe ich mir zum Theil verdient; nemlich ein Theil der Versehen,<!> ist darauf zurückzuführen, daß statt der echten Ausgabe (die [mi]r Kürschner geschickt hatte) ohne mein Wissen ein Nachdruck in die Druckerei gegeben wurde, was ich erst zu spät bemerkte. Auch führt man in solchen Samml. einen steten Kampf mit den Correctoren. Ganz ohne Schuld bin ich freilich nicht. – Zum Schluß eine Bitte: Können Sie für das 1. Heft des IV Bandes (das wohl Anfang 91) erscheinen wird einen (speciellen) Grillparzer Aufsatz[13] brauchen; ich will ins Grillparzer Jahrbuch[14] nicht schreiben und möchte dies auf diese Weise bekunden. Allerdings plant man in Wien eine ›Zeitschrift für d.

Geschichte d. *[d]*. Lit. in Öst.‹,¹⁵ bei der man auf mich in erster *[R]*eihe rechnet. Aber ob bis <u>dahin</u> schon etwas davon wird erscheinen können, möchte ich bezweifeln.

Und nun, lieber Freund, lassen Sie den Faden des Briefwechsels nicht wieder abreißen und grüßen Sie mir Ihre liebe Frau vielmals. Auch Schönbach wo möglich.

Treu und dankbar

Ihr aufrichtiger AS

Datum: Sauer irrte sich entweder bei der Angabe des Monatstages oder des Wochentages. Der Brief wurde entweder am 25. (= Samstag) oder am 26.1.1890 (= Sonntag) geschrieben. Handschrift: ÖNB, 422/1-174. 2 Dbl., 8 S. beschrieben. Grundschrift: deutsch.

1 s. oben bei Datum.
2 Der Kontrakt über die finanzielle Beteiligung des Wiener Gemeinderates an den Kosten für Sauers Grillparzer-Biographie wurde erst Anfang Mai 1890 geschlossen (s. ausführlich Brief 59, Anm. 6). Zu den im folgenden erwähnten Angriffen auf Sauer – offenbar in Teilen der Wiener Presse – konnte nichts ermittelt werden.
3 s. Minor: Schiller, Bd. 1, S. 85: »Er [Herzog Karl Eugen von Württemberg] hatte selbst den alten Adam noch nicht völlig ausgezogen, und um ihn sorgfältig zu verbergen, griff er zu Heuchelei und Frömmigkeit [...]«. Die Redensart »den alten Adam ausziehen« geht ursprünglich auf Paulus (Kolosser 3,9) zurück: »Belügt einander nicht, denn ihr habt den alten Menschen [hebr.: ādām] mit seinen Werken ausgezogen«.
4 Gemeint ist die »Zeitschrift für die österreichischen Gymnasien«. Sauer hat Minors Schiller-Monographie nicht rezensiert.
5 Der liberale Jurist Johann Nepomuk Prix, langjähriges Mitglied des Wiener Gemeinderates und seit 1882 stellvertretender Bürgermeister, war am 28.11.1889 zum Bürgermeister von Wien gewählt worden.
6 Das Raimund-Denkmal-Komitee war am 20.1.1890 mit dem Zweck gegründet worden, Spenden zur Errichtung eines Denkmals für Ferdinand Raimund in Wien zu sammeln. Sauer gehörte zu den etwa 35 Honoratioren aus Gesellschaft, Politik, Kunst und Wissenschaft, die auf Einladung von Bürgermeister J. N. Prix zur konstituierenden Sitzung im Großen Magistrats-Sitzungssaal des Wiener Rathauses erschienen waren (s. NFP, Nr. 9127, 21.1.1890, Mo.-Bl., S. 4). Zum Obmann wurde Bürgermeister Prix, zu seinem Stellvertreter der Industrielle und Mäzen Nikolaus Dumba gewählt, der später (1894) selbst an die Spitze des Komitees trat. Das nach einem bereits 1890 angenommenen Entwurf des Bildhauers Franz Vogl ausgeführte Denkmal wurde am 1.6.1898 vor dem Deutschen Volkstheater an der Ringstraße enthüllt (s. Czeike: Wien, S. 112; Elvira Konecny: Die Familie Dumba und ihre Bedeutung für Wien und Österreich. Wien: VWGÖ, 1986 [Dissertationen der Universität Wien. 179], S. 38 f.).
7 Die Anregung zur Gründung einer Grillparzer-Gesellschaft war im Herbst 1890 von dem Literaturhistoriker Emil Reich in interessierte Wiener Kreise getragen worden. Sowohl Jakob Minor als auch Sauer hatten an den Sitzungen des vorbereitenden Komitees teilgenommen, das seit November unter dem Vorsitz des Philosophen Robert Zimmermann tagte, des späteren ersten Obmanns der Gesellschaft. Beide gehörten auch zu den 64 Unterzeichnern des öffentlichen Gründungsaufrufs vom 25.12.1889. Während der Gründungsversammlung im Wiener Rathaus am 21.1.1890 war Sauer öffentlich für eine Änderung des in § 1 der Satzung formulierten Vereinszwecks eingetreten, demzufolge die zu gründende Gesellschaft vornehmlich der »Pflege der mit Grillparzer und seiner Zeit verknüpften Literatur« dienen und die »Vereinigung der auf diesem Gebiet sich bethätigenden Forschung« fördern sollte (zit. n. Suchy: Grillparzer-Gesellschaft, S. 186; s. ebd. S. 1–20 ausführlich zur Gründungsgeschichte des Vereins). Die Einzelheiten dieser Ausei-

nandersetzung, die sich nach Sauers Andeutungen im Brief offenbar bereits während der vorbereitenden Beratungen entwickelt hatte, und der Verfolg lassen sich Emil Reichs »Bericht über die Gründung der Grillparzer-Gesellschaft« entnehmen: »Universitäts-Professor August Sauer nimmt das Wort. Er spricht zunächst den Dank der Vereins-Mitglieder für die vielfachen Bemühungen des Comité's aus, sodann erklärt er jedoch mit den Vorschlägen desselben nicht einverstanden zu sein. Er wünscht, daß sich das Arbeitsgebiet auf die ganze deutsch-österreichische Literatur seit dem 16. Jahrhundert erstrecke, und daß statt des Jahrbuchs [der Grillparzer-Gesellschaft] eine ›Zeitschrift zur Geschichte der neueren deutschen Literatur in Oesterreich‹ herausgegeben werde. Diesen von Professor [Jakob] Zeidler unterstützten Antrag bekämpft Dr. Reich mit aller Entschiedenheit. Er bittet um en bloc-Annahme der Satzungen, so wie sie sind. Die Gesellschaft solle eine volksthümliche bleiben, keine streng wissenschaftliche werden. Der Ausdruck der Satzungen ›Grillparzer und seine Zeit‹ umspanne ohnedies schon ein Jahrhundert, noch weiter zurückzugehen, sei nicht räthlich, zumal es an wissenschaftlichen Zeitschriften für ältere Forschungen keineswegs fehle.« (JbGG 1 [1890], S. VII–XXVI, hier S. XXII). Die Gesellschaft folgte dem Antrag Reichs mit »allen gegen 5 Stimmen« (ebd.) und nahm den Satzungsentwurf en bloc an. Trotz seiner reservierten Haltung wurde Sauer anschließend in den Vorstand der Grillparzer-Gesellschaft gewählt, dem er bis 1926 angehörte, während Minor, der offenbar nicht an der Gründungsversammlung teilgenommen hatte, einfaches Mitglied blieb.

8 *Gemeint ist offenbar Jakob Minor, dem Sauer schon 1886 »Hofrats-Allüren« (Brief 63) attestiert hatte.*
9 *Sauers Gesuch auf Befreiung von den Vorlesungen wurde stattgegeben: Im Sommersemester 1890 hielt er in Prag lediglich Seminar-Übungen über »Die Hallenser Dichterschule« ab.*
10 *zur Krankheit von Gertraud Seuffert s. Brief 99.*
11 *Victor Michels: Zur Geschichte des Nürnberger Theaters im 16. Jahrhundert. In: VfLg 3 (1890), H. 1, S. 28–46.*
12 *Georg Joseph Pfeiffer (s. Brief 96, Anm. 20).*
13 *nicht erschienen.*
14 *Das »Jahrbuch der Grillparzer-Gesellschaft« wurde 1890 im Verlag von Carl Konegen (Wien) gegründet. Sauer veröffentlichte erstmals im dritten Jahrgang (1893) und arbeitete von da an regelmäßig mit. Die Redaktion lag von 1891 bis 1937 in den Händen von Carl Glossy (s. Suchy: Grillparzer-Gesellschaft, S. 32 f.).*
15 *Der Plan einer solchen Zeitschrift, den Sauer Tage zuvor ohne Erfolg in der Gründungsversammlung der Grillparzer-Gesellschaft vorgetragen hatte (s. Anm. 7), wurde nicht realisiert. 1896 lebte die Idee vorübergehend noch einmal auf, als zwischen Sauer und Jakob Zeidler Überlegungen diskutiert wurden, eine »Zeitschrift für deutsche Literatur in Österreich-Ungarn« als Beilage zu Sauers »Euphorion« erscheinen zu lassen (s. dazu Anm. 4 und ausführlich Renner: Lit.-Gesch., bes. S. 864–867).*

99. (B) Seuffert an Sauer in Prag
Graz, 23. Februar 1890. Sonntag

Graz Harrachg. 1
23 2 90.

Lieber freund   Ich wollte Ihretwegen Ihren brief nicht beantworten, so sehr er mich freute und schnelle erwiderung verdiente: denn ich möchte Sie mit der Uz-vorrede nicht drängen, die ohnedies jetzt schlecht in Ihr Grillparzerleben passt, und kann doch als herausgeber der sammlung nicht verhehlen, was der freund gerne verschweigen möchte: dass ich recht ungeduldig darauf warte.   Jetzt muss aber das doch heraus gesagt sein, da Sie sonst meinem schweigen gott weiss was für eine unrechte deutung geben könnten.

Ich beneide Sie um all Ihr glück und all Ihren ärger mit Grillparzer. Denn Sie stecken doch mitten drin und auch mir ist es ein axiom, dass nur die darstellung vollen genuss gibt, um den man sich viel verdruss von aussen gefallen lassen kann, da die innere befriedigung alles aufwiegt. Und gerade die hindernisse und reibungen geben mutvollen enthusiasmus, ohne den kein grosses werk gedeiht (das hat glaub ich mir Goethe gesagt).[1] Sei Ihnen das buch zum segen! Ich bewundere Sie, dass Sie neben diesem grossen werke noch sinn für anderes übrig behalten. Meine ganze sehnsucht geht nach einem ruhigen jahr, wo ich frei von allem, besonders von der ewig zerstreuenden und abhaltenden redigiererei, ganz meinem Wieland dienen könnte. Sie haben so recht, sich beurlauben zu lassen. Mich würde ein solcher </> wenig nützen, da mir der hebammendienst doch keinen tag ruhe lässt. Ihr zuruf: frisch an den Wieland! macht mich wehmütig; wie gern wollt ich ihn befolgen, aber .... Freilich will ich und werd ich, wenn mich der tod nicht überrascht, den ganzen Wieland darstellen. Aber gerade weil ich ihn darstellen will, muss ich der vorarbeitenden untersuchungen mich zuvor entledigen. Dass es bei einem manne, der über 60 jahre schriftstellerte, sich stark veränderte obwol er der gleiche blieb, von alten und neuen unendlich viel sich aneignete, führte und sich führen liess, nicht ohne eindringliche einzelvorstudien abgeht (einer starken individualität gegenüber lässt sich an vorarbeiten sparen, bei Wieland muss man immer erst genau das wie der anregung und aneignung prüfen, um darin ihn zu erwischen), das wissen Sie so gut wie ich u. ebenso, dass vorarbeiten nicht existieren. Ich gehe jetzt erst einmal darauf aus, ein vollständig objektives bild von Wieland zu gewinnen, d. h. genau mir zusammenzustellen, was er über sich selbst sagt und vielleicht leg ich dies urkundenbuch öffentlich vor. Keine bibliographie eines grossen autors liegt so im argen wie die Wielandische; die wichtigsten briefe sind zerstreut, abgesehen von den vielen ungedruckten; und die ausgaben!![2] ja hätte ich einen Lachmann[3] oder Redlich[4] (oder selbst Düntzer u. Loeper)[5] oder Goedeke[6] oder Suphan[7] oder Sauer vor mir! aber so – – Wo ich anpacke, fehlt mir alles. Es ist eine verzweifelte lage.   Sie haben doch erst eine Grillparzerausgabe machen dürfen.   Schmidt[8] u. Muncker[9] u. Minor hatten geordnetes material, nur Haym[10] hatte es ähnlich schwer wie ich und ihn bewunder ich alle tage mehr.

Minor übrigens hat mir mehr imponiert als Ihnen. Ich find ihn nicht zu breit und seinen stil nicht schlecht, wenn ich mich auch an manchen ausdrücken heftig anstosse. Jedenfalls ist sein Schiller das beste was ich von ihm kenne und viel besser als alles andere, das ich nicht gut fand. Eine starke persönlichkeit spricht auch aus dem Schiller nicht u. ich meinte, wegen Schmidts vorliebe, er müsse eine solche haben. Die biographischen teile gefallen mir viel besser als die litthistor., am wenigsten die Räuberpartie:[11] da find ich die disposition mislungen. Seine naivetät in der behandlung einer lobenden recension ist köstlich u. entspricht dem göttlich frechen, Frdr. Schlegelischen auftreten in der ankündigung des Schiller.[12]

Die Grillparzergesellschaft ist ein leidiges kapitel. Die factischen führer sind nicht vertrauenerweckend. Ich halte mich im hintergrund, bis ich leistungen sah <!>. Und es bedarf wol nicht eigens der versicherung, dass Sie für Ihren Grillparzer allzeit platz in der VJSchrift finden werden, so viel da ist. Ich nehme Sie beim wort und rechne fürs 1. heft des 4. bandes auf ein grosses Grillparzerianum, das – nach meinem plane – ende dezember 1890 erscheinen soll. Ihr Kleist[13] ist im satz, vielleicht vollendet. Ihre Bürgerfortsetzung[14] kommt im 3. heft, dessen mscpt. auch schon ganz in der druckerei liegt.

Von dem plan einer Zs. f. d. gesch. d d litt. in Österr. sprach mir Weilen, als er weihnachten hier war, freilich so, als ob sichs zuvörderst um Wiener litteratur handeln solle u. darum auch der Wiener gemeinderat eine subvention geben müsse. Das letztere scheint mir das erste nach den üblen erfahrungen der Wiener neudrucke u. Beiträge. Stoff gibts dann genug. Freilich fragt sichs, ob auch mitarbeiter genug. Wissen Sie welche? In den 9 bisherigen heften der VJS hab ich schon etwa 75 mitarbeiter verbraucht – entschuldigen Sie den redactionsbureau ausdruck! – Wie viele gibt es, die in österr. litt. arbeiten wollen und arbeiten können?? Das ist mein sehr ernstes bedenken. Für die sache bleibt meine ganze neigung und meine besten wünsche. –

Bernays hat also seine entlassung, schlicht, erhalten.[15] Die Münchner wollen Muncker, er aber ist gegen ihn. Er soll Burdach wollen. Von anderer seite höre ich Suphan nennen. Auch Hertz soll sich hoffnungen machen. Muncker macht sich breit: er liest im sommer haufenweise, auch altdeutsch. – –

Hier geht es kläglich. Mein kind hat einen wassererguss im gehirn gehabt, war in folge dessen einseitig ganz gelähmt, sprachlos und ohne bewusstsein. Der verstand ist jetzt wider da, die sprache fast wie vorher (es war noch wenig), die lähmung ist besser aber noch lange nicht gut. Von gehen keine rede. Der rechte arm ist noch nicht zu gebrauchen. Die ganze person ist schwach, hat leicht fieber u. macht tag u. nacht sorge u. plage, die mir alle lust und kraft zur arbeit nimmt. Auch meine arme frau kommt dabei sehr herunter und wird täglich nervöser. Es ist ein jammer. Was hab ich nun, wenn das kind zeitlebens etwas lahm bleibt?

In gesellschaft gehen wir in folge dessen gar nicht. Schönbach sehe ich oft u. vertraut, gewiss 2 mal in der woche. Er freut sich meines kindleins über die massen und sucht es gerne auf. Bauer und Gurlitt sprech ich auch; beide sind durch den kräftigen buben[16] und die dicke maid[17] sehr in anspruch genommen, da die frauen ja nicht alles leisten können. Sie freuen sich wenigstens des sichtbarsten gedeihens. Andere treff ich selten; zumal da ich auch facultätssitzungen tunlichst schwänze: mich dünken sie zeitvergeudung. Auch Schönbach besucht sie fast nie. Er arbeitet unaufhörlich, mit liebe u. kraft.

Unsere bibliothek wollte einstürzen, unser kollegienhaus soll gebaut werden. Alles ist halb wie der böhmische ausgleich.[18] Die wahlen im Reich[19] sind schlecht, die kaisererlässe über die arbeiter gefallen mir nicht, vor 100 jahren hätte man sie josephinisch[20] genannt, Bismarck zieht sich zurück, die von unserm Franz Joseph gerühmte ordnung Bulgariens zeitigt die Panitzaverschwörung,[21] Serbien ist russisch und Paris boulangistisch:[22] hols der teufel, die aspekten[23] sind böse. Ich bin schon ganz der pessimistische Österreicher.

Und verabschiede mich mit überzeugungsvoll optimistischen wünschen für Ihren Grillparzer (((((und Ihren Uz)))) –

Treulich

BSfft.

Handschrift: StAW. 1 Dbl., 4 S. beschrieben. Grundschrift: lateinisch.

1 Das Zitat konnte nicht ermittelt werden.
2 Die folgenden Aufzählungen beziehen sich auf die Vorarbeiten für größere biografische Darstellungen zu verschiedenen Autoren – vor allem in Form editorischer und bio-bibliographischer Erschließung –, wie sie bei Wieland noch fehlten.
3 Gemeint ist Lachmanns Ausgabe von Lessings »Sämmtlichen Schriften« bzw. deren Neubearbeitungen (s. Brief 45, Anm. 8).
4 Lessing's Werke. 20 Thle. in 13 Bden. Hrsg. und mit Anmerkungen begleitet von Carl Christian Redlich u. a. Berlin: Hempel, [1868–1879].
5 Gemeint sind wohl hauptsächlich die Goethe-Kommentare, die Heinrich Düntzer und Gustav von Loeper im Rahmen der Hempel'schen Ausgabe von »Goethe's Werken« (s. Brief 42, Anm. 12) vorgelegt hatten.
6 Schillers sämmtliche Schriften. Historisch-kritische Ausgabe. 15 Thle. in 17 Bden. Im Verein mit [...] [hrsg.] von Karl Goedeke. Stuttgart: Cotta, 1867–1876.
7 Herders Sämmtliche Werke. Hrsg. von Bernhard Suphan. 33 Bde. Berlin: Weidmann, 1877–1913.
8 Schmidt: Lessing (s. Brief 24, Anm. 5).
9 Franz Muncker: Friedrich Gottlieb Klopstock. Geschichte seines Lebens und seiner Schriften. Stuttgart: Göschen, 1888; s. dazu Seufferts in Teilen kritische Rezension in: AfdA 7 (1881), S. 82–89.
10 Haym: Herder (s. Brief 46, Anm. 4).
11 s. Minor: Schiller, Bd. 1, S. 292–354.
12 nicht ermittelt; bezieht sich vmtl. auf eine Ankündigung der Schiller-Monographie, die Minor in einem Aufsatz oder einer Rezension gemacht hatte.
13 s. Brief 3, Anm. 1.
14 s. Brief 79, Anm. 7.
15 Michael Bernays, Ordinarius für Neuere deutsche Literaturgeschichte in München, hatte im Herbst 1889 um Entbindung von seinem Lehramt nachgesucht, um sich als Privatgelehrter intensiver der Forschung

widmen zu können. Dem Antrag wurde zum Februar 1890 entsprochen. Als sein Nachfolger erhielt der bisherige Münchner Privatdozent Franz Muncker im Sommer 1890 zunächst ein Extraordinariat, das 1896 in ein Ordinariat umgewandelt wurde. Dass Bernays sich für Konrad Burdach eingesetzt hatte, geht aus seiner ungedruckten Korrespondenz mit Burdach (ABBAW, NL Burdach) hervor.

16 *Wilhelm Bauer (geb. 1888).*
17 *Brigitte Gurlitt (s. auch Brief 93, Anm. 3).*
18 *Der Böhmische Ausgleich, ein 11 Punkte umfassendes Programm zur Beilegung nationaler Streitfragen zwischen den tschechischen und den deutschsprachigen Bevölkerungsteilen im Kronland Böhmen, war auf den Wiener Konferenzen vom 4. bis 19.1.1890 ausgehandelt worden. Infolge der Vertagung durch den Böhmischen Landtag im März 1890 wurden die Beschlüsse überwiegend nicht umgesetzt.*
19 *Aus den Wahlen zum 8. Deutschen Reichstag am 20.2.1890 waren die Sozialdemokraten mit 19,7 % erstmals als stärkste Partei hervorgegangen, während das »Kartell« aus Konservativen und Nationalliberalen, auf das Reichskanzler Otto von Bismarck seine Politik stützte, starke Verluste hinnehmen musste. Obschon die Sozialdemokraten infolge des Mehrheitswahlrechts nur 35 Mandate erlangten, wurde das Wahlergebnis als persönliche Niederlage Bismarcks im Konflikt mit Kaiser Wilhelm II. über den politischen Kurs interpretiert. Anfang Februar hatte der Kaiser gegen den Widerstand Bismarcks per Erlass ein Arbeiterschutzgesetz eingeleitet. Am 18.3.1890 reichte Bismarck sein Entlassungsgesuch ein.*
20 *im Sinne der Sozialreformen Kaiser Josephs II., dessen hundertster Todestag am 20.2.1890 begangen wurde.*
21 *Konstantin Atanatow Panitsa, ein Offizier bulgarisch-mazedonischer Herkunft, der als Kommandeur im Serbisch-Bulgarischen Krieg (1885) populär geworden war, wurde am 1.2.1890 unter dem Vorwurf verhaftet, sich mit anderen Offizieren zu einem Attentat auf den bulgarischen Fürsten Ferdinand I. (von Sachsen-Coburg) und zum Sturz der Regierung von Ministerpräsident Stefan Stambolow verschworen zu haben. Anlass für das Komplott war Stambolows defensive Position gegenüber dem Osmanischen Reich in der Frage der Befreiung der mazedonischen Bulgaren von osmanischer Herrschaft. Österreich unterstützte Stambolows prowestlichen Kurs, der sich gegen den Einfluss der bisherigen bulgarischen Schutzmacht Russland richtete und nach dem Thronverzicht Alexanders I. (von Battenberg) 1887 die Inthronisierung Ferdinands durchgesetzt hatte. Panitsa wurde zum Tode verurteilt und am 26.6.1890 in Sofia hingerichtet (s. R. J. Crampton: A Concise History of Bulgaria. 2nd Ed. Cambridge, New York: Cambridge Univ. Press, 2005, S. 105 f.).*
22 *Der Boulangismus war eine neurechte politische Bewegung, die sich 1888 um den früheren französischen Kriegsminister Georges Boulanger formiert und mit einem diffusen populistischen Programm, das u. a. die radikale Revision der Verfassung und eine Revanche gegen Deutschland verfolgte, kurzfristig große Wahlerfolge erzielt hatte. Die bereits stark geschwächte Bewegung erhielt Anfang März 1890 durch die Entlassung des antiboulangistischen Innenministers Ernest Constans (2.3.1890) noch einmal Auftrieb, der sich jedoch in den Wahlen zum Pariser Stadtrat im April nicht mehr niederschlug, woraufhin der Boulangismus im Laufe des Jahres 1890 zerfiel (s. Jens Ivo Engels: Kleine Geschichte der Dritten französischen Republik [1870–1940]. Köln, Weimar: Böhlau, 2007, S. 79–81).*
23 *Aspekte(n), »im späten 15. Jh. übernommen aus aspectus, lat. Terminus der mittelalterlichen Astronomie für ›Stellung der Gestirne zueinander‹« (DFB, Bd. 2, S. 323).*

100. *(K) Sauer an Seuffert in Graz*
    Prag, 15. März 1890. Samstag

15.3.90.

Lieber Freund! Ich hatte Ihnen nicht eher schreiben wollen, als bis ich das Ma*[nu-s]*cript¹ hätte mitschicken können. *[A]*ber schließlich ist diese Methode die allerschlechteste. Sie können sich keine Vorstellungen von all den Aufregungen und Verdrießlichkeiten machen, die mir der Wiener Gemeinderath in den letzten Monaten und Wochen bereitet hat und die mich endlich ganz außer mich selbst gesetzt haben. Daß ich nun auch Sie mit den übelsten Seiten meines Temperaments bekannt machen und darunter leiden lassen muß, verstärkt meinen namenlosen Ärger noch mehr. Ich habe heute meine Vorlesungen – auf 7 Monate – geschlossen² und kann Ihnen heute nur versprechen, daß ich nicht früher von Prag abreise, bevor die Einleitung, an der sehr wenig fehlt, was aber doch ergänzt werden muß, an Sie abgeschickt ist. Hätte ich sie doch im vorigen Frühjahr oder Sommer schon aus der Hand gegeben! Bitte, lassen Sie mir das alles nicht zu sehr entgelten und verurtheilen Sie nicht Ihren treu Ergeb.
    AS.

Handschrift: ÖNB, Autogr. 422/1-175. *Postkarte. Adresse:* Herrn Professor Dr. Bernhard Seuffert / Graz. / Harrachgasse 1. *Poststempel:* 1) Prag/Praha, 15.3.1890 – 2) Graz Stadt, 16.3.1890. *Grundschrift:* deutsch.

1   *zur Ausgabe von J. P. Uz:* »Sämmtliche Poetische Werke« *(DLD. 33–38).*
2   *s. Brief 98, Anm. 9.*

101. *(B) Sauer an Seuffert in Graz*
    Prag, (8. April) 1890. Dienstag

Prag, Weinberge 450.   Osterdienstag 1890

Lieber Freund! Das Manuscript zur Einleitung ist soeben auf die Post geschickt worden und geht hoffentlich auch heute noch ab. Es hat schließlich doch noch viel mehr Arbeit gemacht als ich vermuthet hatte und die ganz Char*[wo]*che, die ganzen Feiertage habe ich ohne aufzublicken an der Reinschrift gearbeitet, die stellenweise noch immer kraus genug gerathen ist, was Sie mir, dem Sie so vieles verzeihen müssen, nicht übel nehmen dürfen. Daß sie sehr umfangreich ist, daß sie etwas ins Weite geht, daß der Schweizer-Wieland-Krieg¹ fast zur Hauptsache geworden ist, das werden Sie ebenso gut oder übel sehen wie ich. Ich habe mir durch eine Gliederung ge*[h]*olfen, bitte Sie aber die Überschriften der einzelnen Abschnitte nicht durch die gewöhnlichen fetten und häßlichen Lettern auszuzeichnen, sondern sie mit recht kleiner Schrift setzen zu lassen, es sollen mehr Randzeichen sein als Capitelüberschriften. Gienge das nicht an, oder gefielen Ihnen die Überschriften überhaupt nicht, dann bitte ich wenigstens jedesmal dort wo jetzt eine Überschrift steht, ein Spatium von 1–2 Zeilen zu gewähren.

Leider muß ich Ihnen aber mit dem Manuscript noch eine Arbeit machen. Sie schickten mir vor Jahren die Auszüge aus der Zürcher Stadtbibliothek unvollständig*[,]* erklärten sich aber bereit, ev. für den Druck die ausgelassenen Stellen einzufügen.[2] Sie werden nun sehen, daß wenigstens die Erklärung Wielands in meinem Zusammenhange sehr wichtig ist und daß auch die unterdrückte Vorrede kaum entbehrt werden kann. Ist dies aber der Fall, dann sollten die Schriftstücke auch lückenlos soweit sie erhalten sind hier erscheinen. <u>Viel</u> kann *[j]*a bei beiden nicht fehlen und ich bitte Sie, diese Lücken in meinem Man. auszufüllen. Der Werth der Vorbemerkung würde dadurch auch noch bedeutend erhöht werden. Daran knüpfe ich gleich die zweite Bitte, daß Sie bei der Correctur die mir mitgetheilten Stellen mit <u>Ihren</u> Abschriften collationiren möchten; denn so aus der zweiten und dritten Hand sind Fehler fast unvermeidlich. Ein Wort, ich glaube in Künzlis Brief habe ich überhaupt nicht lesen können. Dabei mache ich den Vorschlag »<u>Sie</u>« in der Anrede auch gegen die Vorlage immer mit großem Anfangsbuchstaben zu schreiben, was ich auch sonst in meiner Einleitung durchführe. *[All]*erdings habe ich nun das Beste in dieser Einleitung aus <u>Ihrem</u> Material geschöpft und das ist für mich fast drückend. Wäre die Arbeit so gut, daß ich Sie auffordern könnte, Ihren Namen einfach mit darunterzusetzen, *[e]*s wäre mir eine Freude; aber ich wage es kaum, Ihnen diesen Antrag zu thun. Vom Schluße dürfen Sie nichts streichen.[3] Ich bedanke mich ja nicht einmal bei Ihnen, ich constatire nur die nackten Thatsachen. – Ihnen als Kenner Wielands werden meine vom Saum seines Gewandes aufgelesenen Stäubchen wahrscheinlich <u>nicht</u> genügen. Aber das Eine dürfen Sie nicht vergessen, daß ich mehr auf den Zusammenhang seiner Entwicklung hier nicht eingehen konnte. Finden Sie Unrichtigkeiten, so ändern Sie sie, bitte, kurz*[we]*g. Wissen Sie wer Jolcos, wer Enipeus in den Freimüth. Nachrichten ist?[4] wo die Zuschrift an Sack[5] 1769 wieder gedruckt wurde? Vor allem andern aber wäre mir eines lieb. Uz und andere sagen, daß Wieland die Anakreontiker Sardanapalische Dichter genannt habe; das kann ich nun in meinen Auszügen nicht finden; sollte es in einem gedruckten Werke sein, dann wol *[in]* den Sympathieen, die ich Sie daraufhin durchzublättern bitte. Vielleicht aber auch in einem Briefe. Wo die Stelle einzufügen wäre, könnten Sie leicht bestimmen, wenn Sie sie gefunden haben. Schon diese ev. Zusätze berechtigen mich zu der Bitte, die Einleitung in Fahnen setzen zu lassen. Es ist aber um so nothwendiger, weil ich auch stilistisch – und sei es auf meine Kosten – einiges bessern möchte; in die ewigen ›Angriffe‹ und ›Ausfälle‹ kann vielleicht doch noch etwas Abwechslung gebracht werden. Eine stilistische Frage will ich Ihnen dabei auch vorlegen. Der fatale Genetiv: Uz', des Uz, Uzens. In manchen Sätzen stört mich das letztere nicht, in andern sehr. Ich habe es bei der Reinschrift sehr beschränkt aber es nicht entbehren können. Uz' ist scheußlich; des Uz, wie unsere Grammatiken lehren, kann ich mir gesprochen denken, aber nicht geschrieben. In der VJS schreiben Sie z. B. Voß', während Voßens vorzüglich klingt, weit besser als Uzens. Ihre Ansicht darüber zu hören, wäre mir sehr lieb. Die gegenwärtige Mischung kann ja immer bleiben.

An 3 Stellen bin ich auf Fehler im Apparat gestoßen und habe die Verbesserungen dort angebracht, wo sie sachlich hingehören. Vielleicht aber empfiehlt sichs, sie am Ende der Vorbemerkung zusammen zu stellen. Der eine Fehler S. 81 ist höchst fatal; wäre es möglich einen Carton drucken zu lassen? wissen Sie, was das etwa kostet[?] Ich hätte große Lust, etwas daran zu wenden, um diesen Fehler aus der Welt zu schaffen.

Das alphabetische Verzeichnis der Versanfänge soll nach Muster von Elster-Heine[6] zugleich auch ein Register über die Vorrede sein; ich habe die Blätter daher einstweilen zurückbehalten.

Nun noch ein Punkt, den ich heute schon erwähne, um niemanden in Verlegenheit [zu] setzen. Ich brauche Anfangs Mai Geld und habe keine andere Quelle als dieses Honorar für DLD 33. Es beträgt schon für den Text 600 M; dazu kommen noch circa 100 M. für die Einleitung: also eine für meine bescheidenen Verhältnisse bedeutende Summe. Ich kann auch zu meinen Gunsten anführen, daß mich die Henninger im vorigen Jahre 2mal 2 Monate lang hingehalten haben und daß das indirect auch die mir zur Last fallende Verzögerung mitverschuldet hat. Andererseits kenne ich die Schwierigkeiten bei [de]r Übernahme durch einen neuen Verleger, den man nicht zuerst mit einer solchen Bitte kommen will. Ließe sich der Druck der Einleitung sehr beschleunigen, dann könnte das Buch bis Anfangs Mai überhaupt fertig sein. Ich frage mich also wenigstens bei Ihnen an, wie Sie sich einen Ausweg denken, und ob Sie es für möglich halten, mir im schlimmsten Fall 150–200 M. vom Verleger zu erwirken bis das ganze flüßig wird. – Ich habe seit Jahr und Tag nichts mehr als meinen Gehalt eingenommen und all mein angestrengtes Arbeiten ist nur ein Wechsel auf die [Z]ukunft.

Ich fahre heute Abends noch nach Wien; leider ist mein dortiger Aufenthalt jetzt sehr zusammengestrichen; am 3. Mai muß ich spätestens hier sein, kann aber in der 2. Hälfte Mai wieder auf 14 Tage fort. Meine Wiener Adresse schreibe ich Ihnen morgen von dort aus.

Und nun zum Schluß, was den Anfang hätte bilden sollen, die Bitte daß Sie mir nicht zürnen möchten weg[e]n meines langen, langen Stillschweigens und der verzögerten Ablieferung des Manuscriptes. Niemand hat mehr darunter gelitten als ich selbst.

Wie geht es Ihrem Kinde, wie Ihnen selbst? Empfehlen Sie mich Ihrer lieben Frau und laßen Sie sich nachträglich noch Ostergrüße ins Haus senden. Treulichst Ihr   AS.

Datum: Ostermontag fiel 1890 auf den 6. April. Handschrift: ÖNB, 422/1-177. 2 Dbl., 8 S. beschrieben. Grundschrift: deutsch.

1   s. Brief 22, Anm. 2.
2   s. Brief 51, Anm. 20.
3   *Gemeint ist Sauers Danksagung an Seuffert (Sauer: Uz, S. LXXXV): »Endlich nahm der Herausgeber dieser Sammlung seit langer Zeit regen und liebevollen Anteil an diesem Versuche. Mit ihm vereint habe ich die kritischen Grundsätze entworfen und durchberaten, seine Sammlung und seine Collationen seltener Wielandischer Drucke gaben das Material zu den betreffenden Partieen der Einleitung, er trat mir die auf den Streit bezüglichen Handschriften der Zürcher Stadtbibliothek zur Veröffentlichung ab, er begleitete den langwierigen Druck mit unermüdlicher Sorgfalt und ist so diesem Hefte noch mehr als sonst ein Mitarbeiter geworden.«*
4   *Sauer konnte die Pseudonyme ›Jolcos‹ und ›Enipeus‹, zweier Mitarbeiter der »Freymüthigen Nachrichten«, nicht entschlüsseln (s. Sauer: Uz, S. XXIII, L f.).*
5   *Gemeint ist Wielands offener Brief an den Berliner Consistorialrat August Friedrich Sack, den er seiner anonym erschienenen Schrift »Empfindungen eines Christen. Lobe den Herrn du meine Seele« (Zürich: Orell u. Co., 1757) vorangestellt hatte. Da Wieland die darin enthaltenen denunzierenden Bemerkungen gegen Johann Peter Uz bereits in der zweiten Auflage (1758) stark abgeschwächt hatte, ging Sauer davon aus, »dass der Züricher Druck der ›Empfindungen‹ vom Jahre 1769, der die Zuschrift an Sack wieder enthielt, ohne Wissen des Verfassers hergestellt wurde« (Sauer: Uz, S. LIX; s. [C. M. Wieland]: Empfindungen des Christen. Neue Auflage. Zürich: Orell, Geßner u. Co., 1769).*
6   *Gemeint ist Ernst Elsters Neudruck von Heines »Buch der Lieder« (DLD. 27).*

102. *(B) Seuffert an Sauer in Wien*
    Graz, 11. April 1890. Freitag

Graz 11.4.90

Da hab ich denn das langersehnte manuscript in händen, freu mich aufs durchlesen, will es ergänzen wenns not sein sollte und alles daran tuen was Sie wünschen l. fr.   Möge sein schicksal günstig sein!   Vor drei tagen noch hätte ichs guten mutes und freudigen herzens empfangen, denn bis dahin glaubte ich das schicksal der DLD geborgen. Am 8.ten erhielt ich einen brief, der das gegenteil nicht gewiss macht, aber befürchten lässt.[1]

Die lage ist die.   Ende november erhielt ich brief von Henninger, sie hofften mir bald eine gute nachricht über den verkauf geben zu können. Darnach schwiegen sie, obwohl ich anfangs januar mahnte. Ich stellte am 17. märz nun dringende fragen: wann das im januar fertig gestellte heft 30[2] ausgegeben u. das honorar dafür an Weilen und mich gezahlt werde? ob sie bereit seien, Ihre einleitung zu übernehmen und sofort in druck fertig zu stellen?   Schliesslich erklärte ich, dass wenn auf diese fragen wider keine antwort komme, ich die firma für aufgelöst halten müsse (wozu ich allen grund hatte durch die wahrnehmung dass 2 andere verleger schon teile des H.schen verlages ankündigten) und Ihre, Weilens und meine ansprüche einem juristen übergeben werde.

Darauf kam nun antwort, wie grob, will ich Ihnen nicht sagen, jedenfalls so, dass ich kaum mehr ohne vermittlung eines advokaten mit den herren correspondieren werde oder doch sollte.   Sie erklären darin, es falle ihnen nicht ein, die hefte 30 u. 33[3] beim drucker auszulösen, das solle der käufer tun.

Antwort: ob sie honorieren wollen, geben sie so wenig wie darauf, ob sie ihre einleitung in empfang nehmen wollen.   Sie sehen daraus, dass ich Ihnen keine hoffnung machen kann, von dieser seite honorar zu erhalten.

Ich hätte Ihnen darauf hin telegraphiert: lassen Sie von Uz, wenn sich nicht gleichzeitig ein kauflustiger[4] gemeldet hätte, dessen erster brief ganz fröhlich zuversichtlich lautete, der zweite wurde nachdenklich, der dritte besorglich und der 4., eben der am 8. eingetroffene sagte: ich sehe kaum mehr eine möglichkeit mich mit den hh. Henningern zu einigen.

Mein standpunkt bei den verhandlungen mit dem kauflustigen war der: preis zu geben, was sich preis geben lässt an vorteilen, um das erscheinen der hefte 30 u. 33 in anständigem verlage zu retten, um ein unternehmen zu retten, dessen fortsetzung mir vor der hand noch im interesse unserer wissenschaft zu liegen scheint.   Es ward mir um so schwerer, schlechtere honorare <u>für die zukunft</u> (nicht rückwirkend natürlich) zu acceptieren, weil ich nicht herausgeber bleibe (<u>unter uns! bitte dringend</u>).[5] Aber ich sehe ein, dass kein verleger ein unternehmen kaufen kann, das die kosten nicht deckt selbst wenn die ganze auflage verkauft wäre (und von den heften Messias[6] Karl v. Burgund[7] Hagedorn[8] u. Pyra[9] ist ¼ der auflage etwa verkauft!): für so schlechte rechner hätte ich die Henninger nicht gehalten. Bis zum 8. war ich zuversichtlich, dass meine nachgibigkeit den kauflustigen zum abschluss bringt. Aber als heraus kam, dass er die hefte 30 u. 33 beim drucker auslösen und uns honorieren solle (was die hh. gebr. H. ihm offenbar bis dahin verschwiegen hatten), wurde er kopfscheu. Was nun wird, weiss der himmel. U. Sie können sich denken, wie peinlich mich nun die ankuft Ihres manuscriptes trifft. Hätten wirs doch in der druckerei gehabt mit dem text, dann wäre es längst gesetzt, müsste honoriert werden, müsste erscheinen, dass liesse sich alles juristisch durchsetzen.

Nun hoff ich, dass sich doch ein käufer noch finde, ists nicht dieser, ists ein andrer und jedenfalls ist es gut, wenn ich schreiben kann, dass manuskript zur fertigstellung von heft 33 liegt da.   Oder wünschen Sie, dass ichs an die Henninger schicke. Concurs haben sie <u>meines</u> wissens nicht angemeldet, es wäre also von dieser seite keine gefahr, es ihnen auszuhändigen. Aber ob sie es nehmen? sie werden mir schreiben: Seuffert ist kontraktbrüchig, weil er das manuskript der einleitung nicht mit dem text einreichte, wir weigern die nachträgliche annahme u. s. f. Die herren sind jetzt reizbar und man versieht sich alles von ihnen.   Mögen Sie direkt an die Henninger schreiben, so ists <u>vielleicht</u> auch gut: Sie brauchen ja von der ganzen verkaufsangelegenheit nichts zu wissen, ersuchen um honorar für den text mit dem hinweise darauf dass die einleitung bei mir liegt, die fertigstellung des heftes also ganz in die hand der verleger gegeben sei.   Vielleicht sprechen Sie mit Weilen u. sagen auch ihm, dass ich alles tue, seine ansprüche zu erfüllen, ihm aber auch freie hand zu direkter aktion lasse.

Hoffentlich bring ich bald bessere nachricht. Gruss
BSfft

Handschrift: StAW. 1 Dbl., 4 S. beschrieben. Grundschrift: lateinisch.

1 Über dem Verlag der Gebrüder Henninger schwebte ein Konkursverfahren, das im Laufe des Jahres 1890 zur Auflösung der Firma führte. Noch im April 1890 gelang es Seuffert, die Übernahme der »DLD« durch die J. G. Göschen'sche Verlagshandlung abzusichern. Göschen übernahm schließlich auch den Großteil der Kosten für die noch im Druck befindlichen, nicht ausgelieferten bzw. noch nicht honorierten Hefte, über die Seuffert und Sauer vergebens suchten, sich mit den Henningern zu vergleichen (s. Brief 103).
2 H. W. v. Gerstenberg: Briefe über Merkwürdigkeiten der Litteratur (DLD. 29–30).
3 Sauers Uz-Ausgabe (DLD. 33–38).
4 vmtl. J. G. Göschen (s. Anm. 1).
5 Das offizielle Angebot Seufferts an Sauer, die Herausgabe der »DLD« zu übernehmen, erfolgte erst im Februar 1891 (s. Brief 106).
6 F. G. Klopstock: Der Meßias (DLD. 11).
7 J. J. Bodmer: Karl von Burgund (DLD. 9).
8 F. v. Hagedorn: Versuch einiger Gedichte (DLD. 10).
9 I. Pyra/S. G. Lange: Freundschaftliche Lieder (DLD. 22).

103. *(B) Sauer an Seuffert in Graz*
Wien, 14. April 1890. Montag

Wien, 14. April 1890.
bei Dr Glossy, VI. Getreidemarkt 3

Lieber Freund! Es thut mir herzlich leid, daß Sie mit den DLD so viele Sorgen haben; es thut mir aber auch leid um die hübsche Sammlung selbst und nicht zum mindesten um meinen Uz, der das Ganze todschlägt und selbst dabei ums Leben kommt. Hätte ich eine Ahnung davon gehabt, daß die Dinge so stehen, ich wäre der Erste [g]ewesen, Ihnen von diesem Wälzer abzurathen; wie die Dinge jetzt liegen, halte ich es aber noch immer für das Beste, daß Sie die Einleitung dazu fertig in den Händen haben, ohne die ja doch niemand den Text erscheinen laßen kann. Ich will also um den Verlust der letzten vier Wochen nicht trauern, so sehr sie mir beim Grillparzer abgehen werden und schon jetzt ab[g]ehen.

Über das was jetzt zu thun ist, habe ich mit einem Juristen gesprochen und dessen Ansicht ist die, daß ich zu Henningers in gar keinem rechtlichen Verhältniße stehe, von ihnen also auch nichts zu fordern habe und es eine Verschiebung des Verhältnisses bedeutete, wenn ich ihnen schriebe. Rechtliche Ansprüche könnte [ich] nur an Sie als Herausgeber der DLD und mittelbar durch Sie an die Verlagshandlung erheben. Ich halte es daher für das Beste, daß auch Sie vertraulich mit einem Juristen sprechen und sich dann für Sie selbst und für uns eventuell [an] einen Advocaten wenden. Ich glaube, daß es zu unsern Gunsten spricht, daß zwei Hefte in Betracht kommen und das eine vollständig ausgedruckt ist. Wird das anerkannt oder übernommen, dan <!> kann der Uz nicht eingestampft werden und daß die Einleitung nicht rechtzeitig fertig war wird jetzt zu einer cause celebre[1] nicht mehr gemacht werden können, weil die Henninger diese Thatsache dadurch daß sie den Druck begannen, billigten.

Was endlich mein dringendes Bedürfnis Geld zu bekommen betrifft, so halte ich es für vernünftiger, wenn ich momentan mir andere Schleusen eröffne und die Action gegen Henninger unabhängig von rascher Abschlagszahlung eröffne: Es ist wichtiger das Ganze sicher, als viel*[eic]*ht einen kleinen Theil rasch und nur diesen allein zu bekommen. –

Ich weiß meine Sache bei Ihnen sehr wohl geborgen und werde also zunächst nichts in dieser Angelegenheit thun: werde Herrn v. Weilen, falls ich ihn sehe, dasselbe sagen. Ändert sich die Situation, dann bin auch ich zu anderer Taktik ger[n] bereit. Halten Sie mich auf dem Laufenden.

Mit herzlichen Grüßen
treulichst

Ihr
Sauer.

Handschrift: ÖNB, Autogr. 422/1-180. 1 Dbl., 4 S. beschrieben. Grundschrift: deutsch.

1 Die Bezeichnung »cause célèbre« für einen aufsehenerregenden Streit- oder Kriminalfall geht auf François Gayot de Pitavals Sammelwerk »Causes célèbres et intéressantes, avec les jugemens qui les ont décidées« (20 Bde., 1734–1743) zurück.

104. (K) Seuffert an Sauer in Prag
    Graz, 19. Juli 1890. Samstag

UNSER EINZIGES KIND GERTRAUD IST
IM ALTER VON ZWEI JAHREN UND VIER MONATEN
HEUTE NACH LANGEM LEIDEN GESTORBEN.

GRAZ, 19. JULI 1890.

BERNHARD SEUFFERT UND
FRAU ANNA GEB. ROTHENHÖFER.

Handschrift: StAW. Gedruckte Karte mit Trauerrand. 1 Bl. Schrift: Antiqua.

105. (K) Seuffert an Sauer in Prag
    Graz, 1. Januar 1891. Donnerstag

Lieber freund Wir reichen uns brüderlich die hand wie bisher so in zukunft.   Schönbach hatte mir schon gesagt, Sie befänden sich übel, Hauffen aber schrieb später Sie seien ganz wol. U. so wollte ich Ihre arbeit nicht mit fragen stören und nicht mit klagen. Ich bin, hoff ich für Sie, schlimmer daran. Seit mein kind tot ist, bin ich wie gebrochen. Mühsam warf ich mich ins semester hinein. Da kam eine neurasthenische attaque, die mich aufs bett warf. Beim oder durchs impfen kams zum ausbruch. Ich erholte mich, fing wider an zu arbeiten und kolleg zu lesen, da musste ichs aufs neue einhalt tun. Der arzt rühmt die gesundheit meiner organe über die massen, nur den nerven müsse ich absolute ruhe gönnen. Ich habe also alle arbeit eingestellt u. meine monatelangen vorarbeiten zum Wieland § des Goedeke[1] Goetze anheimgegeben, auf dass sie ein anderer abschliesse; es ist noch genug daran zu tun u. ich muss jetzt sehen, dass ich wenigstens vorlesungen halten kann. Gelingt mir dies – und ich hoffe es, weil mir die täglichen kalten abreibungen besserung gaben – so will ich zufrieden sein. Man wird ungeheuer bescheiden. Es ist ekelhaft früh u. mittag spazierengehen zu müssen. Wie viel lieber sässe ich am schreibtisch! Sie haben wenigstens den trost, sich Ihr übel durch arbeit zugezogen zu haben, ich habe meines durch verlust. Asch – erde und schnee liegen friedlich darüber, ich darf sie nicht aufwühlen.

Ihr aufrichtig getreuer
BSfft.

1.1.91.

Handschrift: StAW. Postkarte. Adresse: Herrn Professor Dr. August Sauer / Prag / Weinberge 450 / Hawlitschekg. 62 *Poststempel: 1) Graz Stadt, 1.1.1891 – 2) Königl. Weinberge/Královské Vinohrady, 2.1.1891. Grundschrift: lateinisch.*

1 s. Brief 86, Anm. 29.

106. (B) Seuffert an Sauer in Prag
    Graz, 7. Februar 1891. Samstag

Graz 7.2.91 Harrachg. 1

Lieber freund
Endlich darf man an Sie wider einmal schreiben. Vor dem jubiläumstag[1] getraute ich michs wirklich nicht. Nun aber leben Sie wider in normalen verhältnissen. Wie geht es Ihnen denn? der winter war abscheulich. Ich bin auch auf die nase gefallen, wozu das impfen den anlass, der andauernde kummer und überarbeitung die ursache gaben. Jetzt bin wider frischer, nur soll ich mich noch grösserer arbeit enthalten. Und da man als ehemann sein leben besser hüten muss denn als junggeselle so muss ich mich in diese halbe musse fügen. Ich habe darum auch meine Wielandbibliographie an Goetze abgegeben, der die 911 zettel allerdings nicht nur ordnen sondern auch noch ergänzen muss. Doch konnte ich ihn nicht länger warten lassen.

Das hohe ministerium hat mein im oktober v. j. erneutes gesuch um subvention der VJS wider abgeschlagen:[2] geldmangel, bedauern u. s. w. Die höflichkeit der ablehnung hilft dem verleger nichts.

Und nun lieber freund kommt eine herzliche bitte. Erweisen Sie mir die ehre und die freundschaft, sie reiflich zu überlegen und ihr womöglich zu willfahren.

Ich glaube, ich habe Ihnen schon vor jahren einmal gesagt, dass ich die redaction der DLDenkm. ablegen wolle;[3] seit ich Goethem Vimariensem[4] teilweise und die ganze VJS. mit auf mich geladen habe, kann ich nicht mehr allem gerecht werden. Ich habe Henningers zwei oder gar dreimal meinen rücktritt angetragen, ich habe ihn auch beim wechsel des verlages verlangt. Göschen meinte wol, es sei für die continuität der sammlung besser, wenn nicht ausser der neuen handelsfirma auch eine neue redaction sofort erscheine und so liess ich mich auf ein übergangsjahr ein. Ich gestehe, weniger Göschen zu liebe, als weil ich fürchtete vor januar 1891 von Ihnen einen korb zu erhalten. Und auf Sie als nachfolger habe ich es abgesehen. Ich möchte nicht, dass die sammlung in schlechte hände gerät. Sie haben die grösste herausgebererfahrung; Sie kennen speciell die bisherige führung der DLD genau genug um zu wissen, wo sie zu bessern wo sie beizubehalten ist; Sie können Ihre Wiener neudrucke damit verbinden, die doch an Konegen keinen förderer haben; in jedem betracht würde es der sache am nützlichsten und mir am tröstlichsten sein, wenn Sie die sammlung übernehmen. Man hat doch eine gewisse liebe zu so einem langjährigen pflegling und möchte ihn nur dem besten vater übergeben. Sie sind von allen redactionspflichten frei, Ihr Grillparzer drückt Sie nicht schwerer als mich der Wieland neben meinen sonstigen zersplitterungen. Sie erhalten die sammlung uns Österreichern, was doch auch einigen wert für die anerkennung unserer arbeit im Reiche hat. Hauffen ist zu jung, Weilen zu fahrig wie mir dünkt und unser Richard M.[5] dürfte leicht zu weitherzig in der auswahl sein.

Ich glaube nicht, dass Göschen Ihnen viel arbeit auflädt: er will zunächst nicht viele bogen ediren; ich meine, er mutet Ihnen auch weniger korrektur zu als ich mir auflud; u. ich hoffe, dass er Ihnen 7 m. pro bogen anbietet, ein honorar mit dem Sie als redactor leidlich zufrieden sein können: ich habe weitaus die grössere zahl meiner jahre mich mit 5 begnügt. Über den verlag brauche ich nichts zu sagen. Der name ist gut.

An mitarbeitern wird es Ihnen nicht fehlen: ich habe genug angebote interessanter sachen von guten leuten aufs künftige verschoben, Sie können da bequem ernten. Was soll ich weiter sagen? bitte, bitte, sagen Sie nicht nein. Ich denke, Sie empfangen zu gleicher zeit einen brief von Göschen. Sollte er Ihnen schreiben, mein name als der des begründers solle auf der sammlung bleiben, so sei ausdrücklich betont: dass ich dies bei Ihrer nachfolge für ganz überflüssig halte, dass dies überhaupt <u>nur</u> ein verlangen Göschens ist, mit dem er mich belastete bevor er mit den älteren verlegern abschloss.

Sagen Sie mir bald ein tröstlich wort, die sache beunruhigt mich, Sie können mich rasch befreien.

Herzlich   Ihr

BSeuffert

Handschrift: StAW. 1 Dbl., 4 S. beschrieben. Grundschrift: lateinisch.

1   *Gemeint ist Grillparzers 100. Geburtstag (21.1.1891), zu dem ursprünglich Sauers Grillparzer-Biographie hatte ausgeliefert werden sollen (s. Brief 59, Anm. 6).*
2   *Ein erstes Gesuch um staatliche Unterstützung der »Vierteljahrschrift für Litteraturgeschichte« war bereits im Frühjahr 1889 gescheitert (s. Brief 92, Anm. 3).*
3   *Seuffert hatte die Übernahme der »DLD« durch Sauer erstmals in einem Brief vom 15.11.1889 (StAW) ins Spiel gebracht: »Mir wäre am liebsten: die DLD verschmölzen bei Konegen mit den Wiener neudr u. Sauer ist der redacteur. Denn ich bin des treibens müde u. werde die gelegenheit zurückzutreten ausnützen.« Im April 1890, kurz bevor der Verlag der Reihe von G. J. Göschen übernommen wurde, war er andeutungsweise auf den Gedanken zurückgekommen (s. Brief 102). Im Anschluss an die in den folgenden Briefen dokumentierten Übergabeformalitäten schloss Sauer am 21.3.1891 einen neuen Kontrakt mit Göschen und fungierte ab Band 39 offiziell als Herausgeber der Reihe (s. auch Brief 3, Anm. 4). Seufferts Name wurde noch bis Band 50, in dessen Anschluss Sauer eine »Neue Folge« beginnen ließ, als Begründer auf den Titelblättern genannt.*
4   *lat.: den Weimarischen Goethe.*
5   *Richard Maria Werner.*

107. *(B) Sauer an Seuffert in Graz*
     Wien, 9. Februar 1891. Montag

Wien 9.2.91.

Lieber Freund!
Göschen trägt mir in Ihrem besonderem *[Au]*ftrag wie er schreibt die Leitung der DLD. an.¹ Ich bin Ihnen dafür herzlich dankbar u. habe nicht übel Lust, die Sache für eine Zeit zu übernehmen. Ich bitte Sie aber mir (wenn es Ihre Gesundheit irgendwie erlaubt, sei es auch noch so lakonisch) vorher ein paar Fragen zu beantworten.
    1. Was waren Ihre Einkünfte als Heraus*[g]*eber: Göschen sagt mir, die Honorarbedingungen blieben dieselben.
    2. Wurde die Redaction schon jemandem andern angetragen? Das ist keine Frage der Eitelkeit, wol aber der Taktik für künftige Feldzugspläne.
    3. Was haben Sie im Druck u. welche festen Abschlüße für künftige Hefte bestehen. Denn es ist wichtig für mich zu wissen, wie lange ich mit gebundenen Händen *[a]*rbeiten müßte.
    1 u. 2 werden Sie mir wohl ohne Scheu beantworten. Ob Sie berechtigt sind, auch über die 3. Frage Auskunft zu geben, werden Sie wohl am besten selbst beurtheilen können. Ich verspreche Ihnen für den Fall als <!> die Verbindung mit Göschen nicht

zu Stande kommen sollte, von Ihren Mittheilungen Niemandem *[geg]*enüber Gebrauch zu machen.

Ihr Brief träfe mich <u>Mittwochs</u> noch in Wien, Wieden Paniglgasse 19 A. bei Dr. Glossy; von Donnerstag ab wieder in Prag.

Verzeihen Sie mir, wenn ich in dem Drang des Augenblicks sonst nichts mehr hinzufügen kann.

Möge es Ihnen bald besser gehen!
Herzlich grüßend
Ihr aufrichtig Ergeb.
AS.

Handschrift: ÖNB, Autogr. 422/1-193. 1 Dbl., 3 S. beschrieben. *Grundschrift:* deutsch.

1 Sauer hatte Brief 106, in dem Seuffert das Angebot auch persönlich unterbreitete, noch nicht erhalten.

108. *(B) Seuffert an Sauer in Wien*
 Graz, 10. Februar 1891. Dienstag

Graz 10.2.91

Lieber freund Sie haben inzwischen auch einen brief von mir erhalten. Ich eile, Ihre fragen zu beantworten und hoffe, dass Sie die antwort noch in Wien trifft.

1) Über meine einkünfte als herausgeber habe ich schon bescheid gesagt:¹ 5 m. pro bogen, in den letzten jahren 7 m.

2) Die redaktion wurde noch niemand angetragen. Ich habe Göschen sofort ehe er mit Henningern abschloss Sie in 1. linie empfohlen. Göschen hat mir 2 andere namen genannt, liess sie aber auf meinen widerspruch hin <u>sofort</u> fallen: ich glaube nicht, dass er mit den herren schon in unterhandlung war, zumal damals sein absehen sich noch ganz auf meine person zuspitzte. Jetzt, da ich ernst machte mit dem rücktritte, habe ich <u>nur</u> Sie genannt u. Göschen hat <u>sofort</u> Sie berufen. Lediglich mit Fresenius habe ich einmal ein privatissimum über meine nachfolge gehabt: es schien mir dies der einzige weg seine damals längst fertige krit. ausg. von Wielands Heilbronner erzählungen² flott zu kriegen; auch meinte ich, die DLZ³ werde zu neujahr eingehen u. Fresenius also frei werden. Er hat mir nicht einmal darauf geantwortet. Göschen weiss von der vorfrage nichts. Ich habe Fresenius nachdem Göschen Ihre person endgültig acceptirt hatte sofort mitgeteilt: dass ich aus seinem halbjährigen schweigen seine ablehnung geschlossen hätte und den verleger nicht auf ihn aufmerksam gemacht hätte. Ich gestehe Ihnen, dass mich der schritt gegen Fresenius reut: es war eine

plötzliche anwandlung von gutmütigkeit, den mann in bewegung zu bringen, denn es liegt so viel in ihm brach. Aber ich versichere aufs ehrlichste: ich habe ihn nur gefragt; wäre meine frage ein bindender antrag gewesen, so hätte selbst Fresenius sie beantwortet.

Dass Göschen nicht auf Sie allein sich beschränkte bei seinen jahralten vorbesprechungen mit mir hat <u>nicht</u> in irgend einer abneigung gegen Sie seinen grund, sondern lediglich darin, dass er leute nannte die schon in geschäftsbeziehung zu ihm stehen und die er billiger zu haben hoffte als Sie: denn ich habe für Sie gleich mein honorar gefordert. Er liess sich aber <u>sofort</u> die billigeren herrn aus dem kopf bringen.

Sie erhalten ausser dem honorar 4 freiex. geb. und 1 in aushängebogen.

Die mitarbeiterverhältnisse sind bei dem übergange des verlages an Göschen etwas gedrückt worden:

1) 15 freiex. + 1 in aushängebogen.
2) für die einleitung 18 m. pro bogen.
3) für den textkritischen apparat erhöhung des texthonorars um 3 m. pr. b.
4) für den text 10–15 m. je nachdem er aus kurzzeiligen versen oder aus prosa besteht, ein glatter abdruck oder eine sammlung ist; auch die berühmtheit des namens des herausgebers <u>kann</u> preisschwankungen nötig machen.

Ihre 3) frage: Manuscript steht zunächst zu erwarten von Schüddekopf, Götz Zerstreute gedd.[4] Er ist der einzige mit dem eine bindende abrede getroffen ist.

In druck ist nichts.

Aus alter zeit rührt die vereinbarung mit Fresenius betr. Wlds 1752er Erzählgen. Sie wird aber nicht drücken.

Ferner ist mit Jul. Elias eine ältere abmachung da wegen eines hist.-krit. neudruckes von Wernicke 1704.[5] Ich habe dem herrn vor jahren 2 proben seines krit. appar. als ungenügend zurückgeschickt u. nach dem ende der Henninger die zusage ihm gegenüber nicht erneuert. Von mir besitzt er kein bindendes versprechen. Ob aber nicht von Göschen? dem war er empfohlen u. dem bot er verzicht auf honorar an, worauf Nast[6] hereinfiel; ich antwortete: durch ein so grosses heft binde ich meinen nachfolger nicht.

Dann möchte ich bitten, dass mein schüler Hans Sittenberger mit einer vorbereiteten ausg. von Wielands Kom. erz.[7] mit krit. appar. zugelassen werde: bindende zusage besitzt er <u>nicht</u>.

Die möglichkeiten eines neudruckes aller schriften der Neuberin[8] ist mit Fritz Winter besprochen, eine vereinbarung nicht getroffen.

Vorgestern erhielt ich ein angebot von Szamatólski den Christl. Meynenden Faust[9] zu edieren: ich habe ihm geantwortet, ich würde dies heft dem verleger dringend empfehlen (was geschah), könne aber keine zusage geben.

Ebenso habe ich Leitzmann mit seinen wünschen betr. Forster (Ansichten vom Niederrhein[10] wären teilweise wirklich nicht übel, oder auch kleine aufsätze[11]) und Eugen Wolff betr. El. Schlegelscher dramen[12] und excerpten aus Gottscheds Tadlerinnen[13] in eine unbekannte zukunft verwiesen. Ich hatte Ihnen seit 1½ jahren weder mit ablehnungen (ausser wo die sache zweifellos war) noch mit zusagen nicht vorgreifen wollen u. nicht vorgegriffen.

Aufmerksam mache ich Sie auf ein heft Novalis Blütenstaub,[14] das Minor während seines Schlegeldruckes[15] einreichte u. dann zurückzog. Vielleicht können Sie es loseisen.

Sollten Sie es wünschen, so notire ich Ihnen, was ich mit Scherer zusammen als neudruckenswert beriet,[16] es ist noch genug selbst von dem auf den umschlägen verhiessenen nicht erschienen. Doch ist es gescheuter, Sie gehen Ihre wege selbständig und schlagen neue ein.

Sie wissen nicht, wie freudig ich Ihre vorläufige zusage begrüsste. Lassen Sie sich nicht irre machen. Ich rechne darauf.

Mein befinden ist glücklicherweise viel besser, als Sie meinen.

In treuen
BSeuffert

Dass ich Sie vorschlug weiss kein mensch ausser Schönbach. Ob es Göschen geheim hielt, weiss ich nicht. Doch vermute ich es, weil E Schmidt der Nast in Berlin jüngst sprach, mir gestern Szamatólski empfahl (nachdem ich diesem schon geantwortet hatte). Ich schreibe das, damit Sie wissen, dass Sie freiherr sind in der leitung, keines kollegen gunst oder ungunst schon vor der übernahme erfuhren. Auch Schönbach meldete ich erst das geschriebene. Ich hoffe u. wünsche, dass Sie aus allem ersehen, wie viel mir an Ihrer zusage liegt und dass ich mit peinlicher korrektheit zu verfahren bestrebt war.

Handschrift: StAW. 2 Dbl., 7 S. beschrieben. Grundschrift: lateinisch.

1 s. Brief 106.
2 *Die Ausgabe kam nicht zustande (s. Brief 20, Anm. 12).*
3 *die »Deutsche Literatur-Zeitung«, deren Redakteur August Fresenius war.*
4 *J. N. Götz: Gedichte (DLD. 42).*
5 *Christian Wernicke: Poetischer Versuch, In einem Helden-Gedicht Und etlichen Schäffer-Gedichten, Mehrentheils aber in Uberschrifften bestehend [...]. Mit durchgehenden Anmerkungen und Erklärungen Hamburg, 1704; kein Neudruck in den »DLD«. Elias war in München bei Michael Bernays mit einer Monographie über Wernicke promoviert worden (Julius Elias: Christian Wernicke. Buch 1. München: Wolf, 1888).*
6 *Adolf Nast, der Inhaber der G. J. Göschenschen Verlagshandlung.*

7 [Christoph Martin Wieland]: Comische Erzählungen. [Zürich: Orell], 1765; kein Neudruck in den »DLD«.
8 nicht erschienen. Arthur Richter verband einige Jahre später den Neudruck eines einzelnen Stückes von Caroline Neuber mit einer Bibliographie ihrer Werke (Ein deutsches Vorspiel verfertiget von Friedrica Carolina Neuberin [1734] zur Feier ihres 200jährigen Geburtstags 9. März 1897. Mit einem Verzeichnis ihrer Dichtungen. Hrsg. von Arthur Richter. Leipzig: Göschen, 1897 [DLD. 63 = N. F. 13]).
9 Des Durch die gantze Welt beruffenen Ertz-Schwartz-Künstlers und Zauberers Doctor Johann Fausts, Mit dem Teufel auffgerichtetes Bündnüß, Abentheurlicher Lebens-Wandel und mit Schrecken genommenes Ende [...] zum Druck befördert von Einem Christlich-Meynenden. Franckfurt, Leipzig, [1725]; Neudruck u. d. T.: Das Faustbuch des Christlich Meynenden. Nach dem Druck von 1725. Hrsg. von Siegfried Szamatólski. Mit drei Faustporträts nach Rembrandt. Stuttgart: Göschen, 1891 (DLD. 39).
10 George [!] Forster: Ansichten vom Niederrhein, von Brabant, Flandern, Holland, England und Frankreich, im April, Mai und Junius 1790. 3 Thle. Berlin: Voss, 1791–1794; kein Neudruck in den »DLD«.
11 Georg Forster: Ausgewählte kleine Schriften. Hrsg. von Albert Leitzmann. Stuttgart: Göschen, 1894 (DLD. 46–47).
12 nicht erschienen. Schon zuvor waren in den »DLD« Aufsätze von Schlegel neugedruckt worden (Johann Elias Schlegel: Aesthetische und dramaturgische Schriften. [Hrsg. von Johann von Antoniewicz]. Heilbronn: Henninger, 1887 [DLD. 26]).
13 Die Vernünfftigen Tadlerinnen. Hrsg. von Johann Christoph Gottsched. 2 Bde. Halle/S.: Spörk; Leipzig: Brauns, 1725–1726 [²1738; ³1748]; kein Neudruck in den »DLD«.
14 Novalis: Blüthenstaub. In: Athenaeum. Eine Zeitschrift [hrsg.] von August Wilhelm Schlegel und Friedrich Schlegel. Bd. 1. 1. Stück. Berlin, 1798, S. 70–106; kein Neudruck in den »DLD«. Jakob Minor edierte die Aphorismensammlung im 2. Band seiner Ausgabe von »Novalis Schriften« (Jena: Diederichs, 1907).
15 A. W. Schlegel: Vorlesungen über schöne Litteratur (DLD. 17–19).
16 s. Brief 3, Anm. 4.

109. (B) Sauer an Seuffert in Graz
    Prag, 14. Februar 1891. Samstag

Prag Weinberge 450.
14.2.91.

Lieber Freund!
Ich bin Ihnen für Ihre beiden Briefe aus voller Seele dankbar. Der erste hat mich erfreut und gerührt. Sie sollen sich in [m]ir nicht geteuscht haben, ich werde mich Ihres Vertrauens würdig zu beweisen trachten und werde Ihr Kind pflegen, so gut ich kann. Ich habe mich im Princip entschlossen die Redaction der DLD. zu übernehmen und Göschen dieses heute angezeigt. Nicht ohne Bedingungen. Ich verlange ein klein wenig mehr Redactionshonorar (werde die Redaction aber auch übernehmen, wenn [Gö]schen darauf nicht eingehen kann) u. will die Wiener Neudrucke damit irgendwie verbinden oder verschmelzen.[1] Ich bitte Sie herzlich und aufrichtig, mir

bei der weiteren Führung Ihren Rath nicht zu entziehen und mir vor allem, wenn Sie selbst vielleicht zunächst nicht werden als Herausgeber erscheinen können, die Arbeiten Ihrer Schüler zuzuweisen. (Die komischen Erzählun[g]en Wielands sind vorgemerkt.) Es wäre daher recht lieb von Ihnen, wenn Sie mir 1. die mit Scherer seinerzeit vereinbarte Liste der herauszugebenden Werke und 2. die Liste derj. Dinge, die Sie selbst geplant haben, zukommen ließen. Ich kann gewiß manches dabei profitiren. In manchem werde ich – wenn Göschen zustimmt – von Ihrem Plan abweichen. Ich denke an kürzere Einleitungen; die Werke sollen durch Ihre Nothwendigkeit wirken. Daher, nach Absolvirung des im Gang befindlichen, möglichste Einhaltung eines festen Plans. Daher müssen die Herausgeber zu den einzelnen Werken gesucht werden. Ich werde trachten [m]öglichst mit jüngeren Leuten zu arbeiten, die sich leichter fügen, mehr nach Muster der Brauneschen Neudrucke.[2] Sie erinnern sich vielleicht, daß ich Ihnen schon vor 6 Jahren in Würzburg[3] diese meine Ansicht entwickelt habe. Ihre Erfahrungen und Ihre Ratschläge werde ich mir dabei nicht entgehen lassen. Mitbestimmend für meinen Entschluß war, daß Göschen mir nachträglich mittheilte, es würde heuer blos eine verminderte Bogenanzahl [zu]m Druck kommen. Denn ich werde heuer sehr überbürdet sein. Daß Göschen zuerst an ihm bekannte Leute dachte, ist natürlich; der Zwischenfall mit Fresenius ist mir auch ganz erklärlich. Kurz u. gut, ich bin mit mir im reinen.

Die paar Tage in Wien haben mich sehr aufgefrischt u. da es nun dem Frühjahr entgegengeht, werde ich wohl in meinen Novembernebel nicht mehr zurücksinken. Daß ich sehr viel Ärger u. Verdruß ausge[stan]den habe, können Sie sich denken. Wird mein Buch[4] gut, dann will ich das geschehene vergessen.

Ich freue mich, daß es Ihnen besser geht u. bitte Sie, mich Ihrer Frau vielmals zu empfehlen. Jetzt reißt unsere Briefkette hoffentlich nicht wieder ab.

Nochmals herzlichen Dank von Ihrem
aufrichtig Ergeb.
AS.

Handschrift: ÖNB, Autogr. 422/1-194. 1 Dbl., 4 S. beschrieben. Grundschrift: deutsch.

1 Der letzte Band der »Wiener Neudrucke« war 1886 erschienen. Zu einer Neubelebung des Österreich-Schwerpunkts innerhalb der »DLD« kam es nicht.
2 Gemeint sind Wilhelm Braunes »Neudrucke deutscher Literaturwerke des 16. und 17. Jahrhunderts« (s. Brief 25, Anm. 1).
3 Sauer hatte Seuffert im August 1885 in Würzburg besucht (s. Brief 49, Anm. 1).
4 Gemeint ist die Grillparzer-Biografie, die Sauer jedoch bald darauf abbrach (s. Brief 59, Anm. 6).

110. *(B) Seuffert an Sauer in Prag*
    Graz, 12. März 1891. Donnerstag

Graz 12.3.91

Lieber freund
Ich danke Ihnen herzlich für die rede.[1] Wie schöpfen Sie aus dem vollen! Spürte man oder vielmehr glaubte ich in der einleitung zu den werken[2] noch die arbeit zu spüren, so ist hier nun freie aneignung und herrschaft. Wider freilich drängt sich vielleicht zu viel zu, manche partien sind schwer vor fülle wie es bei einer akademischen rede sein darf. Ganz besonders gelabt hab ich mich an den biographischen teilen, da ist auch mein herz ganz dabei und Ihr urteil stösst auf meine volle überzeugung. Geben Sie uns recht viel vom menschen Grillparzer in Ihrer biographie, Sie können's erzählen und dieser vergrämte patriot und sauertöpfische nergler dünkt mich immer wider tiefer als der poet. Verzeihung, die Grillparzerfeier hat mein kühles verhältnis nicht sehr erwärmt. Auch nicht die von Walzel ausposaunte grosstat Minors,[3] die ich bei Schönbach sah.   Das starke herauskehren des Östreichertums macht mich gereizt; dem dichter haftet das doch gar nicht so ausschliesslich an.   Hat man in Schweinfurt Rückert[4] nur als Baiern gefeiert? Auch Ihnen bin ich darüber etwas böse. Die Reichsdeutschen haben die feier doch sehr erhebend mitgemacht. Warum sollen wir nicht stolzer sagen: er war ein deutscher dichter? Ich sehe geradezu einen kleinen zwiespalt zwischen den höchsten seiner dichterischen absichten und seinem menschlichen wesen: dort ist nichts österr. hier ist vielleicht alles österr.   Ich stemme mich überhaupt gegen stammescharakteristik. Was wächst denn bei Weltrich[5] aus der Schwäbelei für Schiller heraus? Karls[6] regiment brauchen wir für Sch., wie Franzens[7] für Gr. zum verständnis. Aber auf das stämme zeichnen hab ich wenig, nein! kein wissenschaftliches vertrauen. Unser freund Bauer hat sich ohnlängst auch dagegen ausgespielt[8] und Sie können aus den worten merken, dass sie in gesprächen zwischen ihm und mir ausgetragen wurden.

Doch das führt mich ab. Ich bleib dabei, dass mir Ihre rede sehr inhaltreich erschien, gründlicher und tiefer als irgend etwas was ich über Grillparzer las. – –

Göschen stellte mir frei, auf dem circular über Ihre leitung der DLD meine abschiedsverbeugung zu machen. Das war sehr aufmerksam von ihm, ich antwortete aber: mir scheine das bei diesem nachfolger ganz unnötig. Hätte ein homo novus die leitung übernommen, so hätte ich ihm ja wol meine visitenkarte zur einführung mitgegeben.

Sind Sie jetzt ganz im reinen mit Nast?   Schüddekopf habe ich nun an Sie gewiesen. Bis wann darf ich Ihnen Sittenberger auf den hals schicken? Er wird noch aufsicht brauchen. Antworten Sie mir darauf hier. Wann kommen Sie? Sie wissen ja dass Schönbach am 18. in Wien spricht[9] und werden also wol diese tage nicht für Graz bestimmen.

Treu und herzlich
BSeuffert

Gehen Sie pfingsten nach München[10] u. Weimar[11] um auf den versammlungen sich Ihre künftigen mitarbeiter an den DLD anzusehen?

Handschrift: StAW. 1 Dbl., 3 S. beschrieben. Grundschrift: lateinisch.

1 *August Sauer: Akademische Festrede zu Grillparzers hundertstem Geburtstage. Gehalten in der Aula des Carolinums. Prag: Calve, 1891. Seufferts kritische Einlassungen weiter unten beziehen sich vor allem auf die einleitenden Partien, in denen Sauer die Bedeutung Grillparzers für die »Wiedergeburt« Österreichs als Kulturnation entwickelte (S. 6 f.):* »Grillparzer hat unser Selbstvertrauen wieder gehoben, er gab uns wieder Muth und Stärke im geistigen Kampfe. Er machte den Namen der Oesterreicher auf literarischem Gebiete wieder bekannt und geachtet. Er hat die österreichische Literatur wieder geschaffen, und er hat sie zwei Decennien lang durch seine Werke fast allein repräsentirt. Zwei Generationen von Dichtern, Schriftstellern und Gelehrten sind von ihm beeinflußt. Indem wir Franz Grillparzer feiern, feiern wir nicht einen beliebigen deutschen Dichter, feiern wir nicht blos einen der größten Dramatiker der Weltliteratur, nicht blos einen der ausgezeichnetsten Männer, die der deutsche Stamm in Oesterreich im Laufe der Jahrhunderte hervorgebracht hat, nicht blos einen unserer größten Patrioten: indem wir Franz Grillparzer feiern, feiern wir die geistige und dichterische Wiedergeburt Deutschösterreichs.« *Die Rede enthält vor allem in der Terminologie frühe Anklänge an Sauers Überlegungen zu einer stammeskundlichen Literaturbetrachtung, die er nach der Jahrhundertwende in seiner Prager Rektoratsrede »Literaturgeschichte und Volkskunde« (Prag: Calve, 1907) programmatisch ausführte.*
2 *zur Ausgabe von Grillparzers »Sämmtlichen Werken« (s. Brief 59, Anm. 5).*
3 *Jakob Minor: Rede auf Grillparzer, gehalten am 15. Jänner 1891 im Festsaale der Universität. Wien: Universität Wien, 1891 [²1891].*
4 *Der 100. Geburtstag des Dichters Friedrich Rückert (16.5.1888) war u. a. in seiner Geburtsstadt Schweinfurt, seinem Sterbeort Coburg sowie in Weimar mit Rückert-Feiern begangen worden. Seuffert könnte auch an die aufwendigen Feierlichkeiten zur Enthüllung des Rückert-Denkmals in Schweinfurt (19.–21.10.1890) gedacht haben, die Rückert als ›vaterländischen Dichter‹ inszenierten, bei dem »heimatgeschichtliche und gesamtdeutsche Ausrichtung zusammenfallen« (Rolf Selbmann: Friedrich Rückert und sein Denkmal. Eine Sozialgeschichte des Dichterkults im 19. Jahrhundert. Würzburg: Königshausen & Neumann, 1989, S. 168).*
5 *s. Brief 63, Anm. 19.*
6 *Herzog Karl von Württemberg.*
7 *Kaiser Franz II. von Österreich.*
8 *bezieht sich vmtl. auf eine Veröffentlichung von Adolf Bauer, in der er sich zu stammesgeschichtlichen Fragen geäußert hatte; nicht ermittelt.*
9 *Anton E. Schönbach hielt am 18.3.1891 in Wien auf Einladung des Vereins der Literaturfreunde einen Vortrag über »Wolfram von Eschenbach« (s. NFP, Nr. 9540, 18.3.1891, Mo.-Bl., S. 6; gedruckt: DR Bd. 68 [1891], S. 361–376).*

10 In München fand vom 20. bis 23.5.1891 die 41. Versammlung deutscher Philologen und Schulmänner statt, an der laut Teilnehmerverzeichnis weder Sauer noch Seuffert teilgenommen haben (s. Verhandlungen deutscher Philologen und Schulmänner in München vom 20. bis 23. Mai 1891. Leipzig: Teubner, 1892).
11 In Weimar fand am 8.5.1891 die 7. General-Versammlung der Goethe-Gesellschaft statt.

111. *(B) Sauer an Seuffert in Graz*
     Prag, 22. März 1891. Sonntag

PRAG WEINBERGE 450.
22.3.91.

Lieber Freund!
Ich habe meine Vorlesungen früh geschlossen und war bereits 14 Tage auf dem Lande bei meinen Verwandten, von wo ich gestern zurück kam. Ich habe diese Art Erholung einer Grazer Reise vorziehen müssen, weil ich mich auf einer solchen zuviel angestrengt u. aufgeregt hätte. Ich komme bald einmal in besserer Laune, als sie mir jetzt zu Gebote steht.

Gestern habe ich auch den Contract mit Göschen unterschrieben. Indem ich Ihnen für Ihre Recommandation noch einmal herzlich danke, will ich Ihnen über unsere Vereinbarungen kurz berichten. Er zahlt mir 10 M. pro Bg. als Herausgeber. Die Honorarliste haben wir beibehalten, wie Sie sie aufstellten. Die wichtigste Änderung betrifft die Einleitungen, die in der Regel ganz kurz sein sollen, nach Art der Brauneschen Sammlung. Ich will hauptsächlich mit jüngeren L[eu]ten arbeiten und ein festes Programm durchführen, ohne mich durch zufällige Anerbietungen davon ablenken zu lassen. Zunächst soll das Faustbuch¹ erscheinen, dann d Bl. v. deutscher Art und Kunst² (ich habe Lambel gefragt, ob ers machen will). Göschen will die erste Auflage des Münchhausen³ reproduciren; darüber sind wir noch nicht im Reinen. Dann sollen folgen: die ersten Göttinger M A.;⁴ die Schillerschen.⁵ Die Gözeschen Schriften gegen Lessing.⁶ Die Gegenschriften gegen Friedrich d. Große de la litt. all.⁷ ›Shakespeareübersetzungen des 18. Jahrh.: 1. Borcks Julius Caesar‹.⁸ –

Dann will ich die wichtigsten in der Hamb. Dramaturgie⁹ besprochenen Dramen in einzelnen Heften vorlegen.¹⁰ Selbst werde ich die erste Aufl. von Canitz¹¹ machen (wenn mir die Berliner¹² nicht zuvor kommen) u. die erste Aufl. der Hagedornschen Fabeln u. Erzhlg.¹³ – An Schüddekopf und Leitzmann habe ich vorläufig geschrieben; auch an Minor wegen des Blüthenstaubs; mich heute auch bei Schmidt, Werner u. Waldberg als Hrsg. vorgestellt. Sittenbergers Manuskript könnte ich in diesem Jahre nicht mehr zum Druck bringen, weil *[Gö]*schen heuer überhaupt wenig drucken will, um den Schaden des Uz halbwegs gut zu machen. Wird er im Laufe des Jahres 1892 fertig, so werde ich trachten, es unterzubringen. Wenn sich Termin u. Umfang des Heftes berechnen läßt, so lassen Sie mir beides mittheilen.

Für die gütige Aufnahme meiner Rede schönen Dank. Ich werde Sie zu Grillp. wohl niemals bekehren. Was den Stammescharacter anbelangt, so glaube ich, [daß] er sich wissenschaftlich einmal ganz genau wird analysiren lassen, nur sind unsere Methoden dazu noch nicht genügend ausgebildet. Auch ich tappe vielfach im Dunkeln, weiß auch daß meine Begabung nicht nach dieser Seite liegt; von einem einzelnen aus, sei es nun Schiller, Thukydides oder Grillparzer, wird sich die Frage überhaupt nicht lösen lassen. Ich habe bei Gelegenheit von Scalas Buch[14] [m]it Swoboda viel darüber gesprochen, wie Sie mit Bauer und mündlich kämpfte ich das Thema gerne mit Ihnen durch. – Pfingsten liegt für mich noch im Dunkeln. Einstweil steht allerdings München auf meinem Programm. Empfehlen Sie mich Ihrer lieben Frau u. bleiben mir gut.   Herzlichst
   Ihr   AS.

Handschrift: ÖNB, 422/1-197. 1 Dbl., 4 S. beschrieben. Grundschrift: deutsch. Empfängervermerk auf S. 4: Die Passage Was den Stammescharacter *bis* analysiren lassen *am Rand mit Bleistift angestrichen.*

1 *das »Faustbuch des Christlich Meynenden« (DLD. 39).*
2 *Von Deutscher Art und Kunst. Einige fliegende Blätter. [Hrsg. von Johann Gottfried Herder]. Hamburg: Bode, 1773; Neudruck: [Hrsg. von Hans Lambel]. Stuttgart: Göschen, 1892 (DLD. 40–41).*
3 *[Rudolf Erich Raspe]: Wunderbare Reisen zu Wasser und Lande, Feldzüge und lustige Abentheuer des Freyherrn von Münchhausen, wie er dieselben bey der Flasche im Cirkel seiner Freunde selbst zu erzählen pflegt. Aus dem Englischen nach der neuesten Ausgabe übersetzt [von Gottfried August Bürger], hier und da erweitert und mit noch mehr Kupfer gezieret. London [tatsächlich: Göttingen: Dieterich], 1786; kein Neudruck in den »DLD«.*
4 *s. Brief 12, Anm. 5.*
5 *s. Brief 51, Anm. 14; dort auch zu dem ursprünglich wesentlich größer angelegten Plan zum Neudruck der »Musenalmanache« des 18. Jahrhunderts (s. Brief 51, Anm. 9).*
6 *[Melchior] Goezes Streitschriften gegen Lessing. Hrsg. von Erich Schmidt. Stuttgart: Göschen, 1893 (DLD. 43–45).*
7 *»De la Littérature Allemande« von Friedrich dem Großen war schon 1883 in den »DLD« neugedruckt worden (s. Brief 27, Anm. 5). Für die Gegenschriften des Jahres 1781/82 gründete Sauer noch 1902 eine Unterreihe innerhalb der »DLD«, in der jedoch nur ein Titel erschienen ist (Justus Möser: Über die deutsche Sprache und Literatur [1781]. Hrsg. von Carl Schüddekopf. Berlin: B. Behr, 1902 [DLD. 122 = 3. Folge. 2/Gegenschriften gegen Friedrich des Großen De la Littérature Allemande. 1]).*
8 *Versuch einer gebundenen Uebersetzung des Trauer-Spiels von dem Tode des Julius Cäsar. Aus dem Englischen Werke des Shakespeare. [Übersetzt von Caspar Wilhelm von Borck]. Berlin: Haude, 1741; kein Neudruck in den »DLD«.*
9 *[Gotthold Ephraim Lessing]: Hamburgische Dramaturgie. 2 Bde. Hamburg, Bremen: Cramer, [1767–1769].*

10 Die Reihe wurde erst 1904 mit einem Drama von Christian Felix Weiße eröffnet, aber nicht fortgesetzt (Christian Felix Weiße: Richard der Dritte. Ein Trauerspiel in fünf Aufzügen. Hrsg. von Daniel Jacoby und August Sauer. Berlin: Behr, 1904 [DLD. 130 = 3. Folge. 10/Quellenschriften zur Hamburgischen Dramaturgie. I]).
11 s. Brief 86, Anm. 20.
12 s. Brief 86, Anm. 21.
13 [Friedrich von Hagedorn]: Versuch in poetischen Fabeln und Erzehlungen. Hamburg: Koenig, 1738; kein Neudruck in den »DLD«.
14 Rudolf von Scala: Die Studien des Polybios. [Bd.] I. Stuttgart: Kohlhammer, 1890. Der stammesgeschichtliche Ansatz kam vor allem im ersten Abschnitt »Familie, Jugendbildung und landschaftliche Einflüsse bei Polybios« (S. 11–63) zum Tragen.

112. (K) Sauer an Seuffert in Graz
    Prag, 17. Juni 1891. Mittwoch

Lieber Freund! Ich danke Ihnen herzlich für Ihre Glückwünsche.[1] Möchte ich Sie sobald als denkbar erwiedern <!> können. Ich bin übrigens erst mit Gehalt vom 1. Jan. 92 ernannt[!]!! Mit der Gesundheit gehts nicht mehr schlechter; aber auch noch nicht besser. Die freudige Erregung kann nur nützen.

Chemie.[2] I. Skr...p.
II. Gldsmdt.
Dann x andre flüchtig genannt.
K...e[3] vermuthlicher Rector.

Alles Schöne auch an Ihre liebe Fra[u].
Behalten Sie mich lieb.
Ihr
AS.

17/6 91.

Handschrift: ÖNB, Autogr. 422/1-200. Postkarte. *Adresse:* Herrn Professor Dr. Bernhard Seuffert / Graz. / Harrachgasse 1. *Poststempel:* 1) Prag/Praha, 18.6.1891 – 2) Graz Stadt, 19.6.1891. *Grundschrift:* deutsch.

1 Seuffert hatte Sauer in einem undatierten, kurz vor dem 17.6.1891 geschriebenen Brief (StAW) zu dessen Ernennung zum Ordinarius in Prag (s. Brief 85, Anm. 8) gratuliert. Die vom 5.6.1891 datierende allerhöchste Entschließung war am 14.6. in der »Wiener Zeitung« (Nr. 134, S. 1) publiziert worden.
2 Der Chemiker Richard Maly, seit 1886 Ordinarius für allgemeine Chemie in Prag, war am 24.3.1891

gestorben. Seuffert hatte sich auf einer Karte vom 19.5.1891 (StAW) erkundigt, ob, wie es gerüchteweise heiße, sein Grazer Kollege Zdenko Hans Skraup als Nachfolger Malys im Gespräch sei. Offenbar nannte der ursprüngliche Kommissionsvorschlag Skraup an erster Stelle. Der Ruf ging jedoch noch 1891 an Guido Goldschmiedt (Wien).
3 *Johann Kelle amtierte im Unterrichtsjahr 1891/92 als Rektor der deutschen Universität Prag.*

113. *(K) Sauer an Seuffert in Graz*
 Westerland auf Sylt, 10. August 1891. Montag

L. F. Die freudige Nachricht, daß Ihnen ein Sohn[1] geboren wurde, theilte mir Suphan in Wyk auf Föhr mit, in dem Momente als ich aufs Schiff stieg, um nach Sylt zu fahren. Hier erhielt ich später Ihre Karte und nun neh[m]en Sie meine herzlichen und aufrichtigen Glückwünsche, wenn auch verspätet, entgegen! – Ich habe die Grazer Unruhe büßen müßen, fühle mich aber hier schon um vieles wohler und hoffe von den nächsten Wochen das Beste. Leider ist das Wetter sehr schlecht, was auf die Stimmung allerdings mächtig einwirkt.

Meine Schreibfaulheit ist grenzenlos. Ich habe auch an Gösch[en] noch nicht geschrieben. Denken Sie deswegen nicht schlechter über mich.

Mit den besten Empfehlungen an Ihre verehrte Frau grüßt Sie bestens Ihr aufrichtig
 Ergeb
 AS.

Sylt, 10/8. 91.

Handschrift: ÖNB, Autogr. 422/1-202. *Postkarte. Adresse:* Herrn Professor Dr. Bernhard Seuffert / Graz Oesterreich / Harrachgasse 1. *Poststempel:* Westerland, 10.8.1891 – 2) Graz Stadt, 12.8.1891. *Grundschrift: deutsch.*

1 *Lothar Seuffert (geb. 23.7.1891); s. Seuffert an Sauer, Karte vom 24.7.1891 (StAW): »Leider leider verfehlten wir uns bei Ihrer überraschenden abfahrt. Seitdem wuchs bei mir ein bub zu.«*

114. *(K) Seuffert an Sauer in Prag [nachgesandt von Prag-Weinberge nach Prag-Smichow]*
 Graz, 17. Mai 1892. Dienstag

Lfr. Ich gratuliere zur umarbeitung![1] Sie hat sehr gewonnen, meine ich; eine vergleichung hatte ich freilich nicht angestellt, aber die lektüre war mir jetzt noch sympathischer als früher. Auch für die Maretaschrift[2] danke ich. Die balladenstr. sind wirklich schön. Andere haben ein dürftiges oder ein wunderliches opfer gebracht. Wenn Sie was von mir[3] erhalten, das in Ihre ›interessensphäre‹ pfuscht, so verzeihen Sies und denken beim lesen: er weiss ja, dass das nur gepfuscht ist.

Schönbach war über Ihren brief[4] erfreut. Er versucht seit heute zweimal am tage das bett zu verlassen, ist nicht so schwach als ich fürchtete, hat aber doch wol längere reconvalescenz vor sich als er meint u. wünscht. In den Kelle[5] hat er geguckt und sich sehr entrüstet: ihn dünkt der wurf mislungen. – Soeben stellte ich das 3. heft der VJS. zusammen, lauter beschnittene waare.[6] Ich muss doch an den kopf u. den schwanz was christliches setzen. – Minor reichte mir schriftlich seine freundschaftsrechte!   Sehen Sie sich die hose des 2jährigen Schiller[7] in Wien an? es scheint ein hauptstück der ausstellung.

Grüssend Ihr
BSfft.

Anbei das elaborat[8] einer germanistin von beruf! und anderes vom — berufenen??

Datum: s. Poststempel. Handschrift: StAW. Postkarte. Adresse: Herrn Professor Dr. A. Sauer / Prag Weinberge 450 *Adresse durch Postzusteller gestrichen und ersetzt:* Kreutzherengasse <!> / Smichow *Poststempel: 1) Graz Stadt, 17.5.1892 – 2) Königl. Weinberge/Královské Vinohrady, 18.5.1892 – 3) Smichow Stadt/Smíchov Město, 19.5.1892. Grundschrift: lateinisch.*

1 August Sauer: Franz Grillparzer. Eine litterarhistorische Skizze. Zweite, umgearbeitete Auflage. Stuttgart: Cotta, 1892.
2 Dem hochwürdigen Herrn P. Hugo Mareta, Capitular des Schottenstifts, k. k. Schulrath und Professor am k. k. Schottengymnasium, zum vierzigjährigen Dienst-Jubiläum von alten Schülern. [Hrsg. von Jakob Minor]. Wien: Jasper, [1892]. Darin von August Sauer: Zwei ungedruckte Fragmente aus Grillparzers Nachlass (S. 14–17): 1. Durch Fühnen zieht, aus fernem Land. 2. Der Tag brach an mit mildem Schein.
3 Bernhard Seuffert: Anastasius Grün. In: DR Bd. 71 (1892), S. 375–390. Sauer bedankte sich in seinem Brief vom 14.6.1892 (ÖNB, Autogr. 422/1-209) für die Sendung: »Ich bin auch noch wegen des Anast. Grün in Ihrer Schuld. Ihr Aufsatz ist mir deshalb sehr sympathisch, weil endlich einmal der verhimmelnde Ton [...] von jemand herabgestimmt wird. In der Beurteilung des Dichters stimme ich überein mit Ihnen. Historisch ist Grün aber doch viel wichtiger als Sie durchblicken lassen u. ich werde (wenn mein Buch jemals zu Stande kommt,) manches heranziehen, was sich allerdings erst im größeren Zusammenhange ergiebt.«
4 nicht ermittelt.
5 Johann Kelle: Geschichte der Deutschen Litteratur von der ältesten Zeit bis zur Mitte des elften Jahrhunderts. Berlin: Hertz, 1892. Ein zweiter Band, mit dem sich zugleich der Gesamttitel des Werkes veränderte, folgte (ders.: Geschichte der Deutschen Litteratur von der ältesten Zeit bis zum dreizehnten Jahrhundert. Bd. 2. Berlin: Hertz, 1896).
6 Seufferts Bemerkung spielt an auf die Beiträge von Mitarbeitern jüdischer Herkunft zu Heft 3 (1892) der »Vierteljahrschrift für Literaturgeschichte«, darunter Georg Ellinger, Ludwig Fränkel und Richard M. Meyer.

7 *Schillers Hose wurde zusammen mit anderen Gegenständen aus Schillers Geburtszimmer in Marbach am Neckar im Rahmen der Internationalen Ausstellung für Musik- und Theaterwesen in Wien (7.5.–9.10.1892) gezeigt (s. Theophil Antonicek: Die Internationale Ausstellung für Musik- und Theaterwesen Wien 1892. Wien, 2013, S. 74, 81.*
8 *Hedwig Waser: Eine Satire aus der Geniezeit. In: VfLg 5 (1892), S. 249–270.*

115. (B) Seuffert an Sauer in Prag
    Graz, 4. August 1892. Donnerstag

Graz 4.8.92

Lieber freund   Vor allem nehmen Sie meinen und meiner frau herzlichen glückwunsch zur bevorstehenden vermählung¹ an: möge Ihre ehe so glücklich sein wie unsere! ich kenne keine <!> höheren wunsch. Möge ihr all das bittere leid verspart bleiben, das uns ward, obwol auch im leid das glück der zusammengehörigkeit sich bewährt. – –

Hauffen ist Ihnen zuvorgekommen,² das ist eine missliche empfindung, wie ich aus eigner erfahrung weiss, da ein naher freund sich später verlobte und früher verehelichte als ich. Aber das muss ertragen sein.

Schönbach stärkt sich in Schruns; er hatte es noch recht nötig als er abfuhr von hier, die reise hat ihn ausserordentlich angestrengt. Glücklicher weise ahnt er nicht, wie viel sorge er uns diesen sommer bereitete. Ich setze alle hoffnung auf seinen jetzigen aufenthalt.

Gurlitt residiert mit seiner familie im Kroisbachschlössel,³ dessen Sie sich wol noch erinnern. Bauer sitzt bei seiner frau und hält sie in ruhe, damit das christkindlein⁴ dieses hauses ordentlich gedeihe. Willy⁵ freut sich aufs schwesterchen.

Ich wollte jetzt auf dem lande sein mit frau und kind. Aber ich fand nicht rasch einen passenden ort, da ich unkundig bin und zu lange säumte; jetzt ward ich unwol und muss noch etwas ruhe halten. Ob dann das wetter und die jahreszeit gut genug sind mit dem einjährigen knaben den ort zu wechseln, warte ich ein paar tage notgedrungen ab. Der zahnarzt hält mich fest.

Zugleich schicke ich Ihnen etwas Grillparzerisches.⁶ Mir ist der gesuchte stil so zuwider, dass ich den inhalt kaum verstehe. Vielleicht und hoffentlich behagt das kunststück Ihnen besser.   Auch ein Gleim-Kleistbrief⁷ liegt bei.

Und nun, wenn Sie in den hochzeitsvorbereitungen noch eine halbe stunde zeit für schulsachen haben, eine bitte: ich möchte im nächsten winter im seminar einmal Grillparzer treiben, am liebsten die dramatischen fragmente.⁸ Oder raten Sie etwas anderes? Die voraussetzung ist, dass ich allen zuhörern billige ausgaben in die hand geben kann; da ich sie nicht veranlassen kann, den ganzen Grillparzer zu kaufen; dazu fehlt ihnen das geld. Können Sie Ihren verleger veranlassen, für solchen zweck einzelne bände der supplemente[9] abzugeben? Die werden ja jetzt doch, wenn sie nicht ganz vergriffen sind, makulatur, da die neue ausgabe in fluss kam: Ist denn Ihre neue ausgabe dieselbe, die auch in der Cottaschen Weltlitteratursammlung erscheint? Auch da soll man sich auf abnahme des ganzen verpflichten, was studenten nicht können. Ich frage so zeitig, da ich mich sonst nach einem andern thema umsehen muss, ich habe vorsichtig nur angekündigt: seminar, 19. jh. Jedenfalls möchte ich etwas aus der österreichischen litteratur des 19. jh. nehmen, die jetzt am gymnasium vorgeschrieben ist,[10] muss mich aber erst orientieren.

Ich habe vergangenes semester zum 1. mal ein interpretationskolleg[11] gehalten, 1 stunde über ein paar gedichte des sog. kanons des österr. gymn. lehrplanes. Das war teilweise öde, grösseren teiles für mich sehr lehrreich und hoffentlich den studenten nützlich. Auch die dialoge über poetik in Goethe-Schillers-brfw., im seminar gehalten, waren teilweise recht gelungen. Ich probiere immer neues.

Haben Sie gesehen, wie sich Braitmaier für meine anzeige[12] seines buches am schlusse seiner streitschrift[13] bei mir bedankte? Ich beneide die Schwaben um ihre urwüchsige grobheit.

Leben Sie wol, kommen Sie hieher mit Ihrer lieben frau, aber wenn wir hier sind: anfang oktober muss ich vielleicht in Weimar goldne hochzeit[14] feiern helfen, schraube mich aber davon wenns irgend geht.

Abermals: glück! tu dich auf!

Ihr

getreuer

BSeuffert.

Handschrift: StAW. 1 Dbl., 4 S. beschrieben. Grundschrift: lateinisch.

1 Sauer heiratete am 8.9.1892 Hedda Rzach, die noch nicht ganz 17-jährige Tochter seines Prager Kollegen Alois Rzach. Die Trauung fand in der Schlosskapelle zu Krummau/Krumlov/Südböhmen statt (s. Buxbaum: Sauer, S. 205).
2 Sauers Schüler Adolf Hauffen hatte sich 1892 – vmtl. im Laufe des Sommers – mit Klothilde Pistl verheiratet.
3 Schloss Kroisbach, im 17. Jahrhundert erbautes Barockschloss nördlich von Graz.
4 Hildegard Bauer (geb. 1892), das zweite Kind von Adolf und Amalie Bauer.
5 Wilhelm Bauer.
6 Richard M. Meyer: Über Grillparzers Traum ein Leben. In: VfLg 5 (1892), S. 430–452.
7 Carl Schüddekopf: Ein Brief Gleims an E. v. Kleist. In: VfLg 5 (1892), S. 612–614. Der Brief (Halberstadt, 31.8.1757) fehlte in Sauers Kleist-Ausgabe.
8 Für das Wintersemester 1892/93 hatte Seuffert in seinem Seminar »Uebungen an deutscher Literatur des

19. Jahrhunderts« angekündigt. Da sich die zur Behandlung der Grillparzer-Fragmente notwendigen gedruckten Quellen nicht beschaffen ließen (s. Brief 116), beschränkte Seuffert die Übungen auf Grillparzers Drama »Die Ahnfrau« (1817). Im Seminarbericht heißt es: »Der dramatische Aufbau, die theatralische Inszenierung, die Charakteristik der Personen, Sprache, Vers und Reim wurden genau beobachtet und in jedem Punkte allgemeine historische und theoretische Erörterungen über Dramaturgie und Theaterwesen angeknüpft. Das Interesse der Interpreten und Zuhörer war befriedigender als ihre Leistungen.« (Müller/Richter: Prakt. Germ., Nr. 36, S. 121).

9 Gemeint sind die Supplement-Bände zur vierten Ausgabe von Grillparzers »Sämmtlichen Werken« (s. Brief 59, Anm. 5), welche die von Sauer erstmals edierten dramatischen Fragmente enthalten. Die fünfte Ausgabe erschien 1892/93. Der stereotypierte Satz wurde auch für eine parallel erscheinende Ausgabe in »Cottas Bibliothek der Weltlitteratur« benutzt.

10 Der 1884 beschlossene österreichische Lehrplan für den Unterricht in der deutschen Sprache an den Gymnasien war durch ministeriellen Erlass vom 14.1.1890 in verschiedenen Punkten geändert bzw. ergänzt worden. Für die VI. Gymnasialklasse war mit Beginn des Schuljahres 1890/91 ein »Überblick über die Entwicklung der deutschen Literatur in Österreich im XIX. Jahrhundert mit besonderer Berücksichtigung Grillparzer's« vorgesehen. In der zugehörigen Instruktion heißt es ergänzend: »Durch die Ausscheidung von Schiller's Abhandlung ›Über naive und sentimentalische Dichtung‹ wird auch erreicht werden, dass bei den österreichischen Dichtern des XIX. Jahrhundertes länger verweilt, insbesondere ein Drama Grillparzer's in der Schule gelesen werden kann.« (Instructionen für den Unterricht an den Gymnasien in Österreich. 3., erg. Aufl. Wien: Pichler, 1891, S. 425 f.).

11 Im Sommersester 1892 hatte Seuffert über »Erklärung neuhochdeutscher Gedichte des Gymnasial-Lehrplanes« (1-st.) gelesen und im Seminar »Übungen über Poetik im Anschluss an Schiller-Goethes Briefwechsel« (2-st.) abgehalten.

12 zu Friedrich Braitmaiers »Geschichte der Poetischen Theorie und Kritik« (s. Brief 97, Anm. 6).

13 Friedrich Braitmaier: Göthekult und Göthephilologie. Eine Streitschrift. Tübingen, 1892 (Beilage zum Programm des königl. Gymnasiums zu Tübingen. 587). Braitmaiers Schrift enthält eine Polemik gegen die Methoden der neueren Goethe-Philologie, insbesondere der Wilhelm Scherers und seiner Schüler. Die auf Seufferts Rezension bezügliche Stelle befindet sich unter den Anmerkungen, die Braitmaier am Schluss seines Buches auf einem unpaginierten Blatt gab: »Ich habe in meiner ›Geschichte der poetischen Theorie und Kritik etc.‹ die Stellung Lessings zum Werther aus seiner männlichen Persönlichkeit zu erklären versucht. Herr Bernh. Seuffert schilt mich deshalb einen Nicolaiten. Ich bin weder Nicolait noch Lessingit, weder Schillerit noch Göthit, sondern schlichter Historiker, der Menschen und Thatsachen zu begreifen und zu erklären sucht. Herr Seuffert ist einseitiger Philologe vom reinsten Wasser, dem leider geschichtlicher Sinn, freier Blick, umfassende wissenschaftliche Bildung, wie sie z. B. E. Schmidt besitzt, sehr abgeht. Seit langer Zeit beschäftigt er sich mit Wieland und ist nicht einmal im Shaftesbury zu hause, der doch einen so bedeutenden Einfluss auf das geistige Leben des vorigen Jahrhunderts […] direkt und indirekt ausgeübt hat. – Seuffert gehört zu den extremsten Entlehnungstheoretikern. Göthes Faust ist nach ihm eine Kopie des ›gleichgeeigenschafteten (!) Vorbilds‹: ›Die Wahl des Herkules‹ v. Wieland 1773. Neben zahlreichen anderen Stellen führt er auch die Worte Fausts: ›Zwei Seelen wohnen, ach! in meiner Brust‹ auf jenes Drama zurück. Indes jene Stelle findet sich im [Faust-]Fragment von 1790 noch nicht, sie fällt wohl 1800, wo Göthe sich mit Schriften über Magie u. drgl. beschäftigte. Wie soll er da jene Worte aus einer Schrift von 1773 entlehnt und nicht vielmehr aus sich selbst entnommen haben? Weiss denn Herr Seuffert nichts von dem Dualismus des sittlichen Bewusstseins, wie es sich ja auch im Christentum mit seinem Gesetz des Geistes und des Fleisches so scharf ausspricht?«

14 Carl Alexander und Sophie von Sachsen-Weimar-Eisenach begingen am 8.10.1892 ihren 50. Hochzeitstag. Aus diesem Anlass gab Seuffert zusammen mit den anderen den Mitgliedern des Redaktionsausschusses der

Weimarer Goethe-Ausgabe – Herman Grimm, Carl Redlich, Erich Schmidt, Bernhard Suphan – sowie ihrem Verleger Hermann Böhlau außerhalb des Buchhandels die Festschrift »Zum 8. October« ([Weimar: H. Böhlau, 1892]) heraus.

116. (B) Sauer an Seuffert in Graz
Krummau, Böhmen, 8. August 1892. Montag

Lieber Freund! Ich danke Ihnen herzlich für Ihre guten Wünsche. Es ist alle Aussicht vorhanden, daß sie in Erfüllung gehen werden. *[Hie]r* leide ich sehr viel unter meiner (allerdings leicht erklärlichen) Ungeduld über den Verlust der schönen Ferien. Die Hochzeit wird am 8. Spt. sein; bis dahin bleibe ich hier. – Es thut mir leid, daß Sie wieder unwohl sind und so spät aufs Land kommen. Wenn Sie nur am Ort wären, bei unserer Durchreise, die überdies noch von der Cholera[1] u. deren Fortschreiten abhängt. Vielen Dank für die beiden Aufsätze. *[V]on* wem der gräßliche Schwefel über Grillparzer sein mag. Ich hätte diesen Schwund <!> niemals drucken lassen. Es ist ja der reine Unsinn. Überdies haben die Kritiker der 30 und 40er Jahre längst ähnliches behauptet. – Ihren Plan Grillp. Fragmente im Seminar behandeln zu lassen, fände ich ausgezeichnet, wenn das Material leichter zu beschaffen wäre. Mit Cottas läßt sich gar nich*[ts]* anfangen. Sie sind die reinen Krämer geworden u. haben mir bei gleicher Veranlassung alles rundweg abgeschlagen; übrigens sind diese Ergänzungsbände nicht theuer. Die neue, 5. Ausgabe, erscheint leider! nur als Theil der Bibliothek der Weltlitteratur, wird in Folge dessen schlecht (eng!) gedruckt; aber da ist glaube ich jeder Band <u>einzeln</u> käu*[f]*lich. Nur wirds wahrscheinlich sehr lange Zeit dauern bis die betreffenden Bände erscheinen werden. Gegenwärtig ist Bd 4 (Ahnfrau, Sappho) im Druck; die Fragmente sind Bd 11.12. Sollten Sie dennoch bei dem Thema beharren, so will ich Ihnen ein paar *[W]inke* geben, die Ihnen viele Mühe ersparen werden. Alles historische für die Jugenddramen dürfte aus Gay <!> und Guthrie, der großen 90. bändigen Weltgeschichte[2] stammen, (Troppauer – Ausgabe.) Vielleicht setzen Sie einen Historiker auf das in der VJS. abgedruckte Fragment,[3] das mir noch immer räthselhaft ist. – Wenn Sie vielleicht über die fertigen Dramen arbeiten ließen, da sind jetzt die Lichtenheldischen Schulausgaben[4] vorhanden mit Verszählung, die recht billig *[si]nd* u. auch sonst ist jedes Drama einzeln zu haben. – Braitmaiers Pamphlet bring ich nicht hinunter, obgleich ich eigentlich gut drin wegkomme. Schmidt hat ihn viel zu gut behandelt.[5] Er müßte gründlich durchgewalkt werden.

In den Litteraturdenkmalen drucke ich jetzt die Blätter v. D. A. & Kunst[6] mit dem pedantischen Lambel, der mich wegen jedes Quarks bis aufs Blut quält. Jeder abgesprungene Buchstabe des Orig. macht *[ih]m* Kopfzerbrechen u. die Vignette auf dem Titelblatt bereitet ihm schlaflose Nächte. Diese Leute bringen unsere Wiss. in

Verruf. Übrigens stellt sich heraus, daß Suphan ganz inconsequent, ja liederlich arbeitet. Seine Excerpte aus ungedruckten Papieren sind kaum zu brauchen. Skandal! –

Verzeihen Sie das wenig zusammenhängende dieses Briefes; ich bin hier stets sehr müde und habe es auch in meinem Quar*[tier]* etwas unbequem. –

Mit vielen Grüßen von mir und meiner Braut an Sie und Ihre liebe Frau
Ihr aufrichtig und treulichst Erg.
AS.

Krummau. Böhmen
8.8.92.

Handschrift: ÖNB, Autogr. 422/1-210. 1 Dbl., 4 S. beschrieben. Grundschrift: deutsch.

1   *1892 war eines der schwersten Cholera-Jahre für Asien und Osteuropa. Auch in vielen westeuropäischen Städten trat die Krankheit auf, nahm aber nur in Hamburg epidemische Ausmaße an, wo der Seuche im August/September mehr als 8500 Menschen zum Opfer fielen.*
2   *Allgemeine Weltgeschichte. Im Englischen hrsg. von Wilh. Guthrie und Joh. Gray, übersetzt und verbessert von Christian Gottlob Heyne [u. a.]. 98 Bde. Troppau, Brünn: J. G. Traßler im Verlag der Kompagnie; Wien: J. Schrämbl bei C. Kroß, 1785–1805.*
3   *Gemeint sind die heute unter dem Titel »Heirat aus Rache. III« bzw. »IV« (1835/39) bekannten Fragmente (s. HKGA I, Bd. 8/9, S. 242 f. u. 250–253), die Sauer in seinem Aufsatz »Zu Grillparzers dramatischen Fragmenten« (VfLg 1 [1888], S. 443–470, hier: S. 459–465) unter der Überschrift »Ein Trauerspiel aus Sicilien?« erstmals abgedruckt hatte, ohne sie einem bestimmten Stoff oder einer Quelle zuordnen zu können.*
4   *Von Adolf Lichtenhelds Ausgaben der Werke Grillparzers innerhalb der Reihe »Schulausgaben deutscher Klassiker mit Einleitungen und erklärenden Anmerkungen« (Stuttgart: Cotta) lagen zu diesem Zeitpunkt die Stücke »Die Ahnfrau« (1889), »Das goldene Vliess« (1890), »König Ottokars Glück und Ende« (1890), »Sappho« (1891) und »Der Traum, ein Leben« (1892) vor, die jeweils wiederholt aufgelegt wurden.*
5   *Erich Schmidt war in seiner in launigem Ton gehaltenen Besprechung von Friedrich Braitmaiers »Goethekult und Goethephilologie« (DLZ 13 [1892], Nr. 25, Sp. 817–819) besonders dem Vorwurf entgegengetreten, die Vertreter der sog. ›Goethephilologie‹ stünden Schiller im Allgemeinen ablehnend gegenüber, und er hatte eine differenziertere Sicht auf die verschiedenen Strömungen der Goetheforschung angemahnt, die Braitmaier als zu homogenes Feld beschreibe: »B. packt uns immer in einen Knäuel zusammen, Futter für Pulver, wie Falstaffs Rekruten. Auch würde er bei ausgebreiteter Litteraturkenntnis weder von so manchem anderweitigen Bekenntnis seiner Schlachtopfer absehen, noch so manches schussgerechtere Wild laufen lassen. Was die ›Goethephilologie‹ anlangt, so wird H. Grimm sicherlich nicht zu ihr schwören, so hat Scherer ein freies grosses Programm geschrieben, so habe ich 1891 meine Stellung zur ›Faustphilologie‹ klar bezeichnet. Die ›Goethephilologie‹ hat wie der ›Goethecultus‹ Vertreter mancher Art. Sie leidet an keiner ihr allein eigentümlichen Krankheit, sondern teilt Vorzüge und Mängel, auszehrende wie hypertrophische, mit Nachbargebieten der Litteraturgeschichte und andern historisch-philologischen Wissenschaften.« (Sp. 818).*
6   *»Von deutscher Art und Kunst« (DLD. 40–41).*

117. (K) Seuffert an Sauer in Prag
    Graz, 25. November 1892. Freitag

Lieber freund   Bitte sagen Sie uns, wie hoch das germanistische seminar in Prag[1] dotirt ist: bücherkauf, bibliothekarsremuneration, stipendien getrennt. Sie haben ja gewiss einen studenten als bibliothekar; hält er täglich bibliotheksstunde? ist Ihr bibliothekszimmer immer offen für die seminaristen? werden keine bücher absichtlich und zufällig entfremdet?
    Im voraus dankend grüsst
    Ihr
    BSfft.

Lambel flickt Sphn.,[2] dem corresp. mitglied der bair. akademie! weniger am zeug als ich dachte.

Graz Harrachg. 1
25 XI 92

Handschrift: StAW. Postkarte. *Adresse:* Herrn Professor Dr. August Sauer / Prag / Smichow 586 *Poststempel:* 1) Graz Stadt, 25.11.1892 – 2) Prag/Praha, 26.11.1892 – 3) Smichow Stadt/Smíchov Město, 26.11.1892. *Grundschrift:* lateinisch.

1   Das Seminar für deutsche Philologie war 1874 unter den Professoren Johann Kelle und Ernst Martin gegründet worden. Sauer fungierte seit Sommersemester 1886 als Mitdirektor neben Kelle.
2   Bernhard Suphan war 1892 zum korrespondierenden Mitglied der Kgl. Bayerischen Akademie der Wissenschaften gewählt worden. Seuffert bezieht sich auf einzelne kritische Bemerkungen und textkritische Einwände zu Suphans Herder-Arbeiten in Hans Lambels Einleitung zum Neudruck von Herders Zeitschrift »Von Deutscher Art und Kunst« (DLD. 40–41).

118. (K) Sauer an Seuffert in Graz
    Prag, 27. November 1892. Sonntag

Lieber Freund! Durch den unglaublichen Leichtsinn K–s[1] besitzt unser Seminar gar nichts u. alle *[m]*eine Bemühungen die Jahre hier eine*[n a]*ndern Zustand zu erreichen prallten an *[se]*iner Indolenz ab. Wir sind in einem Loch untergebracht, in dem kaum 5 Leute athmen können. Bibliotheksdotation keine! Für Stipendien 180 fl. pro Semester, welche Summe wir unter uns theilen. Was wir davon ersparen, verwenden wir auf Bücherankauf. Der Bibliothekar versah bisher sein Amt umsonst; im vorigen Sommersemester verliehen wir ihm, da er auch sonst unsere Arbeitssäule ist, zum

ersten Mal auf mein Andringen ein Stipendium von 30 fl. Das Bibliothekszimmer ist gesperrt, der Schlüssel ist beim Pedell u. Portier, Bibliotheksstunden dem Belieben des jeweiligen Bibliothekars überlassen; heuer fast täglich, weil die Leute im Grimmschen Wörterbuch für das 16 Jh.[2] arbeiten müssen. Weggekommen ist seitdem ich in Prag bin ein einziges Buch, aber auch nicht aus meiner Abtheilung; deshalb weiß ich das nähere darüber nicht. – Nimor[3] sucht nun auch mit mir Annäherung u. hat mich um einen Vortrag für Pfingsten[4] gebeten. Er steht momentan offenbar in seiner menschenfreundlichen Periode. – Uns geht es sehr gut, nur gearbeitet könnte mehr werden. – Herzlich grüßend
    Ihr   AS.

Prag, Smichow 586. 27.11.92.

Handschrift: ÖNB, Autogr. 422/1-215. Postkarte. *Adresse:* Herrn Prof. Dr. Bernhard <u>Seuffert</u> / Graz / Harrachgasse 1. *Poststempel:* 1) Prag Kleinseite/Praha Mala Strana, 27.11.1892 – 2) Graz (Stadt), 28.11.1892. *Grundschrift: deutsch.*

1 *Johann Kelle.*
2 *Sauer las im Wintersemester 1892/93 über »Geschichte der deutschen Literatur im 16. Jahrhundert«; im Seminar standen »Interpretationen ausgewählter Schriftsteller des 16. Jahrhunderts« auf dem Programm.*
3 *Anagramm zu (Jakob) Minor.*
4 *zur 42. Versammlung deutscher Philologen und Schulmänner, die vom 24. bis 27.5.1893 in Wien abgehalten wurde. Jakob Minor war Obmann der Germanistischen Sektion. Sauer hat – ebenso wie Seuffert – nicht an der Versammlung teilgenommen, beteiligte sich aber an einer der Tagung gewidmeten Festschrift der Deutschen Gesellschaft für Altertumskunde in Prag (August Sauer: Studien zur Familiengeschichte Grillparzers. In: Symbolae Pragenses. Festgabe der Deutschen Gesellschaft für Alterthumskunde in Prag zur 42. Versammlung deutscher Philologen und Schulmänner in Wien. Wien, Prag: Tempsky, 1893, S. 195–214).*

119. *(B) Sauer an Seuffert in Graz*
    Prag, 28. März 1893. Dienstag

Prag, 28.3.93
Smichow 586.

Lieber Freund!
Obwohl ich nicht weiß, ob der Brief Sie vor Ihrer Rückkehr treffen wird, will ich ihn doch auf gut Glück absenden.
    Es wird Ihnen zwar schon selbst in den Sinn gekommen sein, aber vielleicht auch nicht und dann will ich den Dank den auch ich Ihnen [a]ls Redacteur der VJS

schulde theilweise damit abtragen: ich glaube es wäre jetzt der Moment, wo wir das Gesuch um Subventionierung der VJS. beim Ministerium erneuern sollten, weil die Germania[1] eingeht, die bisher unterstützt wurde. Diese Summe wird frei und auf die sollten Sie so ra*[sc]*h als möglich Beschlag legen. Kann ich dabei mitwirken, so rechnen Sie auf mich.

Dann freilich eine Bitte. Können Sie mir angeben, bis wann der äußerste Termin ist, um etwas ins 3. resp. 4. Heft dieses Jahrgangs zu bringen. Ich muß mir einiges vom Hals schaffen, bin aber bis über d Ohren in Arbeit. 14 Bände Grillparzer[2] sind bereits corrigiert; noch sechs. Es ist zum Ersticken, so viel Papier.

Lassen Sie sichs auf Ihrer Reise recht gut gehen und kommen Sie frisch nach Hause. Zu Pfingsten sehn wir uns wol.

Treulichst

Ihr

AS.

Handschrift: ÖNB, Autogr. 422/1-218. 1 Dbl., 3 S. beschrieben. Grundschift: deutsch.

1 *Die »Germania. Vierteljahrsschrift für Deutsche Alterthumskunde«, gegründet 1856 von Franz Pfeiffer, war mit Abschluss des 37. Jahrgangs (1892) eingestellt worden. Die von Sauer angeregte Übertragung der staatlichen Subvention auf die »Vierteljahrschrift für Literaturgeschichte« wurde ebenso abgewiesen wie Seufferts frühere Anträge auf finanzielle Unterstützung seiner Zeitschrift (s. Brief 92, Anm. 3 u. Brief 106, 2).*
2 *von der fünften Ausgabe von Grillparzers »Sämmtlichen Werken« (s. Brief 115, Anm. 9).*

120. *(K) Sauer an Seuffert in Graz*
    Prag, 27. Mai 1893. Samstag

L. F. Da wir uns in Wien nun nicht getroffen haben, möchte ich Sie um zweierlei fragen*[:]* 1. Sie lesen heuer: Einfhrg. i. d. St*[ud. d.]* G. d. n. d. Lit.[1] Was machen Sie da? Ich halte ein solches Colleg seit langem für wünschenswert; aber ich fand bisher zu große Schwierigkeiten. Vielleicht skizzieren Sie mir das mit ein paar Worten. 2. Ich muß im Juli nach Weimar wegen des Götz[2] u. möchte gern wissen, ob die Frau Großherzogin[3] noch immer Tantiemen bezahlt wie früher. Die Reise zahlt sie mir einmal, hieß es damals. Diese hätte ich also verwirkt. Aber der Aufenthalt scheint auch bei wiederholter Anwesenheit vergütet zu werden.

In den DLD drucke ich jetzt an Goeze contra Lessing[4] (ESchmidt); dann folgt: Forster Kleinere Schriften[5] (Leitzmann) und 1 Bd. Göttinger MA.[6] (Redlich). Mit Nr 50 beginnen wir 1 neue Serie mit neuer Ausstattung, anderm Umschlag etc. Heft 1 wahrscheinlich: Thomasius Von der Nachahmung der Franzosen.[7] Dann Rost

Vorspiel;⁸ Thümmel Wilhelmine;⁹ ein weiterer Bd. MA.¹⁰ und Borckmann <!> Bookesbeutel (Schlenther)¹¹ Weiterhin denk ich an ein Lstspl. der Kaiserin Katharina II,¹² ein Bändchen franz. Gedichte Friedrich d Großen;¹³ an das Volksbuch vom Ewigen Juden.¹⁴ Langsam bereite ich vor: Withof,¹⁵ Caniz,¹⁶ Oest.¹⁷ Von andern Plänen nächstens.

Bestens grüßend   Ihr aufrichtig Ergeb.   AS.

Datum: s. Poststempel. *Handschrift:* ÖNB, Autogr. 422/1-221. Postkarte. *Adresse:* Herrn Professor Dr. Bernhard Seuffert / Graz / Harrachgasse 1. *Poststempel:* 1) Prag Kleinseite/Praha Mala Strana, 27.5.1893 – 2) Graz Stadt, 28.5.1893. *Grundschrift: deutsch.*

1   Seuffert las im Sommersemester 1893 eine »Einführung in das Studium der Geschichte der neuen deutschen Literatur« (1-st.). Eine »ausführliche Skizze« des Kollegs, für die Sauer sich in einem undatierten Brief kurz nach dem 5.6.1893 bei Seuffert bedankte (ÖNB, Autogr. 422/1-222) ist nicht überliefert (s. jedoch Seufferts knappe Hinweise zum Verlauf der Vorlesung in Brief 121).

2   Seuffert arbeitete am Textband zu Goethes Theaterbearbeitungen zum »Götz von Berlichingen«, der 1894 erschien; zur Herausgabe der verschiedenen »Götz«-Fassungen s. Brief 76, Anm. 2.

3   Sophie von Sachsen-Weimar.

4   M. Goeze: Streitschriften gegen Lessing (DLD. 43–45).

5   G. Foster: Ausgewählte kleine Schriften (DLD. 46–47).

6   Göttinger Musenalmanach auf 1770 (DLD. 49–50).

7   Christian Thomas[ius] eröffnet Der Studierenden Jugend zu Leipzig in einem Discours Welcher Gestalt man denen Frantzosen in gemeinem Leben und Wandel nachahmen solle? ein Collegium über des Gratians Grund-Reguln / Vernünfftig / klug und artig zu leben. [Leipzig:] Weidemann, [1687]; Neudruck u. d. T.: Von Nachahmung der Franzosen. Nach den Ausgaben von 1687 und 1701. [Hrsg. von August Sauer]. Stuttgart: Göschen, 1894 (DLD. 51 = N. F. 1). Sauer ergänzte den Neudruck um eine längere Nachschrift, die Thomasius 1781 einer Neuausgabe des Textes beigegeben hatte (Christian Thomasens alerhand bisher publicirte Kleine Teutsche Schriften. [...]. Halle: Salfeld, 1701, hier: S. 53–70). Die Einleitung beschloss Sauer mit einem Dankwort an Seuffert als Gründer der »DLD« (S. XI): »Indem diese Sammlung der Deutschen Litteraturdenkmale eine neue Folge eröffnet und einen neuen reichhaltigen Plan ihrer Fortsetzung vorlegt, ihren Titel vereinfacht und ihr Aeusseres umgestaltet, ist es die Pflicht des neuen Herausgebers, ihres Begründers und ersten Leiters zu gedenken, der ihr ein Decennium lang seine besten Kräfte gewidmet, die Grundlinien auch für ihre Weiterführung fest und sicher gezogen hat und seinen Rat und seine thatkräftige Hilfe ihr auch ferner wird angedeihen lassen. In seinem Sinne soll die Sammlung auch weiterhin geleitet werden.«

8   J. C. Rost: Das Vorspiel (DLD. 142 = 3. Folge. 22).

9   [Moritz August von Thümmel]: Wilhelmine oder der vermählte Pedant. Ein prosaisches comisches Gedicht. [Leipzig: Weidmann], 1764; Neudruck: [Hrsg. von Richard Rosenbaum]. Stuttgart: Göschen, 1894 (DLD. 48).

10 Göttinger Musenalmanach auf 1771 (DLD. 52–53 = N. F. 2–3).

11 [Hinrich Borkenstein]: Der Bookesbeutel. Ein Lustspiel von Drey Aufzügen. Frankfurt, Leipzig, 1742; Neudruck: [Hrsg. von Franz Ferdinand Heitmüller]. Stuttgart: Göschen, 1896 (DLD. 56–57 = N. F. 6–7). Paul Schlenther, der den Neudruck bereits 1886 angekündigt hatte (s. ders.: Frau Gottsched und die bürger-

 liche Komödie. Ein Kulturbild aus der Zopfzeit. Berlin: Hertz, 1886, S. 221 f.), war zwischenzeitlich von dem Plan zurückgetreten.
12 *[Katharina II. <von Russland>]: Drey Lustspiele wider Schwärmerey und Aberglauben. 1) Der Betrüger. 2) Der Verblendete. 3) Der sibirische Schaman. Berlin, Stettin: Nicolai, 1788; kein Neudruck in den »DLD«.*
13 *nicht erschienen. Sauer dachte vmtl. an Friedrichs »Poësies diverses« (zuerst: Berlin: C. F. Vos, 1760).*
14 *Kurtze beschreibung vnd Erzehlung / von einem Jueden / mit namen Ahasverus […]. Leyden: Christoff Creutzer, 1602. Eine im selben Jahr aufgelegte zweite Ausgabe (Bautzen: Wolfgang Suchnach, 1602) wurde etliche Male nachgedruckt (s. L[eonhard] Neubaur: Bibliographie der Sage vom ewigen Juden. In: Centralblatt für Bibliothekswesen 10 [1893], H. 6, S. 249–267, hier S. 250); kein Neudruck in den »DLD«.*
14 *Werke Johann Philipp Lorenz Withofs erschienen nicht in den »DLD«. Sauer dachte vielleicht an Withofs »Akademische Gedichte« (2 Thle. Leipzig: Jacobäer & Sohn, 1782–1783).*
16 *s. Brief 86, Anm. 20.*
17 *vmtl. Johann Heinrich Oest; keine Neudrucke in den »DLD«.*

121. *(B) Seuffert an Sauer in Weimar*
 St. Peter am Kammersberg, Obersteiermark, 31. Juli 1893. Montag

St. Peter am Kammersberg
Bahnstation Scheifling
Obersteiermark. 31.7.93

Lieber freund, Allzu lange hab ich Ihren brief[1] unbeantwortet gelassen. Ich war im gedränge. Nun lassen Sie mich antworten.

 Meine erfahrungen mit dem propaedeutischen colleg waren zum 2. male nicht günstig. Nur für die ältesten studenten hat es sich etwas bewährt, und am besten für ein paar ganz alte hospitanten, die längst der studienzeit entwachsen sind. Die studentchen bilden sich ein, dies u. das zu wissen u. begreifen nicht, wie wichtig der zusammenhang des systems u. das principielle bis ins tiefste wesen gehende betrachten ist. Ich bin begierig, ob Sie nächstes jahr bessere erfahrungen machen.

 Wie gefällt es Ihnen im archiv? Ich halte mit meinem urteil schriftlich an mich. Grüssen Sie alle archivgenossen, besonders Wahle, der von Schmidts zeiten her noch am meisten weiss, aber beim neuen curs auch verdrossen u. lahm wird. Besonders herzlich grüssen Sie, bitte Fresenius, einen goldmenschen, voll feinheit, von dem ich allzeit lernte und den dort keiner so versteht u. schätzt, wie ers verdient. Von ihm hörte ich, dass Sie in Weimar sind. Wie gefällt es ihrer <!> verehrten frau? Die meine u. ich wollen ihr bestens empfohlen sein.

 Schönbach ist im geliebten Schruns,[2] nachdem er seine handschriftenreise wegen unwolseins in Stuttgart abbrechen musste. Bauer ist noch in Graz; Gurlitt sitzt mit den seinen auf dem Kroisbachschlössel;³ seine mädchen haben unter starkem keuchhusten zu leiden. Wissen Sie etwas von Werners frau?⁴ Sie scheint ja heftigen typhus gehabt zu haben.

Besten dank für Ihre Grillparzergabe zur Schmidtfeier.⁵ Dass Göschen sehr, ja allzu vorsichtig mit den DLDenkmalen sein will, merkte ich noch selbst. Ich hoffte, dass Sie besser über ihn herr würden als ich. Mit dem princip der kleinen in sich vollständigen hefte geht es auf die dauer nicht. Dass Sie daneben ein neues unternehmen⁶ anfangen, erstaunt mich. Sie machen sich doch damit selbst concurrenz u. legen Ihre arbeitskraft wider bei einem neuen unternehmen fest. Um Ihretwillen bedaure ichs, die sache begrüsse ich freudig. Möge der junge Felber, denn der wird wol Ihr verleger sein, sich geschickt erweisen. Ihre einladung zur mitarbeiterschaft nehme ich dankend an. Wann u. ob ich etwas liefern kann, steht dahin. Ungedruckte übersetzungen von Wieland kenne ich nicht: nur ein paar verse Lucrez u. Homer. Varianten zum Ion u. Cicero haben sich hsl. erhalten, die können Sie nicht brauchen. Meine jungen leute kann ich als gehülfen nicht versprechen; die wenigsten kennen alte u. neue fremde sprachen gut genug zu dieser arbeit.

Von der Wiener philologenversammlung⁷ hörte ich wenig germanistisches. Bauer u. Gurlitt waren sehr zufrieden mit dem verlauf. Ich bedaure nicht, gefehlt zu haben. Ich bin nun bei den letzten heften der Vierteljahrschrift⁸ u. freue mich auf die freiheit, die mir darnach winkt. Ob ich sie gut anwenden werde? Ich will auch meine vorlesungshefte wider stark überarbeiten. Ob wir ohne zeitschrift bleiben? Ob sich alle jungen litterarhistoriker Koch⁹ zuwenden? Von den älteren wenigstens erwarte ich das nicht.

Wir sind hier in einer sehr einsamen sommerfrische. Hoffentlich tut sie uns allen – denn auch der bub ist dabei – gut. Lassen Sie mich bald von Weimar, Ihrem Götz und Ihren weiteren reiseplänen hören.

Treu ergeben
Ihr
BSeuffert.

Handschrift: StAW. 1 Dbl., 4 S. beschrieben. Grundschrift: lateinisch.

1 *Gemeint ist ein hier nicht abgedruckter, um den 5.6.1893 geschriebener Brief Sauers (ÖNB, Autogr. 422/1-222).*
2 *Erholungsort im Vorarlberg.*
3 *s. Brief 115, Anm. 3.*
4 *Anna Werner.*
5 *[August Sauer]: Ein Brief Kathis an Grillparzer. Für Erich Schmidt zum 20. Juni 1893 entziffert von August und Hedda Sauer. Prag, 1893. Der kleine Privatdruck (2 Blatt; nicht eingesehen; s. Rosenbaum:*

Sauer, Nr. 193) mit der Edition eines Briefes von Katharina Fröhlich an Grillparzer vom 28.9.1843 war Erich Schmidt zum 40. Geburtstag gewidmet.
6 *Gemeint ist die »Bibliothek älterer deutscher Uebersetzungen« im Verlag von Emil Felber (Berlin), die Sauer in seinem um den 5.6.1893 geschriebenen Brief Seuffert ausführlich angekündigt hatte: »Der Schwerpunkt wird, für den Anfang wenigstens, nicht auf das 18. Jh. verlegt werden, sondern auf das 15–17. Auch soll die Bibl. nicht so sehr den Charakter der Neudrucke tragen. Ungedrucktes wird zunächst bevorzugt. Ich denke an Beatus Rhenanus Speculum aistheticum u. ähnliches. Zum Anfang hoff ich [Karl] Hartfelder zu gewinnen. Schaidenreissers Homer, die il[lustr.] Terenz & Plautus übersetz. Werders Ariost, Lobwassers Psalmen, die älteren Milton & später die Shakespeareübersetz. Das wären einige feststehende Punkte. Es wird sich gewiß vieles mit der Zeit zusammenfinden. Anmerk., Wortverzeichnisse, wenn notwendig: Quellenabdrucke etc. auch Paralleltexte sind vorgesehen. Die Volksbücher, die Dramatik des 16. Jh. soweit beides Übersetzungen sind, steht uns offen. Ob die Sammlung buchhändlerisch einschlagen wird, ist freilich fraglich. Aber ich hoffe, daß der Fortgang für eine Zeit gesichert ist, weil wir mit geringem Honorar ([o]der womöglich mit keinem!) beginnen wollen. Es giebt genug Leute, die froh sind, wenn ihre Arbeiten gedruckt werden. Die Einleitungen sind daher auch ausführlicher geplant. Die bei den DLD. gemachten Erfahrungen kommen mir wol dabei zu Gute und ich hoffe Erfreuliches. Sie sind freundlichst zur Mitarbeiterschaft eingeladen. Gibts keine ungedruckten Übersetzungen Wielands? Dafür wäre hier Raum? Wenn Sie junge Leute [a]uf diesem Gebiet arbeiten lassen, so weisen Sie mir die Arbeiten zu. Nur werden Arbeiten von jüngeren principiell nicht honoriert werden.« Seufferts Skepsis erwies sich als berechtigt; in den Jahren 1894 bis 1899 erschienen lediglich 6 Bände; dann wurde die Reihe eingestellt.*
7 *s. Brief 118, Anm. 4.*
8 *Das Erscheinen der »Vierteljahrschrift für Litteraturgeschichte« wurde mit Abschluss des 6. Jahrgangs (1893) eingestellt.*
9 *Gemeint ist Max Kochs »Zeitschrift für vergleichende Literaturgeschichte«.*

122. (B) Sauer an Seuffert in Graz
Prag, 18. September 1893. Montag

Prag 18.9.93.
Smichow 586

Lieber Freund! Zürnen Sie mir nicht über das Sommerschweigen in das ich mich eingesponnen habe. Ich war furchtbar müde. Weimar war nicht zur Erholung angethan. Erst an der Ostsee, in Lohme auf Rügen begann meine Freiheit und der gab ich mich rücksichtslos hin. Bevor mir die Arbeit wieder angeht, sollen Sie einen ausgiebigen Plauderbrief haben. – In Weimar fehlte Suphan. Er hielt mich durch 14 Tage hin mit dem täglichen Versprechen: morgen zu kommen. Die Leute im Archiv waren alle sehr nett mit mir: [f]ür die Sache interessieren sie sich außer Steiner eigentlich nicht. Fresenius rechne ich nicht zum Archiv. Er war unsere Freude und unser Trost in Weimar; so lieb und gut und anregend u. bescheiden. Wie gut paßte er zu den difficilen Arbeiten des Archivs! Ich finde es von Suphan unverzeihlich, daß er Fresenius, der so leicht zu halten wäre, nicht dauernd zu halten versucht. Aber er scheint ihm vielmehr unbequem zu sein. – In Berlin traf ich Schmidt im Fluge; aber recht hochmüthig, spöttisch und absprechend, so daß der Umgang mit ihm mehr Überwindung als Erquickung ist. In Lohme waren Leitzmanns aus Jena mit uns. *[S]*ie hatten sich in Weimar an uns angeschlossen; die gleich jungen Frauen[1] verstanden sich gut mit einander und auch die Männer vertrugen sich recht sehr. Er ist ein für sein Alter sehr unterrichteter, ungemein fleißiger und strebsamer Mensch, nicht so einseitig, wie s. Forsterarbeiten[2] es vermuten lassen könnten. Er hat prachtvolle Dinge über Humboldt u. s. Kreis liegen (führte uns auch in Tegel ein), wovon ich her*[rli]*che Aufsätze über das Altherthum[3] für die DLD erwarb. In Lohme half ich ihm eine Sammlung: ›Quellenschriften zur neueren Litt. u. Geistesgeschichte‹[4] gründen, die Felber verlegt. Ein Humboldtisches Tagebuch[5] bildet den Anfang. Sollten Sie, wie Sie mir einmal sagten, Wielandische Briefe sammeln, so wäre hier ein passender Platz. Auf der Rückreise haben wir schöne Theaterabende in Berlin mitgemacht, die eigentliche Germanistik kam zu kurz. Die Reise erfrischte mich über alle Maßen, Wetter, Wind und Wellen *[tha]*ten das Ihrige; ich hoffe wieder recht arbeitskräftig zu sein u. wünsche Ihnen dasselbe. – Überall begegnete ich demselben Bedauern über das Eingehen Ihrer Zs.[6] Es ist ein rechter Jammer. Sollen wir nun ohne ein solches Organ bleiben? Ich habe es den Berlinern ans Herz gelegt ein neues zu gründen, vielleicht zunächst in Form von Mittheilungen des Vereins für Lit.[7] Zunächst wird allerdings Koch die Beute davontragen. Was soll man anderes machen? – *[Me]*ine Übersetzerbibliothek, der Sie etwas zu wenig Wolwollen entgegenbringen, läßt sich gut an. Heft 1 bringt die Handschrift der Magelone[8] nach der das Volksbuch gedruckt ist von Bolte; Heft 2 eine Abhandlung über die Übersetzungen aus der Anthologie[9] im 16. u. 17. Jh. von einem class. Philologen Rubenssohn; Heft 3 den Ulmer Terenz[10] von Wunderlich. Ich halte die Idee für vorzüglich und von einer Concurrenz mit den DLD ist keine Rede; für Übersetz. ist dort wirklich kein Platz, auch wenn Göschen einmal *[zu]* einer kleinen Erweiterung des jährlichen Pensums bereit sein sollte. Wüßten Sie Jemanden, dem man Schaidenraissers Odyssee[11] anvertrauen könnte? Reinhardstöttner mag ich nicht und auch an Borinski mich zu wenden fällt mir schwer.

Lessing-Goeze[12] wird sich in den nächsten Tagen präsentieren; ich habe noch keine Exemplare. –

Grüßen Sie mir die Freunde*[,]* die meiner noch gedenken, bes. Gurlitt und Schönbach. Letzterem geht es doch schon wieder gut.

Die schönsten Grüße von Haus zu Haus.

Ihr treulich Ergeb.

AS.

Handschrift: ÖNB, Autogr. 422/1-223. 1 Dbl., 4 S. beschrieben. Grundschrift: deutsch.

1 Hedda Sauer und Else Leitzmann.
2 Briefe und Tagebücher Georg Forsters von seiner Reise am Niederrhein, in England und Frankreich im Frühjahr 1790. Hrsg. von Albert Leitzmann. Halle/S.: Niemeyer, 1893.
3 Wilhelm von Humboldt: Sechs ungedruckte Aufsätze über das klassische Altertum. Hrsg. von Albert Leitzmann. Leipzig: Göschen, 1896 (DLD. 58–62 = N. F. 8–12).
4 Quellenschriften zur neueren Litteratur- und Geistesgeschichte. Hrsg. von Albert Leitzmann. Bd. 1–5. Berlin, Weimar: Felber, 1894–1895.
5 Tagebuch Wilhelm von Humboldts von seiner Reise im Jahre 1796. Hrsg. von Albert Leitzmann. Weimar: Felber, 1894 (Quellenschriften zur neueren Litteratur- und Geistesgeschichte. 3).
6 Mit diesem Brief setzen die beiderseitigen Überlegungen zur Gründung einer neuen Fachzeitschrift ein. Nach aufwendigen Vorbereitungen, an denen Seuffert intensiv teilnahm, gründete Sauer 1894 im Bamberger Verlag C. C. Buchner (Inhaber Rudolf Koch) die noch heute bestehende Zeitschrift »Euphorion. Vierteljahrschrift für Literaturgeschichte«, die er – in den letzten Lebensjahren durch seine Schüler Josef Nadler und Georg Stefansky unterstützt – bis zu seinem Tode 1926 herausgab. Der »Euphorion« sollte einerseits die 1893 eingestellte »Vierteljahrschrift für Literaturgeschichte« ersetzen; andererseits war Sauer von Beginn an um eine modernere und vielseitigere Ausrichtung bemüht, um eine größere Wirkung der Zeitschrift zu ermöglichen und ihren dauerhaften Bestand zu sichern. Anders als die »Vierteljahrschrift« nahm der »Euphorion« daher neben Spezialuntersuchungen und Quellenmitteilungen auch Aufsätze zu allgemeineren literarhistorischen und methodischen Fragestellungen auf, die für ein größeres Publikum interessant waren. Über einen umfangreichen Rezensionsteil, periodische bibliographische Verzeichnung von Neuerscheinungen, Forschungsberichte sowie die Publikation von Mitteilungen aus dem Fach spielte die Zeitschrift zudem bald eine wichtige Rolle bei der Organisation des neugermanistischen Fachdiskurses. Das vor allem in Diskussionen mit Erich Schmidt und Seuffert entwickelte Programm und die Ziele der neuen Zeitschrift legte Sauer in einem Prospekt nieder, der seit Ende Januar 1894 an zahlreiche Fachkollegen versandt wurde und als »Vorwort« auch den ersten Jahrgang des »Euphorion« eröffnete: »Die neue Zeitschrift hat die Bestimmung, die bis Ende 1893 fortgeführte von Professor Dr. Bernhard Seuffert redigierte ›Vierteljahrschrift für Literaturgeschichte‹ (6 Bände, Weimar, Böhlau) sowie das ältere von Professor Dr. Franz Schnorr von Carolsfeld geleitete ›Archiv für Literaturgeschichte‹ (15 Bände, Leipzig, Teubner) zu ersetzen, wird sich daher vornehmlich der Pflege der neueren deutschen Literaturgeschichte seit dem ausgehenden Mittelalter zuwenden, ohne die Geschichte der älteren deutschen Literaturepoche und die Geschichte der fremden Literaturen gänzlich auszuschließen. / Bei der immer ausgedehnteren und immer mehr ins Einzelne gehenden Forschung, welche den dichterischen Erzeugnissen vergangener Zeiten gewidmet wird, bei der immer größeren Bedeutung, welche die Geschichte unserer Literatur für unsere nationale Entwickelung gewinnt, bei dem immer wachsenden, noch lange nicht zum Abschluß gebrachten Bestreben, die Nationalliteratur zur Grundlage unserer humanistischen Erziehung zu machen, kann die literarhistorische Wissenschaft eines eigenen Organes auf die Dauer ohne Nachteil nicht entbehren. Soll der Entwickelungsprozeß unserer Nationalliteratur immer von neuem und immer richtiger dargestellt werden, soll in der Schule Wichtiges und Unwichtiges, Augenblicksschöpfung und Ewigkeitsdichtung immer schärfer von einander geschieden werden, soll der Wert und die Bedeutung unserer großen klassischen Literaturperiode in immer weiteren Kreisen anerkannt werden, so muß auch die Forschung diesen hohen Zielen unausgesetzt zustreben. / Den Blick stets auf das große Ganze und den Zusammenhang des Ganzen, auf den Lauf der Jahrhunderte und den Wechsel der Epochen gerichtet, wollen wir uns der Erforschung des Einzelnen mit Liebe und Sorgfalt widmen, einem künftigen Geschichtsschreiber unserer Literatur die Wege bereiten, neues Material herbeischaffen, das alte sichten, ordnen und geistig durchdringen. Wir wollen die Literatur im Zusammenhange mit der gesamten nationalen Entwickelung betrachten, wollen alle Fäden verfolgen, welche zur politischen und Kultur-Geschichte, zur Geschichte der Theologie und Philosophie, zur Geschichte

der Musik und der bildenden Künste hinüberleiten. Die Geschichte des Theaters und des Journalismus ist mit der Geschichte der Literatur unzertrennlich verbunden. Wir werden nicht einseitig der Dichtung huldigen, sondern auch die von der Forschung lang vernachlässigte deutsche Prosa in unseren Gesichtskreis ziehen. Die Stoff- und Sagengeschichte, welche immer mehr an Ausdehnung gewinnt, werden wir nicht vernachlässigen. Philologische und ästhetische Untersuchungen sollen nebeneinander hergehen, sich gegenseitig ergänzend und berichtigend; sprachliche, stilistische, metrische Untersuchungen werden Aufnahme finden. Durch die Erörterung methodischer Fragen hoffen wir unsere Forschung zu größerer Sicherheit und Klarheit anleiten zu können. / Alle Wandlungen unserer Literatur gleichmäßig berücksichtigend werden wir ihre Ausbildung auch bis auf die Gegenwart herauf begleiten, uns aber stets dessen bewußt bleiben, daß das Erbe unserer klassischen Literatur der Hort ist, der für alle absehbare Zeit die unerschütterliche Grundlage der deutschen Bildung bleiben müsse; und in der verehrungsvollen Hingabe an diese klassische Literatur, in dem Streben zur vollen Erfassung dieser hohen Genien, zum vollen Verständnisse ihrer einzelnen Werke vorzudringen, werden wir unsere eigentliche und schönste Aufgabe erblicken. Durchdrungen von der Überzeugung, daß eine Literatur nur zu ihrem Verderben mit einer so glänzenden Vergangenheit brechen könnte, hoffen wir auch den Freunden der modernen deutschen Dichtung Teilnahme abzugewinnen: indem wir der Vergangenheit treu und demütig dienen, wollen wir auch der Zukunft unserer Literatur hoffnungsvoll und vertrauensstark Nutzen bringen. / Der reichen wissenschaftlichen Produktion der Gegenwart werden wir uns durch kritische Übersichten zu bemächtigen trachten, ohne hier eine bibliographische Vollständigkeit anzustreben, für welche von anderer Seite ausreichend gesorgt ist. Durch längere oder kürzere Rezensionen wichtigerer Werke und Aufsätze wollen wir fördernd in den Fortschritt der Wissenschaft eingreifen; denn eine gesunde Forschung kann einer kräftigen unparteiischen Kritik nicht entbehren. Auch hier sollen alle Richtungen zu Worte kommen. Endlich wollen wir durch knapp gefaßte Referate über solche Bücher und Aufsätze, welche in Deutschland schwerer zu erreichen sind (nordamerikanische, slavische, ungarische, auch italienische), unsere Leser über den Fortgang der ausländischen literarhistorischen Produktion auf dem Laufenden zu erhalten suchen.« (Euph. 1 [1894], S. III–V). Zur Gründungsgeschichte der Zeitschrift s. neben der im Folgenden dokumentierten Korrespondenz ausführlich Richter/Müller: Euph.; zur Geschichte der Zeitschrift s. auch Adam: Euph.

7 Gemeint ist die Gesellschaft für deutsche Literatur, die am 18.11.1888 unter Vorsitz von Erich Schmidt unter Beteiligung zahlreicher Berliner Schulmänner, Hochschullehrer, Bibliothekare und Kritiker als Forum für Forschungen vor allem auf dem Gebiet der Neueren deutschen Literaturgeschichte gegründet worden war. Über die Sitzungen, auf denen Mitglieder Vorträge hielten oder kleinere Mitteilungen aus der Forschung machten, wurde regelmäßig in Tageszeitungen und wissenschaftlichen Referateorganen berichtet; eine eigene Zeitschrift hat die Gesellschaft nicht gegründet (s. ausführlich Müller/Nottscheid: Wissenschaft).

8 Die schöne Magelone, aus dem Französ. übersetzt von Veit Warbeck 1527. Nach der Originalhs. hrsg. von Johannes Bolte. Weimar: Felber, 1894 (Bibliothek älterer deutscher Übersetzungen. 1).

9 Griechische Epigramme und andere kleinere Dichtungen in deutschen Übersetzungen des XVI. und XVII. Jahrhunderts. Mit Anmerkungen und ausführlicher Einleitung hrsg. von Max Rubensohn. Weimar: Felber, 1897 (Bibliothek älterer deutscher Übersetzungen. 2/5).

10 Gemeint ist die Hans Neidhart zugeschriebene Übersetzung des »Eunuchus« von Terenz (Ulm: Conrad Dinckmut, 1486). Sauer dachte vmtl. auch an eine Reproduktion der darin enthaltenen Holzschnitte des sog. Meisters des Ulmer Terenz. Der Neudruck kam nicht zustande.

11 Odyssea das seind die aller zierlichsten vnd lustigsten vier vnd zwaintzig Bücher des eltisten kunstreichesten Vatters aller Poeten Homeri zu Teütsch transsferiert, mit Argumenten vnd kurtzen scholijs erkläret durch Simon Schaidenreisser. Augsburg: Weisenhorn, 1537; der Neudruck kam nicht zustande.

12 M. Goeze: Streitschriften gegen Lessing (DLD. 43–45).

123. (K) Seuffert an Sauer in Prag
Graz, 23. September 1893. Samstag

Herzlichen dank für Ihren brief, lieber freund. Ich habe nicht zeit zu längerer antwort, Sie sollen aber gleich hören, dass mir nichts ferner liegt, als Ihre übersetzungssammlung zu unterschätzen. Ich bin gegen redactionsgeschäfte so abgemüdet, dass ich jeden, mit dem ichs gut meine, beklage, wenn er sich damit belädt. Ihr urteil über Leitzmann ist das erste günstige, das ich höre. Seinen Quellenschriften wünsche ich alles gedeihen. – Eine neue zs. auf den Berliner lit-verein zu stützen, hat E Schmidt abgelehnt. Ich hatte proponirt, jenen u. den Wiener parallelverein[1] zu combiniren zu dem zwecke, selbstverständlich unter der voraussetzung, dass ich mit der leitung nichts zu tun hätte. Ich persönlich bin der ansicht, dass wir ein archiv brauchen – denn gute abhandlungen, untersuchungen werden zu selten geschrieben, um dafür ein organ zu schaffen; u. bin ferner der ansicht, dass sich ein rein productives organ nicht halten kann, bibliographie u. kritik ist unentbehrlich, um käufer zu gewinnen; der interessent will alles auf einmal kaufen. Mir wäre lieb, es ginge von Östreich aus oder doch nicht von Berlin: Schmidt hat zu wenig zeit u lust u ohne seine aufsicht ist in Berl. zu einseitiges zu erwarten. – Schaidenraissers Odyssee soll Ihnen doch Bernays machen. Borinski halte ich für fataler als Reinhardst. Vielleicht übernimmt es dr. Johannes Niejahr Halle a/S., ein sehr tüchtiger gymnasiallehrer u. freund Burdachs. Für Lessing-Goeze danke ich im voraus, ich freue mich sehr darauf. – Fresenius-Suphan beurteilen Sie richtig. – Schmidt trafen Sie in der laune, die ich seine Wiener laune heisse, er ist jetzt civiler, fällt nur manchmal in jene verwöhnungszeit zurück. Herzlich treu   Ihr BSfft.
23.9.93

Handschrift: StAW. Postkarte. *Adresse:* Herrn Professor Dr. A. Sauer / Prag / Smichow 586 *Poststempel:* 1) Graz Stadt, 23.9.1893 – 2) Smichow Stadt/Smíchov Město, 24.9.1893. *Grundschrift: lateinisch.*

1 unklar; gemeint ist vmtl. der 1874 in Wien gegründete Verein der Literaturfreunde, der – ähnlich wie die Berliner Gesellschaft für deutsche Literatur – regelmäßige Vortragsabende veranstaltete, oder der »Verein für das Studium der neueren Sprachen und Literaturen«, dessen Gründung »an der Universität« Jakob Minor auf einer Karte an Sauer vom 10.12.1893 anzeigte (Briefw. Minor/Sauer, Nr. 152, S. 418; s. auch die Hinweise zu verschiedenen Vereinen im Umfeld der Wiener Universität, mit denen Minor in Kontakt stand, bei Faerber: Minor, S. 276 f.).

124. *(K) Seuffert an Sauer in Prag*
    Graz, 6. Oktober 1893. Freitag

Mir ist sehr lieb, l. fr., wenn Sie mit Richard M Meyer über eine neugründung verhandeln wollen.[1] Ich überlasse es Ihrem ermessen, ob Sie dabei meiner erwähnen oder nicht. Gut wäre, wenn bald etwas geschähe, Koch darf die mitarbeiter nicht an sich ziehen, wie Sie doch auch nach Ihrem letzten briefe[2] befürchten. Nicht alle kennen ihn so wie Sie und ich u. wissen dass man seinen namen nicht vor den seinigen setzen kann. Gegen Koch würde auch Minor zu gewinnen sein. Wollen Sie ihn nicht darauf ansprechen? Wenn ich nicht den verzicht auf redactionshonorar voraussetzte, würde ich niemand als Sie um eine neue zs. bitten. Fresenius wäre der verlässigste helfer, braucht aber auch honorar. Richten Sie alles zum besten!   Grüssend
   Ihr
   BSfft.

Datum: s. Poststempel. Handschrift: StAW. Postkarte. Adresse: Herrn Professor Dr. A. Sauer / Prag / Smichow 586 *Poststempel: 1) Graz Stadt, 6.10.1893 – 2) Prag/Praha, 7.10.1893 – 3) Smichow Stadt/Smíchov Město, 7.10.1893. Grundschrift: lateinisch.*

1 *Seuffert hatte auf einer Karte vom 2.10.1893 (StAW) vorgeschlagen:* »Mir fällt ein, dass Richard M. Meyer eine neue zs. gründen könnte: er kann gut auf jeden redactionsgehalt verzichten.« *Der Berliner Privatdozent Meyer, Sohn eines Privatbankiers, war finanziell unabhängig.*
2 *s. Brief 122.*

125. *(B) Sauer an Seuffert in Graz*
    Prag, 8. Oktober 1893. Sonntag

   8. Oct. 93
   Smichow 586

Lieber Freund! Ich benutze die Ruhe und Stimmung des Sonntagnachmittags – des letzten vor Beginn der Vorlesungen – um mich mit Ihnen etwas ausführlicher wegen der Zeitschrift zu benehmen. Zunächst muß ich etwas vorausschicken was ich mir in Ihren letzten Karten nicht völlig erklären kann. Ich weiß nemlich über Koch eigentlich nichts Böses und wüßte nichts was mich abhalten könnte an seiner Zeitschrift mitzuarbeiten. Ich stehe ganz gut mit ihm; als ich vor etwa zehn Jahren – als ich bei Ihnen in Würzburg[1] war – durch München durchkam, war er sehr liebenswürdig mit mir und hat mir nie was gethan. Was seine Stellung zu Minor betrifft, so hat Minor damals als

er die perfide Recension des Sturz² für die NfPresse schrieb, jede Schonung verwirkt. Ich werde wol auch nicht leicht die Kochische Ztschrft umgehen können außer ich gründe selber eine neue, wozu ich nicht übel Lust hätte, wenn ich einen Verleger wüßte und wenn ich selber mit Minor besser stünde als ich ste*[he]* (d. h. wir verkehren; aber das Speculum vitae³ das meine Wiener Neudrucke hätte retten können gab er an Braune u. für die DLD hat er mir nicht einmal Hoffnung auf etwas gemacht; ich habe also keine Garantie, ob er mir für eine Zs. etwas giebt); mit Fresenius würde ich mich gut vertragen; aber ganz ohne Entg*[el]*t könnte ich es nicht machen. An R. M. Meyer – den preisgekrönten!⁴ – kann ich wohl direct schwer schreiben, weil ich ihn nicht kenne, auch nie mit ihm in Verbindung stand. Oder meinen Sie, daß das gerade Eindruck auf ihn machte, wenn ich als Fremder ihm dieses Ansinnen vortrüge. Ich dachte – als ich in meiner letzten Karte diese Wendung gebrauchte – mehr d*[a]*ran, durch Schmidt oder durch einen an*[de]*rn der Berliner auf ihn einzuwirken; und das will ich gerne thun, wenn Sie in Ihrer Antwort noch derselben Meinung sind. Glauben Sie nicht, daß es der neuen Zs. schadet, wenn Sie von einem Juden redigirt wird? Die Strömung dagegen ist doch so allgemein und so arg, daß man sich manche Kreise gleich von vornherein fernhält. Weil Sie Fresenius er*[w]*ähnten, so ist mir der Gedanke gekommen, ob er es nicht allein thun könnte, etwa so daß Schmidt sich auf den Titel schreiben ließe wie bei der Weimarer Zeitschrift.⁵ Viel würde er nicht verlangen und er macht es gewiß genauer als alle andern. Oder Köster, der ein reicher Mann⁶ sein soll, den ich aber gar nicht kenne, der vielleicht Schröders und der Zs.⁷ wegen nicht darf. Um zum Anfang zurückzukehren, so denke ich mir, daß der Parteistandpunkt so wenig als *[mö]*glich bei einer Neugründung in Betracht kommen sollte. Koch braucht ja seiner eigenen Zs. wegen nicht eingeladen zu werden; aber eine Spitze gegen ihn und die Seinigen, wenn es solche giebt, sollte das neue Organ doch nicht erhalten. Vielleicht seh ich zu unschuldig in die Welt; aber mir will es scheinen, als ob es in der neueren Litt. Geschichte Parteien wie einst in der Germani*[sti]*k gar nicht mehr giebt. Wenn Sie mich des Gegentheils belehren, dann will ich mich Ihren Ansichten gerne fügen. Wenden Sie eine Viertelstunde darauf und rechnen Sie auf meine Mithilfe bei einer Neugründung in jeder Beziehung. Herzlich grüßend Ihr treulichst Ergeb.
    AS.

Handschrift: ÖNB, 422/1-225. 1 Dbl., 4 S. beschrieben. *Grundschrift: deutsch.*

1 Sauer hatte Seuffert im August 1885 in Würzburg besucht (s. Brief 49, Anm. 1).
2 Max Koch: *Helferich Peter Sturz.* München, 1879. Die mit der Chriffre »m.« unterzeichnete Rezension Jakob Minors erschien in: *NFP,* Nr. 5615, 16.4.1880, Ab.-Bl., S. 4.
3 *Speculum vitae humanae. Ein Drama von Erzherzog Ferdinand II. von Tirol 1584. Nebst einer Einleitung*

in das Drama des XVI. Jahrhunderts. Hrsg. von Jakob Minor. Halle/S.: Niemeyer, 1889 (Neudrucke deutscher Literaturwerke des 16. und 17. Jahrhunderts. 79–80).

4 *Meyer war für seine Goethe-Biografie mit dem ersten, mit 3000 Mark dotierten Preis des Wettbewerbs »Führende Geister« ausgezeichnet worden. Der Preis war 1891 von dem Wiener Literarhistoriker Anton Bettelheim im Zusammenhang mit der von ihm begründeten Buchreihe »Geisteshelden« ausgesetzt worden, in der auch Meyers Werk erschien (Richard M. Meyer: Goethe. Preisgekrönte Arbeit. 3 Bde. Berlin: Hoffmann, 1895 [Geisteshelden (Führende Geister). Eine Sammlung von Biographien. 13–15] [³1905]).*

5 *Gemeint ist die »Vierteljahrschrift für Literaturgeschichte«, bei der Erich Schmidt und Bernhard Suphan als Mitherausgeber gezeichnet hatten.*

6 *Albert Köster entstammte einer wohlhabenden Hamburger Weinhändlerfamilie.*

7 *Gemeint ist die »Zeitschrift für deutsches Alterthum und deutsche Litteratur«, deren Mitherausgeber Albert Kösters Lehrer Edward Schröder war.*

126. (B) Sauer an Seuffert in Graz
   Prag, 29. Oktober 1893. Sonntag

Prag 29.10.93.
Smichow 586

Lieber Freund! Ihr Brief mit dem energischen Vorschlag¹ hatte mich überzeugt, daß ich keineswegs mit meiner Lust und mit der Überzeugung von meiner Tauglichkeit zu diesem Geschäfte so weit im Reinen war, um mich rasch dazu zu entschließen. Ich mußte den Plan noch eine Zeit lang mit mir tragen. Dann schrieb ich an Göschen, der lehnte ab. Jetzt schwebt eine andre Antwort. Aber sollte es zu weiteren Verhandlungen kommen, so müßte ich doch noch etwas genauer informirt sein. Wollten Sie also die Güte haben mir mit ein paar Worten zu sagen, wie hoch die Auflage war, wie groß der Absatz, wie groß das Honorar für Sie und die Mitarbeiter, ob das erstere auch erst am Ende des Bandes zahlbar war. Natürlich nur so viel als Sie ohne Geschäftsgeheimni[sse] zu verletzen sagen dürfen und nur zu meiner privaten Information, damit ich nicht ganz ins Blaue hinein operire. Dürfen Sie mir auch etwas sagen über eine eventuelle Subvention, die Sie von der Großherzogin² erhielten? Hatten Sie mehrere Freiexemplare?

Wahrscheinlich mache ich, falls der zweite fehlschlägt, noch einen dritten Versuch. Aber dann ist mein Latein zu Ende. Mit Cottas fange ich nicht an. Es steht dort niemand an der Spitze, zu dem ich Vertrauen oder überhaupt nur ein persönliches Verh[ä]ltnis habe, seitdem mein Freund Rudolf Koch weg ist. Auch will ich mir von Cotta nicht gern einen Korb holen. Ich könnte sie doch noch mal zu was andrem brauchen.

Und nun noch etwas, was ich auf dem Herzen habe. Ich kann Ihnen keinen ganzen Grillparzer³ schenken. Ich habe nur 4 Exemplare; wovon einige *[M]*ußexemplare rasch abgiengen. Schönbach hatte allerdings die vierte Auflage; aber aus vielen Gründen konnte ich mich nicht entschließen, ihm die fünfte zu entziehen. Er hätte mirs wahrscheinlich doch übelgenommen, was ich bei Ihnen nicht voraussetze. Auch kommen Sie doch nicht leicht auf dieses Arbeitsgebiet herüber. Mein großes Buch⁴ und anderes soll den Schaden wieder *[gu]*t machen.

Ich muß ins Colleg.
Treulichst
Ihr
dankbar Ergeb
AS

Handschrift: ÖNB, Autogr. 422/1-227. 1 Dbl., 4 S. beschrieben. Grundschrift: deutsch.

1 *Seuffert hatte Sauer in einem Brief vom 11.10.1893 (StAW), die vorherigen Diskussionen zusammenfassend, nachdrücklich geraten, den Plan zur Gründung der neuen Zeitschrift auszuführen: »Ihren brief [Brief 125] begrüsse ich mit grossen freuden: das ist ja das allerbeste, was ich wünschen kann für die sache, dass Sie die neugründung übernehmen und führen. Sie können recht haben, dass RM Meyers judentum anstössig sein möchte, auch ist er wol schlaudrig; [August] Fresenius ist mit anderm beladen u. nicht beweglich genug, allein zu stehen; von [Albert] Köster weiss ich nichts. Aber auch wenn alle diese geeignet u. geneigt wären, so sind doch Sie erfahrner mann mit Ihrer gewandtheit weitaus besser. Sie sind mit [Erich] Schmidt u. [Jakob] Minor verbunden genug, um ihre und der ihren mitarbeit zu gewinnen und ihre hilfe zu materiellen gaben der ministerien und unabhängig genug sie als berater nicht ertragen zu müssen. [...] Sie sind überhaupt nicht verfehdet und können also jedermann einladen und beherbergen. Sie haben verlegerverbindungen mit Cotta u. Göschen, Sie wissen neue anzuknüpfen wie Sie es mit Felber taten, kurz es wird Ihnen nicht fehlen. [...] Die hauptsache ist, dass Sie aus Ihrer ›lust‹ eine zs. zu gründen die tat machen. Ihnen gelingt das viel besser als mir es gelungen ist: ich bin zu schwerfällig für alles periodische wesen. Glück auf also! / Zum schluss Ihres briefes haben Sie das subjekt verwechselt; Sie schrieben: rechnen Sie auf meine mithilfe bei einer neugründung. Ich nehme den satz als mir in den mund gelegt und zu Ihnen gesprochen und füge bei: ich will ein bescheidner mitarbeiter sein.«*

2 *Sophie von Sachsen-Weimar. Obschon Seuffert die Frage nicht beantwortete (s. Brief 127), deuten seine früheren Ausführungen zu diesem Gegenstand darauf hin, dass die Großherzogin die »Vierteljahrschrift für Literaturgeschichte« zumindest anfänglich subventioniert hatte (s. Brief 78).*

3 *Gemeint ist die fünfte Ausgabe von Grillparzers »Sämmtlichen Werken« (s. Brief 115, Anm. 9), deren Erscheinen soeben abgeschlossen war.*

4 *die geplante Grillparzer-Biografie (s. Brief 59, Anm. 6).*

127. *(K) Seuffert an Sauer in Prag*
    Graz, 1. November 1893. Mittwoch

Lieber freund Was ich Ihnen antworten kann u. darf ist folgendes: die mitarbeiter erhielten nach erscheinen des heftes 20 sonderabdrücke (mehr gegen bezahlung) und nach ende des jahrganges 20 M. pro bogen. Ich erhielt ein ex. in aushängebogen, eines in heften und vom <!> jedem artikel 3 sonderabdrücke (letzteres machte ich Steinmeyer¹ nach, finde es aber nicht sehr praktisch). Die höhe der auflage kenne ich nicht. Die abonnentenzahl schwankte meines – <u>unsicheren</u> – wissens zwischen 250 und 380. – Hoffentlich fasst Ihr plan wurzel. Schüddekopf fragt, ob ich etwas von einer neugründung wisse: ich werde ihm die antwort schuldig bleiben.

Zum abschluss des Grillparzer gratulire ich. Wenn mir auch der besitz begehrlich ist, so hatte ich doch nie erwartet ihn geschenkt zu erhalten.

    Herzlich
    Ihr
    BSeuffert

Graz 1 XI 93.

Schreiben Sie mir doch, ob es anständig ist, sich an Siegens Westöstl. rundschau² zu beteiligen. Das programm ist vag u. über die person des herausgebers habe ich eine dunkle unangenehme erinnerung, deren grund mir nicht einfällt.

Handschrift: StAW. *Postkarte. Adresse:* Herrn Professor Dr. August Sauer / Prag / Smichow 586 *Poststempel:* 1) *Graz Stadt, 1.11.1893* – 2) *Smichow Stadt/Smíchov Město, 2.11.1893. Grundschrift: lateinisch.*

1 Elias von Steinmeyer in seiner Funktion als Herausgeber der »Zeitschrift« bzw. des »Anzeigers für deutsches Alterthum und deutsche Litteratur«.
2 Karl Siegen gründete die »Westöstliche Rundschau. Politisch-literarische Halbmonatsschrift zur Pflege der Interessen des Dreibundes« (3 Jgg., 1894–1896/97) als »besonderes literarisches Organ zur Pflege aller den Dreibundvölkern gemeinsamen politischen, culturellen und wirtschaftlichen Aufgaben« (ders.: An unsere Leser. In: Westöstliche Rundschau 1 [1894], H. 1, S. 1–8, hier S. 3 f., zit. n. Dietzel/Hügel, Bd. 4, S. 1296).

128. (B) Sauer an Seuffert in Graz
    (Prag), 6. Dezember (1893. Mittwoch)

6. Dec. Nikolo.

Lieber Freund!
Das Blatt hat sich gänzlich gewendet.¹ Der Brief, in welchem ich Koch-Buchner abschrieb, zündete erst *[be]*i ihm; er hat die Verhandlungen in neuer Form wieder aufgenommen, hat Zugeständnisse gemacht, die auch mir einige entlockten und wenn nichts mehr dazwischen kommt, so ist die
    ›Neue Vierteljahrsschrift für Litteraturgeschichte‹
*[u]*nter meiner Redaction gegründet. Er giebt 5 Sonderabzüge umsonst; zahlt M. 20 für etwas kleineren Druck der Untersuchungen und Recensionen. Jedes Heft soll aber einen größer gedruckten Artikel wo möglich allgemeineren Inhalts enthalten, der mit M. 30 per Bogen honorirt wird. Dagegen habe ich Fractur zugestanden und einiges andere. Fürchten Sie nicht, daß eine pop*[ulä]*re Zeitschrift draus wird; aber in der Art der Vierteljahrsschrift giengs absolut nicht. Böhlau hat nur mehr 265 Abbonenten <!>. Koch ist sehr rührig und vertriebsam. Es stehen seiner Firma die bayerischen Gymnasien und Realschulen zu Dienste und er wird alles dransetzen, daß die Zeitschrift geht. Er zahlt mir auch Honorar, nicht viel; aber doch genug für den Anfang. Ich warte jetzt nur seine Antwort ab, dann schreib ich an Schmidt u. Minor, an Haym und Bernays und noch an einige. Schönbach und Sie werden dann auch gleich aufs energischeste gebeten. Ich muß noch erwähnen, *[da]*ß vierteljährlich 10 Bogen erscheinen sollen, 6 Bogen Untersuchungen (davon 2–3 Bogen wenn es geht ein allgemeinerer Aufsatz) und 4 Bogen Recensionen nach Art der Zs.² Verschiebungen vorbehalten.
    Können Sie mir Rathschläge über den Correcturenlauf geben. Um Adressen der Mitarbeiter, die ich nicht selbst finde, werde ich Sie gleichfalls bitten.
    Mit Beck³ bin ich jetzt in großer Verlegenheit. Ich will aber doch seinen Brief abwarten, vielleicht lehnt er ab. Wäre er bereit; dann muß ich ihm die Wahrheit sagen. Ich bin an der scheinbaren Doppelzüngigkeit unschuldig; denn Koch beharrte so hartnäckig auf der Verweigerung der Sonderabdrücke, daß ich an e*[in]*e Sinnesänderung nicht mehr glauben konnte.
    Lieber Freund! Wird aus der Zeitschrift etwas Tüchtiges, so gebührt Ihnen allein das Verdienst; denn Sie haben mir den Gedanken nahe gelegt und haben mich ermuntert. Ich danke Ihnen herzlich und vielmals. Bleiben Sie mir ein treuer Berather und Mitarb*[ei]*ter. Ich werde oft an Ihre Güte appelieren <!> müssen. Theilen Sie Schönbach das Resultat mit.

Hoffentlich wirds kein Krampus⁴, sondern ein guter segensreicher Nicolo. Treulichst Ihr dankbarer
AS.

Datum: Die Korrespondenzstelle ergibt sich aus dem Inhalt. Handschrift: ÖNB, Autogr. 422/1-232. 1 Dbl., 4 S. beschrieben. Grundschrift: deutsch.

1 Nachdem bereits verschiedene Verlage, darunter Göschen (Stuttgart) und die Nicolaische Verlagshandlung (Berlin), den Verlag der Zeitschrift abgelehnt hatten, hatte sich Sauer an Rudolf Koch gewandt, den mit ihm befreundeten früheren Geschäftsführer der Cotta'schen Verlagshandlung in Stuttgart, der erst vor Kurzem den Verlag C. C. Buchner (Bamberg) übernommen hatte. Koch war interessiert, stellte aber besondere Bedingungen, über die Sauer Seuffert auf einer Karte vom 25.11.1893 (ÖNB, Autogr. 422/1-229) informierte: »Absolut keine Sonderabzüge, weder bezahlte noch unbezahlte, kein Freiexemplar. Sondern die Autoren erhielten die Hefte zum Selbstkostenpreis, ›sofern mir vorher aufgegeben wird, wieviele Exemplare für Mitarbeiter gebraucht werden, und ziehe den Betrag vom Honorar ab‹. Der letzte Satz wörtlich aus dem Brief des Verlegers. Ich möchte Sie nun fragen, ob Sie nach Ihren Erfahrungen die Zeitschrift unter dieser (wie mir scheint höchst drückenden) Bedingung u. bei blos 20 M. Honorar für lebensfähig halten. Ob ich Autoren da überhaupt bekomme. Der Verleger will sich auf 2 Jahre verpflichten, was mir zu kurz scheint.« Seuffert bestärkte Sauers Zweifel auf einer Karte vom 27.11.1893 (StAW): »Die idee [...] ist sehr klug, aber zu klug. Will ein mitarbeiter von seinem ½ s. grossen beitrag ein ex. besitzen, so beträgt sein honorar 62 Pf u. er muss das heft mit etwa 2 M kaufen, hat also darauf zu zahlen. Muss er einer bibliothek, der er etwa die betr. hs. verdankt, ein ex. geben, so hat er M. 3.40 schaden. Wer will sich um den preis gedruckt sehen? Das verführt, die artikel zu strecken, oder so viele kleine zu senden, dass in jedes heft einer kommt u. der mitarbeiter also das abonnement spart. Wer abonnirt von den mitarbeitern, die doch zugleich die interessenten sind, wenn er sich einzelhefte billig kaufen kann? Lieber begnügt er sich mit defectem jahrgang. Honorar und 2–3 freiex. halte ich für genügend. Wer mehr will, soll die hefte billig erhalten. Aber selbst das hat eine gefahr: leute wie [Erich] Schmidt erhalten dann alle hefte geschenkt. Mir scheint das beste: honorar und 2–3 S[eparat] A[bzüge] dazu, die übrigen SA sehr teuer. Die proposition des verlegers halte ich für unmöglich. Zwei jahre ist eine (zu) kurze probezeit.«
2 der »Zeitschrift für deutsches Alterthum und deutsche Litteratur«.
3 Gemeint ist die Beck'sche Buchhandlung in München, an die sich Sauer gewandt hatte, nachdem das Arrangement mit Rudolf Koch bereits gescheitert schien (s. Sauer an Seuffert, Karte vom 30.11.1893. ÖNB, Autogr. 422/1-231).
4 volkstümliche Schreckgestalt in Begleitung des Heiligen Nikolaus.

129. *(K) Sauer an Seuffert in Graz*
    Prag, 8. Dezember 1893. Freitag

Lieber Freund! Also das Unglaubliche ist wirklich wahr. Ich bin mit *[Koc]*h einig. Er hat gestern no*[ch]* an Böhlau geschrieben; ob die Annonce¹ möglich ist, weiß ich nicht. Wenn er Sie fragt, so sind Sie orientiert. Das Geheimniß ist öffentlich. Sie können also Jedermann davon verständigen. Beck hat noch nicht geschrieben. Meinen Sie, daß ich ihn sogleich verständigen muß? Es sind 9 Tage, daß ich geschrieben habe und ich bat um rasche Antwort. Wenn er Lust zu der Sache gehabt hätte, dann hätte er mir wol einen vorläufigen Brief bereits geschrieben. Machen Sie sich darauf gefaßt, daß ich mich in den nächsten Wochen noch oft mit Anfragen an Sie wende und verlieren Sie die Geduld nicht. Bereiten Sie mir auch jetzt schon einen Beitrag vor; wenigstens eine lange schöne Recension.

Recht eilig   Ihr   Treulichst Ergeb.   AS.   8/12 93

Ich habe Schönbach um einen einleitenden Artikel[2] gebeten. Bitte reden Sie ihm zu.

Handschrift: ÖNB, Autogr. 422/1-233. *Postkarte. Adresse:* Herrn Prof. Dr. Bernhard Seuffert / Graz. / Harrachgasse 1. *Poststempel:* 1) Smichow Stadt/Smíchov Město, 8.12.1893 – 2) Graz Stadt, 9.12.1893. *Grundschrift: deutsch.*

1   Die Idee, das Erscheinen der neuen Zeitschrift bereits auf den Umschlagseiten des letzten Heftes der »Vierteljahrschrift für Litteraturgeschichte« anzukündigen, konnte nicht mehr ausgeführt werden, zumal der endgültige Titel noch nicht feststand.
2   Anton E. Schönbach: Offener Brief an den Herausgeber. In: Euph. 1 (1894), S. 4–12. In seinem mit »Lieber Freund!« eröffneten Brief an Sauer trat Schönbach vehement für die Berücksichtigung der »moderne[n] deutsche[n] Literatur« (S. 5) im Programm der neuen Zeitschrift ein.

130. *(B) Seuffert an Sauer in Prag*
     Graz, 8. Dezember 1893. Freitag

Graz Harrachg. 1
8 XII 93

Lieber freund   Ich muss Ihnen sofort nach dem eintreffen Ihrer nachricht, also auch ehe ich Schönbach davon unterrichten konnte, meine freude und meinen glückwunsch aussprechen. Möge Ihnen das unternehmen so viel freude machen, als mir die Vierteljahrschrift hinterdrein bereitet. Denn zu manchfachen briefen, deren lob ich ja jetzt, wo die verfasser von mir keinerlei gefälligkeit mehr erwarten können, ernst nehmen darf, zu bedauernden briefen recht ferne stehender kam gestern auch eine anzeige des 2. u. 3. bandes[1] (!) von Muncker, die mich befriedigen kann (Bl. f. gymnasialwesen). Muncker hat mit mir nach meiner anzeige seines Klopstock[2] gebrochen, es ist seine erste sendung seit jener zeit; und Muncker ist in der VJS. ohne mein zutun übler weggekommen als irgend ein anderer. So ist mir seine anerkennung wirklich erfreulich.

Gewiss werden Sie die gleiche und lebhaftere finden und hoffentlich rechtzeitiger.

Nun aber erlauben Sie mir, damit ich Ihren allzu gütigen dank doch etwas verdiene, ein bedenken vorzutragen, das Sie in ganz freie erwägung nehmen mögen. Verstehe ich recht, so soll der titel sein ›Neue VJS f lg.‹³ Das halte ich für unzweckmässig. Die freunde der VJS erwerben Sie auch durch einen andern titel, ihre gegner oder vielleicht richtiger: die, denen die VJS. nicht passte nach inhalt und art des inhalts, werden Sie durch den gleichen titel von vorn herein abschrecken. Tatsächlich stellen Sie ja das unternehmen doch nicht auf das gleiche programm; schon durch das – nach meiner meinung für den absatz sehr nützliche – beifügen von recensionen ist das programm weiter. Auch kommt der eine grössere allgemeinere einleitungsartikel dann nicht zur geltung; man könnte sagen er sei ein lockvogel, aber der gleiche titel beweise, dass er nichts als das sei, dass doch das neue unternehmen so philologisch eng sein werde wie das absterbende, sonst würden Sie nicht den titel beibehalten haben. Ich muss Sie darauf aufmerksam machen. Mir wäre ja das beibehalten des titels natürlich sehr schmeichelhaft, aber das darf mich nicht gegen die gefahr blenden, die Sie dabei laufen könnten.

Dann möchte ich zu gunsten der absatzfähigkeit bezw. der materiellen unterstützung noch anderes – nicht anregen, aber Ihrer erwägung nahe legen. Wie wäre es mit einem beiblatt: Mitteilungen aus dem Goethe- u. Schiller-archiv?⁴ Die redaktion davon dürften Sie nicht übernehmen, denn keiner täte Suphan genug mit lobsprüchen für seine person und devotion für serenissima.⁵   Ferner wären beilagen möglich: Chronik der Berliner litterarischen gesellschaft⁶ und der ähnlichen Wiener.⁷ Natürlich würde die verantwortung dafür den vorsitzenden ESchmidt u. JMinor zufallen. So würde die zs. nebenbei vereinsorgan und würde also an abnehmern gewinnen können.   Da Sie durch die recensionen doch aus dem rein productiven kreise der VJS. heraustreten, halte ich solche beilagen für möglich.

Endlich würden die recensionen gut ergänzt werden durch eine bibliographie im stile des Behaghelschen Litbl.⁸

Das alles sind nur unmassgebliche vorschläge, die Sie nur dann ernst nehmen dürften, wenn ihre erfüllung die finanzielle seite des organs sichern und Ihre alleinige redactionsfreiheit nicht schmälert.

Sie fragen nach dem korrekturlauf; bei mir war er – und zwar zu meiner zufriedenheit – so eingerichtet: der mitarbeiter erhielt zwei fahnenkorrekturen nebst mscpt, eine behielt er, eine sandte er nebst mscpt. an mich, der auch gleichzeitig eine fahne erhalten hatte. Ich korrigirte die mitarbeiterkorrektur und erhielt dann eine umgebrochene korrekturrevision, die ich allein las und mit imprimatur versah. Die mitarbeiter erhielten – bis auf 2 oder 3 ausnahmen in allen 6 bänden – niemals eine zweimalige korrektur.   Zuerst auf fahnen korrigiren zu lassen, stellte sich als nötig heraus, um die kosten der sog. autorkorrekturen zu vermindern.

Laden Sie ja Creizenach ein. Ich will zunächst im hintergrund bleiben: das neue unternehmen darf durch meinen namen nicht discreditiert werden, ich bin ein zu prononcierter philologe. Später bitte ich allerdings um unterschlupf.

Alles gute immer wieder.

Treu

Ihr

BSeuffert.

Handschrift: StAW. 1 Dbl., 4 S. beschrieben. Grundschrift: lateinisch.

1 *von Band 2 und 3 der »Vierteljahrschrift für Litteraturgeschichte«. Franz Munckers anerkennende Rezension erschien in: BfdBG 29 (1893), S. 637–641.*
2 *s. Brief 99, Anm. 9.*
3 *s. Brief 128.*
4 *Die Idee wurde nicht realisiert.*
5 *Gemeint ist die Großherzogin Sophie von Sachsen-Weimar.*
6 *Gemeint ist die Gesellschaft für deutsche Literatur (s. Brief 122, Anm. 7), über deren Sitzungen Sauers Schüler Richard Rosenbaum in den Jahren 1895 bis 1898 in kurzen Referaten für den Nachrichtenteil des »Euphorion« berichtete. Auch in der Folgezeit erschienen noch einige Jahre unkommentierte Listen der gehaltenen Vorträge.*
7 *s. Brief 123, Anm. 1.*
8 *Das »Literaturblatt für germanische und romanische Philologie« war 1880 von Otto Behaghel und Fritz Neumann gegründet worden; es brachte Rezensionen und u. d. T. »Literaturbild« regelmäßige bibliographische Übersichten zu Neuerscheinungen.*

131. *(K) Sauer an Seuffert in Graz*
    Prag, 13. Dezember 1893. Mittwoch

L. F. Ich habe einen solchen Drang in mir, Ihnen über alles zu berichten; vielleicht weit m[eh]r als Sie zu hören Sehnsucht haben[.] Ich bin in vollem Zuge. Daß Schönba[ch] zugesagt hat, den Einleitungsarti[ke]l[1] zu schreiben, wissen Sie. Minor hat freundlich geschrieben; Suphan & Schmidt noch nicht. Zugesagt ist bereits ein Aufsatz von Rubensohn über Opitz[2] mit hübschen neuen Resultaten, die in der Einleitung zu den ›Epigrammen aus der griech. Anthologie‹[3] keinen Platz hatten. Schüddekopf[4] & Leitzmann[5] haben kleineres zugesagt. Minor: Methodisches.[6] Über Beiblätter verhandle ich. Was sagen Sie zu dem Plan: kurze knappe Auszüge aus öst. ungedruckten Dissertationen[7] zu bringen. Man müßte die einzelnen Candidaten dazu verhalten, die Resultate jedesmal auf einem Blatt zusammenzufassen. Wollen Sie mich nach dieser Richtung unterstützen. – Der Verleger ist bereit, den Titel etwas zu verschieben, ›Neue Vierteljahrschr‹ als Untertitel zu belassen u. noch einen anderen nom de guerre⁸ zu suchen. Aber was? Germania? Goethe? (wie es eine Zeitschrift: Humboldt⁹ giebt)? Vielleicht fällt Ihnen was Passendes ein. Darf ich Sie um Harnacks und Bobés Adressen bitten? An ersteren will ich bald schreiben.   Herzliche Grüße. Haben Sie Geduld mit mir.   Ihr   AS.

Datum: s. Poststempel. Handschrift: ÖNB, Autogr. 422/1-235. Postkarte. Adresse: Herrn Prof. Dr. Bernhard Seuffert / Graz / Harrachgasse 1. *Poststempel:* 1) Prag-Kleinseite/Praha Mala Strana, 13.12.1893 – 2) Graz Stadt, 15.12.1893. *Grundschrift: deutsch.*

1   s. Brief 129, Anm. 2.
2   Max Rubensohn: Der junge Opitz. In: Euph. 2 (1895), S. 57–99.
3   s. Brief 122, Anm. 9.
4   Carl Schüddekopf hat am ersten Jahrgang des »Euphorion« nicht mitgearbeitet.
5   Albert Leitzmann: Ein Bericht von Therese Heyne über Weimar und Jena 1783. Mitgeteilt. In: Euph. 1 (1894), S. 72–78.
6   Jakob Minor: Centralanstalten für die literaturgeschichtlichen Hilfsarbeiten. In: Euph. 1 (1894), S. 17–26.
7   Der Plan wurde nicht ausgeführt.
8   franz.: Kampfname, Pseudonym.
9   Humboldt. Monatsschrift für die gesamten Naturwissenschaften. Hrsg. von Georg Krebs. Jg. 1–9. Stuttgart: Enke, 1882–1890.

132. *(K) Sauer an Seuffert in Graz*
      Prag, 15. Dezember 1893. Freitag

L. F. Wieder beendige ich ein zeitschriftliches Tagewerk mit einem Bericht an Sie. Heute kam der *[C]*ontract. Es ist alles in Ordn*[ung]* bis auf den Titel. Der Verle*[g]*er giebt mir ihn jetzt ganz frei. Was meinen Sie zu Euphorion?¹ Oder ganz einfach: ›Deutsche Zeitschrift für Litteraturgeschichte‹ (was doch was Weiteres ist als ›Zeitschrift für deutsche Lit.‹, oder ›Litterarhistorische Zeitschrift‹? Das bloße ›Zeitschrift für Litteraturgeschichte‹ das Schönbach vorschlägt, ist mir doch ein wenig zu kahl und könnte vielleicht doch zu Verwechslung mit Koch² Anlaß geben. Nicht? – Heute kam Ihr letztes Heft mit dem stimmungsvollen Schlußcitat.³ Der reiche schöne Inhalt macht einem das Scheiden schwer und mir die Fortsetzung noch schwerer. Mir gefällt Niejahrs Artikel⁴ am besten. Der Goetheakt⁵ ist prachtvoll. Hätte sich B. S. doch öfter mit dgl. eingestellt. Er schweigt noch, während Schmidt heute warm zustimmend schrieb, zwar nichts Positives in Aussicht stellte aber gute Ratschläge gab. Harnacks Adresse gab er mir auch an. Sonst hab ich noch an Haym geschrieben u. an manche andre. Herzlichst u dankbar Ihr   AS.

Datum: s. Poststempel. Handschrift: ÖNB, Autogr. 422/1-236. Postkarte. Adresse: Herrn Prof. Dr. Bernhard Seuffert / Graz / Harrachgasse 1. *Poststempel: 1) Smichow Stadt/Smíchov Město, 15.12.1893 – 2) Graz Stadt, 16.12.1893. Grundschrift: deutsch.*

1 Die Idee zu dem Titel »Euphorion« für die neue Zeitschrift, dem auch Seuffert zustimmte (s. Brief 133), ging entweder auf Sauer selbst oder auf Erich Schmidt zurück. Schmidt kam in einem Brief vom 22.12.1893 (ÖNB, Autogr. 416/12-82), in dem er Sauer verschiedene Vorschläge unterbreitete, auf die offenbar schon früher diskutierte Idee zurück: »Der Litthistor. Gesellschaft [d. i. die Gesellschaft für deutsche Literatur] habe ich Dein nasciturus beim Stiftungsfest angekündigt, zu großer Freude. Aber 1 schönen Titel wußte niemand. Nur [Johannes] Imelmann schlug Pallas vor – aber was Antikes (darunter: Euphorion wäre nicht übel trotzdem) geht nicht, so sehr ich Namenstitel wie Eos, Hermes, Prometheus, etc. liebe. [...] Deutsches Museum, Deutschland, Germania sind verbraucht. Weimar wäre für die sel. VJS möglich gewesen. [...] Nur nicht: Zs., Monatsschr., VJS., Jahrbuch, Archiv, Magazin, Bibl., Annalen, Repertorium.« In einem Brief an seinen Freund Paul Heyse vom 22.4.1894 (BSB, Heyse-Archiv VI), bei dem er um einen Beitrag für Sauer warb, schreibt Schmidt, er habe die Zeitschrift »getauft«: »Mein College und Freund Prof. Sauer in Prag giebt vom April an eine litterarhist. Zeitschrift unter dem schönen classisch-romantischen, hoffentlich aber nicht auf kurze Lebenszeit deutenden Namen Euphorion heraus, die ich getauft habe und der ich alles Gute wünsche.«
2 mit Max Kochs »Zeitschrift für vergleichende Literaturgeschichte«.
3 Statt eines Schlusswortes. In: VfLg 6 (1893), S. 628: » ›... Indessen kann und soll mich die Erkänntlichkeit, die ich einer nicht unbeträchtlichen Anzahl geneigter Leser schuldig bin, nicht abhalten zu sagen, dass es nicht an mir [allein] liegt, wenn der teutsche Merkur das ... nicht hat werden können, was er, meinem ersten Plan und der Erwartung oder Foderung [!] des strengern Theils der Leser zufolge, unter günstigern Umständen und bey einer stärkern Aufmunterung von Seiten des Publikums hätte werden sollen ... (Wieland im Teutschen Merkur 1777 4, 280.)«.
4 Johannes Niejahr: H. v. Kleists Penthesilea. In: VfLg 6 (1893), S. 506–553.
5 Bernhard Suphan: Goethe im Conseil. Urkundliches aus seiner amtlichen Thätigkeit 1778–85. In: VfLg 6 (1893), S. 597–608.

133. (K) Seuffert an Sauer in Prag
Graz, 16. Dezember 1893. Samstag

Lfr.   Euphorion inhaltlich u. dem klange nach sehr schön. Nur fragen Sie Ihren sortimenter, ob der titel nicht schon verwendet ist, mir kommt so vor. Ich für meine person bin gegens antikisiren. – Zs. f. lg. ist zu Kochisch. Litterarhistorische Zs. lässt sich nicht als einzeiliger titel drucken.   Deutsche zs f lg ist gut; ausländer werden sich ja dadurch nicht abhalten lassen.

Zs. f. geschichte der schönen litteratur wäre allenfalls auch möglich und eine kleine variante.

Der Goetheakt gefällt Ihnen besser als mir. Sehr hoch schätze ich die Anakreonstudie[1] und mit Ihnen die Penthesileas, obgleich sie nicht geschickt zusammengearbeitet ist.

Dass Schmidt Ihnen freundlich entgegenkomme, setzte ich voraus. Suphan wird brüten, wie er seinen namen über den Ihrigen setzen kann.   Vergessen Sie Fresenius nicht. Für Eichler, Raiz, Lunzer, Adamek, Sittenberger (er kann in der Dtschen zeitung[2] für Ihr unternehmen wirken) u. aa.* schicken Sie mir zu liebe gedruckte aufforderungen zur mitarbeit.   Wie stellt sich Werner?   Geiger nahm nur die concurrenz zum Jahrbuch[3] übel. ich nahm aber Goetheana nur wenn das Jahrbuch geschlossen war u. sie also zu lange hätten liegen müssen.

Grüssend
Ihr
BSfft

Graz 16 XII.

* Jacobs, Werniger[4], überhaupt bibliotheksvorstände zur mitarbeiterschaft einladen lassen Sie nicht eigens circulare für gymnasien drucken?

Datum: s. Poststempel. Handschrift: StAW. Postkarte. Adresse: Herrn Professor Dr. A. Sauer / Prag / Smichow 586 *Poststempel: 1) Graz, 16.12.1893 – 2) Prag/Praha, 17.12.1893 – 3) Smichow Stadt/Smíchov Město, 17.12.1893. Grundschrift: lateinisch.*

1 Günther Koch: Beiträge zur Würdigung der ältesten deutschen Übersetzungen anakreontischer Gedichte. In: VfLg 6 (1893), S. 481–506.
2 Hans Sittenberger war Redakteur der »Deutschen Zeitung« in Wien.
3 Gemeint ist das »Goethe-Jahrbuch« (1880 ff.), dessen Gründer und Herausgeber Ludwig Geiger war.
4 Eduard Jacobs war Vorstand der Bibliothek des Grafen von Stolberg-Wernigerode.

134. *(B) Sauer an Seuffert in Graz*
    Prag, 25. Dezember 1893. Montag

Prag 25.12.93
Smichow 586

Lieber Freund! Halten Sie mich nicht für undankbar meines plötzlichen Verstummens wegen. Auf die vielen Schreibereien *[ist]* eine kleine Müdigkeit bei mir eingetreten, die schon wieder vergehen wird. Nun will ich aber die Feiertagsruhe dazu benutzen, um Ihnen ausführlichen Bericht zu erstatten. Am wohlthuendsten u. wol auch ersprießlichsten ist es, daß Schmidt die neue Zeitsch. in der Festversamml der Ges. für Lit. Gesch. feierlich angekündigt hat[1] und daß diese Mittheilung – wie mir von mehreren Seiten unabhängig mitgetheilt wird – mit großer Freude aufgenommen wurde. Auch sonst *[hab]* ich mancherlei zustimmende Briefe, festere und weniger bindende Versprechungen, sogar schon einen kleinen Beitrag. Zuwartend antwortete Grimm, nicht ablehnend Haym; Weinhold schweigt noch. Felber scheint beleidigt;[2] Koch dürfte wüthend sein. Leider sind aber auch die Redacteure der Zs. und des Anzeigers[3] etwas verschnupft. Sie können es nicht begreifen, wieso ich auf Recensionen verfalle. Eine neue Recensieranstalt sei das überflüßigste von der Welt. Daß der Anzeiger die Recensionen aus neuerer Litteratu*[r]* meinetwegen sein lassen werde, habe ich weder erwartet noch verlangt. Sie haben aber mit etwas zu viel Pathos dieses (an sie gar nicht gestellte) Ansinnen zurückgewiesen und den Schatten Scherers zu diesem Zwecke aufgerufen. Alles in größter Freundschaft, die zu erhalten ich mir Mühe gebe. Ich kann die ganze Sache nicht so arg finden. Zunächs*[t]* hat Roethe fast alle Leute von Namen ohnehin gepachtet; ich werd mir also junge Leute heranziehen müssen; dann recensiert der Anzeiger doch nun weniger Bücher; mir bleibt jedenfalls der Rest; alles über 1832 was doch von Jahr zu Jahr für uns wichtiger wird; werden endl. einige Bücher doppelt recensiert, ich meine hier & dort von verschiedenen Recensenten, so wird die Welt nicht einfallen. Jedenfalls werden mir aber die Recensionen *[m]*ehr Müh machen als die Aufsätze. Ich gebe es daher den Mitarbeitern frei, ob sie die Recensionen mit Namen oder Chiffre unterzeichnen oder sie anonym einrücken wollen. Vielleicht lassen nun auch Sie sich bald zu einer Recension herbei. Soll ich auch kurze Besprechungen zulassen, wie in den ›Notizen‹ des Anzeigers? Den Plan Auszüge aus Dissertationen[4] zu geben hab ich einstweilen fallen *[ge]*lassen; dagegen regte Heinzel Referate über Bücher und Aufsätze an, die in Deutschland schwerer erreichbar sind: nordamericanische, slavische bes. russische, ungarische, auch italienische.[5] Darauf bin ich eingegangen, hab auch bereits ein paar Gewährsmänner. – Für den Titel schlägt Immelmann (nach Schmidts Bericht)[6] Pallas vor, was nicht übel ist; Schmidt selbst Fundgruben oder ›Deutsche Wälder‹ das letztere sehr schön. Von vielen Seiten ward ich gebeten, einen kurzen Titel zu wählen, einen Namen und ich hab mich nu*[n]* zu Euphorion entschieden; weiß aber noch nicht ob der Verleger drauf eingeht. Ich hab dann gleich einen Trauerchor zur Verfügung, wenn die Zeitschrift eingeht.

Prospecte darf ich Ihnen vielleicht in größerer Anzahl senden für nähere Freunde, insbes. die Bezeichneten. Ich schließe niemanden aus als Koch, Weltrich, Laistner, G. Scherer, Carrierre; dann auch C Heine und Grisebach: etwa auch Valentin, oder den nicht? *[Ja]*cobs schrieb mir wegen Unzers,[7] über den ich aber nichts weiß; ich lade ihn selbstverständlich ein. Wenn Sie noch Namen wissen, so bin ich Ihnen für jeden einzelnen dankbar. –

Ich habe Krankheit im Haus. Mein Vater liegt seit einer Woche. Es ist eine Altersmahnung. Er ist schwerer beweglich als früher und wir mit ihm. – Alles Gute zum neuen Jahr; bewahren Sie mir die Freundschaft, von der Sie mir im ablaufenden Jahre so leuchtende Proben gegeben haben. – Bitte sagen Sie von meinem Conflict mit Schröder – Roethe niemandem was, auch nicht Schönbach & Steinmeyer.   Treulichst Ihr   AS.

Beilage:[8]

Euphorion
Zeitschrift für Litteraturgeschichte
herausgegeben
von
August Sauer
Erster Band.

Immer höher muß ich steigen,
Immer weiter muß ich schaun.[9]

1894
Bamberg
C. C. Buchner's Verlag

Handschrift: ÖNB, Autogr. 422/1-237. 1 Dbl., 4 S. beschrieben. Grundschrift: deutsch. Beilage: ÖNB, zu 422/1-237. 1 Bl., 1 S. beschrieben. Grundschrift: lateinisch.

1   s. Brief 132, Anm. 1.
2   *Im Verlag von Emil Felber (Berlin) erschienen sowohl Max Kochs »Zeitschrift für vergleichende Literaturgeschichte« als auch Sauers Reihe »Bibliothek älterer Übersetzungen«.*
3   *Gustav Roethe und Edward Schröder, die Herausgeber der »Zeitschrift« und des »Anzeigers für deutsches Alterthum und deutsche Litteratur«. Roethe war in einem Brief an Sauer vom 23.12.1893 (WBR, NL Sauer, ZPH 103, 2.1.1.345), in welchem er den Zeitschriftenplan lebhaft begrüßte, ausführlich auf das Thema einer möglichen Konkurrenz im Bereich der Rezensionen eingegangen: »Nicht ganz so erfreulich ist es mir, daß Ihre Zeitschrift nun auch Recensionen bringen soll. Wir kommen uns dadurch ja wirklich ins Gehege, und, wenn ich daran denke, welche Mühe es mir jetzt schon macht, grade für die neuere Litteratur geeignete Referenten zu finden, so beunruhigt mich der Gedanke einer weitren Concurrenz doch ein wenig. Auch kann ich das Bedürfnis eines neuen recensirenden Organs kaum einsehen, da ja doch DLZ, Lit. Centralblatt und Koch [= »Zeitschrift für vergleichende Literaturgeschichte«], Jahresberichte, Zeitschr. f. deutsche Philologie und Behaghels Literaturblatt gleichfalls die neuere Litteratur berücksichtigen, die beiden letztern auch im ausführlichen Anzeiger. Mir tut es da leid um jeden Bogen, der durch Recensionen den Aufsätzen, Briefpublikationen und sonstigen Materialsammlungen entzogen wird in Ihrer Zeitschrift. /*

> [...] *Mir gieng nun wol einen Augenblick der Gedanke durch den Kopf, ob es nicht angebracht wäre, unter diesen Umständen die neuere Litteratur ganz aus dem Anzeiger zu verbannen. Aber wir sind von diesem Gedanken sofort zurückgekommen. Scherer hat den Anzeiger recht eigentlich mit der Absicht gegründet, daß er die Einheit unsrer Wissenschaft repraesentire; zu diesem selben Zwecke ist der alte Titel der Zeitschrift [in »Zeitschrift für deutsches Alterthum und deutsche Litteratur«] geändert worden; und wenn allmählich auch die neue Litteratur in der Zs. wider ganz zurückgetreten ist der Vierteljahrschrift zu Liebe, so sind wir es Scherers Andenken, dem Verleger und unsern Lesern schuldig, unser Gebiet nicht noch weiter einzuschränken, um so mehr als auch uns beiden daran liegt, die Einheit von Philologie und Litteraturgeschichte dadurch zu bestätigen, daß wir ihre Verbindung im Anzeiger erhalten. / [...] Wenn ich nun auch nicht auf die Besprechung der neuern Litteratur im Anzeiger zu verzichten gedenke, so erwiedre ich doch herzlich die freundnachbarlichen Gesinnungen, die Sie mir so freundlich entgegenbringen, und den Weg, den Sie vorschlagen, halte auch ich für gangbar. Ich werde gerne bei Büchern, deren Besprechung mir nicht unbedingt notwendig erscheint, auf die Besprechung verzichten, wenn der Recensent, den ich ins Auge gefaßt hatte, Ihnen bereits seine Zusage gegeben hatte.«*

4   s. Brief 131.
5   Literaturberichte zu einzelnen Ländern und Regionen erschienen im »Euphorion« vor allem in den Jahrgängen bis zum Ersten Weltkrieg, jedoch nicht in dem zunächst angestrebten Umfang. Von 1894 bis 1906 lieferte Max Poll mit Unterbrechungen Jahresberichte über in den USA erschienene »Aufsätze über deutsche Literatur«. Wiederholte Referate erstatteten auch Witold Barewicz »über neuere literarhistorische Neuerscheinungen in polnischer Sprache« (1895 und 1896) und Simon Marian Prem mit einem »Literaturbericht aus Tirol« (1894, 1896, 1897, 1906, 1909).
6   s. Brief 132, Anm. 1.
7   Gemeint ist hier wohl der Dichter Ludwig August Unzer, über den der Wernigeroder Bibliothekar Eduard Jacobs zu dieser Zeit intensive Studien betrieb (s. Eduard Jacobs: Ludwig August Unzer. Dichter und Kunstrichte, geb. zu Wernigerode am 22. Nov. 1748, gest. zu Ilsenburg am 13. Januar 1774, der Verkündiger des Prinzips der Geniezeit. In: Zeitschrift des Harz-Vereins für Geschichte und Alterumskunde 28 [1895], S. 117–252; ders. [Art.] L. A. Unzer. In: ADB, Bd. 39 [1895], S. 336–343). Vmtl. hatte der von Seuffert zur Mitarbeit am »Euphorion« empfohlene Jacobs (s. Brief 133) Sauer einen Beitrag über Unzer angeboten.
8   Sauer legte einen Entwurf des Titelblatts zum ersten Band des »Euphorion« bei. Für den Druck wurde unterhalb der Bandangabe »Jahrgang 1894« sowie bei der Angabe des Verlages »Inhaber Rudolf Koch« ergänzt.
9   Euphorion in Goethes »Faust II.«, V. 9821 f.

135. (B) Sauer an Seuffert in Graz
   (Prag, vor dem 15. Januar 1894)

L. F. Ich gäbe was für ein paar Stunden ausführlicher Unterredung mit Ihnen. Gestatten Sie mir, da dies mir nicht möglich ist, Ihnen meine Schmerzen *[b]*rieflich vorzutragen. Darüber, daß Koch – Felber wütend sind auf den Euphorion und ich möglicher Weise mit Felber ganz auseinanderkomme will ich nicht klagen. Bis zu gewissem Grade freut mich das sogar. Aber das Blatt selbst macht mir viele Sorgen. Der Prospect[1] ist in der Druckerei; ich hatte schon Correctur; in 4–5 Tagen hoff ich ihn Ihnen übersenden zu *[k]*önnen und bin auf Ihre Äußerung begierig. Auch ein Titelblatt ist zur Probe gedruckt, so wie ich es Ihnen übersandte;[2] recht hübsch. Aufsätze hab ich viele zugesagt. Manuscripte von Steig,[3] Hirzel,[4] Leitzmann,[5] Kraus.[6] Schwierigkeiten macht mir noch der kritische Theil. Ich muß mich da für eines oder das andere Prinzip entscheiden und sehe darauf hin alle Zeitschriften durch. So wie es der Anzeiger[7] macht ist es das leichteste für den Reda*[ct]*eur: unter den eingesandten Büchern eine Auswahl treffen und geeignete Recensenten suchen. Derjenige aber, der sich nur die Zeitschrift hält und mit solchen Abonnenten muß der Redacteur wie ich glaube stark rechnen, hat wenig von dieser Art. Es bleibt zu viel ganz unerwähnt. Das andere Extrem die Jahresberichte[8] ist *[g]*leichfalls für mich ausgeschlossen. Bibliographische Vollständigkeit kann ich nicht anstreben. Also: orientieren. Möchten Sie sich nun – das ist der Kern meines Briefes – ein paar Zeitschriften darauf ansehen: die Sybelsche[9] und die Quiddesche[10] besonders. Die erstere hat viel Bestechendes; sie erinnert mich an das Goethische Wort, *[daß]* der Fachmann es viel leichter hätte, wenn er das Unnütze über Bord werfen könnte.[11] Dort heißt es z. B. ›im Augustheft der Preußischen Jahrbücher‹ ohne Seiten u. Heftangabe etc. Aber ist das nicht wieder zu salopp. Sie erwähnten einmal das Behagelsche Litteraturbild[12] als Muster. Meinten Sie da die Übersicht über die Zeitschriften? Oder über die Bücher? Nutzt *[e]*ine solche Übersicht vierteljährlich etwas. Wöchentlich u. monatlich nutzt sie gewiß? Raisonnirend oder nicht? Das ist die Frage. Bei Behagel sind manchmal kurze Bemerkungen? Soll ich neue Bücher verzeichnen? Die mir zugesandten blos, oder alles was ich sehen kann? Oder wovon ich höre? Bitte sagen Sie mir darüber Ihre Ansicht. Im Prospect steht ungefähr folgendes: ›Der reichen wissenschaftlichen Litteratur der Gegenwart wollen wir uns dur*[ch]* kritische Übersichten bemächtigen ohne hier bibliographische Vollständigkeit anzustreben, für die von andrer Seite ausreichend gesorgt ist. Durch längere und kürzere Recensionen wichtigerer Werke u. Aufsätze hoffen wir in die Entwickl. der Wissenschaft fördernd eingreifen zu können. Über solche ausländische litterarhistorische Werke und Aufsätze welche in Deutschland schwe*[r]* zugänglich sind (nordamerikanische, slavische, ungarische) werden wir durch kurze Referate orientieren.‹[13]

Demnach zerfiele mein kritischer Theil

1. in Recensionen (länger & kürzer)

2. in Referate (für die ich schon Verbindungen angeknüpft habe)

3. in eine Übersicht (worüber?) Diese Übersicht aber ist meine crux. Und doch räth mir z. B. Adler, der die Vierteljahresschrift f. Musikwiss.[14] herausgiebt, möglichst viel solche Notizen zu bringen; denn »sie ziehen.« Bitte überlegen Sie sich die Sache ein wenig. Ich will über solche Details mit andern Collegen, die der Sache weniger wohlwollend gegenüberstehen, nicht correspondiren. Treulichst Ihr

Euphorion.

Datum: Die Korrespondenzstelle ergibt sich aus dem Inhalt von Brief 136. Handschrift: ÖNB, Autogr. 422/1-239. 1 Dbl., 4 S. beschrieben. Grundschrift: deutsch.

1 Der Prospekt zum »Euphorion« wurde Ende Januar versandt (s. Brief 122, Anm. 6; dort vollständig zitiert).
2 s. Beilage zu Brief 134.
3 Reinhold Steig: Ein ungedruckter Beitrag Clemens Brentanos zu Arnims »Trösteinsamkeit«. In: Euph. 1 (1894), S. 124–128.
4 Ludwig Hirzel: Ein Brief Schillers. Mitgeteilt. In: Euph. 1 (1894), S. 136. Abdruck eines Briefes von Schiller an Friedrich Haug (Jena, 18.1.1796).
5 s. Brief 131, Anm. 5.
6 Rudolf Krauß: Eduard Mörike und die Politik. In: Euph. 1 (1894), S. 129–136.
7 der »Anzeiger für deutsches Alterthum und deutsche Litteratur«.
8 Die »Jahresberichte für Neuere deutsche Litteraturgeschichte« (Stuttgart: Göschen, 1892 ff.), gegründet von Max Herrmann, Siegfried Szamatólski und Julius Elias, boten eine nach Vollständigkeit strebende bibliographische Dokumentation der neugermanistischen Jahresproduktion in Form thematisch/chronologisch gegliederter Forschungsberichte, die jeweils von einzelnen Autoren verantwortet wurden. Nach dem Ersten Weltkrieg wurden sie in Form einer kumulativen Bibliographie fortgesetzt (s. Müller/Nottscheid: Wissenschaft, S. 66–70).
9 Gemeint ist die »Historische Zeitschrift« (1859 ff.), hier benannt nach ihrem ersten Herausgeber Heinrich Sybel.
10 Gemeint ist die von Ludwig Quidde gegründete und herausgegebene »Deutsche Zeitschrift für Geschichtswissenschaft« (12 Jgg., 1888–1895).
11 s. Goethe: Maximen und Reflexionen, Nr. 1263 (WA II, Bd. 11 [1893], S. 109): »Alle Männer vom Fach sind darin sehr übel dran, daß ihnen nicht erlaubt ist das Unnütze zu ignoriren.«
12 s. Brief 130, Anm. 8.
13 Sauer zitiert den Prospekt sinngemäß mit Abweichungen im Wortlaut (s. Brief 122, Anm. 6).
14 Vierteljahrsschrift für Musikwissenschaft. Hrsg. von Guido Adler u. a. Jg. 1–10. Leipzig: Breitkopf & Härtel, 1885–1894.

136. (B) Seuffert an Sauer in Prag
Graz, 15./16. Januar 1894. Montag/Dienstag

Graz 15 I 94

Lieber Freund   Dass ichs nicht vergesse stelle ich an die spitze:
1) Pawel schickte mir einen Rabener-Gleimbrief,¹ ich sandte ihn zurück u. zeigte ihm ihren Euphorion an, habe aber <u>nicht</u> gesagt, dass er Ihnen das mscpt. senden solle, denn es ist nicht bedeutend.
    2) Quidde fragt auf einer halb gedruckten karte, warum die VJS eingegangen sei u. was weiter geschehen werde. Auch ihm habe ich Ihr unternehmen gemeldet, gab ihm aber über die gründe des einganges keine antwort: was geht ihn das an?

Es ist doch hübsch und wunderlich zugleich, dass nicht nur die sich folgenden redacteure sondern auch die sich ablösenden verleger freunde sind: Böhlau schrieb mir das. Er mag wol dem jüngeren collegen[2] gründlich abgeraten haben, als dieser ihn um aufklärungen bat. Desto besser für Sie: so geht er nicht mit illusionen ans werk und mit desto mehr energie.

Ihren prospekt erwarte ich mit ungeduld, möchte aber um die erlaubnis bitten, darüber schweigen zu dürfen gegen Sie: denn beifall brauchen Sie nicht und wenn ich etwas – mit unrecht oder vielleicht mit etwas recht – anders wünschte, so würde es Ihnen unnötig kopfzerbrechen machen. Je subjektiver Sie's anpacken, desto besser wird das werk. Sie werden ohnehin zu früh meine erfahrung machen, dass das wenigste einem ganz entspricht, dass man aus äusseren und inneren, sachlichen und persönlichen, geschäftlichen und hundert gründen sich von seinem wege mit vollem wissen abdrängen lässt. Jetzt scheint mir nur eines not: dass der prospekt bald kommt, damit Felber-Koch nicht gar im ärger ihre Zs.[3] umgestalten. Sie haben doch für eine notiz bei Behaghel[4] und in allen blättern mit denen Sie verkehren gesorgt? DLZ?[5] Österr. gymn.-zs.?[6] Gehen Sie doch Muncker um eine notiz in den Bll. f. bair. gymn.[7] an! Solche notizen sind besser als annoncen. Schicken Sie mir prospekte, so kann ich, falls Sie es wünschen, die Preuss. jahrbb., die Vossische ztg., Dtsche rundschau u. vielleicht noch ein oder das andere blatt darauf aufmerksam machen. Und auch personen.

Sie fragen mich um den kritischen teil. Ich möchte Ihnen auch hiefür möglichste freiheit der beweglichkeit als princip raten. Richtig ist Ihr grundsatz: die leser müssen die meinung bekommen, dass sie ausreichend orientiert seien durch Ihr blatt. Ausreichend ist ein dehnbarer begriff u. das ist das gute daran. Vollständig sein geht nicht, das würde Sie erdrücken, zu teuer kommen u. s. f. Der grad der vollständigkeit ist zufallssache. Sie erreichen nicht einmal alles, was Sie wollen, geschweige dass Sie allein im stande wären – nach meiner meinung – die wünsche aller leser zu erraten u. zu treffen. Es handelt sich also darum, dass Sie vielerlei bringen u. dadurch den lesern sand in die augen streuen über das was fehlt. Ich würde mich für den anfang, wo Sie noch keinen sicher arbeitenden recensentenstab um sich versammeln können, an gar kein princip binden. Ich würde sehen, was ich kriege, und dann lücken selbst zustopfen. Lücken in rubriken meine ich. Also etwa Ihr verleger fordert die verleger zu einsendungen auf, verspricht die besprechung oder erwähnung aller arbeiten, verbittet sich schöne litteratur (die Sie doch bei seite lassen wollen?) und erklärt, nichts zurückzuschicken; nur so kann er die verleger erziehen, nicht zu viel unbrauchbares zu senden. Denn auch die VJS., obwol sie nie recensionen brachte, erhielt immer wider gedichte u. dgl. zur besprechung: das rücksenden war lästig.

Sie lesen den wochen-Hinrichs,[8] streichen an, was Ihr verleger Ihnen als rec.-ex. besorgen soll u. suchen auch hiefür den recensenten.

Sie fordern auf dem umschlag jedes heftes die verff. von progr.⁹ u. diss. und zeit-schriftartikeln zur einsendung auf. Ebenso zu berichten aus gesellschaften.

Sie verzeichnen jeden einlauf, den freiwilligen und den erpressten, auf dem umschlag. Sie erklären dabei, dass das verzeichnis nur in bezug auf das vollständig sei, was Ihnen vorlag (dadurch erpressen Sie zusendungen und decken Sie sich gegen Lücken) und erwähnen aber gleichwohl was Ihnen irgend bekannt wird, auch zss.

Sie fordern auch zu mitteilungen über vorbereitete bücher auf (das zieht an) und bringen diese am schlusse der zs. selbst (nicht auf dem umschlag).

Sie geben grosse oder kleine recensionen, wie sie einlaufen, nicht nach dem umfang geordnet, sondern womöglich nach der chronologie des inhalts. Sie geben darnach unvollständige bibliographische übersichten (unvollständiger als die umschlaganzeigen) über bücher, progr., diss., ephemerides[10] mit allgemeinster inhaltsangabe (kürzer als Geiger),[11] mit oder ohne kritik. Ich würde dabei wie Sybels Zs. verfahren, allgemeine citate nicht scheuen; es liest sich besser als das zahlenwerk und es ist doch auffindbar was gemeint ist. Quidde ist zu geordnet, das ist jahresberichtstil. Wenn Sie einen zeitungsleser kennen, der ich nicht bin, so gewinnen Sie ihn für sich: er soll bedeutende feuilletons erwähnen.

Recensionen würde ich nicht verzeichnen, ausser wenn sie neues beweisen (nicht blos behaupten).

Behaghel ist mir bequem. Ich finde da, was ich brauche und muss es nicht erst aus anderm wuste auslesen wie in der DLZ oder im Centrbl.[12] Ich bin der meinung, dass derlei auch in vierteljährigen pausen noch sehr erwünscht und bequem ist.

16 I

Gestern abends wurde ich durch Bauer unterbrochen. Ich fragte ihn nach seinem eindruck von Sybel u. Quidde; er bevorzugt, wie Sie u. ich, Sybel.

Ich würde es durchaus nicht scheuen, bücher und zeitungsartikel und alles was dazwischen liegt, gelegentlich nur mit titel und urteil, ohne genauere inhaltsangabe, zu geben; ich meine so: Die ›Studien zur Littgeschichte, M. Bernays gewidmet‹ Hambg u. Lpz 1893[13] M. 8 [keine seitenzahlen u. kein format, aber preis] enthalten vier aufsätze über übersetzgen[14] (Homer spanisch 15 jh., Terenz (15 jh.), Milton (18 jh.) und Shakespeare (19 jh. diese drei identisch); einen unbedeutenden über englische aufführungen u. übersetzgen von dramen Lessings, Schillers u. aa.;[15] schöne briefe von G R Weckherlin,[16] von Bodmer, P. A. Wolff (dabei einer von Goethe an Wolffs Mutter, der im entwurf schon bekannt ist);[17] einen wichtigen nachweis zu Goethes Falconetaufsatz von Witkowski;[18] wenig fruchtbare artikel über Wackenroders kunstansicht,[19] Schillers ästhetik (im anschluss an die Künstler);[20] eine einseitig psychologische erklärung und sachlich ungerechte verurteilung der Herderschen metakritik;[21] allzu allgemeine ausführungen über das enjambement von Aristoteles bis ins 19 jh.[22] Beziehungen des Nürnberger humanismus zu C. Fedele,[23] erörterungen über die Gaungu-Hrólfs-Saga und über Coquillartische monologe[24] kommen für uns weniger in betracht.

So weiss jedermann war er hier zu suchen hat besser als aus dem inhaltsverzeichnis. Mehr braucht über ein im ganzen schales buch nicht gesagt zu werden. (Ich wähle das beispiel, weil es mir gerade nahe liegt.)

Das ideal bleibt die zuweisung von gruppen (nicht zu kleinen) an bestimmte mitarbeiter. Nur dadurch erreichen Sie einheitlichkeit. Ich denke dabei mehr an das Centrbl. als an den Jahresbericht. Aber woher wollen Sie die leute nehmen? solche leute, die verlässig alle vierteljahr das wesentliche aufarbeiten? Ich selbst möchte mich dazu nicht verpflichten.

Feuilletons würde ich nicht suchen, nur verzeichnen was Ihnen zugeschickt oder zugetragen wird. Beil. zur Allg. ztg,[25] Sonntagsbeil. der Voss.,[26] Beil. der Lpzer[27] allenfalls u. ähnliches würde ich aber mit hilfe des Centrbl. excerpieren lassen. Ebenso die zss, aber nicht die f. höhere töchterschulen (Teubner)[28] u. auch aus Sanders[29] u. Lyon[30] nur wesentliches.

Zu grosse recensionen (mehrere bogen) würde ich nicht suchen, aber nicht abweisen.

Eine dringliche bitte ist, nicht zu viele titel-abkürzungen zu gebrauchen; es ist hässlich u. hält auf.

Personalia halte ich für unnötig; andere sehen sich gerne gedruckt wenn sie vom gymnasiallehrer zum oberlehrer avancieren oder irgend einen stern 4. klasse ins knopfloch kriegen. Jedenfalls wäre ich gegen rein akademische personalia.

Wollen Sie den berichtteil eigens paginieren wie der Anzeiger selbstständig ist? Schön ists, aber für Sie unbequem. Das verhältnis, gelegentlich aus not misverhältnis zwischen produktivem u. kritischem teil wird durch getrennte paginierung sinnfälliger.

Auch ich meine, dass Sie mit dem recensionsteil sich eine grosse last aufbürden; aber auch Steinmeyer ist der ansicht, dass nur ein solcher eine zs. lebensfähig macht. Ich bitte Sie sehr, sich nicht durch überschriften, abteilungen, rubriken von vorn herein in Ihrem anzeigeteil zu binden. Lassen Sie ihn sich entwickeln. Fürs erste gilt es mit den lesern fühlung zu bekommen. Geben Sie nach, auch gegen Ihr besseres wissen; steht erst die zs. auf festen füssen, dann tyrannisieren Sie das publikum nach gutdünken.

Mit Schönbach habe ich über diese sache nicht gesprochen. Früher aber wol über das was ich schrieb. Ich enthalte Ihnen nicht vor, dass er sagte: ich gebe Ihnen ratschläge, die ich selbst nicht befolgt hätte u. nicht befolgen möchte. Ich meine, ich kann den vorwurf ertragen. Nicht nur weil ich eben jetzt erfahrungen habe, die ich damals als ich anfing nicht hatte, also anderes raten kann u. muss. Ich habe ausserdem immer, wenn auch vielleicht nicht mit der deutlichkeit wie jetzt, gewusst, dass ich einseitig bin und ich komme aus der einseitigkeit nicht hinaus; zum teil vielleicht weil ich nicht mag, um Schönbachs ›möchte‹ zu gebrauchen. Warum soll ich Ihnen nicht raten, vielseitiger zu sein, und auch nachgiebiger gegen das liebe dumme publikum? Sie sind eine beweglichere natur; Sie müssen auch schliesslich mehr auf den äusseren erfolg sehen: Sie haben den Euphorion gegründet; ich habe die VJSchrift nicht gegründet; ich habe die übernahme der redaction schliesslich zugesagt, als die gründung von andern bis auf diese personenfrage beschlossen war. Ich habe überdies nicht alles einrichten können, was ich wollte; gerade den kritischen teil nicht. Seien Sie versichert, dass wenn ich auf Ihr gütiges vertrauen antworte, es immer nach meinem besten wissen geschieht und das auch da, wo ich mir sage: ich könnte das nicht und nicht so leisten.

Den brief überlesend fürchte ich, dass er Ihnen wenig nützt. Probieren! heisst es für Sie.

Treu ergeben

Ihr

BSfft.

Handschrift: StAW. 2 Dbl., 8 S. beschrieben. Grundschrift: lateinisch.

1 *Jaro Pawel: Ein ungedruckter Brief Rabeners an Gleim. In: Euph. 1 (1894), S. 788–790.*
2 *Rudolf Koch, der Verleger des »Euphorion«.*
3 *die »Zeitschrift für vergleichende Literaturgeschichte«.*
4 *Otto Behaghels »Literaturblatt für Germanische und Romanische Philologie« brachte statt einer Notiz zum bevorstehenden Erscheinen eine kurze Besprechung des ersten Heftes des »Euphorion« (LBl 15 [1894], Nr. 6, Sp. 204 [unterz.: v. W.]).*
5 *Deutsche Literaturzeitung (Berlin); für die Notiz s. DLZ 15 (1894), Nr. 6, Sp. 183.*
6 *Zeitschrift für die österreichischen Gymnasien (Wien); statt einer Notiz erschien eine ausführliche Besprechung des ersten Heftes von Friedrich Bauer (ZfdöG 46 [1895], S. 768–775).*
7 *Blätter für das Gymnasial-Schulwesen (München); es konnte keine Notiz ermittelt werden.*
8 *Gemeint ist der 1798 von dem Buchhändler Johann Conrad Hinrichs begründete Katalog der wöchentlichen Neuerscheinungen. Der sog. »Hinrichs« lag ab 1834 als »Wöchentliches Verzeichnis« dem »Börsenblatt für den deutschen Buchhandel« bei.*
9 *Gemeint sind die in den Programm-Schriften der Gymnasien enthaltenen germanistischen Abhandlungen.*
10 *griech.: Zeitschriften, periodische Schriften.*
11 *Gemeint ist die annotierte Bibliographie in Ludwig Geigers »Goethe-Jahrbuch«.*
12 *Friedrich Zarnckes »Litterarisches Centralblatt für Deutschland«.*
13 *Studien zur Litteraturgeschichte. Michael Bernays gewidmet von Freunden und Schülern. Hamburg, Leip-*

zig: Voss, 1893 (in den folgenden Anmerkungen: Studien). Sauers Bitte, Seufferts Skizze der Festschrift als Referat im »Euphorion« abdrucken zu dürfen (s. Brief 137), kam Seuffert zwar nach, bat jedoch seinen Namen nicht zu nennen, da er das Buch bereits in der »Deutschen Literaturzeitung« besprochen hatte (s. Seufferts Brief an Sauer vom 20.1.1894. StAW; dazu Seufferts Rezension in: DLZ 15 [1894], Nr. 8, Sp. 235–237). Sauer wies daraufhin in der Bibliographie zum »Euphorion« lediglich die Titel der einzelnen Aufsätze (mit Autorennamen) nach (s. Euph. 1 [1894], S. 213 f.).

14 Karl Vollmöller: Eine unbekannte altspanische Übersetzung der Ilias. In: Studien, S. 231–250; Hermann Wunderlich: Der erste deutsche Terenz. Ebd., S. 201–216; Hans Bodmer: Die Anfänge des zürcherischen Milton. Ebd., S. 177–200; Julius Elias: Fragmente einer Shakespeare-Übersetzung. Ebd., S. 251–330.
15 Hans Wolfgang Singer: Einige englische Urteile über die Dramen deutscher Klassiker. In: Studien, S. 1–18.
16 Hans Schnorr von Carolsfeld: Briefe Georg Rodolf Weckherlins. In: Studien, S. 157–166.
17 Max Koch: Ein Brief Goethes nebst Auszügen aus Briefen P. A. Wolfs. In: Studien, S. 19–39. Das Konzept zu dem dort erstmals abgedruckten Brief Goethes an Sabine Wolff (1.9.1803) war bereits von Julius Wahle veröffentlicht worden (ders.: Das Weimarer Hoftheater unter Goethes Leitung. Aus den Quellen bearbeitet. Weimar: Goethe-Gesellschaft, 1892 [Schriften der Goethe-Gesellschaft. 6], S. 160 f.).
18 Georg Witkowski: Goethe und Falconet. In: Studien, S. 75–95.
19 Heinrich Wölfflin: Die Herzensergießungen eines kunstliebenden Klosterbruders. In: Studien, S. 61–73.
20 Walter Bormann: Über Schillers »Künstler«. In: Studien, S. 109–132.
21 Eugen Kühnemann: Herders letzter Kampf gegen Kant. In: Studien, S. 133–156.
22 Karl Borinski: Die Überführung des Sinnes über den Versschluss und ihr Verbot in der neueren Zeit. In: Studien, S. 41–60.
23 Henry Simonsfeld: Zur Geschichte der Cassandra Fedele. In: Studien, S. 97–108.
24 Werner Söderhjelm: Über zwei Guillaume Coquillart zugeschriebene Monologe. In: Studien, S. 231–250.
25 zur »Allgemeinen Zeitung« (München).
26 zur »Vossischen Zeitung« (Berlin).
27 zur »Leipziger Zeitung«.
28 Gemeint ist die »Zeitschrift für weibliche Bildung, insbesondere für das gesamte höhere Unterrichtswesen des weiblichen Geschlechts« (29 Jgg. Leipzig: Teubner, 1873–1901).
29 Gemeint ist die von Daniel Sanders begründete und herausgegebene »Zeitschrift für deutsche Sprache« (10 Jgg. Paderborn: Schönigh, 1887–1897).
30 Gemeint ist die von Otto Lyon und Rudolf Hildebrand begründete »Zeitschrift für den deutschen Unterricht« (33 Jgg. Leipzig: Teubner, 1887–1919).

137. (B) Sauer an Seuffert in Graz
Prag, 18. Januar 1894. Donnerstag

Prag 18.1.94
Smichow 586.

Ihr ausführliches Schreiben, lieber Freund, hat mich doch sehr gefördert [u]nd meine Ansichten geklärt. Ich warte jetzt noch ab, was Sie auf meine letzte Karte sagen (wegen des Historischen Jahrbuches)[1] und entscheide mich dann definitiv. Ich neige aber schon jetzt dazu, alles zu verzeichnen, was ich sehe oder wovon ich höre zur Orientierung. Aufs einzelne gehe ich heute nicht ein. Aber das eine noch. Die Namen der einzelnen Verfasser würden Sie doch bei der Erwähnung eines solchen Buches, wie der Aufsätze für Bernays angeben? Darf ich Ihre Skizze bei diesem Buch gleich verwenden? Ohne Namen? Oder mit Chiffer<!>?

Ich finde daß alles was Sie rathen ausgezeichnet ist. Die Idee, daß Sie das, was Sie mir rathen, selbst nicht befolgt haben, ist mir allerdin[gs] auch schon gekommen. Aber in anderm Sinn als Schönbach es meint. In dem Sinn wie Sie es andeuten, als reife Frucht Ihrer langen Erfahrung. Ich danke Ihnen vielmals und herzlich dafür, daß Sie so selbstlos und aufopfernd mir alles mittheilen, was man eben vorher, ohne Redacteur gewesen zu sein, unmöglich wissen kann. Ich werde ja auch so noch Lehrgeld genug bezahlen müssen.

Der Prospect ist bereits imprimirt. Er muß jeden Tag kommen. Ich sende Ihnen sogleich eine Anzahl und schreibe Ihnen dazu für wen. Für eine Intervention bei mehreren Ztschrften bin ich Ihnen besonders d[a]nkbar. Vorderhand konnte ich noch nichts thun; denn es war doch der Titel noch nicht ganz fix. Jetzt warte ich schon noch die kurze Zeit, bis ich die Prospecte versenden kann.

Schmidt stimmte zuerst dem Titel bei; jetzt – wie es scheint durch Burdach haranguirt[2] – ist er dagegen. Aber jetzt ists zu spät. Auch im Prospect wird ihm manches nicht recht sein. Da tröstet mich Ihr Zuspruch, daß die [S]ubjectivität des Prospects nichts schadet. – Leider drängt sich die Mittelmäßigkeit schon stark vor. Pawel sandte seinen Rabenerbrief; Hirzel einen belanglosen Schillerbrief.[3] R. M. W.[4] hat alles zur Hand – was ich nicht brauche. Erfreulich ist ein Lessingbrief, den Michels spendet[5] (ich kenn ihn noch nicht!) An Kleinigkeiten fehlts also nicht. Aber das große, bedeutende!?!

Den Brief Böhlaus an Buchner[6] hab ich gelesen. Er war rein sachlich[,] aber stark deprimierend. Mit Illusionen geht der Verleger nicht an die Sache heran. Aber an Energie wird ers und werd auch ich es nicht fehlen lassen.

Komisch ist was mir Werner mittheilt: Minister Gautsch habe die VJS im Gespräch für zu journalistisch [7]erklärt. Da würde ihm wohl der Euphorion wie ein Beiblatt der Fliegenden Blätter[8] vorkommen. – Ich werds mit seinem Nachfolger[9] probieren un[d] werde gleich nach dem Erscheinen des Prospects um die Subvention der Germania[10] einkommen. Es ist Kelles Rath, der mir auch versprochen hat, sich dafür zu verwenden.

Herzlich grüßend
Ihr   AS.

Handschrift: ÖNB, Autogr. 422/1-241. 1 Dbl., 4 S. beschrieben. Grundschrift: deutsch.

1 s. Sauers Karte an Seuffert vom 15.1.1894 (ÖNB, Autogr. 422/1-240): »Ich habe heute meine Zeitschriftenrevue zu [En]de geführt; aber nichts brau[ch]bares gefunden als das Historische Jahrbuch der Görresgesellschaft, das mir sehr gut gefällt. Es hat: Rezensionen u. Referate; eine Zeitschriftenschau, eine Novitätenschau (mit kurzen Bemerkungen) endlich Nachrichten. Sehen Sie sich es einmal an. Das ließe sich leisten, ohne den Anspruch auf Vollständigkeit.«
2 v. franz.: haranguer: feierlich (pejorativ: langweilig, überflüssig) reden.
3 s. Brief 135, Anm. 4.
4 Richard Maria Werner hatte Sauer in einem Brief vom 16.1.1894 (WBR, I. N. 187.822) zur Gründung des »Euphorion« gratuliert und verschiedene Vorschläge für Beiträge unterbreitet, die jedoch nicht realisiert wurden: »ich bin mit allen fachgenossen überaus glücklich, daß Du Dich opferst und uns ein neues organ für unsere forschung schaffen willst. mögest Du glücklicher sein, als Seuffert, der mit seinem unternehmen nicht recht fortkam. merkwürdig genug hat es Minister Gautsch als zu feuilletonistisch bezeichnet! wir glaubten vielmehr, es sei viel zu schwer und ausschließlich gelehrt. soweit ich Dir beistehen kann, bin ich Dir zu verfügung. Du wirst für den anfang wol nur allgemeinere aufsätze wünschen, sonst würde ich Dir ein doppelblatt aus Z[acharias] Werners Mutter der Makkabäer mit sehr interessanten varianten zur verfügung stellen. wenn Du willst, schicke ich Dir einen aufsatz über Klopstocks Messias mit rücksicht auf seine stellung in der weltlitteratur. [...] Die referate über schwer zugängliche fremde Littgesch gehören wol eher in die Jahresberichte, vielleicht sind sie aber willkommen. ich könnte Dir demnächst eine kurze beschreibung von [Albert] Zippers poln. geschriebener Gesch. d. Dtschen Litt. d. XVI u. XVII jhs senden [...].«
5 Victor Michels: Ein Brief Lessings an Heyne. In: Euph. 1 (1894), S. 305–309. Erstdruck von Lessings Brief an Christian Gottlob Heyne vom 1.10.1778.
6 an Rudolf Koch, den Inhaber des Verlags C. C. Buchner.
7 s. Anm. 4.
8 Die »Fliegenden Blätter«, eine illustrierte humoristische Wochenschrift aus München, erschienen von 1845 bis 1944.
9 Nachfolger von Paul Gautsch von Frankenthurn als k. k. Minister für Cultus und Unterricht wurde Stanisław von Madeyski-Poray. Gautsch war am 11.11.1893 mit der gesamten Regierung von Ministerpräsident Eduard Taaffe zurückgetreten.
10 Sauer scheiterte ebenso, wie bereits Seuffert, bei dem Versuch, die öffentliche Subvention der 1892 eingestellten »Germania« auf eine neue Zeitschrift übertragen zu lassen (s. Brief 119, Anm. 1).

138. (K) Sauer an Seuffert in Graz
    Prag, 24. Februar 1894. Samstag

Lieber Freund! Nun bin ich so reich und so froh wie ein König! Vorläufig! Tausend Dank für [die] schönen Recensionen.¹ Sie sind [al]le vortrefflich; die von Böhm die schönste. Brillant geschrieben. Schreiben andre zu viel, so schreiben Sie zu wenig. Ich wollte mir und meinem Publicum Glück wünschen, wenn Sie recht oft und unter recht vielen Chiffern <!> erschienen. Morgen oder übermorgen lege ich Ihnen Rechenschaft übers erste Heft, das nun so ziemlich beisammen ist u. am Montag nach Bamberg abgeht. Die Antwort auf Schönbachs Brief² hab ich auf seinen Wunsch sein lassen u. halt es auch für besser. Aber den Prospect geb ich als Vorwort bei, werde einige Bemerkungen in Ihrem Sinn machen. Dann folgt unter einem gemeinsamen Generaltitel 1. Scherer, Wissenschaftliche Pflichten, ein Stück aus s. Colleg;³ 2. Schönbachs Brief 3. Minor.⁴ Alle drei Aufs. groß gedruckt. Von dem andern steht bis jetzt fest: R. Köhler, So schnell wie der Gedanke,⁵ Niejahr Helena;⁶ Baumgart, Jungfrau v. Orleans;⁷ Kraus Möricke & die Politik.⁸ Wahrscheinlich kommt noch dazu ein Aufsatz von Rubensohn über Opitz;⁹ Geiger, Analecta Beroliensia <!>¹⁰ u. Biedermann: 1. Faust.¹¹ Recensionen hab ich außer den ihrigen <!>: Kettner: Stettenheim;¹² Neuwirth Dürers Schriften;¹³ Düntzer, Strack.¹⁴ Andres kommt noch von Seemüller,¹⁵ Schönbach,¹⁶ Necker¹⁷ u Fürst.¹⁸

Datum: s. Poststempel. Handschrift: ÖNB, Autogr. 422/1-248. Postkarte. Adresse: Herrn Professor Dr. Bernhard Seuffert / Graz. / Harrachgasse 1. *Poststempel: 1) Smichow Stadt/Smíchov Město, 24.2.1894 – 2) Graz Stadt, 25.2.1894. Grundschrift: deutsch.*

1 *Seuffert steuerte zum ersten Jahrgang des »Euphorion« drei Rezensionen bei, die Sauer hintereinander im ersten Heft abdruckte, zwei davon unter Chiffre (Bernhard Seuffert [Rez.]: Ignaz Gebhard: Friedrich Spe von Langenfeld. Sein Leben und Wirken, insbesondere seine dichterische Thätigkeit. Hildesheim: Lax, 1893. In: Euph. 1 [1894], S. 160 [unterz.: J. L. B. S. = Joseph Lothar Bernhard Seuffert]; ders. [Rez.]: Gottfried von Böhm: Ludwig Wekhrlin (1739–1792). Ein Publizistenleben des achtzehnten Jahrhunderts. München: Beck, 1893. Ebd., S. 160–163 [unterz.: B—t]; ders. [Rez.]: Friedrich Lauchert: G. Chr. Lichtenberg's schriftstellerische Thätigkeit in chronologischer Übersicht dargestellt. Mit Nachträgen zu Lichtenberg's »Vermischten Schriften« und textkritischen Berichtigungen. Göttingen: Dieterich, 1893. Ebd., S. 163–165 [unterz.: B. Seuffert]).*
2 *s. Brief 129, Anm. 2.*
3 *Wilhelm Scherer: Wissenschaftliche Pflichten. Aus einer Vorlesung. [Hrsg. von Erich Schmidt]. In: Euph. 1 (1894), S. 1–4. Ein Bruchstück aus Scherers Kollegheft zur »Einleitung in die deutsche Philologie«, das Schmidt für die Veröffentlichung bearbeitet hatte.*
4 *s. Brief 131, Anm. 6.*
5 *Schnell wie der Gedanke. Aus Reinhold Köhlers Collectaneen. [Hrsg. von Erich Schmidt]. In: Euph. 1 (1894), S. 47–51. Von Schmidt bearbeitete Notizen Köhlers zum literarischen Motiv der Schnelligkeit.*
6 *Johannes Niejahr: Goethes »Helena«. In: Euph. 1 (1894), S. 81–109.*
7 *Hermann Baumgart: Schillers »Jungfrau von Orleans. In: Euph. 1 (1894), S. 110–124.*
8 *s. Brief 135, Anm. 6.*
9 *s. Brief 131, Anm. 2.*
10 *Ludwig Geiger: Berliner Analecten. In: Euph. 1 (1894), S. 350–384. Drei Miszellen zu Funden aus Berliner Archiven: 1. Böttigers Berufung nach Berlin; 2. Die Anfänge der Berliner Universität; 3. Frau von Staël in Berlin 1804.*
11 *Woldemar von Biedermann: Das Äußere von Goethes »Faust, Erster Teil«. In: Euph. 1 (1894), S. 337–350.*
12 *Gustav Kettner [Rez.]: Ludwig Stettenheim: Schillers Fragment »Die Polizey«, mit Berücksichtigung anderer Fragmente des Nachlasses. Berlin: Fontane, 1893. In: Euph. 1 (1894), S. 172 f.*
13 *Joseph Neuwirth [Rez.]: Dürers schriftlicher Nachlaß. Auf Grund der Originalhandschriften und theilweise neu entdeckter alter Abschriften hrsg. von Konrad Lange und Franz Fuhse. Halle/S.: Niemeyer, 1893. In: Euph. 1 (1894), S. 155–159.*

14 Heinrich Düntzer [Rez.]: Adolf Strack: Goethes Leipziger Liederbuch. Gießen: Ricker, 1893. In: Euph. 1 (1894), S. 391–400.
15 Joseph Seemüller [Rez.]: Johann Kelle: Geschichte der deutschen Literatur von der ältesten Zeit bis zur Mitte des elften Jahrhunderts. Berlin: Hertz, 1892. In: Euph. 1 (1894), S. 137–139; ders. [Rez.]: Konrad Burdach: Vom Mittelalter zur Reformation. Forschungen zur Geschichte der deutschen Bildung. Erstes Heft. Halle/S.: Niemeyer, 1893. Ebd., S. 149–153; ders. [Rez.]: Michael Mayr: Wolfgang Lazius als Geschichtsschreiber Österreichs. Ein Beitrag zur Historiographie des 16. Jahrhunderts. Mit Nachträgen zur Biographie. Innsbruck: Wagner, 1894. Ebd., S. 153–155; ders. [Rez.]: Alexander Nicoladoni: Johannes Bünderlin von Linz und die oberösterreichischen Täufergemeinden in den Jahren 1525–1531. Berlin: Gärtner, 1893. Ebd., S. 387–390.
16 Die mit Anton E. Schönbach für den ersten Jahrgang vereinbarten Rezensionen sind nicht erschienen (s. Brief 139).
17 Moritz Necker [Rez.]: Otto Roquette: Geschichte meines Lebens. 2 Bde. Darmstadt: Bergstraeßer, 1894. In: Euph. 1 (1894), S. 173–178.
18 Rudolf Fürst [Rez.]: Briefe und Tagebücher Georg Forsters von seiner Reise am Niederrhein, in England und Frankreich im Frühjahr 1790. Hrsg. von Albert Leitzmann. Halle/S.: Niemeyer, 1893. In: Euph. 1 (1894), S. 400–403; ders. [Rez.]: Max Widmann: Albrecht von Hallers Staatsromane und Hallers Bedeutung als politischer Schriftsteller. Eine literaturgeschichtliche Studie. Biel: Kuhn, 1894. In: Euph. 1 (1894), S. 614–618.

139. (B) Sauer an Seuffert in Graz
    (Prag, Anfang März 1894)

L. F. Zunächst muß ich bemerken, daß sie mein letztes Verzeichnis[1] falsch aufgefasst haben. Weder bei den Borgisaufsätzen, so weit ich mich erinnere, ganz gewiß aber nicht bei den Rezensionen habe ich die Reihenfolge in der die einzelnen Beiträge erscheinen werden im Aug gehabt. Sondern weil der Verleger leider so ungeduldig ist und verlangte, daß in Fahnen zu drucken angefangen werde, habe ich ihm übersandt was nach meiner jetzigen Meinung ins erste Heft kommen soll u. das abgesandte schrieb ich wahllos in dem Briefe neben einander. Sowohl die Borgisaufsätze als die Recensionen ordne ich chronologisch. – Den Corpusaufsätzen einen gemeinsamen Titel zu geben verleitete mich die Rücksicht auf den Verleger & die Erwägung, daß Scherers Aufsatz doch nur ein Bruchstück ist; mit …. beginnt u mit …. schließt. Heute steht die Sache nun ein wenig anders. Ich habe nemlich auch einen offen[e]n Brief von Harnack;[2] auch recht interessant über die Forderung daß allgemeine Artikel auch auf gründlicher Forschung beruhen und Forschungsartikel dem Allgemeinen zu streben sollen. Es wäre also folgende Ordnung wohl möglich. Kein Gesamttitel und keine Nummerierung sondern:
 Wissenschaftliche Pflichten.
 Aus einem Vortrag Wilhelm Scherers.

Zwei offene Briefe an den Herausgeber
1. Von O. ... Harnack in Rom
2. Von Anton E Schönbach in Graz
Von Centralanstalten für litterarhistorische Hilfsarbeiten
von Jakob Minor in Wien

Gefällts Ihnen so? Besser als mit General und Sondertiteln? Für Harnack wäre letzterer ebenso schwer zu finden wie für Schönbach. Soll ich beide Briefe mit den Anfangs- und Schlußtiraden drucken lassen? Wird das nicht lächerlich sein?

Über Bruchstücke aus Büchern denke ich eigentlich wie Sie und werde auch später nach dieser meiner Überzeugung handeln. Ich meinte Meyer[3] gegenüber eine Ausnahme machen zu können, weil es kein ganzes Capitel wäre, sondern nur der Anfang eines solchen, ferner weil man diesem Buch doch eine ganz außergewöhnliche Spannung entgegenbringt. Daneben aus Noth. Die Abtheilung allgemeine Aufsätze ist einmal festgesetzt (leider! ich werde mein Kreuz damit haben) und nun hab ich gleich für die ersten Hefte nichts passendes. Fürs zweite bleibt mir ev. nichts übrig als Karl Werners Aufsatz ›Thorwaldsen u. Hebbel‹[4] groß drucken zu lassen, der genau genommen nichts ist als ein etwas besseres Feuilleton aus der allgemeinen Ztg.[5] –

Köster sandte einen recht interess. Aufsatz ›Lessing u Gottsched‹;[6] aber nichts für Abthl. I weil mit Lesarten. Mit Geiger haben Sie recht.[7] Aber schließ ich ihn aus, so hab ich die ganze Judenmeute auf dem Hals. Mein Verleger ist ohnedies über ihn unglücklich u. bittet mich ihn wenigstens aus dem 1. Heft wegzulassen, was schwer möglich sein wird. Morgen kommen noch 4 Recensionen von Seemüller,[8] dann mach ich die meinigen[9] fertig (länger oder kürzer je nachdem *[Ra]*um ist) und dann Schluß!

Ich wache und träume nur ›Euphorion‹. Nachts tanzen mir Corpus, Borgis, Klein und Groß Petit Csardas[10] vor den Augen; der Briefträger ist eine Staatsperson für mich geworden und immer gaukelt mir das erste Heft schwankend und irrelichterierend vor dem Blick. Ich hoffe, daß ich mit der Zeit ruhiger werde, sonst ist die Zeitschrift mein Ruin. Sie aber werden Gott danken, wenn ich Sie etwas mehr in Ruhe lasse.

Ihre Recensionen sind schon in der Druckerei. Ändern Sie in der Correctur. – Von Ihnen erwart ich nichts mehr. Von Schönbach hab ich Gervinus,[11] Keller,[12] Grimmisches Wörterbuch[13] sicher erwartet, mehrere Anfragen u. Anerbietungen andrer deswegen abgelehnt. Hoffentlich schickt er mir die Sachen fürs 2. Heft, das im Juni oder Juli erscheinen soll. Treulichst
  Ihr   AS.

Datum: Die Korrespondenzstelle ergibt sich aus dem Inhalt des vorigen und des nachfolgenden Briefes. Handschrift: ÖNB, Autogr. 422/1-253. 1 Dbl., 4 S. beschrieben. Grundschrift: deutsch.

1   Gemeint ist eine Aufstellung der Reihenfolge von Aufsätzen und Rezensionen für das erste Heft des »Euphorion«, die Sauer in einem vmtl. am 26.2.1894 geschriebenen Brief (ÖNB, Autogr. 422/1-249) mitgeteilt hatte.
2   Otto Harnack: Offener Brief an den Herausgeber. In: Euph. 1 (1894), S. 12–16.
3   Richard M. Meyer: Goethe als Naturforscher. In: Euph. 1 (1894), S. 26–46. Auszug aus dem 23. Kapitel von Meyers preisgekrönter Goethe-Biographie (s. Brief 125, Anm. 4); s. Seuffert an Sauer, Brief vom 28.2.1894 (StAW): »Artikel aus bald erscheinenden büchern habe ich immer abgelehnt; eine vierteljährliche zs. kommt nicht nach; ich forderte stets, dass innerhalb zwei jahren nach erscheinen (nicht: nach einsendung) der artikel nirgends wieder gedruckt werden darf. Ausser Texte, für die es kein autorrecht gibt. Ich würde Meyer abgewiesen haben, so schön vermutlich sein artikel ist. Aber man kann darüber auch anders denken.«
4   Karl Werner: Hebbel und Thorwaldsen. In: Euph. 1 (1894), S. 268–283. Der Aufsatz erschien zwar unter den größer gedruckten Aufsätzen, aber nicht an erster Stelle.
5   Gemeint ist die Münchener »Allgemeine Zeitung«.
6   Albert Köster: Lessing und Gottsched. In: Euph. 1 (1894), S. 64–71.
7   s. Seuffert an Sauer, Brief vom 28.2.1894 (StAW): »Mit Geigers geschmiere hat man immer seine not: die sache wäre gar nicht übel, aber er schreibt gar so lässig, immer aufs zeilenhonorar bedacht.« Gemeint ist Ludwig Geigers Artikel »Berliner Analecten« (s. Brief 138, Anm. 6).
8   s. Brief 138, Anm. 15.
9   August Sauer [Rez.]: Karl Goedeke: Grundriß der Geschichte der deutschen Dichtung. Aus den Quellen. Zweite, ganz neu bearbeitete Auflage. Nach dem Tode des Verfassers in Verbindung mit [...] fortgeführt von Edmund Goetze. Bd. 5: Vom siebenjährigen bis zum Weltkriege. Dresden: Ehlermann, 1893. In: Euph. 1 (1894), S. 139–144; ders. [Rez.]: Jahresberichte für neuere deutsche Literaturgeschichte. Unter ständiger Mitwirkung von [...] hrsg. von Julius Elias, Max Herrmann und Siegfried Szamatólski. Bd. 2 (Jahr 1891). Stuttgart: Göschen, 1893. Ebd., S. 144–148 [unterz.: A. S.].
10 Csárdás: ungar. Volkstanz.
11 G. G. Gervinus Leben. Von ihm selbst. 1860. Mit vier Bildnissen in Stahlstich. Leipzig: Engelmann, 1893.
12 nicht ermittelt; vmtl. eine oder mehrere der Schriften sowie Ausgaben aus dem Nachlass, die seit dem Tod Gottfried Kellers (15.7.1890) erschienen waren.
13 Jacob und Wilhelm Grimm: Deutsches Wörterbuch. Bd. 8: R–Schiefe. Bearbeitet von Moritz Heyne. Leipzig: Hirzel, 1893.

140. (B) Sauer an Seuffert in Graz
     (Prag), 9. März 1894. Freitag

9/3 94

Lieber Freund! Meine Zeitschrift macht schon vor ihrem Erscheinen ihre erste Krisis durch u. anstatt daß ich Sie nunmehr mit meinen Angelegenheiten verschonen könnte, muß ich Ihnen im Gegentheil noch einmal alles ausführlich darlegen. Sind Sie soweit [nu]n leitend mit mir gegangen, so gehen Sie noch die nächste Strecke Weges mit. Vielleicht führt diese zum Ziele. Ich schrieb Ihnen schon,[1] daß der Verleger gegen eine Bibliographie in der von mir geplanten Form ist. Auf meine Einwände etc.

antwortete er mir: er habe vom Anfang an gemeint, ich verstünde unter Bibliographie nichts anderes als das jeweilige Verzeichnis der bei mir eingelaufenen Bücher. Durch eine Bibliographie in meinem Sinne setzen wir eine Prämie auf die Nichtein*[lie]*ferung von Recensionsexemplaren und auf Nichtinserierung. Denn wenn der Verleger dasselbe umsonst haben könne, werde er das doch nicht bezahlen. Wir schädigen ferner nach seiner Meinung den Sortimentsbuchhandel, rauben den Aufsätzen den Raum; meine Zusammenstellung würde denjenigen Lesern, die er sich als die breite Masse der Käufer vorstelle, nichts nützen. Es sei schade um die viele Mühe. Wie thöricht das alles ist, brauche ich Ihnen nicht zu sagen. Aber er ist mal so dumm und ich muß damit rechnen. Er hat nun, um nicht selbst die Verantwortung tragen zu müßen und um sie nicht wieder auf mich z*[urü]*ckzuwälzen, der ich sie auf ihn schob, einen Vertrauensmann, den er mir nannte, um seine Meinung gefragt. Darnach will er sich entscheiden. Das kann ich ihm nicht übel nehmen. Er handelt dadurch loyaler als Göschen, der Muncker hinter meinem Rücken um seine Meinung fragte. In den nächsten Tagen werd ich Antwort kriegen.

Nun fragt es sich aber, ob ich nicht überhaupt besser thue, ich lasse die ganze Bibliographie aus freien Stücken *[fa]*llen. Durchsetzen kann ich sie auch gegen den Willen des Verlegers; nach dem Contract kann er mir nichts drein reden. Aber ich darf dann meine contractlich normierten 10 Bogen nicht überschreiten. Und das wird sehr schwer möglich sein, wie Sie selbst mehrmals hervorgehoben haben. Ich hatte mir gedacht, nach den ersten 2 Heften etwa, wenn die Zeitschrift gut gienge, von ihm zu verlangen, daß er die Bibliographie in die 10 Bogen nicht mit einrechne. Auch hätte mit *[der]* Zeit dafür ein Hilfsarbeiter gesucht werden müßen; denn um die 400 (resp. 600 M, nach der Deckung aller Kosten) M. die ich bekomme kann ich das auf die Dauer nicht leisten. Also ich dachte mir, daß ich die Zeitschrift nach und nach werde erweitern können. Da der Verleger nun den Wert der Bibliographie nicht begreift, so wird er auch nicht dazu zu bringen sein, Opfer dafür zu bringen (stellt sich neuerdings doch sogar heraus, *[d]*aß ihm auch die Recensionen überflüßig scheinen); ich aber kann mich umsonst nicht aufreiben. Ich habe mich bereits in den abgelaufenen Monaten davon zur Genüge überzeugt: Die Aufsätze erfordern wenig Mühe, sowie <!> ich die Redactionsthätigkeit auffasse. Die Orthographie regelt die Druckerei. Daß ich Aufsätze umschreibe, wie Sie, dazu könnte ich mich außer bei Arbeiten eigener Schüler schwerlich jemals entschließen. Der Recensionstheil macht viel mehr Mühe. Das Einfordern d. Bücher, das Suchen des Recensenten, das Senden der Bücher, das Mah*[ne]*n etc. Die Bibliographie, wie wir schließlich sie verabredeten, verschlingt ungeheuer viel Zeit. Also ich glaube, ich thue unter diesen Umständen am besten, ich gebe sie auf.

Es fragt sich in diesem Falle nur noch um <!> folgendes: 1. Die kürzeren Notizen, die ich der ›Bücherschau‹ einverleiben wollte, reihe ich diese unter die ›Recensionen‹ ein oder fasse ich sie gle*[ich]* dem Anzeiger als ›Notizen‹ zusammen?

2. Füge ich dem Verzeichnis der eingelaufenen Bücher solche Notizen gelegentlich bei oder nicht?

3. Da der Verleger auch die Zeitschriftenschau für überflüssig findet und ich sie auch aufgebe, soll ich die bei mir einlaufenden Separatdrucke aus Zeitschriften nicht dennoch verzeichnen? Nun etwa dabei wieder *[zu]*rückkehren zum (ersten) Muster der Historischen Zeitschrift?[2] Oder Bücher u. Aufsätze getrennt nebeneinanderstellen, oder vereinigen wie Steins Archiv für Geschichte der Philosophie?[3] Beides alphabetisch anordnen, oder doch chronologisch?

Ich glaube, es wird mit der Zeit so ziemlich das Meiste einlaufen. *[P]*ersönlich krieg ich doch manches geschenkt. Andres kann ich auch einschmuggeln trotz Verleger. Aber das Ganze dürfte jetzt doch mir jedes mal ein paar Seiten füllen. Und ich würde auch die Überschrift darnach wählen: ›Eingelaufene Bücher & Aufsätze‹ oder ›Bei der Redaction sind in der Zeit von … bis … außer den bereits oben recensierten folgende Bücher & Aufsätze eingelaufen.‹

Mir würde die größte Sorg*[e]* von der Seele genommen, wenn ich die Bibliographie aufgeben könnte, ich wäre im Raum freier, könnte mich auch im Druck der einzelnen Hefte freier bewegen, brauchte nicht immer so zu rechnen, zu tüfteln, zu passen. Und endlich: kommt der Verleger vielleicht durch Recensionen über den Euphorion oder durch andre *[E]*influsse zu einer besseren Einsicht und begehrt von mir eine Bibliographie, so kann ich dann von ihm mehr Platz, mehr Geld und eine Hilfskraft begehren.

Das eine will ich noch erwähnen: wenn der eigene Verleger den betreffenden Passus des Prospectes so falsch auffasste, daß er nichts weiter erwartete als eine Seite Verzeichnis eingelaufener Bücher, so dürfte der Prospect dem Fallenlassen der Bibliographie nicht im Wege stehen. Dann werden sich auch andere Leute vielleicht nichts andres erwartet haben. Die Berücksichtigung aber der litterarhistorischen Litteratur *[i]*n fremden Sprachen, wie sie mein Prospect ausdrücklich verspricht: daran halt ich fest;* das werden Referate (auch wenn die Zeitschriften wie ich wünsche berücksichtigt werden) und die stelle ich eben auch unter: Recensionen u Referate. – Die versprochene »Kritische Übersicht« sind dann eben die Recensionen. Und dieser Auffassung ist günstig, daß ich wo ich im Prospect die 3 Abtheilunge*[n]* der Zeitschrift durchzähle, ich von einer Bibliographie nicht ausdrücklich spreche. Vielmehr hätte die Zeitschrift mit der (geplanten) Bibliographie vier Abtheilungen und auch vier Schriftgattungen aufgewiesen.

Ich will nun nur noch hinzufügen, daß ich Manuscripte im allgemeinen genug habe (weil ich doch das le[tzt]e Mal klagte); meine Klage bezog sich auf die Corpusartikeln. Und auch das wird sich mit der Zeit geben.

Für meinen neuen Entschluß kann auch mitwirkend sein, daß die Existenz der Jahresberichte[4] durch Schmidts Eintritt in die Redaction nun dauernd gesichert zu sein scheint. Herzlich grüßend Ihr aufrichtig u dankbar   Erg.   AS

Oder: Vielleicht stelle ich gleich jetzt dem Verleger die Alternative. Ich lasse die Bibliographie fallen, oder führe sie nur fort, wenn er sie in die 10 Bogen nicht mit einrechnet und separat bezahlt. Das wird er nicht.[5]

* Im ersten Heft stehen leider keine! Ich kann nicht drauf warten. Aber das setz ich im Vorwort auseinander.

Handschrift: ÖNB, Autogr. 422/1-251. 2 Dbl., 8 S. beschrieben. Grundschrift: deutsch.

1   *s. Sauer an Seuffert, Karte vom 7.3.1894 (ÖNB, Autogr. 422/1-250):* »Nun denken Sie sich, macht mir mein Herr Verleger [Rudolf Koch] über den ich mich nachgerade zu ärgern beginne Späne [›Späne machen‹: Ärger machen, sich widersetzen] wegen der Bibliographie. Er meint, wenn wir den Verlegern die Bücher umsonst verzeichnen, inserirt niemand (worauf er stark gerechnet hat) und sendet Niemand Recensionsexemplare. Auch findet er den Druck zu kostspielig. Er will nur die eingelaufenen Bücher verzeichnet wissen (sonst nichts, auch keine Zeitschriften.) Halten Sie das für <u>möglich</u> (das <!> es schädlich ist, davon bin ich überzeugt) nach dem Wortlaut des Prospects?« *Die Angelegenheit konnte schließlich im Sinne Sauers beigelegt werden.*
2   *s. Brief 135, Anm. 9.*
3   *Archiv für Geschichte der Philosophie. Hrsg. von Ludwig Stein. Berlin: Weidmann, 1888 ff.*
4   *Gemeint sind die »Jahresberichte für Neuere deutsche Literaturgeschichte« (s. Brief 135, Anm. 8).*
5   *Die Nachschrift am oberen Rand von S. 7 auf dem Kopf stehend eingefügt.*

141. *(B) Seuffert an Sauer in Prag*
    Graz, 12. März 1894. Montag

Graz 12 III 94

Lieber freund, Ihren brief zu beantworten fällt mir sehr schwer. Meine überzeugung ist: das Weimarer Jahrbuch[1] und die VJS. gingen zu grunde, weil sie den freunden der neuen litt. nicht alles boten was sie brauchten: production und kritik und bibliographie. Ich verkenne nicht, dass auf die art der production es dabei auch ankommen kann, aber selbst die unmöglich erreichbare die allen gefällt wird eine zs. nicht gangbar machen ohne bücherwesen. Die Akad. bll.[2] sind dagegen kein zeugnis: die bibliogr. war da zu schlecht und die ganze leitung elend. Der Anz. hat durch Strauch[3] nicht wesentlich an abonnenten gewonnen, ist aber auch kein zeugnis dagegen: denn ¾ der Zs. interessirten eben doch die interessenten für neue litt. nicht; auch kam die bibliogr. zu spät. Die Göschenschen Jahresberichte sind kein ersatz u. werden durch Schmidts sicher nur nominellen zutritt nicht sicherer, nicht besser. Ich bin wiederholt gefragt worden von geprüften germanisten, was sie als lehrer sich halten könnten um dadurch auf dem laufenden zu bleiben; ich habe jetzt auf den Euphorion verwiesen. Fällt die bibliographie weg, so schicke ich sie wider zum Literaturblatt,[4] so wenig ich es mag.

Wäre ich an Ihrer stelle und dazu so amtsmüde wie Sie schon vor dem druckbeginn sind, so würde ich dem verleger schreiben: bitte suchen Sie sich einen andern redacteur. Sie sehen, dass meine stellung weit ab von der Ihren ist; so weit ab, dass ich Ihnen nun wirklich nicht raten kann. Es ist Ihnen bekannt, wie ich die verantwortlichkeit eines herausgebers auffasse; Sie haben recht, wenn Sie sie anders auffassen, denn meine art half der sache nicht zum bestand. Ich kann aber doch nicht aus meiner haut heraus und es gibt für mich eine grenze, wo ich auch die möglichkeit, es anders zu machen als ich durch meine natur gezwungen bin, nicht mehr verstehe.

Mir ist sehr leid, dass Sie so schnell üble erfahrungen am verleger machen und so schnell den druck der last spüren. Wollen Sie sich erinnern, was ich Ihnen über die redactionstätigkeit schrieb, ehe Sie trotzdem Ihre neigung dazu bekannten. Ich verkenne gar nicht, dass Sie sich durch kritik und bücherschau mehr last aufbürden, als mir aufgelegt war; aber Sie sagen ja Sie wollen sich die 2 ersten teile leichter machen als ich es tat; so gleicht es sich nahezu aus. Zudem sind Sie mit 600 M. sehr anständig honoriert, soweit ich die honorare wissenschaftlicher germanistischer zss. kenne. Es ist sehr gut, wenn der Verleger das tragen kann. Eine umfangserhöhung der hefte halte ich für nicht rätlich*: zu viel verdaut der leser nicht u. vor allem, der preis muss niedrig bleiben. Sie haben bei diesem umfang es noch mehr als ich in der hand, nur das beste auszuwählen. Und ist des besten einmal zu viel, so geben Sie etwa wie andere zss. einen beiband zum aufräumen der bestände.

Ihr verleger legt nicht nur auf die bibliographie, sondern auch auf die recensionen keinen wert; d. h. also er will dasselbe was als VJS. zu grunde ging; er will es nur populärer. Das aber brauchen wir nicht. Angezeigt soll nur werden was als rec. ex. einläuft oder gar durch bezahltes inserat seiner kasse nützte: das ist für ein gelehrtes organ unmöglich; das ist der standpunkt der tagespresse.

Auf Ihre einzelfragen antworte ich nur knapp: die der bücherschau zugedachten notizen würde ich nicht unter die recensionen mengen, sondern hinterdrein stellen, lediglich aus der praktischen rücksicht, dass Sie dann gegen heftschluss bequeme kleine füllstücke haben.

Dem einlauf würde ich keine notizen beifügen. Die SA[5] würde ich unter die bücher mischen und alles alphabetisch ordnen. Ich verstehe aber durchaus nicht, was dieser zufällige einlauf für einen anspruch hat, verzeichnet zu werden; jedenfalls verdient er keinen andern platz als den heftumschlag; denn ich bin nicht des glaubens dass »mit der zeit so ziemlich das meiste einlaufe« und selbst wenn, so bliebe es »so ziemlich« lückenhaft. Mein standpunkt ist eben wo anders; das braucht Sie nicht zu beirren. – Dank für die Lauchertanzeige;[6] sie ist doch wesentlich von der meinen verschieden, so dass ich Ihnen anheimgebe in einer fussnote Ihre abweichende ansicht zu äussern oder auch meine anzeige zu kassieren.

In sachen der Litteraturdenkmale:[7] den namensschwang auf dem titel hat mir Nast gegen meinen willen abgezwungen, ich habe ihn immer für töricht gehalten.** Auch meinen namen wollte ich beseitigt wissen und habe nur ungern seinem drängen nachgegeben, das den zusatz forderte. Mir geschieht also nur ein gefallen, wenn alles ausser Ihrem namen wegfällt; es geschieht damit was ich von allem anfang bestimmt als meinen willen Nast mitteilte.

Noch eines: Schönbach hält von der bibliographie als zugmittel nichts, er teilt meine ansicht nicht.

In treuen
Ihr
BSeuffert.

* Ich habe nie gemeint, dass Sie mit 10 bogen nicht auskommen könnten; ich war nur nicht für festlegung <u>dreier</u> bogen aufs allgemeine und nicht für zu umständliche bibliographie.

** habe ihm nur zugestanden, weil ihm mein name allein zu schlecht war und er ihm durch den Munckers glanz verleihen wollte.

Handschrift: StAW. 1 Dbl., 4 S. beschrieben. Grundschrift: lateinisch.

1 *Weimarisches Jahrbuch für deutsche Sprache, Litteratur und Kunst. Hrsg. von [Heinrich] Hoffmann von Fallersleben und Oskar Schade. 6 Bde. Hannover: Rümpler; Weimar: Böhlau; Amsterdam: Müller, 1854–1857. Schade und Hoffmann von Fallersleben hatten Aufsätze und Miszellen sowohl zur mittelalterlichen wie zur klassischen Literatur, aber keine Rezensionen oder bibliographische Übersichten veröffentlicht.*
2 *Akademische Blätter. Beiträge zur Litteratur-Wissenschaft. Hrsg. von Otto Sievers. Braunschweig: Schwetschke, 1884. Die Zeitschrift wurde bereits nach Abschluss des ersten Jahrgangs eingestellt.*
3 *Gemeint ist Philipp Strauchs Bibliographie des neugermanistischen Schrifttums (s. Brief 78, Anm. 9).*
4 *Otto Behaghels »Literaturblatt für germanische und romanische Philologie«.*
5 *S(eparat)A(bzüge). Gemeint sind hier Aufsätze, die Sauer für bibliographische Nachweise im »Euphorion« zugesandt würden.*

6 *von Friedrich Lauchert Lichtenberg-Monographie, die Seuffert für den »Euphorion« rezensiert hatte (s. Brief 38, Anm. 1). Sauer rezensierte das Buch in: DLZ 14 (1894), Nr. 10, Sp. 303 f.*
7 *Sauer hatte Seuffert auf einer Karte vom 10.3.1894 (ÖNB, Autogr. 422/1-252) Vorschläge zur Neugestaltung des Titels der »Deutschen Litteraturdenkmale« mitgeteilt, auf dem bisher noch Seuffert als Gründer der Reihe sowie die Namen diverser prominenter Mitarbeiter geführt wurden: »Wir beginnen mit Heft 51 eine neue Serie. Es handelt sich um den Titel derselben. Ich meinte, den langen Schwanz von Namen: Muncker etc. brauchen wir nicht. Scherer u. Urlichs seien todt müßten also eo ipso weggelassen bleiben; die übrig bleibenden wären zum mindesten alphabetisch zu ordnen. Nun schlägt [Adolf] Nast vor, auch Ihren Namen wegzulassen und ganz kurz zu sagen: ›hrsgg. von AS.‹ Das will ich aber ohne Ihre Zustimmung nicht thun. Ich weiß nicht was Sie seinerzeit mit Göschen vereinbart haben u. weiß nicht, ob und wievielen Wert Sie auf die Beibehaltung Ihres Namens legen. Ich gieng bei meinem Vorschlag von der Kürze aus. Nast scheint sich vor Muncker zu fürchten u. glaubt die Weglassung dessen Namens nur rechtfertigen zu können wenn er auch darauf hinweisen kann, daß der Kürze wegen alle Namen mit Ausnahme des gegenw. Herausgebers weggefallen sind (Meine Vermuthung.).« Mit Beginn der Neuen Folge der »DLD« erschien Sauers Name als einziger auf dem Titel.*

142. (K) Sauer an Seuffert in Graz
    Prag, 9. Mai 1894. Mittwoch

Liebster Freund! Ich hatte gehofft, heute die ersten broschierten Exemplare[1] zu kriegen. Nun sollen sie erst morgen kommen. Ich kann es aber nicht mehr erwarten und sende Ihnen die Aushängebogen des 1. Hefts mit Umschlag in der Hoffnung, daß Sie sich die Mühe des Rücksendens später einmal nicht verdrießen lassen werd[en]. Ich bin zu begierig was Sie dazu sagen werden. Die Schwächen des Hefts sind mir nur allzu deutlich. Doch glaube ich auch einige wesentliche Vortheile darin zu sehen. Sagen Sie mir aufrichtig Ihre Meinung im Ganzen und im Einzelnen. Im Buchhandel erscheint es erst am 12. Ich habe aber Auftrag gegeben, daß Schmidt vorher ein Ex. kriegt, damit er in Weimar mit mir drüber redet und nehme Ex. nach Weimar[2] mit. Es sind 3000 Ex. vom 1. Heft gedruckt. Das zweite erscheint am 26. Juni. Großentheils schon gesetzt. – Theilen Sie das Heft, wenn Sie wollen, Schönbach und den Freunden mit. Ich präsentierte es gestern in u[nse]rer archäolog. Gesellschaft,[3] wo es einen sehr guten Eindruck machte. –

Meinen lauten und stillen Dank lesen Sie aus jeder Zeile heraus! – Meine Adresse ist vom 12. – incl. 19. Mai: Weimar Louisenstrasse 7, bei Herrn Kassierer Roselt. Glückliche Feiertage. Ihr dankbar Erg.
    ASauer

Datum: s. Poststempel. Handschrift: ÖNB, Autogr. 422/1-262. Postkarte. Adresse: Herrn Professor Dr. Bernhard Seuffert / Graz. / Harrachgasse 1. Poststempel: 1) Prag/Praha, 9.5.1894 – 2) Graz Stadt, 10.5.1894. Grundschrift: deutsch.

1 vom ersten Heft des »Euphorion«.
2 Sauer reiste über Jena, wo er mit Erich Schmidt zusammentraf, nach Weimar. Hier arbeitete er im Goethearchiv und nahm an der 9. Generalversammlung der Weimarer Goethe-Gesellschaft (17.5.1894) teil (s. Sauers Bericht in Brief 145).
3 Gemeint ist die 1892 in Prag gegründete Deutsche Gesellschaft für Altertumskunde, »die populäre Hochschulvorträge und Ferienkurse an der Prager deutschen Universität veranstaltete« (Petr Lozoviuk: Interethnik im Wissenschaftsprozess. Deutschsprachige in Böhmen und ihre gesellschaftlichen Auswirkungen. Leipzig: Universitätsverlag, 2008, S. 106).

143. (B) Seuffert an Sauer in Weimar
    Graz, 12. Mai 1894. Samstag

Graz 12 V 94

Lieber freund Ich danke Ihnen lebhaft, dass Sie mir so schnell einsicht in das 1. heft verschafften. Da Schönbach gestern mehr zeit hatte als ich, liess ich ihm den vorrang des genusses. Es sieht recht stattlich aus und entspricht dem modernen geschmack der ausstattung; ich für meine person bevorzuge die schmaleren kolumnen, habe die aber auch bei der VJS nicht durchgesetzt. Mir gefällt die schrift ganz bis auf die ziercursive z. b. s. 64 ff. für die siglen; dafür schiene mir ein einfacherer ersatz dringend erwünscht. Papier u. umschlag sind recht vornehm.
    Und der inhalt ist reich. Angezogen hat mich weitaus am meisten Kösters LessingGottsched[1] u. Niejahrs Helena,[2] deren 2. hälfte glücklicher ist als die erste.   Stark enttäuscht hat mich RM Meyer,[3] da waren meine erwartungen auf hohes gespannt.   Der inhalt ist vielseitig, biographisch, bibliographisch, quellenforschend, vergleichend, philologisch, metrisch, interpretierlich, litterarhistorisch, ästhetisch – kurz was man will: Sie haben eine gute auslese getroffen. Sie läuft auch durch 4 jahrhh. Selbst Baumgart[4] war mir erträglicher als er mir sonst zu sein pflegt.   Scherers worte[5] sind sehr schön u. richtig, nur jetzt inopportun oder wenigstens dem missverständnisse ausgesetzt. Harnack[6] passt mir recht gut und mit Minor[7] gehe ich einzelne schritte; ich halte ihn aber nicht für den organisator, praktisch zu machen was er will, u. will lange nicht alles, oder nicht so alles. Im ganzen bekenne ich, dass mir der allgemeine teil weniger imponiert als der specielle u. zwar deswegen, weil ich methodologischen ausführungen gegenüber – die hier überwiegen ausser dem misratenen Meyer, an dem ich noch nie so irre ward wie diesmal, ich habe immer grosse stücke auf ihn gehalten – und wenigstens diesen gegenüber das gefühl habe: na, eigentlich ist das selbstverständlich und solche anregungen gehörn vor ein studentenpublikum das man kennt, nicht für mitforscher, die mir leid täten wenn sie derlei nie bedacht

und sich nicht für oder gegen entschieden hätten. Wie viel nützlicher wäre, die herren gäben gleich ein mustergiltiges exemplum, da hätte die erkenntnis auch was davon und die theorie ebensoviel oder mehr. Aber – aber – es ist sehr viel bequemer, anderen arbeiten vorzuschreiben als die arbeiten selbst zu machen. Ich für meine person freue mich, dass nach Ihrem programm für die nächsten hefte diese graue rubrik ausfällt.

Nicht als person sondern des absatzes Ihrer zs. wegen bedaure ich das fehlen von schulartikeln. Ausser Baumgart wird kein artikel einem gymnasiallehrer liegen. Interpretationen von schulautoren können auch für uns sehr gut sein. Aber cedo meliori.[8]

Am schwächsten dünkt mich diesmal der recensionenteil. Stünden die recensenten auf Ihrer höhe so wäre es gut. Aber Seemüller ist dann doch zu pauvre. ich fürchte zwar hier gegen einen Ihrer freunde zu sprechen; ich weiss auch, dass mein urteil über diesen herrn im allgemeinen vielleicht unnötig ungerecht ist, zumal Heinzel und Steinmeyer, urteilsfähiger als ich, ihn liebkosen. Ich verhehle auch gar nicht, dass ich bei jeder vacatur zittere, Schönbach könne uns hier genommen werden und der unvermeidliche ersatz wäre eben jener herr. Aber diese recensionen geben mir doch recht: einen menschen wie Burdach versteht er gar nicht; das B.sche buch[9] ist miserabel geschrieben, meine ich, aber voll bedeutung und ernst in jeder zeile; und was Seem. subjektiv daran nennt, ist so vorzüglich, dass kein verständiger mensch den wunsch unterdrücken kann, dass alle sich diese subjektivität für objektives gesetz gelten lassen. Das ist ein beispiel, methode zu erweisen, zu lehren u. zugleich zu erproben, wie ichs will.

Überraschend gut hat sich Kettner[10] als recens. gemacht. Necker[11] nehme ich trotz ESchmidt nicht ernst, gescheutsein allein tuts nicht und beim recensieren am wenigsten. Verzeihen Sie die härte.

Grossartig ist die bibliographie. Geradezu überreich. Ich muss Ihnen lebhaft dazu glück wünschen und Ihre leistung bestaunen. Zu einem urteil, ob sie so bleiben soll, werde ich erst bei ruhigerer benützung kommen und Ihnen dann meinen eindruck sagen, wenn Sie es erlauben und wünschen. Gut ist auch der nachrichtenteil.

In summa: ich beglückwünsche Sie aufrichtig. Jetzt freue ich mich auf nichts lebhafter als auf Heblers Hamlet.[12] Wollen Sie nicht wie Zachers Zs.[13] verzeichnen, was die nächsten bringen? Es gilt zwar für weniger vornehm, mehr monatsschriftenmässig, reclamehaft; aber vielleicht hilft doch das ankündigen der schwalben dem absatz: man muss auf die niedrigen impulse speculieren, wenn die höchsten nicht lebendig sind.

Und damit glückauf! Sie nehmen wie bisher meine offenheit als zeichen der freundschaft, die sich auch im widerspruch bewähren muss.

Grüssen Sie das liebe Weimar, von den heimischen besonders Fresenius, Wahle u. Suphan, von den gästen jedenfalls Erich.[14]

In treuen
Ihr
BSeuffert

Handschrift: StAW. 1 Dbl., 4 S. beschrieben. Grundschrift: lateinisch.

1 s. Brief 139, Anm. 6.
2 s. Brief 138, Anm. 6.
3 s. Brief 139, Anm. 3.
4 s. Brief 138, Anm. 7.
5 s. Brief 138, Anm. 3.
6 s. Brief 139, Anm. 2.
7 s. Brief 131, Anm. 6.
8 lat.: ich weiche dem Besseren.
9 Gemeint ist Konrad Burdachs Monographie »Vom Mittelalter zur Reformation« (s. Brief 138, Anm. 15; dort auch für Joseph Seemüllers Rezensionen für das erste Heft des »Euphorion«).
10 s. Brief 138, Anm. 12.
11 s. Brief 138, Anm. 17.
12 Carl Hebler: Die Hamlet-Frage mit besonderer Beziehung auf Richard Loening: »Die Hamlet-Tragödie Shakespeares«. In: Euph. 1 (1894), S. 237–267 u. S. 491–519 (Schluss).
13 die »Zeitschrift für deutsche Philologie«.
14 Erich Schmidt.

144. (K) Seuffert an Sauer in Prag
Graz, 28. Mai 1894. Montag

Nicht für den nachrichtenteil des Euphorion teile ich die geburt meines 2. sohnes[1] mit. Grüssend u. in erwartung Ihres Weimarberichtes und Ihre <!> aufnahme meines Euphorionbriefes   BSeuffert

Datum: s. Poststempel. Handschrift: StAW. Postkarte. Adresse: Herrn und Frau Professor Dr. A. Sauer / Prag / Smichow 586 Poststempel: 1) Graz Stadt, 28.5.1894 – 2) Smichow Stadt/Smíchov Město, 29.5.1894. Grundschrift: lateinisch.

1 Burkhard Seuffert (geb. 27.5.1894).

145. (B) Sauer an Seuffert in Graz
    (Prag), 13. Juni 1894. Mittwoch

13/6 94

Liebster Freund! Ich halte Wort. Nun ist die Bibiliographie fort, nun schreib ich. Zunächst dank ich Ihnen herzlich für Ihren lieben schönen aufrichtigen Weimarerbrief.[1] *[G]*ewiß ist Offenheit mir und der Zeitschrift gegenüber das Beste, kann ich auch nicht alles ändern, so will ich doch mit sehenden Augen untergehn oder siegen. Mit ihren <*!*> Urteilen stimme ich so ziemlich überein. Die Cursivschrift muß natürlich anders werden. Daß der Recensionsteil sich heben muß, ist auch klar. Das wird sich aber erst in einiger Zeit zeigen. Im nächsten Heft ist er auch noch schwach. Einen Schulartikel hätte ich gerne gehabt wenn ich einen gekriegt hätte. Ich will den 2. Jahrgang mit einem solchen[2] eröffnen. Die Gymnasialbibliotheken können heuer ohnehin nicht abonnieren. Auch das öst. Min. abonnirt erst vom Januar. Über Seemüller denk ich ganz anders und Ihr Urteil hat mich sehr befremdet. Ich wünsche nichts sehnlicher als daß er bei der nächsten Vaccatur <*!*> hieher kommt, wenn Schönbach nicht zu haben sein sollte, wofür ich natürlich alles aufbieten werde. Das Burdachische Buch halte ich allerdings auch für besser als S. es gemacht hat. – Im Großen und Ganzen denke ich über die Zs. und über das 1. Heft insbesondere sehr kühl und ruhig, worüber ich meiner Gesundheit wegen froh bin. Die Bibliographie hat wol allgemeinen Anklang gefunden und ihr verdanke ich wol einen großen Theil des Absatzes. Dann haben die theoretischen Artikel allgemein interessiert, am meisten Schönbachs Artikel.[3] Allerdings ist er mehrfach misverstanden worden, insofern als einige Leute einen schroffen Gegensatz zu meinem Programm heraus gelesen haben, so z. b. die Tägliche Rundschau,[4] die mein Programm vorsichtig u. mattherzig t*[adel]*lt und sagte, daß selbst meine Freunde ihre Stimme als Warner erheben müßten. Aber auch ältere Schüler von mir gestanden mir bei dieser Gelegenheit: ich sei viel zu classisch; das – Schönbachs Aufsatz – sei das erlösende Wort. Alles verlangt im Euph. Berücksichtigung der modernsten Litt. Ich habe einen Aufsatz skizziert: Litteraturgeschichte u. Litteraturkritik,[5] den ich vielleicht an die Spitze des 3. *[H]*eftes stelle, wenn sich diese Stimmen mehren. Die Mehrzahl der Leute urteilt ganz entgegengesetzt wie Sie und ich: Ihnen sind die theoretischen und allgemeinen Artikel recht. Da hat also mein Verleger den richtigen Standpunkt. – Was nun den Fortgang betrifft, so wird das 2. Heft so stark wie das 1. u. wird ebenso viel kosten. Es war eine große Wolthat für mich, daß der Verleger Raum und Preis frei und beweglich gestaltete. Allerdings wird es schlie*[ßl]*ich doch auf eine Fixirung hinaus kommen müssen: wahrscheinlich jedes Heft zu 13 Bogen à 4 M also jährlich 52 Bogen um 16 M. Unter 13 Bogen kann ich es mit Bibl. nicht leisten. 3 Bogen Allgemeines 4 Bogen Besonderes 3 Bogen Recensionen 3 Bogen Bibliographie ohne feste Grenze zwischen den Abtheilungen. Das scheint mir zunächst das Beste. Noch lieber wären mir 14 Bogen also 56 wie bei der Zeitschrift.[6] Aber die kostet auch 18 M., was mir doch zuviel scheint. Mir wären bewegliche Hefte das Bequemste. Aber eines muß ich machen. Ich muß von meiner kleinsten Schrift mehr Gebrauch machen. Ich werde wahrscheinlich vom 3. Heft ab Miscellen mit klein*[st]*er Schrift drucken lassen. Ein Aufsatz wie der von Schmidt zu den Xenien[7] oder der Schillerbrief[8] nähmen dann weniger Platz ein. Ebenso wünscht mein Verleger, daß sich Briefe von der Sauce wie er sich (oder sein Gewährsmann) ausdrückt besser abheben sollen; ich werde daher das umgekehrte Verfahren einschlagen wie Sie, nemlich Briefe Borgis, Erklärungen, Einleitungen dazu Petit drucken lassen. Es thut mir leid, daß ich das nicht schon in diesem (2.) briefreichen Hefte gethan habe, da hätt ich einen halben Bogen erspart. – Meine Argumentation ist die (für d. Miscellen): Ich kann solche Kleinigkeiten nicht abweisen, zumal nicht jetzt, da die Ztschrft noch nicht fest steht; ich entfremde mir die kleinen Leute, die in ihrer Gesammtheit leider mehr sind als die Großen. *[Dur]*ch den kleinen Druck bringe ich mehr unter, schrecke aber zugleich auch die Leute ab mir dgl. zu schicken. – Sonderabzüge habe ich leider nicht gesehen; denn er hat auch mir keine geschickt. Ich werde aber das Silberpapier abstellen, an dem der Verleger wahrscheinlich unschuldig ist. Das fällt auf den Bayreuther Buchbin*[der]*[9] zurück. – In Weimar wars im Ganzen sehr nett. Ich war zuerst in Jena bei Leitzmann während der Feiertage;[10] fuhr mit Schmidt nach Weimar, traf aber später mit dem vielbeschäftigten fast gar nicht mehr zusammen. Am reichsten, schönsten und erquicklichsten für mich waren die mit Jacoby verbrachten Stunden. Ich schätze ihn sehr und er gieng recht aus sich heraus. Von Fresenius *[ha]*tte ich weniger als im Sommer. Besser als früher gefiel mir Waldberg, auch Witkowski. Galant ist Schüddekopf, still, ruhig, verläßlich. Schlößer nicht übel. Redlich ist ganz eingegangen; ein reiner Trottel. Suphan benahm sich impertinent gegen mich, erwiderte nicht blos meinen Besuch nicht, sondern ignorirte mich völlig. Nach dem Cercle[11] sagte er, er habe mich gesucht, obgleich ich ganz nah stand und er mich gegrüßt hatte. Nach seinem Frühstück sagte er das gleiche, obgleich er alle andern 3 Tage vorher eingeladen hatte u. s. w. Am vorletzten Tage fragte er mich, wann ich abreise u. als ich sagte: morgen früh ½ 7; meinte er: da müßen wir vorher (vor ½ 7!) noch eine Unterredung haben. Worauf ich sagte: ich hätte nichts mit ihm zu reden. Auch Rendez vous im Gasthaus hi*[elt]* er nicht ein. Dabei war ich von Dienstag – Sonntag dort, also früher und länger als alle andern! – Er spielt überdies eine klägliche Rolle, läuft immer und überall als Bummerl[12] hinterdrein.

Widerlich und peinlich war mir der Umgang mit Burdach. In der schnotterigsten und süffisansten <!> Weise spricht er über alles ab, schimpf*[t]* über alles und läßt nur sich und wieder sich geltend. Er brach ein Gespräch über Minors Metrik[13] – in meiner Gegenwart aber mit Vermeidung meiner Person – vom Zaun und hackte Minors ganze Thätigkeit klein. Schimpfte auf das vorjährige Wiener Verbrüderungsfest[14] u. dgl. mehr. Zwei Tage länger – und ich wär grob gegen ihn geworden. Das ist das eingebildetste Geschöpf, das ich je kennen gelernt habe. R M Meyer gefiel mir viel besser als ich erwartet hatte; mit ihm, seiner Frau[15] u. mit Friedländers[16] war ich viel beisammen und sehr lustig. – Heyses Rede[17] war Blech, aber es hatte doch einen großen Reiz ihn sprechen zu hören. Sein Toast dagegen war brillant, der Schmidts überdies nicht minder. Schmidt spielt eine imposante Rolle, ist der eigentliche Mittelpunkt u. läßt das doch niemanden merken. Gegen mich war er sehr liebenswürdig, zog mich beim Diner in s. Nähe, versprach mir mein Gesuch an das Preuß. Ministerium selbst einzubegleiten, warb Frau Meyer-Cohn als Abonnentin etc. Wollte an G. Freytag schreiben. – Damals hatte er die Ztschrft – obgleich ich sie ihm hatte sogleich schicken lassen – noch nicht gesehen; ich habe überhaupt noch kein Urteil von ihm.

Da ich zur Ztschrft wieder zurückgekehrt bin, so füge ich noch hinzu, daß das 3. Heft nächstens in den Druck ge*[ht]* u. daß Sie da auch Correctur des Wielandaufsatzes[18] bekommen. Das 3. Heft wird außerdem noch Hebler[19] (Schluß), Minor H. v Kleist[20] und Blümner Bismarck[21] enthalten. Also <u>4 Treffer</u>. Außerdem eine große Recension von Witkowski über Faustsachen[22] u. vielleicht von Drescher über HSachs.[23] Meine große *[R]ec*. Farinelli: Grillparzer, Lope de Vega,[24] kommt wol erst ins 4. Heft, das im Oct. erscheinen soll. Das 5. Heft soll Ende Dez. heraußen sein.

Meine Frau dankt für Ihre liebe Karte. Sie ist seit einer Woche in Hall bei Innsbruck, wo ihre Schwester[25] Soolbäder gebrauchen soll. Natürlich ist diese lange Trennung ein großes Opfer. Ihr aber wird der Landaufenthalt gut thun und wer weiß, ob es je im Leben noch einmal so ruhige und sorglose Ferien für sie giebt. Ich habe aus diesem Grunde etwas mehr arbeiten können. Aber was hat man schließlich von der ewigen Arbeit!! – Ich werde *[b]is* gegen 20. Juli hier bleiben müssen, treffe dann mit meiner Frau in Salzburg zusammen u. geh mit ihr irgendwohin nach Tirol oder an den Bodensee. Im Herbst über München nach Nürnberg und Bamberg. Ende Spt. möcht ich gern in Wien arbeiten, wenn mich die Redac*[ti]*on nicht zurückruft.

Haben Sie Dank für Ihre viele Liebe und Treue und nehmen Sie mir mein Stillschweigen nicht übel. Es gieng wirklich nicht anders.

Herzlichst   Ihr   AS

Handschrift: ÖNB, Autogr. 422/1-264. 3 Dbl., 12 S. beschrieben. *Grundschrift: deutsch.*

1 Brief 143.
2 August Brunner: Literaturkunde und Literaturgeschichte in der Schule. In: Euph. 2 (1895), S. 1–28.

3 s. Brief 129, Anm. 2.
4 in Berlin; der Artikel konnte nicht ermittelt werden.
5 nicht erschienen.
6 die »Zeitschrift für deutsches Alterthum und deutsche Litteratur«.
7 Erich Schmidt: Zu den Xenien. In: Euph. 1 (1894), S. 78–80.
8 s. Brief 135, Anm. 4.
9 Der »Euphorion« wurde bei der Firma Lorenz Ellwanger (Bayreuth) gedruckt und gebunden.
10 s. Brief 142, Anm. 2.
11 vmtl. eine regelmäßige Versammlung der im Weimarer Archiv tätigen Mitarbeiter und Gäste.
12 süddt./öst.: dickes Kind, kleiner Hund.
13 Jakob Minor: Neuhochdeutsche Metrik. Ein Handbuch. Straßburg: Trübner, 1893 [²1902].
14 Gemeint ist die vorjährige 42. Versammlung deutscher Philologen und Schulmänner in Wien (s. Brief 118, Anm. 4).
15 Estella Meyer.
16 Max und Alice Friedländer.
17 Der Schriftsteller Paul Heyse hatte auf der 9. Generalversammlung der Weimarer Goethe-Gesellschaft am 17.5.1894 den Festvortrag gehalten; er sprach über »Goethes Dramen in ihrem Verhältnisse zur heutigen Bühne«.
18 Bernhard Seuffert: Wielands höfische Dichtungen. In: Euph. 1 (1894), S. 520–540 u. 693–717 (Schluss). Nachdruck aus: Zum 8. October 1892. [Weimar: Böhlau, 1892], S. 111–162.
19 s. Brief 143, Anm. 12.
20 Jakob Minor: Studien zu Heinrich von Kleist. In: Euph. 1 (1894), S. 564–590.
21 Hugo Blümner: Der bildliche Ausdruck in den Briefen des Fürsten Bismarck. In. Euph. 1 (1894), S. 590–603 u. 771–787.
22 Georg Witkowski: Neue Faustschriften. In: Euph. 1 (1894), S. 625–647.
23 Karl Drescher: Neue Litteratur über Hans Sachs. In: Euph. 1 (1894), S. 801–806.
24 Arturo Farinelli: Grillparzer und Lope de Vega. Berlin: Felber, 1894. Sauer hat das Buch entgegen seinem Plan nicht im »Euphorion« rezensiert, vielleicht, weil er selbst es dem Verleger Emil Felber empfohlen hatte. In einem Brief vom 15.12.1894 (ÖNB, Autogr. 422/1-279) schrieb er dazu an Seuffert, der ihn um eine Stellungnahme zu Farinellis Habilitationsgesuch in Graz gebeten hatte: »Ich las Farinellis Buch bisher blos im Manuscript u. zwar unter eigentümlichen Umständen, im Sommer, an der Ostsee, ohne Bücher u. Excerpte. Ich kann daher nur über den damaligen Eindruck berichten, der der beste war. Ich empfahl das Buch dem Verleger sehr warm, brachte selbst einige stilistische Änderungen drin an, gab dem Vf. einige Winke, die er nach der Vorrede auch benützt zu haben scheint und sprach mich ihm gegenüber lobend über die Arbeit aus. Im Einzelnen habe ichs damals nicht nachprüfen können u. seitdem im Druck noch nicht gelesen [...]. Ob alles mei[n]en eigenen Untersuchungen gegenüber, die fertig da liegen, stand hält, weiß ich natürlich nicht. Ich halte den Grundton etwas für zu hoch gegriffen, die Parallele in dieser Form für verfehlt; aber alles zeugt von großer Tüchtigkeit und Einsicht. Ob die Arbeit das [Prä]dikat ausgezeichnet verdient, wag ich nicht zu sagen. Auch müßte ich wissen, wofür er sich habilitiert, u. was sonst noch von ihm vorliegt. Zu den Aufsätzen in der Zs f. vgl. Lit. habe ich viele Nachträge; aber für vgl. Lit. Gesch. könnte man ihn meiner [Me]inung nach wol habilitieren; für deutsche allein schwerlich. Da machte ich andre Anforderungen. Hoffentlich genügt Ihnen das.«
25 Edith Rzach.

146. (B) Seuffert an Sauer in Prag
    Graz, 20. Juni 1894. Mittwoch

Graz 20 VI 94

Lieber freund, Herzlichen Dank für Ihren reichen brief. Sie stehen jetzt mitten im getriebe und so sauge ich in meiner abgeschiedenheit – Sie wissen aus erfahrung, dass das bei einem Grazer keine phrase ist – doppelt gierig an aller nahrung, die Sie mir bieten.   Ich danke für die freundliche aufnahme meines Euphorionbriefes. Dass die bibliographie durchschlägt ist mir eine genugtuung. Wenn andere die theoretika lieben, gut, so beharren Sie dabei; und Ihr artikel: littgesch. u. litt.-kritik trifft schon im titel mit meinem urteil überein. Übrigens sei es bei dieser gelegenheit gesagt: ich habe nie erwartet, dass Sie so starker klassicist sind als Ihr programm es aussprach; da Sie hier durch semester 19. jh. lasen, hielt ich Sie für einen anhänger des neuen wenn auch nicht des naturalistischen neuesten. Ich für meine person las 19. jh. nie, z. tl. aus faulheit; denn man müsste sich da alles selbst erarbeiten. Nach meiner – nicht erprobten – meinung liegt ein einschnitt um 1813, der zweite um 1848. Bis in die 50er jj. getraute ich mich, gesch. vorzutragen. Darnach nur kritik einzelner erscheinungen oder von gruppen. Ich habe mich bei Litzmanns buch[1] gefragt: soll man dergleichen tun? Schwer hat er sichs nicht gemacht. Fesselnd für unsere studenten wären solche themata. Dass man den stud. stützpunkte für ein urteil in tageslitt. gebe, halte ich nicht für übel. U. so lange man derlei vor druck bewahrt, gibt man ja auch seinem gelehrtenbewusstsein keinen zu tiefen stich. Immerhin: ich fühle da mich nicht zuhause mit <u>wissenschaftlicher</u> betrachtung und ich mag nicht als philologe über die dinge so reden, wie die alten philosophen und historiker im nebenamt die littgesch. einschlachteten. Endlich gibt für mich den ausschlag: die prüfungsordnung schreibt kenntnisse bis ins 19. jh.[2] vor, u. ich habe für 8 semester genug zu tun mit der zeit von Luther bis Goethe. U. ich denke, dass Schönbach die modernste zeit einmal auf dem katheder behandelt: ich habe seiner neigung dazu sehr vorschub geleistet. Klassicist aus princip bin ich nicht; Scherer war mirs immer zu viel. Von früher zeit her gehe ich mit der romantik, deren poetisches programm auch den naturalismus einschliesst u. überhaupt ja weiter ist als die poetische praxis der romantik oder irgend einer poetischen mode. –

Ihr verleger sandte mir ausser einer entschuldigungskarte noch ein ganzes heft: das ist nobel.

Briefe und »saucen« zu unterscheiden, so dass jene grösser diese kleiner gedruckt werden, ist ja auch sonst üblich u. da jene die hauptsachen sind, gewiss gerechtfertigt. Für mein ehemaliges programm, die <u>arbeit</u> heraustreten, das material zurücktreten zu lassen, die erklärung auch materiell besser zu lohnen als die abschreiberei, war der umgekehrte weg nötig. Ich finde den häufigen schriftwechsel in der VJSchrift hässlich u. habe darum Ihnen s. z. einheit geraten. Will es der Verleger anders, so tun Sie ihm ja den gefallen. Miscellen petit zu setzen, halte ich für gut; tat es auch selbst zuweilen.

52 bogen zu 16 M. ist viel. Gelingt die einführung trotzdem, desto besser! Bewegliche hefte sagte mir Böhlau auch von vornherein zu; schon vom 2. jahrgang an erklärte er festen preis bei fester bogenzahl für unausweichlich. Hoffentlich bewährt sich Ihr jüngerer beweglicherer verleger geschickter.

Was Sie über Weimar schreiben, ist alles recht nach meinem herzen, bis auf das Burdachsche. Er ist kein angenehmer unterhalter, er ist schroff und mislaunig; er ist schwer zu behandeln, erklärt sich selbst für lästig empfindlich. Ich stehe ihm gar nicht nahe, habe aber trotz heftigen zusammenstosses beim Divan[3] immer vermocht, sachlich über sachen mit ihm zu reden u. ihn stets gerne gehört. Denn eitel gab er sich bis vor 2 jahren, da ich ihn zuletzt sprach, niemals. Für mich gehört er in die rubrik Steinmeyer (trotz vieler verschiedenheiten); der war Ihnen ja auch nie so sympathisch wie mir. Über Minor denken andere kaum anders wie Burdach. Ich habe über seinen beitrag[4] zum 1. heft Euphorion nur schroff ablehnende urteile von hier u. von auswärts gehört ausser von einem, Schönbach wenn mir recht ist. Alle andern verpönten diese hohle anmasslichkeit.   Warum Suphan so unhöflich gegen Sie war, verstehe ich nicht; haben Sie denn vordem eine balgerei mit ihm gehabt?   Jacoby hätte ich <u>sehr</u> gerne endlich einmal kennen lernen.

Leben Sie wol u. seien Sie herzlichst gegrüsst. Ein verschwiegenes wort eines Ihrer sätze[5] stimmt mich sehr fröhlich; mögen Sie in Ihrer arbeit durch so lautes kindergeschrei bald gestört werden wie ich jetzt.   Gute ferien! guten fortgang des Euphorion! besten fortgang der hoffnung!

Meine frau muss noch zu bette liegen. Lothar u. Burkhard umgeben Sie mit spiel und plärren.   Wissen Sie etwas von Werner? er schweigt auffällig lang.

Ihr
ergebener
BSeuffert

Handschrift: StAW. 1 Dbl. u. 1 Bl., 5 S. beschrieben. *Grundschrift:* lateinisch.

1 Berthold Litzmann: *Das deutsche Drama in den litterarischen Bewegungen der Gegenwart. Vorlesungen, gehalten an der Universität Bonn.* Hamburg: Voß, 1894 [⁴1897].
2 s. Brief 115, Anm. 10.
3 Seuffert hatte 1888 die Redaktion von Konrad Burdachs Ausgabe des »Westöstlichen Divan« niedergelegt (s. Brief 87, dazu auch Anm. 16; weitere Hinweise auch in dem Brief 86, Anm. 6 zitierten Brief Seufferts vom 5./6.8.1888).

4 s. Brief 131, Anm. 6.
5 in Brief 145: Seuffert hatte die Bemerkung Sauers, ob es für seine Frau »je im Leben noch einmal so ruhige und sorglose Ferien« gäbe, als Hinweis auf eine Schwangerschaft Hedda Sauers gelesen. Die Ehe der Sauers blieb jedoch kinderlos.

147. (B) Sauer an Seuffert in Graz
Prag, 24. Oktober 1894. Mittwoch

Prag 24/10 94.

L. F. Daß Sie auf Grund des Minorschen Artikels über KFischer[1] meiner Zeit*[schr]*ift fast die Mitarbeiterschaft kündigen wollen ist nicht hübsch von Ihnen. Daß ich nicht einseitig philologisch vorgehen werde, mußten Sie von Anfang an wissen; das sagte Ihnen mein Prospect, meine Briefe und auch die bisherige Haltung der Zeitschrift. An Minors Artikel finde ich nichts auszusetzen. Es ist eine Reverenz vor einem alten verdienten Mann, von dem wir Alle Anregungen empfangen haben und noch immer empfangen. Ich habe manches gegen ihn auf dem Herzen: aber ich lerne von ihm. Und ich sage mir, da die Philosophen über sich selbst nicht einig sind, so lasse ich sie alle miteinander gelten. Sehen Sie doch zu, wie Elster seinen Wundt ausspielt[2] (nicht blos gegen Minor). Brentano – Marty erklären Wundt für den unklarsten Kopf d. Erde. Spitzer in seiner Recension von Alt[3] setzt Zimmermann die Krone auf, den andre für einen *[Sch]*afskopf halten u. s. fort. – Daß ich nicht mit fliegenden Fahnen ins Lager der Philosophen und Aesthetiker übergehen werde: das wissen Sie wohl. Aber ich lasse sie zu Worte kommen; wegen meiner alle der Reihe nach. Das wird zur Klärung mehr beitragen als schroffe Abweisung. Was Minors andre Beiträge betrifft, so können Sie gegen die Kleiststudien[4] nichts vorbringen. Bleibt sein Einleitungsaufsatz. Der, lieber Freund, ist ebenso einseitig, wie der Schönbachs nach andrer Richtung einseitig ist. Erweckte der herben Widerspruch, warum nicht auch der Minors? Abgesehen davon, daß ich Minor nicht vor den Kopf stoßen kann, so wenig wie Schmidt. Auch in der Viertelj. hat er manchmal überflüssige Dinge vorgebracht, Studien zu Grillparzer[5] als neu aufgetischt, wo die betreff*[en]*den Dinge von mir längst ins Reine gebracht und in der Ausgabe sauber verbucht waren. Das ist nicht zu vermeiden. – Wegen Creizenachs[6] haben Sie Recht. Ich wollte ursprünglich sogar eine Anmerkung ähnlichen Inhalts hinzufügen. Unterließ es dann aber. Wertvoll ist mir s. Beitrag wegen des öst. Ministeriums;[7] die Subvention ist noch nicht bewilligt. Es ist jetzt wenigstens documentirt, daß der früher ausgeschlossene jetzt mitarbei*[te]*t, unter einem polnischen Minister[8] jetzt von doppelter Wichtigkeit. Darum hab ich den Artikel auch noch ins 4. Heft gestellt, obgleich er erst vor kurzem eingetroffen ist. –

Daß Sie wenigstens mit dem Übrigen nicht ganz unzufrieden sind, ist wenigstens ein Trost. Ich höre wenig Zustimmendes u. wenig Ablehnendes über die einzelnen Hefte. Also vielen Dank für Ihre A*[u]*frichtigkeit und Ihren Rath. – Das Heften der Bogen wird nun hoffentlich nicht mehr unterbleiben. Der Verleger behauptet von dem Bayreuther Buchbinder[9] betrogen worden zu sein.

Gestern habe ich Sie wegen des Registers[10] gebeten. Vielleicht können Sie meine Bitte bald erfüllen. – Vom künfti*[ge]*n Band sende ich Ihnen bald etwas. Ich will Ihnen nur nicht erste Correcturen senden, weil man von diesen doch nichts hat.

Mit herzlichen Grüßen

Ihr

AS

Handschrift: ÖNB, Autogr. 422/1-273. 1 Dbl., 4 S. beschrieben. Grundschrift: deutsch.

1 *Jakob Minor: Zum Jubiläum Kuno Fischers. In: Euph. 1 (1894), S. 692. Der Text war aus Anlass des 70. Geburtstages (23.7.1894) des Philosophen und Goetheforschers erschienen. Seufferts hatte Minors Würdigung auf einer Karte vom 23.10.1894 (StAW) kommentiert: »Ob ich nach Ihrer gütigen aufforderung für 1896 etwas liefern kann, weiss ich nicht; ich habe andere arbeiten vor u. Sie haben genug mscpt. von andern. Auch nehmen Sie mir das ehrliche geständnis nicht übel, dass ich nach empfang des 3. heftes dachte: in eine zs., in der Minor so über K Fischer schreiben darf nach all dem was er sonst in der zs. schon von sich gab, lange ich nicht.« Seufferts Kritik, die er in in Brief 148 näher ausführt, bezog sich weniger auf die Würdigung Fischers als solche und den einleitenden Hinweis, die Literaturgeschichte könne »in methodologischer Hinsicht [...] von Kuno Fischer so manches lernen«, als die daran anschließenden, allgemeinen Bemerkungen Minors zur Darstellung philosophischer Themen in neueren literaturgeschichtlichen Arbeiten: »Manche Bücher, die heute über theoretische und philosophische Fragen geschrieben werden, geben von dem behandelten Autor ein durchaus falsches Bild. Sie reißen einen Gedanken oder einen Satz aus dem Zusammenhang heraus, bringen ihn mit einem andern in eine oft ganz zufällige, bloß den Wortlaut betreffende Parallele und führen auf diesem schwanken Grunde ein haltloses Kartengebäude auf. Anderen gelingt es wenigstens, den mit dem Autor nicht gründlich vertrauten Leser zu überzeugen; greift er aber nach diesem selbst, dann findet er, daß dort von lauter Dingen die Rede war, die hier wohl zufällig und nebensächlich ab und zu vorkommen, aber im Zusammenhang der Gedanken keineswegs die Knotenpunkte bilden. Man fängt sogar an, solche Bücher, in denen niemand den behandelten Autor wiedererkennt, für besonders geistreich zu halten. Die höchste Aufgabe des Geschichtsschreibers der Philosophie wird aber immer die möglichst knappe Reproduktion der Systeme und im Anschluß an sie die Kritik bilden. R[udolf] Haym, W[ilhelm] Dilthey und Kuno Fischer sind hier unter den Lebenden die Meister; ihre Namen hätten auf der Liste der geistigen Anreger in unserer Wissenschaft (oben S. 19) eben so wenig als der Name [Michael] Bernays fehlen dürfen.« Minors ergänzender Rückverweis auf das erste Heft des »Euphorion« bezieht sich auf seinen eigenen Aufsatz »Centralanstalten für die literaturgeschichtlichen Hilfsanstalten«, wo er an dieser Stelle »einen Spezialismus in der Literaturgeschichte« kritisiert hatte, welcher den Arbeiten »universeller Köpfe wie Danzel, Haym, Herbst, Scherer, Erich Schmidt, Sauer u. a.« hinterherhinke.*

2 *Ernst Elster war kurz zuvor in seiner programmatischen Leipziger Antrittsvorlesung dafür eingetreten, die Erkenntnisse der »neuere[n] Psychologie« für literaturgeschichtliche Forschungen, etwa »über die Frage nach der besonderen Phantasiebethätigung eines Autors«, fruchtbar zu machen (Ernst Elster: Die Aufgaben der*

Litteraturgeschichte. Akademische Antrittsrede. Halle/S.: Niemeyer, 1894, S. 6). Den bereits hier hergestellten direkten Bezug zu den Arbeiten seines Lehrers, des Philosophen Wilhelm Wundt, dem Begründer der experimentellen physiologischen Psychologie, baute Elster später in seinem Hauptwerk »Prinzipien der Literaturwissenschaft« (2 Bde. Halle/S.: Niemeyer, 1894–1911) weiter aus, dessen zweiten Band er Wundt widmete.

3 *Theodor Alt: Vom charakteristisch Schönen. Ein Beitrag zur Lösung der Frage des künstlerischen Individualismus. Mannheim: Bensheimer, 1893. Hugo Spitzer beschloss seine Rezension des Buches mit einer »kurze[n] Geschichte des Princips vom Charakteristisch-Schönen« seit Aristoteles, an deren Schluss der Wiener Philosoph Robert Zimmermann als »Wiederentdecker des Princips in der neueren Aesthetik« figuriert (Euph. 2 [1895], S. 135–145, hier: S. 140 f. u. 145).*

4 *s. Brief 145, Anm. 20.*

5 *Jakob Minor: Zu Grillparzers Entwürfen. In: VfLg 5 (1892), S. 621–624.*

6 *Wilhelm Creizenach: Alliteration in Klopstocks Messias? In: Euph. 1 (1894), S. 745–747. Creizenach hatte früher namhaft gemachte Quellen für den Gebrauch der Alliteration bei Klopstock mit dem Argument zurückgewiesen, dass es sich »bei allen diesen Gleichklängen […] ohne Zweifel um einen bloßen Zufall« handele (ebd., S. 746). Seuffert kommentierte hierzu auf seiner Karte vom 23.10.1894 (StAW): »Creizenach ist wirklich das blinde huhn, denn er weiss nicht, dass über die alliteration bei röm. dichtern (ich glaube auch bei griechischen) genug litteratur existiert. U. an diese klass. allitt. knüpft Klopst. wie die anakreontik an, wie Ihnen zur genüge bekannt ist.«*

7 *Sauer und Seuffert vermuteten, dass der Antrag auf Subvention der »Vierteljahrschrift für Literaturgeschichte« seitens des österreichischen Kultusministeriums am Ausschluss Creizenachs von der Mitarbeit gescheitert war (s. Brief 92, Anm. 3).*

8 *Stanisław von Madeyski-Poray.*

9 *s. Brief 145, Anm. 9.*

10 *zum Register des ersten Jahrgangs des »Euphorion«. Sauer hatte auf einer Karte vom 24.10.1894 (ÖNB, Autogr. 422/1-272) Hinweise zur Reihung der Gedichte Wielands erbeten, die Seuffert in seinem Aufsatz »Wielands höfische Dichtung« (s. Brief 145, Anm. 18) zitiert hatte.*

148. (B) Seuffert an Sauer in Prag
Graz, 27. Oktober 1894. Samstag

Graz 27 X 94

Lieber freund   Mir liegt nichts ferner als vom Euphorion eine einzige richtung zu verlangen: je mehr, desto besser. U. gar gegen die philosophische bin ich nicht feind: ich habe es immer für einen schaden gehalten, dass 2 jahrzehnte lang die gesch. der phil. für den litterarhistoriker nicht zu existieren schien. Verfällt man jetzt ins extrem, so wird sich das korrigieren. Für extrem halte ich Elster wegen der berufung auf Wundt; ich habe den allergrößten respekt vor Wundt und wünschte, dass wir viele solcher physiologen hätten, dann käme die philos. auf eine festere basis; aber für jeden nicht physiologisch gebildeten bleibt Wundt in vielem unverständlich. U. zweitens: was als experiment am lebenden körper gemacht wurde, kann nicht historisch ebenso gemacht werden.

Ich habe auch nichts gegen K. Fischers geburtstagfeier, obwol ich seinen errungenschaften häufiger ablehnend als zustimmend gegenüberstehe; auch ich habe von ihm gelernt oder wenigstens mich negativ anregen lassen. Das ists an sich nicht, was mich zaghaft macht. Da hätte ich mich auch auf Witkowski[1] berufen müssen u. hätte Ihnen auch meinerseits nicht den ausfall <u>gegen</u> die philosophie[2] zumuten dürfen (den übrigens Spitzer so wie er steht gebilligt hat). Wir brauchen philologie u. philosophie, jede an ihrem ort.

Aber etwas anderes macht mich und andere scheu: der ton in dem Minor spricht. Was nützt es denn der litteraturgeschichte – und für sie ist doch der Euphorion auf dem titel und innerlich bestimmt – wenn Minor seine ansichten über studentenverwendung, über anforderungen an privatdocenten, über geschichtsschreibung der philosophie aufdrängt. Hätte er über Kuno Fischer gesprochen! hätte er ihn als den grösten litterarhistoriker hingestellt! meinetwegen! Aber was soll diese allgemeine auseinandersetzung über philosophische bücher? Wie kann er Dilthey zwischen Haym u. Fischer setzen? Dilthey gravitiert in eine ganz andere richtung als jene beiden. Wie kann er in einem loblied auf Fischer M. Bernays nachtragen? Auch ist die philos. auf dem wege, von der knappen reproduction der systeme abzuweichen u. wirklich historisch zu verfahren wie Ihr Jodl in seiner Ethik,[3] wie Stein in seiner Ästhetik.[4] Die ganze auslassung Minors ist eben wie andere enunciationen von ihm persönlich, die sache ist dabei secundär. Seine Kleistiana sind anders; auch seine schnitzelejaculation[5] ist nicht eigentlich vom übel; dagegen sag u. hör ich kein wort. Aber die herablassende anmassung, mit der Minor theoretisiert, vertragen andere so wenig wie ich. Und das exempel mit K. Fischer wiegt um deswillen schwer, weil ein derartiger erlass in ganz anderem grade die mitverantwortlichkeit des herausgebers trägt als jede sachliche untersuchung, seine veröffentlichung also die zustimmung des herausgebers documentiert.

Nehmen Sie mir diese ausführungen nicht übel. Ich leugne nicht, dass ich seit langem Minor schwer vertrage. Ich leugne nicht, dass ich jüngstens durch zuschriften u. gespräche in meiner auffassung seiner person bestärkt bin. Über meine 6 bde VJS. zusammen habe ich nicht so viel gehört, wie über Ihre 3 hefte Euphorion. Ihre zs. wird von ehemaligen u. jetzigen meiner zuhörer gehalten. Ohne dass ich frage, tragen sie mir ihre meinung zu. U. ohne dass sie wissen können, wie ich über Minor denke, stossen sie alle sich gerade an dessen beiträgen. Da lern ich vielleicht die sache auch übler ansehen als sie liegt.

Ich denke, Sie kennen mich genug, um zu wissen u. zu glauben, dass ich die sache überall ehre, auch da wo mir etwa die person, die sie vertritt, unsympathisch ist. Ich habe nur das traurige gefühl, dass wenn die vorherrschaft der personalität Minors im Euphorion fortdauert, für die sache kein platz bleibt. Ich hatte u. habe die zuversicht, dass Sie mich verstehen und mir darum nicht zürnen. Ich hielt u. halte es für freundespflicht, dass ich Sie auf den üblen eindruck der Minorartikel aufmerksam mache. Sie denken immer, es stecke nur Erich Schmidt hinter mir; Sie würden sich täuschen, wenn Sie meinten, dass ich für ihn vorspanndienste tue, wo ich den wagen nicht auch selbst zu ziehen das bedürfnis habe. Und ich hoffe Ihnen seit jahren mit ja und nein bewiesen zu haben, wie ernstlich mir an Ihrer freundschaft gelegen ist, wie ernstlich ich wünsche, dass Ihnen alles gelingt. Und Sie werden dafür auch in zukunft immer die beweise erhalten, so oft Sie wollen. Bleiben Sie mir gut! Uns beiden steht doch die sache über unserer person.

Sehr neugierig bin ich auf die anzeigen des 4. heftes über Kühnemanns Herderausgaben;[6] gerade dieser bogen fehlte in Ihren gütigen sendungen. Kühnemann ersuchte mich um aufnahme einer entgegnung auf meine recension[7] in der DLZ. in »meiner« zs. Euphorion. Ich habe ihm geschrieben, dass ich nicht der redacteur bin. Ich erkläre im vorhinein, dass ich nicht gekränkt bin, wenn Sie ihn mich bei sich abkanzeln lassen. Freilich wäre die DLZ dafür der richtigere ort nach meiner unmassgeblichen meinung. Und meine rec. enthät einen passus, der mir jede duplik bequem macht.

Für die VJS. erhielt ich jüngst wieder einen beitrag über Goethes Wahlverwandtschaften. Wäre der grosse artikel nicht so hervorragend elend gewesen, so hätte ich den verf.[8] an Sie gewiesen.

Hat sich Puls aus Altona nicht bei Ihnen gemeldet? er hatte für die VJS. gute vorarbeiten über Kopisch[9] eingesandt, deren umarbeitung nach meinen bitten er versprach, sie kam aber nicht mehr rechtzeitig. Da wäre etwas aus dem 19 jh., nach dem Ihre leser bei mir seufzen.

Ihre frage wegen des registers kommt gleichzeitig mit Ihrem brief. Dünkt es Sie nicht genug, die gedichte summarisch zu verzeichnen? Wer will das einzelne nachschlagen?

An (Anna Amalia von Sachsen-Weimar = Olympia) 540. 695–714.

An Karl August von S. W. 714. 715.

An Karl Friedrich von S. W. 715.

An Luise von S. W. 715.

An Caroline von S. W.-Mecklenburg 715. 716.

An Maria Paulowna 716. 717.

Charaden 713. 714.

Euripides, Helena übersetzung 714.

Horaz Briefe Übersetzung 715.

Dschinnistan 711.

Göttergespräche 711 usf.

Mir kommt solche übersicht bequemer für den benützer des registers vor als specialisierung nach titel oder anfängen. Wem nützt es zu lesen

Anecdote aus dem Olymp.

Merlins weissagend Stimme aus seiner Gruft im walde Brosseliand usf.? Ich sage ja doch auch nicht über jedes etwas; der artikel ist nicht bibliographisch. Wollen Sie aber doch mehr, so werd ich gerne eine übersicht entwerfen.

Leben Sie wol für heute. Ich muss zu Goethe 18[10] zurück. Dass ich Ihnen mit der bitte um den zusatz zum Hausball keine kränkung antun wollte, müssen Sie wissen. Ich habe die Weimarer, die vorgaben, mir alles geschickt zu haben, darnach gefragt u. gebeten mir das stück zu senden, da ich der meinung bin, dass das sammeln aufgabe der centrale, nicht des redactors ist. Darauf erhielt ich wirklich einen befehl, wie ich neulich schrieb, mich direct an Sie zu wenden. Schicken Sie mir doch, bitt ich, nicht zu, was andere versäumen oder verschulden.

In alter treue

Ihr aufrichtig ergebener

BSeuffert.

Warum ist Schroer von der redaction der Wiener Goethevereinschronik entfernt worden oder abgegangen?[11] Wer ist sein nachfolger v. Payer?

Handschrift: StAW. 2 Dbl., 8 S. beschrieben. Grundschrift: lateinisch.

1   Georg Witkowski hatte in seiner Sammelbesprechung über »Neue Faustschriften« (Euph. 1 [1894], S. 625–647) einleitend Kritik an der philologischen Einseitigkeit der von Wilhelm Scherer beeinflussten Goethe-Philologie der 1870er und 80er Jahre geübt. Infolge der jüngsten Quellenfunde, vor allem des »Urfaust« und der nun begonnenen Veröffentlichung des gesamten überlieferten Materials innerhalb der Weimarer Ausgabe, sei »diese Periode der Faustforschung« im Wesentlichen abgeschlossen: »[E]s hat nun eine neue begonnen, deren Aufgabe es sein muß, die ästhetische und philosophische Methode, wie sie vor Scherers Einwirkung herrschte, in strengerer Weise als früher und in engster Verbindung mit der Textgeschichte fortzuführen« (ebd., S. 626).
2   nicht ermittelt.
3   Friedrich Jodl: Geschichte der Ethik in der neueren Philosophie. 2 Bde. Stuttgart: Cotta, 1882–1889 [³1920–1922].
4   Karl Heinrich von Stein: Die Entstehung der neueren Ästhetik. Stuttgart: Cotta, 1886.
5   Mit »Schnitzel[n]« sind offenbar die zahlreichen Miszellen kleinen Umfangs gemeint, die Jakob Minor zu Heft 3 des ersten Jahrgangs des »Euphorion« beigesteuert hatte (Jakob Minor: Ein Gegenstück zu Mahomets Gesang. Mitgeteilt. In: Euph. 1 [1894], S. 606; ders.: Zwei Goethische Lesarten. Ebd., S. 606 f.; ders.: Der Falke. Ebd., S. 607 f.; ders.: Die zweite Aufführung von Kabale und Liebe in Frankfurt a. M. Ebd., S. 608).
6   Herders Werke. Tl. 4, Abt. 1–3: Ideen zur Philosophie der Geschichte der Menschheit; […] Tl. 5, Abt. 1–2: Briefe zur Beförderung der Humanität. Hrsg. von Eugen Kühnemann. Stuttgart: Union Deutsche Verlagsgesellschaft, [1892] (DNL. 77, IV, 1–3; V, 1–2); dazu die Besprechung von Ernst Naumann in: Euph. 1 (1894), S. 815–818.

7 von Eugen Kühnemann: Herders Persönlichkeit in seiner Weltanschauung. Ein Beitrag zur Begründung der Biologie des Geistes. Berlin: Dümmler, 1893. Eine Erwiderung Kühnemanns auf Seufferts Rezension (DLZ 15, Nr. 42 [1894], Sp. 1330–1334) erschien weder im »Euphorion« noch in der »Deutschen Literaturzeitung«.
8 nicht ermittelt.
9 Der Aufsatz erschien in einer anderen Zeitschrift (s. Alfred Puls: Über einige Quellen der Gedichte von August Kopisch. In: Zeitschrift für den deutschen Unterricht 9 [1895], S. 191–210).
10 WA I, Bd. 18; darin u. a. die von Sauer bearbeitete Erzählung »Der Hausball« und von Seuffert, der zugleich als Redaktor fungierte, »Die guten Weiber«.
11 Karl Julius Schröer, Vizepräsident des Wiener Goethe-Vereins und langjähriger Redakteur seiner »Chronik«, hatte am 19.6.1894 in Reaktion auf vereinsinterne Streitigkeiten über die Gestaltung des geplanten Wiener Goethe-Denkmals seine Ämter niedergelegt und war zugleich aus dem Verein ausgetreten. Jakob Minor, der Schröers Platz im Vorstand übernahm, empfahl seinen Schüler Rudolf Payer von Thurn zum neuen Redakteur der »Chronik des Wiener Goethe-Vereins« (s. Faerber, S. 252). Diese brachte 1895 einen kurzen Beitrag von Seuffert (Goethe an Carus. In: Chronik des Wiener Goethe-Vereins 9 [1895], S. 46 f.).

149. (B) Seuffert an Sauer in Prag
     Graz, 8. Februar 1895. Freitag

Graz 8 II 95

Lieber freund   Für das beifolgende mscpt.¹ Ihres ehemaligen schülers Wukadinović, der inzwischen in Berlin u. hier studiert hat u. hier promoviert² worden ist, bitte ich, in seinem namen zugleich, um freundliche aufnahme in den Euphorion. Wir schmeicheln uns mit der hoffnung, dass es Ihnen des druckes wert erscheint. Dass Sie es freilich, wie er hoffte, in Ihre 1. abteilung aufnehmen könnten, hab ich bezweifelt; selbstverständlich ist seine einordnung Ihre sache. Kann das Käthschen <!> noch im laufenden bande unterkunft finden, so würde dies wol für die zukunft des mittellosen herrn, der sich um eine bibliotheksstelle bewirbt, wertvoll sein. (Adresse: dr. Spiridion Wukadinović Graz, Muchargasse 7.)

Sollten Sie einmal einen recensenten auf dem grenzgebiet englisch-deutsch brauchen und keinen erprobten wissen, so versuchen Sies vielleicht mit ihm. Er hat kenntnisse und ist gewissenhaft, nur langsam.

Für die zusendung des Wolfschen Gottsched³ danke ich so wie für die erledigte korrektur des Ebertianums.⁴ Besonders stimmungsvoll ist dies gedächtnismal nicht aber die alte perrücke vertrieb mir den ernst. Der von Ihnen angekündigte inhalt des 2. heftes⁵ enthält einige sehr verheissungsvolle nummern. Besonders begierig bin ich auf Bahlmann.⁶   Spitzers Biese⁷ anzeige hörte ich teilweise aus seinem manuskript. Ich bin etwas ängstlich, dass er in zukunft Volkelts buch⁸ zu sehr lobt: Volk. ist ja ein gewandter und glänzender mann, aber doch kein denker von tiefe, scheint mir; vielleicht kommt dies urteil nur daher, dass er nach meinem privatgeschmack zu stark phrasiert. So ausgezeichnete anzeigen, wie die Ihrigen über die litteraturgeschichten,[9] wird das 2. heft nicht bringen; ich muss Ihnen noch einmal sagen, dass ich sie geradezu für mustergültige typen halte. U. dass wir in der abteilung des 19. jh. übereinstimmen hat mich um so mehr gefreut, als ich vor jahresfrist im gespräche mit Schönbach merkte, dass darüber auch andere ansichten exisitieren.

Sie fragen ob mir Szamatolskis opus posthumum[10] u. Rubensohn[11] nicht gefallen habe:[12] gewiss, sehr wol in der sache. Nur ist mir die form, die disposition zu wenig ausgearbeitet, wozu der lebende sich hätte zeit gönnen können.

Was für Euphorionanzeigen sind denn erschienen ausser den Fränkelschen,[13] die die Grenzboten niedriger hängten? Ich interessiere mich Ihretwegen dafür, aber auch meinetwegen. Denn da ich keine bücher schreibe, höre ich keine urteile über meine sachen. Oder soll ich das was Koch über meinen Goethe Jahrbuch-beitrag[13] dem Frankfurter Hochstift erzählt zu Herzen nehmen??

Da die Leipziger liste[15] noch nicht zur annahme gelangt sein soll, so darf ich Ihnen noch nicht zur berufung glück wünschen, immerhin aber zum vorschlag.

Nun hat Burdachs veränderungslust[16] nichts erreicht, als dass Henning und Strauch ordinarien wurden, was mich besonders für diesen freut. Wissen Sie etwas von Werner? er hat Schönbach auf seinen neujahrsbrief noch nicht gedankt; sollte der ärmste wieder erkrankt sein?

Wir haben jetzt den neubau[17] bezogen und am 1. februar unser seminararbeitszimmer eröffnet. Ich glaube, Ihnen gefiele der 3 fenstrige hohe raum mit offener bibliothek auch gut. Die einrichtung kostete mich viel mühe. Es ist eine grosse erleichterung, dass mir Schönbach in solchen Dingen freie hand lässt.

Und nun muss ich noch einmal wie im juli auf den AGrün nachlass[18] zurückkommen, den unsere universität besitzt. Im mai 94 lieferte Frankls sohn[19] den nachlass ab, bemerkte aber, dass einiges mit dem inventar nicht stimme, dass er auch die briefe Frankls zurückbehalten habe. Ich erfuhr im juli davon, als Schlossar[20] die erlaubnis zur benützung erhalten wollte. Schönbach u. ich begutachteten mit erfolg, sie zu verweigern. Unser antrag, die Franklsche sendung mit dem von Ihnen aufgenommenen inventar zu vergleichen blieb wegen der ferien liegen. Ich forderte den neuen rektor (Rollett)[21] auf, die sache nun zu erledigen, sein kopf ist aber so mit angelegenheiten des noch unfertigen neubaus und andern sorgen gefüllt, dass er nicht drangeht; er hat die akten nicht finden können, noch nicht gelesen. In seinem gedächtnis haftet aber die erinnerung, dass Ihre person mit der sache verbunden ist. U. er hat mich bei zwei gesprächen gefragt, was denn Sie meinen, man müsse Sie doch befragen. Ich erklärte mich sofort bereit, Ihnen jede frage vorzulegen, die er mir ansage; was er denn von Ihnen wissen wolle? Da wusste er aber auch keinen inhalt zu den fragen, als den einen: wie man am besten von Frankls familie das zurückbehaltene auslöse. Ich suchte ihm klar zu machen, dass es sich darum jetzt gar nicht handle; dass jetzt nur eine controle des ausgelieferten auf grund Ihres hier vorhandenen inventars vorzunehmen sei; dass man ja noch gar nicht wisse, was u. wie viel fehle, nicht, ob die Franklschen den rest nicht sofort auf verlangen bereitwillig ausliefern würden u. s. w. Das schien er einzusehen, sprach aber dann doch wieder vom kollegen Sauer. Mir kommt vor, er meine, ich wolle Sie von einer sache wegdrängen, um die Sie sich verdient gemacht haben. Dass dies nicht der fall ist, wissen Sie. Ich habe persönlich gar kein interesse an dem nachlass Grüns; ich halte es aber für die pflicht der hiesigen germanisten, dass wir den besitz (so weit wir ihn überhaupt erhielten; denn vermutlich sind wir ja von den schloss-Hartern[22] um den grössern teil gebracht worden) gegen weitere verringerungen u. gegen misbrauch schützen. Jeder künftige fachvertreter würde uns nach unserm tode sonst mit recht versäumnis vorwerfen. Da Sie, wenn mich mein gedächtnis nicht täuscht (meine briefe des vorigen jahres liegen in unordnung), erklärten, die bearbeitung des materiales nicht selbst zu beabsichtigen, so dachten Schönbach u. ich daran, Wukadinović mit der ordnung der papiere u. überprüfung ihrer vollständigkeit beauftragen zu lassen und später vielleicht ihm auch die verarbeitung für den druck zu übertragen. Wir haben diese anträge noch nicht gestellt. Und ich wäre Ihnen sehr dankbar, wenn Sie mir einen eigenen brief in der sache schrieben, den ich dem rektor vorlegen, ja überlassen könnte. Selbstverständlich bleibt Ihnen die vorhand: haben Sie im geringsten lust, irgend einmal den nachlass zu bearbeiten, so lassen wir jede action liegen. Dann geschähe auch am besten von Ihnen die überprüfung der vollständigkeit. Erklären Sie mir dies, so lege ich den brief dem rektor mit dem beifügen vor, dass ich dadurch die sache für weitaus am besten erledigt fände.

Diese breite Darlegung wird Ihnen ja klar machen, worauf es ankommt. Halten Sie wie früher schützend Ihre hand über dem nachlass oder nicht? Sie bestätigen, dass Ihr von Frankl anerkanntes inventar als basis für die übernahme der papiere aus Frankls nachlass zu gelten habe u. dass man Frankls erben zu vollständiger ablieferung verpflichten könne, dass also eine aufnahme der papiere auf grund Ihres inventars notwendig und dringend sei.

Noch eines will ich bemerken: wir haben Schlossars ansinnen abgelehnt mit der bemerkung, er wolle nur teile, wir hielten aber dafür, der nachlass solle nicht verzettelt werden; ihm das ganze zu übertragen, scheine bei seiner art schriftstellerischen betriebes nicht empfehlenswert. (Wegen Schlossars wollen wir ja auch nicht die auslieferung an die bibliothek.) Ausgeliefert wurden ihm nur ein paar für Grün uninteressante briefe Leitners, weil er über diesen ein buch[23] schreibe.

Leben Sie wol!   In treuen

Ihr aufrichtiger

BSeuffert

Handschrift: StAW. 2 Dbl., 7 S. beschrieben. Grundschrift: lateinisch.

1 Spiridion Wukadinović: Ueber Kleist's »Käthchen von Heilbronn«. In: Mitteilungen aus der Literatur des 19. Jahrhunderts und ihrer Geschichte. Bamberg: Buchner, 1895 (Ergänzungsheft zum »Euphorion«. 2), S. 14–36.

2 Wukadinivić war 1894 mit einer Studie über »Prior in Deutschland« bei Seuffert in Graz promoviert worden. Im Vorwort der gedruckten Fassung in den von Seuffert mitherausgegebenen »Grazer Studien« dankt er seinen »verehrten Lehrern, Prof. A. Sauer in Prag, der mich zu dieser Arbeit angeregt, Prof. E. Schmidt in Berlin, der sie gütig gefördert, und Prof. B. Seuffert in Graz, dessen bewährter Rath mir bei der Ausarbeitung reichlich zutheil wurde« (Prior in Deutschland. Graz: ›Styria‹, 1895 [Grazer Studien zur deutschen Philologie. 4], S. X).

3 Eugen Wolff: Gottscheds Stellung im deutschen Bildungswesen. Bd. 1. Kiel, Leipzig: Lipsius & Tischer, 1895. Seuffert rezensierte das Buch erst nach Erscheinen des zweiten Bandes (1897) im Rahmen einer größeren Sammelbesprechung über »Neue Gottsched-Litteratur« (Euph. 8 [1901], S. 738–761).

4 Bernhard Seuffert: Zwei Briefe Johann Arnold Eberts. Mitgeteilt. Zum 19. März 1895. In: Euph. 2 (1895), S. 304–311. Erstdruck und Kommentar zu Eberts Briefen an Wieland vom 20.6.1783 und vom 23.9.1794, aus Anlass von Eberts 100. Todestag (19.3.1795).

5 Sauer hatte die Übersicht auf einer Karte vom 1.1.1895 (ÖNB, Autogr. 422/1-281) gegeben.

6 Paul Bahlmann: Das Drama der Jesuiten. Eine theatergeschichtliche Skizze. In: Euph. 2 (1895), S. 271–294.

7 Alfred Biese: Die Philosophie des Metaphorischen. In Grundlinien dargestellt. Hamburg. Leipzig: Voß, 1893. Hugo Spitzers Rezension erschien in: Euph. 2 (1895), S. 365–376.

8 vmtl. Johannes Volkelt: Ästhetische Zeitfragen. Vorträge. München: Beck, 1895; wurde nicht im »Euphorion« rezensiert.

9 August Sauer: Alte und neue Literaturgeschichten. In: Euph. 2 (1895), S. 151–164. Eine Sammelbesprechung über sechs seit 1893 erschienene Literaturgeschichten.

10 Siegfried Szamatólski: Faust in Erfurt. Beilage Hogels Erzählung. In: Euph. 2 (1895), S. 39–57. Der Beitrag Szamatólskis, der am 14.8.1894 in München verstorben war, wurde von Erich Schmidt für den Druck eingerichtet.

11 s. Brief 131, Anm. 2.

12 s. Sauer an Seuffert, Karte vom 1.1.1895 (ÖNB, Autogr. 422/1-281): »Haben Ihnen Szamatolskis u. Rubensohns Beiträge nicht gefallen?«.

13 Ludwig Fränkel beschränkte sich in seiner kurzen Rezension des ersten »Euphorion«-Heftes, erschienen in der Zeitschrift »Am Ur-Quell. Monatsschrift für Volkskunde« (Jg. 5 [1894], H. 11, S. 268), im Wesentlichen auf die Feststellung, »dass das, was wir von der Ausführung des mehrfach öffentlich besprochenen Planes dieser Fachzeitschrift zu lesen bekommen, höchst gediegen geriet« und den Ausdruck »unsere[r] herzlichsten freundnachbarlichen Wünsche«. Die Aufzählung derjenigen Beiträge, die auch für »Folkloristen« von Interesse seien, beschloss Fränkel mit dem Ausruf: »In diesem Gleise bewege er [der »Euphorion«] sich weiter!« Seufferts folgende Bemerkung bezieht sich auf eine anonyme polemische Notiz in der Zeitschrift »Die Grenzboten« (Jg. 53 [1894], 4. Vierteljahr, S. 336), welche die »gedankenreiche und geschmackvolle Anzeige« des »Allerweltsgelehrte[n] und Unterwegsrezensent[en]« vollständig wiedergibt und die mit dem Diktum schließt: »Bei diesem Stile bleibe er, Herr Euphorion Fränkel!«

14 Bernhard Seuffert: Goethes Erzählung »Die Guten Weiber«. In: GJb 15 (1894), S. 148–177. Dazu Max Koch: Neuere Goethe- und Schillerlitteratur IX. In: Berichte des freien deutschen Hochstifts in Frankfurt

am Main N. F. 10. [1894], S. 413–508, hier: S. 456 f., der zwar die Gründlichkeit von Seufferts »philologische[r] Textstudie« lobte und ihre Ergebnisse ausführlich referierte, aber hinzusetzte: »Es gehört freilich ein hoher Grad von Selbstbescheidung dazu, um sich an einem so nichtigen Werke, wie die Rahmenerzählung der ›guten Weiber‹ es doch zweifellos ist, Jahre hindurch (Seufferts Neudruck erschien 1885) festzubeißen.« Er besitze freilich nicht »die unvergleichliche Kunst, mit der Michael Bernays in seinem berühmten Bändchen ›über Kritik und Geschichte des Goetheschen Textes‹ (Berlin 1866) die strengphilologische Untersuchung in anziehender, ja dramatische Spannung weckender Form darzustellen wußte [...]. Und für die gewiß mehr als zweitausend nichtphilologischen Mitglieder der Goethegesellschaft ist es eine starke Zumutung sich im Vereinsorgan ihrer Gesellschaft durch die dreißig Seiten hindurchzuarbeiten, auf denen Seuffert umständlich berichtet, wie er zu einem textkritischen Funde gekommen ist, der selbst in seinem Ergebnis nur einige wenige Goethephilologen interessieren kann.«

15 *Für die Neubesetzung des neugermanistischen Ordinariats von Rudolf Hildebrand, der am 28.10.1894 gestorben war, hatte die Philosophische Fakultät der Universität Leipzig auf einer Zweierliste zunächst Jakob Baechtold (Zürich) und Sauer in Vorschlag gebracht. Über Sauer hieß es in dem Vorschlag: »Seine wissenschaftliche Fähigkeit hat sich auf das Gebiet der neuhochdeutschen Literatur beschränkt, ist aber innerhalb dieser Grenzen außerordentlich vielseitig und reichhaltig gewesen, wenn auch ein größeres darstellendes Werk von ihm bisher noch nicht vorliegt. Sauer ist durch eine glückliche Begabung für literarische Charakteristik ausgezeichnet und steht im Rufe eines gewandten und anregenden Docenten; auch als Seminarleiter hat er beste Erfolge gehabt.« Nachdem der an erster Stelle genannte Baechtold den Ruf aus gesundheitlichen Gründen, abgelehnt hatte, ließ die Fakultät die Professur zunächst unbesetzt, da, wie es in einer weiteren Stellungnahme heißt, »in diesem Augenblick ein Vorschlag nicht mit der für eine allseitig befriedigende Besetzung der Stelle erforderlichen Sicherheit gemacht werden könne«. Erst zum Sommer 1898, nachdem zwischenzeitlich auch die Beförderung des Leipziger Privatdozenten Ernst Elster in Erwägung gezogen worden war, wurde die Stelle mit Albert Köster (Marburg) neu besetzt – einem Schüler von Erich Schmidt –, der zugleich die Leitung der neu eröffneten neugermanistischen Abteilung des Deutschen Seminars übernahm (s. Marion Marquardt: Zur Geschichte des Germanistischen Instituts an der Leipziger Universität von seiner Gründung 1873 bis 1945. In: ZfG 6 [1988], S. 681–687, bes. S. 682–684; für die beiden Zitate aus den Fakultätsakten im Universitätsarchiv Leipzig ebd. S. 683). Sauers Antwort an Seuffert in einem Brief vom 23.2.1895 (ÖNB, Autogr. 422/1-284) lässt bereits Resignation über den Fortgang der Sache nach Baechtolds Ablehnung erkennen: »Ich habe bisher – auch Ihnen gegenüber über diese Angelegenheit geschwiegen, weil ich gar nichts positives weiß u. der Ansicht bin, daß etwas ganz andres aus dem Hexengebäude hervorgehen wird. Daß [Eduard] Sievers u. [Karl] Lamprecht sich fü[r] mich so einsetzen, ist ja allerdings erfreulich. Ich höre [Gustav] Röthe, [Wilhelm] Creizenach als Sieger nennen; vermuthe aber in [Ernst] Elster den eigentlichen Triumphator [...]. [Konrad] Burdachs Name scheint nicht in Betracht zu kommen, was mich wundert. Er gehörte wol hin. Wissen Sie was genaueres, so erweisen Sie mir eine große Wolthat, wenn Sie mir auch das Ungünstige und Unangenehme mittheilen; denn ich will gern gestehen, daß mir allerdings starke Unruhe in die Seele gesenkt wurde und daß mich die auch nur leise Hoffnung viel von Arbeit und Concentration abgezogen hat. Doch ists jetzt schon wieder besser und ich beginne mich in mein Loos hineinzufinden. Ich hatte ja von vorn herein an eine Berufung auch nicht gedacht.«*

16 *bezieht sich auf Konrad Burdachs damalige Versuche, seine Versetzung von Halle, wo er 1892 zum Ordinarius befördert worden war, an eine andere preußische Universität zu erreichen: »Am 11. Dezember [1893] war es in der Fakultät zu einem Zwischenfall gekommen, nach dem Burdach glaubte, in ihr nicht mehr mitarbeiten zu können, da man ihm das zu solcher Arbeit nötige Vertrauen nicht bewiesen habe. Im Anschluß daran hatte er mehrfach Versetzungsgesuche eingereicht. Der Minister plante denn auch, Burdach ein neuerrichtetes Ordinariat in Straßburg zu übertragen. [Der Straßburger Extraordinarius] R[udolf] Henning [...] sollte hingegen nach Halle kommen (oder allenfalls sollte ein Ringtausch stattfinden derge-*

stalt, daß H[ugo] Gering (Kiel) nach Halle und Henning nach Kiel überwechselte). Die Fakultät erklärte zu diesem Vorhaben schließlich ihr Einverständnis, bat jedoch darum, [Philipp] Strauch [seit 1893 Extraordinarius in Halle] zum Ordinarius zu ernennen ›als nothwendige [...] Ergänzung zu Prof. Henning‹ (Phil. Fak. III Nr. 5, Bd. 1). Inzwischen zerschlugen sich aber die Tauschpläne, da Burdach in Straßburg keine Einigung über die genauere Abgrenzung seines Lehrauftrages erzielen konnte. Am 10. Dezember 1894 erklärte er seine Wiedermitarbeit in der Fakultät, und das umso lieber, als er in der Zwischenzeit Gelegenheit gehabt habe, sich von dem Vertrauen, das seine Kollegen ihm entgegenbrächten, zu überzeugen.« (Manfred Lemmer: Die hallische Universitätsgermanistik. In: WZUH 8 [1959], H. 3, S. 359–388, hier: S. 373, Anm. 47; zu den nicht ganz klaren Motiven für Burdachs »Veränderungslust«, bei denen offenbar sowohl fachliche Konflikte wie auch persönliche Zerwürfnisse mit Kollegen eine Rolle spielten, s. auch Briefw. Burdach/Schmidt, Juli 1893 bis Dezember 1894, Nr. 192–220). Nach Burdachs Darstellung scheiterten die bereits relativ weit gediehenen Verhandlungen über die Versetzung nach Straßburg am Widerstand des dortigen Ordinarius' Ernst Martin, der Burdachs Lehrauftrag auf die Neuere deutsche Literaturgeschichte einschränken wollte (s. Burdachs Brief an Schmidt vom 6.12.1894. Ebd., Nr. 220, S. 193 f.); stattdessen erhielt zum Sommer 1895 Rudolf Henning die Ernennung zum Ordinarius.

17 Der lange geplante Neubau der Grazer Universität war Ende 1894 vollendet worden (s. Brief 70, Anm. 4). Das Seminar für deutsche Philologie, das während der 22 Jahre seines Bestehens über keinen eigenen Arbeitsraum verfügt, bezog die ihm angewiesenen Räumlichkeiten in den Weihnachtsferien 1894/95 und eröffnete den Lehrbetrieb am 11.2.1895 (s. Leitner: Graz, 219 f.).

18 Die hier erwähnte diesbezügliche frühere Korrespondenz zwischen Sauer und Seuffert ist nicht überliefert. – Der literarische Nachlass von Anton Alexander Graf von Auersperg, der sich als Dichter Anastasius Grün nannte, war durch dessen 1881 verstorbenen Sohn Theodor Graf von Auersperg testamentarisch der Universität Graz vermacht worden. Sauer war am 4.8.1884 durch den Rektor der Universität Graz bevollmächtigt worden, mit Grüns engem Freund, dem Schriftsteller Ludwig August Frankl von Hochwart, der eine posthume Werkausgabe besorgt hatte, »im Namen des akad. Senates Verhandlungen [...] zu Gunsten der Herausgabe der gräfl. Anton Auersperg'schen Schriften und Manuscripte, beziehungsweise zur Erlangung eines vollständigen Inventars derselben einzuleiten« (Franz Krones: Geschichte der Karl Franzens-Universität in Graz. Festgabe zur Feier ihres dreihundertjährigen Bestandes. Graz: Karl Franzens-Univ., 1886, S. 210). Zu dem in diesem Zusammenhang entstandenen ersten Inventar, das Seuffert erwähnt, konnte nichts ermittelt werden. Nach dem Tode Frankls (12.3.1894) wurde ein Teilnachlass, welcher Manuskripte, Lebensdokumente, Arbeitsmaterialien sowie ca. 2500 Briefe an Auersperg/Grün umfasst, im Mai 1895 dem Grazer Seminar für deutsche Philologie übergeben; er gehört bis heute zu den Sammlungen des Instituts für Germanistik. Im Zusammenhang mit der Erwerbung der Hinterlassenschaft erwirkten Seuffert und Anton E. Schönbach einen Beschluss des Akademischen Senates, nach dem, wie interessierten Forschern noch Jahrzehnte später mitgeteilt wurde, »dieser Nachlaß nicht zu Einzelzwecken benützt werden darf, sondern zusammengehalten werden soll, damit er einmal als Ganzes bearbeitet werde« (zit. n. Eduard Castle: Vorbericht des Herausgebers. In: Anastasius Grüns Werke. Tl. 1: Politische Dichtungen. Hrsg. und mit einem Lebensbild versehen. Berlin, Leipzig u. a.: Bong, 1909, S. VIII). Sauer schrieb den von Seuffert gewünschten Brief an den Grazer Rektor Alexander Rollett, beteiligte sich aber nicht mehr an der weiteren Erforschung der Bestände. Mit der Inventarisierung wurde auf Sauers Empfehlung hin Spiridion Wukadinović beauftragt, der das heute noch erhaltene Findbuch anlegte (s. Sauers Brief an Seuffert vom 23.2.1895. ÖNB, Autogr. 422/1-284; zur Bestandgeschichte s. außerdem Scharmitzer: A. Grün, S. 28 u. 365 f.; genaue Verzeichnung des Bestandes ebd., S. 533–543; ferner freundliche Auskünfte von Dr. Margarete Payer [Graz]).

19 Bruno Frankl von Hochwart, der zu dieser Zeit an einer Ausgabe der Korrespondenz seines Vaters mit Grün arbeitete (Briefwechsel zwischen Anastasius Grün und Ludwig August Frankl [1845–1876]. Berlin: Concordia, 1897 [Aus dem neunzehnten Jahrhundert. Briefe und Aufzeichnungen. 1] [²1905]).

20 *Der Literaturhistoriker Anton Schlossar war Kustos an der Grazer Universitätsbibliothek; er besorgte später die Ausgabe von »Anastasius Grüns sämtlichen Werken« (10 Bde. Berlin, 1906), zu deren Bearbeitung ihm, ebenso wie später Eduard Castle, die Benutzung des Grazer Teilnachlasses nicht gestattet wurde.*
21 *Der Physiologe Alexander Rollett war im Unterrichtsjahr 1895 Rektor der Universität Graz.*
22 *Anspielung auf Alexander von Auerspergs Familienherrschaft Schloss Thurn am Hart/Unterkrain. Seuffert wusste offenbar, dass ein erheblicher Anteil des Auersperg-Nachlasses, darunter neben Familiendokumenten mehr als 6000 Briefe an Auersperg/Grün, nicht in den Grazer Teilnachlass, sondern in das Fürstlich Auerspergsche Archiv in Losensteinleithen gelangt war. Auch dieser Teil der Hinterlassenschaft, der 1956 vom Österreichischen Staatsarchiv übernommen wurde, wurde der Forschung erst sehr spät zugänglich (s. Scharmitzer: A. Grün, S. 365 f.; in dieser Arbeit auch die erste umfassendere Auswertung).*
23 *Anton Schlossar veröffentlichte über den Dichter Karl Gottfried von Leitner diverse Aufsätze und Feuilletons sowie den Artikel in der »Allgemeinen deutschen Biographie« (Bd. 51 [1906], S. 629–639; dort weitere Nachweise).*

150. (B) Sauer an Seuffert in Graz
(Prag, Ende April 1895)

L. F. Ich bin durch Sie so verwöhnt worden, daß ich ohne Ihre Mithilfe bei der Zs. gar nichts entscheide. Daher sende ich Ihnen beiliegenden Brief,[1] den ich mir wieder zurück erbitte *[u.]* bemerke dazu folgendes.

1) Als ich den Contract abschloß, wußte ich wol, daß Koch die Firma unter ungünstigen Umständen unternommen <*!*> habe, daß er noch auf 10 Jahre hinaus Schulden zu bezahlen habe, ich wußte aber nicht, daß er nicht allein über das Schicksal s. Verlagsartikel zu entscheiden habe, wie sich jetzt herausstellt. Das Geschäft geht sehr gut. Es werden jährlich 40,000 M. u. mehr Schulden bezahlt. Auf diese *[W]*eise gehört es in circa 10 Jahren Koch allein.

2) Was Erich Schmidt, d. h. die Berliner Gesellschaft[2] betrifft, so sind diese 160 M. sicher. Es fanden nur 2 Monate keine Ausschußsitzungen statt. Zu Beginn des Sommersemesters wird die Sache flott.

3) Kleemann hat sicher zugesagt;[3] aber erst nach Bewilligung des Budgets, die heuer erst in den Juni fällt. Vor Juli erfahre ich etwas ganz bestimmtes darüber nicht.

4.) In Weimar läßt sich meiner Meinun*[g n]*ach nichts erreichen. Für Baden hat Waldberg durch Wendt eine kleine Action[4] einzuleiten versucht. Ob sie gelingt, ist noch unsicher.

5) Herabminderung der Kosten läßt sich nur dadurch erreichen, daß ich die Bibliographie aufgebe. Persönlich wäre ich damit sehr einverstanden; denn sie frißt meine ganze Zeit u. bringt mir weder materiell noch geis*[tig]* was ein. Ich muß mir sogar eine Reihe Ztschrften für dies. Zweck halten, die ich sonst nirgends sehe. Aber ob dann nicht wieder Abonnenten abspringen? Soll ich dann auf die ursprünglichen 10 Bogen p. Heft zurückgehen? oder die 13 Bogen (u d. Preis!) beibehalten; die

Recensionen brauchen viel Platz; die Einläufe müßten doch verzeichnet werden. – Diese Demüthigung ertrüge ich leichter als den so raschen Tod der Zeitschrift.

6) Bleibt endlich ein andrer Verleger, der mehr Mitteln <!> zur Verfügung hat, mehr Verbindungen, u. unabhängig ist. Ich will an Trübner herangehen. Auch Niemeyer wäre zu erwägen. Beck war vor 2 Jahren nicht abgeneigt,[5] aber ob jetzt?? Sogar ein öst. Verleger wie Hölder wäre zu erwägen, wo dann das Min. leichter zu haben wäre. Freilich muß ich wohl warten, bis die [K]ündigung perfect ist. Käme ich nach Lpzg., so fänd ich gute Verleger genug.

7) Eine Idee hätt ich noch. Eine Art Verschmelzung mit den Jahresberichten.[6] So daß z. b. die Arbeit, die dort gemacht wird, zugleich der Bibliographie des Euphorion (in geringerem Maße) zu gute käme u. das eine Unternehmen das andre stützte; denn auch die Jahresberichte stehen schlecht. Göschen lehnte allerdings vor 2 Jahren die Ztschrft, die ich ihm bei meiner Verbindung mit ihm pro [f]orma wenigstens antragen mußte, ab.

L. F. für mich, meine Ruhe, meine Gesundheit, meine Arbeiten, meine Zukunft wärs tausendmal besser, ich ließe die Ztschrft eingehen. Aber kann ich das darf ich das ehrenhalber? Hab ich nicht zu laut & siegessicher in d. Posaune geblasen, als daß ein so rascher Rückzug eine zu starke Blamage wäre?

Behandeln Sie die Sache vertraulich; wenn Sie aber mit Schönbach drüber reden wollen, so hab ich nichts dagegen. Das Ergänzungsheft[7] mach ich nun im ganzen Umfang raschestens fertig.

In großer Aufregung   Ihr   treulich Erg.
AS

Datum: Die Korrespondenzstelle ergibt sich aus dem Inhalt von Seufferts folgendem Brief. Handschrift: ÖNB, Autogr. 422/1-295. 1 Dbl., 4 S. beschrieben. Grundschrift: deutsch.

1 *Der Brief von Sauers Verleger Rudolf Koch ist nicht ermittelt. Koch hatte eine baldige Aufkündigung des Verlagskontraktes für den »Euphorion« in dem Fall angekündigt, dass es Sauer nicht gelänge, eine größere Subvention oder höhere Abonnentenzahlen für die Zeitschrift einzuwerben, die nach seinen Angaben zu diesem Zeitpunkt rund 1000 Mark Verlust machte. Die von Koch eingenommene Perspektive tritt etwas klarer aus Seufferts Antwortbrief vom 2.5.1895 (StAW) hervor, in dem er die von Sauer eröffneten Probleme ausführlich diskutierte: »Koch ringt offenbar mit sich selbst; erst sagt er, er habe weder den beruf noch den mut gegen die gläubiger zu kämpfen, deren standpunkt gerechtfertigt sei; dann er sehe kein mittel, deren widerstand zu besiegen; gleich darauf aber, es sei noch zeit, einen modus vivendi zu finden, und schliesslich gar wenn er nur halbwegs auf die kosten komme, wolle er den gläubigern trotzen. Das stimmt nicht zusammen. Halbwegs auf die kosten: d. h. also 500 M. mehr als bisher, oder wie er einmal sagt: 30–40 abonnenten. 30 würde ja die Berliner u. Kleemann hereinbringen.« Nachdem Sauer bis Ende Mai 1895 erfolgreich sowohl bei der Gesellschaft für deutsche Literatur in Berlin als auch bei der Gesellschaft zur Förderung der Wissenschaft in Prag um Unterstützung eingekommen war, verlängerte Koch den Vertrag um weitere zwei Jahre (s.*

Brief 152; zur schließlichen Aufhebung des Vertrags mit Koch und zum Übergang in den Verlag von Carl Fromme in Wien 1896 s. Brief 154).
2   Die Gesellschaft für deutsche Literatur in Berlin (s. Brief 122, Anm. 7) hatte im April 1894 zunächst einmalig 160 Mark zur Unterstützung des »Euphorion« gestiftet (s. Erich Schmidts Brief an Sauer vom 21.4.1894. ÖNB, Autogr. 416/12-89). Ab Frühjahr 1895 leistete der Verein durch Abnahme von jeweils zehn Exemplaren des laufenden Jahrgangs zu je 16 Mark eine dauerhafte Subvention der Zeitschrift. Die zuletzt auf fünf Exemplare reduzierte Unterstützung wurde erst während der Inflationszeit 1923 eingestellt (s. Müller/Nottscheid: Wissenschaft, S. 83 f.).
3   Die beim k. k. Ministerium für Cultus und Unterricht beantragte Subvention, über die Sauer mit dem zuständigen Sektionsrat August von Kleemann verhandelt hatte, wurde abermals abgelehnt (s. Brief 151, Anm. 2).
4   Der Karlsruher Gymnasialdirektor Gustav Wendt war im Nebenamt für die Leitung des gesamten höheren Schulwesens in Baden zuständig; Näheres zu der geplanten Initiative ist nicht ermittelt.
5   s. Brief 128; dort auch zu den Verhandlungen mit G. J. Göschen.
6   Gemeint sind die »Jahresberichte für Neuere deutsche Literaturgeschichte« (s. Brief 135, Anm. 8).
7   Zum zweiten Jahrgang des »Euphorion« erschien erstmals ein Ergänzungsheft u. d. T.: Mitteilungen aus der Literatur des 19. Jahrhunderts und ihrer Geschichte. Bamberg: Buchner, 1895.

151. *(K) Seuffert an Sauer in Prag*
     Graz, 11. Mai 1895. Samstag

Lfr. In dieser minute hab ich Ihre behandlung der echtheit der 3 pseudo-grillparzerschen gedichte[1] gelesen u. muss Ihnen sagen, dass mir lange nichts so gut gefallen hat, wie Ihre untersuchung des Lösche die lampe. Sie ist so fein und vortrefflich, dass sie für jeden, auch einen, der nicht echt oder unecht ergründen will, lehrreich ist. Das ist ein philologischer triumph und ich danke Ihnen für die anregung, die ich daraus empfing, aufrichtig. –

Ihre nachricht über Kleemanns absage,[2] kreuzte meinen freimütigen brief,[3] den Sie hoffentlich so nahmen, wie er gemeint war. Ich bin sehr sorglich gespannt auf die weitere entwicklung.   Treulich grüsst
   Ihr
   BSfft.

Datum: s. Poststempel. Handschrift: StAW. Postkarte. Adresse: Herrn Professor Dr. August Sauer / Prag / Smichow 586 *Poststempel: 1) Graz Stadt, 11.5.1895 – 2) Prag/Praha, 12.5.1895 – 3) Smichow Stadt/Smíchov Město, 13.5.1895. Grundschrift: lateinisch.*

1   August Sauer: Grillparzer und Katharina Fröhlich. Vortrag gehalten in der Grillparzer-Gesellschaft am 18. Dezember 1894. In: JbGG 5 (1894), S. 219–292; darin der im Anschluss an die Anmerkungen als »Beilage« gedruckte Exkurs »Ueber drei Grillparzer zugeschriebene und angeblich an Katharina Fröhlich gerichtete Gedichte. Ein Wort in eigener Sache« (S. 267–292) zur Echtheit der Gedichte »Die Verlobten«

(»Lösche die Lampe!«), »Was brummt mein Röschen Sorgenlos« und »Zum Geburtstage am 12. December 1868«. Sauer reagierte mit seiner Untersuchung, welche die Echtheit der Texte zurückweist, auf Vorwürfe von Karl Emil Franzos, des ersten Herausgebers von »Lösche die Lampe!«, der die Nichtaufnahme des Textes in Sauers Grillparzer-Ausgabe moniert hatte (s. Karl Emil Franzos: Ein Gedicht Grillparzers. In: Deutsche Dichtung 17 [1894/95], H. 1, S. 31).

2 s. Sauers Karte an Seuffert vom 1.5.1895 (ÖNB, Autogr. 422/1-294): »Aus Wien kommt die Nachricht, daß für heuer von einer Unterstützung des Euph. keine Rede mehr sein kann. Der betreffende Fond sei schon von vornherein erschöpft gewesen. Man vertröstete mich auf das nächste Jahr. Das besiegelt wol nun das Ende [der] Zs.«

3 s. Brief 150, Anm. 1.

152. (B) Sauer an Seuffert in Graz
   (Prag, vmtl. am 21. oder 22. Mai 1895)

L. F. Daß Ihnen d. Form meines Brentano-Aufsatzes[1] nicht behagt, thut mir leid. Ich neige sehr zu ihr u. finde, daß etwas Leben und Abwechslung in unsre etwas trocknen Schemata dadurch kommt. – Die Gesellschaft[2] hat *[ges]*tern 300 fl. für d. Euphorion bewilligt; es ist noch ein Vollversammlungsbeschluß nötig; aber da die ausschlaggebende Abtheilung das Geld ohne Widerspruch widmete, so ist das nur eine Formalität. Am Freitag oder Samstag wird die Sache fix und Koch wird nächste Woche das Geld haben. Das bedeutet nun 31 Ex. und mit den 10 Berlinern 41 Ex. zum Ladenpreis; also 61 Ex. zum Buchhändlernettopreis. So viel also, als er zur Fortführung nötig zu haben erklärte. Hebt sich nun der Absatz heuer noch ein klein wenig, wie es doch der Fall ist, so ist der Verlust heuer sehr gering. Jedesfalls verlängert Koch daraufhin den Contract um 1–2 Jahre. Inzwischen gewinne ich Zeit; wühle vom neuen in den Wiener u. Berliner Ministerien etc. Außerdem kann ich, wenns noth thut, von der hiesigen Gesellschaft im nächsten und vielleicht auch im übernächsten Jahr dieselbe Summe haben. Vielleicht stellt sich die Ztschrft inz*[wis]*chen doch auf ihre eigenen Füße.

Erich Schmidt, der mir sehr liebenswürdig u. entgegenkommend schrieb, hat sich bereit erklärt, einen Aufruf an die Fachgenossen u. Bibliotheken[3] zu unterschreiben. Er will ihn mit mir zu Pfingsten in Jena oder Weimar redigieren, den in Weimar[4] versammelten Collegen vorlegen, die Liste der Unterzeichner u. der damit zu betheilen*[d]*en feststellen. Ich verspreche mir mit Koch nicht allzuvielen Nutzen davon; aber kann auch nicht glauben, daß es schaden werde. Hand in Hand mit der Verschenkung von I 1, wozu ich ihn vielleicht noch bewege, kanns doch helfen. – ESchmidt wirft ferner den Gedanken hin, ob ich nicht RMMeyer als Mitredacteur annehmen möchte.[5] Er würde den Vermittler machen. Nun an u. für sich *[h]*ätte ich dagegen nichts einzuwenden. Zu eigentlicher Redactionsthätigkeit wird er seiner

Sauschrift wegen schlecht taugen. Aber ein kritischer Kopf wie er ist, würde er in der Annahme strenger sein als ich; und das wäre gut. Im Moment kann ich aber kaum darauf eingehen, weil die Bewilligung von Seiten der hiesigen Förderungsgesellschaft ihre einzige Berechtigung eben nur darin hat, daß der Herausgeber der Ztschrft hier am Orte wirkt und sonst statutenwidrig wäre.

Brauche ich also die Gesellschaft auch im nächsten und übernächsten Jahre noch, so könnte mir dieser Mitredacteur sogar abträglich werden. Dabei fiel mir folgender Ausweg ein. Es dürfte nicht heißen: »Hrsgg. von R M. Meyer und A. Sauer«, sondern es müßten sich neben Meyer noch eine Reihe andrer Fachgenossen auf den Titel schreiben lassen, so daß es hieße »unter Mitwirk[un]g von ABCDEF hrsgg. von A Sauer« wie dies jetzt Mode ist bei vielen wiss. Ztschrften. RMMeyer könnte dann gewissermassen als Vertreter der übrigen der Redaction näher verbunden und seiner Opferwilligkeit keine Schranke gesetzt werden. Die »Mitwirker« auf dem Titel könnten aber auch dann nicht schaden, wenn die millionäre Vertretung fehlte. – Können Sie [m]ir darüber Ihre Meinung sagen, so thun Sies gütigst. Kämen Sie doch nach Weimar. Ich hätte so vieles mit Ihnen zu besprechen.

Treulichst und dankbarst

Ihr

AS.

Datum: Korrespondenzstelle und Datierungshypothese ergeben sich aus den inhaltlichen Bezügen zu den vorhergehenden und nachfolgenden Briefen. Handschrift: ÖNB, 422/1-297. 1 Dbl., 4 S. beschrieben. Grundschrift: deutsch.

1 *August Sauer: Ueber Clemens Brentanos Beiträge zu Carl Bernhards Dramaturgischem Beobachter. An Reinhold Steig in Berlin. In: Mitteilungen aus der Literatur des 19. Jahrhunderts und ihrer Geschichte. Bamberg: Buchner, 1895 (Euphorion. Ergänzungsheft. 2), S. 64–81. Gedruckt als »Beilage« zu Alfred Christlieb Kalischers Aufsatz »Clemens Brentanos Beziehungen zu Beethoven« (ebd., S. 36–64). Sauer hatte Steig einleitend als »den warmen Freund und werkthätigen Förderer dieser Zeitschrift und den stets hilfsbereiten Berater ihres Herausgebers« (S. 64) apostrophiert. Auf einer Karte vom 20.5.1895 (StAW) monierte Seuffert die Widmung an Steig: »Ihre Brentanoentdeckungen sind sehr ergibig und ich habe sie mit so viel freude gelesen als ich etwas in der mir unsympathischen form des offenen briefes lesen kann.«*
2 *Gemeint ist die Gesellschaft zur Förderung deutscher Wissenschaft, Kunst und Litteratur in Böhmen, die Sauer 1891 mitgegründet hatte (zur Gründung s. auch Brief 204, Anm. 2). Seit 1894 war er Obmann der Abteilung für Wissenschaft und Litteratur. Am 16.5.1894 hatten Sauers Prager Kollegen Johann Kelle, Philipp Knoll und Anton Marty ein entsprechendes Ersuchen von Rudolf Koch mit einem Antrag auf Subvention des »Euphorion« bei der Gesellschaft unterstützt, in dem sie die kulturpolitische Bedeutung des »Euphorion« für die deutsch-österreichische Position in Böhmen betonten: »Es ist im höchsten Grade wünschenswerth, dass die deutsch-böhmischen Gelehrten [...] ein Organ besitzen, in welchem sie ihre Untersuchungen und Besprechungen niederlegen können. Sie haben daher an dem gesicherten Fortbestande derselben [Zeitschrift] ein unmittelbares Interesse.« (zit. n. Richter/Müller: Euph., S. 168). Dem Antrag*

wurde endgültig Anfang Juni stattgegeben, indem sich die Gesellschaft verpflichtete, für den laufenden Jahrgang mit 300 Gulden bzw. 498 Mark 30 Exemplare des »Euphorion« zur Verteilung an deutsch-böhmische Gymnasien und Realschulen abzunehmen (s. ebd.).

3 Der Aufruf zur Unterstützung des »Euphorion« hat sich nur in Form der Abschrift erhalten, die Sauer einem Brief an Seuffert von Ende Juni 1895 (ÖNB, Autogr. 422/1-301) beilegte: »[Erich] Schmidt hatte die Liebenswürdigkeit beiliegenden Aufruf aufzusetzen u. die beiliegende Liste der zur Unterschrift aufzufordernden Herren vorläufig mit mir zu vereinbaren. Haben Sie die Güte den Aufruf mitzuunterzeichnen, auch wenn Sie sich nicht sehr viel davon erwarten. Er wird im Herbst privatim, per Couverts verschickt. Wenn Sie glauben, daß es mir Schönbach nicht übel nimmt, so könnten Sie ihn in meinem Namen um s. Unterschrift bitten.« Der Text lautet: »Der Euphorion, vom Prof. Dr. A. Sauer seit 1894 im Buchnerischen Verlag zu Bamberg herausgegeben, soll das Archiv und die Vierteljahrschrift für neuere deutsche Litteraturgeschichte ersetzen und unserer gerade während der letzten beiden Jahrze[h]nte so reich entfalteten Wissenschaft das unentbehrliche selbständige Centralorgan für Forschungen, Quellen und Uebersichten bieten. / Diese Zeitschrift nicht nur zu erhalten, sondern auch nach Gehalt und Umfang zu vervollkommnen und durch weitere Verbreitung den Zusammenhang aller Fachgenossen zu befestigen, muß unser gemeinsames Bemühen sein, und wir bitten Sie dringend, in Ihrem Kreise das Unt[er]nehmen zu fördern, indem Sie Bibliotheken, Institute, Vereine und einzelne Freunde werben, so wie in jüngster Zeit die ›Gesellschaft für deutsche Litteratur‹ in Berlin und die ›Gesellschaft zur Förderung deutscher Wissenschaft, Litteratur und Kunst in Böhmen‹ in Prag die Vertheilung von Exemplaren, besonders an Mittelschulen, denen das Abonnement auf eigne Hand erschwert oder unmöglich ist, betreiben. / Zuschriften bitten wir an die Verlagsbuchhhandlung oder an einen der Unterzeichneten zu richten.« Der Abschrift liegt eine Liste mit 30 Personen bei, die den Aufruf unterzeichneten bzw. zur Unterzeichnung aufgefordert werden sollten (hier in alphabetischer Reihenfolge): Jakob Baechtold (Zürich); Ludwig Bellermann (Berlin); Johannes Bolte (Berlin); Konrad Burdach (Halle/S.); Ludwig Chevalier (Prag); Ernst Elster (Leipzig); Hermann Fischer (Tübingen); Carl Glossy (Wien); Wilhelm (von) Hertz (München); Johann Kelle (Prag); Gustav Kettner (Pforta); Karl Ferdinand Kummer (Wien); Rochus von Liliencron (Schleswig); Jakob Minor (Wien); Albert Köster (Marburg); Franz Muncker (München); Robert Pilger (Berlin); Carl Redlich (Hamburg); Gustav Roethe (Göttingen); August Sauer (Prag); Erich Schmidt (Berlin); Franz Schnorr von Carolsfeld (Dresden); Anton E. Schönbach (Graz); Bernhard Seuffert (Graz); Reinhold Steig (Berlin); Karl Stejskal (Wien); Bernhard Suphan (Weimar); Max von Waldberg (Heidelberg); Gustav Waniek (Wien); Gustav Wendt (Karlsruhe); Richard Maria Werner (Lemberg). Der auf der Liste stehende Name Lechner (Lochner/Lachner?) mit der Lozierung Nürnberg konnte keiner Person zugewiesen werden.

4 bei der 10. Generalversammlung der Weimarer Goethe-Gesellschaft am 8.6.1895; dafür wurde der Aufruf zu spät fertig.

5 Der schon früher diskutierte Plan (s. Brief 124), Richard M. Meyer in die Herausgabe des »Euphorion« einzubinden, kam nicht zur Ausführung.

153. (K) Sauer an Seuffert in Graz
  Prag, 19. Mai 1896. Dienstag

Redaction der Zeitschrift für Literaturgeschichte Euphorion.

Prag, den 19/5   1896

Sehr geehrter Herr!
Wären Sie geneigt,
H. Herchner, Die Cyropädie in Wielands Werken
I. II. 2 Berliner Programme 1892 und 1896[1]

im Euphorion zu besprechen? Das Recensionsexemplar steht zu Ihrer Verfügung. Oder haben Sie Jemanden, dem ich die Programme zur Besprechung schicken könnte.
Raumgrenze: Druckseiten für eine ausführliche Recension.
                   Druckseiten für ein blosses Referat.
Hochachtungsvoll & herzlich grüssend   Ihr
Prof. Dr. A. Sauer.

Wir fahren am 22. nach Berlin zu R M Meyer und kommen 27. Abends wieder zurück.[2] Vom 15. Juli ab bin ich in Wien. Im Aug. will ich an die Nordsee[3]

Handschrift: ÖNB, Autogr. 422/1-317. Postkarte mit Vordruck. *Adresse:* Herrn Prof. Dr. Bernhard Seuffert / Graz / Harrachgasse 1. *Poststempel:* 1) Prag/Praha, 19.5.1896 – 2) Graz Stadt, 20.5.1896. *Grundschrift:* deutsch.

1 *Hans Herchner: Die Cyropädie in Wielands Werken. 2 Bde. Berlin: Gaertner, 1892, 1896 (Wissenschaftliche Beilage zum Programm des Humboldt-Gymnasiums zu Berlin. Ostern 1892, 1896). Seuffert selbst lehnte ab, empfahl aber an seiner statt den Gymnasialsupplenten Gustav Wilhelm aus Pula, Istrien (s. Seufferts Brief an Sauer vom 21.5.1896; StAW). Die Rezension kam nicht zustande.*
2 *Sauer erwähnt diese Reise und einen Besuch bei Wilhelm Scherers Witwe Marie Scherer in einem undatierten, kurz vor dem 16.6.1896 verfassten Brief an Seuffert (ÖNB, Autogr. 422/1-318).*
3 *Aus dem Sommer ist keine Korrespondenz erhalten. Die Reisepläne sollten schließlich verwirklicht werden (s. Brief 156).*

154. (B) Sauer an Seuffert in Graz
   Prag, 17. Juni 1896. Mittwoch

Prag 17/6 96
Smichow 586

L. F. Sie haben hoffentlich meine letzte Mitteil. nicht übel genommen.[1] Da nun meine Hoffnungen Sie in Weimar zu sehen,[2] geschwunden sind – [ich] kann nicht fahren – so theile ich Ihnen [da]s, was ich Ihnen dort erzählen wollte, heute mit. Buchner[3] hat mir vor circa 3 Wochen vorgeschlagen, wir möchten unseren Contract mit dem letzten Heft dieses Jahrganges freundschaftlich lösen; er habe die Lust am Euphorion verloren. Kurz vorher theilte mir Nagl in Wien mit, im Anschluß an den von ihm & Zeidler hrsgg. Leitfaden zur öst. Lit. Gesch.[4] sei eine Zeitschrift für österreich. Lit. Gesch. geplant. Da aber die Neubegründung einer Zs. große Schwierigkeiten habe, so mache er den Vorschlag, die neue Zs. als Beilage zum Euphorion erscheinen zu lassen. Fromme in Wien sei bereit, diese in Verlag zu übernehmen. Da [ic]h mich während meiner Anwesenheit in Berlin zur Genüge überzeugte, daß eine Hilfe für den Euphorion von dort nicht zu erwarten sei und man sein seliges Ende von dort auch nicht verhindern werde,[5] so trat ich mit Fromme[6] in Verhandlung und heute ist der Contract perfect geworden. Ich will Sie mit den Details der Verhandl. verschonen & Ihnen nur die Resultate mittheilen. Zunächst: Fromme steht famos, ist ein tüchtiger Geschäftsmann, zuverläßig u. für die Sache eingenommen. Der Euphorion erscheint vom 4. Jahrgang in s. Verlag. Das erste Heft kommt Ende October heraus. Umfang bleibt zunächst unv[er]ändert. Auch alles Übrige bis auf folgendes: Die Einleitungsartikel in Garmond fallen weg. (Sie haben mich immer genirt; sie waren eine Concession an den Verleger u. haben sich gar nicht bewährt).[7] 2) Die Publication <u>unverarbeiteter</u> Briefe wird sehr eingeschränkt; ist nur im Ausnahmefall, bei sehr wichtigem Material zulässig. Knüpfen sich Untersuchungen daran, so bleibt alles beim Alten. Ich gewinne dadurch mehr Platz für Untersuchungen und brauche hoffentlich die Recensionen nicht mehr so klein drucken zu la[sse]n, wie es jetzt bei deren Mehrzahl der Fall war. Was an unverarbeiteten Briefen jetzt bei der Redaction vorliegt, erscheint gesammelt in einem Ergänzungsheft. Fromme hat mir auch alles Übrige zugestanden: von allem 20 Sonderabzüge mit eigenem Umschlage umsonst für die Autoren. Von Jahrgang <u>1898</u> an erscheint eine selbständige Beilage zum Euphorion: Zeitschrift für die Geschichte der deutschen Lit. in Öst.-Ungarn, hrsgg. von Nagl & Zeidler, mit deren Redaction ich nichts weiter zu thun [hab]e, als daß mir das Einspruchsrecht gegen die Aufnahme der einzelnen Artikel zusteht. Ich habe mir ausbedungen, daß jede der beiden Zs. einzeln käuflich ist, daß die Abonnenten d. Euphorion nicht gezwungen werden dürfen, die Beilage zu halten, wol aber wird für die Abonnenten beider Zeitschriften ein Vorzugspreis fixirt werden.– Der Hauptvortheil des neuen Arrangements ist der, daß mir nun eine Subvention des öst. Ministeriums gewiß ist, des österreich. Verlegers und der Beilage wegen. Ich denke, die Beilage wird mir für *[D]*eutschland nichts schaden, für den Absatz in Oesterreich aber sehr nutzen. Bewährt sich die Verquickung nicht, so kann sie ja wieder beseitigt werden u. es ist doch ein besserer (vor allem wolsituirter, unabhängiger) Verleger gewonnen. Mit Buchner ließ sich nicht mehr arbeiten. Heute z. b. erhielt ich von ihm eine Sendung von Rec. Ex., die seit Monaten bei ihm lagen, ohne daß ich durch fortgesetzte Anfragen das erfahren konnte. Auch Briefe an die Redaction waren dabei: von März datirt!!! Ich bin über die Wendung sehr glücklich & hoffe das Beste. – Wir *[we]*nden uns nächstens in einem Briefe an die Mitarbeiter, dann auch mit einem neuen Prospect an das Publikum. – Die Bibliographie bleibt. Nur einige Änderungen will ich anbringen (über die ich aber mit Fromme gar nicht gesprochen habe; es liegt alles in meinem Belieben); 1. setze ich die Jahreszahl 1896, 1897 etc. als Columnenüberschrift rechts darüber, auch bei den Zs.; jetzt wußte man oft n*[ich]*t, welches Jahr gemeint ist. 2. Will ich Texte von den Dichtern des 18/19 Jh. in der Regel nur dann aufführen, wenn sie wissenschaftlichen Wert haben, revidirt oder mit Anmerkungen versehen sind. Es fielen also die bloßen Neuauflagen moderner Dichter, wie Scheffel, Stieler etc. (die nach meinem bisher. Usus verzeichnet wurden) weg. Ob ich auch die billigen Ausgaben älterer Werke bei *[Re]*clam[8] etc. streichen soll, darüber bin ich mir noch nicht einig. Vielleicht sagen Sie mir Ihre Meinung darüber. 3.) Will ich auch die Übersetzungen deutscher Dichtungen in andere Sprachen weglassen (auch für die Klassiker). Die Jahresberichte[9] verzeichnen sie ohnehin & mir machen diese vielen fremden Titel viele Schwierigkeiten. Die letzten zwei Rubriken meiner Biblio-*[g]*raphie 18.19. Jh. schrumpften also auf diese Weise stark zusammen, wodurch Raum für Andres gewonnen wird. Die Zeitschriften will ich nicht einschränken. Sollten Sie aber Vorschläge wegen d. Bibl. machen wollen, so sagen Sie mir – bitte – aufrichtig Ihre Meinung. Das Schema, das ich jetzt aufstelle, wird voraussichtlich für längere Zeit Bestand haben. Glauben Sie, soll ich bei Geschichte & Culturgeschichte kleine Unterabtheilungen einführen:

Länder.
Städte.
Familien.
Einzelne Personen (Memoiren) etc.

Sehen Sie sich daraufhin vielleicht die letzte Bibl. an. Ich bin sehr für erhöhte Übersichtlichkeit, wenn das System nicht zu complicirt wird & wenn nicht zu viel Raum auf diese Dinge aufgeht.

Noch eine zweite Sache wollte ich mit Ihnen besprechen. Ich habe in der 2. Auflage des Paulschen Grundrisses die einleitenden Capitel wieder mit steigendem Ärger gelesen. Es ist doch zu arg, wie schlecht die neuere Lit. Gesch., deren Vertreter überhaupt, Scherer & s. Schule insbesondere dabei wegkommen. Die Briefwechsel etc. böten ein schwer zu bewältigendes Material!![10] Wenn unser eins das von der Lautphysiologie zu sagen wagte, so fiele Alles über ihn her. Im Prospecte war 16. Jh. von John Meier angekündi[g]t; im Buch ist nicht mehr davon die Rede.[11] [Ich] meine nun, das sollten wir uns nicht auf die Dauer gefallen lassen. Die Schererische Schule sollte sich zusammen thun und einen Grundriß (oder ein Handbuch) der neueren deutschen Lit. Gesch. herausgeben; wegen meiner der deutschen Lit. Gesch. überhaupt (aber nicht: der germanischen), so daß ahd & mhd. Lit. eventuell mit einbezogen würde, nicht aber: gotisch & angels.; wenn nemlich einzelne Herren dies wollten. Wenn ein paar § oder Artikel sich mit dem Paulschen Grund[ri]ß deckten, so läge doch nichts daran. Die Gruppen so wie in Ihrem Colleg über Einführung etc., das Weitere wie in den Jahresberichten. Aber Hauptbedingung wäre, daß Schmidt wenigstens nominell an der Spitze stände, daß Leute wie Burdach, Roethe etc. mitarbeiteten, daß Bolte u. die besseren Berliner mitthäten. Bernays müßte aufgefordert werden; die Bernaysianer[12] nicht; wenigstens Koch nicht. Elster wäre für Methodisches zu umgehen. Schmidt müßte die Geschichte der deutschen Lit. Gesch. schreiben contra Paul. Ich glaube, es zeigte sich bei dieser Geleg[e]nheit, worin unsere Stärke läge & daß [w]ir der Schule Zarnckes[13] ebenbürtig seien – auf unserem Gebiete. – Bitte: überlegen Sie sich das. Ich möchte nicht als der stete Projectenmacher da stehn; ich wäre auch nicht der Mann, alle die Leute unter einen Hut zu bringen. Aber Schmidt mit 2 Adjutanten träfe das. An einem Verleger würde es gewiß nicht fehlen. In ein paar Jahren könnte es fertig sein, jedenfalls bevor die 3. Auflage [des] Paulschen Grundrisses erschiene, für die Paul gewiß einzelnen Literarhist. seine Mache aufzüchtet.[14] – Ich gestehe offen, daß ich eine Zeit lang daran dachte, ein kleines bibliographisches Handbuch, wie das von Breul[15] aber nur für neuere deutsche Lit. Gesch. zusammenzustellen, zunächst für meine Vorlesungen & dann für andere Zwecke. Das wäre überflüssig, wenn dieser [g]rössere Plan zu Stande käme. Halten Sie ihn für durchführbar, so erwärmen Sie doch Schmidt in Weimar dafür. Ich hielte es für ein Armutszeugnis, ja für eine Abdankung der Schererschen Schule, wenn wir auf die Dauer zu Pauls falscher Darstellung schwiegen & uns alles gefallen ließen. So viel für heute. Bitte, haben Sie die große Güte, Schönbach von diesem Briefe Mittheilung zu machen, wenigstens [v]on dem was die Zs. betrifft; wenn Sie wollen auch von d. andern. Ich kann ihm vorderhand nicht ausführlich schreiben. Ich weiß aber, daß es ihn interessieren wird.

Viele Grüße von Ihrem
aufrichtig Erg.

AS.

Handschrift: ÖNB, Autogr. 422/1-320. 2 Dbl. u. 1 Bl., 9 S. beschrieben. Grundschrift: deutsch.

1 *Bernhard Seuffert: Wielands Erfurter Schüler vor der Inquisition. In: Euph. 3 (1896), S. 376–389 u. 722–735. Seuffert hatte eine Ergänzung zu diesem Artikel an Sauer gesandt, dieser aber hatte Seuffert gebeten, die Änderung selbst in der Fahnenkorrektur vorzunehmen (s. Sauers undatierter, kurz vor dem 16.6.1896 geschriebener Brief an Seuffert. ÖNB, Autogr. 422/1-318).*
2 *Sauer hatte gehofft, Seuffert anlässlich der feierlichen Eröffnung des neuen Gebäudes für das Goethe- und Schiller-Archiv sowie der Jahresversammlung der Goethe-Gesellschaft (28./29.6.1896) in Weimar zu sehen (s. Zwölfter Jahresbericht der Goethe-Gesellschaft. In: GJb 18 [1897], S. 3–4; s. auch Sauers undatierten, kurz vor dem 16.6.1896 geschriebenen Brief an Seuffert [ÖNB, Autogr. 422/1-318] sowie Seufferts Brief an Sauer vom 16.6.1896 [StAW]).*
3 *Die ersten drei Jahrgänge des »Euphorion« waren bei C. C. Buchner (Leitung: Rudolf Koch) erschienen, die Jahrgänge 4 bis 26 wurden in Leipzig und Wien bei Carl Fromme verlegt.*
4 *Nagl und Zeidler ließen die Idee eines relativ kurzen »Leitfadens« (s. Johann Willibald Nagl und Jakob Zeidler: An die Herren Mitarbeiter des Leitfadens und der Zeitschrift für die deutsche Literatur in Oesterreich-Ungarn. Als Manuscript gedruckt. Wien, April 1896. Wien: Fromme, 1896) für ein interessiertes Laienpublikum bald fallen und entwarfen stattdessen das Konzept einer vierbändigen »Deutsch-Österreichischen Literaturgeschichte« im Wiener Verlag Carl Fromme – das Zustandekommen der zunächst einvernehmlich geplanten Zeitschrift wurde von Sauer hintertrieben. In monatliche Lieferungen aufgeteilt, wurde der erste Band der »Deutsch-Österreichischen Literaturgeschichte« 1898 abgeschlossen. Die Arbeit am zweiten Band begann 1901, wurde allerdings erst 1914 unter der Mitarbeit von Eduard Castle zum Abschluss gebracht. Nach dem Tod Jakob Zeidlers (1913) und Willibald Nagls (1918) setzte Castle die Arbeit ab 1924 allein fort und schloss sie 1937 mit dem vierten Band ab. Während die Anfänge des Werks territorial-lokalhistorisch orientiert waren, standen bei Castle historisch-politische Epochen im Vordergrund, als deren Teilsystem er die Literaturgeschichte betrachtete (s. Renner: Die ›deutsch-österreichische Literaturgeschichte‹).*
5 *Entgegen Sauers Annahme war es in Berlin durchaus zu Rettungsversuchen für den jungen »Euphorion« gekommen; unter anderem hatte sich Erich Schmidt im Herbst 1895 bei Friedrich Althoff, dem Hochschulreferenten im preußischen Kultusministerium, für eine Subvention eingesetzt (s. Richter/Müller: Euphorion, S. 166–168).*
6 *In Sauers Nachruf auf den langjährigen »Euphorion«-Verleger Otto Fromme aus dem Jahr 1921 heißt es: »Ich bin mit Otto Fromme auf dem Umwege über die Deutschösterreichische Literaturgeschichte bekannt geworden« (August Sauer: Otto Fromme †. In: Euph. 23 [1921], S. IX–XII, hier S. XI).*
7 *Zur Planung des »Euphorion« mit je einem »größer gedruckten Artikel wo möglich allgemeineren Inhalts« s. Sauers Ausführungen in Brief 128.*
8 *Der Leipziger Reclam Verlag hatte 1867 die Taschenbuchreihe »Universal-Bibliothek« gegründet, die sich vor allem auf gemeinfreie Klassiker in preiswerten Ausgaben konzentrierte (s. Georg Jäger: Reclams Universal-Bibliothek bis zum Ersten Weltkrieg. Erfolgsfaktoren der Programmpolitik. In: Reclam. 125 Jahre Universal-Bibliothek. 1867–1992. Verlags- und kulturgeschichtliche Aufsätze. Hrsg. von Dietrich Bode. Stuttgart: Reclam 1992, S. 29–45).*
9 *Gemeint sind die »Jahresberichte für neuere deutsche Literaturgeschichte« (s. Brief 135, Anm. 8).*
10 *Dieselbe Kritik hatte Sauer schon früher formuliert (s. Brief 94 mit Anm. 11).*
11 *Der Artikel von Johann (John) Meier ist nicht erschienen.*
12 *Zu Bernays' Schülern zählten z. B. Max Koch, Franz Muncker, Georg Witkowski und Eugen Kühnemann.*

13 Die prominentesten Schüler Friedrich Zarnckes waren Wilhelm Braune, Hermann Paul und Eduard Sievers.
14 Die dritte verbesserte und vermehrte Auflage von Pauls »Grundriß« erschien erst von 1911 bis 1916.
15 Karl Breul: A handy bibliographical guide to the study of the German language and literature for the use of students and teachers of German. London, Paris, Boston: Hachette and Company, 1895. In der knapp 170 Seiten starken Bibliographie gibt Breul einen Überblick über die wichtigsten Publikationen aus den Bereichen Sprachgeschichte, Grammatik, Namenkunde, Literaturgeschichte und Fachdidaktik.

155. (B) Seuffert an Sauer in Prag
Graz, 19. Juni 1896. Freitag

Graz 19 VI 96

Lieber freund, Nun ist es erst recht nötig, dass Sie nach Weimar kommen. Schriftlich lässt sich derlei kaum zu ende reden. Ich hätte Ihnen früher geschrieben, wenn ich mich früher entschlossen hätte; von verstimmung ist keine spur da, ich wüsste auch nicht warum.

Ihre erste nachricht trifft mich nicht ganz unerwartet, weil mich E S.[1] mit dem »kriseln« beim Euph. schon vertraut machte, nachdem Sie in B.[2] waren. Er tat es kurz, doch in einem zusammenhange, der seine mitteilung als eine bedauernde aufnehmen hiess. Ich schreibe das, weil aus Ihrem briefe etwas wie ärger über Berliner gleichgültigkeit gegen den Euph. spricht.

Ich wünsche herzlich, dass die verlagsänderung alle schwierigkeiten hebt, die Sie mit Koch hatten. Sie kennen Frommes lage, ich nicht; ich kann also nur Ihrer auffassung nachtreten. Die geplanten änderungen scheinen mir nützlich; besonders wissen Sie, dass ich stets gegen un_be_arbeitete briefpublikationen war, und wenn Sie nun noch einen schritt weiter zum verbote der un_ver_arbeiteten gehen, so kann das nur die wissenschaft fördern und aus der materialwüste, die übrigens in der VJS grösser war als im Euph., hinaus führen.   Dass Ihre bibliogr.[3] in zukunft nicht neuauflagen gibt, und nicht übersetzungen halte ich für berechtigt; für die billigen ausgaben möchte ich ein wort einlegen: mancher student u. lehrer erfährt gerne, dass er das u. jenes so wolfeil kaufen kann.   Dagegen kann ich die alte meinung nicht unterdrücken, dass für geschichte u dgl. weniger geschehen könnte. Ich finde nach meinem bedürfnis: auch die Jahresberichte tun zu viel. Nun gar Ihre bibliographie, die doch den 1. zweck hat, <u>rasch</u>, rascher als der Jahresber., über das dem litthistor. unmittelbar wichtige zu unterrichten. Ich würde also das meiste aus den Biograph. blättern[4] streichen, was Sie verzeichnen (z. b. Menzel, Gneist, Sybel, Gizycki, Völderndorff, Hohenlohe usf.), das Jahrb. d. Comeniusgesellschft,[5] überhaupt pädagogisches, weil es die gymnas.-lehrer doch nicht da suchen (ausser unterricht im Dtschen.) und theologisches (S. 573); ferner buchhändlerisches, weil man es doch im Centrbl. f. bibl. wesen[6] aufschlägt, die wirtschaftgeschichte, das meiste staatshistorische usf. Sie erkennen meine richtung. Es wird ja da, wo nicht ein unmittelbarer bezug in solchen artikeln auf <u>schöne deutsche</u> litt. gegeben ist in den artikeln selbst, ein material geboten, das man hier nicht sucht und anderwärts haben kann, ja z. tl. doch suchen muss, weil es eben anderwärts vollständiger sein muss. Ich gehöre gewiss nicht zu denen, die die littgesch. u. d. neuere deutsche philol. von anderem abtrennen wollen; im gegenteil, ich suche meine studenten tag für tag zu ausdehnung zu bereden. Aber ich hafte an der meinung, dass in einer litthist. zs. das die grenze bilden sollte, was nicht geradezu mit litt. in zusammenhang gebracht ist (während Sie einbegreifen, was mit ihr *[in zusammenhang gebracht]*[7] werden kann oder sollte). Sie überlegen ja doch auch, dass man bei der einrichtung Ihrer bibliogr. nichts einzelnes schnell aufschlagen kann, sondern man muss das ganze lesen; sie ist kein nachschlagewerk, sie soll eine übersicht geben; wer will nun so viele seiten <u>lesen</u>?? Um die unendliche mühe, die Ihnen die bibliogr. macht, recht zu verwerten, müsste man sich ein sach- u. namensrepertorium dazu anfertigen. Wenn ich mir das, was ich brauche, nicht sofort herausnotiere, so muss ich, um es wieder zu finden, zu vieles durchfliegen. Ich weiss, dass ich Ihnen früher riet, die bibliogr. nicht ins register aufzunehmen, weil ich sie als einen mit dem erscheinen der Jahresber. überflüssigen teil erachtete; Sie geben aber mehr; soll das für die benützung lebendig bleiben, so müssten Sie doch wol sie ins register einreihen, eine furchtbare arbeit!   Sagen Sie selbst: Sie lasen die bibliogr; ein halb jahr später stossen Sie auf etwas, was Sie damals nicht interessierte, jetzt interessiert; Sie erinnern sich dunkel, dass in der Bibliogr. etwas darüber verzeichnet war; nun müssen Sie weitaus die grössere zahl der seiten durchsuchen. Dazu entschliesst man sich so wenig als im Centrbl.[8] od. in der DLZ[9] alle zss. übersichten <u>nachzulesen</u>. Wird sie kürzer, so kann man die Bibliogr. wider <!> durchsuchen.   Vielleicht ist auch mit der druckeinrichtung zu helfen. Durch den fettdruck der Zstitel tritt der sperrdruck der namen zurück. Liesse sich nicht jeder titel etwas ausrücken? oder am rande ein zeichen setzen, das den jedesmaligen beginn der neuen zs. deutlich macht?   Mein auge ist überhaupt empfindlich gegen zu vielerlei satz.   Der ganze Euphor. würde vornehmer – für meinen privatgeschmack – aussehen, wenn er sich auf zwei schriften beschränkte; jetzt ist er gar so bunt und unruhig.

Nehmen Sie die aufrichtigkeit nicht übel, Sie fordern sie ja ausdrücklich von mir.

Schönbach, der bedauert, dass Sie mit dem alten verleger schwierigkeiten bekamen, lässt Sie besonders vor der verbindung mit Nagl[10] warnen; er halte diesen in litterarhistorischen dingen für sehr unbewandert; seine zwecke lägen nicht in der sache, sondern in der förderung seiner persönlichen absichten, u. seine person sei unsicher.

Wenn ich wüsste, dass Sie Nagl genau kennen, so würde ich schweigen. Sie wissen wol, dass der, vielleicht begründete, verdacht besteht, er habe sich hier nur habilitiert, weil er sich vor einer Wiener habil. fürchtete. Ich bereue diese habilit. nicht, denn ein guter dialektforscher ist er zweifellos. Aber für einen litterarhistoriker halte ich ihn nicht. Ob seine person so wenig lauter ist, wie hier nun colportiert (und von Schönb. geglaubt) wird, untersuche ich nicht. Das eine aber muss ich Ihnen sagen, obwol ich auch dies nicht aus 1. quelle, aber doch aus guter, weiss. Er hat sich mit Heinzel, dem er alles verdankt, bös überworfen. Trotz dem länger abgebrochnen verkehr soll er ihn dann angegangen haben, ihn zum prof. vorzuschlagen, was H. ablehnte. Daraufhin entstand der plan der öst. littgesch., sie soll ihm eine stütze für die prof. werden. So sagt man. Sie werden ja besser davon unterrichtet sein. Mich zog er in ein den mund versiegelndes vertrauen, weil er von mir einen bearbeiter des steirischen teils genannt haben wollte. Wie er sich dabei benahm, zeigte mir deutlich, dass ihm alles u. jedes zum redacteur fehlt. Noch wichtiger aber ist, ob bei solcher lage es wahrscheinlich ist, dass das minist. eine Naglsche Zs. unterstützt? und ob dem Euph. dieser anhang nicht ideell und materiell mehr schadet als nützt. Ich weiss mich frei von jeder voreingenommenheit gegen N., von dem ich nur nicht weiss, ob er mehr originell ist oder mehr das original (auch im flegelhaften) spielt; für sehr eitel halt ich ihn wol mit grund. In summa, ich möchte so wenig wie Schönbach mit ihm zusammengespannt erscheinen. Also können Sie's vielleicht noch so ordnen, dass die verbindung der zss. lediglich verlegersache ist, dass sie gar keinen einfluss auf die N.sche zs. nehmen, auch kein vetorecht. Marschieren Sie getrennt. Dies alles selbstverständlich im tiefsten vertrauen: ich mag kein geklatsche machen. Ja, <u>vernichten Sie dies briefblatt</u>, bitt ich. Ich halte mich nur zu sehr für Ihren freund, um meine sorgen nicht zu verschweigen, auch wenn sie vielleicht mehr auf empfindungs- als erfahrungstatsachen ruhen.

Die neue aufl. des P. schen grundrisses sahen wir noch nicht. Schönbach und ich sind natürlich Ihrer ansicht, dass seine frühen, u. gewiss auch die jüngste, darstellung der geschichte der philol. parteiisch ungerecht und die der litthistorie verständnislos ist. Schönbach ist mehr als ich der meinung, dass ein grdriss f. neuere litt. eine lücke ausfüllte. Ich leugne das übrigens nicht. Nur hab ich gar keine wärme dafür. Nehmen Sie mir das nicht übel. Ich bin so stumpf gegen neue unternehmungen geworden, dass, wie Sie wissen, ich mich aus Goedeke[11] zurückgezogen und die wiederholt verlangte verbindung mit dem Jahresber. nicht eingegangen habe. Mich schreckt alle terminarbeit. Ich habe so lange die last der DLD getragen – sie war mir jahre hindurch eine angenehme, aber immer eine schwere –, habe 6 jahre an die VJS. gehängt, habe über jahr und tag an die Goetheausgabe gewendet und bin da noch stark in schulden, dass ich nirgends mehr zugreifen mag. Mich sehnt es, nur Wieland zu leben, damit ich das buch[12] erlebe. Freilich steckt daneben noch anderes im sinn, vielleicht sogar ein poetiklein,[13] was aber wider nur Sie hören und was noch in weitem felde steht. Wie soll ich nun für eine sache agitieren, an der ich mich zu beteiligen von vornherein für unmöglich halte? Sag ich Schmidt Ihren plan und stimmt er zu, so ist seine erste frage – schon aus anstand – was übernimmst Du? – Und wer soll redigieren? er tut es gewiss nicht. Wollen Sie?

Und noch eines, das wichtigste. Halten Sie die wissenschaftlichen kräfte, die man brauchte, für so zahlreich, als man sie braucht? ich nicht. Ich finde die litthist. im niedergang. Und wo sind denn die treuen Schererianer? Sie, Burdach, ich; E Schmidt schon mit mehr kritischer verneinung als ich laut werden lassen möchte; Burdach mit viel Hildebrandischer zutat.[14] Die Leipziger sind eine geschlossene gruppe.[15] Die Müllenhoff- und Scherer-leute sind zersprengt. Ob es Ihnen gelingt, sie zu sammeln? Ich wünsch' es. Aber ich glaub' es nicht. Freilich denk' ich über manche gewiss zu gering; z. b. halte ich den ausgezeichneten sammler Bolte nicht für einen forscher. Und doch müsste ein solches unternehmen, das die ehre unserer flagge gründen soll, von lauter forschern geschrieben sein.

Sie sehen, ich bin nicht der mann E Schmidt zu erwärmen, wie Sie wünschen. Schreiben Sie ihm, ich verspreche Ihnen, wenn er mit mir in Weimar darüber redet, ihm zuzureden; denn ich möchte selbst gerne, dass meine bedenken töricht und unbegründet sind.

Entschuldigen Sie meine offenherzigkeit, wie Sie sie schon so oft entschuldigen mussten. Ich komme mir neben Ihnen wie ein bleigewicht vor. Sie haben stets initiative, ich nie. Und diese verschiedenheit müssen Sie beim beurteilen meiner meinungen mit in betracht ziehen. Gurlitt sagt mit recht: Du bist ein kritiker. Ich habe etwas negierendes an mir, darüber komme ich nun leider nicht hinaus. Ich suchte Ihren inhaltsschweren brief sogleich zu beantworten, nehmen Sie es als zeichen, wie sehr er mich beschäftigt.

In der hoffnung, Sie doch noch in Weimar zu sehen, grüsst herzlich Ihr ergebener
BSfft.

Handschrift: StAW. 1 Dbl. u. 1 Bl., 6 S. beschrieben. Grundschrift: lateinisch.

1 Erich Schmidt.
2 zu Sauers Berlin-Aufenthalt s. Brief 153 u. 154.
3 Seuffert bezieht sich hier und im Folgenden auf den Abschnitt »1. Zeitschriften« der Bibliographie des zweiten Heftes aus dem dritten Jahrgang des »Euphorion« (1896), S. 563 ff.
4 Biographische Blätter. Hrsg. von Anton Bettelheim. Jahrbuch für lebensgeschichtliche Kunst und Forschung. Bd. 1–2. Berlin: Ernst Hofmann & Co, 1895–1896 [mehr nicht erschienen].

5 Die Comenius-Gesellschaft wurde 1890 von den Berliner Archivrat Ludwig Keller gegründet, um im Sinne des Pädagogen Johann Amos Comenius erzieherisch zu wirken. Als Mittel dazu war u. a. die später nur in Teilen verwirklichte Herausgabe von dessen Schriften geplant. Die Gesellschaft gab die »Monatshefte der Comeniusgesellschaft« sowie ab 1893 die »Mitteilungen der Comenius-Gesellschaft« (1895 umbenannt in »Comenius-Blätter für Volkserziehung«) heraus.

6 Das »Centralblatt für Bibliothekswesen« wurde 1884 von Otto Hartwig, Karl Schulz und dem Verleger Otto Harrassowitz mit dem Ziel gegründet, die Kommunikation zwischen den einzelnen deutschen Bibliotheken zu verbessern und bot neben fachbezogenen Einzeldarstellungen über Archivfragen, Nachlassverhältnisse und Organisatorisches auch stets eine umfangreiche Bibliographie über Buchhandel, Bibliotheks- und Archivwesen. Es besteht bis heute als »Zeitschrift für Bibliothekswesen und Bibliographie. Vereinigt mit Zentralblatt für Bibliothekswesen«.

7 Hs.: durch Wiederholungszeichen von der vorigen Zeile eingefügt.

8 Gemeint ist hier vmtl. nicht das weiter oben erwähnte »Centralblatt für Bibliothekswesen«, sondern das »Litterarische Centralblatt für Deutschland«, das Friedrich Zarncke 1850 als disziplinenübergreifendes Rezensionsorgan gegründet hatte.

9 Die »Deutsche Litteraturzeitung« war 1880 auf Initiative Theodor Mommsens und Wilhelm Scherers zur Diskussion aktueller wissenschaftlicher Arbeiten und zur bibliographischen Erschließung von Neuerscheinungen gegründet und anfangs von Max Roediger redigiert worden.

10 Johann Willibald Nagl hatte zunächst Theologie studiert, sich wegen seines Interesses an den Mundarten aber der Germanistik zugewandt; 1886 war er bei Richard Heinzel mit einer Arbeit über »Die Conjugation des starken und schwachen Verbums im niederösterreichischen Dialekt« (Wien: Gerold 1886) promoviert worden. 1890 habilitierte er sich in Graz bei Anton E. Schönbach, lehrte nach Übertragung seiner Venia Legendi (1891) bis 1918 aber in Wien als Privatdozent; seinen Lebensunterhalt verdiente er als Lehrer an staatlichen und Privatschulen. Für die ihm von Schönbach und Seuffert unterstellten Motive sind unabhängige Zeugnisse nicht bekannt. Vgl. auch Brief 154, Anm. 4.

11 s. dazu Brief. 86, Anm. 29.

12 Gemeint ist die geplante und nie vollendete Wieland-Biographie (s. dazu die Briefe 30, 32, 34 und 54).

13 Seine Überlegungen zur Poetik publizierte Seuffert erst spät in den Aufsätzen »Beobachtungen über dichterische Komposition« (s. dazu Brief 266, Anm. 3 u. Brief 227, Anm. 15).

14 Konrad Burdach hatte von 1876 bis 1880 in Leipzig studiert, wo er sowohl Schüler Zarnckes als auch Rudolf Hildebrands gewesen war (s. Konrad Burdach: Rudolf Hildebrands Persönlichkeit und wissenschaftliche Wirkung. Ein Gedenkwort zu seinem hundertsten Geburtstag. In: Rudolf Hildebrand. Sein Leben und Wirken. Zur Hundertjahrfeier seines Geburtstages 13. März 1924. Langensalza: Beltz 1924, S. 1–37).

15 Mit »Leipziger« sind hier hauptsächlich die Zarncke-Schüler Wilhelm Braune, Hermann Paul und Eduard Sievers gemeint. Insgesamt bildeten die Zarncke-Schüler, zu denen beispielsweise auch Gustav Roethe und Konrad Burdach zählten, keinesfalls eine geschlossenere »Schule« als die Schüler Müllenhoffs und Scherers.

156. (B) Sauer an Seuffert in Graz
  Prag, 13. Oktober 1896. Dienstag

Prag 13.10.96
Smichow 586

Lieber Freund! Bitte, verzeihen Sie mir mein Stillschweigen. Ich war im Juli in Wien & arbeitete für Goedeke;[1] am 1. August fuhr ich nach Langeoog (bei Norderney) und war über 5 Wochen dort,[2] träge wie immer an der S*[ee]*; tintenscheu, so daß ich nur das Dringendste erledigte. Leitzmanns waren dort; dann Geh. Pilger, der Susannenmann[3] (Zacher), ein liebenswürdiger älterer Herr; gegen Mitte Spt. fuhr ich über Bremen, Düsseldorf, Köln, Bonn (Drescher), Wiesbaden (Goeckingk) und Frankfurt nach Prag und dann gleich wieder nach Wien, weil ich im Juli nicht fertig geworden war;[4] am 1. Oct. kam ich zurück, mußte aber dann noch den Vater vom Land abholen. Inzwischen sollte die Bibliographie für das neue Heft fertig werden & auch vieles andre war liegen geblieben. Nun komme ich langsam wieder in Ordnung, habe heute Colleg begonnen und will nun nicht mehr zögern Ihnen zu schreiben.

Ihr langer Brief im Juli hat tiefen Eindruck auf mich gemacht. Ich habe mich in Wien danach gerichtet und zunächst erreicht, daß wie Sie bereits gesehen haben, in dem neuen Prospect von der Beilage vorderhand nicht die Rede ist. In der Conferenz mit Fromme, Nagl & Zeidler, in der das Programm für die Beilage entworfen werden sollte, habe ich mich sehr unverschämt benommen und es *[da]*hin gebracht, daß wir ausmachten: übers Jahr dieses Programm erst festzustellen. Zeit gewonnen, alles gewonnen.[5] Vielleicht überzeugt sich Fromme, daß die Verquickung der Zeitschriften überflüssig ist, vielleicht springen die beiden andern ab etc. Fromme selbst ist sehr energisch, will alles für die Vorbereitung thun, läßt alle möglichen Briefe, Aufforderungen etc. druck*[en]*, den Prospect ins Französ. u. Englische übersetzen u. so fort. Läßt sich die Ztschrft buchhändlerisch überhaupt halten, so wird es ihm wohl gelingen. Er ist ein junger sehr netter Mann u. geht auf alle meine Intentionen ein. Das neue Heft ist fertig; leider nicht so gut wie ich wollte, weil es Fortsetzungen u. ein paar andre Aufsätze *[ent]*hält, die schon lange lagen u. deren Vf. auf dem Abdruck bestanden. Es erscheint in 3 Wochen. Das 2. Heft dann pünktlich 1. Jan. u. so fort. Zwischen 1. Jan und 1. April hoffe ich das Ergänzungsheft einschieben zu können. Das Manuscript dazu ist bereits in der Druckerei. Ihr Aufsatz[6] ist gleichfalls dafür bestimmt, nicht als ob ich ihn für unverarbeitetes Material ansähe (im Gegentheil; er wird auch – bis auf eine kurze Stelle – Borgis gedruckt), sondern um mir Platz zu schaffen, à jour zu *[ko]*mmen und das Heft zugleich wertvoller zu machen. – Was Ihre Ratschläge wegen der Bibliographie betrifft, so sind mir <!> allerdings nicht ganz einleuchtend; ich glaube vielmehr mein bisheriger Modus war der richtige; aber ich bin schon durch Raumnot zu Auslassungen gezwungen und so habe ich mich entschlossen, mich <u>allmälich</u> Ihren Vorschlägen zu nähern. Schon diesmal ist manches weggelassen, was ich früher aufzunehmen pflegte & Vieles knapper abgethan. So hoffe ich mit Compromissen mein Auskommen zu finden. Bitte, bleiben Sie mit als Rather & Helfer getreu; auch wenn ich nicht gleich alles so mache, wie Sie wünschen; es ist so außerordentlich wichtig, von <u>einer</u> Seite wenigstens die Wahrheit zu hören und nicht so schroff und hinterrücks wie etwa von Schmidt. – Ich habe mich ziemlich erholt und beginne mit frischen Kräften, bin aber des Herausgebens, Sammelns, Redigierens, Exerpierens etc. so überdrüßig, [d]aß ich nicht dafür bürge, daß ich nicht eines Tags alles hinwerfe und mich auf das Altenteil der Forschung zurückziehe. Verdient hätte ich mirs. – Überstehen Sie das Dekanat gut. Mir blüht oder drohts im nächsten Jahr.⁷ Treulichst Ihr AS.

Handschrift: ÖNB, Autogr. 422/1-322. 1 Dbl., 4 S. beschrieben. Grundschrift: deutsch.

1 *Gemeint ist der wegen seines Umfangs oft angefeindete § 298 Sauers zur zweiten Auflage von Karl Goedekes »Grundrisz zur Geschichte der deutschen Dichtung«. 1897 hatte Sauer den § 298 in den Heftlieferungen 17 und 18 (Siebentes Buch, 1. Abteilung, Zeit des Weltkrieges, Phantastische Dichtung, § 298. Österreich. A. Wien und Niederösterreich. [...] B. Oberösterreich [...] D. Steiermark. [...] E. Tirol und Vorarlberg. – F. Kärnten. – G. Krain. – H. Görz und Gradiska. Istrien und Triest. Dalmatien. – J. Böhmen) begonnen (= Grundriss Bd. 6 [1898], S. 499–799; Nachträge und Berichtigungen S. 811–814) und 1898 in Heft 19 (Siebentes Buch, 2. Abteilung, Zeit des Weltkrieges, Phantastische Dichtung, § 298. Österreich. K. Mähren. – L. Schlesien. – M. Galizien. – N. Ungarn. – O. Kroatien und Slavonien. – P. Siebenbürgen) abgeschlossen (= Grundriss Bd. 7 [1900], S. 1–160). Für ein Gesamtverzeichnis der Beiträge Sauers zu Goedekes »Grundriss« s. Brief 86, Anm. 28.*
2 *Sauer hatte vom 2.8. bis zum 31.8. Zimmer auf Langeoog gebucht (Postkarte an Albert Leitzmann, 28.7.1896, ThULB).*
3 *Der Altphilologe und Germanist Robert Pilger war seit 1884 Provinzialschulrat, später Geheimer Regierungsrat in Berlin. Die Bezeichnung »Susannenmann« spielt auf seine Arbeit »Die Dramatisierungen der Susanna im 16. Jahrhundert. Beitrag zur Entwicklungsgeschichte des deutschen Dramas« (Halle/S.: Buchhandlung des Waisenhauses, 1879) an. Die Untersuchung war auch in der von Julius Zacher herausgegebenen »Zeitschrift für deutsche Philologie« (11 [1880], S. 129–217) erschienen.*
4 *mit dem § 298 für Goedekes »Grundriss« (s. Anm. 1).*
5 *Mit dieser Strategie gelang es Sauer, die von ihm zunächst mit Nagl und Zeidler gemeinsam geplante Zeitschrift für österreichische Literaturgeschichte zu verhindern.*
6 *Bernhard Seuffert: Mitteilungen aus Wielands Jünglingsalter. Die Anbahnung mit Bodmer. Datierung der Oden. Ungedruckte Briefe aus der Züricher Zeit. In: Euph., 3. Ergänzungsheft (1897), S. 63–101.*
7 *Sauer war im Unterrichtsjahr 1897/98 Dekan der Philosophischen Fakultät und Mitglied des Akademischen Senats.*

157. (B) Sauer an Seuffert in Graz
   Prag, (nach dem 2. Dezember 1896)

Lieber Freund! Es thut mir wirklich leid, daß auch Sie unte*[r]* Kochs Halsstarrigkeit oder Nach*[läss]*igkeit oder was es ist zu leiden haben.[1] Ich habe wieder und dringlich an ihn geschrieben. Ich glaube, er hat noch keine Sonderabzüge verschickt; wenigstens klagen Hauffen, Minor u. a. ebenfalls. Ich habe nur den einen Trost, daß dergleichen wol nicht mehr vorkommen wird; denn Fromme hat vom 1. Heft die Abzüge & das Honorar pünktlich an alle Mitarbeiter versandt. Der ganze Verlagswechsel war sehr lästig, aber er wird der Zeitschrift zum Vortheil gereichen. – Nun eine Bitte. Ich sende Ihnen beiliegend den Wielandbrief,[2] von dem ich Ihnen schon einmal geschrieben habe. Möchten Sie mir ein paar commentierende *[W]*orte hinzufügen. Bedeutend *[ist]* er ja nicht; aber ich suche in dem Ergänzungsheft, in das er kommen soll, durch Masse zu wirken; ich habe je 1 Brief von Goethe, Schiller, Lessing, Grillparzer etc.,[3] da soll Wieland auch vertreten sein. Damit Sie auch über d. Zeitpunkt unterrichtet sind, bis zu dem ich den Brief brauche. Heft IV 2 erscheint gegen Ende Januar; dann wird das Ergänzungsheft, von dem schon einiges gesetzt ist, sogleich fertiggemacht & erscheint Mitte März; IV 3 dann gegen Ende April.

Frischlin sehr willkommen![4] – Minor ist zu drollig. Er endet noch einmal in Größenwahn.[5] – Noch etwas Crayen – Göschen verkauft die DLD;[6] ich stehe mit Fromme in Unterhandl.; es wird aber erst zur Ostermesse perfect werden. So gibt's immer neue Schrereien. Herzlichst Ihr AS.

Datum: Die Korrespondenzstelle ergibt sich aus dem Inhalt des Briefes von Seuffert an Sauer vom 2.12.1896 (StAW). Handschrift: ÖNB, Autogr. 422/1-325. Briefkarte, 1 Bl., 2 S. beschrieben. Grundschrift: deutsch.

1 *Seuffert beklagte in seinem Brief an Sauer vom 2.12.1896 (StAW) die Säumigkeit des scheidenden »Euphorion«-Verlegers Rudolf Koch, der die Autoren auf Separatabzüge des 4. Heftes des 3. Jahrgangs warten ließ. Betroffen waren die Abschlußkapitel von Seufferts Arbeit »Wielands Erfurter Schüler vor der Inquisition« (s. Brief 154, Anm. 1).*
2 *Wielands Brief an Wolfgang Dietrich Sulzer vom 8.11.1758 erschien u. d. T.: Ein Brief Wielands an W. D. Sulzer. Mitgeteilt von Richard Batka in Prag, mit Anmerkungen versehen von Bernhard Seuffert in Graz. In: Euph., 3. Ergänzungsheft (1897), S. 203–206.*
3 *Ein Brief Lessings an Lichtenberg. Mitgeteilt von Albert Leitzmann in Jena. In: Euph., 3. Ergänzungsheft (1897), S. 207–209; Ein ungedruckter Brief Schillers. Mitgeteilt von Wilhelm Lang in Stuttgart. Ebd., S. 209–211; Ein Brief von Ludwig Tieck aus Jena vom 6. Dezember 1799. Mitgeteilt von Gotthold Klee in Bautzen. Ebd., S. 211–215; Karl Schurz an Gustav Schwab. Mitgeteilt von Otto Emelin in Kiel. Ebd., S. 216; Ein Brief Grillparzers. Aus der Stiftsbibliothek von Heiligenkreuz mitgeteilt von Fr. Tezelin Halusa O. Cist., mit Anmerkungen versehen von August Sauer. Ebd., S. 217–219. Ein Brief Goethes wurde nicht in das Heft aufgenommen.*

4 Bernhard Seuffert: Frischlins Beziehungen zu Graz und Laibach. In: Euph. 5 (1898), S. 257–266. In einem Brief an Sauer vom 2.12.1896 (StAW) hatte Seuffert den Beitrag angekündigt: »College Loserth macht mich auf urkunden od. dgl. über Frischlins ruf nach Graz im hiesigen landesarchiv aufmerksam. Er macht es sehr wichtig, so dass ich womöglich aus collegialer rücksicht etwas damit tun muss. Ich will sie dieser tage einsehen. Würden Sie ihnen im Euphor. ein plätzchen einräumen [...]?«

5 Sauer bezieht sich hier auf eine Äußerung Seufferts aus dessen Brief an Sauer vom 2.12.1896 (StAW). Anlässlich der Feierlichkeiten zum 50. Doktorjubiläum des Gerichts- und Cassationshofpräsidenten Carl von Stremayr in Wien habe sich (der Grazer) Seuffert mit Minor unterhalten, sei von diesem »über das Grazer theater und die lage von Graz« belehrt worden und habe außerdem erfahren, dass Minor »Schönbach ›doch für einen geistreichen mann‹« halte.

6 Wilhelm Crayen, der Inhaber der G. J. Göschen'schen Verlagsbuchhandlung, verkaufte die »DLD« an den Berliner Verlag B. Behr (s. Brief 174, Anm. 3), wo die Reihe bis Ende 1924 verblieb. Zur Verlagsgeschichte der »DLD« s. die Zusammenfassung Brief 3, Anm. 4.

158. (B) Seuffert an Sauer in Prag
Graz, 28. Dezember 1896. Montag

Graz 28 XII 96

Lieber freund   Gute jahreswende als wunsch voraus!
Verzeihen Sie, dass ich so lange auf Ihre zusendung des Wielandbriefes nicht antwortete; ich setzte mich sofort ans commentieren, wurde aber dann durch die vorbereitung einer sitzung und die erledigung ihrer beschlüsse, durch die philologische weihnachtsfeier und zurüstungen für frau und kinder und anderes abgehalten. So kam ich erst in den feiertagen dazu und stelle Ihnen nun den brief nebst erläuterung zu. Scheint sie Ihnen zu weit auszugreifen, so bedenken Sie, dass Seuffert, wenn er über Wieland den Mund auftut, mehr sagen möchte und muss als andere, gerade so wie von Sauer etwas besonderes erwartet wird, wenn er den namen Grillparzer ausspricht.

Auch der Frischlin[1] liegt bei; noch ein brief eines berühmten zu denen, die Sie schon zurecht gelegt haben.   Wollen Sie an dieser nachlese kürzen, so tun Sie es ohne jede scheu und einschränkung.

Der dickfellige Koch hat sich noch nicht mit SA eingestellt und wird es nun wol nicht mehr tun. Er ist kleinlich, dass er solchen verdruss bereitet, dessen materieller gewinn für ihn so minimal ist.

Der neue verlagswechsel der DLD gibt Ihnen neue beschwerden. Möge auch er gut ausfallen!

Sie haben doch die feiertage gut verlebt? Wie sehr bedaure ich, dass Ihnen noch immer der kinderjubel dabei fehlt, der mich bücherwurm zum menschen macht. Auch Schönbach hat sich gestern bei einer wiederholung der baumfeier an ihnen

ergötzt. Möge Ihnen das nächste jahr diese freude bereiten! Und dazu alles, was Sie sich sonst wünschen. Mir bewahren Sie Ihre treue gesinnung! Darum bittet
Ihr
ergebener
BSeuffert.

Handschrift: StAW. 1 Dbl., 3 S. beschrieben. Grundschrift: lateinisch.

1 s. Brief 157, Anm. 4.

159. (B) Sauer an Seuffert in Graz
   Prag, 30. Dezember 1896. Mittwoch

Prag 30/12 96
Smichow 586

Lieber Freund! Sie sind ein goldener [M]ensch! Auf eine Bitte um Brod schenken Sie dieses und einen Scheffel Salz dazu. Ich dank Ihnen vielmals für beides u. auch für den Frischlin. Was letzteren betrifft, so glaube ich mich zu erinnern, daß mir Hauffen einmal von einem Laibacher Programm über F.¹ erzählte, das dann citiert werden müßte. Ich will Hauffen fragen & Ihnen dann schreiben.

Ich habe in den letzten Wochen mit der Affaire Minor-Herrmann² entsetzliche Schereien gehabt. H. ist frech bis zur Unverschämtheit. Die Geschichte der Erklärung habe ich Ihnen erzählt; als sie endlich in der DLZ erschienen war, schickte er mir einen zwischen uns vereinbarten ›Hinweis‹ für den Euphorion in der Form, daß er sagte, er habe [in] der DLZ Minors Angriffe durch die Mitteilung der urkundlichen Belege derart erläutert u. widerlegt, daß nun auch alle künftigen Auslassungen Minors dadurch widerlegt seien. Erst als ich erklärte, ich lasse mir das nicht bieten, daß man künftig erscheinende Artikel des Euphorion desavouire zog er di[es]en Hinweis zurück u. ersetzte ihn durch einen ganz farblosen. – Inzwischen hat Minor s. Untersuchungen in wirklich glänzender Weise abgeschlossen u. nachgewiesen, daß nicht nur jede Behauptung u. jede Zahl Herrmanns falsch ist, sondern auch daß die ganze Grundlage s. Untersuchung eine verfehlte ist. Auch ganz ruhig & klar. E[r] hat außerdem Hs Ausstellungen durch eine ganze Reihe Leute: Sievers, Muncker, Drescher, Leitzmann, Kraus, Jellinek, Hauffen, mich nachprüfen lassen & dadurch die Unfehlbarkeit der Zschr Behauptungen gleichfalls bewiesen. Weil H. dann auch mir Parteilichkeit in der Redaction vorgeworfen hat, so hab ich mich nachträglich salvirt, indem ich mir Sievers' Artikel gegen ihn verschafft habe, der nun mein nächstes Heft eröffnet.³ Die Berliner waren meiner Zs. nie grün, das weiß ich. Diesmal möchten sie dem Euph. gern ans Leben u. sprengen aus, ich beabsichtige mit der Verlegung nach Österreich die Gründung einer öst. Partei u. s. w., während ja doch jene Polemik u. die Verlagsänderung nur ganz zufällig zusammentreffen. Wegen meiner: sollen sie eine eigene Berliner Zs. gründen; ich werde in Ehren zu sterben wissen. Aber immer nur die Abschnitzel, die Misce*[lle]*n drucken, die Anmerkungen zu anderwärts erscheinenden Aufsätzen, wie man mir jüngst zu muthete, das thue ich nicht. Und Minor ist mir 1000mal lieber als die Berliner Clique. Gott sei Dank, daß es noch unparteiische Menschen giebt, zu denen ich Sie vor allen rechne.

Sonst geht's mir gut. Ich war die Feiertage recht fleißig. Und was das Unvermeidliche oder Unerreichbare betrifft, so hab ich mic*[h]* in jeder Bzhg längst hineingefunden u. denke mir, wer weiß wozu es gut ist. Und so kann ich mich auch neidlos über Ihr häusliches Glück freuen.

Bleiben Sie auch im nächsten Jahr gleichmäßig gut gestimmt gegen Ihren aufrichtig Erg. AS.

Handschrift: ÖNB, Autogr. 422/1-326. 1 Dbl., 4 S. beschrieben. Grundschrift: deutsch.

1 *Julius Wallner: Nicodemus Frischlins Entwurf einer Laibacher Schulordnung aus dem Jahre 1582. In: Jahresbericht des k. k. Obergymnasiums zu Laibach 1888. Laibach: Verlag des k. k. Obergymnasiums 1888, S. 1–35. Sauer ließ Seuffert diese Angaben in seinem Brief vom 2.1.1897 zukommen (ÖNB, Autogr. 422/1-327).*

2 *Der Streit zwischen Jakob Minor und dem Theaterwissenschaftler Max Herrmann wurde durch Herrmanns 1894 publizierten Hans Sachs-Aufsatz »Stichreim und Dreireim bei Hans Sachs und anderen Dramatikern des 15. und 16. Jahrhunderts. Nebst einer Untersuchung über die Entstehung des Hans Sachsischen Textes« (in: Hans Sachs-Forschungen. Festschrift zur vierhundertsten Geburtsfeier des Dichters. Im Auftrag der Stadt Nürnberg hrsg. von A. L. Stiefel. Nürnberg: Raw'sche Buchhandlung, 1894, S. 407–471) ausgelöst, in dem Herrmann Thesen aus Minors 1893 erschienener Arbeit »Neuhochdeutsche Metrik« (Straßburg: K. J. Trübner, 1893) falsch zitierte. Minor verwahrte sich erst mit Verspätung gegen diese Abänderungen seines Textes (s. Jakob Minor: Unehrliche Fehde. In: Oesterreichisches Litteraturblatt 5 [1896], Nr. 11 [vom 23.5.1896], S. 350) und unterstellte Herrmann böswillige Absicht, was Herrmann seinerseits zu einer Replik veranlasste (Max Herrmann: »Unehrliche Fehde«. In: DLZ 17 (1896), Nr. 24 [vom 4.6.1896], Sp. 765). Es folgte der ausführliche erste Teil von Minors Aufsatz »Stichreim und Dreireim bei Hans Sachs« (in: Euph. 3 [1896], S. 692–705). Herrmann sah sich zu einer »Erklärung« (in: DLZ 17 [1896] Nr. 50 [vom 12.12.1896], Sp. 1593–1596) veranlasst, auf die auch im »Euphorion« in Form einer weiteren »Erklärung« (datiert vom 20.12.1896) explizit hingewiesen wurde (in: Euph. 4 [1897], S. 439). Gleichzeitig wiesen fünf seiner Studenten Minors Aussage, sie seien Herrmanns »5 saubere Gehülfen« (Minor: Stichreim und Dreireim bei Hans Sachs, S. 703), zurück (s. Carl Alt, Ernst Cassirer, Friedrich Düsel, Rudolf Klahre, Hermann Stockhausen: Zur Abwehr. In: Euph. 4 [1897], S. 440). Minor antwortete mit einer weiteren »Entgegnung« (in: Oesterreichisches Litteraturblatt 5 [1896], Nr. 13, Sp. 414) und setzte dem Streit schließlich in Form des zweiten Teiles von »Stichreim und Dreireim bei Hans Sachs« ein Ende (Jakob Minor:*

Stichreim und Dreireim bei Hans Sachs. II–V. Mit Beiträgen von Karl Drescher, Adolf Hauffen, M. H. Jellinek und Karl Kraus, Albert Leitzmann, Franz Muncker und M. Rachel. In: Euph. 4 [1897], S. 210–251). Bereits seit Mai 1896 hatte Minor bei Sauer in mehreren Briefen auf ein baldiges Erscheinen des ersten Teils der »Stichreim«-Arbeit gedrängt (s. etwa die Briefe Minors an Sauer zwischen dem 29.5.1896 und dem 29.1.1897; Briefw. Minor/Sauer, Nr. 185–211, S. 429–441). Zu der Kontroverse s. Martin Hollender: Der Berliner Germanist und Theaterwissenschaftler Max Herrmann (1865–1942). Leben und Werk. Berlin: Staatsbibliothek zu Berlin, 2013, S. 33–59. Zu Seufferts abgewogener Stellungnahme zur Kontroverse s. Brief 162.
3 Sievers zog seinen Artikel zurück; zu den Gründen s. Brief 161.

160. (K) Seuffert an Sauer in Prag
    Graz, 23. Januar 1897. Samstag

Vielen dank, l. fr., für die annahme des Frischlinnachtrages.[1] Loserth sagt mir heute, dass er nun über die fraglichen jahre hinaus sei und nichts mehr erwarte. Was er noch fand, kann ich leicht in die korrektur einfügen.   Verstehe ich recht, so werde ich im Ergänzungsheft mit dem Wieland-Zürich-artikel, dem Frischlin u. dem kommentar zu dem Wielandbriefe vertreten sein.[2] – Ihre letzte karte betrübt mich, ich hoffe sie war im begreiflichen augenblicklichen verdruss über die leidige affäre geschrieben.[3] Wenigstens verstehe ich nicht, wie der Euph. gefährdet sein sollte. Und ich glaube es nicht, weil ich es nicht wünsche, selbst wenn Sie die zs. zum Wien-Lpz. parteiblatt sollten machen wollen, was mir trotz Ihrer andeutungen doch so unwahrscheinlich ist, dass ich Sie misverstanden haben muss.   Doch ich will nichts gemeint haben, in solchen dingen muss man sich ausführlich sprechen oder schweigen. Ich möchte bei leibe nicht, dass irgend   ein   wort auch zwischen uns misverständnisse erweckt. Lassen wir dem h. Minor seinen Herrmann und dem h. Kraus seinen Niejahr,[4] sie sollen sehen, ob sie ihren gegnern überkommen. Ich sehe zu nur mit der spannung, ob im streite eine neue methode sich offenbart. Wenn nicht, interessiert er mich nicht.   Herzlich Ihr ergebener
    BSeuffert.

Datum: s. Poststempel. Handschrift: StAW. Postkarte. Adresse: Herrn Professor Dr. August Sauer / Prag / Smichow 586 Poststempel: 1) Graz Stadt, 23.1.1897 – 2) Prag/Praha, 24.11.1897 – 3) Smichow Stadt/Smíchov Město, 25.11.1897. Grundschrift: lateinisch.

1 Seuffert hatte seinem Frischlin-Aufsatz noch einen Loserthschen Fund (s. Sauers Brief an Seuffert vom 13.1.1897 [ÖNB, 422/1-328] und Seufferts Brief an Sauer vom 23.1.1897 [StAW]) und Sauers Hinweis auf die Arbeit von Wallner (s. Brief 159, Anm. 1).
2 Der Frischlin-Aufsatz wurde vorläufig zurückgestellt (s. Brief 162, Anm. 10) und erschien erst 1898 im

fünften Jahrgang des »Euphorion« (s. Brief 157, Anm. 4). Der von Seuffert und Batka herausgegebene Wieland-Brief (s. Brief 157, Anm. 2) und die »Mitteilungen aus Wielands Jünglingsalter« (s. Brief 156, Anm. 6) wurden in das 3. Ergänzungsheft aufgenommen (s. dazu auch Sauers Brief an Seuffert vom 16.2.1897 [ÖNB, Autogr. 422/1-330]: »Ins Ergänzungsheft käme also blos Ihr großer Wielandartikel & der Brief mit Ihrem Commentar«).

3 *zur Affäre Minor – Herrmann s. Brief 159, Anm. 2 und die folgenden Briefe.*
4 *zur Auseinandersetzung Niejahr – Kraus/Jellinek s. Brief 167, Anm. 28.*

161. (B) Sauer an Seuffert in Graz
Prag, 9. Februar 1897. Dienstag

Prag 9/2 97.
Smichow 586

Lieber Freund! Ich sende Ihnen heute [di]e Correcturbogen meines nächsten Heftes[1] und erzähle Ihnen zugleich zum besseren Verständnisse dessen Biographie. Das Manuscript mit den 3 kleinen Minorschen Beiträgen[2] war schon in der Druckerei und theilweise gesetzt, als er mir die Fortsetzung des Stichreimartikels[3] schickte, mich bat, die 3 andern Sachen zurückzulassen & den Artikel gegen Herrmann voranzustellen. Später kamen dann die einzelnen Gutachten bruchstückweise nach, wobei sich M. alle möglichen Eigenmächtigkeiten der Druckerei gegenüber herausnahm. Endlich Mitte Dec. schrieb er mir von Sievers' Antikritik und veranlaßte mich, mich bei Sievers um sie zu bewerben. Sievers schickte mir auch am 26. Dec. das druckfertig gemachte Manuscript, das ich sogleich setzen ließ; durch die Ferientage verzögerte sich aber die Correctur bis zum 4. oder 5. Januar. Inzwischen hatte Minor seine Erklärung gegen Herrmann, von der die DLZ keine Separatabdrücke angefertigt hatte, noch einmal in den Druck gegeben u. den Schlußsatz geändert: Sievers' Artikel werde im nächsten Heft des Euphorion erscheinen. Dies nahm Sievers zum Vorwand, um s. Artikel zurückzuziehen. Die Erklärung sei vom 11. Dez. datiert. Jedermann i[n] Lpzg. wisse, daß er damals jene Absicht noch nicht gehabt hätte etc. Aber auch andre Gründe schützte er vor in einem kläglichen, seinen Charakter zur höchsten Unehre gereichenden Briefe vor <!>. Gewiß waren es Einflüsse von Berlin her, die sich geltend machten. Pogatscher sagte ganz richtig, als ich ihm die Sache erzählte: Weinhold ist ein alter Mann![4] – Nun warf Minor nicht nur Sievers' Gutachten, das als das beste und ausführlichste das eigentliche Rückgrat der Enquête bildete, hinau[s], sondern fügte auch jenen lächerlichen Schluß hinzu; mit dem Abschied vom Leser und dem Fußtritt für den Euphorion[5] u. bat mich auch, s. 3 andern zurückgestellten Aufsätze in das Heft aufzunehmen (was ich noch lieber that, als daß ich im nächsten Heft in einer Redactionsnote auf die Sache zurückgekommen wäre). Und das Alles, nachdem er dem Euphorion zum Dank für treue Waffenbruderschaft goldene Berge versprochen, alle möglichen Artikel angekündigt u. eine ganze Reihe von Recensionen übernommen hatte. Als er gleichz[eiti]g Schmidt s. Briefe zurücksandte,[6] ließ dieser s. Wut an mir aus. Kündigte mir – wenigstens halb u. halb – die Mitarbeiterschaft u. gab mir auf einen längeren Brief keine Antwort. – Alles das gleichzeitig. Ich war wirklich sehr deprimiert. Ja seit dem Scheitern meiner Grillparzerbiographie[7] (was mir allerdings mehr ans Leben gieng als irgend Jemand weiß) hat mich nichts Litterarisches so aufgeregt. Das Erscheinen des nächsten Heftes erschien mir als eine Blamage, die ich als Redacteur nicht überwinden könnte. Auch heute noch ist mir das – zuerst durch die Affaire Sievers und dann durch [m]eine Unlust arg verschleppte – Heft ein Greuel. Aber im Übrigen bin ich mutiger geworden und beginne die Sache von der besten Seite zu nehmen. Ich bin Minor, der mir nur Verdrießlichkeiten bereitete, nun für alle Mal los, ohne mit ihm verfeindet zu sein; ich bin mit den Berlinern zwar verfeindet, aber wie neue Einsendungen, auch von Meyer etc. beweisen, von den besseren Elementen nicht verlassen und so werde ich wahrscheinlich mein Kreuz weitertragen, bis die Berliner eine neue Zs. gründen oder irgend eine andre Krisis eintritt. Auch schweigen habe ich [da]mals im Jahre 91 gelernt.[8] Nur Ihnen erzähle ich die Sache als dem treusten Freund der Zs. und damit Sie an mir nicht irre werden. Aber einen wahren Ekel habe ich vor unserem Gelehrtenwesen und darin stimme ich mit Minor überein, daß unsere Luft verpestet ist. Nur hat er selbst zu dieser Stinkatmosphäre das Meiste beigetragen. Ich werde also zwischen Wien & Berlin hindurchzulavieren suchen. An Manuscript fehlt es mir auf ein Jahr hinaus nicht. – Im Übrigen möchte ich m[ich] nur noch wegen des mislungenen Experimentes mit Wyplel[9] bei Ihnen entschuldigen. Die Rec. war als ich sie erhielt, nicht übel, nur sehr breit. Ich veranlasste ihn sie zu kürzen & nun strich er wieder viel zu viel weg, so daß sich das ganze jetzt wie eine Sammlung von Aphorismen ausnimmt. Wukadinović muß das entschuldigen. Ich hatte es recht gut gemeint. Alles Gute & Schöne.   Ihr aufrichtig erg. AS.

Handschrift: ÖNB, Autogr. 422/1-329. 1 Dbl., 4 S. beschrieben. Grundschrift: deutsch.

1 *Euph. 4, H. 2 (1897).*
2 *Jakob Minor: Die innere Form. In: Euph. 4 (1897), S. 205–210; ders.: Amor und Tod. Ebd., S. 333–336; ders.: Zu Hoffmannswaldau. Ebd., S. 337.*
3 *s. Brief 159, Anm. 2.*
4 *Die von Sauer angeführten »Einflüsse von Berlin« und der Zusammenhang mit dem Berliner Ordinarius Karl Weinhold sind ungeklärt.*
5 *Minor beendet seinen »Stichreim«-Artikel (s. Brief 159, Anm. 2) mit einem persönlichen Hinweis: »Damit nehme ich zugleich für längere Zeit Abschied von meinen gelehrten Lesern. Der Boden und die Mittel, auf dem und mit denen gegenwärtig gearbeitet wird, locken mich nicht zu weiterer Mitarbeit. Ich würde meine*

Erfahrung mit Herrmann für einen vereinzelten Fall halten, wenn mir nicht mehr als ein halbes Dutzend anderer Beispiele, freilich von nicht ganz so empörender Form, im Gedächtnis wären, wo meine Arbeiten entweder verschwiegen oder entstellt oder mit trügerischen Gründen bekämpft worden sind. Jedem, der sich dafür interessiert, kann ich wie Herrn Herrmann mit den Thatsachen aufwarten. Man käme vor lauter Erklärungen, Berichtigungen und Widerlegungen gar nicht zur eigentlichen Arbeit. Und darauf haben es diese Anbohrer nur abgesehen: weil sie selber nichts leisten können, möchten sie auch andere verhindern, zu gedeihlicher Arbeit zu kommen. Künftig werde ich meinen eigenen Weg gehen, der, wie mir scheint, kürzer ist und, was mir augenblicklich das nächste Bedürfnis ist, in reiner Luft Bewegung gestattet.« (Euph. 4 [1897], S. 250–251). Minor publizierte in den folgenden Jahren nur noch sehr selten im »Euphorion«.

6 s. dazu den Brief Erich Schmidts an Edward Schröder vom 31.3.1897 (Briefw. Burdach/Schmidt, S. 207, Anm. 530): »Mit Minor bin ich ganz fertig. Die Fragestellung, ob ich den H.[errmann] einen Schurken nennen, oder auf seine Freundschaft verzichten wolle, lehnte ich ab; einen späteren Brief schickte er mir mit seiner Visitenkarte zurück.« Dazu s. auch den Brief Minors an Sauer vom 6.1.1897 (Briefw. Minor/Sauer, Nr. 205, S. 437): »Nach reiflicher […] Überlegung habe ich mich entschlossen, E S seinen letzten Brief mit ›Lieber Minor‹ zurückzuschicken.«
7 s. Brief 59, Anm. 6.
8 Dies bezieht sich auf die Vorgänge um die gescheiterte Grillparzer-Biographie Sauers.
9 Ludwig Wyplel [Rez.]: Spiridion Wukadinović: Prior in Deutschland. Graz: Styria, 1895 (Grazer Studien zur deutschen Philologie. 4). In: Euph. 4 (1897), S. 338–342.

162. (B) Seuffert an Sauer in Prag
    Graz, 14. Februar 1897. Sonntag

Graz 14. II 97

Lieber freund, Ich freue mich sehr Ihres aufklärenden briefes, danke Ihnen für Ihr vertrauen und danke Ihnen für die zusendung des neuesten heftes. Ich habe nicht den eindruck, dass der Euphorion der unmittelbar geschädigte ist. Geschädigt ist Minor. Denn seine darlegungen sammt denen seiner beistände erweisen, kommt mir vor, höchstens, dass es mit ziffernstatistik allein nicht geht, was kein vernünftiger mensch, auch Herrmann nicht, behauptet hat. Ich stehe noch heute auf dem öffentlich bekannten standpunkt, dass Herrmann H. Sachs zu viel bewusste kunstüberlegung zumutet. Aber wer in der beurteilung der einzelfälle recht hat, dünkt mich nicht erwiesen. Komisch ist, dass Minor gegen eine philologische richtung kämpft, die nirgends einseitiger gepflegt wird als in – Wien, allerdings mehr in der Heinzelgruppe.[1]   Seine erklärung, dass er für längere zeit schweigen werde, werden die einen nach seinen letzten expectorationen mit einem gott sei dank aufnehmen, die andern wie ich mit unglauben. Denn wer hat noch so sehr wie er das bedürfnis jedes fündchen und einfällchen sofort zu verlautbaren? Gerade weil er ein vieles wissender, gescheuter u. leistungsfähiger mensch ist, nehme ich ihm das übel. Was soll die blütenlese über die innere form[2] anders, als jeden kommenden zu zwingen, Minors namen zu citieren? war es ihm um die sache ernstlich zu tun, so musste er die festlegung des begriffes versuchen, die er anderen zuschiebt. Für andere aufgaben stellen, ist leicht. Auch sein grosser programmaufsatz im Euph. hat nichts anderes getan.³ Ich sage das alles nicht aus unfreundlichkeit; gerade weil ich seine fähigkeiten hochhalte, bedaure ich, dass er sie nicht bis zum ende ausnutzt, und so oft den eindruck erweckt, er wolle mehr seine person mit einer sache verquicken, als die sache erledigen. Ich kann mich täuschen und täusche mich hierin gerne. Ich darf ja mich darauf verlassen, dass Sie dies subjective urteil bei sich allein bewahren. Es steht hier, weil ich Ihre besorgnis zerstreuen möchte, ein etwaiges fernbleiben Minors möchte den Euph. empfindlich schädigen. U. ich glaube gar nicht, dass er fern bleibt: sich selbst zu verstümmeln, ist er viel zu ehrgeizig. Jetzt redet er sichs ein, weil er dunkel empfindet, dass er nicht die beste figur gemacht hat, oder sag ich genauer: nicht so grossartig sich benahm, als ihm als einem bedeutenden u. anerkannten forscher geziemte.

Sievers – wer kennt ihn? Mein persönlicher eindruck von ihm vor 16 jahren war glänzend; nur war er damals komisch verbissen gegen alles was Berlinertum hiess. Ich kenne nahe freunde von ihm, die auf seine lauterkeit schwören; ich kenne aber auch welche, die ihn für den grössten intriganten halten. Wer hat recht? Ob sich jetzt sein herold in Berlin, Brandl, ins spiel mischte und ihm zum rückzug veranlasste, weiss ich nicht.⁴ Stell ich mich einmal aber auf die seite seiner freunde, so könnte ich begreifen, dass ihn die chronologische willkür Minors zum rücktritt bewegte. Der Euphorion hat dabei nach meiner meinung gewonnen; denn so ist der streit doch beim objekt haften geblieben. Kam Sievers dazu, so wurde das ganze ein feldzug gegen eine person. Denn sachlich ist es gewiss nicht beweiskräftig, dass Herrm. gegen Minor unrecht haben müsse, weil Herrm. gegen Sievers unrecht haben soll. Sie entschuldigen, dass ich hierin Ihre meinung nicht unterstützen kann.

An dem neuen heft gefällt mir wieder Niejahr⁵ und mehreres andere recht gut. Wukadinović ist sehr zufrieden mit der anzeige und muss es sein.   Nur einen punkt bedauern ich und er: dass Sie anmerken, er habe Minors aufsatz in Zachers Zs.⁶ nicht gekannt.⁷ Er hat ihn ja S. 54 Anm. 1 citiert.⁸   Dass er nicht mehr über ihn sagt, ist meine schuld; er hatte im mscpt. eine zutreffende polemik gegen Minor stehen, <u>ich</u> habe ihn veranlasst, sie zu streichen; ich wollte keinen waffengang provociert wissen, und je sicherer ich war, dass W. nicht nur die quellen wesentlich vermehrt, sondern auch die früher bezeichneten genauer angesehen und richtiger beurteilt hat, desto mehr wünschte ich zarte schonung. Durch Ihre anmerkung wird das nun ins gerade gegenteil verkehrt.

Leider hat Loserth noch einen Frischlinbrief⁹ gefunden; es ist er <!> der erste litterarisch wertvolle insofern er eine unbekannte antijesuitische schrift Frischlins erwähnt. Finden kann ich sie nicht.   Loserth sagt mir neuestens, im gegensatz zum früheren, dass es zwar unwahrscheinlich aber nicht unmöglich sei, dass er noch mehr finde. Was nun?[10]

Hätten Sie nicht so viele Wielandiana von mir, so würde ich Ihnen noch etwas schicken: die quelle des Hymnus an die sonne.[11] Aber ich mute Ihnen das nicht zu. Mich befriedigt der fund, weil er das mir bisher unverständliche erklärt, warum Wieland zwischen 2 hymnen auf gott einen auf die sonne druckt. Es ist das einzige, was ich neben der decanantsschreiberei gefunden habe und noch nicht ganz fertig.

Möge jetzt wieder ruhige zeit für Sie kommen; dann wird wieder freude an der arbeit einkehren.   Es ist immer ein unglück, wenn die personen sich über die sache stellen; gewiss wir können und sollen uns unseres subjects nicht entäussern; aber eitle empfindlichkeit u. rechthaberei können wir unterdrücken; das ist hüben u. drüben nicht geschehen u. daher kam die sticklluft. Ein wirklich nur im dienste der sache geführter streit macht niemals sticklluft. Sie haben ja wol recht, in Wien den haupterreger der dünste zu suchen. Sie aber sind ja aus dem dunstkreis heraus und so atmen Sie in freier luft und werden auf die vielen unannehmlichkeiten schon als überwundene putschversuche zurücksehen. Denn ich schätze die productive elasticität Ihres wesens höher als die meinige, und selbst ich pflege mehr mit lächeln als mit dauerndem ärger auf etwas zurückzusehen, worein ich mich reissen liess.

Treulich grüsst
Ihr
sehr ergebener
BSeuffert.

Handschrift: StAW. 1 Dbl., 4 S. beschrieben. Grundschrift: lateinisch.

1 *Richard Heinzel und seine Schüler arbeiteten streng empirisch und häufig mit statistisch aufbereitetem Belegmaterial.*
2 *s. Brief 161, Anm. 2.*
3 *Gemeint ist Minors Aufsatz »Centralanstalten für die literaturgeschichtlichen Hilfsarbeiten« im ersten Heft des »Euphorion« (s. Brief 131, Anm. 6).*
4 *Gemeint ist der Anglist Alois Brandl, seit 1895 Ordinarius in Berlin. Für Seufferts Vermutung gibt es keine Belege.*
5 *Johannes Niejahr: Kritische Untersuchungen zu Goethes Faust. I: Älteste Gestalt. II. Das Fragment. In: Euph. 4 (1897), S. 272–287 bzw. 489–508.*
6 *Jakob Minor: Quellenstudien zur Litteraturgeschichte des 18. Jahrhunderts. I. Zu Wieland. II. Zu Lessing. In: ZfdPh 19 (1887), S. 219–240. Die »Zeitschrift für deutsche Philologie« war 1868 von Ernst Höpfner und Julius Zacher gegründet worden.*
7 *Es geht um eine redaktionelle Anmerkung, die Sauer auf Betreiben Minors wohl in den Druckfahnen der Wyplel'schen Wukadinović-Rezension (s. Brief 161, Anm. 9) erst hinzugefügt, dann aber noch vor Erscheinen des Heftes wieder gestrichen hatte (s. Sauers Brief an Seuffert vom 26.2.1897. ÖNB, Autogr. 422/1-331).*

8 In Wukadinović' »Prior in Deutschland« (s. Brief 149, Anm. 2) heißt es entsprechend: »Für das Folgende vgl. Minor, Zeitschrift f. dtsch. Philologie 19, 231«.
9 Der undatierte Frischlin-Brief findet sich bei Seuffert: Frischlin, S. 260 f. Seuffert vermutet, dass er 1577 geschrieben wurde. Ob die im Folgenden angesprochene antijesuitische Schrift seither aufgefunden werden konnte, ist ungeklärt.
10 s. dazu Sauers Brief an Seuffert vom 16.2.1897 (ÖNB, Autogr. 422/1-330): »Wegen Frischlin meine ich folgendes. Obwohl ich den Aufsatz gern im Ergänzu[ng]sheft hätte, schon weil das 16. Jh. darin nicht vertreten ist, so ist es doch besser, wir warten so lange bis Loserth definitiv mit den Akten zu Ende ist.«
11 Bernhard Seuffert: Wielands Hymne auf die Sonne. In: Euph. 5 (1898), S. 80–87. In einem Brief an Seuffert vom 16.2.1897 (ÖNB, Autogr. 422/1-330) hatte Sauer den Beitrag für den »Euphorion« geradezu eingefordert: »Die Quellenuntersuchung über die Hymnen, die Sie mir nicht vorenthalten dürfen, und um die ich sehr dringend bitte, kommt in eines der nächsten regulären Hefte.« Wielands Text war zuerst erschienen in »Hymnen. Von dem Verfasser des gepryften Abrahams« (Zyrich: Orell 1754) zwischen der »Hymne auf Gott« und der »Zweite[n] Hymne auf Gott«.

163. (B) Sauer an Seuffert in Graz
Prag, 8. April 1897. Donnerstag

Prag 8/4 97
Smichow 586

Lieber Freund!
Haben Sie keine Sorge, es wird alles richtig eingefügt. Ev. darf ich Ihnen noch eine Correctur senden?[1]

Ich schreibe heute, um Sie um einen Liebedienst zu ersuchen. Die Großherzogin soll an der Spitze meines nächsten (dritten) Heftes geehrt werden, wie sie es verdient, wenn Sie die Güte haben wollen, über sie zu schreiben.[2] Ich bin nicht der richtige Mann dazu; ich habe sie ein einziges Mal gesehen u. gesprochen; ich stehe überhaupt dem Weimarischen Kreis fern. Mit Schmidt bin ich seit der Minor-Affaire außer Verkehr. Er hat mir einen langen [Bri]ef nicht beantwortet & ich fange als der Beleidigte nicht an. Suphans Manirismus ist mir unerträglich; er wird überdies im Goethe Jahrbuch die Fackel löschen müssen.[3] Redlich ist untauglich. HGrimm – falls er es thäte – wird wol in der DRundschau das Trauergebet sprechen.[4] Andererseits fühlten Sie wol auch den Drang in sich, der hohen Frau Ihren Dank öffentlich abzustatten und das könnte an dieser Stelle am besten geschehen. Form, Ton, Umfang etc. bleibt Ihnen überlassen. Ich wähle – vielleicht – größere Lettern, [a]ber keinen Trauerrand (das gefällt mir nicht). Nun der Termin. Bevor das Ergänzungsheft nicht fertig oder wenigstens weit vorgerückt ist, kann ich mit dem Satz des nächsten regulären Heftes nicht beginnen. Es hätte also Zeit bis Ende Monats; ev. auch noch ein wenig länger, wenn ich Anfang Mai weiß, wieviel Raum Sie brauchen. Ich lasse dann anderes vorher setzen.

Ich hoffe, daß Sie nicht: Nein sagen; es brauchen ja nur ein paar Seiten zu sein; die Länge machts nicht; sondern die Wärme und Innigkeit.

Ich füge sonst nichts hinzu und grüße Sie herzlichst als

Ihr

aufrichtig erg.

AS.

Handschrift: ÖNB, Autogr. 422/1-333. 1 Dbl., 3 S. beschrieben. Grundschrift: deutsch.

1 *Es geht um nachträgliche Anmerkungen zu Seufferts »Mitteilungen aus Wielands Jünglingsalter« für das 3. Ergänzungsheft des »Euphorion« (s. Brief 156, Anm. 6); s. Seuffert an Sauer, Brief vom 4.4.1897 (StAW): »das ganze ist zu sehr als materialeinschiebsel einer recension gehalten, zu wenig zum selbstständigen aufsatz ausgearbeitet. Ändern lässt sich das leider nicht, aber etwas aufputzen kann man die sache doch. Die schlange ohne ende muss doch wenigstens äusserlich ein paar mal in glieder abgesetzt werden: ich habe es so eingerichtet, dass der setzer nicht umbrechen muss. Ein paar erläuterungen in anmerkungen können auch nicht schaden. Und endlich wollte ich zu den knochen und knochensplittern doch etwas fleisch hinzufügen, zumal ich mich durchaus nicht mehr erinnere, ob ich das am schlusse getan habe.«*

2 *Der Nachruf eröffnete das dritte Heft des vierten »Euphorion«-Jahrganges (Bernhard Seuffert: Sophie Großherzogin von Sachsen. Gestorben am 23. März 1897. In: Euph. 4 [1897], S. 441–444; s. auch Brief 163, Anm. 1).*

3 *»Im Auftrage des Vorstandes der Goethe-Gesellschaft« verfasste nicht Bernhard Suphan, sondern Erich Schmidt den Nachruf für das »Goethe-Jahrbuch« (Erich Schmidt: Sophie. Grossherzogin von Sachsen, Königliche Prinzessin der Niederlande. Geboren im Haag am 8. April 1824, vermählt am 8. October 1842, gestorben am 23. März 1897. In: GJb 18 [1897], S. I*–VI*). Ein Nekrolog von Suphan erschien stattdessen in der »Deutschen Rundschau« (Die Großherzogin Sophie von Sachsen und ihre Verfügungen hinsichtlich des Goethe- und Schiller-Archivs. In: DR Bd. 93 [1897], S. 301–305).*

4 *Nicht Herman Grimm schrieb den ersten Nachruf in der »Deutschen Rundschau«, sondern deren Herausgeber selbst (J[ulius]. R[odenberg].: Die Großherzogin Sophie von Sachsen. In: DR Bd. 91 (1897), S. 298 f.).*

164. (B) Seuffert an Sauer in Prag
 Graz, 10. April 1897. Samstag

Graz 10. april 97

Lieber freund, Da kehrt der Frischlin[1] zu Ihnen zurück, nehmen Sie ihn nachsichtig auf.   Ich habe ihn nicht so zurechtstutzen können, dass er mir gefällt. Nur bin ich froh, dass nun doch zwei litterarhistorische sächelchen[2] drinnen sind, nicht blos localbiographie, die mich immer anödet. Sie haben alle vollmacht, zusammenzustreichen.

Dass Sie die anmerkungen zu dem Wielandianum aufnehmen, danke ich Ihnen. Ich fand mein schlechtes gewissen sehr erleichtert, als ich endlich auf die darstellende partie kam, auf die ich ganz vergessen hatte. Selbstverständlich bin ich gerne bereit eine zweite korrektur zu lesen, wenn es Ihnen gut erscheint.

Mit Ihrem wunsche betr. der Sophie treiben Sie mich in die enge; daran hatte ich nicht gedacht. <u>Ich</u> wollte nicht über sie schreiben. Ich stellte mir gerade vor, dass einer, der nicht andauernd ihr diener war,[3] unbefangenere worte sprechen könnte, die auch mehr gewicht hätten; und ich hielt diese aufgabe recht eigentlich für die des herausgebers und bitte Sie zu bedenken, ob Sie diese empfindung nicht doch teilen. Und sei es nur ½ seite.

Da Sie aber die aufgabe mir als liebesdienst abfordern, so will ich einstweilen überlegen, ob ich den ton zu finden glaube. Versprechen kann ich nichts, es kommt auf ein paar gute stunden an. Und ich werde sofort Ihnen weichen, sowie Sie sich noch dazu entschliessen.

Ich möchte jetzt noch zu Wielands Sonnenhymne[4] kommen, wovon ich Ihnen schon schrieb. Die voraussetzung ist, dass das decanat[5] keine arbeit kostet. Dabei kommt mir zu bewusstsein, dass ich sehr gegen meine absicht Ihre facultät geärgert zu haben scheine durch die ablehnung, die adresskosten amtlich einzusammeln. Ich war äusserst verblüfft über die zuschrift,[6] die Ihr h. decan[7] mir zu senden beauftragt wurde. Sie wissen nicht in Prag, wie stark die gegnerschaft gegen die aufhebung des kollegiengeldes[8] hier ist und wie vorsichtig ein decan sein muss, um unparteiisch zu bleiben. Ich glaube aber, ich bin nur der sündenbock Ihrer collegen geworden, gemeint sind ein paar hiesige collegen, die privatissime eine schroffe ablehnung nach Prag geschickt zu haben scheinen: ich kenne diese nicht und als ich nachträglich davon hörte, habe ich diesen schritt gleich misbilligt. Sie haben in Prag sich so viel erfolgreiche mühe mit der sache gemacht, dass es sehr ungerechtfertigt ist, darauf unhöflich zu sein   Ich schreibe Ihnen das, weil ich in <u>Ihren</u>* augen nicht als pascha dastehen will.

Leben Sie wol und halten Sie gute ostern.
Ihr
sehr ergebener
BSeuffert.

*Singular!

Handschrift: StAW. 1 Dbl., 4 S. beschrieben. Grundschrift: lateinisch.

1   *zu Seufferts »Frischlins Beziehung zu Graz und Laibach« s. Brief 157, Anm. 4, zu den letzten Änderungen s. Brief 162.*

2 *einerseits der Verweis auf eine antijesuitische »religiöse Streitschrift« des Protestanten Frischlin (s. Brief 162, Anm. 9; Seuffert: Frischlin, S. 261), andererseits der Hinweis auf eine vermutlich deutschsprachige Aufführung von Frischlins Drama »Hildegardis Magna« (entstanden 1579) im Sommer 1589 in Graz (s. ebd., S. 266).*
3 *Seuffert stand seit 1886 in den Diensten der Großherzogin, kurzfristig als Generalkorrektor, dann als Redaktionsmitglied der Weimarer Goethe-Ausgabe.*
4 *s. Brief 162, Anm. 11.*
5 *Seuffert war sowohl 1896/97 als auch 1904/05 Dekan der Philosophischen Fakultät.*
6 *nicht ermittelt.*
7 *Dekan der Philosophischen Fakultät der Karls Universität in Prag war im Studienjahr 1896/97 der Chemiker Guido Goldschmiedt.*
8 *Das Kollegiengeld für die Professoren war mit Gesetz vom 12.7.1850 an die Stelle des alten Unterrichtsgeldes getreten. In den folgenden Jahrzehnten hatte das Gesetz Kritik sowohl vonseiten des Staates als auch vonseiten der Professoren auf sich gezogen. Mit einem Gesetzentwurf vom Januar 1897 beantragte die Regierung, die Collegiengelder zu verstaatlichen und etwaige Einkommensverluste der Professoren auszugleichen. Die Meinungen der österreichischen Professoren zu dieser Regierungsvorlage, die einige von ihnen begünstigte, andere benachteiligte, waren gespalten, die Erregung ging hoch. In dieser Situation richteten einige Universitäten, einzeln oder gemeinsam, Petitionen (»Adressen«) an den Reichsrat, der die Verstaatlichung der Kollegiengelder 1898 beschloss. Über die Beteiligung an den Kosten für diese Adressen, deren Inhalt einige Professoren zweifellos ablehnten, kam es zwischen den Philosophischen Fakultäten in Graz und Prag zu einer Auseinandersetzung, auf die Seuffert sich bezieht. Sauer schrieb Seuffert dazu am 12.4.1897 (ÖNB, Autogr. 422/1-334): »Ich muß gestehen, daß mir wie allen meinen hiesigen Collegen, das Vorgehen Ihrer Facultät völlig unbegreiflich war; aber es ist mir nie in den Sinn gekommen, Sie dafür und gar erst nicht, Sie allein dafür verantwortlich zu machen. Übrigens war ich in der ganzen Sache vollkommen unbetheiligt & stumm.« Einen knappen Überblick über die Geschichte des Kollegiengeldes geben Friedrich Stadler/Bastian Stoppelkamp: Die Universität Wien im Kontext von Wissens- und Wissenschaftsgesellschaft. In: Universität – Forschung – Lehre. Themen und Perspektiven im langen 20. Jahrhundert. Hrsg. von Katharina Kniefacz, Elisabeth Nemeth, Herbert Posch, Friedrich Stadler. Göttingen: V & R unipress, Vienna University Press, 2015 (650 Jahre Universität Wien – Aufbruch ins neue Jahrhundert. 1) S. 213–240, hier S. 223–232.*

165. (B) Sauer an Seuffert in Graz
Prag, (17. April 1897). Samstag

Prag Ostersamstag
Smichow 586

Lieber Freund! Ihr schöner Nekrolog[1] auf die hohe Frau hat mich aufs tiefste gerührt. Es ist ein der Fürstin würdiges Denkmal, das Sie ihr damit in lapidarem Stile gesetzt haben. Ich danke Ihnen vielmals dafür. Ich hätte es gewiß so schön und würdig nicht zu Stande gebracht.

Ich will Ihre Anordnungen wegen des Druckes befolgen und das Ganze auf 4 Seiten vertheilen. Nur den Nekrolog dem Ergänzungsheft voranzustellen, werde ich mich kaum entschließen können. Sie werden auch kaum auf diesem Wunsch bestehen, wenn ich Ihnen sage, daß ich das 3. Heft sobald als möglich dem Ergänzungsheft folgen lasse; vielleicht noch *[En]*de Mai, sicher Anfangs Juni. Es will mir scheinen, als ob der Nekrolog mehr Wirkung thäte, wenn er im richtigen Verlauf des Jahrgangs erscheint, als in einem Sonderheft, das vielleicht doch einzelne Leser nicht zur Hand nehmen, das in einzelnen Bibliotheken gesondert gebunden *[wi]*rd, das daneben – außer Ihrem Wielandaufsatz² gar nichts Darstellendes, gar nichts Verarbeitetes enthält, sondern lauter kahle nackte Briefe.³ Ja, Birkens u. Neumarks Briefe, die ich von Burckhardt, dem Weimarer Archivar in einer unvorsichtigen Stunde angenommen habe, machen mir das Heft sogar verhaßt.⁴ Ich habe sie schon zweimal durchcorrigirt u. immer noch wimmeln sie von Unsinnen. Er schrieb ruhig:

   bru̲nnmäßigt (für beunmüßigt)

   anketten   statt   ant̲retten

u. so fort. Ein größerer Trottel existirt auf Gottes Erdboden nicht. Dagegen glaube ich wird das nächste Heft ganz hübsch. Sollte aber gegen mein Erwarten eine arge Verzögerung eintreten, so kann ich den Nekrolog noch immer in letzter Stunde dem Ergänzungsheft vorschieben.

Nagls Machwerk, die elende Zeidlerei⁵ hat in mir den Entschluß zur Reife gebracht, die Beilage der öst. Lit. Gesch. zum Euphorion nicht zu dulden, selbst auf die Gefahr hin, daß dieser zu Grunde gienge. Daß Jemand *[dur]*ch diese Weise ein Buch zusammenstoppeln, zusammenstückeln könne, war mir unerfindlich. Gelesen habe ich es noch nicht, nur das Leseblatt angesehen. Ich hoffe: Fromme erweist sich als verständig genug um das Gute und schlechte von einander zu scheiden. Kämpfe wird's freilich geben. Aber daran bin ich schon gewohnt.

GMeyers Schicksal⁶ geht mir recht nah. Er war m̲i̲r̲ w̲e̲n̲i̲g̲s̲t̲e̲n̲s̲ ein *[se]*hr guter Kamerad; wenn er auch zum Freunde nicht das Zeug hatte.

Tausend Dank für die rasche Erfüllung meiner Bitte. Vielleicht kann ich Ihnen einmal einen Gegendienst leisten.

   Treulichst   Ihr
   AS.

Abzüge auf besseren Papier etc. hoffe ich Ihnen liefern zu können.

Datum: Ostersamstag fiel 1897 auf den 17. April. Handschrift: ÖNB, Autogr. 422/1-336. 1 Dbl., 4 S. beschrieben. Grundschrift: deutsch.

1   s. Brief 163, Anm. 2.
2   Seufferts »Mitteilungen aus Wielands Jünglingsalter« (s. Brief 156, Anm. 6).

3 s. Brief 157, Anm. 3; außer den dort genannten waren noch Briefe G. A. Bürgers, Jean Pauls und Ludwig Uhlands enthalten.
4 Aus dem Briefwechsel Sigmund von Birkens und Georg Neumarks 1656–1669. Hrsg. von C. A. H. Burkhardt. In: Euph. 3. Ergänzungsheft (1897), S. 12–55.
5 Sauer bezieht sich auf das aus dem »Leitfaden« hervorgegangene Projekt der »Deutsch-österreichischen Literaturgeschichte« (s. Brief 154, Anm. 4), das er aufgrund eines Werbeblatts abschätzig beurteilte; eine Rezension des erst 1898 erschienenen ersten Bandes schrieb er nie.
6 Der Grazer Sprachwissenschaftler Gustav Meyer musste in »den ersten Wochen des Jahres [...] wegen progressiver Paralyse seine Vorlesungstätigkeit beenden und kam im Frühjahr dieses Jahres in die Landesirrenanstalt Feldhof bei Graz. Dort wurde er erst nach mehr als drei Jahren schwersten Siechtums [...] von seinem Leiden erlöst.« (Fritz Freiherr Lochner von Hüttenbach: Das Fach Vergleichende Sprachwissenschaft an der Universität Graz. Graz: Akademische Druck- und Verlagsanstalt, 1976 [Publikationen aus dem Archiv der Universität Graz. 5], S. 18 f.).

166. (K) Seuffert an Sauer in Prag
Graz, 1. Juni 1897. Dienstag

Schönen dank für den Mus. Alm.,[1] lieber freund. Ich sehe daraus, dass Redlich wieder arbeitsfähig ist, im gegensatz zu Weimarer berichten.

Die nekrologkorrektur liess ich liegen, bis ich Rodenbergs letzte Rundschau auftrieb, was hier nicht ganz leicht ist: ich wollte in ausdrücken nicht mit ihm zusammentreffen.[2] Wenn der verleger meiner bitte und Ihrer anordnung folgend diese 2 bll. eigens abzieht, so kann er mir vielleicht die SA früher zustellen als das heft erscheint; den aufdruck Euphorion soll er aber nicht vergessen. – Ich hörte sehr vergnügt von A. E.[3] dass Sie Nagls los sind[4] und beglückwünsche Sie und den Euphorion dazu. – Wukadinović schwärmt mir von Ihren prosastil-übungen[5] vor und verlockt mich zur nachahmung.[6] Machen Sie es noch so, dass Sie anonyme hektographa[7] den studenten vorlegen? oder haben Sie eine noch erfolgreichere praxis ausgebildet?   Bestens grüsst
   Ihr   sehr ergebener
   BSfft

Graz 1.6.97

Handschrift: StAW. Postkarte. *Adresse:* Herrn Professor Dr. August Sauer / Prag / Smichow 586 *Poststempel:* 1) Graz, 1.6.1897 – 2) Smichow Stadt/Smíchov Město, 2.6.1897. *Grundschrift:* lateinisch. *Empfängervermerk: s.* Anm. 6.

1 Carl Christian Redlich, hatte in den Jahren 1894 bis 1897 die »Göttinger Musenalmanache« für die »DLD« neu herausgegeben (s. Brief 12, Anm. 5). In seinem Nachruf schreibt Suphan, der 1900 verstorbene Redlich sei schon seit 1896 zunehmend von Krankheit gezeichnet gewesen sei (s. Bernhard Suphan: C. C. R.,

Mitglied des Redactoren-Collegiums der Weimarer Goethe-Ausgabe. 7. Oktober 1832. † 27. Juli 1900. In: GJb 23 [1902], S. 229–234).
2 *zu Julius Rodenbergs Nachruf auf die Großherzogin Sophie s. Brief 163, Anm. 4.*
3 *Anton Emanuel Schönbach.*
4 *Seuffert war von vornherein ein dezidierter Gegner der projektierten Zusammenarbeit Sauers mit Nagl und Zeidler gewesen (s. Brief 155).*
5 *Im Wintersemester 1896/97 hielt Sauer »Deutsche Stilübungen« (1-st.) ab, die er später oft wiederholte.*
6 *Dieses Wort unterstrich Seuffert mit blauem Bleistift. Im Sommersemester 1899 hielt er im Seminar »Übungen an neuhochdeutscher Prosa« (2-st.) ab. Ein Brief Sauers mit Erläuterungen zur Übungspraxis ging verloren (s. Brief 167, Anm. 1).*
7 *Vorläufer der Fotokopie: Ein mit spezieller Tinte hergestelltes handschriftliches Original bzw. Typoskript wird auf ein mit einer Gelatinemischung beschichtetes Papier übertragen, von dem Abzüge hergestellt werden können.*

167. (B) Seuffert an Sauer in Prag
Graz, 5. Oktober 1897. Dienstag

Graz 5 X 97

Lieber freund, Vielen, vielen dank für Ihren brief.¹ Soll ich Sie zum decanate beglückwünschen, da ich mir zu seinem ende gratuliere?² Ich denke doch, ja, denn was von Prag kam, zeigte, dass Sie dort einen tüchtigen kanzlisten haben; hier aber muss man alles selbst tun.

Ihre aufklärungen über die stilübungen ist <!> mir sehr wertvoll und ich werde einmal Ihr recept zur verfeinerung und stärkung des stilgefühls versuchen, sobald ich die zeit zur vorbereitung und einen vervielfältiger habe. Auch muss ich ein besseres publicum abwarten, als im sommer sich einstellte; es ist eine not; was in Wien seit jahren gewesen sein soll, macht sich auch hier breit: interesse ist lediglich für die tageslitteratur da. Ich gebe darin so viel nach, dass ich Sudermann u. Hauptmann im seminar behandelte, auch nach wahl über die Rosmer schreiben lasse. Aber die gute alte zeit muss doch auch platz behalten.

Die neue prüfungsverordnung hat einen Grazer antrag in betr. des Deutschen nicht acceptiert.³ Mir ist längst ärgerlich, dass wir leute fürs nebenfach approbieren müssen, ohne eine zeile Deutsch von Ihnen zu lesen. Wo soll ich mich der correcten orthographie u. was mir wichtiger ist, eines correcten stiles versichern? U. doch müssen das die herren lehren. Ich – u. Schönbach u. die commission stimmte zu – verlangte nichts als eine kurze schriftliche interpretation eines kurzen stückes (womöglich aus dem lesebuch). Aber auch das wurde offenbar als erschwerung abgelehnt, man wollte ja erleichtern, erleichtern, um nur ja wieder den stand herunterzubringen.

Für das 3. heft[4] danke ich sehr; ich kannte ja das meiste des heftes ausser der recens. u. der bibliographie durch Ihre güte schon. Köster über Bernays[5] ist gut, mir wol noch einen ton zu hoch, aber doch bei diesem anlass nicht anders möglich. Imelmann über Tropsch[6] hat mich sehr gefreut. Die bibliogr. liest man nun viel aufmerksamer, da so oft urteile dazwischen stehen; und denen werden Sie ja doch im register bleibende beachtung sichern. Messers büchlein über Mainzer schulwesen[7] ist Ihnen wol zu minderwertig zur nennung; Sie haben recht, aber er bat mich darum, u. damit entschuldigte ich meine bitte an Sie.

Ists wahr, dass sich Fürst bei Ihnen habilitiert?[8] Ich überflog eben seine novelle[9] und bin ganz dumm von der recapitulation so vieler bekannter namen, da mir das schema der einteilung zu wenig scharfe kennzeichen trägt. Ich weiss wenig damit anzufangen, und war doppelt lernbegierig, da ich diesen winter novelle im seminar zu betreiben angekündigt habe.[10]

Was gibt denn Rubensohn in der Übersetzerbibliothek?[11] Es wäre doch schade um ein so frühes ende des unternehmens. Ich weiss nicht, was die verleger gegen gute, wenn auch längere einleitungen haben; sie machen doch den text für viele käufer unentbehrlicher, wenn sie auch verteuern. Wer will denn heute noch rohe texte? Felber allerdings soll schlecht stehen, wurde im sommer 96 behauptet.

Begreifen Sie, dass Walzel nach Bern[12] berufen wurde? ich kann das nur für eine freundschaftstat Singers[13] halten. Mir fiel gar nicht ein, ihn für Zürich zu empfehlen, obwol ich an ihn dachte. Ich wurde nemlich um rat angegangen, nachdem ich die frage, ob ich den ruf annähme,[14] verneint hatte (nach schwerer überlegung, mehr aus rücksicht auf die künftige unsicherheit für meine familie als aus eigener unlust).

Batka war so freundlich, mir (1 od. 2) commentare zum Wielandbrief zu schicken; auch Ihnen danke ich ja neuerlich einen[15] u. habe nun genug der kleinigkeit. Das honorar hat Fromme bald nach dem späten (ich hatte längst das heft von meinem sehr langsamen buchhändler) eintreffen der SA des ergänzungsheftes bezahlt. Vom 3. hefte lief noch nichts hier ein, als was Sie schickten.

Meine ferien verschwanden spurlos. Nur für die Göttinger ward ich schulden ledig.[16] Das decanat störte mich immer wieder; es verging kaum ein tag ohne einlauf und manche brachten recht viel. Dann musste ich doch auch etwas spazieren gehen, und, wie Sie, bücher stauben und ordnen, und schliesslich lag ich 8 tage zu bette und war gut 3 wochen arbeitsunfähig durch diese dumme darmstörung. Jetzt bereite ich colleg vor und dann gehe ich an den Werther! mir graust vor der Collationirerei! wenn nur was herauskäme![17] Unser armer Gurlitt trauert, ganz vergrämt, um seinen vater.[18] Schönbach kehrte frischer als seit jahren aus Schruns zurück.[19] Von Zwierzinas habilitation verspreche ich mir gutes; er macht einen sehr reifen u. sehr gelehrten eindruck.[20] G Meyer wird es kaum mehr lange treiben, er ist schon ganz vertiert.[21]

Ein jammer, unter dem Bauer, sein curator, am meisten leidet, weil er am meisten davon sehen muss.[22]

Nach Dresden[23] ging ich nicht, nach Weimar geh ich nicht. Dorthin zog mich nichts als Burdachs vortrag.[24] Hier stockt alles, seit Sophie tot und Suphan, wie es scheint, mehr beurlaubt als aktiv ist.

Elsters Principien[25] verstehe ich nach der inhaltsübersicht, die er mir schickte, nicht; ich hab ihms auch geschrieben. Ob ich das buch verstehen werde? es ist noch nicht hier. Sehr neugierig bin ich auf Kochs Wieland in der ADB,[26] den ich hier noch nicht sehen konnte. Wir sind immer hinten dran. Zwierzina hat zss. u. anderes aus Wien um wochen früher als der hiesige sortimenter liefert.

Witkowski u. Meier contra Milchsack sind gut.[27] Wo ist nur Jellinek-Kraus gegen Niejahr erschienen? Niejahr schrieb vor langem, dass er es habe.[28]

Mit den besten wünschen fürs semester grüsst
Ihr
ergebener
BSfft.

die Eliaschen Jahresberichte werden immer elender u. cliquenmässiger.[29] Ihre nächste anzeige wird noch schroffer ausfallen als die letzte, für die ich Ihnen dank wusste.[30]

Handschrift: StAW. 2 Dbl., 7 S. beschrieben. Grundschrift: lateinisch.

1 *nicht überliefert.*
2 *Seuffert war 1896/97 Dekan der Philosophischen Fakultät in Graz, Sauer 1897/98 Dekan der Philosophischen Fakultät in Prag.*
3 *Gemeint ist die 220. Verordnung des Ministers für Cultus und Unterricht vom 30.8.1897 im »Reichsgesetzblatt für die im Reichsrathe vertretenen Königreiche und Länder, betreffend die Prüfung der Candidaten des Gymnasial- und Realschul-Lehramtes«, ausgegeben und versendet am 18.9.1897 (Wien: Verlag des k. k. Ministeriums für Kultus und Unterricht, [1897], S. 1293–1308). Die Grazer Eingabe bezog sich vmtl. auf Artikel XIX, Hausarbeiten: »Für jedes Hauptfach ist eine Hausaufgabe zu stellen. […] Aus den zu einer Gruppe (Art. VI) gehörenden Nebenfächern ist im allgemeinen bloß eine Hauptaufgabe zu erteilen; bei der Unterrichtssprache hat sie immer zu entfallen, dagegen entfällt sie niemals bei den anderen Sprachen, bei Mathematik und Geographie.« (ebd., S. 1301) Artikel XX bezieht sich auf die Klausurarbeiten: »Für jeden Gegenstand der Prüfung – die Unterrichtssprache als Nebenfach ausgenommen – ist eine Clausurarbeit unter unausgesetzt strenger Aufsicht durchzuführen.« (ebd., S. 1302).*
4 *des vierteljährlich erscheinenden »Euphorion«.*
5 *Albert Köster [Rez.]: Michael Bernays: Schriften zur Kritik und Litteraturgeschichte. Erster Band. Zur neueren Litteraturgeschichte. Stuttgart: Göschen, 1895. In: Euph. 4 (1897), S. 566–576. Da Bernays am 25.2.1897 im 63. Lebensjahr in Karlsruhe gestorben war, hatte Köster seine Rezension mit einen kurzen Nachruf beschlossen (ebd., S. 573–576).*
6 *Johannes Imelmann [Rez.]: Stephan Tropsch: Flemings Verhältnis zur römischen Dichtung. Graz: Styria,*

1895 (Grazer Studien zur deutschen Philologie. 3). In: Euph. 4 (1897), S. 576 f. Tropsch war mit dieser Arbeit 1894 bei Seuffert promoviert worden.

7 *August Messer: Die Reform des Schulwesens im Kurfürstentum Mainz unter Emmerich Joseph [von Breidbach-Bürresheim] (1763–1774). Nach ungedruckten amtlichen Akten dargestellt. Mainz: Kirchheim, 1897. Die Arbeit wurde nicht in die Bibliographie des »Euphorion« aufgenommen.*

8 *Rudolf Fürst war 1893 mit seiner Arbeit »August Gottlieb Meißner. Eine Darstellung seines Lebens und seiner Schriften« (Berlin: B. Behr, 1894) in Prag promoviert worden und danach drei Jahre dort im Bibliotheksdienst tätig; er habilitierte sich aber nicht.*

9 *Rudolf Fürst: Die Vorläufer der modernen Novelle im achtzehnten Jahrhundert. Halle/S.: Niemeyer, 1897.*

10 *Seuffert hielt im Wintersemester 1897/98 ein Seminar über »Übungen an Novellen« (2-st.) ab.*

11 *Gemeint ist Max Rubensohn Ausgabe »Griechische Epigramme und andere kleinere Dichtungen in deutschen Übersetzungen des XVI. und XVII. Jahrhunderts« (s. Brief 122, Anm. 9). Zu der von Sauer seit 1894 herausgegebenen »Bibliothek älterer deutscher Übersetzungen« s. Brief 121, Anm. 6.*

12 *Der bei Jakob Minor in Wien promovierte und habilitierte Oskar Walzel wurde nach einer dreijährigen Privatdozentur in Wien 1897 als Nachfolger Ludwig Hirzels nach Bern berufen.*

13 *Samuel Singer war wie der mit ihm befreundete Walzel ein Schüler Richard Heinzels; 1891 in Bern habilitiert, hatte er 1896 dort ein unbesoldetes Extraordinariat erhalten.*

14 *Seuffert war in Zürich als Nachfolger für den 1897 verstorbenen Jakob Baechtold vorgeschlagen worden. In seinem Lebenslauf für die Wiener Akademie der Wissenschaften (Akademie-Archiv Wien, Personalakte Bernhard Seuffert, 1125/1914 pr. 28./XI) schrieb er hierzu: »Berufungen nach Marburg i. H., Zürich und Göttingen habe ich in den Vorverhandlungen ablehnen zu müssen geglaubt; die nach Wien ist im Ministerium gescheitert.«*

15 *zu dem angesprochenen Wieland-Briefs. Brief 157, Anm. 2; ein Kommentarvorschlag Sauers ist in dessen Briefen an Seuffert nicht erhalten.*

16 *Seuffert verfasste 1898 zwei Rezensionen für die »Göttingschen gelehrten Anzeigen«: Bernhard Seuffert [Rez.]: Max Rieger: Friedrich Maximilian Klinger. Sein Leben und seine Werke. Zweiter Teil: Klinger in seiner Reife dargestellt. Mit einem Briefbuch. Darmstadt: Bergsträsser, 1896. In: GGA 160 (1898), S. 36–46; ders. [Rez.]: Schillers Dramatischer Nachlaß. Nach den Handschriften herausgegeben von Gustav Kettner. Bd. 1: Demetrius. Bd. 2: Kleinere dramatische Fragmente. Weimar: Böhlau, 1895. Ebd., S. 556–568.*

17 *Seuffert war Bearbeiter der »Leiden des jungen Werther« für die Weimarer Ausgabe (WA I, Bd. 19 [1899]).*

18 *Der deutsch-dänische Maler Louis Gurlitt, Vater von Seufferts Kollegen, dem Grazer klassischen Philologen Wilhelm Gurlitt, war am 19.9.1897 gestorben.*

19 *Schönbach verbrachte seine Sommerfrische regelmäßig in der vorarlbergischen Gemeinde Schruns.*

20 *Konrad Zwierzina hatte sich 1897 bei Richard Heinzel in Wien habilitiert; zu seiner Habilitationsschrift s. Brief 179, Anm. 7.*

21 *zu Gustav Meyers Krankheit s. Brief 165, Anm. 6.*

22 *Der Grazer Althistoriker Adolf Bauer war Meyers Vormund und Betreuer.*

23 *zur »Vierundvierzigsten Versammlung deutscher Philologen und Schulmänner in Dresden vom 29. September bis zum 2. Oktober 1897«.*

24 *Konrad Burdach: Zur Entstehung des mittelalterlichen Romans. In: Verhandlungen der 44. Versammlung deutscher Philologen und Schulmänner zu Dresden 1897. Leipzig: B. G. Teubner, 1897, S. 28–31.*

25 *Ernst Elster: Prinzipien der Litteraturwissenschaft. Bd. 1. Halle/S.: Niemeyer, 1897.*

26 *Max Koch [Art.]: Christoph Martin Wieland. In: ADB 42 (1897), S. 400–419. Koch hatte sich 1879 mit einer Schrift über »Das Quellenverhältnis in Wielands Oberon« (Marburg: Elwert 1880) habilitiert.*

27 *Georg Witkowski [Rez.]: Historia D. Johannis Fausti des Zauberers nach der Wolfenbütteler Handschrift nebst dem Nachweis eines Teils ihrer Quellen. Hrsg. von Gustav Milchsack. Wolfenbüttel: Julius Zwitzler,*

1892, 1897 (Überlieferungen zur Litteratur, Geschichte und Kunst. 2). In: Euph. 5 (1898), S. 741–753. Der Verweis auf »Meier« dürfte sich beziehen auf eine bereits 1895 unter Verwendung einiger Quellen Milchsacks erschienene Abhandlung von Wilhelm Meyer (Nürnberger Faustgeschichten. Hrsg. von Wilhelm Meyer. In: Abhandlungen der Philosophisch-philologischen Klasse der königlichen Bayerischen Akademie der Wissenschaften 20 [1895], S. 323–402). Eine Rezension der Abhandlung von Meyer durch Milsack erschien in: Zeitschrift für vergleichende Litteraturgeschichte 12 (1898) S. 108–142. Zum daraufhin fortgesetzten (Prioritäten-)Streit s. die Einleitung der Herausgeber zu Gustav Milchsack: Gesammelte Aufsätze über Buchkunst und Buchdruck, Doppeldrucke, Faustbuch und Faustsage, sowie über neue Handschriften von Tischreden Luthers und Dicta Melanchthonis. Nach dem Tode Milchsacks im Druck abgeschlossen von Wilhelm Brandes und Paul Zimmermann. Wolfenbüttel: Julius Zwißler, 1922, Sp. 3–9.

28 s. Johannes Niejahr: Kleists ›Penthesilea‹ und die psychologische Richtung in der modernen literarhistorischen Forschung. In: Euph. 3 (1896), S. 653–692. Niejahr hatte in diesem Aufsatz (bes. S. 673–678) Kritik an Max Hermann Jellineks und Carl von Kraus' Aufsatz »Widersprüche in Kunstdichtungen« (in: ZfdöG 44 [1893], S. 673–716) geübt. Diese entgegneten in ihrem Aufsatz »Widersprüche in Kunstdichtungen und höhere Kritik an sich (in: Euph. 4 [1897], S. 691–718), was Niejahr zu einer weiteren Replik veranlasste, seinem Aufsatz »Methode und Schablone« (in: Euph. 5 [1898], S. 433–460).

29 Seuffert unterstellt den »Jahresberichten für neuere deutsche Literaturgeschichte« (s. Brief 135, Anm. 8) Parteilichkeit im Sinne der Berliner Scherer-Schüler.

30 Bezug unklar.

168. (K) Adolf Hauffen, Hans Lambel, Franz Niesner, Richard Rosenbaum, August Sauer, Hans Tschinkel, Johann Weyde und Spiridion Wukadinović an Seuffert in Graz
Prag, 22. Januar 1898. Samstag

Prag 22./1. 98

Sehr verehrter Herr Professor!
Vom ersten Prager »Germanistenabend <!> übersenden Grüße:

Franz Niesner	Lambel
Hans Weyde	Sauer
Hans Tschinkel	
Richard Rosenbaum	Wukadinović

In der Mitte, vertikal geschrieben: Hauffen

Handschrift: ÖNB, Autogr. 422/1-346. *Bildpostkarte:* Bund / der Deutschen in Böhmen / <1894> / Den Deutschen kann nur durch Deutsche geholfen werden. / Fr. Ludwig Jahn. *Text der Karte sowie Adresse nicht von Sauers Hand; können keinem der anderen Schreiber sicher zugewiesen werden. Adresse:* Herrn Prof. Dr Bernhard / Seuffert / Graz / Harrachgasse 1 *Poststempel:* 1) Prag/Praha, 23.1.1898 – 2) Graz, 24.1.1898. *Grundschrift:* deutsch (Nachricht) und lateinisch (Mehrzahl der Unterschriften).

169. (B) Sauer an Seuffert in Graz
  (Prag, um den 30. März 1898)

L. F. Heute ist Feiertag. Meine ohnehin sehr beschränkte Arbeitszeit ist durch ein Unwolsein meiner Frau noch mehr beschränkt. In Folge einer halb durchwachten Nacht bin ich arbeits*[u]*nfähig. Der Empfang Ihrer Karte[1] läßt mich die Lectüre des – seichten – Harnackschen Schiller[2] unterbrechen u. mit Ihnen plaudern.

Werther-Ausgabe habe ich keine. Ich habe sie bei der großen Reinigung meiner Bibliothek im Jahr 92 mit den anderen Originalstücken klass. Dichtungen als unnützen Ballast weggegeben. – Asmus' Abhandl. über Musarion[3] hatte ich ihm das erste Mal zurückgeschickt, weil er Minor u. Wukadinović weder erwähnt hatte noch auch kannte. Ich hatte allerdings zugleich erwartet, daß er in Folge meiner Mahnung den ersten Theil kürzen würde. Er hat aber nur ein paar einschränkende Anmerkungen hinzugefügt. Um des wertvolleren zweiten Theiles willen habe ich dann die Abhandl. dennoch behalten. – Wukadinović erzählte mir schon vor mehreren Monaten, daß Sie so schöne Einleitungen zu einzelnen Wielandischen Werken für Elster[4] geschrieben hätten, die jetzt ungenutzt bei Ihnen lägen. Er meinte, die Essais *[wü]*rden sich in ausgezeichneter Weise für den Euphorion eignen u. ich bat ihn – damals in argen Amtsnöten – Ihnen in meinem Namen die Bitte um Überlassung dieser Arbeiten zu unterbreiten. Leider hat er es nicht gethan. Ich bitte Sie also selbst darum. Ich kann darstellende – lesbare – Artikel sehr gut brauchen. – Weil Sie selbst Wukadinović erwähnen, so will ich über ihn sprechen – obgleich es nicht meine Absicht war. Ich kenne mich mit ihm nicht recht aus. Zum mindesten ist sein Benehmen gegen mich etwas sonderbar. Ich habe ihm die Bibliographie und zwar vorderhand die der Zeitschriften übertragen gegen Überlassung meines Redactionshonorars 400 Mark = 240 fl., die ich ihm seit December in monatlichen Anticipativraten zahle. Nun habe ich aber die Bibl. des 1. Heftes, wie ich von vorn herein wollte selbst gemacht u. da in das 2. Heft nur die zweite Hälfte der für das 1. bestimmten Bibl. kommt, so setzt seine Arbeit erst i*[m]* 3. Heft ein. Er hat also sehr viel Zeit vor sich. Daß er daneben mir noch in anderer Weise für die Zeitschrift behilflich sei, war gleichfalls ausgemacht. Nun habe ich bisher nichts anderes von ihm verlangt, als daß er je einen Correcturbogen vom 1. Heft lesen soll – ohne Collation, nur zur Controlle (beim 2. habe ich ihm auch das nicht mehr zugemuthet) und daß er mir aus den »Wöchentlichen Nachrichten«[5] die für die Bibl. bestimmten, von mir angestrichenen Bücher aushebe. Es handelte *[sich]* um die Nr. von December bis 1. Februar, also um 8 Nummern und um 1 Heft Dissertationenverzeichnis. Ich mache die ganze Arbeit für 1 Nummer in 1 Stunde; er sagt, daß er zwei brauche. Selbst wenn das richtig ist, so hätte er in jeder Woche 1 Nummer excerpieren können. Trotz fortgesetzter Mahnung konnte ich aber die Zettel nicht bekommen; endlich lieferte er 1 Theil ab und ich mußte, weil die Zeit drängte, den Rest selbst machen. Seitdem, es sind ungefähr 6 Wochen her, hat e[r] sich überhaupt nicht bei mir sehen lassen. Ob das einen Abbruch der Bzhg bedeutet, weiß ich nicht. Ich bin mir nicht bewußt, ihm ein böses Wort gegeben zu haben; etwas unwillig war ich allerdings, und wie Sie zugeben werden – mit Recht. Ich arbeite jetzt ganz umsonst; aber auch noch die Arbeit machen, die ich selbst bezahle – das ist mir zu viel. Wie er sich die Sache vorgestellt hat, weiß ich nicht; er ist doch sonst ein sehr verständiger Mensch. Auf seinen Wunsch haben wir ihm – Hauffen u. ich – auch die Correcturen der Deutschböhmischen Bibliothek[6] und der Volksthüml. Überlieferungen[7] gegen entsprechende Bezahlung übertragen. Ob ihm das jetzt etwa zu viel ist? Jedenfalls wäre ruhiges Aussprechen besser am Platz als Trotz und Pflichtverletzung. Hoffentlich kommt die Angelegenheit wieder in Ordnung. Falls er der Sache Ihnen gegenüber nicht Erwähnung thut, so – bitte – machen Sie von meinen Mittheil. keinen Gebrauch.

– Hauffen hat den Ruf nach Freiburg,[8] den ihm Schönbachs Güte vermittelte,[9] leider abgelehnt. Ich habe ihm sehr zugeredet. Und da jetzt Detter u. a. (unter anderem auch ein philol. Privatdocent unsrer Univ. – Jüthner[10] –) den Ruf angenommen haben so bestärkt mich das in meiner Meinung, daß er hätte annehmen sollen. Nun bleibt er für unsere Univ. eine dauernde Verlegenheit; denn für Kelle kann er nicht vorgeschlagen werden u. wenn ich nicht sterbe – weg komme ich schwerlich von Prag.

– Kelle hat – nach langem Parlamentieren, indem er sich um 1 Jahr jünger zu machen versuchte u. neue Rechenmethoden zu ersinnen strebte – am 15. März s. 70. Geburtstag gefeiert. Natürlich rechnet er noch auf das Ehrenjahr, das wir ihm nicht versagen können. Wenn aber an der Aufhebung der Altersgrenze, von der d. Zeitungen melden, etwas Wahres dran ist, so dürfte er – durch s. Jahr – die Hand dabei im Spiele haben. Rein menschlich u. freundschaftlich [g]önnte ich ihm ja die Fortbezüge der erhöhten Einnahmen von ganzem Herzen; er verliert 1480 mit Seminar u. Prüfungscommission, ohne Collegiengeld und Taxen. Aber vom Standpunkt des Unterrichts zähle ich die Tage bis zur Ernennung seines Nachfolgers. Schönbach u. Seemüller werden nach den letzten Ereignissen[11] schwerlich mehr nach Prag [ge]hen. Zingerle käme wol; aber aufrichtig gesagt ist er ist er mir als Lehrer zu ledern & schwunglos, einen so netten Eindruck er mir wieder gemacht hat, als ich ihn heuer im Sommer in Gufidaun[12] besuchte. So wäre wol Kraus als Extraord.[13] vielleicht die beste Lösung, wenn von Ausländern abgesehen wird. Mit Kelle habe ich darüber noch nicht geredet. Nur in der Abwendung der Gefahr: Lambel sind wir seit Jahren beide einig.

An der Univ. ist momentan Ruhe. Die Bewegung d. Studenten[14] ist im Sand verlaufen. Die Studentenversammlung[15], die ihren äußeren Abschluß bedeuten sollte, war sehr schwach besucht u. gänzlich stimmungslos. Für uns Senatsmitglieder endete die Affaire allerdings mit einer großen Blamage. Da Hartels Stellung erschüttert ist u. die Gefahr nahe lag, daß man uns in unserer provisorischen Thätigkeit bis Ende des Schuljahres belasse, so fanden wir den Ausweg, daß wir au*[f d]*en Wunsch der einzelnen Facultäten unsere Resignation zurückzogen, was ungefähr dasselbe ist wie eine abgekürzte Neuwahl.[16] Natürlich hatten da Streberei und Egoismus ihre Hände mit im Spiel. Ein Herr,[17] der von hier nach Graz kommen will, hat das Ganze angezettelt, andre die was ins Knopfloch haben wollen,[18] sekundierten ihm und so mußten sich die Übrigen fügen. Mir reicht der Ekel bis zum *[<Verd]*ruß>. Ich kümmere mich nach Ablauf meines Prodekanats gewiß nie mehr um akademische Angelegenheiten[19] und ziehe mich ganz auf mein wissenschaftliches Altentheil zurück.

Verzeihen Sie die Kritzelei. Ich habe namenlosen Kopfschmerz.   Treulichst, wenn auch schweigsam

der Ihrige. AS.

Datum: Die Korrespondenzstelle ergibt sich aus dem Inhalt von Brief 171. Handschrift: ÖNB, Autogr.. 422/1-352. 2 Dbl., 8 S. beschrieben. Grundschrift: deutsch.

1   *nicht überliefert.*
2   *Otto von Harnack: Schiller. Berlin: Ernst Hofmann & Co, 1898 (Geisteshelden/Führende Geister. Eine Sammlung von Biographien. 28–29).*
3   *Johann Rudolf Asmus: Die Quellen von Wielands ›Musarion‹. In: Euph. 5 (1898), S. 267–290. Der Aufsatz über Wielands anonym veröffentlichten Text »Musarion oder Die Philosophie der Grazien. Ein Gedicht, in drey Büchern« (Leipzig: Weidmann's Erben & Reich, [1768]) enthält in der Druckfassung (S. 267, Anm. 1) den Vermerk: »Unser Thema ist schon teilweise behandelt worden in den Arbeiten von Minor, ›Quellenstudien zur Literaturgeschichte des 18. Jahrhunderts‹ (Zeitschrift für deutsche Philologie, 19. Band, 1887, S. 228 ff.) und Wukadinović, ›Prior in Deutschland‹ (Grazer Studien zur deutschen Philologie, 4. Heft, 1895, S. 47 ff.), denen wir manche Ergänzung zu unserem Aufsatz verdanken. Da wir den Gegenstand im Zusammenhang und möglichst erschöpfend untersuchen wollten und außerdem von den beiden genannten Abhandlungen erst nach Abschluß der unsrigen Kenntnis erhielten, haben wir einigen Notizen die Aufnahme nicht versagt, die auch dort schon verwertet sind.«*
4   *Sauer bezieht sich auf Texte, die Seuffert als Einleitungen zur Wieland-Ausgabe für die Reihe »Meyers Klassikerausgaben« verfasst hatte, die von Ernst Elster betreut wurde. Die Texte fanden aus ungeklärten Gründen jedoch keine Verwendung; isoliert bezeichnete Seuffert sie als für den Druck nicht geeignet (s. Brief 170). Die von Gotthold Klee herausgegebene Wieland-Ausgabe (4 Bde. Leipzig: Bibliographisches Institut, 1900) merkt die Verdienste des Wieland-Forschers Seuffert mehrfach dankbar an und verweist wiederholt auf dessen Wieland-Aufsätze.*
5   *Gemeint ist das »Wöchentliche Verzeichnis der erschienenen und der vorbereiteten Neuigkeiten des deutschen Buchhandels« (1893–1915; begründet 1843 als »Allgemeine Bibliographie für Deutschland«).*
6   *Die Reihe »Bibliothek deutscher Schriftsteller aus Böhmen« wurde 1893 von August Sauer begründet und seit 1894 von der Gesellschaft zur Förderung deutscher Wissenschaft, Kunst und Literatur in Böhmen (s. Brief 204, Anm. 2) herausgegeben. Sie erschien anfangs bei Tempsky (Prag/Wien) und G. Freytag (Leipzig),*

dann bei Calve in Prag, später im hauseigenen Verlag der Gesellschaft in Kooperation mit dem Reichenberger Sudetendeutschen Verlag. In den frühen Jahren wurde ein abwechslungsreiches Programm geboten, ab Band 21 diente die Reihe fast ausschließlich der von Sauer initiierten Prag-Reichenberger Stifter-Ausgabe (s. Brief 196, Anm. 14).

7   Gemeint ist die von Adolf Hauffen begründete Reihe »Beiträge zur deutschböhmischen Volkskunde« (15 Bde., 1896–1922).

8   Ursache für eine ganze Reihe an Neubesetzungen an der Universität Fribourg/Schweiz war die Kollektivdemission von acht reichsdeutschen Professoren im Dezember 1897. Die Universität war 1889 nach einem Kantonsbeschluss und der Zustimmung der Kirche als katholische Staatsuniversität gegründet worden; unter der Leitung von Casper Decurtins war ein internationales Professorenkollegium berufen worden. Neben verschiedenen organisatorischen Problemen traten bald auch weltanschaulich-ideologische Konflikte auf. Einige deutsche Professoren verwahrten sich gegen den dominikanischen Einfluss und gaben gemeinsam eine Denkschrift heraus, in der dem Konflikt auch ein nationaler und sprachpolitischer Anstrich verliehen wurde. Da die reichsdeutschen Professoren nach der Demission Ende 1897 die Universität Fribourg boykottierten, wurden bis nach dem Ersten Weltkrieg deutschsprachige Professoren meist aus Österreich berufen (s. Urs Altermatt: Die Universität Freiburg auf der Suche nach Identität. Essays zur Kultur- und Sozialgeschichte der Universität Freiburg im 19. und 20. Jahrhundert. Fribourg: Academic Press, 2009, bes. S. 167–175).

9   nicht ermittelt.

10 Der Altphilologe Julius Jüthner, seit 1897 Privatdozent für Klassische Philologie in Prag, wurde 1898 als Nachfolger des demissionierten Joseph Sturm zum Ordinarius für klassische Philologie in Fribourg berufen.

11 Gemeint sind die Studentenunruhen im Gefolge der Badenischen Sprachenverordnung (s. Anm. 14).

12 Dorf bei Klausen in Südtirol. Das Schloss Summersberg in Gufidaun war 1880 von Oswald Zingerles Vater, dem Germanisten Ignaz Vinzenz Zingerle, erworben worden und befindet sich bis heute in Familienbesitz.

13 Später suchte Sauer die Berufung von Carl von Kraus zu verhindern (s. Brief 183, Anm. 3).

14 Als Reaktion auf den immer stärker werdenden Nationalitätenkonflikt in Böhmen und Mähren im Gefolge des österreichisch-ungarischen Ausgleichs von 1867 und als Konzession an tschechische Gleichstellungsansprüche erließ der Ministerpräsident für Cisleithanien, Graf Kasimir Felix von Badeni, 1896/97 zwei Sprachenverordnungen, die als Voraussetzung für den Eintritt in den Staatsdienst die Kenntnis sowohl der deutschen als auch der tschechischen Sprache verlangten. Die »Deutschösterreicher«, die bisher die politischen, kulturellen und wirtschaftlichen Eliten gebildet hatten, sahen sich durch diese Maßnahme zurückgesetzt, da zwar die meisten der gebildeten Tschechen der deutschen Sprache mächtig waren, aber nur wenige Deutsche der tschechischen. Bis zur partiellen Rücknahme der Sprachenverordnung und dem Rücktritt Badenis Ende November 1897 (die endgültige Rücknahme erfolgte am 14. Okt. 1899) regten sich an den Universitäten in Prag und Wien heftige studentische Proteste. Als das in Folge verhängte Farbenverbot nach den Weihnachtsferien 1897/98 nicht aufgehoben wurde, kam es Anfang Februar 1898 zu einem Streik an allen Hochschulen, worauf das Kultusministerium am 5. Februar das Wintersemester für geschlossen erklärte (s. Lönnecker: Studentenschaft, S. 36–48).

15 Die 172. Vollversammlung der Prager deutschen Studenten vom 31.3.1898.

16 Aufgrund der andauernden Studentenunruhen sah sich der Akademische Senat der deutschen Universität Prag in seiner Sitzung vom 22.1.1898 veranlasst, beim Ministerium für Kultus und Unterricht, in dem von 1896 bis 1900 Wilhelm von Hartel Sektionschef war, um die Enthebung von den amtlichen Funktionen seiner Mitglieder zu ersuchen. »Nur mit viel Mühe gelang es dem österreichischen Unterrichtsministerium, den Akademischen Senat dazu zu bringen, die Resignation zurückzunehmen und die Wiederaufnahme des Unterrichts zu erreichen.« (Erich Schmied: Die altösterreichische Gesetzgebung zur Prager Universität. Ein Beitrag zur Geschichte der Prager Universität bis 1918. In: Die Teilung der Prager Universität 1882 und die intellektuelle Desintegration in den böhmischen Ländern. [Vorträge der Tagung des Collegium

Carolinum in Bad Wiessee vom 26. bis 28. November 1982]. Hrsg. von Ferdinand Seibt. München: R. Oldenbourg, 1984, S. 11–23, hier S. 23).
17 nicht ermittelt.
18 metaphorisch für das Streben nach Anerkennung bzw. einem Orden.
19 Sauer war 1897/98 Dekan der Philosophischen Fakultät und Mitglied des Akademischen Senats (s. Brief 156, Anm. 7). Entgegen seiner Ankündigung ließ er sich für das Studienjahr 1907/08 zum Rektor der deutschen Universität Prag wählen.

170. (K) Sauer an Seuffert in Graz
   Prag, 30. März 1898. Mittwoch

L. F. Ich möchte Ihnen nur sagen, daß ich doch Goltz <!> (Genoveva) und Ranftl in der Hand eines Kritikers vereinigen möchte und daher Ranftl n*[icht]* um eine Rec. angehen werde.¹ Ich leide zu sehr unter der Zersplitterung der Kritik. Einen Goethereferenten² habe ich endlich gefunden; ich will Ihnen aber s. Namen vorderhand lieber nicht nennen, bevor er sich nicht durch eine That bewährt hat. Das nächste Heft bringt Niejahrs Antwort auf Kraus und Jellinek: Methode u. Schablone. Damit ist die A*[ff]*aire hoffentlich abgethan.³
   Freundlich grüßend
   Ihr AS.

Prag 30/3 1898.
Smichow 586

Handschrift: ÖNB, Autogr. 422/1-351. Postkarte. *Adresse:* Herrn Dr. Bernhard Seuffert/ Graz/ Harrachgasse 1. *Poststempel:* 1) Prag Kleinseite/Praha Mala Strana, 30.3.1898 – 2) Graz, 31.3.1898. *Grundschrift: deutsch.*

1 Wolfgang Wurzbach [Rez.]: Bruno Golz: Pfalzgräfin Genoveva in der deutschen Dichtung. Leipzig: Teubner, 1897; Johann Ranftl: Ludwig Tiecks Genoveva als romantische Dichtung betrachtet. Graz: Styria, 1899 (Grazer Studien zur deutschen Philologie. 6). In: Euph. 7 (1900), S. 161–164.
2 Georg Witkowski [Rez.]: Karl Heinemann: Goethe. 2 Bde. Leipzig: Seemann, 1895. In: Euph. 5 (1898), S. 568–569; ders. [Rez.]: Eugen Wolff: Goethes Leben und Werke. Mit besonderer Rücksicht auf Goethes Bedeutung für die Gegenwart. Kiel, Leipzig: Lipsius und Tischer, 1895. Ebd., S. 769–774; ders. [Rez.]: Albert Bielschowsky: Goethe. Sein Leben und seine Werke. 2 Bde. München: Beck, 1896. Ebd., S. 774–778.
3 zur Kontroverse zwischen Kraus/Jellinek und Niejahr s. Brief 167, Anm. 28.

171. (B) Seuffert an Sauer in Prag
  Graz, 31. März 1898. Donnerstag

Graz 31 III 98

Lfr. Vor allem wünsche ich, dass sich das unwolsein Ihrer l. frau wieder gehoben hat u. dass Sie von dieser seite der sorge frei sind. Dem decanat gegenüber teile ich Ihre empfindung: beatus ille qui procul.[1] Dabei fällt mir die heutige senatssitzung ein, auf deren tagesordnung auch der A Grünnachlass steht, um den Sie sich 1884 mit Frankl bemüht haben:[2] wissen Sie noch, woher die von Ihrer hand beschriebenen hss. Grüns stammen: flugschriften, skizzen zu herrenhausreden? Sie bilden keinen teil des Franklschen inventars; aber aus den akten erhellt nicht, woher sie in besitz der universität kamen. Übrigens interessiere ich mich nicht heftig dafür, der ganze nachlass ist mehr leid- als freudvoll.

W.![3] so ist er auch hier gewesen, wenn er in geldnot steckte. Er ist ein mann der stimmungen, hangt ihnen zu sehr nach. Für grundanständig ja vornehm hab ich ihn in all den jahren kennen lernen. Trotz kenn ich nicht an ihm, empfindsamkeit eher, aber ich glaube, wir haben uns nie zertragen (wenigstens habe ich es nie gespürt), obwol ich ihn oft schob, drängte, ihm das zögern, vertrödeln der zeit vorhielt. Kenn ich ihn, so schämt er sich, dass er in Ihrer schuld ist, die materiell oder durch arbeit abzutragen ihn not u. daraus u. aus dem gesamtcharakter entstammende momentane arbeitsunfähigkeit hindern. Er beansprucht viel geduld, ich gewährte sie, weil ich meinte, er verdient sie. Ich hoffte, das neue leben werde ihn vorwärts treiben, ich sagte ihm wiederholt, er solle von Ihnen rastlose arbeit lernen, er müsse sich auch an den »betrieb« im besten sinne gewöhnen, für den Ihre redactionstätigkeit eine bessere schulung biete als meine stille sammlerei. Niemand kann sein verhalten jetzt billigen. Ich merkte aus seinem schweigen, dass wieder ein rückschlag seiner stimmung eingetreten sein müsse. Helfen kann ich ihm nicht, nicht einmal raten.

Hauffen hätte so gut wie Detter gehen können u. sollen. Als Kelles nachf. wünscht, <u>glaub</u> ich, Schönb. doch auch jetzt noch zuerst genannt zu werden, wenn er auch zu meiner grossen beruhigung nicht gehen will. Ihre bedenken gegen Zingerle halte ich für sehr begründet. Ist Kraus jude? es wurde unlängst behauptet, von Zwierzina aber bestritten. Sie wissen ja besser als ich, dass K. sich jetzt einen hochmut im stile Burdachs beilegt, nur ohne so viel recht als dieser, dünkt mich. Diese Wiener schule führt in die philol. eine mechanik ein, die der gerade gegenpol der psychologie u. ebenso einseitig ist. Ich raufe mich mit Zwierz. um den wert der reimwörterbücher, die auch für Kr.[4] das alleinseligmachende sind.

Ich habe W. schon gesagt, dass eine sonderpublication der Wielandeinleitungen nicht angeht: es sind einleitungen. Wollte man sie isoliert von den werken drucken, so müsste sehr viel mehr stoffliches hinein kommen. Ich danke Ihnen herzlich für Ihre einladung, wie die bll. sind, taugen sie noch nicht für den Euph.

Der collegbesuch ist auch hier noch schlecht, vielleicht wird er nach ostern besser. Von allen seiten arbeit, prüfungen, sitzungen, berichte – ich muss abbrechen.
Mit herzlichem dank für Ihren freundschaftlichen brief
Ihr
treulich ergebener
BSfft.

Handschrift: StAW. 1 Dbl., 4 S. beschrieben. Grundschrift: lateinisch.

1   lat.: glücklich jener, der fern von Geschäften ist (in Anlehnung an Horaz, Epoden 2,1).
2   zum Anastasius-Grün-Teilnachlass im Besitz des Grazer Germanistischen Instituts s. Brief 149, Anm. 18.
3   Spiridion Wukadinović. Seuffert geht im Folgenden auf Sauers Klagen über Wukadinović aus Brief 169 ein.
4   Carl von Kraus.

172. (B) Sauer an Seuffert in Graz
    Prag, 1. Juli 1898. Freitag

Prag 1/7 98
Smichow 586

Lieber Freund!
Ich danke Ihnen herzlichst für Ihre warme Theilnahme.[1] Wir haben schwarze Tage durchgemacht. So oft man sich auch das Ärgste vorstellt, es kommt doch immer anders, als man es sich dachte. Wir aber sind um unseren liebsten und nächsten Hausgenossen ärmer geworden und schauen vergebens nach einem neuen Mittelpunkte aus.

Ich sende Ihnen gleichzeitig Sandbergers Brief zurück und bemerke dazu folgendes:[2] Das Ministerium hat bisher wegen Sandbergers nicht bei der Fakultät angefragt; ja in der Zuschrift, in der Adlers Ernennung der Facultät mitgetheilt wird, fehlt sogar die Aufforderung zur Erstellung von Vorschlägen; vielleicht deswegen weil die Lehrkanzel nicht systemisiert ist. Wir werden aber trotzdem heute e[in]e Commission wählen, die sich vermutlich mit Adler ins Einvernehmen setzen wird. Dieser aber scheint von S. nichts wissen zu wollen, sondern sein Candidat scheint der Wiener Privatdozent Rietsch zu sein, der sich um die Stelle mit allen Mitteln bewirbt. Ich sage Ihnen das ganz aufrichtig, um weder bei Ihnen noch bei Ihrem Schützling falsche Hoffnungen zu erwecken. Ob ich in die Commission gewählt werde, ob ich sonst irgendwie in die Lage kommen werde meine Meinung abzugeben, weiß ich nicht. Sollte S. mit in Betracht kommen, so mögen Sie versichert sein, daß ich ihn mir bestens empfohlen sein lasse und weiter empfehlen werde. Aber voraussichtlich kann ich gar nichts thun.

Von meinem § Goedeke[3] habe ich leider <u>keine</u> Abzüge, kann Ihnen also auch keinen senden. Wenn Sie mir trotzdem Ihre Meinung darüber nicht vorenthalten wollen, so werde ich Ihnen dafür sehr dankbar sein. Die Fortstz. folgt im 7. Band.

Ich bleibe bis auf Weiteres hier, weil ich den ganzen Sinn für die Arbeit verloren habe. Auch wo wir hingehen werden, ist noch ganz ungewiß.

Ihnen glückliche Ferien und Ihren Kindern volle Besserung wünschend mit freundl. Grüßen

Ihr aufrichtig erg.

AS.

Handschrift: ÖNB, Autogr. 422/1-357. 1 Dbl., 4 S. beschrieben. Grundschrift: deutsch.

1 *Seuffert hatte Sauer am 26.6.1898 zum Tod von dessen Vater Karl Joseph Sauer kondoliert (StAW).*
2 *In einem Brief an Sauer vom 9.6.1898 (StAW) hatte sich Seuffert sehr nachdrücklich für Adolf Sandberger als Bewerber um die Nachfolge des für Wien (auf die Nachfolge von Eduard Hanslick) empfohlenen Musikwissenschaftlers Guido Adler in Prag eingesetzt. Sandberger, in dessen Elternhaus Seuffert in Würzburg verkehrt hatte, war Privatdozent für Musik in München und Leiter der Musikabteilung der Münchener Staatsbibliothek. Nachfolger Adlers in Prag wurde aber der von Sauer erwähnte Wiener Privatdozent Heinrich Rietsch.– Für zahlreiche Einzelheiten zur Geschichte, den Umständen und Folgen des Berufungsvorgangs s. Alexius Meinong und Guido Adler. Eine Freundschaft in Briefen. Hrsg. von Gabriele Johanna Eder. Amsterdam, Atlanta: Rodopi, 1995 (Studien zur österreichischen Philosophie. 24).*
3 *zu Sauers § 298 zur zweiten Auflage von Goedekes »Grundriss« s. Brief 156, Anm. 1.*

173. (B) Sauer an Seuffert in Graz
   (Prag, 10. Oktober 1898. Montag)

L. F. Verzeihen Sie meine gestrige Kürze! Ich wollte Ihnen das Man.[1] bestätigt haben, weil ich es schon einige Tage in Händen hatte u[n]d wollte mir das Versprechen möglichst [r]asch erbeten haben. Zum Brief war aber gestern nicht Zeit. – Ich hatte heuer stark verpfuschte Ferien. Ich war bis 18. August in Prag, weil ich meinen unglückseligen § Goedeke abschliessen u. für die Heinzel-Festschrift einen kleinen Beitrag[2] zusammenschreiben mußte. Es was aber so drückend heiß, daß nichts ordentliches zu Stande kam. Dann waren wir 4 Wochen in St. Gilgen am Wolfgangsee. Es war nahe dran, daß ich Sie überfallen hätte, sogar der Tag war schon festgesetzt. Meine Frau hatte eine Freundin in Ischl zu besuchen u. während dieser Zeit wollte ich zu Ihnen nach Goisern. Es kam aber schließlich so, daß ich selbst auch in Ischl bleiben mußte und zu einer 2. Fahrt reichte dann die Zeit nicht aus. Da ich nicht wußte, wann das Requiem für die Kaiserin stattfindet, kehrte ich früher zurück.[3] Dann war ich einiger Collationen wegen noch 3 Tage in Wien u. vorige Woche besuchten wir Leitzmanns in Jena;[4] ich lernte Michels und Eigenbrodt kennen, verkehrte mit Schlößer und den [Wei]maranern und hörte vieles von der Professorenfabrik am Achensee[5] (in der auch L.[6] im Sommer angestellt war), aus der als neustes Erzeugnis Kösters Leipziger Professur[7] hervorgegangen ist. Das nächste soll Kühnemanns Ernennung für Marburg sein.[8] Auch will Brandl im ›Archiv‹[9] dem Euphorion Concurrenz machen, indem er mehr deutsche Artikel aufnehme[n w]ill als bisher u. mit Schmidt[10] & Köster[11] beginnt. Ich sehe dem Schicksal des Euphorion mit Ruhe entgegen. Vorderhand scheint Fromme an ein Ende noch nicht zu denken; er hat vielmehr auch heuer ein Ergänzungsheft[12] concediert, das fast fertig ist. Dadurch bin ich in der Lage, daß ich mit Schluß des 5. Bandes alles alte Material an Aufsätzen, Recensionen & Miscellen [auf]gearbeitet habe und nun mit ganz frischen Kräften beginnen kann. Ich habe mir fest vorgenommen viel strenger in den Aufnahmen zu sein als bisher (denn Manuscriptmangel habe ich doch nicht) und wenn mich nur die aufrichtigen Freunde, vor allem Sie selbst, nicht im Stich lassen, so halte ich auch die Berliner Concurrenz[13] noch aus. Im 1. Heft des neuen Jahrgangs kommt die Fortsetzung von Batka[14] u. die von [Ru-]bensohn (der junge Opitz);[15] beides ergebnisreiche Untersuchungen. Auch die ›alte‹ Polemik hat hoffentlich eine Ende; wenigstens hat Niejahr eine Erklärung, die ihm seine Freunde aufzwingen wollten, wieder zurückgezogen.[16] – Sie sehen, daß es mir an Ärger u. Sorgen nicht fehlt. Am meisten verdroß mich Fürsts Perfidie, der, obgleich er früher an diesen meinen Studien lebhaften Antheil genommen, mir seine eigenen Notizen zur Verfügung gestellt [un]d Nachträge eingefügt hatte, meinen § 298[17] in der ›Zeit‹[18] u. vermutlich auch in der ›Gegenwart‹[19] unqualificierbar verhöhnte und da Goetze durch seinen Umfang ohnehin schon kopfscheu geworden war u. zu streichen begonnen hatte, so habe ich zum Schaden noch den Spott zu ertragen.[20] So drängt mich eigentlich alles dazu hin, mich vom publicistisch-betriebsam-litterarischen Leben ganz zurückzuziehen und wie Sie nur der Untersuchung zu leben und je früher dieser Tag, der mich mir selbst zurückgibt, einträte, desto besser wär es für mich, meine Gesundheit, meine Zukunft und mein Arbeiten. So bindet man sich selbst die Ruten, mit denen man todtgegeißelt wird. Alles Gute für das beginnende Semester. In steter Treue und Antheilnahme Ihr aufrichtig erg. AS.

Datum: Die Korrespondenzstelle und das Datum ergeben sich aus der ausdrücklichen Bezugnahme Sauers auf das Datum des vorigen Briefes (»meine gestrige Kürze«) vom 9.10.1898 (ÖNB, Au-

togr. 422/1-358). Handschrift: ÖNB, Autogr. 422/1-359. 1 Dbl., 4 S. beschrieben. Grundschrift: deutsch.

1 *vmtl. Bernhard Seuffert [Rez.]: Adolf Biach: Biblische Sprache und biblische Motive in Wielands Oberon. Brüx: M. Herzum, 1897 [Abdruck aus: Jahresberichtes des k. k. Staats-Obergymnasiums in Brüx für das Schuljahr 1896/97]. In: Euph. 5 (1898), S. 421–422.*
2 *August Sauer: Neue Beiträge zum Verständnis und zur Würdigung einiger Gedichte Grillparzers. In: Forschungen zur neueren Litteraturgeschichte. Festgabe für Richard Heinzel [zu dessen 60. Geburtstag am 3.11.1898]. Weimar: Emil Felber, 1898, S. 335–386. Um Heinzels Wirken sowohl im älteren als auch im neueren Fach gerecht zu werden, erschien noch eine zweite Jubiläumsschrift: Abhandlungen zur germanischen Philologie. Festgabe für Richard Heinzel. Richard Heinzel zur Vollendung fünfundzwanzigjährigen Wirkens an der Universität Wien in dankbarer Verehrung überreicht von F.[erdinand] Detter, M[ax]. H[ermann]. Jellinek, C[arl]. Kraus, R[udolf]. Meringer, R[udolf]. Much, J[osef]. Seemüller, S[amuel]. Singer, K[onrad]. Zwierzina. Halle/S.: Niemeyer, 1898.*
3 *Die am 10.9.1898 in Genf ermordete Kaiserin Elisabeth von Österreich wurde am 17.9.1898 in der Kapuzinergruft in Wien unter reger Teilnahme europäischer Fürstenhäuser und der Öffentlichkeit beigesetzt. In allen größeren Reichsstädten kam es zu Trauerbekundungen.*
4 *Zur Beziehung Sauer – Leitzmann s. Godau: Sauer/Leitzmann.*
5 *Der Achensee bei Jenbach ist der größte See Tirols, ein beliebter Urlaubsort, an dem sich im Sommer 1898 auch Sauer und Leitzmann aufhielten (s. die Karten von Sauer an Leitzmann vom 5.8.1898 u. 18.8.1898, NL Leitzmann, ThULB). Über die »Professorenfabrik«, vmtl. ein lockerer Kreis aus miteinander befreundeten Akademikern, konnte nichts Näheres ermittelt werden.*
6 *Leitzmann.*
7 *Albert Köster wurde 1899 zum Ordinarius für Neuere deutsche Sprache und Literatur an der Universität Leipzig (Nachfolge Rudolf Hildebrand) ernannt.*
8 *Der Literaturhistoriker und Philosoph Eugen Kühnemann war seit 1895 Privatdozent in Marburg und wurde 1901 dort zum außeretatmäßigen außerordentlichen Professor für Neuere Philosophie ernannt.*
9 *In die Redaktion des bis heute bestehenden, 1846 gegründeten »Archiv für das Studium der neueren Sprachen und Literaturen« war 1895 Alois Brandl eingetreten, der es gemeinsam mit dem Romanisten Adolf Tobler herausgab.*
10 *Erich Schmidt: Ludwig Uhland als Dolmetsch Lopes de Vega. In: Archiv für das Studium der neueren Sprachen und Litteraturen 101, N. F. 1 (1898), S. 1–4.*
11 *Albert Köster: Über Goethes Elpenor. In: Archiv für das Studium der neueren Sprachen und Literaturen 101, N. F. 1 (1898), S. 257–272. Auch Ludwig Geiger und Joseph Eduard Wackernell waren in diesem Band vertreten.*
12 *Das vierte Ergänzungsheft des »Euphorion« (1899).*
13 *Die beiden Herausgeber des »Archiv«, Brandl und Tobler, waren Professoren in Berlin.*
14 *Richard Batka: Altnordische Stoffe und Studien in Deutschland. 1. Abschnitt. Von Gottfried Schütze bis Klopstock. In: Euph., 2. Ergänzungsheft (1896), S. 1–70; 2. Abschnitt. Klopstock und die Barden. I. Klopstock. In: Euph. 6 (1899), S. 67–83.*
15 *Max Rubensohn: Der junge Opitz. 2. Hipponax und Aristarchus. Ernst Schwabe von der Heiden. In: Euph. 6 (1899), S. 221–271. Zum ersten Teil s. Brief 131, Anm. 2.*
16 *zum Disput Niejahr gegen Jellinek und Kraus s. Brief 167, Anm. 28.*
17 *s. Brief 156, Anm. 1.*
18 *Rudolf Fürst: Ein Stück Altösterreich. In: Die Zeit, 3.9.1898, S. 154–156.*
19 *N. N. [Rudolf Fürst?]: Goedeke. In: Die Gegenwart 27, Nr. 40, 8.10.1898, S. 223.*

20 Im Gegensatz zu Fürst rechtfertigte Edmund Goetze, der Herausgeber der zweiten Auflage von Goedekes »Grundriss«, den Umfang des § 298 im Vorwort zum sechsten Band ausdrücklich (S. V): »Wer an der Ausführlichkeit des § 298, Österreich, Anstoß nehmen sollte, weil er darin sogar solche Schriftsteller aufgeführt findet, deren dichterische Erzeugnisse als elende Verse oder als gereimter Unsinn bezeichnet wurden, als sie ans Licht traten, der vergegenwärtige sich, was ein Grundriß eigentlich geben will. Während die Litteraturgeschichte von dem Einflusse spricht, den die Schriftwerke auf die Zeitgenossen ausübten, berichtet der Grundriß, daß die Dichtungen da sind oder da waren. Nur in den zusammenfassenden Einleitungen sollen Wertungen vorgenommen und nur bei einzelnen hervorragenden Persönlichkeiten Charakteristiken angeknüpft werden.«

174. (B) Sauer an Seuffert in Graz
Prag, 28. Februar 1899. Dienstag

Prag, 28/2 99
Smichow 586.

L. F. Ich bin, ohne daß ich eigentlich recht weiß wie in meiner Correspondenz mit Ihnen [au]ßer Ordnung gekommen und ich benütze die stille Woche, um die mir liebgewordene Gewohnheit mit Ihnen in sehr naher Fühlung zu bleiben wieder aufzunehmen. Der Februar war uns sehr unangenehm. Zuerst erkrankte unsre Magd an Influenza, dann meine Frau: (ich selbst überwand sie außer Bett) u. es waren 14 gräuliche Tage. Vorher u. nachher hatte ich eine Unmasse Zeug für die Berliner Jbb (Lyrik)[1] zu erledigen u. das Laufende gieng nebenher. Von der Zs. sende ich Ihnen das neue Heft, in dem Sie einiges finden werden, was Sie zufriedenstellen wird. Ich habe jetzt sehr viel Schönes liegen: leider aber so viel, daß mir wieder auf ein ganzes Jahr die Hände gebunden sind: Natürlich mit Ausnahme der Rec. Werner will in einem Ergänzungsheft einen 3. Band Hebbelbriefe[2] herausgeben, wovon ich keineswegs entzü[ckt] bin. Geht aber Fromme auf seinen Vorschlag ein, so will ich das als einen Beweis ansehen, daß die Zs. nicht gar so schlecht geht und will Ja u. Amen dazu sagen. Merkwürdiger Weise habe ich eine lächerliche, abergläubische Furcht, daß ein 7. Jahrgang nicht zu Stande kommt, obwohl gar keine bestimmten Anzeigen dafür vorliegen; die täglichen Anfragen und Einsendungen vielmehr darauf hindeuten, daß die [Zs.] viel bekannter ist als früher. Ob allerdings damit auch die Abonnentenzahl gestiegen ist, weiß ich nicht. – Daß die DLD mit dem Göschenschen Verlag in den von Behr in Berlin übergegangen sind, wissen S[ie] wahrscheinlich schon. Es ist eine einsilbige Firma: E. Behrs Verlag (A. Bock), Besitzer Dr. Bloch.[3] Nach Elias' Versicherung soll der gegenwärtige Besitzer sehr anständig und verständig sein.[4] Er will die Samml. fortsetzen; einst[wei]len hält mich Köster mit der Fortsetz. des Neolog. Wörterbuchs⁵ leider sehr hin. Zwischen die beiden letzten Lieferungen Schönaichs schieben wir ein ganz kleines Heft mit einem ungedruckten Weihnachtsspiel Hübners⁶ aus dem Anfang des 17. Jhs ein. Über die Fortsetz. arbeite ich momentan an einer kleinen Denkschrift.⁷ – Am meisten Sorge macht mir jetzt der Vorschlag für Kelle. Die Commission ist in der letzten Sitzung gewählt worden, ist aber noch nicht zusammen getreten. Die erste Bombe wird nach Graz fliegen.⁸ Schlägt sie dort ein, dann bin ich gerettet! Wenn nicht, wird weiter nach Innsbruck gefeuert!⁹ Gräbt sie sich aber auch dort unschädlich in den Erdboden ein, dann bin ich von allen guten Geistern verlassen, obwol mich täglich solche mit Wünschen & Ratschlägen umschweben.

Mehr wollen Sie nicht wissen; also will ich Sie damit nicht quälen. Leider habe ich nach Wettsteins Abgang¹⁰ für den Sommer auch wieder das Dekanat übernehmen müssen! Also für Abhaltung vom [Arb]eiten ist gesorgt. – Kühnemann soll also in Marburg ernannt sein.¹¹ Es ist sonderbar von Schröder: er führt Scherers Namen immer im Mund: seine Thaten weisen aber nach der entgegengesetzten Richtung.¹² Nun ist Basel frei.¹³ RMM.¹⁴ wird wieder traurige Stunden verleben, wenn er nicht vorgeschlagen wird. Vielleicht erwartet er das auch von Prag: aber wir werden wol überhaupt [ka]um auf Ausländer reflektieren. Wenn aber, dann müßte doch Steinmeyer¹⁵ oder Rödiger oder Henning vorangehn. Doch ich verliere mich schon wieder auf das schlüpfrige Thema. Verzeihen Sie. Möchte bei Ihnen schon wieder Gesundheit u. Ruhe eingekehrt sein, das wünscht Ihnen Ihr treulich er[g.] AS.

Handschrift: ÖNB, Autogr. 422/1-366. 1 Dbl., 4 S. beschrieben. Grundschrift: deutsch.

1 Sauer arbeitete am Referat über Neuerscheinungen zur Lyrik des 18. und 19. Jahrhunderts für die »Jahresberichte für Neuere deutsche Literaturgeschichte« (Bd. 6 [1899] für das Berichtsjahr 1895).
2 Dieses Ergänzungsheft zum »Euphorion« kam nicht zustande, die Briefedition erschien separat: Friedrich Hebbels Briefe. Unter Mitwirkung Fritz Lemmermayers hrsg. von Richard Maria Werner. Nachlese in 2 Bänden. Berlin: B. Behr (E. Bock), 1900. Die Edition ergänzte die frühere Auswahlausgabe: Friedrich Hebbels Briefwechsel mit Freunden und berühmten Zeitgenossen. Mit einem Vorwort hrsg. von Felix Bamberg. 2 Bde. Berlin: G. Grote, 1890, 1892.
3 Sauer verwechselte die Initialen der beiden früheren Verlagsleiter Bernhard Behr und (Moritz) Emil Bock. 1835 gründete Behr den Verlag in Berlin, 1840 wurde sein Schwager Bock zunächst Teilhaber, 1856 alleiniger Eigentümer. 1873 ging das Geschäft an Adalbert Bloch über. Das Sortiment wurde 1881 verkauft und unter dem Namen B. Behrs Buchhandlung weitergeführt, der Verlag firmierte fortan unter dem Namen B. Behrs Verlag (E. Bock). Mit Wirkung vom 1.1.1899 übernahm Adalbert Bloch für seine Firma die literarhistorischen Werke der G. J. Göschenschen Verlagsbuchhandlung in Leipzig, darunter auch die »Jahresberichte für Neuere deutsche Litteratur-Geschichte« (s. Brief 135, Anm. 8) und die »Deutschen Literatur Denkmale« (s. Brief 3, Anm. 4). Nach Blochs Tod am 30.6.1899 ging das Geschäft in den Gesamtbesitz der Familie Bloch über, für welche Walther Bloch(-Wunschmann) das Geschäft führte.
4 Die von Julius Elias herausgegebenen »Jahresberichte für Neuere deutsche Litteratur-Geschichte« waren von

1892 bis 1897 in der G. J. Göschen'schen Verlagsbuchhandlung in Stuttgart (später in Leipzig) erschienen; im Laufe der Herstellung des sechsten Bandes (1899) wechselte der Verlag zu B. Behr.

5 s. Brief 87, Anm. 22.

6 *Christ-Comoedia. Ein Weihnachtsspiel von Johann Hübner (Rektor der Domschule zu Merseburg 1694–1711). Hrsg. von Friedrich Brachmann. Berlin: B. Behr's Verlag (E. Bock), 1899 (DLD. 82 = N. F. 32).*

7 *Die ausführliche Denkschrift über die Fortsetzung der »Deutschen Litteraturdenkmale« hat sich in Sauers Nachlass erhalten (Sauer an Adalbert Bloch, Brief, o. D. [Februar/März 1899]. WBR, NL Sauer, ZPH 103, 1.4.1; laut eigenhändiger Notiz sandte Bloch einen Teil der Blätter am 5.5.1899 an Sauer zurück; s. auch Brief 59, Anm. 10). Sauer verbindet darin einen Abriss zur Geschichte des Unternehmens mit einer Analyse zu den Absatzproblemen der Neudrucke, Überlegungen zu ihrer Behebung und detaillierten Einzelvorschlägen für künftige Titel; der folgende Auszug beschränkt sich auf die Einleitung und weitere programmatische Teile der Denkschrift:* »Bei der Gründung der Deutschen Litteraturdenkmale schwebte vor allem das Ziel vor, seltene, schwer erreichbare Werke des 18/19 Jh., die aber doch jeder Forscher, jeder Lehrer, jeder Litteraturfreund nennt meist ohne sie zu kennen, in billigen Neudrucken vorzulegen. Dabei sollte besonders Material zu Seminarübungen geschaffen werden. Als Muster schwebten die Neudrucke des 16/17 Jhs. (von Braune; bei Niemeyer in Halle) vor. Dieser Sammlung gegenüber war die neue von vorn herein etwas im Nachteil, indem jener die wichtigsten und gelesensten Werke des 16/17 Jhs. von Luther, Fischart, Opitz, Gryphius u. s. w. zur Verfügung standen, während uns die Werke von Lessing, Klopstock, Wieland, Schiller, Goethe, Herder, Heine meistens entzogen sind, da es gute Gesamt- oder Einzelausgaben bereits giebt. Das hat sich seit Gründung der Litteraturdenkmale noch mehr zu deren Ungunsten verändert, da die Kürschnersche Deutsche Nationallitt., die Weimarische Goetheausgabe, die kritische Herder-Ausgabe u. s. w. ihnen eine ganze Reihe von Werken vorwegnahmen, an deren Wiedergabe man hätte denken können. Selbst Sammlungen wie Reclams Universalbibliothek u. ä. stehen uns im Wege, wenn wir auch viel bessere und reinere Texte darbieten.« *Zur Hebung des Absatzes schlug Sauer u. a. eine Erhöhung des Umfangs der Sammlung von jährlich 20 auf 30 Bogen, um endlich auch umfangreichere Werke, wie Schnabels* »Insel Felsenburg«, *neudrucken zu können, die Bildung von Unterreihen für thematisch verwandte, kleinere Werke (z. B. für* »Streitschriften für uns gegen Klopstock«, »Volksbücher des 18. Jahrh.« *oder* »Quellenschriften zur Hamburg. Dramaturgie«) *sowie die Erarbeitung von größeren kommentierten Klassikerausgaben vor, wodurch die Reihe für bekanntere Namen geöffnet würde:* »Eine gute, reich commentierte Ausgabe der Gedichte Schillers, Goethes, Klopstocks, Lessings wäre ein Bedürfnis. Natürlich müsste mit dem Raum gar nicht gespart werden. Wie gut gehen die ganz schlechten Düntzerschen Kommentare! Einzelne Schriftsteller sind ohne Kommentar gar nicht verständlich. Hamanns Kreuzzüge eines Philologen könnten den Anfang machen. [...] Da die Litteraturdenkmale den Untertitel »Neudrucke« längst fallen gelassen haben, so steht nichts im Wege, dass man sie nach dieser Seite ausgestaltet [...] Soll die Sammlung gedeihen, so wäre es unbedingt notwendig, dass zum mindesten für 2–3 Jahre ein systematischer Plan entworfen wird und nicht immer nur von der Frühjahrslieferung bis zur Herbstlieferung Vorsorge getroffen wird, wie dies in den letzten Jahren gegen meine Bitte und Warnung leider der Fall war. [...]«

8 *Gemeint ist ein Ruf an Anton Emanuel Schönbach als Nachfolger Kelles in Prag; zur großen Erleichterung Seufferts lehnte Schönbach den Ruf ab (s. auch die folgenden Briefe).*

9 *Gemeint ist der Heinzel-Schüler Joseph Seemüller, von 1893 bis 1905 Ordinarius für deutsche Sprache und Literatur an der Universität Innbruck, von 1905 bis zu seinem Ruhestand 1912 in Wien (Nachfolge Richard Heinzel). Zu seiner Ablehnung s. die folgenden Briefe, bes. Brief 178.*

10 *Richard Wettstein Ritter von Westersheim, von 1892 bis 1898 Ordinarius für Botanik und Direktor des botanischen Gartens in Prag, war 1898 nach Wien berufen worden. Sauer führte als Prodekan Wettsteins Geschäfte weiter; das Dekanat verblieb für das Jahr 1899 unbesetzt (s. Hof- u. Staatshandbuch 1899, S. 624).*

11 s. zu diesem Gerücht schon Brief 173, Anm. 8.
12 Sauer macht den Scherer-Schüler Edward Schröder für die Ernennung des philosophisch orientierten Kühnemann verantwortlich. Seuffert äußerte sich dazu am 16.10.1898 skeptisch (StAW): »Dass sich Schröder den ganz unphilologischen Kühnemann, der doch für philosophie habilitiert ist, creieren sollte, kommt mir unwahrscheinlich vor.« Seufferts Vermutung war richtig: Schröder opponierte schon gegen die Habilitation Kühnemanns, umso mehr noch dagegen, dass er zum Vertreter des nach Leipzig berufenen Albert Köster ernannt werden sollte. Kühnemann indes war ein Protegé des preußischen Kultusministers Robert Bosse, der Kühnemanns Ernennung gegen den Willen der Fakultät und angeblich sogar gegen den seines Ministerialrats Althoff durchsetzen ließ (s. Edward Schröders Brief an Gustav Roethe vom 25.8.1898. Briefw. Roethe/Schröder, Bd. 1, Nr. 2377, S. 911). Die causa Kühnemann wird in zahlreichen Briefen der Korrespondenz zwischen Roethe und Schröder traktiert (s. deren Index).
13 Auf das durch den Tod Rudolf Kögels (5.3.1899) freigewordene Ordinariat für deutsche Sprache und Literatur wurde der Mediävist und Volkskundler John Meier berufen.
14 Der Berliner Privatdozent Richard M. Meyer, der aufgrund seiner jüdischen Herkunft bei Berufungen wiederholt übergangen worden war, hoffte, dass der Berliner Privatdozent Max Roediger nach Basel berufen werden würde und sich so seine Chancen auf die Erlangung eines Extraordinariats in Berlin verbessern würden. Vgl. dazu den Brief Meyers an Gustav Roethe vom 30. 3.1899 (Cod. Ms. G. Roethe 134, Nr. 14, UB Göttingen) und die Briefe Meyers an Elisabeth Förster Nietzsche vom 1.4.1899 und 18.4.1899.(Goethe- und Schiller-Archiv Weimar, 72/3563, Nr. 66 und 67).
15 Sauer spricht hier wieder von der Kelle-Nachfolge in Prag, für die der auch auf dem Gebiet der älteren deutschen Literatur qualifizierte Meyer theoretisch ebenfalls infrage gekommen wäre – nach Sauers Auffassung aber erst nach Elias von Steinmeyer (Erlangen), Max Roediger (Berlin) und Rudolf Henning (Straßburg).

175. (B) Seuffert an Sauer in Prag
  Graz, 6. März 1899. Montag

Graz 6 III 99 Harrachg. 1.

Lieber freund, Ihren freundschaftlichen brief hätte ich gleich beantworten sollen. Mein bruder aus München[1] war hier, zum ersten male, und so blieb Wertherkorrektur liegen, die reichlich u. schnell zu erledigen, ich während der ferien mich verpflichtet habe. Und dieser Werther hat mich auch seither schon schweigsam gemacht. Er ist eine aufreibende u. unerquickliche arbeit. Aus den massen von lesarten, die für die beurteilung der zahlreichen drucke gesammelt werden mussten, die auszulesen, welche druckenswert sind, war neue plage.   Jetzt ist das mscpt. des apparates fertig bis auf die hälfte der druckbeschreibungen; ich fürchte es gibt 7–8 bogen u. wird also noch eine schwere korrektur während des sommers. Wenn ich nur während des ferienrestes wenigstens noch das mscpt. fertig bringe! –

Dass Ihr haus auch von der influenza ergriffen wurde, bedauern wir herzlich. Auch bei uns war reihum alles krank, nur der vater, der kleinste[2] u. die köchin konnten sich ausser bett halten. Meine frau³ ist immer noch sehr schwach u. kam nur wenig ins freie. Eine schwere erholung!

Die wahl des neuen collegen muss Ihnen freilich sorge machen. Mir wäre angst u. bang in der gleichen lage, zumal ich mit Schönbach noch besser zusammengespielt zu sein glaube als Sie mit Kelle. Schönbach erhofft, dass er vorgeschlagen werde. U. ich hoffe, dass er hier bleibt.⁴ Ich glaube, ich habe früher als ich an diese frage rührte mich misverständlich ausgedrückt: aus Ihrem briefe klingt es, als ob ich davon nichts hören wollte. Ich aber meinte es umgekehrt: ich will Sie nicht zum sprechen darüber herausfordern, wenn Sie nicht sprechen wollen. Ich höre gerne davon und will nur kein unerwünschter berater und horcher sein. Ich dächte doch, dass Seemüller von dem jesuitischen Wackernell, der eine rolle, besonders in prüfungssachen u. bei anstellungen, spielen soll, gerne los kommt und das zusammenarbeiten mit Ihnen höher schätzt als die Prager stadtfatalitäten. Freilich, wenn er nicht geht, wird es schwierig.   Steinmeyer dürften Sie nicht bekommen. Roediger und Henning würde ich an Ihrer stelle nicht wollen. Und auch Richard M. M. hat meine gute meinung verloren durch seine unüberlegte vielschreiberei, obwohl ich ihm, als dem einzigen der mir ein freundlich zustimmendes wort zu der mühsamen novellenstudie⁵ sagte, dankbar sein müsste. Heinzel soll an stelle Detters, der schon um seiner allseits gerühmten sprech- u. lehrgabe willen eine erlösung aus der Schweiz verdiente, Jellinek vorgeschlagen haben; ob wirklich nur der ancienität wegen? oder hat er mehr charakter als Kraus? denn so von aussen her würde ja Kraus der erfolgreichere sein. Ich persönlich ziehe allerdings die geistreiche sprunghaftigkeit des ungeordneten Singer dem Krausischen mechanikerbetrieb⁶ vor. Ich denke nicht so schlecht von der Wiener schule wie Burdach, aber auch über diesen viel besser als jene. Und wenn Sie mir Schönbach doch abspenstig machen sollten, so würde ich einen schweren kampf kämpfen: ich müsste meine entschiedene hochschätzung Burdachs gegen seine, wie man sagt, unüberwindliche unverträglichkeit abwägen u. überlegen, was sachlich mehr frommt: zwei sich zankende Germanisten, von denen einer hervorragend ist, oder zwei mittelmässige, die zusammen arbeiten.⁷

Ich habe alle diese vertraulichkeiten nur niedergeschrieben, Ihnen zu beweisen, dass ich an Ihrer sorge teil nehme. Gewiss nicht, meine meinung aufzudrängen. Es ist ja auch alles rein subjektiv.

Dass Sie nun noch dazu das decanat führen müssen, ist lästig.

Von dem verlegerwechsel der DLD wusste ich nichts; mög er der sammlung gut bekommen. Da die Brauneschen neudrucke⁸ fast nur mehr reformationslitteratur bringen, tun Sie gut, ins 17. zurückzugreifen.

Ich hoffe doch, dass Fromme den Euphorion hält. Die zahl des Weim. jahrbs.⁹ u. der VJS darf Sie nicht schrecken. Hätte ich nicht beim 5. bd. die redaction gekündigt, u. noch mehr: hätte Böhlau nicht seinen verlag völlig aktiv verkaufen wollen, so wäre die VJS. gewiss fortgesetzt worden.[10] Ich schreibe vielleicht etwas über die Wertherüberlieferung, rein philologisch, aber allgemein: ich möchte an dieser modernen überlieferung exemplificieren, wie vorsichtig mittelalterl. Überlieferung eingeschätzt werden soll.[11] Ich glaube, das ist nichts für den Euphor., zumal Sie so viel u. schöneres haben. Ich werde es vielleicht Schröder[12] anbieten, falls ichs überhaupt schreibe. Denn eigentlich bin ich alles überdrüssig was mit Werther zusammenhangt, u. möchte ans recensieren für Sie, den Anz. u. die DLZ.[13]

Kühnemanns ernennung hielte auch ich für einen fehlgriff. Ich verstehe Schröder nicht: er soll G[14] vorgeschlagen haben!!

Das neue heft Euphorion enthält sehr viel gutes. Rubensohn[15] ist sehr lehrreich, obwol ich mich mit seiner verfitzten (so sagt Schröder glaub ich in dem fall) darlegungsweise noch immer nicht befreunde.   Batka[16] macht einem Scheel[17] historisch bequemer, viel neues kommt meine ich nicht heraus; aber fürs colleg dankenswert. Auch die rec. sind reichhaltig, bes. Drescher[18] u. Hampe.[19] Auch Leitzmann ist ergiebig, wenn auch in der auffassung eng.[20] Über Busse hätte ich gerne gleich das ganze gelesen, es fehlen aber gerade S. 151–154.[21] Zu Falke hatt ich noch nicht zeit.[22] Sie können mit dem hefte zufrieden sein. Ich danke Ihnen sehr, dass Sie mir es so zeitig zugehen liessen und bitte mich auch ferner zu bedenken.

Mit den herzlichsten grüssen u. wünschen für Sie u. Ihre frau treu
Ihr
sehr ergebener
BSeuffert

Gehen Sie wieder nach St. Gilgen?

Ist man denn an einem orte des Wolfgang-Sees hart am oder besser im walde? St. Wolfgang wäre mir zu sonnig, ich brauche waldesschatten. Und der frau u. der kinder wegen ebene wege darin. Dafür war Goisern sehr gut, aber die verpflegung liess zu wünschen übrig.

Handschrift: StAW. 1 Dbl., 4 S. beschrieben. Grundschrift: lateinisch.

1 *der Jurist Lothar Seuffert.*
2 *Burkhardt Seuffert.*
3 *Anna Seuffert, geb. Rothenhöfer.*
4 *zu den Erwägungen Schönbachs s. die Folgebriefe, zu seiner schließlichen Ablehnung s. Brief 178.*
5 *Bernhard Seuffert: Goethes »Novelle«. In: GJb 19 (1898), S. 133–166.*
6 *Zu Seufferts Aversion gegen Quantifizierung und Statistik in der Philologie s. auch Brief 190, Anm. 4. Zu Samuel Singer s. Brief 167, Anm. 13.*

7   Seuffert spricht über Konrad Burdach als möglichen Nachfolger für Schönbach für den – dann nicht einge-
    tretenen – Fall, dass Schönbach den an ihn gerichteten Ruf nach Prag annehmen sollte.
8   Gemeint sind Wilhelm Braunes »Neudrucke deutscher Literaturwerke des 16. und 17. Jahrhunderts« (s.
    Brief 25, Anm. 1).
9   Gemeint ist das »Goethe-Jahrbuch«; Abonnentenzahl unbekannt.
10 s. dazu auch die Darstellung in Brief 204.
11 Bernhard Seuffert: Philologische Betrachtungen im Anschluß an Goethes Werther. In: Euph. 7 (1900),
    S. 1–47. Der Aufsatz erschien trotz der im Folgenden geltend gemachten Bedenken im »Euphorion (s. auch
    Brief 186, Anm. 2).
12 in dessen Funktion als Herausgeber der »Zeitschrift für deutsches Alterthum«.
13 Gemeint sind der »Anzeiger für deutsches Alterthum« und die »Deutsche Literaturzeitung«.
14 nicht ermittelt.
15 s. Brief 173, Anm. 15.
16 s. Brief 173, Anm. 14.
17 Willy Scheel: Klopstocks Kenntnis des germanischen Altertums. In: VfLg 6 (1893), S. 186–212.
18 Karl Drescher [Rez.]: Alfred Bauch: Barbara Harscherin, Hans Sachsens zweite Frau. Beitrag zu einer
    Biographie des Dichters. Nürnberg: J. P. Raw, 1896. In: Euph. 6 (1899), S. 111–114.
19 Theodor Hampe [Rez.]: Nürnberger Meistersinger-Protokolle von 1575–1689. Hrsg. von Karl Drescher.
    2 Bde. Tübingen: Literarischer Verein in Stuttgart 1897 (Bibliothek des Literarischen Vereins in Stuttgart
    213/214). In: Euph. 6 (1899), S. 114–127.
20 Bezug nicht eindeutig. Leitzmann verfasste für das erste Heft des »Euphorion« 1899 drei Einzelrezensionen
    und eine Sammelrezension: Albert Leitzmann [Rez.]: Otto Harnack: Schiller. Berlin: Hofmann, 1898. In:
    Euph. 6 (1899), S. 135–140; ders. [Rez.]: Schillers Werke. Hrsg. von Ludwig Bellermann. Kritisch durch-
    gesehene und erläuterte Ausgabe. 14. Bde. Leipzig, Wien: Bibliographisches Institut, [1895–1898] (Meyers
    Klassiker-Ausgaben). Ebd., S. 142–149; ders. [Rez.]: Arturo Farinelli: Guillaume de Humboldt et l'Espa-
    gne. Avec un Appendice sur Goethe et l'Espagne. Paris: Protat frères, 1898 (Extrait de la Revue Hispanique.
    V). Ebd., S. 172; ders. [Rez.]: Schriften über Schillers Jugend [Otto Krimmel: Beiträge zur Beurteilung
    der hohen Karlsschule in Stuttgart. Cannstadt: Bosheuyer, 1896 (Beilage zum Programm der Realanstalt in
    Cannstatt zum Schlusse des Schuljahres 1894/95)/Ernst Müller: Schillers Jugenddichtung und Jugendleben.
    Neue Beiträge aus Schwaben. Stuttgart: Cotta, 1896/Marx Möller: Studien zum Don Carlos. Nebst einem
    Anhang: Das Hamburger Theatermanuskript. Greifswald: Abel, 1896. Ebd., S. 140–142.
21 Seuffert gibt falsche Seitenzahlen für die Busse-Rezension an: Richard M. Meyer [Rez.]: Carl Busse: Nova-
    lis' Lyrik. Oppeln: Maske, 1898. In: Euph. 6 (1899), S. 149–151.
22 Alfred Semerau [Rez.]: Jakob Falke: Lebenserinnerungen. Leipzig: Meyer, 1897. In: Euph. 6 (1899),
    S. 151–166.

176. (B) Sauer an Seuffert in Graz
Prag, (nach dem 6. März 1899)

L. F. Meine das letzte Mal geäußerten Befürchtungen sind rasch zur Wahrheit geworden. Fromme hat den Euphorion für Ende d. Jahres gekündigt. Der Hptgrund ist
der, daß ich die Öst. Lit. Gesch.¹ *[bis]* jetzt nicht darin besprochen habe. Irregeführt
durch s. Angabe, daß das Werk zu Weihnachten vorigen Jahres ganz abgeschlossen
s. werde (während es doch nur scheinbar abgeschlossen ist u. 1 zweiter Bd. folgt),

habe ich ihm versprochen, im 2. Hefte dieses Jg. eine Besprechg. zu liefern; dieses Versprechen aber sogleich zurückgenommen, als ich den fertigen Bd im Januar sah. Aber ich verhehle mir nicht daß eine erfolgte Besprechg. erst recht die Totengräberei der Zs. gewesen wäre, denn bei aller Zurückhaltg. hätte sie tadelnd ausfallen müssen u. das hätte Fromme nicht ruhig hingenommen. Die öst. Lit. Gesch. stand von Anfang an zwischen uns. Deren Verquickung mit der Zs.[2] war eine höchst unglückselige Idee. Was nun beginnen. Folgte ich nur meinen eigenen Wünschen u. dächte ich nur an meine Zukunft, so benützte ich diese Gelegenheit um die Zs. eingehen zu lassen u. kehrte zu meinen eigenen Arbeiten zurück. Es wär eine Erlösg. für mich. Andererseits ärgert & kränkt es mich, daß ich elend auf der Strecke bleibe, während Koch scheinbar wenigstens gedeiht.[3] Auch schien mir grade jetzt die Zs. consolidirt zu sein (innerlich). Die Einsendungen mehren sich, werden auch der Qualität nach besser. Ich bin gegen Mist unduldsamer u. habe das Handwerk nun grad erst weg. Nun ist mir nicht grade bang, zur Not einen Verleger zu finden. Die neue Palestra <!> Schmidts & Brandls, Meyer & Müller[4] thäte sich vielleicht auch mir auf. Vielleicht entschlösse sich Konegen[5] zur Übernahme, was insofern nicht schlecht wäre, als er d. Druck weiter bei Fromme könnte besorgen lassen. Ellwanger, mein früherer Drucker[6] hat sich mir, als Koch-Buchner gekündigt hatte,[7] als Verleger angetragen u. wäre vielleicht auch jetzt zur Übernahme bereit. Aber alles das wär vielleicht doch wieder nur für 3 Jahre. Wie [w]ärs wenn ich sie Beer-Bock-Bloch,[8] dem neuen Verleger d. Jbb. & DLD antrüge u. zwar derart, daß die Bibliographie in der gegenwärtigen Form zu Gunsten der Jbb. (die jetzt ohnehin rascher erscheinen sollen) wegfiele u. nur durch ein Verzeichnis der wirklich einlaufenden Bücher & Artikel ersetzt würde, über die ja gelegentlich ein paar kritische Worte gesagt werden könnten. Dann wäre ich die Hauptmühe u. Sorge los. Die Zs., der Druck käme billiger; ich brächte mehr Abhandl. u. Recensionen unter, wenn der Umfang sonst derselbe bliebe. Mit der Bibl. nemlich wird Bloch die Zs. kaum nehmen. Oder wenn sich sonst eine große, sichere Verlagsbuchh. bereit fände. Fromme hat sich wenigstens insofern anständig benommen, als er mir jetzt schon kündigte, während er kontraktlich erst am 1. Juli verpflichtet gewesen wäre, mir die Mitthl. zu machen. So oft ich mir die Sache auch vorgestellt hab[e,] so hat der Brief selbst doch eine gewaltige Depression bei mir hervorgerufen. Wäre mit E Schmidt was anzufangen, so sagte ich ihm, er soll in Berlin einen Herausgeber & einen Verleger suchen. Bei s. Einfluß fänd er vielleicht beides. Ob ich zu diesem Zweck nach Weimar fahren soll, zu Pfingsten. – Verzeihen Sie, daß der erste u. längste Notschrei zu Ihnen ertönt, der Sie mein Berater u. Schützer von Anfang an gewesen sind.

Wir hatten Donnerstag die 1. Comissionssitzung. Wir einigten uns an Schönbach & Seemüller zu schreiben, was bereits geschen <!> ist, u. erst dann, wenn deren

Antworten da sind, weiter zu beraten. Nur Lambel & Zingerle haben wir bereits ganz abgethan. – Die meisten Chancen dürfte weiterhin Detter haben, wenn er nicht gebunden ist. Das unter uns. Herzlichst & Treulichst Ihr AS.

In St. Gilgen ist der Wald ziemlich weit; nur die kühle feuchte Seite (Luegg) grenzt direkt an d. Wald, aber für Kinder kaum zu empfehlen.

Datum: Die Korrespondenzstelle ergibt sich aus dem Inhalt von Brief 175. Handschrift: ÖNB, Autogr. 422/1-367. 1 Dbl., 4 S. beschrieben. Grundschrift: deutsch.

1 *Der erste Band der »Deutsch-Österreichischen Literaturgeschichte« (s. Brief 154, Anm. 4) von Johann Willibald Nagl und Jakob Zeidler war beim »Euphorion«-Verleger Fromme erschienen, der Sauer mehrfach gemahnt hatte, die Literaturgeschichte rezensieren zu lassen.*
2 *s. Brief 154, Anm. 4. Sauer hatte die Idee anfangs gutgeheißen.*
3 *Max Kochs »Zeitschrift für vergleichende Literaturgeschichte« (1886/87) war mit der »Vierteljahrsschrift für Kultur und Litteratur der Renaissance« vereinigt und als »Zeitschrift für vergleichende Litteraturgeschichte und Renaissance-Litteratur« (N. F. 1 [1887/88] bis N. F. 4 [1891]) in Zusammenarbeit mit Ludwig Geiger fortgesetzt worden; danach erfolgte eine erneute Umbenennung in »Zeitschrift für vergleichende Litteraturgeschichte« (N. F. 5 [1892] bis N. F. 9 [1901]).*
4 *Die bis heute existierende Schriftenreihe »Palaestra. Untersuchungen und Texte aus der deutschen und englischen Philologie« war 1898 von Erich Schmidt und Alois Brandl gegründet worden, 1904 trat Gustav Roethe als Mitherausgeber hinzu. Sie erschien lange im Berliner Verlag Mayer & Müller, später im Göttinger Verlag Vandenhoeck & Ruprecht.*
5 *Gemeint ist der Verlag von Carl Konegen (Wien), mit dem Sauer schon 1883 bis 1886 für die »Wiener Neudrucke« und die »Beiträge zur Geschichte der deutschen Literatur und des geistigen Lebens in Österreich« zusammengearbeitet hatte (s. Brief 13, Anm. 1).*
6 *Lorenz Ellwanger hatte zwei Buchdruckereien in Bayreuth übernommen, die er 1892 in die Firma Buch- und Steindruckerei Lorenz Ellwanger zusammenführte. Die Firma hatte das Verlagsrecht für verschiedene Publikationen, etwa für die »Oberfränkische Zeitung«, und fungierte offenbar auch als Druckerei für den Verlag C. C. Buchner (s. Sauers Brief an Seuffert vom 17.8.1894. ÖNB, Autogr. 422/1-267).*
7 *Sauer bezieht sich hier auf das Jahr 1896, in dem der »Euphorion« nach drei Bänden beim Verlag C. C. Buchner zu Fromme in Wien gewechselt war (s. Brief 154).*
8 *Gemeint ist B. Behrs Verlag (E. Bock) (s. Brief 174, Anm. 3).*

177. (B) Seuffert an Sauer in Prag
    Graz, 1. Mai 1899. Montag

Graz Harrachg. 1.
1 V 99

Lieber freund Sie jagen mir in einer woche 2 schrecken ein. Die berufung Schönbachs hatte ich ja erwartet, aber ich glaubte, seiner sicherer zu sein, und war sehr betroffen, ihn nach eintreffen Ihrer briefe in ernster abwägung des für und wider zu finden. So bin ich sehr erleichtert, in dieser stunde von ihm die nachricht seiner absage zu erhalten. Für Sie ist sie ja fatal, aber Sie sind darauf vorbereitet. Ich will nur wünschen, dass Seemüller ein ja antwortet; dann wären Sie auch geborgen. Übrigens würde der dritte namen, den ich natürlich gegen niemand verlaute, wol auch gutes bedeuten.

Möge sich das zweite nun auch gut für Sie u. – mich abwickeln. Denn Sie erlauben mir wol, ein persönliches verhältnis zum Euphorion zu haben. Fromme ist ein kalendermann, aber kein richtiger;[1] die müssen doch spürsinn besitzen und er hat für seine littgesch. keinerlei. Er sollte froh sein, wenn man das ding stumm begräbt. Wer kann es loben, ohne sich zu prostituieren? Schweigen ist da die günstigste besprechung.

Dass Sie den Euph. eingehen liessen, hielte ich für sehr übel. Gewiss ist er jetzt in zug, während die VJS. schon im 5. jahre lahmte.[2] Sie sagen selbst, dass Sie jetzt die redaction noch besser beherrschen als von anfang an. Entziehen Sie uns das nicht. Sollen wir uns der vgl. Zs.,[3] die wieder unvergleichlich schlecht ist, und dem Berliner Archiv[4] ausliefern? Sie decken auch nicht den bedarf, selbst wenn wir wollten in sie schreiben. Ich sehe ja völlig ein, dass es ein opfer für sie ist, weiter zu redigieren. Aber: Sie könnens, was nicht jedem nachzurühmen wäre. Stellen Sie Ihre qualität in den dienst der sache. Finden Sie erleichterung durch den wegfall der bibliographie, so muss sie halt abgeschnitten werden, nur damit Sie luft kriegen und lust behalten.

Wer der neue verleger sein soll? ich bin ausser aller fühlung mit verlagsgeschäften. Ich hielte einen österr. oder doch süddtsch. für gut, weil das absatzgebiet mehr da als im Norden liegen dürfte, und die vertrautheit des verlages mit seinem naheliegenden sortimentshandel vielleicht doch grösser ist. Konegen? Sie haben ja schon erfahrungen mit ihm, jedenfalls ist es eine sehr angesehene firma. Beck in München? er scheint jetzt so fest zu stehen, dass er gewagteres unternimmt.[5] Von anderen, wie Ellwanger, Beer-Bloch weiss ich nur die namen, ohne einen überblick zu haben. Mayer u. Müller wäre mir bedenklich, trotz Schmidt u. Brandl.

Vielleicht gibt Ihnen Fromme auskunft über die orte des absatzes.

Schmidt die zs. für einen neuen verleger u. einen neuen herausgeber anzubieten, halte ich für ganz unmöglich. Dann ist sie eben nicht mehr der Euphorion, selbst wenn sie so heissen sollte. Er steht und fällt mit Ihrer herausgeberschaft. Eine zs. mit einem andern verleger ist kein novum, eine wissenschaftliche zs. mit einem andern herausgeber ist ein novum, es sei denn, dass Sie die veränderung abschwächen wollen durch den titel »unter mitwirkung von Sauer«, was ich Ihnen niemals raten würde. Halten Sie die fahne und suchen Sie ein neues gestell dafür; der boden, den sie beherrscht und Sie beherrschen, ist da.

Was ist mit der Dtsch-österr.litt-gesellschaft?[6] ich verstehe das unternehmen nicht u. habe abgelehnt, mich dafür hier inscenieren zu lassen. Ist sie ein Körnchen wert, so müsste sie auch auf die verhältnisse des Euphorion passen. Ich trau ihr aber nichts gutes zu.

Ich hoffe, Sie überwinden bald den berechtigen verdruss und finden, was Sie brauchen. Sie haben unternehmungsgeist u. beziehungen: mir fehlt beides.

Aufrichtig
Ihr   treuer
BSeuffert.

Handschrift: StAW. 1 Dbl., 4 S. beschrieben. Grundschrift: lateinisch.

1   *Die Geschichte des Verlags Carl Fromme geht zurück auf die 1748 gegründete Wiener Buchhandlung Tendler & Comp., 1853 von Carl Fromme übernommen, unter dessen Namen sie daraufhin firmierte. In den Folgejahren avancierte sie zum führenden österreichischen Kalenderverlag. Nach Carl Frommes Tod ging das Unternehmen auf die Erben über, die 1889 Otto Fromme als Leiter der Verlagsbuchhandlung aufnahmen. Gemeinsam mit Carl Frommes Neffen Carl Georg Christian Fromme als Leiter der Buchdruckerei öffnete Otto Fromme den Verlag für Schulbücher und wissenschaftliche Schriften – unter anderem für den »Euphorion«.*
2   *Eine abweichende Beurteilung der Lage der »Vierteljahrschrift für Litteraturgeschichte« findet sich in Brief 175.*
3   *zur »Zeitschrift für vergleichende Literaturgeschichte« und ihren Nachfolgern s. Brief 176, Anm. 3.*
4   *zum »Archiv für das Studium der neueren Sprachen und Literaturen« s. Brief 173, Anm. 9.*
5   *Der auf das Jahr 1763 zurückgehende C. H. Beck-Verlag übersiedelte 1889 in ein eigens errichtetes Gebäude nach München, wo er bis heute seinen Sitz hat, und förderte besonders die juristische Programmschiene. So wurden etwa das Bürgerliche Gesetzbuch (1896) und erfolgreiche Kommentare dazu um die Jahrhundertwende zu wichtigen Eckpfeilern des Verlags. Unter den literaturhistorischen Publikationen des jungen germanistischen Programmzweiges trat vor allem die zweibändige Biographie »Goethe. Sein Leben und seine Werke« von Albert Bielschowsky (1895, 1903) mit 140.000 verkauften Exemplaren bzw. 46 Auflagen (bis 1930) hervor; ähnlich erfolgreich sollte Alfred Bieses »Deutsche Literaturgeschichte« (ab 1907) werden (100.000 verkaufte Exemplare bis 1931) (s. Stefan Rebenich: C. H. Beck 1763–2013. Der kulturwissenschaftliche Verlag und seine Geschichte. München: C. H. Beck, 2013).*
6   *Die kurzlebige Deutsch-österreichische Literaturgesellschaft war 1898 in Wien gegründet worden, fand allerdings schon bald nach der Jahrhundertwende ihr Ende. Ihr 1898/99 in Wien erschienenes Publikationsorgan waren die »Berichte des Central-Comites für die Begründung einer Deutsch-Oesterreichischen Literatur-Gesellschaft« (H. 1–6) bzw. die »Berichte der Deutsch-Oesterreichischen Literatur-Gesellschaft« (H. 7–12).*

178. (B) Sauer an Seuffert in Graz
  Prag, 4. Mai 1899. Donnerstag

Prag 4/5 99
Smichow 586

L. Fr. Ich danke Ihnen vielmals [fü]r Ihren lieben raschen Brief. Er hat mich etwas aufgerichtet, wenn ich auch noch immer mutlos bin. RMMeyer hat mir zwar gerathen, die Zs. aufzugeben; aber hat mir auch für den Fall des Weiterbestandes 400 M. jährlich angetragen, um die er Exemplare übernehmen will. Das nehme ich gerne an. 200 fl. vom Min. 240 fl. von Meyer = 440 fl das ist eigentlich nicht wenig. Vielleicht also bekomm ich jetzt einen Verleger. Auch mir wäre ein öst. oder süddeutscher lieber als ein Berliner, als Bock[1] z. b, bei dem fremde Einflüße sich leicht geltend machen könnten. Ich habe zunächst Glossy ersucht, in Wien Umschau zu halten. Um die 400 M mehr wäre auch Fromme vielleicht bereit, die Sache fortzuführen; aber ich bin zu stolz, ihn darum zu bitten u. dann ärgert mich die ewige Öst. Lit. Gesch. –

Also Schönbach hat abgelehnt, Seemüller hat abgelehnt – was nun. Das wahrscheinlichste ist jetzt eine Terna: Detter Much Kraus; oder Detter Kraus Much. Seemüller setzt sich, ungefragt, sowie Heinzel sehr warm für Kraus ein und Seemüllers Argumente haben mir einen tieferen Eindruck gemacht als die Heinzels. Ich werde also wohl meine persönliche Voreingenommenheit zurückstellen müssen. Da ich weder Sch.[2] noch S.[3] haben [ka]nn, so ist mir persönlich die Sache jetzt auch gleichgültig, wenn wir nur fachlich nicht schlecht wegkommen. Sehr sympathisch nach s. Arbeiten wäre Pogatscher u. mir Schatz in Innsbruck; aber nach Seemüllers sehr wohlwollender Charakteristik ist er doch zu jung für uns. Man sagt mir allgemein, daß bei dem Paar Kraus-Jellinek der letztere der eigentliche böse Dämon sei u. daß sich Kraus, wenn er dessen Einfluss entzogen wäre, besser entwickeln würde. – Jellinek lehne ich aber entschieden ab; er soll ein frecher widerlicher Patron sein, auch droht unser Nachwuchs ganz jüdisch[4] zu werden, während unsere Studenten nationaler sind denn je. Wissen Sie mir einen Rat, so entziehen Sie ihn mir nicht. Dienstag haben wir die nächste Commissionssitzg., in der wir schlüssig werden müssen.

Schönbachs Ablehnung mussten wir halb & halb erwarten; auf die Seemüllers war ich aber nicht gefasst.

Verzeihen Sie, wenn ich etwas confus schreibe; ich hab so vieles im Kopf.

Herzlichst
Ihr
treulichst erg

ASauer

Bitte, haben Sie die richtigen SA. von Heft 1 bekommen? Meyer hat nemlich falsche bekommen!

Handschrift: ÖNB, Autogr. 422/1-368. 1 Dbl., 4 S. beschrieben. Grundschrift: deutsch.

1 Gemeint ist B. Behrs Verlag (E. Bock) (s. Brief 174, Anm. 3).
2 Anton Emanuel Schönbach.
3 Joseph Seemüller.
4 Max Hermann Jellinek war der Sohn eines Wiener Oberrabbiners.

179. (B) Seuffert an Sauer in Prag
     Graz, 5. Mai 1899. Freitag

Graz 5 V 99

Ich antworte umgehend, lieber freund. Wenn Sie einige ursache haben zu glauben, dass Fromme durch Meyers anerbieten sich bei der stange halten lässt, würde ich doch diese beharrlichkeit für das beste finden. Freilich müsste ihm zugleich klar gemacht werden, dass das schweigen über die Öst. littgesch. das beste ist, was ihr der Euphorion tun kann. Es braucht das ja keine bitte zu sein: Sie gewähren ihm gnädig den vorrang bei den verbesserten verhältnissen.   Übrigens: wie denkt es sich denn RMM.,[1] wenn der Euph. aufhört? Wohin mit den untersuchungen? Die zuwendung zum 17. jh., nötig und nützlich, bedarf erst recht einer zs., denn für sie gibt es keine zeitung. U. s. w.   Nur das bitt ich zu erwägen: wird der gönner RMM. Sie nicht bedrücken? Eine art von abhängigkeit wächst sich leicht heraus, wenn auch stillschweigend. Gewiss gilt ja sein anerbieten der sache, aber... kurz, ich möchte keinen Fachgenossen u. freund als materiellen gönner. Um diesen preis kann ich Ihnen nicht raten, das unternehmen zu halten, so lebhaft ich es sonst wünsche, so lebhaft ich sie sonst darum bitte.

Dass Seemüller abgelehnt hat bedaure ich lebhaft. Ich begreifs auch nicht. Von Wackernell loszukommen muss ein genuss sein, dächte ich nach der vorstellung, die ich mir aus erzählungen von dem mir unbekannten herrn mache.

»Rat« kann ich nicht geben, dazu kenne ich die in frage stehenden herrn zu wenig und persönlich überhaupt nur Kraus von einer begegnung weniger minuten, unter Minors türe.

Auf Detter halte ich viel, auf Much auch. Auf Jellinek am wenigsten, abgesehen davon dass mir seine person auch von anderer seite so gekennzeichnet wird, wie Sie es tun. Einen gedanken hat dieser sammler u. registrator noch nie gehabt; Hero u. Leander[2] ist elend, Melissus[3] ohne eine spur litthistor., das kapitel deutscher grammatik[4] gegen Burdachs vorbild und überhaupt kläglich äusserlich: nirgends versteht er zu verwerten und zu bewerten. Darum kann ich mir auch nicht denken, dass er die treibende kraft im zweibund sein soll. Ob er so hochfahrend ist wie ich Kraus halte, weiss ich nicht. Dieser hat das selbstbewusstsein der alleingottgleichheit wie Burdach, Minor [etc.], kommt mir vor. K. was ist er? ein mechaniker. Alles wird aus registern, reimregistern u. aa. gemacht. Statistiker, der allerdings schlüsse zieht, (u. was für gewagte, selbst in dem so verblüffend glatt laufenden artikel über Hartm.s 2. Büchlein),[5] aber blind nur statistik sieht. Ich habe das auch seinem bewunderer Zwierzina gesagt; habe dem aber auch gesagt, dass sein viel weniger geschickt gruppierter artikel in d. Abh. f. Heinzel[6] bei aller gleichen grundlage (aus H.s zucht) doch selbständiges denken, erkennen, erwägen, einschätzen der schwierigkeiten zeigt. Hätte nur dieser Zw. sein legendenbuch[7] halbwegs fertig oder das drittel, das seit 2 jahren gedruckt da liegt (ich glaube 15 bogen) u. auf das wir ihn habilitierten, ausgeben lassen: der mann ist nach meiner festen überzeugung der beste der ganzen jungen schule. Ein wirklicher, echter philolog, ein gründlich gebildeter linguist u. grammatiker. Freilich kein weitschauender litthistor., obw. in der Margarethenlegende auch solche qualität herauskommt. Was ist echt? das allein interessiert ihn, die sache u. die form u. die sprache. Ist das denkmal »echt« hergestellt, seine sachlichen u. formalen verderbnisse, entwicklungen aus freude an diesen selbst erledigt, so hat es f. ihn weiter keinen reiz. Ästhet. bedürfnisse hat er nicht, obwol er fast täglich ins theater geht. Er kommt mir auch als mensch sehr charaktervoll vor, zurückhaltend, etwas abhängig von den Wienern, obwol er letzteres nicht nötig hätte, da er – wie ich ihm ins gesicht sagte – Kraus viel mehr inspiriert u. den fingerfertigen mechaniker sich überkommen lässt, als umgekehrt. Aber: es liegt halt wenig vor* gerade wie bei Schatz. Ich lobe ihn nicht, um ihn los zu werden, im gegenteil er dünkt mich hier sehr nützlich u. ich mag ihn gut leiden. Ich würde ihn vermissen.

Neben ihm halte ich für den gescheutesten der »Wiener schule«, wie sich die herren gerne nennen, um sich von allem deutschen gelehrtenplebs abzusondern, Singer. An geist wol auch Zw. überlegen, vielleicht etwas zu geistreich in einfällen, gewiss gründlich unterrichtet, aber mit jüdischer unordentlichkeit und weniger besonnen.[8] Auch der Apollonius[9] ist nicht durchcomponiert. Die Wolframsachen kann ich der mehrzahl nach nicht beurteilen, es ist aber vieles drin, was mir der auffassungsweise nach gefiel, ohne dass ich weiss, ob es wahr ist.[10] Er soll ein anständiger, angenehmer jude sein im gegensatz zu Jellinek. Und da Sie doch in Prag viele deutsche juden haben, wäre es ihnen vielleicht doch möglicher als uns hier.

Ich sehe ja vollständig ein, dass es sehr schwer ist, bei der qualität und quantität der vorhandenen jungen Österreicher, sie zu ignorieren. Ich bin auch gar nicht sicher, ob man jetzt aus Deutschland erheblich viel besseres beziehen könnte. Es wäre für unsere jungen inländer, zu denen ich auch die in die Schweiz verschlagenen zähle, ein schwerer schlag übergangen zu werden; sie würden dadurch auch auswärts konkurrenzunfähig. So eine rechte, herzliche freude u. überzeugung habe ich freilich nicht dabei. Der, der schon etwas anderes gesehen hat, als Wien, wie die Schweizer, u. also vielleicht sich nicht mehr ganz als residenzvormacht fühlt, wäre mir lieber. Anciennität und masse der production schätze ich geringer als geist.

All das bitte ich gewiss nicht als rat zu fassen, nur als persönliches geplauder von freund zu freund, und also auch nicht als in der commission vorlegbare urteile. Ich bin ja in all dem nicht eigentlich sachkenner. Aber, wenn ich mich in Ihre lage setze, wäre mir woltätig mit einem unbefangenen (wofür ich mich halte) die dinge zu besprechen und nur darum wage ich es, Ihnen diese überlegungen und ansichten u. meinungen vorzutragen. Legen Sie keinen wert darauf! ausser auf das über Zwierzina, dessen arbeiten u. art ich genau kenne, so dass ich das über ihn gesagte auch der kommission gegenüber vertrete, falls Sie es ihr vortragen wollten.

Ich habe die richtigen SA[11] von heft I erhalten.

Bestens grüssend   Ihr

BSfft.

* Er ist älter an jahren als Kraus. Meines wissens hat sich seine habilitation nicht nur durch die gewissenhaftigkeit seiner langsamen arbeit verzögert, sondern sein studium überhaupt dadurch, dass ihn sein vater[12] veranlasste, nach dem tod**

** des älteren bruders ins comptoir einzutreten, wo er es aber nicht aushielt. U. eile hat der vermögende mann nicht. Er macht einen sehr reifen eindruck. Spricht klar u. flüssig, aber nicht glänzend.

Handschrift: StAW. 1 Dbl. u. 1 Bl., 6 S. beschrieben. Grundschrift: lateinisch.

1   Richard M. Meyer.
2   *Max Hermann Jellinek: Die Sage von Hero und Leander. Berlin: Speyer & Peters, 1890.*
3   *Die Psalmenübersetzungen des Paul Schede Melissus 1572. Hrsg. von Max Hermann Jellinek. Halle/S.: Max Niemeyer, 1896 (Neudrucke deutscher Litteraturwerke des 16. und 17. Jahrhunderts. 144–148).*
4   *Max Hermann Jellinek: Ein Kapitel aus der Geschichte der deutschen Grammatik. In: Festgabe Heinzel* (Phil.), *S. 31–110. Auf diese Festschrift bezieht Seuffert sich auch im Folgenden.*
5   *Carl Kraus: Das sogenannte II. Büchlein und Hartmanns Werke. In: Festgabe Heinzel* (Phil.), *S. 111–172. Zu Seufferts Abneigung gegen Statistik s. Brief 175, Anm. 6.*

6 *Konrad Zwierzina: Beobachtungen zum Reimgebrauch Hartmanns und Wolframs. In: Festgabe Heinzel (Phil.), S. 436–511.*
7 *Zwierzinas Habilitationsschrift »Die Legende der Heiligen Margaretha. Untersuchungen und Texte« (Bd. 1,1. Leipzig, 1897), wurde von Zwierzina zwar zum Zweck der Berufung gedruckt, anschließend aber wieder »aufgekauft und vernichtet«; es sind »nur noch Exemplare von Korrekturabzügen vorhanden« (IGL, Bd. 3, S. 2120; s. auch die folgenden Briefe).*
8 *Auch Seuffert, der den wissenschaftlichen Rang Singers richtig einschätzte, war der zeitgenössische Antisemitismus nicht fremd (s. etwa die Briefe 197 und 252).*
9 *Samuel Singer: Apollonius von Tyrus. Untersuchungen über das Fortleben des antiken Romans in spätern Zeiten. Halle/S.: Max Niemeyer, 1895.*
10 *Samuel Singer arbeitete zeit seines Lebens zu Wolfram; im Jubiläumsband für Heinzel erschien von ihm: Zu Wolframs Parzival. In: Festgabe Heinzel (Phil.), S. 353–436.*
11 *s den letzten Satz von Brief 178.*
12 *Ladislaus Zwierzina.*

180. (B) Sauer an Seuffert in Graz
   (Prag, um den 8. Mai 1899)

L. F. Ich danke Ihnen aufrichtig für Ihre Mitteilungen, mit denen ich ganz nach Ihrem Wunsch verfahren werde. Läge von Zwierzina nur irgend etwas vor. Ich habe Schönbach gestern schon [g]ebeten, ob er mir nicht wenigstens s. Habilitationsschrift schicken könnte. Freilich: würde Zwierzina nach Prag gehen? Würde er nicht vielleicht nachträglich ablehnen, um Kraus Platz zu machen? Detter Much Zwierzina wäre mir das Liebste. Gegen Singer hätt ich auch grade nichts. Aber ein Jude als Germanist ist hier grad so unmöglich wie in Graz oder Innsbruck. Der Studenten wegen. Seemüller setzt sich neuerlich unglaublich fest für Kraus ein. Aber er kann mich nicht bekehren. Nur wenn ich überstimmt werde, muß ich nachgeben.

Was das Verhältnis Meyers zum Euphorion betrifft, so fürchte ich von ihm nichts. Da er das Geld nicht <u>mir</u> giebt, überhaupt nicht ohne Gegenleistung (25 Ex.) hergiebt, so fasse ich das nicht so auf, als ob er die Zs. selbst bezahlte. Auch ist er ja nicht der einzige Gönner. Auch die Berliner Litt. Ges. hat 10 Ex. abonniert.[1] – Höchstens, daß ich seine Sachen drucken lassen muß; das thue ich aber auch jetzt. Er hat sich mir gegenüber immer sehr anständig bewiesen … ich weiß einiges Gute[2] von ihm, was andre nicht wissen, so daß ich großes Vertrauen zu ihm h[ab]e.

Nochmals vielen, vielen Dank. Morgen ist Commissionssitzung. Ich bin begierig. Seemüller hat hauptsächlich abgelehnt der Gesundheit s. Frau wegen.

Treulichst Ihr ergeb.

ASauer.

Datum: s. Empfängervermerk. Handschrift: ÖNB, Autogr. 422/1-369. 1 Bl., 2 S. beschrieben. Grundschrift: deutsch. Empfängervermerk (S. 2): 8.5.99.

1 zur Subvention des »Euphorion« durch die Gesellschaft für deutsche Literatur s. Brief *150*, Anm. 2.
2 Seuffert spielt auf Meyers weit gestreute, stets diskrete mäzenatische Unterstützung für Wissenschaftler, Künstler sowie kulturelle und publizistische Unternehmungen an (s. Myriam Richter: Voßstraße 16. Im Zentrum der (Ohn-)Macht. Köln: Univ.-Verlag, 2011, bes. S. 114–120).

181. (B) Seuffert an Sauer in Prag
    Graz, 9. Mai 1899. Dienstag

Graz 9 V 99

Lieber freund, Da Sie fragen, ob Zwierz. nach Prag gehe, ob er nicht aus rücksicht auf Kraus ablehnen werde, antworte ich sofort wieder, obgleich die antwort durch Ihre heutige sitzung hinfällig werden kann.   Ich glaube die 1. frage so bestimmt bejahen als die zweite verneinen zu dürfen, ohne dass ich natürlich mit Zw. darüber irgend ein wort geredet hätte (er weiss von mir nichts, dass ich seinen namen bei Ihnen genannt habe u. ich habe auch früher keine andeutung gemacht, dass ich ihn für concurrenzfähig halte).   Nemlich: 1) hat er ehrgeiz, wenn auch in sehr anständigem masse, u. hat es immer schmerzlich empfunden, dass jüngere leute wie Kraus sich früher als er habilitierten. 2) hat seine junge frau[1] eine verheiratete schwester in Prag in garnison, so viel ich weiss, u. das wäre für sie ein grosser anziehungspunkt. 3) hat ihm die familie (ein sehr hoher offizier) der frau schon ungern diese gegeben, ehe er professor sei u. drängt sehr auf sein avancement, so dass es ihm von der seite sehr angenehm sein müsste. Endlich 4) hab ich ihn nie davon reden hören, dass er Prag für eine unerträgliche univ.-stadt hielte. Ich habe nie bemerkt, dass er aktiv politiker ist, habe auch m. erinnerns nie mit ihm politisiert, glaube mich aber doch seines deutschbekenntnisses als einer selbstverständlichen sache bestimmt zu erinnern.

Hoffentlich hat er Ihnen sein Margarethenbuch geschickt. Es ist hier drin noch nichts eigentlich germanistisches, das folgt später, ein 2. bd. soll u. wird texte bringen. Sie werden sich überzeugen, dass diese untersuchung weit ausgreift, tief einschneidet, nicht immer glücklich geordnet ist; aber ich halte Sie für gediegener in der methode als die berühmten Usenerschen,[2] der freilich kühnere combinationskraft und die bewandertheit des alters voraus hat. Das buch muss auch ausserhalb der german. philol. aufsehen erregen. Und den echtesten philologengeist wird man nicht darin vermissen.   Jetzt ist er mit einer untersuchung beschäftigt, die seine Heinzelfestschrift[3] über alle epik ausdehnt. Sie muss entweder fertig oder ganz nahe am ende sein u. soll etwa 10–12 bogen stark noch in diesem jahrgange der Zs. erscheinen.⁴ Für eine Gregoriusausg. hat er alles bereit liegen, den contract darüber längst geschlossen.⁵ Er arbeitet aus bedürfnis, aus freude am arbeiten. Daher kommt auch rein für sein fortkommen bisher ungünstiges ungeschick, es nicht auf wirksame bücher abzusehen u. diese in einem zuge abzuschliessen: es packt ihn dazwischen irgend ein neues interesse, dem er raum vergönnt.

Ich müsste mich sehr täuschen, wenn Sie mit ihm nicht sehr gut führen. Er gefällt auch als person anderen collegen u. macht auch bei leuten, die nicht philol. sind, den eindruck eines ungewöhnlich gescheiten menschen, so wenig er aus sich heraus geht. Er sieht etwas schwächlich aus, ist am rücken verwachsen, aber hier immer gesund, radelt, rudert, schwimmt, spielt lawn-tennis, kurz scheint zähe geworden durch allerlei leibesübungen. Er hat aber nicht das gebahren eines sportsman u. ist sehr fleissig. Er hat hier unverheiratet <u>sehr</u> einfach gelebt und ist auch jetzt kein geldprotz. Er hat ausser bei Heinzel auch in Berlin u. Lpz. (noch unter Zarncke) studiert.

Seine berufung durch Sie würde vergleichbar sein der des Roethe nach Göttgen, des Michels nach Jena: auch da lag nicht mehr vor, als von ihm vorliegt u. es waren doch keine missgriffe. <u>Ich</u> stelle ihn über Michels.

Herzlich
Ihr
BSeuffert

Handschrift: StAW. 1 Dbl., 4 S. beschrieben. Grundschrift: lateinisch.

1 *Minka Zwierzina, geb. Alaunek. Heirat 1898.*
2 *s. Hermann Usener: Legenden der Pelagia. Festschrift für die XXXIV. Versammlung deutscher Philologen und Schulmänner zu Trier. Im Auftrag der Rheinischen Friedrich-Wilhelms-Universität zu Bonn. Bonn: Universitäts-Buchdruckerei von Carl Georgi, 1879; Acta S. Marinae et S. Christophori. Edidit Hermannus Usener. Festschrift zur fünften Säcularfeier der Carl-Ruprechts-Universität zu Heidelberg überreicht von rector und Senat der Rheinischen Friedrich-Wilhelms-Universität. Bonn: C. Georgi, 1886.*
3 *s. Brief 179, Anm. 6.*
4 *Konrad Zwierzina: Mittelhochdeutsche Studien. Tl. 1–2. In: ZfdA 44 (1900), S. 1–116 u. 45 (1901), S. 253–313 (auch separat: Berlin: Weidmann, 1900, 1901).*
5 *Eine Gregorius-Ausgabe von Konrad Zwierzina ist nicht bekannt, wohl aber sein Artikel: Überlieferung und Kritik von Hartmanns Gregorius. In: ZfdA 37 (1893), S. 129–217 u. 356–416. In seinem Nachlass an der Universität Graz sind zahlreiche Konvolute mit Notizen zum »Gregorius« vermerkt.*

182. (B) Sauer an Seuffert in Graz
Prag, 9. Mai 1899. Dienstag

Prag 9/5 99
Smichow 586

L. F. Es hat sich bei unsrer heutigen Beratg herausgestellt, daß, wenn wir nur bei Österreichern stehen bleiben wie wir wollen u. müssen, neben Detter u. gar erst recht wenn dieser absagt, nur Extraordinarien vorschlagen können oder solche, die das Min. nur zu Extraordinarien machen wird. Singer lehnt Pogatscher mit großer Entschiedenheit ab; ebenso ich den Jellinek. Um Kraus tobt der Kampf. Much hat große Aussicht in den Vorschlag zu kommen. Nun ist Schatz dem Pogatscher sehr sympathisch (u. mir auch) und Zwierzina nach Ihrer u. Schönbachs Schilderung mir. Es handelte sich also drum, daß ich möglichst rasch ein kurzes Curriculum vitae, zum wenigsten aber ein Verzeichnis seiner Aufsätze u. Arbeiten u. diese selbst, vor allem die Habilitationsschrift bekäme (gäbs 2 Exemplare, so wäre die Sache vereinfacht). Nun hätten wir vorderhand nicht gern, wenn er selbst von unserm Plan was erführe. Andrerseits liegt mir aber sehr dran zu wissen, ob er als Extraordinarius nach Prag gienge; ob er Kraus & Jellinek zu liebe nicht vielleicht zuletzt absagte? Könnten Sie ihn nicht vielleicht vorsichtig sondieren? Derart, daß Sie von Gerüchten oder Andeutgen aus zweiter Hand sprechen? Oder vielleicht übernähme Schönbach diesen Liebesdienst für mich? Wie ich Sie überhaupt bäte, wenn es Ihnen möglich wäre Schönbach diesen Brief vorzulesen (Ich kann heute unmöglich noch einen 2. Brief schreiben.)

Wissen Sie etwas davon, daß Kraus in Wien einen Vortrag gehalten hat u. daß unmittelbar darauf Heinzel aufstand u sagte, daß die vorgebrachten Ideen eigentlich diejenigen Zwierzinas seien.[1] Das spräche doch sehr gegen Kraus. Ich bemerke noch, daß Heinzel in einem mir vor mehreren Monaten aus eigenem Antrieb geschriebenen Brief,[2] in dem er mir Kraus & Jel*[li]*nek sehr warm empfahl, auch Zwierzina als ihnen nicht nachstehend erwähnt hat, aber es bedauerte, daß er sich nicht zum Abschluß s. Arbeiten entschließen könne. – Zürnen Sie mir nicht; ich bin sehr gehetzt. Treulichst Ihr AS.

An Detter wurde heute geschrieben. Die nächste Commissionsitzg ist am 18.

Handschrift: ÖNB, Autogr. 422/1-370. 1 Dbl., 4 S. beschrieben. Grundschrift: deutsch.

1 *Sauer gibt hier Aussagen Dritter wieder und signalisiert, dass er sich dieses Gerüchts nicht sicher ist, für das es keinerlei faktischen Anhalt gibt. Kraus nahm später in einem Brief an Gustav Roethe vom 19.12.1899*

(UB Göttingen, Cod. Ms. G. Roethe 104, 1–59) dazu Stellung: »Und um dem ganzen die Krone aufzusetzen, wurde über mich ein ganzer Roman erzält: von der Tatsache ausgehend, dass Zwierzina auf die schriftsprachlichen Tendenzen [Heinrich von] Veldekes gleichzeitig mit mir gekommen war, erzälte man in Prag, nach einem Vortrag, den ich im Wiener Neuphilologen Kreis über meine Untersuchungen hielt, sei Heinzel entrüstet aufgesprungen, hätte erklärt, das Alles habe er mit denselben Worten vor einigen Tagen von Zwierzina ebenso gehört und hätte darauf den Saal verlassen. Wenn nicht Zw. mich freundlichst davon in Kenntnis gesetzt hätte, dass eine Anfrage, ob die Sache sich so verhalte, von Prag aus nach Graz gerichtet wurde, wodurch ich in die Lage versetzt wurde, die Erzälung durch Heinzel in einem für Sauer bestimmten Brief an Detter kategorisch dementieren zu lassen, so stünde ich viell. heute noch als gemeiner Plagiator da!«

2 *s. Richard Heinzel an August Sauer, Brief vom 21.3.1899 (WBR, H. I. N. 165383). Heinzel bittet darin Sauer darum, sein Schreiben nicht als »Ertheilung eines unerbetenen Rathes« aufzufassen, nur »für den Fall, dass in den über die Besetzung des Kelleschen Lehrstuhls stattfindenden Berathungen auch die hiesigen Privatdozenten Dr Kraus und Dr Jellinek in Betracht gezogen werden sollten«, erlaube er sich, »da wol kein Fachgenosse sie so gut kennt als ich, Folgendes zu bemerken: / Ich halte beide für vollausgereifte Gelehrte, welche im Stande wären das Fach der älteren Germanistik an jeder Universität Österreichs oder Deutschlands mit Ehre zu vertreten, als Extraordinarii wie als ordentliche Professoren.« Es folgt eine detaillierte Beschreibung der Arbeitsfelder der beiden Forscher und ihrer persönlichen Vorzüge. Heinzel schließt mit einem Verweis auf einen weiteren Kandidaten: »Ich könnte eigentlich mit ähnlichem Lob auch von einem Dritten alten ›Schüler‹, Dr Zwierzina in Graz, sprechen, der an Begabung den beiden andern nicht nachsteht, aber wenig publiciert hat, da er sich nicht entschliessen kann seine grossen z. Th. in Druck stehen gebliebenen Arbeiten zu beenden.«*

183. (B) Sauer an Seuffert in Graz
Prag, (nach dem 6. Juli 1899)

L. F. Eigentlich werden Sie schon alles wissen. Unser Bericht – 16 enggeschriebene Folioseiten – ist ohne Widerspruch einstimmig angenommen worden u. allgemein hatte man den Eindruck, daß wir drei glänzende Candidaten [v]orgeschlagen hätten.[1] Lambel hatte zum Schlusse noch alle Minen springen lassen.[2] Seine Freunde bearbeiteten mich in einer Weise, die nicht mehr ganz anständig zu nennen war. Man drohte mir, wollte mich einschüchtern oder rühren. Ich blieb aber fest auf dem einmal eingenommenen Standpunkt. Nun will ich ihm einen Titel oder Orden zu verschaffen trachten. Alle drei Candidaten haben mir sehr nette Briefe geschrieben. Detter hat von Heinzel bereits das Versprechen bekommen, daß er seine Ernennung betreiben wird u. auch ich habe an Heinzel geschrieben. Auch Hartel ist Detter sehr wohl gesinnt. Auch wird Detter die ganzen Ferien in Wien sein und kann für sich wirken. Ich wollte ursprünglich auch ins Ministerium fahren, halte es aber jetzt nicht mehr für so nothwendig, weil ich hoffe, daß d[ie] Candidatur von Kraus fallen gelassen ist. Kraus u. Jellinek werden freilich eine Wuth[3] auf mich haben, denn wenn ich nicht gewesen wäre, so wären Sie sicher in den Vorschlag gekommen. – Ich danke Ihnen nun aufs Herzlichste für alle Liebenswürdigkeit u. Mithilfe, die Sie mir während dieser schweren Arbeit erwiesen haben. Wer weiß, ob ich so entschieden u. fest geblieb*[en]* wäre, wenn ich nicht Schönbachs u. Ihre Meinung hinter mir gehabt hätte. Insbesondere für die Intervention bei Zwierzina danke ich Ihnen, Sie werden ihn wol, sobald als seine Margaretenlegenden[4] erschienen sein werden, zum Extraord. vorschlagen müssen. – Der arme Euphorion hängt noch immer in der Luft. Glossy hat von Dumba, Palla*[vi]*cini[5] u. einigen anderen zwar einige Zusagen bekommen; aber ich weiß nicht für wie viel u. für wie lange.[6] Momentan wird mit Konegen unterhandelt. Vorgestern fragte Konegen telegraphisch um die Abonentenzahl an, die mir Fromme auf 305 angab. Das ist allerdings ein kläglicher Stand, der meinen Muth auf den Gefrierpunkt sinken läßt. Das Interesse an unserer älteren Lt. scheint im Schwinden begriffen zu sein, wozu die Zeitungen mit ihrem *[e]*wigen Witzeln u. Spötteln viel beitragen. Ich hoffe, daß die Sache in den nächsten Tagen ins Reine kommt. Wäre das nicht der Fall, so verliere ich auch noch die letzten Mitarbeiter und dann ist alles pfutsch. Heft 2 sende ich Ihnen nächster Tage. Von 11 Bogen steht die dritte Correctur aus! – Ich bleibe bis 23/24 hier. Wohin wir dann gehen, wissen wir noch nicht. Jedesfalls irgendwohin in die Alpen. Vielleicht kommen wir in Ihre Nähe. Aber sicher ist es nicht. Auc*[h o]*b wir nach Bremen[7] gehen, ist ganz unsicher. Mich hat die Besetzungsfrage derart äußerlich u. innerlich beschäftigt u. liegt jetzt noch das Schicksal des armen Euphi so auf dem Herzen, daß ich für gar nichts andres Sinn habe & daß es mir ganz gleichgiltig ist, wo wir im Sommer sind. Die Nordsee, die mir das Liebste wäre, muß ich meiner Frau zu liebe opfern.

Ihnen und den lieben Ihrigen recht angenehme Ferien wünschend Ihr
treulichst erg.
AS.

Ranftl[8] macht einen sehr soliden Eindruck. Ich konnte aber nur hineinsehen. – Wie geht es Bauer. Grüßen Sie ihn – bitte – gelegentlich von mir auf das Herzlichste.[9]

Soeben ist Dr. Hans Tschinkel nach Graz versetzt worden. Er ist zwar mehr ein Schüler Hauffens als von mir; aber immerhin kann ich ihn Ihnen aufs Beste empfehlen. Er will ein Wörterbuch der Gottscheer Mundart ausarbeiten u. wenn er bei der Stange bleibt, so mag es ihm wol gelingen.[10] Nehmen Sie ihn also freundlich auf. Er kommt an das Gymnasium,[11] an dem Khull u. Martignak sind.

Datum: Die Korrespondenzstelle ergibt sich aus dem Inhalt von Seufferts Brief vom 6.7.1899 (StAW). Handschrift: ÖNB, Autogr. 422/1-374. 1 Dbl., 4 S. beschrieben. Grundschrift: deutsch.

1 Das Professorenkollegium hatte sich schließlich auf die Reihung Detter, Much, Zwierzina geeinigt (s. etwa

Brief von Sauer an Seuffert um den 24.6.1899 [ÖNB, Autogr. 422/1-375] sowie Sauers Brief an Seuffert vom 2.7.1899 [ÖNB, Autogr. 422/1-377]). Der lange Zeit an zweiter Stelle rangierende Jellinek dürfte vmtl. im letzten Augenblick aus dem Vorschlag gestrichen worden sein.

2 *d. h.: alle Hebel in Bewegung setzen. Hans Lambel versuchte mehrfach, in Prag auf eine ordentliche Professur berufen zu werden (s. etwa Brief 53, Anm. 7), blieb aber bis zum Ende seiner Lehrtätigkeit außerordentlicher Titularprofessor für mittelhochdeutsche und neuhochdeutsche Sprache und Literatur.*

3 *Diese Wut äußerte sich, als Sauer in Wien 1912/13 zum Nachfolger für den verstorbenen Jakob Minor nominiert wurde und Kraus die Berufung Sauers mit allen Mitteln erfolgreich hintertrieb (s. Brief 268, Anm. 2).*

4 *s. Brief 179, Anm. 7.*

5 *Der Industrielle, Politiker und Kunstmäzen Nicolaus Dumba und Excellenz Markgraf Alexander (ungar. Sándor) von Pallavicini wurden vom siebten bis zum zehnten Jahrgang des »Euphorion« (1900–1903) auf der Rückseite des Titelblattes namentlich als Förderer genannt.*

6 *Für den siebten Jahrgang des »Euphorion« wurden neben Dumba und Pallavicini als weitere Förderer das k. k. Ministerium für Cultus und Unterricht in Wien, die Gesellschaft für Deutsche Litteratur in Berlin sowie die beiden Herrenhaus-Mitglieder Ludwig Lobmyer und Philipp Joseph Ritter von Schoeller benannt.*

7 *Sauer fuhr (s. Brief 185) im Spätsommer zur 45. Versammlung deutscher Philologen und Schulmänner (26. bis 29.9.1899) nach Bremen (s. das Mitgliederverzeichnis zu: Verhandlungen der fünfundvierzigsten Versammlung deutscher Philologen und Schulmänner in Bremen vom 25. bis 29. September 1899. Im Auftrag des Präsidiums zusammengestellt von Hermann Soltmann. Leipzig: B. G. Teubner, 1900, S. 179).*

8 *Ranftls Arbeit zu Ludwig Tiecks »Genoveva« wurde im siebenten Jahrgang des »Euphorion« von Wolfgang Wurzbach rezensiert (s. Brief 170, Anm. 1).*

9 *Sauer kannte den Historiker Adolf Bauer aus seiner Zeit als Extraordinarius in Graz.*

10 *Gemeint ist hier die deutschsprachige Bevölkerung des Gottscheer Landes im damaligen Unterkrain (heute: Slowenien), einer deutschen Sprachinsel, deren Zentrum die Stadt Gottschee (gottscheerisch: »Göttscheab«, slowen. »Kočevje«) war. Der aus Lichtenbach (gottscheerisch: »Liəmpoch«, slowen. »Svetli«) stammende Hans Tschinkel veröffentlichte 1908 seine »Grammatik der Gottscheer Mundart« (Halle: M. Niemeyer). Sein Lehrer Adolf Hauffen war bereits 1895 mit seiner Untersuchung »Die deutsche Sprachinsel Gottschee. Geschichte und Mundart, Lebensverhältnisse, Sitten und Gebräuche, Sagen, Märchen und Lieder« (Graz: Styria, 1895 [Quellen und Forschungen zur Geschichte, Litteratur und Sprache Österreichs und seiner Kronländer. 3]) hervorgetreten.*

11 *Die beiden Seuffert-Schüler Ferdinand Khull-Kholwald und Eduard Martinak waren Lehrer am k. k. II. Ober-Gymnasium in Graz.*

184. (K) Sauer an Seuffert in Goisern, Oberösterreich
   Steinach am Brenner, Tirol, 14. August 1899. Sonntag

L. F. Der neue Verleger der DLD[1] hat mit mir auf 5 Jahre Contract gemacht u. will die Samml. im großen Stil fortführen. Als Hauptnummer soll jedes Jahr 1 großes critisches oder Sammelwerk des 18. Jhs erscheinen:[2] Bremer Beiträge, Gottscheds, Breitingers Poetik etc. daneben Kleineres. Nun fällt mir ein, Sie hätten mir einmal einen Schüler für die Herausgabe der G[*ott*]sched. (oder Breitingerischen) Poetik empfohlen? Wer wäre dieser Mann? Können Sie die Empfehlung aufrecht erhalten? Soll man die 1. Auflage der Poetik drucken oder halten Sie eine critische Ausgabe aller Auflagen mit Lesarten für nothwendig und u. für möglich?³ Den Plan mache ich erst im Spt. – Hübner⁴ (das letzte Heft) sende ich Ihnen im Herbst; ich habe selbst kein Ex. noch. Kösters Schlußheft⁵ ist im Druck. Der Commentar ist eine mühsame & wichtige Leistg. Druckfertig sind: Kuhnau: Der musical. Quaksalber (Roman, 1700);⁶ Insel Felsenburg I;⁷ Jerusalem p*[hi]*los. Aufsätze ed. Lessing;⁸ Platen, Kadmus' Tochter;⁹ Brentano, Kritiken aus dem Dram. Beob.¹⁰ Erscheint alles bis zum Frühjahr. –

Wir sind bis 3–4 Spt in Steinach am Brenner. Tirol u. sind wenigstens mit Luft u. Gegend sehr zufrieden. Ende Spt. nach Bremen!

Herzlichst Ihr schreibfauler AS.

Detters Ernennung ist perfekt.

Datum: s. Poststempel. Handschrift: ÖNB, Autogr. 422/1-379. Postkarte. *Adresse:* Herrn Professor Dr. Bernhard Seuffert / aus Graz / Goisern / Gasthof zum Bären / Oberösterreich. *Poststempel:* 1) Steinach Tirol, 14.8.1899 – 2) Goisern, 15.8.1899. *Grundschrift: deutsch.*

1 Adalbert Bloch (s. Brief 174, Anm. 3).
2 *Weder von der aufklärerischen Wochenschrift* »Neue Beyträge zum Vergnügen des Verstandes und Witzes« *(1744–1759), auch bekannt als* »Bremer Beiträge«, *noch von Johann Christoph Gottscheds* »Versuch einer critischen Dichtkunst vor die Deutschen [...]« *(Leipzig: Bernhard Christoph Breitkopf, 1730 [1729]) oder von Johann Jakob Breitingers* »Critischer Dichtkunst« *(Leipzig, Zürich: Orell, 1740) erschienen Neudrucke in den* »DLD«.
3 *Seuffert bemerkte in einem Brief an Sauer vom 15.8.1899 (StAW) lapidar:* »Mein poetiker ist mir gestorben und ich habe keinen andern zu empfehlen. Breitinger drückt mich brennender als Gottsched. Von diesem würde ich nur die allein seltene u. noch dazu sehr seltene 1. aufl. (Grazer Univers. bibl.) drucken; der vorredner soll kurz angeben, wo's verändert wurde, dazu einen anhang.«
4 zu Hübners »Christ-Comoedia« s. Brief 174, Anm. 6.
5 zum Neudruck von Christoph Otto von Schönaichs »Die ganze Ästhetik in einer Nuß [...]« (s. Brief 87, Anm. 22).
6 *Der Musicalische Quack-Salber [...]. In einer kurzweiligen und angenehmen Historie [...] beschrieben von Johann Kuhnau. Dresden: Joh. Christoph Miethen und Johann Christoph Zimmermann, 1700; Neudruck u. d. T.: Der Musicalische Quack-Salber von Johann Kuhnau (1700). Hrsg. von Kurt Benndorf. Berlin: B. Behr's Verlag (E. Bock), 1900 (DLD. 83–88 = N. F. 33–38).*
7 *Wunderliche Fata einiger See-Fahrer, absonderlich Alberti Julii [...] ausgefertigt, auch par Comission dem Drucke übergeben von Gisandern [d. i. Johann Gottfried Schnabel]. Thl. 1. Nordhausen: Johann Heinrich Groß, 1731; Neudruck u. d. T.: Die Insel Felsenburg von Johann Gottfried Schnabel. Erster Theil (1731). Hrsg. von Hermann Ullrich. Berlin: B. Behr's Verlag (E. Bock), 1902 (DLD. 108–120 = N. F. 58–70).*
8 *Philosophische Aufsätze von Karl Wilhem Jerusalem. hrsg. von Gotthold Ephraim Lessing. Braunschweig: Buchhandlung des Fürstl. Waisenhauses, 1776; Neudruck u. d. T.: Philosophische Aufsätze von Karl Wil-*

helm Jerusalem (1776). Mit G. E. Lessings Vorrede und Zusätzen neu hrsg. von Paul Beer. Berlin: B. Behr's Verlag (E. Bock), 1900 (DLD. 89–90 = N. F. 39–40).

9 *Platens Dramatischer Nachlass aus den Handschriften der Münchener Hof- und Staatsbibliothek. Hrsg. von Erich Petzet. Berlin: B. Behr' Verlag (E. Bock), 1902 (DLD. 124 = 3. Folge. 4). Die Ausgabe enthält auf den S. 46–104 den Erstdruck von Platens Jugendwerk »Die Tochter Kadmus« (entstanden [1811–]1816, überarbeitet 1821).*

10 *Anstelle der Kritiken Brentanos für den von Josef Karl Bernard redigierten Wiener »Dramaturgischen Beobachter« (84 Nummern, 1813–1814), auf deren literarhistorische Bedeutung Sauer zuerst hingewiesen hatte (s. Brief 152, Anm. 1), erschien in den »DLD« schließlich der Erstdruck eines bisher unbekannten, abschriftlich erhaltenen Lustspiels von Brentano (Valeria oder Vaterlist. Ein Lustspiel in 5 Aufzügen [Die Bühnenbearbeitung des ›Ponce de Leon‹] von Clemens Brentano. Hrsg. von Reinhold Steig. Berlin: B. Behr's Verlag [E. Bock], 1901 [DLD. 105–107 = N. F. 55–57]).*

185. (B) Sauer an Seuffert in Graz
(Prag, um den 6. Oktober 1899)

Lieber Freund! Von Bremen[1] (über Berlin) zurückgekehrt, will ich sie zunächst von dem Schicksal des Euphorion unterrichten, die <!> sich *[die]*ser Tage entschieden hat. Ich erhielt in Bremen ein Telegramm von Glossy, daß der Fortbestand gesichert wäre u. finde nun einen Brief vor, des Inhalts, daß Fromme sich gegen einen Zuschuß von 800 fl., den Glossy aufgetrieben hat, zur Weiterführung bereit erklärt habe. Es ist mir das Liebste, weil besonders ein neuer Drucker mir neue Schwierigkeiten gemacht hätte. Glossy setzt seine Samm*[l]*ung noch fort, um einen kleinen Reservefond zu bilden. Einzelheiten weiß ich noch nicht. Aber ich kann wenigstens für einige Jahre ruhig sein. Inzwischen will ich trachten neue Abonnenten zu gewinnen u. will auch Waetzolds und Pilgers Einfluß in der Preuß. Schulbehörde benutzen, um mehr Gymnasialbibliotheken zu erobern. Ich wiederhole meine Bitte an Sie, daß Sie meinen Recensionstheil i*[m]* Aug behalten; denn an großen wichtigen Recensionen hab ich entschiedenen Mangel u. je seltener ich solche bekomme, desto größer ist die Gefahr, daß diese Abtheilung der Zs. ganz abfalle.

– In Berlin habe ich mit dem Verleger[2] der DLD; einem jungen energischen Menschen verhandelt. Es hat sich zwar herausgestellt, daß auch die erweiterte Bogenzahl (mindestens 30 Bogen) *[z]*u den großen kritischen Schriften nicht ausreicht. Aber immerhin wagen wir uns dran. 1900 erscheint die Insel Felsenburg I; Jerusalem Aufsätze ed. Lessing (von Burdach mir empfohlen) u. Platens ungedr. dramatischer Nachlaß ed. Petzet (von Laubmann angeregt); ferner beginnen wir eine Art Commentar zur Dramaturgie durch Veröffentlichg. der wichtigsten darin besprochenen Stücke;[3] beginnen wahrscheinlich mit Weißes Richard III (Jacoby wird Ein*[le]*itg. dazu schreiben; die Texte werde ich selbst besorgen).

1901 Brentanos Kritiken aus dem Dram. Beob.
   Moritz, Reisen eines Engländers[4]
   Hamburgisches Repertoire II[5]
   Lichtenbergs Aphorismen nach dem
   Manuscript ed. Leitzmann. I.[6]
1902 Breitinger Dichtkunst I.[7]
   Antixenien I[8]
   Dramaturgie III.[9]
1903 Oests Werke[10]
   Lichtenberg II[11]
   Dramaturgie IV.[12]
   Soden Faust.[13]
1904 Breitinger II[14]
   Brentano Godwi I[15]
   Repertoire V.[16]
1905 Bremer Beiträge I[17]
   Lichtenberg III[18]
   Goethes Gedichte 1789[19] etc.

Eine Verschiebung träte nur ein, wenn Elias wie er versprochen s. Wernicke[20] fertig machen sollte. Doch ist für kleineres noch daneben Raum. – Ob kein Krach eintreten wird? Bis 1/1 1904 habe ich sicheren Contract.

Über Detters rechtzeitige Ernennung bin ich ebenso froh wie über die Erreichg [de]s Adelsstands f. Kelle.[21] Ich hoffe, daß mit Detters Wirksamkeit eine neue Aera für mich beginnt.

In Bremen wars flau; in der germanistischen Section war gar nichts los; Heyne[22] ein Präsident zum Kinderspott. Litterarhistorisches außer Geigers interessantem aber breiten Vortrag[23] für mich gar nichts. Wertvoll war mir Sievers Bekanntschaft, der mir meinen misglückten Leipziger Vorschlag erzählte.[24] Gesellschaftlich wars sehr nett u. unsre Frauen unterhielten sich königlich. – Meyer hat ei[n]e 800 S. dicke Lit. Gesch. des 19. Jhs. fertig, die dieser Tage erscheint (Schlenthers Samml. bei Bondi).[25] Für methodisches litterarhist. Arbeiten hat fast Niemand einen Sinn.

Ihnen wünsche ich zum Semesteranfang alles Gute u. erbitte mir, da ich schon an die Teufelsinsel gekettet bleibe, Ihre stete Teilnahme.

Herzlichst Ihr treulich ergebener AS.

Datum: s. Empfängervermerk. Handschrift: ÖNB, Autogr. 422/1-381. 1 Dbl., 4 S. beschrieben. Grundschrift: deutsch. Empfängervermerk (S. 1): eingetr. 6 X 99.

1 zur Philologen-Versammlung in Bremen (s. Brief 183, Anm. 7).
2 Walther Bloch, der die Geschäftsführung des Verlags B. Behr von seinem verstorbenen Bruder Adalbert übernommen hatte (s. Brief 174, Anm 3).
3 Gemeint sind die wichtigsten in Lessings »Hamburgischer Dramaturgie« (1767/1769) besprochenen Werke. Schon Mitte der 1880er Jahre hatte sich Sauer mit dem Gedanken einer solchen Sammlung getragen; abgesehen von Christian Felix Weißes »Richard der Dritte« wurden jedoch keine weiteren Quellenschriften veröffentlicht (s. Brief 111, Anm. 10).
4 Reisen eines Deutschen in England im Jahr 1782. In Briefen an Herrn Direktor Gedike von Carl Philipp Moritz. Berlin: Friedrich Maurer, 1783; Neudruck u. d. T.: Reisen eines Deutschen in England im Jahr 1782 von Carl Philipp Moritz. Hrsg. von Otto zur Linde. Berlin: B. Behr's Verlag, 1903 (DLD. 126 = 3. Folge. 6).
5 s. Anm. 3.
6 Georg Christoph Lichtenbergs Aphorismen. Nach den Handschriften hrsg. von Albert Leitzmann. Erstes Heft: 1764–1771. Berlin: B. Behr's Verlag, 1902 (DLD. 123 = 3. Folge. 3). Zu weiteren Lichtenberg-Neudrucken s. Brief 198, Anm. 3.
7 s. Brief 184, Anm. 2.
8 Auch die Reihe gegen die »Xenien« Goethes und Schillers gerichteter Texte (»Antixenien«) kam, ähnlich wie jene zu Lessings »Hamburgischer Dramaturgie« (s. oben Anm. 3), nicht über den ersten Band hinaus ([Christian Fürchtegott Fulda]: Trogalien zur Verdauung der Xenien. Kochstadt, zu finden in der Speisekammer [Halle] 1797; Neudruck u. d. T.: Antixenien. 1. Heft. Trogalien zur Verdauung der Xenien [1797] von Fürchtegott Christian Fulda. Hrsg. von Ludwig Grimm. Berlin: B. Behr's Verlag, 1903 [DLD. 125 = 3. Folge. 5).
9 s. oben Anm. 3.
10 s. Brief 120, Anm. 17.
11 Georg Christoph Lichtenbergs Aphorismen. Nach den Handschriften hrsg. von Albert Leitzmann. Zweites Heft: 1772–1774. Berlin: B. Behr's Verlag, 1904 (DLD. 131 = 3. Folge. 11).
12 s. oben Anm. 3.
13 Doktor Faust. Volks-Schauspiel. In fünf Akten von Julius Soden, Reichs-Graf. Augsburg: Georg Wilhelm Friedrich Späth, 1797; kein Neudruck in den »DLD«.
14 s. Brief 184, Anm. 2.
15 Godwi oder Das steinerne Bild der Mutter. Ein verwilderter Roman von Maria [d. i. Clemens Brentano]. [Tl. 1]. Bremen: Friedrich Wilmans, 1801; kein Neudruck in den »DLD«.
16 s. oben Anm. 3.
17 s. Brief 184, Anm. 2.
18 Georg Christoph Lichtenbergs Aphorismen. Nach den Handschriften hrsg. von Albert Leitzmann. Drittes Heft: 1775–1779. Berlin: B. Behr's Verlag, 1906 (DLD. 136 = 3. Folge. 16).
19 Gemeint sind jene mehrheitlich in Weimar entstandenen Goethe'schen Gedichte, die u. d. T. »Vermischte Gedichte« im achten Band der von Friedrich Justin Bertuch mitinitiierten Ausgabe von »Goethe's Schriften« (Leipzig: G. J. Göschen, 1789, S. 99–286) größtenteils erstmals veröffentlicht worden waren; kein Neudruck in den »DLD«.
20 s. Brief 108, Anm. 5.
21 Johann (von) Kelle wurde 1899 bei Eintritt in den Ruhestand in den erblichen Adelsstand erhoben.
22 Der Göttinger Germanist Moritz Heyne präsidierte der germanistischen Sektion der 45. Versammlung deutscher Philologen und Schulmänner in Bremen (s. ZfdPh 32 [1900], S. 130).
23 »Prof. Ludwig Geiger-Berlin hielt einen vortrag über das junge Deutschland und Preussen nach archivalischen quellen. Er wies auf die bedeutung der archive für die litterarische forschung hin, die allgemein

zugegeben werde, ohne dass diese erkenntnis zu ausgiebiger benutzung geführt hätte. [...] Ganze litteraturbewegungen könnten dadurch in ein helleres licht gerückt werden. das treffe auch für das junge Deutschland zu [...]. Prof. Sauer-Prag wies im anschluss an den vortrag auf die ähnlichkeit hin, die in dem verhalten gleichzeitiger österreichischer schriftsteller verwandter richtung der regierung gegenüber zu erkennen sei.« (ZfdPh 32 [1900], S. 131 f.).

24 zum Leipziger Berufungsverfahren s. ausführlich Brief 149, Anm. 15.

25 Richard M. Meyer: Die Deutsche Litteratur des Neunzehnten Jahrhunderts. Berlin: Bondi 1900 (Das Neunzehnte Jahrhundert in Deutschlands Entwicklung. Hrsg. von Paul Schlenther. 3) [²⁻⁴Berlin: Bondi, 1900, 1907, 1910; später auch zahlreiche Volksausgaben].

186. (B) Seuffert an Sauer in Prag
Graz, 7. Oktober 1899. Samstag

Graz 7 X 99

Lieber freund, Vielen dank für Ihren inhaltsreichen brief. Ich freue mich, dass Euphorion fürs nächste gesichert ist u. hoffe, dass er sich inzwischen weiter kräftigt, um auf eignen füssen dann stehen zu können. An die recensionen¹ gehe ich sicher diesen winter. Jetzt bin ich mit vorbereitungen fürs colleg und die schwierigen metrischen seminarübungen beschäftigt. Daneben schreibe ich einen aufsatz, der etwa den titel führen wird: Philologische betrachtungen im anschluss an Goethes Werther.² Ich weiss nicht, ob er Ihnen für Ihre zs. taugt. Steinmeyer sagte mir in Erlangen, für kleinere bibliotheken seien die beihefte des Euph. verhängnisvoll; diese müssten mit festen sätzen für periodica arbeiten u. könnten dann doch auf die beihefte nicht verzichten, weil das werk sonst unvollständig sei. Ich sehe ein, dass er damit nicht ganz unrecht hat; gerade gymnasialbibliotheken wird das treffen. Andererseits kann ich nicht zum verzicht auf beihefte raten, die bibliotheken sollen eben von vornherein darauf rechnen. Oder ist ihnen dann der preis zu hoch? Das verbleiben der zs. bei Fromme halte ich für einen grossen gewinn, es macht den eindruck der stetigkeit. Steinmeyer sprach sich sehr für das fortleben und die notwendigkeit der zs. aus.

Die DLD sind also auch weiterhin gesichert. Ihr grosses programm enthält sehr hübsche sachen. Das repertoire zur Dramaturgie wird in einigen stücken allerdings auch nicht seltenes bringen; so ist gleich Weisse doch billig zu haben. Sollte man nicht die gymnasiallesebücher durchsehen, welche stellen aus der Dram. sie bringen und nur dazu das repertoire vorlegen? es würden nicht zu viele variationen da sein.

Für Goethes Gedichte habe ich einen alten wunsch: eine chronologisch geordnete reihe aller ersten fassungen; das wäre sehr instructiv. Die Bremer beiträge haben nicht eile, dünkt mich. Ulr. v. König vermisse ich seit langem, er ist antiquarisch u. in bibliotheken kaum aufzutreiben u. müsste doch einmal besser gekannt werden;

ein heft dichtungen, ein heft seiner dichterbiographien.³ Minor hat einmal Novalis' Blütenstaubfragment⁴ vorbereitet, als ich noch die DLD leitete u. mit ihm überquer kam. usw. Den ältesten text der Zauberflöte⁵ konnte ich auch in Wien (Univ.bibl.) nicht auftreiben. Überhaupt oper u. operntheorie wäre nicht schlecht: es ist alles unbekannt u. nicht alles mit recht. Sie erlauben mir vielleicht, was mir beim arbeiten einfällt, Ihnen zu nennen.

Mein wegbleiben von Bremen habe ich also nicht zu bedauern. Empfehlen Sie uns Ihrer verehrten frau.

Zwierzina wird wol nach Freiburg kommen.⁶ Mit den besten grüssen u. wünschen fürs semester
    treulich Ihr ergebener
    BSfft.

Handschrift: StAW. 1 Dbl., 4 S. beschrieben. Grundschrift: lateinisch.

1 *Seufferts nächste Rezension für den »Euphorion«, tatsächlich ein längerer Forschungsbericht zu Neuerscheinungen über Gottsched, erschien erst im folgenden Jahrgang: Bernhard Seuffert [Rez.]: Neue Gottsched-Litteratur [Eugen Wolff: Gottscheds Stellung im deutschen Bildungsleben. Erster und zweiter Band. Kiel, Leipzig: Lipsius und Tischer, 1895, 1897. / Gustav Waniek: Gottsched und die deutsche Litteratur seiner Zeit. Leipzig: Beitkopf und Härtel, 1897. / Eugen Reichel: Gottsched. Ein Kämpfer für die Aufklärung und Volksbildung. Vortrag, gehalten bei der Gottsched-Feier des »Vereins zur Förderung der Kunst« am 6. März 1900 in der Neuen Philharmonie zu Berlin. Hamburg: Verlagsanstalt und Druckerei-A. G., 1900 (Sammlung gemeinverständlicher wissenschaftlicher Vorträge, N. F., Ser. 15, 353) / Eugen Reichel: Kleines Gottsched-Denkmal. Dem deutschen Volke zur Mahnung errichtet. Berlin: Gottsched-Verlag, 1900. / Eugen Reichel: Gottsched der Deutsche. Dem deutschen Volke vor Augen geführt. Berlin: Gottsched-Verlag, 1901]. In: Euph. 8 (1901), S. 738–761.*
2 *s. Brief 175, Anm. 11.*
3 *Welche der zahlreichen dichterischen Arbeiten Johann Ulrich von Königs Seuffert im Sinn hatte, ist unklar; unter den Dichterbiografien kommt am ehesten die über Friedrich Rudolph Ludwig von Canitz infrage (Des Freyherrn von Caniz <!> Gedichte [...] verbessert und vermehret [...] Nebst dessen Leben, und Einer Untersuchung Von dem guten Geschmack in der Dicht- und Rede-Kunst [...] von J[ohann]. U[lrich]. K[önig]. Leipzig, Berlin: Haude, 1727). Weder Seuffert noch Sauer unternahmen jemals einen Neudruck von Arbeiten Königs. Zu Sauers Vorhaben bezüglich Canitz s Brief 86, Anm. 20 und Brief 111.*
4 *s. Brief 108, Anm. 14.*
5 *vmtl.: Johann Emanuel Schikaneder: Die Zauberflöte. Eine große Oper in zwey Aufzügen. [...]. Wien: I. Alberti, 1791; kein Neudruck in den »DLD«.*
6 *Konrad Zwierzina wurde 1899 tatsächlich auf das germanistische Ordinariat in Fribourg/Schweiz (Nachfolge Ferdinand Detter) berufen.*

187. (B) Sauer an Seuffert in Graz
Prag, 9. Oktober 1899. Montag

Prag 9/10 99
Smichow 586

Lieber Freund! Ich antworte sogleich, [we]il mich in der nächsten Zeit gleichfalls die Vorarbeiten für Colleg (Romantik) und Seminar (Jean Paul)[1] in Anspruch nehmen werden. Ihre Philologischen Betrachtungen im Anschluß an Goethes Werther werden mir sehr willkommen sein. Sollten Sie aber aus irgendwelchem Grund das Goethejahrb. vorziehen, so werd ich natürlich nicht gekränkt sein. Sollten Sie sie mir senden wollen, so bitte ich sogleich um Nachricht (mit Angabe des Umfangs), damit ich Ihnen im Jahrgang 1900 den nöthigen Raum aufhebe; denn meine Mappen schwellen an u. fast über. Über die Ergänzungshefte wird allgemein geklagt. Seemüller hat mir ganz von ihnen abgerathen u. die hiesige Calvesche Buchhandl.[2] hat mir die Klagen ihrer Abonennten vermittelt. Und zwar ist es der Preis, der die Leute abschreckt. Auch ein franz. Prof. (Sénil), der mich vor kurzem besu[ch]te, klagte. Ich werde daher zunächst auf sie verzichten müssen, obgleich mir Werner einen schönen Hebbelschen Briefwechsel[3] für ein Heft in Aussicht gestellt hat. Vielleicht läßt sich später einmal mit Glossys Reservefond 1 Heft herstellen, das wir billiger oder umsonst geben können. – Ihre Ratschläge für die DLD werde ich gewiß beachten. – Die Dramen zur Dramaturgie sollen nur nach ihrer Notwendigkeit für die Schule ausgewählt werden. Die Bequemlichkeit der Darbietung soll die Käufer anziehen, auch die Billigkeit; denn bei Kürschner u. in andren Sammlungen muß man für 1 Drama doch mehr bezahlen. Bewährt sich der vom Verleger mit großer Wärme aufgenommene Plan nicht, so brechen wir nach wenigen Nummern ab.[4] In Bremen sprach ich mit [m]ehreren Schulmännern darüber, die ihn gleichfalls freudig begrüßten.

Eine chronologisch geordnete Reihe aller ersten Fassungen Goethischer Gedichte könnte wol nur in Weimar an der Hand der Manuskripte hergestellt werden. Ich wills im Aug behalten.

König galt mir nicht für so selten, wahrscheinlich weil ich einen Druck besitze. Glauben Sie, daß er notwendiger ist als Oest,[5] den mir Bernays sehr ans Herz legte (mit Withoff),[6] so will ich ihn vorausschieben.

Den Blütenstaub hat mir Minor zu wiederholten Malen versprochen, zugleich eine Auswahl aus den Papieren des Nachlasses (Die Hymnen auf die Nacht in erster versificierter Gestalt etc.)[7] Aber ich weiß momentan nicht, wie ich mit Minor stehe. Er hat mich u. den Euphorion nach seinen Duell mit Hermann[8] <!> schmälich im Stich gelassen, schreibt mir nicht, hat mir auf die Nachricht vom Tod meines Vaters[9] eine kühle p. c. K*[ar]*te¹⁰ geschickt u. hat s. Ahnfrau-Aufsatz für Heinzel¹¹ mit meinen Collationen gearbeitet ohne mich zu nennen u. ohne ihn mir zu senden etc. Es ist nichts zwischen uns vorgefallen, ich weiß nicht, wie ich dran bin; aber ich kann ihm unmöglich schreiben. Der Verleger wäre für Novalis sehr eingenommen.

Die Bremer Beiträge hat Scherer vor 20 Jahren schon als sehr dringend bezeichnet. Sie sollten doch in me*[hren]* Händen sein, als das jetzt der Fall ist (Ich habe sie); aber wenn ich Dringenderes habe, so stelle ich auch dies zurück.

Detter war hier u. hat mir sehr gefallen. Ich hoffe mich mit ihm recht gut zu vertragen.

In treuer Freundschaft Ihr aufrichtig erg.
AS.

Handschrift: ÖNB, Autogr. 422/1-382. 1 Dbl., 4 S. beschrieben. Grundschrift: deutsch.

1 *Im Wintersemester 1899/1900 las Sauer über die »Geschichte der deutschen Literatur im Zeitalter der Romantik«; im Seminar hielt er »Uebungen für Vorgeschrittene (Literar-historische Untersuchungen an den Werken Jean Pauls)« ab.*
2 *Zur Geschichte des Prager Traditionsunternehmens, das auch als Sortiments- und Verlagsbuchhandlung tätig war, s. Ernst Saegenschnitter: J. G. Calve (1786–1936): 150 Jahre Buchhandlung in der Universitätsstadt Prag. Prag: 1936, zur Bedeutung des Calveschen Verlags für die »Gesellschaft zur Förderung deutscher Wissenschaft, Kunst und Literatur in Böhmen« und die Sauer'sche Stifter-Ausgabe s. etwa Brief 169, Anm. 6 sowie Brief 203, Anm. 23.*
3 *s. Brief 174, Anm. 2.*
4 *Das Vorhaben scheiterte (s. Brief 185, Anm. 3).*
5 *s. Brief 120, Anm. 17.*
6 *s. Brief 120, Anm. 15.*
7 *s. Brief 108, Anm. 14.*
8 *zur Auseinandersetzung Minor – Herrmann s. Brief 159, Anm. 2.*
9 *s. Brief 172, Anm. 1.*
10 *nicht ermittelt.*
11 *Jakob Minor: Die Ahnfrau und die Schicksalstragödie. In: Festgabe Heinzel (Lit.), S. 387–434. Sauer hatte dieses Vorgehen Minors schon am 4.12.1898 in einem Brief an Seuffert beklagt (ÖNB, Autogr. 422/1-361).*

188. (B) Sauer an Seuffert in Graz
  Prag, 29. Dezember 1899. Freitag

Prag 29/12 1899
Smichow 586

Lieber Freund! Am Ende dieses Jahres, *[in]* dem Sie mich bei meinem Kampf um Kelles Nachfolge so wacker unterstützt haben, möchte ich Ihnen besonders herzlich für diese Ihre Freundschaft danken. Unsre Wahl ist wirklich vorzüglich. Detter lebt sich rasch ein u. bietet uns grade das was uns fehlte, was wir wünschten. Er ist nur Linguist, einseitiger Grammatiker; also die notwendige Ergänzung von uns Litterarhistorikern. Er lebt ganz für seine Wissenschaft, hat gar keine andren Interessen, ist ein vorzüglicher Lehrer u. ein guter College. Ich hoffe vortrefflich mit ihm auszukommen. Die Früchte seines Wirkens werden sich baldigst bemerkbar machen. Aber eines ist mir klar, was Ihnen schon längst als wünschenswert erschienen ist. Nemlich da die beiden Fächer einmal so streng getrennt sind, ist es unan[g]enehm für den einen aus dem Fach des andren [z]u prüfen. Detter versteht von meiner Litteraturgeschichte auch nicht ein Körnchen. Das einzige Buch, das er gelesen hat, RMMeyers Goethe,[1] bewundert er übermäßig. Was soll er meine Schüler bei der Lehramtsprüfung prüfen. Und das Umgekehrte gebe ich gleichfalls zu. Wir müssen mit vereinten Kräften eine Revision der Lehramtsprüfung anstreben, wodurch <u>1.</u> das Fach der Germanistik von der klass. Philologie losgelöst u. selbstständig gemacht [wi]rd,[2] wie es die Geschichte heute[3] ist. <u>2.</u> Daß bei der Clausur[4] & mündl. Prüfung[5] jeder Candidat aus älterer u. aus neuerer Germanistik geprüft wird,[6] von zwei Examinatoren.[7] Hausarbeit[8] dürfte die eine genügen. Alternierend. Ich weiß, daß Sie etwas Ähnliches schon vor einigen Jahren angestrebt aber nicht erreicht haben. Kelle ist dagegen. Seinen Abgang von dem Vorsitz der Prüfungscomission[9] müßten wir abwarten; dann aber schlage ich eine gemeinsame Eingabe[10] aller germanisti[sche]n Prüfer aller Universitäten oder wenn das nicht erreichbar ist wenigstens eine gleichzeitige Aktion in Graz und Prag vor. Gelingt es mir in absehbarer Zeit nicht, dies zu erreichen, so trete ich aus der Prüfungscomission aus (die Prüfg. aus Unterrichtssprache gebe ich an Hauffen schon jetzt ab, sobald ihn das Min. ernennt).[11] Sagen Sie mir gelegentlich Ihre und Schönbachs Meinung.

Heinzel kann die Übergehung seiner Schoßkinder Kraus und Jellinek[12] nicht verw[in]den. Ich werde jetzt in Wien redlich gehaßt. Aber was braucht mir daran zu liegen. – Heinzel & Minor sind übrigens beide nicht mehr in der Prüfungscomission;[13] es sollen Gymnasiallehrer prüfen, was auch mir ganz recht und für die Studenten sehr heilsam wäre.

Mit Fromme ziehen sich die Verhandlungen noch immer hin, obwohl an dem neuen Jahrgang schon gedruckt wird. Beim Essen wuchs ihm der Hunger. Er wollte des Geldes immer mehr u. auch s. altes Deficit gedeckt haben. Ich finde aber: bare 1000 fl. sind unter allen Umst[än]den genug u. er hat nachgegeben. Glossy hat sich aufopfernd bemüht. Das ganze ist aber blos ein Arrangement auf 2 Jahre u. in der Zwischenzeit müßte sich die Abonenntenzahl wesentlich erhöhen. Wie ich das erreichen soll, weiß ich nicht. – Ich habe in den letzten 3 Monaten zahlreiche Verdrießlichkeiten gehabt, die sich aber nur auf unser inneres Universitätsleben bezogen u.

mit denen ich Sie nicht behelligen will; aber sie haben mir viel Zeit und Stimmun*[g]* geraubt. Es sind aber hier trostlose Zustände, an denen im letzten Grund die Politik die Schuld trägt. Man stellt es sich in jungen Jahren nicht vor, daß der einzige Wunsch, den man haben wird, der sein wird: ungestört arbeiten zu können. – Bleiben Sie gleichmässig gut gesinnt Ihrem aufrichtig ergebenen AS.

Handschrift: ÖNB, Autogr. 422/1-384. 1 Dbl., 4 S. beschrieben. Grundschrift: deutsch.

1 *s. Brief 125, Anm. 4.*
2 *Seit 1897 galt die Regelung, dass Prüfungskandidaten mit klassischer Philologie im Hauptfach die jeweilige Unterrichtssprache (im Falle Sauers und Seufferts: Deutsch) als Nebenfach und umgekehrt jeder Student des Deutschen im Nebenfach Latein und Griechisch zu belegen hatte, s. Reichsgesetzblatt [RGBl] 1897, Nr. 220, Verordnung des Ministers für Cultus und Unterricht vom 30.8.1897, betreffend die Prüfung der Candidaten des Gymnasial- und Realschul-Lehramtes, Art. VI: Gruppen der Prüfungsgegenstände; Universitätsgesetze, S. 926.*
3 *Von Studenten mit Geschichte im Hauptfach wurde zwar »eine chronologisch sichere Übersicht über die Weltgeschichte« und »in Bezug auf eine Hauptepoche […] Vertrautheit mit den Quellen« verlangt, philologische Kenntnisse aber nur insofern, als dass »aus Caesar und Livius, aus Xenophon und Herodot, Stellen, welche keine besonderen sprachlichen Schwierigkeiten enthalten«, richtig übersetzt werden können musste. Im Nebenfach war keine inhaltlich genaue Kenntnis einer »Hauptepoche« gefordert, die Anforderungen an die philologischen Fähigkeiten aber identisch (s. RGBl 1897, Nr. 220, Art. X: Geschichte; Universitätsgesetze, S. 932).*
4 *»Für jeden Gegenstand der Prüfung – die Unterrichtssprache als Nebenfach ausgenommen – ist eine Clausurarbeit unter unausgesetzt strenger Aufsicht durchzuführen.« (RGBl 1897, Nr. 220, Art. XX: Klausurarbeiten, Abs. 1; Universitätsgesetze, S. 938).*
5 *»Die mündliche Prüfung betrifft zunächst die Gegenstände, für welche der Candidat die Lehrbefähigung zu erwerben wünscht, und hat in diesen das Ergebnis der vorhergehenden Prüfungsstadien zu vervollständigen und zu sichern. Überdies ist für alle Candidaten die deutsche Sprache und die Unterrichtssprache (Art. V) und nebstdem für Candidaten des philologischen Gebietes die griechische und römische Geschichte (Art. VIII), für jene des geschichtlich-geographischen Gebietes und für die unter die Ausnahmebestimmung des Artikels VI, 4 fallenden Candidaten die Philologie in dem (Art. X und VI, 4) bezeichneten Umfange Gegenstand der mündlichen Prüfung. Die Prüfungen aus den erwähnten Gegenständen sind von den betreffenden Fachmitgliedern der Commission, nämlich denen für die deutsche Sprache, Unterrichtssprache, Geschichte, Philologie vorzunehmen.« (s. RGBl 1897, Nr. 220, Art. XXI: Mündliche Prüfung, Abs. 1; Universitätsgesetze S. 940).*
6 *Eine Regelung, die das explizit fordert, existierte nicht, es gab nur allgemeine »Forderungen der Prüfung im besonderen«, ohne aber deren Auswirkungen auf Hausarbeit, Klausur und mündliche Prüfung genauer zu spezifizieren. Die entsprechende Passage der Vorordnung lautete bezüglich des Deutschen: »a) Als Hauptfach: Zur Berechtigung, die deutsche Sprache oder eine Landessprache durch das ganze Gymnasium oder durch die ganze Realschule zu lehren, wird außer den Forderungen, die hinsichtlich der deutschen und der beim Unterrichte gebrauchten Landessprache an jeden Examinanden in Gemäßheit des Artikels V gestellt werden müssen, noch gründliche Kenntnis der Grammatik, Correctheit des Ausdruckes in den schriftlichen Arbeiten, Kenntnis der Literatur und ihrer Geschichte, namentlich in ihrer Verbindung mit der politischen und Culturgeschichte des betreffenden Volkes, dann Kenntnis der älteren Zustände der Sprache und*

der wichtigsten älteren Sprachdenkmäler, überdies aber der Bekanntschaft mit solchen ästhetisch-kritischen Leistungen anerkannt classischer Schriftsteller verlangt, durch welche die Einsicht in den organischen Bau und künstlerischen Wert von Werken der schönen Literatur praktisch gefördert wird. [...] So ist für den Unterricht in der deutschen Sprache die grammatisch genaue Kenntnis des Mittelhochdeutschen und namentlich die Fähigkeit erforderlich, die wichtigsten Werke der Literatur des Mittelalters [...] in der Ursprache mit gründlichem Verständnis zu lesen. Die deutsche Literatur vom 14. bis 18. Jahrhunderte muss dem Candidaten in ihren Hauptzügen bekannt sein. Auf die Kenntnis der neueren classischen Literatur ist vorzugweise Gewicht zu legen. Der Examinand muss die bedeutendsten Werke desselben in Beziehung auf Sprache und Inhalt zu erklären und den Bildungsgang der hervorragendsten Schriftsteller zu entwickeln imstande sein. Diese beiden Momente sind bei der dem Examinanden obliegenden Interpretation von prosaischen und dichterischen Werken oder von einzelnen Stellen derselben besonders ins Auge zu fassen. Auch soll hier die ästhetische Analyse nicht vernachlässigt werden. [...] Für den Unterricht an Schulen mit nicht deutscher Unterrichtssprache ist im besonderen genaue und sichere Kenntnis der neuhochdeutschen Grammatik sowie Correctheit und Sicherheit im mündlichen Gebrauche der Sprache von den Candidaten dieses Faches strenge zu fordern. Die mündliche Prüfung ist in der deutschen Sprache vorzunehmen.« (s. RGBl 1897, Nr. 220, Forderungen der Prüfung im besonderen, Art. IX: Deutsche Sprache und Landessprache; Universitätsgesetze, S. 930)

7 Es gab verpflichtende Regelungen in Bezug auf die Zusammenstellung der bei der Prüfung anwesenden Komission (s. RGBl 1897, Nr. 220, Art. XXI: Mündliche Prüfung, Abs. 4; Universitätsgesetze, S. 940), nicht aber über die Anzahl der Examinatoren.

8 Für jedes Hauptfach war eine Hausarbeit zu schreiben (s. RGBl 1897, Nr. 220, Artikel XIX: Hausarbeiten, Abs. 2; Universitätsgesetze, S. 937), für Kandidaten einer Landessprache war diese, »oder, wenn dies zweckmäßiger erscheint, wenigstens die Klausuraufgabe in der betreffenden Landessprache abzuarbeiten« (ebd., Abs. 1). Hatte man Deutsch als Hauptfach gewählt, so war im Nebenfach eine Hausarbeit aus klassischer Philologie zu einem griechischen Thema vorzulegen, allerdings verfasst auf Latein (ebd., Abs. 2) Hatte man eine Unterrichtssprache (also auch etwa Deutsch) als Nebenfach gewählt, hatte die Hausarbeit zu entfallen, »dagegen entfällt sie niemals bei den anderen Sprachen, bei Mathematik und Geographie« (ebd.).

9 »Die wissenschaftliche Befähigung für das Lehramt an Gymnasien und Realschulen wird durch eine Prüfung ermittelt, zu deren Vornahme das Ministerium für Cultus und Unterricht Prüfungscommissionen in verschiedenen Hauptstädten der im Reichsrathe vertretenen Königreiche und Länder ernennt.« (s. RGBl 1897, Nr. 220, Art. I: Prüfungskommissionen, Abs. 2; Universitätsgesetze, S. 921 f.) »Die Prüfungscommissionen werden zusammengesetzt aus Männern, welche die verschiedenen Hauptzweige des Gymnasial- und Realschulunterrichtes nach seiner gegenwärtigen Organisation wissenschaftlich vertreten. Jedes Mitglied einer Prüfungscommission erhält seinen Auftrag auf ein Jahr, doch kann derselbe nach Verlauf dieses Zeitraumes erneuert werden.« (ebd., Abs. 4) »Zum Director der Prüfungscommission und zum Stellvertreter derselben ernennt das Ministerium in der Regel nur ein Mitglied der Commisssion. Der Director, im Verhinderungsfalle sein Stellvertreter, ist mit dem Vorsitze bei den Prüfungen und Verhandlungen, der Führung der erforderlichen Correspondenz und der Aufbewahrung der in geschäftsmäßiger Ordnung zu haltenden Acten beauftragt.« (ebd., Abs. 5)

10 vmtl. nicht zustande gekommen.

11 Sauer war von 1893 bis zum Ende der Monarchie 1918 einer der Fachexaminatoren, Hauffen von 1901 bis 1918 (s. Hof- u. Staatshandbuch, Jg. 1892–1918). Aufschlussreich ist diesbezüglich Sauers Brief an Seuffert vom 11.10.1900 (ÖNB, Autogr. 423/1-401): »Sie irren sich, l F., wenn Sie glauben, dass ich die Prüfungen ganz aufgegeben habe. Ich theile mich nach wie vor mit Detter in die Prüfungen aus Hauptfach, so unangenehm es mir ist, mhd. zu prüfen. Abgegeben haben wir [le]diglich die Prüfg. aus Unterrichts[sp]rache u.

aus Nebenfach, die uns beiden sehr unangenehm waren. H. gibt sich wirklich grosse Mühe u. seine Position wird dadurch sehr befestigt.«
12 *auf der Berufungsliste für das Ordinariat in Prag (Nachfolge Kelle).*
13 *Heinzel war Fachexaminator von 1881 bis 1899, Minor von 1887 bis zu seinem Tod 1912 (s. Hof- u. Staatshandbuch, Jg. 1880–1912).*

189. (B) Sauer an Seuffert in Graz
    Prag, 12. Januar 1900. Freitag

Prag 12/1 1900
Smichow 586.

Lieber Freund! Ich wünschte, daß Sie es *[rec]*ht fühlten, wie dankbar ich Ihnen dafür bin, daß Sie mir Ihre Abhandlung[1] zuerst vorgelegt haben; denn daß ich sie jemals wieder aus den Händen gäbe, daran ist nicht zu denken. Ich habe nach einem rein philolog. Aufsatze längst gelechzt; denn die neueren Litterarhistoriker sind ja jetzt meist keine Philologen mehr. Ihr Aufsatz ist sehr lehrreich, dabei doch auch sehr klar und allgemein verständlich geschrieben (nicht im Sinn der Popularität!) und bedeutet eine wesentliche Bereicherung unseres philol. Wissens; daß die Anforderungen an moderne Textausgaben dadurch erhöht wurden, ist zweifellos. Umso mehr freue ich mich darüber, daß ich diese Abhandl. drucken darf, weil ich in dem Heft, dessen Bogen Sie nächster Tage bekommen eine thörichte Auffassung Steigs[2] drucken lassen mußte, die wahrschein*[li]*ch HGrimms Abneigung gegen die Weimarische Ausgabe[3] ihren Ursprung verdankt. In der Form nicht taktlos und überhaupt nicht verletzend; aber ganz unphilologisch u. unkritisch. – Ihre Abhandl. giebt 42–43 Seiten Corpus, das ist gar nicht so viel; am liebsten stellte ich sie an die Spitze des nächsten Heftes u. Bandes; aber ich fürchte, daß das nicht möglich sein werde, weil ich zu viele Versprechungen zu erfüllen habe; aber a*[n]* die Spitze von VII, 2 werd ich sie sicher stellen; an die Spitze, um zu betonen, daß es sich um principielle Fragen dabei handelt. Das ist Ihnen doch nicht zu spät? Also nochmals vielen Dank.

Was die Prüfungen betrifft, so geht aus Ihrem Brief[4] hervor, daß die Dinge bei Ihnen ganz anders liegen. Geographie ist bei uns ganz nebensächlich;[5] die philol. Prüfg. aus Nebenfach dagegen fast so schwer wie beim Hauptfach.[6] U*[n]*sre Germanisten studieren fast nur mehr klass. Philologie. Ich möchte die Änderung hauptsächlich auch deshalb, weil es <u>mir</u> unangenehm ist, Dinge zu prüfen, die ich nicht vortrage, mit denen ich mich auch nur mehr sehr wenig beschäftige u. ich wäre ganz einverstanden damit, mich aufs Nebenfach zurückzuziehen, wenn dies nicht zur farce herabgedrückt wäre. Einstweilen hab ich die Prüfg. aus Unterrichtssprache Hauffen überlassen u. will ihm mit der Zeit noch *[m]*ehr abtreten. Denn so gern ich lehre, so ungern prüfe ich. Heinzel hat wol aus ähnl. Gründen die Prüfungen aufgegeben. Minor scheint mir deswegen aus der Comm. ausgetreten zu sein, weil Schipper[7] für die Prüfg. aus der Unterrichtssprache Gymnasiallehrer in Vorschlag gebracht hatte. Aber Genaueres weiß ich drüber nicht. Zunächst werde ich gar nichts thun, bis nicht der neue Vorsitzende ernannt ist (Rzach ist in Aussicht genommen wie es heißt)[8] u. wenn ich auswärt*[s k]*eine Unterstützung finde, so werd ich wol kaum etwas unternehmen. Am besten wärs, wenn sich im internen Wirkungskreis ohne Ministerium die Zweiteilung der mündl. Prüfg. u. etwa der Clausurprüfg. durchsetzen ließe.

Ich habe höchst merkwürdige Briefe *[von]* Burdach, in denen er sich nachträglich bitter darüber beklagt, in Prag nicht vorgeschlagen word. zu sein.[9] Mündlich würde ich Ihnen gern ihren Inhalt mittheilen.

Nochmals herzlich dankend

Ihr aufrichtig erg. AS

Handschrift: ÖNB, Autogr. 422/1-385. 1 Dbl., 4 S. beschrieben. Grundschrift: deutsch.

1 Seufferts »Philologische Betrachtungen im Anschluß an Goethes Werther« (s. Brief 175, Anm. 11).

2 Reinhold Steig: Bemerkungen zu dem Probleme Goethe und Napoleon. In: Euph. 6 (1899), S. 716–720. Steig argumentiert, dass Aussagen Goethes über Napoleon oft aus dem Zusammenhang gerissen würden, um entweder eine pro- oder antifranzösische Haltung nachzuweisen, und erklärt seinerseits Goethes Indifferenz in dieser Frage aus dem Spannungsfeld zwischen diplomatischen Überlegungen des Künstler-Politikers einerseits und persönlichen Einschätzungen andererseits.

3 Herman Grimm, nach Scherers Tod Mitherausgeber der Weimarer Ausgabe, begleitete das Erscheinen der ersten Bände im Jahr 1887 mit kritischen Kommentaren. In der »Deutschen Rundschau« schrieb er: »Bei allen Classikern ist meinem Gefühle nach der Leser, mag er sein wer er wolle, so zu stellen, daß er empfinde, es bedürfe zwischen dem Autor und ihm keiner Mittelsperson. [...] Kein Leser sollte sich zu tief in das Studium der Entstehungsdaten und Entstehungsbedingungen der Verse verleiten lassen.« (ders.: Die neue Goethe-Ausgabe. In: DR Bd. 53 [1887], S. 425–436, hier S. 426 f.)

4 s. Seuffert an Sauer, Brief vom 11.1.1900 (StAW): »Ich begreife auch, dass Sie den jüngeren collegen bei seiner einseitigkeit in der prüfung auf sein fach beschränken wollen: mir ginge es wol eben so, wenn ich statt Schönbachs einen jüngeren zur seite bekäme. Aber: wie die dinge bis jetzt liegen, und ohne personenwettstreit liegen werden, hatte und habe ich kein verlangen nach einer änderung. Schönbach, nicht ich, hat vor jahren mit dem vorstand der commission, Karajan, beantragt, dass ich bei der hauptprüfung die neue litt. examiniere |am Seitenende eingefügt: ich bin bei ihr nie beteiligt; im nebenfach alternieren Schönbach u. ich, was dadurch gerechtfertigt ist, dass er nhd. grammatik u. stilistik liest |: das ministerium lehnte es ab, als erschwerung. Und da man inzwischen, wie die neue prüfungsvorschrift zeigt, noch mehr auf erleichterung ausgeht, wird eine solche vernünftige u. den studenten gewiss willkommene teilung heute noch weniger zu erreichen sein. Jedenfalls habe ich Schönbach u. Karajan so oft erklärt, dass ich den finger zu einer änderung nicht rühren werde, (weil ich froh bin nicht noch mehr prüfen zu müssen und weil Schönbach meine leute eher milder behandelt als ich sie behandeln würde) dass ich Ihnen leider keine unterstützung bei Ihren plänen zusagen kann. [...] Vielleicht können Sie die sache mit einem neuen commissionsvorstand

ohne ministerium ordnen. Bauer wenigstens sagte vor jahren, dass es so mit dem prüfer aus alter historie von einigen commissionen geschehen sei: hier war nicht durchzusetzen, dass er bei der prüfung der historiker mitwirkt, wiederholte schriftl. u. mündl. versuche beim minist. scheiterten immer wieder, u. so ist er nach wie vor nur beim philol.-examen, bei den histor. aber brach gelegt. Ein grosser schaden für die ausbildung der jungen leute, die alles auf Krones u. Loserth wenden müssen und auf die Geographie. / Sie sagen die Geschichte sei heute selbständig gemacht: bei uns nicht. Sie ist ja mit der geogr. verheiratet. Und diese geogr., die eigent. geologie + etwas statistik ist, zehrt die stud. ganz auf, so dass gesch., das zweithe hauptfach nominell, tatsächl. nebenfach zu ihr geworden ist. Wenigstens hier. / U. so verstehe ich auch nicht, wie u. warum die german. von der klass. philol. gelöst werden könnte u. sollte. An sich ist mir die verbindung wissenschaftl. recht. Und hier wird vom nebenfach, ja sogar hauptfach class. philolol. doch nur das gedächtnis belastet, gearbeitet wird nur bei uns. Leute nur für german. zu prüfen, geht wegen ihrer verwendbarkeit nicht an. Das schwierige thema liesse sich übrigens mündlich besser erledigen als schriftlich. Es kommt bei der beurteilung zu viel auf die erfahrungen an, die man mit den jeweilig verbundenen kollegen macht; jede neubesetzung verschiebt. / Schönbach denkt im wesentlichen gleich mir.«

5   Zu den entsprechenden Aussagen Seufferts in Bezug auf die Prüfung für das Fach Geschichte s. den Schluss der vorangehenden Anmerkung. Im Verordnungstext heißt es dazu: »In der Geschichte muß der Examinand […] außerdem aber eine umfassendere gründliche Kenntnis der antiken Geschichte und Geographie […] beweisen. Ferner ist in der Geschichte und Landeskunde des österreichischen Staates auf Gründlichkeit und Umfang der Kenntnisse und Bekanntschaft mit den gediegendsten neueren Forschungen ein besonderes Gewicht zu legen.« (RGBl 1897, Nr. 220, Art. X: Geschichte; Universitätsgesetze, S. 932)
6   s. Brief 188, Anm. 2.
7   Der Anglist Jakob Markus Schipper war von 1898 bis zu seiner Emeritierung 1913 Vorsitzender der Prüfungskommission für das Lehramt an Mittelschulen in Wien (s. ÖBL, Bd. 10, S. 161).
8   Nachfolger von Johann von Kelle als Director der k. k. Prüfungs-Commission für das Lehramt an Gymnasien u. Realschulen in Prag wurde 1901 nicht der Altphilologe Alois Rzach, Schwiegervater von August Sauer, sondern der Physiker und Mathematiker Ferdinand Lippich (s. Hof- u. Staatshandbuch 1902, S. 661).
9   Die erwähnten Briefe sind weder in den Sauer-Nachlässen an der Österreichischen Nationalbibliothek oder der Wienbibliothek noch im Burdach-Nachlass der Berlin-Brandenburgischen Akademie der Wissenschaften überliefert.

190. *(B) Seuffert an Sauer in Prag*
    Graz, 13. Januar 1900. Samstag

Graz 13 I 900

Lieber freund,   Dass Sie so zustimmend, freundschaftlich u. rasch antworten, ist mir eine wirkliche freude und ich danke Ihnen dafür. Darnach hab ich ja die erwünschte hoffnung, dass der artikel noch im laufe des jahres ausgegeben wird.* Und vielleicht gefällt er dann doch noch einem oder dem andern: denn dass die meisten unserer mitarbeiter keine philol. sind u. sein wollen, weiss ich wie Sie und gerade darum wollte ich schreiben, zuerst mit einem bitterbösen anfang, den ich liess um die sache für sich reden zu lassen.   Bei den DLD sehen Sies ja auch in der nähe wie ich, dass keiner texte edieren kann, u. redactor der Weim. ausg. zu sein ist für einen menschen wie ich eine strafe: die tüchtigsten leute sind unbehilflich wie kinder und wie schwer ists, ihnen beizukommen ohne sie zu verletzen. Ich war übrigens nicht der meinung gegen die grundsätze der Weim. ausg. zu verstossen u. der Wertherredactor ESchmidt hat auch kein silblein davon verlauten lassen. Ich fasste es immer so u. nie anders auf. Es heisst doch im §.11: Die Mitarbeiter haben stets auf Grund der gesammten Überlieferung zu untersuchen, ob die Texte durch Corruptelen gelitten haben. §.10 Änderung des Fehlerhaften bleibt überall vorbehalten.[1] Ihr h. redactor[2] hat Sie also zu seinem glauben gezwungen, (dies ist nicht seine schwerste sünde) aber nicht zu den Grundsätzen der ausgabe; ich bin überzeugt, dass E. Schmidt darüber genau so denkt wie ich u. als die allein überlebenden sind wir zwei die allein authentischen interpreten. Ich bin nur gegen mischungen zweier fassungen: so fragte ich mich, ob von den Guten weibern die bessere erste oder die zweite schlechtere u. nahm diese in den text, weil es Goethe so getan. Die lesarten beider zu mischen wie es andere herausgeber taten schien mir unerlaubt.[3]

Zwierzina versteht, dass ich mich in der einleitung gegen die Wiener reimstatistiker[4] wende (Kraus also vielleicht auch), denn jener weiss von mir, wo ich stehe. Doch denke ich sollen die verborgenen spitzen niemand verletzen. Vielen verständlich wollte ich sein u. darum mied ich die siglen: wer hätte sich mit 50 ausgekannt! So wenig als ich Bruiniers Faust[5] verstehen kann.

Prüfung betr. – Gewiss ists am besten, Sie ordnen das mit dem vorstand: wenn er will, geht es. Auch ich mag nicht MA prüfen, am wenigsten linguistische grammatik, weil ich sie nicht kann. Deutsch-nebenfach nehmen wir nicht als farce, u. es geht ohne halsbrechen nicht ab. In einer stunde – u. kürzer prüfen wir nie – kann man einen schon umbringen, der nichts weiss oder nur verständnislos gebüffelt hat.

Burdach ist unglaublich! zu andern redete er damals, als ob es lächerlich sei dass er durch seinen Prager u. österr. aufenthalt für Kelles stelle candidiere. Nun, er wird sich trösten, wenn ihn Althof [!] nach Berlin holt, zunächst wol als überzähligen prof., zur redaction [Burdach als redacteur bei seiner art die menschen zu behandeln!] der altdtschen sprachdenkmäler in der weise der Monum. – falls aus Althofs absicht etwas wird.[6]

Nochmals herzlichen dank für die annahme, Ihre zustimmung u. anerkennung: die kommt mir so selten irgendwoher, dass ich sie beim namen nennen darf, wenn sie einmal einkehrt.

Treulichst
Ihr
BSfft.

Bauers 3. kind, der 5jährige bub,⁷ hat schenkelhalsentzündung u. stapft in gips! Hoffentlich wird er nicht wie unser Schönbach, der von jahr zu jahr schwerer geht.⁸ Der arzt sagt es sei ein leichter fall; also wird Kurt ja mit geraden knochen davon kommen.

Sehr schade, dass Sie Ihre Götzbeobachtungen nicht der redaction und allen vorhielten! Es ist neben dem Werther wol das dankbarste stück.

* Ein je eher je lieber unterdrück ich, weil ich sehe, dass Sie mich ohnedies tunlichst bevorzugen. Dank!

Handschrift: StAW. 1 Dbl., 4 S. beschrieben. Grundschrift: lateinisch.

1   *s. Grundsätze (WA), § 10 u. § 11, S. 6. Seuffert reagiert mit diesem Satz auf eine Ergänzung, die Sauer Brief 189 am selben Tag auf einer Postkarte (ÖNB, Autogr. 422/1-398) nachgesandt hatte: »Bemerken möcht ich noch, daß Ihre R[es]ultate auch von den Principien der Weimarer Ausgabe abweichen, so wie wenigstens ich sie aufgefasst habe. Es war wol Grundsatz, daß man Fehler der früheren (unechten) Ausgabe, die G. durch Aufnahme in echte Ausgaben sanctioniert hat, nicht beseitigen dürfe. Ich mußte beim Götz so vorgehen u. ich glaube, alle andren oder die meisten sind auch so vorgegangen. Wird Ihr Resultat acceptiert, dann müßten alle Texte neu gearbeitet werden.« Diese Auffassung lässt sich Seufferts »Philologischen Betrachtungen im Anschluß an Goethes Werther« (s. Brief 175, Anm. 11, hier S. 46 f.) nicht entnehmen, in denen es nach der Rekonstruktion der Textgeschichte heißt: »Man sieht hieraus, wie unsicher einzelne Textstellen geworden sind. Und überhaupt: der Herausgeber des Werther steht vor der Notwendigkeit einen Text zu bilden, der so niemals existiert hat. Denn er kann nicht bei der erhaltenen Handschrift stehen bleiben, ob sie gleich durch Goethes Korrektur die stärkste Gewähr für sich hat, könnte es nicht, auch wenn den Schreibern keine Irrtümer und Eigenheiten nachgewiesen wären, nicht auch wenn sie ganz druckreif wäre: er muss die Fehler beseitigen, die Goethe unabsichtlich aus seiner Vorlage übernommen hat. Niemand wird behaupten, sie seien durch Goethes Handschrift anerkannt, denn es ist Sinnentstellendes hierunter, dessen Beachtung sich dem Autor trotz aller Sorgfalt verbarg; und ist dies zu bessern gegen die Handschrift, so ist auch alles andere zu bessern, was vor der Handschrift gefehlt worden war. Alles andere, doch mit der Einschränkung, soweit es nicht im Sinne der neuen Redaktion liegt. [...] Thatsächlich also muss ein Idealtext konstruiert werden, der in diesem Wortlaute niemals vom Autor gegeben worden ist; eine Aufgabe, die man bei einer Bevorzugung des irgendwie autoritativ übermittelten Wortbestandes, bei einer Folgestrenge im Einschätzen und Abwägen der Überlieferung nicht ohne willkürliche Entscheidungen des Sprachgefühls leisten kann. / Diese Notwendigkeit darf Philologen, die sich mit Texten alter Zeit befassen, eine gewisse Befriedigung gewähren. Obgleich die Beglaubigung durch den Verfasser, die ihren Handschriften fast ausnahmslos fehlt, in neuer Zeit zumeist vorhanden ist: auch modernen Texten gegenüber bleibt ultima ratio das Sprachgefühl, das bei der gründlichen Schulung und reizbaren Feinheit sich irren kann und irrt. / Überhaupt wünschte ich, daß diese Erörterungen nicht einseitig als Darlegung über den Text der Leiden des jungen Werther angesehen werden möchten. Sie wollen durchaus allgemeinen Zwecken dienen. Der Druck der Neuzeit erhellt Probleme, die uns die Handschrift des Mittelalters stellt. Der Setzer hat seine Individualität wie der einstige Berufsschreiber die seinige. Und der Autor wird durch sie umhüllt. Hinwieder: die Arbeit, die wir Texten von vielhundertjähriger Vergangenheit schulden, bedürfen die um ein Jahrhundert zurückliegenden Schriften nicht minder. Und war die Sorgfalt, die ein Goethe bei seiner ererbten und we-*

nigstens seit der italienischen Reise mehr und mehr bethätigten Sammel- und Ordnungsliebe und bei dem Willen, alles Nötige zu thun, auf die Reinheit der Überlieferung seiner Werke wendete, zu klein, sollten alle andern Schriftsteller vor ihm und nach ihm bis heute wachsamer sein? Der Philologe muß es für sie sein. Denn die Grundlage allein Litterarhistorie, aller Politik alter und neuester Zeit bildet nur: das echte Wort. Soweit möglich es zu finden, ist erste Pflicht.« Zur Beurteilung von Seufferts Argumentation und seiner Werther-Ausgabe s. auch Gerlach: Bernhard Seuffert, S. 117 f.

2 Bernhard Suphan. Zur Einflussnahme Suphans auf Sauers Götz-Edition und die aus ihr resultierenden Probleme s. Brief 76, Anm. 2, die Briefe 77, 85–87, 90 sowie im Folgenden die Briefe 191, 196–197, 199. S. dazu auch Illetschko/Nottscheid: Krit. Ausg., S. 123.

3 Eine solche unzulässige Textmischung lag für die »Guten Weiber« nach Seufferts Meinung vor in der Hempel'schen Ausgabe (Goethe's Werke. Nach den vorzüglichsten Quellen revidirte Ausgabe. 36 Thle. in 23 Bdn. Berlin: Gustav Hempel o. J. [1868–1879], hier Thl. 16, hrsg. und mit Anmerkungen begleitet von Fr. Strehlke, S. 181–190); s. Seufferts Neudruck »Die guten Frauen von Goethe« (DLD. 21), S. X.

4 s. Seuffert: Philologische Betrachtungen (Brief 175, Anm. 11), S. 3: »Aber man sollte sich mindestens bei den letzteren Beobachtung und Schlüssen [über große Entwicklungsperioden und kleine Entfaltungen] immer klar bewußt bleiben, daß die schematische Prüfung nur ein Notbehelf ist, der bei aller Stringenz der statistischen Zahlen keinen untrüglichen Beweis erbringen muß.« Zu Seufferts Abneigung gegen Statistik s. auch Brief 175, Anm. 6 u. Brief 179, Anm. 5.

5 Johannes W. Bruinier: Faust vor Goethe. Untersuchungen. I. Das Engelsche Volksschauspiel Doctor Johann Faust als Fälschung erwiesen. Halle/S.: Max Niemeyer, 1894. In zwei Spalten stellt Bruinier der Ausgabe von Engel (Deutsche Puppenkomödien. Hrsg. von Carl Engel. 4 Tle. in 1 Bd. Oldenburg: Schulzesche Buchhandlung, 1874–1876 [²1882], hier: I. Faust, Das Volksschauspiel des Doctor Johann Faust. Mit geschichtlicher Einleitung, 1874) einen aus 17 weiteren Zeugen generierten neuen Text gegenüber.

6 Anlässlich des 200-jährigen Jubiläums der Preußischen Akademie der Wissenschaften verlieh Kaiser Wilhelm II. im März 1900 der philosophisch-historischen Klasse drei neue akademische Stellen ›vorzugsweise für deutsche Sprachwissenschaft‹. Eine dieser Stellen, auf deren Besetzung der Ministerialdirektor im preußischen Kultusministerium Friedrich Althoff wesentlichen Einfluss hatte, erhielt 1902 Konrad Burdach, der von Halle nach Berlin wechselte. Die Aufgaben der philologisch-historischen Klasse im Bereich der Deutschen Philologie wurden erst 1903 von der Deutschen Kommission festgelegt, sie wurden aber zuvor schon diskutiert: zu ihnen sollten die Edition der altdeutschen Sprachdenkmäler gehören.

7 Kurt Bauer.
8 zu Schönbachs Gehbehinderung s. Brief 74, Anm. 5.

191. (B) Sauer an Seuffert in Graz
    Prag, 19. September 1900. Mittwoch

Prag 19/9 00
Smichow 586

Lieber Freund! Bevor ich wieder an die eigentliche Arbeit gehe, will ich den Faden [u]nsrer Correspondenz wieder aufnehmen, da ich während der Ferien nichts von Ihnen gehört habe. Wir waren 6 Wochen auf Sylt, in Wenningstedt, einem reizenden stillen Örtchen mit prachtvollster Luft, herrlichstem Wind und wunderbar kräftigem

Wellenschlag. Die ersten 14 Tage allein, und da auch meine Bücherkiste ausgeblieben war, zu meinem Heil ganz unthätig und daher rasch erholt. Dann kamen Leitzmanns, Schüddekopf, später Suphan (vorher war auch Wahle flüchtig da); Stumpf u. der Leipziger Aegyptologe Steindorf bildeten einen weiteren Kreis. Am liebsten war mir Schüddekopf, in jeder Beziehung. Wir sprachen viel über das Archiv, die Ausgabe u. s. w.; ich lernte auch mancherlei. Suphan war anfangs sehr still u. müde, später gesprächiger; aber im Ganzen doch schon sehr senil und unerfreulich. Leitzmanns behängten sich mit allerlei unerquicklichem Gesindel, das uns abstieß und seine Pedan[te]rie und Poesielosigkeit tritt immer stärker hervor.[1] Wir sprachen eigentlich wenig und nichts von Belang. Er setzt große Hoffnungen auf Burdachs Weggang von Halle u. die darauf folgenden Verschiebungen in Preußen.[2] Auf dem Rückweg hielten wir uns in Hamburg, Lübeck, Wismar, Schwerin u. Berlin auf, wo wir wie auf dem Hinweg Meyer flüchtig sprachen; im Juli auch Schmidt, zufällig im zoolog. Garten (ich hat[te i]hn nicht aufgesucht, weil ich wußte, daß er Dekan[3] sei u. nur ½ Tag in Berlin war.) Er war im Ganzen nicht unhöflich; aber ist doch schon zu sehr von sich eingenommen, als daß man gemüthlich mit ihm plaudern könnte. Er erzählte mir allerlei, unter andrem daß die Akademie Ausgaben von Wieland,[4] Möser u Winckelmann[5] plane. Ich wünsche auch um Ihretwillen, daß der Plan sich realisire; für diese Aufgabe sind Sie geradezu geboren. – Herder Bd 15 (Ideen II) c[orri]gierte Suphan auf Sylt; er erscheint im Herbst. Ein Registerband u. eine 12 bändige Correspondenz soll sich anschließen.[6] –

Ich sende Ihnen das neue Heft DLD;[7] die Rec. über Meyer[8] u. die Mittheil. über Stifter.[9] An den Säculargedichten[10] drucke ich bereits; leider scheint die Druckerei momentan in Übersiedl. begriffen zu sein; denn der eilig begonnene Druck stockt. Dann muß ich die Lesarten zum Theatergötz fertig machen, da der 13. Bd. endlich [f]lott wird.[11] Zu Ostern will ich nach Weimar; ich soll für 1902 als Schrift der Goetheges. einen Band: ›Goethe & Österreich‹[12] arbeiten, wofür manches in Weimar vorliegen soll. Ich habe es, da Suphan keine Antworten gab, mit Schmidt vereinbart; u. jetzt thut Suphan so, als ob die Anregung von ihm ausgegangen wäre. Das Schillersche Säculargedicht,[13] von dem ich eine Collation gebraucht hätte, gibt er selbst heraus; ebenso die [Ma]rienbader Elegie.[14] Aber es kommt ihm bei allem mehr aufs Äußerliche, auf die Spielerei an. Euph. II hat Ihnen hoffentlich nicht misfallen, weil Sie auf die Correcturbögen nicht reagiert haben; die zu Heft 3 kommen nächstens. Ich freue mich, daß in diesem (3.) u. im 4. Heft der Recensionstheil, meine stete crux und Sorge, etwas besser ist (Petzet,[15] Pniower,[16] Walzel[17]); ich wollte, ich könnte ihn mit 2–3 [Le]uten allein arbeiten, wie der Anzeiger[18] thut.

Hoffentlich haben auch Sie den Sommer recht angenehm verbracht u. gehen frisch an die Arbeit. Bleiben Sie freundlich gesinnt Ihrem aufrichtig erg. AS.

Wissen Sie etwas über G. Meyers Ende.[19]

Handschrift: ÖNB, Autogr. 422/1-397. 1 Dbl., 4 S. beschrieben. Grundschrift: deutsch.

1 Zum Wandel der ursprünglich freundschaftlichen Beziehung (auch die Ehefrauen standen in regem Austausch) Sauer–Leitzmann s. Godau: Sauer/Leitzmann.
2 Burdach wechselte 1902 von Halle/S. nach Berlin (s. Brief 190, Anm. 6). Leitzmann hoffte vergebens: Erst 1923 wurde er Ordinarius in Jena, wo er seit 1891 mit Unterbrechungen als Privatdozent, ab 1898 als Extraordinarius wirkte.
3 Erich Schmidt war im Unterrichtsjahr 1899/1900 Dekan der Philosophischen Fakultät der Universität Berlin.
4 Darüber war Seuffert, der mit der Edition betraut werden sollte, bereits informiert (s. den folgenden Brief). Zur Geschichte der historisch-kritischen Wieland-Ausgabe der Berliner Akademie s. Brief 213, Anm. 8.
5 Die geplanten Ausgaben der Werke von Justus Möser und von Johann Joachim Winckelmann wurden nicht realisiert.
6 Seit 1877 gab Suphan die historisch-kritische Ausgabe von Herders »Sämmtlichen Werken« (33 Bde. Berlin: Weidmann, 1877–1913) heraus. Die »Ideen II« (11. bis 20. Buch) erschienen u. d. T. »Ideen zur Philosophie der Geschichte der Menschheit. Teil 3 und 4« – allerdings erst 1909 und als Band 14, nicht als Band 15. Der Registerband folgte erst 1913. Suphans Plan, nach Herders Werken auch dessen Korrespondenz herauszugeben, wurde zu seinen Lebzeiten nicht realisiert.
7 vmtl. Wilhelm Jerusalem: Philosophischen Aufsätze (DLD. 89–90 = N. F. 39–40).
8 Richard M. Meyers »Die Deutsche Litteratur des Neunzehnten Jahrhunderts« (s. Brief 185, Anm. 25). Sauers Besprechung erschien in: Euph. 7 (1900), S. 374–382. Sie fiel – abgesehen von Hinweisen auf einige nach Sauers Meinung übergangene österreichische Schriftstellerinnen und Schriftsteller und von einer Kritik an Meyers »unhaltbarer« und »verhängnisvoller« (ebd., S. 379) Vermischung biographischer und historischer Einteilungsprinzipien, denen noch dazu ein wesentliches, nämlich das »landschaftliche«, fehle – sehr positiv aus.
9 Erster Bericht von Prof. Dr. August Sauer über die im Rahmen der ›Bibliothek deutscher Schriftsteller aus Böhmen‹ geplante kritische Gesamtausgabe der Werke Adalbert Stifters. Prag: Verlag der Gesellschaft zur Förderung deutscher Wissenschaft, Kunst und Literatur in Böhmen, 1900. Zur Stifter-Ausgabe s. etwa Brief 196, Anm. 14 und Brief 203, Anm. 23.
10 Die Deutschen Säculardichtungen an der Wende des 18. und 19. Jahrhunderts. Hrsg. von August Sauer. Berlin: B. Behr's Verlag (E. Bock), 1901 (DLD. 91–104 = N. F. 41–54). Widmung: »Daniel Jacoby in freundschaftlicher Gesinnung als Gruß zur neuen Jahrhundertwende zugeeignet«. Eine Reihe »kleine[r] Ergänzungen und Nachträge« veröffentlichte Sauer unter dem Stichwort »Säcualrdichtungen« innerhalb der Jahresbibliographie des »Euphorion« für 1901 (s. Euph. 9 [1902], S. 233 f.).
11 zu Sauers Götz-Edition s. Brief 76, Anm. 2.
12 Goethe und Österreich. Briefe mit Erläuterungen. 2 Thle. Hrsg. von August Sauer. Weimar: Goethe-Gesellschaft, 1902, 1904 (Schriften der Goethe-Gesellschaft. 17–18). Ursprünglich war nur ein Band geplant, aufgrund des umfangreichen Materials entschloss man sich in Weimar jedoch, die Briefe auf zwei Bände zu verteilen (s. Brief 203).
13 Gemeint ist ein erstmals in Goedekes großer Schiller-Ausgabe veröffentlichtes unbetiteltes Textfragment (s. Schillers sämmtliche Schriften. Historisch-kritische Ausgabe. Hrsg. von Karl Goedeke. Bd. 11: Erster Theil. Gedichte. Stuttgart: J. G. Cotta, 1871, S. 410–415: »Aus dem Nachlaß«, Fragment Nr. III). Suphan gab ihm den danach meist verwendeten Titel »Deutsche Größe« (s. Ein unvollendetes Gedicht Schillers 1801.

Nachbildung der Handschrift, im Auftrag der Goethe-Gesellschaft hrsg. von Bernhard Suphan. Weimar: Goethe-Gesellschaft, 1902 [Sonderheft der Schriften der Goethe-Gesellschaft. Der Schillersche Text erschien 1901 auch in Sauers Ausgabe der »Säculardichtungen« als Nr. 75 u. d. T.: »Bruchstücke eines geplanten Säculargedichts« (S. 189–193).

14 *Elegie. September 1823. Goethes Reinschrift mit Ulrikens von Levetzow Brief an Goethe und ihrem Jugendbildniß. Hrsg. von Bernhard Suphan. Weimar: Goethe-Gesellschaft, 1900 (Schriften der Goethe-Gesellschaft. 15).*

15 *Erich Petzet [Rez.]: Die Tagebücher des Grafen August von Platen. Aus der Handschrift des Dichters hrsg. von G. von Laubmann und L. von Scheffler. 2 Bde. Stuttgart: Cotta, 1896, 1900. In: Euph. 7 (1900), S. 589–629.*

16 *Otto Pniower [Rez.]: Albert Köster: Gottfried Keller. Sieben Vorlesungen. Leipzig: Teubner, 1900. In: Euph. 7 (1900), S. 630–637.*

17 *Oskar F. Walzel [Rez.]: Herm. Anders Krüger: Der junge Eichendorff. Ein Beitrag zur Geschichte der Romantik. Oppeln: Maske, 1898. In: Euph. 7 (1900), S. 801–814.*

18 *Die im »Anzeiger für deutsches Alterthum und deutsche Litteratur« veröffentlichten Besprechungen wurden zu dieser Zeit durch einen kleineren Kreis fester Mitarbeiter erarbeitet.*

19 *Der Sprachwissenschaftler Gustav Meyer war am 28.8.1900 nach schwerer Krankheit gestorben (s. Brief 165, Anm. 6 sowie Seufferts Bericht in Brief 192).*

192. (B) Seuffert an Sauer in Prag
Graz, 21. September 1900. Freitag

Graz 21. 9. 00.

Lieber freund, Ihr brief athmet eine so erfreuliche frische, dass ich doppelt gerne dafür danke. Ein ausgeruhter mensch greift alles anders an. Was Sie mir über personen schreiben, bestätigte u. verstärkte mir meine bilder. Schüddekopf ist durch u. durch fein u. tüchtig u. da er in Wernigerode[1] nicht versumpft ist, so wird er in Weimar nicht vertrocknen: die gefahr ist da nicht klein; er hält sich wol an den »künstlern« frisch. Über Suphan ist kein wort mehr zu verlieren: eitelkeit der impotenz, misgunst der trägheit müsste mans nennen, wenn er als gesunder mann betrachtet werden dürfte. Dass Sie von Leitzmann etwas abrücken, ist mir eine beruhigung: ich habe mich oft besonnen, ob ich dem mann (oder männchen) nicht unrecht tue, weil Sie doch schätzbares in ihm fanden; so sind wir wieder eins. Nur Erich Schm. beurteile ich milder.

Dass nach seinem vorschlag Wieland einmal in der Akademie dran kommen soll, weiss ich; ob sein vorschlag angenommen ist, weiss ich nicht; dass anderes voraus geschehen muss, macht es fraglich, ob ich den beginn dieser ausgabe erlebe.

Dank für Ihre neue sendung; Stifter begrüsse ich. Die recension über Meyer ist ganz nach meinem geschmack, gewiss nicht zu günstig; es ist sehr leicht, dem buche so ungerecht zu sein wie viele andere; es ist hingehauen und hat unebenheiten etc, aber wer hätte den abriss jetzt besser gemacht? u. ists nicht viel besser als gar nichts? Ich hab das auch Weilen (er war mit seinem zarten weibchen[2] hier) aus einander gesetzt, der gerne geschimpft hätte. Übrigens schreibt mir Meyer in den letzten jahren zu viel u. zu vielerlei: Schade, dass er sich abnützt; er war früher gediegener, geistreicher u. geschmackvoller. Wunderschön sind Ihre worte über Schönbachs Aufsätze.[3] Die Euphorionbogen hab ich nicht erhalten; sie scheinen zugleich mit dem von Schönbach schmerzlich vermissten hofratsglückwunsch[4] verloren gegangen zu sein. Am meisten interessierte mich Morris' Schuhu[5] u. diesmal der Jean Paul Nachlass.[6] Lorenz Stark ist mir auf zu breite basis gestellt, wird nicht lebendig.[7] Für Jerusalem dank ich Ihnen lebhaft u. freue mich die aufsätze zu besitzen; wer ist der Beer?[8] jedenfalls bibliographisch erzogen.

Wurzbachs Bürger[9] finde ich entsetzlich und, was das schlimmste ist, gemein: wars denn nötig das »pikante« so breit zu treten? er kann schliesslich doch nicht jeden coitus zählen, was er am liebsten möchte.

Kommt Burdach wirklich nach Berlin?[10] Seine einleitung zum Walther[11] ist das erste von ihm, was mir gründlich misfiel.

Zu den Säculargedichten u. zu Goethe und österr. glück auf!

Sie fragen nach GMeyer. Er blieb bis ans ende völlig stumpf, hat wol von den krämpfen der letzten wochen nichts gespürt u. starb schliesslich an herzschwäche. Wenige kollegen gaben ihm das geleite; ich war des abends zuvor hier angekommen u. machte mirs bei dem gang zum grabe aufs neue deutlich, was für einen elenden nachfolger wir für diesen grundgescheuten und gelehrten mann haben eintauschen müssen.[12] Wir sind jetzt seit jahren mit fast allen berufungen hereingefallen; hoffentlich ergeht es uns mit Schuchardts nachfolger[13] nicht ebenso; das wird eine schwierige suche.

Ich war mit der familie 5 wochen ruhig in Goisern, die schwiegermama[14] u. alle meine geschwister[15] waren auch da u. so wars gut. Ins arbeiten bin ich leider noch nicht gekommen, hundert abhaltungen unterbrachen. Jetzt, hoffe ich, kann ich mich verbeissen: beide buben gehen zur schule; sie sollten vorher noch viel gelüftet u. der ältere auch an seine schulweisheit erinnert werden.

Vom Weimarer archiv wissen Sie nun viel mehr als ich; ich bin ganz ausser fühlung, kenne nicht einmal mehr die personen noch was gearbeitet wird.

Leben Sie wol u. bleiben mir treu. Herzlich

Ihr

BSfft.

Weilen sagt, Minors im herbst erscheinender Faust I[16] sei voll spitzen gegen Pniower[17] und alle Berliner.

Handschrift: StAW. 1 Dbl., 4 S. beschrieben. Grundschrift: lateinisch.

1 *Carl Schüddekopf war 1892 vom Fürsten Stolberg-Roßla in Wernigerode verpflichtet worden, dessen Bibliothek zu ordnen.*
2 *Margarethe von Weilen.*
3 *Anton E. Schönbach: Gesammelte Aufsätze zur neueren Litteratur in Deutschland, Österreich, Amerika. Graz: Leuschner & Lubensky, 1900. Widmung: »August Sauer und Richard M. Werner in treu dankbarem Erinnern zugeeignet«. Sauers kurze Notiz über den Band innerhalb der Jahresbibliographie des »Euphorion« (7 [1900], S. 404 f.) setzt ein mit den Worten: »In Erinnerung an das einstige Zusammenwirken mit jüngeren Freunden und Kollegen, denen der Verfasser dankbar empfundenen Anteil an seinen Studien und Arbeiten gewährte, hat er meinen und R. M. Werners Namen diesem Buche vorgesetzt. Will es sich demnach auch nicht für mich geziemen, dieses Buch zu loben, so darf ich es doch mit herzlichen Worten in dieser Zeitschrift begrüßen, bei deren Entstehen er das Geleitwort gesprochen hat.«*
4 *Schönbach war 1900 zum Hofrat ernannt worden.*
5 *Max Morris: Der Schuhu in Goethes Vögeln. In: Euph. 7 (1900), S. 246–258.*
6 *Josef Müller: Jean Pauls litterarischer Nachlaß. C. Dritter Hauptteil. Faszikel Nr. 13 a und b: Selbständige größere Aufsätze. II. Die Schriftstellerthätigkeit in der Universitätszeit (Fortsetzung). In: Euph. 7 (1900), S. 61–78; ders.: Jean Pauls litterarischer Nachlaß. D. Vierter Hauptteil. Faszikel 14–23. Studienhefte zu einzelnen Werken. Flegeljahre. E. Korrespondenz. Nachtrag. Resumé. Ebd., S. 291–314; in der Folge müllerscher Jean Paul-Publikationen bereits zuvor erschienen waren: ders.: Jean Pauls litterarischer Nachlaß. A. Nr. 1–5. Exzerpte. In: Euph. 6 (1899), S. 548–573; ders.: Jean Pauls litterarischer Nachlaß. B. Nr. 6–12. Studien, C. Faszikel Nr. 13 a und b: Selbständige größere Aufsätze: I. Aus der Gymnasialzeit in Hof, II. Die Schriftstellerthätigkeit in der Universitätszeit. Ebd., S. 721–752.*
7 *Robert Riemann: Johann Jakob Engels »Herr Lorenz Stark«. Ein Beitrag zur Geschichte des deutschen Familienromans. In: Euph. 7 (1900), S. 266–291 und 482–514 (Schluß).*
8 *s. Brief 184, Anm. 8.*
9 *Wolfgang von Wurzbach: Gottfried August Bürger. Sein Leben und seine Werke. Leipzig: Dieterich, 1900. Sehr ausführlich geschildert wird darin (unter Hinzuziehung vielfältiger Quellen zur Beschreibung der erwähnten Frauen) Bürgers unglückliche erste Ehe mit Dorothea Marianne Leonhart (gen. »Dorette«, im Alter von 28 Jahren gestorben), die zweite, kurze, mit deren jüngerer Schwester Augusta Wilhelmine Eva (gen. »Molly«, im Alter von 27 Jahren gestorben) sowie die unglückliche dritte Ehe mit dem in der Forschung viel diskutierten »Schwabenmädchen« Elisa Hahn, die nach zwei Jahren wegen »erwiesenen Ehebruchs« gerichtlich getrennt wurde. Allein der Letzteren widmet Wurzbach gut sechzig Seiten (s. ebd., S. 275–330).*
10 *s. Brief 190, Anm. 6.*
11 *Konrad Burdach: Walther von der Vogelweide. Philologische Forschungen. 1. Teil. Leipzig: Duncker & Humblot, 1900. Widmung: »Karl Lachmann zum Gedächtniß«. Mehr nicht erschienen.*
12 *Nachfolger Gustav Meyers als Ordinarius für Sanskrit und vergleichende Sprachwissenschaft in Graz wurde 1900 Rudolf Meringer.*
13 *Der Romanist Hugo Schuchardt, seit 1876 Ordinarius für romanische Philologie in Graz, wurde 1900 krankheitshalber in den Ruhestand versetzt. Sein Nachfolger wurde 1901 Jules Cornu, der zuvor seit 1877 Ordinarius in Prag gewesen war (s. Brief 196).*
14 *Maria Margaretha Apollonia Rothenhöfer, geb. Seuffert.*

15 Bernhard Seuffert hatte zwei Schwestern (Elise Seuffert und Babette Eussner, geb. Seuffert) und einen Bruder (Lothar Seuffert).

16 Jakob Minor: Goethes Faust. Entstehungsgeschichte und Erklärung. Bd. 1: Der Urfaust und das Fragment. Bd. 2: Der Erste Teil. Stuttgart: J. G. Cotta, 1901. Vor allem im Vorwort zum ersten Band seiner als Faust-Kommentar gedachten Publikation spricht Minor über Tendenzen der jüngeren Forschung, die Goethes opus magnum so entstellt habe, dass er selbst es »gar nicht mehr wieder erkannte [...]. Die kommentierten Ausgaben [...] haben es, im Anschluss an den Text, natürlich in erster Linie mit der Sacherklärung und mit der Worterklärung zu thun. Das Wort aber kann im eigentlichen oder im uneigentlichen Sinne, wörtlich oder bildlich, es kann in weiterer oder engerer Bedeutung, allgemein oder prägnant, logisch oder anschaulich gebraucht und verstanden werden. Die neuesten Faustphilologen nun haben die Neigung, alles in prägnanter, wörtlicher und bestimmter Bedeutung aufzufassen. Man darf aber, wenn man eine Dichtung verstehen will, nicht logischer und nicht prägnanter sein wollen, als der Dichter selbst. [...] Ich glaube nachweisen zu können, daß von den großen Widersprüchen, die sich im Faust finden sollen, die meisten nur von den Faustforschern hineingetragen worden sind, die auf ihrem Wege das Verständnis des Textes verfehlt haben.« (ebd., S. V–VII).

17 Otto Pniower: Goethes Faust. Zeugnisse und Excurse zu seiner Entstehungsgeschichte. Berlin: Weidmann, 1899.

193. (B) Sauer an Seuffert in Graz
    Prag, (nach dem 21. September 1900)

Ich danke Ihnen vielmals, theuerster Freund, für Ihre beiden ausführlichen Schreiben[1] u. für die lehrreiche schöne Genoveva-Rec.[2] – Ich werde nicht auf [al]les in Ihren Briefen eingehen können; aber wenigstens 2 Punkte möchte ich herausgreifen: – Meyer haben Sie sehr richtig charakterisiert. Der Mann schreibt aber noch viel mehr als wir beide sehen u. wissen. So sagte mir dieser Tage ein College, daß er in einer americ Review etwas von ihm gelesen habe.[3] Er schreibt mit Händen u. Füssen, stehend u. gehend, wachend u schlafend. Leider [s]teh ich ihm nicht so nah, daß ich es ihm sagen könnte, wie er sich dadurch schadet. Ich bin eigentlich nicht einmal befreundet mit ihm (unsre Frauen sind es)[4] u. wir schreiben uns kaum, wenigstens nichts Fachliches oder Sachliches. Die Rec. Ex. kann ich ihm – als Gönner der Zs. – nicht abschlagen u. er ist für d. Redacteur ein sehr angenehmer fixer Recensent. Aber zu oft erscheint er mich <!> doch in Heft 1 u. 2.[5]

Sie glauben daß dem Thema: Goethe u. Oest.[6] die Einheit fehle. Zugeben muß ich, daß G. erst spät, seit der Bekanntschaft mit Sternberg[7] Öst. als Einheit aufzufassen begann u. auch da ist die Einheit mehr Böhmen als Österreich. Gehen Sie aber von Österreich aus, kehren Sie den Titel um, dann werden Sie zugeben müssen, daß eine Einheit zu finden ist. Es kommt übe[rha]upt bei der Behandlg. des Themas viel mehr für die Geistesgeschichte Österreichs heraus als etwa für d. Entwicklg. Goethes; für jene aber sehr viel. Ich bin selbst erstaunt, auf wie viele einzelne Existenzen in Öst., auf wie viele Kreise u. Gruppen G. entscheidend eingewirkt hat. Um die *[W]*ende des Jhs. steht ihm Graf Harrach nah; dann kommt die Gründung des Prometheus[8] mit Stoll, Seckendorf Palffy (über Schreyvogel & G. handelt sehr lehrreich das letzte Grillparzerjahrb.);[9] dann kommt der ganze Kreis mit der Kaiserin Ludovica[10] im Mittelp., der reizende Briefw. mit der O Donell;[11] zahlreiche öst. Adlige schlossen sich hier an. – Dann Metternich u. der Kreis der Staatskanzlei (13 Briefe von Gentz); hier wären Hormayr, Deinhardstein anzureihen. Seit den 20er Jahren 3 große Briefwechsel mit Sternberg, Grüner u. Zaupper.[12] Dazu circa 100 einzelne Corresp. in allen Kronländern. Die Frage der Aufnahme G.scher Dichtung in Öst. u. ihre Nachwirkg., die Frage, ob die Wiener Dramatik auf G. zurückwirkte u. andres tritt hinzu. Der Stoff wächst je mehr ich ihn durcharbeite u. es löst sich manches Selbstständige vermuthlich von ihm ab. Vorige Woche war ich 3 Tage in Wien, um die Briefe an Grüner zu collationieren.

Cornu[13] erzählte mir, daß er Schönb. und Sie gesprochen habe; er ist von Graz entzückt. Er fand Schönbach sehr frisch u. munter, was mich unendlich freut. Von s. Reise wußte ich noch nichts.

Apropos: Wir begründen eine deutschböhmische Revue.[14] Sollten Si*[e]* einmal etwas haben, was nach dieser Richtg. liegt, so denken Sie an uns.

Ich sende die letzten Bogen mit Jungs schönen Erinnerungen an Pichler,[15] in denen ich nur noch einige stilistische Unebenheiten wegschaffen muß. Treulichst
  Ihr   alterg.   AS.

Datum: Die Korrespondenzstelle ergibt sich aus dem Inhalt von Brief 192. Handschrift: ÖNB, Autogr. 423/1-424. 1 Dbl., 4 S. beschrieben. Grundschrift: lateinisch.

1 *Gemeint sind der Brief Seufferts an Sauer vom 21.9.1900 (s. Brief 192) sowie ein weiterer, nicht erhaltener Brief.*
2 *Bernhard Seuffert [Rez.]: Bruno Golz: Pfalzgräfin Genovefa in der deutschen Dichtung. Leipzig: Teubner, 1897. In: AfdA 27 (1901), S. 165–176.*
3 *nicht ermittelt.*
4 *Der von Seuffert gestiftete Kontakt zwischen Sauer und Leitzmann war zunächst rein fachlicher Natur: Leitzmann sollte für die »DLD« Forsters Werke und Tagebücher edieren. 1893 lernten sich Sauer und Leitzmann samt Ehefrauen in Weimar persönlich kennen und verlebten im August des Jahres zu viert einen gemeinsamen Urlaub auf Rügen (s. Brief 122 und Anm. 1). Im Anschluss daran entstand eine freundschaftliche Beziehung und Korrespondenz, in die nach der Goetheversammlung 1895 in Weimar auch Richard M. Meyer und dessen Frau Estella einbeschlossen wurde. Die sich anschließenden Besuche Leitzmanns (Mai 1896) und Sauers (Mai 1896) bei Estella und Richard M. Meyer in Berlin führten zu einer persönlich und brieflich intensiv gepflegten Lebensfreundschaft der drei Frauen, die auf der Versammlung der Philologen und deutschen Schulmänner im September 1899 in Bremen zum ersten Mal sichtbar in Erscheinung trat (s. Myriam Richter: Gelebte Wissenschaft – registriertes Leben. Wissenschaftsgeschichte und/als Kulturgeschichte der edierten Hauschronik eines Berliner Germanisten. Diss. phil. Univ. Hamburg, 2015).*

5 Allein im achten Jahrgang des »Euphorion« (1901) erschienen 13 Rezensionen von Richard M. Meyer. Auch in den Folgejahrgängen blieb Meyers Publikationsfrequenz in der Zeitschrift unverändert hoch.
6 Sauers Edition »Goethe und Österreich« (s. Brief 191, Anm. 12). Von allen im Folgenden aufgezählten Personen wurden Korrespondenzen mit oder über Goethe in die Ausgabe aufgenommen.
7 Goethe und Sternberg korrespondierten seit 1820, zu einem persönlichen Zusammentreffen kam es im Juli 1822.
8 Der Beamte, Theater-Unternehmer und Förderer Beethovens, Ferdinand Palffy, eröffnete Goethe in einem Brief vom 12.12.1807 den Plan der Gründung eines »litterarischen Journals« (s. Sauer: Goethe und Österreich 2, S. 48–50), aus dem wenig später die Zeitschrift »Prometheus« hervorging (H. 1–6. Hrsg. von Leo von Seckendorf und Joseph Ludwig Stoll. Wien: Geistinger, 1808).
9 Rudolf Payer von Thurn: Joseph Schreyvogels Beziehungen zu Goethe. In: JdGG 10 (1900), S. 96–128.
10 Maria Ludovica Beatrix von Este, dritte Gattin Franz' I. und seit 1808 österreichische Kaiserin, lernte Goethe 1810 in Karlsbad kennen.
11 Goethe und Gräfin O'Donell. Ungedruckte Briefe nebst dichterischen Beilagen, Hrsg. von Richard M. Werner. Berlin: W. Hertz, 1884.
12 zu diesen Briefeditionen s. Brief 196, Anm. 18.
13 s. Brief 192, Anm. 13.
14 Die Zeitschrift »Deutsche Arbeit« wurde ab 1901 von der »Gesellschaft zur Förderung deutscher Wissenschaft, Kunst und Literatur in Böhmen« (s. Brief 204, Anm. 2) in Prag herausgegeben. Sauer war einer der Mitinitiatoren und Mitglied des vierköpfigen Programmkomitees. Erster verantwortlicher Redakteur wurde Richard Batka. Ziel des Periodikums war es, eine umfangreiche Übersicht über die kulturellen Aktivitäten der »Deutschen« in Böhmen zu geben. Die Zeitschrift richtete sich an eine breite, überregionale Öffentlichkeit und erschien bis zum dritten Jahrgang monatlich im Münchener Verlag Callwey, danach im Prager Verlag Karl Bellmann. Sie erhob zwar Anspruch auf eine politisch neutrale Haltung, betonte aber von Beginn an die große Bedeutung der Konzentration nationaler Kräfte. Neben biographischen und literarhistorischen Artikeln bot die Zeitschrift Beiträge zur Heimatkunst. Auswahlkriterium für Beiträge war die deutschböhmische Herkunft der Künstler oder ein Werk, das sich mit Böhmen beschäftigte. Die Abonnentenzahl hatte für den ersten Jahrgang bei etwa 350, 1905 bei etwa 800 und 1906 bei etwa 1000 gelegen. Die Auflagenstärke bewegte sich vmtl. in ähnlicher Höhe. Das für das erste Heft eingesetzte Redaktionskomitee der Zeitschrift bestand aus neun Mitgliedern, das den dreiköpfigen Redaktionsausschuss wählte. Nach Richard Batka (1901) und Adolf Hauffen (1901–1905) übernahm August Sauer 1905 als leitender Redakteur die Zeitschrift und veröffentlichte vemehrt auch eigene Beiträge in ihr. Über die Probleme, mit welchen sich August Sauer nach der Übernahme der »Deutschen Arbeit« auseinandersetzen musste, s. Petra Köpplová: Die »Gesellschaft zur Förderung deutscher Wissenschaft, Kunst und Literatur in Böhmen« und die »Deutsche Arbeit«. In: brücken. Germanistisches Jahrbuch Tschechien – Slowakei. N. F. 8 (2000), S. 143–178, bes. S. 155 f. Unter der Leitung von Sauers Nachfolger und Schüler Hermann Ullmann setzte sich ab 1913 die nationale Tendenz der Zeitschrift verstärkt durch (s. Jeanette Godau:. »»... solang ich die ,DArbeit' redigieren muss, bin ich für die Menschheit tot«. Der Briefwechsel zwischen August Sauer und Albert Leitzmann und die Zeitschrift »Deutsche Arbeit«. In: Höhne: Sauer, S. 175–192).
15 Julius Jung: Zur Erinnerung an Adolf Pichler. In: Euph. 8 (1901), S. 229–248.

194. (K) Seuffert an Sauer in Prag
   Graz, 6. Februar 1901. Mittwoch

Lfrd. Sie haben mir bogen 46–49 doppelt gesandt, brauchen Sie die nicht? Den breiten dilettanten Leverk. kannte ich aus dem mscpt.¹ Zingerle ist fabelhaft gelehrt u. hat recht.² Die Ahnfrau hat mich sehr interessiert, so starke abhängigkeit im kleinen hätte ich Gr. nicht zugetraut.³ Bei Kräger vermiss ich ein zusammenfassen der überarbeitungsgründe.⁴ Warum haben Sie Baldensperger nicht übersetzt?⁵ ich für meine person bin gegen das polyglotte in einer deutschen zs. Walzel ist lehrreich, aber welch affektierter introitus!⁶ Vielen dank für die einsicht. Gottsched⁷ rückt langsam, langsam. – Was sagen denn Sie zu der mädchenlyceumsprüfung?⁸ NB⁹ sollen wir mädchen, die keine abiturientenprüfung haben, also schlechter vorgebildet sind als unsere männer, in nur 6 semestern (da doch den männern 8 vorgeschrieben sind) zu demselben lernziel führen? Denn in den sprachl. fächern wird verlangt, was von gymnasiallehrern verlangt wird. Romanisch ohne lateinkenntnis? U. auch deutsche u. engl. hist. grammatik u. alte u. neue litt. ohne klassische sprachen! Geschichte mit wissenschaftl. quellenkunde ohne lat. u. griech.! In den naturwiss. alles für die haushaltungskunde, f. erstehilfeleistung bei unglücksfällen eingerichtet! Ich habe das collegium zur überlegung des blödsinns durch eine kommission veranlasst, bezweifle aber, ob was herauskommt, da das collegium indolent in solchen dingen ist. That Ihre fak. nichts? Herzlich Ihr ergebener
   BSfft. 6.2.

Datum: s. Poststempel. Handschrift: StAW. Postkarte. Adresse: Herrn Professor Dr. August Sauer / Prag / Smichow 586 *Poststempel: 1)* Graz, 7.2.1901 – *2)* Prag/Praha, 8.2.1901 – *3)* Smichow/Smíchov, Rest unleserlich. *Grundschrift: lateinisch.*

1 *Ein Brief Wielands an Lavater. Mitgeteilt von Paul Leverkühn in Sophia.* In: Euph. 7 (1900), S. 708–713. Über den Ornithologen und Direktor des Naturkundemuseums im bulgarischen Sofia schrieb Seuffert am 19.2.1900 an Sauer (StAW): »Leverkühn war mir völlig unbekannt, bis er vor jahr u. tag mich um aufschluss über Lavaterhss. seines besitzes anging. [...] Seinen fragen nach ist er nicht nur in deutscher literatur sondern überhaupt wissenschaftlich ein vollkommner laie. Seine gewiss begründete entschuldigung, es mangle ihm in Sophia an allen büchern, erklärt doch seine absolute hilflosigkeit u. ignoranz nicht zureichend. Den brief Wields. habe ich gelesen. Auf seine bitte um nennung von druckgelegenheit empfahl ich ihm für diesen den Euphor. [...]. Ein recht, sich auf mich bei Ihnen zu berufen, gab ich ihm nicht. [...] Ich gab ihm auch erläuterungen. Wie er text u. Anm. einrichten soll, schrieb ich nicht. [...] Mir ist der mann schon lästig geworden. Verfahren Sie mit ihm nach lust, ohne jede rücksicht auf mich, der ihn gerne los wird. Den brief finde ich wie Sie druckenswert. Er hat noch allerlei Lavatersches, was mir bei flüchtiger prüfung wenig wert zu sein scheint, ich kann mich aber täuschen.«
2 Oswald von Zingerle: *Uhlands ›Speerwurf‹.* In: Euph. 7 (1900), S. 716–724. Zingerle wies entgegen der da-

maligen Forschungsmeinung nach, dass der Stoff von Uhlands »Speerwurf«-Fragment nicht frei erfunden, sondern der deutschen Heldensage entnommen ist.

3 Ludwig Wyplel: Ein Schauerroman als Quelle der ›Ahnfrau‹. Ein Beitrag zur Entstehungsgeschichte der Tragödie. In: Euph. 7 (1900), S. 725–758. Wyplels Analyse beruht auf Vorarbeiten von Sauer und Karl Glossy, die erstmals den anonym erschienenen Schauerroman »Die Blutende Gestalt mit Dolch und Lampe oder die Beschwöhrung im Schlosse Stern bey Prag« als eine Quelle für Grillparzers »Ahnfrau« genannt hatten. In der historisch-kritischen Grillparzer-Ausgabe relativierte Sauer später die Bedeutung der von Wyplel aufgewiesenen Parallelen, indem er auf die Abhängigkeit des Schauerromans »Die blutende Gestalt« von Matthew Gregory Lewis' »The Monk« (1797) aufmerksam machte (s. HKGA, 1. Abt., Bd. 1, S. LII).

4 Heinrich Kraeger: Zur Geschichte von C. F. Meyers Gedichten. I–III. In: Euph. 7 (1900), S. 112–139, 564–585, 764–791.

5 Fernand Baldensperger: Nachträge zum Mariamotiv: le ›motif de Maria‹ dans le romantisme français. In: Euph. 7 (1900), S. 792–795.

6 Gemeint ist Oskar Walzels Rezension von Hermann Anders Krügers Monographie »Der junge Eichendorff« (s. Brief 191, Anm. 17), die folgendermaßen einsetzt: »Ich muß bekennen, Krügers Büchlein giebt mir zu denken! Es zerfällt in die strenggeschiedenen Teile: ›Eichendorffs Jugendzeit‹ und ›Eichendorffs Jugendwerke‹; der eine ist biographisch, der andere formal-kritisch. Der erste hat seine Fehler, der zweite ist schlecht gemacht. Überhaupt offenbart alles rein Litterarhistorische der Arbeit geringe Schulung, um nicht zu sagen Ungeschick. Und dennoch strömt aus dem Werkchen ein echter Duft Eichendorffschen Wesens. Der Verfasser läßt seinen Helden seitenlang selbst reden; und zwar kommt nicht nur Ungedrucktes – dies allerdings in reichem Maße – sondern auch längst Veröffentlichtes in voller Breite zum Abdruck. So sehr dies unserem Brauche und unseren Anforderungen künstlerischer Gestaltung des Materials widerspricht: unleugbar bleibt, daß Krügers kunstlose Weise einen starken Nachhall erweckt.«

7 Gemeint ist Seufferts Sammelbesprechung zur neueren Gottsched-Forschung (s. Brief 186, Anm. 1).

8 1899 war im österreichischen Unterrichtsministerium beschlossen worden, das höhere Schulwesen für Mädchen zu reformieren. Schon seit den 1870er Jahren hatte es stetige Bemühungen gegeben, die Bildungschancen für Frauen zu verbessern und ihnen den Universitätszugang zu erwirken. Am 11.12.1900 legte das Ministerium im »Mädchenlyzeumsstatut«, genauer: dem »Erlass des Ministers für K. und U. vom 11. Dezember 1900, Z. 34.551, MVBNr. 65, an sämtliche k. k. Landesschulbehörden, betreffend die Mädchenlyzeen«, auf den sich Seuffert hier bezieht, den Schultyp des Mädchenlyzeums als sechsjährige Schulform fest. Der Lehrplan umfasste Deutsch bzw. die Landessprache, moderne Sprachen (Französisch, Englisch, Italienisch), Geographie und Geschichte, Mathematik, Naturgeschichte und Naturlehre, Freihandzeichnen und geometrisches Zeichnen, orientierte sich aber stets an der Verwendung des Erlernten »im praktischen Leben (in der Hauswirtschaft)« oder an der »Pflege der Gesundheit, sowie der ersten Hilfeleistung bei körperlichen Unfällen«. Ziel dieses Schultyps war die Förderung der Entwicklung der »weiblichen Eigenart« sowie die Vorbereitung auf eine berufliche Ausbildung. Eine am Mädchenlyzeum abgelegte Matura ermöglichte den Zugang als außerordentliche Hörerin an philosophischen Fakultäten sowie das Ablegen der Lehramtsprüfung für Mädchenlyzeen. Trotz der Reformen von 1912 setzte sich die Schulform der Mädchenlyzeen in Österreich nicht durch. 1919 erfolgte im Rahmen der umfassenden Schulreform von Otto Glöckel ein Erlass, der die Zulassung von Mädchen in allen Knabenmittelschulen ermöglichte. 1928 schloss das letzte Mädchenlyzeum (s. Geschichte der österreichischen Mädchenmittelschule. 2 Bde. Hrsg. von Amalie Mayer, Hildegard Meissner und Henriette Siess. Wien: ÖBV, 1952, 1955; Renate Flich: Wider die Natur der Frau? Entstehungsgeschichte der höheren Mädchenschulen in Österreich, dargestellt anhand von Quellenmaterial. Wien: BMUK 1992 [Frauenforschung. 3]).

9 n(ota) b(ene); lat.: wohlgemerkt, übrigens.

195. (K) Sauer an Seuffert in Graz
    Prag, 9. Februar 1901. Samstag

L. F. Die Bogen 46–49 brauche ich nicht. Das Resultat der Ahnfrau-Arbeit hat auch mich überrascht. Die kurze franz. Notiz genirt Niemandem. Bei einem grösseren Aufsatz würde ich vielleicht auch Bedenken tra[ge]n. – Der Mädchenprüfserlass kam – glaube ich – in unserem Collegium gar nicht vor. In der Prüfgs-Comm. haben wir vorderhand die Bildg. einer neuen Comm. beantragt. Ankämpfen lässt sich gegen die Dinge nicht. Die Universitäten sinken unaufhaltsam. Übrigens mache ich mit den Mädchen keine schlechten Erfahrg. Heute hat in meinem Seminar ein ganz junges Ding über die Bergreihen[1] famos vorgetragen u. 2 Lieder vorzüglich interpretiert, besser als alle Studenten. Sie sind viel fleissiger, verstehen einen viel besser u. interessieren sich mehr für die Sache. Die Mängel de[r V]orbildg. sind allerdings schwer auszugleichen; aber was wissen unsre Studenten alles nicht.
    Herzlichst   Ihr   AS.

Datum: s. Poststempel. Handschrift: ÖNB, Autogr. 423/1-406. Postkarte. *Adresse:* Herrn Prof. Dr. Bernhard Seuffert / Graz (Steiermark) / Harrachgasse 1. *Poststempel: 1)* Prag/Praha, 9.2.1901 – *2)* Graz, 10.2.1901. *Grundschrift: deutsch.*

1 Lieder der Bergleute, vermutlich nach der Ausgabe: Ein Liederbuch des XVI. Jahrhunderts. Nach den ältesten Drucken von 1531, 1533 1536 und 1537. Hrsg. von John Meier. Halle/S.: Niemeyer 1892 (Neudrucke deutscher Literaturwerke des 16. und 17. Jahrhunderts. 99–100).

196. (B) Sauer an Seuffert in Graz
    (Prag, um den 27. April 1901)

Lieber Freund! Seit 14 Tagen steckt mir ein Brief an Sie in der Feder, den Ihre Sendung ihr nun entreißt. Vorerst aufrichtigen Dank für das inhalt- & umfangreiche Man.[1] Ich bin glücklich darüber. Mein Recensionentheil erhebt sich dadurch auf die Höhe der wiss. Forschg. u. es soll nicht an mir liegen, wenn er sich nicht auf ihr erhält. Ihre Characteristik Gottscheds ist ein Meisterstück, die Würdigg der CDK eine dankbar zu begrüßende Leistung, die Waniek tief beschämen muß. Mag Ihnen die Rec. schwer gefallen sein, so ist sie um so besser geworden. Als Redacteur muß ich mir viele solche Man. wünschen, wenn ich Sie als Freund auch zu großen selbstständigen Arbeiten anspornen möchte, die uns sonst entgehen. Wo wären wir, wenn wir 1 Dutzend solcher Forscher hätten, wie Sie alleine es heute sind. – Ich beantworte zunächst Ihre Fragen, u. erzähle dann Andres. Ich war 3 Wochen in Weimar. Ich regte *[be]*i Schmidt im vorigen Jahr eine Schrift der Goethe-Ges. »G. u. Österreich«[2] an, die nun für 1902 übertragen werden soll. Das Material ist reich u. schön u. meine Vorarbeiten nicht ganz gering. Suphan schien damit einverstanden zu sein; machte mir dort aber die größten Schwierigkeiten; er spielt sich mit s. neuen Statuten als Lei*[t]*er eines Staatsarchivs auf, der alle Abschriften vorher durchlesen muß, bevor er sie den Forschern ausfolgt. Das wurde mir zu bunt, ich warf ihm die Arbeit vor die Füße, da kroch er zum Kreuz, verschanzte sich hinter den Großherzog,[3] der sich um nichts kümmert, u. gab schließlich in Allem nach. Er ist reif für die Pensionierung, arbeitet gar nichts, schin*[det]* & schikaniert die Beamten über alle Maßen u. tänzelt den ganzen Vormittag, tändelnd und hemmend durch die Hallen. Im Archiv selbst herrscht eine so unfrohe Stimmung; alle 5 Minuten springt ein andrer der 4 gefangenen Löwen auf, dehnt sich u. macht Lärm.[4] Schüddekopf, der sonst vorzüglich ist, versteckt seinen Heinse[5] & Lichtenberg[6] schulbubenartig unter die Goethepapiere, sooft Suphans schlurfender Schritt zu hören ist. Ich litt außerdem unter der gesperrten Luft bei 18 Grad! u. darunter, daß nur von ½ 9–2 (de facto von ¾ 9–¾ 2) gearbeitet werden konnte. Goethe hätte mich gewiss auch während d. Nachmittags in s. Heiligthum eingelassen, aus dem der bewachen*[de]* Hund mich ausschloß. – Wegen des Götz[7] (dessen erste Correcturen ich soeben erhalte) sagte er mir, er hätte Sie gebeten für ihn einzuspringen (natürlich aus Faulheit); Sie hätten geantwortet, daß Sie gerne mit mir zusammen arbeiteten, was ich meinerseits bestätigte.[8] – Darf ich gleich ein paar Worte an den Redactor hinzufügen, so bemerke ich, daß der Karren des Götz, wie Sie wissen, vor vielen Jahren verfahren wurde; ich mußte alles noch einmal umarbeiten; nach u nach kamen meine Man. dazu u. endlich blieb *[a]*lles wieder liegen – weil Fresenius den Druck aufhielt. So bin ich eigentlich aus der Sache ganz draus. Bei der Durcharbeitg. machte es mir jetzt den Eindruck, daß man bei mühevolleren Untersuchungen die Abhängigkeit u. Zusammengehörigkeit der Hs. wol noch näher hätte bestimmen können, was mir aber jetzt nachzutragen unmöglich ist. Auch dürfte grade in diesem Fall nicht viel darauf ankommen. Mich um weitere Hs. zu kümmern unterließ ich auf Suphans direkten Wunsch, der im Übrigen alles Andere gebilligt hat. Über den Correcturenlauf befrage ich heute Wahle.

Cornu, der schon für Graz ernannt ist,[9] lassen wir sehr ungern ziehen; er ist ein recht wissenschaftlich denkender, durch & durch tüchtiger u. ausgezeichneter Mann u. war unser bester Kop*[f]*. Seine Familie aber hatte hier mit den übrigen Professorenfamilien gar keinen Verkehr; ja seit 4 oder 5 Jahren, seit dem Tod seines jüngsten Kindes, wohnte er mit d. Seinigen aus Gesundheitsrücksichten in Leitmeritz u. fuhr zu den Vorles. nach Prag, ein unhaltbarer Zustand, der nicht zum Wenigsten s. Entschluss wegzugehen befördert hat. Wie beneid ich ihn!!

Ich habe einen arbeitsamen Winter hinter mir. Die Säcularged. – 50 Bogen! – machten mir namenlose Arbeit u. sind doch schlecht geworden. Zuletzt hielt mich Holzhausens Concurrenzarbeit[10] noch auf, ich konnte mir aber doch nicht alles mehr beschaffen. Nachdem die Einltg. bereits auf 11 Bogen angewachsen war, behielt ich ein letztes Capitel über die bildlichen Ausdrücke für Zeit, Jh. etc. zurück u. in einigen Tagen dürfte der Tragelaph[11] sich einstellen. Urtheilen Sie milde! Im Februar hielt ich 12 öff. Vorträge (university extension):[12] Deutsche Litt. von 1830–48 vor 500 Zuhörern; in den ersten Märztagen einen den ganzen Winter hindurch vorbereiteten Festvortrag (der schon gedruckt ist u. sich auch nächstens einstellen wird) über Sternberg;[13] daneben läuft die Arbeit f. d. Stifterausgabe,[14] 9 Auflagen der Studien zu vgl. – Immerhin bin ich froh, daß ich fleißiger u. concentrie[rt]er bin, als viele Jahre her u. etwas vor mich bringe. Ich lese seit Oct. nichts von moderner Litt. u. halte mir überhaupt alles vom Leib, was mich abziehen könnte. Vielleicht gelingt mir so auch noch 1 kleiner Theil meiner beabsichtigten Lebensarbeit.

Aber auch an Ärger u. Kränkg fehlt es nicht (von Weimar abgesehen). Minors ungerechte u. hochmüthige Kritik über Rubenssohn,[15] die natürlich gegen mich gerichtet war, empörte mich. Gewiß ist das Buch – das während des Druckes umgeschrieben wurde – schlecht geordnet; aber das Gute & Neue daran ist doch nicht zu verkennen. Alles aber ließe ich mir gefallen, wenn der unqualificierbare Ton nicht wäre.

Gestern wieder lese ich Sterns Ausfälle gegen meinen § 298.[16] Auch diese halte ich f. ungerecht. Es stehen gewiss viele Tausend von Namen im Grundriß, deren Träger ebenso versch[olle]n sind als diese Österreicher u. die nicht mehr u. nicht weniger wert sind als diese. Warum soll man ein so weites, ein so vernachlässigtes Gebiet nicht einbeziehen dürfen. Und ich Esel, arbeite immer pour le roi de Prusse.[17] Hätte ich aus jenem § ein Buch gemacht, ein selbstständiges, wäre alles das Lobes voll; so, tadelt mich alles, weil ich selbstlos & namenlos gearbeitet habe. Ich werde dem Herrn aber die Antwort nicht schuldig bleiben.

Mein Sommer ist unsicher. Ich muss [n]och einmal für 3 Wochen nach Weimar, ob im Juli oder im Sept., hängt davon ab, wann ich meine Frau besser anbringe. Im August wollen wir nach Galizien.

Um die Seiten zu füllen, ein paar Einzelheiten. Ich werde den Briefwechsel zw. Sternberg & Goethe neu hrsgeben[18] (was Suphan auch nicht zugeben wollte, obwohl die Goethischen Originale in Prag liegen u. in Weimar nur die belangloseren u. auch besser abgedruckten Sternbergschen), denn Bratraneck[19] hat entsetzlich gewirtschaftet. – Köstliche Druck & Lesefehler Geigers habe ich bei der Collation der Briefe der Frau v. Eybenberg[20] im Goethe Jahrb. gefunden. N'avez vous <u>rien rien</u> [statt: recu] de notre Apollon[21] – Für <u>Füger</u>: <u>Jäger</u>.[22] – Einen Brief, in dem vom ungedruckten Wallenstein die Rede ist, versetzt er ins Jahr 1804.[23] – Während er alles über Gentz abdruckt, läßt er die wichtigsten Stellen über ihn weg, wo er nur mit G. bezeichnet ist (er kann die Briefe nicht ganz gelesen haben –). – Schüddeko*[pf]* giebt im Verlag der Insel (Schuster & Loeffler) einen prachtvollen 10 bändigen Heinse mit Briefen & Tagebüchern[24] heraus.

Verzeihen Sie diesen Notizenkram Ihrem nochmals herzlich dankenden
allzeit getreuen AS.

Wunderschön ist Schönbachs letzter mhd. Fund.[25] Ich las das Gedicht in Weimar mit Vergnügen.

Die elende Therese Huber!![26]

Datum: s. Empfängervermerk. Handschrift: ÖNB, Autogr. 423/1-407. 3 Dbl., 12 S. beschrieben. Grundschrift: lateinisch. Empfängervermerk (S. 1): Prag 27. IV 01

1 *In seiner Rezension von Gustav Wanieks »Gottsched und die deutsche Litteratur seiner Zeit« (s. Brief 186, Anm. 1) vergleicht Seuffert sehr ausführlich die Argumentation Gottscheds im »Versuch einer critischen Dichtkunst vor die Deutschen« (1730 [1729]) mit der Analyse Wanieks, dem er vorwirft, er habe »Gottscheds Ordnung verwischt« (Euph. 8 [1901], S. 751).*
2 *zu »Goethe und Österreich« s. Brief 191, Anm. 12 sowie die Briefe der Jahre 1901 und 1902.*
3 *Großherzog Wilhelm Ernst von Sachsen-Weimar-Eisenach, Enkel und Nachfolger Carl Alexanders.*
4 *Gemeint sind die vier Goethe-Archivare Hans Wahle, Carl Schüddekopf, August Fresenius und Max Hecker.*
5 *Wilhelm Heinse: Sämmtliche Werke. Hrsg. von Carl Schüddekopf. 10 Bde. Leipzig: Insel, 1902–1925.*
6 *Georg Christoph Lichtenberg: Briefe. Hrsg. von Albert Leitzmann und Carl Schüddekopf. 3 Bde. Leipzig: Dieterich, 1901–1904.*
7 *s. Brief 191. Zu Sauers Götz-Edition in der Weimarer Goethe-Ausgabe s. Brief 76, Anm. 2.*
8 *s. dazu Seufferts Brief an Sauer vom 26.4.1901 (StAW): »Suphan schrieb mir vor wochen: wie ich mit Ihnen stehe? U. auf meine antwort übertrug er mir die redaktion Ihres Götzschlusses. Seine wege sind mir dunkel; ich weiss nicht, warum ich für Ihren gewohnten redactor Erich [Schmidt] eintreten soll, weiss nicht, ob ich Ihnen passe usf. Ich habe ihm auch nicht geantwortet u. lasse alles an mich herankommen.« Sauer replizierte am 3.5.1901 (ÖNB, Autogr. 423/1-409): »Damit ich keine Verwirrung anrichte, l. Fr., theile ich Ihnen mit, dass in der That E[rich]. S[chmidt]. mein Corrector ist und bleibt. Was da gespielt hat, weiss ich nicht.«*
9 *s. Brief 192, Anm. 13.*
10 *Zu Sauers Ausgabe der »Säculardichtungen« s. Brief 191, Anm. 10. Sauer wies in der Einleitung (S. VII) anerkennend auf die Arbeiten Paul Holzhausens hin, die seine Auswahl ergänzten (s. Paul Holzhausen: Der Urgroßväter Jahrhundertfeier. Eine literar- und kulturhistorische Studie. Leipzig: Avenarius, 1901).*
11 *lat. ›tragelaphus‹: Bockhirsch; im übertragenen Sinn ein literarisches Werk, das mehreren Gattungen zugeordnet werden kann.*
12 *Aus dem angloamerikanischen Bildungswesen übernommene öffentliche Universitätsvorlesungen an Samstagen, Vorläufer der Volkshochschulen, bedeutsam für das Volksbildungswesen und das Frauenstudium.*
13 *August Sauer: Graf Kaspar Sternberg und sein Einfluß auf das geistige Leben in Böhmen. Festvortrag. In:*

Bericht über die am 4. März 1901 von der Gesellschaft zur Förderung deutscher Wissenschaft, Kunst und Literatur in Böhmen aus Anlaß ihres zehnjährigen Bestandes abgehaltene Festsitzung. Prag: Verlag der Gesellschaft [...] 1901, S. 14–36.

14 *Die von Sauer begründete Stifter-Ausgabe, später als »Prag-Reichenberger-Ausgabe« (PRA) bezeichnet, sollte erst im Jahr 1979 mit Band 25 abgeschlossen werden (Adalbert Stifters Sämmtliche Werke. Begründet und hrsg. von August Sauer. Fortgeführt von Franz Hüller, Gustav Wilhelm u. a. Prag: Calve, 1901 ff., Reichenberg: Sudetendeutscher Verlag Franz Kraus, 1928 ff., Graz: Stiasny, 1958 ff., Hildesheim: Gerstenberg, 1979). Die ersten Bände erschienen in der Reihe »Bibliothek deutscher Schriftsteller aus Böhmen [später: Böhmen, Mähren und Schlesien]«, hrsg. »im Auftrage der Gesellschaft zur Förderung der deutschen Wissenschaft, Kunst und Literatur in Böhmen« (bzw. deren Nachfolger-Gesellschaften; s. Brief 204, Anm. 2), sowie später »im Auftrage der Deutschen Akademie der Wissenschaften in Prag«. Sauers Stifter-Ausgabe wurde mit vier Bänden zu den »Studien« eröffnet: Bd. 1: Studien. Erster Band. Hrsg. von August Sauer. Prag: J. G. Calve'sche k. u. k. Hof- u. Universitäts-Buchhandlung (Josef Koch), 1904 [Umschlag: 1901] (Bibliothek Deutscher Schriftsteller aus Böhmen); Bd. 2: Studien. Zweiter Band. Unter Mitwirkung von Franz Hüller hrsg. von Rudolf Frieb, Hans Hartmann, Josef Taubmann. Prag: J. G. Calve, 1908 (Bibliothek Deutscher Schriftsteller aus Böhmen. 21), darin auch die wiederholt im Briefwechsel Sauer–Seuffert angesprochenen Texte »Die Narrenburg« und »Die Mappe meines Urgroßvaters«; Bd. 3: Studien. Dritter Band. Hrsg. von Franz Hüller, Karl Koblischke, Josef Nadler. Prag: J. G. Calve'sche, 1911 (Bibliothek Deutscher Schriftsteller aus Böhmen. 22); Bd. 4, Erster Teil: Studien. Vierter Band. Unter Mitwirkung von Franz Hüller hrsg. von Leopold Müller und Josef Nadler. Prag: J. G. Calve, 1911 (Bibliothek Deutscher Schriftsteller aus Böhmen. 23); Bd. 4, Zweiter Teil: Lesarten und Anmerkungen zu Band II–IV. Erste Hälfte. [Red.: Franz Hüller]. Prag: J. G. Calve, 1912 (Bibliothek Deutscher Schriftsteller aus Böhmen. 24). Für einen umfassenden Überblick zur Geschichte der PRA sowie bibliographische Details zu den einzelnen Bänden s. Jens Stüben: Stifter Editionen. In: Editionen zu deutschsprachigen Autoren als Spiegel der Editionsgeschichte. Hrsg. von Bodo Plachta. Tübingen: de Gruyter, 2005 (Bausteine zur Geschichte der Edition. 2), S. 403–431; ferner Karoline Riener: August Sauer und Adalbert Stifter. In: Höhne: Sauer, S. 283–307.*

15 *Jakob Minor [Rez.]: Griechische Epigramme und andere kleine Dichtungen in deutschen Übersetzungen des XVI. und XVII. Jahrhunderts. Weimar: E. Felber, 1897 (Bibliothek älterer deutscher Übersetzungen. 2–5). In: ZfdöG 52 (1901), S. 133–148. Eine von Minors nicht seltenen böswilligen Rezensionen eines Buchs, dessen Gelehrsamkeit er immerhin ausdrücklich hervorhebt.*

16 *zu Sauers § 298 für die zweite Auflage von Goedekes »Grundriss« s. Brief 156, Anm. 1 u. Brief 173; die erwähnte Stellungnahme Adolf Sterns wurde nicht ermittelt.*

17 *franz.: für den König von Preußen: d. h.: ohne Lohn, umsonst.*

18 *Ausgewählte Werke des Grafen Kaspar von Sternberg. Bd. 1: Briefwechsel zwischen J. W. v. Goethe und Kaspar Graf v. Sternberg (1820–1832). Mit drei Bildnissen Sternbergs. Hrsg. von August Sauer. Prag: J. G. Calve, 1902 (Bibliothek deutscher Schriftsteller in Böhmen. 13) Widmung: »Der 74. Versammlung deutscher Naturforscher und Aerzte in Karlsbad zur Erinnerung an ihren Mitbegründer Kaspar Graf von Sternberg gewidmet von der Gesellschaft zur Förderung deutscher Wissenschaft, Kunst und Literatur in Böhmen«.*

19 *Briefwechsel zwischen Goethe und Kaspar Graf von Sternberg (1820–1832). Hrsg. von F[ranz] Th[omas] Bratranek. Wien: W. Braumüller, 1866.*

20 *für den Briefband »Goethe und Österreich« (s. Brief 191, Anm. 12), für die Sauer neben den Originalen in Weimar auch bereits vorhandene Ausgaben berücksichtigte. Im Folgenden bezieht er sich auf Ludwig Geiger: Einundzwanzig Briefe von Marianne von Eybenberg, acht von Sara von Grotthuis, zwanzig von Varnhagen von Ense an Goethe, zwei Briefe Goethes an Frau von Eybenberg. In: GJb 14 (1893), S. 27–142.*

21 *Gemeint ist der Brief Marianne von Eybenbergs an Goethe vom 6.1.1804, in dem es in Bezug auf den*

Fürsten von Ligne bei Geiger heißt: »Vous n'avez rien rien du favori d'Apollon« (Geiger, Brief Nr. 17, S. 40). Sauer transkribiert dieselbe Stelle mit »Vous n'avés rien recu du favori d'Apollon?« (s. Sauer: Goethe und Österreich 2, Brief Nr. 19, S. 171) und vermerkt in den Erläuterungen: »Theilweise und fehlerhaft gedruckt: Goethe-Jahrbuch XIV, 40 f.« (ebd., S. 375 zu Brief Nr. 19).

22 *im Brief Marianne von Eybenbergs an Goethe vom 3.4.1805, in dem es in Bezug auf eine private Theatervorstellung heißt: »Jäger und Lange haben, wie ich glaube, obschon man es leugnet, sich der Sache ein wenig angenommen« (Geiger, Brief Nr. 20, S. 42). Sauer transkribiert dieselbe Stelle mit »Füger und Lange haben, wie ich glaube, obschon man es leugnet, sich der Sache ein wenig angenommen« (s. Sauer: Goethe und Österreich 2, Brief Nr. 21, S. 180) und vermerkt in den Erläuterungen: »Theilweise gedruckt: Goethe-Jahrbuch XIV, 42 f.« (ebd., S. 375 zu Brief Nr. 20). Gemeint ist der Wiener Historienmaler Friedrich Heinrich Füger.*

23 *s. den undatierten Brief Marianne von Eybenbergs an Goethe, den Geiger (Nr. 19, S. 41) mit »Wien, ohne Datum (1804?)« verzeichnete. Bei Geiger werden von dem Fragment ohne Kennzeichnung der Kürzung kaum mehr als zehn Zeilen geboten, es endet ohne Gruß und die Anmerkungen enthalten keine Datierungshinweise. Sauer bietet von dem Brief etwa 5 Seiten Text und datiert ihn mit »20ten 9bre. [1799]« (Sauer: Goethe und Österreich 2, Brief Nr. 2, S. 112–115). Anhaltspunkt für Sauers Datierung war ein Hinweis in dem von Geiger ausgelassenen Text auf den noch ungedruckten »Wallenstein«, der 1800 bei Cotta erschien. In den Anmerkungen (ebd., S. 369) schreibt Sauer: »Der Brief ist fragmentarisch überliefert. Eine Stelle daraus unter falschem Datum gedruckt: Goethe-Jahrb. XIV, 41«. In »Briefe an Goethe. Gesamtausgabe in Regestform« der Klassik Stiftung Weimar (https://ores.klassik-stiftung.de/ords/f?p=403:1:13067433242300; abgerufen am 26.092019) ist der Brief entsprechend der sauerschen Datierung verzeichnet (Regestnummer 3/447).*

24 *s. Brief 196, Anm. 5.*

25 *vmtl. die anonyme Verserzählung »Engel und Waldbruder« aus der ersten Hälfte des 14. Jahrhunderts. (s. Anton E. Schönbach: Mittheilungen aus altdeutschen Handschriften XII. Siebentes Stück: Die Legende vom Engel und Waldbruder. In: Sitzungsberichte Wien Bd. 143 [1901], XII. Abhandlung [auch separat: Wien: C. Gerold, 1901]).*

26 *unklar; mglw. eine Anspielung auf die Huber-Monographie von Ludwig Geiger (s. ders.: Therese Huber 1764 bis 1829. Leben und Briefe einer deutschen Frau. Nebst einem Bildnis von Therese Huber. Stuttgart: J. G. Cotta Nachf., 1901).*

197. (B) Seuffert an Sauer in Prag
   Graz, 3./4. Mai 1901. Freitag/Samstag

Graz 3. V. 01

Lieber freund,   Sie haben meine recension freundlicher aufgenommen, als sie verdient. Dass ich gerne zu grösseren arbeiten käme u. dass mich eigentlich nur das producieren freut, ist richtig; ich bin nur auch wieder zu ängstlich etwas hinauszugeben, das nicht philologisch fertig ist und dazu gehört schrecklich viel. Wenn Sie mir so zureden, bekomm ich vielleicht mut, obwol ich nicht so wenig selbsterkenntnis habe, mehr als ein kleines bruchteilchen Ihres lobes anzunehmen.

Sie haben viel hinter sich gebracht und ich danke Ihnen im voraus für das verheissene. Es ist recht schade, dass Ihnen die freude an den Saeculargedichten immer mehr geschwunden ist, hoffentlich gibt die kritik sie Ihnen wieder. Ich selbst kanns mir gar nicht vorstellen, wie die sammlung auf mich wirken wird.   Zur neuherausgabe des G-Sternbergbrfw. wünsche ich glück; das wird sehr nützlich sein. Goethe u. Österreich kann ich mir als einheitliches buch nicht vorstellen (schon wieder!), aber Sie werden das zu machen wissen.   Über Minor brauchen Sie sich meines erachtens nicht mehr zu ärgern, als jeder, der nicht sein leibsklave ist, sich immer über das ...... seiner tonart ärgern muss. Ob er nun Faust erklärt oder recensiert, es gibt nur einen, der alles weiss, und gegen den jeder andere ein esel und womöglich ein schlechter kerl ist. Dass die anzeige gegen Sie gerichtet sei oder auch nur nebenher Sie meint, kann ich aus ihr nicht herauslesen. H. Rubensohn gibt sich ja wirklich blösses. Hätte Minor sich rein sachlich gehalten, so wäre es noch übler für ihn; so aber wird doch jeder denkende stutzig durch den ..... ton. Man müsste Wiener reichsrat sein, um den richtigen ausdruck für meine punkte in den mund zu nehmen.   Übrigens: je weiter die guten einzelheiten in Minors Faustbuch[1] in meinem gedächtnis zurückrücken, desto weniger fühl ich mich im ganzen dadurch gefördert, es wird mir immer weniger u. reizt nicht einmal mehr meinen widerspruch, was es beim lesen im princip und in vielen anwendungen und <u>verleugnungen</u> des allein seligmachenden princips tat.

Stern las ich nicht. Um alles in der welt! ist es Ihnen denn nicht völlig gleichgültig was dieser salonjude über Ihre mühselige arbeit sagt, die erst zur geltung kommen wird, wenn die personen einmal – freilich nicht bei Nagl-Zeidler[2] – bearbeitet werden? Ich muss bekennen, dass mir das urteil Adolf Sterns, der doch nicht die spur eines forschers an sich hat, kaum ein mitleidiges lächeln über seine urteilslosigkeit abringen könnte, aber gewiss nicht eine krume verdruss.   Recht haben Sie: bei Goedeke kommt die arbeit als Ihre arbeit nicht voll zur geltung und das ist schade; als einzelnes buch hätte Sie Ihnen mehr den voll verdienten dank eingetragen. Das ist der fluch der sammelwerke.   Wer rechnet es mir an, dass ich die Goethe-ausgabe im wesentlichen eingerichtet habe? mindestens zur hälfte mit Erich Schmidt.

4.V.

Gestern musste ich einer sitzung wegen abbrechen, in der auch Cornus ernennung verlesen wurde. Nach Ihrer beurteilung freue ich mich auf den herrn; er muss hier alles neu gründen, denn sein vorgänger[3] hat den unterricht der lehramtscandidaten ganz vernachlässigt.   Meine elaborate in sachen des frauenstudiums u. des naturwissenschaftler-doctors sind Ihrem Collegium zugegangen.[4]

Ich bin sehr neugierig, wie Anzengruber im seminar herauskommt; zunächst lass ich Der einsam und Stahl u. stein u. Gwissenswurm, dann Wissen macht herzweh u. Fleck auf d. ehr behandeln. Will sehen, wie viel zeit dann noch fürs 4. Gebot oder einen roman übrig bleibt.[5]

Ihre beschreibung der Weimarer zustände entspricht leider meinen erwartungen; so kenne ich den gewalthaber. Allerdings hat mich E Schmidt beschwichtigen wollen u. vor ein paar monaten Suphan arbeitsfähiger als seit jahren genannt; aber ich fasste kein vertrauen dazu. Ich fürchte, das wird nie mehr besser. Denn leben kann S. noch lang; wer wird ihn pensionieren? u. wer soll den arg verfahrenen karren wieder herausziehen?

Übrigens hat Suphan mir vorgespiegelt, E Schmidt sei Ihr redactor, dass ich für ihn eintrete, erfahre ich erst durch Sie.[6] Die vorgeschichte Ihres Götzapparates kenne ich nicht, und brauche sie nicht zu kennen. Ich kann da, wo ich als ersatzmann eintrete, nicht revidieren, was früher zwischen herausgeber und redactor vereinbart worden ist. Nur wo ich von anfang an mitspiele, halt ich mich zu den spielregeln verpflichtet. Übrigens sind Sie ja eingearbeitet und befolgen die regeln selbst, ich werde also nur eine art aufsichtsmaschine oder richtiger hilfsmaschine sein und Sie nur da behelligen, wo ich etwas nicht verstehen sollte. Ich habe wirklich die überzeugung, dass wir zwei leicht zusammen arbeiten können. Leid ist mir, dass Ihnen auch an dieser aufgabe die freude genommen ist, dass Sie durch die centralleitung verhindert wurden, das material vollständig als Ihnen möglich wäre zu sammeln und so erschöpfend durchzuarbeiten als Sie vermocht hätten. Ich bin aber sicher, dass Sie alles getan haben, was Sie unter den erschwerenden umständen (und eigentlich sollte die centralleitung alles erleichtern!) tun konnten; u. damit müssen Sie sich eben trösten.

Ihre »Volkshochschule« in Prag blüht anders als die hiesige. 500 zuhörer! ich gratuliere. Freilich gehört dazu auch Ihre begabung die sache den leuten mundgerecht zu machen und durch gewalt des vortrags sie zu gewinnen. Beides vermag ich nicht. Ich bin an der Volkshochschule nicht beteiligt. Arbeiter- u. mittelstand besucht hier kaum die kurse; pensionisten, professorenfrauen und töchter bilden die mehrzahl.

Ihre beispiele von Geigers berühmter schlamperei sind lustig.

Auf dem abgetrennten blatt lege ich einen andern schluss für meine Gottschedrecension bei.[7] Als die blätter fort waren, kam mir in der erinnerung der schluss zu Reichelisch pathetisch vor. Sagt auch Ihnen der ersatz besser zu, so bitt ich ihn überzukleben.

Spitzer sagt mir von seiner correctheitstheorie: darauf bin ich sehr neugierig.[8]
Herzlich grüsst
Ihr sehr ergebener
BSeuffert.

Handschrift: StAW. 1 Dbl. u. 1 Bl., 5 S. beschrieben. Grundschrift: lateinisch.

1 s. Brief 192, Anm. 16.
2 in der von Seuffert gering geschätzten »Deutsch-österreichischen Literaturgeschichte« (s. Brief 154, Anm. 4).
3 Hugo Schuchardt (s. Brief 192, Anm. 13).
4 nicht ermittelt.
5 Für das Sommersemester 1901 hatte Seuffert im Seminar »Besprechung von Werken Anzengrubers« (2-st.) angekündigt (s. dazu Seufferts Seminarbericht bei Müller/Richter: Prakt. Germ., Nr. 47, S. 142). Die genannten Werke Anzengrubers sind »Der G'wissenswurm. Bauernkomödie mit Gesang in drei Akten« (1874); »Das vierte Gebot. Volksstück in vier Acten« (1878); »Der Einsam« (1881); »Wissen macht Herzweh« (Kalendergeschichte, 1887); »Stahl und Stein. Volksstück mit Gesang in drei Akten« (1887; Dramatisierung von »Der Einsam«); »Der Fleck auf der Ehr'. Volksstück mit Gesang in drei Akten« (1889; Dramatisierung von »Wissen macht Herzweh«).
6 Die von Sauer zur Berichtigung dieses Irrtums am 3.5.1901 geschickte Karte (ÖNB, Autogr. 423/1-409) erreichte Seuffert vmtl. erst nach Abfassung des vorliegenden Briefes (s. Brief 196, Anm. 8).
7 Die Beilage ist nicht erhalten. Es ist unklar, ob Sauer der Bitte Seufferts, die Schlusspassage seiner Rezension zu Reichels Gottsched-Monographie (s. Brief 186, Anm. 1) zu ändern, nachgekommen ist. In der Druckfassung lautet der Schluss: »Man errichte Gottsched ein Standbild, wie und wo es Reichel wünscht; er verdient es so gut wie mancher metallene und steinerne Sockelheros. Aber zu Denkmälern Lessings und Goethes rücke man es nicht zu nahe, nicht weil Reichel diese zwei als böser Gegner anklagt, sondern weil Gottsched zu verständig wäre, in dieser Gesellschaft seine Größe nicht unbequem klein zu finden.« (Euph. 8 [1901], S. 761)
8 Hugo Spitzer: Freiherr von Schönaich und das Prinzip der Korrektheit in der Dichtkunst. In: Euph. 9 (1902), S. 69–112. Im Anschluss an Gustav Theodor Fechners »allgemeine[n] Prinzipien des Gefallens« (ebd., S. 73) behauptet Spitzer, Seufferts Kollege als Ordinarius für Philosophie in Graz, das »ästhetische Prinzip [...], dessen Prävalieren die wunderliche Literarkritik Schönaichs verständlich« mache, sei das der »Korrektheit« (ebd., S. 75), und schließt daran ausführliche ästhetische Überlegungen auf Ebene der Gattungen, der Syntax, des Wortes bis hin zu Stoff- und Metaphernwahl an.

198. (B) Sauer an Seuffert in Graz
    Prag, (nach dem 29. Mai 1901)

L. F. Ich schreibe auf einem Vertragsformular der DLD, das Ihnen zeigt, wie wir es jetzt mit zweiten Auflagen halten; der Verleger scheint aber nach seinem Brief zu wissen, daß mit Ihnen ein neuer Vertrag unabhängig von den jetzigen Gewohnheiten notwendig ist.[1] Nur zahlen wir jetzt viel weniger als zu Anfang; schon seit Göschen d. Samml. übernahm,[2] haben wir kaum mehr als 10 M. für den Bogen Text u. 15 M. für den Bogen Einleitg. gezahlt; wohl aber viel weniger; Leitzmann[3] (u. ich) machten mehrere Hefte umsonst; Köster[4] bekam 5 M. für den Bogen u.s.w. Die Sammlg ist ganz passiv. u. wird nur mühsam vor dem Eingehen errettet. Wenn Sie Text u. Einltg. ganz neu machen müssen, [s]o muß natürlich das volle Honorar unsres jetzigen Jahres 10 u. 15 M. Platz greifen. Mehr setze ich kaum beim Verleger durch. Wollen

Sie um den Preis überhaupt arbeiten, so bitte ich um die Form 3, in der Sie sich ganz entfalten können; gegen Lesarten bin ich gar nicht. Im Gegentheil; wenn was dabei herauskommt, so bitt ich sie beizubehalten. An den Verleger schreibe ich erst nach Empfang Ihrer Antwort. Eile hat die Sache gewiß nicht.

Was sagen Sie zu dem pöbelhaften Angriff Strauchs gegen mich im Anzeiger?[5] Ich weiß, daß es der Anzeiger seit der Gründg. des Euphorion scharf auf mich hat; ich finde es war aber gerade die unpassendste Gelegenheit auf mich loszufahren, da mein § 298 eine solide Arbeit aus dem Vollem <!> ist, ohne Vorarbeit u. ohne Beispiel. Etwas zu viel des Guten kann man immer darin finden; aber dieser gemeine Ton; diese Verdrehung u. Verleumdung, als ob alles auf Löschpapier mit Kienruß gedruckt wäre, weil ich diese Curiosität[6] (wie Goedeke das auch liebte) anführte. Dieser Hochmut. Was hat denn der armselige Strauch, den Müllenhoff mit Müh & Noth durchs Doctorexamen schleifte u. dem er die Habilitation verweigerte, geleistet, um sich so aufs hohe Roß zu setzen? War ihm das Recht zu einem Protest gegeben? Er versteht absolut nicht, was ich wollte u. so gut als es gieng auch leistete? Er kennt überhaupt die Litteratur nur aus d. Jahren, in denen er s. Bibliographie besorgte, in der er des Malers Max Klinger Schrift dem alten Stürmer & Dränger zuschrieb.[7] Über Stern[8] habe ich mich hinweggesetzt; aber der Anzeiger soll mir s. Frechheit u. s. Unverstand büßen. Ich weiß noch nicht, was ich thue, in welcher Form ich antworte, werde es auch gewiß nicht thun, solange ich so erregt bin; aber zu schweigen wär in diesem Falle Feigheit. Nicht?

Der Anzengruber-Aufsatz[9] wird mir sehr willkommen sein. Mayer[10] hab ich auf nerviges Drängen für s. Jahrbuch etwas versprochen u. werde es auch liefern. Auf eine dauernde Mitarbeiterschaft ist bei mir nicht zu rechnen.

Bei den letzten Akademiewahlen bin ich durch Kelles Taktlosigkeit u. halbe Freundschaft gegen Seemüller unterlegen.[11] Da Heinzel Seemüller seit Jahren wollte u. alles für ihn bereits angeworben hatte, bevor Kelle nach Wien kam, so hätte dieser den aussichtslosen Schritt nicht unternehmen dürfen, nur um sich mir gegenüber mit s. Wolwollen brüsten zu können. Der Teufel hole solche Freunde. Verzeihen Sie meine Wut. Ihr treulichst erg.   AS.

Datum: Die Korrespondenzstelle ergibt sich aus dem Inhalt von Sauers Brief an Seuffert vom 29.5.1901 (ÖNB, Autogr. 423/1-410). Handschrift: ÖNB, Autogr. 423/1-411. 1 Dbl., 2 S. beschrieben. Grundschrift: deutsch. Der Brief ist auf einem Vertragsformular der DLD geschrieben (s. ausführliches Zitat Anm. 1).

1   *Sauer bezieht sich auf eine geplante Neuauflage des 1882 erschienenen Neudrucks von Goethes »Faust«-Fragment (DLD. 5; s. Brief 11, Anm. 1), über die er Seuffert am 29.5.1901 (ÖNB, Autogr. 423/1-410) berichtet hatte: »Lieber Freund! Von DLD 5, Goethes [F]austfragment, ist in absehbarer Zeit eine 2. Auf-*

lage nothwendig; der Absatz ist zwar langsam aber stetig und wir müssen die Sammlg. complett zu erhalten trachten. Auf Wunsch des Verlegers soll ich nun mit Ihnen wegen einer möglichst billigen Beschaffg. der Druckvorlage verhandeln. Er glaubt, dass der Text unverändert bleibt u. nur die Einleitg ev. umgearbeitet zu werden braucht. / Meiner Ansicht nach, liegt die Sache so, dass in den alten Contracten, die ich nicht übernommen habe, ebenso von der Honorier[u]ng der 2. Auflage die Rede sein dürfte, wie in den neueren und dass sich an dem Vereinbarten nicht rütteln lässt, wenn sich auch die Verhältnisse der DLD seitdem wesentlich verschlechtert zu haben s[ch]einen. / Haben Sie die Liebenswürdigkeit, mir darüber gelegentlich Ihre Ansicht zu sagen, Ihre Forderungen zu stellen und mir auch mitzu[t]heilen, bis wann Sie uns die Druckvorlage liefern könnten.« Die Idee einer zweiten Auflage wurde länger besprochen, schließlich aber nicht realisiert (s. etwa Seufferts Brief an Sauer vom 2.7.1901, StAW).

2 *im Jahr 1899 (s. Brief 174, Anm. 3).*
3 *Leitzmann trat in den »DLD« als Herausgeber der Aphorismen Lichtenbergs auf (DLD. 123, 131, 136, 140, 141; s. Brief 185); die Bände erschienen ab 1902, waren aber vermutlich zum Teil schon früher fertiggestellt worden.*
4 *als Herausgeber des Neudrucks von Christoph Otto von Schönaichs »Die ganze Ästhetik in einer Nuß« (s. Brief 87, Anm. 22).*
5 *Philipp Strauch [Rez.]: Grundriss zur Geschichte der deutschen Dichtung aus den Quellen von Karl Goedeke. Zweite ganz neu bearbeitete Auflage. Nach dem Tode des Verfassers in Verbindung mit Fachgelehrten fortgeführt von Edmund Götze. Fünfter Band. Vom Siebenjährigen bis zum Weltkriege. Zweite Abteilung. Sechster und siebtener Band. Zeit des Weltkrieges. Siebentes Buch, erste und zweite Abteilung. Dresden: Ehlermann, 1893, 1898, 1900. In: AfdA 27 (1901), S. 157–165. Strauch war (S. 159) der Meinung, es müsse »gegen Sauers behandlung der litteratur Österreichs (§ 298) [...] mit aller entschiedenheit protest eingelegt werden; sie kann das so wol verdiente ansehen des Grundrisses nur schmälern: was würde der alte Goedeke zu solcher verkennung seines lebensplanes, zu solcher verunstaltung seines lebenswerkes gesagt haben!« Zu Sauers § 298 s. Brief 196, Anm. 16.*
6 *s. Strauch (Anm. 5), S. 160. Fraglich sei, »wem denn mit einer so ausführlichen, auch das unbedeutendste und nichtigste verzeichnenden darstellung gedient sein soll? [...] wie vieles von dem, was Sauer hier bucht, durfte getrost auch im todesschlaf verharren, ohne dass der wissenschaft etwas entzogen worden wäre. Das ›höchst elende poetische product mit kienrusz auf löschpapier gedruckt‹ (VI 540 [Strauch zitiert hier aus einer Kritik, die im »Grundriss« einem der von Sauer gelisteten Werke beigestellt ist]) steht leider in dieser österreichischen bibliographie nicht vereinzelt da.«*
7 *Strauch besorgte für die Jahrgänge 11 bis 16 (1885–1890) im »Anzeiger für deutsches Alterthum und Litteratur« das »Verzeichnis der auf dem Gebiet der neueren deutschen Literatur [...] erschienenen wissenschaftlichen Veröffentlichungen«. Strauchs Verwechslung von Max und Maximilian Klinger wurde nicht ermittelt.*
8 *s. Brief 196, Anm. 16.*
9 *Seufferts Anzengruber-Aufsatz wurde mehrfach verschoben und erschien schließlich erst nach Sauers Tode (Bernhard Seuffert: Volksstück – Dorfgeschichte. Anzengrubers Einsam-Dichtungen. In: Euph. 30 [1929], S. 208–226).*
10 *Gemeint ist vmtl. der Wiener Historiker Anton Mayer, der als Sekretär des Vereins für Landeskunde in Niederösterreich die »Blätter« (1876–1901) und daran anschließend das »Jahrbuch für Landeskunde von Niederösterreich« (1902–1905) herausgab, in dem Sauer jedoch – ausweislich der Bibliographie von Rosenbaum – nichts veröffentlichte.*
11 *Joseph Seemüller war 1901 zum korrespondierenden Mitglied der Kaiserlichen Akademie der Wissenschaften in Wien gewählt worden. Sauer wurde erst 1903 aufgenommen (s. Brief 212, Anm. 1).*

199. (B) Sauer an Seuffert in Graz
   Prag, (nach dem 29. Mai 1901)

Lieber Freund! Ihr ausführlicher Brief[1] war ein echter Beweis Ihrer aufrichtigen Freundschaft, den [i]ch wohl zu schätzen weiss. Wenn ich Ihnen nicht sofort gedankt habe, so war die täglich wiederkehrende Flut der rasch zu erledigenden Geschäfte daran Schuld. Nun danke ich Ihnen dafür aufs Herzlichste und theile Ihnen mit, dass ich Ihnen auch in allen Ihren Ratschlägen folgen werde. Ich werde schweigen; nur im Jahresbericht, wo ich auch über meinen § berichten muss werde ich ohne Polemik darauf hinweisen, dass – abgesehen von einer engeren öst. Lit. Gesch. – doch manches für die Geschichte der Lyrik darin enthalten ist.[2] Dagegen w[er]de ich nun mein geplantes Buch: Gesch. d. d. Litt. in Österreich seit der Errichtg. des Kaisertums (1804) ernstlich in Angriff nehmen und habe schon für nächsten Winter ein so betiteltes Colleg (übrigens auf Bitte meiner Studenten) angekündigt.[3] – Nur mit Schrö[der] werde ich den – allerdings sehr seltenen – freundschaftlichen Verkehr nicht aufrecht erhalten können. Er hätte dahin wirken müssen, dass der Ton der Rec. gemildert worden wäre.[4] Aber auch in diesem Punkt werde ich mich zunächst nur passiv verhalten.

Über den Faust schreibe ich Ihnen demnächst; ich denke nicht ganz wie Sie über den Wert des Fragments. Man braucht es doch noch immer, grade weil der Urfaust da ist und so viele Auflagen erlebt. Eile hat aber die Sache gewiss nicht.

Während des Druckes vom 13^{II} der Goethe-Ausgabe (Apparat zum Theatergötz)[5] habe ich mich doch sehr ärgern müssen. Wahle wirtschaftete in meinem Manuscript und dann noch mehr in den Correcturbogen ganz äusserlich und handwerksmässig herum, strich weg u. änderte was ihm nicht gleich verständlich war und schrieb höchst hochmütige Belehrungen an den Rand, bis ich energisch mein Recht als Herausgeber [w]ahrte; aber alles liess sich nicht wieder gut machen. Ich begreife nicht, warum man dann nicht lieber selber alles in Weimar macht. So rücksichtsvoll geht man übrigens dort gegen die Leute, die so dumm sind für die Goetheges. zu arbeiten, vor, dass ich heute nach mehr als 3 Wochen noch nicht weiss, was der Vorstand wegen des von [m]ir zu liefernden Bandes[6] beschlossen hat. Es scheint dass nur Geheimräthe und Excellenzen in diesem Kreis ein Recht auf höfliche Behandlung haben. Es reut mich schon dreifach, dass ich mich mit der Bande eingelassen habe.

   Herzlichst Ihr AS.

Datum: Die Korrespondenzstelle ergibt sich – entgegen den Angaben im Empfängervermerk – aus dem Inhalt von Sauers Brief an Seuffert vom 29.5.1899 (ÖNB, Autogr. 423/1-410) bezüglich der Planung einer Neuauflage des »Faust«-Fragments, die bereits Anfang Juli 1901 wegen ablehnender Aussagen des Verlegers aufgegeben werden sollte (s. einen vor dem 2.7.1901 geschriebenen Brief

Sauers an Seuffert, ÖNB, Autogr. 423/1-412). Handschrift: ÖNB, Autogr. 423/1-413. 1 Dbl., 4 S. beschrieben. Grundschrift: lateinisch. Empfängervermerk (S. 1): c. Aug. 1901.

1 vmtl. ein am 18.5.1901 versandter Brief Seufferts (StAW), der bei Redaktionsschluss der Ausgabe nicht vorlag.
2 August Sauer war seit dem vierten Band (1893) Bearbeiter des Lyrik-Abschnitts im »Jahresbericht für Neuere Deutsche Litteraturgeschichte«. In seinem Referat für die Jahre 1897/98 ging Sauer zu Beginn nur knapp auf § 298 des neuen Goedeke ein, »der den österreichischen Lyrikern desselben Zeitraums [1800–1815] gewidmet ist«, und verwies zur Begründung seiner »Absichten bei Bearbeitung des österreichischen Abschnitts« auf seine diesbezügliche »bibliographische[] Notiz des Euphorion, die auch mehrere Nachträge enthält« (August Sauer [Ref.]: Lyrik. 1897. 1898. In: JbNdLg 9 [1902; Jahr: 1898], Abschnitt IV, 2: Nr. 1–2; s. Sauers Notiz in: Euph. 5 [1898], S. 374–378).
3 Die Lehrveranstaltung fand unter dem genannten Titel im Wintersemester 1901/02 statt; die geplante Publikation wurde nicht realisiert (s. dazu auch Brief 96).
4 Nach Ansicht Sauers hätte Edward Schröder als Herausgeber des »Anzeigers für deutsches Alterthum und deutsche Litteratur« den polemischen Ton in Strauchs Kritik (s. Brief 198, Anm. 5) zu Sauers § 298 mildern müssen.
5 s. Brief 191, Anm. 11.
6 Gemeint ist Sauers »Goethe und Österreich« (s. Brief 191, Anm. 12).

200. (B) Sauer an Seuffert in Graz
Prag, 1. November (1901. Freitag)

Prag 1/11 02
Smichow 586

Lieber Freund! Ich benutze die Feiertagsruhe um Ihnen den lange ausständigen Brief *[zu]* schreiben. Sie werden, wenn Sie ihn gelesen haben, die Verzögerung verzeihen.

Was die ›Valeria‹ betrifft, so ists ein halber Reinfall.[1] Roethes Abhandlg.[2] – ich will sonst über ihren Wert oder Unwert kein Wort verlieren, schimpft so erbärmlich über diese Theaterbearbeitg.,[3] dass gewiss viele Leute sagen werden, das Man. war des Drucks nicht wert. Auch hat sich Steig manches von Roethe wegnehmen lassen, was er übersehen hat oder nicht sehen wollte. So hab ich ihm brieflich *[in]* Bezug auf den in einen Admiral verwandelten General den richtigen Weg gewiesen; er war aber zu hochmüthig, um ihn zu betreten. – Die Insel Felsenburg ist ausgedruckt.[4] Sie reicht bis 120. Mit 121 (Mösers Schrift gegen Friedr. d. Grossen ed. Schüddekopf)[5] beginnt eine neue Serie (theurer!); fertig liegt vor Lichtenbergs Aphorismenbücher I. II (Leitzmann);[6] Platen, Dram. Nachlass (ed. Petzet);[7] dann folgt ein erster Band: Dramen zur Erklärg. der Hamb. Dram.: Weisses Richard III, wozu Jacobi die Einleitg. macht u. ich den Text.[8] –

In Weimar wars diesmal erträglicher. Solang Kalischer⁹ dort arbeitete, betrat Su*[ph]*an das jenseitige Arbeitszimmer nicht u. es herrschte ein idealer Zustand: auch später giengs, da ich sehr kühl u. reserviert war. So gestand er mir Alles zu. Ich gebe Goethes Briefwechsel mit Grüner, Zauper u. Sternberg¹⁰ separat in unsrer Deutschböhm. Bibl. neu resp. zum 1. Mal heraus, um den Band der Schriften der Goethe-Ges. zu entlasten. Das Material ist sehr reich u hübsch; allerdings mehr für Öst. interessant als für Goethe. Ich bin namenlos fleissig; aber es kommt mir etwas viel zusammen.

Dr. Hecker, nach dem Sie fragen, ist ein Bonner Dr., der mir sehr gefallen hat.¹¹ Er ist durchaus Philolog, ganz bei der Sache, ja begeistert; mir gegenwärtig im ganzen Archiv der liebste, da auch der Alkoholist Schüddekopf stumpf u. faul zu werden beginnt. Suphans Vorliebe mag persönliche Gründe haben, aber sie trifft diesmal den richtigen.

Ich war letzten Sonntag in Wien aus 2 Gründen. Glossy giebt Grillparzers Briefe¹² chronologisch bei Cotta heraus. Ich habe den Plan entworfen u. mein schon vor 10 Jahren fertiges Manuscript als Grundlage hergegeben u. werde wohl auch mit auf dem Titel stehn, Cottas legen komischer Weise jetzt auf meinen Namen grossen Wert, was früher durchaus nicht der Fall war.¹³ Da sich die Bände im Druck u. formal an meine Ausgabe anschliessen, musste ich mich nothwendiger *[We]*ise der Sache annehmen. – Das Wichtigere aber war der Euphorion. Fromme hat schon im Juni für eine ev. Fortsetzg. 300 fl. Subvention mehr verlangt. Nun trieben wir ihn in einer Unterredung zu dreien (da Glossy das Geld aufbringt, ist er der eigentliche Herr) stark in die Enge, wiesen ihm nach, dass er schon als Drucker den Gewinn habe, dass die Druckkosten durch das Abonnem. (336 Ab.) gedeckt seien u. schlugen ihm vor, ihm Honorar u. alle Redactionsauslagen abzunehmen u. selbst durch die Subvention zu decken. Er musste wiederstrebend <!> zugeben, dass unsre Aufstellungen vieles für sich hätten, that aber sehr beleidigt über unsre Fragen um den Herste*[ll]*ungspreis etc. u. stellte nun brieflich eine Rechnung auf, die alles so hoch ansetzt, dass in der That 705 Kronen Verlust herauskommen, während er im Juni nur 300 Kronen Verlust angab u. die anderen 300, die er verlangte, selbst als Gewinn d.h. als Ersatz der Verluste früherer Jahre ansetzte: Wir hatten bei der Unterredung den Eindruck, dass Fr. ein Erzspitzbube sei u. sein Brief, der im Ton höchst frech gehalten, ausserdem in sichtlicher Erregung geschrieben ist, bestätigt diesen Eindruck. – Was jetzt geschehn wird, weiss ich nicht. Glossy will die Zs. um jeden Preis halten, ich säh es als das grösste Glück für mich an, wenn sie eingienge. Das Geld wird Glossy vermuthlich leicht bekommen. Der Verlegerwechsel, der wohl auch einen Druckerwechsel zur Folge haben wird, ist mir höchst unangenehm.¹⁴ Glossy denkt an Braumüller, dessen Verlag soeben von zwei jüngeren Leuten¹⁵ übernommen wurde, von denen man Gutes hört. Ich habe von der abermaligen Krisis Niemandem was gesagt, als Hauffen (der Bibliographie wegen), der aber wol herumgesprochen haben wird. Ich habe auch ruhig für das nächste Jahr Alles angenommen u. vorbereitet; denn sonst würde die Zs. immer schlechter statt besser. Geht sie ein, so muss ich es eben auf mich nehmen, die Leute genarrt zu haben. Leider wird das aber kaum der Ausga*[ng]* sein. Geht sie fort, so lassen Sie Ihren Aufsatz[15] ja gewiss wieder zu mir heimkehren. Vielleicht hätte ich ihn überhaupt nicht aus der Hand gegeben, wenn ich meiner Sache völlig sicher gewesen wäre.

Meiner Frau geht es zwar etwas besser; aber die Sorge ist noch nicht geschwunden. Natürlich liegt das am meisten auf mir.

Wegen Schwabe fand sich in Weimar nichts. Aus der Selbstbiogr. geht mit Sicherheit hervor, dass er <u>niemals</u> in Lpzg. studiert hat. Die Durchsicht seines in W. *[er]*haltenen Briefwechsels ergab gleichfalls nur ein negatives Resultat, das ich in eine knappe Anmerkg. zusammengefasst habe.[17] Von dem, wie ich glaube, reichen u. schönen Doppelheft erhalten Sie nächstens den Text der Aufsätze. Es soll Anf. Dec. erscheinen, wenn mich Fromme nicht im Stich lässt.

Ihnen für den Winter alles Gute wünschend, in alter Liebe u. Freundschaft

Ihr

aufrichtig erg.

AS.

Datum: Die inhaltlichen Bezüge zeigen eindeutig, dass der Brief auf das Jahr 1901 und nicht auf 1902 zu datieren ist; Fehldatierung Sauers. Handschrift: ÖNB, Autogr. 423/1-441. 2 Dbl., 7 S. beschrieben. Grundschrift: lateinisch.

1 Gemeint ist Clemens Brentanos Lustspiel »Ponce de Leon«, entstanden 1801 als Reaktion auf einen 1800 von Goethe in den »Propyläen« gestifteten Preis für das beste Intrigenstück, Erstdruck 1804 bei Heinrich Dieterich in Göttingen. Die Bühnenbearbeitung trug den Titel »Valeria oder Vaterlist« (s. Brief 200, Anm. 3).

2 Gustav Roethe: Brentanos »Ponce de Leon«. Eine Säcularstudie. Berlin: Weidmann, 1901 (Abhandlungen der Königlichen Gesellschaft der Wissenschaften zu Göttingen, Philologisch-Historische Klasse. N. F. 5).

3 Gemeint ist Reinhold Steigs »Ponce«-Ausgabe in den »DLD« (s. Brief 184, Anm. 10).

4 s. Brief 184, Anm. 7.

5 Die 3. Folge der »DLD« wurde schließlich mit Lenz begonnen (s. Brief 203, Anm. 20), dann erst folgte Justus Mösers »Über die deutsche Sprache und Literatur« (s. Brief 111, Anm. 7).

6 s. Brief 198, Anm. 3.

7 s. Brief 184, Anm. 9.

8 s. Brief 185, Anm. 3.

9 Der Schriftsteller und Musikwissenschaftler Alfred Kalischer hielt sich vmtl. zur Vorbereitung seiner Ausgabe von Beethoven-Briefen in Weimar auf (Beethovens sämtliche Briefe. Kritische Ausgabe mit Erläuterungen von Alfr. Chr. Kalischer. 5 Bde. Berlin, Leipzig: Schuster und Löffler, 1906–1908).

10 zum »Briefwechsel zwischen J. W. v. Goethe und Kaspar Graf v. Sternberg (1820–1832)« s. Brief 196,

Anm. 18. Das Erscheinen von Sauers Ausgabe des Grüner/Zauper-Briefwechsels wurde wiederholt verschoben (Goethes Briefwechsel mit Joseph Sebastian Grüner und Joseph Stanislaus Zauper [1820–1832]. Hrsg. von August Sauer. Mit Einleitung von Josef Nadler. Prag: J. G. Calve, 1917 [Bibliothek Deutscher Schriftsteller aus Böhmen. 17]).

11 Max Hecker war 1900 in den Dienst des Goethe-Archivs eingetreten.
12 Grillparzers Briefe und Tagebücher. Eine Ergänzung zu seinen Werken. Gesammelt und mit Anmerkungen hrsg. von Carl Glossy und August Sauer. 2 Bde. Stuttgart, Berlin: J. G. Cotta Nachf. [1903].
13 Gemeint sind die vierte von Sauer mitverantwortete Ausgabe der »Sämmtlichen Werke« Grillparzers bei Cotta aus den Jahren 1887–1893 (s. Brief 244, Anm. 2) und die achtbändige Ausgabe aus dem Jahr 1901 (Grillparzers Werke. In acht Bänden. Mit Einleitungen und Nachworten von Heinrich Laube. Stuttgart: J. G. Cottasche Buchhandlung Nachfolger, [1901]). Sauer bekannte sich erst 1904 zu dieser Ausgabe (s. August Sauer: Die neuen Grillparzerausgaben. In: Euph. 11 [1904], 195–206, bes. S. 197; bereits 1902 erschien sie allerdings auch als: Grillparzers Werke. Mit Einleitung von August Sauer nebst der Einleitung und den Nachworten von Heinrich Laube. Stuttgart, Berlin: J. G. Cottasche Buchhandlung Nachfolger, [1902]). Für Details zu den verschiedenen von Sauer veranstalteten Grillparzer-Ausgaben s. Brief 251, Anm. 12.
14 Sauers Befürchtungen erwiesen sich als unberechtigt; der »Euphorion« hatte Bestand.
15 Mit »soeben« ist das Jahr 1894 gemeint. Der Namensgeber des Verlags, Wilhelm Braumüller (gest. 1884), der Mitte des 19. Jahrhunderts einen bereits bestehenden Verlag übernommen hatte, und dessen gleichnamiger Sohn (gest. 1889) waren bereits verstorben, als Sauer diesen Brief schrieb; die Enkel des Gründers, Adolf und Rudolf Braumüller, fungierten seit 1.1.1894 als öffentliche Gesellschafter.
16 Bernhard Seuffert: Björnstjerne Björnsons Schauspiel Über unsere Kraft. In: Euph. 9 (1902), S. 1–42.
17 Bezug unklar. Gemeint ist vmtl. der Nachlass des Philologen und Schulmannes Johann Gottlob Samuel Schwabe, der sich noch heute im Goethe- und Schiller-Archiv befindet (Bestand 117).

201. (B) Sauer an Seuffert in Graz
    Prag, 11. November 1901. Montag

Prag 11/11 01
Smichow 586

Lieber Freund! Aus Ihrem lieben Brief möcht ich 2 Punkte sogleich beantworten. – Fresenius ist dauernd nach Berlin übergesiedelt (W., Achenbachstrasse 7/8, Gartenhaus parterre). Die schmähliche Art & Weise, mit der Suphan ihn entlassen, kennen Sie. Auch dass man ihm alle Papiere abgenommen [u]. alles was man nicht sogleich verstand, vernichtete (das einzig Brauchbare was im Goethe-Archiv geleistet worden war), werden Sie wissen. Inwieweit Sie über seine Verlobungsgeschichte orientirt sind, weiss ich nicht. Die Braut,[1] eine ältere Dame mit erwachsenen Töchtern, wurde wahnsinnig u. ist im Irrenhaus. Er betreut die Töchter[, w]ohnt aber (aus Anstandsrücksichten, wie es scheint) nicht bei u. mit Ihnen, sondern legt täglich den weiten Weg zu ihrer Wohnung mehrere Male zurück, um alle Mahlzeiten gemeinsam mit ihnen einzunehmen. Schlösser traf ihn im Sommer, wie er grade auf der Suche nach einer Gardedame war, um mit den Töchtern gemeinsam aufs Land gehen zu können. Ich vermuthe, dass er unter diesen Umständen nichts arbeitet. Auf die Zusendung meiner Sternbergrede² gab er mir keine Antwort.

Über mein Verhältnis zu Glossy befinden Sie sich doch in einem Grundirrthum.³ Es verbinden mich mit ihm 22 Jahre der innigsten Kameradschaft und Freundschaft und ich darf wohl sagen, dass er mir der liebste Mensch auf der Welt ist. Alles was vom Österreicher u. vom Wiener in mir ist, sympathisiert mit diesem goldensten Gemüth, das ich kenne. Freilich kenne ich auch seine Schwächen viel besser als jeder andre; aber auch seine grossen Vorzüge, seine reichen Kenntnisse, seine lebendige Anschauung vom Gesamtleben Altwiens & Altösterreichs, wie sie ausser ihm gegenwärtig Niemand besitzt. Haben Sie eine seiner grossen Ausstellungen – seine eigentlichen Leistungen – gesehen: die Türkenausstellg.;? die Theaterausstellg;? die Grillparzer-, die Schubert-Ausstellg? Was von ihm in Druck u. unter seinem Namen erscheint ist nur der allergeringste Bruchtheil seiner weitverzweigten organisatorischen, sammelnden u. anregenden Thätigkeit. Er hat keine Spur von philologischer A[de]r in sich. Er ist Jurist, dann Culturhistoriker, Localforscher, Patriot, Dilletant <!> der besten Sorte. Er hat viel von mir gelernt u. braucht eine Ergänzung in meinem Sinne nothwendig – ja ich fürchte, er bringt allein überhaupt nichts mehr fertig. Wären wir nicht local getrennt, so hätten wir beide oder jeder allein 10 mal mehr geleistet; ich brauche ihn nemlich auch wie er mich; er ist gewissermassen mein Herz, meine S[ee]le; ich sein Gewissen, seine Correctur u. Richtschnur. – Was nun die Grillp.briefe betrifft, so hab ich vor 12–13 Jahren mir langsam alles ungedruckte & gedruckte zu privatem Gebrauch gesammelt, hatte zwar das Recht zur Verarbeitg. aber für die ungedr. nicht das Recht der Veröffentlichg., dass <!> der Gemeinderath schon damals Glossy gegeben hatte.⁴ Den Haupttheil des Ungedruckten legte er in seiner Art & Bearbeitung im Jb vor,⁵ mit sehr schätzenswerten Anmerkungen & Beigaben (auch mit manchem Fehler.). Nun traten Cottas im Frühj. mit der Frage an mich heran, ob sich noch Ergänzungsbände z. Grillp. Ausgabe⁶ herstellen liessen. Ich sagte wahrheitsgemäss von Dichtungen sei für ihre Zwecke kaum etwas vorhanden als die e[rs]te ›Ahnfrau‹;⁷ dagegen könnten Briefe & Tageb. ganz wohl mehrere Ergänzungsbände abgeben; anders (chronol.) geordnet als im Jb. u. vielfach ergänzt. Beides hatte Glossy im Jb. herausgegeben. An ihn wandten sich Cottas. Glossy fragte bei mir an, ob ich im helfen wollte u. schrieb erst auf meine Zustimg. an Cotta. Ich hatte mir ursprünglich die Herausgabe allerdings nicht als eine gemeinsame vorgestellt u. meinte [nu]r, ich solle Glossy Ratschläge geben, wie er ja alles seit 2 Decennien mit mir durchbespricht & erwägt. Es stellte sich aber allerdings dann heraus, dass Gl. sich um die zerstreut gedruckten Briefe bisher nicht gekümmert hatte, während ich sie alle abgeschrieben & eingeordnet liegen hatte. Auch ungedruckte fanden sich bei mir mehr als ich in Erinnerung hatte. <u>Allein</u> hätte ich mich aber vorderhand zu einer Herausgabe nicht entschlossen. Ich rechnete immer mit einer künftigen <u>krit.</u> Ausgabe, zu der es wohl wird kommen müssen.[8] Glossy hat also ganz loyal gehandelt, wie ich ihn nie auf einer Unehrlichkeit ertappt habe. Es that mir leid, dass Sie ein so falsches Bild von ihm vor Augen haben u. darum dieser Brief, den Sie mir nicht übel nehmen mögen.

Über Euphorion nächstens, bis alles mehr geklärt ist.

Herzlichst Ihr treu erg.

AS.

Handschrift: ÖNB, Autogr. 423/1-418. 2 Dbl., 8 S. beschrieben. Grundschrift: lateinisch.

1 *nicht ermittelt. Fresenius heiratete erst im Jahr 1907, und zwar die um wenige jahre jüngere Laura Maria Elisabeth Wesche.*
2 *s. Brief 196, Anm. 13.*
3 *s. Seufferts Brief an Sauer vom 10.11.1901 (StAW): »Ihr verhältnis zu Glossy verstehe ich nur unter dem gesichtspunkt, dass Sie seiner wegen der Grillparzerpapiere bedürfen. Ich werde ein vielleicht unbegründetes vorurteil gegen ihn nicht los, und jetzt hab ich mich wieder tüchtig geärgert, dass er herausgibt, was Sie gearbeitet haben, und nur auf den druck der firma scheint zugeben zu wollen, dass Sie neben ihm auf dem titel erwähnt werden, da Ihr name doch allein dastehen sollte.« Wie aus vorliegendem Brief deutlich wird, bezieht sich Seuffert auf die Edition von »Grillparzers Briefen und Tagebüchern« (s. Brief 200, Anm. 12). Die Freundschaft und Zusammenarbeit zwischen Glossy und Sauer währte von den 1870er Jahren bis zu Sauers Tod; ihr umfangreicher Briefwechsel (ÖNB) ist bislang nicht ausgewertet.*
4 *zur komplexen Rechtslage des Grillparzer-Nachlasses s. Brief 251, Anm. 12.*
5 *Glossy war von 1890 bis zu seinem Tod 1937 (Jg. 34) Herausgeber des »Jahrbuchs der Grillparzer-Gesellschaft«, für das er regelmäßig grillparzersche Korrespondenzen und Tagebücher edierte. Zur hier gemeinten Briefausgabe s. Brief 200, Anm. 12.*
6 *zur Ausgabe von »Grillparzers Werken« in acht Bänden s. Brief 200, Anm. 12.*
7 *Über die verschiedenen Fassungen der »Ahnfrau« gibt Sauer in seiner Einführung in der historisch-kritischen Grillparzer-Ausgabe Auskunft (s. HKGA 1. Abt., Bd. 1: Die Ahnfrau. Sappho. [Hrsg. von August Sauer]. Wien, Leipzig: Gerlach u. Wiedling, 1909 [ausgegeben 1910], S. XVIII–XXIV). »Die erste, selbstständigste und geschlossenste Fassung ist die Handschrift, die Grillparzer Schreyvogel [Direktor des Burgtheaters von 1814 bis 1832 und wichtiger Förderer Grillparzers] übergab und in welche dieser seine Bemerkungen machte.« (ebd., S. XLIII) Sauer edierte für die historisch-kritische Ausgabe sowohl diese erste als auch die kanonisierte Fassung letzter Hand (s. auch Brief 251, Anm. 12).*
8 *Die historisch-kritische Grillparzer-Ausgabe ist ein durchgehendes Thema der weiteren Korrespondenz; über ihr Zustandekommen äußert sich Sauer zum ersten Mal zuversichtlich in Brief 244.*

202. (K) Seuffert an Sauer in Prag
Graz, 26. Dezember 1901. Donnerstag

Herzlichen dank, lieber freund, für Ihren guten brief und die worte über den aufsatz, an dem ich schon ganz irre geworden war.[1] Anzengruber gehe ich an, so wie ich luft habe.[2]

Cornu scheint sich das lehren sehr angelegen sein zu lassen. In persönliche fühlung mit ihm kam ich bisher nicht, wir tauschten nur kurze besuche aus. Mit Schönbach verkehrt er ergiebiger. Es scheint ihm hier zu gefallen.

Dass Roethe Müllenh.s professur erhält, nachdem er so viel nhd. gearbeitet hat u. darüber liest, hätte ich nicht erwartet; das ist ja eine konkurrenz für Schmidt.[3] Bin begierig, ob Burdach[4] wirklich ohne amt als akademiker nach Berlin gekomen ist, wie ich höre. Was wird dann in Halle u. Göttingen werden?[5] Schröder, Roediger, Krauss werden sich einteilen.

Bleiben Sie mir im neuen jahr so gut wie bisher. Grüsse, auch von meiner frau an Sie u. die Ihrige.

Ihr treuer
BSfft

Graz 26 XII 01.

Handschrift: StAW. Postkarte. *Adresse:* Herrn Professor Dr. August Sauer / Prag / Smichow 586 *Poststempel:* 1) Graz, 26.12.1901 – 2) Prag/Praha, 27.12.1901 – 3) Smichow/Smíchov, 27.12.1901. *Grundschrift:* lateinisch.

1 Gemeint ist Sauers Aufsatz über Björnson (s. Brief 200, Anm. 16).
2 s. Brief 198, Anm. 9.
3 Gustav Roethe, zuvor Ordinarius in Göttingen, wurde 1902 als Nachfolger des verstorbenen Karl Weinhold auf das Ordinariat für Deutsche Philologie in Berlin berufen und besetzte damit den einstigen Lehrstuhl von Karl Müllenhoff (bis 1884). Erich Schmidt war seit 1887 Ordinarius für Neuere deutsche Literatur in Berlin.
4 zu Burdachs Berufung nach Berlin s. Brief 190, Anm. 6. Nachfolger Burdachs in Halle wurde Philipp Strauch.
5 Die Position Roethes in Göttingen wurde mit Edward Schröder besetzt, der dort bis 1926 als Ordinarius für Deutsche Sprache und Literatur wirkte. Max Roediger blieb bis 1917/18 Extraordinarius für Deutsche Philologie in Berlin. Carl von Kraus war von 1901 bis 1903 zunächst außerordentlicher Titularprofessor, von 1902 bis 1904 Extraordinarius für Deutsche Philologie in Wien, 1904 wurde er als Nachfolger Karl Detters nach Prag berufen (s. Brief 218).

203. (B) Sauer an Seuffert in Graz
   Prag, 2. Juni 1902. Montag

Prag 2/6 02
Smichow 586

LF. Ich habe Ihnen in Sachen Stifters herzlich zu danken;[1] längst aber wollte ich schon mit Ihnen plaudern … Ich fuhr nach Pfingsten nach Weimar,[2] um in meinem Man.[3] ein*[ige]*s zu ergänzen. Es stellte sich heraus, was mir übrigens längst klar gewesen war, daß mein Text viel zu groß sei; ich machte auch Vorschläge zur Entlastung. Aber meine 7 Gruppen: 1. Theater & Musik; 2. Wiener Freunde (Eybenberg, Pichler, Eskeles, Flies), 3. Der Kreis der Staatskanzlei (Gentz, Metternich, Deinhardstein, Hormayr). 4. Aus den Kreisen der österreich. Armee (darin u.a. 2 wunderschöne Briefe von dem spät. FM Heß). 5. der Kreis um die *[Ka]*iserin Marie Ludowika (Lichnowsky, ODonell). 6. Bez. zu Böhmen [mit Ausnahme von Grüner, Sternberg, Zauper].[4] 7. 3 österreich. Künstlerinnen, gefielen den Herren so, daß sie sich entschlossen 2 Bände daraus zu machen; meine Gruppen 5, 3, 4 werden den 1. Bd. bilden. Leider geht mir dadurch der chronol. Faden u. die künstlerische Abrundung der (z. großen Theil fertigen) Einleitung verloren; auch werde ich, weil nun einiges Gekürzte ergänzt wird, zu meinem größten Leidwesen noch 1 Jahr ans Archiv *[ge]*kettet sein. Für die Sache aber ist diese Theilung sehr ersprießlich. Ob Sie sich für die beiden Bände sehr erwärmen werden, muß ich billig bezweifeln; mich interessiert alles darin leidenschaftlich. Das Resultat der Theilung hätt ich ohne persönliche Anwesenheit wahrscheinlich nicht erreicht. Sonst war wenig los. Suphan gräßlicher als je, Schmidt müd u. verstimmt; am meisten verkehrte ich mit Witkowski u. Frau,[5] mit Michels u. Elster; Vogt u. Martin sprach ich flüchtig. Morris, Friedländer, Schreyer, Thiele; Weltrich, der geniale Türck,[6] Meyer-Cöhnchen.[7] Die Rede v. Paulsen[8] litt unter seiner Heiserkeit u. der Unruhe des Publikums; bei Tisch sprach er sehr nett u. warm. Der Triumph s. Empfindsamkeit machte sich recht lustig; nur hatte Lassen die Proserpina[9] in eine ¾ stündige Schaueraria verwandelt, bei der das Publicum zur Hälfte einschlief, zur Hälfte *[d]*avonlief. Der Ausflug nach Ilmenau war sehr gelungen; die Feier am Grab der armen Corona[10] wirklich rührend, obwol Suphan die eingelernte Rede seinem Gedächtnis mühsam abrang; am Kickelhahn[11] wär ich freilich lieber alleine gewesen als mit 100 Berliner Juden, mit Musik u. Photograph. Das böseste war für mich der Abschluß am Abend vor meiner Abreise: ein langes Inquisitionsgericht durch Herrmann in der alten Affäre mit Minor.[12] Er wollte Einzelheiten wissen, die ich Gott sei Dank längst vergessen habe u. spannte mich auf die Folter. Obgleich wir zu einem Friedenschluß à la Burenrepublik[13] kamen, so war ich doch so erregt & verbittert, daß ich mich auf der Rückfahrt von Weimar mit ernsten Resignationsgedanken trug, umsomehr als kurz vorher wieder Fromme sich niederträchtig benommen hatte. Glossy hatte nemlich die Verlängerung der Subventionen etwas verschleppt; obwohl Fromme *[m]*eine Bürgschaft hatte, obwohl ich ihm die Staatssubvention im Januar schon geschickt hatte, obwohl er ja auch die Abonnentgelder schon einkassiert hat, stellte er doch den Druck plötzlich ein u. wollte ihn erst fortsetzen, bis d. Subventionsangelegenheit geklärt sei. Er brachte mich dadurch in eine sehr unangenehme Situation, da ich mehreren Mitarbeitern gegenüber für Heft 2 bestimmte Versprechungen eingegangen war, die ich nun nicht halten konnte. Die Sache ist ja momentan wieder beigelegt; er ist aber doch ein so unzuverläßiger Cumpan, daß mich die Weiterarbeit mit ihm verdrießt, um so mehr, a*[ls]* ich ihm ein andres Opfer in der Überlassg. einer Sammlung meiner zerstreuten Reden u. Aufsätze[14] gebracht habe. Auch eine andre Sache ärgert mich, an der ich freilich allein Schuld bin. Vor längerer Zeit trug mir der Hanssachsstiefel in München einen kleinen Aufsatz über d. Quellen des Alberus[15] an. Ich hatte offenbar seine Sünden nicht gegenwärtig, als ich nicht blos den Aufsatz annahm, sondern ihm auch ein paar Recensionen antrug[16] (wobei ich zur Entschuldigg. hinzufügen muß, daß ich ungeheure Mühe habe, Recensenten zu bekommen u. daß es Bücher waren, die den Euphorion etwas weniger nah angehn). Auf der Fahrt nach Weimar blätterte ich das letzte Heft der Ko*[chsc]*hen Sudelzeitschrift mit Stiefels neuem Aufsatz[17] durch u. da wurde mir plötzlich klar, welchen Stiefel[18] ich gemacht hatte. Sie werden mir das ja nicht so übel nehmen, wie ich es verdiente, aber es trug dazu bei, mich von allen Redactionsgeschäften wegzuscheuchen. Auch die Arbeit an DLD habe ich über. Geigers 2. Auflage,[19] die ich Ihnen gleichzeitig sende, da Sie sie noch nicht besitzen, ist wieder ein arges Stück dieses Schmierers. Als ich den Text der Übersetzg. in der Correctur mit meinem Ex. zu vgl. anfing, stimmte es nicht. Ich bat ihn nun, er möchte darauf achten, ob denn seine Vorlage mit der meinigen *[üb]*ereinstimme. Er antwortete: er habe seine Vorlage längst nach Dresden zurückgeschickt; es werde schon alles stimmen. So stimmt zwar der Abdruck in den DLD mit meinem Ex. überein; ob aber das Dresdner nicht ein Doppeldruck ist, weiß ich nicht. Und auch da hat mich der Verleger in Verlegenheit gebracht, *[w]*enn auch aus bloßem Übereifer. Er hat ohne mir etwas zu sagen, u. ohne mir die Titelblätter und Umschläge vorzulegen Sonderausgaben von den neu erschienenen Heften veranstaltet, die mir nicht blos höchlichst mißfallen, die Nummer der Sammlung – außer auf der Rückseite des Umschlags!! – nicht tragen, sondern worin er Lenz z. b. den Vornamen Johann statt Jacob gab.[20] Ich war wütend darüber. Gerade weil ich so genau bin u. *[m]*ir solche Mühe gebe, ärgert mich dgl. besonders; u. die 2 Hefte an denen ich drucke machen mir formell auch wenig Freude. Leitzmann war nicht zu bewegen, in den Aphorismen Lichtenbergs[21] eine sachliche Anordnung durchzuführen, sondern bietet die Notizbücher wie Kraut & Rüben dar. Der Herr, der den Platensc[he]n Nachlaß[22] herausgiebt, kann den einfachsten Text nicht gestalten. Bei der Stifterausgabe habe ich dieselbe Erfahrung gemacht. Horcicka ist Historiker, hat nicht das geringste philol. Verständnis, seinen Apparat zum 14. Band[23] habe ich eigenhändig ganz umschreiben müssen, weil ich sah, daß er mich gar nicht verstanden hatte; um doch wenigstens etwas Gleichmässigkeit mit meinem Band[24] zu erzielen. Dabei habe ich gar keine Garantie, daß der Text genau ist, weil ich s. Hauptquelle, die Linzer Ztg., nicht zur Hand hatte. Und leider hat Horcicka fast die Hälfte der Bände mit Beschlag belegt, weil er großes Sammlergeschick hat u. weil er uns die meisten Ms. verschafft u. sich ihre Bearbeitung vorbehalten hat. So wird mir auch dieses schöne Unternehmen verg[ä]llt. Ich bürge nicht dafür, daß ich nicht eines Tages die ganze Redactionsthätigkeit hinwerfe u. mich in meine Studierstube einsperre, in der ich so glücklich sein könnte.

Allerdings hat mir auch der Zustand meiner Frau im Frühjahr wieder schwere Sorgen gemacht. Sie sollte in eine Kaltwasserheilanstalt u. ich gienge ja ganz gern mit ihr (da sie allein nicht geht); aber sie will auch das nicht; u. wenn wir sie zwängen, würde ihr Zustand höchstens ärger. Momentan ist sie mit den Ihrigen [a]uf d. Lande. Was wir im Sommer machen, weiß ich noch nicht. Wenn mirs der Arzt erlaubt, möchte ich nach Marienbad, das wir beide sehr lieben; denn ich werde erschrecklich stark.

Fast scheue ich mich, Ihnen diesen Brief zu senden; aber Sie sind der einzige meiner Freunde, mit dem ich in einem wirklichen Briefwechsel stehe. Also Verzeihung.
Tausend Grüße
von Ihrem
aufrichtig erg. AS.

Handschrift: ÖNB, Autogr. 423/1-434. 3 Dbl., 11 S. beschrieben. Grundschrift: lateinisch.

1 Sauer hatte durch Vermittlung Seufferts einige Originale von Stifter-Briefen aus dem Besitz von Emilie Stepischnegg-Stifter erhalten (s. Sauers Danksagung in: HKStA, Bd. 19 (1923) S. XX, dazu Seufferts Replik in Brief 204).
2 zur 17. Generalversammlung der Weimarer Goethe-Gesellschaft am 24.5.1902.
3 Gemeint ist Sauers Briefsammlung »Goethe und Österreich« (s. Brief 191, Anm. 12), in die von den im Folgenden genannten Personen jeweils Briefe aufgenommen wurden.
4 Goethes Briefwechsel mit Sternberg erschien im Rahmen der »Ausgewählten Werke des Grafen Kaspar von Sternberg« im Jahr 1902 (s. Brief 196, Anm. 18), jene mit Joseph Sebastian Grüner und Joseph Stanislaus Zauper, vereint in einem Band, erst 1917 (s. Brief 200, Anm. 10).
5 Petronella Witkowski, geb. Pleyte.
6 Der Privatgelehrte und Goethe-Forscher Hermann Türck hatte sich einen Namen gemacht mit seinem auflagenstarken Buch »Der geniale Mensch« (Jena: Rassmann, 1897).
7 Gemeint ist der Berliner Bankier und Autographensammler Alexander Meyer-Cohn.

8 Friedrich Paulsen: Goethes ethische Vorstellungen. Festvortrag gehalten in der 17. Generalversammlung der Goethe-Gesellschaft in Weimar am 24. Mai 1902. In: Gjb 23 (1902), S. 1*–32*.
9 Gemeint ist Goethes Stück »Der Triumph der Empfindsamkeit. Eine dramatische Grille in sechs Aufzügen« (1787), das vor den Mitgliedern der Goethe-Versammlung am Abend des 24.5.1902 unter der Regie von Karl Weiser, vertont vom Weimarer Hofkapellmeister Eduard Lassen, im Großherzoglichen Hoftheater aufgeführt wurde (s. Theaterzettel, Landesarchiv Thüringen – Hauptstaatsarchiv Weimar, Generalintendanz des Deutschen Nationaltheaters und der Staatskapelle Weimar, Nr. 2111, Bl. 183). Sauers Kritik bezieht sich auf den vierten Akt, das als Stück im Stück eingelegte Monodrama »Mandandane als Proserpina«.
10 Corona Schröter, auf Goethes Empfehlung seit 1776 Hofvokalistin und Kammersängerin in Weimar. Im »Jahresbericht der Goethe-Gesellschaft« (GJb 24 [1903], S. *1–*15, hier S. *4) heißt es: »Das Programm für die Versammlung hatte eine Erweiterung erfahren durch die Aufnahme einer Gedächtnißfeier für Corona Schröter, die anläßlich des am 30. August bevorstehenden Jahrhundertages ihres Todes am Grabe der Künstlerin in Ilmenau abgehalten ward. Der Ausflug dorthin am 25. Mai, die Feier auf den Friedhof, wo Herr Geh. Hofrath Dr. Suphan in schönen Worten das Andenken der mit der Goethe-Zeit unlöslich verbundenen Cornona erneuerte, der Besuch der Goethestätten, vor Allem des Goethe-Häuschens auf dem Kickelhan, nahm den besten Verlauf.«
11 Berg am Rande des Thüringer Walds, auf dem 1780 Goethes Gedicht »Wandrers Nachtlied« entstand.
12 Zur Affäre Minor – Herrmann s. Brief 159, Anm. 2 sowie die folgenden Briefe.
13 Der sog. Zweite Burenkrieg endete am 31.5.1902 mit einem für die Buren bitteren Kompromiss. Im Frieden von Vereeniging wurden die beiden Burenrepubliken ins britische Empire eingegliedert, die Buren erhielten alle Rechte britischer Staatsbürger, verloren aber ihre Unabhängigkeit.
14 August Sauer: Gesammelte Reden und Aufsätze zur Geschichte der Literatur in Österreich und Deutschland. Wien, Leipzig: C. Fromme, 1903.
15 Ludwig Stiefel: Zu den Quellen der Erasmus Alberschen Fabeln. In: Euph. 9 (1902), S. 609–621.
16 Stiefel trat in den Folgejahren, wenigstens namentlich, nicht als Rezensent im »Euphorion« in Erscheinung.
17 Artur Ludwig Stiefel: Zu den Quellen der Fabeln und Schwänke des Hans Sachs. In: Studien zur vergleichenden Litteraturgeschichte 2 (1902), S. 146–183.
18 Redensart: welchen Unsinn ich gemacht hatte.
19 Friedrich der Große: De la littérature allemande (DLD. 16). In die zweite Auflage des von Ludwig Geiger besorgten Neudrucks (Berlin: B. Behr, 1902) wurde neben Friedrichs Text auch eine zeitgenössische Übersetzung durch Christian Wilhelm von Dohm aufgenommen.
20 Zu welchen und zu wie vielen Bänden der »DLD« durch Fromme Sonderausgaben hergestellt wurden, kann nicht mit Sicherheit nachvollzogen werden; hier angesprochen wird: Jakob Michael Reinhold Lenz: Vertheidigung des Herrn Wieland gegen die Wolken von dem Verfasser der Wolken (1776). Hrsg. von Erich Schmidt. Berlin: B. Behr, 1902 (DLD. 121 = 3. Folge. 1).
21 s. Brief 185, Anm. 6.
22 Platens dramatischer Nachlass (DLD. 124 = 3. Folge. 4), hrsg. von Erich Petzet.
23 HKStA, Bd. 14: Vermischte Schriften, Erste Abtheilung. Hrsg. von Adalbert Horcicka. Prag: J. G. Calve'sche, 1901 (Bibliothek Deutscher Schriftsteller aus Böhmen. 12). Trotz der negativen Äußerung in diesem Brief würdigte Sauer Horčičkas Pionierarbeit öffentlich in der »Deutschen Arbeit« (s. August Sauer: Die neue Stifter-Ausgabe der »Gesellschaft zur Förderung deutscher Wissenschaft, Kunst und Literatur in Böhmen«. In: DA 1 [1901], S. 578–582).
24 Gemeint ist der von Sauer herausgegebene erste Band der historisch-kritischen Stifter-Ausgabe mit Stifters »Studien« (s. Brief 196, Anm. 14).

204. (B) Seuffert an Sauer in Prag
  Graz, 7. Juni 1902. Samstag

Graz Harrachg. 1
7 VI 02

Lieber freund, Herzlichen dank für den inhaltreichen brief. Es ist mir leid, dass er neben erfreulichem so viel verdriessliches und trübes enthält. Vor allem wünsch ich Ihrer frau gemahlin gute erholung; da auch ich mit der meinigen schon viel sorge gehabt habe, weiss ich Ihre lage zu würdigen. Über die ferien haben wir noch keinen entschluss gefasst; durch die kinder ist man viel weniger bewegungsfrei, auch in pecuniärer beziehung. Und doch möcht ich mir keine reise ohne sie denken.

Warum Sie mir für Stifter danken, weiss ich nicht. Ich habe frl. Stepischn.[1] nur aufgefordert u. Ihre adresse gegeben; ob sie etwas getan hat, weiss ich nicht. Sollte sie zum kauf angetragen haben, so bitt ich zu tun, was Sie können: die zwei hier an der universität studierenden schwestern verdienen sich durch unterricht mühsam den unterhalt u. sollen oft vor dem hungern stehen; als verwandte Stifters kann vielleicht Ihre gesellschaft[2] ihnen ein übriges bei der bezahlung der mscpte tun, gewissermassen als ehrenunterstützung. Die ältere, stud. math., hat die matura des gymn. u. ist sehr tüchtig wie ich höre u. meine; die jüngere scheint mir mehr hübsch u. allgemein mit talentchen verschiedner art ausgestattet als zur wissenschaft tauglich; aber vielleicht gibt es sich. Familienverhältnisse sehr traurig.

Dass Sie in Weimar für Ihre arbeit geneigtes ohr fanden, ist gut für die sache u. erfreulich für Sie. Schlimm genug, dass man sich beinahe über das verständnis dafür in jenem kreise wundern möchte. Sie haben ja leider recht, dass ich für eine aufgabe wie die von Ihnen gestellte, etwas stumpf bin; ich würde mich auch für Goethe und Franken nicht erwärmen können, auch wenn der bezug über Dalberg[3] und Steinwein[4] hinausginge. Aber ich freu mich auf Ihre einleitung, weil ich darin ein gesamtbild von Österr.s stellung zu Goethe erhalte. Und ich werde mir gewiss mühe geben, meine sinne für all die von Ihnen zusammengeleiteten quellen zu schärfen. Komm ich doch gerade jetzt selbst zu einem bezüglein Goethes zu Böhmen! In einem wunderlichen artikelchen Kunst u. altert. stehen ein paar dinge, die mich zu auffällig an die Novelle erinnern, um unbeachtet zu bleiben.[5] Und jener artikel nennt den Schlossberg in Teplitz als schauplatz! Nun hat man ja für die Novelle 3 burgen als muster genannt, keines zwingend; u. auch der Schlossberg bei T. passt wegen des flusses nicht genau. Aber im allgemeinen widerspricht nichts u. die fürsten mögen sehr wol die Clary u. Aldringen sein, bes. der mit einer Tochter des fürsten von Ligne vermählte Joh. Nepom. Wissen Sie über beziehungen Goethes zu diesem herrn Clary?[6] Ich habe mir von einem einstigen schüler, dessen zweite heimat Tepl. ist, schon raten lassen; er sagt: nicht zwingend dafür, nichts bestimmt dagegen ausser fluss u. eisen. Hallwichs geschichte von T. kenne ich;[7] die Beschreibung von 1798 auch;[8] ferner Reinhardt, Ein sommer in T. 1857[9] und Reise von Dresd. nach T. 1802.[10] Schmerzlich vermisse ich das Literarische Wanderbuch worin Karpeles Berl. 1898 auch über G.s beziehungen zu T. gesprochen haben soll;[11] die Prager univers.bibl. besitzt das buch nicht. Anderes werde ich nur noch von da bestellen. Können Sie mir sagen, wo ich titel über eine Tepl.-beschreibung mit bildern u. karten aus Goethes zeit finde? Ihre univ. bibliothek hat doch wol keinen realkatalog. 1793 war brand in T. (wie in Novelle), 1797 war Karl Augst <!> da u. lernte gewiss den Clary kennen u. mag Goethe erzählt haben, worauf epos Die jagd entworfen wurde; G., wol erst* von 1810 an selbst in T., holte dann farbe für Novelle mit eigenen augen.[12] So stelle ich mirs jetzt vor. Aber es kann alles irrtum sein. Gelingt etwas, so kann es vielleicht Ihre deutsch-böhm. zs. brauchen. –

Ihr bericht über Weimar hat mich sehr interessiert. Herrmann hätte Sie verschonen können mit der vergilbten rache.

Fromme ist ein scheusal.** Mich würde auch das arbeiten mit ihm verdriessen. Niemand versteht überhaupt Ihren verdruss übers redigieren besser als ich. Auf keinen mitarbeiter ist verlass und philologisch edieren können fast keine. Aber trotzdem: werfen Sie die sachen nicht von sich wie ich getan habe (mit ausnahme der G.-ausg., die mich nun wieder sehr belästigt; Hecker ist peinlich, aber schrecklich breit und dazu unbehilflich im ausdruck). Sie dürfens nicht, weil es niemand besser machen kann als Sie und weil es nötig ist für die sache. Wollen Sie uns ans Berliner Archiv[13] u. an Koch[14] ausliefern? Sagen Sie nicht, ich hätte das auch getan; so stand es nicht; ich wünschte beim 5. bd. redacteurwechsel; darauf erst hat Böhlau erklärt: dann verlege er nicht weiter; so blieb ich; und er setzte das ende wegen seines verlagverkaufes, wobei er sich allerdings darauf berufen durfte, dass ich ja auch unlustig sei.[15] Und von den DLD wusste ich ja, dass sie in bessere hände kommen würden.[16] (Dank für das Geigerstück; er bleibt ein schlamper.) Also harren Sie aus; es gewährt Ihnen doch auch freude u. ehre.

Stiefel betr.: ich habe den herrn einmal gezwickt; er hat jämmerlich geschrien und sämmtl. weiteren referenten stellten sich auf seine seite gegen mich. Also gilt er etwas und schändet den Euph. nicht, auch wenn wir zwei nichts auf den mechanischen sammelapparat – mehr ist er nicht – halten.

Stifter betr.: kennen Sie eine umfangreiche ausgabe, die durchaus gut ist? Sie halten doch den Goedekeschen Schiller nicht dafür und die Weim. Goetheausg. noch weniger. Sorgen Sie höchstens dafür, dass irgendwo gesagt wird: herr H.[17] trieb zu u. bedung sich selbstbearbeitung an. Dann ist alles in ordnung.

Von mir weiss ich nichts zu schreiben. Wie arm ist meine tätigkeit gegen die Ihre! freilich, mein gymnasialbub[18] kostet mich zeit. So ist auch für den Euph. nicht gefördert, was ich versprach.[19] Geduld! Sie haben ja anderes mehr als genug.

Mit den herzlichsten grüssen u. wünschen

Ihr treuer

BSfft

* Ich meine nur, es gebe ein schriftchen über G. u. Tepl.,[20] finde aber den titel nicht; die Tagebb. u. Briefe durchzusehen nahm ich noch nicht die zeit.

** Ich habe, ohne Sie zu bemühen, ihn gepresst, mir die volle zahl SA zu senden, er sandte zuerst weniger; auf das einfordern hin, kam der rest sofort (anfang dieser woche); wozu hält der mann die SA bei sich zurück? sie sind ihm doch makulatur.

Handschrift: StAW. 1 Dbl., 4 S. beschrieben. Grundschrift: lateinisch.

1 *Emilie Stepischnegg-Stifter (s. Brief 203, Anm. 1).*
2 *Die Gesellschaft zur Förderung deutscher Wissenschaft, Kunst und Literatur in Böhmen hatte sich 1891 als Gegengründung zur Tschechischen Akademie der Wissenschaften und Künste (gegr. am 23.1.1890) in Prag als Verein konstituiert. Die Initiatoren waren großenteils Angehörige der deutschen Universität Prag und der Deutschen Technischen Hochschule. Die Gesellschaft bestand aus drei Abteilungen (Wissenschaft, Kunst und Literatur) und hatte dem Gründungsstatut nach das kulturpolitische Ziel, deutschböhmische Forscher, Künstler und Autoren zu fördern. Zunächst durch Spenden finanziert, erhielt die Gesellschaft seit 1893 Subventionen des Staates und des Landes Böhmen. August Sauer war Mitbegründer der Gesellschaft, seit 1894 Obmann der Abteilung für Literatur und Mitglied des Vorstands, ab 1918 Leiter der Gesellschaft. Die Gesellschaft unterstützte zeitweilig den »Euphorion« (s. Brief 152, Anm. 2) und gab seit 1901 die kulturpolitische Monatsschrift »Deutsche Arbeit« (s. Brief 193, Anm. 14) heraus. 1924 erfolgten ihre Umbenennnung in Deutsche Gesellschaft der Wissenschaften und Künste für die tschechoslowakische Republik und die Ausdehnung der Tätigkeit auf das Gebiet der Tschechoslowakei. Nach der Umwandlung in die Deutsche Gesellschaft der Wissenschaften und Künste in Prag (1938) und der Aufnahme in den Reichsverband der Deutschen Akademie der Wissenschaften (1940) wurde die Deutsche Akademie der Wissenschaften in Prag 1945 aufgelöst (s. Petra Köpplová: Die »Gesellschaft zur Förderung deutscher Wissenschaft, Kunst und Literatur in Böhmen« und die »Deutsche Arbeit«. In: brücken N. F. 8 [2000], S. 143–178).*
3 *Carl Theodor von Dalberg, Erzbischof und zeitweiliger Kurerzkanzler von Aschaffenburg und Regensburg, pflegte vertrauten Umgang mit Goethe.*
4 *Goethes Vorliebe für den Würzburger Steinwein ist nicht zuletzt dank eines Briefes an Christiane Vulpius vom 17.6.1806 (WA IV, Bd. 19 [1895], Nr. 5200, S. 134) bekannt: »Dagegen sende mir noch einige Würzburger; denn kein andrer Wein will mir schmecken und ich bin verdrüßlich, wenn mir mein gewohnter Lieblingstranck abgeht.«*
5 *zum Folgenden s. Bernhard Seuffert: Teplitz in Goethes Novelle. Weimar: H. Böhlaus Nachf., 1903 (an Sauer gerichtete Vorrede, S. III). Die »Novelle« war erstmals 1828 in Goethes Ausgabe letzter Hand gedruckt worden. Der Ende 1902 brieflich diskutierte Plan, Seufferts Aufsatz in die Einleitung des ersten Teils von Sauers »Goethe und Österreich« aufzunehmen, wurde schließlich aufgegeben (s. Brief 205, Anm. 18).*

Seufferts Aufsatz setzt ein mit einem Verweis auf den Fund in der von Goethe herausgegeben Zeitschrift »Über Kunst und Altertum« (1816–1832): »Im ersten Hefte des dritten Bandes der Zeitschrift Über Kunst und Alterthum 1821 schließen sich an die Besprechung der Lebensgeschichte Johann Christoph Sachses, ›des Deutschen Gil Blas‹, einige Bemerkungen Goethes über Führung und Fügung, die den Willen des Menschen, auch den zum Wohlthun, oft ohne, ja gegen seine Überlegung lenken« (Seuffert: Teplitz, S. V).

6 Zur Schilderung einer Zusammenkunft s. etwa den Brief Goethes an Marianne von Eybenberg vom 12.8.1808 (WA IV, Bd. 20 [1896], Nr. 5579, hier: S. 138): »Madame Eskeles habe ich nur im Konzert gesehen, den Fürsten Clary auf meiner Hausbank empfangen und wie ich fürchte an beyden Ihrer Empfehlung nicht genug gethan.« Die Weimarer Ausgabe verweist im Register zu den Bänden 19–39 der vierten Abteilung in Bezug auf obige Briefstelle noch auf Carl Joseph Fürst v. Clary und Aldringen (WA IV, Bd. 30 [1905], S. 27), jüngere Ausgaben – in der Nachfolge von Seufferts Argumentation in »Teplitz in Goethes Novelle« (S. 27–29) – auf des Fürsten Vater Johann Nepomuk (s. auch Johann Wolfgang von Goethe: Begegnungen und Gespräche. Bd. 6 [1808–1808]. Hrsg. von Renate Grumach. Berlin, New York: de Gruyter, 1999, S. 679).

7 Hermann Hallwich: Töplitz. Eine deutschböhmische Stadtgeschichte. Leipzig: Duncker und Humblot, 1886.

8 Joseph Carl Eduard Hoser: Beschreibung von Teplitz in Böhmen. Mit einem illuminierten Kupfer. Prag: J. G. Calve, 1798.

9 Karl Reinhardt: Ein Sommer in Teplitz. Leipzig: J. J. Weber, 1857.

10 Christian August Arndt: Die Reise von Dresden nach Töplitz und in die umliegende Gegend zum Unterricht für diejenigen, welche sich dieses Bades zu bedienen gesonnen sind. In Briefen an einen Freund. Dresden: Hilscher, 1802.

11 Gustav Karpeles: Literarisches Wanderbuch. Berlin: Allgemeiner Verein für deutsche Literatur, 1898. Karpeles beschreibt (ebd., S. 146 ff.) ein Treffen Goethes mit der Kaiserin Maria Ludovica von Österreich in Teplitz im Sommer 1812.

12 Im März 1797 waren Teile der späteren »Novelle« von Goethe als Versepos mit dem Titel »Die Jagd« konzipiert worden, erst für den Juni 1797 aber ist ein Aufenthalt des Großherzogs Karl August in Teplitz belegt (s. etwa Brief Goethes an Herzog Carl August vom 6.6.1797. WA IV, Bd. 12 [1893], Nr. 3561, S. 137–139 u. S. 418 [Anm.]). Goethe selbst hielt sich 1810, 1812 und 1813 in Teplitz auf. Erst im Spätjahr 1826 griff Goethe die Ideen der »Jagd« wieder auf, gestaltete sie neu in Prosa und überarbeitete sie Anfang 1828 kurz vor der Drucklegung.

13 Gemeint ist das »Archiv für das Studium der neueren Sprachen und Literaturen«, das zwar in Braunschweig bei Georg Westermann verlegt, aber in Berlin von Alois Brandl und Adolf Tobler redigiert wurde (s. Brief 173, Anm. 9).

14 Gemeint sind Max Kochs »Studien zur vergleichenden Litteraturgeschichte« (s. Brief 176, Anm. 3).

15 s. dazu Brief 175, Anm. 10.

16 bei der Übergabe der Reihe an Sauer.

17 Adalbert Horčička.

18 Lothar Seuffert.

19 vmtl. geht es um die Wieland und La Roche betreffenden Rezensionen, die schließlich nicht zustande kamen (s. Brief 224, Anm. 2).

20 Goethe und Teplitz. Auch Sauer kannte den gesuchten Titel nicht (s. Brief 205).

205. (B) Sauer an Seuffert in Graz
  Prag, 9. (Juni) 1902. (Montag)

Prag 9/2 02
Smichow 586

L. F. Ich antworte umgehend! Ihre Stifterdamen[1] haben bisher noch nichts hören *[l]*assen. Sollte ein Angebot erfolgen, so würden wir nicht knausern.

Was mein Weimarer Buch betrifft, so dürfen Sie nicht glauben, dass es österreich. Localfanatismus geschrieben hat. Ich glaube den Einfluß Östs auf Goethe u. gar umgekehrt Goethes auf Öst. nicht überschätzt zu haben. Ich nehme sogar an, daß Goethe sehr lange zu Östr. als Gegend *[ga]*r kein Verhältnis hatte. Überhaupt lautet für mich das Thema: ›Östr. & G.‹ Für österreich. Zustände kommt sehr viel heraus dabei. Für Goethe fast nichts, außer daß man Themen, wie das Ihrige vielleicht in Zukunft leichter wird nachgehen können. Was nun Ihre Vermutg. anbelangt, so spricht wol nichts dagegen. Meine Hauptquelle für die Clarys (die Werner[2] übersehen hat) ist Varnhagen Denkwürdigkeiten sub verbo Töplitz,[3] ganz brauchbare Charakteristiken der einzelnen Familienmitglieder *[zu]* Goethes Zeit; darauf beruht das Stück aus meinem Töplitzer Vortrag,[4] das in der Töplitzer Ztg. abgedruckt war u. im Euph. oder in den Jbb.[5] verzeichnet sein dürfte (für Sie belanglos). Hat Goethe den Schloßberg nicht gezeichnet? In den Schriften der Goetheges. ist das Biliner & Graupener Schloß reproduziert, das Teplitzer nicht.[6] Fragen Sie doch Ruland? Karpeles Lit. Wanderbuch[7] sende ich Ihnen glei*[ch]*zeitig unter Kreuzband (eingeschrieben); leider muß ich Sie bitten, es mir in nächster Zeit wiederzusenden, weil ich grade auch bei diesen Dinge stehe. Der Hauptgewährsmann für ältere Teplitzer Dinge ist der Goedeke VI von mir behandelte A. Chr. Eichler. Von seiner Beschreib. v. Töplitz dürfte ich zwar nicht die erste Aufl. 1808 aber die 2. 1815[8] in Händen gehabt haben, nach meinen Angaben zu schließen; u. dann ist sie wohl auf unsrer Bibl. Im Verein f. d. Gesch. der Deutschen in Böhmen[9] fand ich heute nur »Teplitz, in topograph., pittoresker u. mediz. Hinsicht beschrieben. Aus dem Werke: Böhmens Heilquellen von W. A. Gerle. Prag, 1829. Borrosch's Buchhandlg.«[10]

Ferner: Der Kur- u. Badeort Teplitz und seine Umgebungen. Ein Wegweiser für Kurgäste und Reisende von Ewald Victorin Dietrich. Pirna 1827.[11]

In keinem eine Abbildg. des Schlossbergs. Beide Schriftchen stehen Ihnen durch mich kurzer Hand zur Verfügg.

Im Katalog verzeichnet, aber momentan nicht auffindbar; noch:
Badeleben in Teplitz 1827[12]
Hallwich, Z. Gesch. des Teplitzer Thales 1871.[13]

Eine ältere Darstellg. des Schlossbergs war auch in den Werken über Böhmens Burgen (dtsch. u. čechischen) nicht zu finden; doch werd ich unsern Prof. Laube,[14] der ein Teplitzer ist, fragen. Ein Buch: G. u. Tepl.[15] gibt es wol kaum. Am übersichtlichsten Werner: Briefw. mit d. Gräfin O'Do[ne]ll.[16] Mit Titine Ligne[17] stand G. in Briefw.; wie Sie denn in den Briefen & Tageb. am ehesten was finden könnten; ev. auch in den naturw. Schriften. Für unsre Deutsche Arbeit wäre Ihr Aufsatz ausgezeichnet.[18]

Über Horcicka mich öffentl. zu äussern habe ich zunächst keine Veranlassg., da sein Band (der 14.)[19] ganz selbstständig, unter seiner Verantwortg. erschienen ist u. ich nicht einmal als Redactor od[er] etwas ähnliches erscheine. Wichtiger wäre, dass er selbst einsähe, was er kann u. was nicht.

Verzeihen Sie die grosse Flüchtigkeit; es drängt Vieles.

Treu verbunden   Ihr   AS.

Datum: Fehldatierung Sauers. Die inhaltlichen Bezüge zeigen eindeutig, dass der Brief auf den Juni 1902 und nicht auf den Februar 1902 zu datieren ist. Handschrift: ÖNB, Autogr. 423/1-423. 1 Dbl., 4 S. beschrieben. Grundschrift: lateinisch.

1 *Emilie Stepischnegg-Stifter und deren Schwester (s. Brief 203, Anm. 1).*
2 *Goethe und Gräfin O'Donell. Ungedruckte Briefe nebst dichterischen Beilagen. Hrsg. von Richard Maria Werner. Berlin: W. Hertz, 1884, s. Anm. 1574.*
3 *Karl August Varnhagen von Ense: Denkwürdigkeiten und vermischten Schriften. 9 Bde. Mannheim: H. Hoff; Leipzig: Brockhaus, 1837–1859 (Bd. 5–7 = N. F. 1–3). Hier gemeint ist ein etwa fünfzigseitiger Abschnitt (überschrieben: »Teplitz. 1811«), der sich erst in der zweiten, vermehrten Auflage in sechs Bänden findet (Bd. 2, Leipzig: Brockhaus, 1843, S. 296–350).*
4 *August Sauer: Goethe in Teplitz. (Aus dem Vortrage Goethe in Böhmen). In: Teplitz-Schönauer Anzeiger, Nr. 90, 7.11.1896, S. 1–5.*
5 *Gemeint sind die »Jahresberichte für neuere deutsche Literaturgeschichte«, s. Anm. 979.*
6 *s. Zweiundzwanzig Handzeichnungen von Goethe. 1810. Im Auftrage des Vorstandes der Goethe-Gesellschaft hrsg. von Carl Ruland. Weimar: Goethe-Gesellschaft, 1888 (Schriften der Goethe-Gesellschaft. 3), hier: Taf. Nr. 17: »Ruinen des Schlosses über Graupen«; Nr. 19: »Stadt Bilin, von dem oberen zu ihr führenden Kunstwege anzusehen [...]«.*
7 *s. Brief 204, Anm. 11.*
8 *E. k. k. R. [d. i. Andreas Chrysogonus Eichler]: Beschreibung von Teplitz und seinen mahlerischen Umgebungen. Ein Taschenbuch für Brunnengäste und Reisende. Prag: Franz Gerzabek, 1815. Sauer verzeichnete das Werk in seinem Österreich-Paragraphen zur zweiten Auflage von Goedekes »Grundriss« (Bd. 6, 1898, S. 734, Nr. 9).*
9 *Der Verein für Geschichte der Deutschen in Böhmen, auch: deutsch-historischer Verein, wurde 1862 gegründet und offiziell nie liquidiert, allerdings mit der Gleichschaltung 1938/39 faktisch aufgehoben. Seine Aufgaben umfassten Versammlungen, Kontakt mit ähnlichen Vereinen, den Betrieb eines Archivs und einer Bibliothek, die Durchführung wissenschaftlicher Vorträge sowie die Herausgabe einer Zeitschrift und selbstständiger Werke. Im langjährigen Mittel hatte der Verein etwa 1000 Mitglieder (s. Hans Lemberg:*

Der Verein für Geschichte der deutschen in Böhmen im 20. Jahrhundert. In: ders.: Mit unbestechlichem Blick. Studien [...] zur Geschichte der böhmischen Länder und der Tschechoslowakei. Festgabe zu seinem 65. Geburtstag. Hrsg. von Ferdinand Seibt [u. a.]. München: Oldenbourg, 1998 [Veröffentlichungen des Collegium Carolinums. 90], S. 91–115).

10 *Wolfgang Adolph Gerle: Böhmens Heilquellen. Ein Handbuch für Kurgäste in Franzensbrunn, Karlsbad, Marienbad und Teplitz. Mit einer Uebersichtskarte. Prag: Borrosch, 1829. Gerle widmet sich Teplitz auf den S. 305 ff.; die von Sauer genannte Kapitelüberschrift findet sich indes nicht.*

11 *Ewald Victorin Dietrich: Der Kur- u. Badeort Teplitz und seine Umgebungen. Ein Wegweiser für Kurgäste und Reisende von. Pirna: Diller, 1827.*

12 *Das Badeleben in Teplitz. Prag: Gerzabek, 1827 [nicht eingesehen].*

13 *Hermann Hallwich: Zur Geschichte des Teplitzer Thales. Vortrag. Prag: Haase Söhne, 1871. Separatabzug des gleichnamigen Artikels aus: Mittheilungen des Vereines für Geschichte der Deutschen in Böhmen 10 (1871), S. 97–109.*

14 *Gustav Karl Laube, seit 1876 Ordinarius für Geologie und Paläontologie an der deutschen Universität Prag.*

15 *Goethe und Teplitz.*

16 *s. Anm. 2, bes. das Vorwort, S. 1–40.*

17 *Gräfin Christine (»Titine«) O'Donell von Tyrconell, geb. Prinzessin de Ligne.*

18 *Sauer wandte sich bezüglich Seufferts »Teplitz in Goethes Novelle« in einem undatierten, nach dem 15.7.1902 geschriebenen Brief (ÖNB, Autogr. 423/1-437) mit folgendem Plan an Seuffert: »Was nun die Verwertung anbelangt: am liebsten möchte ich Sie bitten, mir die Untersuchung als Beilage zu meiner Einleitung meines I. Bds. ›Goethe & Öst.‹ zu überlassen. Natürlich unter Ihrem Namen mit Erwähnung auf dem Titelblatt.« Seuffert willigte ein, das Vorhaben wurde jedoch von der Goethe-Gesellschaft (Bernhard Suphan) mit dem Argument abgelehnt, der Band würde durch die Aufnahme von Seufferts Teplitz-Text zu umfangreich. Sauer vermeldete am 31.1.1903 (ÖNB, Autogr. 423/1-449): »Sie ersehen die Sachlage aus beiliegendem Brief [Suphan an Sauer, Brief vom 31.1.1903, WBR, H. I. N. 165004] [...]. Der Brief schiebt alle Schuld auf mich. Das ist insofern nicht richtig, als [S]uphan sowohl vom Umfang meines Manuscr. wissen musste, oder wenigstens seit Wochen die Fahnen in der Hand hat, die Ihres Aufsatzes sogar seit October. [...] Am meisten ärgert es mich, dass man mich Ihnen gegenüber so jämmerlich blossstellte. Dieser Lügner und Denunziant: seit Wochen, ja Monaten hüllt er sich in Stillschweigen; [...] weder den Empfang des Sternberg, noch meiner Reden – es that mir um das verschwendete Exemplar leid – hat er mir bestätigt. Konnte er mir seine Bedenken, wenn er welche [geh]abt hat – nicht mittheilen. Und dann das Unsachliche der ganzen Behandlung. Ist das einer so grossen gelehrten Gesellschaft würdig, wegen ein paar Bogen mehr einen solchen Lärm zu schlagen; ist die Gesellschaft notleidend? Nein! Hat sie nicht Vermögen? Kann sie die geplanten Sonderschriften nicht 1 Jahr aussetzen? Übrigens habe ich mich bereit erklärt, die erwachsenden Mehrkosten, so schwer es mit fällt, [z]u tragen. / Also meine Einleitung ist nur viel zu gross, sonst gar nichts. Die Herren sind nur Verleger oder Geldmacher. Pfui! / Dass Sie nun in solcher Weise in Mitleidenschaft gezogen sind, thut mir ausserordentlich leid. Machen aber kann ich jetzt nichts mehr.« Das ganze Frühjahr 1903 überlegten Sauer und Seuffert, auf welche Art man Seufferts Arbeit veröffentlichen könnte. Schließlich entschied man sich für eine seperate Drucklegung, s. Brief 207, Anm. 20.*

19 *s. Brief 203, Anm. 23.*

206. (B) Seuffert an Sauer in Prag
    Graz, 26. Dezember 1902. Freitag

Graz 26.12.02.

Lieber freund, Ich habe mir die Christtagsfreude gemacht, Ihre reden u. aufsätze[1] in einem zuge zu lesen. Unwillkürlich vergleichen wir andere mit uns selbst. U. da fühl ich mich sehr gedrückt in meinem kritischen kleinwesen, das zersetzt und wenn's gut geht zergliedert, und mit schwerfälligen worten u. unbeholfenen sätzen zusammenpresst, um nur die zerrissenen teile wieder zu vereinen. Sie aber gehen mit freierm blicke über das ganze durchs leben und durchs wirken, füllen das ganz geschaute bild, das ganz empfundene wesen mit den kennzeichnenden einzelheiten, und Ihre liebe fürs ganze wie Ihre fähigkeit, zu sagen was Sie erfüllt, fliesst in glatter sprache ungesucht aus Ihrem munde. Stimmungsvoll leiten Hölderlin und Seume ein; für diesen freilich bring ich weniger wiederhall in mir laut, aber jener hat mich neuerlich gefesselt. An Sternberg bindet mich nichts als Goethe. Schreyvogel ist ein wichtiges stück. Und nun die Grillparzerserie, in der mir der unübertrefflich feine, ich möchte sagen weihevolle zweite aufsatz: die Fröhlich wieder am liebsten ist; darnach die eindringliche studie über den treuen diener. Raimund wird vortrefflich lebendig, Otto Ludwig dünkt mich ausgezeichnet erfasst, Scheffel nehme ich weniger ernst und könnte mit ihm nur im <engeren tollen>; Anzengruber las ich besonders neugierig und mit lebhafter zustimmung; das Ebnersche ist mir zu sehr übersicht geblieben. Und zuletzt entlassen Sie uns mit einem wort der liebevollen verehrung,[2] das jeden wärmen muss.

Ich danke Ihnen. Ich rede nicht von dem, was wir lernen an sachen, es ist hülle u. fülle im grossen u. im einzelnen. Aber ich beneide Sie um die glückliche hingabe, die andere wieder zur hingabe zwingt. Selbst wo ich bewundere und liebe, wie bei manchem Wielandischem und vielem Goetheschem, auch bei Björnson,[3] zerstör ich meine darstellung durch die übermenschliche objektivität, wie es Gurlitt einmal nannte. Ich hab eben zu wenig subjekt; der zweifel beherrscht mich; ich glaube nicht an meinen eindruck, bis ich ihn mir greifbar mache. Und dadurch wird er andern doch nicht greifbar, sie hören nur meine selbsteinwürfe. Sie ziehen in Ihren bann und halten fest. Und so bauen Sie auf, auferbauen Sie, wo ich einreisse. Sie können freude an sich haben.

Mög Ihnen das nahe jahr die arbeitskraft und die freudige hingabe bewahren, Ihnen u. uns. Mit guten wünschen für Sie und die Ihre
    Ihr ergebener
    BSfft.

Handschrift: StAW. 1 Dbl., 3 S. beschrieben. Grundschrift: lateinisch.

1 Sauer: Reden auf Aufsätze. Seuffert kommentiert im Folgenden sukzessiv die einzelnen Beiträge der Sammlung.
2 Luise Elsner. Ein Wort der Verehrung. In: Sauer: Reden und Aufsätze, S. 395–401.
3 Seufferts Björnson-Aufsatz (s. Brief 200, Anm. 16).

207. (B) Sauer an Seuffert in Graz
   Prag, 27. Dezember 1902. Samstag

Prag 27/12 02
Smichow 586

Lieber Freund! Ich hatte mir den lang *[au]*fgeschobenen Brief an Sie für einen der Feiertage als Belohnung für gethane Arbeit aufgespart. Aber ich hatte mich verrechnet: erst gestern Abends wurde ich mit meiner Einleitg. zum Goethebuch¹ ganz fertig, um 4 Wochen zu spät; aber es war bei der heurigen Schüleranzahl im Seminar und den andern Geschäften nicht möglich. Aber das erste was ich thue, da ich mich *[e]*twas freier fühle, ist der Brief an Sie. Sie haben mir Weihnachten doppelt gesegnet. Ihre Karte über den Sternberg² hat mich beglückt; Ihr Brief über die Aufsätze ausser Rand und Band gebracht. Sie sind mit Schönbach mein höchster Richter. Ich weiss Sie sagen die Wahrheit, was so wenige thun. Sie loben nicht blind, nicht wahllos, nicht unbedingt; auch im Lob charakterisieren Sie fein, machen Sie Unterschiede; auch da *[bl]*eiben Sie – wenn Sie wollen – bis zu gewissem Grad objectiv. Und darum kann man auf Ihr Lob etwas geben. Dass meine Arbeiten solid sind, dass ich es nicht leicht nehme: das kann ich mir selbst sagen. Aber in allem Übrigen mistraue ich mir und stecke voller Zweifel. Was die Vorträge anbetrifft, so sind einzelne drunter, wie Sch*[e]*ffel³ oder Seume,⁴ die ich heute selbst nicht mehr verstehe, rasche wenn auch nicht flüchtige Arbeiten an denen zu ändern oder zu bessern unmöglich wäre. 3–4 Jahre früher oder später: es wäre was ganz anders draus geworden. Die Grillparzerarbeiten dagegen langgehegte Früchte eines – wie soll ich sagen – vom Blitz getroffenen, untergegangenen Baumes.⁵ Also ich steh den Sachen nicht kritiklos gegenüber; ich weiss, sie sind ungleich wie der Zeit der Entstehung nach, so in Inhalt und Form. Nur die Liebe und Hingabe an die Sache durchzieht sie alle. Ob das ein wissenschaftlicher Vortheil ist? Kaum; eher ein künstlerischer oder stilistischer. Ihre Untersuchungen enthalten Dauerndes; Ihre Kritiken sind musterhaft; zusammengedruckt werden sie einmal ein unentbehrliches Buch geben. Sie graben immer bis auf die Tiefe. Ich halte

Ihre Art für die höhere, die ergiebigere. Keinesfalls haben Sie Jemanden zu beneiden; am wenigsten mich.

Ich habe Ihnen vieles zu schreiben. Aber fast seh ich heute, unter dem Eindruck Ihres Briefs, alles im rosigeren Lichte, selbst das was mich das Jahr über sehr gequält hat. Sie wiss*[en]*, wie lang ich mich mit dem Gedanken trage, einige meiner Geschäfte loszukriegen. Die Jbb. hab ich Gott sei Dank vom Hals.[6] Dem Goedeke kündige ich meine Mitarbeiterschaft sobald der § Grillparzer[7] fertig ist. Die DLD, von denen ich mich allerdings sehr schwer trenne, schon deshalb weil Sie *[sie]* mir seiner Zeit ans Herz gelegt haben, sind das nächste Opfer. Wieder habe ich vor 2 Jahren, zum so und so vielten Mal, ein Programm gemacht und wieder lässt es sich wegen mangelnder Theilnahme nicht durchführen. Seitdem sie theurer geworden s*[in]*d, kauft sie erst recht Niemand. Die unmittelbare Veranlassung zu meiner Kündigung gab die 2. Aufl. von Geigers Heft.[8] Der Verleger verlangte es sehr schnell; Geiger lieferte es noch schneller. Ich that was ich konnte; ich verglich die Übersetzg. nach meinem Ex., ich verbesserte alle Fehler in der Einleitung, soweit sie mir auffielen. Geiger hatte aus Tscharner einen Tschaer gemacht (nicht etwa ein Druckfehler) u. dgl. mehr. Sie haben keine Ahnung, wie er in diesen 20 Jahren seit der 1. Aufl. heruntergekommen ist. Die Manuscripte ein Fetzenhaufen u.s.w. Von dem franz. Text las ich zwar eine Corr., aber ich verglich ihn nicht mit einer Vorlage. Nun kommt ein Herr Consentius und liefert mir eine Rec. für den Euph., worin er nachweist, dass schon in der 1. Aufl. ein paar Fehler stehen geblieben waren und dass die 2. Aufl. ein verschlechterter Abdruck der ersten ist. In ein paar Pun*[kt]*en hat er Recht. Einiges andre ist übertrieben. Den suffissanten <!> Ton verbat ich mir u. er änderte u. milderte. Das Ganze ist aber immer noch unangenehm genug. Noch dazu gieng er zum Verleger u. theilte ihm brühwarm seine Entdeckungen mit u. der Verleger, obgleich ich ihm selbst über Geiger geklagt *[ha]*tte, liess sich hinreissen <u>mir</u> Vorwürfe zu machen. Das war mir zuviel. Ich schlug noch ein Heilmittel vor, nemlich die 2. Auflage (u. zugleich Consentius Recension zurückzuziehen u. durch diesen, der einige hübsche archivalische Funde gemacht hat, eine 3. herstellen zu lassen u. erklärte mich bereit, die *[Hä]*lfte der Kosten zu tragen. Geiger aber wollte nicht. Nun muss die Recension seinen Lauf nehmen. Mein Contract geht mit Ende 1903 zu Ende. Dann scheide ich aus. Der Verleger will dann unter alleiniger Verantwortung der Einzelherausgeber ohne Redacteur die Sammlung in langsameren Tempo weiterführen, wenigstens die Fortsetzungen zu Lichtenberg etc. liefern. Wir haben uns friedlich auseinandergesetzt.[9] –

Gleichen Ärger bereitete mir der Euphorion. Nach langen Verhandlungen, die einmal sogar schon abgebrochen waren, hatte sich Fromme bereit erklärt, die Zs. fortzuführen solange ihm die 1000 fl. + 400 M (um die Meyer Ex. kauft) gezahlt würden; Glossy versprach 800 fl. aufzubr*[ing]*en. Durch Dumbas Tod,[10] Lobmeyrs Absage und Glossys Bummelei verzögerte sich die Subscription. Obgleich ich Fromme für die 800 fl. gebürgt hatte und obgleich ich ihm, um ihn für den Euphorion günstiger zustimmen, meine Vorträge sehr billig überlassen hatte (die er mir nebenbei gesagt typo[g]raphisch verpfuschte), so stellte er doch im Frühjahr plötzlich den Satz ein; kurz vor Fertigstellung des ersten Heftes. Er benahm sich so unanständig als möglich. Erst als ich ihm telegraphisch eine Caution antrug, kroch er zu Kreuz. Die Subscriptionsaffaire ist heute noch nicht beendet. Glossy schrieb zwar vor einigen Tagen wieder: 700 fl. seien eingezahlt. Bevor ich sie aber nicht gesehen habe, glaube ichs nicht. So ist mir Fromme das Redactionshonorar, das Honorar für die Bibliographie (die ich aber meinem Hilfsarbeiter bezahlt habe) meine Postauslagen und das Honorar für die Aufsätze schuldig. Ich habe nun erklärt: über den 10. Bd. hinaus führe ich die Zs. nicht weiter, wenn die Subvent[ion] nicht für eine längere Reihe von Jahren sichergestellt ist. Sogleich aufhören wollte und konnte ich nicht. Ich habe die ganze Lade voll Man. Ich muss also unter Umständen im nächsten Jahr auch 800 fl. opfern. Länger hält mein Beutel das nicht aus. Ein Generalregister noc[h u]nd ex. Ich werde glücklich sein, von der Qual erlöst zu sein. – Nur die Bibl. d. Schriftsteller aus Böhmen[11] muss ich behalten. Ganz im Stillen habe ich 13 Bände redigiert, dz. ohne Honorar. Erst die letzten Bde, die ich selbst gemacht habe, tragen mir etwas. Dieses Opfer zu verstehen, dazu gehörte ein Einblick in die hiesigen politischen Verhältnisse. Die »Gesellschaft«[12] hat Wunder gewirkt. Wir haben die Parität in der Kunstgalerie durchgesetzt,[13] einen deutschen Professor[14] an der Kunstakademie erreicht u. vieles Andre. Die Sternberg-Ausgabe[15] ist eine politische That. So lang ich halbwegs kann, will ich das fortsetzen, zunächst Stifter I u. II, die fast fertig sind;[16] Briefw. Goethe – Grüner; Goethe – Zauper.[17] Mathesius Bd. IV ist im Druck.[18] Hier halt ich zunächst aus.

Nun bin ich begierig, was Sie zu meiner Einleitg. sagen werden; sie wird Ihnen zu österreichisch sein wie der Sternberg zu deutschböhmisch. Über meine Vorgänger bin ich fast überall weit hinau[sge]kommen, gar über Werner,[19] der lauter tolles Zeug behauptet hat. Das Material ist ungemein spröd, die Darstellung, soweit es eine solche ist, war sehr schwer, im Raum u. in der Zeit beengt: wer will da was leisten. Aber Anregung glaube ich wird der Band mancherlei geben. Der [To]n liegt bei mir überall auf Österreich, bei Ihnen auf Goethe. Über diesen Accentunterschied wollen wir in diesem Falle nicht streiten. Ich sende Ihnen die Bogen, sobald ich kann; aber Ihre ev. Wünsche oder Verbesserungen werd ich kaum mehr abwarten können. Ihr Aufsatz[20] fügt sich sehr gut in das Ganze ein. Wir berühren uns fast gar nicht. Teplitz als Ort spielt bei mir keine Rolle; die Clarys erwähne ich kaum; den Fürst Ligne charakterisiere ich blos u. von einer andern Seite als Sie. Ich danke Ihnen nochmals herzlich für die Überlassung.

Nun noch etwas zum Plaudern. Der Streit Minor – Suphan war höchst drollig.[21] Jeden Tag kam von Suphan eine andre Erklärung, eine übertriebener u. hochmütiger als die andre. Nun kommt wieder von Minor täglich ein Aufsatz über den Entwurf aus der Zeit,[22] aus der NFPresse,[23] aus der Vossischen.[24] Suphans Einleitung[25] ist eine Lüge. Keinem Lebenden ist er verpflichtet; also bin ich todt; [de]nn meine Einleitung zu den Säculargedichten hat er geplündert. Die Collation der Papiere für die Säculargedichte hat nicht er vorgenommen, sondern Schüddekopf (allerdings mit seiner Erlaubnis). In meine Vorrede zu Schriften XVII hat er auf jeder Seite 3mal seinen Namen hinein g[ed]ruckt[26] und ich musste die Verunreinigung dulden, wenn ich nicht auch mit ihm Streit kriegen wollte. Wir stehen ohnehin schon schlecht genug und ich muss 1903 noch 2mal nach Weimar wegen des 2. Bandes, im Frühjahr und im Herbst. Dann sieht mich Weimar solange dieser trockne Schleicher regiert – niemals wieder.

– Dass Detter schwer krank war (Rippenfellentzündung), wissen Sie vielleicht. Er steckt in einer sehr schlechten Haut u. ich fürchte, er wird nicht alt.[27] Er ist bis nach Neujahr beurlaubt. Ob er dann kommt oder nicht, für die Studenten ist das Halbjahr verloren; denn er sollte hist. Grammatik lesen. – Sehr dankbar wär ich Ihnen, denn <!> Sie mir schrieben, was Gurlitt eigentlich fehlt.[28] Frau v. Zwiedineck, der ich das »Buch« schickte – für Bauer u. Gurlitt reichten die Exemplare leider nicht – schrieb mir in Andeutungen. Ich werde es gewiss nicht weitersagen, stehe [ü]brigens in keiner Verbindung mit ihm, wie ja alle Verbindungen mit Graz eingeschlafen sind. Aber er ist mir ebenso lieb und wert wie früher.

Noch will ich bemerken; dass der verstorbene Bonner Prof. Ihr Bruder gewesen sei, sagte mir Gross aufs Bestimmteste. Es war mir eine grosse Beruhigung zu hören, dass es nicht richtig war.[29]

Möge Ihnen ein recht angenehmes, glückliches Jahr bevorstehen. Das wünscht Ihnen mit vielen herzlichen Grüssen

Ihr aufrichtiger Freund
AS.

Nachtrag!

Es fällt mir ein, dass Sie vielleicht meine Worte über den Sternberg-Briefwechsel misverstehen könnten. Darum will ich erklärend hinzufügen wie ich es meine. Die Deutschen haben in Böhmen für gewisse Dinge das Gedächtnis u. das Interesse verloren. Die Čechen nehmen die Pflege der Vergangenheit ganz für sich in Anspruch. Sie bezeichnen die Periode der Litter. von 1750 ab als čechische Litt. in deutscher Sprache. Auch Sternberg fassen sie so auf und Bratranek[30] war mehr Čeche als Deutscher und hat dem Rechnung getragen. Darum ist es wichtig, dass St. für unsere Bibliothek reclamiert wurde.[31] Auch werden sich die Čechen darüber ärgern, dass sie sich diese Dinge haben entgehen lassen, dass die čech. Akademie diese Ausgabe nicht gemacht hat. Auch die čechische Wissenschaft erscheint in merkwürdigem Licht. Ernst Kraus an der čech. Universität schrieb ein ganzes Buch: Goethe u. Böhmen.[32] Einen Einfluß Goethes auf die čechische Litteratur bemerkte er nicht: da kam M[ur]ko u. schrieb ein ganzes Buch darüber.[33] Die Personen, die er hätte beleben müssen, fungieren nur mit Namen und Zahlen. Vom jungen Sternberg, wie ich ihn charakterisiert habe, steht kein Wort drinnen. Hätte er nicht [d]en Nachlass[34] der auf dem (čechischen) Museum liegt, verwenden müssen! Und dieses Museum, für beide Nationen begründet, vom Land reich dotiert, haben die liberalen Deutschen der 60er Jahre wie alles andre den Čechen thörichter Weise ausgeliefert. Die Originale der Goetheschen Briefe sind čechisch eingereiht, mit čechischen Aufschriften versehen. Es gilt zu documentieren, dass die Deutschen dasselbe Recht im Museum haben wie die Čechen. Und so wichtig erschien den Čechen selbst die Thatsache, dass ein hiesiger deutscher Gelehrter[35] d[ort] arbeitet, dass sie es im Jahresbericht des Museums eigens hervorhoben. Und die Sternbergrede[36] wurde gehalten vor dem Statthalter,[37] ja was mehr ist vor dem Landmarschall,[38] dem Vizekönig v. Böhmen und machte grosses Aufsehen. Die Čechen verachten und schmähen die deutsche Gelehrsamkeit, bes. unsre Universität; einige Nichtlinge wie Bachmann geben ihnen dazu Veranlassung.[39] Der Sternberg kann ihnen zeigen, was und wie es ihre Herrn hätten machen müssen; thatsächlich haben sie sich, wenigstens brieflich, sehr günstig darüber geäussert.

Handschrift: ÖNB, Autogr. 423/1-447. 5 Dbl., 20 S. beschrieben. Grundschrift: lateinisch.

1 *Sauers »Goethe und Österreich«.*
2 *s. Seufferts Karte an Sauer vom 22.12.1902 (StAW): »Es ist mir wenigstens das Durchfliegen Ihres Sternbergbandes gelungen in all der dringenden Zeit (noch heute halten wir Senatssitzung!). Und ich muss Ihnen sagen, wie sehr mich Ihre klare Einleitung und die mustergültige Sorgfalt Ihrer Anmerkungen gefangen nahm. Welche Arbeit!« Zur Edition des Korrespondenz zwischen Goethe und Sternberg s. Brief 203, Anm. 4.*
3 *August Sauer: Joseph Viktor von Scheffel. Eine Gedenkrede. In: Zeitschrift für Allgemeine Geschichte, H. 5, 1886. Wieder abgedruckt in den »Gesammelten Reden und Aufsätzen«, S. 319–335. S. dazu auch Brief 61, Anm. 1.*
4 *August Sauer: Johann Gottfried Seume. Festrede zur Enthüllung seines Denkmals in Teplitz am 15. September 1895. Prag: Haerpfer, 1896 (Sammlung Gemeinnütziger Vorträge. 208 [Jänner 1896]). Wieder abgedruckt in den »Gesammelten Reden und Aufsätzen«, S. 25–50.*
5 *Das Bild des untergegangenen Baumes bezieht sich auf das Sauers Scheitern an der Grillparzer-Biographie, s. Brief 59, Anm. 6).– In den »Gesammelten Reden und Aufsätzen« sind vier Grillparzer-Arbeiten enthalten, deren Erstdrucke hier angegeben werden (die Seitenzahlen in Klammer entsprechen jenen in den »Gesammelten Reden und Aufsätzen«): August Sauer: Akademische Festrede zu Grillparzers hundertstem Geburtstag. Gehalten in der Aula des Karolinums zu Prag am 15. Jänner 1891. Prag: J. G. Cal-*

ve'sche k. u. k. Hof- und Universitätsbuchhandlung, *1891* (S. *102–134*); ders.: *Grillparzer und Katharina Fröhlich. Vortrag, gehalten in der Grillparzer-Gesellschaft am 18. December 1894.* In: JbGG *5 (1895)*, S. *219–292* (S. *135–167*); ders.: ›*Ein treuer Diener seines Herrn*‹. *Vortrag, gehalten im Verein der Literaturfreunde am 11. Februar 1892*. In: JbGG *3 (1893)*; S. *1–40* (S. *170–201*); ders.: *Ueber das Zauberische bei Grillparzer. (Drahomira, Medea, Libussa)*. In: *Janus. Blätter für Literaturfreunde. Monatsschrift für Literatur und Kritik*. H. *1–2*, S. *2–11* bzw. *57–68* [*1904*] (S. *205–230*).

6 Im 9. Band der »Jahresberichte für Neuere Deutsche Litteraturgeschichte« (1902; über das Jahr 1898) heißt es im unpaginierten Vorwort: »August Sauer hat den Abschnitt Lyrik (IV, 2) einer jüngeren Kraft, Franz Schultz, übergeben, ohne deshalb die Beziehungen zu den Jahresberichten für immer zu lösen.« Sauer trat in der Folge nicht mehr als Beiträger der »Jahresberichte« in Erscheinung.

7 s. Brief 86, Anm. 28.

8 Friedrich der Große: *De la littérature allemande* (DLD. *16*). Zur zweiten Auflage s. Brief *203*, Anm. *19*. Die im Folgenden diskutierte Rezension von Ernst Consentius erschien in: Euph. *10 (1903)*, S. *290–305*. Consentius beginnt (S. *290*): »Zum ersten Male erschien Geigers Neudruck 1883. Nach fast 20 Jahren liegt er in zweiter vermehrter Auflage vor. Man glaubt der Gelehrsamkeit und dem Sammeltrieb des Herausgebers eine Ausgabe danken zu dürfen, welche Friedrichs II. Schrift, zum Beweise gelehrter Akribie, in vorbildlicher Art wiedergibt. Wer mit solchen – nur berechtigten – Hoffnungen Geigers Neudruck zur Hand nimmt, wird sich leider enttäuscht sehen. / Geigers erste Ausgabe brachte Friedrichs Schrift: De la littérature allemande mit zahlreichen Fehlern zum Abdruck. Für die zweite Auflage verzichtete Geiger auf eine neue prüfende Vergleichung mit dem Original, legte seinen fehlerhaften ersten Abdruck zu grunde und vermehrte die Fehler seiner ersten Ausgabe durch neue. Es ist so ein Druck zu stande gekommen, wo vom Titelblatt angefangen, keine Seite fehlerfrei genannt werden kann. Eine derartige Ausgabe vermag nicht das Original zu ersetzen.«

9 Die Angelegenheit wurde wie angekündigt gehandhabt. Sauer veröffentlichte im »Euphorion« eine Erklärung: »Ich beehre mich den Fachgenossen mitzuteilen, daß ich von der Leitung der ›Deutschen Literaturdenkmale‹ zurückgetreten bin. An dem Heft 129 ›Aus dem Lager der Goethegegner‹ habe ich keinen Anteil mehr. Beiträge für die Fortsetzung sind direkt zu senden an: B. Behrs Verlag, Berlin W 35, Steglitzerstraße 4.« A[ugust]. Sauer: *Deutsche Literaturdenkmale*. In: Euph. *10* [*1903*], S. *818*).

10 Der Industrielle und Mäzen Nicolaus Dumba (s. Brief *183*, Anm. *5*) war am 23.3.1900 in Budapest gestorben; noch bis zum zehnten Jahrgang des »Euphorion« (1903) wurde er namentlich als Förderer genannt (»† Excellenz Nicolaus Dumba«; s. auch: [August Sauer]: *Nikolaus Dumba [† zu Pest am 23. März 1900]*. In: Euph. *7* [*1900*], S. *223 f.*).

11 zur »Bibliothek deutscher Schriftsteller aus Böhmen« s. Brief *169*, Anm. *6*.

12 die Gesellschaft zur Förderung deutscher Wissenschaft, Kunst und Literatur in Böhmen (s. Brief *183*, Anm. *2*).

13 Der Plan zur Errichtung einer Galerie für moderne Kunst in Prag (Königlich böhmische Sammlung, Moderní galerie Království českého) war im April 1901 von Kaiser Franz Joseph I. durch die Gründung einer Stiftung bestätigt worden. Laut Organisationsstatut war die Aufgabe der Ankauf von Kunstwerken von Künstlern, die in Böhmen geboren oder tätig waren, sowie die Organisation von Ausstellungen. Die Galerie wurde vom Kultusministerium in Wien mit zwei Millionen Kronen gefördert und im Mai 1905 eröffnet. Trotz der nationalpolitischen Anliegen von tschechischer Seite wurden die Mitglieder des Kuratoriums nach dem Prinzip nationaler Parität ausgewählt (s. Roman Prahl: *Die Moderne Galerie in Prag. Zur Geschichte ihrer Gründung [1898–1908]*. In: *Belvedere. Zeitschrift für bildende Kunst 1* [*1995*], H. *2*, S. *84–97*).

14 Franz Thiele, seit 1902 Ordinarius an der Prager Akademie der bildenden Künste.

15 zu den zwei Bänden der »Ausgewählten Werke« Sternbergs in der »Bibliothek Deutscher Schriftsteller in Böhmen« s. Brief *196*, Anm. *18*.

16 Gemeint ist der von Sauer herausgegebene erste Band von Stifters »Studien«, der die chronologische Band-Zählung der Stifter-Ausgabe eröffnete; er erschien 1904 (Umschlag: 1901), der zweite folgte 1908 (s. Brief 196, Anm. 14).
17 s. Brief 200, Anm. 10.
18 Johannes Mathesius: Ausgewählte Werke. Bd. 4: Handsteine. Hrsg. von Georg Loesche. Prag: J. G. Calve, 1904 (Bibliothek deutscher Schriftsteller aus Böhmen. 14).
19 Gemeint ist Werners Ausgabe »Goethe und Gräfin O'Donell« (s. Brief 205, Anm. 2).
20 Seuffert: Goethe und Teplitz. Zu dem ursprünglichen Plan der gemeinsamen Veröffentlichung mit Sauers »Goethe in Österreich« s. Brief 204, Anm. 5.
21 Gegenstand der im Folgenden angedeuteten Auseinandersetzung war Suphans Neuedition des Schiller-Fragments »Deutsche Größe« (s. Brief 191, Anm. 13).
22 Jakob Minor: Schillers Hymnus an die Deutschen. In: Die Zeit (Wien), 13.12.1902, S. 1 f. Minor fasst seine Vorwürfe gegen die neue Edition zusammen: »[...] und so viel Aufsehen das fertige Gedicht vor hundert Jahren bei seinem Auftreten auch gemacht hätte, besser inscenieren hätten Cotta und Göschen sein Erscheinen unmöglich können, als es der Director des Goethe- und Schiller-Archivs, ein vortrefflicher Regisseur, gethan hat. Zuerst verkündete die deutsche Presse von Erfurt aus das Auftauchen eines neuen Fundes, eines noch ungedruckten Gedichtes von Schiller. Ich nehme es den eifrigen Berichterstattern gar nicht übel, daß sie übersehen haben, daß nur von einem ›damals‹ noch ungedruckten Gedicht die Rede war; einmal waren natürlich alle Gedichte ungedruckt, da Gedichte nicht gedruckt auf die Welt zu kommen pflegen, und man wird künftig vorsichtig sein müssen, daß uns nicht etwa von Weimar aus ein ›damals‹ noch ungedruckter ›Faust‹ versprochen wird. Da man mir die Ehre angethan hat, mich unter den vielen öffentlich zu nennen, die von dem mysteriösen Fund keine Ahnung hatten, so habe ich es für zuträglich gehalten, nach den genaueren Angaben auch wieder öffentlich zu erklären, daß mir dieses Gedicht nicht unbekannt sei, weiter nichts. Von da ab ist mein Name wie dessen, der den Tempel zu Ephesus angezündet hat, durch die nord- und süddeutschen Zeitungen gegangen, die dabei doch, wie mir scheint, für eine gar zu unwichtige Sache aufgeboten wurden. Denn für das Leben und für die echte Wissenschaft ist die Frage, ob man in Weimar von den früheren Drucken gewußt hat oder nicht, ganz gleichgiltig. Es ist eine bloße Gelehrtentragödie, wenn aus derlei Dingen ein Aufheben gemacht wird.«
23 Jakob Minor: Großstadtkunst und Heimatkunst. In: NFP, Nr. 13765, 21.12.1902, Mo.-Bl., S. 31–33.
24 Jakob Minor: Schillers Hymnus an die Deutschen. In: Vossische Zeitung, 21.12.1902, Sonntagsbeilage, S. 403–405.
25 s. Suphan: Ein unvollendetes Gedicht Schillers 1801« (Brief 191, Anm. 13), S. 4 f.: »[...] und es hat schwerlich ihm [Schillers Gedicht-Entwurf] Jemand im Verlauf der letzten drei Jahre eine anhaltendere Betrachtung gewidmet als ich. Jedenfalls bin ich keinem Mitlebenden für das verpflichtet, was ich im folgenden darbiete. Zunächst also nicht für die in erster Linie wichtige Ermittlung des Aufbaues unseres Gedichts. An der im Archiv hergestellten Collation der Handschrift für August Sauers vortreffliche Sammlung: Die Deutschen Säculardichtungen an der Wende des 18. und 19. Jahrhunderts (Berlin, Behrs Verlag 1901) habe ich thätig antheil genommen, wie sich von selbst versteht.« Sauers Lüge-Vorwurf dürfte sich auf Suphans Behauptung beziehen, er habe an der im Archiv hergestellten Collation »thätig antheil genommen«. Sauer behauptet, Schüddekopf habe die Collation vorgenommen (s. auch Brief 191).
26 Die häufigen Erwähnungen Suphans in der Einleitung zu Sauers »Goethe und Österreich« sind auffällig: »durch die vom Director des Goethe- und Schiller-Archivs erwirkte gnädige Erlaubniß [...]« (Goethe und Österreich I, S. VI); »Im Einverständnis mit dem Redactor Bernhard Suphan wurden statt bloßer Zuschriften an Goethe überall wo es möglich war, die vollen Briefwechsel geboten« (ebd., S. VII); »Wie selten zu einer Schrift der Goethe-Gesellschaft haben alle wissenschaftlichen Anstalten Weimars zu der vorliegenden beigetragen. Den Grundstock hat das Goethe- und Schiller-Archiv dargeboten und mit dem Director des

Archivs und Redactor der beiden Bände Professor Suphan haben sich die übrigen Beamten der Anstalt [...] in freudiger Hingabe an dieser Arbeit betheiligt« (ebd., S. IX); »Se. Königl. Hoheit [...] gestattete die Benutzung der Goethe betreffenden Stellen in den Briefen der Kaiserin an seinen Vorfahr Carl August, die sich im Weimarischen Staats-Archiv befinden [...], von Bernhard Suphan ausgewählt und collationiert wurden, wie sich denn der Redactor auch an der bisweilen schwierigen Lesung der Correctur durchgehends betheiligt hat« (ebd., S. IX f.).

27 *Detter starb etwa ein Jahr später am 23.1.1904 im vierzigsten Lebensjahr.*

28 *s. Brief 208.*

29 *Sauer hatte Seuffert in einem Brief vom 27.11.1902 fälschlicherweise kondoliert (ÖNB, Autogr. 423/1-445). Er war von dem aus Graz stammenden Strafrechtler und Kriminologen Hans Gross auf den Tod von Hermann Seuffert (22.11.1902), Ordinarius für Strafrecht an der Universität Bonn, hingewiesen worden. Auch Seufferts Bruder Lothar war Ordinarius für Rechtswissenschaften, allerdings in München.*

30 *s. Brief 196, Anm. 19.*

31 *für die Reihe »Bibliothek deutscher Schriftsteller aus Böhmen« (s. Brief 169, Anm. 6); zur Edition der Korrespondenz Goethe-Sternbergs. Brief 203, Anm. 4.*

32 *Arnošt Vilém Kraus: Goethe a Čechy. Praze: Bursík a Kohout, 1893 [²1896]. Ernst Wilhelm Kraus hatte in Berlin bei Scherer gehört und war seit 1898 Extraordinarius für deutsche Sprache und Literatur an der Tschechischen Universität Prag. Die Verbindungen zu Sauer waren lose (s. Milan Tvrdík: August Sauer und die Prager tschechische Germanistik. In: Höhne: Sauer, S. 133–146, bes. S. 141 f.).*

33 *Matthias Murko: Deutsche Einflüsse auf die Anfänge der böhmischen Romantik. Graz: Styria 1897.*

34 *Nachdem Kaspar Maria Sternberg 1818 zur Gründung der Gesellschaft des Vaterländischen Museums des Königreichs Böhmen in Prag aufgerufen hatte, wurde 1822 die Sammeltätigkeit aufgenommen. Ziel der Gesellschaft und des geplanten Museums war es, kulturelle Objekte und wissenschaftliche Dokumente Böhmens zu erfassen und zu sammeln. Trotz des anfänglich übernationalen Ansatzes lag schon früh ein Schwerpunkt des Museums auf der Förderung der tschechischen Sprache und Literatur. Auch in den Diskussionen, die ab 1861 um einen etwaigen Neubau des Museums geführt wurden (Sitz der Sammlung war anfangs das Palais Sternberg, ab 1847 das Palais Nostitz), spielte die tschechische Nationalbewegung eine wichtige Rolle. 1883 wurde mit dem repräsentativen Museumsbau am Wenzelsplatz begonnen; 1891 wurde die Eröffnung gefeiert. »Die Proteste der deutschen Abgeordneten gegen die ›nationale Einseitigkeit‹ des Projektes sind in erster Linie als Reaktionen auf die Verschiebung der Machtverhältnisse innerhalb des Landes zu sehen; die Repräsentation des Landes nach außen, vor allem gegenüber Wien, stand im Widerspruch zur politischen Grundhaltung der deutschen Liberalen und ›Verfassungstreuen‹. Demgegenüber zielten die Intentionen der Befürworter des Baus [...] sowohl darauf ab, die tschechisch-staatsrechtlichen Autonomieansprüche zu unterstreichen, als auch innerhalb des Landes den alttschechischen Standpunkt zu artikulieren.« (Michaela Marek: Kunst und Identitätspolitik. Architektur und Bildkünste im Prozess der tschechischen Nationsbildung. Köln, Weimar, Wien: Böhlau, 2004, S. 335).*

35 *Gemeint ist offenbar Sauer selbst.*

36 *Gemeint ist Sauers Sternberg-Rede anlässlich des zehnjährigen Bestehens der Gesellschaft zur Förderung deutscher Wissenschaft, Kunst und Literatur in Böhmen am 4.3.1901 (s. Brief 196, Anm. 13). Über den Festakt berichtete auch die lokale Presse: »Die Festsitzung der Gesellschaft zur Förderung deutscher Wissenschaft, Kunst und Literatur fand gestern Abends in überaus feierlicher Weise in einem vom Grafen Clam-Gallas für diesen Anlaß besonders zur Verfügung gestellten Saale statt. Seine Exzellenz der Statthalter Graf Coudenhove, der Oberlandmarschall Fürt Lobkowicz, der Oberlandesgerichtspräsident Ritter von Wessely [...] und eine große Anzahl geistlicher und weltlicher Würdenträger hatten sich eingefunden (s. Ein Fest der Wissenschaft. In: Prager Tagblatt, Nr. 64, 5.3.1901, Mo.-Ausg., S. 1 f.; s. auch: Caspar Graf Sternberg [Nach dem Fest-Vortrag des Prof. Dr. A. Sauer]. Ebd.).*

37 Karl Maria Graf von Coudenhove, von 1896 bis 1911 Statthalter von Böhmen.
38 Georg Christian Fürst von Lobkowitz repräsentierte von 1883 bis 1907 als Oberstlandmarschall die Spitze der Landesselbstverwaltung in Böhmen; er stand der tschechischen Nationalbewegung nahe.
39 Adolf Bachmann, Ordinarius für österreichische Geschichte an der deutschen Universität Prag, Rektor im Studienjahr 1902/03; nähere Details zu Sauers Andeutungen sind nicht ermittelt.

208. (B) Seuffert an Sauer in Prag
    Graz, 5. Januar 1903. Montag

Graz 5. Janr. 1903.

Lieber freund   Für Ihren freundlichen u. ausgiebigen brief hat mich nur die vergrabung in das beifolgende zu danken verhindert.   Alles hat mich gefreut, was Sie mir schrieben, auch das unerfreuliche, weil die mitteilung ein freundeszeichen war.   Die politische bedeutung Ihrer Sternbergrede habe ich wirklich nicht verstanden; das dürfen Sie einem, der Böhmen nicht kennt, nicht übel nehmen; was Sie mir darüber schrieben, war sogar auch Schönbach guten teils neu. Dank also für die erklärung.
   Ich begreife aus eigener erfahrung, dass Sie der redaktionsarbeiten müde werden; aber ich bedaure es darum nicht weniger. Denn Sie sind der mann dazu. Die DLD gehen nun dem verfall entgegen; es ist mir leid; ich hatte sie unter Ihrer leitung noch als etwas mir persönlich zugehöriges betrachtet; dass sie an einem fabrikanten von schundwaare und einer spürnase, die von fündchen lebt, zu grunde gehen, haben sie nicht verdient.
   An Euphorions ende will ich nicht glauben, weil sein ende die geburt eines andern zur folge haben müsste. Ich hoffe, Ihr saumseliger Glossy wird sich noch zu rechter stunde mit voller tasche einstellen. Der unfromme Fromme kann einem freilich alle lust verderben. Und das ist klar, dass Sie nicht das opfer sein dürfen.   Hat es sich inzwischen entschieden, dass das geld zur fortsetzung aufkommt, so bitt ich für Pervonte[1] um aufnahme. Wenn nicht, so geben Sie ihn mir zurück. Denn Sie haben für den letzten band genug, schreiben Sie, und ich will unter keinen umständen, dass etwas von mir auf Ihre kosten gedruckt werde. Ich hätte ja, bevor ich das mscpt. schickte, anfragen können. Aber ich hatte die vor jahren zurecht gerückte studie für Ihren Euphorion unter der feder, als Ihr brief eintraf; so soll sie zuerst dahin, wohin ich sie bestimmt habe, um zuerst Ihr urteil zu hören. Ob ich dann in der Zs. f.d.a.[2] oder der f.d.philol,[3] oder der öst. gymn.zs.[4] anpoche, weiss ich nicht. Am lästigsten ist mir, dass man zwischen uns unrat wittern wird, wo ich auch vorspreche. Und darum habe ich die blätter mit eben so viel unbehagen abgeschlossen, als ich sie mit lust begonnen hatte. Mir tats unendlich wol, am schlusse des unfruchtbaren jahres zu

eigener arbeit und gar zu Wieland zu kommen, in dem ich doch ähnlich, wenn auch nicht ganz so kundig lebe wie Sie in Grillparzer. Es kam mir auch vor, als müsste ich wieder einmal zeigen, dass ich dies feld noch nicht preis gegeben habe. –

Sie fragen nach Gurlitt: <u>unter uns</u>: hoffnungslose arterienverkalkung. Durch sie trat vorigen sommer eine erkrankung einer gehirnpartie ein; diese ist behoben, indem sich neben der stelle andere bahnen gebildet haben; die sprachfähigkeit ist erheblich gebessert, manchmal findet er die worte noch schwer, manchmal spricht er ganz flüssig; arm und hand tun auch wieder ihren dienst, wenn auch nicht ganz in der alten weise. Er geht täglich aus, kann aber nicht vorlesungen halten. Sie würden erschrecken, wenn Sie den uralten mann sehen würden. Die gefahr der wiederholung einer blutstockung ist stündlich da. Es kann auch noch etwas besser werden als jetzt, oder jahre so bleiben, eine vollständige behebung des leidens ist ausgeschlossen. Mir tut der liebe, gute, treue, geistsprühende mensch in der seele leid. Er ist einer unserer allerbesten.

Soeben unterbricht mich eine karte von frau Wukadinović: ihr mann sei an schwerem typhus erkrankt. Schreiben Sie mir ja, was Sie von dem unglücklichen hören. Er bleibt trotz aller sonderbarlichkeit ein vortrefflicher mann in meinen augen.

Zurück zu Ihrem brief! Dass Sie sich von Suphan in Ihre arbeiten reden lassen mussten, ist ärgerlich; ich hätte dazu die sachliche nachgiebigkeit mir kaum abgerungen. Der streit der rosenfreunde wird langweilig.

Und nun nur noch gutes jahr! mehr freude am Euphorion, andauernde am Stifter und allem Deutschböhmischen!

Herzlich Ihr
BSfft.

Kollege Schenkl hat mich dieser tage gezwungen, delle Grazie kennen zu lernen u. vortragen zu hören. Ihr organ würde auch eine bessere dichtung als die ihrige zu grunde richten.[5]

Handschrift: StAW. 1 Dbl., 4 S. beschrieben. Grundschrift: lateinisch.

1 Bernhard Seuffert: Wielands Pervonte. In: Euph. 10 (1903), S. 76–90.
2 »Zeitschrift für deutsches Altertum«.
3 »Zeitschrift für deutsche Philologie«.
4 »Zeitschrift für die österreichischen Gymnasien«.
5 Am Samstag, den 3.1.1903, las die Schriftstellerin Marie Eugenie Delle Grazie in der Grazer Kunsthistorischen Gesellschaft. In einer im Allgemeinen positiven Rezension von Hermann Kienzl im »Grazer Tagblatt« (Nr. 4, 4.1.1903, S. 26) wird Seufferts Eindruck geteilt: »Dabei entscheidet es nicht, daß das zwar klare, gut verständliche und ausdrucksvolle, aber wenig modulationsfähige Organ und der Mangel der Fähigkeit, die Personen und Gefühlsreflexe über eine ziemlich enge Grenze hinaus im Stimmenfalle charakteristisch

zu beleben, die Erkenntnis nahelegen, daß der unpersönliche Gewinn an der vorgetragenen Dichtung durch eine andere Vortragskunst gehoben werden könnte.«

209. (B) Sauer an Seuffert in Graz
Prag, 6. Januar (1903. Dienstag)

Prag 6/I 02¹
Smichow 586

Lieber Freund! Das ist ein schö*[n]*er Schluss meiner Ferien: Ihr Brief mit dem wunderbaren Aufsatz, den ich soeben verschlungen habe. Wie weit Sie gekommen, wie tief Sie eingedrungen sind, wie fein Sie analysiert haben! Ich gebe ihn unter keinen Umständen her. Er kommt in Jahrgang X. Ist dieser der letzte, so heb ich ihn mir fürs letzte Heft auf, um in Schönheit zu sterben. Vielen Dank dafür. Obwohl Glossys Meldung, dass 700 fl. in Wien erliegen, nach Frommes heutigem Brief wieder nicht richtig war, so fürchte ich doch, dass man mir den Euphorion zu erhalten trachten wird und mut*[hw]*illig opfere ich ihn ja gewiss nicht. Betrachten Sie daher meine Mittheilung als streng vertraulich und geben Sie den Anzengruber-Aufsatz² nicht aus der Hand, bevor Sie die Todesnachricht nicht schwarz auf weiss erhalten.

Nun muss ich Sie um Verzeihg. bitten. Ich kann mein Wort nicht halten u. Ihnen Fahnen oder Bogen meiner Einleitg³ in den nächsten Tagen nicht senden. Bei der etwas ruckweisen u. tumultuarischen Art der Entstehg. waren die Fahnen vielfach unfertig u. ich möchte nicht, dass Sie die Einleitg in dieser Form lesen. Die Bogen, soweit sie vorliegen, brauche ich aber zum Citieren. – Ich habe heute Ihren Aufsatz⁴ wieder gelesen; wir berühren uns fast gar nicht ausser in der Charakteristik der Titine, die bei Ihnen reicher ist als bei mir u. der des Fürsten Ligne, die bei mir ausgiebiger ist.⁵ Man könnte ja von einem Aufsatz auf den anderen verweisen, aber ich lasse es lieber sein. Habe ich Sie recht verstanden, dass sie das Impr. für ihren Aufsatz bereits gegeben haben, so bitte ich sie jet*[zt]* ausdrücklich, darauf zu verzichten, dass ihnen die Bogen noch einmal gesandt werden.⁶ Man drängt in Weimar auf den Abschluß.

Alfred – könnte zur Noth der Fürst Alfred Windischgätz <!> sein, der die Leonore Schwarzenberg⁷ zur Frau hatte; aber sicher ist es nicht; darum unterbleibt d*[er]* Hinweis besser.⁸

Gurlitt thut mir in die Seele weh. Dass einem dgl. bevorsteht! Sollte ich nächster Tage in der Bibl. über Wukad.⁹ etwas erfahren, so schreibe ich Ihnen. Nochmals innigen Dank. Ihr herzlich erg.   AS.

Datum: Die inhaltlichen Bezüge zeigen eindeutig, dass der Brief auf das Jahr 1903 und nicht auf 1902 zu datieren ist; Fehldatierung Sauers. Handschrift: ÖNB, Autogr. 423/1-421. 1 Dbl., 4 S. beschrieben. Grundschrift: lateinisch.

1 zur Datierung s. Apparat.
2 s. Brief 198, Anm. 9.
3 zu »Goethe und Österreich«.
4 Seufferts »Teplitz in Goethes Novelle« (s. Brief 204, Anm. 5).
5 Sauer schildert Fürst Karl von Ligne als für Goethe inspirierenden altgedienten und weitgereisten »letzten Ritter« (s. Goethe und Österreich 1, S. LXXI–LXXIV, Zit. S. LXXII); kurz erwähnt wird auch dessen Enkelin Gräfin Christine (»Titine«) O'Donell von Tyrconell (ebd., S. LXXII–LXXIII). Seuffert widmet sich vor allem Letzterer und zeigt die Ähnlichkeiten zur Fürstin in Goethes »Novelle« auf (s. Seuffert: Teplitz, S. 29 f.).
6 Seufferts Aufsatz »Teplitz in Goethes Novelle« wurde schließlich nicht in Sauers »Goethe und Österreich« aufgenommen (s. Brief 205, Anm. 18).
7 Alfred I. Fürst zu Windisch-Graetz hatte Eleonore zu Schwarzenberg im Juni 1817 im südböhmischen Frauenberg geheiratet – also erst nach den Goethe-Aufenthalten in Teplitz (1810, 1812 und 1813).
8 Seuffert unterlässt eine Identifikation des Alfred mit einem Mitglied der Teplitzer Gesellschaft und vermutet, dass hier »ältere menschliche Bezüge zu Grunde« liegen, »die ja auch bei den anderen Personen noch durch die neu hinzugekommenen hindurchscheinen« (Seuffert: Teplitz, S. 33).
9 Spiridion Wukadinović.

210. (B) Seuffert an Sauer in Prag
Graz, 27. Januar 1903. Dienstag

Graz 27.1.03

Lieber freund, Ihre einleitung hat mir das abenteuer meines streifzuges in das unbekannte Teplitz recht gefährlich erscheinen lassen. Wie viel gibt es da an quellen und arbeiten, von denen ich nichts weiss, nichts sah. Sie haben eine wunderbare übersicht. Dass man vor und um Goethe eine so reiche revue von Österreichern aufmarschieren lassen kann, habe ich nicht geahnt. Das kostbarste ist mir Ihre charakteristik der kaiserin und des verhältnisses Goethes zu ihr.[1] Auch das armeekapitel wird sehr lebendig. In die staatskanzlei haben sich Hormayr u. Deinhardstein eingeschlichen, eine äußerlich berechtigte gruppierung, die doch zwischen den politikern sich befremdet und zerstreut. Die drei künstlerinnen können Ihnen für viele mühe danken; sie haben die verblassten gestalten gut ausstaffiert.[2]

Darf ich kritisch sein, so wünschte ich s. XVIII das »absatzgebiet« weg; vor- u. nachher ists so hoch und menschlich gestimmt, dies wort, so wahr es ist, reisst in materielle tiefe. Und in meinem liebling, dem kaiserinstücke, liegen die citate s. XLVII ff. wie steine u. machen Ihren frohen fluss stocken: zu viel respekt vor Ihro majestät. Aber sonst weiss ich wirklich nichts als mich zu freuen u. zu danken. Ich danke besonders auch für die freundlichen worte, mit denen Sie meinen anhang[3] einführten. Dass Sie über Teplitz gesprochen u. geschrieben haben, wusst ich ja nicht! das hätte mir gewiss manche vorarbeit erspart, Sie heimlicher! Hätt ich nicht die zuversicht, dass Sie aus Ihrer kenntnis die hinfälligkeit meiner vermutung müssten erweisen können und dass Sie den freund nicht wissend herein fallen lassen, so würd ich angesichts Ihrer litteratur nachweise mich recht für mich ängstigen. Fürst Ligne ist bei Ihnen viel lebendiger als er mir wurde usf.[4]

Übrigens hatten Sie nicht recht mir anzukündigen, der nachdruck läge bei Ihnen überall auf Österreich, nicht auf Goethe. Ich finde, dass im ersten u. zweiten abschnitt recht viel für Goethe herauskommt; und auch in dem vierten ist er führer; nur im dritten verliert er sich etwas, und das wol vielleicht nur wegen der kanzlisten.

Ich danke für die zusendung, schicke nach Ihrem wunsche die blätter zurück und beglückwünsche Sie dazu.

Ihr treu ergebener
BSeuffert.

Handschrift: StAW. 1 Dbl., 4 S. beschrieben. Grundschrift: lateinisch.

1 s. *Goethe und Österreich* 1, Einleitung, S. XXIV–LXVII sowie das Kapitel »Der Kreis um die Kaiserin Maria Ludovica« (ebd., S. 1–112).
2 Gemeint sind Marianne von Eybenberg, Caroline Pichler und Cäcilie von Eskeles.
3 Gemeint ist Seufferts Aufsatz »*Teplitz in Goethes Novelle*«, der schließlich doch nicht in Sauers »*Goethe und Österreich*« aufgenommen wurde (s. Brief 205, Anm. 18).
4 s. Brief 209, Anm. 5 und Brief 207.

211. (B) Sauer an Seuffert in Graz
    Prag, 8. April 1903. Mittwoch

Prag 8/4 1903
Smichow 586

L. F. Ihre häuslichen Sorgen, von denen *[ich]* nicht wußte, betrüben mich aufs Tiefste und ich hoffe, daß Sie ihrer nun mehr überhoben sind.[1] Da muß freilich die Arbeit zurückstehen. – In Weimar herrschen die unerträglichsten Zustände. In seiner Weise that Suphan, als ob gar nichts vorgefallen wäre. Ich zwang ihn aber wenigstens für den 2. Bd. ganz bestimmte Abmachungen wegen d. Bogenzahl zu treffen. Er wollte mir zeigen, wie *[fl]*eißig er wäre u. staubte mir vor der Nase 4–5 Tage die Archivcorrespondenz aus, die seit seinem Eintritt ungeordnet dalag, verbot uns aber in der Frühstückspause das Sprechen weil es ihn störe. Er duselt halb im Traum hin, schmiert fleißig Aufsätze in die Weimarische Ztg., über die sich selbst die Verleger lustig machen; absolviert etwa einen Bogen d. Goethe-Ausgabe in 10 Minuten!! Wahle verknöchert immer mehr. Schüddekopf benimmt sich wie ein Schul[jun]ge; wenn Suphan ins Zimmer tritt, schiebt er die Heinsecorrecturen[2] schnell unter die Goethecorrecturen u. schimpft dann über Archivzwang. Hecker ist sehr fleißig, aber borniert. Für die böhmischen Dinge erwartete er alles Heil von meiner Ankunft; ich wußte aber nicht mehr als ohnedies im Sternberg-Briefw. steht u. habe – der Ausgabe zuliebe – die Dinge nicht weiter verfolgt. – Wenn ich im Juli zum let[zte]n mal der Correcturen wegen in Weimar gewesen sein werde, so sieht mich kein Mensch mehr in Weimar, solange das Regime sich nicht ändert. – Bei Ruland u. Bojanowski war ich nicht, lebte überhaupt ganz zurückgezogen und erholte mich durch langes Schlafen von der Semesterarbeit. – Schüddekopf wollte Ihnen schreiben wegen einer Ausgabe v. Wielands Briefen für die Bibliophilen. Es wäre ein Glück [fü]r Alle, wenn Sie darauf eingehen könnten. Eine solche Gelegenheit findet sich sobald nicht wieder.[3] – Ich war der Stifterbriefe wegen 2 mal in Eisenach bei Kürschners Wittwe[4] u. habe uns das Vorkaufsrecht dafür gesichert und bei dieser Gelegenheit auch die übrigen Hs. gesehen u. theilweise geordnet.[5] Der Maler Müllernachlaß besteht ungefähr aus 30 Paketen (Dichtungen & Briefe etc.). Der Faust allein ist ein ganzer Stoß von Papieren.[6] Ich will mich erkundigen, ob diese Papiere nicht an die Kgl. Bibliothek gebracht werden können, damit der Nachlaß wieder vereinigt würde.[7] 2 Cartons Nic. Götz; alle Gedichte; dann viele Briefe an ihn, auch von Herder[8] u. Wieland;[9] Ifflands Briefe an s. Schwester Luise,[10] auch einige an Gotter[11] dabei .. ein Miscellaneenbuch von E. T. A. Hoffmann[12] 1803. – Hebbels Agnes Bernauer; [A]bschrift mit eigenhändigen Correcuren.[13] – Etwa 12 Stücke des öst. Dramatikers Pannasch,[14] Goed. B³, 849,[15] alle ungedruckt, die ich nach Wien bringen will, an den neuen litt. Verein.[16] Gewiß sehe ich diese Gründung mit einem lachenden u. einem weinenden Aug an. Die Grillparzerges. wäre berufen gewesen, dieses Programm aufzustellen u. durchzufü[hren]. Als ich in der gründenden Versammlung vor 12 Jahren[17] dies verlangte, wurde ich kaum angehört, überstimmt & von Müller-Guttenbrunn[18] am nächsten Tag verhöhnt, ich hätte ein Seminar aus der Ges. machen wollen. Der Ausschußsitzg. der Grillparzerges. habe ich mehrmals ähnliche Vorschläge g[em]acht, z.B. verlangt, es möchten Schriften nach Art der Goetheges. herausgegeben werden; aber Reich, der böse Dämon der Grillp. Ges., der nur blindwütig Kunst für das Volk kennt u. achtet, hintertrieb alles.[19] So war freilich der neue Verein eine Notwendigkeit. Ob Bettelheim, der d[er] eig. spiritus rector ist, die richtige Persönlichkeit für solche Dinge ist, bezweifle ich. Ich denke nicht so gut über ihn wie Schönbach, der durch Jugendfreundschaft an ihn geketet ist u. der von ihm allerdings vergöttert wird.[20] – Zunächst scheint ein häuslicher Krieg mit Minor entbrannt zu sein, der meinen Einfluß in der Ges.[21] brechen will. Durch Glossys Wahl zum Obmann scheint Minor besiegt worden [z]u sein, der bisher alles negierte, was die andern wollten. Für mich ist das insofern ungünstig, als Glossy u. Bettelheim ein unbegrenztes Vertrauen in meine Leistungsfähigkeit haben u. mich mit Aufträgen überbürden wollen; andrerseits wäre es die schönste Erfüllung meiner Wünsche, wenn die kritische Grillparzerausgabe unter meiner Lei[tu]ng zustande käme[22] u. wenn ich für meine längst vorbereitete Sammlung von Recensionen über & Gesprächen mit Grillp. einen Verleger fände.[23] Glossy knüpft noch weitere Hoffnungen daran (wie ich Ihnen streng vertraulich sage), die ich aber nicht theile u. deren Realisierung ich jetzt auch kaum mehr wünsche. Er meint, es würde sich eine Art Institut für österreich. [Lt.] forschung (nach Art des Instituts für österr. Geschichtsforschg) daraus sich <!> entwickeln, als dessen Leiter ich doch noch nach Wien kommen könnte. Das war vor Jahren allerdings mein eigner Plan. Aber Minor wird sich diesem Plan gewiß widersetzen oder wird wenigstens streben, eine andre Persönlichkeit als mich an die Spitze zu bringen: Werner, Weilen, Zeidler, auch Wackernell werden trachten mir im Weg zu sein. Ich halte mich daher vollständig zurück, war bei der gründenden Versamml. nicht in Wien[24] u. gebe meine hiesige Position (bes. in der »Gesellschaft«[25]) solange nicht auf als ich nicht festen Boden in Wien gefasst habe, werde also auch kaum einen mir angebotenen Urlaub annehmen, weil ich dadurch in eine schiefe Lage käme. Bleibt aber Hartel längere Zeit noch am Ruder,[26] dann ist es möglich, daß er eine [Lehr]kanzel f. öst. Lit. Gesch. gründet u. mir übergiebt. Um dieses Ziel nun wenigstens nicht zu verlieren, werde ich trachten, an den Arbeiten des Vereins aus der Entfernung regen Antheil zu nehmen u. Hartels Wünsche zu befriedigen. Ich gestehe Ihnen offen, dass mich die ganze Sache etwas aus dem Gleichgewicht gebracht hat; ich hatte seit Jahren alle ähnlichen Pläne ganz aufgegeben gehabt u. mich in mein Schicksal gefügt. Nun sind alle wie ich glaubte ertödteten Wünsche wieder lebendig geworden und treiben tollen Unfug. Wär ich nur um 20 Jahre jünger! – Geld hat Glossy mit Hartels Hilfe in Menge schon zusammengebracht. – Für Ihr Büchlein[27] werden wir thun was wir können. Innigst grüßend Ihr AS.

Handschrift: ÖNB, Autogr. 423/1-456. 2 Dbl., 8 S. beschrieben. Grundschrift: deutsch.

1 *In einem Brief an Sauer vom 6.4.1903 (StAW) spricht Seuffert von einer bereits drei Monate andauernden Krankheit seiner Frau.*
2 *zu Schüddekopfs Heinse-Ausgabe s. Brief 196, Anm. 5.*
3 *Carl Schüddekopf war seit 1899 Sekretär der Gesellschaft der Bibliophilen und gab seit 1901 deren Jahrbuch heraus. Das angesprochene Vorhaben wurde nicht realisiert.*
4 *Emma Kürschner, geb. Haarhaus.*

5 Der Verleger und Lexikograph Joseph Kürschner war am 29.7.1902 gestorben. Zahlreiche Autoren-Nachlässe waren in seinem Besitz. Bereits im Jahr 1900 hatte Sauer in seinem »Ersten Bericht [...] über die im Rahmen der ›Bibliothek deutscher Schriftsteller aus Böhmen‹ geplanten kritische Gesammtausgabe der Werke Adalbert Stifters« (s. Brief 191, Anm. 9) vermeldet, dass reiches Material auch aus Privatbesitz zufließen werde: »Die Mehrzahl der erhaltenen Briefe Stifters an seine Frau besitzt der Geh. Hofrat Professor Joseph Kürschner in Eisenach, der sich nicht nur in liebenswürdiger Weise bereit erklärt hat, uns die Handschriften für unsere Ausgabe zu überlassen, sondern auch die Absicht hat, sich an der Herausgabe der betreffenden Briefbände selbst zu betheiligen.« Aufgrund seiner guten Kenntnisse der Bestände leitete Sauer auch den Auktionskatalog zu den Kürschnerschen Sammlungen ein (August Sauer: Joseph Kürschner † 29. Juli 1902. In: Auktionskatalog Kürschner, S. I–XI; s. auch Brief 213).

6 Zu den Faust-Dichtungen des Stürmer und Drängers Friedrich (»Maler«) Müller s. Brief 10, Anm. 3. Im Auktionskatalog zu Kürschners Nachlass heißt es zu Müller: »Die ›zweite metrische Fassung‹, der ›römische Faust‹, beschäftigte den Dichter in Italien bis [...] 1812 [...] Die oben angeführten Handschriften enthalten nun diesen zweiten, metrischen Faust vollständig mit zahlreichen Umarbeitungen in ungeordnetem Zustand, wohl den grössten Teil des überhaupt in Italien Niedergeschriebenen, d.h. die wichtigsten Dokumente der schriftstellerischen Thätigkeit des Dichters in der zweiten Hälfte seines Lebens, welche bisher von der litterarhistorischen Forschung überhaupt nach nicht benutzt worden sind.« (Auktionskatalog Kürschner, Nr. 429).

7 zur Nachlass-Situation Maler Müllers und Johann Nicolaus Götz's. Brief 40, Anm. 14.

8 Der angesprochene Brief von Herder an Nikolaus Götz vom 18.9.1780 (s. Auktionskatalog Kürschner, Nr. 465) liegt heute im Bestand der Klassik Stiftung Weimar (GSA 44/100, Bl. 1–2).

9 Diese Aussage wird im Auktionskatalog revidiert (s. Auktionskatalog Kürschner, Nr. 473): Der Brief Wielands vom 28.7.1784 sei nicht an Nikolaus Götz selbst (bereits 1781 verstorben), sondern an dessen Sohn Gottlieb Christian Götz gerichtet gewesen. Tatsächlich richtete er sich an Christian Friedrich Schwan (s. Wieland: Briefw., Bd. 8, Tl. 1, S. 269–271 u. Bd. 8, Tl. 2, S. 219 f.). Er liegt heute im Bestand der Klassik Stiftung Weimar (GSA 93/212, Bl. 7–8).

10 Ludwig Geiger gelang vor dem Verkauf des Nachlasses noch eine Publikation der gesammelten Briefe (A. W. Ifflands Briefe an seine Schwester Louise und andere Verwandte 1772–1814. Hrsg. von Ludwig Geiger. Berlin: Selbstverlag der Gesellschaft für Theatergeschichte, 1904; mit der Widmung: »Dem Andenken Josef Kürschners«; A. W. Ifflands Briefe meist an seine Schwester nebst andern Aktenstücken und einem ungedruckten Drama. Hrsg. von Ludwig Geiger. Berlin: Selbstverlag der Gesellschaft für Theatergeschichte, 1905).

11 Im Auktionskatalog sind zwei Briefe Friedrich Wilhelm Gotters vom 13.7. bzw. 12.10.1771 verzeichnet, allerdings in der Kategorie »Autographen« und ohne Angabe des Adressaten (s. Auktionskatalog Kürschner, Nr. 1530).

12 nicht ermittelt.

13 »Friedrich Hebbel. Agnes Bernauer. Ein Deutsches Trauerspiel in fünf Aufzügen [Uraufführung am 25.5.1852 in München]. / Bühnenmanuskript von fremder Hand stark durchkorrigiert von Hebbel selbst. / [...] Mit einem hochinteressanten eigenhändigen Schreiben des Dichters an den Intendanten des königl. Theaters in Stuttgart, datirt Wien 5. April 1852, unterzeichnet Dr. Fr. Hebbel. Ausgestellt Wien 1892.« (Auktionskatalog Kürschner, Nr. 476).

14 nicht ermittelt.

15 Gemeint ist die Erwähnung Anton Pannaschs in der ersten Auflage von Goedekes »Grundriss« (Bd. 3, 2. Abteilung [1881], S. 849).

16 Der Literarische Verein in Wien wurde 1903 von Karl Glossy (Obmann des zwanzigköpfigen Vorstandes, dem auch Sauer angehörte) gemeinsam mit Anton Bettelheim (mit Jakob Minor stellvetender Obmann)

gegründet. Sauer war die treibende Kraft hinter dem Vorhaben. Er war auch, wie er Seuffert bekannte (Karte vom 30.5.1903. ÖNB, Autogr. 423/1-457), der Autor des ehrgeizigen wissenschaftlichen Programms des Vereins, das anonym als Broschüre und im »Euphorion« publiziert wurde (s. Literarischer Verein in Wien. In: Euph. 11 [1904], S. 373–378). Ziel des Vereins war, neben großangelegten Editionsprojekten, die Einrichtung eines eigenständigen österreichischen Literaturarchivs mit Nachlässen und Autographen bedeutender österreichischer Autorinnen und Autoren. Der Verein wurde jedoch bereits im Ersten Weltkrieg wieder aufgelöst. Die hochgesteckten Ziele Sauers verwirklichte er nicht, ein Literaturarchiv wurde nicht gegründet, aber er publizierte bis 1917 immerhin 24 Editionen. Eine vollständige Liste der Publikationen des Vereins findet sich bei Herbert Schrittesser: Anton Bettelheim und Helene Bettelheim-Gabillon und das literarische Leben ihrer Zeit. Diss. phil. Wien 2013, S. 394–396. Nach der Auflösung sollten die Aufgaben des Literarischen Vereins einem selbstständigen Forschungsinstitut übertragen werden, forderte Sauer (s. ders.: Die besonderen Aufgaben der Literaturgeschichtsforschung in Österreich. In: Österreichische Zeitschrift für Geschichte 1 [1918], S. 63–68; zur Geschichte des Vereins s. Julia Danielczyk: Editionsunternehmungen oder hilfswissenschaftliche Institutionen? Ein Beitrag zur Erforschung der Geschichte der österreichischen Literaturarchive [1878–1918]. In: Internationales Archiv für Sozialgeschichte der deutschen Literatur 33 [2008], S. 1–44; dies.: Literarischer Verein).

17 *zur Gründung der Grillparzer-Gesellschaft s. Brief 98, Anm. 7.*
18 *Adam Müller-Guttenbrunn, von 1893 bis 1896 Direktor des Wiener Raimundtheaters und im Unterschied zu Sauer kein Unterzeichner des Aufrufs zur Gründung der Grillparzer-Gesellschaft, war bei deren erster Sitzung am 21.1.1890 – ebenso wie Sauer und Emanuel Schönbach – in den Vorstand gewählt worden (s. JbGG 1 [1890], S. XXII).*
19 *zur Rolle Emil Reichs bei der Gründung der Grillparzer-Gesellschaft s. Brief 98, Anm. 7.*
20 *Anton Emanuel Schönbach war von 1870 bis 1871 Hauslehrer der damals 13-jährigen Helene Gabillon gewesen, die 1881 Anton Bettelheim heiratete. Schönbach und das Ehepaar Bettelheim blieben freundschaftlich verbunden (s. Herbert Schrittesser: Anton Bettelheim und Helene Bettelheim-Gabillon und das literarische Leben ihrer Zeit. Diss. phil. Wien, 2013).*
21 *Obwohl Sauer hier von der »Ges.« schreibt, ist der Literarische Verein gemeint, deren Obmann Glossy war (s. Danielczyk: Literarischer Verein, S. 267).*
22 *Die historisch-kritische Grillparzer-Ausgabe ist beständiges Thema der Korrespondenz; konkret werden die Planungen ab Brief 241.*
23 *Von August Sauer gesammelt und herausgegeben, erschienen »Grillparzers Gespräche und die Charakteristiken seiner Persönlichkeit durch die Zeitgenossen« bis 1916 in den »Schriften des Literarischen Vereins«, nach dessen Auflösung im »Jahrbuch der Grillparzer-Gesellschaft«. Zur Konzeption dieser Sammlung s. Brief 228, Anm. 3.*
24 *Sauer hatte sich zum Zeitpunkt der Gründungssitzung zur Fertigstellung des ersten Teiles von »Goethe und Österreich« in Weimar aufgehalten.*
25 *Sauer meint hier seine Führungsposition in der Gesellschaft zur Förderung deutscher Wissenschaft, Kunst und Literatur in Böhmen in Prag (s. Brief 204, Anm. 2).*
26 *Wilhelm von Hartel war von 1900 bis 1905 Minister für Kultus und Unterricht und damit die zentrale Figur für die von Sauer angestrebte Berufung nach Wien.*
27 *zu den Bemühungen, Seufferts Arbeit über »Teplitz in Goethes Novelle« selbstständig zu publizieren, nachdem die Aufnahme in Sauers »Goethe und Österreich« gescheitert war, s. Brief 205, Anm. 18.*

212. (B) Sauer an Seuffert in Graz
Prag, (nach dem 3. August 1903)

Lieber Freund! Vielen Dank für Ihre Glückwünsch*[e!]*[1] Ich ersehe aus Ihrer *[Ka]*rte,[2] dass Sie über die Akademie nicht besser denken als ich. Trotzdem wäre es mir unangenehm gewesen, wenn Kelle mit meiner Kandidatur durchgefallen wäre.[3] Die Sache war nicht leicht, da Heinzel mir es nicht verzeihen kann, dass ich die Gottheit Krauss – Jellinek[4] nicht anbete. Trotzdem bin ich mit grosser Majorität (42 Stimmen) gewählt worden; nur Voltelini hatte mehr (46); Menger nur 38 und Schneider nur 32.

Vielen Dank auch für Ihre heuti*[g]*e Karte.[5] Hoffen*[tl]*ich bring ich das Heft mit *[de]*r Riesenbibliographie[6] bald hinaus.

Es ist bärenmässig heiss bei uns.

Herzlich grüssend

Ihr

treu erg.

AS.

Datum: Die Korrespondenzstelle ergibt sich aus dem Termin der Sitzung der Kaiserlichen Akademie der Wissenschaften und dem Beschluss zur Aufnahme Sauers als korrespondierendes Mitglied vom 3.8.1903. Handschrift: ÖNB, Autogr. 423/1-460. Briefkarte. 1 Bl., 2 S. beschrieben. Grundschrift: lateinisch.

1 Sauer war – wie auch der Jurist Hans von Voltelini, der Nationalökonom Karl Menger und der Archäologe Robert Schneider – mit Beschluss vom 3.8.1903 zum korrespondierenden Mitglied der Philosophisch-historischen Klasse der Kaiserlichen Akademie der Wissenschaften gewählt worden (s. Dokumentation zur österreichischen Akademie der Wissenschaften 1847–1972. Bd. 3: Die Mitglieder und Institutionen der Akademie. Bearb. von Ludmilla Krestan. Wien, Köln [u. a.]: Böhlau, 1972, S. 90 u. 93).
2 nicht überliefert.
3 Im Jahr 1901 war – ebenfalls mit Unterstützung Johann von Kelles – ein erster Versuch der Aufnahme in die Kaiserliche Akademie der Wissenschaften gescheitert (s. Brief 198). Sauer blieb zeitlebens korrespondierendes Mitglied; Seuffert wurde 1914 korrespondierendes, 1921 wirkliches Mitglied.
4 Sauer hatte bei den Verhandlungen um die Nachfolge Kelles in Prag 1899 dafür gesorgt, dass Kraus und Jellinek nicht in die Berufungsliste aufgenommen wurden, obwohl Heinzel sich in einem persönlichen Brief an ihn (s. Brief 182, Anm. 2) für beide eingesetzt hatte.
5 nicht überliefert.
6 Gemeint ist vmtl. das 3. Heft des 10. Jahrgangs des »Euphorion«, in dem der Umfang der Bibliographie vor allem aufgrund einer Vielzahl neu aufgenommener Zeitschriften um gut ein Viertel der zuvor üblichen Menge vermehrt wurde.

213. (B) Sauer an Seuffert in Graz
  Prag, 5. September 1903. Samstag

Prag 5/9 03
Smichow 586

Lieber Freund! Gestern Abends bin ich nach Hause gekommen. Das erste was ich zu mei*[ner]* grossen Freude vorfand war Ihre Rezension u. das Versprechen einer zweiten.[1] Vielen, vielen Dank dafür. Sie ist sehr lehrreich und wertvoll. Mehr, mehr dergleichen. Anzengruber![2] Hebbel!![3]

Dass ich so lange nicht geschrieben habe, nehmen Sie mir nicht übel. Meine Ferien waren kurz und ich vermeide es in dieser Zeit, die Feder zur Hand zu nehmen. – Anfang Juli kam ein junger amerikan. Freund, Dr. Lessing z*[u]* mir,[4] der mich auch nach Weimar begleitete; ein ausserord. sympathischer junger Gelehrter, der sich nah an mich angeschlossen hat und vom Herbst ab voraussichtlich in Prag leben wird. So angenehm die mit ihm verbrachten Stunden für mich waren: so gieng mir doch viel Zeit für die Arbeit verloren. In Weimar erledigte ich die Correcturen des ganzen Textes von Schriften XVIII.[5] Suphan war erträglich; dennoch athmete ich auf, als ich fertig war. Schüddekopf war verreist. Anfangs war Creizenach dort: *[e]*in wüster Anekdotenerzähler; ein americ. Prof. aus Philadelphia Learned;[6] zuletzt ein gedrückter aber sonst netter Franzose aus Toulouse: Loiseaux.[7] Vom 4. August ab war ich mit meiner Frau in Bad Elster, einem netten, stillen Örtchen, wir waren ganz allein; nur einmal trafen wir RMMeyers in Franzensbad; jetzt bleibe ich 4 Wochen hier, gehe dann noch auf 10–12 Tage nach Wien. Die Arbeit liegt berghoch; da meine Frau nicht hier ist und auch sonst völlige Ruhe herrscht, so hoffe ich Vieles zu erledigen, wenn nur die grosse Hitze nicht anhält.

Schmidt schrieb mir, dass die Ak. das Geld für die Wielandausgabe bewilligt habe.[8] Seit Jahren habe ich mich über nichts so gefreut wie über diese Nachricht. Nun erreichen Sie *[Ihr]* Lebensziel und in so ehrenvoller Weise. Ich wünsche Ihnen umso herzlicher Glück dazu, als meine Hoffnungen auf die Grillparzerausgabe stark gefallen sind. Hartel ist unzuverlässig, Glossy schwach und müde; zum Glück habe ich keinen Schritt gethan, der mir irgendwie schaden könnte; auch meine sanguinischen Hoffnungen habe ich Niemandem mitgeteilt als Ihnen. Haben Sie den Brief[9] bei der Hand, so, *[bi]*tte, verbrennen Sie ihn. – Von den Neudrucken habe ich Ihnen noch von Weimar aus das Heft von Moritz[10] übersandt. Es war wieder ein Leidensheft. Der Herausgeber, ein Schüler Kluges, hat nicht nur den Text schlecht collationiert; er lieferte mir Einleitg. u. Anmerkg. in völlig unverwendbarer Form, gieng auf meine Verbesserungsvorschläge nicht ein u. da ich mit dem (übrigens sehr dankbaren) Stoff ganz unvertraut war, so konnte ich nur die ärgsten Auswüchse beseitigen. Hoffentlich macht Ihnen das Heft *[Gers]*tenberg,[11] mit dem ich abschliesse, grössere Freude. Es ist nach langem wieder eine wirkliche Bereicherung d. Litt. d. 18. Jh. –

Frau Kürschner hat die Autographensamml. durch den Leipziger Händler Schultz[12] schätzen lassen;[13] er setzte Autographenpreise an, um die er selbst die Sachen zu kaufen bereit ist, Maler Müller & Götz kosten zusammen 14.000 M!! Schmidt ist *[ent]-*rüstet darüber. Niemand kann sie kaufen; nun werden sie zerstreut. Den Stifter hat sie mir um 3000 M. überlassen, obwol er auch auf mehr als das doppelte geschätzt war; aber ich habe das Geld dafür noch nicht ganz beisammen. Erwerben müssen wir es aber.[14] –

Ich freue mich herzlich über die anhalte <*!*> Besserung im Befinden Ihrer lieben Frau. Schreiben Sie bald, wenn E.S.[15] weg ist.   In treuer Freundschaft Ihr
AS.

Handschrift: ÖNB, Autogr. 423/1-462. 2 Dbl., 8 S. beschrieben. Grundschrift: lateinisch. Empfängervermerk (S. 4): Euphorionanz[eige].

1 *vmtl. Bernhard Seuffert [Rez.]: Max Foth: Das Drama in seinem Gegensatz zur Dichtung. Ein verkanntes Problem der Ästhetik. Bd. 1. Die Stellung des Dramas unter den Künsten. Leipzig: Georg Wigand, 1902. In: Euph. 11 (1904), S. 147–156; ders. [Rez.]: Rudolf Asmus: G. M. De La Roche. Ein Beitrag zur Geschichte der Aufklärung. Karlsruhe: J. Lang 1899. Ebd., S. 555–562.*
2 *s. Brief 198, Anm. 9.*
3 *Johann Peter Hebbel; Bezug unklar.*
4 *Der aus Würzburg stammende, seit seinen Studienjahren aber in den USA lebende Otto Eduard Lessing war 1901 als Beiträger des »Euphorion« hervorgetreten (ders.: Bemerkungen zu Grillparzers Bancbanus. In: Euph. 8 [1901], S. 685–699).*
5 *Goethe und Österreich. Briefe mit Erläuterungen. 2. Theil. Hrsg. von August Sauer. Weimar: Goethe-Gesellschaft, 1904 (Schriften der Goethe-Gesellschaft. 18).*
6 *Der amerikanische Germanist Marion Dexter Learned hatte u. a. in Leipzig studiert und war seit 1895 Professor of German Languages and Literatures an der University of Pensylvania in Philadelphia. Sein Aufenthalt in Weimar stand vmtl. in Zusammenhang mit seiner Arbeit »Herder and America«, erschienen in den von ihm herausgegebenen »German American Annals« (N. S. 2 [1904], S. 531–570).*
7 *recte: Hippolyte Henri Felix Loiseau, Goetheforscher und Professeur de Langue et Littérature Allemandes in Toulouse.*
8 *Der Antrag der Philosophisch-historischen Klasse der Königlich Preußischen Akademie der Wissenschaften zu Berlin, eine historisch-kritische Wieland-Ausgabe (= Wieland: Schriften) herauszugeben, wurde am 2.6. 1904 gefasst (s. Gerlach: Bernhard Seuffert, S. 114). Vorausgegangen war ein Aufruf in der »Deutschen Literaturzeitung« (25 [1904], Nr. 15, S. 928), unterzeichnet von Konrad Burdach, Gustav Roethe und Erich Schmidt: »Die Königlich preussische Akademie der Wissenschaften in Berlin hat ihre Deutsche Kommission mit einer historisch-kritischen Gesamtausgabe der Werke Wielands betraut, die jetzt mit Hilfe Bernhard Seufferts vorbereitet wird und deren zweite Abtheilung die Übersetzungen, deren dritte die Briefe bringen soll. Wir bitten alle Bibliotheken, Archive usw., sowie alle Literaturfreunde, die Wielandische*

Handschriften, namentlich Briefe von ihm und an ihn, besitzen oder ihren Fundort nachweisen können, um geneigte Förderung des grossen Unternehmens. Mitteilungen mögen gefälligst an die Akademie (Berlin W. 35, Potsdamer Strasse 120) oder auch, wenn es sich um Briefe handelt, unmittelbar an Herrn Professor Dr. Seuffert in Graz, Steiermark, Harrachgasse 1, gerichtet werden. Die Geschäfte der Wieland-Ausgabe führt E. Schmidt.« Da Seuffert noch nicht Mitglied der Akademie war, wurde er Anfang des Jahres 1905 zum außerakademischen Mitglied der Deutschen Kommission gewählt. »Damit war seine Zugehörigkeit zur akademischen, auch programmatisch wirkenden Elite besiegelt.« (Gerlach: Bernhard Seuffert, S. 120) Seuffert wirkte an der Ausgabe nicht nur mit, sondern bewältigte einen Großteil der Arbeit selbst und schuf mit den auf die Dokumentation der Werk- und Druckgeschichte sowie der Lesarten und ihrer Darstellung ausgerichteten »Prolegomena zu einer Wieland-Ausgabe« (9 Tle. Berlin: Weidmann; de Gruyter, 1905–1941) die Grundlage der Edition. Anders als bei der Weimarer Ausgabe lag der Schwerpunkt nicht allein auf der letzten Fassung des Dichtertextes, sondern auch auf einer Abbildung des Schreibprozesses (Gerlach: Bernhard Seuffert, S. 120–122). Nach dem Tod Erich Schmidts im Jahre 1913 wurde Seuffert zum korrespondierenden Mitglied der Akademie gewählt und zum offiziellen Leiter der Ausgabe ernannt. Die »Prolegomena zu einer Wielandausgabe« wurden nach dem Tod Seufferts von seiner Schwiegertochter Margarethe Seuffert abgeschlossen. Aufgrund finanzieller, methodischer und politischer Schwierigkeiten blieb die Wieland-Ausgabe der Preußischen Akademie, die ab 1948 in der DDR und ab 1989 in der neuen Bundesrepublik weitergeführt wurde, unvollendet und wurde im Jahr 2003 endgültig abgebrochen. Gestützt auf Seufferts Vorarbeiten publizierte die Deutsche Akademie der Wissenschaften zu Berlin ab 1963 den Briefwechsel von Wieland. Ergänzend werden in Jena und Weimar seit 2008 auch die Werke Wielands computerbasiert als »Historisch-kritische Werkausgabe« (»Oßmannstedter Ausgabe«, angelegt auf 36 Bde., Berlin: de Gruyter) neu ediert. Von den Prinzipien Seufferts, der die Werke Wielands auf 39 Textbände in zwei Abteilungen – 25 Werkbände und 14 Bände Übersetzungen – angelegt hatte (von denen nur 14 Bände vollständig ediert wurden, 10 ohne Apparatbände erschienen und 15 gänzlich unediert blieben) hat man großenteils Abstand genommen.

9 s. Brief 211.
10 C. Ph. Moritz: Reisen eines Deutschen in England im Jahr 1782 (DLD. 126 = 3. Folge. 6).
11 H[einrich]. W[ilhelm]. v. Gerstenbergs Rezensionen in der Hamburgieschn [!] Neuen Zeitung 1767–1771. Hrsg. von O[tokar]. Fischer. Berlin: B. Behr's Verlag, 1904 (DLD. 128 = 3. Folge. 8). Sauer legte mit diesem Band die Leitung der »DLD« nieder (s. Brief 207, Anm. 9).
12 vmtl. der Leipziger Autographenhändler Hermann Schulz, Inhaber des von seinem Vater gegründeten Antiquariats Otto August Schulz.
13 Joseph Kürschners Autographensammlung, darin die Nachlässe von J. N. Götz und Maler Müller, wurde vom 30.5. bis 4.6.1904 durch das Auktionshaus C. G. Boerner in Leipzig versteigert. Zu der Auktion erschien ein Katalog, den Sauer einleitete (s. Brief 211, Anm. 5).
14 für Sauers Stifter-Ausgabe (s. Brief 196, Anm. 14 bzw. Brief 211).
15 Erich Schmidt befand sich wegen der Organisation der Wieland-Ausgabe in Graz, s. auch Brief 214.

214. (B) Seuffert an Sauer in Prag
  Graz, 15. September 1903. Dienstag

15.9.03.

Lieber freund, Ich bitte für die beifolgende anzeige¹ um aufnahme. Wann u. ob sich weiteres, aufsätze u. besprechungen, wie ich sie Ihnen in aussicht stellte u. zusagte, leisten lässt, hängt von den besprechungen ab, die ich jetzt mit Erich Schmidt haben werde. Er ist seit gestern hier u. würde Sie gewiss grüssen lassen, wenn er wüsste, dass ich Ihnen schriebe. Ich danke Ihnen für Ihren glückwunsch zur Wielandausgabe. Ich habe darüber nicht geschrieben, weil Schmidt mit rücksicht auf den bevorstehenden besuch mich mehr im ungewissen liess, als er Sie gelassen zu haben scheint; ich wusste seine kurze nachricht nicht klar zu deuten. Ich freue mich, dass ein Wieland kommt; ich bange aber auch vor der leistung, die man von mir zu erwarten und zu fordern berechtigt ist. Wie und mit wem werd ich es tragen können? Ich hoffe von den besprechungen einige klärung, die mir mut gibt.

    Ich danke Ihnen auch für das übersandte heft DLD,² das ich noch nicht durchgesehen habe; verzeihen Sie, dass ich es nicht früher getan. Und ich danke Ihnen für die anzeige des Teplitzer Goethe.³ Die bibliographie aufzuschlagen fand ich nach meiner rückkehr noch keine zeit, ich vermutete nichts mich betreffendes darin und das produktive heft hatte ich ja durch Ihre güte in korrekturen gelesen. Ich weiss sehr wol, dass Sie mit Ihrem lob viel zu weit gehen; weder die kleine arbeit an sich verdient es, noch gar ihre stellung zu Ihrem buche. Ihr buch ist in sich vollendet und mein zusatz konnte es nicht bereichern. Sie würden Ihre arbeit sehr unterschätzen, wenn Sie dies sich nicht selbst sagen würden. Aber für die freundlichkeit Ihrer gesinnung dank ich Ihnen recht herzlich und bitte sie mir zu erhalten. Erich Schmidt hat mich auf die anzeige aufmerksam gemacht.

    Die nachrichten Ihres briefes sind im ganzen erfreulich. Nur Ihre Grillparzerpläne sehe ich gefährdet, hoffe aber, dass Sie den augenblicklichen stillstand der aktion fälschlich als einen rückgang betrachten. Was soll denn gutes gebracht werden wenn nicht Ihr Grillparzer? so reich ist doch die österr. litteratur nicht, dass sie auf diesen reichtum verzichten kann.

    Kürschner bleibt auch tot der geschäftsmann. Da ist nichts zu hoffen.

    Ich muss schliessen. Herzlich Ihr
  ergebener
  BSeuffert.

Handschrift: StAW. 1 Dbl., 3 S. beschrieben. Grundschrift: lateinisch.

1 s. Brief 213, Anm. 1.
2 H. W. v. Gerstenbergs: Rezensionen in der Hamburgieschen Neuen Zeitung (DLD. 128 = 3. Folge. 8).
3 Gemeint ist August Sauers kurze Besprechung von Seufferts »Teplitz in Goethes Novelle« innerhalb der Bibliographie des »Euphorion« (10 [1903], S. 488 f.): »Diese feinsinnige Untersuchung war für den ersten Band meines Buches: Goethe und Österreich bestimmt. Wie ein diamantener Reif hätte sie die zerflatternden Untersuchungen über Goethes persönliche Beziehungen, wie sie dort vorgelegt wurden, zusammenhalten sollen; denn was nützen uns alle noch so genauen Nachweise persönlicher Berührungen, wenn sich diese in Goethes Dichtung nicht irgendwie abspiegeln. Aber es ergaben sich Raumschwierigkeiten und schnellfertig brach man der Pflanze das Herz aus. Nun sucht die kleine Schrift allein ihren Weg. Mit Glück und Scharfsinn weist Seuffert nach, wie Goethes genaue Kenntnis Teplitzer Örtlichkeiten, der Stadt, des Schlosses, der Ruine und der an hervorstechenden Persönlichkeiten reichen Familie Clary auf die Entstehung der Novelle eingewirkt haben [...]. Die nahe Beziehung, in die mich der Verfasser zu seiner Schrift treten ließ, darf mich nicht abhalten, die fesselnd geschriebene Abhandlung für ein kleines Meisterstück zu erklären.«

215. (B) Sauer an Seuffert in Graz
    Prag, 17. September 1903. Donnerstag

Prag 17/9 03
Smichow 586

Lieber Freund!
Vielen, vielen Dank für die inhaltsreiche Rezension; sollte ich – was ich im Augenblick nicht mit Sicherheit sagen kann – Ihre beiden Rezensionen auf 2 Hefte verteilen müssen,[1] so bitte ich Sie das mit den festen Abmachungen zu entschuldigen, die mir die Hände binden.

Wenn die Wielandausgabe zu Stande kommt, so ist das das grösste Glück Ihres Lebens. Sie haben noch viel mehr einen Mittelpunkt als bisher, Sie sind dafür gerüstet und Sie haben Aussicht, eine wirklich bedeutende Leistung in die Welt zu setzen[.] Bedenken von Ihrer Seite sollten, wenn man Ihnen halbwegs vernünftig entgegenkommt, gar nicht auftauchen. Nehmen Sie zu Mitarbeitern aber nur solche Leute, die Sie genau kennen, die Sie sich entweder selbst dazu erzogen haben oder die andre dazu erzogen haben. Es ist ein jäm[mer]liches Arbeiten mit Halbdilettanten oder Vertretern andrer Disciplinen, die gar nicht wissen, was wir wollen. So macht mir die Stifterausgabe, die übrigens ein Kinderspiel ist im Vergleich zu Ihrer Riesenarbeit, dreifache Mühe deshalb, weil mein Mitarbeiter Horcicka, so grosse Verdienste er sonst hat [u]nd ohne den mehrere Bände kaum zu machen gewesen wären, weil er das Material dazu vor uns in Händen hatte, von Philologie keine Ahnung hat. Fresenius? In Greifswald ist ein gewisser J. Steinberger, wenn ich nicht irre, der mir für die DLD die Comischen Erzählungen[2] angetragen hat (Behr gieng nicht darauf ein); [d]a er ein Schüler Roethes zu sein scheint, so werden Sie Auskunft über ihn leicht bekommen können. Gerne stellte ich mich Ihnen selber zur Verfügung. Aber vor 2–3 Jahren könnte ich nicht, selbst wenn die Grillparzer-Ausgabe nicht zu Stande kommt; und dann sehne ich mich nach andern – darstellenden – Arbeiten, wenn [di]e Kraft dazu noch reicht. Junge Kräfte sind für solche Arbeiten weitaus die bessern.

Ich bin in der 1. Hälfte Oktober in Wien, habe viele u. unangenehme Geschäfte dort, das unangenehmste, den Euphorion weiter zu sichern. Meine Adresse ist: V[III] Schlösselgasse, Hotel Hammerand. Doch treffen mich Briefe auch unter meiner Prager Adresse.

Seien Sie herzlichst gegrüsst von Ihrem
Treulichst erg.
ASauer.

Handschrift: ÖNB, Autogr. 423/1-464. 1 Dbl., 4 S. beschrieben. Grundschrift: lateinisch.

1 Die beiden Rezensionen erschienen in verschiedenen »Euphorion«-Heften (s. Brief 213, Anm. 1).
2 Ein Neudruck von Wielands »Comischen Erzählungen« (1765), den Seuffert bereits 1891 geplant hatte (s. Brief 108, Anm. 7) kam nicht zustande. Julius Steinberger, ein Schüler Gustav Roethes in Göttingen, stand seit April 1902 im preußischen Bibliotheksdienst.

216. (K) Seuffert an Sauer in Wien
   Graz, 2. Oktober 1903. Freitag

Lfrd. Dank f. Ihren guten brief u. angenehme erledigung Ihrer Wiener geschäfte, bes. der Euph.-sache. Ich lege gar keinen wert darauf, dass meine recensionen zugleich erscheinen; welche Ihnen besser in den rahmen taugt, bringen Sie zuerst. Schmidt ist nach Wien abgereist für ein p. tage, ich weiss seine adresse nicht, er wohnt wol bei dem hausherrn,[1] dessen mieter er als Wiener prof. war. Ich mache den verteilungsplan der W. schen werke, was viel arbeit u. erwägung kosten wird; als herausgeber behalte ich nur das briefcorpus u. erbitte hiezu auch Ihre nachweise. Die ww.[2] wird Schmidt durch einige junge Berliner leute besorgen lassen; nicht zu viele. Wir sind völlig Ihrer meinung, dass die jugend dazu einzuspannen ist. Wir werden aber auch Zürich wegen der hss. um einen mitarbeiter angehen müssen.[3] Für Ihre bereitwilligkeit mitzutun dank ich herzlich; sie ehrt u. freut mich. Womöglich verschon ich Sie. Aber ich kanns nicht versprechen, ob wir Sie nicht brauchen. Österreicher jugend kann ich nicht einstellen, weil sie gleich ins lehramt muss, um den anschluss nicht zu versäumen. Ich kann nicht verantworten, sie zu fesseln.[4] Jetzt muss ich erst das kolleg und seminar in schwung bringen. Dann will ich den grundriss reissen. Hoffentlich reicht die kraft.   Der tod Rolletts trifft unsere universität schwer.[5]

Treulich Ihr BSfft.

Harrachg. 1.   2.10.03.

Schmidt war sehr liebenswürdig u. gemütlich, eine auffrischung.

Handschrift: StAW. Postkarte. Adresse: Herrn Professor Dr. August Sauer / aus Prag Smichow 586 / Wien VIII / Schlösselgasse Hotel Hammerand *Poststempel: 1) Graz, 3.10.1903 – 2) fehlt. Grundschrift: lateinisch.*

1 Der Fabrikant Felix Fischer war der Besitzer jener Wohnung im dritten Wiener Gemeindebezirk, Landstraßer Hauptstraße 88, die nacheinander von Wilhelm Scherer, Erich Schmidt und Jakob Minor bewohnt wurde (s. Erich Schmidt an Jakob Minor, Brief vom 4.7.1885, Briefw. Schmidt/Minor, Nr. 16, S. 85; Schmidt an Wilhelm Scherer, Brief vom 12.8.1880, Briefw. Scherer/Schmidt, Nr. 172, S. 146). »Er, der Seifensieder, ist mein lieber Freund, Zürcher Polytechniker, strammer Deutscher, Volkstheatermann, gastlich, auch Freuden außer dem Haus zugeneigt« (Schmidt an Konrad Burdach, Brief vom 19.1.1898, Briefw. Burdach/Schmidt, Nr. 247, S. 214); »Felix Fischer, auch ›der Seifensieder‹ genannt, Fabriksbesitzer in Wien« (ebd., Anm. 540).
2 Wielands Werke in der Ausgabe der Preußischen Akademie der Wissenschaften (= Wieland: Schriften), im Gegensatz zu den Briefen, deren Herausgabe Seuffert selbst übernommen hatte. Infolge des frühen Todes von Erich Schmidt im Jahre 1913 wurde diese Aufteilung nicht aufrechterhalten.
3 Ein Teil des Nachlasses aus Wielands Züricher Zeit befindet sich in der Zentralbibliothek Zürich (früher: Stadtbibliothek Zürich): Briefe, Materialien zum Werk, Werke (Signaturen: Ms T 442; Ms. V 517–518; Ms. Bodmer 41.1–26).
4 s. Gerlach: Bernhard Seuffert, S. 125: »Soweit ich sehe, befindet sich unter den Bearbeitern von Wielands gesammelten Schriften kein Schüler Seufferts aus Graz.«
5 Der Grazer Physiologe Alexander Rollett, der zwischen 1872 und 1903 viermal als Rektor der Universität amtiert hatte, war am 1.10.1903 gestorben.

217. (B) Sauer an Seuffert in Graz
    Prag, 22. April 1904. Freitag

Prag 22/4 04
Smichow 586

Lieber Freund! Bevor die Ferienarbeit zu Ende geht und die des Semesters anfängt will ich eine kleine Pause machen und mir die Freude eines Briefes an Sie gönnen. – Ich habe endlich einiges von mir abgewälzt. Der § Goedecke mit Grillparzer und Zedlitz ist impr., meine Verpflichtg. für den G. zu Ende;[1] die DLD bin ich endgil-

tig los, nachdem ich für Gerstenberg noch *[15]* M. Zuschuss für den Bogen leisten musste.² Schriften der Goethe-Ges. 18³ ist vollständig imprimiert und aus der Sklaverei Suphans für ewige Zeiten entlassen zu sein ist mir ein wonniges Gefühl. Der 2. Bd. musste nach allen Seiten beschnitten werden und macht mir keine Freude. Nun droht freilich viele neue Arbeit für den Wiener Verein⁴ und ganz angenehm gehts dort auch nicht zu; aber es herrscht doch keine solche Engherzigkeit und Pedanterie wie in W.
– In Wien lernte ich Zwierzina kennen, der mir sehr gefiel. Er käme auch sehr gern nach Prag. Im Minist. scheint man aber um jeden Preis Krauss ernennen zu wollen und ich wundre mich eigentlich, warum es noch nicht geschehen ist.⁵ Ich war bei Heinzel – ein sehr unerquicklicher Besuch. Sehr eng hat sich seit vorigen Herbst Minor an mich wieder angeschlossen. Der Hauptgrund davon dürfte in seinen trostlosen häuslichen Verhältnissen liegen: er hat sich von seiner Frau⁶ u. den Kindern getrennt und eine neue Wohnung allein bezogen. Wie sich älteste Jugendfreundschaft über alle Hemmungen immer w*[ie]*der herstellt, so gieng es auch diesmal und ich konnte ihm nichts abschlagen, nicht einmal die Begleitung nach St. Louis, wohin er mir eine Einladung zum Congress⁷ verschafft hat. Und da mir alle Welt zuredete und ich mir eine gute Wirkung von der langen Seereise erwarte, so hab ich endlich zugesagt. Wir werden Ende Aug. von Bremen aus nach New-York gehen und unge*[fäh]*r am 22. Okt. wieder zurück sein. Das Thema des ¾ stünd. deutschen Vortrags ist noch nicht festgesetzt. Der Congress zahlt 500 Dollars für die Reise, was allerdings nur knapp reicht; aber leben müsste man auch sonst während dieser Zeit und viel mehr zahlt man nicht darauf. Hinderlich ist mir die Reise nur wegen meiner Arbeitspläne, die eine kleine Verschiebung erfahren müssen. – Für Mai 1905 bereite ich ein Schillerheft des Euphorion *[vo]*r; Aufsätze, Miszellen, Rezensionen (keine eig. Jubiläumsartikel); sollten Sie selbst etwas dafür haben oder einen Schüler dazu anregen wollen, so bitte ich meiner zu gedenken.⁸
Zwiedinecks⁹ erzählten mir in Wien von Ihnen und Ihrem Hause, leider nicht das Allerbeste. Seien Sie versichert, dass ich daran den wärmsten A*[nte]*il nehme.¹⁰ Ich überlege jedes Jahr, ob ich Sie nicht für längere Zeit sprechen könnte. Leider komm ich in diesem Jahr wieder nicht in Ihre Nähe. Dass Sie einmal nordwärts giengen, ist kaum zu hoffen. Nächstens erhalten Sie das Doppelheft in Correcturbogen. – Alles gute für den Wieland. Ihr treulich erg.   AS.

Handschrift: ÖNB, Autogr. 423/1-471. 1 Dbl., 4 S. beschrieben. Grundschrift: lateinisch.

1   *Der angesprochene Paragraph über Grillparzer war Sauers letzter Beitrag zu Goedekes »Grundriss« (s. Brief 86, Anm. 28).*
2   *zum Rücktritt Sauers von der Leitung der »DLD« und den Band über H. W. v. Gerstenberg (DLD. 128 = 3. Folge. 8) s. Brief 213, Anm. 11.*

3 Gemeint ist der zweite Teil von Sauers »Goethe und Österreich«.
4 Gemeint ist der Literarische Verein in Wien (s. Brief 211, Anm. 16).
5 Es geht um die Nachbesetzung für den bereits 1902 schwer erkrankten, am 23.1.1904 gestorbenen Ferdinand Detter auf dem altgermanistischen Ordinariat in Prag (s. Brief 207). An seiner statt wurde Carl von Kraus berufen, der von 1894 bis 1904 an der Universität Wien gelehrt hatte (s. Brief 218). Kraus blieb bis 1911 Ordinarius für ältere deutsche Sprache und Literatur an der deutschen Universität Prag. Bereits für die Kelle-Nachfolge war der von Sauer ungeliebte Kollege im Gespräch gewesen (s. Brief 169 und folgende).
6 Margarethe Minor. Das Ehepaar Minor wurde im April 1905 geschieden (s. Faerber: Minor, S. 69).
7 Der »Congress of Arts and Science« fand im Herbst 1904 in Saint Louis, Missouri statt und war verbunden mit den Olympischen Spielen und der Weltausstellung dieses Jahres. Das Ziel des Kongresses war, »die führenden Köpfe der Welt aus allgemeinen und angewandten Wissenschaften, aus Philosophie, Politik und Religion zu versammeln [...]. Während der sechs Kongresstage vom 19. bis einschließlich 24. September wurden aus 127 Fachgebieten [...] jeweils zwei 45-minütige Referate über deren Entwicklung während der vergangenen hundert Jahre und über deren aktuelle Probleme gehalten. [...] Bis Ende September 1903 hatten die Mitglieder des Organisationskomitees allein in Europa mehr als 150 Einladungen ausgesprochen, von denen 117 angenommen wurden. [...] Eine dieser Einladungen erreichte Jakob Minor, der seinerseits August Sauer auf die Einladungsliste reklamierte. [...] Minor und Sauer bestritten die beiden Programmpunkte in der Sektion E (Germanic Literaure) des Department 6 (History of Literature) aus Division B (Historical Science). Sauer beschäftigte sich in seinem Beitrag mit dem ›Einfluß der nordamerikanischen auf die deutsche Literatur‹ [...], Minor referierte ›Die Aufgaben und Methoden der modernen Literaturgeschichte‹.« (Faerber: Minor S. 287–289) Die schwierige familiäre Situation Minors im Zuge der Ehescheidung war ein wichtiger Impuls für die Reise (ebd., S. 296–298). Die Vorträge erschienen zweisprachig (August Sauer: The Influence of North American Literature on German Literature. In: Congress of Arts and Science. Universal Exposition St. Louis 1904. In eight Volumes ed. by Howard J. Rogers. Vol. 3: History of Language. History of Literature. History of Art. Boston, New York: Houghton, Mifflin & Co., 1906, S. 477–497; Jacob Minor: The Problems and Methods of Modern History of Literature. Ebd., S. 498–506; auf Deutsch: August Sauer: Über den Einfluß der nordamerikanischen Literatur auf die deutsche. [Vortrag, gehalten auf dem Internationalen Kongreß für Kunst und Wissenschaft in St. Louis am 19. September 1904]. In: JbGrG 16 (1906), S. 21–51; J[akob]. Minor: Die Aufgaben und Methoden der neueren Literaturgeschichte. Vortrag, gehalten auf dem Congress of arts und science in St. Louis am 28. September 1904. In: NFP, Nr. 14455, 20.11.1904, Mo.-Bl., S. 35–39.
8 Der zwölfte Jahrgang des »Euphorion« (1905) folgte der dem Inhaltsverzeichnis vorangestellten Widmung »Zur hundertsten Wiederkehr von Schillers Todestag 9. Mai 1905.«
9 August Sauer war mit der Familie Zwiedineck-Südenhorst freundschaftlich verbunden. Anlässlich des Begräbnisses von Zwiedineck im Jahr 1906 bat Sauer Seuffert etwa, in seinem Namen Blumen beizusteuern und schrieb in seinem Brief an Seuffert vom 23.11.1906 (ÖNB, Autogr. 423/1-525): »Mir hat Zwiedineck im Leben so viel Freundliches erwiesen, dass ich nicht ohne Gruss von ihm Abschied nehmen wollte.«
10 zum Nervenleiden Anna Seufferts s. etwa Brief 218 und Brief 223.

218. (B) Seuffert an Sauer in Prag
   Graz, 5. Mai 1904. Donnerstag

Graz 5.5.4.

Lieber freund, Heute lese ich die ernennung von Kraus. Hoffentlich wird er Ihnen ein guter kollege, wenn Sie auch einen andern wollten, dem ich es auch zuerst, sachlich und persönlich, gewünscht hätte, Ihr kollege zu werden. Ich weiss an Schönbach zu schätzen, was ein angenehmer kollege ist. So gut werden Sie es nicht leicht bekommen. Für Ihren brief mit seinen wichtigen nachrichten dank ich sehr. Vor allem freu ich mich für Sie, dass Sie freiheit von allerlei sklavendienst – Sie selbst nannten wenigstens eine verpflichtung so – gewonnen haben. Glückauf fürs fernere! Besonders auch für die Amerikafahrt, die ganz ausserhalb meiner lebens-, ich könnte sagen begriffssphäre liegt. Sie alle stehen mehr in der welt als ich und tun gut daran. Ihr blick wird weiter, meiner enger. Um eines möchte ich eigens bitten: dass die wiedergewonnene freundschaft mit Minor nicht auf Ihr verhältnis zu mir drückt, das mir so lieb und wertvoll ist.

Ans Schillerheft will ich denken, ohne jetzt etwas zu haben. Hätte ich die unendliche Glockenlitteratur zur verfügung, so würd ich nachsehen, ob das was ich über die komposition mir zurechtgelegt habe neu sein sollte. Das kann ich aber nicht.[1] Im voraus dank ich für die angekündigten bogen des doppelheftes. Ich werde es lesen, sobald dann <!> ich luft habe. Allerdings: Wieland,[2] kolleg, im seminar Novellistik von Tieck bis Ompteda,[3] Goethekorrektur machen meine zeit knapp. U. nochmals hab ich Ihnen zu danken: für die nachsichtige art, wie Sie meinen juvenilen M. Müller im Kürschnerkatalog wiederholt genannt haben.[4] Was wäre das erschliessen dieses schatzes vor 10 jahren noch für mich gewesen. Jetzt stehe ich den funden fast entfremdet gegenüber, ganz von Wieland hingenommen, wünsche aber doch, dass sie in deutsche hände kommen, die sie verständig edieren u. verarbeiten. Ihr notschrei macht mir allerdings wahrscheinlich, dass der verlust des ganzen für Deutschland so gut wie sicher ist. Leider!

Im hause geht es erheblich besser als voriges jahr um diese zeit. Freilich nur wenn sich meine frau ununterbrochen schont und auf tätigkeit verzichtet, die ihr lieb ist. Die augen sind sehr geschwächt geblieben u. die nerven fordern ruhe.

Wukadinović Kleist[5] ist mir lieb u. erfreulich. Ein schönes u. sehr gutes buch. Dass Sie ihm einen verleger schafften, ist mir sehr vergnüglich zu vernehmen gewesen; so hat der scheue, dem Sie oder andere den blick nach Czernowitz richteten, doch stütze an Ihnen.

Die vorlesung ist stark besucht, die fakultät wuchs wieder an zahl.

Gutes semester wünscht Ihr
treulich ergebener
BSeuffert

Zahllos oft unterbrochen, daher auch der flecken, der wind rollte die feder aufs papier.

Handschrift: StAW. 1 Dbl., 4 S. beschrieben. Grundschrift: lateinisch.

1 *In seinem Brief an Sauer vom 8.8.1904 (StAW) kündigte Seuffert schließlich einen Beitrag an: »Sollten Sie für Ihr Schillerheft noch was bedürfen, so könnte ich briefe der Charlotte v. Schiller zur verfügung stellen, allerdings ganz unlitterarischen inhalts, so dass sie besser in eine zeitung passen.« Erschienen als: Bernhard Seuffert: Zehn Briefe von Charlotte Schiller. In: Euph. 12 (1905), S. 450–470. »Vor zehn Jahren hat meine mütterliche Freundin Marie Emmingshaus Briefe Charlotte Schillers in meine Hand gelegt; sie sind gerichtet an Luise Wieland [...]. Jetzt, zum Schillerjubiläum, soll auch dieser Schatz ans Licht gehoben werden, durch den die Totenklage als goldene Ader läuft.« (ebd., S. 450)*
2 *Gemeint sind die Vorbereitungen zur Wieland-Ausgabe (s. etwa Brief 213, Anm. 8).*
3 *Im Sommersemester 1904 hielt Seuffert im Seminar Übungen zu »Deutscher Novellistik« (2-st.) ab (s. Müller/Richter: Prakt. Germ., S. 222).*
4 *Gemeint ist Seufferts Monographie über Maler Müller (1877), die Sauer wiederholt in seinem Vorwort zu dem Auktionskatalog zu Joseph Kürschners Autographensammlung erwähnt hatte (s. Auktionskatalog Kürschner; dazu auch Brief 211, Anm. 5 und 10). Der Müller-Nachlass wurde jedoch zu großen Teilen durch das Freie deutsche Hochstift in Frankfurt am Main erworben (s. Brief 40, Anm. 14).*
5 *Spiridion Wukadinović: Kleist-Studien Stuttgart: J. G. Cotta Nachf., 1904. Der Czernowitz-Bezug ist unklar. Vermutlich hatte Sauer Wukadinović nahegelegt, sich für die Nachfolge Rudolf Wolkans zu bewerben, der bis 1902 Amanuensis an der Czernowitzer Universitätsbibliothek und zugleich Privatdozent für Neuere deutsche Literaturgeschichte an der dortigen Universität gewesen war. Wukadinović blieb jedoch bis 1914 in Prag, von wo er als Extraordinarius für deutsche Sprache und Literatur nach Krakau wechselte.*

219. (K) Sauer an Seuffert in Goisern, Oberösterreich
Zinnowitz auf Usedom, 20. August 1904. Samstag

L. F. Nächster Tage wird es Ernst. Ich reise am 24. von hier nach Hamburg; am 1. geht unser Schiff. In New York schliessen wir uns einer von Cook[1] veranstalteten Professorentour an, so dass wir aller Sorge um Billets, Hotels, Gepäck etc. enthoben sind. Ich *[sp]*reche in St. Louis über Stifters Bez*[ie]*hungen zur nordamerik. Literatur (Cooper).[2] – Wenn Sie mir die Briefe von Charlotte Schiller überlassen wollen, so bin ich bereit, sie in Borgis (statt in petit) zu drucken; genügt Ihnen das nicht, dann muss ich allerdings darauf verzichten. Auch wäre es dann noch ein grosses Opfer Ihrerseits, da das Honorar des Euph. auch für das Schillerheft leider keine Steigerung ver*[tr]*ägt. Ihnen die beste Erholung wünschend und um treues Gedenken bittend, mit herzlichen Grüssen Ihr reisebanger

AS.

Ostseebad Zinnowitz 20/8 04.

Handschrift: ÖNB, Autogr. 423/1-476. Postkarte. *Adresse:* Herrn Professor Dr. Bernh. Seuffert / aus Graz / derzeit Goisern (Oberösterreich) / Sydlers Gasthof *Poststempel:* 1) Zinnowitz, 21.8.1904 – 2) Goisern, 23.8.1904. Grundschrift: lateinisch.

1 Thomas Cook & Son, das bekannte englische Reisebüro, das Pauschalreisen aller Art organisierte.
2 zu Sauers Vortrag »Über den Einfluß der nordamerikanischen auf die deutsche Literatur« s. Brief 217, Anm. 7; zur Reaktion Seufferts auf den Artikel s. Brief 236.

220. (K) Sauer an Seuffert in Graz
     Prag, 26. Oktober 1904. Mittwoch

L. F. Am letzten Samstag von meiner ebenso anregenden wie anstrengenden Reise zurückgekehrt, stehe ich nunmehr einem himmelhohen Berg von Arbeit gegenüber, so dass ich nur das Dringendste erledige*[n]* kann und meine Freunde um Geduld bitten muss. – Nehmen Sie den ersten Band Stifter nachsichtig auf.[1] Der Text wird hoffentlich jeder Kritik standhalten; die Einleitung ist eine rasche Zusammenfassung lang, vielleicht zu lang erwogener Dinge, wobei ich die Arbeiten meiner Schüler nur im Allgemeinen verwertet habe, um sie in ihrer selbständigen Veröffentlichung nicht zu entwerten. – Im Verein f. Gesch. d. Deutschen in Böh*[me]*n mahnt man mich wegen einiger Bücher, die ich vor mehreren Jahren für Sie dort ausgeliehen haben soll (für: Goethe u. Teplitz).[2] Ist das richtig, so wär ich Ihnen für die Rücksendung dankbar. In steter Freundschaft Ihr aufrichtig erg.   A. S.

Datum: s. Poststempel. Handschrift: ÖNB, Autogr. 423/1-477. Postkarte. *Absender:* A. Sauer, *[Pr]*ag. / Smichow 586. *Adresse:* Herrn Prof. Dr. Bernh. Seuffert / Graz / Harrachgasse 1 *Poststempel:* 1) Prag/Praha, 26.10.1904 – 2) Graz, 27.10.1904. Grundschrift: lateinisch.

1 Gemeint ist der von Sauer herausgegebene erste Band von Stifters »Studien« (s. Brief 203, Anm. 23).
2 zu Seufferts »Teplitz in Goethes Novelle« s. Brief 204, Anm. 5.

221. (K) Sauer an Seuffert in Graz
    Prag, 3. November 1904. Donnerstag

L. F. Ich habe Ihre Prolegomena¹ mit heller Bewunderung gelesen und mit der Freude des Freundes über das grosse Glück Ihres Lebens, diese Ausgabe in die Wege leiten zu können. – Mein Stifterchen nimmt sich dagegen armselig aus: das weiss ich. Was Sie über die Änderung meines Stile*[s]* sagen, hat schon vor kurzem Seemüller bemerkt gelegentlich der kurzen Vorbemerkung zu Grillparzers Briefen.² Er findet, ich sei knapper, moderner, flüssiger geworden. Das wär dann eine Wendung zum Bessern. Ich kann nur soviel sagen, dass ich den Anfang der Einleitung Jahre lang im Kopf getragen, ihn zu wiederholten Malen aufgeschrieben habe, während das Andre rascher in die Form gegossen werden musste. Denken Sie ande*[rs]* darüber, so wären mir Ihre Win*[ke]* gewiss sehr wertvoll, wenn Sie Zeit u. Lust haben, sie mir mitzuteilen. Das Beste wünschend
    Ihr aufrichtig erg.
    AS.

Prag 3/11 04
Smichow 586

Handschrift: ÖNB, Autogr. 423/1-480. Postkarte. Adresse: Herrn Professor Dr. Bernhard Seuffert / Graz / Harrachgasse 1. *Poststempel:* 1) Prag/Praha, 3.11.1904 – 2) Graz, 4.11.1904. *Grundschrift: lateinisch.*

1   *Prolegomena zu einer Wieland-Ausgabe. I. II. Im Auftrage der Deutschen Kommission entworfen von Prof. Dr. Bernhard Seuffert in Graz. Phil-hist. Abh. nicht zur Akad. gehör. Gelehrter 1904.* »Vorgelegt von Hrn. [Erich] Schmidt in der Sitzung der phil.-hist. Klasse am 28. Juli 1904. [Sitzungsberichte St. XXXIX S. 1135]. Zum Druck eingereicht am gleichen Tage, ausgegeben am 20. Oktober 1904.« Enthält: »I. Die Ausgaben letzter Hand.« – »II. Jugendschriften«.
2   zu den von Sauer mitherausgegeben »Briefen und Tagebüchern« Grillparzers s. Brief 200, Anm. 12.

222. (B) Sauer an Seuffert in Graz
    Prag, 21. Dezember 1904. Mittwoch

Prag 21/12 04
Smichow 586

Lieber Freund! Ich will Ihnen zunächst *[üb]*er meine Wiener Reise Bericht erstatten. Ich kehrte mit einem wahren Katzenjammer zurück über das unzuverlässige und lässige Wiener Wesen. Ob ich früher auch so war? Ob ich mich in der harten Prager Schule gefestigt habe? Sicher ist, dass ich zu dieser Art nicht mehr passe und ich würde wahrscheinlich sehr bald mit allen Leuten zertragen sein, wenn ich dauernd dort wirken müsste. Mit dem Schicksal des lit. Vereins, der wol so gut wie begraben ist, *[wi]*ll ich Sie nicht behelligen;[1] aber wie es mit dem Euphorion steht, will ich Ihnen kurz auseinandersetzen. Es stellte sich heraus, dass das Geld für 1904 noch nicht ganz aufgebracht ist (es fehlen noch 500 fl.) und dass es für die Zukunft fast unmöglich sein wird, die alte Summe (800 fl.) aufzubringen. Glossy stellte vielmehr an Fromme die Anforderung, es billiger zu machen, was dieser rundweg abschlug. Es war eine höchst peinliche Scene, in der ich den beteiligten, aber fast schweigsamen Dritten spielen musste. Ich er*[kl]*äre mir die Sache so; Glossy hat offenbar dieselben Leute, die bisher für Euphorion zahlten, zum Garantiefonds für die Öst. Rundschau[2] herangezogen und kann sie nicht doppelt schröpfen; Fromme andrerseits ist wütend darüber, dass ihm Druck u. Verlag dieser Rundschau, die bisher vortrefflich zu gedeihen scheint, entgangen ist. Glossy mache ich hauptsächlich zum Vorwurf, dass er mir die W*[ah]*rheit trotz hundertfacher Bitte darum nicht schon längst mitgeteilt hat. Im Gegenteil hat er bis in die letzte Zeit mich immer noch mit den sichersten Versprechungen hingehalten; an Versprechungen liess er es freilich auch nach der grossen Scene nicht fehlen; aber jetzt falle ich nicht mehr herein. Er wollte die Zs. bei Konegen, dem Verleger der Rundschau, unterbringen. Da wäre sie aber an das Schicksal dieser *[Glos]*syschen Schöpfung, der ich keine lange Dauer prophezeie, und erst recht an seine Person gekettet. Wechsle ich aber schon einmal den Verlag, dann möcht ich auch aus Österreich heraus. – Was soll nun geschehen? Abbrechen kann ich die Zs. im Augenblick ohne grenzenlose Blamage nicht. Ich habe für ein Jahr Manuskript liegen, darunter sehr gute Sachen, h*[abe]* ein Schillerheft[3] zusammengetrommelt, das zwar nicht glänzend, aber ganz respektabel ist. Ich muss also den Jahrgang 12 auf alle Fälle auf mein Risiko erscheinen lassen. Dann bräch ich allerdings am liebsten ab. Finde ich aber einen grossen reichsdeutschen Verleger dafür – ich will mich zuerst an Teubner wenden[4] – so will ich das Opfer weiter bringen. Leider haben wir noch immer nicht mehr als 300 Abonnenten.

In Bezug auf die Lottebriefe[5] müssen Sie mich gründlich misverstanden haben; sie wären mir aufs höchste willkommen gewesen und nur trauernd lasse ich das Heft ohne einen Beitrag von Ihnen ausgehen. Wenn ich Ihnen vielleicht nicht entschieden genug zugeredet habe, so ist der Umstand daran schuld, dass Sie sagten, *[S]*ie wollten die Briefe an die Deutsche Rundschau schicken;[6] ich glaubte also, Sie wollten sie um das Lumpenhonorar des Euphorion nicht hergeben, sondern ein klein wenig damit verdienen, was ich ja sehr b*[eg]*reiflich finde. Hätt ich ahnen können, dass Sie sie im Pult liegen lassen, hätt' ich Himmel und Erde dafür in Bewegung gesetzt. Ists nun wirklich zu spät? Könnt ich Ihnen bei der Erklärung nicht behilflich *[s]*ein? Bis Ende Januar oder auch Mitte Februar kann ich leicht warten, wenn ich alles andre vorher setzen lasse. Ich müsste nur ungefähr wissen, wie viel Man. es gäbe. Wünschen Sie, dass die Briefe Borgis gesetzt werden, so tu ich *[es]* ausnahmsweise für dieses Heft, um den festlichen Charakter zu dokumentieren.

Ich danke Ihnen vielmals für die freundlichen Worte über die Gedichte meiner Frau.[7] Ich erlebe es jetzt am eignen Leib kann ich sagen, welch gefährliches Göttergeschenk d*[ie]* Dichtergabe ist. Die gefürchteten Depressionen sind bei ihr, stärker und mit kürzeren Pausen, wiedergekehrt und fast scheint es, als ob meine Reise,[8] mit der sie aber völlig einverstanden war und zu der sie mir, als *[ich]* Ende Mai mutlos geworden war und sie aufgeben wollte, heftig zuredete, dazu viel beigetragen hätte. Das wär freilich ein trauriger Gewinn, dessen Tragweite der grosse Egoist, der mich mit sich zog, weder erahnt noch ermessen könnte. So bin ich denn im Augenblick gewillt das Jahr das zu Ende geht als ein stark passives, wenn nicht als ein verlorenes einzuschätzen und bin in keiner guten Stimmung.

Möchte es bei Ihnen besser gehen; unter allen Umständen bewahren Sie mir Ihre Teilnahme und Freundschaft; ich fühle mich menschlich und wissenschaftlich gänzlich is*[oli]*ert.

In aufrichtiger Freundschaft und Liebe Ihr
AS.

Handschrift: ÖNB, Autogr. 423/1-483. 2 Dbl., 8 S. beschrieben. Grundschrift: lateinisch.

1 *zum Literarischen Verein in Wien s. Brief 211, Anm. 16. Sauers pessimistische Einschätzung bezieht sich vmtl. auf die vergebliche Hoffnung, seine Ziele im Verein durchzusetzen und auf eine Stelle in Wien berufen zu werden.*
2 *Die »Österreichische Rundschau« (1904/05–1924) fand, entgegen der Annahme Sauers, seit dem vierten Jahrgang ihre verlegerische Heimat bei Carl Fromme und entwickelte sich bis zum Ende der Habsburger Monarchie sehr erfolgreich. Sie wurde in den ersten Jahren herausgegeben von Alfred von Berger (Jg. 1 [1904/05] bis Jg. 8 [1912]), Karl Glossy (Jg. 1 [1904/05] bis Jg. 15 [1919]) sowie Leopold Freiherr von Chlumecky (Jg. 3 [1906/07] bis Jg. 15 [1919]) und verlegt in Wien bei Carl Konegen (Jg. 1 [1904/05] bis Jg. 2 [1905/06]), in Brünn, Wien und Leipzig bei Friedrich Irrgang (Jg. 3 [1906/07]), dann in Wien und Leipzig bei Carl Fromme (Jg. 4 [1908] bis Jg. 16 [1920]). Sie erschien anfangs wöchentlich, seit dem dritten Jahrgang halbmonatlich. Beiträger waren u. a. Peter Altenberg, Hermann Bahr, Marie von Ebner-Eschenbach und Arthur Schnitzler.*
3 *s. Brief 217, Anm. 8.*
4 *Der wissenschaftliche Traditionsverlag Teubner hatte sich seit den 1880er Jahren verstärkt der Philologie gewidmet und führte diese Programmatik auch nach der Jahrhundertwende fort. Geschäftsverbindungen zwischen Teubner und Sauer kamen nicht zustande.*
5 *Gemeint ist die Korrespondenz Charlotte Schiller – Luise Wieland, die Seuffert für den »Euphorion« edierte (s. Brief 218, Anm. 1).*

6 *Eine entsprechende Mitteilung Seufferts ist nicht überliefert.*
7 *Hedda Sauer: Wenn es rote Rosen schneit. Prag: C. Bellmann 1904. Eine Stellungnahme Seufferts zu diesem Band ist nicht überliefert; vier Jahre zuvor hatte Seuffert für die Übersendung von Hedda Sauers Gedichtsammlung »Ins Land der Liebe« (Prag: J. G. Calve, 1900) in untypisch bildhafter Sprache gedankt (Brief vom 19.6.1900; StAW): »Die hervorragende kunst, den eindruck einer situation dem hörer so aufzudrängen, wie er der im tiefsten berührten beschauerin sich darbot, beherrscht es ganz. Der farbenzauber gleitet in tonzauber hinüber und die empfindung ist ausgelöst. [...] Wie viel reale bestimmtheit bei einer phantasie, die auch das traumleben umspannt! [...] Wie ernst, wie ernst! auch wo die sonne glüht und der frühling webt.«*
8 *Gemeint ist die Reise mit Jakob Minor nach St. Louis (s. Brief 217 und die folgenden).*

223. (B) Seuffert an Sauer in Prag
   Graz, 2. Januar 1905. Montag

Graz 2.1.5

Lieber freund, In dieser stunde erhalte ich Ihren brief u. bedaure aufs lebhafteste, dass Sie das jahr so verstimmt beschlossen haben. Mög Ihnen das neue neuen mut geben, vor allem Ihrer verehrten frau wider <!> frische. Ich begreife, wie deren stimmung die Ihre beeinflussen muss, denn auch ich fühle mich halb krank, wenn meine frau unter Ihren nervenschmerzen zu leiden hat. Also mög es um Ihrer beider willen sich bald bessern! –

Glossy hat eben mehrere eisen im feuer und da kommt der brand nicht allen gleichmässig zu gute. Dass der Euphorion jetzt wider <!> kalt oder halb kalt gestellt ist, kränkt mich, da er mir von den 3 unternehmungen das liebste ist, das einzige, das ich für lebensfähig und lebenswürdig halte. Denn an den andern stört mich die specifisch österreichische tendenz, die ich nationalpolitisch für ein unglück und sachlich für unbegründet halte: denn es gibt wol eine deutsche litteratur in Österreich, aber keine österreichische litteratur. Verzeihen Sie die offenheit; ich glaube aber doch, hierin mit Ihnen eines sinnes zu sein, zumal ich gerade wie Sie wünsche, dass die deutsche in Österreich gewachsene litteratur genau untersucht werde, und darum ja z. b. auch über den Wiener M. A.[1] arbeiten liess. Ich hoffe, dass Sie die bewährte geschicklichkeit auch diesmal den Euphorion retten lässt. Teubner ist ein guter einfall. Mir geht durch den sinn, ob Sie nicht mit dem Schwäbischen Schillerverein[2] in ein kompagnieverhältnis treten könnten; er beabsichtigt archivpublikationen. Ihr Schillerheft würde eine basis bilden. Vielleicht könnte das Schillerarchiv u. der verein in ein verhältnis zum Euph. treten, wie das Goethearchiv u. die GG.[3] zum Jahrbuch. Ich bin über die pläne des vereins nicht näher unterrichtet.

Meine Lottebriefe sind 35 quartseiten manuskript, nicht zu eng geschrieben. Zusätze sind wenige nötig. An die Deutsche Rundschau dachte ich niemals, da Rodenberg mir einmal einen korb gegeben hat. Ich kann höchstens an die Öst. Rundschau gedacht haben. Die passt mir aber nach dem einzigen (ersten) heft, das ich von ihr sah, nicht dafür. Für die publikation würde sich das umgekehrte der sonst üblichen druckeinrichtung eignen: die briefe gross, die erläuterung klein (wie im Goethejahrb.). Darum u. weil ich nicht möchte, dass Sie das risiko für einen solchen beitrag nach der jetzigen pekuniären lage haben sollten, u. weil es wol zu viel zum nachtragen an das fertige ist, nehm ich anstoss, Sie noch um die aufnahme zu bitten. Sonst könnte ich hoffen, sie bis anfang februar druckfertig zu machen. Sprechen Sie ohne jede rücksicht auf mich, rein nach dem interesse des Euphorion. Ich weiss, dass Sie zu opfern der freundschaft gewillt sind, diesmal aber bitt ich Sie, rein praktisch zu entscheiden: unsere freundschaft bleibt davon unberührt aufrecht.

Treulich herzlich
Ihr
BSfft.

Handschrift: StAW. 1 Dbl., 4 S. beschrieben. Grundschrift: lateinisch.

1 Otto Rommel: *Charakteristik des Wiener Musenalmanachs 1777–1796.* Graz, 1903 (Promotionsschrift bei Seuffert, s. Leitner: Graz, S. 155). Bearbeitet erschienen als 6. Ergänzungsheft des »Euphorion« u. d. T.: *Der Wiener Musenalmanach. Eine literarhistorische Untersuchung (1906).*
2 Der Schwäbische Schillerverein (heute: Deutsche Schillergesellschaft) war 1895 in Schillers Geburtsort Marbach am Neckar gegründet worden. Er baute eine umfangreiche Sammlung zur Geschichte der deutschen Literatur auf, die seit 1903 im Schiller-Nationalmuseum für die Öffentlichkeit ausgestellt wurde. Zu einer Kooperation mit dem »Euphorion« kam es nicht.
3 die Weimarer Goethe-Gesellschaft.

224. (B) Seuffert an Sauer in Prag
    Graz, 5. April 1905. Mittwoch

Graz 5.4.5

Lieber freund, Hier trag ich wieder eine schuld ab. Vielleicht kommt es noch nicht zu spät.[1] Von altersher sollte ich noch über Behmers Wld-Sterne und Hassencamps LaRochebriefe berichten; das ist aber wirklich verspätet, davon bitt ich mich zu absolvieren.[2]

Kommt Fromme mit dem Schillerheft nicht zu spät? Koch hat seines schon angekündigt.[3] Ich habe noch keine korrektur.

Der tod Heinzels ist mir leid.⁴ Diesem manne hätte ich einen solchen schritt am wenigsten zugetraut. Ich habe ihn nicht oft gesprochen, aber jedesmal, wenn die ersten steifen minuten verflossen waren, mich sehr gut mit ihm gesprochen <!>.

Schönbach arbeitet in München.   Ich habe bis 24. gelesen u. muss immer noch kolloquien abnehmen.   Es war ein schweres semester durch das dekanat.⁵ Gurlitts tod ist mir dauernd eine empfindliche lücke.⁶

Wir haben im kollegium ein paar sehr lästige herren, die dem dekan das leben recht schwer machen. Wenn das jahr um ist, werd ich mich an den fakultätsgeschäften so wenig als möglich beteiligen.

Gute ferien wünscht
Ihr ergebner
BSeuffert.

Handschrift: StAW. 1 Bl., 2 S. beschrieben. Grundschrift: lateinisch.

1   Bernhard Seuffert [Rez.]: Oskar Vogt: »Der goldene Spiegel« und Wielands politische Ansichten. Berlin: A. Duncker, 1904 (Forschungen zur neueren Litteraturgeschichte. 26). In: Euph. 13 (1906), S. 616–620. Sauer hatte Seuffert in einem Brief vom 5.6.1904 (ÖNB, Autogr. 423/1-472) um diese Rezension gebeten.
2   Seuffert bezieht sich hier auf einen Brief Sauers vom 4.12.1898 (ÖNB, Autogr. 423/1-361) und das Werk: Karl August Behmer: Laurence Sterne und C. M. Wieland. München: Carl Haushalter, 1899 (Forschungen zur neueren Litteraturgeschichte. 9) sowie auf einen Brief Sauers vom 9.12.1893 (ÖNB, Autogr. 422/1-234) und das Werk: Neue Briefe Chr. Mart. Wielands vornehmlich an Sophie von La Roche. Hrsg. von Robert Hassencamp. Stuttgart: J. G. Cotta, 1894, s. auch Brief 204, Anm. 19.
3   Gemeint sind der auf Schillers Werk konzentrierte fünfte Band (1905) der von Max Koch herausgegebenen »Studien zur vergleichenden Literaturgeschichte« sowie der zugehörige Sonderband »Zur ersten Jahrhundertfeier von [Schillers; an der entsprechenden Stelle ist eine Abbildung des Dichters eingefügt] Todestag am 9. Mai 1805« (Berlin: A. Duncker, 1905).
4   Richard Heinzel hatte sich am 4.4.1905 in Wien das Leben genommen; zu den Hintergründen s. Jolanda Poppovic: 24 Stunden bis zum Ende. Richard Heinzel (1838 bis 1905) – Eine Spurensuche. In: Auskunft. Zeitschrift für Bibliothek, Archiv und Information in Norddeutschland 35 (2015), H. 1, S. 99–119.
5   Seuffert war 1904/05 Dekan der Philosophischen Fakultät. Zu Seufferts Ämtern s. auch Brief 167.
6   Wilhelm Gurlitt war nach längerer Krankheit am 13.2.1905 verstorben.

225. (K) Seuffert an Sauer in Mondsee, Oberösterreich
Obertressen bei Aussee, Steiermark, 11. August 1905. Freitag

Lieber freund, Ich habe mir ausgedacht, am 26. august Sie und Ihre frau gemahlin in Mondsee zu begrüssen um 10 uhr 59; um 1.15 wieder abzufahren und über See – Unterach – Kammer – Vöcklabruck – Attnang Passau zu erreichen, um nach Deutschland zu fahren.¹ Vielleicht begleiten Sie mich ein stückchen auf der rückfahrt, oder Sie kommen nach Scharfling herüber, damit wir etwas länger beisammen sind; freilich würde ich im letzteren falle das vergnügen verlieren, Ihrer frau gemahlin aufzuwarten. (Ich muss über Passau fahren.)   Ich schreibe zeitig, damit Sie sagen können, ob es Ihnen passt. Auch könnte schlechtes wetter mich schon einige tage früher von hier forttreiben.

Ihr sehr ergebner
BSeuffert

Obertressen 41 bei Aussee in Steiermark
11.8.5.

Handschrift: StAW. Postkarte. *Absender:* Prof. Seuffert, Obertressen / Nr. 41 bei Aussee in Steiermark *Adresse:* Herrn Professor Dr. August Sauer / aus Prag / Mondsee *Poststempel:* 1) Aussee in Steiermark, 11.8.1905 – 2) Ischl, 12.8.1905 – 3) Mondsee, 12.8.1905. *Grundschrift:* lateinisch.

1 Beschrieben ist hier eine Strecke durch das oberösterreichische Salzkammergut von West (Mondsee) – wo Sauer sich seit Mitte Juli 1905 im Hotel Königsbad aufhielt – nach Ost (Attersee) und schließlich nach Norden.

226. (K) Seuffert an Sauer in Mondsee, Oberösterreich
    Obertressen bei Aussee, Steiermark, 24. August 1905. Donnerstag

Lieber freund,   Da allzu schlechtes wetter vielleicht die fahrt über den Kammersee¹ unmöglich macht (ich darf nicht zu nass werden, weil ich die ganze Nacht in den kleidern bleiben muss), der zug um 2 uhr in Scharfling nicht anhält (mit dem ich nach Ischl zurück müsste, um anschluss zu finden), bitte ich Sie mich samstag den 26. lieber in Plomberg am bahnhof zu erwarten 10 uhr 36. Ist das wetter schlecht, so fahr ich mit Ihnen nach Mondsee oder wohin Sie wollen (ich muss nur an einer station sein, von der aus ich den zug, der um 3 Uhr 30 in Ischl ankommt, erreichen kann). Ist es gut, so können wir ja sogleich nach Pichl-Auhof oder wohin Sie wollen (ich müsste dann um 2 uhr 28 in See abfahren). Nach Lorenz kann ich unser zusammentreffen nicht verlegen, weil ich von da nur mit der bahn über Ischl, nicht mit dem dampfer über den Attersee zurück kann. – Ich verlasse Samstag früh 6 uhr unsere wohnung, kann also keinen brief von Ihnen erhalten; ich denke aber die abweichung von der frühern abrede ist so gering, dass ich keine antwort erwarte. Wenn Ihre frau gemahlin mit Ihnen sein wird, werde ich es als zuvorkommende ehre betrachten. Treulich
    Ihr BSfft.

Obertressen 41 bei Aussee, Steiermark.

24.8.5

Handschrift: StAW. *Postkarte. Adresse:* Herrn Professor Dr. August Sauer / Mondsee / Hotel Königsbad *Poststempel:* 1) Aussee in Steiermark, 24.8.1905 – 2) Mondsee, 25.8.1905. *Grundschrift: lateinisch.*

1 heute: Attersee. Alle von Seuffert in der Folge genannten Orte liegen in unmittelbarer Umgebung des oberösterreichischen Mondsees.

227. (B) Seuffert an Sauer in Prag
     Würzburg, 27. August 1905. Sonntag

Würzburg, Herzogenstr. 5
27.8.5

Lieber freund Der karte vom dampfboot[1] möchte ich vom jetzigen fahrtziele aus nochmals meinen aufrichtigen dank Ihnen und Ihrer verehrten frau gemahlin für alle bewiesene freundschaft herzlich aussprechen. Das zusammensein war mir viel zu kurz. Aber die route, wenn ich nicht Sie in Ihrem frieden länger stören wollte, bedingte die hast; ich habe von <unserer> Tressener wohnung an zwölfmal das fahrzeug gewechselt: eine so anomale richtung schlug ich ein! Beruhigen Sie mich bald, dass Sie gut nach Mondsee kamen. Dass Ihre frau gemahlin trotz der starken südluft mir ihre gegenwart gönnte, weiss ich doppelt zu schätzen. War ich doch selbst dadurch ganz stumpf, u. muss um entschuldigung bitten. Meine frau bedauert lebhaft, nicht bei der zusammenkunft gewesen zu sein, erwidert Ihre grüsse aufs wärmste u. hofft mit mir, Sie beide in Graz zu sehen.

Wenn ich auch hinterdrein recht viel weiss, worüber ich gerne mit Ihnen mich ausgesprochen hätte, so nahm ich doch die woltätige überzeugung mit, dass wir im wesentlichen nach wie vor übereinstimmen u. also auch in unberedetem übereinstimmen werden. Gerne wüsste ich, ob Sie den äusserst gewandten stilisten Petsch so hoch einschätzen wie Erich Schmidt, der auf diesen schüler etwas hält, oder so gering wie ich.[2]

Besonders leid ist mir, dass wir Ihre Grillparzergespräche[3] verredet haben. Lassen Sie mich so ehrlich sein, zu schreiben, dass sie durch den haupttitel Gespräche mich etwas enttäuscht haben. Aber ich bin nicht so unempfänglich, das viele wichtige und schöne in den 2 bänden zu verkennen und ich sehe auch ein, dass manches unbedeutende der erwünschten vollständigkeit halber mituntergeschoben werden musste. Auf die fertige fortsetzung freue ich mich sehr. Die Beethovennotizen[4] sind schwer zu geniessen, aber von mehrfachem reiz, den lauf der besprechungen zu ergänzen.

Über Zingerle möchte ich noch nachtragen: als seine berufung für Czernowitz in aussicht stand, hat Schönbach ihn in Graz zum eo.[5] für realien vorgeschlagen, um die berufung zu unterstützen. Ich habe, nicht ganz leichten herzens, mitgetan. Wenn trotzdem Z. darnach so viel ich weiss nie mehr an Schönbach geschrieben hat, so kann man schwer sagen, Sch. habe mit Z. gebrochen. Allerdings hörten wir, dass auch Z. gerne einlenkte, indem er Sch. zum Czernowitzer ehrendoktor vorschlug, woraus durch andere umstände nichts werden konnte.[6]

Der Euphorion war meine rettung in Passau, wo ich um mitternacht 3 stunden still lag. das <!> heft schliesst den Schillerband vorzüglich ab. Vom eingang her gefiel es mir besser; vielleicht ermüdete ich beim ende u. bin ungerecht. Fries[7] ist, wie früher, lehrreich u. anregend. Ebrard[8] fasst die alliteration mir zu theoretisch: manches höre ich nicht als solche u. bezweifle auch, dass es für Sch.s aussprache eine war. Bellermanns[9] beobachtungen bestätigen bekanntes; sie als kriterium anzuwenden halt ich für bedenklich. Jonas[10] – – ja, wie viel ist Goethes prägung, wie viel schon sonst da? Riemann[11] hat mich im ganzen wenig befriedigt u. überzeugt, im einzelnen (wie auch in früheren sachen) meine beobachtungsgabe angeregt. Rubensohn[12] überzeugt mich; ich habe auch für die Wielandübersetzungen die berücksichtigung der hilfsmittel zur textkritik empfohlen. Leitzmann[13] überrascht u. verdient glauben. Luther,[14] verzwickt im darlegen, hat eine mir im allgemeinen unsympathische betrachtungsweise, fesselte mich aber doch: das muss ich nochmals durchdenken, zumal ich selbst eine Carlosstudie liegen habe, die unreif ist;[15] s. 566 f. über Posas vortreten genügen mir gar nicht; u. hier liegt die hauptschwierigkeit. Warum sich Werner[16] nur mit so viel irrmeinungen herumschlägt? und die seine? Schultz:[17] mehr einleitung, als sache. Krauss[18] wie immer: material. Von da ab hat mich nichts mehr angesprochen. Alt[19] macht es sich viel zu leicht: darüber hab ich zwei viel bessere seminararbeiten erhalten.   Haben Sie dank, dass Sie mich zu so guter stunde an die volle schüssel setzten.

Möchten auch Sie beide den stunden ein freundliches gedenken bewahren können!

In treuen

Ihr BSfft.

Handschrift: StAW. 1 Dbl., 4 S. beschrieben. Grundschrift: lateinisch.

1   *Noch am Tag des Treffens am 26.8.1905 schrieb Seuffert während der Überfahrt über den Attersee eine erste Dankkarte (StAW) an die Sauers.*
2   *zur Antwort Seufferts s. Brief 228.*
3   *s. Brief 211, Anm. 23.*
4   *Immer wieder sind in der chronologisch angeordneten, von Sauer herausgegebenen zweiten Abteilung von*

»Grillparzers Gespräche und die Charakteristiken seiner Persönlichkeit durch die Zeitgenossen« (Wien: Verlag des Literarischen Vereins in Wien, 1905 [Schriften des Literarischen Vereins in Wien. 3]) Schreiben Beethovens zu finden, etwa ein Brief an Louis Spohr vom 16.9.1823 (ebd., S. 198).
5 Extraordinarius.
6 Details nicht ermittelt.
7 Albert Fries: Stilistische Untersuchungen zu Schiller. In: Euph. 12 (1905), S. 485–504.
8 W[ilhelm] Ebrard: Alliterierende Wortverbindungen bei Schiller. In: Euph. 12 (1905), S. 504–516.
9 Ludwig Bellermann: Die stilistische Gliederung des Pentameters bei Schiller. In: Euph. 12 (1905), S. 516–522.
10 Fritz Jonas: Des jungen Schillers Kenntnis Goethescher Werke. In: Euph. 12 (1905), S. 523–534.
11 Robert Riemann: Schiller als Novellist. In: Euph. 12 (1905), S. 534–546.
12 Max Rubensohn: Aus Schillers Übersetzungswerkstätte. I. Das hölzerne Pferd und Sinons Trugerzählung. In: Euph. 12 (1905), S. 547–556.
13 Albert Leitzmann: Die Quellen von Schillers »Pompeji und Herkulanum«. In: Euph. 12 (1905), S. 557–561.
14 Bernhard Luther: Don Carlos und Hamlet. In: Euph. 12 (1905), S. 561–572.
15 Seuffert entwickelte seine Überlegungen zum »Don Carlos« (und den Einfluss Goethes auf das Stück) schließlich in größerem und theoretisch ambitionierterem Zusammenhang (s. Bernhard Seuffert: Beobachtungen über dichterische Komposition III. In: GRM 3 (1911)], S. 617–632; s. Brief 266, Anm. 3).
16 Richard Maria Werner: »Der schwarze Ritter«. In: Euph. 12 (1905), S. 579–592.
17 Franz Schultz: Ein Urteil über die »Braut von Messina«. Aus ungedruckten Briefen von Sophie Reimarus an Sulpiz Boisserée. In: Euph. 12 (1905), S. 592–599.
18 Rudolf Krauß: Die Erstaufführungen von Schillers Dramen auf dem Stuttgarter Hoftheater. In: Euph. 12 (1905), S. 599–627.
19 Carl Alt: Schillers und Otto Ludwigs ästhetische Grundsätze und Ludwigs Schillerkritik. In: Euph. 12 (1905), S. 648–664.

228. (B) Sauer an Seuffert in Würzburg
(Mondsee, um den 29. August 1905)

L. F. Ich schreibe hier sehr schwer; ich bin daher ausser Stande alles zu sagen was ich sagen wollte. Vielen Dank für Ihren überaus freundlichen Besuch, *[für]* Ihre liebenswürdige Karte u. Ihren ausführlichen Brief. Alles auch im Namen meiner Frau. Ich fühle mich durch Ihren Besuch, dessen Opfer ich zu schätzen weiss, wieder ermutigt, gehoben u. angespornt. Ich bin wissenschaftlich ganz isoliert. Die hohen Herren in Berlin, Leipzig, *[G]*öttingen kümmern sich nicht um mich, auch die in Wien blos, wenn Sie mich als Folie oder zu andern Zwecken brauchen. Allerdings hängt sich ungeheuer viel Mittelmässigkeit an mich an u. vielleicht sollte ich noch mehr Leute abschütteln als ich von mir weise. Man hat Stunden der Täuschung, der Schwäche, der Verblendung, de*[r K]*ritiklosigkeit u. Niemanden als Berater zur Hand. Sie sind meine einzige Stütze u. derjenige, der mir d. Wahrheit sagt, auf dessen Urteil ich auch alles gebe. Freilich meine sog. ›Gespräche‹ hätte ich auch mündlich gegen Sie in Schutz genommen, durch das Urteil der Philologen wie Gomperz gestützt,[1] der sie *[f]*ür einen neuen gelungenen Versuch einer Quellensamml. hält, weit über Biedermanns Samml.[2] hinaus. Vielleicht haben Sie doch das viele Neue nicht bemerkt, doch <!> auch in d. Einl. u. in d. Anm. steckt. Auch ist es wohl ein Buch, das man erst dann schätzen lernt, *[we]*nn man es braucht. Die grossen 4 Sammlungen der Gespräche gehen überdies erst in die späteren Bände ein und der Registerband wird das Ganze erst brauchbar machen.[3] Ich verlange solche Quellenwerke für alle grossen Dichter; für Klopstock, Lessing, Wieland, Herder, Schiller Kleist, Hebbel ist sie auch mög*[li]*ch; für Goethe leider nicht. Allerdings scheide ich nichts aus von dem, was ich kenne; aber ich unterscheide doch zwischen wertvollem u. geringerem indem ich vieles blos in den Anm. erwähne. Man weiss überdies nie, in welchem Zusammenhang eine scheinbar wertlose Notiz Wert gewinnen kann. Also das Prinzip verteidige ich. Meine Durchführung lässt natürlich viel zu wünschen übrig. Ich möchte eine zweite Auflage erleben.[4]

Über Zingerle wusste ich von all dem was Sie mir sagten nichts. Ich hatte nach Kelles Abgang[5] über ihn an Schönbach geschrieben in der Voraussetzg, dass er ihm die Stange halten werde und war über die abfällige Kritik sehr erstaunt, verstehe sie aber jetzt *[be]*sser.

Über das Euph.-Heft denke ich ungefähr wie Sie; nur Baldensperger[6] ist nicht übel. Man darf an diesen Schillerband nicht denselben Massstab anlegen wie an andre Bände. Seinen Zweck erfüllt er doch. Über Petsch hatte ich eine sehr schlechte Meinung auf Grund einer elenden Schulausg. von Herodes & Mariamne[7] die ich zufällig gelesen hatte. Nicht blos strotzte sie von sinnlosen Druckfehlern, sondern auch die Einl. war fast sinnlos. Dann las ich Besseres von ihm. Dann trug er mir Rezensionen an u. da ich so grossen Mangel an *[b]*rauchbaren Rezensenten habe, hat er sich durch seine überlangen Kritiken im Euph. ziemlich breit gemacht.[8] Ich halte ihn für einen sehr begabten Menschen, der vielleicht in seiner Vielschreiberei verflachen wird.

Auch ich hatte noch sehr vi*[el]*es auf dem Herzen, wozu die Zeit leider nicht reichte u. vieles fiel mir erst später ein. Eigentlich möchte ich jetzt erst recht nach Graz reisen, aber es geht jetzt nicht mehr. Am meisten ärgert mich, dass ich vergass, über Wukad*[in]*ovicz mit Ihnen zu sprechen. Dazu reicht hier meine Schreibkraft nicht aus.

Als Sie uns verlassen hatten, vertrieben uns 2 Blitzschläge aus dem Schiff. Als wir triefend im Gasthof ankamen, *[war]* das Wetter fast vorüber, aber auch das Schiff fort. Wir blieben also bis 1/2 6 in See, kamen dann über Scharfling mit der Bahn gut & trocken nach Hause u. bewahren an den Ausflug eine ungetrübt freudige Erinnerung.

Empfehlen Sie mich Ihrer *[v]*erehrten Gemahlin aufs Beste, ebenso meine Frau u. bleiben Sie uns dauernd freundlich gesinnt.

In herzlicher Freundschaft Ihr
AS.

Datum: s. Empfängervermerk und Inhalt des vorigen Briefes. Handschrift: ÖNB, Autogr. 423/1-497. 2 Dbl., 7 S. beschrieben. Grundschrift: lateinisch. Empfängervermerk (S. 1): [Mondsee 29.8.5].

1 Über Sauers Ausgabe der Grillparzer-Gespräche s. die Briefe des Wiener Altphilologen Theodor Gomperz an Sauer (WBR, I. N. 1894.945-95) und Theodor Gomperz: Ein Gelehrtenleben im Bürgertum der Franz-Josefs-Zeit. Auswahl seiner Briefe und Aufzeichnungen, 1869–1912, erläutert und zu einer Darstellung verknüpft von Heinrich Gomperz. Neu bearbeitet und hrsg. von Robert A. Kann. Wien: Österreichische Akademie der Wissenschaften, 1974 [¹1936] [Sitzungsberichte der Österreichischen Akademie der Wissenschaften. Philologisch-historische Klasse. 295/Veröffentlichungen der Kommission für Geschichte der Erziehung und des Unterrichts. 14], S. 392).

2 Goethes Gespräche. Hrsg. von Woldemar Freiherr von Biedermann. 10 Bde. Leipzig: F. W. v. Biedermann, 1889–1896; Neuausgabe u. d. T.:. Goethes Gespräche. Gesamtausgabe. Neu hrsg. von Flodoard Frhr. von Biedermann. 5 Bde. Leipzig: F. W. v. Biedermann, 1909–1911.

3 In der Einleitung zu »Grillparzers Gesprächen und Charakteristiken« (S. IX f.) führte Sauer zu seinen diesbezüglichen Plänen aus: »Wir eröffnen mit dem vorliegenden Band ein Sammelwerk, worin dieses weithin zerstreute, schwer zugängliche, teilweise auch ungedruckte Material der allgemeinen Benutzung zugänglich gemacht werden soll. In einem ersten Teile sollen alle Aufzeichnungen vereinigt werden, die sich über Grillparzers Umgang mit den Zeitgenossen erhalten haben, sei es, daß sie längere Streitgespräche mit ihm übermitteln, oder bloß kürzere mündliche Äußerungen berichten, oder auch nur von einer flüchtigeren Berührung Zeugnis geben, sei es, daß sie den Dichter charakterisieren, sein Äußeres beschreiben oder seine Persönlichkeit in ihrer Eigentümlichkeit zu erfassen bestrebt sind. In einer zweiten Reihe von Bänden sollen sich alle Dokumente anschließen, die wir über die Aufnahme seiner Werke durch die Zeitgenossen, Freunde und Feinde, Leser und Zuschauer, besitzen; die wichtigeren Kritiken über die gedruckten Werke, die Rezensionen über die Aufführungen, aber auch die ursprünglich nicht für die Öffentlichkeit bestimmten Äußerungen, die sich in Briefen, Tagebüchern und sonstigen Quellen auf die Nachwelt gerettet haben. In einem dritten Teil sollen sich die erhaltenen Parodien und Travestien Grillparzerscher Werke, wie sie der dieser literarischen Richtung so überaus günstige Boden der österreichischen Kaiserstadt in reicher Anzahl hervorgebracht hat, anschließen und in einem vierten Teile sollen die gedruckten und ungedruckten Gedichte an Grillparzer als nicht zu vernachlässigende Zeugnisse für die Wirkung des Dichters in weiteren Kreisen gesammelt werden. Die Vorarbeiten sind so weit gediehen, daß die einzelnen Abschnitte in steter Folge vorgelegt werden können. [...] Über den Rahmen, den die bekannten Sammlungen der Gespräche Goethes, Byrons, Bismarcks [...] u. a. sich gesteckt haben, geht unser Plan hinaus [...].« Bis 1916 erschienen im Rahmen der »Schriften der Literarischen Vereins in Wien« sechs weitere Bände der zweiten Abteilung von »Grillparzers Gesprächen«; Bd. 7 erschien u. d. T. »Neue Nachträge« als »Jahrbuch der Grillparzer-Gesellschaft« (N. F. 1 [1941]). Der von Sauer angekündigte Registerband ist nicht erschienen.

4 Zu Lebzeiten Sauers kam eine zweite Auflage nicht zustande; später erfolgten lediglich Reprints.

5 Gemeint ist Nachbesetzung von Johann von Kelles Prager Ordinariat (s. Brief 169 und folgende).

6 Fernand Baldensperger: Les aspects successifs de Schiller dans le Romantisme français. In: Euph. 12 (1905), S. 681–689.

7 Friedrich Hebbel: Herodes und Mariamne. Eine Tragödie. Für den Schulgebrauch hrsg. von Robert Petsch. Bielefeld: Velhagen & Klasing, 1902; s. Sauers kurze Anzeige innerhalb der Bibliographie des »Euphorion« (11 [1904], S. 337).

8 Im zwölften Jahrgang des »Euphorion« erschien nur eine, allerdings relativ umfangreiche Rezension von Petsch (Robert Petsch [Rez.]: Michael Lex: Die Idee im Drama bei Goethe, Schiller, Grillparzer, Kleist.

München: C. H. Beck, 1904. In: Euph. 12 [1905], S. 217–230). In den Jahren davor lassen sich gar keine Rezensionen von Petsch im »Euphorion« finden; im folgenden Jahrgang nur die Miszelle: Zu Kleists »Penthesilea«. In: Euph. 13 (1906), S. 561–562.

229. *(K) Seuffert an Sauer in Prag*
  Graz, 18. September 1905. Montag

Lieber freund, der Vacuum-Cleaner wird in der Landesbibliothek gelobt; es musste stoss um stoss der bücher ausgehoben werden von einem diener, dann hielt der monteur den apparat hin usw.

Mit andern worten: der hauptgewinn ist dass der staub wirklich aus dem haus kommt, nicht blos aufgewirbelt wird; ein nebengewinn vielleicht grössere schonung.   Zeitgewinn nicht.   Unordnung ebenso möglich.   Grüssend Seuffert

18.9.5

Handschrift: StAW. Postkarte. Adresse: Herrn Professor Dr. Agust Sauer / Prag / Smichow 586 *Poststempel: 1)* Graz, 18.9.1905 *– 2)* Smichow/Smíchov, 20.9.1905. *Grundschrift: lateinisch.*

230. *(B) Sauer an Seuffert in Graz*
  Prag, 10. Oktober 1905. Dienstag

Prag 10/10 05
Smichow 586.

Lieber Freund! Vielen Dank für Ihre l*[ie]*be Karte! Es war diesmal dringender die Bücher zu ordnen als sie zu reinigen; im Frühjahr wollen wir auch <u>daran</u> gehen.

Ich schreibe heute im Interesse von Wukadinovič, in der Voraussetzung, dass Sie noch den alten Anteil an ihm nehmen. – Kraus machte bei der Habilitation Schwierigkeiten; er erklärte die Arbeit für journalistisch u. schlecht; ich leistete äussersten Widerstand u. zwang ihn im Wesentlichen zur Anerkennung; er hatte aber einen wunden Punkt berührt, ein paar sprachgeschichtliche Schnitzer im 1. Aufsatz; z. B. sahe als ältere Form bezeichnet; eine Verwechsl. vom starkem und schwachem Praeteritum. Um in der Hauptsache zu siegen musste ich in diesem Punkt ihm zustimmen u. nachgeben; obgle*[ic]*h W. nur eingereicht hatte um Hab. für neuere deutsche Literaturgeschichte (<u>nicht</u> Sprache) verlangten wir den Nachweis gründl. sprachlicher

Kenntnisse. Wir überliessen es ihm, entweder eine Arbeit vorzulegen, woraus diese erhellten oder beim Coll. sich einer Prüfung aus nhd. Gramm[ati]k zu unterziehen, er wählte das letztere und Kraus begrenzte das Thema auf den ersten Band (oder die ersten 2 Bde) Willmanns.[1] Wir versprachen ihm zu diesem Zweck mit unserm Bericht an die Fak. so lang zu warten, bis er gerüstet sei. Bis jetzt rührt er sich aber nicht; er soll ganz in eigene Dichtungen und Übersetzungen vertieft sein.[2] Nun meldet sich aber Dr. Lessiak zur Habilitation aus dem ä[lt]ern Fach.[3] Ich habe nun das Gefühl, gelegentlich dieser neuen Hab. müsse die ältere aus dems. Fach in Fluss kommen. Jedenfalls riskieren wir bei Lessiaks Hab. eine Interpellation aus dem Schoss d. Fakultät über die frühere Hab. u. dann müssen wir Farbe bekennen. Es wäre also meiner Meinung nach der letzte Zeitpunkt dafür, dass W. entweder [d]as Colloquium wagt (wobei ja allerdings ein Durchfallen bei Kraus' Pedanterie u. Eigensinn nicht ausgeschlossen ist) oder sein Gesuch selbst zurückzieht. Denn es käme sonst zu einer Ablehnung durch die Fakultät, was für ihn doch unangenehmer wäre. Von mir hat sich W. seit Jahr u Tag höchst auffallend zurückgezogen, obgleich ich mich hyperloyal u. sehr aufrichtig u. wohlwollend gegen ihn benommen habe. Ich weigere mich nicht, mit ihm darüber zu reden, aber es ist mir peinlich. Ist es I[h]nen nicht zu unangenehm und haben Sie überhaupt das alte Verhältnis zu ihm, so bitte ich Sie den Mittelsmann abzugeben u. ihn zu einem Entschluss zu bewegen;[4] denn der Entschluss ist für ihn das schwerste. Eine Ablehnung meiner Bitte wird mich nicht im Mindesten kränken; nur in der Voraussetzung dass Sie ganz au[f]richtig gegen mich sind, habe ich sie zu stellen gewagt.

Mit herzlichen Grüssen von mir und meiner Frau   Ihr   aufrichtig erg.
AS.

Handschrift: ÖNB, Autogr. 423/1-498. 1 Dbl., 4 S. beschrieben. Grundschrift: lateinisch.

1   *Wilhelm Wilmanns: Deutsche Grammatik. Gotisch, Alt-, Mittel- und Neuhochdeutsch. 3 Bde. [Bd. 1: Lautlehre. Bd. 2: Wortbildung. Bd. 3/I: Flexion. Verbum. Bd. 3/II: Flexion. Nomen und Pronomen]. Straßburg: Karl J. Trübner, 1897–1906.*
2   *Lexikalisch verzeichnet sind unveröffentlichte Dramen und Lyrik von Wukadinović. In den 1930er Jahren erschienen Übersetzungen zu Jan Kochanowski; frühere Übersetzungen blieben größtenteils unveröffentlicht.*
3   *Primus Lessiak habilitierte sich 1906 in Prag für Geschichte der deutschen Sprache und Literatur, Phonetik und Dialektkunde; er wurde noch im selben Jahr als Ordinarius für germanische Philologie an die Universität Fribourg berufen.*
4   *zur Reaktion von Wukadinović s. Brief 240.*

231. (K) Sauer an Seuffert in Graz
    Prag, 18. Januar 1906. Donnerstag

1[8]/1 06
Smichow 586

L. F. Mit grosser Bewunderung habe ich Ihre Proleg.¹ gelesen u. beglückwünsche Sie zu ihrer Vollendung. Ich überlege, ob ich einige Ihrer Ratschläge bei der Fortsetzg der Stifterausgabe verwerten kann. – Wenn Fromme das Geld sicher erhält, so macht er sich gewiss nichts daraus, es später zu bekommen.² – Zu Hauffens Krankheit ist ein typhöses Fieber dazugekommen, das die Ärzte als keine ungünstige Erscheinung auffassen.
    Bestens grüssend   Ihr   treulich erg.
    AS.

Handschrift: ÖNB, Autogr. 423/1-506. Postkarte. *Adresse:* Herrn Professor Dr. B. Seuffert / Graz / Harrachgasse 1 *Poststempel:* 1) Smichow/Smíchov, 18.1.1906 – 2) Graz, 19.1.1906. *Grundschrift: lateinisch.*

1 *Prolegomena zu einer Wieland-Ausgabe. III, IV. Im Auftrage der Deutschen Kommission entworfen von ihrem ausserordentlichen Mitglied Prof. Dr. Bernhard Seuffert in Graz. Aus dem Anhang zu den Abhandlungen der königl. preuss. Akademie der Wissenschaften vom Jahre 1905. Berlin: Königl. Akademie der Wissenschaften (in Komm. bei G. Reimer), 1905. »Vorgelegt von Hrn. [Erich] Schmidt in der Gesamtsitzung [der Akademie] am 19. October 1905. Zum Druck eingereicht am gleichen Tage, ausgegeben am 15. December 1905.« Enthält: »III. Übersetzungen« (S. 3–50) – »IV. Gestaltung des Textes und Einrichtung des Apparates« (S. 51–61). Zu Sauers Reaktion auf die ersten beiden Teile von Seufferts »Prolegomena« s. Brief 221.*
2 *Gemeint ist ein auf einen Antrag Schönbachs zurückgehender Förderungsbeitrag von 300 Kronen für die Arbeit über den »Wiener Musenalmanach« des in Teschen als Gymnasiallehrer tätigen Otto Rommel aus dem Fonds zur Heranbildung von Lehrkräften an Hochschulen (s. Leitner: Graz, S. 155–156). Aus den Briefen Seufferts an Sauer vom 4.11.1905, 16.1.1906 und 7.5.1906 (StAW) wird die Chronologie der Ereignisse klar: Seuffert bittet Sauer um Aufnahme der Arbeit eines seiner besten Studenten; Sauer ist bereit dazu, der »Euphorion«-Verleger Fromme verlangt für das geplante, den Wiener Musenalmanchen gewidmete Ergänzungsheft aber einen Druckkostenzuschuss, den Schönbach dann für Rommel organisiert.*

232. (B) Sauer an Seuffert in Graz
  Prag, 17. April 1906. Dienstag

Prag 17/4 06
Smichow 586

[L]ieber Freund! Ich bin sehr glücklich, dass Sie mir diese Arbeiten[1] zur Veröffentlichung überlassen haben; auch das freut mich, dass Neuestes an Ältestes im Euph. sich anknüpft und die Zeitschrift sich auf diese Weise zur Einheit rundet. Mich interessieren beide Aufsätze gleichmässig; der erste auch in methodischer Hinsicht, wie man einen Autor allgemeinster Bedeutung aus der provinziellen Literatur*[ge]*schichte heraus zu erfassen hat. Ich werde mein Möglichstes tun, um das Man. bald und ungeteilt unterzubringen. Vielen Dank dafür. Ergänzungen sind in den Fahnen ganz leicht.

Das Ministerium hat uns für einen Bd. öst. Zs.[2] 2000. M. in Aussicht gestellt; diesen Band in die Wege zu leiten ist Zweck meines Berliner Vortrags.[3] Freilich fehlt *[es]* noch an einem Bearbeiter. Die Wiener Herren dünken sich für zu gut. Hätten sie Niemanden, der unter meiner Aufsicht den Band ausarbeitete; entweder die romantischen u. antiroman*[ti]*schen Zss. der Jahre 1800–1880. Oder die Zs. von 30–48 (Frankls Sonntagsbll.,[4] Ost & West[5] u.s.w.) oder die Modezeitung 1816–1847[6] allein. Diese 3 Gruppen grenze ich vorderhand ab. Ich würde dem Bearbeiter das ganze Honorar überlassen, würde das Man. u. die Korrekturbogen revidieren u. die Einlei*[tg]*. schreiben.

Von der Deutschen Arbeit[7] lasse ich Ihnen nächstens ein paar Hefte senden. Ihnen liegt sie ja ganz fern u. sie zu halten wäre für Sie Ballast. Hätt ich geahnt, dass Sie überhaupt Anteil daran nehme*[n,]* so hätte ich Ihnen seit Oktober die Hefte zugeschickt. Wie gesagt, nun bin ich sie bald los; aber sie sieht jetzt ganz anders aus, das Interesse ist geweckt und über 260 Abonennten <!> in einem halben Jahr mehr gewonnen u. die Zahl steigt noch.   Schönste Ostergrüsse von Ihrem aufrichtig erg.   AS.

Handschrift: ÖNB, Autogr. 423/1-509. 1 Dbl., 4 S. beschrieben. Grundschrift: lateinisch.

1 Bernhard Seuffert: Der älteste dichterische Versuch von Sophie Gutermann-La Roche. In: Euph. 13 (1906), S. 468–473; ders.: Mitteilungen aus Wielands Jünglingsalter. Tl. 2: Verhältnis zu Schwäbischen Dichtern. Tl. 3: Verteidigung gegen Nicolai und Uz. Ebd. 14 (1907), S. 23–37 bzw. S. 227–242. Zum ersten Teil von »Wielands Jünglingsalter« (1897) s. Brief 156, Anm. 6.
2 Der Band kam nicht zustande, s. die folgenden Briefe.
3 August Sauer: Über die österreichischen Zeitschriften des 19. Jahrhunderts. (Bericht, erstattet in der Jahresversammlung der Bibliographischen Gesellschaft in Berlin, am 26.4.1906). In: Vossische Zeitung, Nr. 250, 31.5.1906, Mo.-Ausg.

4 *Ludwig August Frankl von Hochwarts Wiener »Sonntagsblätter« (1842–1848), im Titel an das aufkläreri-sche »Sonntagsblatt« Joseph Schreyvogels angelehnt; eine wichtige Zeitschrift des Vormärz mit Mitarbeitern wie Franz Grillparzer, Eduard von Bauernfeld und Anastasius Grün. Im Jahr 1848 aufseiten der Revolution; danach eingestellt.*
5 *Die Zeitschrift »Ost und West. Blätter für Kunst, Literatur und geselliges Leben« erschien von 1837 bis 1848 in Prag und wurde herausgegeben von Rudolf Glaser, Skriptor an der Universitätsbibliothek. Sie war orientiert an Goethes universalem Humanismus und der Idee der friedlichen Koexistenz von Deutschen und Tschechen in den böhmischen Ländern. Nach der Revolution eingestellt.*
6 *Die »Wiener Zeitschrift für Kunst, Literatur, Theater und Mode« erschien von 1816/17 bis 1849 ein- bis fünfmal wöchentlich. Unter dem Herausgeber Friedrich Witthauer entwickelte sie sich zu einer der wichtigsten Zeitschriften im vorrevolutionären Österreich. In den Revolutionsjahren erschien sie mit dem Motto »Für Recht, Wahrheit und Fortschritt«; danach eingestellt.*
7 *s. Brief 193, Anm. 14.*

233. (B) Sauer an Seuffert in Graz
Prag, 1. Mai 1906. Dienstag

Prag 1/5 06
Smichow 586

Lieber Freund! Bei meiner Rückkehr [fi]nde ich u. a. beiliegende Sendung[1] des entsetzlichen A. Pick.[2] Es wird Ihnen hoffentlich keine grosse Mühe machen festzustellen, ob das Gedicht[3] wirklich ungedruckt ist. Sie haben vielleicht auch die grosse Güte mir zu sagen, ob ich es drucken soll oder nicht. Vielen Dank dafür.

Ich hörte in Berlin, dass sie den Göttinger Ruf ausgeschlagen haben.[4] So sehr es mich freut, dass sie Österreich erhalten bleiben, so kann ich Ihr Vorgehen doch nicht recht begreifen. Sie gehören dorthin. Nun soll Walzel der Erkorene sein, kein ebenbürtiger Ersatz für Sie.[5]

Ich habe Houben die Namen der beiden von Ihnen vorgeschlag[en]en Herren[6] angegeben u. es wird von Berlin aus, an sie geschrieben werden. Fragt einer der beiden Sie um Rat, so machen Sie die Herren darauf aufmerksam, dass sie sich genaue Kontrakte vorlegen lassen, damit ihne[n] das Honorar gesichert wird. Die Gesellschaft steht nemlich nicht gut.[7] Herr Houben bezieht Gehalt 1) als Sekretär, 2) als Redakteur, den Rest verrechnet er als Bureauspesen, seinen Mitarbeitern bleibt er alles schuldig, so z. B. hat Walzel noch eine For[de]rung an die Gesellschaft vom ersten Repertoriumband her.[8] Nun werde ich freilich Sorge dafür tragen, dass die Ministerialsubvention <u>nicht</u> in Houbens Hände fällt, werde auch trachten, die Geschäftsordnung innerhalb der Gesellschaft zu regeln, so dass Houben ohne Gegenzeichnung des Vorsitzenden kein Geld beheben kann. Im Augenblick ist er nemlich <u>alles</u> in einer

Person, der Kassier eine vorgeschobene Puppe, der Kassenrevisor unzuverlässig, der Verleger nur für seinen Beutel besorgt.[9] Gelingt mir die Sanierung der Gesellschaft nicht, so trete ich aus dem Ausschuss aus, warne das Ministerium und redigiere auch den öst. Band, de[r 19]08 erscheinen sollte, nicht.[10] Sie behandeln diese Mitteilungen als vertrauliche, richten aber Ihre ev. Ratschläge an Rommel u. Schiessl[11] darnach ein. Ich halte Sie auf dem Laufenden, sende Ihnen auch meinen Vortrag,[12] der in der Voss. Ztg. gedruckt wird. Möglich ist es übrigens auch, dass mir die S[ac]he von Gegnern Houbes zu schwarz gemalt wurde. Sonst war es in Berlin sehr angenehm, nur der Kreis um Geiger mir höchst widerlich. Fast bereu ich es, den Herrn zu Diensten gewesen zu sein.

Herzlichst Ihr treu erg. AS.

Handschrift: ÖNB, Autogr. 423/1-510. 1 Dbl., 4 S. beschrieben. Grundschrift: lateinisch.

1 *Beilage nicht erhalten.*
2 *Albert Pick.*
3 *s. Brief 234.*
4 *Der Ruf erfolgte auf Betreiben Erich Schmidts: »Schmidt hat sich zwar auch noch später für Seuffert eingesetzt, so dass er sein Nachfolger auf der Direktorenstelle des Goethe- und Schiller-Archivs in Weimar im Jahre 1887 hätte werden können oder der Nachfolger für den 1906 verstorbenen Moritz Heyne in Göttingen, jedoch kam es nicht mehr zu einer Veränderung der äußeren Verhältnisse.« (Gerlach: Bernhard Seuffert, S. 116). Der Göttinger Lehrstuhl Moritz Heynes wurde mit Richard Weissenfels besetzt.*
5 *Oskar Walzel, seit 1897 Ordinarius in Bern, folgte 1907 einem Ruf als Nachfolger Adolf Sterns als Ordinarius für Literatur- und Kunstgeschichte an der TH Dresden.*
6 *Otto Rommel und Otmar Schissel von Fleschenberg (s. unten, ferner die Empfehlungen Seufferts in seinem Brief an Sauer vom 18.4.1906; StAW).*
7 *Gemeint ist die auf eine Initiative von Heinrich Hubert Houben und Gustav Karpeles zurückgehende Deutsche Bibliographische Gesellschaft (1902-1912). Sauer war stellvertretender Vorsitzer und hatte 1902 die Gründung (samt einer Liste eigener Wünsche) im »Euphorion« angekündigt (A[ugust] S[auer]: Eine bibliographische Gesellschaft. In: Euph. 9 [1902], S. 270-271).*
8 *Zeitschriften der Romantik. In Verbindung mit Oskar F. Walzel (Bern) hrsg. von Heinr[ich] Hub[ert] Houben. Berlin: B. Behr's Verlag, 1904 (Bibliographisches Repertorium. Veröffentlichungen der Deutschen Bibliographischen Gesellschaft. 1).*
9 *Laut Mitgliederlisten des ersten (1904, S. 14*-18*) und des dritten Bandes (1906, S. 461-474) der »Veröffentlichungen der Deutschen Bibliographischen Gesellschaft« waren in den Jahren 1904/05 Fritz Jonas Vorsitzender, August Sauer stellvertretender Vorsitzender, Gustav Karpeles Schriftführer, Heinrich Hubert Houben stellvertretender Schriftführer und Sekretär, Ludwig Herz Schatzmeister und Walther Bloch – Inhaber des Verlags B. Behr in Berlin (bei dem die Publikationen der Gesellschaft auch erschienen) – dessen Stellvertreter.*
10 *Der Band über österreichische Zeitschriften des Vormärz (s. Brief 232, Anm. 2) kam nicht zustande. In einem Brief vom 6.7.1907 (ÖNB, Autogr. 423/1-538) teilte Sauer Seuffert mit: »Die Bibliographische Gesellschaft ist in Folge meines Eingreifens im vorigen Jahre saniert worden; es sind neue Anteilscheine eingezahlt worden, ein neuer Sc[hatz]meister ist bestellt, ein neuer Sekretär gewonnen. HHHouben sind*

wir los. Die Publ. für 1908 arbeitet Wukadinović unter meiner Leitung. Wenn Sie es also irgendwie möglich machen können, springen Sie jetzt nicht aus. Natürlich werden sich die Wirkungen der neuen Aera nur langsam zeigen können.« Sekretär wurde »nach Houbens Ausscheiden 1906 der Schriftführer der [Berliner] Gesellschaft für deutsche Literatur Franz Violet, der jedoch in den bis zur Auflösung des Vereins verbleibenden Jahren nur noch geringe Wirkung entfalten konnte« (Müller/Nottscheid: Wissenschaft, S. 97). Als erster Band nach Sauers Eingreifen erschien das noch unter der Ägide Houbens geplante Repertorium »Zeitschriften des Jungen Deutschlands. (Zweiter Teil, nebst Register zum 1. und 2. Teil)« (Hrsg. von Heinrich Hubert Houben. Berlin: B. Behr's Verlag, 1909 [Veröffentlichungen der Deutschen Bibliographischen Gesellschaft. Bibliographisches Repertorium. 4]). Im Vorwort schrieb Houben: »Die Uebergabe der Arbeit in andre Hände war wiederum nicht möglich, nachdem die Vorbereitung des Manuskripts schon im Jahre 1906 bis zum Beginn des Druckes vorgeschritten war und da das meiste des hier benutzten Materials aus den privaten Sammlungen des Herausgebers besteht, in denen nur er sich zurechtfinden kann. Auch musste schon des gemeinsamen Registers wegen die Einheitlichkeit der beiden Bände gewahrt werden und daher das Ganze in ein und derselben Hand verbleiben. [...] Mit diesem zweiten jungdeutschen Bande nimmt der Unterzeichnete Abschied von diesem Unternehmen. Seine Entfernung von Berlin und einige andere Umstände haben ihn veranlasst, sich von seiner eigenen Gründung zurückzuziehen, an die er nicht weniger als fünf volle und arbeitsreiche Lebensjahre gesetzt hat. [...] und deshalb schliesse ich mit dem Wunsche, dass die ›Bibliographische Gesellschaft‹ auch mit ihren weiteren Arbeiten dem Sinne treubleiben möge, in dem sie und ihre Unternehmungen einst von mir, im Verein mit Männern, die meinen Plänen zustimmten, gegründet wurde.« Die beiden letzten Bände (wie die übrigen in Berlin bei B. Behr) erschienen 1910 (»Almanache der Romantik«, hrsg. von Raimund Pissin) bzw. 1912 (»Denkwürdigkeiten der Befreiungskriege«, hrsg. von Karl Linnebach).

11 Otmar Schissel von Fleschenberg.
12 s. Brief 232, Anm. 3.

234. (B) Seuffert an Sauer in Prag
   Graz, 3. Mai 1906. Donnerstag

Graz 3.5.6

Lieber freund, Das gedicht ist gedruckt: Preller, Ein fürstliches Leben, Weimar 1859 S. 98 mit einer einzigen variante.[1] Wenn Sie es Picken zurückgeben, fragen Sie ihn vielleicht, ob Sie mir den ort der hs. mitteilen dürfen. Früher hat er mir auch selbst derlei gesagt; jetzt kenn ich seinen aufenthalt nicht.

Dank für Ihren brief. Die botschaft über die Bibliogr. gesellschaft klingt böse. Aber nicht überraschend; denn ich sehe auch sonst, dass gesellschaften misbraucht werden. Darum hat mir die Behrsche[2] für die Jahresber. nicht gefallen wollen: sie war doch nur zum nutzen des verlegers, kam mir vor. Meine schützlinge werd ich warnen, falls sie mir gelegenheit dazu geben.

Göttingen – ich habe Ihnen nicht davon geschrieben, weil es nur eine anfrage <u>vor</u> der beschlussfassung war.[3] Das kommissionsmitglied wünschte, ich solle mich ver-

pflichten. Warum ich ablehnte, lässt sich nicht gut schreiben, ohne breiter zu sein als Ihnen interessant sein kann. Deutschland u. die bibliothek u. das vermutete studentenpersonal u. anderes lockten sehr. Übrigens: Heyne hat eine prof. ad personam für das WB. Wer weiss, ob sie nicht dafür reserviert wird.[4]
Ihr treu ergebener
BSfft.

Handschrift: StAW. 1 Bl., 2 S. beschrieben. Grundschrift: lateinisch.

1 *L[udwig]. Preller: Ein fürstliches Leben. Zur Erinnerung an die verewigte Großherzogin zu Sachsen-Weimar-Eisenach Maria Paulowna Großfürstin von Rußland. Weimar: H. Böhlau, 1859. Auf S. 98 findet sich ein an die Großfürstin gerichtetes Gedicht Wielands vom 16.2.1806 mit dem Incipit: »Freundliche Geberinnen alles Guten« sowie ein weiteres an die Großfürstin gerichtetes Gedicht Wielands vom 15.2.1807 mit dem Incipit: »Vergebens wendet sich die Sonne wieder«.*
2 *der Berliner Verlag B. Behr, in dem sowohl die »Jahresberichte für Neuere deutsche Literaturgeschichte« als auch das »Bibliographische Repertorium« der Deutschen Bibliographischen Gesellschaft erschienen.*
3 *Es handelt sich um eine Anfrage, die der Göttinger Ordinarius Edward Schröder am 9.3.1906 (UB Göttingen, Cod. Ms. E. Schröder 985, Nr. 20) an Seuffert richtete: Seuffert lehnte das Ansuchen mit Hinweis auf seine Verpflichtungen für die Wieland-Ausgabe ab (ebd., Nr. 21).*
4 *Moritz Heyne, seit 1867 Mitarbeiter am »Deutschen Wörterbuch« der Brüder Grimm, war 1883 auf ein persönliches Ordinariat nach Göttingen berufen worden, um ihn der Arbeit am Grimm'schen Wörterbuch zu erhalten. Er hatte die Buchstaben H, I, J, L und M allein bearbeitet (1867–1885) sowie die Strecke R bis Sprecher (1886–1905) mit einem Assistenten (ab 1889). Als Lexikograph war er zudem mit seinem dreibändigen »Deutschen Wörterbuch« (Leipzig: S. Hirzel, 1890–1895; ²1905–1906) hervorgetreten, von dem er selbst eine einbändige Fassung herstellte (Leipzig: S. Hirzel, 1896).*

235. (K) Sauer an Seuffert in Graz
   Prag, 11. Mai 1906. Freitag

L. F. Ihrem Manuskript seh ich mit Freuden entgegen.[1] – Ich habe mehr als ein halbes Jahr durch die Redaktion unserer nationalen Zeitschrift ›Deutsche Arbeit‹ verloren, allerdings einen grossen Erfolg erzielt, z. B. in kurzer Zeit gegen 250 neue Abonnenten. Nu[n h]abe ich wieder einen Hilfsarbeiter[2] gefunden; dem hoffentlich das Ganze von Herbst ab übergeben werden kann, und seit Beginn der Ferien kann ich wieder Anderes arbeiten. H.[3] hat sich – scheinbar wenigstens – erholt u. ist momentan im Süden. Er hält sich für genesen, auch sein Hausarzt ist dieser Meinung. Unser Psychiater hält an seiner Diagnose fest. – Ich wün[sch]e Ihnen angenehme Ostern und bin mit herzlichen Grüssen von Haus zu Haus Ihr
   treu erg.   AS.

Datum: s. Poststempel. Handschrift: ÖNB, Autogr. 423/1-491. Postkarte. Absender: Sauer / Smichow 586 *Adresse:* Herrn Professor Seuffert / Graz / Harrachgasse 1. *Poststempel:* 1) Smichow/ Smíchov, 11.5.1906 – 2) Graz, 12.5.1906. *Grundschrift: lateinisch.*

1   *Gemeint ist Otto Rommels Manuskript zum »Wiener Musenalmanach« (s. Brief 223, Anm. 1).*
2   *Gemeint ist Hermann Ullmann (s. Brief 193, Anm. 14).*
3   *Adolf Hauffen. Genaue Umstände nicht ermittelt; Beginn der Erkrankung im Winter 1905/06 (s. etwa Brief 231).*

236. (K) Seuffert an Sauer in Prag
     Graz, 3. Juni 1906. Sonntag

Lfr. Vielen dank für Ihre überraschende Stifterstudie. Ohne Ihren beweis hätte ich die behauptung der wirkung C.s auf S. nie geglaubt.[1] Was Sie über die kompliciertheit der verhältnisse zu eingang sagen, ist mein evangelium auch. Darum ist auch die physiol. ästhetik[2] so unbrauchbar für uns, weil sie die verhältnisse vereinfachen muss aufs äusserste, während für uns nur komplexe bewertet werden müssen.   Rommel ist instruiert, auf meine Korrekturen zu warten. Hoffentlich gefällt Ihnen der 2. teil. Auf Frommes berechnung des umfangs bin ich neugierig.   Darf Rommel das Register auf blättchen in druck geben oder muss ers abschreiben?   Gutes fest Ihnen u. der Ihrigen!
    Ihr BSfft.

3.6.6.

Handschrift: StAW. Postkarte. Adresse: Herrn Professor Dr. August Sauer / Prag / Smichow 586 *Poststempel:* 1) Graz, 3.6.1906 – 2) Smichow/Smíchov, 5.6.1906. *Grundschrift: lateinisch.*

1   *Gemeint ist die Wirkung Coopers auf Stifter. Zu Sauers Vortrag »Über den Einfluß der nordamerikanischen auf die deutsche Literatur«, s. Brief 217, Anm. 7 und Brief 219, Anm. 2.*
2   *Sauers Vortrag beginnt mit einem Plädoyer für die Einzelanalyse literarischer Werke und der Bitte um Verständnis dafür, dass er sich nicht philosophisch inspirierten deduktiven Analysen zuwende. Diese Einstellung entsprach völlig der Bernhard Seufferts, der in seinen ästhetischen Analysen von Einzelbefunden zu empirischen Verallgemeinerungen aufstieg. Ob er mit der »physiologischen Ästhetik« im vorliegenden Fall die Fechner-Schule meint oder die – zumindest in der Terminologie – physiologisch inspirierte Ästhetik Richard Maria Werners, ist unklar (s. auch Richard Maria Werner: Lyrik und Lyriker. Hamburg, Leipzig: Voss, 1890 [Beiträge zur Ästhetik. 1]).*

237. (B) Sauer an Seuffert in Graz
  Prag, 28. Oktober 1906. Sonntag

Prag 28/10 06
Smichow 586

Lieber Freund!
Die heutige Zeitungsnachricht gibt mir den willkommenen Anlaß Ihnen zu schreiben, Sie zu der kaiserlichen Auszeichnung[1] zu beglückwünschen und uns Österreicher, dass sie uns erhalten *[ge]*blieben sind.[2] Ich habe Ihre Schule jetzt bei der Korrektur der Rommelschen Arbeit[3] wieder aus voller Seele schätzen gelernt. Die Untersuchung ist sehr solid, bes. die Charakteristiken sehr gut u. fein. Der Vf. hat eine besondre Begabung hinter den Worten die Persönlichkeit zu *[e]*rspähen. Nur mit seinen Citaten wars bös bestellt. Jedes das ich nachgeschlagen, war falsch. Zum Glück hatte ich fast den ganzen WM.[4] u. auch alle citierten Gedichtsammlungen, so dass ich von den längeren Citaten fast keines ungeprüft laufen *[zu]* lassen brauchte.
  Es fehlt noch das Register, das ich täglich erwarte.
  Mit Fromme steht es so. Ich gab Auftrag, wenn die Arbeit mehr als 13 Bogen *[gä]*be, möge er mich vor dem Satz der Charakteristiken verständigen, damit ich angebe, wo abzubrechen sei. Er tat das nicht. Also hat er es verwirkt, irgend Bedenken erheben zu dürfen. Sollte es doch geschehen, so möge Rommel gar nichts darauf antworten sondern ihn nur an mich verweisen.
  Wir bitten Sie um folgendes. Lessiak möchte seine venia legendi gerne reserviert sehen.[5] Wie haben Sie das seinerzeit bei Zwierzina gehalten. Hat er eingereicht, haben Schönbach & Sie den Antrag gestellt?
  Ich habe arg zerstörte Ferien gehabt, war anfang Okt. noch in Jena & Weimar, grad als der Bachprozess[6] spielte, bei dem Suphan so schmählich ausriss. Als Curiosität teilte mir Michels mit, dass Schröder unsern Kr*[au]*s für – neuere Literatur berufen[7] wollte. Für einen Faschingsscherz gut genug. Herzlich grüssend
  Ihr treu erg. AS.

Handschrift: ÖNB, Autogr. 423/1-521. 1 Dbl., 4 S. beschrieben. *Grundschrift: lateinisch.*

1 *Seuffert war am 27.10.1906 der Orden der Eisernen Krone III. Grades verliehen worden (s. NFP, Nr. 15153, 28.10.1906, Mo.-Bl., S. 10).*
2 *Seuffert hatte einen möglichen Ruf nach Göttingen abgelehnt (s. Brief 233, Anm. 4 sowie Brief 234, Anm. 3).*
3 *Otto Rommels Arbeiten zum »Wiener Musenalmanach« (s. Brief 223, Anm. 1).*
4 *Wiener Musenalmanach.*

5 Der nach Fribourg berufene Primus Lessiak (s. Brief 230, Anm. 3) wollte seine Grazer Privatdozentur erhalten wissen. Seuffert antwortete in seinem Brief vom 31.10.1906 (StAW): »Zwierzina hat sich seine priv.-docentur nicht offen gehalten. Mir kommt das auch unmöglich vor; er hätte sich nur vom min. beurlauben lassen können; denn ein nicht beurlaubter muss nach der vorschrift in loco wohnen. [...] Will L. einmal zurück, so erneuern Sie eben in der fak. die venia. Das haben wir hier schon getan.«

6 nicht ermittelt.

7 nach Göttingen. Ein Anhaltspunkt für das Gerücht ließ sich nicht ermitteln. Sauer hatte Viktor Michels in Jena getroffen, wo dieser seit 1895 Ordinarius für Deutsche Philologie war.

238. (K) Seuffert an Sauer in Prag
Graz, 8. November 1906. Donnerstag

Lfrd. Sie haben wol auch gelesen, dass Ihr Euphorion im antiquariat 500 M. wert ist u. da denken Sie ans aufgeben! Einen verleger, der ohne privaten zuschuss arbeitete, wünschte ich Ihnen allerdings. Ich habe schon gedacht, ob jetzt, wo die Jahresber. ein bibliogr. verz. der besprechung vorausschicken, dies nicht viertel- oder halbjährig erscheinen u. mit dem Euph. verbunden werden könnte.[1] Um 1 jahr ist auch Ihre bibliogr. zurück. Arbeitet der Jahresber. das verz. wirklich schnell aus, wie er verheisst, so könnten die doppelten kosten gespart werden.   Wenn dann der berichtende teil der Jahresberichte eingeht, so ist wenig verloren. Ich persönlich, würde eine bibliogr. vorziehen, die wirklich nur litthist. persönlichkeiten u. sachen betrifft u. das kunstgeschl., pädagog. etc. abschneiden. Das ist aber ansichtssache.   Jedenfalls: bleiben Sie bei der stange!   Ergebenst grüsst Ihr BSfft.

8.11.6

Handschrift: StAW. Postkarte. *Adresse:* Herrn Professor Dr. August Sauer / Prag / Smichow 586 *Poststempel:* 1) Graz, 8.11.1906 – 2) Smichow/Smíchov, 1906, Rest unleserlich. *Grundschrift:* lateinisch.

1 Im dreizehnten Band der »Jahresberichte für Neuere deutsche Literaturgeschichte« (1906) heißt es hierzu im unpaginierten Vorwort: »Mit dem vorliegenden Bande treten die Jahresberichte in eine neue Periode der Entwicklung ein. Sie haben eine durchgreifende technische Veränderung dadurch erfahren, dass Bibliographie und litterarischer Text besonders bearbeitet und herausgegeben worden sind. Die Vorteile, die sich aus dieser Trennung ergeben, sind doppelter Natur: einmal werden wir dadurch in die günstige Lage versetzt, den klaffenden Zwischenraum zwischen dem Erscheinungsjahr der besprochenen Arbeiten und dem Zeitpunkt der Besprechung einigermassen zu überbrücken, sodann wird dem einzelnen Referenten die Arbeit verkürzt und erleichtert.« Bis zum 25. Band (1914; erschienen 1916) blieb das hier beschriebene Prozedere weitgehend erhalten (des »Euphorions« wurde am Ende des Vorworts als wichtiger Quelle gedacht), nach dem Ersten Weltkrieg erschienen die »Jahresberichte« zur Gänze in Form einer kumulativen Bibliographie.

Anders als im »Euphorion« ging es nicht um eine selektive bibliographische Erfassung sowie um Besprechungen wichtiger Werke, sondern jeweils um einen umfassenden Forschungsbericht über die gesamte neuere Forschungsliteratur eines Jahres, geordnet nach Themenbereichen und eingeleitet durch einen mehrseitigen Überblick zu den wichtigsten aktuellen wissenschaftlichen Erzeugnissen (s. auch Müller/Nottscheid: Wissenschaft, S. 66–70). Seufferts Ideen blieben unberücksichtigt.

239. (B) Sauer an Seuffert in Graz
   Prag, 22. November 1906. Donnerstag

Prag 22/11 06
Smichow 586.

Lieber Freund!
Ich möchte beim Stifter Ihren Vorschlag nachahmen, auch die Namen der erfundenen Personen ins Register aufzunehmen.[1] Da Sie die Sache jedenfalls genau durchgedacht haben, so werden Sie mir einige Zweifel leicht beantworten können.

Wollen Sie historische Personen- und Ortsnamen von erfundenen Personen- & Ortsnamen trennen? Das gäbe also nach meinem Prinzip Personen & Ortsnamen zu trennen: 4 Register
   I. Personennamen
   A. Historische
   B. Erfundene (oder wie?)
   II. Ortsnamen
   A. Wirkliche?
   B. Erfundene?
Wenn erfundene Personen nur mit ihren Taufnamen angeführt werden, so erscheinen sie im Register unter diesem, in demselben Alphabet mit d*[en]* übrigen Eigennamen?

In einer Stifterschen Erzählung kommt zuerst ein namenloser Fuhrmann vor, später heisst er Botensimon;[2] würden Sie alle diese Stellen unter »Botensimon« verzeichnen? Oder unter »Simon«? Würde dieser *[Fu]*hrmann nicht mit Namen genannt werden, würden Sie ihn dann auch im Register verzeichnen und wie? (vorausgesetzt dass er eine wichtigere Rolle in der Handlung spielt? oder unter allen Umständen?)

In der Narrenburg kommt ein Hundename (Hüon) vor. Soll man auch einen Hundekäfich errichten? Dass der Hund Hüon heisst, ist ja literarhist. vielleicht nicht gleichgültig.

Mit den Vorschlägen zur Bibliographie des Euphorion haben Sie vielleicht ganz recht. Ich ko[m]me möglicherweise auf diese Vorschläge demnächst zurück. Denn es hapert wieder einmal mit den Gönnern.

Mit besten Grüssen Ihr   aufrichtig erg.
AS.

Handschrift: ÖNB, Autogr. 423/1-524. 1 Dbl., 4 S. beschrieben. Grundschrift: lateinisch.

1   *s. hierzu Seuffert: Prolegomena 1, S. 60: »Jeder Herausgeber hat endlich zu dem von ihm bearbeiteten Teil ein alphabetisch geordnetes Register über Texte, Lesarten und Erläuterungen auf Zetteln zu liefern. Darein sind alle Namen von historischen Personen und von Orten aufzunehmen sowie alle Dichtungsnamen [...].«*
2   *Gemeint ist Stifters »Narrenburg« im zweiten Band der »Studien« (1908, s. Brief 196, Anm. 14) im Rahmen der Stifter-Ausgabe. Auf S. 361 heißt es in Anm. 1 zur Überschrift »Register«: »Das nach Erzählungen gegliederte Register erstreckt sich, abweichend vom ersten Band, auch auf die erfundenen Personen, und schließt auch die unbenannten Nebenpersonen nicht aus, weil deren Zusammenstellung den Einblick in die Technik des Dichters befördert. Demselben Zweck dient die Gruppierung nach dem Verwandtschaftsverhältnis und sonstiger Zusammengehörigkeit, wodurch das Streben des Dichters nach Rundung und Geschlossenheit besonders deutlich hervortritt. Derselbe Gesichtspunkt leitete auch die Anlage des geographischen und topographischen Registers. Hier wurden auch kleinere, aber für die Erzählung besonders bedeutsame Örtlichkeiten aufgenommen. Die Einleitungen der Herausgeber sind nicht mit einbezogen.« Die Rubriken des Registers sind: »1. Personennamen«, »2. Unbenannte Personen«, »3. Märchenfiguren und -motive", »4. Tiernamen«, »5. Geographische und topographische Bezeichnungen«. Die hier angesprochene Figur wird unter »Simon (Boten-Simon)« gebucht, dazu auch »dessen Vater und Großvater« und »dessen Urgroßvater«. Der Hundename »Hüon« (verwandt mit dem etwa von Shakespeare und Wieland verwendeten Namen des Elfenkönigs Oberon) wird unter der Rubrik »4. Tiernamen« angeführt.*

240. (B) Sauer an Seuffert in Graz
   Prag, 25. März 1907. Montag

Prag 25/3 07
Smichow 586

Lieber Freund! Ich danke Ihnen für Ihren freundlichen Brief.[1] Da Sie in Prag mit mir seinerzeit im Vorschlag waren,[2] so musste ich annehmen, Sie hätten zu K. Beziehungen gehabt;[3] übrigens wollten wir keinen der österr. Fachgenossen ausschliessen. Vielleicht hätten wir dieses Wort im Aufruf besser verwendet.

Ich ersehe aus Ihrem Brief mit Schrecken, dass ich Ihnen den oft erwogenen Brief über W.s Habilitation[4] [nu]r in Gedanken geschrieben habe. Jawohl, ist es ein Sieg für mich. Es war weniger die Habilitation von W., als die von Schneider.[5], dem K. dieselben Schwierigkeiten zu machen die Absicht hatte. Schneider exzellierte aber geradezu im Colloquium bei K.; so dass er wol zur Einsicht kommen musste, dass auch ein neuerer Literarhistoriker gediegene Kenntnisse aus der Grammatik haben kann. Nun animierte ich W. von Neuem. Dessen Colloquium verblüffte das Collegium durch die grenzenlose Sicherheit mit der <!> alles vorbrachte. Kraus selbst dehnte die venia auf ›Sprache‹ aus. Da sich auch ein dritter Schüler von mir, [W]ihan, u. zwar für vgl. Lit. Gesch. habilitierte[6] und ein vierter Lektor für Tschechisch wurde u. seine Habilitation für slav. Sprachen vorbereitet,[7] so komme ich mir nun wie der Ältervater vor, der sich bald [z]ur Ruhe setzen kann. Man wird jetzt in der Tat hier viele Dinge hören können, die man anderwärts nicht hört.

Ich war in dem abgelaufenen Semester mit fast 100 Seminaristen überbürdet wie noch nie, drucke gleichzeitig an 9 Bänden Deutschböhm. Bibliothek, worunter <6> Stifterbände[8] und weiss manchmal nicht, wo mir der Kopf steht. Nur mit dem Euphorion geht es, dank Frommes unglaublicher Trödelei, über alle Massen langsam. Aber ich kann gar nicht dagegen ankämpfen.

Dass sich der Zustand Ihrer Gattin so zum Argen gewendet hat, ist unsäglich traurig.[9] Hier mögen wol die heranwachsen[de]n Kinder Trost und Erleichterung verschaffen. Meiner Frau gieng es in diesem Winter um Vieles besser; aber nur infolge eines Wirbelwinds von Geselligkeit, der mich freilich nicht in seine Kreise einbezog, aber mich doch insofern in Mitleidenschaft [zog], als ich gar nichts von ihr hatte. So bewegen wir uns wohl in den grössten Gegensätzen.

In aufrichtiger Freundschaft
Ihr sehr erg.   AS.

Handschrift: ÖNB, Autogr. 423/1-529. 1 Dbl., 2 S. beschrieben. Grundschrift: lateinisch.

1   nicht überliefert.
2   *1880 hatten Sauer und Seuffert gemeinsam auf der Vorschlagsliste für die Nachfolge von Ernst Martin in Prag gestanden (s. Brief 25, Anm. 7 u. Brief 53, Anm. 7).*
3   *Es geht um die Festschrift zum 80. Geburtstag von Johann von Kelle (Untersuchungen und Quellen zur germanischen und romanischen Philologie, Johann von Kelle dargebracht von seinen Kollegen und Schülern. 2 Tle. Prag: C. Bellmann, 1908 [Prager deutsche Studien. 8–9]). Seuffert hatte zu ihr keinen Beitrag geliefert, möglicherweise weil er sich durch den offiziellen Aufruf zur Teilnahme nicht angesprochen fühlte, den Sauer ihm mit Schreiben vom 15.3.1907 (ÖNB, Autogr. 423/1-528) geschickt hatte. Der Aufruf begann mit den Sätzen: »Herr Hofrat Johann von Kelle in Prag, der Senior der altdeutschen Studien, vollendet am 15. März 1908 sein achtzigstes Lebensjahr. Seine Freunde, Mitarbeiter und Schüler beabsichtigen, ihn bei dieser Gelegenheit mit einer wissenschaftlichen Schrift zu begrüßen, an der sich zu beteiligen wir Sie hiermit bitten.«*
4   *Spiridion Wukadinović habilitierte sich 1907 in Prag bei Sauer. Zu der Opposition durch Carl von Kraus s. Brief 230.*
5   *Ferdinand Josef Schneider wurde 1907 in Prag auf Grundlage seiner bereits gedruckten Schrift »Jean Pauls*

Jugend und erstes Auftreten in der Literatur. Ein Blatt aus der Bildungsgeschichte des deutschen Geistes im 18. Jahrhundert« (Berlin: B. Behr, *1905) für das Fach Neuere deutsche Literaturgeschichte habilitiert.*

6 *Josef Wihan habilitierte sich 1907 mit der Schrift »Johann Joachim Christoph Bode als Vermittler englischer Geisteswerke in Deutschland«* (Prag: C. Bellmann, *1906 [Prager Deutsche Studien. 3]) für das Fach Vergleichende Literaturgeschichte.*

7 *Gemeint ist Franz Spina, der 1901 in Germanistik promoviert worden war und 1906 als erster Lektor für Tschechische Sprache an der deutschen Universität in Prag angestellt wurde. 1909 habilitierte er sich hier für das Fach Slawistik. 1897 hatte sich Sauer als Dekan der Philosophischen Fakultät noch entschieden gegen die Einrichtung bohemistischer Kurse an der deutschen Universität gewehrt, 1905 war dieselbe Forderung während der Vorbereitungen zum mährischen Ausgleich allerdings auch vom deutschen Volksrat in Böhmen erhoben worden. »Darüber hinaus spielten auch die wissenschaftlichen Aufgaben der Gesellschaft zur Förderung deutscher Wissenschaft, Kunst und Literatur und ein sich verstärkender wissenschaftlicher Wettbewerb mit der tschechischen Volkskunde und Philologie eine große Rolle. Sauer selbst soll seinen ehemaligen Schüler Franz Spina zur wissenschaftlichen Erforschung der deutsch-tschechischen Literaturbeziehungen angeregt haben [...]. Von der Wichtigkeit der Errichtung des Lehrstuhls für Bohemistik war Sauer zweifellos überzeugt, wie es auch aus seiner zeitgenössischen kulturpolitischen Publizistik, wenn auch manchmal indirekt, offensichtlich wird [...]. Auch in diesem Fall kann man von persönlicher Sympathie für Franz Spina ausgehen, den ersten Lektor der tschechischen Sprache an der deutschen Universität (ab 1906) [...]. Spinas (1909) Habilitationsschrift ›Die alttschechische Schelmenzunft Frantowa práva‹ gab Sauer in seiner Editionsreihe Prager deutsche Studien auch heraus.«* (Václav Petrbok: August Sauer und die Bohemistik. In: Höhne: Sauer, S. 229–248, hier S. 231). *Spina wurde später in Prag Extraordinarius (1917) und Ordinarius (1921) für Tschechische Sprache und Literatur.*

8 *Da die Bände der Stifter-Ausgabe nicht in chronologischer Folge publiziert wurden, ist es schwierig festzustellen, woran Sauer im Frühjahr 1907 arbeitete. Abgesehen von der historisch-kritischen Stifter-Ausgabe erschienen in der »Bibliothek deutscher Schriftsteller aus Böhmen« in Prag bei Calve im Jahr 1907 und in den Folgejahren der zweite Teil von Moritz Hartmanns »Gesammelten Werken«* (Bd. 19, 1907), *Joseph Bayers »Studien und Charakteristiken«* (Bd. 20, 1908) *sowie der zweite Band der »Ausgewählten Werke« Caspar Graf Sternbergs* (Bd. 27, 1909).

9 *zum Nervenleiden Anna Seufferts s. etwa die Briefe 217 f. u. Brief 223.*

241. (B) Sauer an Seuffert in Graz
   (Prag, vor dem 11. Mai 1907)

Lieber Freund! Da ich gerade ein [M]emorandum über eine kritische Grillparzerausgabe[1] ausarbeite (ob es Erfolg hat ist mehr als zweifelhaft), so habe ich Ihre Proleg.[2] abermals durchstudiert. Dabei ist mir zweifelhaft geblieben, wie Sie sich die Lostrennung des Apparats in einzelnen Heften denken. Bleiben die Register beim Textband oder beim Apparat? Man müsste also die Register in einem andern Band suchen. Wie ist die doppelte Paginierung des Apparats gemeint? Fortlaufend oder anschliessend an den Textband, u. dann fortlaufend in dem Apparatband; also

   454 (1)
   oder

1 (Bd IV, 454)

Bei Stifter werde ich zu folgendem Auskunftsmittel geführt. Ich habe in Bd I³ eigentliche Anmerkungen nur ganz schüchtern angebracht & leider mit den Lesarten vermengt. Von Bd 2 ab trenne ich die Anmerkungen von den Lesarten und da sie nun auch reichlicher fliessen, so belasse ich die Lesarten bei jedem Band (mit dem Register); die sachlichen u. stilistischen An[m]erkungen zu Bd 1 (Nachträge) – 5 stelle ich in einen eigenen Bd 5 II⁴ zusammen, dem ich vielleicht auch ein paar Stiluntersuchungen beigebe, jedenfalls ein eigenes Register. Ich werde zu dieser Teilung dadurch geführt, dass die einzelnen Bde mit den Lesarten schon sehr stark werden, mit den Anm. sogar unförmlich. Eine Abtrennung des ganzen Apparats von 2 ff. angefangen erwäge ich auch noch; ich würde dann aber doch dem Text das Register beigeben und dem Lesarten & Anmerkungsband wieder eines.⁵ Wäre dieses Doppelsystem für Grillparzer (und auch Wieland) nicht vielleicht praktisch.⁶ Bei der Deutschböhm. Bibl. kommt hinzu, dass wir mit gebundenen Bänden rechnen müssen.

Es gieng mir in letzter Zeit nicht gut; nun glaub ich mich wieder zu erholen. Nächste Woche (nach dem Wahltag)⁷ muss ich nach Wien.

Herzlichst grüssend   Ihr   AS.

Wollten Sie so gütig sein, über Ridderhoff, S. La Roche u. Wieland Hamb 1907 ein Wort im Euph. zu sagen. Das Ex. liegt bereit.⁸

Datum: s. Empfängervermerk und Inhalt des Briefes von Sauer an Seuffert vom 11.5.1907 (ÖNB, Autogr. 423/1-531). Handschrift: ÖNB, Autogr. 423/1-530. 1 Dbl., 4 S. beschrieben. Grundschrift: lateinisch. Empfängervermerk (S. 1): Eingelaufen 11.5.7.

1 *August Sauer: Grundsätze für die Wiener Grillparzer-Ausgabe. Abteilung I. mit besonderer Berücksichtigung der Dramen. o. O. und o. J.*
2 *Bis zum vorliegenden Brief waren die ersten vier Teile von Seufferts »Prolegomena zu einer Wieland-Ausgabe« erschienen.*
3 *zu den einzelnen Bänden der Stifter-Ausgabe s. Brief 196, Anm. 14.*
4 *Die erwähnten Inhalte fanden schließlich Eingang in den vierten Band (2. Teil) von »Adalbert Stifters Sämmtlichen Werken« (s. Brief 196, Anm. 14). In der Vorbemerkung Sauers heißt es: »Die ersten Bearbeiter der kritischen Apparate sind in der Vorbemerkung zu jedem einzelnen genannt. Von der ›Mappe meines Urgroßvaters‹ angefangen hat aber außerdem Herr Dr. Franz Hüller in Prag das gesamte Material überprüft und einheitlich redigiert, die Register angelegt und alle Korrekturen auf das Sorgfältigste gelesen, so daß er als der eigentliche Herausgeber dieses Bandes zu betrachten ist.« (ebd., S. VIII)*
5 *In der wechselhaften Geschichte der Stifter-Ausgabe, die erst 1979 fertiggestellt wurde, ist ein einheitliches Konzept für die Aufteilung von Text, Apparat etc. schwer auszumachen; für Band 5 (1908) etwa, den Textteil der »Bunten Steine« (Bibliothek deutscher Schriftsteller aus Böhmen. 25), wurde nach Sauers Vorstellungen verfahren, in anderen Bänden von Registern im Textteil abgesehen.*
6 *In Sauers Konzeption der historisch-kritischen Grillparzer-Ausgabe wurde von einer Trennung in Text-*

und Apparatbände abgesehen. Seuffert legte seinerseits auf die Möglichkeit der gleichzeitigen Lektüre von Text, Lesarten, Erläuterungen und Registern großen Wert und plante in seinen »Prolegomena« für die historisch-kritische Wieland-Ausgabe von Anfang an eine Veröffentlichung in einzelnen Heften (s. Prolegomena 4, Abschnitt: IV. Gestaltung des Textes und Einrichtung des Apparates, S. 51–61).

7 *Gemeint ist die Reichsratswahl am 14.5.1907, die erste in Cisleithanien, die nach dem allgemeinen, gleichen, geheimen und direkten Männerwahlrecht durchgeführt wurde und die mit einem deutlichen Erfolg für die christlichsozialen und sozialdemokratischen Massenparteien endete.*

8 *Seuffert rezensierte beide Werke nicht für den »Euphorion«, sondern gemeinsam für den »Anzeiger für deutsches Altertum« (Bernhard Seuffert [Rez.]: Kuno Ridderhoff: Sophie von La Roche und Wieland. Zum hundertjährigen Todestage der Dichterin [18. Februar 1807]. Hamburg: Lütcke & Wulf, 1907 / Sophie von La Roche: Geschichte des Fräuleins von Sternheim. Hrsg. von Kuno Ridderhoff. Berlin: B. Behr, 1907 [DLD. 138 = 3. Folge. 18]. In: AfdA 32 (1908), S. 295–300).*

242. (K) Seuffert an Sauer in Prag
    Graz, 27. Juni 1907. Donnerstag

Ich beglückwünsche Sie herzlich zur wahl!¹ Mögen Sie ein friedliches rektorat haben! Auch der künftigen frau rektorin huldige ich.   In treuen Ihr
    BSfft

Datum: s. Poststempel. Handschrift: StAW. Postkarte. Adresse: Herrn Professor Dr. August Sauer / Prag / Smichow 586 Poststempel: 1) Graz, 27.6.1907 – 2) Prag/Praha, 28.6.1907 – 3) Smichow/Smíchov, 28.6.1907. Grundschrift: lateinisch.

1 *zum Rektor der deutschen Universität in Prag für das Unterrichtsjahr 1907/08. Das »Prager Tagblatt« (Nr. 175, S. 3) berichtete am 27.6.1907 über die Wahl tags zuvor, der Sieger des ersten Urnenganges, der Chemiker Guido Goldschmiedt, habe die Wahl aus gesundheitlichen Gründen nicht angenommen; aus dem zweiten Wahlgang sei Sauer als Sieger hervorgegangen.*

243. (K) Sauer an Seuffert in Graz
    Prag, 1. Juli 1907. Montag

L. F. Herzlichsten Dank. Die Wahl kam mir weder erwartet noch erwünscht; aber si[e f]reut und ehrt mich. Ich wollte Sie, falls die Grillparzerausgabe zustande kommt, in diesem Sommer überfallen, fürchte aber, diesen Plan jetzt aufgeben zu müssen. Sagen Sie mir aber doch, wo Sie zu finden sind.
    In herzlicher Ergebenheit   Ihr
    AS.

Datum: s. Poststempel. Handschrift: ÖNB, Autogr. 423/1-536. Postkarte. Absender: Sauer / Smichow 586 *Adresse:* Herrn Professor Seuffert / Graz / Harrachgasse 1 *Poststempel: 1) Prag/Praha, 1.7.1907 – 2) Graz, 2.7.1907. Grundschrift: lateinisch.*

244. *(B) Sauer an Seuffert in Graz*
 Bad Muskau, Preußisch Schlesien, 15. August 1907. Donnerstag

Bad Muskau
Preuss. Schlesien
15/8 07

[L.] F. Bitte, verzeihen Sie es mir, wenn ich Ihre Ferienruhe störe. Die Grillparzerausgabe scheint gesichert zu sein, wenn ich auch noch kein amtliches Dokument in Händen habe, ja noch nicht einmal weiss, ob die Angelegenheit noch das Plenum des Gemeinderates [zu] passieren hat oder nicht.[1]

Es liegt mir nun dringend daran, Sie auf ein paar ruhige Stunden zu sprechen und an der Hand der 20bändigen Ausgabe,[2] die uns in Graz wohl zur Verfügung stünde, Ihnen alle zweifelhaften Punkte vorzulegen und zwar, bevor ich die definitive Verfügung über Orthographie, Stoffverteilung u.s.w. treffe; [d]enn Niemand ist darüber so urteilsfähig wie Sie.

Mein Kalendarium ist nun dieses. Bis 1. Sept. muss ich hier bleiben; am 23. Sept. muss ich in Prag sein. In der Zwischenzeit bin ich im Allgemeinen frei. Jedoch möchte ich die ersten 8 Tage des Sept. noch ei[ne]r Nachkur widmen an einem Ort zwischen hier u Prag, dann einige Tage in Prag bleiben; dann nach Wien fahren. Von Wien aus käme ich dann nach Graz. Am liebsten käme ich gleich nach dem 15., weil meine späteren Wiener Arbeiten schon die Besprechung mit Ihnen zur Voraussetzung hätten.

Halten Sie nun dagegen Ihre Zeiteinteilung und sagen Sie mir aufrichtig, wann und wo ich Sie am bequemsten sprechen kann, ohne Sie zu stören oder Ihnen besonders ungelegen zu kommen.

Über meine Eindrücke in Marburg [un]d Giessen mündlich.[3] Das Euphorionheft ist bis auf eine Kleinigkeit fertig; ich fürchte aber, ich kann es von hier aus nicht flott machen, da mir jegliche Arbeit streng verboten ist. Schon dieser Brief ist eine Überschreitung dieses Verbotes.

Darum in aller Kürze alles Gute wünschend
Ihr
herzlich erg.
AS.

Handschrift: ÖNB, Autogr. 423/1-539. 1 Dbl., 4 S. beschrieben. *Grundschrift:* lateinisch.

1 Am Donnerstag, den 25.7.1907, erschien in der Rubrik »Kleine Chronik« der »Wiener Zeitung« (Nr. 169, S. 11) unter der Überschrift »Monumentale Ausgabe der Werke Grillparzers« die Mitteilung: »Der Wiener Stadtrat beschloß [...], die Drucklegung einer kritischen Gesamtausgabe der Werke Franz Grillparzers zu unterstützen. Auf dem Titelblatte dieses Werkes erscheint die Gemeinde Wien als Herausgeber. Die Bearbeitung wird durch den bekannten Grillparzer-Forscher und Professor der Literaturgeschichte an der deutschen Universität in Prag Dr. August Sauer besorgt werden. Die Ausgabe muß am hundertjährigen Gedenktage der ersten Aufführung der ›Ahnfrau‹ (31. Jänner 1917) vollendet sein. Neben der eigentlichen Haupt- und Subskriptions-Ausgabe ist der Verleger ermächtigt, eine Luxusausgabe in beschränkter Zahl zu drucken, außerdem wird ihm gestattet, ein Jahr nach Absetzung der Subskriptions-Ausgabe eine Volksausgabe zu veranstalten. Drucklegung und Verlag des Werkes wurden den Kommissions-Verlegern der Gemeinde Wien Gerlach und Wiedling übertragen.« Zur Chronologie der Beschlussfassung schrieb Sauer im ersten Band der historisch-kritischen Grillparzer-Ausgabe: »Die Anregung, den oft erörterten Plan einer kritischen Ausgabe von Grillparzers Werken im gegenwärtigen Zeitpunkte zu verwirklichen, ging von Seiner Exzellenz dem Herrn Bürgermeister Dr. Karl Lueger selbst aus. Im Mai 1906 durfte ich den ersten Entwurf zu einer solchen Ausgabe ausarbeiten, der am 6. Juli 1907 mit einer Eingabe der Direktion der städtischen Sammlungen dem Stadtrat vorgelegt wurde. Am 23. Juli 1907 faßte dieser, wie der Motivenbericht sagt, von dem Wunsche geleitet, die Gemeinde möge, ›als Besitzerin des Grillparzer-Archivs dem größten österreichischen Dichter, der die lebendigste Verkörperung des echten deutschen Wiener Geistes darstellt, ein dauerndes literarisches Denkmal‹ setzen, und in dem Bewußtsein, eine Pflicht der Pietät gegen den Dichter zu erfüllen, den Beschluß, die Drucklegung einer kritischen Gesamtausgabe der Werke Franz Grillparzers, auf deren Titelblatte die Gemeinde Wien als Herausgeberin zu erscheinen habe, zu unterstützen, ein Beschluß, der in der Stadtratssitzung von 7. Jänner 1909 durch die Genehmigung der Kontrakte mit den Verlegern und dem Herausgeber bestätigt und in allen Einzelheiten festgestellt wurde. Die Ausgabe, die auf ungefähr 25 Bände angelegt ist und zunächst in langsamerer, später in rascherer Folge erscheinen wird, soll bis zum Herbst 1915 vollständig vorliegen.« (HKGA, 1. Abt., Bd. 1, S. XXIX).

2 1887 hatte Sauer (wenngleich sein Name nur im Vorbericht genannt wird) die vierte (gemeint ist: die vierte Gesamtausgabe nach dem Ableben des Dichters, für deren Veröffentlichung Cotta den exklusiven Zuschlag erhalten hatte; s. dazu Brief 251, Anm. 12) Ausgabe von Grillparzers Werken (in sechzehn Bänden) veranstaltet: Grillparzers Sämmtliche Werke. Vierte Ausgabe in sechzehn Bänden. Stuttgart: J. G. Cotta, 1887. Etwa fünf Jahre später war die fünfte Ausgabe erschienen (diesmal mit namentlicher Nennung Sauers auf dem Titelblatt): Grillparzers sämtliche Werke. Fünfte Ausgabe in zwanzig Bänden. Hrsg. und mit Einleitungen versehen von August Sauer. Stuttgart: J. G. Cotta Nachf., o. J. [1892–1893]. 1901 brachte Sauer eine Ausgabe in acht Bänden heraus.

3 In einem undatierten, nach dem 10.7.1907 geschriebenen Brief Sauers an Seuffert (ÖNB, Autogr. 423/1-537) heißt es: »Mir hat die Rektorswahl wohl einen Strich durch meine Pläne gemacht. Ich muss zunächst nach Marburg und Giessen zu Rektorenkonferenz und Jubiläum, komme also erst am 4/5 August in mein Moorbad [...].« In Marburg fand am 31.7.1907 die zweite Konferenz sämtlicher deutscher Universitätsrektoren statt; die Universität Gießen feierte zeitgleich vom 31.7. bis zum 3.8.1907 ihre dritte Jahrhundertfeier.

245. (B) Seuffert an Sauer in Prag
 Obertressen bei Aussee, Steiermark, (nach dem 15. August 1907)

Obertressen 41
bei Aussee Steiermark

Lieber freund, Die aussicht Sie zu sehen ist mir sehr erfreulich. Nur kann ich in keiner Weise zugeben, dass ich über die einrichtung der Grillp.-ausg. irgend einen rat wüsste, den Sie nicht selbst sich besser geben können. Sie sind als herausgeber erfahrener u. geübter als ich. Und dazu kommt, dass jede ausgabe doch die besondern eigenheiten ihres inhalts zur norm nehmen muss, und diese eigenheiten kennt doch in der welt niemand als Sie. Ich insbesondere habe Grillp. gegenüber absolut kein gedächtnis; ich weiss nicht, woran es liegt: sachen aus dem 17. jh. bleiben mir lebendiger als seine werke. Ich habe gerade diesen sommer anlass gehabt, die meisten bände wieder durchzulesen und trotzdem müsste ichs heute wieder tun, wenn ich ein rigorosum darüber abnehmen sollte. Ich ringe vergebens darnach, mir eine lebendige vorstellung der entwicklung im einzelnen u. der besonderheit jedes werkes im sinne zu halten. Schönbach sagt: ich sei eben kein Österreicher. So gering denke ich aber nicht von Gr., dass ich nur einen augenblick meinen könnte, er sei nur für Östreicher zugänglich. Ich muss da einen ganz besonderen defekt haben. Auch von der seite her können Sie also von mir wenig oder nichts erwarten.
 Das dürfen Sie aber bei leibe nicht so verstehen, als ob ich es nicht mir zur ehre und zu wirklicher freude rechnete, mit Ihnen alles durchzusprechen, was Sie gerne besprechen. Es wird mir eine aufrichtige genugtuung sein, so viel anteil an Ihrer ausgabe zu gewinnen, deren sicherung ich ja mit der herzlichsten freude begrüsse. Es gereicht dem magistrat, für den ich sonst wenig übrig habe, zur ehre, dass er das notwendige werk tat und dass er es dem anvertraut, der es allein gut tun kann.
 Ich muss am 3. September in Biberach Wieland predigen.[1] Vorher geh ich wol zur begrüssung meiner geschwister nach Traunstein. Nachher wieder hierher; ich kann die Lage nicht genau bestimmen. Am 18. ist gymnasiumsanfang, da bin ich sicher in Graz zurück. Ich werde Ihnen nach Prag schreiben, wann ich heimgehe; jedenfalls zwischen dem 13. u. 16. Ich besitze nur Ihre erste ausgabe,[2] Schönbach hat eine neuere. Und der will um den 8. septbr. heim.
 Es tut mir sehr leid, dass Sie eine so strenge kur nötig haben. Hoffentlich stärkt Sie sie völlig. Ich habe hier jeden tag gearbeitet, wegen des vortrags, den ich noch nicht fertig habe; immer wieder fehlt es an den büchern, die ich zu hause so bequem hätte.

Also: auf frohes wiedersehen! wenn ich Sie den andern freunden, die Sie auch gerne sehen, entziehen dürfte, würde ich Ihnen nach Bruck oder Mürzzuschlag entgegenfahren.   In steten treuen Ihr
aufrichtig ergebener
BSfft.

Datum: Die Korrespondenzstelle ergibt sich aus dem Inhalt der Briefe 244 und 246. Handschrift: StAW. 1 Dbl., 4 S. beschrieben. Grundschrift: lateinisch.

1   Gemeint ist Seufferts Vortrag anlässlich der Eröffnung des Wieland-Museums im Wieland-Gartenhaus (Bernhard Seuffert: Wieland in Biberach. Fest-Vortrag. In: Vorträge gehalten bei der Wieland-Feier in Biberbach a. Riß am 3. September 1907 von Dr. B. Seuffert, Professor in Graz und Dr. P. Weizsäcker, Rektor in Calw. Biberbach-Riß: Verlag der Dorn'schen Buchhandlung (R. Hetsch), [1907], S. 13–30).
2   vmtl. die sechzehnbändigen »Grillparzers Sämmtliche Werke« aus dem Jahr 1887 (s. Brief 244, Anm. 2).

246. (B) Sauer an Seuffert in Graz
Bad Muskau, Preußisch Schlesien, 21. August 1907. Donnerstag

Bad Muskau
Pr. Schlesien
21/8 07

Lieber Freund! Ihr liebenswürdiger *[B]*rief bestärkt mich nur in meiner Absicht. Die Fragen, die ich Ihnen vorlegen möchte, sind rein methodischer Art und ein je geringeres Verhältnis Sie zu dem einzelnen Dichter hätten, desto besser wär es; denn ich bin leider mit ihm von Kindheit an *[zu]* sehr verwachsen, um ganz unvoreingenommen über ihn zu urteilen. Ich habe aber zu Niemandem so grosses Vertrauen in diesen Fragen als zu Ihnen u. die Wiener Kollegen, die ich gern befragte, stellen sich jetzt schon so feindlich gegen mich u. werden es in Zukunft noch mehr tun, dass ich dort einen Rückhalt nicht fände. Ich werde die 20bändige Ausgabe[1] u. meine formulierten Fragen mitbringen und Sie brauchen mir nichts als Ihre Zeit zu widmen, diese allerdings reichlich.

Von Ihrem gütigen Anerbieten, mir auf der Hälfte des Weges entgegenzukommen, möchte ich, vorderhand wenigsten*[s]*, keinen Gebrauch machen. Mein Freundeskreis in Graz ist zwar sehr stark zusammengeschmolzen und zu den wenigen zurückgebliebenen habe ich kaum mehr nahe Beziehungen. Aber Schönbach würde es mir – und mit Recht – sehr übel nehmen, wenn ich diese Gelegenheit vorübergehen liesse, ohne ihn zu begrüssen und ohne ihm persönlich für die Bemühungen zu danken, die er sich in dieser Angelegenheit gegeben hat.² Ich habe also die Absicht bald nach Ihrem Eintreffen in Graz auf wenige Tage hinzufahren; die Verbindungen so[l]len ja jetzt ausgezeichnet sein; das Nähere besprechen wir, wenn Ihre Einteilung ganz feststeht.

Ich hoffe, dass meine diesjährige Ferien-enthaltsamkeit mir gut tun werde; in Bezug auf das eigentliche leiden bemerke ich bis jetzt allerdings keine Besserung.

Mit den besten Empfehlungen von Haus zu Haus
in aufrichtiger Freundschaft
Ihr sehr erg.
AS.

Handschrift: ÖNB, Autogr. 423/1-540. 1 Dbl., 4 S. beschrieben. Grundschrift: lateinisch.

1 s. Brief 244, Anm. 2.
2 nicht ermittelt.

247. (B) Sauer an Seuffert in Graz
      Prag, 23. September 1907. Montag

Prag 23/9 07
Smichow 586

Lieber Freund! Gestern Abends programmgemäss heimgekehrt, ist es meine erste Aufgabe Ihnen für die liebenswürdige Aufnahme in Graz aufs Herzlichste zu danken und diesem Dank auch Ihrer Gemahlin zu Füssen zu legen. Es war so nett und gemütlich bei Ihnen und so anregend und nicht zuletzt belehrend und aufklärend. Ich wollte, Prag wäre Wien und die Entfernung von Graz ermöglichte es mir, öfter in Ihrer Nähe zu weilen, ruhiger, langsamer, weniger tumultarisch als jetzt, wo ich Sie ganz in Beschlag nahm. Ich bürge nicht dafür, dass ich Sie nicht wieder einmal überfalle, wenn Sie es gestatte[n].

Ich schlief ganz gut, wurde rechtzeitig geweckt, schlief im Coupé weiter, hatte eine prachtvolle wenn auch kühle Fahrt über den Semmering u. traf noch rechtzeitig in Wien ein, um meine [G]eschäfte zu besorgen.

In der Grillparzerangelegenheit sind 2 bedeutsame Momente in den Vordergrund getreten. Man will die Ausgabe als Kaiserjubiläumsausgabe bezeichnen u. beschwört mich, dass ich den ersten Band bis Dez. 1908 fertigstelle. Den ersten Gedichtband bringe i[ch] nicht leicht oder wenigstens nicht sicher fertig. Glossy meinte aber; wie wärs, wenn ich mit der alten Einteilung bräche u. die Dramen voranstellte. Im Volk u. in der Lit. Geschichte lebt Grillparzer doch nur als Dramatiker. Dadurch, dass die

Gedichte an der Spitze standen, würde ihnen ein zu grosses Gewicht beigelegt. Also die Dramen voran! Dann umfas*[ste]* Bd I: Ahnfrau u. Sappho, die bringe ich leicht u. sicher fertig.¹ Wie denken Sie darüber? Überhaupt müssen Sie sich darauf gefasst machen, dass ich Sie noch oft um Rat frage.

Meine Frau empfiehlt sich Ihnen und der Ihrigen vielmals. Grüssen Sie mir auch Ihre Jungen.

Mit herzlichem Dank und treuem Gedenken   Ihr
aufrichtig erg.
ASauer.

Handschrift: ÖNB, Autogr. 423/1-543. 1 Dbl., 4 S. beschrieben. Grundschrift: lateinisch.

1 *Franz Grillparzer. Werke [ab 1916: Sämtliche Werke]. Historisch-kritische Gesamtausgabe. Im Auftrag der Reichshaupt- und Residenzstadt [ab 1923: Bundeshauptstadt] Wien [ab 1930: Mit Unterstützung des Bundesministeriums für Unterricht und der Bundeshauptstadt Wien] hrsg. von August Sauer [ab 1930: fortgeführt von Reinhold Backmann]. Bd. 1–42. Wien, Leipzig: Gerlach & Wiedling, [1917–1927 und 1936–1948: Wien: Schroll; 1930–1935: Wien: Schroll und Deutscher Verlag für Jugend und Volk] 1909–1948. I. Abteilung: Werke der reifen Zeit nach 1816, II. Abteilung: Jugendwerke (vor 1816), Tagebücher, literarische Skizzenhefte, III. Abteilung: Briefe und Dokumente; hier Abt. 1, Bd. 1: Die Ahnfrau. Sappho. [Hrsg. von A. Sauer]. 1909 [1910]. Ein Verweis auf das sechzigjährige Regierungsjubiläum von Kaiser Franz Joseph im Jahr 1908 unterblieb.*

248. (B) Seuffert an Sauer in Prag
Graz, 24. September 1907. Dienstag

Graz Harrachg. 1
24.9.7

Lieber freund,   Die freundlichkeit Ihrer erinnerung an die Grazer kurzen tage tut mir wohl. Wir werden uns allzeit freuen, wenn Sie wiederkehren; Sie sind immer herzlich willkommen. Gerne dank ich Ihnen noch schriftlich, wie ich es mündlich getan habe, für Ihr vertrauen. Zudem für die frische luft, die Sie aus der litterarischen welt in meine abgesperrte klause gebracht haben: Sie sind ebenso vielseitig und verbindungsreich als ich einseitig und einsam bin, wenn ich Schönbachs ergiebige nähe abrechne.

Dass die Grillp. ausg. zum kaiserjubiläum gewidmet wird, ist famos: meinen besondern glückwunsch dazu; Schönbachs darauf gerichteter einfall hatte mir sogleich sehr gefallen. Nun muss natürlich mindestens ein band heraus. Und Glossys vorschlag ist so klug, dass es mir leid ist, ihn nicht getan zu haben. Er trifft ja doch auch das historisch richtige, sobald die jugendschriften eine eigene serie bilden. U. gedruckt wurden vorher ja nur Ihre nrr. 70 u. 82 bei Goedeke.[1] Es kommt also alles ins rechte geleise.

Selbstverständlich wird es mir immer ein vergnügen sein, bei den fortschritten Ihres grossen werkes mitdenken zu dürfen.

Inzwischen hab ich mich in den Merkur eingegraben.[2]

Beste grüsse von haus zu haus. Dem magnifiken paare huldigt[3]

Ihr

treulich ergebener

BSfft.

Handschrift: StAW. 1 Dbl., 3 S. beschrieben. Grundschrift: lateinisch.

1 Seuffert bezieht sich hier auf den von Sauer gestalteten § 323 zu Grillparzer in Goedekes »Grundriss« (1905; s. Brief 86, Anm. 28, S. 384–385).
2 Nachdem Seuffert in den ersten vier Teilen seiner »Prolegomena« die Jugendschriften und die Übersetzungen von Wielands Ausgabe letzter Hand abgehandelt hatte, widmete er sich im fünften Teil (1909), dem chronologischen Werkverzeichnis von 1762–1812, vorrangig Wielands Arbeiten an der für die deutsche Literatur und Literaturkritik des späten 18. Jahrhunderts zentralen Zeitschrift »Teutscher Merkur« (1773–1810) (s. Prolegomena 5, S. 27/Nr. 195 ff.). Bernhard Seuffert: Prolegomena zu einer Wieland-Ausgabe. V. Im Auftrage der Deutschen Kommission entworfen von ihrem außerordentlichen Mitglied Prof. Dr. Bernhard Seuffert in Graz. Aus dem Anhang zu den Abhandlungen der königl. preussischen Akademie der Wissenschaften vom Jahre 1908. Berlin: Königl. Akademie der Wissenschaften (in Komm. bei G. Reimer), 1909. »Vorgelegt von Hrn. [Erich] Schmidt in der Sitzung der phil.-hist. Classe am 22. October 1908. Zum Druck verordnet am 29. October 1908, ausgegeben am 8. Januar 1909.« Enthält: »V. Die Werke von 1762–1812. 1. Chronologie«.
3 zu Sauers Rektorat s. Brief 242.

249. (B) Seuffert an Sauer in Prag
    Graz, 9. November 1907. Samstag

Graz Harrachg. 1
9.11.7.

Lieber freund, Ihre schrift[1] habe ich sofort mit grosser freude gelesen und beglückwünsche Sie zu der schönen untersuchung. Nimmt man die summe der übereinstimmungen, so ist die ausführung überzeugend, wenn sie auch im einzelfalle nicht immer zwingend wirkt. Verblüffend bleibt die vertrautheit mit Ang. Sil. u. Spe; aber sie ist eben da.

U. nun aus der poesie in die tiefste prosa: prüfungsordnung. Sie müssen sich ja auch mit den Wiener vorschlägen befassen und haben wie wir mehr als die Wiener auf nationale schwierigkeiten zu sehen. Darum erlaub ich mir, Ihnen zu sagen, wie Schönbach u. ich uns stellen.[2] Die Hauptfachformulierung[3] akzeptieren wir (so schreib ich sehr ungern, accept.[4] ist mir viel geläufiger). Im nebenfach muss aber was geschehen. Es geht doch nicht an, dass man da keine zeile geschriebenes erhält. U. es geht auch nicht an, dass man keine interpretation erhält. Korrekten u. gewandten stil sollen die lehrer am untergymn.[5] lehren, dazu prosodik, metrik, sollen lesestücke disponieren u. für die geschmacksbildung erklären: all das zu fordern gibt der art. IX b nicht das geringste recht.[6] Wir möchten also eine kleine hausarbeit, zu ersetzen durch eine seminararbeit, u. eine klausur: interpretation eines gedichtes oder irgend einer stelle, 2–3 stündig. Es wird im untergymn. so viel gesündigt, dass man mehr fordern muss; zudem von leuten nicht deutscher nationalität müssen arbeiten wegen der korrektheit gefordert werden; die hausarbeiten, nötig zum nachweis der vertrautheit mit den wissenschaftl. hilfsmitteln, lassen sie sich korrigieren, also ist auch klausur nötig.

Den abgang von einem deutschen gymn. als ersatz für die prüfung aus unterrichtsspr. zu nehmen, wie die Wiener wollen, sind wir ausser stande: diese zeugnisse vom unterlande mit dem gemischtsprachigen publikum[7] besagen wenig. Wir beantragen Art. V aus der prüfung für die Lyceumskandidatinnen herüberzunehmen;[8] nur wenn der prüfer sich aus einer klausur u. aus einer mündl. fachprüfung von der sprachfertigkeit überzeugt hat, kann er die prüfung erlassen. Die prüfung muss jedenfalls beim letzten teile der fachprüfung gehalten werden, weil ich erlebt habe, dass leute frisch von der univ. weg deutsch können, bis zur 2. teilprüfung zu hause es verlernen.

Verzeihen Sie, dass ich das unaufgefordert schreibe; aber vielleicht interessiert es Sie doch etwas, was wir hier wünschen.

Zum rektorat und ins hause alles gute wünschend u. für das geschenk[9] (das ich sehr gerne besonders wegen der methode in unserm hochverschuldeten seminar hätte! Haben Sie keine korrekturen e. h.[10] dafür übrig?) nochmals bestens dankend
in treuen Ihr
BSfft

Handschrift: StAW. 1 Dbl., 4 S. beschrieben. Grundschrift: lateinisch.

1 *August Sauer: Kleists Todeslitanei. Prag: Carl Bellmann, 1907 (Prager Deutsche Studien. 7). Ursprünglich war diese Arbeit als Beitrag für die »Festgabe zum 100jährigen Jubiläum des Schottengymnasiums« (Wien: W. Braumüller, 1907) geplant, wurde dann aber aufgrund ihres großen Umfangs separat veröffentlicht und »Dem K. K. Schottengymnasium in Wien zur Feier seines hundertjährigen Bestandes November 1907« gewidmet. Sauer zeigt in seiner Arbeit u. a., wie sich die Symbolik der Briefe des »im Protestantismus*

wurzelnde[n] Kleist« (ebd., S. 19) an seine »Todesgefährtin« (ebd., S. 9) Henriette Vogel aus den Barockdichtungen Angelus Silesius' und Friedrich Spees speist und kommt zu dem Schluss, dass sich in »das Bild von Kleists letzter Lebenszeit [...] demnach als ein neuer Zug die entschiedene Hinneigung zur katholischen Mystik« einfüge (ebd., S. 30).

2 *Nach 1897 (s. Brief 167, Anm. 3) kam es in Österreich-Ungarn zu keiner Neuregelung oder neuen Verordnung für die Prüfung der Lehramtskandidaten an Gymnasien oder Realschulen mehr (es finden sich allerdings vereinzelt Erlässe zu Detailfragen, meist nur gültig für bestimmte Universitäten). Über die angesprochenen »Wiener Vorschläge« wurde nichts ermittelt.*

3 *Gemeint ist Artikel IX der entsprechenden Verordnung von 1897 (s. Universitätsgesetze, S. 930): »Deutsche Sprache und Landessprache. a) Als Hauptfach: Zur Berechtigung, die deutsche Sprache oder eine Landessprache durch das ganze Gymnasium oder durch die ganze Realschule zu lehren, wird außer den Forderungen, die hinsichtlich der deutschen und der beim Unterrichte gebrauchten Landessprache an jeden Examinanden in Gemäßheit des Artikels V gestellt werden müssen, noch gründliche Kenntnis der Grammatik, Correctheit des Ausdruckes in den schriftlichen Arbeiten, Kenntnis der Literatur und ihrer Geschichte, namentlich in ihrer Verbindung mit der politischen und Culturgeschichte des betreffenden Volkes, dann Kenntnis der älteren Zustände der Sprache und der wichtigsten älteren Sprachdenkmäler, überdies aber der Bekanntschaft mit solchen ästhetisch-kritischen Leistungen anerkannt classischer Schriftsteller verlangt, durch welche die Einsicht in den organischen Bau und künstlerischen Wert von Werken der schönen Literatur praktisch gefördert wird. [...] So ist für den Unterricht in der deutschen Sprache die grammatisch genaue Kenntnis des Mittelhochdeutschen und namentlich die Fähigkeit erforderlich, die wichtigsten Werke der Literatur des Mittelalters: das Nibelungenlied, Gudrun, die Dichtungen Hartmann's von Aue, Walther's von der Vogelweide und der älteren Lyriker in der Ursprache mit gründlichem Verständnis zu lesen. Die deutsche Literatur vom 14. bis 18. Jahrhunderte muss dem Candidaten in ihren Hauptzügen bekannt sein. Auf die Kenntnis der neueren classischen Literatur ist vorzugweise Gewicht zu legen. Der Examinand muss die bedeutendsten Werke derselben in Beziehung auf Sprache und Inhalt zu erklären und den Bildungsgang der hervorragendsten Schriftsteller zu entwickeln imstande sein. Diese beiden Momente sind bei der dem Examinanden obliegenden Interpretation von prosaischen und dichterischen Werken oder von einzelnen Stellen derselben besonders ins Auge zu fassen. Auch soll hier die ästhetische Analyse nicht vernachlässigt werden. [...] Für den Unterricht an Schulen mit nicht deutscher Unterrichtssprache ist im besonderen genaue und sichere Kenntnis der neuhochdeutschen Grammatik sowie Correctheit und Sicherheit im mündlichen Gebrauche der Sprache von den Candidaten dieses Faches strenge zu fordern. Die mündliche Prüfung ist in der deutschen Sprache vorzunehmen.«*

4 *Der erste Band von »Meyers Konversationslexikon« verzeichnet in der 6. Auflage (Leipzig, Wien: Bibliographisches Institut, 1902, S. 247) – der ersten nach der großen Orthographiereform von 1901 – »akzeptieren«, anstatt des vorher gebräuchlichen, an lat. »accipere« angelehnten »acceptieren«.*

5 *Untergymnasium: Sekundarstufe I.*

6 *In Artikel IX der entsprechenden Verordnung von 1897 (Universitätsgesetze, S. 931) heißt es hierzu: »Als Nebenfach: Um die Befähigung aus der deutschen Sprache als Nebenfach zu erlangen, wird in grammatikalischer Beziehung genaue Kenntnis der neuhochdeutschen Grammatik gefordert, in literarhistorischer: übersichtliche Kenntnis der Geschichte der neuhochdeutschen Literatur, insbesondere der Entwicklung ihrer hervorragendsten Schriftsteller und auf eigener Lectüre beruhender Bekanntschaft mit deren Hauptwerken. [...] Die gleichen Forderungen sind bei dieser Prüfung aus dem übrigen Landessprachen zu stellen.«*

7 *Große Teile der Südsteiermark waren Anfang des 20. Jahrhunderts gemischt deutsch- und slowenischsprachig.*

8 *s. Erlass des Ministers für Kultus und Unterricht vom 11.12.1900, Z. 34.551, MVBNr. 65, an sämtliche Landesschulbehörden, betreffend die Mädchenlyzeen, hier Artikel V: »In der Unterrichtssprache hat*

die Kandidatin in einer mündlichen, eventuell wenn die Haus- und Klausurarbeiten in dieser Hinsicht kein sicheres Urteil ermöglichen, auch in einer besonderen Klausurprüfung Korrektheit und Gewandtheit, Verständnis der wichtigsten grammatikalischen Gesetze und stilistischen Formen sowie eine ausreichende Vertrautheit mit den Hauptwerken der Literatur nachzuweisen.«

9 *vmtl. die eingangs erwähnte Kleist-Arbeit. Am 13.11.1907 dankte Seuffert in einem Brief an Sauer (StAW) für »das dem Seminar gütigst geschenkte lehrreiche Werk«.*

10 *vmtl.: ersatzhalber.*

250. *(B) Seuffert an Sauer in Prag*
    Graz, 28. November 1907. Donnerstag

Graz Harrachg. 1
28.11.7

L. frd.   Vorerst möchte ich den dank für die zugesandten Euphor.-bogen nachholen: leider fand ich noch nicht zeit, sie zu lesen.

Ich bedauerte, dass Sie unruhen hatten. Aber ich freute mich auch der einigkeit der deutschen studenten. Hier wenigstens war die kath. verbindung und ihr heftig christlich-socialer führer privatdocent[1] geradezu provokant. Unser rektor[2] wird in seiner weise die sachlage verschleiert haben: ich kenne niemand, der sein verhalten billigt, als unsern universitätssekretär.[3] Von der rektorenkonferenz erwarte ich mehr übel als heil. Denn der minister[4] wird jetzt einen andern standpunkt einnehmen als im märz, da er mich über diese verhältnisse ausfragte u. meiner auffassung teils zustimmte teils zuzustimmen schien.

Dass Ihnen unsere prüfungsordnungsanträge zusagen, ist uns lieb. Die prüferfrage mit dieser ordnung selbst zu verbinden, sehe ich keinen anknüpfungspunkt.[5] Dass Ihre u. die Wiener einrichtung eine sachliche misere ist, ist zweifellos. Hier prüft Schönbach im hauptfach allein, tut sich, wie er gelegentlich sagt, nicht leicht bei dem neueren, obwol er doch wenigstens im 19. jh. selbst arbeitete. Ich werde, wie ich Ihnen am Monsee <!> sagte, eine änderung nicht beantragen; denn ich prüfe lieber weniger als mehr. U. die beschäftigung der studierenden mit der neueren litt. leidet hier nicht unter der einrichtung. Aber der vorsitzende der prüfungskomm., Bauer,[6] hatte einmal die absicht, eine änderung zu beantragen, wie sie Schönbach vor jahren ohne erfolg beantragt hat: nemlich das was Sie wollen: dass beide fachvertreter an der prüfung des hauptfaches beteiligt sind. Jetzt redet Bauer nicht davon. Sachlich begründet ist die forderung zweifellos; niemand ist ein guter prüfer, der nicht in dem gebiete selbst arbeitet. Das ministerium ist mit unrecht der meinung, dass das eine erschwerung bedeute; im gegenteil, eine erleichterung; denn fragen aus völliger lebendiger sachkunde gestellt und dazu von dem gestellt, dessen vorlesungen u. übungen man kennt, sind leichter zu beantworten, als fragen eines, der dem gebiete entfremdet ist oder ferner steht und den man nicht darüber sprechen hörte. Die Innsbrucker habens also besser. Ich bin übrigens der meinung, dass ein selbständig denkender vorsitzender der prüfungskomm. die beteiligung beider prüfer im eigenen wirkungskreis durchführen könnte, wenn eben beide (was hier nicht der fall ist) als prüfer des hauptfaches bestellt sind. Zudem könnte er sich ja auf die Innsbrucker praxis einfach berufen. Warum in Innsbruck nicht auch die klausurarbeiten verteilt werden, verstehe ich nicht; das ist eine zweckwidrige halbheit.

Summa: ich halte Ihre absicht für durchaus im interesse der sache gelegen; ich möchte aber aus persönlichen gründen für meinen teil mich an einem vorstoss in der richtung nicht beteiligen.

Mit den besten wünschen u grüssen
Ihr
BSfft.

Handschrift: StAW. 1 Dbl., 4 S. beschrieben. Grundschrift: lateinisch.

1 *Johannes Ude, seit 1905 Privatdozent für Spekulative Dogmatik in Graz. Ein wichtiger Anlass für die mit nationalen und antisemitischen Argumentationslinien verbrämten Auseinandersetzungen zwischen katholischen und antiklerikalen Gruppierungen (»Los-von-Rom«-Bewegung) war die für den 24.10.1907 geplante dritte Promotion von Ude, der an der Päpstlichen Universität Gregoriana Philosophie und Theologie studiert und auf bischöfliche Aufforderung in Graz ein Studium der Zoologie und Botanik angeschlossen hatte. Auf Udes Wunsch sollte am Festakt auch die katholische Verbindung »Carolina« teilnehmen, die jedoch von liberalen Studenten nicht in die Universität eingelassen wurde. Es kam zu blutigen Ausschreitungen. Ude bat daraufhin Karl Lueger, Bürgermeister von Wien und Führer der Christlichsozialen Partei, um Intervention. Eine Interpellation wurde an den Minister für Kultus und Unterricht, Gustav Marchet, gerichtet; der Grazer Rektor Hanausek wurde zur Berichterstattung nach Wien zitiert. Beim wenige Wochen später stattfindenden sechsten Allgemeinen österreichischen Katholikentag am 16.11.1907 rief Lueger die Christlichsozialen dazu auf, nach ihren politischen Erfolgen nun auch die »Eroberung der Universität« aus den Fängen der Liberalen in Angriff zu nehmen. Die öffentliche Diskussion dieser Vorkommnisse war Anlass für studentische Erhebungen in verschiedenen Städten des Reiches; im Zuge von Sauers Rektorinstallation im Spiegelsaal des Deutschen Hauses am 18.11.1907, nur zwei Tage nach den Vorfällen in Wien, etwa verzichteten klerikale Würdenträger aufgrund der konfliktgeladenen Atmosphäre auf eine Teilnahme am Festbankett (s. Prager Tagblatt, Nr. 320, 19.11.1907, S. 2). Anfang des Jahres 1908 erreichten die Unruhen rund um antiklerikale Äußerungen des liberalen Innsbrucker Rechtsgelehrten Ludwig Wahrmund, der schließlich Mitte 1908 an die Universität Prag versetzt wurde (»Wahrmund-Affäre«), einen weiteren Höhepunkt; auch die bosnische Annexionskrise, eine Umbildung der Regierung Österreich-Ungarns und damit verbundene Neuwahlen befeuerten die aufgeheizte Atmosphäre (s. etwa Brief 254, Anm. 2).*

2 *Im Studienjahr 1907/08 war der Jurist Gustav Hanausek, wie Sauer Absolvent des Schottengymnasiums in Wien, Rektor der Universität Graz.*

3 *Im Jahr 1907 war der Privatdozent Karl Lamp Universitätssekretär.*

4 Gemeint ist Gustav Marchet, von Juni 1906 bis November 1908 Minister für Kultus und Unterricht in Österreich-Ungarn. Zum Rücktritt des Kabinetts Beck – auch wegen Marchets Verhalten im Zuge der Studentenunruhen 1908 – s. Brief 254, Anm. 2.
5 s. dazu Sauers Brief an Seuffert vom 24.11.1907 (ÖNB, Autogr. 423/1-544): »Viel wichtiger aber wäre uns etwas andres, nemlich den Vorschlag wieder aufzunehmen, den Sie und Schönbach vor Jahren angeblich gemacht haben, dass beide Fachprofessoren bei Hauptfach prüfen. Der jetzige Zustand ist unhaltbar. Kraus u. ich prüfen beide im Fach des andern an der Hauptsache vorbei! Würden Sie mir Ihre [j]etzige Ansicht darüber sagen.«
6 Der Historiker Adolf Bauer.

251. (B) Sauer an Seuffert in Graz
   Prag, 7. Januar 1908. Dienstag

Prag 7/1 1908
Smichow 586.

Lieber Freund! Die übersandte Notiz bringe ich natürlich sehr gerne;[1] meine Frau hat Ihnen selbst geschrieben.[2] Ich ersah aus Ihrem Briefe, dass ich Ihnen über die Grillparzerausgabe lange nicht geschrieben habe. Ich beginne sie bereits in allen Tonarten zu verfluchen. Von allen Seiten giengen nemlich in Wien die Hetzereien gegen mich los, so dass man im Rathaus kopfscheu zu werden be*[ga]*nn. So gab man vor, die Sache sei noch nicht definitiv, obgleich man im Sommer selbst den betreffenden Beschluss publiziert hatte.[3] Man hoffte mich nun wieder lozuwerden und legte mir unmögliche Bedingungen vor, in der Hoffnung, ich würde nicht darauf eingehen. Termin: 5 Jahre und Namhaftmachung meines Nachfolgers. Jakob Grimm antwort*[et]*e in gleichem Falle an Hirzel, er lege lieber die Arbeit nieder, als dass er seinen Nachfolger bei lebendigem Leibe bestimme.[4] Ich überwand mich und nannte meinen Erben.[5] Da ein Pönale etc. im Kontrakt nicht enthalten ist, gieng ich auch auf den Termin ein, mit kleiner Änderung: 5 Jahre nach dem Erscheinen des 1. Bandes (Oktober 1909). *[Die]*ser Kontrakt soll nun demnächst wieder an den Stadtrat gehen. Aber jetzt fängt die Hetze öffentlich an. In einem Feuilleton der NF Presse vom 22. Dez. trat Minor gegen mich auf[6] zu Gunsten Hocks[7] und setzte am letzten Sonntag aus Anlass eines zweifelhaften Verses in der Libussa seine perfiden Angriffe fort.[8] Ich schrieb ihm *[heu]*te einen energischen Brief[9] und werde ihm wohl öffentlich antworten müssen. Wenn er jetzt plötzlich entdeckt, dass meine Ausgabe notorisch voller Druckfehler ist, so desavouiert er sich doch eigentlich selbst, da er meine ganze Ausgabe mit Haut und Haar seiner eignen[10] zugrunde legte. Der Vers, den er in der Libussa aufgestochen hat, war von Laube[11] unrichtig gedruckt *[ge]*wesen, schon in der zweiten *[A]*uflage liess Vollmer[12] den richtigen Wortlaut drucken. Ich habe also die Lesart von der er fragt, ob sie auf einem Versehen von mir beruhe, gar nicht eingeführt. Ein Blick in den Apparat der Ausgabe des Bibl. Instituts[13] hätte ihm den richtigen Sachverhalt gezeigt. Seit der Vollendung der 5. Auflage, also seit 15/16 Jahren habe ich zu den Papieren keinen Zutritt gehabt. Warum hat Minor in dieser Zeit die Ausgabe nicht controllirt u. colla[tion]iert, warum mit seinen Leuten nicht selbst eine Ausgabe gemacht? Jetzt, da ich sie machen soll, legt er wieder sein Veto ein, wie vor 20 Jahren, als die Papiere von Cotta für die 4. u. 5. Ausgabe verlangt und nicht ihm für seine Seminarübungen ausgefolgt wurden.[14] Ich muss sagen: Minor ist eigentlich mein ärgster Feind; nur dass er die Feindschaft gelegentlich durch Freundschaftspa[ro]xismen, übertriebene Widmungen und dgl. unterbricht. Nun aber hab ichs satt und von nun an sitze ich ihm nicht mehr auf, wie schon so oft in meinem Leben.[15] Verzeihen Sie diesen Wutausbruch

Ihrem   aufrichtig erg.
ASauer.

Handschrift: ÖNB, Autogr. 423/1-546. 1 Dbl., 4 S. beschrieben. Grundschrift: lateinisch.

1   In seinem Brief an Sauer vom 30.12.1907 (StAW) hatte Seuffert um einen kurzen Hinweis im »Euphorion« auf die Publikation seines Biberacher Wieland-Vortrags (s. Brief 245, Anm. 1) gebeten.
2   Seuffert hatte an Sauer am 30.12.1907 (StAW) geschrieben: »Bei Ihrer frau, der wir uns empfehlen, bitt ich meinen fürsprech zu machen. Wir haben ein gedicht von ihr (aus Bethges sammlung) metrisch interpretiert, was sie hoffentlich nicht als misbrauch auffasst. Da ich im gegensatz zu Sievers dabei von der sinneserklärung ausgehe, so kam es zu verschiedener auffassung. Nun hat einer meiner jungen leute Ihre frau um auskunft gebeten: das halt ich für eine keckheit. Hätte er mirs vorher verraten, so würde ichs ihm gewehrt haben. Er hat offenbar auch kein gutes gewissen, denn ich habe das ganze unterfangen nur durch dritte gehört. Ich bin also unschuldig. [...] Wir haben übrigens glück gehabt. Als wir aus einem Lilienkronschen gedicht die stimmlage u. vortragsart des verf.s festgelegt hatten, kam der uns allen unbekannte verf. zum recitieren hieher und – es stimmte alles. Warum, weiss ich leider nicht. Aber wir nehmens als beweis, dass wir auf richtigem wege sind. Ich wollte, Ihre frau lese uns auch etwas vor von sich.« Seuffert hatte im Wintersemester 1907/08 im Seminar Übungen zur »Metrik« abgehalten. Das Gedicht Hedda Sauers findet sich in der von Hans Bethge herausgegebenen Anthologie »Deutsche Lyrik seit Liliencron« (Leipzig: M. Hesse, 1905); in ihr war Hedda Sauer mit den Texten »Schatzkästlein«, »Frühlingsnacht« und »Heimat« aus ihrem Gedichtband »Wenn es rote Rosen schneit« (Prag: Bellmann, 1904) verteten (s. neue, durchgesehene Ausgabe. Leipzig: Hesse & Becker, 1910, S. 239 f.).
3   s. Brief 244, Anm. 1.
4   Sauer gibt Grimms Auffassung nicht richtig wieder. Jacob Grimm ließ den Verleger des »Deutschen Wörterbuchs«, Salomon Hirzel, in einem Brief vom 18.2.1863, wissen, dass er es ablehne, einen gleichberechtigten Mitherausgeber, wie es sein Bruder Wilhelm gewesen war, an seiner Seite zu akzeptieren. Aus pragmatischen Gründen sei eine Arbeitsaufteilung schlicht nicht möglich. Als Fortführer des Werks halte er aber Rudolf Hildebrand, den er als Korrektor bereits geschätzten gelernt habe, für »vorzüglich« geeignet: »Nun liegen zwei wege offen, / entweder ich gebrauche mein recht, arbeite ungedrängt fort und bringe so viel zu stande, als ich nur vermag; / oder ich gebe auf (da es erst mit meinem leben erlischt) und trete ab. dann aber gleich

von jetzt an, ohne dasz ich einen buchstaben mehr schreibe. Hildebrand, Lexer, oder mit wem Sie sonst wegen der fortsetzung übereinkommen, können bei sp. 33 eintreten wie an jeder andern stelle. mir aber wäre unmöglich zur fremden fortsetzung noch einen lappen zu geben.« (Briefwechsel der Brüder Jacob und Wilhelm Grimm. Kritische Ausgabe in Einzelbänden. Bd. 5: Briefwechsel der Brüder Jacob und Wilhelm Grimm mit den Verlegern des ›Deutschen Wörterbuchs‹ Karl Reimer und Salomon Hirzel. Hrsg. von Alan Kirkness unter Mitarb. von Simon Gilmour. Stuttgart: S. Hirzel, 2007, S. 672).

5   Die historisch-kritische Grillparzer-Ausgabe wurde nach Sauers Tod von Reinhold Backmann fortgesetzt. Ob Sauer ihn bereits 1908 zum »Erben« bestimmte, ist nicht bekannt. Gegenüber Seuffert äußerte er sich jedoch bereits kurze Zeit später sehr positiv über Backmann (s. Brief 264, Anm. 6).

6   s. J[akob]. Minor: Moderne Klassikerausgaben. In: NFP, Nr. 15567, 22.12.1907, Mo.-Bl., S. 33–36, hier S. 34 f.: »Unter den Österreichern bleibt für Grillparzer noch sehr viel zu tun übrig, denn der reiche handschriftliche Nachlaß ist bisher bloß einer Ausgabe zugute gekommen, nämlich der von Sauer (Cotta), welche die textliche Grundlage aller übrigen bildet. Man darf es mit Freude begrüßen, daß die Gemeinde sich endlich der Pflichten bewußt geworden ist, die der Besitz solcher Schätze auferlegt, und daß sie, durch üble Erfahrungen mit ihrer Ausgabe des ›Abraham a Santa Clara‹ gewitzigt, die Herausgabe der kritischen Ausgabe in die bewährten Hände Sauers gelegt hat. Da aber bis zum Erscheinen und gar zur Vollendung dieses großen Unternehmens noch sehr viel Wasser über die Donau rinnen wird, so sollte man doch auch im Rathaus weniger engherzig sein und auch anderen ernsten Forschern die Einsicht in die Papiere nicht verwehren. Den Text Grillparzers von den zahlreichen Druckfehlern zu reinigen, die ihm notorisch anhaften, ist auch ein patriotisches Unternehmen, dem man überall sonst in der Welt nicht nur keine Schwierigkeiten bereiten, sondern das man mit allen Kräften fördern würde. Auch ist in Sachen der Wissenschaft jedes Monopol schädlich; vier Augen sehen immer mehr als zwei oder sie kontrollieren sich wenigstens gegenseitig, während man sonst auf Treu und Glauben ausgeliefert ist. So können es auch wir freudig begrüßen, daß jetzt auch Stefan Hock neben Sauer dem Grillparzerschen Text seine Sorgfalt zuwenden will. Bis zum Erscheinen dieser beiden Ausgaben bleibt die fünfte zwanzigbändige Auflage der Cottaschen Ausgabe die vollständigste und beste; man wird gern die beiden Bände, in welchen Glossy und Sauer die Briefe und Tagebücher zusammengefaßt haben, daneben stellen.«

7   Stefan Hock, der 1900 bei Minor promoviert worden war, hatte die Grillparzer-Ausgabe in der Reihe »Goldene Klassikerbibliothek« des Bong-Verlags übernommen (Grillparzers Werke in sechzehn Teilen. Hrsg. von Stefan Hock. 6 Bde. u. 1 Registerbd. Berlin, Leipzig, Wien, Stuttgart: Bong o. J. [1911]).

8   s. J[akob]. Minor: Ein fraglicher Grillparzerscher Vers. In: NFP, Nr. 15580, 5.1.1908, Mo.-Bl., S. 33. Minors Artikel richtet sich allenfalls mittelbar gegen Sauer, in erster Linie setzt er sich für die ungehinderte und freie Zugänglichkeit der Manuskripte Grillparzers ein: »Kürzlich war in diesem Blatte von der Reinheit unserer Schillertexte die Rede und besonders von den äußeren Schwierigkeiten, die der Herstellung eines reinen Textes bei Grillparzer im Wege stehen. Ein recht sinnfälliges Beispiel, das die Notwendigkeit solcher Bemühungen auch dem Laien klar machen kann, hat sich letzthin bei der Vorlesung der ›Libussa‹ ergeben. [Josef] Kainz hatte den Text des ersten Druckes in der Gesamtausgabe von Laube und Weilen zu Grunde gelegt und las in der letzten Rede der Heldin: [...] Die Götter wohnen wieder in der Brust, [...] Und M e n s c h e n w e r t heißt dann ihr Obrer, Einer. [...] In den späteren Ausgaben von Sauer aber liest man: [...] Und D e m u t heißt ihr Oberer und Einer. [...] Das ist also das gerade Gegenteil! Der vortragende Künstler, ein echter und treuer Diener am Wort, der es mit seiner Aufgabe im kleinsten wie im großen ernst nimmt, trat mit wahrem Löwenmut für seine Lesart ein; der Schreiber dieser Zeilen verfocht ebenso tapfer die andere. Wie liegt nun der Fall? Hat Laube sich einen Lese- oder Druckfehler zu Schulden kommen lassen oder ist Sauer der Schuldige? Oder gibt es zwei Lesarten in Grillparzers Manuskript, von denen der eine diese, der andere jene gewählt hat? Oder sind gar verschiedene Fassungen des ganzen Stückes vorhanden, von denen die eine bei Laube, die anderer bei Sauer zu Grunde gelegt ist? Oder hat am Ende gar Laube

die echt Grillparzersche ›Demut‹, die gar nicht sein Fall war, eigenmächtig verändert? Die Antwort auf alle diese Fragen liegt in den den Papieren des Rathauses; aber diese Papiere sind unter Schloß und Riegel gelegt und erst um 1917 werden wir, nach der neuerdings bewilligten Gnadenfrist, diese Antwort erhalten. Bis dahin werden nicht bloß alle Herausgeber sich nach blinder Willkür für die eine oder andere Lesart entscheiden müssen: auch der denkende Künstler wird sich nirgends einen sicheren Rat holen können. Ich habe schon vor zwanzig Jahren, in der Zeit des Cottaschen Privilegs, in diesen Blättern Einspruch erhoben und tue es hier wieder. […] Die Druckfehler und Versehen, an denen der Grillparzersche Text leidet, auf Grund der Handschriften zu berichtigen, sollte keinem Herausgeber, der sich durch wissenschaftliche Leistungen legitimiert hat, verwehrt werden. Das würde auch einer kritischen Ausgabe, wie sie die Gemeinde vorhat, keinen Eintrag tun; denn abgesehen davon, daß sich diese an ein ganz anderes Publikum wenden wird, hat sie auch eine ganz andere Aufgabe. Den Stadtvätern rufen wir im Namen der Grillparzerschen Werke die Worte des Dichters zu: ›Gebt uns frei!‹«

9   *Sauers Brief ist nicht erhalten, wohl aber der auf ihn bezogene Antwortbrief Minors an Sauer vom 2.2.1908 (Briefw. Minor/Sauer, Nr. 281, S. 465):* »Lieber Sauer, unsere Korrespondenz ist leider oder besser glücklicher weise durch eine harte Prüfungswoche unterbrochen worden; und ich halte es nicht für wünschenswert, dieses Thema wieder zu erörtern, da Du inzwischen ohnedies den Fall richtig beurtheilt hast. Nur Deine Bemerkung über Stefan H. muß ich aufgreifen: er kommt da ganz unschuldig dazu, da er gar nichts davon gewußt hat, und von der Sache überhaupt seit dem Herbst zwischen uns nicht die Rede war.«

10 *Franz Grillparzers Werke. Mit einer Skizze seines Lebens und seiner Persönlichkeit. Hrsg. von Jakob Minor. Stuttgart, Leipzig: Deutsche Verlagsanstalt, 1903 [²1907]. In Minors Ausgabe gibt es keinerlei Hinweis auf die Textvorlage, er folgt aber in dem besagten Libussa-Vers (s. Anm. 8) der »Demut«-Lesart Sauers (ebd., S. 453).*

11 *Grillparzer's Sämmtliche Werke. [Hrsg. von Heinrich Laube und Josef Weilen]. 10 Bde. Stuttgart: J. G. Cotta'sche Buchhandlung, 1872 [²1874], hier Bd. 6, S. 267.*

12 *Zur Aufklärung der Libussa-Lesarten s. Anm. 13. Erst in der dritten Auflage wird Vollmer als Herausgeber benannt: Grillparzer's Sämmtliche Werke. Dritte Ausgabe. [Hrsg. von Wilhelm Vollmer]. 10 Bde. Stuttgart: J. G. Cotta'sche Buchhandlung, 1881 [1. Bd.: Vorwort unterz.: Stuttgart, den 11. Juni 1878] (s. Goedeke: Grundriss, 2. Aufl., Bd. 8, 1905, § 323, S. 361). Sauer trug zu dieser Ausgabe die Ergänzungsbände bei: Grillparzer's Sämmtliche Werke. Dritte Ausgabe. Bd. 11–16. [2. Titel:] Erster [bis: Sechster] Ergänzungsband. Stuttgart: J. G. Cotta'sche Buchhandlung, 1888. Diese wurden auch in die vierte Ausgabe in sechzehn Bänden (s .u. sowie Brief 244, Anm. 2) aufgenommen. Sauer schildert das Zustandekommen der frühen Grillparzer-Editionen bei Cotta ausführlich im ersten Band seiner historisch-kritischen Grillparzer-Ausgabe (s. HKGA, I. Abt. , Bd. 1, S. XVIII–XXIV). Zu Sauers frühen Arbeiten am Nachlass Grillparzers s. auch Brief 24, Anm. 8).*

13 *Grillparzers Werke. Hrsg. von Rudolf Franz. Kritisch durchgesehene und erläuterte Ausgabe in fünf Bänden. Leipzig, Wien: Bibliographisches Institut, [1903]. Franz gibt die Verse 2488 und 2489 im fünften Aufzug der »Libussa« (Bd. 4, S. 371) folgendermaßen wieder:* »Die Götter wohnen wieder in der Brust, […] Und Demut heißt ihr Oberer und Einer.« *In den Lesarten heißt es zu Vers 2489 (ebd., S. 461):* »Und Menschenwerth heißt dann ihr Ob'rer, Einer. W1«. *Es wird ebd., S. 458 erklärt:* »Der vorliegenden Ausgabe von Grillparzers Trauerspiel ›Libussa‹ wurde zugrunde gelegt: […] W5 = Grillparzers sämtliche Werke, Fünfte Ausgabe in zwanzig Bänden, herausgegeben und mit Einleitung versehen von August Sauer. Band 8 (Stuttg, J. G. Cotta'sche Buchh. Nachfolger, o. J.« *Dass sowohl Sauer als auch Minor die Schwierigkeiten der Textstelle unterschätzten, zeigt ein Blick in den Apparatband zur »Libussa« der historisch-kritischen Grillparzer Ausgabe, dessen Erscheinen Sauer nicht mehr erlebte (HKGA, I. Abt., Bd. 20 [1939], S. 434–435).*

14 *Im besagten Zeitraum hielt Minor drei verschiedene Lehrveranstaltungen zu Grillparzer ab (s. Faerber:*

Minor, S. 567): ein Kolloquium »Grillparzer's Leben und Werke« (Wintersemester 1890/91), »Grillparzers Dichtungen (Schluss)« (Sommersemester 1891) und ein Seminar »Übungen an Grillparzers Dichtungen« (Wintersemester 1891/92).

15 *Unmittelbar nach der Konfrontation um den Libussa-Vers kam es zum letzten Mal zu einem verstärkten Briefverkehr zwischen Sauer und Minor (s. Briefw. Minor/Sauer, Nr. 281–293, S. 465–468).*

252. (B) Seuffert an Sauer in Prag
   Graz, 19. Februar 1908. Mittwoch

Graz Harrachg. 1
19.2.8

Lieber freund, Ich bedaure, dass Ihnen der tod des kanzleidirektors[1] vermehrte amtsgeschäfte macht. Unserer[2] geht zum sommer u. wir haben noch keinen ersatz. Wir haben jetzt den 3. regenten[3] in diesem jahr auf dem rektorsstuhl; bin begierig, ob er bestätigt wird, u. ob er zu seiner zweifellosen eignung das unentbehrliche glück findet.

Ihre anweisung[4] ist eingelaufen. Sollte wider erwarten ein defizit sich einstellen, so werde ich Ihr anerbieten gebrauchen.

Ich wusste nicht, dass Schenkl Sie gefragt hat, noch dass Sie angenommen haben, der kommission zu präsidieren.[5] Ganz im anfang hat er mir Ihren namen genannt u. ich stimmte lebhaft zu. Dann aber hörte ich, dass er Seemüller und Minor angegangen habe und dass er Zwierzina gewonnen habe.

Warum ich nicht mitspiele? Als Bauer vor 2 jahren von Gomperz gegen seine neigung genötigt wurde, sich für eine Grazer philol. versammlg. einzusetzen, habe ich seine bedenken, dass hier kein boden sei, geteilt: 1) nicht weil wir keine vertretung der klassischen philologie besitzen, mit der man staat machen kann; 2) nicht weil wir keinen gebornen präsidenten besitzen; 3) nicht weil die stadt für festlichkeiten nicht sorgen und das publikum die philologen eher unfreundlich als entgegenkommend aufnehmen wird. Gegen Bauers ersten wunsch u. erwartung kam es damals doch so weit, dass Graz neben Basel kandidiert wurde. Ich habe eine beteiligung abgelehnt. Auch noch aus der persönlichen erwägung, dass ich nicht die anziehungskraft besitze, in diesen angulus terrarum illustre germanisten zu ziehen; dass ich mit unserer im schuldienst rasch abgenutzten schülerzahl keine sektionsverhandlungen nahrhaft machen kann; dass ich also der Wiener judenschaft freies feld bieten würde, was mich nicht lockt.

Als nun Schenkl proprio motu die sache wieder aufnahm und durchführte, war für mich keiner der gründe, die mich früher bestimmten, weggefallen. Dazu kam der, dass ich einem mir ferner stehenden (aber keineswegs verfeindeten, wir verkehren auf gutem fusse, nur nicht intim) kaum gewähren konnte, was ich meinem freunde Bauer abgeschlagen hatte. Geändert hatte sich nur das eine, dass damals durch widerstand vielleicht etwas noch zu hemmen war, was nach meiner meinung nicht zum besten des ansehens unserer universität ausschlagen kann, während jetzt die wahl von Graz perfekt ist. Das konnte meine Gründe nicht entkräften. Die stadt wird nichts leisten als ein paar theaterplätze. Der staat wird festschriften bezahlen. U. doch ist der gesellige teil für das gelingen einer versammlung nicht unwichtig. Die slavisten verlangen eine eigene kommission, das ist politisch bedenklich u. wird ihnen doch eingeräumt werden, obwol es ein novum ist.[6] Schenkl glaubte mich besonders damit zu fangen, dass die Baseler beschlossen haben, die frage: wissenschaft u. gymnasialunterricht gerade fürs deutsche zu besprechen. Das Wendland-Brandl-Harnackische wesen[7] halte ich nicht für ergibig; wenigstens nicht in der germanistischen sektion; es gehört in eine pädagogische. Ich interessiere mich wirklich für den gymn.unterricht, tat es schon bevor er mir durch meine buben auf die finger brannte, aber die germanistische sektion hat m. e. rein philologische aufgaben.

Ich schreibe Ihnen all das vertraulich, damit Sie meine gewiss überraschende zurückhaltung begreifen. Auf auswärtige leiter fällt kein schatten des misglückens. Dem einheimischen haftet die allgemeine blamage als persönliche an. Ich wünsche lebhaft, dass alle meine befürchtungen sich als falsch erweisen. –

Auf Ihre rektoratsrede[8] bin ich begierig, um so mehr als Sie mir das thema verraten haben und ich dabei nur neues lernen kann.

Bestens grüsst
BSfft.

Ich habe 3 wochen influenza hinter mir, lese wieder, bin noch elend u. dabei von arbeit bedrängt.

Handschrift: StAW. 1 Dbl. u 1 Bl., 6 S. beschrieben. Grundschrift: lateinisch.

1   *nicht ermittelt.*
2   *Karl Lamp (s. Brief 250, Anm. 3); 1909 blieb der Posten unbesetzt (Hof- und Staatshandbuch, 1909, S. 590), 1910 folgte Adolf Hochenegg auf die Stelle (ebd., 1910, S. 603).*
3   *Richard Hildebrand.*
4   *In einem undatierten, kurz vor dem 19.2.1908 geschriebenen Brief (ÖNB, Autogr. 423/1-548) hatte Sauer Seuffert mitgeteilt: »Ich überweise Ihnen heute von meinem Conto auf den Ihrigen 50 Kronen und bitte mir, wenn die Rechnungen abgeschlossen werden, freundlichst zu sagen, ob Sie auf mehr reflektieren und wieviel noch. Ich halte es für selbstverständlich, dass die näheren Freunde Schönbachs ein solches allenfalliges Defizit unter sich aufteilen. Die Idee ist se[hr] hübsch.« Die Zuwendung war vermutlich für ein*

Geschenk zum sechzigsten Geburtstag Anton E. Schönbachs am 29.5.1908 gedacht; Details sind nicht ermittelt.

5 *Gemeint ist die 50. Versammlung deutscher Philologen und Schulmänner in Graz vom 28.9. bis zum 1.10.1909. Sauer hatte Seuffert in einem undatierten, kurz vor dem 19.2.1908 geschriebenen Brief (ÖNB, Autogr. 423/1-548) mitgeteilt, er habe dem Grazer klassischen Philologen Heinrich Schenkl »zugesagt, der germ. Sektion Ihrer Philologenversamml. zu präsidieren«; er entschied sich schließlich jedoch anders. In den »Verhandlungen« heißt es: »Vom Präsidium mit den vorbereitenden Geschäften beauftragt, begrüßte Univ.-Prof. Dr. Konrad Zwierzina (Innsbruck) die versammelten Fachgenossen und bat sie, sich in das goldene Buch der Sektion einzutragen. Dieses weist die Namen von 67 Teilnehmern der Grazer Tagung auf. Hierauf teilte der Vorsitzende mit, daß Prof. Dr. August Sauer (Prag), der mit ihm und Regierungsrat Dr. Reißenberger (Graz) für die Vorbereitung der Sektionsarbeiten tätig war, der Versammlung fern bleiben mußte. An Stelle Prof. Sauers wurde Prof. Dr. Oskar F. Walzel (Dresden) von der Versammlung ins Präsidium gewählt.« (Verhandlungen der fünfzigsten Versammlung deutscher Philologen und Schulmänner in Graz vom 28. Sept. bis 1. Okt. 1909. Im Auftrag des Ausschusses zusammengestellt vom ersten Präsidenten Univ. Prof. Dr. Heinrich Schenkl. Leipzig: B. G. Teubner, 1910, S. 125).*

6 *In den Verhandlungsberichten wird weder eine slavistische Sektion noch eine Kommission erwähnt. Seufferts Bedenken richteten sich vmtl. gegen eine Aufwertung der slowenischsprachigen Bevölkerungsgruppe in der Steiermark (s. Brief 249, Anm. 7).*

7 *Seuffert bezieht sich hier auf eine Vortragsreihe, die im Rahmen der 49. Versammlung deutscher Philologen und Schulmänner in Basel (23.–28.9.1907) veranstaltet und anschließend gedruckt worden war (Universität und Schule. Vorträge auf der Versammlung deutscher Philologen und Schulmänner am 25. September 1907 zu Basel. Gehalten von F[elix]. Klein [»Mathematik und Naturwissenschaft«], P[aul]. Wendland [»Altertumswissenschaft: a) Sprachwissenschaft, b) Archäologie, c) Hellenismus«], Al[ois]. Brandl [»Neuere Sprachen«], Ad[olf]. Harnack [»Geschichte und Religion«]. Mit einem Anhange: Vorschläge der Unterrichtskommission der Gesellschaft deutscher Naturforscher und Ärzte betreffend die wissenschaftliche Ausbildung der Lehramtskandidaten der Mathematik und Naturwissenschaften. Leipzig, Berlin: B. G. Teubner, 1907).*

8 *August Sauer: Literaturgeschichte und Volkskunde. Rektoratsrede, gehalten in der Aula der k. k. Deutschen Karl-Ferdinands-Universität in Prag am 18. November 1907. Prag: Calve, 1907.*

253. (B) Sauer an Seuffert in Graz
Prag, (nach dem 5. März 1908)

L. F. Auf einigen Widerspruch war ich gefasst.[1] Nagel[2] hätte [i]ch lieber tadeln als loben [so]llen; aber es schien mir dann doch undankbar gegen ihn zu sein, da er mir doch einige Anregung geboten hat; als ich das Werk vor Jahren im Man. sah, waren Grenzen in den Karten.[3] Was Sie einwenden, müsste bei einer Ausführung alles beachtet werden und ist in Kirchhoffs Abhandlung bei Hans Meyer[4] auch tatsächlich beachtet. Noch etwas andres geb ich Ihnen zu. Die höchsten ästhetischen Spitzen und künstlerischesten Leistungen werden vielleicht nicht berührt oder ändern sich wenigstens nicht nach meiner neuen Betrachtungsart; aber das Gesa[mm]tbild verschiebt sich. Und endlich will ich es nur als Korrektiv neben allen andern Betrachtungsarten;

aber wie Schleiermacher vom Rhythmus sagt, man muss es etwas dick auftragen, bis der Deutsche dgl. hört.⁵ Darum habe ich vereinseitigt und unterstrichen. Würde auf RMMeyer nur ein 1/100 Teil Volkstum abfärben, so wär ich schon zufrieden. Ich hoffe Sie also in der Hauptsache noch zu bekehren. Übrigens freue ich mich auch über Widerspruch; wenigstens finde ich Beachtung. Ihr aufrichtig erg.   AS.

Datum: s. Empfängervermerk und Inhalt des Briefes von Seuffert an Sauer vom 5.3.1908 (StAW). Handschrift: ÖNB, Autogr. 423/1-550a. Briefkarte. 1 Bl., 2 S. beschrieben. Grundschrift: lateinisch. Empfängervermerk (S. 1): Frühjahr 1908.

1   *Wie bereits früher äußerte sich Seuffert auch zu dem Programm einer stammeskundlichen Literaturgeschichte ablehnend, das Sauer in seiner Rektoratsrede »Literaturgeschichte und Volkskunde« formuliert hatte. Seuffert zweifelte am empirischen Gehalt und der literarhistorischen Erklärungskraft der stammesgeschichtlichen Volkskunde. Am 5.3.1908 (StAW) schrieb er Sauer: »Ich habe Ihre rede mit grossem interesse gelesen. Aber Sie müssen verzeihen, dass ich mich zu ihrem ziel nicht bekenne. Die botschaft ist schön, allein mir fehlt der glaube.«*
2   *Robert Nagel: Deutscher Literaturatlas. Die geographische und politische Verteilung der deutschen Dichtung in ihrer Entwicklung nebst einem Anhang von Lebenskarten der bedeutendsten Dichter. Wien, Leipzig: C. Fromme, 1907. Sauer geht im Folgenden auf die in Anm. 1 erwähnte briefliche Kritik ein.*
3   *Auf 13 Doppelseiten von etwa 26 x 35 cm finden sich bei Nagel meist eine bis zwei Karten des deutschen Sprachraums von der althochdeutschen Zeit bis zum Revolutionsjahr 1848, abschließend die »Lebenskarten« I und II mit Angaben der wichtigsten Wirkungsorte Luthers, Hans Sachs', Opitz', Klopstocks, Wielands, Lessings, Herders, Schillers, Goethes Leben, Goethes Reisen, Kleists, Hebbels und Grillparzers (Reisen). Die »Karten« werden ohne jegliche Grenzziehungen dargeboten, allein die Verteilung der Namen einzelner begrifflich nicht näher erläuterter »Landschaften« (Sachsen, Thüringen, Kärnten, Flandern, Böhmen, Schweiz, Österreich etc.) sowie bedeutender Zentren/Städte ermöglichen es dem Leser, das dargestellte Gebiet abzuschätzen. Im Vorwort (S. 7) dankt Nagel »einigen Wiener Freunden und ehemaligen Schülern sein, die in Wiener Bibliotheken allerlei für mich nachschlugen, sowie namentlich Herrn Professor Dr. August Sauer, der mir eine Menge von Anregungen zur Verfügung stellte, die ich teils verwerten konnte, teils unbenutzt lassen mußte«.*
4   *Alfred Kirchhoff: Die deutschen Landschaften und Stämme. In: Das deutsche Volkstum. Hrsg. von Hans Meyer. Leipzig, Wien: Bibliographisches Institut, 1899, S. 39–120. Angesprochen ist damit eine der wenigen dezidiert landeskundlichen Arbeiten Kirchoffs, der seit 1873 als Ordinarius für Geographie in Halle/S. wirkte und vor allem die Schulgeographie maßgeblich beeinflusste, in der der deutsche Sprachraum in Abteilungen wie »Die Alpen«, »Das Alpenvorland«, »Altösterreich, Böhmen und Mähren«, »Die Mittelgebirgslandschaften des deutschen Rheingebietes« etc. nach geologischen, ethno-historischen, dialektalen, kulturellen, wirtschaftlichen und im weitesten Sinn ideengeschichtlichen Aspekten charakterisiert werden (s. auch die Erwähnung Kirchoffs bei Sauer: Rektoratsrede, S. 5).*
5   *Das Zitat stammt aus einem Brief Friedrich Schleiermachers an Carl Gustav von Brinckmann vom 27.5.1800: »Bedenke nur auch, daß die Alten die Quantität weit genauer bezeichneten, und einen viel feinern Sinn dafür hatten als wir, und daß so etwas bei uns schon etwas dick aufgetragen werden muß, wenn die Leute nur ein Weniges davon durchhören sollen.« (Friedrich Daniel Ernst Schleiermacher: Briefwechsel 1800 [Briefe 850–1004]. Hrsg. v. Andreas Arndt u. Wolfgang Virmond. Berlin, New York: de Gruyter, 1994, Nr. 869, S. 52). Sauer hatte die Stelle vmtl. in einer etwas verkürzt zitierten Fassung aus Wilhelm*

Diltheys Schleiermacher-Biografie kennengelernt: »Bedenke nur, daß so etwas bei uns schon etwas dick aufgetragen werden muß, wenn die Leute nur ein Weniges davon durchhören sollen.« (Wilhelm Dilthey: Leben Schleiermachers. Bd. 1 [mehr nicht erschienen]. Berlin: Weidmann, 1870, S. 452).

254. (K) Sauer an Seuffert in Graz
Prag, 15. November 1908. Sonntag

L. F. Mit grosser Freude habe ich die Legendenuntersuchung[1] soeben gelesen: es ist wirklich eine überraschend feine und ergiebige Arbeit, die Ihrer Schule die grösste Ehre macht. Hoffentlich trifft mich Herr P. in diesen Tagen der neuerlichen Aufr[eg]ung; ich wurde als Prorektor – bei längerer Abwesenheit des Rektors – wieder in den Trubel[2] gezogen und werde mich auch jener Senatsdeputation anschliessen müssen, die nach der Neubildung des Ministeriums Schutz für unsere Universität in Wien suchen wird. Wie verzweifelt ich über all das bin, kann ich Ihnen gar nicht sagen.

Wenn im nächsten Euphorionban[d] eine Arbeit über den Grünen Heinrich erscheint,[3] so mögen Sie wissen, dass diese schon <u>vor</u> der Studie P's auf Empfehlung eines meiner älteren Mitarbeiter[4] angenommen war.

Herzlich grüssend   Ihr aufrichtig erg.   AS.

Datum: s. Poststempel. Handschrift: ÖNB, Autogr. 423/1-557. Postkarte. Absender: Sauer / Smichow 586 Adresse: Herrn / Professor Seuffert / Graz / Harrachgasse 1 Poststempel: 1) Prag/Praha, 15.11.1908 – 2) fehlt. Grundschrift: lateinisch.

1 Karl Pollheim [recte: Polheim]: Die zyklische Komposition der Sieben Legenden Gottfried Kellers. In: Euph. 15 (1908), S. 753–765.
2 In das Spätjahr 1908 fielen u. a. die nationalen wie internationalen politischen Wirrnisse rund um die bosnische Annexionskrise sowie die Folgen der primär auf die akademische Sphäre beschränkten, politisch aber ebenso folgenreichen »Wahrmund-Affäre« (s. Brief 250, Anm. 1). Beide Ereignisse trugen im November zum Rücktritt des liberalen österreichisch-ungarischen Ministerpräsidenten Max von Beck und seines Kabinetts (Nachfolger: Richard von Bienerth) bei; hinzu traten die Folgen des 1907 neu entflammten Sprachenstreits zwischen »Deutschösterreichern« und Tschechen, die Ausschreitungen anlässlich der Grundsteinlegung zu den neuen Gebäuden der deutschen und der tschechischen Universität Prag (s. Brief 261, Anm. 8) und schließlich die Widerstände gegen den in Prag stattfindenden Panslawischen Kongress. Bald »hatte sich die Situation so zugespitzt, daß das Standrecht ausgerufen wurde. Und zwar genau an dem Tag [2.12.1908], an dem der Kaiser sein sechzigjähriges Regierungsjubiläum beging. [...] Schon 1907, bei der Einführung des allgemeinen und gleichen Männerwahlrechts zum Reichsrat [s. Brief 241, Anm. 7], gab es Ausschreitungen, die sich nach den böhmischen Landtagswahlen im Herbst 1908 wiederholten. Während dieses Jahres griffen die Prager Unruhen auf Brünn, Teplitz, Olmütz und andere Städte über, Barrikaden wurden gebaut, schließlich Kavallerie eingesetzt. 1909 gab der fünfhundertste Jahrestag des Kuttenberger Dekrets, das 1409 die Ursache für den Auszug der deutschen Lehrer und Studenten aus Prag und die Gründung der Leipziger Universität war, ebenso Anlaß zu Unruhen wie die Vorlage eines neuen Sprachengesetzes für die

böhmischen Länder [...].« (Lönnecker: Studentenschaft, S. 52 f.) Zu weiteren Vorgängen des Jahres 1908 s. Brief 255, Anm. 8.
3 Agnes Waldhausen: Gottfried Kellers »Grüner Heinrich« in seinen Beziehungen zu Goethes »Dichtung und Wahrheit«. In: Euph. 16 (1909), S. 471–497.
4 nicht ermittelt.

255. (K) Seuffert an Sauer in Prag [nachgesandt nach Wien]
Graz, 16. Dezember 1908. Mittwoch

Lieber freund, Ich war so sicher der erwartung, dass ich Sie am 2. dezbr. als hofrat ansprechen dürfe,[1] dass ich noch immer glaube, wir Grazer haben aber davon nichts gehört. Aber ich möchte doch die adresse nicht mit einem falschen titel behaften. – Um ein rec. ex. der Wielandschriften für den Euphorion hab ich an E Schm.[2] dringlich geschrieben; ob mit erfolg, weiss ich nicht. Aus einer sich kreuzenden äusserung schliesse ich, dass Weidmann nur so eine art komm.-verl. ist, dass die akademie über alle freiex. in einer sitzung beschliesst; das ist mir aber doch nicht völlig klar; rec. ex. sind keine freiex. – Die gütige zusendung des neuesten Euphor. trifft mich zu guter stunde: ich musste wegen katarrhfiebers das kolleg absagen (auch Schönbach ist unwol), so dass ich zeit hatte, gleich das heft durchzufliegen. Am meisten gefesselt hat mich Ottok. Fischer.[3] Zu diesem schüler beglückwünsch ich Sie. Gelegentlich bitt ich mir zu sagen, wer der Paul Hoffmann[4] in Frkft a O. ist; er schrieb an mich wegen Wielands, ohne seinen stand anzugeben. Muss man wissen, dass er privatgelehrter oder bibliophile ist? Dr. scheint er nicht zu sein. Walzels gelehrsamkeit wird mir immer schwerer. Auch in der Rom. schule[5] ist er mir zu breit, obwol er da bestimmter zu ordnen u. zu sprechen sich bemüht als sonst. – Sie haben schwere, schwere tage hinter sich u. haben den rektor tapfer vertreten.[6] Ich fürchte, es bleibt nicht ruhe bei Ihnen. Oder sollten die reichsdeutschen brandversammlungen die regierung aufrütteln? es handelt sich ja um nichts, als dass sie mut zeigt, den herren entgegenzutreten, sie braucht ihn nicht einmal zu haben. Welches prodigium:[7] die sozialdemokratie die retter der regierung S͛. Apostol. majestät![8] – Von Polheim höre ich, dass Sie ihm korrektur für dezbr/janr in aussicht stellten; für dies entgegenkommen bin ich stark in Ihrer schuld u. danke lebhaft. – Ihnen und Ihrer frau wünscht frohes fest Ihr
   aufrichtig ergebner BSfft.

16.12.8

Handschrift: StAW. Postkarte. *Adresse:* Herrn Professor / Dr. August Sauer / Prag / Smichow 586.

Adresse durch Postzusteller gestrichen und ersetzt: Hotel Hamerand / Wien VIII *Poststempel: 1) Graz, 17.12.1908 – 2) fehlt. Grundschrift: lateinisch.*

1 Anlässlich des sechzigjährigen Regierungsjubiläums Kaiser Franz Josephs am 2.12.1908 waren in Österreich-Ungarn zahlreiche Orden und Ehrentitel verliehen worden. Sauer wurde erst 1912 zum Hofrat ernannt, Seuffert 1917.
2 Erich Schmidt als Leiter der Arbeiten an der historisch-kritischen Wieland-Ausgabe der Deutschen Kommission (s. Brief 213, Anm. 8); hier gemeint ist Wieland: Schriften, Bd. 1: Poetische Jugendwerke, 1909.
3 Otokar Fischer: Mimische Studien zu Heinrich von Kleist. In: Euph. 15 (1908), S. 488–503 u. S. 716–725.
4 Paul Hoffmann: Urkundliches von Michael Beer und über seine Familie. In: Euph. 15 (1908), S. 557–568. Hoffmann war Volks- und Mittelschullehrer in Frankfurt/Oder. Als Privatgelehrter widmete er sich seit 1899 intensiven Studien zu Heinrich von Kleist, publizierte u. a. aber auch über Goethe und Fontane. Obschon von Teilen der Fachwissenschaft abgelehnt, entfalteten seine Kleist-Arbeiten in der Forschung große Nachwirkung. 1917 übersiedelte Hoffmann nach Berlin. Erst 1925 wurde er in Heidelberg mit einer Arbeit über Kleist promoviert.
5 Oskar Walzel: Deutsche Romantik. Eine Skizze. 2 Bde. Leipzig: B. G. Teubner, 1908 (Aus Natur und Geisteswelt. Sammlung wissenschaftlich-gemeinverständlicher Darstellungen. 232). Seuffert verwechselt den Titel mit dem von Rudolf Hayms bekanntem Werk »Die romantische Schule. Ein Beitrag zur Geschichte des deutschen Geistes« (Berlin: Gaertner, 1870), deren dritte bis fünfte Auflage von Walzel besorgt wurden (Berlin: Weidmann, 1914, 1920, 1928).
6 Im Studienjahr 1908/09 hatte der Internist Rudolf Jaksch von Wartenhorst das Rektorat an der deutschen Universität Prag inne. Während dessen Abwesenheit fungierte Sauer als Rektor (s. Brief 254, Anm. 2). Angesprochen sind die andauernden nationalen Unruhen des Spätjahres 1908, die vor allem nach der Vertagung der für den 16.10.1908 anberaumten Sitzung des böhmischen Landtags und den kurz darauf stattfindenden Bummelumzügen der deutschen Studenten zu tschechischen Protestveranstaltungen zu schweren Ausschreitungen und schließlich am 2.12.1908 zur Ausrufung des Standrechts und des Farbenverbots in Prag (Ende der Maßnahmen: 15.12.1908) führten (s. unten sowie Brief 250, Anm. 1).
7 lat.: (düsteres) Vorzeichen.
8 Die österreichischen Sozialdemokraten stimmten am 16.12.1908 dem von der christlichsozialen Regierung unter Ministerpräsident Richard von Bienerth entworfenem Budgetentwurf zu. Auch für dessen Vorgänger Max von Beck, der die heikle Problematik des nationalen Ausgleichs mit Böhmen zu einer wichtigen Aufgabe seiner Regierung gemacht hatte, war, um Diskussionen im Reichsrat zu vermeiden, der Budgetausschuss ein wichtiges Gremium für Verhandlungen. Das Zustandekommen des Budgets steht für einen (vorläufigen) Abschluss der brisanten Auseinandersetzungen zwischen den unter sich uneinigen, die Regierung stellenden Christlichsozialen, v. a. ihres klerikal orientierten Flügels, und liberalen Strömungen in Österreich-Ungarn; entzündet hatten die Auseinandersetzungen sich u. a. an der Affäre um den Innsbrucker Kirchenrechtler Ludwig Wahrmund, der wegen antiklerikaler Äußerungen zunächst beurlaubt und schließlich nach Prag versetzt worden war (s. Brief 250, Anm. 1). Unklar ist, ob Seuffert sich mit der Formulierung »den Herren entgegenzutreten« auf den Antagonismus Konservative – Sozialdemokraten, die ihre Zustimmung zum Budget an eine Aufhebung des Standrechts in Prag geknüpft hatten, bezieht oder auf den Antagonismus »Deutschösterreicher« – Tschechen.

256. (B) Sauer an Seuffert in Graz
  Prag, (nach dem 16. Dezember 1908)

L. F. Sie werden gewiss viel früher Hofrat als ich; d*[en]*n ich bin der Regierung *[in]* der letzten Zeit durch meine Energie sehr unangenehm geworden; dass man diesmal unmittelbar vor mir die Reihe abbrach, war mir aber doppelt angenehm; es hätte leicht jemand darin eine Belohnung für meine Haltung in der Streikzeit sehen können.[1] – Paul Hoffmann ist so viel ich weiss: Oberlehrer; <u>nicht</u> Doktor. Ich kümmere mich um diese Dinge aber wenig. – Das Rezensionsex. vom Wieland ist gekommen; danke bestens dafür. Polheims Aufsatz ist in der Druckerei u. da das ganze Heft n*[ich]*t stark wird, auch viel davon schon von früher her im Satz steht, so hoffe ich, dass er auf die Korrektur nicht lange wird warten müssen. Freilich ist Fromme unberechenbar. – Sie denken über Walzels Romantik viel günstiger als ich. Ich finde, dass es ein trockenes lebloses Schema ist. Es ist nicht wahr, dass die Romantik blos eine Erfindung Friedrich Schlegels ist.[2] Wenn aber der theoretische Teil vielleicht noch richtig ist, so ist der Teil über die Dichtung so dürftig u. schwach, dass man das Wort parturiunt montes[3] anwenden könnte. – Ich bin sehr deprimiert u. fürchte das Ärgste. Alles Gute für Sie & die Ihrigen. Treulichst Ihr AS

Datum: Die Korrespondenzstelle ergibt sich aus dem Inhalt von Brief 255. Handschrift: ÖNB, Autogr. 423/1-556. Briefkarte. 1 Bl., 2 S. beschrieben. Grundschrift: lateinisch.

1 *In der Verleihung des Hofrat-Titels hätte man nach Sauers Meinung eine Belohnung für seine moderierende Haltung im Zusammenhang mit den Studentenstreiks sehen können. Zu Ursachen und Verlauf des Streiks im Zuge der »Wahrmund–Affäre« s. Roland J. Hoffmann: T. G. Masaryk und die tschechische Frage. Nationale Ideologie und politische Tätigkeit bis zum Scheitern des deutsch-tschechischen Ausgleichsversuchs vom Februar 1909. München: Oldenbourg, 1988, S. 370–390. Zur Rolle Sauers, der letztlich in die Einstellung des Vorlesungsbetriebes an der Prager Universität einwilligen musste, s. etwa den Artikel »Rektor Sauer in einer Studentenversammlung« (in: Bohemia, 81. Jg., Nr. 131, 12.5.1908, Mo.-Ausg., S. 1 f.), der über die am 11.5.1908 abgehaltene deutsch-völkische Versammlung im Karolinum ausführlich berichtet. Bei dieser Versammlung rief Sauer die Prager Studenten nachdrücklich zur Zurückhaltung im Hinblick auf Streikmaßnahmen wegen der Innsbrucker Vorgänge um Professor Wahrmund auf.*
2 *Sauer vereinfacht hier Walzels Argumentation in dessen »Deutscher Romantik«.*
3 *s. Horaz, ars poetica 139: »parturient montes, nascetur ridiculus mus«; lat.: Es kreißen die Berge, geboren wird eine lächerliche Maus.*

257. (K) Sauer an Seuffert in Graz
Prag, 15. Januar 1909. Freitag

L. F. Ich habe auf Ihre Anregung hin in den Registern zu Stifters Werken auch die erfundenen Personen verzeichnen lassen.¹ Die Sache hat aber große Schwierigkeiten bes. bei den ungenannten Nebenpersonen, o*[bw]*ohl es gewiß sehr interessant ist. Nun haben meine jungen Leute in der ›Mappe des Urgroßvaters‹ den Erzähler schlechtens mit Stifter identifiziert u. ebenso den Urgroßvater des Erzählers mit d. Urgroßvater Stifters etc. Das ist meiner Meinung nach falsch. Der Erzähler ist eben der Erzähler. Wie ihn aber verzeichnen, wenn er keinen Namen u. Rang hat: als Erzähler? – Vielleicht sagen Sie mir darüber ein aufklärendes Wort. Ich habe einige ruhige Tage gehab*[t u]*nd möchte wünschen, daß sie anhielten!

Mit herzlichen Grüßen
Ihr sehr erg.
AS.

Datum: s. Poststempel. Handschrift: ÖNB, Autogr. 423/1-558. Postkarte. Absender: Sauer, Smichow 586. Adresse: Herrn / Professor Seuffert / Graz. / Harrachgasse 1. Poststempel: 1) Prag/Praha, 15.1.1909 – 2) fehlt. Grundschrift: lateinisch.

1 s. dazu Brief 239, Anm. 2, dort auch genauere bibliographische Hinweise. Im Unterschied zum Register zur »Narrenburg« gibt es im Register zu »Die Mappe meines Urgroßvaters« (s. Bd. 2, 1908) die Kategorie »Tiernamen« nicht, dafür ist die »Familie des Erzählers« mit Unterrubriken verzeichnet.

258. (K) Seuffert an Sauer in Prag
Graz, 16. Januar 1909. Samstag

Lfr. Gewiss ist es falsch den erzähler u. s. verwandten unter dem autor u. seiner familie zu registrieren. Namenlose personen zu registrieren, habe ich nicht beabsichtigt. Auch nicht den ›Erzähler‹. Mir schwebte vor als zweck der registrierung: verbindet ein autor mit gewissen namen gewisse eigenschaften der träger? das scheint mir bei Goethe noch deutlicher der fall als bei Wieland. Ihre frage bringt mich aber doch noch auf das wünschenswerte, verwandtschaftsverhältnisse vielleicht zu buchen, wenigstens dann, wenn die personen namenlos sind. Der onkel, die nichte usf. sind für Goethes dramen u. erzählungen der revolutionszeit typische personen. Vielleicht darf man sie gerade, wenn sie namenlos sind, als typen der verwandtschaft buchen. U. so etwa auch den namenlosen grossvater der Mappe als ›Grossvater‹-figur. Weiter würde ich nicht gehen. Der registermacher soll auch etwas denken, nicht rein mechanisch verfahren, kommt mir vor. Das register muss einer wissenschaftlichen aufgabe dienen können. Ein allzu viel könnte den versuch ad absurdum führen. – Hoffentlich behalten Sie ruhe. – Ich habe jetzt erst das völlig leere gelesen, was Walzel über die romant. dichtung sagt.[1] Dass er sich nicht geniert!

Treulich der Ihre.

Datum: s. Poststempel. Handschrift: StAW. Postkarte. Absender: Seuffert, Harrachg. 1. Graz Adresse: Herrn Prof. Dr. August Sauer / Prag / Smichow 586 Poststempel: 1) Graz, 16.1.1909 – 2) fehlt. Grundschrift: lateinisch.

1   s. dazu die Briefe 255 und 256.

259. (B) Sauer an Seuffert in Graz
    Prag, 20. Januar 1909. Mittwoch

Prag 20/1 09
Smichow 586

[L. F.] Ich danke Ihnen für Ihre Mitteilung. Die Hauptsache wäre im Reinen. Was nun die unbenannten Nebenpersonen anbetrifft, so ist deren Zusammenstellung ausserordentlich leerreich <!>. Ich glaube, dass Sie unrecht mit der Forderung haben, dass ein Register nicht mechanisch *[h]*ergestellt werden dürfe. Ein Register muss im Rahmen eines Prinzips doch bis zu gewissem Grad mechanisch hergestellt werden, weil man nie wissen kann, was ein andrer, der von andern Gesichtspunkten ausgeht darin sucht. Verzeichne ich überhaupt Nebenpersonen, dann muss ich alle verzeichnen; denn es ist technisch nicht unwichtig, ob viele *[o]*der wenige Nebenpersonen vorkommen. Sie werden staunen, wie viele Grossväter u. Urgroßväter Stifter aufbietet, die reinen Nachkommenschaften, wie eine seiner Novellen heisst.[1] Die Detailschilderung u. bis zu gewissem Grad die Schilderung des überflüssigen Details zeigt sich auch hier. Berücksichtige ich die Technik im Register überhaupt, dann muss der Benützer verschiedener Register auch vergleichende Studien über die Technik daran anstellen können. Beobachtungen wie Sie sie über die Oheime bei Goethe machen, sind über vieles andre gleichfalls möglich, was wir jetzt noch gar nicht ahnen.   Zur Aufklärung werde ich allerdings eine Anmerkung *[hin]*zufügen müssen,[2] welche kurz sagt, was ich will und dass ich mich dem Spott böswilliger Ignoranten und Konkurrenten wie Fürst[3] aussetze, weiss ich. Diese Herren spotten aber auch über die Lesarten, so lange, bis Sie selbst Lesarten fabrizieren. Ich wenigstens kann mir kaum vorstellen, dass die Börneausgabe aus der Fabrik Geiger, *[Kl]*aar, Fürst[4] auf alle Lesarten verzichten wird.

Dass ich den Vorsitz der germ. Sektion auf dem Grazer Philologentag[5] übernommen habe, reut mich bereits u. zwar deshalb, weil ich jedem einzelnen lange Aufklärungen über Schönbachs u. Ihre Abstinenz geben muss mit der Versicherung, dass Sie nichts gegen mich haben oder umgekehrt. Möchten Sie Erich Schmi[dt] nicht ein Wort darüber sagen. Er wäre gewiss gekommen, wenn Sie in Graz gewesen wären.[6] Jetzt hält er sich vielleicht aus Rücksicht für Sie fern. Ich stehe aber doch noch immer auf dem Standpunkt, dass wir, da wir die Tagung selbst nicht verhindern konnten, verpflichtet sind, für ihre möglichste Blüte einzutre[t]en.

Der Kontrakt mit der Gemeinde Wien ist endlich perfekt geworden,[7] zwar noch nicht unterschrieben, aber doch genehmigt. Die Arbeit ist unendlich langwierig u. subtil; doch sehr ergiebig.

Treulichst Ihr AS.

Handschrift: ÖNB, Autogr. 423/1-559. 1 Dbl., 4 S. beschrieben. Grundschrift: lateinisch.

1 Stifters Novelle »Nachkommenschaften« war zuerst 1864 in der Zeitschrift »Der Heimgarten« (Jg. 1, Nr. 6–8) erschienen.
2 Sauers Erläuterungen zur Konzeption des Registers sind wiedergegeben in Brief 239, Anm. 2.
3 s. Adalbert Stifters ausgewählte Werke in sechs Bänden. Hrsg. von Rudolf Fürst. Mit Stifters Porträt, einem Gedichte in Faksimile, einer Abbildung des Stifter-Denkmals und Stifters Biographie. Leipzig: Max Hesse [1899] [²1905; ³1910].
4 Börnes Werke. Historisch-kritische Ausgabe in zwölf Bänden. Hrsg. von Ludwig Geiger in Verbindung mit Jules Dresch, Rudolf Fürst, Erwin Kalischer, Alfred Klaar, Alfred Stern u. Leon Zeitlin. Berlin, Leipzig, Wien, Stuttgart: Bong [1911–1913]; erschienen nur Bd. 1–3, 6–7, 9. Am Schluss der Bde. zu jeder Werkgruppe ein Anhang: »Lesarten und Anmerkungen«. Die Arbeit an der Ausgabe wurde kriegsbedingt unterbrochen und nach Geigers Tod 1919 nicht mehr fortgesetzt.
5 s. Brief 252, Anm. 5.
6 Zur Freundschaft Schmidt-Seuffert vgl. etwa Brief 233, Anm. 4. Seuffert hielt sich nicht in Graz auf, um nicht erklären zu müssen, weshalb er sich an der Organisation des Philologentags nicht beteiligt hatte.
7 Der Beschluss des Wiener Stadtrats erfolgte am 7.1.1909 (HKGA, 1. Abt., Bd. 1, S. XXIX); s. dazu auch Brief 244, Anm. 1.

260. (B) Sauer an Seuffert in Graz
Wien, 7. April 1910. Donnerstag

Wien 7/4 10
I Bartensteing. 13.

L. F. Dass Sie häuslichen Kummer [ha]ben, tut mir von Herzen leid.[1] Das schlägt alles andre nieder. Seien Sie von meiner aufrichtigen Teilnahme überzeugt; ich wünsche, dass alles baldigst ins volle Gleichgewicht gelangt.

Was ich mit jenem Bogen 48 gemacht habe, kann ich mir nicht denken. Während ich von allen andern Bogen 2 & 3 Ex. habe, fehlt mir dieser ganz. Ich muss ihn irrtümlich weggeworfen haben. Verzeihen Sie vielmals.[2]

Ich lese im Sommer wieder u. kehre demnächst nach Hause zurück.[3] Ich habe einen sehr unangenehmen Winter hinter mir. Die Streitigkeiten mit der Gemeinde, der unfähige Drucker u. vieles andre legten sich wie Mehltau auf meine Arbeit. Offenbar bin ich doch auch schon zu alt dazu. Ich hätte eine reine Textausgabe machen sollen. Nun hatte ich mich aber zu Einleit. u. Kommentar entschlossen. Den ganzen Winter habe ich dadurch für den 1. Bd. verloren u. das wozu ich eigentlich in Wien war – nicht gemacht.[4] Allerdings habe ich [d]abei vieles für die späteren Bde gesammelt u. vorgearbeitet. In einigen Tagen dürfte der 1. Bd. nun doch endlich fertig werden. Ich erwarte nur noch den letzten Bogen in letzter Korrektur. Aber wie es weiter gehen wird, ist mir ganz unklar. – Weiter hat mich der Streit mit Minor u. Hock[5] mehr als meiner Gesundheit lieb ist, angegriffen ist <!>. Minor hat Kosch in der Öst. Gymn. Zs. in unerhörter Weise angeflegelt.[6] In der Sache hätte er vielleicht recht haben können, obgleich si[ch a]uch da das Gegenteil herausstellt. Die Form ist unqualifizierbar. Auf meine bescheidenen Einwände u. Verteidigungen brach er mit mir in der brüskesten Weise, erwiderte meinen Besuch nicht, schnitt mich in einer Gesellschaft u. sucht nun alles was ich mache zu contrecarrieren;[7] z. B. gelang es ihm im Lit. Verein den Schlussband von Grillparzers Gesprächen um 1 Jahr hinauszuschieben.[8] Er hetzt Hock gegen mich, der sich beim Druck der (elenden) Franklschen Memoiren[9] gemein gegen mich benahm. Wäre ich in P[rag] gewesen, so hätte ich den ganzen dummen Klatsch nicht gehört. Hier leider fehlt es nicht an Zwischenträgern. Auch in Prag gieng mir alles schief. Die Finanznot des Landes Böhmen, unter der auch die ›Gesellschaft‹[10] leidet, nahm man zum Vorwand, um in meiner Abwesenheit meine Unternehmungen, bes. die deutschböhm. Bibliothek[11] schwer zu schädigen. Auch da war es die Form & Gesinnung der Leute, mit [den]en zusammenzuarbeiten ich gezwungen bin, die mich besonders alterierte. Es wäre vielleicht ein Glück für mich gewesen, wenn ich die Konsequenzen daraus hätte ziehen u. meine Ehrenstellen niederlegen können. Nun hängt aber das Schicksal einiger jungen Leute, die bei der ›D. Arbeit‹[12] und bei der Stifterausgabe angestellt sind, damit zusammen; auch die finanzielle Lage der Unternehmungen würde noch schlechter wenn ich sofort zurücktrete; so muss ich, für einige Zeit wenigste[ns], gute Miene zum bösen Spiel machen.

– So bin ich im Augenblick etwas überarbeitet, finde zu Hause Berge von Arbeit vor u. weiss nicht, wie ich mein kleines leck werdendes Lebensschifflein durch alle diese Klippen werde hindurchlenken können. Ich bin sehr begierig, was Sie zum Grillparzer sagen. Redlich Mühe hab ich mir gegeben.

Verzeihen Sie den Herzenserguss. Ich bin hier fast ohne Verkehr.

Herzlich grüssend   Ihr
aufrichtig erg.
AS.

Handschrift: ÖNB, Autogr. 423/1-570. 1 Dbl., 4 S. beschrieben. Grundschrift: lateinisch.

1   s. dazu Seufferts Brief an Sauer vom 6.4.1910 (StAW): »Ich hatte schlechte zeit; meine frau ist seit 5 monaten krank, war es im februar gefährlich; ich war auch krank; u. jetzt habe ich meinen älteren [Lothar Seuffert] als Einjährigen in eine fremde garnison ziehen lassen müssen.«

2   Sauer schickte Seuffert regelmäßig Korrekturbögen des »Euphorion«, zum fehlenden Bogen s. Seufferts Brief an Sauer vom 6.4.1910 (StAW): »Wenn Sie den bogen 48 des XVI bd. noch überflüssig in korr. haben, bin ich so unverschämt darum zu bitten; er fehlt Ihrer sendung und enthält gerade einen Wielandbrief.« Gemeint ist: J[ohannes]. Trefftz: Ein Brief Wielands an einen Dichterling. In: Euph. 16 (1909), S. 745 f.

3   Sauer hatte im Wintersemester 1909/10 nicht gelesen, sondern war vorübergehend nach Wien gezogen, um sich dort ganz der Grillparzer-Ausgabe widmen zu können. Ursprünglich wollte er schon im Spätsommer 1909 nach Wien reisen, doch erst am 22.10.1909 schrieb er an Seuffert (ÖNB, Autogr. 423/1-565): »Unmittelbar nach den Lehramtsprüfungen, am 3. Nov., reisen wir.«

4   Der mit 1909 datierte erste Band der Grillparzer-Ausgabe (»Ahnfrau«, »Sappho«) erschien erst 1910 (s. Brief 247, Anm. 1).

5   Gemeint sind die Diskussionen um Sauers Grillparzer-Ausgabe und insbesondere um einen Vers aus Grillparzers »Libussa« (s. Brief 251).

6   Jakob Minor: Die neue Eichendorff-Ausgabe. In: ZfdöG 60 (1909), S. 481–499. Rezension zu: Sämtliche Werke des Freiherrn Joseph von Eichendorff. Historisch-kritische Ausgabe. In Verbindung mit Philipp August Becker hrsg. von Wilhelm Kosch u. August Sauer. Regensburg: J. Habbel [1908]. Die knapp zwanzigseitige Rezension konzentriert sich auf Koschs Edition der »Tagebücher des Freiherrn Joseph von Eichendorff« (Bd. 11); sie enthält sachliche Einwände, ist jedoch von vornherein polemisch im Ton und lässt am Ende kein gutes Haar an Koschs Ausgabe. Kosch war Sauers Schüler und wurde nach der Promotion in Prag (1905) bereits 1906 Extraordinarius in Fribourg.

7   s. dazu etwa den Brief Sauers an Minor aus dem Oktober 1909 (Briefw. Minor/Sauer, Nr. 293, S. 468): »Ich weiss nicht, ob es durchaus nötig gewesen wäre, mir wegen dieser Sache wieder einmal den Stuhl vor die Türe zu setzen. Hättest du mir die Rezension nicht geschickt, so hätte ich ja schweigen oder bis zu einer mündlichen Aussprache warten können. [...] Ich erinnere mich eines Gespräches mit dir über einen Band aus der Sammlung Walzel. Als ich meinte: warum sagst du das nicht öffentlich? antwortetest Du: Du wollest Walzel nicht kränken. Das ist der Punkt. Mich öffentlich zu kränken, daraus machst du dir gar nichts. [...] Du hättest ganz dasselbe viel ruhiger und leidenschaftsloser sagen können und hättest doch ganz denselben sachlichen Zweck erreicht.«

8   Der fünfte Band von Grillparzers »Gesprächen« erschien 1911, der sechste Band (Nachträge) erst 1916; weitere Nachträge 1941 (s. Brief 228, Anm. 3).

9   Ludwig August Frankl: Erinnerungen. Hrsg. von Stefan Hock. Prag: J. G. Calve, 1910 (Bibliothek deutscher Schriftsteller aus Böhmen. 29). Details der Auseinandersetzung sind nicht ermittelt.

10 die Gesellschaft zur Förderung Deutscher Wissenschaft, Kunst und Literatur in Böhmen (s. etwa Brief 204, Anm. 2).

11 die von Sauer herausgegebene Reihe Bibliothek deutscher Schriftsteller aus Böhmen (s. Brief 169, Anm. 6).

12 die Zeitschrift »Deutsche Arbeit« (s. Brief 193, Anm. 14).

261. (B) Sauer an Seuffert in Graz
  Prag, 13. Juni 1911. Dienstag

Prag 13/6 11
Smichow 586

[Lie]ber Freund! Verzeihen Sie, dass ich diesmal die Euphorionbogen verbummelt habe; ich sende sie trotzdem jetzt noch nach, weil es doch möglich wäre, dass Sie sie, wie früher einmal, einem Studenten zu überlassen pflegen. Der Grund der Verzögerung liegt in der schweren Erkrankung und [d]em Tod meines älteren (und noch einzigen) Bruders;[1] bald nach Weihnachten setzte es ein und vor 3 Wochen gieng es zu Ende. Die Aufregung und Unruhe, mehrmalige Reisen u. s. w. Wir waren unser drei, nun bin ich allein; man kommt sich unwillkürlich wie gezeichnet vor.

Jedoch nicht um zu klagen wollte ich diesen Brief schreiben. Sondern a[u]s folgendem Grund. Wir schlagen gegenwärtig unsern Dozenten Schneider, der auch in Freiburg i. d. Sch. im Vorschlag ist, zum a. o. Prof. vor. Mehr als den Titel wird er wol nicht erreichen;[2] er hat ein Buch über Hippel[3] so eben fertig gestellt. Nun schrieb mir Wukadinovič einen ziemlich heftigen und in gewi[sse]m Sinne beleidigenden Brief,[4] worin er an meine Gerechtigkeit appelierte <!> und gleichfalls vorgeschlagen zu werden verlangte. Weil er nun möglicherweise einen ähnlichen Brief auch an Sie geschrieben hat und Sie möglicherweise die hiesigen Vorfälle in einem falschen Licht ansehen, so schreibe ich Ihnen die Wahr[heit]. Als ich den Vorschlag Schneider erwog, sprach ich mit Hauffen u. Krauss auch wegen einer ev. Einbeziehung von W.[5] Bei dieser Gelegenheit erfuhr ich, dass im Kreis der Professoren der deutschen Technik[6] eine grosse Erbitterung gegen ihn herrscht, die bei den nahen Beziehungen die in Prag zwischen beiden Hochschulen besteht <!>, sich auch a[uf] die Univ. verpflanzt hat. Er spricht an der utraquistischen Technik-Bibliothek,[7] die er leitet, nur tschechisch, hat sich dort ganz auf die Seite der Tschechen von Anfang an geschlagen und vertritt auch in Bezug auf den Neubau[8] die Forderungen der Tschechen. Also nicht aus wissenschaftlichen Gründen müssen wir ihn fallen lassen, sondern aus nationalen.

Es wäre auch für den günstigsten wissenschaftlichen Vorschlag keine Majorität in unserer Fakultät zu finden und ich habe keine Lust, mir eine nationale Niederlage zu bereiten. Diese Gründe sind ausschliesslich die massgebenden. Er kann mir menschlich leid tun; aber in Prag sind einmal die nationalen Gründe die Ausschlag gebenden.

Hoffentlich geht es Ihnen gut. Mit den besten Empfehlungen
Ihr herzlich erg.
AS.

Handschrift: ÖNB, Autogr. 423/1-576. 1 Dbl., 4 S. beschrieben. *Grundschrift:* lateinisch.

1 Julius Sauer (gest. 23.5.1911). Den früheren Tod seines jüngeren Bruders (N. N. Sauer) schildert Sauer in seinem Brief an Seuffert vom 10.8.1908 (ÖNB, Autogr. 123/1-554): »Ich habe Ende Juli meinen jüngeren Bruder in Teplitz begraben u. er hat seine Familie in recht traurigen [Ver]hältnissen zurückgelassen.«
2 Ferdinand Josef Schneider blieb Privatdozent für Neuere deutsche Sprache und Literatur an der deutschen Universität Prag, wo er 1914 zum außerordentlichen Titularprofessor avancierte und 1920 Extraordinarius wurde.
3 Ferdinand Josef Schneider: Theodor Gottlieb von Hippel in den Jahren von 1741 bis 1781 und die erste Epoche seiner literarischen Tätigkeit. Prag: Taussig und Taussig, 1911.
4 nicht ermittelt.
5 Wukadinović.
6 Die deutsche Technische Hochschule (»Deutsches polytechnisches Landes-Institut des Königreiches Böhmen«) war bereits 1868 von der böhmischen Technischen Hochschule getrennt worden (s. Die K. K. Deutsche technische Hochschule in Prag 1806–1906. Festschrift zur Hundertjahrfeier. Im Auftrage des Professorenkollegiums redigiert von Franz Stark unter Mitwirkung der Professoren Wilhelm Gintl u. Anton Grünwald. Prag: Selbstverlag, 1906, bes. S. 45–71).
7 Die Bibliothek wurde von der tschechischen und der deutschen Technischen Hochschule gemeinsam betrieben.
8 Gemeint ist die vor allem seit der Jahrhundertwende schwelende Auseinandersetzung um den Neubau der Kollegienhäuser der deutschen und der tschechischen Universität Prag auf dem städtebaulich neu zu gestaltenden ehemaligen Getto Josefstadt samt den angrenzenden Altstadtrevieren. Nachdem am Ende des 19. und zu Anfang des 20. Jahrhunderts die Schwächen der österreichischen Universitäts- und Wissenschaftspolitik (vor allem im Vergleich mit der reichsdeutschen) immer stärker zutage getreten waren, hatte man 1905 ein »Programm für die bauliche Ausgestaltung der Hochschulen« (Wien, 25.8.1905) beschlossen. In Prag führten die Bauplanungen zu einer polemischen öffentlichen Debatte über die Frage, ob die deutsche oder die tschechische Universität vom Staat großzügiger gefördert werde; die Kontroversen wurden durch die Forderung nach einer zweiten tschechischen Universität noch vertieft (s. Michaela Marek: Universität als ›Monument‹ und Politikum. Die Repräsentationsbauten der Prager Universitäten 1900–1935 und der politische Konflikt zwischen ›konservativer‹ und ›moderner‹ Architektur. München: Oldenbourg, 2001 [Veröffentlichungen des Collegiums Carolinum. 95]; Elmar Schübl: Am Vorabend der Krisen zeichnen sich Bruchlinien schon deutlich ab. Zur Nationalisierung der Universitäten und Hochschulen im 19. und frühen 20. Jahrhundert. In: Universitäten in Zeiten des Umbruchs. Fallstudien über das mittlere und östliche Europa im 20. Jahrhundert. Hrsg. von Elmar Schübl u. Harald Heppner. Wien: Lit-Verlag 2011, S. 13–28; s. dazu auch August Sauer: Die Prager Hochschulen. Eine notgedrungene Abwehr. In: Deutsche Arbeit. Monatsschrift für das geistige Leben der Deutschen in Böhmen 9 [1910], H. 9, S. 527–533).

262. (B) Seuffert an Sauer in Prag
Graz, 15. Juni 1911. Donnerstag

Graz Harrachg. 1
15.6.11.

Lieber freund, Schönbach sagte mir gestern abends, dass Ihr 25jähriges Wirken in Prag gefeiert worden sei; ehe ich meinen Glückwunsch dazu aussprechen konnte, traf Ihr brief mit der traurigen familiennachricht ein. Nehmen Sie die versicherung an, dass ich Ihre vereinsamung nachfühlen kann. Auch mich traf die nachricht vom hinsinken eines jugendfreundes voriges jahr wie ein streifschuss und ich sah betroffen auf frau und unfertige söhne. Dann gewöhnt man sich wieder in den tagesdienst und ich wünsche, dass Ihre vielseitige tätigkeit, die nirgends ersetzt werden kann, auch Ihnen nicht ruhe lässt zum nachsinnen. –

Wukadinović hat mir schon lange nicht geschrieben. Ich kenne ihn zu gut, um nicht zu begreifen, dass er sich gegner macht; dass er national unzuverlässig sein soll, bleibt mir unbegreiflich; erklären könnte ich es mir nur aus seiner verbitterung; zu rechtfertigen wäre es auch damit nicht. Sein böser genius hat ihn seiner zeit nach Graz geführt, Graz ist kein sprungbrett für einen germanisten.

Für die Euphorionkorrekturen werde ich sehr dankbar sein; ich lege mir die blätter gerne zu den zugehörigen büchern und verschenke dann u. wann einen aufsatz, der einen andern mehr interessiert. Das ex., auf das ich abonniert bin, benütze ich als nachschlagewerk.

In Ihrer schuld stecke ich wieder tief. Ich hatte mir viel zu dem Wieland der Gold. bibl.[1] notiert, was ich nun kaum mehr verstehe, ohne alle äusserungen des herausgebers wieder durchzulesen. Jetzt bin ich von den GRM gedrängt auf die längst verheissene fortsetzung des kompositionartikels.[2] Auch der ist unfertig. Meine Gedanken stecken ganz in poetik. Im seminar interpretiere ich lyrika[3] lauter stücke, die ich noch nie vorgenommen hatte; vielleicht kommen wir dabei einmal tiefer ins lyrische wesen hinein, das gar so schwer zu bestimmen ist.

Einer meiner zuhörer, Hübler, wendet sich an Sie mit der bitte, seiner Ihnen von mir schon angekündigten Käthchen v. Heilbronn-studie[4] zur erscheinung zu helfen. Ich halte die arbeit für gut.

Mit den besten wünschen und herzlichen grüssen   Ihr
sehr ergebener
BSeuffert.

Handschrift: StAW. 1 Dbl., 4 S. beschrieben. Grundschrift: lateinisch.

1 *Wielands Werke. Auswahl in 10 Teilen. 3 Bde. Auf Grund der Hempelschen Ausgabe neu hrsg. mit Einleitungen und Anmerkungen versehen von Bernhard von Jacobi.* Berlin, Leipzig, Wien, Stuttgart: Bong & Co., [1910] (Bong's Goldene Klassiker-Bibliothek). Seufferts Besprechung erschien erst in: Euph. 24 (1922), S. 426–443 u. S. 677–706 (Schluß).
2 zu Seufferts »Beobachtungen über dichterische Komposition« in der »Germanisch-Romanischen Monatsschrift« s. Brief 227, Anm. 15 sowie Brief 266, Anm. 3.
3 Seuffert las im Sommersemester 1911 eine »Einführung in die Poetik« (2-st.) und hielt im Seminar Übungen über »Deutsche Lyrik« (2-st.) ab.
4 Rudolf Hübler: *Kleists »Käthchen von Heilbronn«. Komposition und Quellen.* Graz, 1911. Die Dissertation blieb ungedruckt.

263. *(K) Seuffert an Sauer in Prag [nachgesandt nach Wien]*
   Schruns, Vorarlberg, 26. August 1911. Samstag

Schönbach ist gestern abends eingeschlafen.¹ Ich kam zu spät, ihn noch zu sprechen. Nach kurzer erholung seit 14 tagen kräfteverfall, appetitlosigkeit, die er auf die hitze schob, drei tage bettlager, ausatmen bei getrübtem bewusstsein.

Ich führe die witwe² nach Graz, wo die beerdigung stattfindet.

Gruss BSfft

Schruns 26.8.11.

Handschrift: StAW. Postkarte. *Adresse:* Herrn Professor / Dr. August Sauer / Prag / Smichow 586. *Adresse durch Postzusteller gestrichen und ersetzt:* Tuchlauben 7 / wien I *Poststempel: 1)* Schruns, 26.8.1911– 2) fehlt. Grundschrift: lateinisch.

1 A. E. Schönbach starb am 25.8.1911 in Schruns (Vorarlberg). S. den Nachruf von Bernhard Seuffert in: Deutsche Arbeit. Monatsschrift für das geistige Leben der Deutschen in Böhmen 11 [1911], H. 4, S. 218–224).
2 Anna Schönbach.

264. *(B) Sauer an Seuffert in Graz*
   Prag, 30. August 1911. Mittwoch

Prag 30/8 11.

Lieber Freund! Ich danke Ihnen für den Freundesdienst, mich vom [Hi]nscheiden Schönbachs verständigt zu haben; auch die Wittwe hat mir telegraphiert. Leider aber weiss ich nicht, wann das Begräbnis ist, sonst wär es mir vielleicht möglich gewesen hinzufahren, obwohl gerade die Komplikation ist, dass ich, der ich seit Mitte Juli hier in Wien gearbeitet habe, jeden Tag meine Frau erwarte, um mit ihr in die Ferien zu gehen, ich also nicht ganz Herr meiner [En]tschlüsse und meiner Zeit bin. Ich hätte doch nach seiner Frische im vorigen Jahr einen so raschen Ausgang nicht vermutet, obgleich die Fülle seiner Projekte etwas beängstigend auf mich niederprasselte. Sie verlieren viel an ihm; ich noch mehr, weil ich mich, bes. in Österreich ganz isoliert fühle. Er war mir ein Mittel- und Ankerpunkt. Kann ich Ihnen oder der Witwe bei de[r] Ordnung des Nachlasses irgendwie behilflich sein, so bitte ich über mich zu verfügen; ich könnte auch im September einige Zeit in Graz zubringen, wenn ich dienlich sein könnte. Nachricht erreichte mich bis 4. oder 5. September am besten unter der Adresse: Wien I, Neues Rathaus, Stadtbibliothek (weil ich nicht weiss, an welchem Tag ich aus meiner hiesigen Junggesellenwohnung zu meiner Frau ins Hotel ziehen muss); später am besten nach Prag, weil ich noch nicht weiss, wohin wir gehen.

– Die Prager Besetzungsfrage löst sich nun wol von selbst. Wir haben 1) Zwierzina 2) Jellinek u. Lessiak 3) Schatz vorgeschlagen. Zwierzina kommt nun wol nach Graz,[1] Jellinek wird wol Seemüllers Nachfolger, da S. um seine Pensionierung einge[ko]mmen ist;[2] Lessiak wird nach Prag kommen[3] u. Schatz nach Innsbruck.[4] Vielleicht bedauert es Kraus jetzt nach Bonn gegangen zu sein; eine Rückberufg. ist aber wol kaum möglich, da er in Bonn 20.000 M. bekommt!! Für mich bedeutet Kraus' Weggang – jetzt darf ich es ja eingestehen – geradezu eine Erlösung; sein ganzes Dichten & Trachten, bes. in der letzten Zeit, gieng n[ur] dahin mich zu ärgern u. zu kränken; mühsam hab ich einen äusseren Verkehr aufrecht erhalten.[5] Jeder andre, selbst Jellinek, wird für mich besser sein. Lessiak ist ein ruhiger anständiger Mensch, mit dem ich gut auszukommen hoffe.

Die letzten 6 Wochen waren ein reines Fegefeuer; die Hitze war unerträglich. Trotzdem bin ich froh, das grosse Opfer gebracht zu haben, weil ich zusammen mit meinem vortrefflichen Leipzige[r M]itarbeiter[6] die sehr schwierige Ordnung der Papiere bedeutend gefördert und ausserdem einen Band corrigiert habe. Ich hoffe bis zum Frühjahr 8–9 Bde abstossen zu können u. dadurch mit meinem Kontrakt àjour zu kommen. Man quält mich nemlich im Rathaus bis aufs Blut. Was für mich ein Glück zu sein schien, ist mir zur Tortur geworden.

Sollte ich einen oder mehrere Ihrer letzten Briefe nicht beantwortet haben, so bitte ich um Entschuldigung; meine ganze Korrespondenz ist in Verwirrung geraten. Euphorionbogen folgen demnächst. Bleiben Sie mir jetzt der einzige Grazer Freund! Herzlichst
    Ihr AS.

Handschrift: ÖNB, Autogr. 423/1-578. 1 Dbl., 4 S. beschrieben. Grundschrift: lateinisch.

1 Konrad Zwierzina war bereits von 1897 bis 1899 Privatdozent für deutsche Sprache und Literatur an der Universität Graz gewesen, kehrte im Wintersemester 1912/13 als Ordinarius für deutsche Sprache und Literatur (Nachfolge Anton E. Schönbach) zurück und blieb dort bis zu seinem Ruhestand 1934. Briefe Zwierzinas an Seuffert sind erhalten in StAW.

2 Nachfolger Joseph Seemüllers in Wien wurde Carl von Kraus (s. Brief 264, Anm. 5), Max Hermann Jellinek blieb bis zu seiner Emeritierung im Jahr 1934 Ordinarius für deutsche Sprache und Literatur sowie Leiter der älteren Abteilung des germanistischen Seminars in Wien. Joseph Seemüller trat 1912 aufgrund eines Nervenleidens in den Ruhestand, nahm aber 1917 seine Lehrtätigkeit in Wien wieder auf (s. Brief 279, Anm. 4).

3 Primus Lessiak, von 1906 bis 1911 Ordinarius für Germanische Philologie an der Universität Fribourg, wirkte von 1911 bis 1920 als Ordinarius für Ältere deutsche Sprache und Literatur an der deutschen Universität Prag.

4 Josef Schatz, von 1905 bis 1911 Extraordinarius, 1911/12 Ordinarius für Ältere deutsche Sprache und Literatur in Lemberg, wechselte nach Innsbruck und blieb dort in seiner Funktion als Ordinarius für deutsche Sprache und Literatur bis zu seiner Emeritierung 1939 (reaktiviert 1943–1945).

5 Carl von Kraus war von 1904 bis 1911 (als Nachfolger Ferdinand Detters) Sauers Kollege in Prag, ging 1911 nach Bonn, 1913 (als Nachfolger Seemüllers) nach Wien und wechselte 1917 nach München, wo er bis zu seiner Emeritierung blieb. Sauers Beziehungen zu Kraus waren schon seit den Diskussionen um die Kelle-Nachfolge (s. Brief 171 ff.) sehr schlecht.

6 Gemeint ist Reinhold Backmann, der 1911 bei Albert Köster in Leipzig mit einer Dissertation über die Entstehung des »Goldenen Vließes« promoviert wurde und bereits seit 1908 Sauers Mitarbeiter an der Grillparzer-Ausgabe war. Sauer würdigte Backmanns Mitarbeit detailliert im Vorwort zum ersten Band der »Jugendwerke« Grillparzers (HKGA 2. Abt., Bd. 1,1 [1911], S. VI f.).

265. (K) Sauer an Seuffert in Graz
Prag, 13. Februar 1912. Dienstag

L. F. Möchten Sie die Güte haben, mir gelegentlich zu sagen, wie viel Sie zu der Ehrung für E. S. stiften werden.[1] Es fehlt mir jeder Massstab. Ich [wi]ll hinter andern nicht ganz zurückbleiben; aber wenn ich bedenke, dass jetzt jeden Tag etwas andres in dieser Art los ist; gestern für Gomperz,[2] vorgestern für Lewinsky,[3] vorvorgestern für Otto Ludwig,[4] so schmilzt der Fonds, den man sich schliesslich dafür abgrenzen muss, stark zusammen. Bei uns in Prag kommt noch die drückende nationale Steuer dazu. Ich pflege zu sagen: was nü[tzt] uns die Pflege des Deutschtums, wenn der einzelne Deutsche dabei zugrunde geht. – Ich arbeite bis zur Bewusstlosigkeit an den Jugendwerken,[5] die hoffentlich zu Ostern erscheinen. Herzlich grüssend   Ihr
   AS.

13.2.12

Handschrift: ÖNB, Autogr. 423/1-586. Postkarte. Absender: Sauer Prag. / Smichow 586 Adresse:

Herrn Prof. / Dr. B. Seuffert / Graz / Harrachgasse 1. *Poststempel: 1) Prag/Praha, 13.2.1912 – 2) fehlt. Grundschrift: lateinisch.*

1 Es geht um die Sammlung für eine Medaille, die Erich Schmidt zum 60. Geburtstag (20.6.1913) überreicht werden sollte; die Sammlung wurde aber abgebrochen, da Schmidt einige Wochen vor seinem Geburtstag am 29.4. starb.
2 Aus Anlass von Theodor Gomperz' 80. Geburtstag (29.3.1912) war ein Fonds in Höhe von 21.000 Kronen aufgesetzt worden, zu dem 339 Gratulanten beigetragen hatten und dessen Zinsen der Förderung von Altertumsforschern dienen sollten (s. Karlheinz Rossbacher: Literatur und Bürgertum. Fünf Wiener jüdische Familien von der liberalen Ära zum Fin de Siècle. Wien: Böhlau, 2003, S. 234).
3 Gemeint ist vmtl. die 1913 angebrachte Gedenktafel für den 1907 verstorbenen Hofburgschauspieler und Regisseur Josef Lewinsky am Haus in der Liechtensteinstraße 23 im neunten Wiener Gemeindebezirk.
4 Gemeint ist vmtl. das 1911 von Arnold Kramer geschaffene Denkmal für den Schriftsteller Otto Ludwig an der Dresdner Bürgerwiese.
5 Die zweite Abteilung der historisch-kritischen Grillparzer-Ausgabe (s. Brief 244, Anm. 1) umfasst die Jugendwerke (vor 1816), die Tagebücher und die literarischen Skizzenhefte; die sechs Bände Jugendwerke erschienen zwischen 1912 und 1924; Sauer bezieht sich hier vermutlich vor allem auf den ersten Band, der auf dem Titelblatt mit 1911 datiert ist.

266. (B) Sauer an Seuffert in Graz
   Prag, 25. Februar 1912. Sonntag

Prag 25/2 12
Smichow 586

L. F. Sie haben recht, es ist zu traurig, so echolos zu arbeiten.[1] Ich hab es leider nur [z]u oft in früherer Zeit erlebt, wo Sie aber immer meine Stütze waren. Ich fühle mich also diesmal mitschuldig; aber nicht in Bezug auf die Teilnahmslosigkeit, sondern nur in Bezug auf das Stillschweigen. Dieses aber erklärt sich aus meiner verzweifelten Situation: 7 Bde Texte gesetzt u. keiner noch ganz fertig. Brandbrief auf Brandbrief aus Wien. Poenale vor Augen, ausserdem: Zinsenentgang für den Drucker; zu Beginn des April soll ich ausserdem ausspannen. Kurz & gut: ein Gedränge sondergleichen. Und so kam ich zu dem Brief nicht.

Ich behandle in diesem Semester im Seminar Technik des Dramas.[2] Daher hab ich jede Ihrer beiden Abhandlungen[3] sofort aufmerksam gelesen, im Seminar besprechen lassen und auch als Muster anempfohlen. Ich halte alle Ihre Beobachtungen für richtig und für sehr fein; nur meine ich, betrifft ein Teil davon mehr das allgemeinpoetische als das spezifisch dramatische u. der Egmont könnte vielleicht doch noch immer ein schlechtgebautes Drama sein und doch eine wunderbar architektonisch gebaute [Di]chtung. Ich habe mir es so zu versinnbildlichen gesucht. Der grosse Kreis wäre das

allgemein *[Skizze zweier konzentrischer Kreise samt eingezeichnetem Mittelpunkt]* poetische, was jedes Kunstwerk haben muss, oder das allgemein künstlerische; der kleine Kreis das spezifisch dramatische u. der Punkt das individuell persönliche. Darauf bin ich gekom*[m]*en, weil ein paar Fanatiker der Technik unter meinen Zuhörern nicht zu bekehren waren. Für mein Gefühl haben Sie bewiesen, dass der Egmont auch ein gut gebautes Drama ist. Was die Beobachtung der Gruppenbildung im Drama betrifft, haben Sie einen Vorläufer an Werner in den Forschungen für Heinzel;[4] nur hat er etwas doktrinär alles am ma. Drama exemplifiziert. Aber sonst hat Werners Beobachtung mit Ihrer grosse Verwandtschaft. – Dass ich zunächst unabhängig von Ihnen – d. h. vor dem Erscheinen Ihres 1. Aufsatzes, aber doch wohl unter der Nachwirkung Ihrer mündlichen Anregung – Freytag & Dickens habe untersuchen lassen, habe ich Ihnen schon in Graz gesagt. Die Arbeit[5] ist leider seit einem Jahr in der Druckerei, seit 6 Monaten ausgesetzt und durch die Tafeln verzögert. Ich hoffe sie aber demnächst hinauszubringen. Ein *[bes.]* Kirchenlicht ist der fleissige u. ordentliche Vf. der Arbeit, der Sohn unseres Romanisten, nicht. Im Übrigen mein ich, entweder muss man Meisterwerke untersuchen, oder ungeheure Massen wie Dibelius,[6] sonst versagt die Methode leicht, oder besser sie versandet. Sie ist nicht leicht, wie es auf den ersten Augenblick aussehen möchte und nur *[der]* Meister handhabt sie richtig. Vielleicht aber dürfte man das von jeder Methode sagen. – Dies erlaubte mir zu schreiben ein dem Hauptgeschäft abgestohlener stiller Sonntagnachmittag, an dem ich Sie herzlich begrüsse als   Ihr
 aufrichtig erg   AS.

Handschrift: ÖNB, Autogr. 423/1-587. 1 Dbl., 4 S. beschrieben. Grundschrift: lateinisch.

1   Seufferts Bezugsbrief ist nicht überliefert.
2   *Im Wintersemester 1911/12 hielt Sauer eine »Übung für Vorgeschrittene: Technik des Dramas« ab.*
3   *Es geht um den zweiten und dritten Teil von Seufferts »Beobachtungen über dichterische Komposition«(s. Brief 227, Anm. 15). Im zweiten Teil untersucht Seuffert die Komposition von Goethes »Egmont« (1788), besonders die Beziehung zwischen Egmont und Klärchen, zwischen Egmont und dessen Volk und die seiner Meinung sehr kunstvolle und bewusste Planung des Stücks, im dritten Teil die Komposition von Schillers Bearbeitung des »Egmont« aus dem Jahr 1796 für das Theater in Weimar, in der er eine Abwertung der Figur des Egmont sowie eine Schwächung des künstlerischen Gehalts beobachtet.*
4   *Richard Maria Werner: Die Gruppen im Drama. In: Forschungen zur neueren Litteraturgeschichte. Festgabe für Richard Heinzel. Weimar: Felber 1898, S. 1–27.*
5   *Roland Freymond: Der Einfluss von Charles Dickens auf Gustav Freytag, mit besonderer Berücksichtigung der Romane »David Copperfield« und »Soll und Haben«. Prag: C. Bellmann, 1912. Der Vater des Verfassers war Emil Freymond, seit 1901 Ordinarius für romanische Philologie an der deutschen Universität Prag.*
6   *Wilhelm Dibelius: Englische Romankunst. Die Technik des englischen Romans im achtzehnten und zu Anfang des neunzehnten Jahrhunderts. 2 Bde. Berlin: Mayer & Müller, 1910.*

267. (B) Sauer an Seuffert in Graz
 Prag, 16. Dezember 1912. Montag

Lieber Freund! In angenehmer Erinnerung an die liebenswürdige Gastfreundschaft Ihrer lieben Gattin im laufenden Sommer wage ich es ihr ein kleines Andenken zu stiften, das freilich nicht ohne Egoismus ausgewählt ist. Möchte sie es freundlich und gütig aufnehmen.[1]

Die Sorge um Ihren einberufenen Sohn[2] trübt Ihr Fest. Ist er in Bosnien? Vielleicht geht auch dieser Kelch an uns geprüften Österreichern noch einmal vorüber.[3]

Mit den schönsten Empfehlungen von Haus zu Haus
Ihr
treulich erg.
ASauer

16/12 12

Handschrift: ÖNB, Autogr. 423/1-597. Briefkarte. 1 Bl., 2 S. beschrieben. Grundschrift: lateinisch.

1   Ein Besuch der Sauers in Bad Aussee Ende August 1912 ist dokumentiert durch Seufferts Brief an Sauer vom 19.8.1912 (StAW).
2   Lothar Seuffert. Details zu einem etwaigen Bosnieneinsatz sind nicht ermittelt. Lothar Seuffert fiel im Winter 1916 an der Front in Rumänien (s. Brief 276, Anm. 2).
3   Sauer spricht hier die Sorge über eine Ausweitung der Kampfhandlungen in Bosnien auf das altösterreichische Territorium an. Seit 1878 stand Bosnien unter österreichisch-ungarischer Verwaltung, 1908 erfolgten die Annexion, Auseinandersetzungen mit Russland, innenpolitische Konflikte und eine wirtschaftliche Schwächung, u. a. wegen der hohen Militärkosten. Im Jahr 1912/13 folgten zwei Kriege auf dem Balkan, die als Konsequenz Österreich-Ungarns Verhältnis mit Serbien und Russland belasteten, den kroatisch-slawonischen Wunsch nach einem Ausgleich nach dem Vorbild Ungarns stärkten und schließlich in den Ersten Weltkrieg mündeten.

268. (K) Sauer an Seuffert in Graz
 Prag, 4. Januar 1913. Samstag

L. F. Vielen Dank für Ihre Karte. Könnten Sie nicht die Abhandlung[1] zu jenem Beitrag der Zs. f. Bücherfreunde im Euphorion nachliefern? Es wäre doch für viele Leute sehr notwendig! – Die Korrekturbogen von Heft 3 sende ich dieser Tage. Auch Heft 4 ist schon ausgesetzt; XX/1 bereits bego*[nn]*en. Ich hoffe à jour zu kommen.

Was soll ich über Wien sagen.[2] Dass Sie hingehören, war mir nie zweifelhaft und ich wollte, Sie lehnten nicht ab. W & W[3] ergreifen allerdings sehr zweifelhafte Mittel, um sich durchzusetzen, wie ich von Wien und Berlin her, gleichmässig höre. Mir läge nur daran, dass die Sache entschieden würde, so oder so; augenblicklich bin ich aber doch aus dem Gleichgewicht gebracht; wenn ich auch äusserlich ganz ruhig bin u. Gott sei Dank auch sehr fleissig.

Was sagen Sie zu der unglaublich öde*[n]* Schrift der Goethe-Gesellschaft?[4] Hält man so etwas für möglich? Und dabei schreibt mir Schüddekopf, seien die wichtigsten Briefe Ottiliens übersehen, weil sie in anderen Mappen lägen! Gibt es da gar keine Remedur?

Mit den herzlichsten Grüssen
von Haus zu Haus Ihr
aufrichtig erg.
AS.

Datum: s. Poststempel. Handschrift: ÖNB, Autogr. 423/1-598. Postkarte. Absender (Stempel): Prof. Dr. *[Aug]*ust Sauer, / Prag-Sm*[ich]*ow 586. *Adresse:* Herrn / Prof. Dr. B. Seuffert / Graz / Harrachgasse 1. *Poststempel: 1) Prag/Praha, 4.1.1913 – 2) fehlt. Grundschrift: lateinisch.*

1 *Bernhard Seuffert: Rechtfertigung der berühmten Frau von Maintenon durch Christoph Martin Wieland. Zum 20. Januar 1913 veröffentlicht.* In: Zeitschrift für Bücherfreunde, N. F. 4 (1913), Bd. 2, S. 308–314. Es handelt sich dabei um die Wiedergabe einer zuvor unveröffentlichten Handschrift Wielands, die sich mit den 1803 anonym bei Unger in Berlin erschienenen »Bekenntnisse[n] einer Giftmischerin, von ihr selbst geschrieben« beschäftigt und die Seuffert von Reinhold Schelle, dem Gründer des Wieland-Museums in Biberach, zur Verfügung gestellt worden war. Die von Sauer gewünschte inhaltliche Untersuchung des Wieland'schen Textes für den »Euphorion« kam nicht zustande.

2 bezieht sich auf die Nachfolge für Jakob Minor (gest. 7.10.1912) in Wien. Sauers Auffassung, dass Seuffert nach Wien (d. h. auf Minors Lehrstuhl) ›hingehöre‹, ist vor dem Hintergrund zu würdigen, dass Sauer, der wohl qualifizierteste Kandidat für die Minor-Nachfolge, vor allem durch Intrigen von Carl von Kraus nicht den ersten Platz auf der Berufungsliste erhielt. Kraus hatte Sauer nie verziehen, dass der ihn seinerzeit von der Prager Berufungsliste ausschloss (s. Briefe 182 u. 183). Die Wiener Berufungskommission schlug zunächst Albert Köster (Leipzig) auf einer Unico-loco-Liste für die Minor-Nachfolge vor; Köster lehnte den Ruf ab. Danach wurde Bernhard Seuffert vorgeschlagen; seine Berufung verhinderte das Finanzministerium mithilfe eines Angebots, das Seuffert nicht annehmen konnte (s. Brief 274). In klandestinen Besprechungen mit dem Kultusministerium, die hinter dem Rücken der Philosophischen Fakultät geführt wurden, setzte Carl von Kraus schließlich den nach Seuffert Zweitplatzierten, seinen Wunschkandidaten Walther Brecht (Posen), durch (s. die ausführliche Darstellung der verwickelten Verhandlungen um die Minor-Nachfolge bei Grabenweger: Germanistik, S. 21-39).

3 Gemeint sind die Minor-Schüler Oskar Walzel und Alexander von Weilen, deren Namen bei den Auseinandersetzungen um die Minor-Nachfolge häufiger genannt wurden, die jedoch chancenlos blieben. Über »zweifelhafte Mittel«, die sie einsetzten, ist nichts ermittelt.

4 *Aus Ottilie von Goethes Nachlaß. Briefe von ihr und an sie 1806-22. Nach den Handschriften des Goethe- und Schiller-Archivs.* Hrsg. von Wolfgang von Oettingen. Weimar: Goethe-Gesellschaft, 1912 (Schriften der Goethe-Gesellschaft. 27). Die geforderte Remedur gab es im zweiten Band (*Aus Ottilie von Goethes Nachlaß. Briefe und Tagebücher von ihr und an sie bis 1832. Nach den Handschriften des Goethe- und*

Schiller-Archivs. Hrsg. von Wolfgang von Oettingen. Weimar: Goethe-Gesellschaft, 1913 [Schriften der Goethe-Gesellschaft. 28]), wo es auf S. V heißt: »*Der 27. Band der Schriften der Goethe-Gesellschaft hat aus Ottilie von Goethes Nachlaß, soweit er im Goethe- und Schiller-Archiv aufbewahrt ist, eine größere Anzahl von Briefen an sie und von ihr gebracht; sie reichen von 1806 bis zum 26.7.1822. Der vorliegende 28. Band führt uns nun weiter, und zwar bis zum Spätherbst 1832: mit diesem Termine konnte die Veröffentlichung organisch schließen, da Goethes Tod [...] ihr Schicksal von Weimar ablöste wie der gelichtete Anker ein Schiff aus dem Hafen entläßt [...]. Hier muß aber darauf hingewiesen werden, daß dieser 28. Band noch einmal, und zwar um mehr als fünf Jahre, vor 1822 zurückgreift, so daß seine ersten Briefe mit den letzten des 27. Bandes eine nicht ganz bequem zu trennende Verzahnung bilden. Das ließ sich leider nicht vermeiden, denn erst nach dem Erscheinen des 27. Bandes konnte ein neu gesichtetes, wichtiges Material herangezogen werden, woraufhin beträchtliche Veränderungen des ganzen Publikationsplans sich empfahlen.«*

269. (K) Seuffert an Sauer in Prag
    Graz, 7. Januar 1913. Dienstag

Lieber freund,   Dank für die erlaubnis, die abhandlung in den Euphorion zu geben: aber erst muss sie geschrieben sein, u. die bücherbeschaffung dazu ist besonders schwierig.¹   Die GG Schrift ist wirklich nichts. Ich habe darauf gar keinen einfluss. Nach meiner überzeugung ist die blüte der gesellschaft vorbei. Auch ein neues jahrb. wird kaum glücken.² Alles hat seine zeit.   Ich gehe sehr ungern zur pfingstpredigt dahin (nach Weimar), aber ich kann Wieland nicht abschlagen.³

»Ich wollte, Sie lehnten nicht ab«!! L. frd. das hat mich sehr erheitert. Sie können sicher sein, dass ich nicht in die lage komme. Der letzte Wiener, der von meiner existenz gewusst hat, war Seemüller,⁴ und der nur, wenn⁵

Herzlich, treulich
BSfft

7 I 13.

Handschrift: StAW. Postkarte. Adresse: Herrn Hofrat / Prof. Dr. August Sauer / Prag /Smichow 586 *Poststempel: 1) Graz, 7.1.1913 – 2) fehlt. Grundschrift: lateinisch.*

1 Seuffert verwies noch einmal 1921 im siebten Teil seiner »Prolegomena« (S. 58–60) auf die »Giftmischerin« (s. Brief 268, Anm. 1), zu einer »Abhandlung« kam es aber nicht.
2 Gemeint ist das »Goethe-Jahrbuch«. In der Folge kam es zu Umbenennungen (1913/14 zu »Jahrbuch der Goethe-Gesellschaft«), zahlreichen Herausgeberwechseln (1913/14 etwa von Ludwig Geiger zu Gerhard Gräf) und neu einsetzenden Nummerierungen der Bandfolge. Seit 1972 (Bd. 89) wird das »Goethe-Jahrbuch« wieder nach der Gesamtfolge gezählt; es erscheint bis heute.
3 Seuffert hielt am 17.5.1913 auf der Jahresversammlung der Weimarer Goethe-Gesellschaft die Gedenkrede

zum 100. Todestag Wielands (Wieland. Vortrag bei der Gedächtnisfeier der Goethe-Gesellschaft, gesprochen von Bernhard Seuffert. In: Jahrbuch der Goethe-Gesellschaft 1 [1914], S. 63–98).
4 Worauf sich Seufferts Einschätzung stützt, ist nicht zu ermitteln.
5 Der Brieftext bricht hier ab; ob es sich um ein Versehen handelt, ist unklar.

270. (K) Seuffert an Sauer in Prag
Graz, 6. Mai 1913. Dienstag

Lieber freund, Der tod Schmidts[1] macht mir die fahrt nach Weimar fast unerträglich. Ich hatte ihm über äusserlichkeiten des Goethetages fragen geschrieben (zugleich auch Sie für die stelle Minors im ausschuss[2] empfohlen, damit Sie genugtuung erhielten), worauf er keine antwort mehr geben konnte. Ich weiss aus zuverlässiger quelle, dass er für Sie in Wien eingetreten ist.[3] Auch Sie können ihm ein reines andenken bewahren, wenn Ihnen der lebende auch nicht immer erfreulich war. Ergebenst grüsst
BSfft.

6.5.13.

Nun bringt wohl der Euph. die 4 nekrologe, von Schönbach an, auf einmal.

Handschrift: StAW. Postkarte. *Adresse:* Herrn Hofrat Prof. Dr. August Sauer / Prag / Smichow 586 *Poststempel:* 1) Graz, 6.5.1913 – 2) fehlt. *Grundschrift: lateinisch.*

1 Erich Schmidt war am 29.4.1913 in Berlin gestorben.
2 im Ausschuss der Weimarer Goethe-Gesellschaft. Der 1912 verstorbene Jakob Minor war Vorstandsmitglied, Erich Schmidt von 1886 bis 1913 Präsident der Gesellschaft gewesen.
3 in Bezug auf die Minor-Nachfolge in Wien. Zur ersten Sitzung der Berufungskommission hatte Erich Schmidt, Minors Vorgänger auf dem Lehrstuhl, einen Brief geschrieben, der die folgende Liste vorschlug: 1. August Sauer, 2. Oskar Walzel, 3. Alexander von Weilen (s. Protokoll der 1. Sitzung der Kommission zur Beratung über die Besetzung der germanistischen Lehrkanzel nach Hofrat Professor Minor am 27. November 1912, UAW, Phil. Fak., Zl. 495 ex 1912/13, PA 1113 Walther Brecht).

271. (B) Sauer an Seuffert in Graz
   Prag, 9. Mai 1913. Freitag

Prag 9/5 13
Smichow 586

Lieber Freund!
Bei dem traurigen Ereigniss von Schmidts vorzeitigem Hingang hab ich viel mehr an Sie gedacht als an mich; denn ich weiss, dass er an Ihnen bis in die letzte Zeit sehr hieng und dass Sie diese Liebe erwidert haben. Ich selbst hab in jungen Jahren ihn unendlich lieb gehabt, obwohl er in seiner Weise *[im]*mer etwas herablassend und spöttisch sich gegen mich gab; bewundert habe ich ihn auch später immer und ich denke ganz ohne Groll an ihn zurück. In den letzten Briefen, die wir zu Weihnachten mit einander wechselten, sprachen wir uns auch über die törichten Anrempeleien aus, in denen sich Kosch in letzter Zeit leider gefiel;[1] die ich *[nic]*ht blos misbillige, sondern von denen ich erst durch Schmidts Brief erfuhr. Ich habe Kosch den Kopf gehörig darüber gewaschen und ihm im Wiederholungsfall mit einem Bruche gedroht. Es ist mit diesen jungen hitzigen Leuten eine böse Sache; sie brächten einen, wenn man es zuliesse, mit der ganzen Welt auseinan*[der]*.

Da Zwierzina so lange zögert, da ich auch früher schon, bei Hüffer[2] u. a. mit den versprochenen Nekrologen Unglück hatte, so durchzuckte mich schon mehrfach der Gedanke, keine Nekrologe mehr zu bringen; Personalnotizen, auch Todesanzeigen hab ich ohnehin schon längst eingestellt. Nun möchte man aber vielleicht, gerade bei Minor, spezielle Absicht dahinter wittern und einen Nek*[ro]*log auf Schmidt würde jedermann vermissen. Ich würde also trachten: Schönbach, Minor, Werner,[3] Schmidt gemeinsam etwa zu Beginn des XXI. Jg. (1914) zu charakterisieren (wobei freilich auch Suphan[4] vielleicht nachzutragen wäre), wenn Sie mich für <u>einen</u> wenigstens unterstützen.[5] Haben Sie für Schmidt noch Niemandem zugesagt, so übernehmen Sie, bitte, diese traurige Pflicht für den Euphorion; Minor kann ich nicht übernehmen, eher <u>Werner</u>; für Minor finde ich vielleicht jemanden in Wien; Zwierzina will ich dann neuerdings bitten. Wissen Sie Suphans wegen Rat? Meinen Sie, dass es Anfang des nächsten Jahrgangs zu spät wäre, so schaffe ich auch früher Platz. Ich hatte manchmal daran gedacht, zu Anf. des XXI. Jg. wieder einige methodische Aufsätze zusammenzustellen. Deren Stelle nähmen die Nekrologe ein.

Die Dinge in Wien scheinen eine merkwürdige Wendung zu nehmen. Gegen Kösters Berufung wäre an und für sich weder sachlich noch persönlich etwas einzuwenden; aber ein unico loco-Vorschlag wäre doch gegen uns beide eine grosse Ungerechtigkeit. Ich bin auf alles gefasst [un]d wünschte nur, dass man mich möglichst in Ruhe liesse.

Ich werde mich jetzt noch mehr an Sie anklammern, als bisher. Bleiben Sie mir gut!

Ihr   treulich erg.   AS.

Handschrift: ÖNB, Autogr. 423/1-600. 1 Dbl., 4 S. beschrieben. Grundschrift: lateinisch.

1   *Kosch hatte im »Eichendorff-Kalender« 1913 den Prager Dozenten Otokar Fischer polemisch attackiert, weil dieser in einem Aufsatz als seine Universität die »Böhmische Universität« angegeben hatte (s. Wilhelm Kosch: Romantische Jahresrundschau. In: Eichendorff-Kalender für das Jahr 1913. Ein romantisches Jahrbuch. Hrsg. von Wilhelm Kosch. Vierter Jahrgang. Regensburg: Habbel, [1912], S. 94-112, hier S. 102). Sauer distanzierte sich in Briefen an Kosch und Fischer von Koschs Polemik, an Fischer schrieb er am 16.12.1912 (Literární archiv Památníku národního písemnictví v Praze) u. a.: »Ich hatte den diesjährigen Eichendorffkalender bis jetzt noch nicht angesehen und bedaure wirklich, dass Kosch ganz überflüssiger Weise hier einen Streit vom Zaun gebrochen hat, der auf seiner Seite wohl nur auf ein Missverständnis zurückgeht; denn wenn wir auch die offizielle Bezeichnung bekämpfen, so können wir doch nicht daran rütteln, so lange sie in Geltung ist. Was mich selbst betrifft, so kennen Sie mich zu lange und zu gut, als dass Sie meinen könnten, ich würde dergleichen billigen. Wenn ich auch nur zu oft in die traurigen nationalen Kämpfe mit hineingezogen worden bin, so habe ich doch immer gestrebt, das höhere wissenschaftliche und kulturelle Ziel nie aus dem Aug zu verlieren und habe das Gute überall anerkannt und gefördert, wo es mir entgegengetreten ist, ohne Unterschied der Nationalität. Ihnen aber halte ich mich durch langjähriges freundnachbarliches Zusammenwirken allzu innig verbunden, als dass ich fürchten müsste, unsere Beziehungen könnten durch dergleichen Unüberlegtheiten eines dritten irgendwie getrübt werden.«*
2   *Gemeint ist offenbar der Historiker und Literaturhistoriker Hermann Hüffer (gest. 15.3.1905); ein Nachruf im »Euphorion« ist nicht erschienen.*
3   *Richard Maria Werner war am 31.1.1913 in Wien gestorben.*
4   *Bernhard Suphan hatte sich bereits am 9.2.1911 das Leben genommen.*
5   *Eine gesammelte Veröffentlichung der Nekrologe im »Euphorion« kam nicht zustande. Über seinen Freund Schönbach hatte Seuffert bereits 1911 einen Gedenkartikel veröffentlicht (s. Brief 263, Anm. 1). Sauer selbst übernahm – entgegen seinen hier geäußerten Bedenken – den Nachruf auf Minor für die Wiener Akademie der Wissenschaften (August Sauer: Jakob Minor [geb. 1855, † 1912]. In: Almanach der kaiserlichen Akademie der Wissenschaften 63 [1913], S. 467–476).*

272. *(B) Seuffert an Sauer in Prag*
    Graz, 9. Juli 1913. Mittwoch

Graz Harrachg. 1
9.7.13.

Lieber freund,   Wenn andere sich um uns zwei streiten, darf das kein streit, auch kein wettstreit zwischen uns werden. Ich kann nicht sagen, wie verdriesslich mir diese gegenüberstellung¹ ist. Sie wissen, dass ich schon längst Sie für den nachfolger Minors hielt und halte, dass ich dafür eintrat wo ich konnte. Sie wissen noch nicht, dass ich einem Wiener kollegen gegenüber, der mich aufsuchte, (keiner der germanisten) aus- u. nachdrücklich erklärte, dass mir diese konkurrenzstellung unerträglich sei, dass Ihre arbeiten Sie mehr auf Wien anweisen als mich die meinigen etc. Was nun werden wird, weiss ich nicht. Das Ministerium hat sich bei hiesigen Vorschlägen mehrmals an den Minoritätskandidaten allein gewendet. Ich möchte mit voller bestimmtheit erklären, dass es bei mir keinen stachel zurückliesse, wenn es in diesem falle wieder geschähe.

Auf alle fälle bleiben wir freundschaftlich verbunden.
Ihr treulich
ergebner
BSeuffert.

Handschrift: StAW. 1 Bl., 2 S. beschrieben. Grundschrift: lateinisch.

1 im Rahmen der Berufungsverhandlungen um die Nachfolge Minors (s. Brief 268, Anm. 2).

273. (B) Sauer an Seuffert in Graz
   Prag, 11. Juli 1913. Freitag

Prag 11/7 13
Smichow 586

Lieber Freund!
Ich danke Ihnen vielmals für Ihren freundlichen Brief und für die gute Gesinnung, die daraus für mich spricht.

Ich beglückwünsche Sie herzlichst zu Ihren verdienten Erfolgen in Wien und Berlin¹ und auch zum Rektorat,² insofern dies als eine Ehrung für Sie gedacht ist; denn im Übrigen werden Sie es doch wahrscheinlich als eine *[ni]*cht ganz erwünschte Bürde betrachten. Sie wissen, wie ich Sie immer hochgeschätzt habe und ich habe Sie jetzt nur zu bitten, dass Sie mir in Ihrer neuen Stellung auch weiterhin freundlich gesinnt bleiben. Insbesondere liegt mir daran, dass Sie wissenschaftlich nicht schlechter von mir denken; ich kann Sie wirkl*[ic]*h versichern, dass Hock und Schröder in den meisten Dingen unrecht haben. Ich arbeite bereits an der Widerlegung der beiden Gauner.³ Im Übrigen habe ich, da ich mich leider nicht ganz von der Ausgabe zurückziehen kann, die Arbeit verteilt und mir nur die Oberleitung behalten. Ich sehe wirklich nicht ein, warum ich mein Leben *[mi]*t diesen Dingen hinbringen soll, wenn man es mir auf solche Weise dankt.

Es ist im Laufe dieses Jahres von Gönnern und Freunden, von Schülern und Kollegen manches unternommen worden, um mir die Wege nach Wien zu bereiten und wenn ich es au*[ch]* nicht veranlasst oder erbeten habe, so habe ich es doch geduldet, solange die Namen Walzel und Weilen im Vordergrund standen. Auch den Wiener Kollegen, die das Minoritätsvotum für mich vorbereiteten, habe ich das erbetene Material schon zu einer Zeit gesandt, als nur von Köster die Rede war und seitdem Ihr Name genannt wird, hab ich von den betreffenden Herren nichts mehr ge*[hör]*t. Es versteht sich von selbst, dass ich diejenigen, die vielleicht auch jetzt noch an mir festhalten möchten, bitte, ihre Bemühungen einzustellen.

Vielleicht erhole ich mich von den mannigfachen erlittenen Kränkungen noch einmal und werde wieder arbeitsfähig.

Sie werden unruhige Ferien haben. Möchten sie so gut als möglich verlaufen!

Mit den besten Grüssen

Ihr

aufrichtig ergebener

AS.

Handschrift: ÖNB, Autogr. 423/1-601. 1 Dbl., 4 S. beschrieben. Grundschrift: lateinisch.

1 *Seuffert war im Zuge der Berufungsverfahren für die Nachfolge Minors und Erich Schmidts sowohl in Wien als auch in Berlin zum Ordinarius vorgeschlagen worden, schlug aber, wie bereits vor ihm Albert Köster, beide Rufe aus (s. Brief 268, Anm. 2).*
2 *Seuffert amtierte im Studienjahr 1913/14 als Rektor der Universität Graz.*
3 *Stefan Hock hatte im Verlag Bong eine eigene Grillparzer-Ausgabe (s. Brief 251, Anm. 7) herausgegeben und rezensierte Sauers erste Bände detailliert und scharf (s. Stefan Hock [Rez.]: Grillparzers Werke. Im Auftrag der Reichshaupt- und Residenzstadt Wien herausgegeben von August Sauer. 1. Abt., Bd. 1: Die Ahnfrau. Sappho; 2. Abt., Bd. 1: Jugendwerke I [Blanka von Kastilien, 4 Fassungen]; 2. Abt., Bd. 2: Jugendwerke II [Blanka von Kastilien, fünfte Fassung]. Wien, Leipzig: Gerlach u. Wiedling, 1909 [1910], 1911 [1912], 1912. In: GRM 5 [1913], S. 280–285). In welchem Umfang seine Kritik berechtigt ist, wurde bislang nicht untersucht. Edward Schröders Kritik ist weniger scharf und fundiert, sie richtet sich pauschal gegen die Konzeption der Lesarten und der Anmerkungen und kritisiert abermals, dass der Nachlass Grillparzers für die Ausgabe Sauers gesperrt und Hock unzugänglich war (s. Edward Schröder [Rez.]: Grillparzers Werke. Im Auftrag der Reichshaupt- und Residenzstadt Wien herausgegeben von August Sauer. 1. Abt., Bd. 1: Die Ahnfrau. Sappho. Wien, Leipzig: Gerlach u. Wiedling, 1909 [1910]. In: GGA 175 [1913, S. 95–105). Hock schickte Schröder am 1.12.1912 eine kritische Stellungnahme zu Sauers ersten Bänden und begleitete sie u. a. mit der Feststellung: »Wir Wiener Germanisten sind einmütig in der Ablehnung Sauers, die mir näher stehenden in dem Wunsche, Walzel nach Wien zu bekommen.« Aus einem zweiten Brief an Schröder vom 5.12.1912 geht hervor, dass Schröder Hocks Stellungnahme ungelesen zurücksandte und auf seine eigene bevorstehende Rezension verwies (SUBG, Cod. Ms. E. Schroeder 401). Im Falle Schröders ist, zumal die Grillparzer-Edition nicht zu Schröders primären Interessengebieten zählte, nicht auszuschließen, dass*

er, wenngleich ohne Absprache, zugunsten von Carl von Kraus und gegen Sauer in der Minor-Nachfolge wirkte. Kraus, der in Wien gerade die Nachfolge Josef Seemüllers antrat, schrieb Schröder am 15.2.1913 (SUBG, Cod. Ms. E. Schröder 540, Beilage) im Hinblick auf Sauer u. a.: »Ich danke Ihnen herzlich für die mir aus inneren wie äusseren Gründen gerade jetzt doppelt wertvolle Besprechung von Sauers Grillparzer. Sie ist zu einer Vindicta der Philologie geworden; es geht eben nicht an, solche Ausgaben neben 100 anderen Geschäften und im Eiltempo herzustellen. – Hoffentlich (aber nicht wahrscheinl.!) bleibt mir dieser Kollege in W. erspart.«

274. (K) Seuffert an Sauer in Prag
Graz, 6. Dezember 1913. Samstag

Lieber freund, Ich bitte um auskunft, wie die freiheitl. studenten die teilnahme der deutschen rektoren an der jh. feier der kath. verbindungen aufgenommen haben u. wieso v. Zeyneck zu dieser begeisterten lobeshymne kam.[1]

Heute habe ich die nachricht aus dem ministerium erhalten, dass die verhandlungen wegen Wiens abgebrochen werden (nachdem ich 2 zu niedere angebote abgelehnt habe).

Mit dem besten grusse treulich
Ihr BSfft

6.12.13.

Handschrift: StAW. Postkarte. *Adresse:* Herrn Hofrat / Prof. Dr. A. Sauer / Prag / Smichow 586 *Poststempel:* 1) Graz, 1913, Rest unleserlich. – 2) fehlt. *Grundschrift:* lateinisch.

1 Der Mediziner und Chemiker Richard Ritter von Zeynek amtierte im Studienjahr 1913/14 als Rektor der deutschen Universität Prag. Über Zeyneks Rede anlässlich des Weihnachtskommerses der Prager katholischen Studentenverbindungen am 1.12.1913, an dem zugleich die Hundertjahrfeier der Völkerschlacht von Leipzig begangen wurde, berichtete das »Prager Tagblatt« (Nr. 333, 4.12.1913, S. 4): »Am 1. Dezember feierte der Prager Kartellverband im Festsaale des Deutschen Vereinshauses seinen diesjährigen Weihnachtskommers und zugleich auch den Gedenktag der großen Tage von Leipzig. Unter den vielen Ehrengästen sah man u. a.: den Rektor Prof. Dr. Ritter von Zeyneck. [...] Der Rektor [...] hob in seiner begeistert aufgenommenen Rede hervor, daß die Verbindungen des katholischen Prager Kartell-Verbandes Hand in Hand gehen mit den anderen studentischen Verbindungen, wenn es gilt sich als treue akademische Bürger unserer Alma mater zu erweisen. ›Unbesonnenen Neuerern‹, sagte der Redner, halten wir das Wort entgegen, ›omne nimium perditur‹! Nachdem der Rektor des 65jährigen Regierungsjubiläums des Kaisers gedacht hatte, spielte die Musik die Kaiserhymne, die von den Kommersteilnehmern stehend mitgesungen wurde. Auf die Worte Sr. Magnifizenz erwiderte das Präsidium mit aufrichtigsten Dankesworten und versprach Sr. Magnifizenz auch fernerhin sich als treue und eifrige Bürger der altehrwürdigen ›Alma mater Pragensis‹ zu betätigen.« Zur prohabsburgischen Haltung katholischer Verbindungen im Gegensatz zu den großdeutschen s. Brief 275, Anm. 1.

275. (B) Sauer an Seuffert in Graz
Prag, 8. Dezember 1913. Montag

Prag 8/12 13
Smichow 586

Lieber Freund!
Ich habe Zeynecks Rede nicht gelesen. Er sprach auf den beiden früheren Kommersen auf denen ich war (Germania – national; Lesehalle – freiheitlich)[1] so schlecht und unlogisch, dass es mich verdross, ein weiteres Gestammel anzuhören oder zu lesen. Aber im Allgemeinen steht die Sache bei uns so: *[s]*eit den Bummelunruhen im Jahr 1908 (während meines Prorektorats),[2] bei denen die klerikalen Studenten sich ebenso mutig, tapfer und national benommen hatten, wie alle andern, sieht man sie in Professorenkreisen als völlig gleichberechtigt an;[3] der Rektor und die Dekane (wenn es nicht gerade Juden sind) gehen auf den Kommers ganz regelmässig und alle Rektoren der letzten Jahre haben dort auch gesprochen (ich noch nicht). So viel ich weiss, ist Zeyneck liberal, ausgesprochen klerikal kaum; er wird wohl in seiner kindlichen Harmlosigkeit etwas über den Strang geschlagen haben.
   In der freiheitlichen Studentenschaft hat seine Rede offenbar böses Blut gem*[ac]*ht. Am letzten Sonntag (30. Nov.) rempelten sie die Klerikalen in dem (öffentlichen) Promenade-Konzerte, das in dem grossen Saal unseres Studentenheims allsonntäglich stattfindet, an und für gestern war ein Skandal angekündigt, für den Fall als die Klerikalen wieder in Farben dahin kämen. Es ist dem Rektor ge*[lu]*ngen einen Ausgleich zu erzielen. Auch hat man deshalb wohl schon Samstag den 6. die Vorlesungen im Allgemeinen geschlossen, damit die Studenten nach Hause können (eine Sache, die pädagogisch unserer Universität so sehr schadet).
   Dass sich die Verhandlungen mit Ihnen zerschlagen haben, tut mir sehr leid. Persönlich *[fü]*r Sie ist es vielleicht ein Vorteil; denn was für einen Augiasstall hätten Sie zu reinigen gehabt. Wenn aber jetzt, wie ich höre, mit Brecht verhandelt werden soll,[4] so ist das für alle jüngeren Österreicher doch eine schreiende Ungerechtigkeit.
   Herzlich grüssend   Ihr   treulich erg.   AS.

Handschrift: ÖNB, Autogr. 423/1-603. 1 Dbl., 3 S. beschrieben. Grundschrift: lateinisch.

1   *Die Situation der deutschsprachigen Studentenverbindungen am Ende des 19. Jahrhunderts und ihrer etwaigen ›nationalen‹ oder ›freiheitlichen‹ Gesinnung kann hier nur kurz umrissen werden: Grundsätzlich ist ein Unterschied zwischen der Situation im Deutschen Reich und in Österreich-Ungarn festzustellen, wobei hier wiederum Verschiedenheiten zwischen den einzelnen Kronländern auftreten. Seit dem österreichisch-ungarischen Ausgleich im Jahr 1867 war die offizielle Politik von Kaiser Franz Joseph eine übernati-*

onale; ›systemtreue‹ Studentenverbindungen waren damit weniger national als prohabsburgisch (und damit auch klerikal) ausgerichtet. Eine starke Betonung des ›Deutschtums‹ stand in Österreich-Ungarn – im Gegensatz zur Situation im Deutschen Reich – meist auch für eine antihabsburgische, antimonarchistische und antiklerikale Position. In Prag zielte die Betonung des ›Deutschtums‹ darüber hinaus primär auf eine Abgrenzung gegenüber den Tschechen; der Antisemitismus war weniger stark ausgeprägt und folgte anderen Argumentationsmustern als beispielsweise in Wien. Die Lese- und Redehalle der deutschen Studenten in Prag war organisatorisch ein Verein – umfasste also ihrerseits wieder unterschiedliche Verbindungen. Gegründet 1848 begriff sie sich anfangs als eine Einrichtung der altliberalen ›Deutsch-Fortschrittlichen‹ gegenüber der ›Deutsch-Völkischen Partei‹ und wandte sich auch explizit gegen antisemitische Strömungen. Ab 1885 verstärkte sich in Teilen der Mitgliedschaft die Tendenz, die liberalen Grundlagen des Vereins zu unterminieren und durch deutschnationales Gedankengut zu ersetzen. Die Vorstandswahlen entschieden allerdings regelmäßig ›großösterreichische‹ Kräfte für sich. Deshalb traten 1892 einige antisemitisch ausgerichtete Subgruppierungen aus und gründeten am 13.5.1892 ihren eigenen Leseverein: die Germania, Lese- und Redeverein der deutschen Hochschüler in Prag). Der neue Verein war streng deutschnational und antisemitisch, die Konkurrenz der etablierten Lese- und Redehalle anfangs aber noch stark. Um 1900 vereinigte sie mit etwa fünfhundert Mitgliedern bereits etwa ein Viertel aller deutschen Studenten Prags; der alljährliche Kommers unter Teilnahme der akademischen Behörden beider deutscher Hochschulen (der Prager Universität und der Technischen Hochschule) und sämtlicher völkischer Korporationen entwickelte sich schnell zu einem Fixpunkt des Studentenlebens in Prag. Auch innerhalb der Germania gab es allerdings politisch bedingte Auseinandersetzungen zwischen den Korporationen. Diese waren Abbild der Streitigkeiten zwischen den Deutschnationalen oder ›Alldeutschen‹ und den ›Deutschradikalen‹ oder ›Freialldeutschen‹. Die Deutschradikalen kritisierten die Alldeutschen vor allem wegen deren antisemitischen Radikalismus, da die deutsche jüdische Studentenschaft als Verbündete gegen alles Tschechische gesehen wurde. Die Deutschnationalen hingegen beklagten bei den Freialldeutschen mangelndes ›deutsches Bewusstsein‹. 1909 trat – als Folge der »Wahrmund-Affäre« (s. Brief 250, Anm. 1) – ein weiterer »Lese- und Redeverband« auf den Plan, nämlich jener der christlichen deutschen Studenten in Prag, die Akademia, eine Vereinigung der zu den Christlichsozialen tendierenden katholischen deutschen Studenten und Korporationen. Anders als in Innsbruck und Graz war der Antiklerikalismus in Prag jedoch kaum bedeutend, sondern trat hinter den deutsch-tschechischen Gegensatz zurück (s. ausführlich Lönnecker: Studentenschaft). Sauers Unterteilung in »Germania – national« und »Lesehalle – freiheitlich« ist also vor allem vor österreichisch-ungarischem Hintergrund zu verstehen, seine Teilnahme an den Kommersen ein übliches Vorgehen deutschsprachiger Akademiker. Die Reden Zeynecks sind nicht ermittelt.

2 Im Anschluss an sein Rektorat (1907/08) amtierte Sauer im Studienjahr 1908/09 als Prorektor der deutschen Universität Prag. Zu den angesprochenen Unruhen s. Brief 254, Anm. 2 u. Brief 255, Anm. 8.
3 Der gemeinsame Kampf von tschechischen und deutschen Studenten in Prag gegen die Einschränkung wissenschaftlicher Freiheit im Zuge der »Wahrmund-Affäre« (s. Brief 250, Anm. 1 u. vor allem Brief 256, Anm. 1) folgte bereits im Sommer 1908 wieder nationalen Argumentationsmustern und verschärfte sich im Herbst 1908, nach Verschiebung einer Sitzung des böhmischen Landtags, weiter (s. Brief 255, Anm. 6).
4 s. Brief 268, Anm. 2.

276. (B) Sauer an Seuffert in Graz
Prag, 12. Januar 1915. Dienstag

Prag 12/1 15
Smichow 586

Lieber Freund! Ich danke Ihnen herzlich für Ihren lieben Brief. Oft und oft, besonders in schlaflosen Nächten, habe ich Ihrer und Ihrer Söhne gedacht. Lange schon plante ich einen Brief; erst vor einigen Tagen als mir Swoboda einen Brief Bauers über das Schicksal seines Sohnes[1] vorlas, nahm ich mir wieder vor, mich bei Ihnen um das Schicksal Ihrer Söhne zu erkundigen;[2] aber der Arbeitsstunden sind jetzt in meinem kurzen Tag so wenige, dass sie das dringendste Bedürfnis verschlingt. Ich bin nemlich seit Anfang August schwer krank. Nach dem Wiener Urlaub und einer Woche Trautenauer Ferialkurs[3] gieng ich Ende Juli nach Gastein; zu Kriegsbeginn aber auf Wunsch meiner Frau zu ihrer Familie nach Berchtesgaden; dort erkrankte ich. Schon vor 2 Jahren litt ich an demselben Übel einer Vergrösserung der Prostata; an dem Tage, an dem wir Sie in Obertressen besucht hatten,[4] war die Krankheit ausgebrochen; damals gieng das Leiden in 3 Wochen zurück. Diesmal haben mich die Berchtesgadener Landärzte, die besseren waren eingerückt, zugrunde gerichtet. Der erste schickte mich überhaupt weg; ich lag 3 Wochen in einem Sanatorium in Reichenhall; der zweite, nach meiner Rückkehr nach B.,[5] verschlimmerte das *[Üb]*el durch Unvorsichtigkeit. Im Sept. stand es ein paarmal sehr schlecht. In den letzten Sept. Tagen konnten wir nach Prag fahren; aber Okt. & Nov. brachten neue gefährliche Rezidiven.[6] Jetzt bin ich wenigstens etwas kräftiger, gehe aus, kann etwas arbeiten; werde dieser Tage das Seminar beginnen, Vorlesungen aber kann ich noch nicht halten. – Fast scheut man sich über sein eigenes Befinden zu reden, da allgemein so viel Sorge und Unglück herrscht und j*[eder]* sein Teil zu tragen hat. Dass auch Sie mit Ihren Söhnen und für sie zu leiden und sorgen haben, bekümmert mich tief. Möchte alles sich zum Guten gestalten!

Von den Mitarbeitern der Grillparzerausgabe ist Backmann von Anfang an im Felde; Rollett muss am 15. einrücken. An den Briefen und Akten wird weitergesetzt; seit meiner Besserung auch den Tagebüchern.[7] – Schlecht steht es mit E*[up]*horion. Seit Kriegsbeginn sind 60 Ab. abgesprungen; durch Meyers[8] Tod droht uns seine Subvention zu entgehen. Fromme wollte an d. Jahrgang XXI nicht zu setzen beginnen; bevor ihm nicht eine Subvention sichergestellt wäre, was jetzt unmöglich ist. Es ist mir nun durch grosse Opfer meinerseits gelungen, den Druck dieses Jgs. noch durchzusetzen, damit ich nicht die Schande erlebe, die seit langem bei mir liegenden Manuskripte zurückschicken zu müssen. Wie's später werden wird, weiss ich nicht. Für mich wärs ein Glück, wenn die Zs. eingienge.⁹ Ich höre auch, dass Walzel u. Saran bereits eine neue Zs. bei Niemeyer planen (mit bes. Rücksicht auf Aesthetik, Philosophie u. Psychologie, ohne neue Materialmitteilungen u. ohne Rezensionen); nur durch Niemeyers Abwesenheit im Felde sei das Erscheinen verzögert worden.¹⁰ Haben Sie eine Einladung erhalten? Ich nicht, Hauffen auch nicht; jedoch Leitzmann z. B. Ich räume gerne einer anderen Zeit das *[Fe]*ld.

Hoffentlich reisst der Faden unserer Korrespondenz nicht wieder ab; mit mir müssen Sie aber doch noch Geduld haben, wenn ich überhaupt noch einmal ganz gesund werde.

Mit den besten Grüssen Ihr
treulich erg.
ASauer.

Handschrift: ÖNB, Autogr. 423/1-607. 1 Dbl., 4 S. beschrieben. Grundschrift: lateinisch.

1 *unklar, welcher der Söhne des Grazer Historikers Adolf Bauer hier gemeint ist. Der ältere, Wilhelm Adolf Bauer, starb erst 1968; über den jüngeren Sohn Kurt ist nichts Näheres bekannt.*
2 *Lothar Seuffert hatte 1909/10 die Einjährigenfreiwilligenschule der Feldartilleriebrigade besucht (s. auch Brief 260, Anm. 1), nahm am Ersten Weltkrieg teil und fiel am 19./20.12.1916 an der Front in Rumänien. Der jüngere Sohn Burkhart konnte aus gesundheitlichen Gründen keinen Frontdienst ausüben (s. Brief 277) und überlebte den Krieg.*
3 *vmtl. eine der von Sauer wiederholt durchgeführten Fortbildungen für Gymnasiallehrer in Trautenau (Trutnov).*
4 *s. Brief 267, Anm. 1.*
5 *Berchtesgaden.*
6 *Rückfälle.*
7 *zu den verschiedenen Abteilungen der historisch-kritischen Grillparzer-Ausgabe s. Brief 247, Anm. 1, speziell zur Abteilung s. Brief 265, Anm. 5.*
8 *Richard M. Meyer war am 8.10.1914 in Berlin verstorben. Seine Unterstützung des »Euphorion« durch die Festabnahme einer bestimmten Zahl an Exemplaren sicherte eine Zeitlang die Existenz der Zeitschrift (s. etwa Briefe 178–180).*
9 *Band 22 des »Euphorion«, der auf dem Haupttitelblatt die Jahreszahl 1915 trägt, wurde im Satz 1918 abgeschlossen und 1920 gedruckt (s. Adam: Euph., S. 21).*
10 *Die Pläne, zu denen nichts Näheres ermittelt ist, wurden nicht umgesetzt. Walzel sollte jedoch nach Sauers Tod Georg Stefansky bei der Herausgabe der Jahrgänge 33 und 34 (1932–1933) des »Euphorion« unterstützen.*

277. (B) Seuffert an Sauer in Prag
    Graz, 26. September 1915. Sonntag

Graz Harrachg. 1
26.9.15

Lieber freund   Ich bitte um nachricht über Ihr befinden u. hoffe, dass sie recht gut lautet. Mein dasein geht unter sorgen u. erschütterungen hin. Unsere gute mutter,[1] die Sie auf der Tressen[2] auch gesehen haben, ist seit dem kriege immer schwächer geworden und starb in der vorletzten augustwoche, nachdem sie im zimmer gefallen u. ein bein gebrochen hatte. Wir vermissen diesen optimistischen mittelpunkt sehr; es nützt nichts, dass das hohe alter von fast 86 jahren uns auf den verlust bereit sein liess.   Mein älterer sohn ist nun seit ende juli in Ungarn; ein paar wochen war er mit schwerer aderhautentzündung zuhause u. jetzt ein paar tage nach grossmutters tod. Bisher war er als abrichterleutnant geborgen; jetzt aber steht er vielleicht irgendwo im feuer, denn er wurde trotz der hohen kurzsichtigkeit, die ihn überhaupt dienstfrei machen sollte nach den vorschriften, für felddiensttauglich erklärt und wir sind seit 2 wochen ohne nachricht.   Der jüngere brach als einj. freiw. im vorigen oktober zusammen, wurde als untauglich aus dem heer entlassen, rückte im juni wieder bei der landwehr ein u. da er natürlich wieder nicht dienstfähig war, ist er seit kurzem beurlaubt. Sein organisches nervenleiden ist dabei erheblich schlechter geworden u. es wird jahre bedürfen, ihn auch nur für leichte zivile arbeit fähig zu machen, wenn überhaupt. Inzwischen wird man ihn aber sicher bald wieder aufs neue einberufen.   Meine frau u. ich leiden schwer unter der not, die zu dem allgemeinen jammer dazu kommt.   Die Hoffnung auf einen gesegneten frieden muss sich immer wieder auf eine dunkle zukunft vertrösten. Und meine gefallenen schüler gibt er mir nicht wieder.

Mit der arbeit geht es nicht. Mühsam ringe ich mir dies u. jenes kleine ab. Die Wielandausgabe stockt. U. wenn ich auf alte, noch unter Erich Schm. begonnene bände zurückgreife, hab ich keine freude. Das sind nicht die mitarbeiter, die ich brauche; ohne wutanfall schlag ich kaum eine seite auf. Ein redaktor kann nicht verhalten werden, jedes wort mit der vorlage zu vergleichen. Schweren herzens schliesse ich nun, während der herausgeber irgendwo im felde steht, einen band[3] ab; es muss doch ein äusseres ende gesetzt werden.

Jetzt erst kam ich dazu Nadlers Wissenschaftslehre[4] zu lesen. Ich bin sehr neugierig, zu hören wie Sie sich dazu stellen. Ist es altersschwäche, dass ich mich nicht gefördert dadurch fühle? Und diese spanischen stiefel der logik passen nicht für mich; ich verstehe den wert der einschnürung nicht, habe ihn schon als student nicht geschätzt.

Erheiternd wirkt für jeden, der die österr. verhältnisse kennt, die bewertung des philos. rigorosums, zu eingang.

Wie steht es mit Ihrem Grillparzer? schreitet er trotz alledem voran?

Mit den besten wünschen in alter treue

Ihr

BSfft.

Handschrift: StAW. 1 Dbl., 3 S. beschrieben. Grundschrift: lateinisch.

1   Gemeint ist Seufferts Schwiegermutter Maria Margaretha Apollonia Rothenhöfer, geb. Seuffert, die am 22.8.1915 gestorben war. Seine leibliche Mutter Amalie Seuffert geb. Scheiner war bereits 1886 gestorben.
2   Gemeint ist Obertressen bei Bad Aussee (Steiermark), regelmäßig Ort der Sommerfrische der Seufferts. Zu einem Besuch Sauers dort s. Brief 267, Anm. 1.
3   Gemeint ist vmtl. Wieland: Schriften, Abt. I, Bd. 4 (1916): Prosaische Jugendwerke. Hrsg. von Fritz Homeyer und Hugo Bieber.
4   Josef Nadler: Die Wissenschaftslehre der Literaturgeschichte. Versuche und Anfänge. In: Euph. 21 (1914), S. 1–63. Seuffert hatte in Würzburg eine traditionelle Universitätsausbildung im Zeichen der deutschen historischen Schule erhalten; ihm blieben Logik und Wissenschaftslehre fremd, die für Nadlers differenzierten Beitrag eine elementare Rolle spielten. In Österreich hingegen hatte ein logisches Propädeutikum (»Denkhandwerk«) nicht nur im Curriculum des Gymnasiums seinen Platz: Es wurde auch bei den Prüfungsvorschriften für die Doktorprüfung in der Philosophischen Fakultät berücksichtigt. Nadler (S. 3) forderte eine angemessenere Durchführung der entsprechenden Prüfungen. Zum Kontext s. Peter Stachel: Ein Kapitel der intellektuellen Entwicklung in Europa ... Theorienbildungen in der Wiener Moderne und ihre Wurzeln in den österreichischen Traditionen philosophischen Denkens im 19. Jahrhundert. In: Zwischen Orientierung und Krise. Zum Umgang mit Wissen in der Moderne. Hrsg. von Sonja Rinofer-Kreidl. Wien u. a.: Böhlau, 1998 (Studien zur Moderne. 2), S. 109–176.

278. (B) Sauer an Seuffert in Graz
Prag, 27. September 1915. Montag

Prag 27/9 15
Smichow 586

Lieber Freund!

Der Hingang Ihrer lieben Mutter betrübt mich tief und meine Frau schliesst sich mir im Ausdruck der innigsten Teilnahme herzlichst an. Ich weiss es ja von meinem eigenen Vater[1] her, den ich bis zum 83. Jahre um mich haben durfte, dass sich eine solche Lücke niemals schliesst und *[da]*ss das Letzte immer zu früh kommt. Und nun müssen Sie auch um Ihre Söhne sorgen und zittern. Ich habe Ihrer oft gedacht und wenn mir nicht jede Zeile so schwer fiele, hätte ich schon längst wieder bei Ihnen angefragt. Wenn Ihnen die teuren Kinder nur wenigstens erhalten bleiben. Ich bin von dem vielen Kummer und Elend rings herum sch*[on]* ganz stumpf und ersehne den Tag, an dem wenigstens die Kanonen und Gewehre schweigen werden, wenn auch dann noch viel zu überstehen sein wird.

Ich habe 2 Monate in dem schönen Gross-Gmain bei Salzburg verbracht; aber leider alle Augenblick im Bette; heute bin ich nach 14 Tagen wieder z. 1. Mal aufgestanden; freilich inzwischen *[di]*e Reise gemacht, weil es schon kalt und ungemütlich geworden war. Man will jetzt wieder einmal eine neue Kur an mir versuchen; aber ich fürchte für die Arbeit des Winters sehr. Fast alle Mitarbeiter der Ausgabe sind einberufen und die meisten haben die Bände unfertig hinterlassen.[2] Wenn ich nur e*[in]* paar Wochen zusammenhängend arbeitsfähig bliebe, so könnte ich mehrere Bände, die knapp vor dem Abschluss stehen, fertig machen. Aber ich bin von einem Tag zum andern nicht Herr meiner Zeit und meiner Gesundheit. –

Der theoretische Rausch, der über alle jüngeren Fachgenossen gekommen ist, wird sich wieder verflüchtigen.[3] Ich betrachte das als Vollendeter wie aus den Wolken herab. Zu Nadler habe ich trotz mancher Widersprüche im Einzelnen doch das grösste Vertrauen. Der dritte Band seiner Lit. Gesch.,[4] soweit er im Man. vorliegt, ist eine grossartige Leistung, vor der ich mein Haupt beuge. Ich selbst kann die neue Richtung nicht mehr mitmachen und wäre froh genug, wenn ich die alten (und veralteten) *[Er]*nten noch in die Scheuern brächte.

In alter Liebe und Treue
Ihr
stets angeeigneter
ASauer.

Handschrift: ÖNB, Autogr. 423/1-609. 1 Dbl., 4 S. beschrieben. Grundschrift: lateinisch.

1 *Karl Joseph Sauer; zu seinem Tod 1898 s. Brief 172, Anm. 1.*
2 *zur Einberufung von Sauers Mitarbeitern Reinhold Backmann und Edwin Rollett s. Brief 276. Während der Kriegsjahre bearbeitete Rudolf Payer von Thurn einen Band der Grillparzerausgabe (HKGA, 3. Abt., Bd. 6 [1915]: Aktenstücke 1813–1856).*
3 *Sauer bezieht sich hier neben dem von Seuffert monierten Aufsatz Nadlers (s. Brief 277, Anm. 4) vmtl. auch auf die Fülle der gegen die positivistische Philologie und Scherer-Schule gerichteten geistesgeschichtlichen Programmschriften, denen Sauer deutlich offener begegnete als Seuffert.*
4 *Josef Nadler hatte von 1904 bis 1908 Germanistik und Klassische Philologie an der deutschen Universität Prag studiert und war 1907 bei Sauer promoviert worden. 1912 war beim Regensburger Verlag Habbel der erste Band seiner »Literaturgeschichte der deutschen Stämme und Landschaften« erschienen. Bis 1918 folgten zwei weitere Bände; ein vierter (1. u. 2. Auflage) 1928. Die vierte Auflage erschien von 1938–1941 in einer überarbeiteten Fassung unter dem Titel »Literaturgeschichte des deutschen Volkes. Dichtung und Schrifttum der deutschen Stämme und Landschaften« (4 Bde. Berlin: Propyläen). Nadlers stammesge-*

schichtliches Konzept hatte sich darin deutlich in Richtung der völkischen, von den Nationalsozialisten propagierten Ideologie entwickelt. Nadlers Korrespondenz mit Sauer ist bis heute weder publiziert noch untersucht. Nach Sauers Tod korrespondierte Nadler mit Hedda Sauer, da er eine Biographie über Sauer verfassen wollte, die aber nicht zustande kam.

279. (K) Seuffert an Sauer in Prag
Graz, 19. Dezember 1916. Dienstag

Lieber freund,   Für den 8. Bd.[1] mit seinen Neuigkeiten danke ich sehr u. beglückwünsche Sie zum Abschluss, den ich auch als Zeichen Ihres Wohlbefindens nehmen möchte. Mich sehnt sehr davon Gutes zu hören.   Ich habe in diesem Jahr nur 1 Bd. Wieland[2] zu Ende getrieben u. kann Ihnen leider ihn nicht als Gegengabe anbieten, da ich nur 1 Ex. erhalte: die Akademie ist sehr sparsam in Ausstattung, Honorar u. allem. Übrigens gewährt die Leitung überhaupt keine Befriedigung, diese jungen Herren können sammt u. sonders nicht herausgeben.   Mein Leben geht gedrückt weiter. Die Sorgen in der Familie reissen nicht ab. U. die allgemeine Lage ist ja nur in Rumänien (wo mein Älterer mitkämpft) schön. Das Friedensangebot[3] erfüllt mich mit grosser Angst.

In Wien soll Seemüller v. Kraus ersetzen.[4] Warum nicht? er ist der billigste u. man hat ja auch pensionierte Generäle mit Erfolg ausgegraben. Der Gundolfsche Goethe[5] imponiert mir mächtig. Das ist doch einmal eine Originalarbeit, wenn man ihr auch oft widerstrebt.   Ich lebe u. webe wieder ganz im Grünen Heinrich, den ich neuerlich im Seminar behandle u. noch besser zu verstehen meine.[6]

Treue Grüsse u. beste Wünsche!
Ihr alter
BSfft.

19.12.16.

Handschrift: StAW. Postkarte. *Absender:* Prof Dr. Seuffert Harrachg. 1 Graz *Adresse:* Herrn Hofrat / Prof. Dr. A. Sauer / Prag / Smichow 586 *Poststempel:* 1) Graz, 19.12.1916 – 2) fehlt. *Grundschrift:* lateinisch.

1 HKGA, Abt. II, Bd. 8 (1916): Tagebücher und literarische Skizzenhefte II. 1822 bis Mitte 1830. Nr. 957–1820. Hrsg. von A. Sauer.
2 s. Brief 277, Anm. 3.
3 Gemeint ist die Friedensnote der Mittelmächte vom 12.12.1916, die vor allem im Hinblick auf die kriegsmüde Bevölkerung verfasst war und wegen ihrer Unverbindlichkeit von der Entente abgelehnt wurde.
4 Joseph Seemüller war wegen eines Nervenleidens 1912 in den Ruhestand getreten, erklärte sich aber 1917

zur Wiederaufnahme seiner Lehrtätigkeit bereit, nachdem sein Nachfolger Carl von Kraus einem Ruf nach München gefolgt war.
5 *Friedrich Gundolf: Goethe. Berlin: G. Bondi, 1916 [¹³1930]. Zur Rezeption des Werkes durch Sauer s. Brief 283, Anm. 2.*
6 *Im Wintersemester 1916/17 hielt Seuffert im Seminar »Übungen an Romanliteratur« (2-st.), im Sommersemester »Übungen« (2-st.) ab. Im Seminarbericht heißt es: »In beiden Semestern wurde der Roman Der grüne Heinrich von Gottfried [!] genau durchgesprochen, inhaltlich und formal erklärt, grundsätzliche Fragen der Epik erörtert, die Eigenart des Dichters herausgearbeitet.« (Müller/Richter: Prakt. Germ., Nr. 63, S. 91) Bereits in den Wintersemestern 1901/02 (»Übungen«) und 1905/06 (»Roman des 19. Jahrhunderts«) hatte sich Seuffert im Seminar Gottfried Kellers »Grünem Heinrich« gewidmet.*

280. (K) Sauer an Seuffert in Graz
    Prag, 22. Dezember 1916. Freitag

Lieber Freund! Ich führe seit Semesterbeginn das merkwürdige Leben, dass ich nur auf 3–4 Stunden aufstehe, um Vorlesungen u. Übungen zu halten und dann wieder ins Bett gehe. Auf diese Weise ist es mir gelungen, *[kei]*ne Vorlesung ausfallen zu lassen. Nun soll endlich die Erlösung kommen. Ich soll nach Dreikönig hier in Prag operiert werden. – Arbeiten kann ich gar nichts; dagegen lese ich allen Tod und Teufel; auch Wieland habe ich gelesen. Gundolf leider noch nicht.

Seemüllers Reaktivierung käme mir sehr willkommen; denn ich verlöre Lessiak nur sehr ungern. Es wäre immerhin fraglich, o*[b]* Zw. nach Wien gienge*[.]*¹

Ich wünsche Ihnen und Ihrer Familie alles Gute, wenn man dieses Wort heute in den Mund nehmen darf.

    Herzlich grüssend   Ihr
    aufrichtig erg.   AS.

22/12 16.

Handschrift: ÖNB, Autogr. 423/1-615. Postkarte. Absender: Sauer Pr[ag] / Smichow 586 Adresse: Herrn Hofrat Seuffert */* Graz. */ Harrachgasse 1. Poststempel: 1) Smichow/Smíchov, 22.12.1916 – 2) fehlt. Grundschrift: lateinisch.*

1 *Lessiak blieb bis 1920 in Prag (s. Brief 284, Anm. 10), Zwierzina bis zu seiner Emeritierung 1934 in Graz.*

281. (K) Sauer an Seuffert in Graz
   Prag, (um den 8. Februar 1918)

Lieber Freund! Ich danke Ihnen vielmals für Ihre sehr wertvolle Gabe.[1] Ich habe Ihre Methode sofort in meiner heutigen Seminarinterpretation auf ein Grillparzersches Gedicht (Lola Montez) mit grossem Erfolg angewendet. Es wä*[re]* für uns alle ein grosser Gewinn, wenn Sie sich entschliessen könnten, das in einem grösseren Werk zu entwickeln. Es ist jammerschade, dass das nur einem so kleinen Bruchteil von Strebenden zugute kommt. Und es wäre so dringend!! In Innsbruck gibt man Themen, wie über die Sprache des Guarinoni!![2]

Ich komme mir jetzt vor wie mein eigener Nachlassverwalter, der mit einer gewissen nervösen Hast die pa*[ar]* einzuheimsenden dürftigen Aehren noch in die Scheuer zu bringen sucht, bevor das letzte Dunkel endgiltig hereinbricht.

   In alter Freundschaft   Ihr   aufrichtig erg.   AS.

Datum: Das Bild Kaiser Karls – Regent seit den Ableben Kaiser Franz Josephs am 21.11.1916 – auf dem vorgedruckten Wertzeichen der Postkarte sowie die Erwähnung von Seufferts Methode zur Interpretation lyrischer Texte (s. Anm. 1) lässt den Brief auf die Zeit kurz nach dem 70. Geburtstag des Germanisten und Mediävisten Elias von Steinmeyer am 8. Februar 1918 datieren. Handschrift: ÖNB, Autogr. 423/1-614. Postkarte. Absender: Sauer Pr[ag] / Smichow 586 Adresse: Herrn Prof. Dr. B. Seuffert / Graz / Harrachgasse 1. 1) fehlt – 2) fehlt. Grundschrift: lateinisch.

1 Bernhard Seuffert: Elias von Steinmeyer zum 8. Februar 1918 mit treuem Glückwunsch überreicht von Bernhard Seuffert. Graz: Deutsche Vereinsdruckerei, 1918. Seuffert analysiert hier den Aufbau von Gedichten Goethes, Schillers, Körners und Bürgers; die nur siebenseitige Studie schließt methodisch an seine »Beobachtungen über dichterische Komposition« an, s. Brief 227, Anm. 15.
2 Gemeint ist der Universalgelehrte, Musiker und Schriftsteller Hippolytus Guarinonius, der vor allem aufgrund seiner Schrift »Die Grewel der Verwüstung Menschlichen Geschlechts [...]« (Ingolstatt: Angermayr, 1610) erinnert wird, einer barocken Schrift medizinischen, theologischen, naturwissenschaftlichen und didaktischen Inhalts. Im Tirol des frühen 20. Jahrhunderts wirkte er durch die von ihm in die Welt gesetzte Ritualmordlegende vom »Anderle vom Rinn« als ein historischer Vorläufer des lokalen Antisemitismus weiter.

282. (B) Seuffert an Sauer in Prag
   Graz, 22. März 1919. Samstag

Graz Harrachg. 1
22.3.19

Lieber Freund, Für Ihre Teilnahme danke ich Ihnen herzlich. Ich habe schwere Zeit.

Aber auch Sie hatten wieder Böses. Das tut mir aufrichtig leid. Möge die neue Operation zu dauernder Gesundheit führen. Dass darnach ein Fieber Ihre Schwäche vermehrte, war doppelt empfindlich. Und mit dem »Aufpäppeln« des Leibes ist man ja jetzt schlecht dran.

Die eiserne Energie, mit der Sie bei der Arbeit trotz allem ausharren, bewundere ich, wie ich stets Ihre Leistungsfähigkeit bewundert habe. Ich bin seit dem zwecklosen Opfer des Sohnes[1] darnieder, gleichgültig gegen alles. Und nun mir die Sorge um meine lange leidende Frau auf ganz unvorhergesehene schreckliche Weise genommen ist,[2] – sie erwachte nach guter Nacht mit Sprachlähmung – ist der Inhalt des Lebens verloren. Ich wage nicht zu hoffen, dass ich die Genesung meines letzten Kindes[3] erlebe, obwohl ich mir sage: ich darf die Augen nicht schliessen, bevor er arbeitsfähig geworden ist.

Dass ich bei solcher Stimmung schweigsam wurde, begreifen Sie. Aber auch Sie sind es wahrhaftig u. haben mir ja ausdrücklich geschrieben, dass Sie jede Minute auf Ihr »Hauptgeschäft«[4] goethisch zu reden verwenden wollen. Da wär ich mir auch wie ein Störenfried vorgekommen.   Und Persönliches wollte ich nicht vorklagen, Politisches ist garstig Lied und der Zensur bedenklich, weil wir ja jetzt so herrlich frei sind; und Fachliches – ich habe unter meinen 84 Semestern noch kein so elendes gehabt wie das letzte, heute volles Haus, morgen leeres in stetem Wechsel. Kein Kopf ist bei der Sache, die ehemaligen Krieger denkunfähig geworden u. ohne Beharrungsvermögen, ermüdet, lahm. Gewiss bin ich auch nicht frisch – wie sollte ich auch. Die allgemeinen Erlebnisse zermürben zu den familiären dazu. Der Berliner Wieland[5] stockt: wer hat Lust und Sammlung?

Herzlich mit Dank u. Gruss an Sie und Ihre Gattin freundschaftlich verbunden
Ihr
BSeuffert

Handschrift: StAW. 1 Dbl., 3 S. beschrieben. Grundschrift: lateinisch.

1 Lothar Seuffert (s. Brief 276, Anm. 2).
2 Anna Seuffert war am 13.2.1919 nach langer Krankheit gestorben.
3 Burkhart Seuffert litt an einem »organischen« Nervenleiden (s. Brief 277).
4 Mit »Hauptgeschäft« bezeichnete Goethe, meist in seinem Tagebuch, die Arbeit am »Faust«.
5 Gemeint ist die historisch-kritische Wieland-Ausgabe der Berliner Akademie (= Wieland: Schriften).

283. (B) Sauer an Seuffert in Graz
  Prag, 2. Januar 1921. Freitag

Prag 2/1 1921
Smichow 586

Lieber Freund! Da Sie einst an der Wiege des Euphorion gestanden haben, so darf ich vielleicht annehmen, dass noch ein kleiner Funke dafür in Ihrem Herzen schlummert, den ich gerne wiederbeleben möchte. *[Mit]* Hilfe einer amerikanischen Spende[1] ist es mir nemlich gelungen, sein Fortbestehen auf einige Zeit zu sichern und da bin ich denn um das Interesse in weiteren Kreisen dafür wieder zu erwecken auf die Idee verfallen, ein Agitationsheft herauszugeben und zwar ein Sonderheft über Gundolfs Goethe.[2] (Der Prospekt geht Ihnen demnächst zu.) Ich bin auf diese verrückte Idee dadurch gebracht worden, dass die Zeitschrift Logos dasselbe *[für]* Spenglers Untergang des Abendlandes tut.[3] Ich stelle mir also längere oder kürzere Aufsätze über das Buch vor, zustimmend oder ablehnend; methodisch oder sachlich; auch Aufsätze über Goethe, die nur an Gundolf anknüpfen.

Nun erinnere ich mich, dass Sie mir seinerzeit enthusiastisch über G. schrieben[4] und glaube auch, dass Sie der einzige waren, der neben Brecht aus voller Überzeugung für G. als Preisträger des Minorpreises *[ge]*stimmt haben;[5] denn Muncker, Roethe und ich waren eigentlich dagegen; ich hatte mich damals noch nicht soweit erholt, dass ich einen Gegenvorschlag hätte durchfechten können. Kösters Meinung kenne ich nicht. Sind Sie also noch immer derselben Meinung, so würden Sie der Sache und der Zeitschrift einen gleich grossen Dienst erweisen, wenn Sie sich an der Debatte zu beteiligen die Güte hätten. Ist Ihnen der Termin (30. März) zu kurz, so verlängere ich ihn. Ich wäre auch mit einer kurzen Äusserung zufrieden. Jedenfalls würde durch Sie die Aussprache sofort auf ein Niveau gehoben, auf das ich sie gerne heben möchte. Also wenn es Ihnen nicht allzu sehr gegen den Strich geht, so erweisen Sie mir die Gefälligkeit.

Soll ich die Gelegenheit benützen, um Ihnen über mein Wohl- oder Übelbefinden ein Wort zu sagen, so kann ich nur andeutungsweise verfahren; denn ich weiss, dass meine Briefe sehr häufig ins schwarze Kabinett[6] wandern und habe mir daher völlig abgewöhnt Hilferufe *[au]*s dem Gefängnis erschallen zu lassen. Mit der Gesundheit geht es mir leidlich gut; da aber allzuviele – akademische und ausserakademische – Geschäfte auf mir lasten, so reicht die Kraft nicht mehr ganz aus. Meine Unternehmungen, mit Ausnahme des Euphorion, stecken noch immer, die Grillparzer wie die Stifterausgabe und wenn es auch manchmal den Anschein hat, als liessen *[sich]* die Karren noch einmal aus dem Sumpfe ziehen, so versinkt dieser Hoffnungsschimmer sofort. Zehn ungedruckte Grillparzerbände harren in Wien der Erlösung; ich bin am Ende meiner Weisheit angelangt; denn ich kann mich selbst nicht mehr zitieren, da mir mein Material entzogen ist und so sehe ich jede Hoffnung schwinden, [we]nigstens einen Teil der Vollendung noch zu erleben, wenn schon nicht das Ganze.

Möchte es Ihnen besser ergehen!

Wenn Sie mir schreiben, bitte ich um Angabe von Pohlheims Adresse.[7] Es grüsst Sie in alter Freundschaft Ihr   aufrichtig erg.   ASauer.

Eine eben fertig gewordene Kleinigkeit[8] geht gleichzeitig ab.

Handschrift: ÖNB, Autogr. 423/1-617. 1 Dbl., 4 S. beschrieben. Grundschrift: lateinisch. Empfängervermerk: 7.1.21.

1 Die Spende kam von der The Emergency Society in Aid of European Science and Art, die zu Beginn der 1920er Jahre unter federführender Mitwirkung des deutschstämmigen in die USA emigrierten Ethnologen Franz Boas in New York gegründet worden war, um die Wissenschaft im kriegsgeschädigten Europa zu unterstützen (s. die Liste der »Förderer der Zeitschrift in den Jahren 1900–1923« in: Euph. 25 [1924], S. 1).

2 1921 – nach den Jahren der kriegsbedingten Zwangspause – erschien als 14. Ergänzungsheft zum »Euphorion« eine Sammlung von Arbeiten über Gundolfs »Goethe« (1916). Schon allein dieses in der Fachgeschichte recht ungewöhnliche Faktum beweist den exzeptionellen Rang des umstrittenen Werks, das August Sauer bei aller unverhohlenen Distanz einleitend als ein »bedeutsames Zeichen der Zeit« würdigte (August Sauer: Vorbemerkung. In: Euph. 14. Erg.-Heft. Leipzig, Wien: C. Fromme, 1921, S. III; zum Kontext s. Ernst Osterkamp: Friedrich Gundolf zwischen Kunst und Wissenschaft. Zur Problematik eines Germanisten aus dem George-Kreis. In: König/Lämmert: Literaturwissenschaft, S. 177–198 u. Wolfgang Höppner: Zur Kontroverse um Gundolfs »Goethe«. In: Kontroversen in der Literaturtheorie/Literaturtheorie in der Kontroverse. Hrsg. von Ralf Klausnitzer u. Carlos Spoerhase. Bern, [u. a.]: P. Lang, 2007 [Publikationen zur Zeitschrift für Germanistik. 19], S. 183–206).

3 Logos. Internationale Zeitschrift für Philosophie der Kultur 9 (1920/21), H. 2. Das von Sauer erwähnte Sonderheft der von Richard Roner und Georg Mehlis herausgegebenen Zeitschrift bezieht sich auf den ersten Band (»Gestalt und Wirklichkeit«) des kulturpessimistischen Hauptwerks von Spengler (Oswald Spengler: Der Untergang des Abendlandes. Umrisse einer Morphologie der Weltgeschichte. Bd. 1: Gestalt und Wirklichkeit. Wien: W. Braumüller, 1918; Bd. 2: Welthistorische Perspektiven. München: C. H. Beck, 1922).

4 s. Brief 279.

5 Jakob Minor hatte der Kaiserlichen Akademie der Wissenschaften in seinem Testament vom 1.7.1912 einen Betrag von 10.000 Kronen hinterlassen, aus dessen Zinsertrag alle fünf Jahre ein Preis für eine literaturhistorische Arbeit vergeben werden sollte. Als Preisrichter bestimmte Minor »die Vertreter der neueren deutschen Literatur an den Universitäten Wien, Berlin, München, Leipzig, Prag und Graz«. Bewerbungen um den Preis waren nicht möglich; die Preisträger waren vom Gremium vorzuschlagen. Aufgrund des Ersten Weltkrieges verzögerte sich die erste Verleihung. Der Preis für das Jahr 1919 ging an Friedrich Gundolf für dessen »Goethe«, der zweite 1924 an Adolf Hauffen für dessen Monographie über Johann Fischart (s. Brief 290). Aufgrund der Nachkriegsinflation und der Währungsreform, die den Wert von Minors Stiftung auffraßen, konnte kein weiterer Preis vergeben werden (s. Faerber: Minor, S. 183 f. u. 559–561).

6 bezieht sich vmtl. auf eine von Sauer vermutete staatliche Briefzensur in der jungen Tschechoslowakei.

7 *Sauer benötigte die Adresse im Zusammenhang mit der Festschrift zum siebzigsten Geburtstag Seufferts, die als 16. Ergänzungsheft zum »Euphorion« erschien (Festschrift für Bernhard Seuffert. Zum 23. Mai 1923. Mit Beiträgen von Walther Brecht, Adolf Hauffen, Justus Lunzer, Karl Polheim, Edwin Rollett, Otto Rommel, August Sauer, Hugo Schuchardt, Philipp Strauch, Stjepan Tropsch, Gustav Wilhelm, Spiridion Wukadinović, Konrad Zwierzina. Wien: C. Fromme, 1923). Karl Polheim lieferte den Aufsatz »Die Überlieferung des Wieland'schen Combabus« (ebd., S. 72–84).*
8 *vmtl. August Sauer: Zu Goethes Epigramm ›Grundbedingung‹. In: Euph. 22 (1915 [1920]), S. 744 f.*

284. (B) Seuffert an Sauer in Prag
 Graz, 7. Januar 1921. Freitag

Graz Harrachg. 1.   7.1.21.

Lieber Freund, welch kostbare Gabe haben Sie mir heute auf den Tisch gelegt! Ich danke herzlich für den Genuss, den mir die sofortige Lesung gewährte. Dies documentum ist von erquickender klarheit. Endlich einmal wieder ein Goethe-Beitrag von ausgezeichnetem Werte. Dazu Ihre feine vorsichtige Erläuterung, ohne Aufbauschen, schlicht wie die Niederschrift, rein von Suphanischer ›Zierlichkeit‹. Besonderen Dank auch dafür. –

Die Fortdauer des Euphorion freut mich. Ich selbst musste ihn leider abbestellen, denn 144 K für jedes Heft kann ich nicht zahlen.   Hoffentlich ermöglicht das Bundesministerium – der Titel klingt gut[1] –, die Zs. im Seminar zu halten, obwohl ihr Bezug allein die Höhe der Jahresdotation übersteigt.

Ein Gundolfheft ist viel Ehre für Gundelfinger.[2] Die Abstimmung für den Minorpreis geschah recht grosstilig. In einer Zuschrift über anderes berührte Br.[3] auch diese Sache, zwei Namen nennend. Ich trat auf einer Karte für G. ein, erfuhr aus der Ztg. die Preisverleihung. Und es reut mich nicht: denn ich glaube, es geschah in Minors Sinn. Dass ich nicht blind für G. eintrete, mögen Sie daraus abnehmen, dass ich auf eine Anfrage aus der Berliner Fakultät, die von nicht germanistischer Seite an mich ergangen war, mit voller Entschiedenheit warnte, ihn vorzuschlagen oder sich aufdrängen zu lassen.[4] Ein Schriftsteller muss nicht zum gelehrten Lehrer taugen.   Selbst für meine Vorlesungen konnte ich nur sehr wenig von G. benützen. Es ist G.s Goethe so wie es einen H. Grimms[5] gab.   Mir ist er jetzt in die Ferne gerückt und ich wüsste nicht, wie ich an ihn anknüpfen sollte. So schwer es mir fällt, Ihrer Einladung nicht zu folgen, schwer, weil sie von Ihnen kommt, so unmöglich ist mir, jetzt in Gundolf oder Goethe einzutauchen. Ich habe vor Weihnachten etliche Wochen Vorlesungen durch Bronchitis verloren, muss das Versäumte durch Intensität nachholen. Daneben hat kein anderer Gott Platz zur Anbetung.

Mein ehemaliger Zuhörer Dr. Hans Mörtl, Direktor des 2. Staatsgymn. Graz Oeverseeg., hat einen recht vernünftigen Aufsatz in 2 Nummern der Tagespost[6] über das Buch geschrieben, anerkennend und kritisch. Sollten Sie Mangel an Mitarbeitern haben, so wäre M. vielleicht brauchbar, er ist ein feiner Kopf. –

Recht sehr freut mich die gute Botschaft von Ihrer Gesundheit. Wie lange hab ich nichts von Ihnen gehört, wie oft mich nach einem Worte gesehnt. Die Schranken zwischen unsern Ländern sind zu hoch geworden. Jeder ist gefangener Knecht. Und wir immer näher am Zusammenbruch. Sie ahnen was ein Reichsdeutscher unter den Ereignissen der alten und neuen Heimat leidet.[7]

Schade, schade dass Ihr Grillparzer nicht ans Licht tritt. Was bedeutet es daneben, dass ich ein mühsames neues Heft Prolegomena[8] seit 5 Monaten fertig habe, das bei dem Stillstand der Akademieveröffentlichungen – nur die Sitzungsberichte sollen wieder aufgenommen werden – veralten muss. U. wie soll ich hier nachtragen, da ich Neues fast nicht sehe u. nicht erwerben kann. Geistige Verdorrung zu der leiblichen Austrocknung. Die Wielandausg. stockt weiter, trotz – mässiger – Erhöhung der Honorare greifen die Mitarbeiter nicht zu, sie müssen Frohndienste tun, um zu leben. Die Hoffnung, durch Proleg. VII das Werk anzueifern, ist begraben.

Was ists denn mit der Wahlefestschrift,[9] zu der Sie auch beisteuern wollten? Hecker verharrt in Schweigen.

Wen holen Sie sich für Lessiak?[10] Und geht der noch nach Wien? Ich wünsche es, um Zwierzina nicht zu verlieren. Wer wird sich auf Wackernells Stuhl setzen?[11] Schneider hat ja die dreifache Wahl.[12] Alt- u. Neu-Germanisten sind gesuchte Ware wie nie zu unseren Lebzeiten.

Ich leb ein einsam Witwerleben,[13] an die Vergangenheit mehr gebunden als an die Gegenwart und ohne Hoffnung für die Zukunft. Ich erlebe es nicht, dass es uns wieder gut, ja nur erträglich wird.

Mit Empfehlung an Ihre Frau und herzlichem Grusse, auch mit der Bitte um nachsichtiges Verstehen meiner Absage und um kurze Pause unseres Verkehrs

Ihr alter

BSfft.

Privatdozent Dr. Karl Polheim Graz Radetzkystr. 17.

Handschrift: StAW. 1 Dbl., 4 S. beschrieben. Grundschrift: lateinisch.

1 *Im Oktober 1920 wurde die »Bundesverfassung« der »Republik Österreich« beschlossen, die u. a. die Einteilung in Bundesländer, also eine föderale Staatsstruktur, festlegte. Die für das gesamte Staatsgebiet zuständigen Ministerien hießen künftig »Bundesministerien«. Über die Kompetenzverteilung zwischen Bund und*

Bundesländern kam es immer wieder zu Streitigkeiten, die zu Überarbeitungen der Verfassung 1925 und 1929 führten.
2 *Friedrich Gundolf hatte bereits 1911 die Änderung seines Geburtsnamens Gundelfinger in Gundolf beantragt; die Änderung wurde jedoch erst 1927 offiziell legitimiert (s. IGL, Bd. 1, S. 638).*
3 *Walthter Brecht.*
4 *Das preußische Kultusministerium hatte in den Jahren 1919/20 versucht, die Berufung Gundolfs zum Nachfolger des 1913 verstorbenen Erich Schmidt auf dem neugermanistischen Ordinariat in Berlin durchzusetzen. Die Initiative stieß auf erbitterten Widerstand seitens großer Teile der Berliner Philosophischen Fakultät unter Führung von Gustav Roethe. Nachdem Gundolf den schließlich an ihn ergangenen Ruf im Frühjahr 1920 abgelehnt hatte, wurde 1921 Julius Petersen berufen, ein Schüler von Roethe und Schmidt (s. Wolfgang Höppner: Eine Institution wehrt sich. Das Berliner Germanische Seminar und die deutsche Geistesgeschichte. In: König/Lämmert: Literaturwissenschaft, S. 662–380, hier bes. S. 372–375).*
5 *Anspielung auf die weitverbreiteten Goethe-Vorlesungen des Berliner Kunst- und Literaturhistorikers Herman Grimm (Herman Grimm: Goethe. Vorlesungen gehalten an der Kgl. Universität zu Berlin. 2 Bde. Berlin: W. Hertz, 1877 [⁸1903]).*
6 *in der Grazer »Tagespost«; der Beitrag ist nicht ermittelt.*
7 *Das Ende des Ersten Weltkrieges 1918 hatte zur Auflösung der österreichisch-ungarischen Monarchie geführt. Im Oktober 1918 waren seitens ehemaliger Kronländer erste unabhängige Nationalstaaten proklamiert worden, darunter am 28.10.1918 die Tschechoslowakische Republik. Nach dem Anfang November 1918 beschlossenen Waffenstillstand zwischen den Siegermächten und Österreich-Ungarn kam es am 12.11.1918 unter dem Sozialdemokraten Karl Renner zur Ausrufung der demokratischen Republik »Deutschösterreich«, die sich als Teil der Deutschen Republik verstand und gleichzeitig Gebietsansprüche auf deutschsprachige Teile ehemaliger Länder der Monarchie stellte. Der am 10.9.1919 unterzeichnete Friedensvertrag von St. Germain führte jedoch zur Gründung der Republik Österreich; der Anschluss Österreichs an Deutschland wurde verboten und das Staatsgebiet entsprechend dem Selbstbestimmungsrecht der Völker festgelegt, was zu einer Abtrennung der Gebiete Südtirol, Triest und von Teilen Jugoslawiens führte. Die großen Gebietsverluste und die galoppierende Nachkriegsinflation prägten die wirtschaftliche und politische Situation der Nachkriegsjahre.*
8 *Bernhard Seuffert: Prolegomena zu einer Wieland-Ausgabe. [Tl.] V. Im Auftrage der Deutschen Kommission entworfen. Aus dem Anhang zu den Abhandlungen der königl. preußischen Akademie der Wissenschaften vom Jahre 1908. Berlin: Kgl. Akademie der Wissenschaften (in Komm. bei G. Reimer), 1909. »Vorgelegt von Hrn. [Erich] Schmidt in der Sitzung der phil.-hist. Classe am 22. October 1908. Zum Druck verordnet am 29. October 1908, ausgegeben am 8. Januar 1909.« Enthält: »V. Die Werke von 1762–1812. 1. Chronologie.«*
9 *Funde und Forschungen. Eine Festgabe für Julius Wahle zum 15. Februar 1921. Dargebracht von Werner Deetjen, Max Friedlaender, Hans Gerhard Gräf, Max Hecker, Otto Heuer, Albert Leitzmann, Victor Michels, Wolfgang v. Oettingen, Otto Pniower, Gustav Roethe, August Sauer, Bernhard Seuffert, Armin Tille, Hans Wahl, Oskar Walzel, Georg Witkowski. Leipzig: Inselverlag, 1921. Max Hecker trug die Hauptlast bei der Herausgabe des Bandes, in dem Seuffert über »Wielands Vorfahren« (S. 135–169) schrieb und zu dem Sauer einen Beitrag »Die Natürliche Tochter und die Helenadichtung« (S. 110–134) beisteuerte.*
10 *Primus Lessiak, mit Wien durch seine jahrelange Pionierarbeit um den Aufbau der Wiener Wörterbuchkanzlei der Akademie der Wissenschaften verbunden, war bereits 1920 von Prag auf das Ordinariat für deutsche Philologie in Würzburg gewechselt, erkrankte aber 1921 an einer Enzephalitis, von deren Folgeerscheinungen er sich nicht mehr erholte. Den Wiener Ruf lehnte er ab. Auch Konrad Zwierzina, nach Lessiak in Wien an zweiter Stelle vorgeschlagen, schlug den Wiener Ruf aus und blieb bis zu seiner Emeritierung 1934 in Graz. Der drittplatzierte Dietrich von Kralik folgte, nachdem sich die Wiederbesetzung des Wiener*

Lehrstuhls seitens des Ministeriums weiter verzögerte, 1923 zunächst einem Ruf auf die Stelle Lessiaks nach Würzburg, wurde aber schließlich 1924 doch noch auf die nunmehr vier Jahre vakante Lehrkanzel Seemüllers zurückberufen (s. Wiesinger: Germanistik in Wien, S. 82).

11 *Nachfolger des am 29.9.1920 verstorbenen Joseph Eduard Wackernell als Ordinarius für deutsche Sprache und Literatur in Innsbruck wurde Sauers Schüler Moritz Enzinger.*

12 *Ferdinand Josef Schneider lehnte einen Ruf nach Innsbruck ab und wechselte 1921 als Ordinarius für neuere deutsche Sprache und Literatur (Nachfolge Rudolf Unger) nach Halle/S.*

13 *Anna Seuffert war im Februar 1919 gestorben (s. Brief 282, Anm. 2).*

285. (B) Sauer an Seuffert in Graz
  Lans, Tirol, 13. September 1921. Dienstag

Lans, 13. Sept. 1921

Lieber Freund! Eine grössere Freude hätten Sie mir gar nicht machen können, als durch Ihre Rezension.¹ Endlich wieder einmal einen < /> Beitrag von Ihnen. Wenn Sie gestatten, dass ich sie als Fortsetzung der Sammelrezension einreihe, so werde ich sie in XXIV/2 unterbringen; XXIV/1 ist leider schon voll. Wenn Sie sich nichts daraus machen würden, dass ich die Rezension auf 2 Hefte verteilte, so würde *[ic]h* um den Rest des Kommentars auch bitten; der Kommentar käme dann in XXIV/3.² Aber ich hätte ev. auch noch eine andere Verwendung dafür. Ich habe die Absicht, wenn ich XXV/1 noch erlebe, dieses Heft zu einem Eliteheft zu machen, ohne weitere Vorbemerkung, vielleicht nur mit dem Verzeichnis der Mitarbeiter von Bd. 1–24³ würde ich diejenigen Mitarbeiter des 1. Bdes, die noch am Leben sind um Beiträge bitten, die Okt. *[22]* fällig wären. Hätten Sie dafür keine Untersuchung, so könnten Sie jenen Kommentar beisteuern.

Überlegen Sie sichs.

Ich wollte Sie nach meiner Heimkehr fragen, ob Sie Bock, Wielands Aesthetik⁴ besprechen wollen? Sie haben es bereits in Ihren neuen Proleg.⁵ zitiert. Diese habe ich mit grosser Belehrung geles*[en]*. Die verschiedenen Abhandlungen über die Doppeldrucke sind höchst lehrreich. Wunderbar, was alles sich noch zusammenfindet. Beneidenswert sind Sie, dass Ihnen diese Untersuchungen so splendid gedruckt werden. Vielen Dank dafür.

Mit der Abhandl. über Anzengruber wird es schwer halten.⁶ Der Jahrgang XXIV ist so gut wie voll (Sehr gute Sachen über die Neukirchsche Sammlg.,⁷ über Stranitzky;⁸ sehr nette Briefe⁹ etc.). XXV/1 besetzt. Also ich müsste die Dame auf XXV/2 vertrösten, was ihr wenig nützen wird und mir auf 1 1/2 Jahre die Hände bindet. Das Thema wäre sonst zeitgemäss und wichtig. Sie wird bei Ebering¹⁰ oder Muncker¹¹ ankommen können, was allerdings Geld kostet. Tut mir sehr leid. Jedoch werd ich noch anfragen, wie stark die gekürzte Arbeit ist.

Wir haben 2 herrliche Monate in Lans zugebracht und soweit man sich in meinem Alter noch erholen kann, hab ich es trotz vieler Korrekturen, getan. Ich habe Sie durch Zingerle u. Radakowitsch,[12] welch letztere unsere sehr angenehmen Nachbarn waren, grüssen lassen. Z. ist sehr alt geworden; aber er wi[r]d von mir dasselbe gefunden haben.

Nun hab ich noch Leidenswochen in Wien vor mir. Die sozialdemokr. Mehrheit des Gemeinderates will von der Fortsetzg. der Ausgabe nichts wissen.[13] Nun muss ich hausieren oder betteln gehen. Wir sind in eine schlechte Zeit hineingeraten.

Mit herzlichen Grüssen
Ihr
treulichst ergebener
ASauer

Adresse bis 14. Okt.
Wien VIII.
Lenaugasse 19[14]

Handschrift: ÖNB, Autogr. 423/1-619. 1 Dbl., 4 S. beschrieben. Grundschrift: lateinisch.

1   zu Bernhard von Jacobis Ausgabe von »Wielands Werken« (s. Brief 262, Anm. 1).
2   Bernhard Seuffert: Ifflands Jäger – Ludwigs Erbförster. In: Euph. 25 (1924), S. 86–111.
3   s. das Verzeichnis der Mitarbeiter. In: Euph. 25 (1924), S. 1–8.
4   Werner Bock: Die ästhetischen Anschauungen Wielands. Berlin: E. Fleischel & Co, 1921. Es kam keine Rezension zustande.
5   Seuffert: Prolegomena 5.
6   s. Seufferts Brief an Sauer vom 9.9.1921 (StAW): »Eine ehemalige Zuhörerin Frl. Dr. Gretl Krinner wird sich an Sie wenden, ein sehr verständiges Frauenzimmer, dem ich riet, in Meran im Interesse der deutschen Schule auszuharren. Nun verlangt der ital. Inspektor den Druck der Diss., es ist also eine nationalpolitische Sache. Die Diss. hat mir s. Z. gefallen. Der Versuch die Kalendergeschichte Anzengrubers von den Dorfgängen zu scheiden, richtiger: die Scheidung zu erklären, schien mir gelungen. Sie weiss, dass sie stark kürzen muss, wenn Sie ihr den Euph. öffnen wollen.« Eine Druckfassung der Arbeit konnte nicht nachgewiesen werden.
7   Arthur Hübscher: Die Dichter der Neukirch'schen Sammlung. Herrn von Hoffmannswaldau und anderer Deutschen auserlesen und bißher ungedruckte Gedichte. Frankfurt und Leipzig 1695 ff. Mit einem Anhang: Zur Chronologie der Gedichte Hofmannswaldaus. In: Euph. 24 (1922), S. 1–28 u. 259–287 (Schluss) und Euph. 26 (1925), S. 279 f. (Nachträge und Berichtigungen).
8   Hans Trutter: Neue Forschungen über Stranitzky und seine Werke. In: Euph. 24 (1922), S. 287–331.
9   etwa Martin Sommerfeld: Jakob Michael Reinhold Lenz und Goethes Werther. Auf Grund der neu aufgefundenen Lenz'schen ›Briefe über die Moralität der Leiden des jungen Werther‹. In: Euph. 24 (1922),

S. 68–107; Karl Ebel: *Fünf Briefe von Johann Heinrich und Ernestine Voß an Heinrich Christian Boie.* In: ebd., S. 107–118.
10 Gemeint ist die 1919 im Berliner Verlag Emil Ebering begründete Reihe »Germanische Studien«.
11 Gemeint ist die 1896 von Franz Muncker begründete Reihe »Forschungen zur neueren Literaturgeschichte«, die nach Munckers Tod (1926) Walther Brecht herausgab.
12 Der Physiker Michael Radakovič war nach langjähriger Lehrtätigkeit in Czernowitz, wo Oswald Zingerle sein Kollege gewesen war, seit 1915 Ordinarius für theoretische Physik in Graz. Schloss Summersberg in Gufidaun, seit 1880 im Besitz der Familie Zingerles (s. Brief 169, Anm. 12), liegt nur etwa 80 km von Lans entfernt.
13 Während der Wiener Gemeinderat in den Jahren 1895 bis 1919 christlich-sozial geprägt war, dominierten ihn von 1919 bis 1934 die Sozialdemokraten. Einzelheiten zu den hier gemeinten Vorgängen sind nicht ermittelt.
14 Der Straßentrakt des Gebäudes in der Wiener Lenaugasse 19 war einst auch Wohnhaus Franz Grillparzers.

286. (K) Seuffert an Sauer in Prag
  Graz, 2. April 1923. Montag

Lieber Freund, Marianne Thalmann Wien hat Ihnen ihr neues Buch[1] mit dem m. E. unschönen Titel zugeschickt u. bittet mich, bei Ihnen ein Wort einzulegen, dass die Arbeit im Euphor. besprochen werde. Ich denke, das würde auch so geschehen, da ein Blick darein lehrt, dass es solide Arbeit und eigen stilisiert ist; ich halte bes. die Auffassung ETA Hoffmanns für sehr gelungen. Sie war Schönbachs Liebling u. hat auch bei mir gearbeitet, wodurch ich selbst ihre Sachen nicht besprechen kann.   Um eines möchte ich bitten – sie hat mit keiner Silbe daran gerührt –: geben Sie es nicht M. Pirker,[2] der komisch eifersüchtig auf das Frl. ist, weil es sich auch mit ETA H u. s. Zeit beschäftigt; greifbarer als er kommt mir vor. – Bei mir wartet ein Artikel der Tagespost: Grillparzers Liebe, Kath. Altenburger von Baravalle (Lokalforscher)[3] einer Gelegenheit beigelegt zu werden: allein lohnt er das Porto nicht. – Die neue Vjs.[4] bringt einen echten Burdach.[5] Das Programm berührt mich unangenehm; von Philol. über Phil.[6] zu Soziologie: dazu bin ich zu altmodisch, antilamprechtisch;[7] auch wunder ich mich, wie viel uns Alten selbstverständliche Sätze neueste Entdeckungen u. Prägungen sein sollen. Freilich die Finessen der Unterschiede von Psychologie u. Psychoanalyse versteh ich nicht. U. das ewige Geleier von Synthese wird mir unausstehlich: als ob jemals ein vernünftiger Mensch Analysen zu etwas anderem als zur sichernden Grundlage für Synthesen gemacht hätte. Schade um das viele Herum- u. Danebendenken; lieber Beispiele arbeiten als methodologisieren!   Herzlich alles gute! Ihr
  BSfft.

2.4.23

Handschrift: StAW. Postkarte. Absender: Seuffert Graz Steiermark / Harrachg. 1 *Adresse:* Herrn Hofrat / Prof. Dr. August Sauer / Prag Smichow 586 *Poststempel: 1)* Graz, 2.4.1923 – *2) fehlt. Grundschrift: lateinisch.*

1 Marianne Thalmann: Der Trivialroman des 18. Jahrhunderts und der romantische Roman. Ein Beitrag zur Entwicklungsgeschichte der Geheimbundmystik. Berlin: E. Ebering, 1923 (Germanische Studien. 24). Die Rezension, die Sauer seinem Schüler Moriz Enzinger übertragen wollte (s. Brief 287), ist nicht erschienen.
2 Der österreichische Germanist und Bibliothekar Max Pirker wurde 1912 in Graz mit einer Arbeit über »Mystik und Symbolik bei E. T. A. Hoffmann« (ungedruckt) promoviert und veröffentlichte diverse weitere Arbeiten zu Hoffmann (s. z. B. Max Pirker: E. T. A. Hoffmann und das Zauberstück. In: ders.: Rund um die Zauberflöte. Wien, Berlin: Wiener Literarische Anstalt, 1920 [Theater und Kultur. 3], S. 76–94).
3 Robert Baravalle: Grillparzers Liebe: Katharina Altenburger. In: Tagespost (Graz), Nr. 5, 6.1.1923, S. 11 f. Der junge Grillparzer widmete der Sängerin Katharina Altenburger, mit der ihn eine kurze Liebesbeziehung verbunden hatte, einige seiner frühen Gedichte.
4 Gemeint ist die 1923 von Paul Kluckhohn und Erich Rothacker begründete »Deutsche Vierteljahrsschrift für Literaturwissenschaft und Geistesgeschichte«. Im Vorwort zum ersten Band heißt es, in der neuen Zeitschrift solle »den verschiedenen Richtungen der Literaturgeschichte [...] ein gemeinsamer Wirkungsboden geschaffen werden. Neben der geistesgeschichtlichen Richtung, vornehmlich Diltheyscher Schule, soll besonders die form- und stilanalytische gepflegt werden. [...] Auch andere Richtungen, so die literatursoziologische, sollen zu Worte kommen und Untersuchungen zur Poetik und methodischen Erörterung die Selbstbesinnung der Wissenschaft fördern. [...] Und neben der Literaturgeschichte werden die anderen Gebiete der Geistesgeschichte Pflege finden, so die Geschichte der Philosophie, Religion, Ethik, der bildenden Kunst, Musik und Sprache sowie des öffentlichen Lebens. Sie machen erst in ihrer Gesamtheit eine Geschichte des deutschen Geistes möglich.« (DVjs 1 [1923], S. V)
5 Konrad Burdach: Faust und die Sorge. In: DVjs 1 (1923), S. 1–60.
6 Philosophie.
7 Lamprechts Ansatz der Kulturgeschichtsschreibung (von der auch der Sauer-Schüler Josef Nadler stark beeinflusst war) verlagerte den Fokus der Historiographie von einflussreichen Individuen hin zu kollektiven Einheiten, von Politik- und Personengeschichte hin zu Kultur- und Wirtschaftsgeschichte.

287. (B) Sauer an Seuffert in Graz
    Prag, 29. April 1923. Sonntag

Prag 29/4 1923
Smichow 586

Lieber Freund!
Frl. Thalmann kann ganz unbesorgt s[ei]n, wie ich ihr auch persönlich schrieb; ich werde das Buch <u>nicht</u> Pirker überweisen. Ich denke an Enzinger, dem Motivgeschichte am nächsten liegt. Freilich das überaus fleissige Buch beruht nach meiner Meinung auf einer falschen Voraussetzung, für den jungen Tieck und E. Th. A. Hoffmann mag

es richtig sein; aber der übrige Roman der Romantiker hat andere Quellen. Jedenfalls ist der Aperçu überspannt. Freilich sind mir solche Bücher noch immer lieber als die der geistreichen jüngsten Generation. Am ärgsten treibt es Czycharz <!>, der deswegen auch mit dem Schererpreis[1] gekrönt wurde; an Verworrenheit ist er nicht mehr zu übertreffen. In der philos. Gesellschaft[2] in Wien sagte er als Probe seiner neuen Methode: man spreche beim Werther immer vom Einfluss der Sentimentalitätsperiode, des Rousseau [u.] s. w.; aber das Ganze seien doch nur Kosmische Agentien, in Goethe materialisiert. Zu Srbik; den wir vor kurzem hier zu begrüssen die Freude hatten, sagte er: er wisse ja nicht wie lange er lebe; alle Dichter könne er doch nicht lesen; also fange er gar nicht damit an. Und solche Leute kriechen schon jetzt um einen herum und lugen nach unsern Lehrkanzeln aus!

Einem von ihnen, einem Strichianer,[3] ist leider auch der Euphorion aufgesessen. Ein gewisser Hübscher, mir von den Münchnern gut empfohlen, schickte mir seine fleissige brauchbare Dissertation über die Chiffern in Neukirchs Sammlung,[4] die ich abdruckte. Bald darauf kam ein zweites Man. über das Barock des 17 Jhs.[5] Obwohl ich [mi]t vielem nicht einverstanden war, nahm ichs an. Unmittelbar nach dem Erscheinen von Fritz Strich unendlicher Vollendung oder vollendeter Unendlichkeit[6] forderte er sein Man. zur Umarbeitung zurück und schrieb es – o Schrecken – auf der Rückseite ins Unendliche um. Ich hätte wohl den Mut aufbringen müssen, diese Verstrichlung und Verschlechterung zurückzuweisen; nun hab ich mir das eigene Nest verseucht, gerade zu derselben Zeit als der neue Seuchenherd in Halle[7] begründet wurde. In Zukunft will ich vorsichtiger sein. – Leider liess mir Fromme das sonst sehr gute Heft 5 Monate liegen, weil er beim Marksturz[8] einige Verluste gehabt hatte und so bin ich wieder ins Hintertreffen gekommen; aber nun werden Sie die Korrekturen des Jubiläumsheftes[9] bald bekommen. Kös[ter] konnte es nicht erwarten und zwang mich seinen Aufsatz[10] früher zu bringen. So ist mir meine Absicht nur halb gelungen. Trotzdem ist das Heft sehr wertvoll und enthält ausser Ihrem[11] u. Elsters[12] Aufsatz sehr interessante Briefe von Jakob Grimm, Müllenhoff[13] etc.

In Wien gabs namenlosen Ärger; die Grillparzerausgabe soll an Schroll verkau[ft] werden,[14] was für den Vertrieb ganz gut wäre, auch für das Tempo; nur wollen sie die Ausgabe drosseln. Der Umweg gieng über eine von Schroll geplante Volksausgabe,[15] wobei sich Dr. Rollett, den ich für anständig hielt, sehr schlecht benommen hat. Überhaupt ist jetzt die ganze Welt käuflich!! Wir können mit Meister Anton ausrufen: Ich kenne die Welt nicht mehr.[16]

Herzliche Grüsse von   Ihrem getreuen A. S.

Ein amerik. Buch über Wielands Verhältnis zu den Frauen[17] läge bei mir, wollen Sie nicht 5 Zeilen darüber schreiben oder auch mehr. Einen interessanten Aufsatz von Steinberger[18] konnte ich leider Raummangels nicht annehmen.

Handschrift: ÖNB, Autogr. 423/1-624. 1 Dbl., 4 S. beschrieben. Grundschrift: lateinisch.

1 *Im November 1910 hatte Richard M. Meyer im Gedenken an seinen verstorbenen ältesten Sohn Fritz und seinen akademischen Lehrer Wilhelm Scherer die Wilhelm Scherer-Stiftung »zur Unterstützung und Auszeichnung von Arbeiten und Arbeitern auf dem Gebiet der deutschen Philologie« eingerichtet und mit einem Kapital von 100.000 Mark ausgestattet. Alle drei Jahre sollte der mit 2000 Mark dotierte Scherer-Preis für hervorragende Arbeiten auf dem Gebiet der Deutschen Philologie verliehen und jeweils am 6. April, dem Geburtstag Fritz Meyers, bekanntgegeben werden. Vorsitzender des Preisvergabe-Gremiums war bis zu dessen Tod Erich Schmidt, ab 1913 Gustav Roethe. Infolge des Ersten Weltkriegs wurde die Preisverleihung wiederholt verschoben, und erst 1920 vergab das Kuratorium den ersten Scherer-Preis an Friedrich Neumann für dessen Dissertationsschrift »Geschichte des neuhochdeutschen Reimes von Opitz bis Wieland. Studien zur Lautgeschichte der neuhochdeutschen Gemeinsprache« (Berlin: Weidmann, 1920). Die Nachkriegsinflation im Jahre 1923 machte die Kapitalanlagen der Stiftung wertlos, sodass bereits im März 1923 der vorläufig letzte und nurmehr symbolische Scherer-Preis vergeben wurde, geteilt zwischen Karl Viëtor für dessen Habilitationsschrift »Geschichte der deutschen Ode« (München: Drei Masken Verlag, 1923 [Geschichte der deutschen Literatur nach Gattungen. 1]) und Herbert Cysarz für dessen Promotionsschrift »Erfahrung und Idee. Probleme und Lebensformen in der Deutschen Literatur von Hamann bis Hegel« (Wien, Leipzig: W. Braumüller, 1921; s. Kerstin Gebuhr: Richard M. Meyers Wilhelm Scherer-Stiftung. Die kurze Geschichte einer fast vergessenen Institution. In: Mitteilungen des Marbacher Arbeitskreises für Geschichte der Germanistik. Mitteilungen, H. 19/20 [2001], S. 47–49).*
2 *Die 1888 gegründete Philosophische Gesellschaft in Wien suchte durch regelmäßige Vortrags- und Diskussionsabende eine breitere Öffentlichkeit für Philosophie zu interessieren (s. 50 Jahre Philosophische Gesellschaft an der Universität Wien. 1888–1938. Hrsg. von Robert Reininger. Wien: Philosophische Gesellschaft, 1938). Cysarz hatte in der Philosophischen Gesellschaft am 5.3.1923 einen Vortrag zum Thema »Der Begriff des Lebens im Licht der Geisteswissenschaft« gehalten.*
3 *Anspielung auf den Münchner Germanisten Fritz Strich, bei dem Arthur Hübscher promoviert hatte.*
4 *s. Brief 285, Anm. 7.*
5 *Arthur Hübscher: Barock als Gestaltung antithetischen Lebensgefühls. Grundlegung einer Phraseologie der Geistesgeschichte. In: Euph. 24 (1922), S. 517–562 u. 759–805.*
6 *Gemeint ist Fritz Strich: Deutsche Klassik und Romantik oder Vollendung und Unendlichkeit. München: Meyer & Jessen, 1922.*
7 *Gemeint ist die »Deutsche Vierteljahrsschrift für Literaturwissenschaft und Geistesgeschichte« (s. Brief 286), die im Verlag von Max Niemeyer in Halle/S. erschien.*
8 *Gemeint sind vmtl. die allgemeinen Unsicherheiten der Finanzmärkte in den Zeiten der Nachkriegsinflation; erst mit Einführung der Schilling-Währung am 20.12.1924 verbesserte sich die Situation in Österreich nachhaltig.*
9 *Gemeint ist der 25. Jahrgang des »Euphorion«.*
10 *Albert Köster: Ziele der Theaterforschung. In: Euph. 24 (1922), S. 484–507.*
11 *Seuffert: Ifflands Jäger (s. Brief 285, Anm. 2).*
12 *Ernst Elster: Das Vorbild der freien Rhythmen Heinrich Heines. In: Euph. 25 (1924), S. 63–86.*
13 *Briefe Müllenhoffs und Hildebrands an Zacher. Mitgeteilt von Johannes Bolte. In: Euph. 25 (1924), S. 10–*

17; Drei Briefe an Rudolf Hildebrand. Mitgeteilt von Helmut Wocke in Liegnitz. Ebd., S. 17–19. Die beiden Editionen erschienen unter der gemeinsamen Überschrift »Beiträge zur Geschichte der deutschen Philologie«. Briefe Jacob Grimms wurden nicht abgedruckt.

14 Der Verkauf wurde vollzogen; bereits 1923 erschien der sechste Band der »Jugendwerke« (HKGA, 2. Abt., Bd. 6) im Kunstverlag Anton Schroll & Co, Wien.

15 Franz Grillparzer: Gesammelte Werke. Auf Grund der von der Gemeinde Wien veranstalteten kritischen Gesamtausgabe hrsg. von Edwin Rollett und August Sauer. 9 Bde. Wien: A. Schroll & Co, 1924–1925. Rollet war der erstgenannte und offenbar hauptverantwortliche Herausgeber; er unterzeichnete neben der umfangreichen, im Februar 1925 abgeschlossenen biografischen Einleitung zum ersten Band auch die Vorworte zu allen weiteren Bänden mit Ausnahme des dritten, dessen Vorwort nicht unterzeichnet ist.

16 Sauer paraphrasiert Meister Antons Schlusssatz aus Friedrich Hebbels Drama »Maria Magdalene« (1844): »Ich verstehe die Welt nicht mehr!«

17 Bernhard Seuffert [Rez.]: Matthew G. Bach: Wieland's attitude toward woman and her cultural and social relations. New York: Columbia University Press, 1922 (Columbia University Germanic Studies. Ser. 2, 13). In: Euph. 25 (1924), S. 134.

18 vmtl. Julius Steinberger: Pseudonyme Rätsel-Gedichte Wielands. In: Euph. 27 (1926), S. 195–206.

288. (B) Sauer an Seuffert in Graz
    Prag, 26. November 1923. Montag

Prag 26/11 1923
Smichow 586

Lieber Freund! Brecht ladet jetzt die Preisrichter der Minorstiftung zu (privaten) Vorschlägen ein. Es geschieht das auf meine Veranlassung; ich habe ihm nach der ersten Verteilung[1] durch Muncker schreiben lassen, dass ich den damaligen Vorgang misbillige, dass man nur den einen Namen erfuhr u. nichts weiter. Da ich damals kaum von meinen schweren Operationen genesen war, stimmte ich widerwillig zu. Später schämte ich mich dieser Zustimmung, u. tue es auch heute noch. Ich möchte gerne eine ähnliche Abdankung der LG.[2] verhindern und wage es daher mit Ihnen (und Muncker) Fühlung zu nehmen. Der Schererpreis wurde in diesem Jahr zwischen Czycharz (Erfahrung & Idee) und Vietor (Ode) geteilt. Es ist nun zu fürchten, dass Brecht und Petersen wieder mit ihren Kandidaten erscheinen. Cz. ist der grösste Confusionarius den es gibt, was Petersen privatim zugab! Vietor ein fleissiger Arbeiter; aber vgl. ich seinen Hölderlin[3] mit dem Lehmanns,[4] so ist dieser zwar etwas schulmeisterlich pedantisch, aber doch weit tiefer u. auch ergebnisreicher als Vietor. Ob Strich zu fürchten ist, weiss ich nicht. Roethe lehnt ihn in seiner Rektoratsrede[5] a[b]. Er ist ganz unter die Myth[ologe]n gegangen. Von Geschichte keine Spur mehr. Ich würde Nadler vorschlagen; aber 1918 ist nur der dritte Band erschienen; die 2. Auflage des 1. erst 1923.[6] Man wird also sagen können: es sei kein abgeschlossenes Werk.

Vielleicht erlebe ich noch die nächsten 5 Jahre; freilich dürften wir nach unserer Pensio[nie]rung abgesetzt werden.

Ich meine nur: an erster Stelle stünde Hauffens Fischart.[7] Es ist ein darstellendes Werk auf wissenschaftlichen Vorstudien, das eine ganze Epoche beleuchtet. Schröder hat es (allerdings nur auf einer Postkarte)[8] über alles gerühmt. An zweiter Stelle stünde vielleicht Neumanns Reimbuch[9] wenn es nicht zu philologisch ist. An dritter vielleicht Liepe, Elisabeth von Nassau-Saarbrücken,[10] wenn das neuere deutsche LG. ist. Sonst wäre etwa an Mayncs Immermann[11] zu denken. Willy Flemming?[12] Kluckhohn[13] ist doch etwas ungeordnet. Gundolfs[14] u Witkops[15] Kleist sind beide äusserst schwach; der erstere wird seiner eigenen Methode darin untreu, kennt aber die frühere Forschung kaum; Witkop ist ein mässiges Collegienheft.

Ich warte mit meinem Schreiben an Brecht, bis ich Ihre Antwort[16] habe; denn es eilt ja nicht. Vielleicht sind Sie über die Absichten der anderen Preisrichter besser unterrichtet als ich. Jedenfalls sagen Sie mir Ihre Absicht. Ich vertrage Widerspruch ganz gut; jedenfalls von Ihnen.

Ihre Anfrage wegen Gerle[17] habe ich nicht vergessen; unsere Weihnachtsferien beginnen bald. Jetzt korrigiere ich an 5 Bden Grillparzer zu gleicher Zeit und habe 57 Leute im Proseminar. Das sagt alles. Herzlich grüssend   Ihr treulich ergebener ASauer.

Handschrift: ÖNB, Autogr. 423/1-629 (Vorderseite). 1 Bl., 1 S. beschrieben. Grundschrift: lateinisch. Rückseitig: Entwurf zu Seufferts Antwortbrief vom 3.12.1923 (Ausfertigung nicht überliefert; s. unten Anm. 16).

1 *Der Minor-Preis des Jahres 1919 war an Friedrich Gundolf verliehen worden (s. Brief 283, Anm. 5).*
2 *Literaturgeschichte.*
3 *Karl Viëtor: Die Lyrik Hölderlins. Eine analytische Untersuchung. Frankfurt/M.: Diesterweg, 1921; überarbeitete Fassung von Viëtors Frankfurter Promotionsschrift bei Julius Petersen »Die Oden und Elegien Hölderlins« (1920).*
4 *Emil Lehmann: Hölderlins Lyrik. Hrsg. mit der Unterstützung der Gesellschaft zur Förderung Deutscher Wissenschaft, Kunst und Literatur in Böhmen. Stuttgart: J. B. Metzler, 1922.*
5 *Gustav Roethe: Wege der deutschen Philologie. Rede zum Antritt des Rektorats der Friedrich-Wilhelms-Universität am 15. Oktober 1923 an. Berlin: E. Ebering, 1923. Strich wird in Roethes Rektoratsrede nicht namentlich genannt; Roethe kritisierte aber Fehlentwicklungen, zu denen es in Anlehnung an die Kunstgeschichte in der »ästhetisch-philosophischen ›Literaturwissenschaft‹« (ebd., S. 14) gekommen sei, unter die Strichs Romantik-Buch (s. Brief 287, Anm. 6) gerechnet werden konnte.*
6 *von Josef Nadlers »Literaturgeschichte der deutschen Stämme und Landschaften«; der dritte Band war 1918 erschienen; eine zweite Auflage der Bände 1 bis 3 erschien 1923/24 (s. Brief 278, Anm. 4).*
7 *Adolf Hauffen: Johann Fischart. Ein Literaturbild aus der Zeit der Gegenreformation. Bd. 1. Berlin, Leipzig: de Gruyter & Co, 1921. »Herrn / Dr. August Sauer / o. ö. Professor an der deutschen Universität in Prag / dem Lehrer und Freunde / in aufrichtiger Dankbarkeit / gewidmet«. Der Minor-Preis des Jahres 1925 ging tatsächlich an Hauffen (s. dazu auch Briefe 289 u. 290).*

8 nicht ermittelt.
9 s. Brief 287, Anm. 1.
10 Wolfgang Liepe: Elisabeth von Nassau-Saarbrücken. Entstehung und Anfänge des Prosaromans in Deutschland. Halle/S.: M. Niemeyer, 1920; Habilitationsschrift, Halle/S., 1919.
11 Harry Maync: Immermann. Der Mann und sein Werk im Rahmen der Zeit- und Literaturgeschichte. München: C. H. Beck, 1921.
12 vmtl.: Willi Flemming: Andreas Gryphius und und die Bühne. Halle/S.: M. Niemeyer, 1921.
13 Paul Kluckhohn: Die Auffassung der Liebe in der Literatur des 18. Jahrhunderts und der deutschen Romantik. Halle/S.: M. Niemeyer, 1922; Habilitationsschrift, Münster, 1913.
14 Friedrich Gundolf: Heinrich von Kleist. Berlin: G. Bondi, 1922.
15 Philipp Witkop: Heinrich von Kleist. Leipzig: Haessel, 1922.
16 Ein Antwortbrief Seufferts ist nicht erhalten, die Rückseite des vorliegenden Briefes enthält allerdings einen Entwurf dazu, datiert auf den 3.12.1923: »Ich erhielt keine nachricht als die anfrage Brechts, antwortete ihm, dass ich unsere meinungsäusserungen ihm gegenüber für statutenwidrig halte, denn sie nehmen doch vorschläge vorweg; dass er mit einem vorschlag einzuleiten habe, ich die beste arbeit a. d. zeitraum nicht kenne, also keinen vorschlag erstatten könne; allenfalls f. Korffs braven Voltaire [Hermann August Korff: Voltaire im literarischen Deutschland des XVIII. Jahrhunderts. Ein Beitrag zur Geschichte des deutschen Geistes von Gottsched bis Goethe. 2 Bde. Heidelberg: Winter, 1917; Habilitationsschrift, Frankfurt/M., 1913] zu haben sei. Nicht f. Nadler, Strich, Kluckhohn. Natürlich trifft diese antwort nicht Ihre mir wertvolle beratung mit mir; ich sah nur nicht ein, warum wir Brecht das odium des vorschlags abnehmen sollen. [...] nicht Cysarz Erfahrg. u. I. – seine Antrittsvorlesung [Herbert Cysarz: Hauptfragen des 18. Jahrhunderts. Akademische Antrittsvorlesung an der Universität Wien, 7. November 1922. In: Österreichische Rundschau 19 [1923], H. 1, S. 1–14] hat mir gründlich misfallen – , nicht Vietor, Maync, Imm., Flemming, Witkop. Auf dessen frühere arbeiten halte ich nichts. Wenn der Immerm. auf d stufe des [...] Mörike [Harry Maync: Eduard Mörike. Sein Leben und Dichten. Stuttgart und Berlin: J. G. Cotta Nachf., 1902; Habilitationsschrift, Marburg/L., 1905] steht, kann er etwa in frage kommen. Neumann ist nicht littgeschlich, rein grammatisch. Liepe hübsch, aber eng. Von Gundolfs Kleist kann keine rede sein. Hauffen F[ischa]r[t] schätze ich als gründliche arbeit sehr hoch; dass er seinem helden so wenig verwandt ist, ist ein glück f. ihn aber nicht für die darstellg. Originell ist von dem mir bekannten nur Brechts Meyer [Walther Brecht: Conrad Ferdinand Meyer und das Kunstwerk seiner Gedichtsammlung. Wien/Leipzig: W. Braumüller, 1918], aber der preisrichter scheidet aus [...].«
17 Die Anfrage ist nicht ermittelt; in Seufferts Entwurf zum Antwortbrief vom 3.12.1923 (s. vorige Anm.) heißt es lediglich: »Gerle eilt nicht.« Gemeint ist vmtl. der Prager Schriftsteller Wolfgang Adolph Gerle, mit dessen Schriften zur böhmischen Geschichte und Landschaft sich Seuffert bereits 1902 im Zusammenhang mit seinen Studien zu Goethe und Teplitz beschäftigt hatte (s. Brief 205, Anm. 10).

289. (K) Sauer an Seuffert in Graz
Prag, 13. Mai 1924. Dienstag

Lieber Freund! Ich danke Ihnen herzlichst für Ihre letzte Abhandlg.[1] Ich bewundere Sie, dass Sie Ihre alten Waffen immer noch rühren können; ich bin ihrer ganz überdrüssig und mir könnte nichts unlieberes widerfahren, als dass ich die Textgeschichte des Götz noch einmal zu revidieren hätte (meine Schulausgabe habe ich leider noch einmal machen müssen).² Wenn übrigens die verdammten Bibliophilen durch solche Vorarbeiten die Philologen vernünftig unterstützten, dann wäre ihr Dasein gerechtfertigter als es jetzt ist.

Nun ist also doch Hauffen vorgeschlagen worden. Sie haben ihm ho*[ffen]*tlich zuletzt auch Ihre Stimme gegeben. Mein nächstes Heft wendet sich gegen Korff³ und Walzel.⁴ ›Gehalt und Gestalt‹ ist ein Skandal sondergleichen. Er ist ganz senil geworden.

Mit allen guten Wünschen
Ihr
treulichst erg.
ASauer

Datum: s. Poststempel. Handschrift: ÖNB, Autogr. 423/1-630. Postkarte. Absender: Prof. Sauer Prag XVI/586 Adresse: Herrn Professor Dr. Bernhard Seuffert / Graz (Steiermark) / Harrachgasse 1. Poststempel: Smíchov 1 C. S. R., 13.5.1924 – 2) fehlt. Grundschrift: lateinisch.

1 *Bernhard Seuffert: Nochmals der Fragmentdruck von Goethes Faust. In: Zeitschrift für Bücherfreunde N. F. 16 (1924), S. 29–33.*
2 *[Johann] Wolfgang Goethe: Götz von Berlichingen mit der eisernen Hand. Ein Schauspiel. Hrsg. von August Sauer. 3., durchgesehene Aufl. Wien: Hölder-Pichler-Tempsky, 1924 [¹1895] (Freytags Sammlung Deutscher Schriftwerke. 28). Zu Sauers »Götz«-Edition für die Weimarer Goethe-Ausgabe s. Brief 76, Anm. 2.*
3 *August Sauer: Feststellung. In: Euph. 25 (1924), S. 713. Sauer bezieht sich darin auf Hermann August Korff: Erklärung. In: LBl 45 (1924), Sp. 373–376, dieser wiederum auf August Sauer: Verwahrung. In: Euph. 25 (1924), S. 302 f., eine Antwort auf Korffs Besprechung der Druckfassung von Georg Stefanskys Dissertation bei Sauer aus dem Jahr 1922 (Georg Stefansky: Das Wesen der deutschen Romantik. Kritische Studien zu ihrer Geschichte. Hrsg. mit Unterstützung der Gesellschaft zur Förderung deutscher Wissenschaft, Kunst und Literatur in Böhmen. Stuttgart: J. B. Metzler, 1923), erschienen in: LBl 45 (1924), Sp. 22–26. Zur Auseinandersetzung Sauer/Korff s. auch Adam: Euph., bes. S. 30–32.*
4 *August Sauer [Rez.]: Handbuch der Literaturwissenschaft. Hrsg. von Oskar Walzel unter Mitwirkung von Erich Bethe u. a., Lieferung 1–10; darunter: Oskar Walzel: Gehalt und Gestalt im Kunstwerk des Dichters. Heft 1–5. Berlin-Neubabelsberg: Athenaion, 1923. In: Euph. 25 (1924), S. 295 f.*

290. (K) Seuffert an Sauer in Prag
    Graz, 30. Mai 1924. Freitag

Selbstverständlich, lieber Freund, habe ich gerne Ihrem u. Brechts Vorschlag auf Preiskrönung des Fischart zugestimmt. Dass Brecht sich dabei ausdrücklich zur älteren Richtung bekannte, war mir besonders angenehm.

Die Faustkletzlei habe ich ungern gemacht, wollte mich aber nicht versagen; mir wars ganz entfremdet u. es kommt nichts textkritisch Wertvolles dabei heraus. Nur in diesem Falle mache ich noch immer mit Lust Textvergleichungen. Den reinen Bibliophilen bin ich nicht so gram wie Sie; aber die meisten sind Händlerseelen, u. nur für die Preistreiberei der Anitquariate arbeite ich widerwillig.   Auf Ihre Stellungnahme gegen Korff u. Walzel bin ich gespannt; über jenen hab ich mich schon bei Ihnen geäussert: das Voltairebuch[1] war mir belehrend. Von Gehalt u. Gestalt hab ich nur die 1. Lieferg angesehen u. war damit satt. Walzel hat gesagt, Dilthey hat gesagt, Walzel hat gesagt u. wieder Walzel hat gesagt ..... usw. in infinitum. Aber das Buch befähigt den Nachwuchs. Ich habe eben eine roman. Diss.[2] von 670 eng beschriebenen Folioseiten lesen müssen: Ermatinger + Walzel + etwas Dibelius. Programmatische Systematik zum Erbarmen. Dieser Geist der Zeit ist mir öde. Ich hoffe nicht, dass man meinen Theaterroman[3] damit infiziert findet u. weise zurück, dass der Romanist sich auch auf mich beruft. Ein Anglist hat ohnedies meine Dramenschemata durch starre Anwendung in einer gleichfalls langen Diss.[4] fast ad absurdum geführt. Sie erleben auch, dass man durch Schüler an sich irre wird. Herzlich grüsst   Ihr getreu ergebener
BSfft.

30.5.

Handschrift: StAW. Postkarte. *Absender:* Seuffert, Graz Steiermark / Harrachg. 1 *Adresse:* Herrn / Hofrat Prof. Dr. A. Sauer / Prag XVI / Smichow 586 *Poststempel:* 1) Graz, 30.5.1924 – 2) fehlt. Grundschrift: lateinisch.

1 Korffs »Voltaire im literarischen Deutschland des XVIII. Jahrhunderts« (s. Brief 288, Anm. 16).
2 nicht ermittelt.
3 Bernhard Seuffert: Goethes Theater-Roman. Festtagsgruß an Konrad Zwierzina. Graz, Wien, Leipzig: Leuschner u. Lubensky, 1924.
4 nicht ermittelt.

291. (B) Sauer an Seuffert in Graz
    Prag, 16. Februar 1925. Montag

Prag XVI / 586, 16.2.25

Lieber Freund!
Verzeihen Sie, dass ich Sie mit folgender Sache behellige: es wollte sich im vorigen Jahre der Professor Körner von einer hiesigen Mittelschule bei uns habilitieren.[1] Er wurde abgewiesen und hat den Rekurs an das hiesige (tschechische) Unterrichtsmi-

nisterium ergriffen. Das Ministerium hat uns vorläufig freie Hand gegeben und weil Körner eine Überprüfung durch einen andern in- oder ausländischen Fachmann verlangt, so hat die Fakultät auf meinen Antrag beschlossen, ein solches Gutachten einzuh[ol]en. Wir haben uns zuerst an Petersen gewendet, der aber, wie Ihnen sein beiliegender Brief[2] zeigt in einer etwas schwierigen Lage ist. Er hat nämlich das Buch gerade in den preussischen Jahrbüchern besprochen[3] und seine Meinung dort festgelegt. Er rät uns daher, noch ein zweites Gutachten einzuholen und schlägt Sie dazu in erster Reihe vor. Ich frage daher bei Ihnen an, ob Ihnen unsere Fakultät die Akten zusenden darf. Mühe würde Ihnen nicht viele daraus erwachsen, weil es sich nicht um eine Kritik des Buches, sondern nur um eine Überprüfung unseres Gutachtens handelt. Ich habe den sachlichen Teil daraus in einer Kritik des Euphorion drucken lassen, die in diesen Tagen erscheint und die ich Ihnen gleichzeitig in Correcturbogen zusende. Dass Sie mir und unserer Fakultät einen sehr grossen Dienst erweisen würden, brauche ich Sie nicht zu versichern. Dass der Betroffene Himmel und Hölle in Bewegung setzt, können Sie sich vorstellen. Was er für ein Individuum ist, werden Sie aus dem Wortlaut seines Rekurses klar ersehen. Ich bitte Sie die fremde Handschrift zu entschuldigen, mir ist augenblicklich grösste Schonung meiner Augen auferlegt. Ihr treulich
ergebener ASauer

Handschrift: ÖNB, Autogr. 423/1-634. 1 Bl., 2 S. beschrieben. Von fremder Hand (Hedda Sauer?). Grundschrift: lateinisch. Empfängervermerk (S. 1): 18.2.

1 *Josef Körner war in einer deutschsprachigen jüdischen Familie in Mähren aufgewachsen und 1910 in Wien mit einer Arbeit über die Nibelungenforschungen der Romantik promoviert worden. Seit 1913 veröffentlichte er neben seiner Tätigkeit als Realschul- und Gymnasiallehrer in Prag zahlreiche von ihm neu entdeckte Quellen zu August Wilhelm und Friedrich Schlegel. Seine 1924 bei der Philosophischen Fakultät der deutschen Universität Prag eingereichte Habilitationsschrift »Romantiker und Klassiker. Die Brüder Schlegel in ihrer Beziehung zu Schiller und Goethe« (Berlin: Askanischer Verlag, 1924) wurde infolge eines negativen Gutachtens der zur Beurteilung eingesetzten Kommission abgelehnt. Neben Sauer als Vorsitzendem wurde der Kommissionsbericht von den Professoren Erich Gierach, Gerhard Gesemann, Adolf Hauffen und Josef Wihan unterzeichnet. Sauer begründete diese Entscheidung öffentlich in einer sehr negativen Besprechung von Körners Schrift im »Euphorion« (26 [1925], S. 142–150), in die offenbar Teile des Kommissionsberichts mit eingegangen sind. Eine Gruppe von Literaturwissenschaftlern (F. Brüggemann, E. Castle, P. Kluckhohn, H. A. Korff, A. Leitzmann, P. Merker, L. Spitzer, K. Viëtor, O. Walzel und G. Witkowski) protestierte gegen dieses ablehnende Urteil in Form einer gemeinsamen »Erklärung« im »Literaturblatt für Germanische und Romanische Philologie« (46 [1925], S. 407 f.). Körner stellte zudem am 20.4.1924 einen Rekurs-Antrag gegen die Kommissionsentscheidung beim Ministerium für Schulwesen und Volksbildung der tschechischen Regierung, woraufhin Sauer gezwungen war, wie der vorliegende Brief dokumentiert, einen weiteren Gutachter hinzuzuziehen und – nachdem Seuffert offenbar abgelehnt hatte (s. Brief 292) – schließlich in dem Frankfurter Ordinarius Franz Schultz fündig wurde, der Körners Habilitation in seiner*

an den Dekan der Philosophischen Fakultät in Prag gerichteten Stellungnahme vom 15.6.1925 ebenfalls negativ bewertete (beide Dokumente s. UA Prag, P III 7). Im Juni 1925 wurde sie von der Kommission endgültig abgelehnt. Sauers Urteil über Körners Arbeit wurde in der Forschung intensiv diskutiert und unterschiedlich interpretiert: Während der Fall einerseits als Zeugnis antisemitischer Tendenzen an der Prager Universität und bei Sauer als persönliche Abneigung gegen Körner gelesen wurde, wurden andererseits auch die fachlichen Argumente, die zur Ablehnung der Habilitation beigetragen hatten, in Erwägung gezogen. 1929 scheiterte ein weiterer Habilitationsversuch Körners; er konnte jedoch die Möglichkeit zur Wiederholung der Prüfung durchsetzen und war schließlich 1930 erfolgreich (s. Josef Körner: Philologische Schriften und Briefe. Hrsg. von Ralf Klausnitzer u. Hans Eichner. Göttingen: Wallstein, 2001, Nachwort, S. 423–445 u. Hans Eichner: Josef Körner [1888–1950]. In: Jüdische Intellektuelle und die Philologien in Deutschland 1871–1933. Hrsg. von Wilfried Barner u. Christoph König. Göttingen: Wallstein, 2001 [Marbacher Wissenschaftsgeschichte. 3]), S. 309–320).

2 nicht ermittelt.

3 Julius Petersen [Rez.]: Josef Körner: Romantiker und Klassiker. Die Brüder Schlegel in ihren Beziehungen zu Schiller und Goethe. In: Preußische Jahrbücher Bd. 199 (1925), S. 226–228. Körners materialintensiver Arbeit attestiert Petersen eine mutige »Korrektur der strengen begrifflichen Scheidung« (ebd., S. 226) der übrigen zeitgenössischen Forschung.

292. (B) Sauer an Seuffert in Graz
    (Prag, um den 14. März 1925)

Lieber Freund! Ich danke Ihnen für die Übersendung *[der]* beiden Briefe. Ihren Brie*[f]*[1] habe ich wahrscheinlich misverstanden. Er hat mir den Eindruck gemacht, als ob Sie mit der Sache nichts zu tun haben wollten und eine Unannehmlichkeit wollte ich Ihnen nicht bereiten. Wir haben uns jetzt auf andere Weise helfen müssen; aber nach Wien haben wir uns nicht gewendet.

Ich darf langsam wieder arbeiten, aber abgemessen nach halben Stunden. Schrecklich!

Mit herzlichen Grüssen   Ihr   AS.

Datum: s. Empfängervermerk. Handschrift: ÖNB, Autogr. 423/1-636. Briefkarte. 1 Bl., 1 S. beschrieben. Grundschrift: lateinisch. Empfängervermerk (S. 1): Erhalten 14.3.25.

1 *Die Briefe sind nicht überliefert; sie betrafen vmtl. das von Sauer gewünschte Gutachten über die Habilitationsschrift von Josef Körner.*

293. (B) Sauer an Seuffert in Graz
  Prag, 7. November 1925. Samstag

Professor Dr. August Sauer   7/11 25.
Prag XVI., Nr. 586.

Verzeihen Sie, lieber alter Freund, dass mein Dank für Ihre Glückwünsche[1] und für Ihren schönen Aufsatz[2] so spät erfolgt. Ich habe den betreffenden Bogen der Festschrift erst heute *[be]*kommen u. gelesen. Sie hätten sich kein sinnigeres Objekt wählen können, um mir eine Freude zu machen und Sie hätten Ihre Untersuchung in keinem günstigeren Zeitpunkte mir vorlegen können, da ich gerade an dem Band arbeite, der den Spielmann enthält. Sie sehen manches anders als ich, Sie haben mich manches anders sehen gelehrt und Sie *[w]*erden bald bemerken, wie ich mich mit Ihnen auseinandersetzen werde. Ihre Methode ist wie eine Zauberlaterne sie beleuchtet grell was man sonst weniger beachtet. Sie zwingt einen so scharf hinzusehen, wie Sie selbst es tun. Für mich ist sie jedenfalls sehr heilsam und lehrreich. Ich danke Ihnen also doppelt und dreifach für die liebe Gabe, die mir den Band so wert macht.

Ich bin weit über Gebür und für meinen Geschmack viel zu laut gefeiert worden. Schon in Wien beganns; als ich nach Prag zurückkehrte, konnte ich die Vorberei*[tun-]*gen nicht mehr rückgängig machen. Die eine Gabe der Bibliophilen: eine Bibliographie meiner Schriften[3] erhalten Sie nächstens. Dieselbe Vereinigung stiftete mir einen kostbaren Grillparzerbrief im Original, den Sie im nächsten Euphorionheft lesen werden.[4] Sonst zog mein ganzes Leben an mir vorbei, von ältesten Schulfreunden angefangen, über Lemberg und Graz; daß sich die Schüler bei solcher Gelegenheit einstellen, wissen Sie ja aus eigner Erfahrung. Ich bin im dritten Hundert der Antwortbriefe und lange noch nicht zu Ende.

Euphorion ist an Metzler in Stuttgart verkauft.[5] Fromme wollte ihn absolut nicht hergeben, er lebte zuletzt von ihm, hat jetzt seine Druckerei still gelegt. Mein Kontrakt mit ihm war für mich sehr ungünstig. Es gehörte alles ihm, auch der Titel. Er verlangte für alles 14.000 Goldmark und 10.000 hat er bekommen. Ich nichts. Für die Zs. ist es hoffentlich eine Auferstehung, die freilich nur meinen Schülern zugute kommt, nicht mir. Aber es wird wieder Honorar gezahlt, die Bettelwirtschaft hat ein *[Ende]* und es melden sich auch schon Mitarbeiter mit klingenden Namen. Vergessen Sie uns, bitte, nicht!

Und nun heißen Dank für alles was Sie mir im Leben gewesen und mir Liebes und Gutes erwiesen haben und die Bitte, daß Sie mir Ihre gute Gesinnung bewahren.
  In alter Treue
  Ihr

aufrichtig ergebener
ASauer

Ich könnte Ihnen den Band 1925 des Euphorion als Widmung der amerikanischen Em. Society[6] unberechnet stiften, wenn Sie es erlauben. Ob im nächsten Jahr wieder Exemplare zur Vefügung stehen, kann ich aber nicht sagen.

Handschrift: ÖNB, Autogr. 423/1-637. 1 Dbl., 3 S. beschrieben. Grundschrift: lateinisch.

1 *Sauer hatte am 12.10.1925 seinen 70. Geburtstag gefeiert.*
2 *Bernhard Seuffert: Grillparzers Spielmann. In: Festschrift August Sauer. Zum 70. Geburtstag des Gelehrten am 12. Oktober 1925. Dargebracht von seinen Freunden und Schülern R. Backmann, A. Bettelheim, K. Burdach, M. Enzinger, E. Gierach, K. Glossy, Ad. Hauffen, Fr. Hüller, E. G. Kolbenheyer, E. Lehmann, L. Magon, Fr. Muncker, J. Nadler, J. Petersen, Alfr. Rosenbaum, J. Schwering, B. Seuffert, G. Stefansky, R. Unger. Stuttgart: J. B. Metzler, 1925. In der historisch-kritischen Grillparzer-Ausgabe sollte der »Der arme Spielmann« erst nach Sauers Tod erscheinen (s. HKGA, 1. Abt., Bd. 13 [1930]: Prosaschriften I, S. 35–81).*
3 *Alfred Rosenbaum: August Sauer. Ein bibliographischer Versuch. Prag: Gesellschaft deutscher Bücherfreunde in Böhmen, 1925.*
4 *August Sauer: Grillparzer und das Königliche Schauspielhaus in Berlin. Mit einem ungedruckten Briefe des Dichters [an Wilhelm Graf von Redern vom 4.11.1834]. In: Euph. 27 (1926), S. 112–114.*
5 *Auf der Rückseite der Titelseite zu Jahrgang 27 (1926) der Zeitschrift findet sich hierzu folgender Vermerk: »An unsere Leser und Mitarbeiter! [...] Mit diesem Jahrgang eröffnet unsere Zeitschrift eine neue Reihe. Der Verlag des ›Euphorion‹ ist an die J. B. Metzlersche Verlagsbuchhandlung in Stuttgart übergegangen, unsere Schriftleitung ist durch den Eintritt eines Mitherausgebers, Dr. Georg Stefansky in Prag, erweitert worden. Die Zeitschrift wird, wie bisher, jährlich in 4 Heften zu ungefähr 10 Bogen erscheinen, die einen Band bilden. [...] Auch die Honorarfrage für die Mitarbeiter ist in günstigster Weise neu geregelt worden. Das künftige Programm des ›Euphorion‹ soll über den Grundlagen der Philologie und Geschichte alle bedeutenden Aufgaben und Probleme der deutschen und fremdsprachigen Geistesgeschichte umfassen, streng objektiv in Anschauung und Kritik. Bezugspreis eines Heftes waren 7,50 RM, der ganze Jahrgang kostete 28 RM.«*
6 *Gemeint ist die Emergency Society in Aid of European Science and Art in New York (s. Brief 283, Anm. 1).*

294. (K) Sauer an Seuffert in Graz
  Prag, 22. Mai 1926. Samstag

Ich erkrankte Dienstag vor Ostern an einer Blinddarmentzündung, mußte mich einer sehr schweren Operation unterziehen und war in der Stadt schon totgesagt. 6 Wochen Sanatorium! und <!> nun habe ich mich [d]och soweit erholt, daß ich schon Seminare halten u. prüfen konnte u. am 27. meine Vorlesungen wieder beginnen kann.

Das Schreiben geht noch schwer; um so herzlicher mein kurzer Gruß. Ich habe im Wegschweben oft an Sie gedacht.
  Ihr AS.

Datum: s. Poststempel. Handschrift: ÖNB, Autogr. 423/1-642. Postkarte. Absender: Prof. Sauer / Prag XVI., [5]86. Adresse: Herrn Prof. Dr. Seuffert / Graz (Steiermark) / Harrachgasse 1. Poststempel: 1) Smíchov 1 C. S. R., 22.5.1926 – 2) fehlt. Grundschrift: lateinisch. Empfängervermerk: 25.5.26.

295. (K) Sauer an Seuffert in Graz
     Prag, 2. September 1926. Donnerstag

L. F. Gratuliere zu dem hübschen Fündlein[1] (nicht: fündlin als was sich das Heckersche Bündlein[2] entpuppt) und danke vielmals dafür. Mit dem Heft müssen Sie Nach[sich]t haben; von den Bildern[3] habe ich leider keine besseren Abzüge. Leider klagt der neue Verleger[4] auch schon wieder über den Absatz. Es sind eben zu viele Zss.; die andern aber haben ihren Tross hinter sich und wir sind isoliert.

   Alles Gute wünschend und vielmals grüssend
   schlecht und recht vegetierend
   Ihr   alter   AS

2/9 26

Handschrift: ÖNB, Autogr. 423/1-643. Postkarte. Absender: Sauer Prag XVI., 586 Adresse: Herrn Hofrat Seuffert / Graz (Steiermark) / Harrachgasse 1. Poststempel: 1) Praha, 3.9.1926 – 2) fehlt. Grundschrift: lateinisch. Empfängervermerk: 7.9.26.

1 Bernhard Seuffert: Ein Stück der ›Bekenntnisse einer schönen Seele‹ in unbekannter Fassung. In: Jahrbuch der Goethe-Gesellschaft 12 (1926), S. 43–46.
2 Ein Bündlein von Fündlein. I. Goethes Vierzeiler auf sein und Blüchers Denkmal. Von Friedrich Zucker. II. Der Kosakenhetman in Goethes ›Farbenlehre‹. Von Albert Leitzmann. III. Lanx satura. Von Max Hecker. In: Jahrbuch der Goethe-Gesellschaft 12 (1926), S. 307–321.
3 Gemeint sind vmtl. die beiden Bildbeigaben zu dem Aufsatz von Adolf Bach: Neues aus dem Kreise La Roche – Brentano. In: Euph. 27 (1926), S. 321–332, nach S. 328: (1) Sophie von La Roche (1753?), nach einem Gemälde von J. H. Tischbein d. Ä.; (2) Georg Michael Frank von La Roche (um 1750), nach dem Ölbild eines unbekannten Malers.
4 die J. B. Metzlersche Verlagsbuchhandlung (s. Brief 293, Anm. 5).

Nachträge zum Briefwechsel

Der beiden folgenden Briefe wurden erst nach Abschluss der Hauptarbeiten an der Edition aufgefunden und hätten ohne größere Verschiebungen innerhalb des Anmerkungsapparates nicht mehr in die Chronologie eingereiht werden können. Eine Auswertung der zusätzlichen Namen/Werke im Register konnte nicht mehr vorgenommen werden. Die Mehrzahl der in Brief 296 genannten Werke kann jedoch über das vorhandene Register erschlossen werden.

296. (B) Seuffert an Sauer in Prag   *[zwischen Brief 109 und 110]*
(Graz, vor dem 26. Februar 1891)

Bodmer Auslese aus Crit. briefe. Scherer wünscht Abh. v. wunderbaren Cherusken
                                  "   "   "   "   "   Gleichnissen
Odoardo Galotti. Arminius Schönaich. Von den grazien d. kleinen. Liter. denkmale.
Breitinger, Crit. dichtkst. (wenn sie nicht in frauenfeld kommt.
Schönaich, Aesthetik in nuss.
Bork, Caesar (wozu ich R. Köhler schon einmal einlud.
Möser, Harlekin.
Götz, Gedd. eines Wormsers.
JG Jacobi, älteste einzeldr. (wollte Jacoby machen.
FH   "   , Allwill nach Iris.
Wieland, Oberon nach Merkur.
Goeze gegen Lessing.
F. X. Brunners autobiogr. Gross, aber f. Süddtschl. interessant.
    Hsl. ergänzgen in bibl. Aarau.
J. F. Hahn, Gedd.
Miller (Scherer)   Schröder-Gotter, Shakesp.
Rhein. Most (E Schmidt)   Dalberg-Gemmingen, Shakesp.
Plimplamplasko (Rieger hat abgelehnt. L. Hirzel besitzt original. Bilder unentbehrl.
Goué Masuren (verlangten Hettner Minor, Hettner u. Schmidt u. aa. Fand ich zu elend.
Achim v. Arnim, Halle u. Jerusalem (verlangt Schmidt, lehnt Scherer aber ab. Ich dagegen.

Brentano. Godwi (verlangt Schmidt. Scherer: ›zu langweilig‹. Ich stimme mit Schmidt.   Blütenstaub (wollte Minor machen.
Dor. Schlegel, Florentin. (Scherer: ›?‹)
Saat v. Goethe gesät 1808. Interessanter beitrag zur theatergesch., gegen Goethes theaterleitung.
Goethe, Winckelmann u. s. jhrh.
Von deutscher art u. kst. (Scherer)
Gessner, Idyllen.   "
Bodmer, Milton.   "   (ich: nein)
Kant, Vom schönen u. erhabenen. ("
Nicolai, Briefe 1755.   ("
Mauvillon – Unzer   ("
Mendelssohn, Phaidon   ("
Thümmel, Wilhelmine   ("
Lessing, Erziehung des menschengeschl. Ernst u. Falk (Scherer)
Wieland, Musarion   (Scherer)
Abbt, Vom tode f. vaterld.   ("
Gedd. d. 7jährigen kriegs   ("   macht Sauer!
Uhland   ("
Platen   ("
Schiller, Räuber 1. ausg.   ("
     "   Carlos 1787   (Minor
Goethe, Gedichte in ältesten fassungen.
Schiller, Musenalmanache. Einzelne gegenschriften der Xenien
Wieland, Sämtl. pädagog. werke.
Tieck, Musenalm. 1801.   Sternbald 1. aufl.   Gest. kater. Fortunas
Schnabels Insel Felsenburg   (will Strauch   machen.
Wielands Erz. 1752   (" Fresenius   "
     "   Kom erz.   (will Sittenberger   "
Gottsched, Vern. tadlerinnen   (will Wolff   "
Schubart, Auslese aus D. Chronik
Lichtenbergs ›kleine brochuren über Kstkennerschaft‹ | *über der Zeile ergänzt:* Kunstkennerschaft | verlangt Laube, Erinnerungen 1,73. (schriften 1875)
Rost, Vorspiel   (verlangt Waldberg
Thomasius, Von der nachahmung der Franzosen 1705.
Canitz 1. aus.
Gottsched, Cato.
Cronegk, Codrus.

Chn. Weise, Simson 1702. Kain 1704. Zittauer stadtbibl.
Zachariä, Renommist　　　　　　　(schüler Sauers.
E Schlegel, dramenauslese　　　　 (will Wolff machen.
Forster, Aussichten vom Niederrhein u. auslese kl. schrften (will Leitzmann machen.
H. Meyer, Kl. schrften 2 H will Weizsäcker machen.
Jacobi, Dav. Hume 1787 Breslau
Lavater, Abraham u. Isaak　　　　　(wollte Werner machen.
Gellert, Schwed. gräfin, fabeln, erz. (Scherer!
Hamann, Kreuzz. d. philol.　　(　"
Lenz, Com. aus d. Plautus　　 (　"
Liscow　　　　　　　　　　　(　"
Günther　　　　　　　　　　 (　"
Lavater, Schweizerlieder　　　 (　"
Brentano, Wehmüller, Philister (　"
Arnim, Ariels Offenbarungen　(　"
Klinger, Sturm u. drang　　　Zarncke
Wagner, Prometheus nebst holzschnitt (　"
Gottsched, Crit. dichtkst (1. aufl. derselben
Gleim, Gedd. nach Walther v. d. V.
Kästner, Epigramme　　　　　　　(Scherer.
Gleim, Scherzhafte ll. fabeln, romanzen.
Wackenroder.　Fichte, Nicolai
Streitschriften f. u. gegen Klopstock.
Göttinger Musenalm.
Merck, Romane.
Chr. M., Faust　　　　　　　　　(will Szamatólski machen.

Da haben Sie einen speisezettel, wie ich ihn aus meinen aufzeichnungen kunterbunt auslas. Viel mehr als Sie brauchen können. Wielandische pläne hätt ich noch genug. Österr. verz. ich nicht, weil ich der forts. Ihrer neudr. nicht hinderlich sein wollte. Bächtolds schweizer bibl. habe so weit rechnung getragen, dass ich ihn alleweil fragte, ob er das betr. bringen werde. Gegen die Berl. neudr. verhielt ich mich ablehnend, versprach nicht schonung.

　　Gestern erhielt ich brief von Göschen, mit ders. nachricht die Sie mir neulich gaben. Darauf sandte ich die druckbriefe.

　　Glück auf! Von herzen dankbar für Ihre bereitwilligkeit
　　Ihr
　　BSfft.

eilig, kann nicht mehr überlesen. Also: s. e.

Datum: Die Korrespondenzstelle zwischen Brief 109 und 110 ergibt sich aus dem Inhalt von Sauers Karte vom 26.2.1891 (ÖNB, Autogr. 422/196), in welcher er Seuffert für die Übersendung dankt: »Ich danke Ihnen für Ihre reiche Liste. Es ist viel schönes darunter. Mit der meinigen zusammengenommen gibt es Arbeit für ein weiteres Jahrhundert.« *Handschrift: StAW, Kasten 40. 1 Dbl., 4 S. beschrieben. Grundschrift: lateinisch. Empfängervermerke: diverse Markierungen sowie Durchstreichungen einzelner Titel, vmtl. von Sauers Hand. Vermerke Dritter, mglw. von Margarethe Seufferts Hand: 1) Brief an August Sauer 1883? – 2) Am 7.III. 1940 von Frau Hedda Sauer übersandt.*

297. (K) Sauer an Seuffert in Graz   *[zwischen Brief 171 und 172]*
Prag, 18. Juni 1898. Mittwoch

L. F. Damit die Mär von meinem schlechten Aussehen nicht weiter um sich greift, theile ich Ihnen mit, daß dieses Bild aus dem Jahre 1891 stammt, daß momentan kein andres zur Verfügung stand u. daß meine Frau es für das einzig »mögliche« erklärt. Bitte sagen Sie das auch Schönbach.

Datum: s. Poststempel. Handschrift: DLA, A: Nadler, 74.1730. Bildpostkarte: 1348 | Zur Erinnerung an den 550jährigen Bestand der ältesten deutschen Universität Prag. | 1898 Darunter Porträts des Rektors und der vier Dekane der Deutschen Universität Prag im Jahr 1898 mit Bildunterschriften: Canonicus Karl Eibl, Decan der theolog. Facultät. | Dr. Paul Dittrich, Decan der medic. Facultät. | Dr. Josef Albrich, Rector. | Dr. August Zinger, Decan der rechts- u. staatw. Facultät. | Dr. August Sauer, Decan der philos. Facultät. *Adresse:* Herrn Professor Dr. Bernhard Seuffert / Graz / Harrachgasse 1. *Poststempel: 1) Prag Kleinseite/Praha Mala Strana, 18.6.(1898) – 2) Graz, 19.6.1898. Grundschrift: deutsch.*

Editorischer Bericht

1. Zur Überlieferung der Korrespondenz Sauer/Seuffert

Die vorliegende Auswahlausgabe von 297 Briefen und Karten aus dem Briefwechsel[1] zwischen August Sauer und Bernhard Seuffert ist einem in den Nachlässen der Briefpartner vorgefundenen Gesamtbestand von 1248 Korrespondenzstücken aus den Jahren 1880 bis 1926 entnommen. Nach Sauers Tod im September 1926 wurden die Korrespondenzen zwischen Seuffert und der verwitweten Hedda Sauer getauscht. Dieser Vorgang, der nicht näher dokumentiert ist, erklärt, dass sich die erhaltenen Briefe Seufferts ausschließlich in seinem eigenen Nachlass überliefert haben, der als Teil eines größeren Familienarchivs seit 1962 im Staatsarchiv Würzburg liegt.[2] Dementsprechend liegen die Briefe Sauers – kleine Absplitterungen ausgenommen – in seinem Teilnachlass in der Österreichischen Nationalbibliothek (Wien), die ihn 1964 im Zusammenhang mit dem Nachlass von Sauers Schüler Josef Nadler übernommen hat.

Nadler hatte bereits in den Monaten nach Sauers Tod größere Teile des Nachlasses in seine Obhut genommen, um sie für eine Biografie auszuwerten. Hedda Sauer

---

[1] Als Teile der Korrespondenz wurden alle überlieferten schriftlichen Mitteilungen gezählt, die Sauer und Seuffert auf dem Postwege miteinander gewechselt haben. Die Definition ›Brief‹ umfasst neben Briefen im engeren Sinne auch Postkarten und Telegramme. Lediglich erschlossene Briefe wurden nicht mitgezählt; auf sie wird innerhalb der Edition gegebenenfalls im Kommentar verwiesen. Von der Zählung ausgeschlossen blieben auch eine nicht beschriftete Visitenkarte von Bernhard Seuffert (StAW) sowie das Konzept zu einem nicht ausgefertigten Brief an Sauer, das Seuffert auf die Rückseite von Sauers Brief vom 26.11.1923 (Brief 288) notiert hat.

[2] Vorbesitzer war Seufferts Sohn, der Grazer Historiker und frühere Landesarchivar Burkhard Seuffert. Der 57 Kästen umfassende Bestand ist nur zu kleineren Teilen archivarisch erschlossen. Enthalten sind in großem Umfang persönliche und wissenschaftliche Unterlagen von Bernhard Seuffert (u. a. Korrespondenz, Lebenszeugnisse, Manuskripte, Kolleghefte, Arbeitsmaterialien, Sonderdrucke, Fotografien), Teilnachlässe seiner Frau Anna, geb. Rothenhöfer, der gemeinsamen Söhne Burkhard und Lothar Seuffert, einer Reihe weiterer Familienmitglieder sowie Dokumente und Sammelstücke aus der älteren Familiengeschichte. Der Benutzung dient ein vorläufiges maschinenschriftliches Verzeichnis aus dem Jahre 1989. Eine tiefergehende Erschließung – insbesondere des umfangreichen Korrespondenznachlasses von Bernhard Seuffert – ist dringendes Desiderat. Ein kleinerer Seuffert-Teilnachlass, der im Wieland-Archiv Biberach am Riss liegt, umfasst hauptsächlich Seufferts Sammlungen und Arbeitsmaterialien zu Christoph Martin Wieland.

stattete ihn hierzu mit umfassenden Vollmachten aus und unterstützte ihn bei der Beschaffung weiterer Quellen, u. a. aus dem Nachlass von Wilhelm Scherer.[3] Über den nicht realisierten Biografieplan schreibt Nadler in seiner Autobiografie:

> Seine Witwe, Frau Hedda Sauer, gab in dem folgenden Jahrzehnt, langsam fortschreitend, die Bände seiner kleinen Schriften heraus. Ich hatte auch sie mit einem alten Versprechen immer wieder enttäuschen müssen. So war das Jahr 1944 herbeigekommen. Der letzte dieser Bände sollte von mir eine geräumige Darstellung seines Lebens und Schaffens bringen. Die habe ich während der ersten Wochen des Jahres 1945 in der halbzerstörten Wohnung mit ihren holzverschalten Fensterhöhlen geschrieben, ganz aus den Quellen, die ich in einer Kiste immer zur Hand hatte. Der Beitrag ist, wie der Band, für den er bestimmt war, ungedruckt geblieben.[4]

Nach Nadlers Tod (14.1.1963) wurde der größte Teil seines Korrespondenznachlasses noch 1963 durch das österreichische Bundesministerium für Unterricht für die Handschriftenabteilung der Österreichischen Nationalbibliothek angekauft.[5] Als Nachtrag hierzu gelangten im folgenden Jahr auch die bei Nadler verbliebenen Nachlassstücke von Sauer – darunter seine Briefe an Seuffert – in die ÖNB, wo sie als selbstständiger Bestand aufgenommen und katalogisiert wurden.[6]

---

3   s. Hedda Sauer an Marie Scherer, Briefe v. 23.1. u. 2.2.1928. SBBPK, NL Scherer: Nr. 392.
4   Josef Nadler: Kleines Nachspiel. Wien, [1954], S. 81. Über den Verbleib von Nadlers Biografie-Manuskript, das Hinweise auf weitere Quellen enthalten könnte, konnte nichts ermittelt werden.
5   Nähere Hinweise zum Erwerb des Nadler-Nachlasses durch die ÖNB fehlen, da die Erwerbungsakte (ÖNB, H 23/1963) derzeit nicht auffindbar ist (freundliche Auskunft von OR Dr. Mag. Gabriele Mauthe v. 1.3.2016). Der überwiegende Teil von Nadlers Nachlass wurde zwischen 1963 und etwa 1974 durch seine Erben teils durch Verkäufe, teils durch Stiftungen in öffentlichen Besitz überführt. Größere Teilnachlässe liegen heute neben der ÖNB auch im Woodson Resarch Center der Rice University Library in Houston, Texas/USA, im Johann-Gottfried-Herder-Institut Marburg/Lahn sowie im Deutschen Literaturarchiv Marbach am Neckar (s. Bestandübersicht im Artikel zu Nadler in: IGL, Bd. 2, S. 1301). Ein zeitgenössischer Bericht zum Ankauf von Nadlers 14.000 Bände umfassender Forschungsbibliothek für die Rice University Library deutet die kompetitive Erwerbungssituation an, die wenige Wochen nach dem Tod Nadlers im Hinblick auf seine Hinterlassenschaft eintrat: »The trail, ending with the successful purchase of the books, began in April of this year [1963], when the library received a letter from an international brokerage firm, announcing the sale of the Nadler Library. [...] Dr. Robert L. Kahn was sent this summer to Vienna, to present Rice's offer to the brokerage firm. Other interested partys included American, German, and Austrian university libraries, and the Austrian national government. Dr. Kahn said that there was a ›highly adventurous atmosphere surrounding the story‹.« (Mimi Munson: Kahn's ›Cloak-And-Dagger‹ Bidding Adds Nadler Collection To Library. In: Rice Thresher (Houston, TX/USA) 51 (1963), No. 3, S. 3 f.
6   Das Akzessionsjournal der Handschriftenabteilung verzeichnet die Einlieferung unter dem 17.4.1964:

Den bei ihr verbliebenen Restnachlass Sauers hatte Hedda Sauer bereits in den Jahren 1941 und 1942 der Wiener Stadt- und Landesbibliothek (heute: Wienbibliothek im Rathaus) als Geschenk übergeben. Dieser Bestand (1821 Inventarnummern = 4 Boxen) enthält jedoch keinerlei Korrespondenz mit Seuffert.[7]

Die genaue Verteilung aller überlieferten Stücke der Korrespondenz zwischen Sauer und Seuffert nach Anzahl, Liegeorten und Briefarten geht aus der folgenden Übersicht hervor:

Gesamtzahl: 1248 Stücke in 3 Beständen

Briefe von Sauer an Seuffert	*Briefe von Seuffert an Sauer*
644 Stücke in zwei Beständen:	604 Stücke in zwei Beständen:
a) Österreichische Nationalbibliothek, Autogr. 422/1-1 bis 423/1-648 (246 Briefe, 396 Karten, 1 Telegramm);	a) Staatsarchiv Würzburg, NL Seuffert, Kasten 9 u. 45 (189 Briefe, 414 Karten);
b) Deutsches Literaturarchiv Marbach am Neckar, A:Nadler, 74:1730 (1 Karte)[8]	b) Österreichische Nationalbibliothek, Autogr. 423/1-629 (Rückseite) (1 Brief)

Verteilung nach Briefarten

246 Briefe	190 Briefe
397 Karten	414 Karten
1 Telegramm	

»Nachl[ass] Prof. Dr Sauer-Prag a[us] d[em] Nachl[ass] Prof. Dr. J. Nadler«. Der Bestand, streng genommen ein Kryptonachlass, umfasst »8 Manuskripte und ca. 3760 Briefe an und von Sauer, u. a. von Otto Eduard Lessing, Anna Loewe, Jakob Minor, Josef Nadler, Wilhelm Scherer und Erich Schmidt sowie von Sauer, u. a. an Reinhold Backmann, Karl Glossy, Karl Kaderschafka, Otto Eduard Lessing, Anna Loewe, Wilhelm Scherer und Bernhard Seuffert« (Hall/Renner: Handbuch, S. 226).

7 s. Hall/Renner: Handbuch, S. 226. Der Bestand ist umfassend über den Onlinekatalog der Wienbibliothek erschlossen.

8 Die undatierte Karte mit dem schwer entzifferbaren Poststempel vom 18.6.1898 (= Brief 297) gehört zu einem Restnachlass Nadlers, den dessen Schwiegersohn und Nachlassverwalter Erich Dormann Ende 1974 dem Deutschen Literaturarchiv stiftete (freundliche Auskunft von Dorit Krusche, DLA, v. 13.4.2016). Bereits 1965 hatte das DLA ca. 300 Briefe von meist prominenten Schreibern an Nadler aus dessen Nachlass angekauft (s. Jahrbuch der Deutschen Schiller-Gesellschaft 10 [1966], S. 620).

Die relativ hohe Überlieferungsdichte unterstützt den Befund, dass beide Briefpartner ihre Korrespondenz sorgfältig aufbewahrt haben. Die Überlieferungsverluste, die bei der inhaltlichen Auswertung der Korrespondenz auffielen, betreffen mit großer Wahrscheinlichkeit überwiegend einzelne Briefe und Karten, die bereits zu Lebzeiten verloren gingen. Gezielte Eingriffe in die Überlieferung seitens der Nachlasser oder ihrer Nachfahren können wir weitgehend ausschließen. Nicht ganz ausgeschlossen ist, dass sich in dem komplexen und weitgehend ungeordneten Familienarchiv Seuffert noch einzelne Korrespondenzen Sauers befinden, die von der 1926 übergebenen Hauptmasse abgesplittert und bisher nicht aufgefunden worden sind.

2. Druckausgabe, digitale Edition, Webplattform

Parallel zu der hier vorliegenden gedruckten und kommentierten Auswahlausgabe wurde im Rahmen des dreijährigen binationalen Forschungsprojektes zum Briefwechsel Sauer/Seuffert auch eine digitale Edition der gesamten Korrespondenz erarbeitet. Die Webplattform *Briefwechsel Sauer-Seuffert* (http://sauer-seuffert.onb.ac.at/) wird vom Literaturarchiv der Österreichischen Nationalbibliothek gehostet und bietet neben der unter dem Standard XML/TEI kodierten Transkription auch Faksimiles aller 1248 Korrespondenzstücke.

Die Verschränkung von Print und Web ging in diesem Fall aus einem Nebeneinander der Workflowoptimierung unter Nutzung der für die Druckausgabe erarbeiteten Daten hervor. Die Edition ist also keine Hybridedition im eigentlichen Sinne, bei der von Anfang an Print und Web als Einheit gedacht sind. Die digitale Erschließung des Korpus bietet zugleich mehr und weniger als die gedruckte Ausgabe: *mehr*, indem sie der interessierten Forschung alle überlieferten Korrespondenzstücke in durchsuchbarer Form zugänglich macht und die nach denselben Prinzipien wie in der Druckausgabe durchgeführte Transkription mit qualitativ guten Faksimiles der Originale verknüpft. Das gesamte Material kann in chronologischer Reihenfolge oder nach inhaltlichen Aspekten (Personen, Sende- und Empfangsorte, Themenlinien) durchsucht werden.

Die parallele Lesbarkeit von Digitalisat, der Transkription des Textes und seiner Kodierung in XML/TEI bietet zusätzliche Informationen vor allem zur materialen Dimension der originalen Überlieferung, deren Bedeutung in der neueren Forschung zu Problemen der Briefedition stark hervorgehoben wird.[9] Dies betrifft vor allem

---

[9] Vgl. hierzu Klaus Hurlebusch: Divergenzen des Schreibens vom Lesen. Besonderheiten der Brief- und Tagebuchedition [1995]. In: ders.: Buchstabe und Geist, Geist und Buchstabe. Arbeiten zur Editions-

nichtsprachliche Informationen, die in der gedruckten Ausgabe, welche sich schematisierter und vereinfachter Darstellungsweisen und Beschreibungen bedient, nicht oder doch nicht in diesem Umfang enthalten sind, darunter, um nur einige Beispiele zu nennen, die Beschaffenheit und den Erhaltungszustand des jeweiligen Überlieferungsträgers (z. B. die Farbe und Größe des Briefpapiers), die genaue räumliche Organisation des Textes (z. B. hinsichtlich einer an bestimmten Mustern orientierten Positionierung von Anreden oder Grußzeilen), den jeweiligen, auch situationsbedingten Schriftduktus oder die Entwicklung des Schriftbildes der Korrespondenten innerhalb der Gesamtkorrespondenz. Sie bietet zudem Einblicke in den Umgang mit Problemen der editorischen Praxis, die in der gedruckten Ausgabe pragmatisch gelöst werden mussten, z. B. im Umgang mit der Mikrogenese (Streichungen, Überschreibungen, Einfügungen, Umstellungen) des Textes (s. unten 5.1), verschiedenen Schriftsystemen (s. 5.5), Eingriffen in die Textgestalt (s. 5.3) oder der Darstellung von Textverlusten (s. 5.4).

Weniger bietet die digitale Erschließung, da die Mehrzahl derjenigen Brieftexte, die nicht in die Druckausgabe aufgenommen wurden, zum gegenwärtigen Zeitpunkt (noch) keine abschließende Kollation durchlaufen haben. Der jeweilige Bearbeitungsstand hinsichtlich Kollation und Kodierung wird über ein Ampelsystem deutlich gemacht.

Zudem wurde hier auf eine Kommentierung der Briefe auf Einzelstellenbasis, wie sie für das gedruckte Korpus vorliegt (s. unten 7.2), verzichtet. Stattdessen wurden die Möglichkeiten einer modernen Webumgebung genutzt, um die Brieftexte mit verschiedenen, bereits digital aufbereiteten Wissensbeständen zu verknüpfen. So kann etwa über die in einer Datenbank erfassten Namensdatensätze (die allerdings nicht alle im Gesamtbestand vorkommenden Personen enthält, sondern im Wesentlichen nur jene des kommentierten Namensregisters der gedruckten Ausgabe), die mit der Gemeinsamen Normdatei (GND) verknüpft wurden, auf personenspezifische Inhalte anderer Webplattformen zugegriffen werden (z. B. *Wikipedia*, die *Deutsche Biographie* und das *Österreichische Biographische Lexikon*).

---

philologie. Frankfurt/M., Berlin: Lang, 2010 (Hamburger Beiträge zur Germanistik. 50), S. 98–116; Hans Zeller: Authentizität in der Briefedition. Integrale Darstellung nichtsprachlicher Informationen des Originals. In: editio 16 (2002), S. 36–56; Wolfgang Lukas: Epistolographische Codes der Materialität. Zum Problem para- und nonverbaler Zeichenhaftigkeit im Privatbrief. In: Materialität in der Editionswissenschaft. Hrsg. von Martin Schubert. Tübingen: Niemeyer, 2010 (Beihefte zu editio. 32), S. 45–62; Rüdiger Nutt-Kofoth: Space as Sign: Material Aspects of Letters and Diaries and Their Editorial Represenation. In: Scholary Editing and German Literature: Revision, Revaluation, Edition. Ed. by Lydia Jones, Bodo Plachta, Gaby Pailer, Catherine Karen Roy. Leiden, Boston: Brill-Rodopi, 2015 (Amsterdamer Beiträge zur neueren Germanistik. 86), S. 55–70.

Personenbeziehungen sind innerhalb der Personendatensätze verlinkt, was eine leichtere Lesbarkeit der Texte durch sofortige Kontextualisierung der auftauchenden Namen ermöglicht.

Im Rahmen des Projekts wurde auf der Webplattform eine Zeitleiste entwickelt, die eine Übersicht über Ereignisse aus dem Leben der beiden Protagonisten bietet und darüber hinaus Textstellen der Briefe herausgreift, in thematische Zusammenhänge einbettet und die jeweiligen Zitate kurz kommentiert. Die herausgearbeiteten Themenlinien orientierten sich an den Forschungsfragen des Forschungsprojektes und gruppieren sich in drei inhaltliche Blöcke: intellektuelle Biografie und wissenschaftliches Netzwerk/Editionsprojekte und Forschungsschwerpunkte/Herausgeberschaft von Zeitschriften.

Mit der Darstellung in dieser vernetzten Form wird versucht, inhaltliche Aspekte des Briefwechsels für ein breiteres Publikum aufzuarbeiten und lesbar zu machen. Schließlich wird auf der Webplattform auch weiteres Bildmaterial aus den Nachlässen (darunter bisher unbekannte Fotografien der Korrespondenten) erstmals zugänglich gemacht.

3. Auswahlkriterien für die gedruckte Ausgabe

Die Korrespondenz Sauer/Seuffert begann am 7. 7. 1880 mit einem Brief Sauers und konsolidierte sich in den folgenden Jahren schnell. Ihren Höhepunkt erreichte sie in den Jahren zwischen 1883 und 1900, als Sauer und Seuffert, parallel zu der umwegigen, aber schließlich erfolgreichen Festigung ihrer Lebensstellungen in Graz und Prag, nicht nur intensiv an den Arbeiten des jeweils anderen Anteil nahmen, sondern auch durch verschiedene gemeinsame Projekte miteinander verbunden waren. In diesen hitzigen Jahren wechselten sie in schneller Folge oft mehrere Briefe und Karten pro Woche, wiederholt griffen sie auch mehrmals täglich zur Feder, sodass die Korrespondenz besonders in den 1890er Jahren minutiös weite Teile ihrer persönlichen und beruflichen Lebensführung dokumentiert. Erst nach der Jahrhundertwende nahm die Intensität des Briefwechsels langsam wieder ab, blieb aber jenseits der vergleichsweise wenigen persönlichen Treffen die wichtigste Plattform ihrer Begegnung. Den Abschluss der annähernd 45 Jahre andauernden Korrespondenz bildet eine Karte, die Seuffert am 7.9.1926 schrieb, zehn Tage vor Sauers Tod (Korrespondenzverlauf siehe Abbildung 1).

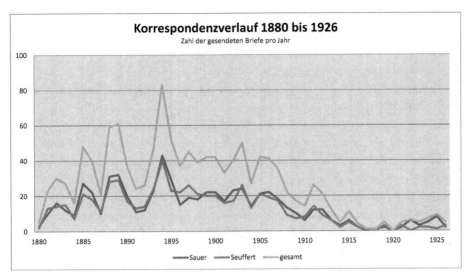

Abbildung 1: Korrespondenzverlauf 1880 bis 1926 nach Anzahl der gesendeten Briefe pro Jahr je Autor und gesamt (eigene Darstellung)

Angesichts einer so umfangreichen und dichten Überlieferung steht eine Auswahl von rund 300 Stücken aus einem Gesamtbestand von mehr als 1200 vor grundsätzlichen Problemen. Sie muss die wichtigsten Stationen der persönlichen Beziehung der Korrespondenten und zentrale Themen ihres brieflichen Austausches berücksichtigen und kann bei der dazu notwendigen Beschränkung auf das Charakteristische und Wichtigste – das im Einzelfall disputabel bleibt – im besten Falle ›repräsentativ‹ ausfallen. Sie muss die wenigen großen »Lebensbriefe«[10] aufnehmen, die – zumeist in Phasen einschneidender Umbrüche entstanden – biografisch besonders aufschlussreich sind, und solche Korrespondenzen, die programmatische Aussagen zu Arbeitsvorhaben und zu bedeutenden fachgeschichtlichen Entwicklungen überliefern. Zu berücksichtigen sind beispielsweise die Genese der Lehr- und Forschungsschwerpunkte, Diskussionen zur personalen und methodischen Entwicklung des Faches, die Entstehungsgeschichte der wissenschaftlichen Hauptwerke und kontinuierliche Gegenstände organisatorischer Tätigkeit, vor allem die von Sauer und Seuffert begründeten Zeitschriften und Buchreihen sowie die großen editorischen Unternehmungen,

---

10 Mit dem Begriff »Lebensbrief« bezeichnet Sauer in seinem ausführlichen, von konfessorischer Autobiografik geprägten Brief vom 4.9.1884 (Brief 42) ein vorhergehendes Schreiben Seufferts vom 2.6.1884 (Brief 41), in welchem dieser sich ausführlich zu seinem Bildungsgang und den Motiven seiner Studien geäußert hatte.

an denen sie sich als Herausgeber oder Mitarbeiter beteiligten. Einzubeziehen waren aber auch solche Pläne und Projekte, die unvollendet oder unausgeführt geblieben sind, aber in der Korrespondenz Spuren hinterlassen haben. Hier ist etwa an die von Sauer projektierte »Entwickelungsgeschichte der deutschen Lyrik im 18. & 19. Jh.«,[11] seine Pläne zu einem »Grundriss zur Geschichte der deutschen Literatur in Österreich«[12] oder das vieljährige, letztlich erfolglose Ringen mit den großen, als Hauptwerke angelegten Monografien über Wieland (Seuffert)[13] und Grillparzer (Sauer) zu erinnern.[14] Neben dem wissenschaftlichen Leben muss die Auswahl aber auch Einblicke in die private Lebensführung, die familiäre und wirtschaftliche Situation gestatten und wenigstens einige der vergleichsweise wenigen Briefe berücksichtigen, denen sich unmittelbare Reaktionen der Briefschreiber auf Ereignisse der politischen Geschichte oder des zeitgenössischen kulturellen Lebens entnehmen lassen.

Aber auch anscheinend beiläufige oder kursorische Mitteilungen, mögen sie ein redaktionelles Problem, die Übermittlung einer Literaturangabe oder Hinweise zu einer Berufungsliste betreffen, waren mit auszuwählen, nicht nur, weil sie einen Großteil der alltäglichen Korrespondenz ausmachen, sondern auch, weil sie nicht selten ergänzende Hinweise zu zuvor ausführlich, aber nicht abschließend diskutierten Problemen oder Sachverhalten enthalten und auf diese Weise eine Brückenfunktion zwischen verschiedenen Teilen der Korrespondenz und dem Kommentar darstellen.

Dieser Aspekt verweist auf ein weiteres Problem, vor dem eine Auswahl wie die unsere zwangsläufig steht, die aus der Masse der Dokumente eine schlüssige, auch Aspekte des Leseanreizes und der Leserführung berücksichtigende ›Erzählung‹ konstruieren muss, in der die Lücken und Leerstellen, die sich im Prozess der Auswahl unweigerlich auftun, nicht verdeckt werden, sondern für den Benutzer der Ausgabe lesbar und präsent bleiben sollen.[15] Es liegt in der Natur der Sache, dass eine solche

---

11 Sauer an Seuffert, 25.12.1884. ÖNB, Autogr. 422/1-49; s. hierzu Sauer an Seuffert, 10.10.1885 (Brief 51), dazu Anm. 9.
12 Sauer an Seuffert, 24.1.1883 (Brief 24).
13 s. z. B. Briefe 5 (dazu Anm. 2), 46, 54 u. 80.
14 s. Briefe 59 (dazu Anm. 6), 89 u. 161.
15 Die Literatur zu methodischen Problemen von Briefauswahlausgaben ist vergleichsweise übersichtlich. Vgl. Martin M. Langner: Der Brief als Problem der Edition. Dargestellt an der Korrespondenz von Christine Hebbel. Berlin (West): Weidler, 1988 (Wissenschaft und Forschung. 3); Regina Nörtemann: Probleme der Kommentierung in Auswahlausgaben am Beispiel der Edition des Briefwechsels zwischen Anna Louisa Karsch und Johann Wilhelm Ludwig Gleim. In: Kommentierungsverfahren und Kommentarformen. Hamburger Kolloquium der Arbeitsgemeinschaft für germanistische Edition 4.–7. März 1992, autor- und problembezogene Referate. Tübingen: Niemeyer, 1993 (Beihefte zu editio. 5), S. 188–193; Christian Suckow/Ingo Schwarz: Zur Problematik einer auswählenden Briefedition. Beispiel: Die Briefe Alexander von Humboldts. In: Wissenschaftliche Briefeditionen und

Auswahl, die das Ergebnis intensiver Beratung zwischen allen an der Edition Beteiligten darstellt, der oft aber auch pragmatische Entscheidungen der Bearbeiter zugrunde liegen, nicht auf der Basis des Einzelfalles begründet werden kann. Einer möglichst großen Transparenz unseres Vorgehens dient die Dokumentation unserer Ausgabe, deren Kommentar zahlreiche Stücke der Korrespondenz nachweist und, wenn notwendig, ausführlich aus ihnen zitiert, die nicht in die vollständig gedruckte Auswahl eingegangen sind. Im Anhang wird zudem eine vollständige Liste aller überlieferten Briefe geboten, die dem Benutzer zumindest einen Eindruck von den quantitativen Dimensionen der Gesamtkorrespondenz, ihrer zeitlichen Frequenz und ihrem Verlauf vermittelt. Jenseits der gedruckten Auswahl bietet zudem die elektronische Aufbereitung der gesamten Korrespondenz im Kontext mit der Webplattform, ohne abschließende Kollation aller Einzelstücke und ausführlichen Kommentar, aber in Verknüpfung mit ergänzender Dokumentation und externen Webangeboten, die Möglichkeit, unsere Entscheidungen zu überprüfen und, wie wir hoffen, hinreichend nachvollziehbar zu machen.

4. Ordnende Prinzipien

Die Wiedergabe der Korrespondenzstücke erfolgt chronologisch nach der Reihenfolge ihres Versandes. Undatierte oder nicht vollständig datierte Briefe, deren Abfassungszeitpunkt oder -zeitraum sicher zu erschließen ist, werden eingereiht. Bei allen Schreiben, die weder anhand äußerer noch innerer Merkmale auf einen bestimmten Tag datiert werden können, erfolgt die Zuweisung der Korrespondenzstellen in Orientierung an den von Winfried Woesler vorgelegten Normierungsvorschlägen.[16] Indizien und Hypothesen für die Datierung werden im Apparat (s. 6.1) dargelegt und gegebenenfalls knapp diskutiert.

Jedes Korrespondenzstück wird durch zwei typografisch vom Brieftext abgesetzte Kopfzeilen eingeleitet, in denen die folgenden Informationen notiert werden. In der ersten Zeile stehen Ordnungszahl, Korrespondenzart (Brief oder Karte) in siglierter Form, Schreiber und Adressat mit Empfangsort; in seltenen Fällen kommt ein Nach-

---

ihre Probleme. Editionswissenschaftliches Symposion. Hrsg. von Hans-Gert Roloff. Berlin: Weidler, 1998 (Berliner Beiträge zur Editionswissenschaft. 2), S. 119–122. Generell anregend für den Aspekt ›Auswahl‹ im editorischen Zusammenhang ist noch immer Klaus Briegleb: Der Editor als Autor. Fünf Thesen zur Auswahlphilologie. In: Texte und Varianten. Probleme ihrer Edition und Interpretation. Hrsg. von Gunter Martens u. Hans Zeller. München: Beck, 1971, S. 91–116.
16 Winfried Woesler: Vorschläge für eine Normierung von Briefeditionen. In: editio 2 (1988), S. 8–18.

sendeort hinzu. Die zweite Zeile gibt den Entstehungsort mit Datum einschließlich des Wochentages an.

Erschlossene Teile von Entstehungsort und Datum werden in runde Klammern gesetzt. Bei Karten, die nicht von Schreiberhand datiert sind, werden – sofern nicht äußere oder inhaltliche Gründe dagegen sprechen – diejenigen Angaben zu Ort und Datum, welche aus den Poststempeln sicher zu ermitteln sind, nicht eingeklammert übernommen. Im Fall des Datums erfolgt jedoch ein entsprechender Hinweis auf den Poststempel im Apparat. Auch der aus einem durch Schreiberhand oder Poststempel gesicherten Datum errechnete Wochentag, der in den meisten Vorlagen nicht enthalten ist, wird im Kopf nicht eingeklammert.

Die Schreibung der Ortsnamen folgt innerhalb der Kopfzeilen den Formen, die in der Abfassungszeit der Briefe geläufig waren, bei kleineren oder weniger bekannten Orten gegebenenfalls unter Hinzufügung genauerer Lozierungen (»bei Wien«). Orte der süd- und osteuropäischen Teile von Habsburg-Österreich, vor allem Lemberg und Prag, werden mit den deutschen Varianten ihrer Namen angesetzt. Die beiden Prager Vorstädte Königliche Weinberge und Smichow, in denen Sauer während des größten Teils seiner Prager Zeit seit 1886 gelebt hat, werden in den Kopfzeilen einheitlich als Prag notiert.[17] Zwar waren beide Orte zu jener Zeit de facto eigenständige Gemeinwesen; sie wurden aber bereits vor ihrer offiziellen Eingemeindung in den Stadtraum von Prag (1922) als Teil der Metropole wahrgenommen. Dies bestätigen auch Sauers eigene Korrespondenzen, in denen er diesen Ortsnamen meistens die Lozierung »Prag« vorangestellt hat.

---

17 Sauer bezog nach seiner Berufung nach Prag im Frühjahr 1886 zunächst eine Wohnung im 2. Bezirk von Prag (Stefansgasse 3). Anfang Mai 1888 zog er in die Hawlitschekgasse 62 in der südöstlich von Prag gelegenen Vorstadt Königliche Weinberge (tschech.: Královské Vinohrady). Nach seiner Verlobung mit Hedda Rzach bezog Sauer im Mai 1892 eine geräumige Wohnung in der Kreuzherrengasse 2/Haus 586 in Smichow (Smíchov), südlich von Prag-Kleinseite am linken Ufer der Moldau. Hier wohnte das Paar bis zu Sauers Tod unter der Postadresse »Prag-Smichow, 586«. Mit der Gebietsreform des Jahres 1922 wurde Smichow auch offiziell ein Stadtteil von Prag. Auf etlichen von Sauers Karten aus den Jahren nach 1892 finden sich neben dem Postausgangstempel »Smichow Stadt/Smíchov Město« auch solche der Stadt Prag (»Prag/Praha«) bzw. des angrenzenden Stadtteils »Prag Kleinseite/Praha Mala Strana«, häufig im Widerspruch zur handschriftlichen Angabe der Smichower Postadresse. Dies ist ein deutlicher Hinweis darauf, dass Sauer diese Poststücke auf den täglichen Hin- und Rückwegen zwischen seiner Wohnung in Smichow und der Universität aufgab. Auch unter diesem Gesichtspunkt haben wir von einer genaueren topographischen Lozierung der Prager Schreiborte (etwa in der Form »Königliche Weinberge« bzw. »Smichow bei Prag«) abgesehen. Zur Topographie und Geschichte der Smichower Wohnung s. Buxbaum: Sauer, bes. S. 201 f. u. 207 (mit Abbildungen des Gebäudes und einem von Sauer gezeichneten Grundriss seiner Bibliothek und seines Arbeitszimmers).

5. Textkonstitution und Textdarstellung

5.1 Umfang des edierten Textes

Der edierte Text unserer Ausgabe gibt nur die jeweils letzte Stufe der handschriftlichen Überlieferung eines Korrespondenzstückes wieder. In der Grundschicht getilgter Text wurde folglich nicht mittranskribiert. Schreibvorgänge der Mikrogenese wie Überschreibungen, Hinzufügungen, Umstellungen etc. werden nicht gekennzeichnet. Von der Edition ausgeschlossen sind auch alle späteren Zusätze, die nicht von Schreiberhand stammen. Postalische Vermerke und Empfängervermerke auf der Handschrift werden nur im Apparat mitgeteilt (s. unten 6.1).

5.2 Allgemeine Transkriptionsregeln

Wortlaut, Orthografie und Interpunktion des edierten Textes sind die der Handschrift. Der Text wurde in der Transkription weder normalisiert noch modernisiert. Historische oder individuell bedingte Schreibgewohnheiten bleiben gewahrt. Dies betrifft etwa die variierende Schreibung von Eigennamen oder anderen Worten (auch innerhalb eines Korrespondenzstückes), Schwankungen bei der Groß-, Klein-, Getrennt- und Zusammenschreibung, die uneinheitliche Verwendung von s, ss und ß, der Umlaute, Diphthonge oder des Dehnungs-h sowie etwaige Inkonsequenzen im Gebrauch der Interpunktion. In diesem Zusammenhang sei auch auf Bernhard Seufferts charakteristische Kleinschreibung hingewiesen – ein bei Germanisten dieser Generation häufiger zu beobachtendes Phänomen[18] –, bei der er lediglich am Satzanfang, bei Eigennamen, Werktiteln und Anredepronomina großschrieb.

Korrigierende Eingriffe unterbleiben prinzipiell.[19] Zur Vermeidung von Missverständnissen wird hinter besonders idiosynkratischen Schreibungen, die nicht zwangsläufig als Textfehler einzustufen sind, ein Ausrufezeichen <!> eingeblendet.

---

18 Hier liegt eine Orientierung an den orthografischen Reformideen Jacob Grimms nahe. Die von Grimm propagierte gemäßigte Kleinschreibung wurde bis in die Jahre nach dem Ersten Weltkrieg vor allem von Sprachwissenschaftlern und Mediävisten praktiziert und war auch in verschiedenen Fachorganen (z. B. der *Zeitschrift für deutsches Alterthum*) lange üblich. Vgl. Karin Rädle: Groß- und Kleinschreibung des Deutschen im 19. Jahrhundert. Die Entwicklung des Regelsystems zwischen Reformierung und Normierung. Heidelberg: Winter, 2003, S. 29–35.

19 Die generelle Problematik modernisierender, normalisierender oder korrigierender Texteingriffe muss heute nicht mehr besonders begründet werden. Vgl. grundlegend hierzu Hans Zeller: Für eine historische Edition. Zu Textkonstitution und Kommentar. In: Germanistik. Forschungsstand und Perspektiven. Vorträge des Deutschen Germanistentages 1984. Hrsg. von Georg Stözel. Bd. 2. Berlin, New York: de Gruyter, 1985, S. 305–323.

5.3 Eingriffe in die Textgestalt

Das Prinzip, den grafischen Befund der Handschrift möglichst ohne Eingriffe wiederzugeben, stößt in den folgenden Fällen an seine Grenzen:
– Unvollständig ausgeschriebene Buchstaben (etwa fehlende i-Punkte oder Umlaut-Zeichen) oder verschliffene Buchstaben und Buchstabenkombinationen (häufig am Wortende), die sicher zu bestimmen sind, werden stillschweigend ergänzt.
– Zeittypische Besonderheiten der handschriftlichen Ökonomie, die nicht an sich bedeutungstragend sind, werden stillschweigend aufgelöst.[20] Dies betrifft in der deutschen Schrift den diakritischen Strich über dem u sowie die Differenzierung zwischen langem und kurzem s; in der deutschen wie lateinischen Schrift den Geminationsstrich zur Verdopplung von m oder n; ferner den doppelten Bindestrich.
– Einfache und doppelte Anführungszeichen werden prinzipiell typografisch wiedergegeben, auch dort, wo die öffnenden Anführungen im Original deutlich im Oberband der Zeile stehen.
– Die von den Schreibern verwendeten verschiedenen Zeichen zur Einweisung von Anmerkungen werden einheitlich durch einen Asterisk (*) wiedergegeben.
– Die verschiedenen Varianten der tironischen Note für et (und), die Sauer verwendet, werden einheitlich durch das kaufmännische Et-Zeichen (&) wiedergegeben.[21]
– In den Vorlagen fehlende Satzabschlusspunkte werden diakritisch ergänzt.

5.4 Hervorhebungen von Schreiberhand

Hervorhebungen der Schreiber durch Versalien, einfache oder doppelte Unterstreichung oder Sperrung von Buchstaben werden in den Text übernommen. Nicht

---

20 Vgl. hierzu die Vorschläge von Hurlebusch: Divergenzen (wie Anm. 9), S. 113, der in diesen und ähnlichen Fällen für eine »Zeichenadäquatheit« plädiert, die nicht als abbildliche, sondern »als funktionale und strukturelle Entsprechung gemeint ist«. Sowohl »die Zeichen der [handschriftlichen] Vorlage als auch die der Transkription sind, mit Begriffen der Semiotik in heuristischer Sicht gesprochen, jeweils Elemente eines besonderen [Zeichen-]Systems«, deren Vermischung sowohl aus historischen wie aus ästhetischen Gründen zu vermeiden sei. Zu Entzifferungs-, Transkriptions- und Editionsproblemen bei älterer Schrift vgl. auch Ulrich Hussong: Beobachtungen zur Handschrift Jacob Grimms. Zugleich Überlegungen zur Edition von Autographen des 19. Jahrhunderts. In: Archiv für Diplomatik, Schriftgeschichte, Siegel- und Wappenkunde 45 (1999), S. 423–440 sowie Zeller: Authentizität (wie Anm. 9).
21 Auch hier wurde von einer abbildlichen Wiedergabe des Befundes zugunsten einer strukturell entsprechenden abgesehen (vgl. Anm. 20). Für den Hinweis auf den Zusammenhang von Sauers Graphie mit der tironischen Et-Note danken wir Rüdiger Nutt-Kofoth. Vgl. herzu ausführlich Jan Tschichold: Formenwandlungen der Et-Zeichen. Frankfurt/M.: Stempel, [1954].

angezeigt wird der Wechsel von deutscher zu lateinischer Schrift.[22] Die jeweilige Grundschrift eines Korrespondenzstückes – deutsch oder lateinisch – ist im Apparat vermerkt (s. unten 6.1).

5.5. Gedruckte Teile des Überlieferungsträgers

Gedruckter Text, beispielsweise Briefköpfe, Text von gedruckten Traueranzeigen sowie normierten Aufforderungen zur Übernahme einer Rezension, wird typografisch in Form von Kapitälchen abgesetzt. Einige Briefe der Auswahl sind auf Prospekten mit längeren Textpassagen geschrieben; diese werden nicht mit dem Text, sondern an entsprechender Stelle im Kommentar wiedergegeben.[23]

5.6. Zusätze der Herausgeber

Herausgeberzusätze werden auf ein Minimum beschränkt und erscheinen – analog zu den Kopfzeilen und den Apparaten – in kursiver Type. Innerhalb des edierten Textes sind drei Arten von Zusätzen zu unterscheiden: 1) Restituierter Text im Fall von Textverlust des Überlieferungsträgers. Solche Restitutionen finden sich in der Mehrzahl

---

[22] Hierzu haben wir uns vor allem aus pragmatischen Gründen mit Blick auf die umfangreiche Rohtranskription des Gesamtkorpus der Korrespondenz und den damit verbundenen Kollationsaufwand entschlossen. Das Phänomen des Schriftwechsels tritt allerdings nur bei Sauer auf, der vor allem in den ersten beiden Jahrzehnten des Briefwechsels relativ souverän zwischen deutscher und lateinischer Grundschrift wechselt und innerhalb der deutschen die lateinische Schrift häufig zur Auszeichnung einzelner Worte oder Passagen – meist bei fremdsprachigem Wortschatz oder zur Hervorhebung – sowie für die Schreibung seiner Signatur und für die Adressen auf Postkarten benutzte, ohne dass jedoch insgesamt von einem systematischen Gebrauch dieses Ausdrucksmittels gesprochen werden könnte. Nach der Jahrhundertwende ging Sauer zunehmend zur lateinischen Grundschrift über. Im Gegensatz zu Sauer benutzte Seuffert beinahe durchgehend die lateinische Grundschrift, von der er lediglich in wenigen Fällen (bei Abschriften aus handschriftlichen Quellen oder der Diskussion von in Fraktur gedruckten bzw. zu druckenden Textstellen) abweicht. In diesem Zusammenhang muss jedoch darauf hingewiesen werden, dass beide Schreiber auch innerhalb der lateinischen Schrift einzelne Elemente der deutschen Schrift regelmäßig benutzen, sodass es sich streng genommen um Mischschriftsysteme handelt. So schreibt Seuffert häufiger den kleinen Buchstaben ›z‹ deutsch, während Sauer den diakritischen Strich über dem ›u‹ auch in der lateinischen Schrift häufiger zur grafischen Differenzierung einsetzt. Sauer schreibt das ›ß‹ sowohl in der deutschen wie in der lateinischen Schrift, ohne dass von einem systematischen Gebrauch gesprochen werden könnte, während Seuffert – mit Ausnahme von Quellenzitaten – auf diesen deutschen Buchstaben vollständig verzichtet. Für Hinweise zur historisch-semantischen Bedeutung des Schriftwechsels vgl. Zeller: Authentizität (wie Anm. 9), S. 53 f.

[23] s. z. B. Brief 80 (Apparat).

der Korrespondenzen von Sauer, die zur Aufbewahrung gelocht worden sind.[24] Der Umfang der Restitution wird hierbei außerdem durch eckige Klammern angezeigt. 2) Kurze diskursive Einschaltungen der Herausgeber zur Klärung der originalen Position von Text auf dem Überlieferungsträger, wenn dieser sich nicht ohne Weiteres in die linearisierte Textfolge einfügen lässt.[25] 3) Im Fall der bereits erwähnten Einschaltung eines Ausrufezeichens zur Kennzeichnung besonders ungewöhnlicher Schreibungen (s. oben bei 5.2.).

Abkürzungen werden prinzipiell nicht durch Zusätze im Text aufgelöst, sondern, wo dies zum Verständnis des Textes notwendig erscheint, im Kommentar.

5.7. Textdarstellung

Die räumlichen Dimensionen der Textwiedergabe werden schematisch an den Standardformen der Textsorte ›Brief‹ ausgerichtet, bei der in der Regel zwischen Anrede- und Schlussformeln und der Signatur der jeweilige Brieftext steht. Nach diesem Schema werden die Anreden in der Regel linksbündig ausgerichtet, die Orts- und Datumszeilen sowie die Schlussformeln und Signaturen der Briefschreiber dagegen um einen Schritt nach rechts, sofern sie auch in der Handschrift deutlich abgesetzt sind. Die räumlichen Verhältnisse des Originals positionsgenau nachzuvollziehen, ist bei diesem Schema nicht angestrebt (s. oben 2.). Dies umfasst auch Erscheinungen eines an älteren Briefstellern orientierten stilistischen Raumarrangements, an dem sich vor allem Bernhard Seuffert in seinen Briefen (nicht jedoch in den Postkarten) tendenziell orientiert. Beispiele hierfür sind etwa die häufig mittige Ausrichtung der Anrede sowie ein über die Zeilenumbrüche nach rechts auslaufendes Arrangement der Grußformeln.[26] Der originale Zeilenfall der Grußformeln wird zwar übernommen, ohne jedoch die auf Zeilenebene differierende Position einzelner Teile einer Grußformel mitabzubilden. Die in den Handschriften häufig in einer Zeile mit Teilen der Grußformel oder der Signatur geschriebenen Angaben zu Ort und/oder Datum werden prinzipiell in die übernächste Zeile gestellt.

---

24 Da solche Lochungen in der in Seufferts Nachlass überlieferten Korrespondenz nicht vorkommen, ist anzunehmen, dass dies nach der Rückgabe der Briefe an Hedda Sauer geschehen ist, möglicherweise im Zusammenhang mit Josef Nadlers eingangs erwähnten biographischen Plänen.
25 s. z. B. Briefe 21, 31, 35 u. 93.
26 Zum Phänomen des stilistisch bedingten räumlichen Arrangements in Briefen vgl. ausführlich Klaas-Hinrich Ehlers: Raumverhalten auf dem Papier. Der Untergang eines komplexen Zeichensystems dargestellt an Briefstellern des 19. und 20. Jahrhunderts. In: Zeitschrift für germanistische Linguistik 32 (2004), S. 1–31 sowie aus editorischer Sicht Nutt-Kofoth: Space as Sign (wie Anm. 9), S. 58–66.

Der Brieftext wird ohne Rücksicht auf den Zeilenfall oder Trennungen des Originals wiedergegeben. Absätze werden prinzipiell durch Einrücken abgesetzt, auch dort, wo in den Handschriften nicht eingerückt wird. Interne Absätze, welche die Schreiber – meist auf Postkarten zur Platzersparnis – nicht durch einen Zeilenumbruch, sondern innerhalb der Zeile durch eine Lücke zwischen Satzabschluss und Satzbeginn vornehmen, werden durch einen Tabulatorschritt angezeigt.

Zusätze der Schreiber, z. B. Anmerkungen mit Einweisungszeichen oder Nachschriften, die im Original am Rand oder am Fuß einer Seite stehen, werden am Ende des jeweiligen Brieftextes wiedergegeben. In den seltenen Fällen, in denen der Text Anmerkungen ohne Einweisungszeichen enthält, die keine Nachschriften sind, sondern sich nur auf bestimmte Worte oder einzelne Zeilen beziehen, werden Position und Bezugrahmen durch eine Herausgeberanmerkung im Text mitgeteilt.

5.8. Siglen, editorische Zeichen und Differenzierungen

Text	recte: edierter Text
TEXT	Kapitälchen: gedruckte Teile des Textträgers (z. B. Briefköpfe, Trauerkarten)
Text Text	durch einfache/mehrfache Unterstreichung hervorgehobener Text
T*[ex]*t	restituierter Text bei Textverlusten (in der Regel durch Lochung der Schriftträger)
Text<.>	von den Herausgebern ergänzter, im Text fehlender Satzabschuss
Tekst <!>	tatsächlich so
Text*	Asterisk: normiertes Zeichen zur Wiedergabe von Anmerkungen mit Einweisungszeichen
Text | *am Rand:* Text | Text	von den Herausgebern eingewiesene Anmerkung ohne Einweisungszeichen
Text	kursiv: Zusätze der Herausgeber im edierten Text
(B)	Brief
(K)	Karte
(T)	Telegramm

6. Kommentar

6.1 Apparat

Der Apparat steht unter dem Text des jeweiligen Briefes und dokumentiert die Überlieferung der einzelnen Korrespondenzstücke. Die Angaben umfassen regelhaft Hinweise zur Datierung und Korrespondenzstellenzuweisung (wo diese fraglich sind), den Liegeort der Handschrift (ggf. auch die Überlieferungssignatur) und eine knappe materiale Beschreibung des Überlieferungsträgers. Letztere wird bei Briefen auf Angaben zur Anzahl der Blätter und beschriebenen Seiten beschränkt; bei Korrespondenzkarten werden außerdem der Text der Adresse, die Orte und Daten der Poststempel sowie postalische Vermerke (meist Änderung der Adresse durch den Postzusteller bei Nachsendungen) im Apparat dokumentiert. Am Schluss wird zu jedem Korrespondenzstück die Grundschrift (deutsch oder lateinisch) vermerkt. Gegebenenfalls wird auf weitere Besonderheiten der Überlieferung hingewiesen, etwa hinsichtlich der Motive von Bildpostkarten, gedruckter Zusätze auf dem Überlieferungsträger sowie Empfängervermerken. Eine Dokumentation des getilgten Textes, der nicht in die Edition aufgenommen wurde, erfolgt auch im Apparat nicht.

6.2 Erläuterungen

Zusammen mit dem Apparat werden Erläuterungen in Form von Anmerkungen zum jeweiligen Brief gegeben. Dieser Stellenkommentar umfasst in erster Linie historisches Referenzwissen, zu dessen Bereitstellung mehr oder weniger umfangreiche Nachforschungen in gedruckten und ungedruckten Quellen, Literatur und Nachschlagewerken angestellt werden müssen. Ziel des Kommentars ist die wechselseitige Annäherung zwischen den zeitgenössischen Wissensressourcen, über die Sauer und Seuffert als Schreiber und erste Leser der Korrespondenz verfügten, und denjenigen der heutigen Rezipienten ihrer Briefe. Richtschnur der Kommentierung ist der Kontext, in dem die Texte als Dokumente historisch situiert sind.[27]

---

[27] Vgl. hierzu Marita Mathijsen: Commentary in Editions of Historical Texts. Principles and Problems Illustrated with Reference to the Edition of the Correspondence of Gerrit van de Linde. In: editio 4 (1990), S. 183–194. Für wichtige methodische und praktische Hinweise zu Problemen der Kommentierung vgl. auch Ulrich Joost: Der Kommentar im Dienste der Textkritik. Dargestellt an Prosa-Beispielen der Aufklärungsepoche. In: editio 1 (1987), S. 184–197; Gunter Martens: Kommentar – Hilfestellung oder Bevormundung des Lesers. Ebd. 7 (1993), S. 36–50; Hurlebusch: Divergenzen (wie Anm. 9) sowie die Beiträge zu diesem Komplex in den folgenden Sammelbänden: Wissenschaftliche Briefeditionen und ihre Probleme (wie Anm. 15); Brief-Edition im digitalen Zeitalter. Hrsg. von Anne Bohnenkamp u. Elke Richter. Berlin, Boston: de Gruyter, 2013 (Beihefte zu editio. 34); Pro-

Kommentiert werden vor allem direkte oder indirekte Bezugnahmen der Schreiber auf eigene oder fremde Werke sowie biografische, sprachliche oder wissenschafts- und universitätsgeschichtliche Referenzen (z. B. die Zusammenfassung wissenschaftlicher Überlegungen oder einen Berufungsvorgang betreffend), die für das Verständnis der Korrespondenz unbedingt notwendig oder zumindest nützlich sind.

Historische Personen werden grundsätzlich nicht im Kommentar zu einzelnen Briefen, sondern im kommentierten Register (s. unten) erläutert. Personen, auf die in der Korrespondenz ohne Nennung des Namens angespielt wird oder deren Namen nur in abgekürzter Form vorkommen, werden auch im Kommentar aufgelöst, um eine Zuweisung der entsprechenden Registereinträge zu gewährleisten. Erst in zweiter Linie werden Referenzen auf Ereignisse der historischen und politischen und kulturellen Geschichte kommentiert, sofern die bezeichneten Vorgänge nicht allgemein geläufig sind. Zur Entlastung der Anmerkungen wird sowohl mit siglierten Literaturangaben (bei häufig genannten Titeln) als auch mit Verweisen auf frühere oder spätere Briefe und Anmerkungen gearbeitet. Der Verweis auf Stücke aus der gedruckten Korrespondenz erfolgt – unabhängig davon, ob es sich um einen Brief, eine Karte oder eine andere Korrespondenzform handelt – über die Sigle BRIEF + Ordnungszahl. Die Anmerkungen werden für jedes Korrespondenzstück neu gezählt.

6.3 Kommentiertes Namensregister

Der Entlastung der Erläuterungen zu einzelnen Briefen dient ein kommentiertes Namenregister, das den Benutzern einen schnellen Zugriff auf einzelne Korrespondenzstücke und den Kommentar über die in ihnen erwähnten Personen erlaubt. Es bietet zu allen in der Korrespondenz sowie in den Erläuterungen erwähnten historischen Personen biografische Kurzdaten. Hierbei gilt die Regel, dass sehr bekannte Persönlichkeiten, die leicht über jedes Lexikon oder die Online-Enzyklopädie *Wikipedia* ermittelt werden können, nur sehr kurz, mit Lebensdaten und Funktionsbezeichnung, erläutert werden, während weniger bekannte Personen ausführlicher, durch möglichst präzise chronologische Angaben zu ihrem Itinerar dokumentiert werden. Am Schluss der Einträge wird in siglierter Form auf benutzte und/oder weiterführende Quellen verwiesen. Herangezogen wurden nach Möglichkeit neuere und zuverlässige wissenschaftliche Nachschlagewerke wie die *Neue deutsche Biographie*, das *Österreichische Biographische Lexikon*, die *Deutsche Biographische Enzyklopädie*, die Autorenlexika zur

---

bleme des Kommentierens. Beiträge eines Innsbrucker Workshops. Hrsg. von Wolfgang Wiesmüller. Innsbruck: Univ. Press, 2014 (Innsbrucker Beiträge zur Kulturwissenschaft, Germanistische Reihe. 80).

deutschsprachigen Literatur von Kosch und Killy oder das *Internationale Germanistenlexikon*. Wo diese keine Einträge enthalten, wurde auf ältere wissenschaftliche oder auf Selbstauskünften beruhende biografische Kompendien zurückgegriffen und, wo auch diese fehlen, auf Spezialliteratur (in der Regel Nachrufe oder personenbezogene Forschungsliteratur).[28] Für die Personengruppe der preußischen Lehrer wurde dankbar die Archivdatenbank der Bibliothek für Bildungsgeschichtliche Forschung (BBF) benutzt, über die u. a. auf Scans der Personalbögen der wissenschaftlichen Oberlehrer zugegriffen werden kann. Das Fehlen einer vergleichbaren Quelle für andere deutsche und die österreichischen Länder bedingt einige der empfindlichsten Lücken in unserer biografischen Dokumentation.

Die Mühewaltung des individuellen Quellennachweises gerät dort an ihre Grenzen, wo die Dokumentation einer Person nicht auf zuverlässigen gedruckten oder digitalen Quellen, sondern lediglich auf verstreuten Hinweisen im Internet beruht, z. B. auf privaten genealogischen Seiten mit erfahrungsgemäß geringer Nachhaltigkeit. In diesen Fällen wurde auf den Quellenhinweis verzichtet. Er entfällt ebenso bei den sehr bekannten Personen des nichtdeutschen Sprachraumes (z. B. antike u. frühneuzeitliche Philosophen und Schriftsteller, allgemein bekannte territoriale Herrscher und Staatsmänner), da der Systemzwang zum Nachweis hier unnötigerweise in eine Vielzahl spezieller Nationalbiografien geführt hätte.

Die Registereinträge weisen auch die in den Briefen erwähnten Werke nach, die im Kommentar – sofern sie klar zugeordnet werden können – in der Regel lediglich bei der jeweils ersten Erwähnung kommentiert werden, sodass die Anmerkungen von allzu häufigen Rückverweisen entlastet werden.

---

[28] Ein Großteil vor allem der älteren Lexikonartikel wurde über die biografische Datenbank des *World Biographical Information System (WBIS) Online* (de Gruyter) ermittelt. Die Online-Enzyklopädie *Wikipedia*, in vielen Fällen ein hilfreicher Ausgangspunkt für weitere Nachforschungen, wurde als Quelle nur in den seltenen Fällen angegeben, in denen ihre Einträge grundständige Forschung bieten. Zu Möglichkeiten und Grenzen der digitalen Personenrecherche s. auch Andreas Mielke: Ein Textilfabrikant, ein Theaterdirektor …: Erfahrungen mit dem Internet bei der Personen-Recherche für die Wagner-Briefausgabe. In: Bohnenkamp/Richter (wie Anm. 27), S. 237–247.

Anhänge

Anhang 1: Gesamtverzeichnis zur Korrespondenz Sauer/Seuffert (1880–1926)

Das chronologische Gesamtverzeichnis erfasst alle überlieferten Korrespondenzstücke des Briefwechsels (vgl. auch die vollständige Onlineausgabe: http://sauer-seuffert.onb.ac.at/). Die erste Spalte enthält die Ordnungszahlen der Gesamtkorrespondenz. Die vierte Spalte listet als Konkordanz die Ordnungszahlen der gedruckten Ausgabe.

1.	B	Sauer an Seuffert in Würzburg. Lemberg, 7. Juli 1880. Mittwoch	1.
2.	B	Seuffert an Sauer in Lemberg. Würzburg, 10. Juli 1880. Samstag	2.
3.	K	Sauer an Seuffert in Würzburg. Liebegottesgrube bei Rossitz, Mähren, 1. August 1880. Sonntag	---
4.	K	Seuffert an Sauer in Lemberg. Würzburg, 28. Dezember 1880. Dienstag	3.
5.	K	Sauer an Seuffert in Würzburg. Lemberg, 31. Dezember 1880. Freitag	4.
6.	K	Sauer an Seuffert in Würzburg. Lemberg, 15. Januar 1881. Samstag	---
7.	K	Seuffert an Sauer in Lemberg. Würzburg, 13. März 1881. Sonntag	---
8.	B	Seuffert an Sauer in Lemberg. Berlin, 4. Juli 1881. Montag	5.
9.	B	Sauer an Seuffert in Berlin. Lemberg, 6. Juli 1881. Mittwoch	6.
10.	K	Seuffert an Sauer in Lemberg. Berlin, 8. Juli 1881. Freitag	7.
11.	K	Sauer an Seuffert in Halberstadt [nachgesandt nach Halle/Saale]. Lemberg, 15. Juli 1881. Freitag	---
12.	K	Sauer an Seuffert in Halberstadt [nachgesandt nach Halle/Saale]. Lemberg, 15. Juli 1881. Freitag	---
13.	K	Seuffert an Sauer in Liebegottesgrube bei Rossitz, Mähren. Halle/Saale, 17. Juli 1881. Sonntag	---
14.	B	Seuffert an Sauer in Lemberg. Würzburg, 7. August 1881. Sonntag	---
15.	B	Sauer an Seuffert in Würzburg. Wien, 5. September 1881. Montag	8.
16.	B	Seuffert an Sauer in Lemberg. Würzburg, 5. Oktober 1881. Mittwoch	---

17.	K	Seuffert an Sauer in Lemberg. Würzburg, 6. Oktober 1881. Donnerstag	9.
18.	B	Sauer an Seuffert in Würzburg. Lemberg, 20. Oktober 1881. Donnerstag	10.
19.	B	Seuffert an Sauer in Lemberg. Würzburg, 23. Oktober 1881. Sonntag	---
20.	B	Sauer an Seuffert in Würzburg. Lemberg, 25. Oktober 1881. Dienstag	---
21.	K	Seuffert an Sauer in Lemberg. Würzburg, 1. November 1881. Dienstag	---
22.	K	Seuffert an Sauer in Lemberg. Würzburg, 22. November 1881. Dienstag	---
23.	K	Sauer an Seuffert in Würzburg. Lemberg, 25. November 1881. Freitag	---
24.	B	Sauer an Seuffert in Würzburg. Lemberg, 26. November 1881. Samstag	---
25.	K	Seuffert an Sauer in Lemberg. Würzburg, 29. November 1881. Dienstag	---
26.	K	Seuffert an Sauer in Lemberg. Würzburg, 30. November 1881. Mittwoch	---
27.	K	Sauer an Seuffert in Würzburg. Lemberg, 13. Dezember 1881. Dienstag	---
28.	K	Seuffert an Sauer in Lemberg. Würzburg, 15. Dezember 1881. Donnerstag	---
29.	K	Seuffert an Sauer in Lemberg. Würzburg, 20. Januar 1882. Freitag	---
30.	K	Sauer an Seuffert in Würzburg. Lemberg, 24. Januar 1882. Dienstag	---
31.	K	Sauer an Seuffert in Würzburg. Lemberg, 6. März 1882. Montag	11.
32.	K	Seuffert an Sauer in Lemberg. Würzburg, 11. März 1882. Samstag	12.
33.	K	Sauer an Seuffert in Würzburg. Wien, 9. April 1882. Sonntag	13.
34.	K	Seuffert an Sauer in Wien. Würzburg, 10. April 1882. Montag	14.
35.	K	Sauer an Seuffert in Würzburg. Wien, 12. April 1882. Mittwoch	15.
36.	B	Seuffert an Sauer in Wien. Würzburg, 13. April 1882. Donnerstag	16.
37.	B	Sauer an Seuffert in Würzburg. (Wien), 15. April 1882. Samstag	17.
38.	K	Seuffert an Sauer in Wien. Würzburg, 16. April 1882. Sonntag	18.
39.	B	Sauer an Seuffert in Würzburg. Lemberg, 7. Juni 1882. Mittwoch	19.
40.	B	Seuffert an Sauer in Lemberg. Würzburg, 10. Juni 1882. Samstag	20.

41.	B	Sauer an Seuffert in Würzburg. Lemberg, 13. Juni 1882. Dienstag	21.
42.	B	Seuffert an Sauer in Lemberg. Würzburg, 20. Juni 1882. Dienstag	22.
43.	B	Sauer an Seuffert in Würzburg. Lemberg, 30. Juni 1882. Freitag	23.
44.	K	Sauer an Seuffert in Würzburg. Lemberg, 28. Juli 1882. Freitag	---
45.	K	Seuffert an Sauer in Lemberg. Würzburg, 28. Juli 1882. Freitag	---
46.	K	Sauer an Seuffert in Würzburg [nachgesandt nach Kufstein, Tirol]. Lemberg, 13. August 1882. Sonntag	---
47.	K	Seuffert an Sauer in Lemberg. Würzburg, 1. Oktober 1882. Sonntag	---
48.	K	Sauer an Seuffert in Würzburg. Lemberg, 4. Oktober 1882. Mittwoch	---
49.	K	Seuffert an Sauer in Lemberg. Würzburg, 7. Oktober 1882. Samstag	---
50.	K	Sauer an Seuffert in Würzburg. Lemberg, 17. Oktober 1882. Dienstag	---
51.	K	Seuffert an Sauer in Lemberg. Würzburg, 21. Oktober 1882. Samstag	---
52.	K	Sauer an Seuffert in Würzburg. Lemberg, 23. Oktober 1882. Montag	---
53.	B	Sauer an Seuffert in Würzburg. Lemberg, 1. November 1882. Mittwoch	---
54.	B	Seuffert an Sauer in Lemberg. Würzburg, 5. November 1882. Sonntag	---
55.	K	Sauer an Seuffert in Würzburg. Lemberg, 13. November 1882. Montag	---
56.	K	Sauer an Seuffert in Würzburg. Lemberg, 18. November 1882. Samstag	---
57.	K	Seuffert an Sauer in Lemberg. Würzburg, 20. November 1882. Montag	---
58.	K	Seuffert an Sauer in Lemberg [nachgesandt nach Wien]. Würzburg, 25. Dezember 1882. Montag	---
59.	B	Sauer an Seuffert in Würzburg. (Wien, vor dem 4. Januar 1883)	---
60.	K	Seuffert an Sauer in Wien. Würzburg, 4. Januar 1883. Donnerstag	---
61.	B	Sauer an Seuffert in Würzburg. Lemberg, 24. Januar 1883. Mittwoch	24.
62.	B	Seuffert an Sauer in Lemberg. Würzburg, 27. Januar 1883. Samstag	25.
63.	K	Sauer an Seuffert in Würzburg. Lemberg, 30. Januar 1883. Dienstag	---
64.	B	Seuffert an Sauer in Lemberg. Würzburg, 4. Februar 1883. Sonntag	---
65.	K	Seuffert an Sauer in Lemberg. Würzburg, 4. März 1883. Sonntag	---

66.	B	Sauer an Seuffert in Würzburg. Lemberg, 3. April 1883. Dienstag	26.
67.	K	Seuffert an Sauer in Lemberg. Würzburg, 6. April 1883. Freitag	27.
68.	K	Sauer an Seuffert in Würzburg. Lemberg, 9. Juni 1883. Samstag	28.
69.	K	Seuffert an Sauer in Lemberg. Würzburg, 11. Juni 1883. Montag	29.
70.	K	Sauer an Seuffert in Würzburg. Lemberg, 25. Juni 1883. Montag	30.
71.	K	Sauer an Seuffert in Würzburg. Lemberg, 26. Juni 1883. Dienstag	31.
72.	K	Seuffert an Sauer in Lemberg. Würzburg, 26. Juni 1883. Dienstag	32.
73.	B	Seuffert an Sauer in Lemberg. Würzburg, 29. Juni 1883. Freitag	33.
74.	B	Sauer an Seuffert in Würzburg. Lemberg, 3. Juli 1883. Dienstag	34.
75.	K	Seuffert an Sauer in Lemberg. Würzburg, 7. Juli 1883. Samstag	---
76.	K	Seuffert an Sauer in Lemberg. Würzburg, 22. Juli 1883. Sonntag	---
77.	K	Sauer an Seuffert in Würzburg. Lemberg, 25. Juli 1883. Mittwoch	---
78.	B	Seuffert an Sauer in Lemberg. Würzburg, 28. Juli 1883. Samstag	35.
79.	B	Sauer an Seuffert in Würzburg. Lemberg, 1. August 1883. Mittwoch	36.
80.	B	Seuffert an Sauer in Lemberg. Würzburg, 2. September 1883. Sonntag	37.
81.	K	Sauer an Seuffert in Würzburg. Graz, 15. Oktober 1883. Montag	38.
82.	K	Seuffert an Sauer in Graz. Würzburg, 17. Oktober 1883. Mittwoch	39.
83.	K	Seuffert an Sauer in Graz. Würzburg, 14. (November 1883. Mittwoch)	---
84.	K	Sauer an Seuffert in Würzburg. Graz, 16. November 1883. Freitag	---
85.	K	Seuffert an Sauer in Graz. Würzburg, 24. November 1883. Samstag	---
86.	K	Sauer an Seuffert in Würzburg. Graz, 24. Februar 1884. Sonntag	---
87.	K	Seuffert an Sauer in Graz. Würzburg, 1. April 1884. Dienstag	---
88.	B	Sauer an Seuffert in Würzburg. Graz, 16. Mai 1884. Freitag	40.
89.	K	Seuffert an Sauer in Graz. Würzburg, 18. Mai 1884. Sonntag	---
90.	B	Seuffert an Sauer in Graz. Würzburg, 2. Juni 1884. Montag	41.
91.	K	Sauer an Seuffert in Würzburg. Graz, 3. Juni 1884. Dienstag	---
92.	B	Sauer an Seuffert in Würzburg. Graz, 4. September 1884. Donnerstag	42.
93.	B	Seuffert an Sauer in Graz. Würzburg, 8. September 1884. Montag	43.
94.	B	Sauer an Seuffert in Würzburg. Graz, 17. September 1884. Mittwoch	44.
95.	K	Seuffert an Sauer in Graz. Würzburg, 27. Oktober 1884. Montag	---
96.	K	Sauer an Seuffert in Würzburg. Graz, 29. Oktober 1884. Mittwoch	---

97.	K	Sauer an Seuffert in Würzburg. Graz, 1. November 1884. Samstag	---
98.	K	Sauer an Seuffert in Würzburg. Graz, 19. Dezember 1884. Freitag	---
99.	B	Seuffert an Sauer in Graz. Würzburg, 23. Dezember 1884. Dienstag	---
100.	B	Sauer an Seuffert in Würzburg. Graz, 25. Dezember 1884. Donnerstag	---
101.	B	Seuffert an Sauer in Graz. Würzburg, 31. Dezember 1884. Mittwoch	---
102.	K	Seuffert an Sauer in Graz. Würzburg, 26. Februar 1885. Donnerstag	---
103.	K	Sauer an Seuffert in Würzburg. Graz, 6. März 1885. Freitag	---
104.	K	Seuffert an Sauer in Graz. Würzburg, 8. März 1885. Sonntag	---
105.	B	Sauer an Seuffert in Würzburg. (Graz), 20. März 1885. Freitag	45.
106.	K	Seuffert an Sauer in Graz. Würzburg, 21. März 1885. Samstag	---
107.	B	Seuffert an Sauer in Graz. Würzburg, 24. März 1885. Dienstag	46.
108.	K	Sauer an Seuffert in Würzburg. Graz, 27. März 1885. Freitag	---
109.	K	Seuffert an Sauer in Graz. Würzburg, 29. März 1885. Sonntag	---
110.	K	Sauer an Seuffert in Würzburg. Graz, 31. März 1885. Dienstag	---
111.	K	Sauer an Seuffert in Würzburg. Graz, 11. April 1885. Samstag	---
112.	K	Seuffert an Sauer in Graz. Würzburg, 13. April 1885. Montag	---
113.	B	Sauer an Seuffert in Würzburg. Graz, 15. April 1885. Mittwoch	47.
114.	K	Sauer an Seuffert in Würzburg. Graz, 15. April 1885. Mittwoch	---
115.	B	Seuffert an Sauer in Graz. Würzburg, 17. April 1885. Freitag	48.
116.	B	Sauer an Seuffert in Würzburg. Graz, 19. April 1885. Sonntag	---
117.	K	Seuffert an Sauer in Graz. Würzburg, 21. April 1885. Dienstag	---
118.	K	Sauer an Seuffert in Würzburg. Graz, 23. April 1885. Donnerstag	---
119.	B	Sauer an Seuffert in Würzburg. (Graz), 3. Mai 1885. Sonntag	---
120.	K	Seuffert an Sauer in Graz. Würzburg, 5. Mai 1885. Dienstag	---
121.	K	Sauer an Seuffert in Würzburg. Graz, 7. Mai 1885. Donnerstag	---
122.	K	Seuffert an Sauer in Graz. Würzburg, 11. Mai 1885. Montag	---
123.	K	Seuffert an Sauer in Graz. Würzburg, 10. Juni 1885. Mittwoch	---
124.	B	Sauer an Seuffert in Würzburg. Graz, 13. Juni 1885. Samstag	---
125.	K	Seuffert an Sauer in Graz. Würzburg, 15. Juni 1885. Montag	---
126.	K	Sauer an Seuffert in Würzburg. Graz, 23. Juli 1885. Donnerstag	---
127.	B	Sauer an Seuffert in Würzburg. Graz, 24. Juli 1885. Freitag	---
128.	K	Sauer an Seuffert in Würzburg. Graz, 24. Juli 1885. Freitag	---
129.	B	Seuffert an Sauer in Graz. Würzburg, 28. Juli 1885. Dienstag	---

130.	K	Sauer an Seuffert in Bad Brückenau, Bayern. Westerland auf Sylt, 14. August 1885. Freitag	---
131.	K	Seuffert an Sauer in Westerland auf Sylt. Bad Brückenau, Bayern, (vmtl. am 15. oder 16. August 1885)	---
132.	K	Sauer an Seuffert in Bad Brückenau, Bayern. Westerland auf Sylt, 17. August 1885. Montag	---
133.	K	Sauer an Seuffert in Würzburg. Westerland auf Sylt, 6. September 1885. Sonntag	---
134.	K	Sauer an Seuffert in Bad Brückenau, Bayern [nachgesandt nach Würzburg]. Westerland auf Sylt, 6. September 1885. Sonntag	---
135.	K	Seuffert an Sauer in Westerland auf Sylt. Würzburg, 8. September 1885. Dienstag	---
136.	K	Sauer an Seuffert in Würzburg. Westerland auf Sylt, 18. September 1885. Freitag	---
137.	K	Sauer an Seuffert in Würzburg. Westerland auf Sylt, 21. September 1885. Montag	49.
138.	K	Sauer an Seuffert in Würzburg. München, 29. September 1885. Dienstag	50.
139.	B	Seuffert an Sauer in Graz. Würzburg, 7./8. Oktober 1885. Mittwoch/Donnerstag	---
140.	B	Sauer an Seuffert in Würzburg. Graz, 10. Oktober 1885. Samstag	51.
141.	B	Seuffert an Sauer in Graz. Würzburg, 20. Oktober 1885. Dienstag	52.
142.	K	Seuffert an Sauer in Graz. Würzburg, 21. Oktober 1885. Mittwoch	---
143.	B	Sauer an Seuffert in Würzburg. Graz, 22. Oktober 1885. Donnerstag	53.
144.	K	Seuffert an Sauer in Graz. Würzburg, 25. Oktober 1885. Sonntag	54.
145.	B	Sauer an Seuffert in Würzburg. Graz, 1. November 1885. Sonntag	---
146.	K	Seuffert an Sauer in Graz. Würzburg, 3. November 1885. Dienstag	---
147.	K	Seuffert an Sauer in Graz. Würzburg, 6. November 1885. Freitag	---
148.	B	Seuffert an Sauer in Graz. Würzburg, 25. November/6. Dezember 1885. Mittwoch/Sonntag	---
149.	K	Sauer an Seuffert in Würzburg. Graz, 14. Dezember 1885. Montag	---
150.	B	Sauer an Seuffert in Würzburg. Graz, 6. Januar 1886. Mittwoch	55.
151.	K	Sauer an Seuffert in Würzburg. Graz, 10. Januar 1886. Sonntag	---
152.	B	Seuffert an Sauer Graz. Würzburg, 13. Januar 1886. Mittwoch	56.
153.	B	Sauer an Seuffert in Würzburg. (Graz), 16. Januar 1886. Samstag	57.
154.	B	Seuffert an Sauer in Graz. Würzburg, 18. Januar 1886. Montag	58.

155.	B	Sauer an Seuffert in Würzburg. (Graz), 22. Januar 1886. Freitag	---
156.	B	Seuffert an Sauer in Graz. Würzburg, 13. Februar 1886. Samstag	---
157.	B	Sauer an Seuffert in Würzburg. Graz, 17. März 1886. Mittwoch	---
158.	B	Sauer an Seuffert in Würzburg. Graz, 6. April 1886. Dienstag	59.
159.	K	Seuffert an Sauer in Graz. Würzburg, 6. April 1886. Dienstag	---
160.	B	Seuffert an Sauer in Graz. Würzburg, 11. April 1886. Sonntag	60.
161.	B	Sauer an Seuffert in Würzburg. Graz, 12. April 1886. Dienstag	61.
162.	K	Seuffert an Sauer in Prag. Würzburg, 17. Mai 1886. Montag	62.
163.	K	Sauer an Seuffert in Würzburg. Prag, 18. Mai 1886. Dienstag	---
164.	B	Sauer an Seuffert in Würzburg. Prag, 14. Juni 1886. Montag	63.
165.	B	Seuffert an Sauer in Prag. Würzburg, 21. Juni 1886. Montag	64.
166.	B	Sauer an Seuffert in Würzburg. Prag, 22. Juni 1886. Dienstag	65.
167.	B	Sauer an Seuffert in Würzburg. Prag, 22. Juni 1886. Dienstag	---
168.	B	Seuffert an Sauer in Prag. Würzburg, 24. Juni 1886. Donnerstag	---
169.	K	Sauer an Seuffert in Würzburg. Prag, 26. Juni 1886. Samstag	---
170.	K	Seuffert an Sauer in Prag. Würzburg, 28. Juni 1886. Montag	---
171.	K	Sauer an Seuffert in Würzburg. Prag (31. Juli 1886. Samstag)	---
172.	K	Seuffert an Sauer in Wien. Würzburg, 23. August 1886. Montag	66.
173.	B	Sauer an Seuffert in Würzburg. Wien, 24. August 1886. Dienstag	67.
174.	B	Seuffert an Sauer in Wien. Würzburg, 28. August 1886. Samstag	68.
175.	B	Sauer an Seuffert in Würzburg. Wien, 30. August 1886. Montag	69.
176.	B	Seuffert an Sauer in Wien. Würzburg, 1. September 1886. Mittwoch	70.
177.	B	Sauer an Seuffert in Würzburg. Wien, 3. September 1886. Freitag	71.
178.	K	Seuffert an Sauer in Wien. Würzburg, 6. September 1886. Montag	
179.	B	Sauer an Seuffert in Würzburg. Wien, 22. September 1886. Mittwoch	72.
180.	K	Seuffert an Sauer in Wien. Würzburg, 24. September 1886. Freitag	---
181.	K	Seuffert an Sauer in Wien. Würzburg, 28. September 1886. Dienstag	---
182.	K	Sauer an Seuffert in Würzburg. Wien, 29. September 1886. Mittwoch	---
183.	K	Sauer an Seuffert in Würzburg. Wien, 1. Oktober 1886. Freitag	---
184.	K	Sauer an Seuffert in Würzburg. Wien, 8. Oktober 1886. Freitag	---
185.	K	Seuffert an Sauer in Prag. Graz, 4. November 1886. Donnerstag	73.
186.	K	Seuffert an Sauer in Prag. (Graz, 5. November 1886. Freitag)	---

187.	K	Sauer an Seuffert in Graz. Prag, 12. November 1886. Freitag	---
188.	B	Seuffert an Sauer in Prag. Graz, 8. Dezember 1886. Mittwoch	74.
189.	B	Sauer an Seuffert in Graz. Prag, 17. Dezember 1886. Freitag	---
190.	K	Seuffert an Sauer in Prag. Graz, 9. Februar 1887. Mittwoch	---
191.	K	Seuffert an Sauer in Prag. Graz, 10. April 1887. Sonntag	---
192.	K	Seuffert an Sauer in Prag. Graz, 24. April 1887. Sonntag	---
193.	K	Sauer an Seuffert in Graz. Prag, 26. April 1887. Dienstag	---
194.	K	Sauer an Seuffert in Graz. Prag, 22. Juli 1887. Freitag	---
195.	K	Seuffert an Sauer in Prag [nachgesandt nach Segen Gottes, Mähren]. Graz, 24. Juli 1887. Sonntag	75.
196.	K	Sauer an Seuffert in Graz. Prag, 3. September 1887. Samstag	---
197.	K	Seuffert an Sauer in Prag. Graz, 9. September 1887. Freitag	76.
198.	K	Sauer an Seuffert in Graz. Weimar, 22. September 1887. Donnerstag	---
199.	K	Seuffert an Sauer in Weimar. Graz, 24. September 1887. Samstag	---
200.	B	Sauer an Seuffert in Graz. Wiesbaden, 3. Oktober 1887. Montag	77.
201.	B	Seuffert an Sauer in Prag. Graz, 7. Oktober 1887. Freitag	78.
202.	T	Sauer an Seuffert in Graz. Prag, 24. Oktober 1887. Montag	---
203.	K	Seuffert an Sauer in Prag. Graz, 1. November 1887. Dienstag	---
204.	B	Sauer an Seuffert in Graz. Prag, 3. November 1887. Donnerstag	79.
205.	B	Seuffert an Sauer in Prag. Graz, 6. November 1887. Sonntag	---
206.	B	Sauer an Seuffert in Graz. Prag, 24. November 1887. Donnerstag	---
207.	K	Sauer an Seuffert in Graz. Prag, 26. November 1887. Samstag	---
208.	B	Seuffert an Sauer in Prag. (Graz, Ende November/Anfang Dezember 1887)	80.
209.	B	Sauer an Seuffert in Graz. (Prag), 28. Dezember 1887. Mittwoch	81.
210.	B	Seuffert an Sauer in Prag. Graz, 31. Dezember 1887. Samstag	---
211.	K	Sauer an Seuffert in Graz. Prag, 4. Januar 1888. Mittwoch	---
212.	K	Seuffert an Sauer in Prag. Graz, 6. Januar 1888. Freitag	82.
213.	B	Sauer an Seuffert in Graz. Prag, 9. Januar 1888. Montag	---
214.	K	Seuffert an Sauer in Prag. Graz, 12. Januar 1888. Donnerstag	---
215.	K	Seuffert an Sauer in Prag. Graz, 20. Januar 1888. Freitag	---
216.	B	Sauer an Seuffert in Graz. (Prag, vmtl. am 23. oder 24. Januar 1888)	---
217.	B	Sauer an Seuffert in Graz. (Prag), 25. Januar (1888. Mittwoch)	---
218.	B	Seuffert an Sauer in Prag. Graz, 27./28. Januar 1888. Freitag/Samstag	---

219.	B	Sauer an Seuffert in Graz. (Prag), 30. Januar 1888. Montag	---
220.	K	Seuffert an Sauer in Prag. Graz, 1. Februar 1888. Mittwoch	---
221.	B	Seuffert an Sauer in Prag. Graz, 16. Februar 1888. Donnerstag	---
222.	B	Sauer an Seuffert in Graz. (Prag), 25. Februar 1888. Samstag	---
223.	K	Seuffert an Sauer in Prag. Graz, 27. Februar 1888. Montag	83.
224.	K	Sauer an Seuffert in Graz. Prag, 29. Februar 1888. Mittwoch	---
225.	K	Seuffert an Sauer in Prag. Graz, 2. März 1888. Freitag	---
226.	K	Seuffert an Sauer in Prag. Graz, 7. März 1888. Mittwoch	---
227.	K	Sauer an Seuffert in Graz. Prag, 9. März 1888. Freitag	---
228.	K	Seuffert an Sauer in Prag. Graz, 25. März 1888. Sonntag	---
229.	K	Sauer an Seuffert in Graz. Prag, 28. März 1888. Mittwoch	---
230.	K	Seuffert an Sauer in Prag. Graz, 1. April 1888. Sonntag	---
231.	K	Sauer an Seuffert in Graz. Prag, 3. April 1888. Dienstag	---
232.	K	Sauer an Seuffert in Graz. Prag, 25. April 1888. Mittwoch	84.
233.	K	Seuffert an Sauer in Prag. Graz, 27. April 1888. Freitag	---
234.	K	Seuffert an Sauer in Prag. Graz, 29. April 1888. Sonntag	---
235.	K	Sauer an Seuffert in Graz. Prag, 3. Mai 1888. Donnerstag	---
236.	K	Seuffert an Sauer in Prag. Graz, 8. Mai 1888. Dienstag	---
237.	B	Sauer an Seuffert in Graz. Prag, 13. Mai 1888. Sonntag	---
238.	B	Seuffert an Sauer in Prag. Graz, 5. Juni 1888. Dienstag	---
239.	B	Sauer an Seuffert in Graz. Prag, 7. Juni 1888. Donnerstag	---
240.	K	Seuffert an Sauer in Prag. Graz 9. Juni 1888. Samstag	---
241.	B	Sauer an Seuffert in Graz. Prag (um den 17. Juni 1888. Sonntag)	---
242.	B	Seuffert an Sauer in Prag. Graz, 18. Juni (1888. Montag)	---
243.	K	Sauer an Seuffert in Graz. Prag, 22. Juni 1888. Freitag	---
244.	B	Sauer an Seuffert in Graz. Prag, 16. Juli 1888. Montag	85.
245.	B	Seuffert an Sauer in Prag . Graz, 5./6. August 1888. Sonntag/Montag	---
246.	B	Sauer an Seuffert in Graz. Prag, 22./23. August 1888. Mittwoch/Donnerstag	86.
247.	B	Seuffert an Sauer in Prag. Graz, 26. August 1888. Sonntag	87.
248.	B	Sauer an Seuffert in Graz. Prag, 5. September 1888. Mittwoch	---
249.	K	Seuffert an Sauer in Wien. Graz, 23. September 1888. Sonntag	---
250.	K	Sauer an Seuffert in Graz. Prag, 13. Oktober 1888. Samstag	---
251.	K	Seuffert an Sauer in Prag. Graz, 14. Oktober 1888. Sonntag	---

252.	K	Seuffert an Sauer in Prag. Graz, 15. Oktober 1888. Montag	---
253.	K	Seuffert an Sauer in Prag. Graz, 19. Oktober 1888. Freitag	---
254.	K	Sauer an Seuffert in Graz. Prag, 22. Oktober 1888. Montag	---
255.	B	Sauer an Seuffert in Graz. Prag, 23. Oktober (1888. Dienstag)	---
256.	K	Seuffert an Sauer in Prag. Graz, 25. Oktober 1888. Donnerstag	---
257.	K	Sauer an Seuffert in Graz. Prag, 27. Oktober 1888. Samstag	---
258.	K	Sauer an Seuffert in Graz. Prag, 29. Oktober 1888. Montag	---
259.	K	Seuffert an Sauer in Prag. Graz, 4. November 1888. Sonntag	---
260.	K	Sauer an Seuffert in Graz. Prag, 7. November 1888. Mittwoch	---
261.	K	Sauer an Seuffert in Graz. Prag, 21. November 1888. Mittwoch	---
262.	B	Seuffert an Sauer in Prag. Graz, 25. November 1888. Sonntag	88.
263.	K	Seuffert an Sauer in Prag. Graz, 26. November 1888. Montag	---
264.	K	Sauer an Seuffert in Graz. Prag, 28. November 1888. Mittwoch	---
265.	B	Sauer an Seuffert in Graz. Prag, 22. Dezember 1888. Samstag	89.
266.	K	Seuffert an Sauer in Prag. Graz, 22. Dezember 1888. Samstag	---
267.	K	Sauer an Seuffert in Graz. Prag, 24. Dezember 1888. Montag	---
268.	K	Sauer an Seuffert in Graz. Prag, 28. Dezember 1888. Freitag	---
269.	K	Sauer an Seuffert in Graz. Prag, 30. Dezember 1888. Sonntag	---
270.	K	Seuffert an Sauer in Prag. Graz, 3. Januar 1889. Donnerstag	---
271.	K	Seuffert an Sauer in Prag. Graz, 11. Januar 1889. Freitag	---
272.	K	Sauer an Seuffert in Graz. Prag, 17. Januar 1889. Donnerstag	---
273.	K	Sauer an Seuffert in Graz. Prag, 22. Januar 1889. Dienstag	---
274.	K	Seuffert an Sauer in Prag. Graz, 24. Januar 1889. Donnerstag	---
275.	K	Sauer an Seuffert in Graz. Prag, 12. Februar 1889. Dienstag	---
276.	B	Sauer an Seuffert in Graz. Prag, 16. Februar 1889. Samstag	90.
277.	K	Sauer an Seuffert in Graz. Prag, 19. Februar 1889. Dienstag	---
278.	B	Seuffert an Sauer in Prag. Graz, 1. März 1889. Freitag	---
279.	K	Seuffert an Sauer in Prag. Graz, 2. März 1889. Samstag	---
280.	B	Sauer an Seuffert in Graz. Prag, 4. März 1889. Montag	---
281.	B	Sauer an Seuffert in Graz. Prag, 29. März 1889. Freitag	---
282.	K	Sauer an Seuffert in Graz. Prag, 30. März 1889. Samstag	---
283.	K	Seuffert an Sauer in Prag. Graz, 30. März 1889. Samstag	91.
284.	K	Seuffert an Sauer in Prag. Graz, 1. April 1889. Montag	---
285.	K	Sauer an Seuffert in Graz. Prag, 6. April 1889. Samstag	---

286.	K	Seuffert an Sauer in Prag. Graz, 11. April 1889. Donnerstag	---
287.	B	Sauer an Seuffert in Graz. Prag, 12. April 1889. Freitag	---
288.	K	Seuffert an Sauer in Prag. Graz, 15. April 1889. Montag	---
289.	K	Sauer an Seuffert in Graz. Prag, 19. April 1889. Freitag	---
290.	B	Sauer an Seuffert in Graz. Prag, 27. April 1889. Samstag	---
291.	B	Seuffert an Sauer in Prag. Graz, 1. Mai 1889. Mittwoch	---
292.	K	Sauer an Seuffert in Graz. Prag, 4. Mai 1889. Samstag	---
293.	K	Seuffert an Sauer in Prag. Graz, 6. Mai 1889. Montag	---
294.	K	Sauer an Seuffert in Graz. Prag, 8. Mai 1889. Mittwoch	---
295.	B	Sauer an Seuffert in Graz. Prag, 11. Mai 1889. Samstag	92.
296.	K	Seuffert an Sauer in Prag. Graz, 14. Mai 1889. Dienstag	93.
297.	B	Sauer an Seuffert in Graz. Prag, 16. Mai 1889. Donnerstag	---
298.	B	Seuffert an Sauer in Prag. Graz, 25. Mai 1889. Samstag	---
299.	K	Seuffert an Sauer in Prag. Graz, 29. Mai 1889. Mittwoch	---
300.	K	Sauer an Seuffert in Graz. Prag, 23. Juni 1889. Sonntag	---
301.	B	Sauer an Seuffert in Graz. Prag, 24. Juni 1889. Montag	---
302.	B	Seuffert an Sauer in Prag. Graz, 26./29. Juni 1889. Mittwoch/Samstag	---
303.	K	Seuffert an Sauer in Prag. Graz, 8. Juli 1889. Montag	---
304.	B	Sauer an Seuffert in Graz. Prag, 9. Juli 1889. Dienstag	94.
305.	K	Sauer an Seuffert in Graz. Prag, 15. Juli 1889. Montag	---
306.	K	Seuffert an Sauer in Prag. Graz, 16. Juli 1889. Dienstag	---
307.	B	Sauer an Seuffert in Graz. Prag, 27. Juli 1889. Samstag	---
308.	B	Seuffert an Sauer in Prag. Graz, 29. Juli 1889. Montag	---
309.	B	Sauer an Seuffert in Graz. Prag, 1. August 1889. Donnerstag	---
310.	K	Seuffert an Sauer in Prag. Graz, 3. August 1889. Samstag	---
311.	K	Sauer an Seuffert in Graz. Prag, 5. August 1889. Montag	---
312.	K	Seuffert an Sauer in Liebegottesgrube bei Rossitz, Mähren. Graz, 19. August 1889. Montag	95.
313.	K	Sauer an Seuffert in Graz. Liebegottesgrube bei Rossitz, Mähren, 23. August 1889. Freitag	---
314.	K	Seuffert an Sauer in Liebegottesgrube bei Rossitz, Mähren. Graz, 25. August 1889. Sonntag	---
315.	K	Sauer an Seuffert in Graz. Liebegottesgrube bei Rossitz, Mähren, 28. August 1889. Mittwoch	---

316.	B	Sauer an Seuffert in Graz. Prag, 4. September 1889. Mittwoch	---
317.	K	Seuffert an Sauer in Wien. Graz, 8. September 1889. Sonntag	---
318.	K	Seuffert an Sauer in Wien. Graz, 8. September 1889. Sonntag	---
319.	K	Sauer an Seuffert in Graz. Wien, 15. September 1889. Sonntag	---
320.	K	Sauer an Seuffert in Graz. Wien, 6. Oktober 1889. Sonntag	---
321.	K	Seuffert an Sauer in Prag. Graz, 8. Oktober 1889. Dienstag	---
322.	B	Sauer an Seuffert in Graz. Prag, 14. Oktober 1889. Montag	96.
323.	K	Sauer an Seuffert in Graz. Prag, 30. Oktober 1889. Mittwoch	---
324.	B	Seuffert an Sauer in Prag. Graz, 6. November 1889. Mittwoch	97.
325.	B	Seuffert an Sauer in Prag. Graz, 15. November 1889. Freitag	---
326.	B	Sauer an Seuffert in Graz. (Prag, Mitte bis Ende November 1889)	---
327.	K	Seuffert an Sauer in Prag. Graz, 2. Dezember 1889. Montag	---
328.	K	Seuffert an Sauer in Prag. Graz, 10. Dezember 1889. Samstag	---
329.	K	Sauer an Seuffert in Graz. Prag, 12. Dezember 1889. Donnerstag	---
330.	K	Seuffert an Sauer in Prag. Graz, 16. Dezember 1889. Montag	---
331.	K	Sauer an Seuffert in Graz. Prag, 5. Januar 1890. Sonntag	---
332.	K	Seuffert an Sauer in Prag. Graz, 12. Januar 1890. Sonntag	---
333.	B	Sauer an Seuffert in Graz. (Prag, 25. oder 26. Januar 1890. Samstag oder Sonntag)	98.
334.	B	Seuffert an Sauer in Prag . Graz, 23. Februar 1890. Sonntag	99.
335.	K	Seuffert an Sauer in Prag. Graz, 6. März 1890. Donnerstag	---
336.	K	Seuffert an Sauer in Prag. Graz, 14. März 1890. Freitag	---
337.	K	Sauer an Seuffert in Graz. Prag, 15. März 1890. Samstag	100.
338.	K	Sauer an Seuffert in Graz. Prag, 16. März 1890. Sonntag	---
339.	K	Seuffert an Sauer in Prag. Graz, 21. März 1890. Freitag	---
340.	K	Sauer an Seuffert in Graz. Prag, 24. März 1890. Montag	---
341.	B	Sauer an Seuffert in Graz. Prag (8. April) 1890. Dienstag	101.
342.	K	Sauer an Seuffert in Graz. Wien 11. April 1890. Freitag	---
343.	B	Seuffert an Sauer in Wien. Graz, 11. April 1890. Freitag	102.
344.	K	Seuffert an Sauer in Wien. Graz, 13. April 1890. Sonntag	---
345.	B	Sauer an Seuffert in Graz. Wien, 14. April 1890. Montag	103.
346.	K	Sauer an Seuffert in Graz. Wien, 15. April 1890. Dienstag	---
347.	B	Seuffert an Sauer in Wien. Graz, 18. April 1890. Freitag	---
348.	B	Sauer an Seuffert in Graz. Wien, 19. April 1890. Samstag	---

349.	K	Seuffert an Sauer in Wien. Graz, 21. April 1890. Montag	---
350.	K	Sauer an Seuffert in Graz. Wien, 22. April 1890. Dienstag	---
351.	K	Seuffert an Sauer in Prag. Graz, 28. April 1890. Montag	---
352.	K	Sauer an Seuffert in Graz. Prag, 29. April 1890. Dienstag	---
353.	K	Seuffert an Sauer in Prag. Graz, 2. Mai 1890. Freitag	---
354.	K	Sauer an Seuffert in Graz. Prag, 4. Mai 1890. Sonntag	---
355.	K	Seuffert an Sauer in Prag. Graz, 6. Mai 1890. Dienstag	---
356.	K	Sauer an Seuffert in Graz. Prag, 8. Mai 1890. Donnerstag	---
357.	K	Sauer an Seuffert in Graz. Prag, 17. Mai 1890. Samstag	---
358.	K	Sauer an Seuffert in Graz. Prag, 18. Mai 1890. Sonntag	---
359.	K	Seuffert an Sauer in Prag. Graz, 23. Mai 1890. Freitag	---
360.	K	Sauer an Seuffert in Graz. Prag, 29. Mai 1890. Donnerstag	---
361.	K	Seuffert an Sauer in Prag. Graz, 29. Mai 1890. Donnerstag	---
362.	K	Sauer an Seuffert in Graz. Prag, 6. Juni 1890. Freitag	---
363.	K	Seuffert an Sauer in Prag. Graz, 19. Juli 1890. Samstag	104.
364.	K	Seuffert an Sauer in Prag. Graz, 6. Oktober 1890. Montag	---
365.	K	Sauer an Seuffert in Graz. Prag, 9. Oktober 1890. Donnerstag	---
366.	K	Seuffert an Sauer in Prag. Graz, 11. Oktober 1890. Samstag	---
367.	K	Sauer an Seuffert in Graz. Prag, 22. Oktober 1890. Mittwoch	---
368.	K	Seuffert an Sauer in Prag. Graz, 1. Januar 1891. Donnerstag	105.
369.	B	Seuffert an Sauer in Prag. Graz, 7. Februar 1891. Samstag	106.
370.	B	Sauer an Seuffert in Graz. Wien, 9. Februar 1891. Montag	107.
371.	B	Seuffert an Sauer in Wien. Graz, 10. Februar 1891. Dienstag	108.
372.	B	Sauer an Seuffert in Graz. Prag, 14. Februar 1891. Samstag	109.
373.	K	Seuffert an Sauer in Prag. Graz, 16. Februar 1891. Montag	---
374.	K	Sauer an Seuffert in Graz. Prag, 23. Februar 1891. Montag	---
374a.	B	Seuffert an Sauer in Prag. (Graz, vor dem 26. Februar 1891)	296.
375.	K	Sauer an Seuffert in Graz. Prag, 26. Februar 1891. Donnerstag	---
376.	K	Seuffert an Sauer in Prag. Graz, 28. Februar 1891. Samstag	---
377.	B	Seuffert an Sauer in Prag. Graz, 12. März 1891. Donnerstag	110.
378.	B	Sauer an Seuffert in Graz. Prag, 22. März 1891. Sonntag	111.
379.	B	Seuffert an Sauer in Prag. Graz, 25. März 1891. Mittwoch	---
380.	K	Sauer an Seuffert in Graz. Prag, 27. März 1891. Freitag	---
381.	K	Seuffert an Sauer in Prag. Graz, 29. März 1891. Sonntag	---

382.	K	Seuffert an Sauer in Prag. Graz, 19. Mai 1891. Dienstag	---
383.	K	Sauer an Seuffert in Graz. Prag, 28. Mai 1891. Donnerstag	---
384.	B	Seuffert an Sauer in Prag. (Graz, vor dem 17. Juni 1891)	---
385.	K	Sauer an Seuffert in Graz. Prag, 17. Juni 1891. Mittwoch	112.
386.	K	Sauer an Seuffert in Graz. Prag, 5. Juli 1891. Sonntag	---
387.	K	Seuffert an Sauer in Prag [nachgesandt nach Eleonorenhain, Prachatitz, Böhmen]. Graz, 24. Juli 1891. Freitag	---
388.	K	Sauer an Seuffert in Graz. Westerland auf Sylt, 10. August 1891. Montag	113.
389.	B	Seuffert an Sauer in Prag. Graz, 4. Oktober 1891. Sonntag	---
390.	K	Sauer an Seuffert in Graz. Prag, 10. November 1891. Dienstag	---
391.	K	Seuffert an Sauer in Prag. Graz, 12. November 1891. Donnerstag	---
392.	K	Sauer an Seuffert in Graz. Prag, 1. Januar 1892. Freitag	---
393.	K	Seuffert an Sauer in Prag. Graz, 4. Januar 1892. Montag	---
394.	K	Sauer an Seuffert in Graz. Prag 5. Januar 1892. Dienstag	---
395.	K	Seuffert an Sauer in Prag. Graz, 8. Februar 1892. Montag	---
396.	K	Sauer an Seuffert in Graz. Prag, 10. Februar 1892. Mittwoch	---
397.	K	Sauer an Seuffert in Graz. Prag, 25. März 1892. Freitag	---
398.	K	Seuffert an Sauer in Prag. Graz, 28. März 1892. Montag	---
399.	K	Seuffert an Sauer in Prag. Graz, 26. April 1892. Dienstag	---
400.	K	Sauer an Seuffert in Graz. Prag, 28. April 1892. Donnerstag	---
401.	K	Seuffert an Sauer in Prag. Graz, 30. April 1892. Samstag	---
402.	K	Seuffert an Sauer in Prag. Graz, 4. Mai 1892. Mittwoch	---
403.	K	Seuffert an Sauer in Prag [nachgesandt von Prag-Weinberge nach Prag-Smichow]. Graz, 17. Mai 1892. Dienstag	114.
404.	B	Sauer an Seuffert in Graz. Prag, 14. Juni 1892. Dienstag	---
405.	K	Sauer an Seuffert in Graz. Prag, 18. Juni 1892. Samstag	---
406.	B	Seuffert an Sauer in Prag. Graz, 4. August 1892. Donnerstag	115.
407.	B	Sauer an Seuffert in Graz. Krummau, Böhmen, 8. August 1892. Montag	116.
408.	K	Seuffert an Sauer in Prag. Graz, 12. Oktober 1892. Mittwoch	---
409.	K	Sauer an Seuffert in Graz. Prag, 18. Oktober 1892. Dienstag	---
410.	K	Seuffert an Sauer in Prag. Graz, 21. Oktober 1892. Freitag	---
411.	K	Sauer an Seuffert in Graz. Prag, 24. Oktober 1892. Montag	---

412.	K	Seuffert an Sauer in Prag. Graz, 26. Oktober 1892. Mittwoch	---
413.	K	Sauer an Seuffert in Graz. Prag, 9. November 1892. Mittwoch	---
414.	K	Seuffert an Sauer in Prag. Graz, 12. November 1892. Samstag	---
415.	K	Sauer an Seuffert in Graz. Prag, 16. November 1892. Mittwoch	---
416.	K	Seuffert an Sauer in Prag. Graz, 25. November 1892. Freitag	117.
417.	K	Sauer an Seuffert in Graz. Prag, 27. November 1892. Sonntag	118.
418.	K	Seuffert an Sauer in Prag. Graz, 9. Januar 1893. Montag	---
419.	K	Sauer an Seuffert in Graz. Prag, 8. Februar 1893. Mittwoch	---
420.	K	Seuffert an Sauer in Prag. Graz, 15. Februar 1893. Mittwoch	---
421.	K	Seuffert an Sauer in Prag. Graz, 26. Februar 1893. Sonntag	---
422.	K	Sauer an Seuffert in Graz. Prag, 28. Februar 1893. Dienstag	---
423.	K	Seuffert an Sauer in Prag. Graz, 14. März 1893. Dienstag	---
424.	B	Sauer an Seuffert in Graz. Prag, 28. März 1893. Dienstag	119.
425.	K	Sauer an Seuffert in Graz. Prag, 17. April 1893. Montag	---
426.	K	Seuffert an Sauer in Prag. Würzburg, 22. April 1893. Samstag	---
427.	K	Seuffert an Sauer in Prag. Graz, 8. Mai 1893. Montag	---
428.	K	Sauer an Seuffert in Graz. Prag, 12. Mai 1893. Freitag	---
429.	K	Sauer an Seuffert in Graz. Prag, 27. Mai 1893. Samstag	120.
430.	K	Seuffert an Sauer in Prag. Graz, 5. Juni 1893. Montag	---
431.	B	Sauer an Seuffert in Graz. (Prag, nach dem 5. Juni 1893)	
432.	B	Seuffert an Sauer in Weimar. St. Peter am Kammersberg, Obersteiermark, 31. Juli 1893. Montag	121.
433.	B	Sauer an Seuffert in Graz. Prag, 18. September 1893. Montag	122.
434.	K	Seuffert an Sauer in Prag. Graz, 23. September 1893. Samstag	123.
435.	K	Seuffert an Sauer in Prag. Graz, 2. Oktober 1893. Montag	---
436.	K	Sauer an Seuffert in Graz. Prag, 4. Oktober 1893. Mittwoch	---
437.	K	Seuffert an Sauer in Prag. Graz, 6. Oktober 1893. Freitag	124.
438.	B	Sauer an Seuffert in Prag. Graz, 8. Oktober 1893. Sonntag	125.
439.	B	Seuffert an Sauer in Prag. Graz, 11. Oktober 1893. Mittwoch	---
440.	B	Seuffert an Sauer in Prag. Graz, 24. Oktober 1893. Dienstag	---
441.	K	Sauer an Seuffert in Graz. Prag, 27. Oktober 1893. Freitag	---
442.	B	Sauer an Seuffert in Graz. Prag, 29. Oktober 1893. Sonntag	126.
443.	K	Seuffert an Sauer in Prag. Graz, 1. November 1893. Mittwoch	127.
444.	K	Sauer an Seuffert in Graz. Prag, 2. November 1893. Donnerstag	---

445.	B	Seuffert an Sauer in Prag. Graz, 4. November 1893. Samstag	---
446.	K	Sauer an Seuffert in Graz. Prag, 23. November 1893. Donnerstag	---
447.	K	Sauer an Seuffert in Graz. Prag, 25. November 1893. Samstag	---
448.	K	Seuffert an Sauer in Prag. Graz, 27. November 1893. Montag	---
449.	K	Sauer an Seuffert in Graz. Prag, 30. November 1893. Donnerstag	---
450.	K	Seuffert an Sauer in Prag. Graz, 4. Dezember 1893. Montag	---
451.	B	Sauer an Seuffert in Graz. (Prag), 6. Dezember (1893. Mittwoch)	128.
452.	K	Sauer an Seuffert in Graz. Prag, 8. Dezember 1893. Freitag	129.
453.	B	Seuffert an Sauer in Prag. Graz, 8. Dezember 1893. Freitag	130.
454.	K	Sauer an Seuffert in Graz. Prag, 9. Dezember 1893. Samstag	---
455.	K	Seuffert an Sauer in Prag. Graz, 9. Dezember 1893. Samstag	---
456.	K	Sauer an Seuffert in Graz. Prag, 13. Dezember 1893. Mittwoch	131.
457.	K	Seuffert an Sauer in Prag. Graz, 14. Dezember 1893. Donnerstag	---
458.	K	Sauer an Seuffert in Graz. Prag, 15. Dezember 1893. Freitag	132.
459.	B	Seuffert an Sauer in Prag. Graz, 15. Dezember 1893. Freitag	---
460.	K	Seuffert an Sauer in Prag. Graz, 16. Dezember 1893. Samstag	133.
461.	B	Sauer an Seuffert in Graz. Prag, 25. Dezember 1893. Montag	134.
462.	K	Seuffert an Sauer in Prag. Graz, 28. Dezember 1893. Donnerstag	---
463.	K	Seuffert an Sauer in Prag. Graz, 28. Dezember 1893. Donnerstag	---
464.	K	Sauer an Seuffert in Graz. Prag, 29. Dezember 1893. Freitag	---
465.	B	Sauer an Seuffert in Graz. (Prag, vor dem 15. Januar 1894)	135.
466.	K	Sauer an Seuffert in Graz. Prag, 15. Januar 1894. Montag	---
467.	B	Seuffert an Sauer in Prag. Graz, 15./16. Januar 1894. Montag/Dienstag	136.
468.	B	Seuffert an Sauer in Prag. (Graz, vmtl. am 16. oder 17. Januar 1894)	---
469.	B	Sauer an Seuffert in Graz. Prag, 18. Januar 1894. Donnerstag	137.
470.	K	Sauer an Seuffert in Graz. Prag, 19. Januar 1894. Freitag	---
471.	K	Seuffert an Sauer in Prag. Graz, 20. Januar 1894. Samstag	---
472.	B	Sauer an Seuffert in Graz. Prag, 25. Januar 1894. Donnerstag	---
473.	B	Seuffert an Sauer in Prag. Graz, 29. Januar 1894. Montag	---
474.	B	Sauer an Seuffert in Graz. (Prag), 31. Januar 1894. Mittwoch	---
475.	B	Seuffert an Sauer in Prag. Graz, 5. Februar 1894. Montag	---
476.	B	Sauer an Seuffert in Graz. (Prag, 7. Februar 1894). Mittwoch	---
477.	B	Seuffert an Sauer in Prag. Graz, 10. Februar 1894. Samstag	---

478.	B	Sauer an Seuffert in Graz. Prag, 12. Februar 1894. Montag	---
479.	K	Seuffert an Sauer in Prag. Graz, 15. Februar 1894. Donnerstag	---
480.	K	Sauer an Seuffert in Graz. Prag, 17. Februar 1894. Samstag	---
481.	B	Seuffert an Sauer in Prag. Graz, 22. Februar 1894. Donnerstag	---
482.	K	Sauer an Seuffert in Graz. Prag, 24. Februar 1894. Samstag	138.
483.	B	Sauer an Seuffert in Graz. (Prag, 26. Februar 1894). Montag	---
484.	B	Seuffert an Sauer in Prag. Graz, 28. Februar 1894. Mittwoch	---
485.	B	Sauer an Seuffert in Graz. (Prag, Anfang März 1894)	139.
486.	K	Seuffert an Sauer in Prag. Graz, 5. März 1894. Montag	---
487.	K	Sauer an Seuffert in Graz. Prag, 7. März 1894. Mittwoch	---
488.	K	Seuffert an Sauer in Prag. Graz, 8. März 1894 Donnerstag	---
489.	B	Sauer an Seuffert in Graz. (Prag), 9. März 1894. Freitag	140.
490.	K	Sauer an Seuffert in Graz. Prag, 10. März 1894. Samstag	---
491.	B	Seuffert an Sauer in Prag. Graz, 12. März 1894. Montag	141.
492.	B	Sauer an Seuffert in Graz. (Prag, vor dem 16. März 1894)	---
493.	K	Seuffert an Sauer in Prag. Graz, 16. März 1894. Freitag	---
494.	K	Seuffert an Sauer in Prag. Graz, 18. März 1894. Sonntag	---
495.	K	Sauer an Seuffert in Graz. Prag, 20. März 1894. Dienstag	---
496.	B	Sauer an Seuffert in Graz. (Prag, vor dem 3. April 1894)	---
497.	B	Seuffert an Sauer in Prag. Graz, 3. April 1894. Dienstag	---
498.	B	Seuffert an Sauer in Prag. Graz, 4. April 1894. Mittwoch	---
499.	K	Sauer an Seuffert in Graz. Prag, 5. April 1894. Donnerstag	---
500.	B	Seuffert an Sauer in Prag. Graz, 7. April 1894. Samstag	---
501.	K	Sauer an Seuffert in Graz. Prag, 9. April 1894. Montag	---
502.	K	Sauer an Seuffert in Graz. Prag, 13. April 1894. Freitag	---
503.	K	Seuffert an Sauer in Prag. Graz, 16. April 1894. Sonntag	---
504.	K	Sauer an Seuffert in Graz. Prag, 19. April 1894. Donnerstag	---
505.	K	Seuffert an Sauer in Prag. Graz, 20. April 1894. Freitag	---
506.	K	Seuffert an Sauer in Prag. Graz, 21. April 1894. Samstag	---
507.	K	Sauer an Seuffert in Graz. Prag, 1. Mai 1894. Dienstag	---
508.	K	Seuffert an Sauer in Prag. Graz, 3. Mai 1894. Donnerstag	---
509.	K	Sauer an Seuffert in Graz. Prag, 9. Mai 1894. Mittwoch	142.
510.	B	Seuffert an Sauer in Weimar. Graz, 12. Mai 1894. Samstag	143.
511.	K	Seuffert an Sauer in Prag. Graz, 28. Mai 1894. Montag	144.

512.	K	Seuffert an Sauer in Prag. Graz, 3. Juni 1894. Sonntag	---
513.	K	Sauer an Seuffert in Graz. Prag, 9. Juni 1894. Samstag	---
514.	K	Seuffert an Sauer in Prag. Graz, 11. Juni 1894. Montag	---
515.	B	Sauer an Seuffert in Graz. (Prag), 13. Juni 1894. Mittwoch	145.
516.	K	Sauer an Seuffert in Graz. Prag (vmtl. am 19. Juni 1894. Dienstag)	---
517.	B	Seuffert an Sauer in Prag. Graz, 20. Juni 1894. Mittwoch	146.
518.	K	Seuffert an Sauer in Prag. Graz, 1. Juli 1894. Sonntag	---
519.	B	Sauer an Seuffert in Prag. Prag, 19. Juli 1894. Donnerstag	---
520.	B	Seuffert an Sauer in Prag. Graz, 24. Juli 1894. Dienstag	---
521.	B	Sauer an Seuffert in Graz. Kammer am Attersee, Oberösterreich, 17. August 1894. Freitag	---
522.	K	Seuffert an Sauer in Kammer am Attersee, Oberösterreich. Graz, 20. August 1894. Montag	---
523.	B	Sauer an Seuffert in Graz. Prag, 13. September 1894. Donnerstag	---
524.	B	Seuffert an Sauer in Prag. Graz, 17. September 1894. Montag	---
525.	B	Sauer an Seuffert in Graz. (Prag, nach dem 17. September 1894)	---
526.	B	Seuffert an Sauer in Prag. Graz, 27. September 1894. Donnerstag	---
527.	K	Seuffert an Sauer in Prag. Graz, 3. Oktober 1894. Mittwoch	---
528.	K	Sauer an Seuffert in Graz. Prag, 4. Oktober 1894. Donnerstag	---
529.	B	Sauer an Seuffert in Graz. (Prag), 20. Oktober 1894. Samstag	---
530.	K	Seuffert an Sauer in Prag. Graz, 21. Oktober 1894. Sonntag	---
531.	K	Sauer an Seuffert in Graz. Prag, 22. Oktober 1894. Montag	---
532.	K	Seuffert an Sauer in Prag. Graz, 23. Oktober 1894. Dienstag	---
533.	K	Sauer an Seuffert in Graz. Prag, 24. Oktober 1894. Mittwoch	---
534.	B	Sauer an Seuffert in Graz. Prag, 24. Oktober 1894. Mittwoch	147.
535.	B	Seuffert an Sauer in Prag. Graz, 27. Oktober 1894. Samstag	148.
536.	B	Sauer an Seuffert in Graz. (Prag, vor dem 29. Oktober 1894)	---
537.	K	Seuffert an Sauer in Prag. Graz, 29. Oktober 1894. Montag	---
538.	K	Sauer an Seuffert in Graz. Prag, 31. Oktober 1894. Mittwoch	---
539.	B	Sauer an Seuffert in Graz. (Prag, vor dem 12. November 1894)	---
540.	K	Seuffert an Sauer in Prag. Graz, 12. November 1894. Montag	---
541.	K	Sauer an Seuffert in Graz. Prag, 24. November 1894. Samstag	---
542.	B	Sauer an Seuffert in Graz. (Prag), 6. Dezember 1894. Donnerstag	---
543.	K	Seuffert an Sauer in Prag. Graz, 7. Dezember 1894. Freitag	---

544.	K	Sauer an Seuffert in Graz. Prag, 9. Dezember 1894. Sonntag	---
545.	B	Seuffert an Sauer in Prag. Graz, 13. Dezember 1894. Donnerstag	---
546.	B	Sauer an Seuffert in Graz. (Prag), 15. Dezember 1894. Samstag	---
547.	B	Seuffert an Sauer in Prag. Graz, 30. Dezember 1894. Sonntag	---
548.	K	Sauer an Seuffert in Graz. Prag, 1. Januar 1895. Dienstag	---
549.	B	Seuffert an Sauer in Prag. Graz, 8. Februar 1895. Freitag	149.
550.	K	Sauer an Seuffert in Graz. Prag, 13. Februar 1895. Mittwoch	---
551.	B	Sauer an Seuffert in Graz. (Prag), 23. Februar 1895. Samstag	---
552.	B	Seuffert an Sauer in Prag. Graz, 25. Februar 1895. Montag	---
553.	K	Sauer an Seuffert in Graz. Prag, 27. Februar 1895. Mittwoch	---
554.	B	Sauer an Seuffert in Graz. (Prag), 15. März 1895. Freitag	---
555.	B	Seuffert an Sauer in Prag. (Graz), 17. März (1895. Sonntag)	---
556.	K	Sauer an Seuffert in Graz. Prag, 19. März 1895. Dienstag	---
557.	K	Sauer an Seuffert in Graz. Prag, 6. April 1895. Samstag	---
558.	K	Seuffert an Sauer in Prag. Graz, 7. April 1895. Sonntag	---
559.	K	Sauer an Seuffert in Graz. Prag, 9. April 1895. Dienstag	---
560.	K	Seuffert an Sauer in Prag. Graz, 9. April 1895. Dienstag	---
561.	K	Sauer an Seuffert in Graz. Prag, 16. April 1895. Dienstag	---
562.	K	Seuffert an Sauer in Prag. Graz, 18. April 1895. Donnerstag	---
563.	K	Sauer an Seuffert in Graz. Prag, 21. April 1895. Sonntag	---
564.	B	Sauer an Seuffert in Graz. (Prag, vor dem 25. April 1895)	---
565.	B	Seuffert an Sauer in Prag. Graz, 25. April 1895. Donnerstag	---
566.	K	Sauer an Seuffert in Graz. Prag, 26. April 1895. Freitag	---
567.	K	Seuffert an Sauer in Prag. Graz, 26. April 1895. Freitag	---
568.	B	Sauer an Seuffert in Graz. (Prag, Ende April 1895)	150.
569.	K	Sauer an Seuffert in Graz. Prag, 1. Mai 1895. Mittwoch	---
570.	B	Seuffert an Sauer in Prag. Graz, 2. Mai 1895. Donnerstag	---
571.	K	Seuffert an Sauer in Prag. Graz, 11. Mai 1895. Samstag	151.
572.	B	Sauer an Seuffert in Graz. Prag, 13. Mai 1895. Montag	---
573.	K	Seuffert an Sauer in Prag. Graz, 20. Mai 1895. Montag	---
574.	B	Sauer an Seuffert in Graz. (Prag, vmtl. am 21. oder 22. Mai 1895)	152.
575.	K	Sauer an Seuffert in Graz. Prag, 23. Mai 1895. Donnerstag	---
576.	K	Seuffert an Sauer in Prag. Graz, 24. Mai 1895. Freitag	---
577.	K	Sauer an Seuffert in Graz. Prag, 26. Mai 1895. Sonntag	---

578.	K	Seuffert an Sauer in Prag. Graz, 27. Mai 1895. Montag	---
579.	K	Seuffert an Sauer in Prag. Graz, 29. Mai 1895. Mittwoch	---
580.	K	Sauer an Seuffert in Graz. Prag, 30. Mai 1895. Donnerstag	---
581.	K	Seuffert an Sauer in Prag. Graz, 1. Juni 1895. Samstag	---
582.	B	Sauer an Seuffert in Graz. (Prag, vor dem 28. Juni 1895)	---
583.	K	Seuffert an Sauer in Prag. Graz, 28. Juni 1895. Freitag	---
584.	K	Sauer an Seuffert in Graz. Prag, 30. Juni 1895. Sonntag	---
585.	K	Sauer an Seuffert in Graz. Prag, 14. Juli 1895. Sonntag	---
586.	K	Seuffert an Sauer in Prag. Graz, 16. Juli 1895. Dienstag	---
587.	K	Sauer an Seuffert in Graz. Prag, 16. September 1895. Montag	---
588.	K	Seuffert an Sauer in Prag. Graz, 22. September 1895. Sonntag	---
589.	B	Seuffert an Sauer in Prag. Graz, 30. September 1895. Montag	---
590.	K	Sauer an Seuffert in Graz. Prag, 2. Oktober 1895. Mittwoch	---
591.	K	Seuffert an Sauer in Prag. Graz, 20. Oktober 1895. Sonntag	---
592.	K	Sauer an Seuffert in Graz. Prag, 13. November 1895. Donnerstag	---
593.	B	Seuffert an Sauer in Prag. Graz, 23. November 1895. Samstag	---
594.	B	Sauer an Seuffert in Graz. (Prag, vor dem 28. November 1895)	---
595.	B	Seuffert an Sauer in Prag. Graz, 28./29. November 1895. Donnerstag/Freitag	---
596.	B	Sauer an Seuffert in Graz. (Prag, Ende November/Anfang Dezember 1895)	---
597.	K	Seuffert an Sauer in Prag. Graz, 10. Dezember 1895. Dienstag	---
598.	K	Sauer an Seuffert in Graz. Prag, 20. Dezember 1895. Freitag	---
599.	K	Sauer an Seuffert in Graz. Prag, 31. Dezember 1895. Dienstag	---
600.	K	Seuffert an Sauer in Prag. Graz, 2. Januar 1896. Donnerstag	---
601.	B	Seuffert an Sauer in Prag. Graz, 13. Februar 1896. Donnerstag	---
602.	K	Sauer an Seuffert in Graz. Prag, 14. Februar 1896. Freitag	---
603.	K	Sauer an Seuffert in Graz. Prag, 19. Februar 1896. Mittwoch	---
604.	K	Seuffert an Sauer in Prag. Graz, 23. Februar 1896. Sonntag	---
605.	K	Seuffert an Sauer in Prag. Graz, 27. Februar 1896. Donnerstag	---
606.	B	Sauer an Seuffert in Graz. Prag (nach dem 27. Februar 1896)	---
607.	B	Seuffert an Sauer in Prag. Graz, 2. März 1896. Montag	---
608.	K	Sauer an Seuffert in Graz. Prag, 4. März 1896. Mittwoch	---
609.	K	Seuffert an Sauer in Prag. Graz, 6. März 1896. Freitag	---

610.	K	Sauer an Seuffert in Graz. Prag, 20. März 1896. Freitag	---
611.	K	Seuffert an Sauer in Prag. Graz, 22. März 1896. Sonntag	---
612.	K	Seuffert an Sauer in Prag. Graz, 30. März 1896. Montag	---
613.	K	Sauer an Seuffert in Graz. Prag, 13. April 1896. Montag	---
614.	K	Seuffert an Sauer in Prag. Graz, 13. April 1896. Montag	---
615.	K	Seuffert an Sauer in Prag. Graz, 14. April 1896. Dienstag	---
616.	K	Sauer an Seuffert in Graz. Prag, 19. Mai 1896. Dienstag	153.
617.	B	Seuffert an Sauer in Prag. Graz, 19. Mai 1896. Dienstag	---
618.	K	Sauer an Seuffert in Graz. Prag, 21. Mai 1896. Donnerstag	---
619.	K	Seuffert an Sauer in Prag. Graz, 21. Mai 1896. Donnerstag	---
620.	B	Sauer an Seuffert in Graz. Prag (vor dem 16. Juni 1896)	---
621.	K	Seuffert an Sauer in Prag. Graz, 16. Juni 1896. Dienstag	---
622.	B	Sauer an Seuffert in Graz. Prag, 17. Juni 1896. Mittwoch	154.
623.	B	Seuffert an Sauer in Prag. Graz, 19. Juni 1896. Freitag	---
624.	K	Sauer an Seuffert in Graz. Prag, 19. Juni 1896. Freitag	155.
625.	K	Seuffert an Sauer in Prag. Graz, 5. Oktober 1896. Montag	---
626.	K	Seuffert an Sauer in Prag. Graz, 7. Oktober 1896. Mittwoch	---
627.	B	Sauer an Seuffert in Graz. Prag, 13. Oktober 1896. Dienstag	156.
628.	K	Sauer an Seuffert in Graz. Prag, 20. Oktober 1896. Dienstag	---
629.	K	Seuffert an Sauer in Prag. Graz, 22. Oktober 1896. Donnerstag	---
630.	K	Seuffert an Sauer in Prag. Graz, 2. November 1896. Montag	---
631.	K	Sauer an Seuffert in Graz. Prag, 4. November 1896. Mittwoch	---
632.	K	Seuffert an Sauer in Prag. Graz, 8. November 1896. Sonntag	---
633.	K	Seuffert an Sauer in Prag. Graz, 2. Dezember 1896. Mittwoch	---
634.	B	Sauer an Seuffert in Graz. Prag (nach dem 2. Dezember 1896)	157.
635.	B	Seuffert an Sauer in Prag. Graz, 28. Dezember 1896. Montag	158.
636.	B	Sauer an Seuffert in Graz. Prag, 30. Dezember 1896. Mittwoch	159.
637.	K	Sauer an Seuffert in Graz. Prag, 2. Januar 1897. Samstag	---
638.	B	Seuffert an Sauer in Prag. Graz, 12. Januar 1897. Dienstag	---
639.	K	Sauer an Seuffert in Graz. Prag, 13. Januar 1897. Mittwoch	---
640.	K	Seuffert an Sauer in Prag. Graz, 23. Januar 1897. Samstag	160.
641.	B	Sauer an Seuffert in Graz. Prag, 9. Februar 1897. Dienstag	161.
642.	B	Seuffert an Sauer in Prag. Graz, 14. Februar 1897. Sonntag	162.
643.	B	Sauer an Seuffert in Graz. Prag, 16. Februar 1897. Dienstag	---

644.	K	Seuffert an Sauer in Prag. Graz, 18. Februar 1897. Donnerstag	---
645.	K	Seuffert an Sauer in Prag. Graz, 24. Februar 1897. Mittwoch	---
646.	K	Sauer an Seuffert in Graz. Prag, 26. Februar 1897. Freitag	---
647.	K	Seuffert an Sauer in Prag. Graz, 5. März 1897. Freitag	---
648.	B	Sauer an Seuffert in Graz. (Prag, April 1897)	---
649.	B	Seuffert an Sauer in Prag. Graz, 4. April 1897. Sonntag	---
650.	B	Sauer an Seuffert in Graz. Prag, 8. April 1897. Donnerstag	163.
651.	B	Seuffert an Sauer in Prag. Graz, 10. April 1897. Samstag	164.
652.	K	Sauer an Seuffert in Graz. Prag, 12. April 1897. Montag	---
653.	B	Seuffert an Sauer in Prag. Graz, 16. April 1897. Freitag	---
654.	B	Sauer an Seuffert in Graz. Prag (17. April 1897). Samstag	165.
655.	K	Seuffert an Sauer in Prag. Graz, 19. April 1897. Montag	---
656.	K	Sauer an Seuffert in Graz. Prag, 21. April 1897. Mittwoch	---
657.	B	Seuffert an Sauer in Prag. Graz, 22. April 1897. Donnerstag	---
658.	K	Seuffert an Sauer in Prag. Graz, 23. April 1897. Freitag	---
659.	K	Sauer an Seuffert in Graz. Prag, 24. April 1897. Samstag	---
660.	K	Sauer an Seuffert in Graz. Prag, 25. April 1897. Sonntag	---
661.	K	Sauer an Seuffert in Graz. Prag, 6. Mai 1897. Donnerstag	---
662.	K	Seuffert an Sauer in Prag. Graz, 8. Mai 1897. Samstag	---
663.	K	Sauer an Seuffert in Graz. Prag, 1. Juni 1897. Dienstag	---
664.	K	Seuffert an Sauer in Prag. Graz, 1. Juni 1897. Dienstag	166.
665.	K	Seuffert an Sauer in Prag. Graz, 6. Juni 1897. Sonntag	---
666.	B	Seuffert an Sauer in Prag. Graz, 12. Juli 1897. Montag	---
667.	K	Seuffert an Sauer in Prag. Graz, 25. Juli 1897. Sonntag	---
668.	B	Seuffert an Sauer in Prag. Graz, 27. Juli 1897. Dienstag	---
669.	K	Seuffert an Sauer in Prag [nachgesandt nach Vahrn bei Brixen, Tirol]. Graz, 1. August 1897. Sonntag	---
670.	K	Seuffert an Sauer in Vahrn bei Brixen, Tirol. Graz, 1. August 1897. Sonntag	---
671.	K	Sauer an Seuffert in Graz. Vahrn bei Brixen, Tirol, 4. August 1897. Mittwoch	---
672.	K	Sauer an Seuffert in Graz. Vahrn bei Brixen, Tirol, 6. August 1897. Freitag	---
673.	K	Seuffert an Sauer in Vahrn bei Brixen, Tirol. Graz, 14. August 1897. Samstag	---

674.	K	Sauer an Seuffert in Graz. Vahrn bei Brixen, Tirol, 16. August 1897. Montag	---
675.	K	Seuffert an Sauer in Prag [nachgesandt nach Vahrn bei Brixen, Tirol]. Graz, 17. August 1897. Dienstag	---
676.	B	Seuffert an Sauer in Prag. Graz, 5. Oktober 1897. Dienstag	167.
677.	B	Seuffert an Sauer in Prag. Graz, 24. Oktober 1897. Sonntag	---
678.	K	Sauer an Seuffert in Graz. Prag, 25. Oktober 1897. Montag	---
679.	K	Seuffert an Sauer in Prag. Graz, 24. November 1897. Mittwoch	---
680.	K	Seuffert an Sauer in Prag. Graz, 21. Dezember 1897. Sonntag	---
681.	K	Sauer an Seuffert in Graz. Prag, 30. Dezember 1897. Donnerstag	---
682.	K	A. Hauffen, H. Lambel, F. Niesner, R. Rosenbaum, Sauer, H. Tschinkel, H. Weyde und S. Wukadinović an Seuffert in Graz. Prag, 22. Januar 1898. Samstag	168.
683.	K	Sauer an Seuffert in Graz. Prag, 1. Februar 1898. Dienstag	---
684.	B	Seuffert an Sauer in Prag. Graz, 4. Februar 1898. Freitag	---
685.	K	Sauer an Seuffert in Graz. Prag, 6. Februar 1898. Sonntag	---
686.	K	Sauer an Seuffert in Graz. Prag, 17. Februar 1898. Donnerstag	---
687.	K	Sauer an Seuffert in Graz. Prag, 24. Februar 1898. Donnerstag	---
688.	K	Seuffert an Sauer in Prag. Graz, 26. Februar 1898. Samstag	---
689.	K	Seuffert an Sauer in Prag. Graz, 9. März 1898. Mittwoch	---
690.	K	Seuffert an Sauer in Prag. Graz, 24. März 1898. Donnerstag	---
691.	B	Sauer an Seuffert in Graz. (Prag, um den 30. März 1898)	169.
692.	K	Sauer an Seuffert in Graz. Prag, 30. März 1898. Mittwoch	170.
693.	B	Seuffert an Sauer in Prag. Graz, 31. März 1898. Donnerstag	171.
694.	K	Sauer an Seuffert in Graz. Prag, 1. April 1898. Freitag	---
695.	B	Sauer an Seuffert in Graz. Prag (vor dem 15. April 1898)	---
696.	K	Seuffert an Sauer in Prag. Graz, 15. April 1898. Freitag	---
697.	K	Seuffert an Sauer in Prag. Graz, 18. April 1898. Montag	---
698.	B	Sauer an Seuffert in Graz. Prag, 3. Mai 1898. Dienstag	---
699.	K	Seuffert an Sauer in Prag. Graz, 4. Mai 1898. Mittwoch	---
700.	K	Seuffert an Sauer in Prag. Graz, 19. Mai 1898. Donnerstag	---
701.	K	Seuffert an Sauer in Prag. Graz, 4. Juni 1898. Samstag	---
702.	B	Seuffert an Sauer in Prag. Graz, 9. Juni 1898. Donnerstag	---
703.	K	Sauer an Seuffert in Graz. Prag, 11. Juni 1898. Samstag	---

704.	K	Sauer an Seuffert in Graz. Prag, 11. Juni 1898. Samstag	---
705.	K	Seuffert an Sauer in Prag. Graz, 13. Juni 1898. Montag	---
706.	K	Seuffert an Sauer in Prag. Graz, 20. Juni 1898. Montag	---
707.	B	Seuffert an Sauer in Prag. Graz, 26. Juni 1898. Sonntag	---
708.	B	Sauer an Seuffert in Graz. Prag, 1. Juli 1898. Freitag	172.
709.	K	Seuffert an Sauer in Prag. Graz, 14. Juli 1898. Donnerstag	---
710.	K	Seuffert an Sauer in Prag. Graz, 4. August 1898. Donnerstag	---
711.	B	Seuffert an Sauer in Prag. Graz, 4. Oktober 1898. Dienstag	---
712.	K	Sauer an Seuffert in Graz. Prag, 9. Oktober 1898. Sonntag	---
713.	B	Sauer an Seuffert in Graz. (Prag, 10. Oktober 1898. Montag)	173.
714.	B	Seuffert an Sauer in Prag. Graz, 16. Oktober 1898. Sonntag	---
715.	B	Seuffert an Sauer in Prag. Graz, 18. Oktober 1898. Dienstag	---
716.	B	Seuffert an Sauer in Prag. Graz, 20. Oktober 1898. Donnerstag	---
717.	K	Seuffert an Sauer in Prag. Graz, 2. Dezember 1898. Freitag	---
718.	K	Sauer an Seuffert in Graz. Prag, 4. Dezember 1898. Sonntag	---
719.	K	Seuffert an Sauer in Prag. Graz, 14. Dezember 1898. Mittwoch	---
720.	K	Sauer an Seuffert in Graz. Prag, 16. Dezember 1898. Freitag	---
721.	K	Sauer an Seuffert in Graz. Prag, 22. Januar 1899. Sonntag	---
722.	K	Seuffert an Sauer in Prag. Graz, 25. Januar 1899. Mittwoch	---
723.	K	Seuffert an Sauer in Prag. Graz, 26. Januar 1899. Donnerstag	---
724.	K	Sauer an Seuffert in Graz. Prag, 28. Januar 1899. Samstag	---
725.	B	Sauer an Seuffert in Graz. Prag (vor dem 19. Februar 1899)	---
726.	K	Seuffert an Sauer in Prag. Graz, 19. Februar 1899. Sonntag	---
727.	B	Sauer an Seuffert in Graz. Prag, 28. Februar 1899. Dienstag	174.
728.	B	Seuffert an Sauer in Prag. Graz, 6. März 1899. Montag	175.
729.	B	Sauer an Seuffert in Graz. Prag (nach dem 6. März 1899)	176.
730.	B	Seuffert an Sauer in Prag. Graz, 1. Mai 1899. Montag	177.
731.	B	Sauer an Seuffert in Graz. Prag, 4. Mai 1899. Donnerstag	178.
732.	B	Seuffert an Sauer in Prag. Graz, 5. Mai 1899. Freitag	179.
733.	B	Sauer an Seuffert in Graz. (Prag, um den 8. Mai 1899)	180.
734.	B	Seuffert an Sauer in Prag. Graz, 9. Mai 1899. Dienstag	181.
735.	B	Sauer an Seuffert in Graz. Prag, 9. Mai 1899. Dienstag	182.
736.	B	Seuffert an Sauer in Prag. Graz, 10. Mai 1899. Mittwoch	---
737.	K	Sauer an Seuffert in Graz. Prag, 11. Mai 1899. Donnerstag	---

738.	K	Sauer an Seuffert in Graz. Prag, 12. Mai 1899. Freitag	---
739.	K	Seuffert an Sauer in Prag. Graz, 16. Mai 1899. Dienstag	---
740.	B	Sauer an Seuffert in Graz. Prag, 6. Juni 1899. Dienstag	---
741.	B	Seuffert an Sauer in Prag. Graz, 8. Juni 1899. Donnerstag	---
742.	K	Sauer an Seuffert in Graz. Prag, 10. Juni 1899. Samstag	---
743.	K	Seuffert an Sauer in Prag. Graz, 13. Juni 1899. Dienstag	---
744.	B	Sauer an Seuffert in Graz. Prag (um den 24. Juni 1899)	---
745.	K	Sauer an Seuffert in Graz. Prag, 2. Juli 1899. Sonntag	---
746.	K	Seuffert an Sauer in Prag. Graz, 6. Juli 1899. Donnerstag	---
747.	B	Sauer an Seuffert in Graz. Prag (nach dem 6. Juli 1899)	183.
748.	K	Seuffert an Sauer in Prag. Graz, 13. Juli 1899. Donnerstag	---
749.	K	Sauer an Seuffert in Graz. Prag, 16. Juli 1899. Sonntag	---
750.	K	Seuffert an Sauer in Prag [nachgesandt nach Steinach am Brenner, Tirol]. Goisern, Oberösterreich, 26. Juli 1899. Mittwoch	---
751.	K	Sauer an Seuffert in Goisern, Oberösterreich. Steinach am Brenner, Tirol, 14. August 1899. Sonntag	184.
752.	K	Seuffert an Sauer in Steinach am Brenner, Tirol. Goisern, Oberösterreich, 15. August 1899. Dienstag	---
753.	K	Sauer an Seuffert in Goisern, Oberösterreich. Steinach am Brenner, Tirol, 16. August 1899. Mittwoch	---
754.	K	Seuffert an Sauer in Prag. Graz, 23. September 1899. Mittwoch	---
755.	B	Sauer an Seuffert in Graz. (Prag, um den 6. Oktober 1899)	185.
756.	B	Seuffert an Sauer in Prag. Graz, 7. Oktober 1899. Samstag	186.
757.	B	Sauer an Seuffert in Graz. Prag, 9. Oktober 1899. Montag	187.
758.	K	Seuffert an Sauer in Prag. Graz, 10. Oktober 1899. Dienstag	---
759.	K	Seuffert an Sauer in Prag. Graz, 12. Oktober 1899. Donnerstag	---
760.	K	Sauer an Seuffert in Graz. Prag, 15. Oktober 1899. Sonntag	---
761.	K	Seuffert an Sauer in Prag. Graz, 26. Dezember 1899. Dienstag	---
762.	B	Sauer an Seuffert in Graz. Prag, 29. Dezember 1899. Freitag	188.
763.	B	Seuffert an Sauer in Prag. Graz, 11. Januar 1900. Donnerstag	---
764.	B	Sauer an Seuffert in Graz. Prag, 12. Januar 1900. Freitag	189.
765.	K	Sauer an Seuffert in Graz. Prag (12. Januar 1900. Freitag)	---
766.	B	Seuffert an Sauer in Prag. Graz, 13. Januar 1900. Samstag	190.
767.	K	Seuffert an Sauer in Prag. Graz, 24. Januar 1900. Mittwoch	---

768.	K	Sauer an Seuffert in Graz. Prag, 28. Januar 1900. Sonntag	---
769.	K	Seuffert an Sauer in Prag. Graz, 29. Januar 1900. Montag	---
770.	K	Sauer an Seuffert in Graz. Prag, 18. Februar 1900. Sonntag	---
771.	K	Seuffert an Sauer in Prag. Graz, 19. Februar 1900. Montag	---
772.	K	Seuffert an Sauer in Prag. Graz, 6. März 1900. Dienstag	---
773.	K	Sauer an Seuffert in Graz. Prag, 8. März 1900. Donnerstag	---
774.	K	Seuffert an Sauer in Prag. Graz, 21. März 1900. Mittwoch	---
775.	K	Sauer an Seuffert in Graz. Prag, 23. März 1900. Freitag	---
776.	K	Seuffert an Sauer in Prag. Graz, 29. März 1900. Donnerstag	---
777.	K	Sauer an Seuffert in Graz. Prag, 30./31. März 1900. Freitag/Samstag	---
778.	B	Seuffert an Sauer in Prag. Graz, 4. April 1900. Mittwoch	---
779.	B	Sauer an Seuffert in Graz. Prag (nach dem 4. April 1900)	---
780.	K	Sauer an Seuffert in Graz. Prag, 24. April 1900. Dienstag	---
781.	K	Seuffert an Sauer in Prag. Graz, 25. April 1900. Mittwoch	---
782.	K	Sauer an Seuffert in Graz. Prag, 2. Mai 1900. Mittwoch	---
783.	K	Seuffert an Sauer in Prag. Graz, 8. Mai 1900. Dienstag	---
784.	B	Sauer an Seuffert in Graz. Prag, 23. Mai 1900. Mittwoch	---
785.	K	Seuffert an Sauer in Prag. Graz, 24. Mai 1900. Donnerstag	---
786.	K	Sauer an Seuffert in Graz. Prag, 26. Mai 1900. Samstag	---
787.	K	Seuffert an Sauer in Prag. Graz, 6. Juni 1900. Mittwoch	---
788.	B	Seuffert an Sauer in Prag. Graz, 19. Juni 1900. Dienstag	---
789.	B	Sauer an Seuffert in Graz. Prag (nach dem 19. Juni 1900)	---
790.	K	Seuffert an Sauer in Prag. Goisern, Oberösterreich, 24. Juli 1900. Dienstag	---
791.	B	Sauer an Seuffert in Graz. Prag, 19. September 1900. Mittwoch	191.
792.	B	Seuffert an Sauer in Prag. Graz, 21. September 1900. Freitag	192.
793.	B	Sauer an Seuffert in Graz. Prag (nach dem 21. September 1900)	193.
794.	K	Sauer an Seuffert in Graz. Prag, 8. Oktober 1900. Montag	---
795.	K	Seuffert an Sauer in Prag. Graz, 10. Oktober 1900. Mittwoch	---
796.	K	Sauer an Seuffert in Graz. Prag, 11. Oktober 1900. Donnerstag	---
797.	K	Sauer an Seuffert in Graz. Prag, 15. Oktober 1900. Montag	---
798.	B	Seuffert an Sauer in Prag. Graz, 20. Oktober 1900. Samstag	
799.	K	Sauer an Seuffert in Graz. Prag, 22. Oktober 1900. Montag	---
800.	K	Sauer an Seuffert in Graz. Prag, 8. November 1900. Donnerstag	---

801.	K	Seuffert an Sauer in Prag. Graz, 9. November 1900. Freitag	---
802.	K	Sauer an Seuffert in Graz. Prag, 13. November 1900. Dienstag	---
803.	K	Seuffert an Sauer in Prag. Graz, 15. November 1900. Donnerstag	---
804.	K	Seuffert an Sauer in Prag. Graz, 27. Dezember 1900. Donnerstag	---
805.	K	Sauer an Seuffert in Graz. Prag, 30. Dezember 1900. Sonntag	---
806.	K	Sauer an Seuffert in Graz. Prag, 2. Januar 1901. Mittwoch	---
807.	K	Seuffert an Sauer in Prag. Graz, 7. Januar 1901. Montag	---
808.	K	Seuffert an Sauer in Prag. Graz, 31. Januar 1901. Donnerstag	---
809.	K	Seuffert an Sauer in Prag. Graz, 6. Februar 1901. Mittwoch	194.
810.	K	Sauer an Seuffert in Graz. Prag, 9. Februar 1901. Samstag	---
811.	B	Seuffert an Sauer in Prag. Graz, 26. April 1901. Freitag	---
812.	B	Sauer an Seuffert in Graz. (Prag, um den 27. April 1901)	196.
813.	K	Sauer an Seuffert in Graz. Prag, 3. Mai 1901. Freitag	---
814.	B	Seuffert an Sauer in Prag. Graz, 3./4. Mai 1901. Freitag/Samstag	197.
815.	B	Seuffert an Sauer in Prag. Graz, 18. Mai 1901. Samstag	---
816.	B	Sauer an Seuffert in Graz. Prag, 29. Mai 1901. Mittwoch	---
817.	B	Sauer an Seuffert in Graz. Prag (nach dem 29. Mai 1901)	198.
818.	B	Sauer an Seuffert in Graz. Prag (nach dem 29. Mai 1901)	199.
819.	B	Seuffert an Sauer in Prag. Graz, 15. Juni 1901. (Samstag)	---
820.	K	Seuffert an Sauer in Prag. Graz, 1. Juli 1901. Montag	---
821.	B	Sauer an Seuffert in Graz. Prag (vor dem 2. Juli 1901)	---
822.	K	Seuffert an Sauer in Prag. Graz, 2. Juli 1901. Dienstag	---
823.	K	Sauer an Seuffert in Graz. Prag, 5. September 1901. Donnerstag	---
824.	K	Seuffert an Sauer in Prag. Graz, 7. September 1901. Samstag	---
825.	B	Seuffert an Sauer in Prag. Graz, 22. September 1901. Sonntag	---
826.	B	Sauer an Seuffert in Graz. (Weimar) (nach dem 22. September 1901)	---
827.	B	Seuffert an Sauer in Prag. Graz, 27. September (1901. Freitag)	---
828.	B	Sauer an Seuffert in Graz. (Weimar) (nach dem 27. September 1901)	---
829.	B	Seuffert an Sauer in Prag. Graz, 21. Oktober 1901. Montag	---
830.	B	Sauer an Seuffert in Graz. Prag, 1. November (1901. Freitag)	200.
831.	B	Seuffert an Sauer in Prag. Graz, 10. November 1901. Sonntag	---
832.	B	Sauer an Seuffert in Graz. Prag, 11. November 1901. Montag	201.
833.	K	Seuffert an Sauer in Prag. Graz, 12. November 1901. Dienstag	---
834.	K	Sauer an Seuffert in Graz. Prag, 14. November 1901. Donnerstag	---

835.	K	Sauer an Seuffert in Graz. Prag, 16. Dezember 1901. Montag	---
836.	B	Sauer an Seuffert in Graz. Prag (vor dem 26. Dezember 1901)	---
837.	K	Seuffert an Sauer in Prag. Graz, 26. Dezember 1901. Donnerstag	202.
838.	K	Seuffert an Sauer in Prag. Graz, 24. Januar 1902. Freitag	---
839.	K	Sauer an Seuffert in Graz. Prag, 26. Januar 1902. Sonntag	---
840.	K	Sauer an Seuffert in Graz. Prag, 9. Februar 1902. Sonntag	---
841.	K	Seuffert an Sauer in Prag. Graz, 13. Februar 1902. Donnerstag	---
842.	K	Sauer an Seuffert in Graz. Prag, 15. Februar 1902. Samstag	---
843.	K	Sauer an Seuffert in Graz. Prag (nach dem 15. Februar 1902)	---
844.	K	Sauer an Seuffert in Graz. Prag, 26. Februar 1902. Mittwoch	---
845.	K	Sauer an Seuffert in Graz. Prag, 5. März 1902. Mittwoch	---
846.	K	Sauer an Seuffert in Graz. Prag, 13. April 1902. Sonntag	---
847.	B	Seuffert an Sauer in Prag. Graz, 14. April 1902. Montag	---
848.	K	Sauer an Seuffert in Graz. Prag, 17. April 1902. Donnerstag	---
849.	K	Sauer an Seuffert in Graz. Prag, 4. Mai 1902. Sonntag	---
850.	B	Sauer an Seuffert in Graz. Prag, 2. Juni 1902. Montag	203.
851.	B	Seuffert an Sauer in Prag. Graz, 7. Juni 1902. Samstag	204.
852.	B	Sauer an Seuffert in Graz. Prag, 9. (Juni) 1902. (Montag)	205.
853.	B	Sauer an Seuffert in Graz. Prag (nach dem 9. Juni 1902)	---
854.	K	Seuffert an Sauer in Prag. Graz, 16. Juni 1902. Montag	---
855.	B	Seuffert an Sauer in Prag. Graz, 15. Juli 1902. Dienstag	---
856.	B	Sauer an Seuffert in Graz. Prag (nach dem 15. Juli 1902)	---
857.	B	Seuffert an Sauer in Prag. Goisern, Oberösterreich, 20. Juli 1902. Sonntag	---
858.	K	Sauer an Seuffert in Goisern, Oberösterreich. Marienbad, Böhmen 14. August 1902. Donnerstag	---
859.	K	Seuffert an Sauer in Marienbad, Böhmen. Goisern, Oberösterreich, 16. August 1902. Samstag	---
860.	K	Seuffert an Sauer in Prag. Graz, 18. September 1902. Donnerstag	---
861.	B	Sauer an Seuffert in Graz. Prag (vor dem 26. September 1902)	---
862.	K	Seuffert an Sauer in Prag. Graz, 26. September 1902. Freitag	---
863.	K	Seuffert an Sauer in Prag. Graz, 16. Oktober 1902. Donnerstag	---
864.	K	Sauer an Seuffert in Graz. Prag, 22. Oktober 1902. Mittwoch	---
865.	K	Seuffert an Sauer in Prag. Graz, 23. Oktober 1902. Donnerstag	---

866.	K	Seuffert an Sauer in Prag. Graz, 8. November 1902. Samstag	---
867.	K	Sauer an Seuffert in Graz. Prag, 8. November 1902. Samstag	---
868.	K	Sauer an Seuffert in Graz. Prag, 8. November 1902. Samstag	---
869.	K	Seuffert an Sauer in Prag. Graz, 9. November 1902. Sonntag	---
870.	K	Seuffert an Sauer in Prag. Graz, 14. November 1902. Freitag	---
871.	K	Sauer an Seuffert in Graz. Prag, 17. November 1902. Montag	---
872.	B	Sauer an Seuffert in Graz. Prag, 27. November 1902. Donnerstag	---
873.	K	Sauer an Seuffert in Graz. Prag, 5. Dezember 1902. Freitag	---
874.	K	Seuffert an Sauer in Prag. Graz, 22. Dezember 1902. Montag	---
875.	B	Seuffert an Sauer in Prag. Graz, 26. Dezember 1902. Freitag	206.
876.	B	Sauer an Seuffert in Graz. Prag, 27. Dezember 1902. Samstag	207.
877.	B	Seuffert an Sauer in Prag. Graz, 5. Januar 1903. Montag	208.
878.	B	Sauer an Seuffert in Graz. Prag, 6. Januar (1903. Dienstag)	209.
879.	K	Seuffert an Sauer in Prag. Graz, 9. Januar 1903. Freitag	---
880.	K	Sauer an Seuffert in Graz. Prag, 23. Januar 1903. Freitag	---
881.	B	Seuffert an Sauer in Prag. Graz, 27. Januar 1903. Dienstag	210.
882.	B	Sauer an Seuffert in Graz. Prag, 31. Januar 1903. Samstag	---
883.	B	Sauer an Seuffert in Graz. Prag (nach dem 31. Januar 1903)	---
884.	B	Seuffert an Sauer in Prag. Graz, 3. Februar 1903. Dienstag	---
885.	B	Sauer an Seuffert in Graz. Prag, 6. Februar 1903. Freitag	---
886.	B	Seuffert an Sauer in Prag. Graz, 7. Februar 1903. Samstag	---
887.	B	Sauer an Seuffert in Graz. Prag (um den 10. Februar 1903)	---
888.	B	Seuffert an Sauer in Prag. Graz, 12. Februar 1903. Donnerstag	---
889.	B	Seuffert an Sauer in Prag. Graz, 12. Februar 1903. Donnerstag	---
890.	K	Seuffert an Sauer in Prag. Graz, 27. Februar 1903. Freitag	---
891.	B	Sauer an Seuffert in Graz. Prag, 28. Februar 1903. Samstag	---
892.	K	Seuffert an Sauer in Prag. Graz, 28. Februar 1903. Samstag	---
893.	B	Seuffert an Sauer in Prag. Graz, 3. März 1903. Dienstag	---
894.	B	Sauer an Seuffert in Graz. Prag, 5. März 1903. Donnerstag	---
895.	K	Seuffert an Sauer in Prag. Graz, 7. März 1903. Samstag	---
896.	B	Sauer an Seuffert in Graz. Prag (nach dem 7. März 1903)	---
897.	K	Seuffert an Sauer in Prag. Graz, 9. März 1903. Montag	---
898.	K	Sauer an Seuffert in Graz. Prag, 11. März 1903. Mittwoch	---
899.	B	Seuffert an Sauer in Prag. Graz, 13. März 1903. Freitag	---

900.	K	Sauer an Seuffert in Graz. Prag, 16. März 1903. Montag	---
901.	K	Seuffert an Sauer in Prag. Graz, 6. April 1903. Montag	---
902.	B	Sauer an Seuffert in Graz. Prag, 8. April 1903. Mittwoch	211.
903.	K	Seuffert an Sauer in Prag. Graz, 21. April 1903. Dienstag	---
904.	K	Sauer an Seuffert in Graz. Prag, 30. Mai 1903. Samstag	---
905.	K	Seuffert an Sauer in Prag. Graz, 31. Mai 1903. Sonntag	---
906.	K	Seuffert an Sauer in Prag. Graz, 1. Juni 1903. Donnerstag	---
907.	K	Sauer an Seuffert in Graz. Prag, 7. Juni 1903. Sonntag	---
908.	B	Sauer an Seuffert in Graz. Prag, 13. Juni 1903. Samstag	---
909.	K	Seuffert an Sauer in Prag. Graz, 7. Juli 1903. Dienstag	---
910.	K	Sauer an Seuffert in Graz. Prag, 10. Juli 1903. Freitag	---
911.	B	Sauer an Seuffert in Graz. Prag (nach dem 3. August 1903)	212.
912.	B	Seuffert an Sauer in Prag. Goisern, Oberösterreich, 2. September 1903. Mittwoch	---
913.	B	Sauer an Seuffert in Graz. Prag, 5. September 1903. Samstag	213.
914.	K	Sauer an Seuffert in Graz. Prag, 9. September 1903. Mittwoch	---
915.	B	Seuffert an Sauer in Prag. Graz, 15. September 1903. Dienstag	214.
916.	B	Sauer an Seuffert in Graz. Prag, 17. September 1903. Donnerstag	215.
917.	K	Seuffert an Sauer in Wien. Graz, 2. Oktober 1903. Freitag	216.
918.	K	Seuffert an Sauer in Prag [nachgesandt nach Wien]. Graz, 6. Oktober 1903. Dienstag	---
919.	K	Sauer an Seuffert in Graz. Prag, 25. Oktober 1903. Sonntag	---
920.	K	Seuffert an Sauer in Prag. Graz, 26. Oktober 1903. Montag	---
921.	K	Sauer an Seuffert in Graz. Prag, 29. Oktober 1903. Donnerstag	---
922.	K	Seuffert an Sauer in Prag. Graz, 31. Oktober 1903. Samstag	---
923.	K	Sauer an Seuffert in Graz. Prag (nach dem 31. Oktober 1903)	---
924.	K	Seuffert an Sauer in Prag. Graz, 4. November 1903. Mittwoch	---
925.	K	Seuffert an Sauer in Prag. Graz, 24. November 1903. Dienstag	---
926.	K	Sauer an Seuffert in Graz. Prag, 14. Dezember 1903. Montag	---
927.	K	Sauer an Seuffert in Graz. Prag, 23. Januar 1904. Samstag	---
928.	K	Seuffert an Sauer in Prag. Graz, 25. Januar 1904. Montag	---
929.	K	Sauer an Seuffert in Graz. Prag, 24. Februar 1904. Mittwoch	---
930.	K	Seuffert an Sauer in Prag. Graz, 14. März 1904. Montag	---
931.	K	Seuffert an Sauer in Prag. Graz, 17. April 1904. Sonntag	---

932.	B	Sauer an Seuffert in Graz. Prag, 22. April 1904. Freitag	217.
933.	B	Seuffert an Sauer in Prag. Graz, 5. Mai 1904. Donnerstag	218.
934.	K	Seuffert an Sauer in Prag. Graz, 13. Mai 1904. Freitag	---
935.	K	Seuffert an Sauer in Prag. Graz, 2. Juni 1904. Donnerstag	---
936.	K	Sauer an Seuffert in Graz. Prag, 5. Juni 1904. Sonntag	---
937.	K	Seuffert an Sauer in Prag. Graz, 7. Juni 1904. Dienstag	---
938.	K	Sauer an Seuffert in Graz. Prag, 5. Juli 1904. Dienstag	---
939.	B	Sauer an Seuffert in Graz. Prag, 12. Juli 1904. Dienstag	---
940.	B	Seuffert an Sauer in Prag. Graz, 14. Juli 1904. Donnerstag	---
941.	K	Seuffert an Sauer in Prag [nachgesandt nach Zinnowitz, Usedom]. Goisern, Oberösterreich, 8. August 1904. Montag	---
942.	K	Sauer an Seuffert in Goisern, Oberösterreich. Zinnowitz, Usedom, 20. August 1904. Samstag	219.
943.	K	Sauer an Seuffert in Graz. Prag, 26. Oktober 1904. Mittwoch	220.
944.	K	Seuffert an Sauer in Prag. Graz, 27. Oktober 1904. Donnerstag	---
945.	K	Seuffert an Sauer in Prag. Graz, 1. November 1904. Dienstag	---
946.	K	Sauer an Seuffert in Graz. Prag, 3. November 1904. Donnerstag	221.
947.	K	Seuffert an Sauer in Prag. Graz, 8. November 1904. Dienstag	---
948.	K	Sauer an Seuffert in Graz. Prag, 19. November 1904. Samstag	---
949.	K	Seuffert an Sauer in Prag. Graz, 2. Dezember 1904. Freitag	---
950.	K	Sauer an Seuffert in Graz. Prag, 3. Dezember 1904. Samstag	---
951.	K	Sauer an Seuffert in Graz. Prag, 14. Dezember 1904. Mittwoch	---
952.	B	Sauer an Seuffert in Graz. Prag, 21. Dezember 1904. Mittwoch	222.
953.	K	Sauer an Seuffert in Graz. Prag, 28. Dezember 1904. Mittwoch	---
954.	B	Seuffert an Sauer in Prag. Graz, 2. Januar 1905. Montag	223.
955.	B	Sauer an Seuffert in Graz. Prag (nach dem 2. Januar 1905)	---
956.	K	Seuffert an Sauer in Prag. Graz, 7. Januar 1905. Samstag	---
957.	B	Seuffert an Sauer in Prag. Graz, 14. Januar 1905. Samstag	---
958.	B	Sauer an Seuffert in Graz. Prag (vor dem 16. Januar 1905)	---
959.	K	Seuffert an Sauer in Prag. Graz, 16. Januar 1905. Montag	---
960.	K	Sauer an Seuffert in Graz. Prag, 16. Januar 1905. Montag	---
961.	K	Sauer an Seuffert in Graz. Prag, 27. Januar 1905. Freitag	---
962.	K	Seuffert an Sauer in Prag. Graz, 24. Februar 1905. Freitag	---
963.	K	Sauer an Seuffert in Graz. Prag, 26. Februar 1905. Sonntag	---

964.	B	Seuffert an Sauer in Prag. Graz, 10. März 1905. Freitag	---
965.	K	Sauer an Seuffert in Graz. Prag, 12. März 1905. Sonntag	---
966.	B	Seuffert an Sauer in Prag. Graz, 5. April 1905. Mittwoch	224.
967.	K	Sauer an Seuffert in Graz. Prag, 9. April 1905. Sonntag	---
968.	B	Seuffert an Sauer in Prag. Graz, 18. April 1905. Dienstag	---
969.	K	Seuffert an Sauer in Prag. Graz, 3. Mai 1905. Mittwoch	---
970.	K	Seuffert an Sauer in Prag. Graz, 6. Juni 1905. Dienstag	---
971.	K	Sauer an Seuffert in Graz. Prag, 8. Juni 1905. Donnerstag	---
972.	K	Seuffert an Sauer in Prag. Graz, 10. Juni 1905. Samstag	---
973.	K	Sauer an Seuffert in Graz. Prag, 12. Juni 1905. Montag	---
974.	K	Seuffert an Sauer in Prag. Graz, 13. Juni 1905. Dienstag	---
975.	K	Sauer an Seuffert in Graz. Prag, 17. Juni 1905. Samstag	---
976.	K	Seuffert an Sauer in Prag [nachgesandt nach Mondsee, Oberösterreich]. Graz, 19. Juli 1905. Mittwoch	---
977.	K	Sauer an Seuffert in Graz. Mondsee, Oberösterreich, 23. Juli 1905. Sonntag	---
978.	K	Seuffert an Sauer in Mondsee, Oberösterreich. Graz, 25. Juli 1905. Dienstag	---
979.	K	Seuffert an Sauer in Mondsee, Oberösterreich. Obertressen bei Aussee, Steiermark, 11. August 1905. Freitag	225.
980.	K	Sauer an Seuffert in Obertressen bei Aussee, Steiermark. Mondsee, Oberösterreich, 12. August 1905. Samstag	---
981.	K	Seuffert an Sauer in Mondsee, Oberösterreich. Obertressen bei Aussee, Steiermark 24. August 1905. Donnerstag	226.
982.	K	Seuffert an Sauer in Mondsee, Oberösterreich. Auf dem Dampfer über den Attersee, Oberösterreich, 26. August 1905. Samstag	---
983.	B	Seuffert an Sauer in Prag. Würzburg. 27. August 1905. Sonntag	227.
984.	B	Sauer an Seuffert in Würzburg. Mondsee, Oberösterreich (um den 29. August 1905)	228.
985.	K	Seuffert an Sauer in Mondsee, Oberösterreich. Würzburg, 30. August 1905. Mittwoch	---
986.	K	Seuffert an Sauer in Prag. Graz, 18. September 1905. Montag	229.
987.	B	Sauer an Seuffert in Graz. Prag, 10. Oktober 1905. Dienstag	230.
988.	B	Sauer an Seuffert in Graz. Prag (um den 12. Oktober 1905)	---
989.	B	Sauer an Seuffert in Graz. Prag, 13. Oktober 1905. Freitag	---

990.	B	Sauer an Seuffert in Graz. Prag, 14. Oktober 1905. Samstag	---
991.	K	Sauer an Seuffert in Graz. Prag, 30. Oktober 1905. Montag	---
992.	K	Seuffert an Sauer in Prag. Graz, 4. November 1905. Samstag	---
993.	K	Sauer an Seuffert in Graz. Prag, 6. November 1905. Montag	---
994.	K	Sauer an Seuffert in Graz. Prag, 15. November 1905. Mittwoch	---
995.	B	Sauer an Seuffert in Graz. Prag, 21. Dezember 1905. Donnerstag	---
996.	K	Sauer an Seuffert in Graz. Prag, 23. Dezember 1905. Samstag	---
997.	K	Seuffert an Sauer in Prag. Graz, 16. Januar 1906. Dienstag	---
998.	K	Sauer an Seuffert in Graz. Prag, 18. Januar 1906. Donnerstag	231.
999.	K	Seuffert an Sauer in Prag. Graz, 24. Februar 1906. Samstag	---
1000.	K	Sauer an Seuffert in Graz. Prag, 25. März 1906. Sonntag	---
1001.	K	Seuffert an Sauer in Prag. Graz, 4. April 1906. Mittwoch	---
1002.	B	Sauer an Seuffert in Graz. Prag, 17. April 1906. Dienstag	232.
1003.	B	Seuffert an Sauer in Prag. Graz, 18. April 1906. Mittwoch	---
1004.	K	Sauer an Seuffert in Graz. Prag, 21. April 1906. Samstag	---
1005.	B	Sauer an Seuffert in Graz. Prag, 1. Mai 1906. Dienstag	233.
1006.	B	Seuffert an Sauer in Prag. Graz, 3. Mai 1906. Donnerstag	234.
1007.	K	Sauer an Seuffert in Graz. Prag, 4. Mai 1906. Freitag	---
1008.	K	Sauer an Seuffert in Graz. Prag, 5. Mai 1906. Samstag	---
1009.	K	Seuffert an Sauer in Prag. Graz, 7. Mai 1906. Montag	---
1010.	B	Sauer an Seuffert in Graz. Prag, 9. Mai 1906. Mittwoch	---
1011.	K	Seuffert an Sauer in Prag. Graz, 10. Mai 1906. Donnerstag	---
1012.	K	Sauer an Seuffert in Graz. Prag, 11. Mai 1906. Freitag	235.
1013.	K	Sauer an Seuffert in Graz. Prag, 14. Mai 1906. Montag	---
1014.	K	Seuffert an Sauer in Prag. Graz, 18. Mai 1906. Freitag	---
1015.	B	Seuffert an Sauer in Prag. Graz, 24. Mai 1906. Donnerstag	---
1016.	K	Sauer an Seuffert in Graz. Prag, 27. Mai 1906. Sonntag	---
1017.	B	Seuffert an Sauer in Prag. Graz, 29. Mai 1906. Dienstag	---
1018.	K	Sauer an Seuffert in Graz. Prag, 31. Mai 1906. Donnerstag	---
1019.	K	Seuffert an Sauer in Prag. Graz, 3. Juni 1906. Sonntag	236.
1020.	K	Sauer an Seuffert in Graz. Prag, 4. Juni 1906. Montag	---
1021.	K	Sauer an Seuffert in Graz. Prag, 7. Juni 1906. Donnerstag	---
1022.	K	Seuffert an Sauer in Prag. Graz, 28. Juni 1906. Donnerstag	---
1023.	B	Sauer an Seuffert in Graz. Prag (nach dem 28. Juni 1906)	---

1024.	K	Sauer an Seuffert in Graz. Prag, 6. Juli 1906. Freitag	---
1025.	B	Seuffert an Sauer in Prag. Graz, 19. Juli 1906. Dienstag	---
1026.	K	Sauer an Seuffert in Obertressen bei Aussee, Steiermark. Rosenthal, Sachsen, 20. August 1906. Montag	---
1027.	K	Seuffert an Sauer in Prag. Obertressen bei Aussee, Steiermark, 31. August 1906. Freitag	---
1028.	B	Sauer an Seuffert in Graz. Prag, 28. Oktober 1906. Sonntag	237.
1029.	K	Seuffert an Sauer in Prag. Graz, 31. Oktober 1906. Mittwoch	---
1030.	K	Sauer an Seuffert in Graz. Prag, 2. November 1906. Freitag	---
1031.	K	Seuffert an Sauer in Prag. Graz, 4. November 1906. Sonntag	---
1032.	K	Sauer an Seuffert in Graz. Prag, 5. November 1906. Montag	---
1033.	K	Seuffert an Sauer in Prag. Graz, 8. November 1906. Donnerstag	238.
1034.	B	Sauer an Seuffert in Graz. Prag, 22. November 1906. Donnerstag	239.
1035.	B	Sauer an Seuffert in Graz. Prag, 23. November 1906. Freitag	---
1036.	K	Seuffert an Sauer in Prag. Graz, 24. November 1906. Samstag	---
1037.	K	Seuffert an Sauer in Prag. Graz, 1. Dezember 1906. Samstag	---
1038.	K	Seuffert an Sauer in Prag. Graz, 20. Februar 1907. Mittwoch	---
1039.	B	Sauer an Seuffert in Graz. Prag, 15. März 1907. Freitag	---
1040.	B	Sauer an Seuffert in Graz. Prag, 25. März 1907. Montag	240.
1041.	K	Seuffert an Sauer in Prag. Graz, 30. April 1907. Dienstag	---
1042.	B	Sauer an Seuffert in Graz. (Prag, um den 11. Mai 1907)	241.
1043.	K	Sauer an Seuffert in Graz. Prag, 11. Mai 1907. Samstag	---
1044.	K	Sauer an Seuffert in Graz. Prag, 17. Mai 1907. Freitag	---
1045.	K	Seuffert an Sauer in Prag. Graz, 19. Mai 1907. Sonntag	---
1046.	K	Sauer an Seuffert in Graz. Prag, 26. Mai 1907. Sonntag	---
1047.	K	Seuffert an Sauer in Prag. Graz, 27. Mai 1907. Montag	---
1048.	K	Sauer an Seuffert in Graz. Prag, 29. Mai 1907. Mittwoch	---
1049.	K	Seuffert an Sauer in Prag. Graz, 31. Mai 1907. Freitag	---
1050.	B	Sauer an Seuffert in Graz. Prag, 15. Juni 1907. Samstag	---
1051.	K	Seuffert an Sauer in Prag. Graz, 27. Juni 1907. Donnerstag	242.
1052.	K	Sauer an Seuffert in Graz. Prag, 1. Juli 1907. Montag	243.
1053.	K	Seuffert an Sauer in Prag. Graz, 2. Juli 1907. Dienstag	---
1054.	K	Sauer an Seuffert in Graz. Prag, 6. Juli 1907. Samstag	---
1055.	K	Seuffert an Sauer in Prag. Graz, 10. Juli 1907. Mittwoch	---

1056.	B	Sauer an Seuffert in Graz. Prag (nach dem 10. Juli 1907)	---
1057.	K	Seuffert an Sauer in Prag. Graz, 22. Juli 1907. Montag	---
1058.	B	Sauer an Seuffert in Graz. Bad Muskau, Preussisch Schlesien 15. August 1907. Donnerstag	244.
1059.	B	Seuffert an Sauer in Prag. Obertressen bei Aussee, Steiermark, (nach dem 15. August 1907)	245.
1060.	B	Sauer an Seuffert in Graz. Bad Muskau, Preussisch Schlesien, 21. August 1907. Donnerstag	246.
1061.	K	Seuffert an Sauer in Bad Muskau, Preussisch Schlesien. Obertressen bei Aussee, Steiermark, 28. August 1907. Mittwoch	---
1062.	K	Sauer an Seuffert in Graz. Prag, 13. September 1907. Freitag	---
1063.	K	Sauer an Seuffert in Obertressen bei Aussee, Steiermark [nachgesandt nach Graz]. Prag, 13. September 1907. Freitag	---
1064.	K	Sauer an Seuffert in Graz. Prag, 23. September 1907. Montag	247.
1065.	B	Seuffert an Sauer in Prag. Graz, 24. September 1907. Dienstag	248.
1066.	B	Seuffert an Sauer in Prag. Graz, 9. November 1907. Samstag	249.
1067.	K	Seuffert an Sauer in Prag. Graz, 13. November 1907. Mittwoch	---
1068.	B	Sauer an Seuffert in Graz. Prag, 24. November 1907. Sonntag	---
1069.	B	Seuffert an Sauer in Prag. Graz, 28. November 1907. Donnerstag	250.
1070.	B	Seuffert an Sauer in Prag. Graz, 18. Dezember 1907. Mittwoch	---
1071.	K	Sauer an Seuffert in Graz. Prag, 23. Dezember 1907. Montag	---
1072.	B	Seuffert an Sauer in Prag. Graz, 30. Dezember 1907. Montag	---
1073.	B	Sauer an Seuffert in Graz. Prag, 7. Januar 1908. Dienstag	251.
1074.	B	Sauer an Seuffert in Graz. Prag (nach dem 7. Januar 1908)	---
1075.	B	Sauer an Seuffert in Graz. Prag (vor dem 19. Februar 1908)	---
1076.	B	Seuffert an Sauer in Prag. Graz, 19. Februar 1908. Mittwoch	252.
1077.	B	Sauer an Seuffert in Graz. Prag (4. März 1908). Mittwoch	---
1078.	B	Seuffert an Sauer in Prag. Graz, 5. März 1908. Donnerstag	---
1079.	B	Sauer an Seuffert in Graz. Prag (nach dem 5. März 1908)	253.
1080.	K	Seuffert an Sauer in Prag. Graz, 11. März 1908. Mittwoch	---
1081.	K	Seuffert an Sauer in Prag. Graz, 14. Mai 1908. Donnerstag	---
1082.	K	Sauer an Seuffert in Graz. Prag, 24. Mai 1908. Sonntag	---
1083.	B	Sauer an Seuffert in Graz. Prag (nach dem 24. Mai 1908)	---
1084.	K	Sauer an Seuffert in Graz [nachgesandt nach Obertressen bei Aussee, Steiermark]. Hassenstein, Böhmen 26. Juli 1908. Sonntag	---

1085.	K	Sauer an Seuffert in Obertressen bei Aussee, Steiermark. Spindelmühle bei Hohenelbe, Böhmen, 10. August 1908. Montag	---
1086.	K	Seuffert an Sauer in Spindelmühle bei Hohenelbe, Böhmen. Obertressen bei Aussee, Steiermark, 13. August 1908. Donnerstag	---
1087.	K	Sauer an Seuffert in Obertressen bei Aussee, Steiermark. Spindelmühle bei Hohenelbe, Böhmen, 18. August 1908. Dienstag	---
1088.	K	Seuffert an Sauer in Prag [nachgesandt nach Wien]. Graz, 24. September 1908. Donnerstag	---
1089.	K	Seuffert an Sauer in Prag. Graz, 13. Oktober 1908. Dienstag	---
1090.	K	Sauer an Seuffert in Graz. Prag, 15. November 1908. Sonntag	254.
1091.	K	Sauer an Seuffert in Graz. Prag (vor dem 20. November 1908)	---
1092.	K	Seuffert an Sauer in Prag. Graz, 20. November 1908. Freitag	---
1093.	K	Seuffert an Sauer in Prag [nachgesandt nach Wien]. Graz, 16. Dezember 1908. Mittwoch	255.
1094.	B	Sauer an Seuffert in Graz. Prag (nach dem 16. Dezember 1908)	256.
1095.	K	Sauer an Seuffert in Graz. Prag, 15. Januar 1909. Freitag	257.
1096.	K	Seuffert an Sauer in Prag. Graz, 16. Januar 1909. Samstag	258.
1097.	B	Sauer an Seuffert in Graz. Prag, 20. Januar 1909. Mittwoch	259.
1098.	K	Sauer an Seuffert in Graz. Prag, 20. Januar 1909. Mittwoch	---
1099.	K	Seuffert an Sauer in Prag [nachgesandt nach Wien]. Graz, 19. April 1909. Montag	---
1100.	K	Sauer an Seuffert in Graz. Wien, 22. April 1909. Donnerstag	---
1101.	K	Sauer an Seuffert in Graz. Prag, 28. Mai 1909. Freitag	---
1102.	K	Seuffert an Sauer in Prag. Graz, 19. Juni 1909. Samstag	---
1103.	K	Sauer an Seuffert in Graz. Prag (nach dem 19. Juni 1909)	---
1104.	K	Sauer an Seuffert in Graz. Prag (vor dem 8. Juli 1909)	---
1105.	K	Seuffert an Sauer in Prag. Graz, 8. Juli 1909. Donnerstag	---
1106.	B	Seuffert an Sauer in Prag. Graz, 22. Juli 1909. Donnerstag	---
1107.	K	Sauer an Seuffert in Graz. Prag, 25. Juli 1909. Sonntag	---
1108.	K	Seuffert an Sauer in Prag. Graz, 23. September 1909. Donnerstag	---
1109.	K	Sauer an Seuffert in Graz. Prag, 23. September 1909. Donnerstag	---
1110.	K	Sauer an Seuffert in Graz. Prag, 22. Oktober 1909. Freitag	---
1111.	K	Seuffert an Sauer in Wien. Graz, 16. Dezember 1909. Donnerstag	---
1112.	K	Seuffert an Sauer in Wien. Graz, 4. Januar 1910. Dienstag	---
1113.	B	Sauer an Seuffert in Graz. Wien, 28. Januar 1910. Freitag	---

1114.	K	Seuffert an Sauer in Wien. Graz, 29. Januar 1910. Samstag	---
1115.	K	Seuffert an Sauer in Wien. Graz, 6. April 1910. Mittwoch	---
1116.	B	Sauer an Seuffert in Graz. Wien, 7. April 1910. Donnerstag	260.
1117.	K	Sauer an Seuffert in Graz. Wien, 8. April 1910. Freitag	---
1118.	K	Seuffert an Sauer in Wien. Graz, 12. April 1910. Dienstag	---
1119.	K	Seuffert an Sauer in Prag. Graz, 20. April 1910. Mittwoch	---
1120.	K	Seuffert an Sauer in Prag. Graz, 17. September 1910. Samstag	---
1121.	K	Sauer an Seuffert in Graz. Wien (vor dem 7. Oktober 1910)	---
1122.	K	Seuffert an Sauer in Wien. Graz, 7. Oktober 1910. Freitag	---
1123.	K	Sauer an Seuffert in Graz. Wien, 10. Oktober 1910. Montag	---
1124.	K	Sauer an Seuffert in Graz. Prag, 12. November 1910. Samstag	---
1125.	K	Seuffert an Sauer in Prag. Graz, 14. November 1910. Montag	---
1126.	K	Sauer an Seuffert in Graz. Prag, 26. Januar 1911. Donnerstag	---
1127.	K	Seuffert an Sauer in Prag. Graz, 28. Januar 1911. Samstag	---
1128.	K	Sauer an Seuffert in Graz. Prag, 10. Februar 1911. Freitag	---
1129.	K	Seuffert an Sauer in Prag. Graz, 13. Februar 1911. Montag	---
1130.	B	Sauer an Seuffert in Graz. Prag, 13. Juni 1911. Dienstag	261.
1131.	B	Seuffert an Sauer in Prag. Graz, 15. Juni 1911. Donnerstag	262.
1132.	B	Sauer an Seuffert in Graz. Prag, 17. Juni 1911. Samstag	---
1133.	B	Seuffert an Sauer in Prag. Graz, 19. Juni 1911. Montag	---
1134.	K	Seuffert an Sauer in Prag [nachgesandt nach Wien]. Schruns, Vorarlberg, 26. August 1911. Samstag	263.
1135.	K	Seuffert an Sauer in Prag [nachgesandt nach Wien]. Graz, 30. August 1911. Mittwoch	---
1136.	B	Sauer an Seuffert in Graz. Prag, 30. August 1911. Mittwoch	264.
1137.	B	Seuffert an Sauer in Prag. Obertressen bei Bad Aussee, Steiermark, 9. September 1911. Samstag	---
1138.	K	Sauer an Seuffert in Graz. Reichenau, Niederösterreich, 12. September 1911. Dienstag	---
1139.	K	Seuffert an Sauer in Prag. Graz, 15. September 1911. Freitag	---
1140.	K	Sauer an Seuffert in Graz. Baden bei Wien, Niederösterreich, 27. September 1911. Mittwoch	---
1141.	K	Seuffert an Sauer in Baden bei Wien, Niederösterreich. Graz, 28. September 1911. Donnerstag	---

1142.	K	Seuffert an Sauer in Prag [nachgesandt nach Wien]. Graz, 10. Oktober 1911. Dienstag	---
1143.	K	Sauer an Seuffert in Graz. Wien (nach dem 10. Oktober 1911)	---
1144.	K	Sauer an Seuffert in Graz. Prag, 29. Oktober 1911. Sonntag	---
1145.	K	Seuffert an Sauer in Prag. Graz, 14. November 1911. Dienstag	---
1146.	K	Sauer an Seuffert in Graz. Prag, 16. November 1911. Donnerstag	---
1147.	K	Seuffert an Sauer in Prag. Graz, 23. November 1911. Donnerstag	---
1148.	B	Seuffert an Sauer in Prag. Graz, 25. November 1911. Samstag	---
1149.	K	Sauer an Seuffert in Graz. Prag, 27. November 1911. Montag	---
1150.	K	Seuffert an Sauer in Prag. Graz, 23. Dezember 1911. Samstag	---
1151.	K	Sauer an Seuffert in Graz. Prag, 26. Dezember 1911. Dienstag	---
1152.	K	Sauer an Seuffert in Graz. Prag, 13. Februar 1912. Dienstag	265.
1153.	B	Sauer an Seuffert in Graz. Prag, 25. Februar 1912. Sonntag	266.
1154.	K	Sauer an Seuffert in Graz. Prag, 14. April 1912. Sonntag	---
1155.	K	Seuffert an Sauer in Prag. Graz, 15. April 1912. Montag	---
1156.	K	Seuffert an Sauer in Prag. Graz, 19. April 1912. Freitag	---
1157.	K	Sauer an Seuffert in Graz. Prag, 24. April 1912. Donnerstag	---
1158.	K	Sauer an Seuffert in Graz. Prag, 5. Mai 1912. Sonntag	---
1159.	K	Seuffert an Sauer in Prag. Graz, 6. Mai 1912. Montag	---
1160.	K	Seuffert an Sauer in Prag. Graz, 10. Mai 1912. Freitag	---
1161.	K	Sauer an Seuffert in Graz. Prag, 12. Mai 1912. Sonntag	---
1162.	K	Seuffert an Sauer in Prag [nachgesandt nach Wien]. Graz, 28. Juli 1912. Sonntag	---
1163.	K	Sauer an Seuffert in Obertressen bei Aussee, Steiermark. Wien 30. Juli 1912. Dienstag	---
1164.	K	Seuffert an Sauer in Wien. Obertressen bei Aussee, Steiermark. 3. August 1912. Samstag	---
1165.	K	Sauer an Seuffert in Obertressen bei Bad Aussee, Steiermark. Goisern, Oberösterreich, 18. August 1912. Sonntag	---
1166.	K	Seuffert an Sauer in Goisern, Oberösterreich. Obertressen bei Bad Aussee, Steiermark, 19. August 1912. Montag	---
1167.	K	Sauer an Seuffert in Graz [nachgesandt nach Obertressen bei Aussee, Steiermark]. Prag, 3. September 1912. Dienstag	---
1168.	K	Seuffert an Sauer in Prag. Graz, 9. September 1912. Montag	---

1169.	K	Sauer an Seuffert in Graz [nachgesandt nach Obertressen bei Aussee, Steiermark]. Prag, 14. September 1912. Samstag	---
1170.	K	Seuffert an Sauer in Prag [nachgesandt nach Wien]. Graz, 30. September 1912. Montag	---
1171.	K	Sauer an Seuffert in Graz. Prag, 1. Dezember 1912. Sonntag	---
1172.	B	Sauer an Seuffert in Graz. Prag, 16. Dezember 1912. Montag	267.
1173.	K	Sauer an Seuffert in Graz. Prag, 4. Januar 1913. Samstag	268.
1174.	K	Seuffert an Sauer in Prag. Graz, 7. Januar 1913. Dienstag	269.
1175.	K	Seuffert an Sauer in Prag. Graz, 17. Januar 1913. Freitag	---
1176.	K	Sauer an Seuffert in Graz. Prag, 27. Januar 1913. Montag	---
1177.	K	Seuffert an Sauer in Prag. Graz, 7. März 1913. Freitag	---
1178.	K	Seuffert an Sauer in Prag. Graz, 6. Mai 1913. Dienstag	270.
1179.	B	Sauer an Seuffert in Graz. Prag, 9. Mai 1913. Freitag	271.
1180.	B	Seuffert an Sauer in Prag. Graz, 9. Juli 1913. Mittwoch	272.
1181.	B	Sauer an Seuffert in Graz. Prag, 11. Juli 1913. Freitag	273.
1182.	K	Sauer an Seuffert in Obertressen bei Bad Aussee, Steiermark. Wien, 23. August 1913. Samstag	---
1183.	K	Seuffert an Sauer in Prag. Graz, 6. Dezember 1913. Samstag	274.
1184.	B	Sauer an Seuffert in Graz. Prag, 8. Dezember 1913. Montag	275.
1185.	K	Sauer an Seuffert in Graz. Prag, 4. Januar 1914. Sonntag	---
1186.	K	Seuffert an Sauer in Prag [nachgesandt nach Wien]. Graz, 29. Mai 1914. Freitag	---
1187.	K	Seuffert an Sauer in Prag [nachgesandt nach Wien]. Graz, 31. Mai 1914. Sonntag	---
1188.	K	Sauer an Seuffert in Graz. Wien, 2. Juni 1914. Dienstag	---
1189.	K	Sauer an Seuffert in Graz. Wien, 14. Juli 1914. Sonntag	---
1190.	B	Sauer an Seuffert in Graz. Prag, 12. Januar 1915. Dienstag	276.
1191.	K	Seuffert an Sauer in Prag. Graz, 29. April 1915. Dienstag	---
1192.	K	Sauer an Seuffert in Graz. Prag, 2. Mai 1915. Sonntag	---
1193.	B	Seuffert an Sauer in Prag. Graz, 26. September 1915. Sonntag	277.
1194.	B	Sauer an Seuffert in Graz. Prag, 27. September 1915. Montag	278.
1195.	B	Seuffert an Sauer in Prag. Graz, 10. Oktober 1915. Sonntag	---
1196.	B	Sauer an Seuffert in Graz. Prag, 13. Oktober 1915. Mittwoch	---
1197.	B	Seuffert an Sauer in Prag. Graz, 19. November 1915. Freitag	---
1198.	K	Sauer an Seuffert in Graz. Prag, 22. November 1915. Montag	---

1199.	K	Sauer an Seuffert in Graz. Prag, 27. Dezember 1915. Montag	---
1200.	K	Seuffert an Sauer in Prag. Graz, 28. Dezember 1915. Dienstag	---
1201.	K	Sauer an Seuffert in Graz. Prag, 23. April 1916. Sonntag	---
1202.	B	Seuffert an Sauer in Prag. Graz, 18. Mai 1916. Donnerstag	---
1203.	K	Seuffert an Sauer in Prag. Graz, 19. Dezember 1916. Dienstag	279.
1204.	K	Sauer an Seuffert in Graz. Prag, 22. Dezember 1916. Freitag	280.
1205.	B	Seuffert an Sauer in Prag. Graz, 8. Februar 1917. Donnerstag	---
1206.	K	Sauer an Seuffert in Graz. Prag (um den 8. Februar 1918)	281.
1207.	B	Seuffert an Sauer in Prag. Graz, 22. März 1919. Samstag	282.
1208.	K	Seuffert an Sauer in Prag. Graz, 22. Mai 1919. Donnerstag	---
1209.	B	Seuffert an Sauer in Prag. Graz, 29. Oktober 1919. Mittwoch	---
1210.	B	Sauer an Seuffert in Graz. Prag, 3. November 1919. Montag	---
1211.	B	Sauer an Seuffert in Graz. Prag (nach dem 3. November 1919)	---
1212.	B	Sauer an Seuffert in Graz. Prag, 2. Januar 1921. Sonntag	283.
1213.	B	Seuffert an Sauer in Prag. Graz, 7. Januar 1921. Freitag	284.
1214.	B	Seuffert an Sauer in Prag. Graz, 7. September 1921. Mittwoch	---
1215.	B	Sauer an Seuffert in Graz. Lans, Tirol. 13. September 1921. Dienstag	285.
1216.	K	Seuffert an Sauer in Prag. Graz, 6. Oktober 1921. Donnerstag	---
1217.	K	Sauer an Seuffert in Graz. Prag, 29. März 1922. Mittwoch	---
1218.	K	Sauer an Seuffert in Graz. Wien, 17. April 1922. Montag	---
1219.	K	Sauer an Seuffert in Graz. Lans, Tirol, 21. Juli 1922. Freitag	---
1220.	K	Sauer an Seuffert in Graz. Lans, Tirol, 9. August 1922. Mittwoch	---
1221.	K	Sauer an Seuffert in Graz. Prag, 27. September 1922. Mittwoch	---
1222.	K	Sauer an Seuffert in Graz. Prag, 4. Oktober 1922. Mittwoch	---
1223.	K	Seuffert an Sauer in Prag. Graz, 2. April 1923. Montag	286.
1224.	B	Sauer an Seuffert in Graz. Prag, 29. April 1923. Sonntag	287.
1225.	K	Sauer an Seuffert in Graz. Prag, 27. Mai 1923. Sonntag	---
1226.	K	Sauer an Seuffert in Graz. Wien, 18. September 1923. Dienstag	---
1227.	B	Sauer an Seuffert in Graz. Prag, 26. November 1923. Montag	288.
1228.	B	Seuffert an Sauer in Prag. Graz, 3. Dezember 1923. Montag	---
1229.	K	Sauer an Seuffert in Graz. Prag, 30. März 1924. Sonntag	---
1230.	K	Sauer an Seuffert in Graz. Prag, 13. Mai 1924. Dienstag	289.
1231.	K	Seuffert an Sauer in Prag. Graz, 30. Mai 1924. Freitag	290.
1232.	K	Seuffert an Sauer in Prag. Graz, 18. Juni 1924. Montag	---

1233.	K	Sauer an Seuffert in Graz. Prag, 6. Dezember 1924. Samstag	---
1234.	K	Sauer an Seuffert in Graz. Prag, 11. Dezember 1924. Donnerstag	---
1235.	K	Sauer an Seuffert in Graz. Prag, 14. Januar 1925. Mittwoch	---
1236.	K	Sauer an Seuffert in Graz. Prag, 16. Februar 1925. Montag	291.
1237.	K	Sauer an Seuffert in Graz. Prag, 19. Februar 1925. Donnerstag	---
1238.	B	Sauer an Seuffert in Graz. (Prag, um den 14. März 1925)	292.
1239.	K	Seuffert an Sauer in Prag. Graz, 18. Mai 1925. Montag	---
1240.	B	Sauer an Seuffert in Graz. Prag, 7. November 1925. Samstag	293.
1241.	K	Sauer an Seuffert in Graz. Prag, 3. Dezember 1925. Donnerstag	---
1242.	K	Sauer an Seuffert in Graz. Prag, 7. Dezember 1925. Montag	---
1243.	B	Sauer an Seuffert in Graz. Prag (um den 14. Dezember 1925)	---
1244.	K	Seuffert an Sauer in Prag. Graz, 2. Februar 1926. Dienstag	---
1245.	K	Sauer an Seuffert in Graz. Prag, 22. Mai 1926. Samstag	294.
1246.	K	Seuffert an Sauer in Prag. Graz, 25. Mai 1926. Dienstag	---
1247.	K	Seuffert an Sauer in Prag. Graz, 28. Mai 1926. Freitag	---
1248.	K	Sauer an Seuffert in Graz. Prag, 2. September 1926. Donnerstag	295.

Anhang 2: Zeittafel August Sauer

August (Rudolf Josef Karl) Sauer
(12.10.1855 Wiener Neustadt/Niederösterreich – 17.9.1926 Prag)

römisch-katholisch
Eltern: Karl Joseph Sauer (1815–1898) u. Josepha, geb. Höpfinger (Stiefmutter: N. N.; gest. 1888)
Geschwister: Julius Sauer (1849–1911)
Ehefrau: Hedda (1875–1953), geb. Rzach
kinderlos
Grabstätte: Malvazinka-Friedhof, Prag

1865–1873	Schottengymnasium in Wien (Matura: 1871)
1873–1877	Studium der Germanistik, Geschichte, Philosophie u. Altphilologie in Wien
1876/77	Militärdienst (Einjährig-Freiwilliger, ab 1877 Reserveoffizier)
1877	Promotion zum Dr. phil. bei K. Tomaschek in Wien mit der Dissertation *J. W. von Brawe und seine Beziehungen zu G. E. Lessing* (Druck: 1878)

1877/78	postgraduale Studien bei W. Scherer u. K. Müllenhoff in Berlin
1878/79	Verlobung mit Maria Ingenmey in Wien; Teilnahme als Leutnant am Okkupationsfeldzug gegen Bosnien-Herzegowina
1879	Habilitation im Fach Deutsche Sprache u. Literatur in Wien; Habilitationsschrift: *Über den fünffüßigen Iambus vor Lessing's Nathan* (1878)
1879	Supplent der germanistischen Lehrkanzel an der Universität Lemberg/Galizien (bis 1883)
1880	*Studien zur Goethe-Philologie* (mit J. Minor)
1881	*Raimund's sämmtliche Werke* (mit C. Glossy) und *Ewald von Kleist's Werke*; Vorschlag zum Extraordinarius für Neuere deutsche Literaturgeschichte in Prag wird im Ministerium abgelehnt; Mitarbeit an der *Deutschen Literaturzeitung*
1882	L. Gleim: *Preußische Kriegslieder* (DLD 4)
1883	Scheitern der Ernennung zum Extraordinarius in Lemberg; Extraordinarius für Deutsche Sprache und Literatur (unbesoldet) an der Universität Graz (bis 1886), zugleich Mitdirektor des Seminars für Deutsche Philologie; Herausgeber der Reihe *Wiener Neudrucke* (bis 1886); Ausgabe *Stürmer und Dränger* (DNL 79–81); Mitherausgeber *Beiträge zur Geschichte der deutschen Literatur und des geistigen Lebens in Österreich* (1883/84)
1884	G. A. Bürger *Gedichte* (DNL 78)
1885	Gründungsmitglied der Weimarer Goethe-Gesellschaft u. Mitarbeiter der Weimarer Goethe-Ausgabe
1886	Extraordinarius für Deutsche Sprache und Literatur an der Deutschen Universität in Prag (Nachfolge J. Minor), zugleich Mitdirektor des Seminars für Deutsche Philologie; Beginn der Arbeit an einer Grillparzer-Biografie (1892 abgebrochen)
1887	*Grillparzers Sämmtliche Werke in 16 Bden.* (4. Ausgabe bei Cotta) mit Einleitung *Franz Grillparzer. Eine litterarhistorische Skizze*; *Der Göttinger Dichterbund* (DNL 49–50; bis 1895)
1888	Tod der Stiefmutter (N. N.)
1889	*Götz von Berlichingen* (Weimarer Goethe-Ausgabe); Mitglied der wissenschaftlichen Prüfungskommission für das Lehramt an Gymnasium und Realschulen (bis 1918)
1890	Gründungsmitglied der Grillparzer-Gesellschaft (Mitglied des Vorstands bis 1926); J. P. Uz *Sämmtliche poetische Werke* (DLD 33–38)

1891	Herausgeber *Deutsche Litteraturdenkmale des 18. und 19. Jahrhunderts* (Nachfolge: B. Seuffert; bis 1904); Gründungsmitglied der Gesellschaft zur Förderung deutscher Wissenschaft Kunst und Literatur in Böhmen (1894 Vorstandsmitglied)
1892	Ordinarius für Deutsche Sprache und Literatur in Prag (bis 1926); Heirat mit Hedda Rzach (8.9.1892) in Prag; Gründungsmitglied der Deutschen Gesellschaft für Altertumskunde in Prag
1894	Gründung des *Euphorion. Zeitschrift für Literaturgeschichte* (Herausgeber bis 1926); *Bibliothek deutscher Schriftsteller aus Böhmen* (bis 1925); Gründung der Reihe *Prager deutsche Studien* (mit C. v. Kraus); auf Zweierliste für einen Ruf nach Leipzig (Nachfolge R. Hildebrand)
1897	Dekan der Philosophischen Fakultät (Unterrichtsjahr 1897/98)
1898	Prodekan der Philosophischen Fakultät (bis 1900); Tod des Vaters
1900	*§ 298: Österreich* in Goedekes *Grundriß zur Geschichte der deutschen Dichtung* (2. Aufl.; Teil 2: 1905)
1901	Herausgeber *Deutsche Arbeit. Halbmonatsschrift für das geistige Leben der Deutschen in Böhmen* (bis 1918); Herausgeber A. Stifter *Sämmtliche Werke* (Prag-Reichenberger Ausgabe; 1901 ff.); *Die deutschen Säculardichtungen an der Wende des 18. und 19. Jahrhunderts* (DLD 91–104)
1902	Gründer und Vorsitzender der Volkstümlichen Hochschulkurse an der deutschen Universität (bis 1912); *Goethe und Österreich. Briefe mit Erläuterungen* (Band 2: 1904)
1903	Korrespondierendes Mitglied der Kaiserlichen Akademie der Wissenschaften in Wien; Vorstandsmitglied des Literarischen Vereins in Wien (bis 1917); *Gesammelte Reden und Aufsätze zur Geschichte der Literatur in Deutschland und Österreich*
1904	*Grillparzers Gespräche und Charakteristiken* (mit C. Glossy, 1904–1916)
1907	Rektor und Vorsitzender des Akademischen Senats der Deutschen Universität für das Unterrichtsjahr 1907/08; Rektoratsrede *Literatur und Volkskunde* (1907)
1908	Mitherausgeber von J. v. Eichendorffs *Sämtlichen Werken* (1908 ff.)
1909	Herausgeber von *Grillparzers Werken* im Auftrag der Stadt Wien (42 Bde., 1909 ff.)
1912	Ernennung zum k. k. Hofrat
1914	Korrespondierendes Mitglied der Bayerischen Akademie der Wissenschaften in München
1918	Vorsitzender der Gesellschaft zur Förderung deutscher Wissenschaft, Kunst und Literatur in Böhmen (bis 1926)

1922	*Grillparzers Geheimschriften*
1925	zum 70. Geburtstag (12.10.): Ehrenring der Stadt Wien; *Festschrift August Sauer [...] von seinen Freunden und Schülern*; A. Rosenbaum: *August Sauer. Ein bibliographischer Versuch*
1926	Ruhestand

Anhang 3: Zeittafel Bernhard Seuffert

Bernhard (Joseph Lothar) Seuffert
(23.5.1853 Würzburg – 15.5.1938 Graz)

römisch-katholisch
Eltern: Johann Baptist Seuffert (1809–1874) u. Amalie (1817–1886), geb. Scheiner
Geschwister: Babette (verh. Eussner, 1844–1916); Elise; Lothar (1843–1920)
Ehefrau: Anna (1855–1919), geb. Rothenhöfer
Kinder: Gertraud (1888–1891); Lothar (1891–1916); Burkhard (1894–1972)

1863–1871	Humanistisches Gymnasium in Würzburg (Matura: 1871)
1871–1876	Studium der Altphilologie, Romanistik, Sanskrit, Geschichte u. Germanistik in Würzburg, Winter 1875/76 bei W. Scherer u. E. v. Steinmeyer in Straßburg
1874	Tod des Vaters
1875	Aushilfslehrer an der Kgl. Studienanstalt in Würzburg; Hauptprüfung für den Unterricht in philologisch-historischen Fächern an bayerischen Gymnasien
1876	Promotion zum Dr. phil. bei E. Schmidt in Würzburg mit der Dissertation *Maler Müllers Faust* (Druck: 1876)
1877	Habilitation im Fach deutsche Sprache u. Literatur u. Privatdozent an der Universität Würzburg mit Leitung der Übungen auf dem Gebiet der Neueren deutschen Literaturgeschichte (bis 1886); *Maler Müller* (2. Ausg., 1881) *Die Legende von der Pfalzgräfin Genovefa* (Habilitationsschrift); Arbeit an einer größeren Studie zur Genovefa-Legende (um 1880 abgebrochen)
1878	Verlobung mit Anna Rothenhöfer; *Wielands Abderiten* (Vortrag)
1880	Beginn der Arbeit an einer Wieland-Biografie für den Verlag Rütten & Loening (später abgebrochen)

1881	Reisestipendium der bayerischen Staatsregierung zur Erhebung von Briefen u. Dokumenten zu Wieland in Deutschland, Österreich u. der Schweiz; Gründung der Reihe *Deutsche Litteraturdenkmale des 18. [später: 18. und 19.] Jahrhunderts in Neudrucken* (DLD; bis 1890); Mitarbeit an der *Deutschen Literaturzeitung*
1882	Goethe *Faust. Ein Fragment* (DLD 3) u. *Frankfurter gelehrte Anzeigen vom Jahr 1772* (DLD 7–8)
1883	Ablehnung des Antrags der Philosophischen Fakultät auf Ernennung zum Extraordinarius für Neuere deutsche Literaturgeschichte in Würzburg durch die Bayerische Kammer der Abgeordneten (wiederholte Ablehnung 1885)
1885	Gründungsmitglied der Weimarer Goethe-Gesellschaft; Goethe: *Die guten Frauen* (DLD 21)
1886	Tod der Mutter (18.1.); Hochzeit mit Anna Rothenhöfer in Würzburg (14.10.); Extraordinarius für Neuere deutsche Sprache u. Literatur (Nachfolge A. Sauer) u. Mitdirektor des Seminars für Deutsche Philologie; Generalkorrektor der Weimarer Goethe-Ausgabe (bis 1887)
1887	Mitglied im Redaktionsausschuss der Weimarer Goethe-Ausgabe (bis 1918)
1888	Gründung der *Vierteljahrschrift für Litteraturgeschichte* (Herausgeber bis 1893); Herausgeber *Noten und Abhandlungen zum besseren Verständnis des West-östlichen Divans* in der Weimarer Goethe-Ausgabe; Geburt von Tochter Gertraud (25.3.; gest.: 1891)
1891	Geburt von Sohn Lothar (23.7.)
1892	Ruf nach Bonn abgelehnt; Ordinarius für Deutsche Sprache u. Literatur in Graz (bis 1924)
1894	Beratung bei der Gründung des *Euphorion* (Herausgeber: A. Sauer); Geburt von Sohn Burkhard (27.5.)
1895	Mitherausgeber *Grazer Studien zur deutschen Philologie* (bis 1899)
1896	Dekan der Philosophischen Fakultät (Unterrichtsjahr 1896/97)
1897	Ruf nach Bern abgelehnt
1899	Herausgeber *Die Leiden des jungen Werthers* in der Weimarer Goethe-Ausgabe
1903	*Teplitz in Goethes Novelle*; externes Mitglied der Deutschen Kommission bei der Kgl. Preußischen Akademie der Wissenschaften u. Leitung der Ausgabe von C. M. Wieland *Gesammelte Schriften* (bis 1935)
1904	Dekan der Philosophischen Fakultät (Unterrichtsjahr 1904/05); *Prolegomena zu einer Wielandausgabe* der Kgl. Preußischen Akademie der Wissenschaften (9 Teile, 1904–1941)

1905	nebenamtlich Honorarprofessor für Deutsche Sprache u. Literatur an der TH Graz (1913)
1906	Ruf nach Göttingen (Nachfolge M. Heyne) abgelehnt
1909	Aufsätze *Beobachtungen über dichterische Komposition* (*Germanisch-Romanische Monatsschrift*; 1909–1911)
1913	Rufe nach Berlin (Nachfolge E. Schmidt) u. Wien (J. Minor) abgelehnt
1914	Korrespondierendes Mitglied der Kgl. Preußischen Akademie der Wissenschaften u. der Kaiserlichen Akademie der Wissenschaften in Wien
1916	Sohn Lothar fällt an der Ostfront
1917	Ernennung zum k. k. Hofrat
1918	Wirkliches Mitglied der Österreichischen Akademie der Wissenschaften
1919	Tod der Ehefrau Anna Seuffert
1923	zum 70. Geburtstag (23.5.): *Festschrift für Bernhard Seuffert*
1924	Ruhestand (bis 1927 Lehrtätigkeit als Emeritus); *Goethes Theaterroman*
1927	Dr. phil. h. c. (Universität Würzburg)

Anhang 4: Bibliografie der von Bernhard Seuffert und August Sauer herausgegebenen Neudruckreihen

Die beiden folgenden Bibliografien dienen der Entlastung des Kommentars, der die einzelnen, in den *Deutschen Literaturdenkmalen* und den *Wiener Neudrucken* erschienenen Bände nur bei der ersten Nennung vollständig anführt. Aus Gründen der Übersichtlichkeit wurden die auf dem Titelblatt meist nach dem Titel der Schrift angeführten Verfassernamen nach vorne gestellt. Die oft abgekürzten Vornamen wurden stillschweigend aufgelöst.

Deutsche Literaturdenkmale des 18. und 19. Jahrhunderts [= DLD]. Hrsg. von Bernhard Seuffert [1881–1891]; August Sauer [1892–1904]; ab 1904 ohne offiziellen Herausgeber. 151 Bde. [in 85 Bden.]. 1881–1924

Erscheinungsweise: DLD *1–151 (1881–1924)* = 85 Bde.
- *DLD 1–39* (1881–1891) u. d. T.: Deutsche Litteraturdenkmale des 18. Jahrhunderts [ab DLD 15 <1883>: des 18. und 19. Jahrhunderts] in Neudrucken. Hrsg. von Bernhard Seuffert
- *DLD 40–50* (1892–1894) u. d. T.: Deutsche Literaturdenkmale des 18. und 19. Jahrhunderts. Begründet durch B[ernhard] Seuffert, fortgeführt von A[ugust] Sauer
- *DLD 51–128* (1894–1904) u. d. T.: Deutsche Litteraturdenkmale [ab DLD 123: Literaturdenkmale] des 18. und 19. Jahrhunderts. Hrsg. von August Sauer | ab DLD 51 = Neue Folge 1 ff.; ab DLD 121 = Folge 3, Nr. 1 ff.

- *DLD 129–151* (1904–1924): Deutsche Literaturdenkmale des 18. und 19. Jahrhunderts. | Kein Herausgeber auf dem Titel genannt | DLD 151 = Folge 4, Nr. 1

Verlagsorte:
- *DLD 1–28* (1881–1890): Heilbronn: Verlag von Gebr[üder] Henninger
- *DLD 29–69* (1890–1897): Stuttgart [später: Leipzig]: G. J. Göschen'sche Verlagshandlung
- *DLD 70–151* (1900–1924): Berlin: B. Behr's Verlag (E. Bock [ab DLD 145: F. Feddersen])

Einzeltitel:

DLD 1 — Friedrich Maximilian Klinger: Otto. Trauerspiel. [Hrsg. von Bernhard Seuffert]. Heilbronn: Gebr. Henninger, 1881. VIII, 108 S.

DLD 2 — Heinrich Leopold Wagner: Voltaire am Abend seiner Apotheose. Von H. L. Wagner. [Hrsg. von Bernhard Seuffert]. Heilbronn: Gebr. Henninger, 1881. XI, 19 S.

DLD 3 — Maler Müller: Fausts Leben. [Hrsg. von Bernhard Seuffert]. Heilbronn: Gebr. Henninger, 1881. XXVI, 116 S.

DLD 4 — Johann Wilhelm Ludwig Gleim: Preußische Kriegslieder von einem Grenadier. [Hrsg. von August Sauer]. Heilbronn: Henninger, 1882. XXXVI, 44 S.

DLD 5 — Johann Wolfgang von Goethe: Faust. Ein Fragment. [Hrsg. von Bernhard Seuffert]. Heilbronn: Gebr. Henninger, 1882. XV, 89 S.

DLD 6 — Christoph Martin Wieland: Hermann. [Hrsg. von Franz Muncker]. Heilbronn: Gebr. Henninger, 1882. XXX, 116 S.

DLD 7 — Frankfurter gelehrte Anzeigen vom Jahr 1772. 1. Hälfte. [Hrsg. von Bernhard Seuffert. Einleitung von Wilhelm Scherer]. Heilbronn: Gebr. Henninger, 1882. CXXIX, 352 S.

DLD 8 — Frankfurter gelehrte Anzeigen vom Jahr 1772. 2. Hälfte. [Hrsg. von Bernhard Seuffert. Einleitung von Wilhelm Scherer]. Heilbronn: Gebr. Henninger, 1883. CXXIX, 348 [= S. 353–700] S.

DLD 9 — Johann Jakob Bodmer: Karl von Burgund. Ein Trauerspiel (nach Aeschylus). Heilbronn: Gebr. Henninger, 1883. XII, 26 S.

DLD 10 — Friedrich von Hagedorn: Versuch einiger Gedichte. [Hrsg. von August Sauer]. Heilbronn: Gebr. Henninger, 1883. X, 99 S.

DLD 11	Friedrich Gottlieb Klopstock: Der Messias erster zweiter und dritter Gesang. [Hrsg. von Franz Muncker]. Heilbronn: Gebr. Henninger, 1883. XXXI, 84 S.
DLD 12	Johann Jakob Bodmer: Vier kritische Gedichte. [Hrsg. von Jakob Baechtold]. Heilbronn: Gebr. Henninger, 1883. XLVI, 110 S.
DLD 13	Heinrich Leopold Wagner: Die Kindermörderin. Ein Trauerspiel. Nebst Scenen aus den Bearbeitungen K. G. Lessings und Wagners. [Hrsg. von Erich Schmidt]. Heilbronn: Gebr. Henninger 1883. X, 116 S.
DLD 14	Johann Wolfgang von Goethe: Ephemerides und Volkslieder. [Hrsg. von Ernst Martin]. Heilbronn: Gebr. Henninger, 1883. XX, 47 S.
DLD 15	Clemens Brentano: Gustav Wasa. [Hrsg. von Jakob Minor]. Heilbronn: Gebr. Henninger, 1883. XIV, 136 S.
DLD 16	Friedrich der Große: De la littérature allemande. [Hrsg. von Ludwig Geiger]. Heilbronn: Gebr. Henninger, 1883. XXX, 37 S.
DLD 17	August Wilhelm Schlegels Vorlesungen über schöne Litteratur und Kunst. Erster Teil (1801–1802). Die Kunstlehre. [Hrsg. von Jakob Minor]. Heilbronn: Gebr. Henninger, 1884. LXXI, 370 S.
DLD 18	August Wilhelm Schlegels Vorlesungen über schöne Litteratur und Kunst. Zweiter Teil (1802–1803). Geschichte der klassischen Litteratur. [Hrsg. von Jakob Minor]. Heilbronn: Gebr. Henninger, 1884. XXXII, 396 S.
DLD 19	August Wilhelm Schlegels Vorlesungen über schöne Litteratur und Kunst. Dritter Teil (1803–1804). Geschichte der romantischen Litteratur (nebst Personenregister zu den drei Teilen). [Hrsg. von Jakob Minor]. Heilbronn: Gebr. Henninger, 1884. XXXVII, 252 S.
DLD 20	Johann Joachim Winckelmann: Gedanken über die Nachahmung der griechischen Werke in der Malerei und Bildhauerkunst. Erste Ausgabe 1755 mit Oesers Vignetten. [Hrsg. von Bernhard Seuffert]. Heilbronn: Gebr. Henninger, 1885. X, 44 S.
DLD 21	Johann Wolfgang Goethe: Die guten Frauen. Mit Nachbildungen der Originalkupfer. [Hrsg. von Bernhard Seuffert]. Heilbronn: Gebr. Henninger, 1885. XI, 27 S.; Ill.; 8°.

DLD 22	Immanuel Jacob Pyra/Samuel Gotthold Lange: Freundschaftliche Lieder. [Hrsg. von August Sauer]. Heilbronn: Gebr. Henninger, 1885. L, 167 S.
DLD 23	Karl Philipp Moritz: Anton Reiser. Ein psychologischer Roman. [Hrsg. von Ludwig Geiger]. Heilbronn: Gebr. Henninger, 1886. XXXVIII, 443 S.
DLD 24	August Wilhelm Iffland: Ueber meine theatralische Laufbahn. [Hrsg. von Hugo Holstein]. Heilbronn: Gebr. Henninger, 1886. CVI, 130 S.
DLD 25	Heinrich Meyer: Kleine Schriften zur Kunst. [Hrsg. von Paul Weizsäcker]. Heilbronn: Gebr. Henninger, 1886. CLXVIII, 258 S.
DLD 26	Johann Elias Schlegels aesthetische und dramaturgische Schriften. [Hrsg. von Johann von Antoniewicz]. Heilbronn: Gebr. Henninger, 1887. CLXXX, 226 S.
DLD 27	Heinrich Heines Buch der Lieder nebst einer Nachlese nach den ersten Drucken oder Handschriften. [Hrsg. von Ernst Elster]. Heilbronn: Gebr. Henninger, 1887. CLIV, 255 S.
DLD 28	Karl Gotthelf Lessing: Die Mätresse. Lustspiel. [Hrsg. von Eugen Wolff]. Heilbronn: Gebr. Henninger, 1887. XX, 113 S.
DLD 29–30	[Heinrich Wilhelm von Gerstenberg <Hrsg.>]: Briefe über Merkwürdigkeiten und Litteratur. [Hrsg. von Alexander von Weilen]. Stuttgart: G. J. Göschen, 1890. CXLIX, 367 S.
DLD 31	Karl Philipp Moritz: Über die bildende Nachahmung des Schönen. [Hrsg. von Sigmund Auerbach]. Stuttgart: G. J. Göschen, 1888. XLV, 45 S.
DLD 32	Johann Anton Leisewitz: Julius von Tarent und die dramatischen Fragmente. [Hrsg. von Richard Maria Werner]. Stuttgart: G. J. Göschen, 1889. LXIX, 134 S.
DLD 33–38	Johann Peter Uz: Sämtliche poetische Werke. Hrsg. von August Sauer. Stuttgart: G. J. Göschen, 1890. LXXXV, 422 S.
DLD 39	Das Faustbuch des Christlich Meynenden nach dem Druck von 1725. Hrsg. von Siegfried Szamatólski. Mit drei Faustporträts nach Rembrandt. Stuttgart: G. J. Göschen, 1891. XXVI, 30 S.
DLD 40–41	[Johann Gottfried Herder <Hrsg.>] Von deutscher Art und Kunst. Einige fliegende Blätter (1773). Hrsg. von Hans Lambel. Stuttgart: G. J. Göschen, 1892. LV, 123 S.

DLD 42	Johann Nicolaus Götz: Gedichte aus den Jahren 1745–1765 in ursprünglicher Gestalt. [Hrsg. von Carl Schüddekopf]. Stuttgart: G. J. Göschen, 1893. XXXVI, 89 S.
DLD 43–45	[Johann Melchior] Goezes Streitschriften gegen Lessing. Hrsg. von Erich Schmidt. Stuttgart: Göschen, 1893. V, 208 S.
DLD 46–47	Georg Forster: Ausgewählte kleine Schriften. Stuttgart: G. J. Göschen, 1894. XX, 165 S.
DLD 48	Moritz August von Thümmel: Wilhelmine. Abdruck der ersten Ausgabe (1764). [Hrsg. von Richard Rosenbaum]. Stuttgart: G. J. Göschen, 1894. XII, 54 S.
DLD 49–50	Göttinger Musenalmanach auf 1770. Hrsg. von Carl Redlich. Stuttgart: G. J. Göschen, 1894. [1], 110 S.
DLD 51/N. F. 1	Christian Thomasius: Von Nachahmung der Franzosen. Nach den Ausgaben von 1687 und 1701. [Hrsg. von August Sauer]. Stuttgart: G. J. Göschen, 1894. IX, 50 S.
DLD 52–53/N. F. 2–3	Göttinger Musenalmanach auf 1771. Hrsg. von Carl Redlich. Stuttgart: G. J. Göschen, 1895. IV, 100 S.
DLD 54–55/N. F. 4–5	Adelbert von Chamisso: Fortunati, Glückseckel und Wunschhütlein. Ein Spiel (1806). Aus der Handschrift zum ersten Male hrsg. von E. F. Kossmann. Stuttgart: G. J. Goeschen, 1895
DLD 56–57/N. F. 6–7	Hinrich Borkenstein: Der Bookesbeutel. Lustspiel (1742). [Hrsg von Franz Ferdinand Heitmüller]. Leipzig: G. J. Goeschen, 1896. XXX, 73 S.
DLD 58–62/N. F. 8–12	Wilhelm von Humboldt: Sechs ungedruckte Aufsätze über das klassische Altertum. Hrsg. von Albert Leitzmann. Leipzig: Göschen, 1896. LVI, 214 S.
DLD 63/N. F. 13	Friederike Caroline Neuber: Ein deutsches Vorspiel verfertigt [...] (1734) zur Feier ihres 200jährigen Geburtstages 9. März 1897 mit einem Verzeichnis ihrer Dichtungen hrsg. von Arthur Richter. Leipzig: Göschen, 1897. XVI, 28 S.
DLD 64–65/N. F. 14–15	Göttinger Musenalmanach auf 1772. Hrsg. von Carl Redlich. Leipzig: G. J. Göschen, 1897. 122 S.
DLD 66–69/N. F. 16–19	Deutsche Erzähler des achtzehnten Jahrhunderts. Eingeleitet und hrsg. von Rudolf Fürst. Leipzig: G. J. Göschen, 1897. XXIX, 178 S.
DLD 70–81/N. F. 20–31	Christoph Otto Freiherr von Schönaich: Die ganze Aesthetik in einer Nuss oder neologisches Wörterbuch (1754). Mit Einleitung und Anmerkungen hrsg. von Albert Köster. Berlin: B. Behr, 1900. XXVIII, 611 S.

DLD 82/N. F. 32	Johann Hübner: Christ-Comoedia. Ein Weihnachtsspiel. Hrsg. von Friedrich Brachmann. Berlin: B. Behr, 1899. XXVII, 39 S.
DLD 83–88/N. F. 33–38	Johann Kuhnau: Der Musicalische Quack-Salber (1700). Hrsg. von Kurt Benndorf. Berlin: B. Behr, 1900. XXV, 271 S.
DLD 89–90/N. F. 39–40	Karl Wilhelm Jerusalem: Philosophische Aufsätze (1776). Mit G. E. Lessings Vorrede und Zusätzen neu hrsg. von Paul Beer. Berlin: B. Behr, 1900. XIII, 63 S.
DLD 91–104/N. F. 41–54	Die deutschen Säculardichtungen an der Wende des 18. und 19. Jahrhunderts. Hrsg. von August Sauer. Berlin: B. Behr, 1901. CLXXII, 654 S.
DLD 105–107/N. F. 55–57	Clemens Brentano: Valeria oder Vaterlist. Ein Lustspiel in fünf Aufzügen (Die Bühnenbearbeitung des »Ponce de Leon«). Hrsg. von Reinhold Steig. Berlin: B. Behr, 1901. XXXIII, 86 S.
DLD 108–120/N. F. 58–70	Johann Gottfried Schnabel: Die Insel Felsenburg. Erster Theil (1731). Hrsg. von Hermann Ullrich. Berlin: B. Behr, 1902. LIV, *10, 467 S.
DLD 121/3. Folge 1	Jakob Michael Reinhold Lenz: Vertheidigung des Herrn Wieland gegen die Wolken von dem Verfasser der Wolken (1776). Hrsg. von Erich Schmidt. Berlin: B. Behr, 1902. XVI, 35 S.
DLD 122/3. Folge 2	Justus Möser: Über die deutsche Sprache und Litteratur (1781). Hrsg. von Carl Schüddekopf. Berlin: B. Behr, 1902 (Gegenschriften gegen Friedrichs des Großen »De la Littérature Allemande«, Heft 1). XXVII, 31 S.
DLD 123/3. Folge 3	Georg Christoph Lichtenbergs Aphorismen. Nach den Handschriften hrsg. von Albert Leitzmann. Erstes Heft: 1764–1771. Berlin: Behr, 1902. X, 276 S.
DLD 124/3. Folge 4	[August Graf von] Platens dramatischer Nachlass. Aus den Handschriften der Münchener Hof- und Staatsbibliothek. Hrsg. von Erich Petzet. Berlin: Behr, 1902. XCVII, 193 S.
DLD 125/3. Folge 5	Antixenien. 1. Heft. Trogalien zur Verdauung der Xenien (1797) von Fürchtegott Christian Fulda. Hrsg. von Ludwig Grimm. Berlin: B. Behr, 1903. XVIII, 45 S.
DLD 126/3. Folge 6	Carl [!] Philipp Moritz: Reisen eines Deutschen in England im Jahr 1782. Hrsg. von Otto zur Linde. Berlin: B. Behr, 1903. XXXIII, 167 S.
DLD 127/3. Folge 7	Friedrich Wilhelm Zachariä: Zwei polemische Gedichte (1754–1755). Hrsg. von Otto Ladendorf. Berlin: B. Behr, 1903. XV, 20 S.

DLD 128/3. Folge 8	H[einrich] W[ilhelm] von Gerstenbergs Rezensionen in der Hamburgieschen Neuen Zeitung 1767–1771. Hrsg. von O[ttokar] Fischer. Berlin: B. Behr, 1904. XCVIII, 415 S.
DLD 129/3. Folge 9	Michael Holzmann: Aus dem Lager der Goethe-Gegner. Mit einem Anhange: Ungedrucktes von und an Börne. Berlin: Behr, 1904. 224 S.
DLD 130/3. Folge 10	Quellenschriften zur Hamburgischen Dramaturgie 1. Richard der Dritte. Ein Trauerspiel in fünf Aufzügen von Christian Felix Weisse. Hrsg. von Daniel Jacoby und August Sauer. Berlin: B. Behr, 1904. XXXII, 91 S.
DLD 131/3. Folge 11	Georg Christoph Lichtenbergs Aphorismen. Nach den Handschriften hrsg. von Albert Leitzmann. Zweites Heft: 1772–1775. Berlin: Behr, 1904. [1], 378 S.
DLD 132/3. Folge 12	Die Deutsche Revue von Karl Gutzkow und Ludolf Wienbarg (1835). Hrsg. von J. Dresch. Berlin: B. Behr, 1904. XLIII, 39 S.
DLD 133/3. Folge 13	Nachtwachen von Bonaventura. Hrsg. von Hermann Michel. Berlin: Behr, 1904. LXIX, 165 S.
DLD 134/3. Folge 14	Andreas Streicher: Schillers Flucht von Stuttgart und Aufenthalt in Mannheim von 1782 bis 1785 (1836). Neu hrsg. von Hans Hoffmann. Berlin: B. Behr, 1905. XVII, 167 S.
DLD 135/3. Folge 15	Otto Heinrich Graf von Loeben: Gedichte. Ausgewählt und hrsg. von Raimund Pissin. Berlin: B. Behr, 1905. XVII, 171 S.
DLD 136/3. Folge 16	Georg Christoph Lichtenbergs Aphorismen. Nach den Handschriften hrsg. von Albert Leitzmann. Drittes Heft: 1775–1779. Berlin: B. Behr, 1906. 602 S.
DLD 137/3. Folge 17	Wilhelm Müller: Gedichte. Vollständige kritische Ausgabe. Bearbeitet von James Taft Hatfield. Berlin: B. Behr, 1906. XXXI, 513 S.
DLD 138/3. Folge 18	Sophie von La Roche: Geschichte des Fräuleins von Sternheim. Hrsg. von Kuno Ridderhoff. Berlin: B. Behr, 1907. XXXIX, 345 S.
DLD 139/3. Folge 19	Wilhelm von Burgsdorff: Briefe an Brinkmann, Henriette v. Finckenstein, Wilhelm v. Humboldt, Rahel, Friedrich Tieck, Ludwig Tieck und Wiesel. Hrsg. von Alfons Fedor Cohn. Berlin: B. Behr, 1907. XVI, 230 S.
DLD 140/3. Folge 20	Georg Christoph Lichtenbergs Aphorismen. Nach den Handschriften hrsg. von Albert Leitzmann. Viertes Heft: 1789–1793. Berlin: Behr, 1908. VI, 370 S.

DLD 141/3. Folge 21	Georg Christoph Lichtenbergs Aphorismen. Nach den Handschriften hrsg. von Albert Leitzmann. Fünftes Heft: 1793–1799. Berlin: Behr, 1908. VI, 240 S.
DLD 142/3. Folge 22	Johann Christoph Rost: Das Vorspiel. Ein episches Gedicht (1742). Mit einer Einleitung hrsg. von Franz Ulbrich. Berlin: B. Behr, 1910. XXXII, 46 S.
DLD 143/3. Folge 23	[Friedrich] Hebbel in der zeitgenössischen Kritik. Hrsg. und mit Anmerkungen versehen von H. Wütschke. Berlin: B. Behr, 1910. VI, 274 S.
DLD 144/3. Folge 24	[Paul Achatius Pfizer]: Briefwechsel zweier Deutschen. Hrsg. von P. A. Pfizer. / Ziel und Aufgaben des Deutschen Liberalismus. Neu hrsg. und bearbeitet von Georg Küntzel. 1. Text. Berlin: B. Behr, 1911. 366 S.
DLD 145/3. Folge 25	Aus Joh. Jac. Winckelmanns Briefen. Ausgewählt und hrsg. von Richard Meszlényi. Erster Band. Berlin: B. Behr (F. Feddersen), 1913. [4], 186 S.
DLD 146/3. Folge 26	Briefe von Dorothea und Friedrich Schlegel an die Familie Paulus. Hrsg. von Rudolf Unger. Berlin: B. Behr (F. Feddersen), 1913. XXVIII, 192 S.
DLD 147/3. Folge 27	A[ugust] W[ilhelm] Schlegel: Geschichte der deutschen Sprache und Poesie. Vorlesungen, gehalten an der Univ. Bonn seit dem Wintersemester 1818/19. Hrsg. von Josef Körner. Berlin: B. Behr, 1913. XXXVIII, 184 S.
DLD 148/3. Folge 28	Wilhelm Waiblinger: Liebe und Hass. Ungedrucktes Trauerspiel. Nach dem Manuskript hrsg. von André Fauconnet. Berlin: B. Behr, 1914. [6], 189 S.
DLD 149/3. Folge 29	Georg Forsters Tagebücher. Hrsg. von Paul Zincke und Albert Leitzmann. Berlin: B. Behr, 1914. XLV, 436 S.
DLD 150/3. Folge 30	Das Wagnervolksbuch im 18. Jahrhundert. Hrsg. von Josef Fritz. Berlin: B. Behr, 1914. XXXVI, 58 S.
DLD 151/4. Folge 1	Hermann Hettner: Das moderne Drama. Aesthetische Untersuchungen. Hrsg. von Paul Alfred Merbach. Berlin: B. Behr, 1924. VIII, 185 S.

Wiener Neudrucke [= WND]. Hrsg. von August Sauer. Bd. 1–11. Wien: Carl Konegen, 1883–1886

Einzelbände:

WND 1	Abraham a Sancta Clara: Auf auf ihr Christen. 1683. [Hrsg. von August Sauer]. Wien: Konegen, 1883. XIV, 135 S.
WND 2	Joseph Kurz: Prinzessin Pumphia. [Hrsg. von August Sauer]. Wien: Konegen, 1883. VII, 59 S.
WND 3	Der Hausball. Eine Erzählung. 1781. [Hrsg. von August Sauer]. Wien: Konegen, 1883. XII, 24 S.
WND 4	Chr. G. Klemm: Der auf den Parnass versetzte grüne Hut. 1767. [Hrsg. von August Sauer]. Wien: Konegen, 1883. XI, 63 S.
WND 5	Wolfgang Schmeltzl: Samuel und Saul. 1551. [Hrsg. von Franz Spengler]. Wien: Konegen, 1883. V, 44 S.
WND 6	Der Wiener Hanswurst. Stranitzkys und seiner Nachfolger ausgewälte Schriften. Hrsg. von Richard Maria Werner. I. Bändchen. Lustige Reyss-Beschreibung aus Saltzburg in verschiedene Länder von J[oseph] A[nton] Stranitzky. Wien: Konegen, 1883. XXXII, 54 S.
WND 7	Joseph von Sonnenfels: Briefe über die Wienerische Schaubühne (1768). [Hrsg. von August Sauer]. Wien: Konegen, 1884. XIX, 353 S.
WND 8	Vier dramatische Spiele über die zweite Türkenbelagerung aus den Jahren 1683–1685. [Hrsg. von Carl Glossy und August Sauer]. Wien: Konegen, 1884. VI, 58 S.
WND 9	Sterzinger Spiele. Nach Aufzeichnungen des Vigil Raber. Hrsg. von Oswald Zingerle. I. Bändchen. Fünfzehn Fastnachtsspiele aus den Jahren 1510 und 1511 […]. Wien: Konegen, 1886. XII, 295 S.
WND 10	Der Wiener Hanswurst. Stranitzkys und seiner Nachfolger ausgewälte Schriften. Hrsg. von Richard Maria Werner. II. Bändchen. Ollapatrida des durchgetriebenen Fuchsmundi von J. A. Stranitzky (1711). Wien: Konegen, 1886. CXXVIII, 384 S.
WND 11	Sterzinger Spiele. Nach Aufzeichnungen des Vigil Raber. Hrsg. von Oswald Zingerle. II. Bändchen. Eilf Fastnachtsspiele aus den Jahren 1512–1535. […]. Wien: Konegen, 1886. 263 S.

Kommentiertes Namensregister

Quellenverzeichnis zum Register

ADB 1 ff. – Allgemeine Deutsche Biographie. Auf Veranlassung und mit Unterstützung Seiner Majestät des Königs von Bayern Maximilian II. hrsg. durch die historische Commission bei der Kgl. Akademie der Wissenschaften. 56 Bde. Leipzig: Duncker & Humblot, 1875–1912; 2., unveränderte Aufl.: Berlin (West): Duncker & Humblot, 1967–1971. Online: NDB/ADB. Deutsche Biographie [https://www.deutsche-biographie.de [abgerufen am: 26.09.2019]

Anzeiger – Anonymus: 70. Geburtstag [von Carl Fromme]. In: Anzeiger für den Buch-, Kunst- und Musikalienhandel, Jg. 1926, Nr. 42, 15.10.1926, S. 279

Arnold – Robert F. Arnold: Friedrich Bauer. In: ZfdöG 58 (1908), S. 570–576

Arnsberg – Paul Arnsberg: Die Geschichte der Frankfurter Juden seit der Französischen Revolution. Hrsg. vom Kuratorium für Jüdische Geschichte e. V., Frankfurt am Main. Bearb. u. vollendet durch Hans-Otto Schembs. Bd. 3: Biographisches Lexikon der Juden in den Bereichen: Wissenschaft, Kultur, Bildung, Öffentlichkeitsarbeit in Frankfurt am Main. Darmstadt: Roether, 1983

Auerbach – Catalogus Professorum Academiae Marburgensis. Die akademischen Lehrer der Philipps-Universität Marburg. Bd. 2: Von 1911 bis 1971. Bearb. von Inge Auerbach. Marburg: Elwert, 1979 (Veröffentlichungen der Historischen Kommission für Hessen, Bd. 15/2)

Augsburg – Augsburger Stadtlexikon Online. Hrsg. von Günther Grünsteudel, Günter Hägele u. Rudolf Frankenberger. Augsburg: Wißner. https://www.wissner.com/stadtlexikon-augsburg/startseite [abgerufen am: 26.09.2019]

Bad. Biogr. – Badische Biographien. Neue Folge. Hrsg. im Auftrag der Kommission für geschichtliche Landeskunde in Baden-Württemberg von Bernd Ottnad [Bd. 1–4] u. Fred L. Sepaintner [Bd. 5–6]. 5 Bde. Stuttgart: Kohlhammer, 1982–2011

Bader – Karl Bader: Lexikon deutscher Bibliothekare im Haupt-und Nebenamt bei Fürsten, Staaten und Städten. Leipzig: Harrassowitz, 1925

Barthel – Wolfgang Barthel: Zur Einführung. In: Paul Hoffmann: Kleist-Arbeiten 1899–1943. Hrsg. von Günther Emig in Verbindung mit Arno Pielenz. Mit einem Vorwort von Wolfgang Barthel. 2., durchgesehene Aufl. Heilbronn: Kleist-Archiv Sembdner, 2010 (Heilbronner Kleist-Studien. 4), S. 9–29

Berisch – Sigmar Berisch: Faszination Wissenschaftsgeschichte: Adolf Strack. In: Volkskunde in Rheinland-Pfalz 20 (2006), S. 138–144

BBF – Bibliothek für Bildungsgeschichtliche Forschung des Deutschen Instituts für internationale Pädagogische Forschung, Berlin. Archivdatenbank. https://archivdatenbank.bbf.dipf.de/actaproweb/

Biogr. Lex. Böhmen – Biographisches Lexikon zur Geschichte der böhmischen Länder. Hrsg. im

Auftrag des Collegium Carolinum von Heribert Sturm [Bd. 1–2], Ferdinand Seibt, Hans Lemberg u. Helmut Slapnicka. Bd. 1 ff. München: Oldenbourg, 1979 ff.

Birkelund – Danmarks historiens blå bog. 1680 danske mænds og kvinders levnedsløb fra Ansgar til vor tid. Udgivet af Krak under medvirken af Palle Birkelund. København: Krak, 1971

BJ 1 ff. – Biographisches Jahrbuch und deutscher Nekrolog. Hrsg. von Anton Bettelheim. 18 Bde. Berlin: G. Reimer, 1897–1917

BJA – Biographisches Jahrbuch für Alterthumskunde [Bd. 30–43 u. d. T.: Biographisches Jahrbuch für die Alterthumswissenschaft]. [Beiblatt zu: Jahresbericht über die Fortschritte der classischen Alterthumswissenschaft]. 62 Bde. Leipzig 1878–1943

Bosl – Bosls bayerische Biographie. 8000 Persönlichkeiten aus 15 Jahrhunderten. Hrsg. von Karl Bosl. 2 Bde. Regensburg: Pustet, 1983–1988

Br. an Goethe – Briefe an Goethe. Gesamtausgabe in Regestform. Hrsg. von der Klassik Stiftung Weimar Goethe- und Schiller-Archiv/Biographische Informationen. https://ores.klassik-stiftung.de/ords/f?p=403:1:11006954272500

Buxbaum: Sauer – Elisabeth Buxbaum: »An Herrn Professor August Sauer, Smíchov 586, Prag«. Die erste Werkstätte der österreichischen Literaturforschung. In: Literatur – Geschichte – Österreich. Probleme, Perspektiven und Bausteine einer österreichischen Literaturgeschichte. Thematische Festschrift zur Feier des 70. Geburtstags von Herbert Zeman. Hrsg. von Christoph Fackelmann u. Wynfrid Kriegleder. Wien, Berlin: LIT, 2011, S. 201–225

Carey/Lienhard – Biographical Dictionary of Christian Theologians. Ed. by Patrick W. Carey and Joseph T. Lienhard. Westport/Conn. [u. a.]: Greenwood Press, 2000

Čsl. Biogr. – Československo – Biografie. 3 Bde. [= 36 Serien] u. 1 Suppl.-Bd. Praha: Státní Tiskarna, 1936–1941

Czajka – Michał Czajka/Marcin Kamler/Witold Sienkiewicz: Leksykon historii Polski. Warszawa: Wydawnictwo Wiedza Powszechna, 1995

Czeike – Felix Czeike: Historisches Lexikon Wien. 5 Bde. u. 1 Suppl.-Bd. Wien: Kremayr & Scheriau, 1992–2004. Online ausgewertet: Wien Geschichte-Wiki. https://www.geschichtewiki.wien.gv.at/Personen [abgerufen am: 26.09.2019]

DBE – Deutsche Biographische Enzyklopädie. 2., überarb. u. erw. Ausg. Hrsg. von Rudolf Vierhaus. 10 Bde. u. 2 Suppl.-Bde. München: Saur, 2005–2008

DBJ 1 ff. – Deutsches Biographisches Jahrbuch. Hrsg. vom Verbande der deutschen Akademien. 11 Bde. [Bd. 1 u. 2 als »Überleitungsbände« bezeichnet]. Stuttgart, Berlin [u. a.], 1925–1932

DGb – [Art.] Gurlitt. In: Deutsches Geschlechterbuch 22 (1912), S. 101–126

Dietzel/Hügel – Thomas Dietzel/Hans-Otto Hügel: Deutsche literarische Zeitschriften 1880–1945. Ein Repertorium. [Hrsg. vom Deutschen Literaturarchiv Marbach am Neckar]. 5 Bde. München u. a.: Saur, 1988

Dick/Sassenberg – Jüdische Frauen im 19. und 20. Jahrhundert. Lexikon zu Leben und Werk. Hrsg. von Jutta Dick u. Marina Sassenberg. Reinbek b. Hamburg: Rowohlt, 1993

DÖS – Deutschlands, Österreich-Ungarns und der Schweiz Gelehrte, Künstler und Schriftsteller in Wort u. Bild. [1. Ausg.] Leipzig: Volger, [1908]

Dombart – [Bernhard] Dombart: Nachruf für den † Vereinssekretär, K. Landgerichtsdirektor Karl Schnizlein […]. In: Jahresbericht des Historischen Vereins für Mittelfranken 47 (1900), S. 66–73

Dresden – Stadwiki Dresden. Online: http://www.stadtwikidd.de/wiki/Hauptseite [abgerufen am: 26.09.2019]

Drüll – Dagmar Drüll: Heidelberger Gelehrtenlexikon 1803–1932. Berlin, Heidelberg [u. a.]: Springer, 1986

Egglmaier – Herbert H. Egglmaier: Die Gründung der Grazer Medizinischen Fakultät im Jahre 1863. Eine Fallstudie österreichischer Bildungs- und Wissenschaftspolitik in der zweiten Hälfte des 19. Jahrhunderts. Graz: Akad. Druck- u. Verlagsanstalt, 1986 (Publikationen aus dem Archiv der Universität Graz. 19)

Ehrlich – Berühmte Klavierspieler der Vergangenheit und Gegenwart. Eine Sammlung von 116 Biographien und 114 Porträts. Hrsg. von A.[lfred] Ehrlich. Leipzig: Payne, 1893

Eisler – Rudolf Eisler: Philosophenlexikon. Leben, Werke und Lehren der Denker. Berlin: Mittler, 1912

Ellwanger – Albert Ellwanger Sen.: Jubiläumsschrift zum 50-jährigen Bestehen der Buch- und Steindruckerei Lorenz Ellwanger, Bayreuth. 1892–1942. [Bayreuth: Privatdruck, 1942]

Fellner/Corradini – Fritz Fellner/Doris A. Corradini: Österreichische Geschichtswissenschaft im 20. Jahrhundert. Ein biographisch-bibliographisches Lexikon. Wien, Köln [u. a.]: Böhlau, 2006

Fischer – Walter Fischer: Cornelio Doelter (1850–1930). In: Joanneum. Mineralogisches Mitteilungsblatt (1971), Nr. 1–2, S. 217–253

Frankf. Biogr. – Frankfurter Biographie. Personengeschichtliches Lexikon. Im Auftrag der Frankfurter Historischen Kommission hrsg. von Wolfgang Klötzer. Bearb. von Sabine Hock u. Reinhard Frost. 2 Bde. Frankfurt/M.: Kramer, 1994–1996 (Veröffentlichungen der Historischen Kommission der Stadt Frankfurt am Main. 19,1–2). Online (im Aufbau): Frankfurter Personenlexikon. https://frankfurter-personenlexikon.de/ [abgerufen am: 26.09.2019]

Gansel/Siwczyk – Gotthold Ephraim Lessings »Minna von Barnhelm« im Kulturraum Schule (1830–1914). Hrsg. von Carsten Gansel u. Birka Siwczyk. Göttingen: V&R unipress, 2011 (Gotthold Ephraim Lessing im kulturellen Gedächtnis – Materialien zur Rezeptionsgeschichte. 2)

Gedenkbuch – Gedenkbuch für die Opfer des Nationalsozialismus an der Österreichischen Akademie der Wissenschaften. Online: https://www.oeaw.ac.at/gedenkbuch/ [abgerufen am: 26.09.2019]

Giebisch – Kleines österreichisches Literaturlexikon. Hrsg. von H[ans] Giebisch, L. Pichler und K[urt] Vancsa. Wien: Hollinek, 1948 (Österreichische Heimat. 8)

Götz/Rack – Hesische Abgeordnete 1820–1933. Ergänzungsband. Biographische Nachweise für die Erste Kammer der Landstände des Großherzogtums Hessen. Hrsg. von Hannelore Götz u. Klaus-Dieter Rack. Darmstadt: Historischer Verein für Hessen, 1995 (Darmstädter Archivschriften. 10/Vorgeschichte und Geschichte des Parlamentarismus in Hessen. 12).

Gurlitt – Nachlass Gurlitt. Projekt TU Dresden. Online: https://gurlitt.tu-dresden.de/ [abgerufen am: 26.09.2019] (Zugang nur mit Registrierung)

Habbicht – Heinrich Habbicht: Die Vorfahren und Nachkommen sowie das Wappen des Dichters Christoph Martin Wieland. In: Roland. Verein zur Förderung der Stammkunde. Monatsschrift Jg. 8 (1907–1908), S. 177–182

Habermann – Alexandra Habermann/Rainer Klemmt/Frauke Siefkes: Lexikon deutscher wissenschaftlicher Bibliothekare 1925–1980. Frankfurt/M: Klostermann 1985

Hainisch – Michael Hainisch: 75 Jahre aus bewegter Zeit. Lebenserinnerungen eines österreichischen Staatsmannes. Wien: Böhlau, 1978 (Veröffentlichungen der Kommission für Neuere Geschichte Österreichs. 64)

Hall – Murray G. Hall: Österreichische Verlagsgeschichte 1918–1938. Bd. 1: Geschichte des österreichischen Verlagswesens. Wien u. a.: Böhlau, 1985

Hamb. Biogr. 1 ff. – Hamburgische Biografie. Personenlexikon. Hrsg. von Franklin Kopitzsch u. Dirk Brietzke. Bd. 1 ff. Hamburg: Christians; Göttingen: Wallstein, 2001 ff.

Hartkopf – Werner Hartkopf: Die Berliner Akademie der Wissenschaften. Ihre Mitglieder und Preisträger 1700–1990. Berlin: Akademie-Verlag, 1992

HBLS – Historisch-biographisches Lexikon der Schweiz. Hrsg. mit der Empfehlung der Allgemeinen Geschichtsforschenden Gesellschaft der Schweiz unter Leitung von Heinrich Türler […] in Verbindung mit zahlreichen Mitarbeitern aus allen Kantonen. 7 Bde u. 1 Suppl.-Bd. Neuenburg: Historisch-Biographisches Lexikon, 1921–1934

Hdb. öst. Aut. – Handbuch österreichischer Autorinnen und Autoren jüdischer Herkunft. 18. bis 20. Jahrhundert. Hrsg. von der Österreichischen Nationalbibliothek. Redaktion: Susanne Blumesberger, Michael Doppelhofer, Gabriele Mauthe. 3 Bde., München: Saur, 2002

Heiduk – Franz Heiduk: Oberschlesisches Literaturlexikon. Biographisch-bibliographisches Handbuch. 3 Tle. Berlin: Mann, 1990–2000 (Schriften der Stiftung Haus Oberschlesien/Literaturwissenschaftliche Reihe. 1,1–3)

Hergemöller – Bernd-Ulrich Hergemöller (Hrsg.): Mann für Mann. Biographisches Lexikon zur Geschichte von Freundesliebe und mannmännlicher Sexualität im deutschen Sprachraum. Unter Mitwirkung von Nicolai Clarus, Jens Dobler, Klaus Sator, Axel Schock u. Raimund Wolfert neu bearbeitet u. ergänzt von Bernd-Ulrich Hergemöller. 2 Tlbde. Münster: LIT, 2010

Hess. Biogr. – Landesgeschichtliches Informationssystem Hessen (LAGIS). Hessisches Landesamt für geschichtliche Landeskunde. Lexika: Hessische Biografie. hessen.de/de/subjects/index/sn/bio [abgerufen am: 26.09.2019]

Hinrichsen – Adolf Hinrichsen: Das literarische Deutschland. 2., verm. u. verb. Aufl. Berlin [u. a.]: »Literarisches Deutschland«, 1891

HLS – Historisches Lexikon der Schweiz. Hrsg. von der Stiftung Historisches Lexikon der Schweiz (HLS). 13 Bde. Basel: Schwabe, 2002–2014. Online: https://hls-dhs-dss.ch/ [abgerufen am: 26.09.2019]

Hof- u. Staatshandbuch – Hof- und Staats-Handbuch der österreichisch-ungarischen Monarchie. Wien: Verlag der k. k. Hof- und Staatsdruckerei, 1874–1918

IGL – Internationales Germanistenlexikon 1800–1950. Hrsg. u. eingeleitet von Christoph König. Bearb. von Birgit Wägenbaur zusammen mit Andrea Frindt, Hanne Knickmann, Volker Michel, Angela Reinthal u. Karla Rommel. 3 Bde. u. 1 CD-ROM. Berlin, New York: de Gruyter, 2003

Instrumentalistinnen – Europäische Instrumentalistinnen des 18. und 19. Jahrhunderts. Online-Lexikon, Sophie Drinker Institut für musikwissenschaftliche Frauen- und Geschlechterforschung. https://www.sophie-drinker-institut.de/lexikon [abgerufen am: 26.09.2019]

Jaksch – Friedrich Jaksch: Lexikon sudetendeutscher Schriftsteller und ihrer Werke für die Jahre 1900–1929. Mit zwei Anhängen. Reichenberg: Stiepel, 1929

Kanzog – Klaus Kanzog: Edition und Engagement. 150 Jahre Editionsgeschichte der Werke und

Briefe Heinrich von Kleists. Bd. 2: Editorisches und dokumentarisches Material. Berlin, New York: de Gruyter, 1979

Kertscher – Hans-Joachim Kertscher: Hallesche Verlagsanstalten der Aufklärung: Die Verleger Carl Hermann Hemmerde und Carl August Schwetschke. Halle/S.: Hallescher Verlag, 2004

Killy – Literaturlexikon. Autoren und Werke des deutschsprachigen Kulturraums. Begründet von Walther Killy. 2., vollst. überarb. Aufl. Hrsg. von Wilhelm Kühlmann in Gemeinschaft mit Achim Aurnhammer, Jürgen Egyptien, Karina Kellermann, Steffen Martus u. Reimund B. Sdzuj. 12 Bde. u. 1 Reg.-Bd. Berlin, New York: de Gruyter, 2008–2012

Kössler – Franz Kössler: Personenlexikon von Lehrern des 19. Jahrhunderts. Berufsbiographien aus Schul-Jahresberichten und Schulprogrammen 1825–1918 mit Veröffentlichungsverzeichnissen. Nur online: https://geb.uni-giessen.de/geb/volltexte/2008/6106/

Kosch: Kath. – Wilhelm Kosch: Das katholische Deutschland. Biographisch-bibliographisches Lexikon. 3 Bde. Augsburg: Haas & Grabherr, 1933–1938

Kosch: Lit.-Lex. – Deutsches Literatur-Lexikon. Biographisches und bibliographisches Handbuch. Begründet von Wilhelm Kosch. 3., völlig neu bearb. Aufl., hrsg. von Bruno Berger u. Heinz Rupp [wechselnde Hrsg.]. Bd. 1 ff. u. Erg.-Bde. Bern: Francke; Bern, München: Saur; Berlin, New York: de Gruyter, 1968 ff.

Kosch: Theater – Deutsches Theater-Lexikon. Biographisches und bibliographisches Handbuch. Begründet von Wilhelm Kosch. Fortgeführt von Ingrid Bigler-Marschall. 7 Bde. u. [bisher] 7 Nachtrags-Bde. Klagenfurt, Wien: Kleinmayr [Bd. 1–2]; Bern: Francke [Bd. 3]; Bern, München: Saur [Bd. 4–6]; Berlin, New York: de Gruyter [seit Bd. 7], 1953 ff.

Kosch: 20. Jht. – Deutsches Literatur-Lexikon. Das 20. Jahrhundert. Biographisch-bibliographisches Handbuch. Begründet von Wilhelm Kosch. Hrsg. von Lutz Hagestedt. Bd. 1 ff. Berlin, Boston: de Gruyter, 2000 ff.

Kürschner-Nekr. 1 – Nekrolog zu Kürschners Deutscher Literatur-Kalender. 1901–1935. Hrsg. von Gerhard Lüdtke. Berlin: de Gruyter, 1936.

Kürschner-Nekr. 2 – Kürschners Deutscher Literatur-Kalender. Nekrolog 1936–1970. Hrsg. von Werner Schuder. Berlin, New York: de Gruyter, 1973

Kürschner 1914 – Kürschners Deutscher Literatur-Kalender auf das Jahr 1914. Hrsg. von Heinrich Klenz. 36. Jg. Berlin, Leipzig: G. J. Göschen, [1914]

Kunz – [Harald Kunz]: 125 Jahre Bote & Bock. Berlin (West), Wiesbaden: Bote & Bock, 1963

Leesch – Wolfgang Leesch: Die deutschen Archivare. 1500–1945. 2 Bde. München u. a.: Saur, 1985–1992

MdSA – Mitteilungen des Sudetendeutschen Archivs. Folge 61 (1980), S. 57

Menzel-Br. – Adolph Menzel: Briefe. Bd. 3: 1881–1905. Bearb. von Claude Keisch u. Marie Ursula Riemann-Reyher. Berlin [u. a.]: Deutscher Kunst-Vlg., 2009

Meyer – Das große Conversations-Lexicon für die gebildeten Stände. In Verbindung mit Staatsmännern, Gelehrten, Künstlern und Technikern hrsg. von J[ulius] Meyer. 2. Abth.: O–Z. Bd. 6: Robetta – Sandstein. Hildburghausen [u. a.], 1851

Nachlassverzeichnis – Verzeichnis der künstlerischen, wissenschaftlichen und kulturpolitischen Nachlässe in Österreich: https://data.onb.ac.at/nlv/nlv_lex/perslex/ [abgerufen am: 26.09.2019]

NDB – Neue deutsche Biographie. Hrsg. von der Historischen Kommission bei der Bayerischen Akademie der Wissenschaften. Bd. 1 ff. Berlin (West): Duncker & Humblot, 1953 ff. Online: NDB/ADB. Deutsche Biographie. https://www.deutsche-biographie.de/ [abgerufen am: 26.09.2019]

Noack/Splett – Lothar Noack/Jürgen Splett: Bio-Bibliographien. Brandenburgische Gelehrte der Frühen Neuzeit. Mark Brandenburg 1640–1713. Berlin: Akademie-Verlag, 2001 (Veröffentlichungen zur brandenburgischen Kulturgeschichte der frühen Neuzeit)

ÖBL – Österreichisches biographisches Lexikon 1815–1950. Hrsg. von der Österreichischen Akademie der Wissenschaften. Bd. 1 ff. Graz/Köln: ÖAW, 1957 ff. Online: Österreichisches Biographisches Lexikon 1815–1950. Onlineedition: www.biographien.ac.at/ [abgerufen am: 26.09.2019]

OeML – Österreichisches Musiklexikon Online. Hrsg. von Rudolf Flotzinger. Wien: Verlag der Österreichischen Akademie der Wissenschaften, 2002–2015. http://www.musiklexikon.ac.at/ml [abgerufen am: 26.09.2019]

Peters – Bruno Peters: Berliner Freimaurer. Ein Beitrag zur Kulturgeschichte Berlins. Berlin: Luisenstädtischer Bildungsverein, 1994

Pickl – Othmar Pickl: Burkhard Seuffert †. In: Blätter für Heimatkunde 46 (1972), H. 2, S. 83 f.

Poggendorff 6 – J.[ohann] C.[hristian] Poggendorffs biographisch-literarisches Handwörterbuch für Mathematik, Astronomie, Physik mit Geophysik, Chemie, Kristallographie und verwandte Wissensgebiete. Bd. 6: 1923 bis 1931. Hrsg. unter Mitwirkung der Preußischen Akademie der Wissenschaften zu Berlin, der Gesellschaft der Wissenschaften zu Göttingen, der Heidelberger Akademie der Wissenschaften, der Bayerischen Akademie der Wissenschaften zu München u. der Akademie der Wissenschaften in Wien von der Sächsischen Akademie der Wissenschaften zu Leipzig. Redigiert von Hans Stobbe. 4 Tle. Berlin: Chemie-Verl., 1936–1940

Qev – Qui êtes-vous? Annuaire des contemporains. Notices biographiques. 1924. Paris: Delagrave, [1924]

Renkhoff – Otto Renkhoff: Nassauische Biographie. Kurzbiographien aus 13 Jahrhunderten. 2., vollst. überarb. u. erw. Aufl. Wiesbaden: Historische Kommission für Nassau, 1992

Riess – Marta Riess: Die Familiengeschichte des Hauses Pallavicini in Österreich-Ungarn. [Privatdruck]. o. O. o. J. Online: http://www.palais-pallavicini.at/Pallavicini_Familiengeschichte.pdf [abgerufen am: 26.09.2019]

Rudin – Bärbel Rudin: Morgenröte der Comédie italienne in Deutschland. Das gelöste Rätsel um den Autor der ›Ollapatrida‹-Collage (1711). In: Wolfenbütteler Barock-Nachrichten 35 (2008), S. 1–21

Sächs. Biogr. – Sächsische Biografie. Hrsg. vom Institut für Sächsische Geschichte und Volkskunde e. V. Bearb. von Martina Schattkowsky. Onlineausgabe: https://saebi.isgv.de/ [abgerufen am: 26.09.2019]

Sauer: Fromme – August Sauer: Otto Fromme †. In: Euph. 23 (1921), S. IX–XII

Scharmitzer – Dietmar Scharmitzer: Anastasius Grün (1806–1876). Leben und Werk. Wien [u. a.]: Böhlau, 2010 (Literatur und Leben. N. F. 79)

Schmidt – Rudolf Schmidt: Deutsche Buchhändler. Deutsche Buchdrucker. Beiträge zu einer Firmengeschichte des deutschen Buchgewerbes. 6 Bde. in 1 Bd. Nachdruck der Ausgabe Berlin/Eberswalde 1902–1908. Hildesheim: Olms, 1979

Schweizer Lex. – Schweizer Lexikon. 6 Bde. Luzern: Schweizer Lexikon, 1991–1992

Seidel – Robert Seidel: Nachwort. In: Max Rubensohn: Studien zu Martin Opitz. Mit einem Nachwort hrsg. von Robert Seidel. Heidelberg, 2005 (Beihefte zum Euphorion. 49), S. 153–164

Seuffert: Vorbemerkung – Bernhard Seuffert: Vorbemerkung. In: Georg Joseph Pfeiffer: Klinger's Faust. Eine litterarhistorische Untersuchung. Nach dem Tode des Verfassers hrsg. von Bernhard Seuffert. Würzburg: Hertz, 1890

Slov. biogr. leks. – Primorski Slovenski biografski leksikon. Uredil uredniški odbor Martin Jevnikar. 4 v. Gorica: Goriška Mohorjeva družba, 1974–1994

Steinbach – Matthias Steinbach: Die Tagebuchnotizen Else Leitzmanns vom 20. und 21. November 1930. Streiflichter zur politischen Kultur an der Universität Jena in der Weimarer Republik. In: Zeitschrift des Vereins für Thüringische Geschichte 54 (2000), S. 311–319

Steinwenter – Artur Steinwenter: Regierungsrat Julius Wallner. Ein Nachruf. In: Zeitschrift des Historischen Vereins für Steiermark 12 (1914), S. 185–189

Stöckl – Regina Stöckl: Moritz Friedrich Röll. Diss. med. Univ. Wien, 1982

Südosteuropa – Biographisches Lexikon zur Geschichte Südosteuropas. Hrsg. von Mathias Bernath, Felix von Schroeder [nur Bd. 1–3] u. Karl Nehring [nur Bd. 4]. 4 Bde. München: Oldenbourg, 1974–1984 (Südosteuropäische Arbeiten. 75)

Taschenberg – Ernst Otto Wilhelm Taschenberg: Hofrat Paul Leverkühn †. Ein Wort der Erinnerung. In: Leopoldina 41 (1905), Nr. 12, S. 109–111

Thieme/Becker – Allgemeines Lexikon der Bildenden Künstler von der Antike bis zur Gegenwart. Hrsg. von Ulrich Thieme u. Felix Becker. 37 Bde. Leipzig: Seemann, 1907–1950

Thüringen – Thüringer Literaturrat. Autorenlexikon. Online: http://www.thueringer-literaturrat.de/autorenlexikon/ [abgerufen am: 26.09.2019]

VL – Die deutsche Literatur des Mittelalters. Verfasserlexikon. Begründet von Wolfgang Stammler, fortgeführt von Karl Langosch. 2., völlig neu bearb. Aufl. hrsg. von Kurt Ruh und Burghart Wachinger zusammen mit Gundolf Keil, Werner Schröder u. Franz Josef Worstbrock. 10 Bde. Berlin, New York: de Gruyter, 1977–1999

Volbehr/Weyl – Friedrich Vollbehr/Richard Weyl: Professoren und Dozenten der Christian-Albrechts-Universität zu Kiel 1665–1954. Mit Angaben über die sonstigen Lehrkräfte und die Universitätsbibliothekare und einem Verzeichnis der Rektoren. 4. Aufl. Bearb. von Rudolf Bülck, abgeschlossen von Hans-Joachim Newiger. Kiel: Hirt, 1956

Weber – Wolfgang Weber: Biographisches Lexikon zur Geschichtswissenschaft in Deutschland, Österreich und der Schweiz. Die Lehrstuhlinhaber für Geschichte von den Anfängen des Faches bis 1970. 2., durchgesehene u. durch ein Vorwort ergänzte Aufl. Frankfurt/M. u. a.: Lang, 1987

Wecklein – [Nicolaus] Wecklein: Nekrolog. Dr. Adam Eussner, k. Gymnasialprofessor a. D. in Würzburg. In: Bl. f. d. Bayer. Gymn. 26 (1890), S. 62–64

Weinmann – Egerländer Biographisches Lexikon. Hrsg. von Josef Weimann. 2 Bde. u. 1 Erg.-Bd. Männedorf/Kt. Zürich, 1985weimann-2005

Westf. Aut.-Lex. – Lexikon Westfälischer Autorinnen und Autoren. 1750 bis 1950. Hrsg. von der Literaturkommission für Westfalen. Online: https://www.lwl.org/literaturkommission/alex/ [abgerufen am: 26.09.2019]

WI 1909 – Wer ist's? Zeitgenossenlexikon enthaltend Biographien nebst Bibliographien. Angaben über Herkunft, Familie, Lebenslauf, Werke, Lieblingsbeschäftigungen, Parteiangehörigkeit, Mitgliedschaft bei Gesellschaften, Adresse. Andere Mitteilungen von allgemeinem Interesse.

Zusammengestellt u. hrsg. von Herrmann A. L. Degener. 4. Ausg. Vollkommen neu bearb. u. wesentlich erw. Leipzig: Degener, 1909

WI 1912 – Wer ist's? Unsere Zeitgenossen. Biographien nebst Bibliographien. Angaben über Herkunft, Familie, Lebenslauf, Werke, Lieblingsbeschäftigungen, Parteiangehörigkeit, Mitgliedschaft bei Gesellschaften, Adresse. Andere Mitteilungen von allgemeinem Interesse. Begründet, hrsg. u. redigiert von Herrmann A. L. Degener. 6. Ausg. Vollkommen neu bearb. u. um rund 3800 neue Aufnahmen erw. Leipzig: Degener, 1912

WI 1928 – Wer ist's? Unsere Zeitgenossen. Biographien von rund 15.000 lebenden Zeitgenossen. Angaben über Herkunft, Familie, Lebenslauf, Veröffentlichungen und Werke, Lieblingsbeschäftigung, Parteiangehörigkeit, Mitgliedschaft bei Gesellschaften, Anschrift. Andere Mitteilungen von allgemeinem Interesse. Auflösung von ca. 3000 Pseudonymen. Begründet u. hrsg. von Herrmann A. L. Degener. 9. Ausg. Vollkommen neu bearb. u. bedeutend erw. Berlin: Degener 1928

WI 1935 – Degeners Wer ist's? Eine Sammlung von rund 18.000 Biographien mit Angaben über Herkunft, Familie, Lebenslauf, Veröffentlichungen und Werke, Lieblingsbeschäftigung, Mitgliedschaft bei Gesellschaften, Anschrift und anderen Mitteilungen von allgemeinem Interesse. Auflösung von ca. 5000 Pseudonymen. Begründet u. hrsg. von Herrmann A. L. Degener. 10. Ausg. Vollkommen neu bearb. u. bedeutend erw. Berlin: Degener, 1935

Wininger – S[alomon] Wininger: Große jüdische Nationalbiographie mit mehr als 8000 [Bd. 4–5: 10.000; Bd. 6: 11.000; Bd. 7: 13.000] Lebensbeschreibungen namhafter jüdischer Männer und Frauen aller Zeiten und Länder. Ein Nachschlagewerk für das jüdische Volk und dessen Freunde. 7 Bde. Cernăuți: Orient, 1925–1936.

Wittmann – Reinhard Wittmann: Die Jagd auf Herrn Semerau. Ein Streiflicht zur Zensur der Prinzregentenzeit. In: Die Struktur medialer Revolutionen. Festschrift für Georg Jäger. Hrsg. von Sven Hanuschek. Frankfurt/M. u. a.: Lang, 2000 (Münchener Studien zur literarischen Kultur in Deutschland. 34), S. 106–117

Wrede/Reinfels – Das geistige Berlin. Eine Encyklopädie des geistigen Lebens Berlins. Hrsg. von Richard Wrede u. Hans von Reinfels. Bd. 1 u. 3 [Bd. 2 nicht erschienen]. Berlin: Storm, 1897–1898

Würffel – Reinhard Würffel: Lexikon deutscher Verlage von A–Z. 1071 Verlage und 2800 Verlagssignete vom Anfang der Buchdruckerkunst bis 1945. Adressen – Daten – Fakten – Namen. Berlin: Grotesk, 2000

Württemb. Biogr. 1 ff. – Württembergische Biografien. Unter Einbeziehung hohenzollerischer Persönlichkeiten hrsg. im Auftrag der Kommission für geschichtliche Landeskunde in Baden-Württemberg von Maria Magdalena Rückert. Bd. 1–3. Stuttgart: W. Kohlhammer, 2006–2017

Yvert – Dictionnaire des ministres de 1789 à 1989. Sous la direction de Benoît Yvert. Paris: Perrin, 1990

Ziesak – Anne Kathrin Ziesak: Der Verlag Walter de Gruyter 1749–1999. Mit Beiträgen von Hans-Robert Cram, Kurt-Georg Cram u. Andreas Terwey. Berlin, New York: de Gruyter, 1999

Zwiedineck – Otto von Zwiedineck-Südenhorst: Mensch und Wirtschaft. Aufsätze und Abhandlungen zur Wirtschaftstheorie und Wirtschaftspolitk. Bd. 1 [mehr nicht erschienen]. Berlin: Duncker & Humblot, 1955

Abkürzungsverzeichnis zum Register

Abg.-Haus	Abgeordnetenhaus	Frankfurt/M.	Frankfurt am Main
a. D.	außer Dienst	Frankfurt/O.	Frankfurt an der Oder
Akad.	Akademie	Freiburg/Br.	Freiburg im Breisgau
akad.	akademisch	fürstl.	fürstlich
allg.	allgemein	Gast-Prof.	Gastprofessor
altdt.	altdeutsch	geb.	geborene
althdt.	althochdeutsch	Gen.	General
ao. Prof.	außerordentlicher Professor	germ.	germanisch
Art.	Artikel	Gesch.	Geschichte
Assoc. Prof.	Associate Professor	griech.	griechisch
Aufl.	Auflage	Griech.	Griechisch
bayer.	bayerisch	großdt.	großdeutsch
Bd./Bde.	Band/Bde.	Großherzogl.	Großherzoglich
belg.	belgisch	Gymn.	Gymnasium
Bibl.	Bibliothek/Bibliotheks-	Gymn.-Lehrer	Gymnasiallehrer
Coll.	College	Gymn.-Dir.	Gymnasialdirektor
bulg.	bulgarisch	Halle/S.	Halle an der Saale
d.	der/die/des	herzogl.	herzoglich
dän.	dänisch	hess.	hessisch
das.	daselbst	Hilfswiss.	Hilfswissenschaften
DDP	Deutsche Demokratische Partei	hist.	historisch
		hist.-krit.	historisch-kritisch
Dir.	Direktor	Hon.-Prof.	Honorarprofessor
Doz.	Dozent	Hrsg.	Herausgeber
Dr. jur.	Doctor iuris	indogerman.	indogermanisch
Dr. med.	Doctor medicinae	ital.	italienisch
Dr. phil.	Doctor philosophiae	jüd.	jüdisch
Dr. phil. h. c.	Doctor philosophiae honoris causa	kaiserl.	kaiserlich
		kath.	katholisch
Dr. rer. nat.	Doctor rerum naturalium	Kgl./kgl.	Königlich/königlich
dt.	deutsch	k. k.	kaiserlich-königlich
Dt.	Deutsch	klass.	klassisch
dt.-nat.	deutschnational	Komm.	Kommission
eigtl.	eigentlich	Kr.	Kreis
engl.	englisch	kroat.	kroatisch
entl.	entlassen	kurfürstl.	kurfürstlich
ev.	evangelisch	lat.	lateinisch
f.	für	Lit.	Literatur
Fa.	Firma	Lit.-Gesch.	Literaturgeschichte
finn.	finnisch	lit.	literarisch
franz.	französisch	lit.-hist.	literaturhistorisch

lit.-polit.	literarisch-politisch	roman.	romanisch
Lit.-Wiss.	Literaturwissenschaft	rumän.	rumänisch
lit.-wiss.	literaturwissenschaftlich	russ.	russisch
Marburg/L.	Marburg an der Lahn	s.	siehe
Mass.	Massachusetts	schott.	schottisch
Med.	Medizin	schwed.	schwedisch
med.	medizinisch	schweiz.	schweizerisch
mhdt.	mittelhochdeutsch	Sekr.	Sekretär
Min.	Minister/Ministerial-/Ministerium	serb.	serbisch
		slaw.	slawisch
Min.-Präs.	Ministerpräsident	Slg.	Sammlung
Min.-Dir.	Ministerialdirektor	slow.	slowenisch
Min.-Rat	Ministerialrat	soz.-demokr.	sozialdemokratisch
Mitgl.	Mitglied	Spr.	Sprache
Mithrsg.	Mitherausgeber	Spr.n	Sprachen
nat.-lib.	nationalliberal	Spr.-Wiss.	Sprachwissenschaft
Nat.-Ökon.	Nationalökonomie	stellv.	stellvertretend
Naturwiss.	Naturwissenschaft	Stud.	Studium
neuhochdt.	neuhochdeutsch	Theaterwiss.	Theaterwissenschaft
ndl.	niederländisch	Tit.-Prof.	Titularprofessor
niederöst.	niederösterreichisch	TH	Technische Hochschule
Niederöst.	Niederösterreich	Tl.	Teil
nord.	nordisch	tschech.	tschechisch
norddt.	norddeutsch	u.	und
norw.	norwegisch	u. a.	und anderen/unter anderem
o. Prof.	ordentlicher Professor	ukrain.	ukrainisch
Oberöst.	Oberöst.	ung.	ungarisch
öst.	österreichisch	Univ.	Universität/Universitäts-/University
öst.-ung.	österreichisch-ungarisch		
Pd.	Privatdozent	Univ.-Bibl.	Universitätsbibliothek/Universitätsbibliothekar
polit.	politisch		
poln.	polnisch	urspr.	ursprünglich
Präs.	Präsident	US-amerik.	US-amerikanisch
preuß.	preußisch	v.	von
Priv.-Sekr.	Privatsekretär	v. Chr.	vor Christi (Geburt)
Prof.	Professor	verh.	verheiratet/verheiratete
Prom.	Promotion	verw.	verwitwete
Ps.	Pseudonym	vgl.	vergleichend
puertoric.	puertoricanisch	Vize-Dir.	Vizedirektor
ref.	reformiert	Vize-Präs.	Vizepräsident
Reg.-Rat	Regierungsrat	Vors.	Vorsitzender
Rez.	Rezension	Wiss.	Wissenschaft/Wissenschaften
röm.	römisch	wiss.	wissenschaftlich

| württemberg. | württembergisch | zugl. | zugleich |
| Zs. | Zeitschrift/Zeitschriften | | |

Register

Das Register der Namen und Werke verweist auf die Briefnummern. Ein hochgestelltes A hinter der Nummer (z. B. 172[A]) bezieht sich auf die Anmerkungen zum jeweiligen Brief.

A

Abraham a Sancta Clara <eigtl.: Johann Ulrich Megerle> (1644–1709), öst. Augustinermönch, Prediger u. Schriftsteller [NDB] 21[A], 23, 25[A], 36[A]
— Auf auf ihr Christen! (1683) u. Neudruck (1883) 21[A], 23, 25[A], 36
— Mercks Wienn, Das ist: Desz wütenden Todts ein umständige Beschreibung (1680) 21
Adamek, Otto (1852–1945), öst. Altphilologe u. Pädagoge; Gymn.-Dir. in Graz [Heiduk] 133
Adler, Guido (1855–1941), öst. Musikwissenschaftler; 1878 Prom. (Dr. jur.), 1880 Prom. (Dr. phil.), 1882 Pd. in Wien, 1885 ao. Prof. in Prag, 1898–1927 o. Prof. f. Musikgeschichte in Wien [ÖBL] 135, 172, 172[A]
— (Hrsg.) Vierteljahrsschrift für Musikwissenschaft (1885–1894) 135
Alberus <eigtl.: Alber>, Erasmus (um 1500–1553), dt. evang. Theologe u. Schriftsteller [NDB] 203, 203[A]
Alexander I. v. Bulgarien <urspr.: A. Joseph Prinz v. Battenberg> (1857–1893), dt.; 1879–1886 Fürst v. Bulgarien [NDB] 99[A]
Alt, Carl (1873–nach 1934), dt. Germanist; Schüler v. → E. Schmidt in Berlin; 1897 Prom., 1899–1902 Mitarbeiter an der Weimarer Ausgabe, 1904 Pd. f. dt. Philologie und Lit.-Gesch. an d. TH Darmstadt, 1910 Tit.-Prof., 1921–1925 Prorektor d. Staatl. Lehrerseminars in Erfurt, 1927–1934 Studienrat in Peine [Hess. Biogr.; WI 1935] 159[A], 227, 227[A]
— Schillers und Otto Ludwigs ästhetische Grundsätze und Ludwigs Schillerkritik (1905) 227, 227[A]
— Zur Abwehr [gegen J. Minor] (1897) (mit → E. Cassirer, → F. Düsel, → R. Klahre, → H. Stockhausen) 159[A]
Alt, Theodor (1858–1935), dt. Jurist u. Dramatiker; Rechtsanwalt in Heidelberg u. Mannheim [WI 1928; Kosch: Lit.-Lex.] 147
— Vom charakteristisch Schönen. Ein Beitrag zur Lösung der Frage des künstlerischen Individualismus (1893) 147[A]
Altenberg, Peter <eigtl.: Richard Engländer> (1859–1919), öst. Schriftsteller [NDB] 222[A]
Altenburger, Katharina (1788–?), öst. Sängerin; Freundin v. → F. Grillparzer 286, 286[A]
Althoff, Friedrich (1839–1908), dt. Jurist u. Kulturpolitiker; 1871 Mitarbeiter d. Kurators d. neu gegründeten dt. Univ. Straßburg, 1872 zugl. ao. Prof., 1880 o. Prof. f. franz. u. modernes Zivilrecht, 1882 Vortragender Rat im preuß. Kultus-Min. u. Univ.-Referent, 1897–1908 Min.-Dir. d. Unterrichtsabteilung I [NDB] 154[A], 174[A], 190, 190[A]

Alxinger, Johann Baptist Edler v. (1755–1797), öst. Jurist u. Dichter in Wien; 1794 Sekr. d. Hoftheaters; mit → J. Schreyvogel Hrsg. d. »Österreichischen Monatsschrift« [NDB] 1, 60

Angelus Silesius <eigtl.: Johannes Scheffler> (1624–1677), dt. Dichter, Theologe u. Mystiker [NDB] 249, 249^A

Anakreon (um 570–495 v. Chr.), griech. Dichter 23^A

Anna Amalia (1739–1807), dt.; Großherzogin v. Sachsen-Weimar-Eisenach, geb. Prinzessin v. Braunschweig-Wolfenbüttel [NDB] 78^A, 88^A, 97, 148
- Meine Gedanken (Selbstbiographie) 97

Antoniewicz, Johann (1858–1922), poln. Kunsthistoriker; Schüler v. → M. Bernays u. Konrad Hofmann in München; 1892 Prof. f. Kunstgeschichte in Lemberg [ÖBL] 108^A
- (Hrsg.) J. E. Schlegel: Aesthetische und dramaturgische Schriften (1887) 108^A

Anzengruber, Ludwig (1839–1889), öst. Dichter u. Dramatiker [NDB; ÖBL] 197, 197^A, 198, 198^A, 202, 206, 213, 285, 285^A
- Der Einsam (1881) 197, 197^A
- Der Fleck auf der Ehr' (1889) 197, 197^A, 198^A
- Der G'wissenswurm (1874) 197, 197^A
- Stahl und Stein (1887) 197, 197^A, 198^A
- Das vierte Gebot (1878) 197, 197^A
- Wissen macht Herzweh (1887) 197, 197^A

Ariosto, Ludovico (1474–1533), ital. Dichter 121^A

Aristophanes (ca. 450–380 v. Chr.), griech. Komödiendichter 54

Aristoteles (384–322 v. Chr.), griech. Philosoph 136, 147^A

Arndt, Christian August (1761–1816), dt. Schriftsteller u. Jurist [NDB] 204^A
- Die Reise von Dresden nach Töplitz (1802) 204, 204^A

Arnim, Bettina v., geb. Brentano (1785–1859), dt. Dichterin; Schwester v. → C. Brentano; Ehefrau v. → Achim v. A. [NDB] 55^A

Arnim, Ludwig Achim v. (1781–1731), dt. Dichter; Ehemann v. → Bettina v. A. u. Schwager v. → C. Brentano [NDB] 10, 10^A, 135^A

Asmus, Rudolf (1863–1924), dt. Altphilologe; 1888 Prom. in Freiburg/Br., seit 1890 Gymn.-Lehrer in Karlsruhe, Tauberbischofsheim, Freiburg u. Offenburg [DBE; BJA 1926] 169, 169^A, 213^A
- G. M. De La Roche. Ein Beitrag zur Geschichte der Aufklärung (1899) 213^A, 215^A
- Die Quellen von Wielands »Musarion« (1898) 169, 169^A

Auerbach, Sigmund (1860–1926), dt. Philosoph u. Pädagoge; Leiter einer jüdischen Privatschule in Berlin (Humanistische Kurse S. Auerbach) 80^A, 86^A
- (Hrsg.) K. Ph. Moritz: Ueber die bildende Nachahmung des Schönen (1888) 86

Auersperg, Anton Alexander Graf v. <Ps.: Anastasius Grün> (1806–1876), öst. Dichter u. Politiker [NDB; ÖBL] 149, 149^A, 171, 171^A, 232^A

Auersperg, Theodor Ignaz Graf v. (1859–1881), öst. Gutsbesitzer auf Schloss Thurn am Hart; Sohn d. Dichters Anastasius Grün (→ Anton Alexander Graf v. Auersperg) [Scharmitzer, S. 589] 149^A

B

Bach, Adolf (1890–1972), dt. Germanist; 1914–1924 Studienassessor in Wiesbaden, 1921–1927 zugl. Geschäftsführer d. Vereins f. nassauische Altertumskunde, 1921 Prom., 1925 Pd. f. dt. Philologie an d. TH Darmstadt, 1927 Pd. in Bonn, 1927 Prof. an d. Pädagogischen Akad. u. Hochschule f. Lehrerbildung das., 1931 ao. Prof. an d. Univ. das., 1941–1945 o. Prof. in Straßburg [Renhoff; Hess. Biogr.] 295[A]
- Neues aus dem Kreise La Roche – Brentano (1926) 295[A]

Bach, Matthew G. (1880–1949), US-amerik. Germanist; ca. 1922 Prom. an d. Columbia Univ. in New York 287[A]
- Wieland's attitude toward woman and her cultural and social relations (1922) 287, 287[A]

Bachmann, Adolf (1849–1914), öst. Historiker u. Politiker; 1875 Pd., 1880 ao. Prof., 1885–1914 o. Prof. f. öst. Gesch. an d. dt. Univ. Prag; Vors. d. dt. Fortschrittspartei in Böhmen [NDB; ÖBL] 207, 207[A]

Backmann, Reinhold (1884–1947), dt. Germanist; Schüler v. → A. Köster in Leipzig; 1911 Prom., 1912–1943 Gymn.-Lehrer in Plauen u. Wien, seit 1908 nebenamtlich Mitarbeiter d. hist.-krit. Grillparzer-Ausgabe, nach dem Tode v. → A. Sauer ab 1926 deren Leiter, 1943–1947 Bibliotheksrat an d. Stadt-Bibl. Wien [IGL] 247[A], 264, 264[A], 276, 278[A], 293[A]

Badeni, Kasimir Graf v. (1846–1909), öst. Jurist u. Staatsmann; 1888 Statthalter in Galizien, 1895–1897 öst. Min.-Präs. [NDB] 169[A]

Baechtold, Jakob (1848–1897), schweiz. Germanist; 1872–88 Gymn.-Lehrer in Solothurn u. Zürich, 1879–84 Redakteur d. »Neuen Zürcher Zeitung«, 1880 Pd., 1888–97 o. Prof. f. dt. Lit.-Gesch. in Zürich [NDB; IGL] 20, 27, 43, 44, 149[A], 152[A], 167[A], 185[A]
- (Hrsg.) J. J. Bodmer: Character der Teutschen Gedichte (1883) 20
- (Hrsg.) J. J. Bodmer: Vier kritische Gedichte (1883) 20

Baedeker, Karl (1837–1911), dt. Verleger; Inhaber d. auf Reiseführer spezialisierten Verlags K. Baedeker in Leipzig [BJ 16] 7, 71
- Oesterreich-Ungarn. Handbuch für Reisende (1884, 1887) 70, 71

Bahlmann, Paul (1857–1937), dt. Bibliothekar u. Heimatforscher; Stud. d. Naturwiss. u. Nat.-Ökon., 1885 Dr. rer. nat. in Erlangen, 1884 Bibl.-Assistent an d. Kgl. Bibl. in Berlin, seit 1886 an der Univ.-Bibl. Münster, 1887 Kustos, 1902–1922 Oberbibliothekar [DBE] 149
- Das Drama der Jesuiten. Eine theatergeschichtliche Skizze (1895) 149

Bahr, Hermann (1863–1934), öst. Schriftsteller [NDB] 222[A]

Baldensperger, Fernand (1871–1958), franz. Germanist u. Komparatist; 1898 Doz. f. dt. Lit. an d. Univ. Nancy, 1900 Doz., später Prof. f. vgl. Lit.-Gesch. in Lyon, 1910 Prof. an d. Sorbonne in Paris, 1919 in Strasbourg, 1923 erneut in Paris, 1935–1945 Gast-Prof. an d. Harvard-Univ. u. d. Univ. of California in Los Angeles [IGL] 194, 194[A], 228, 228[A]
- Les aspects successifs de Schiller dans le Romantisme français (1905) 228, 228[A]
- Nachträge zum Mariamotiv (1900) 194, 194[A], 195

Bamberg, Felix (1820–1893), dt. Diplomat u. Publizist; Freund v. → H. Heine u. → F. Hebbel; 1851 preuß. Konsul, 1867 d. Norddt. Bundes in Frankreich, 1870/71 Leiter der Presseangelegenheiten im dt. Hauptquartier, 1874–1888 dt. Konsul in Messina u. Genua [NDB] 174[A]
- (Hrsg.) Friedrich Hebbels Briefwechsel mit Freunden und berühmten Zeitgenossen. 2 Bde. (1890/1892) 174, 174[A]

Baravalle, Robert (1891–1974), öst. Lokalforscher; Geschäftsführer d. Landesverkehrsverbandes Steiermark [Kosch: Lit.-Lex.] 286, 286ᴬ
- Grillparzers Liebe: Katharina Altenburger (1923) 286, 286ᴬ

Bartsch, Karl (1832–1888), dt. Germanist u. Romanist; 1855–1858 Kustos an d. Bibl. d. Germanischen Museums in Nürnberg, 1858 o. Prof. f. dt. u. roman. Philologie in Rostock, 1871–1888 in Heidelberg; 1869–1877 Hrsg. d. Zs. »Germania« [NDB; IGL] 64ᴬ, 80, 80ᴬ, 82, 95ᴬ
- Todesernte (1887) 80, 80ᴬ
- (Hrsg.) Germania. Vierteljahrsschrift für deutsche Alterthumskunde (1869–1877) 78ᴬ, 80ᴬ, 137
- (Rez.) F. Lichtenstein: [Tristant] (1878) 80ᴬ

Barewicz, Witold (1865–1911), poln. Germanist; Gymn.-Lehrer in Drohobycz u. Lemberg 134ᴬ
- Über neuere literarhistorische Neuerscheinungen in polnischer Sprache (1895, 1896) 134ᴬ

Basedow, Johann Bernhard (1724–1790), evang. Theologe u. Pädagoge; Freund v. → J. W. v. Goethe u. → J. C. Lavater; 1753–1761 Prof. an d. dän. Ritter-Akad. in Soroe auf Seeland, 1761–1767 Gymn.-Lehrer in Altona, 1774–1776 Leiter d. Philanthropinums in Dessau [NDB] 64ᴬ

Batka, Richard (1868–1922), öst. Germanist u. Musikschriftsteller; Schüler v. → A. Sauer in Prag; 1893 Prom., Mitarbeiter d. »Prager Tagblatt«, seit 1900 auch Doz. an d. dt. Univ., 1908–19 Musikreferent d. »Wiener Fremdenblatt«, 1909–1914 zugl. Doz. f. Musik-Gesch. an d. Wiener Akad. f. Tonkunst [NDB; ÖBL] 157ᴬ, 160ᴬ, 167, 173, 173ᴬ, 175, 193ᴬ
- Altnordische Stoffe und Studien in Deutschland 1. Tl. (1896) 173, 173ᴬ
- Altnordische Stoffe und Studien in Deutschland 2. u. 3. Tl. (1899) 173, 173ᴬ, 175
- (Hrsg.) Deutsche Arbeit (1901) 193, 193ᴬ, 203ᴬ, 204, 204ᴬ, 205
- (Hrsg.) Ein Brief Wielands an W. D. Sulzer (1897) (mit → B. Seuffert) 157, 157ᴬ, 158, 160, 160ᴬ, 167, 167ᴬ

Bauch, Alfred (1851–1901), dt. Historiker; 1885 Prom. in Breslau, ab 1886 im bayer. Archivdienst, 1890 Kreisarchiv-Sekr. in Amberg, 1891 in Nürnberg, 1896–1901 Leiter d. Kreisarchiv das. [Leesch] 175ᴬ
- Barbara Harscherin, Hans Sachsens zweite Frau (1896) 175ᴬ

Bauer, Adolf (1855–1919), öst. Historiker, 1880 Pd., 1884 ao. Prof., 1891 o. Prof. f. Gesch. d. Altertums in Graz, 1916–19 o. Prof. in Wien [NDB, ÖBL] 69, 74, 77, 78, 82, 86, 87, 93, 99, 110, 111, 115, 121, 136, 167, 167ᴬ, 183, 183ᴬ, 189ᴬ, 190, 207, 250, 250ᴬ, 252, 276, 276ᴬ
- Jahresbericht über die griechische Geschichte und Chronologie für 1881–1888 (1889) 87
- Zu den Quellen des ältesten Faustbuches: Verschiedene Anklänge. Dasypodius (1888) 86

Bauer, Amalie, geb. Smekal, dt.; Ehefrau v. → Ad. Bauer [NDB: Art. A. Bauer] 69, 74, 77, 78, 93, 99, 115

Bauer, Friedrich (1867–1908), öst. Germanist; Schüler v. → I. Zingerle in Innsbruck u. → J. Minor in Wien; 1894–1908 Gymn.-Lehrer in Wien [BJ 13; Arnold] 136, 136ᴬ

Bauer, Hildegard (1892–?), öst.; Tochter v. → Ad. u. → Am. Bauer 115

Bauer, Kurt (um 1895– ?), öst.; Sohn v. → Ad. u. → Am. B. 190, 276ᴬ

Bauer, Wilhelm Adolf (1888–1968), öst. Kulturhistoriker u. Übersetzer in Graz; Sohn v. → Ad. u. → Am. Bauer 115, 276, 276ᴬ

Bauernfeld, Eduard v. (1802–1890), öst. Dichter u. Dramatiker [NDB; ÖBL] 42, 232ᴬ
- Gesammelte Schriften (1873) 42ᴬ

- Poetisches Tagebuch (1841) 42^A
- Poetisches Tagebuch in zahmen Xenien von 1820 bis Ende 1886 (1887) 42^A

Baumgart, Hermann (1843–1926), dt. Germanist; Schüler v. Karl Lehrs u. Karl Wilhelm Nitzsch in Königsberg; 1871–1878 Gymn.-Lehrer in Königsberg, seit 1877 zugl. Pd. an d. Univ., 1880 ao., 1890–1919 o. Prof. f. Neuere dt. Lit.-Gesch. in Königsberg [NDB; IGL] 138, 143
- Schillers »Jungfrau von Orleans« (1894) 138, 143

Bayer, Joseph (1827–1910), öst. Philosoph u. Journalist; 1865 Pd. in Prag, 1866–1875 Hauptlehrer f. dt. Spr. u. Lit. an d. Handels-Akad. das., 1871 ao., 1898/99 o. Prof. f. Ästhetik u. Baukunst an d. TH in Wien, 1872–1883 zugl. Burgtheaterreferent d. Wiener Zeitung »Die Presse« [ÖBL; WI 1909] 240^A
- Studien und Charakteristiken (1908) 240^A

Beck, Max Wladimir Freiherr v. (1854–1943), öst. Jurist u. Staatsmann; 1906–1908 öst. Min.-Präs. [NDB] 250^A, 254^A

Bechtel, Friedrich <Fritz> (1855–1924), dt. Sprachwissenschaftler; Schüler v. Theodor Benfey u. August Fick in Göttingen sowie v. → W. Scherer in Straßburg; 1878 Pd., 1884 ao. Prof. f. vgl. Spr.-Wiss. in Göttingen, 1881–1895 zugl. Redakteur d. »Göttingischen Gelehrten Anzeigen«, 1896–1924 o. Prof. in Halle/S. [NDB] 97

Becker, Philipp August (1862–1947), dt. Romanist; Schüler v. Gustav Gröber in Straßburg, 1890/91 Pd. f. roman. Philologie in Freiburg/Br., 1893 ao., 1896 o. Prof. f. franz. Lit. in Budapest, 1905 o. Prof. f. roman. Philologie in Wien, 1917 o. Prof. in Leipzig, 1930–1934 Hon.-Prof. in Freiburg [NDB] 260^A
- (Hrsg.) Sämtliche Werke des Freiherrn Joseph von Eichendorff. Historisch-Kritische Ausgabe. 22 Bde. (1908 ff.) (mit → W. Kosch u. → A. Sauer) 260, 260^A

Beer, Michael (1800–1833), dt. Dramatiker; Bruder d. Komponisten Giacomo Meyerbeer [NDB] 255^A

Beer, Paul (1873–?), dt. Altphilologe u. Germanist; 1902–1914 Gymn.-Lehrer in Lissa/Provinz Posen [BBF; Kössler] 184^A, 192
- (Hrsg.) Philosophische Aufsätze von Karl Wilhelm Jerusalem. Mit G. E. Lessings Vorrede und Zusätzen (1900) 184, 184^A, 185, 191^A, 192

Beethoven, Ludwig van (1770–1827), dt. Komponist [NDB] 193^A 200^A, 227, 227^A

Behaghel, Otto (1854–1936), dt. Germanist; Schüler v. → K. Bartsch in Heidelberg; 1878 Pd. f. german. u. roman. Philologie, 1882 ao. Prof. in Heidelberg, 1883 o. Prof. f. dt. Philologie in Basel, 1888–1925 in Gießen; 1880–1936 Hrsg. d. »Literaturblatt für germanische und romanische Philologie« [NDB; IGL] 27^A, 35^A, 95, 119^A, 130, 134^A, 135, 136
- Zu Heinse (1890) 95
- (Hrsg.) Literaturblatt für germanische und romanische Philologie (1880–1936) (mit Fritz Neumann) 130, 134^A, 135, 136, 141

Behmer, Carl (1869–?), dt. Germanist; Schüler v. → F. Muncker in München; 1899 Prom. 224, 224^A
- Laurence Sterne und C. M. Wieland (1899) 224, 224^A

Behr, Bernhard (1816–?), dt. Verlagsbuchhändler; 1835 Gründer u. Inhaber v. B. Behrs Buchhandlung in Berlin, 1856 Verkauf an seinen Schwager u. Teilhaber → M. E. Bock [Schmidt] 174, 174^A, 176

Bellermann, Ludwig (1836–1915), dt. Altphilologe u. Literaturhistoriker; ab 1863 Lehrer f. Dt. u. Griech. am Gymn. zum Grauen Kloster in Berlin, 1877 Dir. d. Königstädtischen Gymn. das., 1893–1911 d. Grauen Klosters [IGL] 152^A, 175^A, 227
- Die stilistische Gliederung des Pentameters bei Schiller (1905) 227, 227^A
- (Hrsg.) Schillers Werke. 14 Bde. (1895–1898) 175^A

Belling, Eduard (1845–1892), dt. Altphilologe u. Literaturhistoriker; Gymn.-Lehrer in Lissa u. Bromberg [Hinrichsen; BBF]
- Die Metrik Schillers (1883) 55^A

Benedix, Roderich Julius (1811–1873), dt. Dramatiker u. Theaterleiter in Köln, Elberfeld, Frankfurt/M. u. Leipzig [NDB] 42

Benndorf, Kurt (1871–1945), dt. Musikwissenschaftler u. Lyriker; 1895 Prom. in Leipzig, 1897–1904 Leiter d. Musiksammlung d. Sächsischen Landes-Bibl., dann freier Schriftsteller in Dresden [Sächs. Biogr.] 184^A
- (Hrsg.) J. Kuhnau: Der Musicalische Quack-Salber (1900) 184, 184^A

Benzler, Johann Lorenz (1747–1817), dt. Publizist; Freund v. → J. W. L. Gleim; 1773–83 Redakteur d. »Lippischen Intelligenzblätter«, ab 1783 Bibliothekar beim Grafen Stolberg in Wernigerode [DBE] 1, 2

Benzler, Johannes ‹Hans›, dt. Mediziner in Sterkrade bei Oberhausen; Urenkel v. → J. L. Benzler 1^A, 2

Berger, Alfred v. (1853–1912), öst. Schriftsteller u. Theaterdirektor; 1876 Prom. (Dr. jur.), 1886 Pd. f. Philosophie, 1887–1890 artistischer Sekr. am Wiener Burgtheater, 1894–1899 ao. Prof. f. Ästhetik in Wien, 1900 Dir. d. Deutschen Schauspielhauses in Hamburg, 1910–1912 Dir. d. Wiener Burgtheaters, 1904–1912 Mithrsg. d. »Österreichischen Rundschau« [NDB; Killy] 222^A
- (Hrsg.) Österreichische Rundschau (1904–1924) (mit → L. v. Chlumecky u. → C. Glossy) 222, 222^A, 223, 288^A

Bernays, Michael (1834–1897), dt. Germanist; Schüler v. → G. G. Gervinus in Heidelberg; 1856–1871 Privatgelehrter, Journalist u. Rezitator in Köln u. Bonn, 1872 Pd. f. dt. Lit.-Gesch. in Leipzig, 1873 ao. Prof. f. neuere Lit., 1874–1890 o. Prof. f. neuere Spr. u. Lit. in München [NDB; IGL] 45, 51, 64^A, 91, 94^A, 99, 108^A, 123, 128, 136, 137, 147^A, 148, 149^A, 154, 154^A, 167, 167^A, 174^A, 187
- Schriften zur Kritik und Litteraturgeschichte. 1. Bd.: Zur neueren Litteraturgeschichte (1895) 167, 167^A
- Ueber Goethes Geschichte der Farbenlehre (Festvortrag) (1889) 91
- Über Kritik und Geschichte des Goetheschen Textes (1866) 149^A
- Zur Erinnerung an Herzog Leopold von Braunschweig (1885) 51

Bernard, Josef Karl (um 1781–1850), öst. Journalist; Redakteur d. Zeitschriften »Thalia« (1810–1813) u. »Dramaturgischer Beobachter« (1813/14), 1817–1847 Leiter d. Außenressorts d. »Wiener Zeitung« [NDB] 184^A
- (Hrsg.) Dramaturgischer Beobachter (1813–1814) 184, 184^A, 185

Bertuch, Friedrich Justin (1747–1822), dt. Schriftsteller, Übersetzer u. Verlagsbuchhändler in Weimar; Freund → J. W. v. Goethes u. → C. M. Wielands [NDB] 185^A
- (Hrsg.) Goethe's Schriften (1789) 185^A

Besser, Johann (v.) (1654–1729), dt. Dichter u. Hofmann in Berlin u. Dresden [NDB] 86[A]
Bethe, Erich (1863–1940), dt. Altphilologe; Schüler v. Ulrich v. Wilamowitz-Moellendorff in Berlin; 1887 Prom., 1891 Pd. in Bonn, 1893 ao. Prof. in Rostock, 1897 in Basel, 1903 in Gießen, 1906–1931 o. Prof. in Leipzig [NDB; DBE] 289[A]
Bethge, Hans (1876–1946), dt. Schriftsteller u. Übersetzer in Berlin [Killy] 251[A]
– (Hrsg.) Deutsche Lyrik seit Liliencron (1905) 251[A]
Bettelheim, Anton (1851–1930), öst. Schriftsteller u. Journalist; 1873 Prom. (Dr. jur.) in Wien, ab 1880 Feuilletonredakteur u. Theaterreferent f. Wiener Zeitungen, Hrsg. d. »Biographischen Blätter« (1895/96), d. »Biographischen Jahrbuch« (1897–1917) u. d. »Neuen Österreichischen Biographie« (1923 ff.) [NDB; IGL] 125[A], 155[A], 211, 211[A], 293[A]
– (Hrsg.) Biographische Blätter (1895–1896) 155, 155[A]
– (Hrsg.) Geisteshelden (Führende Geister). Eine Sammlung von Biographien (1894–1897) 125
Bettelheim, Helene, geb. Gabillon (1897–1946), dt. Schriftstellerin; Ehefrau v. → A. Bettelheim [Czeike] 211[A]
Bezjak, Janko (1862–1935), slow. Altphilologe u. Bildungspolitiker; 1897 Prom. in Graz, dann Gymn.-Lehrer in Maribor, Ljubljana u. Gorca, 1914 Schulinspektor in Ljubljana, 1918–1924 Referent d. slow. Unterrichtsbehörde [Slov. biogr. leks.] 82
Biach, Adolf (1866–1918); öst. Rabbiner u. Religionslehrer in Brüx [DBE] 173[A]
– Biblische Sprache und biblische Motive in Wielands Oberon (1897) 173, 173[A]
Bibra, Philipp Anton <Ordensname: Sigmund> v. (1750–1803), dt. kath. Geistlicher u. aufklärerischer Schriftsteller; Domkapitular u. Hofkammerpräsident in Fulda [Kosch: Lit.-Lex.] 94
Biedermann, Flodoard v. (1858–1934), dt. Verlagsfachmann u. Goetheforscher; seit 1889 Inhaber d. Verlags F. W. Biedermann in Leipzig, später auch Leiter d. Abt. f. bibliophile Drucke d. Verlags H. Berthold in Berlin, 1906–1934 Vors. d. Berliner Bibliophilen Abends [DBE] 42[A], 228, 228[A]
– (Hrsg.) Goethes Gespräche. Gesamtausgabe. 5 Bde. (1909–1911) 228[A]
Biedermann, Gustav Woldemar v. (1817–1903), dt. Jurist, Verwaltungsbeamter u. Goetheforscher; seit 1845 im sächs. Staatsdienst, 1869–1887 stellv. Gen.-Dir. d. sächs. Staatseisenbahnen [NDB] 56, 64, 80[A], 138, 228, 228[A]
– Das Äußere von Goethes »Faust, Erster Teil« (1894) 138
– Goethe-Forschungen. Neue Folge (1886) 56, 80[A]
– (Hrsg.) Goethes Gespräche. 10 Bde. (1889–1896) 228, 228[A]
Bielschowksy, Albert (1847–1902), dt. Altphilologe u. Goetheforscher; 1869 Prom. in Breslau, 1870–1886 Lehrer in Brieg/Schlesien sowie am Philanthropin in Frankfurt/M., danach Privatgelehrter in Berlin [IGL] 170[A], 177[A]
– Goethe. Sein Leben und seine Werke Bd. 1–2 (1896) 170, 170[A], 177[A]
Bienerth(-Schmerling), Richard (Graf) v. (1863–1918), öst. Jurist u. Staatsmann; seit 1886 Beamter im k. k. Min. f. Cultus u. Unterricht, 1897 Min.-Rat u. Leiter d. Präsidialbüros, 1899 Vize-Präs. d. niederöst. Landesschulrats, 1906 Innen-Min., 1908–1910 Min.-Präs, 1911–1915 Statthalter v. Niederöst. [NDB; ÖBL] 254[A], 255[A]
Biese, Alfred (1856–1930), dt. Altphilologe u. Literaturhistoriker; 1878 Prom., dann Gymn.-Lehrer in Kiel, Schleswig u. Koblenz, 1899 Gymn.-Dir. in Neuwied, 1913–1921 in Frankfurt/M. [NDB; BBF] 149, 177[A]

- Deutsche Literaturgeschichte 3 Bde. (1907–1910) 177[A]
- Die Philosophie des Metaphorischen. In Grundlinien dargestellt (1893) 149

Biester, Johann Erich (1749–1816), dt. Jurist, Publizist u. Bibliothekar; 1773–1775 Lehrer am Pädagogium in Bützow, 1784 Erster Bibliothekar an d. Kgl. Bibl. in Berlin [NDB] 3[A]

Bindemann, Ernst Christoph (1766–1845), dt. Lyriker u. Übersetzer; Diakon u. Rektor in Schwedt/Oder u. Pastor in Neuendorf/Pommern [Killy] 51[A]
- (Hrsg.) Neuer Berlinischer Musenalmanach (1793–1797) (mit → F. W. A. Schmidt) 51

Birken, Sigmund v. (1626–1681), dt. Dichter [NDB] 165, 165[A]

Bismarck, Otto Fürst v. (1815–1898), dt. Staatsmann [NDB] 75, 99, 145, 228[A]

Björnson, Björnstjerne (1832–1910), norw. Schriftsteller u. Politiker; 1903 Nobelpreis f. Lit. 200[A], 206
- Über unsere Kraft (1895, dt. 1896) 200, 200[A], 202[A]

Bleuler-Waser, Hedwig, geb. Waser (1869–1940), schweiz. Schriftstellerin, Literaturhistorikerin u. Frauenrechtlerin; Freundin d. Schriftstellerin Ricarda Huch u. Ehefrau d. Psychiaters Eugen B.; 1894 Prom. in Zürich, bis 1901 Lehrerin f. Dt. u. Gesch. an d. Höheren Töchterschule das., gründete 1902 d. Bund abstinenter Frauen u. 1917 d. Zürcher Frauenbildungskurse [DBE] 114
- Eine Satire aus der Geniezeit (1892) 144

Bloch, Adalbert (1841–1899), dt. Jurist u. Verleger; 1873–1899 Inhaber d. Verlagsbuchhandlung u. ab 1881 d. Verlags B. Behr in Berlin, 1899 Übernahme d. lit.-hist. Werke d. Verlags G. J. Göschen [Schmidt; Würffel] 59[A], 174, 174[A], 176, 177, 178, 198[A], 203

Bloch-Wunschmann, Walther (?–1915), dt. Verleger u. Literaturhistoriker; Sohn v. → A. Bloch; 1899–1912 Inhaber d. Verlags B. Behr in Berlin [Kürschner 1914; Würffel] 184, 184[A], 185, 185[A], 233[A]

Blücher v. Wahlstatt, Gebhard Leberecht Fürst (1742–1819), preuß. Generalfeldmarschall [NDB] 295[A]

Blumauer, Alois (1755–1798), öst. Schriftsteller, Buchhändler u. Lyriker in Wien; 1782 k. k. Bücherzensor, 1786 Inhaber d. Gräfferschen Buchhandlung [NDB] 51[A]
- (Hrsg.) Wienerischer Musenalmanach (1777–1802) (ab 1786: Wiener Musenalmanach) (mit → J. F. Ratschky) 51, 223, 223[A], 231[A], 235[A], 237, 237[A]

Blümner, Hugo (1844–1919), dt. Altphilologe u. Archäologe; Schüler v. August Boeckh in Berlin; 1870 Pd. in Breslau, 1875 ao. Prof. f. klass. Archäologie in Königsberg, 1877–1919 o. Prof. f. Archäologie u. klass. Philologie in Zürich [NDB] 145
- Der bildliche Ausdruck in den Briefen des Fürsten Bismarck (1894) 145

Boas, Franz (1858–1942), dt. Ethnologe u. Anthropologe; 1881 Prom. f. Physik in Kiel, 1884 Assistent am Museum f. Völkerkunde in Berlin, 1886 Pd. f. Geografie in Berlin, 1887 Emigration in d. USA, 1888–1892 Doz. f. physikalische Anthropologie an d. Cark Univ. Worcester/Mass., 1896 Lecturer, 1899–1937 o. Prof. f. Anthropologie an d. Columbia Univ. in New York [DBE; Gedenkbuch] 283[A]

Bobé, Louis (1867–1951), dän. Historiker; 1898–1905 Assistent am Reichsarchiv in Kopenhagen, 1905–1910 Sekr. d. dän. Schriftstellervereinigung, 1910 Prom. in Kopenhagen, dort 1911–1918 Lehrer an d. Offiziersschule, 1912–1915 Forschungsreisen nach Grönland, seit 1916 Pd., 1919–1928 Lektor f. dt. Spr. an d. Univ. Kopenhagen [Birkelund] 131

Bock, Moritz Emil (1816–1871), dt. Verlagsbuchhändler; 1840 Teilhaber, seit 1856 alleiniger Inhaber d. Buchhandlung B. Behr in Berlin, 1864 Übernahme d. Familienunternehmens Bote & Bock [Kunz] 174, 174[A], 176, 178

Bock, Werner (1893–1962), dt. Germanist u. Schriftsteller; Schüler v. → O. Behaghel in Gießen; 1919 Prom., danach freier Schriftsteller, 1934 Publikationsverbot, 1939 Emigration nach Argentinien, dort Journalist, 1946–1949 Prof. f. dt. Lit. u. Philosophie in Montevideo, 1953–1958 Mitgl. im Direktorium d. Deutsch-Argentinischen Kulturinstituts, 1958 Übersiedlung in d. Schweiz [IGL] 285, 285[A]

– Die ästhetischen Anschauungen Wielands (1921) 285, 285[A]

Bode, Johann Joachim Christoph (1731–1793), dt. Übersetzer u. Verleger [NDB] 240[A]

Bodmer, Hans (1863–1948), schweiz. Germanist u. Bildungsreformer; Schüler v. → M. Bernays in München; 1892 Prom., dann Lehrer an d. Gewerbeschule das., 1882–1933 Präs. d. Hottinger Lesezirkels, seit 1900 im Vollamt, seit 1905 auch Sekr. d. schweiz. Schiller-Stiftung [HLS]

– Die Anfänge des zürcherischen Milton (1893) 136[A]

– (Hrsg.) Studien zur Litteraturgeschichte. Michael Bernays gewidmet von Freunden und Schülern (1893) 136, 137

Bodmer, Johann Jakob (1698–1783), schweiz. Historiker, Dichter u. Übersetzer; 1725–1775 Prof. f. helvetische Gesch. am Collegium Carolinum in Zürich [NDB] 1, 20, 25, 29, 102[A], 136, 156[A]

– Character der Teutschen Gedichte (1734) u. Neudruck (1883) 20

– Karl von Burgund. Ein Trauerspiel (nach Aeschylus) (1771) u. Neudruck (1883) 29, 102

– Character der Teutschen Gedichte (1734) u. Neudruck (1883) 20, 20[A]

Böhlau, Hermann (1826–1900), dt. Verlagsbuchhändler u. Hofdrucker in Weimar; Verleger d. Weimarer Ausgabe d. »Werke« → J. W. v. Goethes [DBE] 76, 77[A], 78, 80, 88, 115[A], 128, 129, 136, 137, 146, 175, 204

Böhm, Gottfried v. (1845–1926), dt. Jurist, Verwaltungsbeamter u. Literaturhistoriker; seit 1880 Beamter d. bayer. Außenministeriums in München, 1898 Min.-Rat [DBE] 138, 138[A]

– Ludwig Wekhrlin (1739–1792). Ein Publizistenleben des achtzehnten Jahrhunderts (1893) 138, 138[A]

Boie, Heinrich Christian (1744–1806), dt. Dichter, Publizist u. Übersetzer; Mitgl. im Göttinger Hainbund; 1770–1775 Hrsg. d. »Göttinger Musenalmanach«, 1776–1791 d. Zs. »Deutsches Museum« [NDB] 12, 51[A], 92, 285[A]

– (Hrsg.) Göttinger Musenalmanach (1770–1804) u. Neudruck (1894, 1895, 1897) (mit → J. H. Voß, → L. F. G. v. Goeckingk, → G. A. Bürger u. a.) 12, 51, 111, 120, 166, 166[A]

Boisserée, Sulpiz (1783–1854), dt. Kunsthistoriker u. -sammler; Freund v. → F. Schlegel [NDB] 227[A]

Bojanowski, Paul v. (1834–1915), dt. Journalist u. Bibliothekar; seit 1863 Redakteur d. »Weimarer Zeitung«, 1892–1915 Geheimer Hofrat u. Oberbibliothekar d. Großherzogl. Bibl. [DBE] 211

Bolte, Johannes (1858–1937), dt. Altphilologe u. Literaturhistoriker; 1882 Prom. in Berlin, 1880–1923 Gymn.-Lehrer in Berlin, 1918–1921 Lehrauftrag f. Lit.-Gesch. an d. Hochschule f. Musik [NDB; IGL] 122, 152[A], 154, 155, 167[A], 287[A]

– (Hrsg.) Briefe Müllenhoffs und Hildebrands an Zacher (1924) 287, 287[A]

- (Hrsg.) Die schöne Magelone, aus dem Französ. übersetzt von Veit Warbeck 1527 (1894) 122, 167[A]

Bonz, Alfred (1854–1924), dt. Verlagsbuchhändler; seit 1877 Teilhaber, 1880 Inhaber d. v. seinem Vater (1824–1877) gegründeten Fa. Adolf Bonz & Co. in Stuttgart [Schmidt; NDB: Art. Ad. Bonz] 64[A]

Borck, Caspar Wilhelm v. (1704–1747), dt. Diplomat u. Gelehrter; erster Übersetzer v. → W. Shakespeare ins Deutsche [NDB] 111, 111[A]

- [Übers.] W. Shakespeare: Julius Caesar (1741) 111, 111[A]

Borinski, Karl (1861–1922), dt. Germanist; Schüler v. → M. Bernays in München; 1894 Pd., 1905–1922 ao. Prof. f. Neuere Lit.-Gesch. in München [NDB; IGL] 122, 123, 136[A]

- Die Überführung des Sinnes über den Versschluss und ihr Verbot in der neueren Zeit (1893) 136

Borkenstein, Hinrich (1705–1777), dt. Satiriker u. Dramatiker in Hamburg [NDB] 120, 120[A]

- Der Bookesbeutel. Ein Lustspiel von Drey Aufzügen (1742) u. Neudruck (1896) 120, 120[A]

Bormann, Walter (1844–1914), dt. Schriftsteller; 1869 Prom. (Dr. phil.) in Göttingen, Privatgelehrter u. Vors. d. Psychologischen Gesellschaft in München; Schriften zur Lit.-Gesch., Ästhetik u. Okkultismus [DBJ 1; Kosch.-Lit.-Lex.] 136[A]

- Über Schillers »Künstler« (1893) 136, 136[A]

Börne, Ludwig (1786–1837), dt. Publizist [NDB] 259, 259[A]

Bosse, Robert (1832–1901), dt. Jurist u. Staatsmann; seit 1858 im preuß. Staatsdienst, 1870 Konsistorialrat, 1872 Oberpräsidialrat in Hannover, 1876 Vortragender Rat im preuß. Kultus-Min., 1891 Staats-Sekr. d. Reichsjustizamtes, 1892–1899 preuß. Unterrichts- und Kultus-Min. [NDB] 174[A]

Böttiger, Karl August (1760–1835), dt. Philologe, Pädagoge u. Schriftsteller; 1786 Gymn.-Dir. in Weimar, Freund u. Mitarbeiter v. → C. M. Wieland, später Dir. d. Ritter-Akad. u. d. Antiken-Museums in Dresden [NDB] 54[A], 138[A]

- Literarische Zustände und Zeitgenossen (1838) 54

Boulanger, Georges (1837–1891), franz. General u. Politiker; 1886/87 Kriegsminister; 1888 Führer einer polit. Sammelbewegung gegen die franz. Republik (»Boulangisten«); nach Korruptionsvorwürfen Freitod [Yvert] 99[A]

Boxberger, Robert (1836–1890), dt. Altphilologe u. Literaturhistoriker; 1858–1876 u. 1878–1885 Realschullehrer in Erfurt, 1868–1876 zugl. an d. Kgl. Bibl., 1885–1888 Oberlehrer in Posen [IGL] 51, 77, 78[A]

Brachmann, Friedrich (1860–1931), dt. Altphilologe u. Germanist; 1884 Prom. in Leipzig, seit 1886 Gymn.-Lehrer in Hamburg, 1889–1906 am Johanneum das., ab 1908 an d. Hansa-Schule in Bergedorf bei Hamburg [Kössler] 174[A]

- (Hrsg.) J. Hübner: Christ-Comoedia. Ein Weihnachtsspiel (1899) 174[A]

Brahm, Otto (1856–1912), dt. Germanist, Kritiker u. Theaterleiter; Schüler v. → W. Scherer in Berlin; 1879 Prom. in Jena, 1878–1892 Lit.- u. Theaterkritiker in Berlin (u. a. »Vossische Zeitung«, »Nation«), 1889 Mitbegründer u. Leiter d. »Freien Bühne«, 1894–1904 Dir. d. Dt. Theaters, 1904–1912 d. Lessing-Theaters in Berlin [NDB; IGL] 3, 63, 64

- Schiller (2 Bde.) (1888–1892) 63, 64

Braitmaier, Friedrich (1832 – nach 1903), dt. Literaturhistoriker u. Pädagoge; Gymn.-Lehrer in Tübingen 97, 115, 116
- Geschichte der Poetischen Theorie und Kritik von den Diskursen der Maler bis auf Lessing (1888–1889) 97, 115
- Göthekult und Göthephilologie. Eine Streitschrift (1892) 115, 116

Brandl, Alois (1855–1940), öst. Anglist; Schüler v. → W. Scherer in Berlin; 1881 Pd. f. engl. Philologie in Wien, 1884 ao. Prof. in Prag, 1888 o. Prof. in Göttingen, 1892 in Straßburg, 1895–1923 in Berlin [NDB; ÖBL] 55, 82, 86, 162, 162^A, 173, 173^A, 176, 176^A, 177, 204^A, 252, 252^A
- Universität und Schule. Vortrag (1907) (mit → F. Klein, → P. Wendland u. → A. Harnack) 252, 252^A
- (Hrsg.) Archiv für das Studium der neueren Sprachen und Litteraturen (1896 ff.) (mit → A. Tobler) 173, 173^A, 177, 204, 204^A
- (Hrsg.) Palaestra. Untersuchungen und Texte aus der deutschen und englischen Philologie (1898 ff.) (mit → E. Schmidt u. → G. Roethe) 176, 176^A, 177

Bratranek, František Tomáš <auch: Franz Thomas B.> (1815–1884), tschech. Germanist; 1839 zum kath. Priester geweiht, 1841 Doz. f. Philosophie in Lemberg, 1845 Gymn.-Lehrer in Brünn, 1851 ao. Prof., 1853–1881 o. Prof. f. dt. Spr. u. Lit. in Krakau [IGL] 22^A, 196, 196^A, 207
- (Hrsg.) Briefwechsel zwischen Goethe und Kaspar Graf von Sternberg (1866) 196, 196^A, 207

Braumüller, Adolf v. (1868–?), öst. Verlagsbuchhändler; Enkel v. → W. (v.) Braumüller; 1894–1915 Mitinhaber d. Fa. W. Braumüller in Wien [WI 1909; NDB: Art. W. Braumüller <Großvater>] 200, 200^A

Braumüller, Rudolf v. (1870–?), öst. Verlagsbuchhändler; Enkel v. → W. (v.) Braumüller; 1894–1918 Mitinhaber d. Fa. W. Braumüller in Wien [WI 1909; NDB: Art. W. Braumüller <Großvater>] 200, 200^A

Braumüller, Wilhelm (v.) (1807–1884), dt.-öst. Verlagsbuchhändler; 1848–1884 Inhaber d. Fa. W. Braumüller in Wien, seit 1865 k. k. Univ.-Buchhandlung; Vater v. → W. Braumüller u. Großvater v. → A. u. → R. v. Braumüller [NDB; Czeike] 200^A

Braumüller, Wilhelm v. (1838–1889), öst. Verlagsbuchhändler; Sohn v. → W. (v.) Braumüller; 1867 Mitinhaber, 1884–1889 Inhaber d. Fa. W. Braumüller in Wien [NDB: Art. W. v. Braumüller <Vater>] 200^A

Braune, Wilhelm (1850–1926), dt. Germanist; Schüler v. → F. Zarncke in Leipzig; 1874–1877 Pd. f. dt. Philologie, zugl. Kustos an d. Univ.-Bibl. in Leipzig, dort 1877 ao. Prof., 1880 o. Prof. f. dt. Spr. u. Lit. in Gießen, 1888–1919 o. Prof. in Heidelberg; 1874–1926 mit → H. Paul Hrsg. d. »Beiträge zur Geschichte der deutschen Sprache und Literatur« [NDB; IGL] 3^A, 25, 75, 82, 95^A, 109, 111, 125, 154^A, 155^A, 174^A, 175, 175^A
- (Hrsg.) Neudrucke deutscher Litteraturwerke des 16. und 17. Jahrhunderts (ab 1876) 3^A, 25, 109, 111, 125, 175, 175^A, 195^A
- (Hrsg.) Beiträge zur Geschichte der deutschen Sprache und Literatur (ab 1877) (mit → H. Paul) 75, 77^A

Brawe, Joachim Wilhelm v. (1738–1758), dt. Dramatiker in Leipzig; Freund u. Schüler → G. E. Lessings [NDB] 2, 42

Brecht, Walther (1876–1950), dt. Germanist; Schüler v. → G. Roethe in Göttingen; 1906 Pd. f. dt. Philologie in Göttingen, 1910 o. Prof. an d. Akad. in Posen, 1914 o. Prof. f. dt. Spr. u. Lit. in Wien, 1926 in Breslau, 1927–1937 (zwangsemeritiert) in München [NDB; IGL] 233[A], 268[A], 275, 283, 283[A], 284, 284[A], 285[A], 288, 288[A], 290
- C. F. Meyer und das Kunstwerk seiner Gedichtsammlung (1918) 288[A]
- (Hrsg.) Forschungen zur neueren Literaturgeschichte 285, 285[A]

Breidbach-Bürresheim, Emmerich Joseph v. (1707–1774); dt. Kirchenfürst; 1763–1774 Erzbischof u. Kurfürst v. Mainz, seit 1768 zugl. Bischof v. Worms [NDB] 167[A]

Breitinger, Johann Jakob (1701–1776), schweiz. evang. Theologe u. Schriftsteller; Pfarrer u. Prof. am Collegium Carolinum in Zürich; Freund u. Mitarbeiter v. → J. J. Bodmer [NDB] 12, 22, 184, 184[A], 185
- Critische Dichtkunst (1740) 12[A], 22, 184, 184[A], 185

Brentano, Clemens (1778–1842), dt. Dichter; Bruder v. → B. v. Arnim [NDB] 10, 20, 25, 29[A], 54[A], 135[A], 151, 184, 184[A], 185, 185[A], 200[A], 295[A]
- Die mehreren Wehmüller und ungarischen Nationalgesichter (1843) 54[A]
- Godwi oder Das steinerne Bild der Mutter (1801) 185, 185[A]
- Kritiken für C. Bernhards »Dramaturgischen Beobachter« (1813–1814) 184, 184[A], 185
- Satiren und poetische Spiele. Erstes Bändchen. Gustav Wasa (1798) u. Neudruck (1883) 10[A], 20, 25, 29
- Valeria oder Vaterlist (Bühnenbearbeitung des ›Ponce de Leon‹ [1804]) u. Neudruck (1901) 184[A], 200, 200[A]

Brentano, Franz (1838–1917), dt. Philosoph; Neffe v. → C. Brentano u. → B. v. Arnim; 1864 zum kath. Priester geweiht, 1866 Pd., 1872 ao. Prof. f. Philosophie in Würzburg, 1873 Austritt aus d. kath. Kirche u. Amtsniederlegung, 1874 o. Prof. in Wien, 1883 Verlust d. Professur infolge Eheschließung (Verstoß gegen d. Bestimmungen d. öst. Konkordats f. ehemalige Priester), blieb bis 1895 Pd. in Wien [NDB] 41, 41[A], 147

Breul, Karl Hermann (1860–1932), dt. Germanist; Schüler v. → J. Zupitza in Berlin; 1883 Prom., 1884 Lecturer, 1899 Reader, 1910–1932 Prof. of German an d. Cambridge Univ. [IGL] 154, 154[A]
- A handy bibliographical guide (1895) 154, 154[A]

Brinckmann, Carl Gustav (v.) (1764–1847), dt. Dichter u. Diplomat; Freund v. → F. Schleiermacher u. → A. u. → W. v. Humboldt; 1792–1810 im schwed. diplomatischen Dienst [NDB] 253[A]

Brink, Bernhard ten (1841–1892), ndl. Anglist u. Germanist; Schüler v. Nikolaus Delius u. Friedrich Christian Diez in Bonn, Pd. u. seit 1868 ao. Prof. f. moderne Spr.n in Münster, 1870 o. Prof. f. abendländische Spr.n in Marburg/L., 1873–1892 f. engl. Philologie in Straßburg [ADB 37; DBE] 35[A]
- (Hrsg.) Quellen und Forschungen (1874 ff.) (mit → W. Scherer) 86

Brüggemann, Fritz (1876–1945), dt. Germanist; Schüler v. → A. Köster in Leipzig; 1909 Prom., 1909–1914 Assistent an d. TH Aachen, 1919 Pd.,; 1923 ao. Prof. f. dt. Lit.-Gesch. das., 1928–1935 (Entzug d. Lehrerlaubnis) ao. Prof. f. neuere dt. Lit.-Gesch. in Kiel, danach Privatgelehrter in Kiel u. Berlin [IGL] 291[A]

- Erklärung [gegen A. Sauer] (1925) [mit → E. Castle, → P. Kluckhohn, → H. A. Korff, → A. Leitzmann, → P. Merker, → L. Spitzer, → K. Viëtor, → O. Walzel u. → G. Witkowski] 291[A]

Bruinier, Johannes Wejgardus (1867–1939), ndl.-dt. Germanist; Schüler v. Alexander Reifferscheid in Greifswald; 1890 Prom., 1893–1899 Pd. f. dt. Philologie in Greifswald, 1899/1900 Lektor f. dt. Sprache in Oslo, nach schwerer Krankheit Aufgabe d. Lehrtätigkeit, 1906 Staatsexamen f. klass. Philologie u. Dt. in Greifswald, 1908–1930 Gymn.-Lehrer in Anklam [Kössler; Auskünfte Stadtarchiv Anklam] 190, 190[A]
- Faust vor Goethe (1894) 190, 190[A]

Brunner, August (1845–1924), dt. Germanist; Gymn.-Lehrer in Landshut, Speyer u. München, zuletzt Konrektor am Luitpold-Gymn. 145[A]
- Literaturkunde und Literaturgeschichte in der Schule (1895) 145

Brunner, Thomas <Ps.: Pegaeus> (um 1535–1571), dt. Lateinlehrer u. geistlicher Dramatiker in Steyr/Oberöst.[NDB] 15, 15[A]
- Jacob und seine zwölf Söhne (1566) u. Neudruck (1928) 15, 15[A]

Büdinger, Max (1828–1902), dt. Historiker; Schüler v. Leopold v. Ranke u. → H. Sybel in Berlin; 1851 Pd. in Marburg/L., dann Hauslehrer u. Privatgelehrter in Wien, 1861 o. Prof. f. allg. Gesch. in Zürich, 1872–1899 in Wien [ÖBL; Czeike] 42

Bünderlin, Johannes <auch: Hans> (gest. 1533), öst. Wiedertäufer [NDB] 138[A]

Burdach, Konrad (1859–1936), dt. Germanist; Schüler v. → F. Zarncke in Leipzig u. → W. Scherer u. → K. Müllenhoff in Berlin; 1884 Pd., 1887 ao. Prof., 1892 o. Prof. f. Dt. Philologie, Spr. u. Lit. in Halle/S., 1902–1936 Forschungsprof. f. Dt. Spr.-Wiss. an d. Preuß. Akad. d. Wissenschaften [NDB; IGL] 38, 82, 86, 87, 96, 99, 123, 137, 138[A], 143, 145, 146, 149, 152[A], 154, 155, 155[A], 167, 167[A], 171, 175, 175[A], 179, 185, 189, 189[A], 190, 190[A], 191, 191[A], 192, 192[A], 202, 213[A], 216[A], 286, 286[A], 293[A]
- Faust und die Sorge (1923) 286, 286[A]
- Rudolf Hildebrands Persönlichkeit und wissenschaftliche Wirkung (1924)
- Die Sprache des jungen Goethe (1884) 38[A]
- Vorspiel. Gesammelte Schriften (1926) 38[A]
- Vom Mittelalter zur Reformation. Forschungen zur Geschichte der deutschen Bildung. Erstes Heft (1893) 138, 143, 145
- Walther von der Vogelweide. Philologische Forschungen Tl. 1 (1900) 192, 192[A]
- Zur Entstehung des mittelalterlichen Romans (1897) 167, 167[A]
- (Hrsg.) J. W. Goethe: Westöstlicher Divan (WA I, Bd. 6) (1888) 86[A], 87, 146
- (Rez.) Frankfurter Gelehrten Anzeigen (1884) 38[A]

Bürger, Augusta <Molly>, geb. Leonhart (1758–1786), dt.; 2. Ehefrau v. → G. A. Bürger u. Schwester v. dessen 1. Frau → D. Bürger [NDB: Art. G. A. Bürger] 81, 192[A]

Bürger, Dorothea <Dorette>, geb. Leonhart (1756–1784), dt.; 1. Ehefrau v. → G. A. Bürger u. Schwester v. dessen 2. Frau → A. Bürger [NDB: Art. G. A. Bürger] 81[A], 192[A]

Bürger, Elisabeth <Elise>, geb. Hahn (1769–1833), dt.; 3. Ehefrau v. → G. A. Bürger

Bürger, Gottfried August (1747–1797), dt. Dichter; Freund v. → L. Gleim, → L. F. G. v. Goeckingk u. → A. W. Schlegel; 1772 Amtmann in Altengleichen, 1784–1794 Prof. f. Ästhetik in Göttingen [NDB] 21, 37, 40, 51[A], 55[A], 79, 81, 83, 92, 94, 96, 99, 111[A], 165[A], 192, 192[A], 281[A]

- Gedichte (1884) → A. Sauer 21, 37, 40
- (Hrsg.) Göttinger Musenalmanach (1770–1804) u. Neudruck (1894, 1895, 1897) (mit → J. H. Voß, → L. F. G. v. Goeckingk, → H. C. Boie u. a.) 12, 51, 111, 120, 166, 166[A]

Burkhardt, Hugo (1830–1910), dt. Historiker u. Goetheforscher; Konservator am Germanischen Nationalmuseum in Nürnberg, 1859 Archivar am Geheimen Hof- u. Staatsarchiv in Weimar, 1889–1907 Archivdir. [DBE] 88, 165, 165[A]
- Herder und Goethe über die Mitwirkung der Schule beim Theater (1888) 88
- (Hrsg.) Aus dem Briefwechsel Sigmund von Birkens und Georg Neumarks 1656–1669 (1897) 165, 165[A]

Busse, Carl (1872–1918), dt. Lyriker, Kritiker u. Literaturhistoriker in Berlin; 1898 Mithrsg. d. Zs. »Deutsches Wochenblatt«, 1898 Prom. in Germanistik bei Wolfgang Golther in Rostock, 1902 Gründungsmitgl. d. Kartells dt. lyrischer Autoren [NDB; Killy] 175, 175[A]
- Novalis' Lyrik (1898) 175, 175[A]

Byron, George Gordon Noel <auch: Lord B.> (1788–1824), engl. Dichter 228[A]

C

Calderón de la Barca, Pedro (1600–1681), span. Dichter 24, 24[A]
- Richter von Zalamea (1651) 24, 24[A]

Canitz, Friedrich Rudolph Ludwig v. (1654–1699), dt. Diplomat u. Dichter [NDB] 86, 87, 111, 120, 186[A]
- Neben-Stunden Unterschiedener Gedichte (1700, 1702, 1719) 86, 87, 111, 120

Carrière, Moriz (1817–1895), dt. Philosoph u. Literaturhistoriker; Schüler v. Friedrich Adolf Trendelenburg in Berlin; 1843 Pd., 1847 ao. Tit.-Prof. f. Philosophie in Gießen, 1853 Hon.-Prof., 1887 Prof. f. Ästhetik in München, zugl. Doz. f. Kunst-Gesch. an d. Akad. d. Künste das. [NDB; IGL] 134

Cassirer, Ernst (1874–1945), dt. Philosoph; Schüler v. Hermann Cohen in Marburg/L.; Stud. auch bei Georg Simmel u. → M. Herrmann in Berlin; 1899 Prom., 1906 Pd. in Berlin, 1919–1933 (aus polit. Gründen entl.) o. Prof. f. Philosophie in Hamburg, 1933 Emigration u. Gast-Prof. in Oxford, 1935 Prof. in Göteborg, 1941 Gast-Prof. in Yale, 1944/45 an d. Columbia Univ. in New York [NDB] 159[A]
- Zur Abwehr [gegen J. Minor] (1897) (mit → C. Alt, → F. Düsel, → R. Klahre, → H. Stockhausen) 159[A]

Castle, Eduard (1875–1959), öst. Germanist; Schüler v. → R. Heinzel u. → J. Minor in Wien; 1907 Pd., 1915 ao. Prof., 1934–1938 (aus polit. Gründen entl.) o. Tit.-Prof. f. neuere dt. Spr. u. Lit. in Wien, 1913–1938 zugl. an d. TH Wien, 1945–1947 als o. Prof. in Wien reaktiviert [IGL; Czeike] 154[A], 291[A]
- Deutsch-österreichische Literaturgeschichte Bd. 2–4 (1914–1937) (mit → W. Nagl u. → J. Zeidler) 154[A]
- Erklärung [gegen A. Sauer] (1925) (mit → F. Brüggemann, → P. Kluckhohn, → H. A. Korff, → A. Leitzmann, → P. Merker, → L. Spitzer, → K. Viëtor, → O. Walzel u. → G. Witkowski) 291[A]

Chevalier, Ludwig (1831–1915), öst. Philosoph u. Literaturhistoriker; Gymn.-Dir. in Prag [WI 1909; Jaksch] 152[A]

Chlumecky, Leopold v. (1873–1940), öst. Jurist, Schriftsteller u. Journalist; 1898–1906 im öst. Staatsdienst, 1906–1918 Mithrsg. u. leitender Redakteur d. »Österreichischen Rundschau«, 1938 Emigration nach Südamerika [NDB; ÖBL] 222[A]
- (Hrsg.) Österreichische Rundschau (1904–1924) (mit → A. v. Berger u. → C. Glossy) 222, 222[A], 223, 288[A]

Cicero, Marcus Tullius (106–43 v. Chr.), röm. Staatsmann u. Philosoph 121

Clary und Aldringen, Johann Nepomuk Graf v. (1753–1826), öst. Generalhofbaudirektor; Vater v. → K. J. v. C. u. A. [NDB: Art. K. J. de Ligne] 204, 204[A], 207

Clary und Aldringen, Karl Josef Fürst v. (1777–1831), öst. Maler u. Grafiker; Enkel v. → K. J. de Ligne; Sohn v. → Johann Nepomuk v. C u. A. [Thieme-Becker] 204, 204[A], 207

Claudius, Matthias (1740–1815), dt. Dichter in Wandsbek bei Hamburg [NDB] 21

Clodius, Christian August (1737–1784), dt. Dichter u. Philosoph; Freund → E. C. v. Kleists u. polemisches Objekt → J. W. v. Goethes; 1760–1784 Prof. f. Philosophie u. Dichtkunst in Leipzig [NDB] 80

Comenius, Johann Amos (1592–1670), tschech. Theologe u. Pädagoge [NDB] 155, 155[A]

Conrad v. Eybesfeld, Siegmund Freiherr v. (1821–1898), öst. Jurist u. Staatsmann; seit 1841 im k. k. Staatsdienst, 1853–1867 u. a. stellv. Statthalter sowie Statthalter in Temesvár, Mailand, Kroatien, Triest, Venedig u. Oberösterreich, 1872–1880 Statthalter v. Niederösterreich, 1880–1885 Min. f. Cultus u. Unterricht [ÖBL] 63, 63[A]

Conrad, Hermann (1845–1917), dt. Altphilologe, Literaturhistoriker u. Shakespeareforscher; 1874 Prom. in Rostock, Lehrer in Elbing, Witten am Rhein u. Barmen, 1888–1910 Prof. an d. Kadettenanstalt in Großlichterfelde bei Berlin [Kosch: Lit.-Lex.] 93
- Franz Grillparzer als Dramatiker (1889) 93

Consentius, Ernst (1876–1937), dt. Germanist; Schüler v. → E. Schmidt in Berlin; 1901 Prom., 1919 Mitarbeiter, 1927–1937 Bibliotheksrat an d. Preuß. Staatsbibliothek [Habermann; Kosch: Lit.-Lex.] 207, 207[A]
- (Rez.) L. Geiger (Hrsg.): De la littérature allemande (1780) von Friedrich dem Großen. Zweite vermehrte Auflage/C. Schüddekopf (Hrsg.): J. Möser: Über die deutsche Sprache und Literatur (1903) 207, 207[A]

Constans, Ernest (1833–1913), franz. Staatsmann u. Diplomat; 1880/81 u. 1889/90 Innen-Min., 1898–1909 franz. Botschafter in Istanbul [Yvert] 99[A]

Constantin Prinz v. Sachsen-Weimar-Eisenach (1758–1793), dt.; zweitgeborener Sohn v. Ernst August u. → Anna Amalia v. S.-W.-Eisenach [ADB 4] 88

Conta, Johann, öst. Germanist; Schüler v. → A. Sauer u. → B. Seuffert in Graz; 1889 Prom., 1892 Gymn.-Lehrer in Wien, später an d. Staats-Gewerbeschule in Triest 59, 82, 93, 97
- J. G. Hamann's Stellung zu Klopstock, Lessing, den Litteraturbriefen, zu Goethe und zur französischen Litteratur (Seminararbeit) (1886) 59[A]
- Hamann als Philologe (Dissertation) (1889) 59[A], 82, 93

Cooper, James Fenimore (1789–1851), US-amerik. Schriftsteller 219, 236, 236[A]

Coquillart, Guillaume (1452–1510), franz. Dichter 136

Cornu, Julius (1849–1919), schweiz. Romanist; Schüler v. Gaston Paris in Paris; 1876 ao. Prof. f. roman. Philologie in Basel, 1877 o. Prof. an d. dt. Univ. in Prag, 1901–1911 in Graz [HLS] 192, 192[A] 193, 196, 197, 202

Cotta v. Cottendorf, Carl v. (1835–1888), dt. Verleger; letzter Familieneigner d. Cotta'schen Verlagsbuchhandlung in Stuttgart [NDB: Art. Joh. Geo. C. v. C <Vater>] 89

Coudenhove, Karl Maria Graf v. (1855–1913), öst. Jurist u. Staatsmann; seit 1876 im öst. Staatsdienst, 1882 Vize-Sekr. im Ackerbau-Min., dann Bezirkshauptmann in Karlsbad, 1892 Verwalter v. Reichenberg u. Landes-Präs. v. Schlesien, 1896–1911 Statthalter v. Böhmen [ÖBL] 207, 207[A]

Crayen, Wilhelm v., dt. Verleger; 1896 Inhaber, 1912-1926 Mitinhaber d. Verlags G. J. Göschen in Leipzig u. Berlin [Würffel] 157, 157[A]

Creizenach, Wilhelm (1851–1919), dt. Germanist; Schüler v. → F. Zarncke in Leipzig; 1879 Pd. in Leipzig, 1883 ao. Prof., 1886–1912 o. Prof. f. dt. Spr. u. Lit. in Krakau [NDB; IGL] 22, 23, 24, 25, 26, 75, 92[A], 130, 147, 149[A], 213

– Alliteration in Klopstocks Messias? (1894) 147
– Wilhelm Scherer über die Entstehungsgeschichte von Goethes Faust. Ein Beitrag zur Geschichte des literarischen Humbugs (1887) 75[A]

Cronegk, Johann Friedrich v. (1731–1758), dt. Dichter; Freund v. Christian Fürchtegott Gellert, → J. P. Uz u. → C. F. Weiße; Justizrat in Ansbach [NDB] 35

Cysarz, Herbert (1896–1985), dt. Germanist; Schüler v. → W. Brecht u. → J. Seemüller in Wien; 1922 Pd. f. neuere dt. Spr. u. Lit. in Wien, 1928 ao. Prof., 1929 o. Prof. an d. dt. Univ. Prag, 1938–45 (entl.) o. Prof. f. neuere dt. Lit.-Gesch. in München [IGL] 287, 287[A], 288, 288[A]

– Erfahrung und Idee (1921) 287, 287[A], 288, 288[A]
– Hauptfragen des 18. Jahrhunderts. Akademische Antrittsvorlesung an der Universität Wien (1922) 288[A]

D

Dach, Simon (1605–1659), dt. Dichter; Präzeptor u. Konrektor an d. Domschule in Königsberg, seit 1639 zugl. Prof. f. Poesie an d. Univ. [NDB] 86[A]

Dalberg, Carl Theodor v. (1744–1817), dt. Kirchenfürst; Briefpartner v. → J. W. v. Goethe, → J. G. Herder, → F. v. Schiller u. → C. M. Wieland; 1772 Statthalter v. Erfurt, 1802 Kurfürst u. Erzbischof v. Mainz, 1803 zugl. Erzbischof v. Regensburg, 1810–1817 Großherzog v. Frankfurt [NDB] 204, 204[A]

Danzel, Theodor Wilhelm (1818–1850), dt. Literaturhistoriker; 1841 Prom. in Jena, dann Privatgelehrter in Hamburg, dort auch Vorlesungen zur Ästhetik am Akademischen Gymn., 1845–1850 Pd. in Leipzig [NDB; IGL] 147[A]

David, Benno v. (1841–1894), öst. Jurist u. Verwaltungsbeamter; Schulfreund v. → W. Scherer; seit 1863 im Staatsdienst, 1870 Referent im k. k. Min. f. Cultus u. Unterricht, 1884 Min.-Rat, 1891 Titular-, 1892 wirklicher Sektionschef [Nachruf in: NFP, Nr. 10643, 11.4.1894, Ab.-Bl., S. 1] 66, 73, 92

Deetjen, Werner (1877–1939), dt. Germanist; Schüler v. → A. Köster in Leipzig; 1901 Prom., 1905 Pd. f. Dt. Lit.-Gesch. an d. TH Hannover, 1909 o. Prof. das., 1916–1939 Dir. d. Großherzogl. Bibl. in Weimar [IGL] 284[A]

Deinhardstein, Johann Ludwig (1794–1859), öst. Jurist, Schriftsteller u. Dramaturg; 1827 Prof. f. Ästhetik an d. Univ. u. am Theresianum in Wien, 1829–1848 Zensor an d. Polizeihofstelle,

1829–1849 Redakteur d. »Wiener Jahrbücher der Litteratur«, 1832–1841 zugl. Vize-Dir. d. Wiener Burgtheaters [Killy; ÖBL] 193, 203, 210
Demosthenes (384–322 v. Chr.), griech. Rhetor u. Staatsmann 167^A
Detter, Ferdinand (1864–1904), öst. Germanist; Schüler v. → R. Heinzel in Wien; 1892 Pd. in Wien, 1898 o. Prof. f. dt. Spr. u. Lit. in Fribourg/Schweiz, 1899–1904 o. Prof. f. ältere dt. Spr. u. Lit. an d. dt. Univ. Prag [IGL] 169, 171, 173^A, 175, 176, 178, 179, 180, 182, 182^A, 183, 183^A, 184, 185, 187, 188, 188^A, 202^A, 207, 207^A, 217^A, 228^A, 264^A
Dibelius, Wilhelm (1876–1931), dt. Anglist; Schüler v. → A. Brandl in Berlin; 1901 Pd. in Berlin, 1903 Prof. an d. Kgl. Akad. in Posen, 1911 am Kolonialinstitut in Hamburg, 1918 o. Prof. f. engl. Philologie in Bonn, 1925–1931 in Berlin [NDB] 266, 266^A, 290
– Englische Romankunst. 10 Bde. (1910) 266, 266^A
Dickens, Charles (1812–1870), engl. Schriftsteller u. Journalist [NDB] 266, 266^A
– David Copperfield (1849/50) 266^A
Dietrich, Ewald Victorin (1785–1832), dt. Arzt u. Schriftsteller [ADB 5; DBE] 205, 205^A
– Der Kur- u. Badeort Teplitz und seine Umgebungen (1827) 205, 205^A
Dilthey, Wilhelm (1833–1911), dt. Philosoph; Schüler v. → K. Fischer in Heidelberg u. Friedrich Adolf Trendelenburg in Berlin; 1856–1858 Gymn.-Lehrer, 1858–1866 Pd. in Berlin, 1866 o. Prof. f. Philosophie in Basel, 1868 in Kiel, 1871 in Breslau, 1882–1905 in Berlin [NDB; IGL] 147^A, 148, 286^A, 290
Doelter, Carl August (1818–1886), dt. Kaufmann u. Plantagenbesitzer in Arroyo/Puerto Rico; Vater v. → Corn. Aug. Doelter [Fischer] 71
Doelter, Eleonora Anna Philippine, geb. Fötterle (1855–1937), öst. Grafikerin; Ehefrau v. → Corn. Aug. D. [Thieme/Becker; Fischer] 71, 74
Doelter <y Cisterich>, Cornelio August (1850–1930), dt. Mineraloge; Schüler v. Robert Wilhelm Bunsen in Heidelberg; 1872 Beamter d. Geologischen Reichsanstalt in Wien, 1875 zugl. Pd. an d. Univ., 1876 ao. Prof., 1883 o. Prof. f. Mineralogie u. Petrografie in Graz, 1907–1921 in Wien [ÖBL; Fischer] 71, 73
Doelter, Francisca, geb. de Cisterich y de la Torre (1816–1894), puertoric.; Mutter v. → Corn. Aug. D. [Fischer] 71
Dohm, Christian Wilhelm v. (1751–1820), dt. Diplomat u. Historiker; Freund v. → J. W. L. Gleim, → F. H. Jacobi u. → M. Mendelssohn; 1776–1779 o. Prof. f. Finanzwissenschaften u. Statistik in Kassel, 1779–1810 im preuß. Staatsdienst, zuletzt Gesandter in Dresden [NBD] 203^A, 207^A
Dresch, Joseph Émile <Jules> (1871–1958), franz. Germanist; ab 1898 Lyceums-Lehrer, 1904 Prom. in Paris, 1906 Doz. in Nancy, 1906 Prof. f. dt. Lit. in Bordeaux, 1922 Univ.-Rektor in Toulouse, 1931–1938 in Strasbourg [IGL] 259^A
– (Hrsg.) Börnes Werke. Historisch-kritische Ausgabe in zwölf Bänden. Bd. 1–3, 6–7, 9 [mehr nicht erschienen] (1911–1913) (mit → L. Geiger, → R. Fürst, → E. Kalischer, → A. Klaar, → A. Stern u. → L. Zeitlin) 259, 259^A
Drescher, Karl (1864–1928), dt. Germanist; Schüler v. → E. Schmidt in Berlin; 1892 Pd. f. Dt. Spr. u. Lit. in Münster, 1896 nach Bonn umhabilitiert, dort seit 1900 ao. Tit.-Prof., 1906 ao. Hon.-Prof. u. wiss. Leiter d. Weimarer Lutherausgabe in Breslau, dort 1909 ao. Prof., 1913–1928 o. Hon-Prof. [NDB; IGL] 145, 156, 159, 159^A, 175, 175^A

- Neue Litteratur über Hans Sachs (1894) 145
- (Hrsg.) Nürnberger Meistersinger-Protokolle von 1575–1689. 2 Bde. (1897) 175^A
- (Rez.) A. Bauch: Barbara Harscherin, Hans Sachsens zweite Frau (1899) 175, 175^A

Drugulin, Wilhelm (1822–1879), dt. Buchdrucker u. Kunsthändler; Inhaber d. Buchdruckerei, Schrift- und Stereotypengießerei W. Drugulin (Offizin Drugulin) in Leipzig [NDB] 33, 52

Düsel, Friedrich K. J. (1869–1945), dt. Germanist u. Journalist; 1897 Prom., 1897 Redakteur, 1904–1933 Chefredakteur u. Hrsg. v. »Westermann's Monatsheften« [WI 1935; Kürschner-Nekr. 2] 159^A
- Zur Abwehr [gegen J. Minor] (1897) (mit → C. Alt, → E. Cassirer, → R. Klahre, → H. Stockhausen) 159^A

Dumba, Nicolaus (1830–1900), öst. Politiker, Industrieller u. Mäzen in Wien; 1870–1896 Mitgl. d. niederöst. Landtages, 1870–1885 Mitgl. d. Abg.-Hauses im öst. Reichsrat; Leiter d. Wiener Kunstvereins u. Kurator d. Kunstgewerbemuseums [NDB; ÖBL] 98^A, 183, 183^A, 207, 207^A

Düntzer, Heinrich (1813–1901), dt. Altphilologe u. Literaturhistoriker; 1837–1846 Pd. f. klass. Philologie in Bonn, seit 1846 Bibliothekar am kath. Gymn. in Köln [DBE; IGL] 51, 59^A, 64^A, 99, 138, 154^A
- Abhandlungen zu Goethes Leben und Werken (1885) 64^A
- (Mitarb.) Goethe's Werke (1872) → F. Strehlke 23^A, 42, 99
- (Rez.) A. Strack: Goethes Leipziger Liederbuch (1894) 138

Dürer, Albrecht (1471–1528), dt. Maler u. Grafiker [NDB] 138

E

Ebel, Karl (1868–1933), dt. Historiker; 1892 Prom. in Marburg/L., 1892 Hilfsarbeiter, später Assistent u. Bibliothekar, 1921–1933 Dir. d. Univ.-Bibliothek Gießen [Habermann] 285^A
- Fünf Briefe von J. H. und E. Voß an H. C. Boie (1922) 285, 285^A

Ebert, Johann Arnold (1723–1795), dt. Dichter u. Übersetzer; Freund v. → F. v. Hagedorn, → F. G. Klopstock u. → G. E. Lessing; 1748 Hofmeister, 1753 Prof. am Collegium Carolinum in Braunschweig [NDB] 149

Ebner-Eschenbach, Marie v. (1830–1910), öst. Dichterin [NDB; ÖBL] 206, 222^A

Ebrard, Wilhelm 227, 227^A
- Alliterierende Wortverbindungen bei Schiller (1905) 227, 227^A

Edlinger, Anton (1854–1919), öst. Schriftsteller u. Journalist in Wien; Mitarbeiter d. »Wiener Allgemeinen Zeitung«, Hrsg. d. Wochenschrift »Literatur-Blatt« u. d. »Österreichischen Rundschau« [Hdb. öst. Aut.] 55^A
- (Hrsg.) Literatur-Blatt. Wochenschrift für das geistige Leben der Gegenwart (1877–1879) 55

Ehlermann, Erich (1857–1937), dt. Verleger; seit 1886 Inhaber d. v. seinem Vater Louis E. gegründeten Verlags in Dresden, ab 1888 Verleger d. 2. Aufl. v. → K. Goedekes »Grundriß« [NDB] 86, 87, 93

Eichendorff, Joseph Freiherr v. (1788–1857), dt. Dichter [NDB] 191^A, 194^A, 260^A, 271^A, 278^A

Eichler, Andreas Chrysogon (1762–1841), öst. Schriftsteller u. Beamter; 1799 Kurinspektor, 1813–1825 Zensor u. Vorsteher d. Bücherrevisionsamtes in Teplitz [DBE] 205, 205^A
- Beschreibung von Teplitz und seinen mahlerischen Umgebungen (1815) 205, 205^A

Eichler, Ferdinand (1863–1945), öst. Altphilologe u. Bibliothekar; Hörer v. → B. Seuffert in

Graz; 1888 Prom., 1889 Mitarbeiter, 1918–1924 Dir. d. Univ.-Bibl. Graz, seit 1921 zugl. Pd., 1923 ao. Prof. an d. Univ. [NDB; ÖBL] 94, 133
- Kein seeliger Tod ist in der Welt (1889) 94

Eigenbrodt, Wolrad (1860–1921), dt. Germanist, Skandinavist u. Übersetzer; 1885 Prom., seit 1895 Ausleihbeamter an d. Univ.-Bibl. Jena, 1913–1921 Lektor f. schwed. Spr. u. Lit. in Jena [DBJ 3] 55, 173
- Hagedorn und die Erzählung in Reimversen (1884) 55

Eisendecher, Louise, geb. Iffland (1747–1823), dt.; Schwester v. → A. W. Iffland 211, 211[A]

Eitelberger v. Edelberg, Rudolf (1817–1885), öst. Kunsthistoriker; 1847 Pd., 1852 ao. Prof., 1864–1885 o. Prof. f. Kunst-Gesch. in Wien [ÖBL] 63[A]

Elias, Julius (1861–1927), dt. Literaturhistoriker, Kunstschriftsteller u. Mäzen in Berlin; Schüler v. → M. Bernays in München; seit 1892 Mithrsg. d. »Jahresberichte für Neuere deutsche Literaturgeschichte« [NDB] 94[A], 108, 135[A], 139[A], 167, 174, 174[A], 185, 185[A]
- Christian Wernicke (1888) 108[A], 185, 185[A]
- Fragmente einer Shakespeare-Übersetzung (1893) 136[A]
- (Hrsg.) Jahresberichte für Neuere deutsche Litteraturgeschichte (1892 ff.) (mit → S. Szamatólski u. → M. Herrmann) 135, 137[A], 140, 141, 150, 154, 155, 167, 167[A], 174, 176, 199, 199[A], 205, 207, 207[A], 234, 238

Elisabeth Gräfin v. Nassau-Saarbrücken (1395–1456), geb. Prinzessin v. Lothringen, dt. Dichterin u. Übersetzerin [NDB; ÖBL] 288, 288[A]

Elisabeth v. Österreich (1837–1898), geb. Herzogin v. Bayern, dt.-öst.; durch Heirat mit → Franz Joseph I. seit 1854 öst. Kaiserin [NDB; ÖBL] 173, 173[A]

Ellinger, Georg (1859–1939), dt. Germanist; Schüler v. → W. Scherer in Berlin; 1884 Prom.; 1887–1924 Realschul- u. Gymn.-Lehrer in Berlin [NDB; IGL] 86[A]; 114[A]
- (Hrsg.) Berliner Neudrucke (1888–1894) (mit → B. A. Wagner u. → L. Geiger) 86, 86[A], 87, 111

Ellwanger, Lorenz (1854–1922), dt. Buchdrucker; Gründer d. Fa. L. Ellwanger in Bayreuth, Druckerei f. den Verlag C. C. Buchner [Ellwanger] 145, 147, 176, 176[A], 177

Elster, Ernst (1860–1940), dt. Germanist; Schüler v. → F. Zarncke in Leipzig; 1886–1888 Lektor f. dt. Spr. u. Lit. an d. Univ. Glasgow, 1888 Pd., 1892 ao. Prof. f. neuere dt. Spr. u. Lit. in Leipzig, 1901 ao. Prof., 1903–1928 o. Prof. in Marburg/L. [DBE; IGL] 77, 79, 80, 84, 94[A], 101, 147, 148, 149[A], 152, 154, 167, 167[A], 169, 169[A], 203, 287, 287[A]
- Die Aufgaben der Litteraturgeschichte. Akademische Antrittsrede (1894) 147
- Prinzipien der Litteraturwissenschaft. 2 Bde. (1894–1911) 147[A], 148, 167, 167[A]
- Das Vorbild der freien Rhythmen Heinrich Heines (1924) 287, 287[A]
- (Hrsg.) Heinrich Heine: Buch der Lieder. Nebst einer Nachlese nach den ersten Drucken oder Handschriften (1887) 79[A], 101

Emelin, Otto, dt. Literaturhistoriker in Kiel 157[A]
- (Hrsg.) Karl Schurz an Gustav Schwab (1897) 157[A]

Emminghaus, Luise, geb. Wieland (1789–1815), dt.; Tochter v. → C. M. Wieland [Habbicht, S. 180] 94, 218[A], 222[A]

Emminghaus, Marie (?–1899) dt.; Urenkelin v. → C. M. Wieland [Habbicht, S. 180] 43[A], 62, 218[A]

Engel, Carl (1824–1913), dt. Musiker u. Faustforscher [Wikipedia] 190[A]
- Das Volksschauspiel des Doctor Johann Faust. Mit geschichtlicher Einleitung (1874) 190[A]

Engel, Johann Jakob (1741–1802), dt. Dichter u. Theaterleiter; 1776 Gymn.-Lehrer in Berlin, Lehrer v. → A. u. → W. v. Humboldt, 1787–1794 Dir. d. Kgl. Theaters das. [NDB] 192[A]
- Herr Lorenz Stark. Ein Charaktergemälde (1801) 192, 192[A]

Enk v. der Burg, Michael Leopold (1788–1843), öst. Benediktiner u. Schriftsteller in Melk/Niederöst.; Freund bzw. Mentor v. → E. v. Bauernfeld, → F. Grillparzer u. → F. Halm [NDB; ÖBL] 96
- Briefwechsel zwischen Michael Enk von der Burg und Eligius Freiherr von Münch-Bellinghausen [Ps.: Friedrich Halm] (1890) 96

Enzinger, Moriz (1891–1975), öst. Germanist; Schüler v. → B. Seuffert in Graz u. → A. Sauer in Prag; 1916 Prom., dann Realschullehrer in Waidhofen/Thaya, 1922–46 u. 1948–1954 o. Prof. f. dt. Spr. u. Lit. in Innsbruck, 1954–1964 o. Prof. f. öst. Lit.-Gesch. u. allg. Lit.-Wiss. in Wien [IGL] 284[A], 287, 293[A]

Ermatinger, Emil (1873–1953), schweiz. Germanist; Schüler v. → E. Schmidt in Berlin; 1896 Prom. in Altphilologie in Zürich, 1897 Gymn.-Lehrer in Winterthur, 1909–1943 Prof. f. dt. Lit. an d. Eidgenössischen TH Zürich, zugl. 1912–1921 ao. Prof. f. neuere dt. Lit.-Gesch. u. 1921–1943 o. Prof. f. ältere Lit. an d. Univ. Zürich [NDB; IGL] 290

Eskeles, Cäcilie v., geb. Itzig (1760–1836), dt. Salonnière u. Cembalistin in Wien; seit 1799 Ehefrau d. Bankiers Bernhard v. E.; seit 1808 in Kontakt zu → J. W. v. Goethe [Instrumentalistinnen] 203, 204[A], 210, 210[A]

Ettingshausen, Constantin v. (1826–1897), öst. Botaniker; 1848 Prom. (Dr. med.) in Wien; Mitarbeiter d. Geologischen Reichsanstalt in Wien, 1854 Prof. f. Physik, Zoologie, Botanik u. Mineralogie am Josephinum in Wien, 1871–1897 o. Prof. f. Botanik u. Paläophytologie in Graz [ÖBL] 70, 71

Euripides (480–406 v. Chr.), griech. Dramatiker 148

Eussner, Adam (1844–1889), dt. Altphilologe; 1869 Pd. f. klass. Philologie in Würzburg, 1870–1881 Gymn.-Lehrer in Eichstätt, Münnerstadt u. Würzburg; Schwager v. → B. Seuffert [Wecklein] 58, 97

Eussner, Babette, geb. Seuffert (1844–1916), dt.; Schwester v. → B. Seuffert, seit 1871 Ehefrau v. → A. Eussner 58, 97[A], 192, 192[A], 245

Eybenberg, Marianne v., geb. Meyer (1770–1812), dt. Schriftstellerin; seit 1797 heimliche Ehefrau d. Fürsten Heinrich XIV. Reuß; Freundin u. Korrespondenzpartnerin v. → J. W. v. Goethe [Dick/Sassenberg] 196, 196[A], 203, 204[A], 210, 210[A]

F

Falconet, Étienne-Maurice (1716–1791), franz. Bildhauer 136

Falke, Jakob v. (1825–1897), dt. Kunsthistoriker; 1855 Konservator am German. Museum in Nürnberg, 1858 fürstl. Liechtensteinischer Bibliothekar u. Galerie-Dir., 1864 I. Kustos, 1885–1897 Dir. d. Öst. Museums f. Kunst u. Industrie [ÖBL] 175, 175[A]
- Lebenserinnerungen (1897) 175, 175[A]

Farinelli, Arturo (1867–1948), ital. Germanist u. Romanist; Schüler v. Heinrch Morf u. → J. Baechtold in Zürich; 1892 Lehrer f. ital. Spr. an d. Handels-Akad. in Innsbruck, 1896 Pd. in

Graz, 1899 Pd. u. ao. Prof. f. roman. Spr. u. Lit. in Innsbruck, 1904 Aufgabe d. Lehramtes, 1907–1937 o. Prof. f. dt. Spr. u. Lit. in Turin, 1931–1934 zugl. Dir. d. Istituto Italo-Germanico in Köln [IGL] 145, 175[A]
- Grillparzer und Lope de Vega (1894) 145
- Guillaume de Humboldt et l'Espagne (1898) 175[A]

Fechner, Gustav Theodor (1801–1877), dt. Philosoph; 1823 Pd., 1834–1840 Prof. f. Physik in Leipzig, dann Privatgelehrter das. [NDB] 197[A], 236[A]

Fedele, Cassandra <auch: C. Fidelis> (1465–1558), ital. Humanistin in Venedig 136

Felber, Emil (1866–1932), dt. Verleger; seit 1892 Inhaber d. Verlagsbuchhandlung E. Felber in Berlin [Würffel] 63[A], 121, 122, 134, 135, 145[A], 167[A]

Fellner, Ferdinand (1847–1916), öst. Architekt; Mitinhaber d. Fa. Fellner & Hellmer in Wien (u. a. Deutsches Volkstheater Wien, Opernhaus Graz); Bruder v. → R. Fellner [NDB; ÖBL] 82, 85[A]

Fellner, Richard (1861–1910), öst. Germanist u. Dramaturg; Schüler v. → A. Sauer u. → B. Seuffert in Graz; prominenter dt.-nat. Burschenschafter, 1888 aufgrund einer Anklage wegen Beleidigung d. Kronprinzen → Rudolf v. Habsburg in Graz relegiert, 1889 Prom. in Tübingen, dann Theaterkritiker d. »Vossischen Zeitung« in Berlin, 1893–1910 Dramaturg am Deutschen Volkstheater in Wien; Bruder v. → F. Fellner [BJ 15] 82, 84, 85, 86, 97
- Geschichte einer deutschen Musterbühne. Karl Immermanns Leitung des Stadttheaters zu Düsseldorf (1888) 82, 85[A]

Ferdinand I. v. Bulgarien <urspr.: F. Prinz v. Sachsen-Coburg u. Gotha> (1861–1948), öst.; 1887 Regent, 1908–1918 Fürst v. Bulgarien [NDB] 99[A]

Ferdinand II. (1578–1637), seit 1616 Kaiser d. Heiligen Römischen Reiches [NDB] 42

Ferdinand II. <Tirol> (1529–1595), Erzherzog v. Österreich u. seit 1563 Landesfürst v. Tirol [NDB] 125[A]
- Speculum vitae humanae (1584) u. Neudruck (1889) 125

Ferdinand III. (1608–1657), seit 1637 Kaiser d. Heiligen Römischen Reiches [NDB] 42

Fischart, Johann (1547–1590), dt. Dichter [NDB] 174[A], 288[A], 290

Fischer, Felix (1855–1927), öst. Chemiker u. Mäzen; Teilhaber u. technischer Leiter d. Apollo-Kerzenfabrik in Wien, später auch technischer Leiter, dann Vize-Präs. d. öst. Georg Schicht AG; Förderer d. Deutschen Volkstheaters in Wien [ÖBL] 216, 216[A]

Fischer, Hermann (v.) (1851–1920), dt. Germanist; Schüler v. Adelbert v. Keller in Tübingen, 1875 Bibliothekar an d. Kgl. Bibl. in Stuttgart, 1888–1920 o. Prof. f. german. Philologie in Tübingen [NDB; IGL] 50, 51, 85[A], 152[A]
- Bericht über das Promotionsgesuch von Richard Fellner (1889) 85[A]

Fischer, Kuno (1824–1907), dt. Philosoph u. Literaturhistoriker; 1850 Pd. f. Philosophie in Heidelberg, 1853 Entzug d. Lehrerlaubnis aufgrund seiner pantheistischen Überzeugungen, 1856–1872 o. Prof. in Jena, 1872–1906 in Heidelberg [NDB; IGL] 147[A], 148

Fischer, Otokar (1883–1938), tschech. Germanist, Lyriker, Übersetzer u. Dramaturg; Schüler v. → A. Sauer in Prag; 1909 Pd., 1926–1938 o. Prof. f. dt. Spr. u. Lit. an d. tschech. Univ. in Prag, 1911/12 zugl. Dramaturg, 1935–1938 Intendant d. Nationaltheaters in Prag [Čsl. Biogr.; Biogr. Lex. Böhmen] 213[A], 255, 255[A], 271[A]
- Mimische Studien zu Heinrich von Kleist (1908) 255, 255[A]

– (Hrsg.) H. W. v. Gerstenbergs Rezensionen in der Hamburgieschn Neuen Zeitung (1904) 213, 213[A], 214, 214[A], 217[A]

Fleckeisen, Alfred (1820–1899), dt. Altphilologe; Schüler v. Friedrich Wilhelm Schneidewin in Göttingen; seit 1846 Gymn.-Lehrer in Weilburg, Dresden u. Frankfurt/O., 1861–1889 Konrektor am Vitzthumschen Gymn. in Dresden, 1855–1897 Hrsg. d. »Jahrbücher f. Philologie u. Pädagogik« [NDB; BJ 4] 78[A]

– (Hrsg.) Jahrbücher für Philologie und Pädagogik (1855–1899) 78[A]

Fleischer, Richard (1849–1937), dt. Publizist; 1877–1922 Hrsg. d. liberalen Monatsschrift »Deutsche Revue« [NDB] 97

– (Hrsg.) Deutsche Revue (1877–1922) 97[A]

Fleming, Paul (1609–1640), dt. Dichter [NDB] 167[A]

Flemming, Willi (1888–1980), dt. Germanist; 1912 Prom., 1919 Pd., 1924 ao. Prof. f. german. Philologie in Rostock, 1927 ao. Prof. in Amsterdam, 1929 ao. Prof. f. neuere u. neueste Lit. in Rostock, 1934–1945 (entl.) o. Prof. f. neuere dt. Lit.-Gesch. u. Theaterwiss. das., 1946–1956 o. Prof. f. dt. Philologie in Mainz [IGL] 288, 288[A]

– Andreas Gryphius und die Bühne (1921) 288, 288[A]

Flies, Eleonora, geb. Eskeles (1752–1812), öst.; Schwester d. Wiener Bankiers Bernhard v. Eskeles, Ehefrau d. Berliner Kaufmanns Meyer Flies [Br. an Goethe] 203

Forster, Georg (1754–1794), dt. Naturforscher, Schriftsteller u. Jakobiner; 1779 Prof. f. Naturwiss. am Carolinum in Kassel, 1784 in Wilna, 1788 Univ.-Bibliothekar in Mainz, 1792 Mitgl. d. Jakobinerklubs u. Abgeordneter d. rheinisch-deutschen Nationalkonvents in Paris [NDB] 108, 120, 122, 138[A]

– Ansichten vom Niederrhein, von Brabant, Flandern, Holland, England und Frankreich, im April, Mai und Junius 1790 (1791–1794) 108

– Ausgewählte kleine Schriften (1794) u. Neudruck (1894) 108, 120

Foth, Max, Literaturhistoriker in Odessa 213

– Das Drama in seinem Gegensatz zur Dichtung Bd. 1 (1902) 213

Fontane, Theodor (1819–1898), dt. Schriftsteller u. Journalist [NDB] 255[A]

Francke, Otto (1855–1930), dt. Altphilologe u. Literaturhistoriker; 1877 Prom. in München, 1879–1881 Forschungsaufenthalt in London u. Oxford, 1881 Gymn.-Lehrer in Eisenach, seit 1883 in Weimar, dort auch Mitgl. im Vorstand d. Shakespeare-Gesellschaft [WI 1928; Kössler] 94[A]

Fränkel, Ludwig (1868–1925), dt. Literaturhistoriker; 1889 Prom. in Leipzig; Mitarbeiter d. Redaktion v. »Brockhaus Konversationslexikon«, 1892 Sekr. d. Germanischen Nationalmuseums in Nürnberg, 1893–1895 Doz. an d. TH Stuttgart, dann Realschullehrer in München u. Ludwigshafen [DBE] 114[A]; 149[A]

– (Rez.) A. Sauer (Hrsg.): Euphorion (H. 1) (1894) 149

Frankl v. Hochwart, Bruno (1860–1943), öst. Jurist u. Bahnbeamter; Dr. jur.; Hofrat bei d. Nordbahn-Direktion in Wien; Sohn v. → L. A. Frankl v. Hochwart 149

– (Hrsg.) Briefwechsel zwischen Anastasius Grün und Ludwig August Frankl [1845–1876] (1897) 149

Frankl v. Hochwart, Ludwig August (1810–1894), öst. Journalist, Schriftsteller u. Philanthrop; Freund u. Nachlassverwalter v. → A. A. Graf v. Auersperg (d. i. A. Grün); 1837 Prom. (Dr.

med.), ab 1838 Sekr. d. Wiener Israelitischen Kultusgemeinde, 1875 deren Präs., 1842–1848 Hrsg. d. Zs. »Sonntagsblätter«, 1851 Dir. d. Wiener Musikvereins u. Prof. f. Ästhetik an dessen Konservatorium, 1872 auch Gründer d. Jüdischen Blindenanstalt in Wien [ÖBL; Killy] 149, 171, 232[A], 260[A]
- (Hrsg.) Sonntagsblätter. Zeitschrift für sozial. Leben, Literatur und Kunst (1842–1848) 232, 232[A]

Franz, Rudolf (1852–1917), dt. Altphilologe u. Literarhistoriker; 1875 Prom. in Bonn, ab 1878 Realschul- u. Gymn.-Lehrer in Mülheim/Rhein, Köln, Halberstadt u. Wandsbek bei Hamburg, 1903–1916 Gymn.-Dir. in Dortmund [BBF; Kössler] 251[A]
- (Hrsg.) Grillparzers Werke. 5 Bde. (1903) 251, 251[A]

Franz I. (1768–1835), 1792 (als Franz II.) letzter Kaiser d. Heiligen Römischen Reiches, seit 1804 Kaiser v. Österreich [NDB: Art. Franz II.] 63, 193[A]

Franz Joseph I. (1830–1916), seit 1848 Kaiser v. Österreich [NDB] 63, 99, 110, 207[A], 247, 247[A], 248, 254[A], 255, 255[A], 274[A], 281

Franzos, Karl Emil (1848–1904), öst. Schriftsteller u. Journalist in Czernowitz, Graz, Wien u. Berlin; 1872 Korrespondent d. »Neuen freien Presse« in den östlichen Kronländern, 1884 Chefredakteur d. »Neuen Illustrierten Zeitung«, 1886–1904 Hrsg. d. Zs. »Deutsche Dichtung« [NDB] 64, 82
- Ein Gedicht Grillparzers (1894/95) 151
- Deutsche Dichtung (1886–1904) 64, 82

Fresenius, August (1850–1924), dt. Germanist; Schüler v. → W. Scherer in Straßburg; 1886–1891 Redakteur d. »Deutschen Literaturzeitung« in Berlin, 1893 Hilfsarbeiter am Goethe- u. Schiller-Archiv in Weimar u. Mitarbeiter d. »Weimarer Ausgabe«, seit 1908 Privatgelehrter in Wiesbaden [WI 1909; Renkhoff] 20, 45, 46, 56, 59, 60, 108, 109, 121, 122, 123, 124, 125, 126[A], 133, 143, 145, 196, 196[A], 201, 201[A], 215
- Die Verserzählung des 18. Jahrhunderts (1885) u. Neudruck (1927) 20[A]
- (Hrsg.) Deutsche Litteraturzeitung (ab 1886) (mit → M. Roediger) 77[A], 108, 134[A], 148, 159, 159[A], 161, 175, 175[A], 213[A]

Fresenius, Laura Maria Elisabeth, geb. Wesche (1854–1934), dt.; seit 1907 Ehefrau v. → A. Fresenius [Hess. Biogr.: Art. A. Fresenius] 201[A]

Freymond, Emile (1855–1918), dt. Romanist; 1883 Pd., 1884 ao. Prof. f. roman. Philologie in Heidelberg, 1890 o. Prof. in Bern, 1901–1918 an d. dt. Univ. Prag [Drüll] 266, 266[A]

Freymond, Roland, dt. Germanist; Sohn v. → E. Freymond; Schüler v. → A. Sauer in Prag; Prom. 1912, dann Realschullehrer in Aussig/Böhmen 266, 266[A]
- Der Einfluss von Charles Dickens auf Gustav Freytag (1912) 266, 266[A]

Freytag, Gustav (1816–1895), dt. Schriftsteller, Journalist u. Germanist; 1839–1847 Pd. f. dt. Lit. in Breslau, 1848–1861 u. 1867–1870 mit Julian Schmidt Hrsg. d. lit. u. polit. Wochenschrift »Die Grenzboten«, 1871–1873 Hauptmitarbeiter d. Zs. »Im neuen Reich« [NDB; IGL] 145, 266, 266[A]
- Soll und Haben (1855) 266[A]
- (Hrsg.) Die Grenzboten (1848–1861, 1867–1870) 149

Frieb, Rudolf, öst. Germanist; Gymn.-Lehrer in Brünn u. Glaslitz; Mitarbeiter d. Prag-Reichenberger Stifter-Ausgabe 196[A]

Friedländer, Alice, geb. Politzer (1864–?), dt. Pianistin in Berlin; Ehefrau v. → M. Friedländer [NDB: Art. M. Friedländer] 145

Friedländer, Max (1852–1934), dt. Musikwissenschaftler; urspr. Sänger; Schüler v. Philipp Spitta in Rostock; 1895 Pd., 1903 ao. Prof. f. Musikwiss. u. Akad. Musikdir., 1918–1921 o. Hon.-Prof. in Berlin [NDB] 145, 203, 284[A]

Friedrich II. <F. d. Große> (1712–1786), seit 1740 König v. Preußen [NDB] 1, 29[A], 35, 111, 120, 200, 207[A]

– De la Littérature Allemande (1780) u. Neudruck (1883, 2. Aufl. 1902) 27, 27[A], 29, 29[A], 35, 35[A], 111, 203[A], 204, 207, 207[A]

– Poësies diverses (1760) 120[A]

Fries, Albert (1869–1926), dt. Germanist; Stud. d. Musik u. Germanistik in Berlin, 1901 Prom., dann Privatlehrer an Mädchenschulen, ab 1907 wiss. Hilfslehrer in Berlin u. Brandenburg, 1913–1922 Gymn.-Lehrer in Stettin, Demmin u. Dramburg [BBF; Kössler] 227, 227[A]

– Stilistische Untersuchungen zu Schiller (1905) 227, 227[A]

Frischlin, Nicodemus (1547–1590), dt. Dichter u. Philologe [NDB] 157, 157[A], 158, 159, 159[A], 160, 160[A], 162, 162[A], 164, 164[A]

– Hildegardis Magna (1579) 164, 164[A]

Fröhlich, Katharina <Kathi> (1800–1879), öst. Sängerin in Wien; Braut v. → F. Grillparzer [NDB] 24[A], 121[A], 207[A]

Fromme, Carl (1828–1884), dt. Verleger; seit 1853 Mitinhaber d. Buchhandlung Tendler & Comp. in Wien, 1862 Alleininhaber, 1867–1884 Inhaber d. k. k. Hofbuchdruckerei u. Verlagshandlung C. Fromme in Wien [Schmidt] 177[A]

Fromme, Carl Georg Christian (1856–1937), dt. Buchdrucker u. Kalenderverleger; Neffe v. → C. Fromme; 1885 Prokurist, 1889 auch Gesellschafter d. k. k. Hofbuchdruckerei u. Verlagshandlung C. Fromme in Wien [Anzeiger] 177[A]

Fromme, Otto (1866–1921), öst. Verleger; Sohn v. → C. Fromme; seit 1893 Gesellschafter d. k. k. Hofbuchdruckerei u. Verlagshandlung C. Fromme in Wien [Sauer: Fromme] 154, 154[A], 155, 156, 157, 165, 166, 167, 173, 174, 175, 175[A], 176, 177, 177[A], 178, 179, 183, 185, 186, 188, 200, 203, 204, 207, 208, 209, 222, 224, 231, 236, 237, 240, 256, 276, 293

Füger, Heinrich Friedrich (1751–1818), dt. Maler; Zeichenunterricht in Stuttgart u. Leipzig, ab 1774 in Wien, ab 1776 Ausbildung als Historienmaler in Rom, 1783 Vizedir. d. Malerklasse, 1795 Dir. d. Wiener Kunst-Akad., 1806–1818 Dir. d. Gemäldegalerie Belvedere [NDB; ÖBL] 196, 196[A]

Fulda, Fürchtegott Christian (1768–1854), dt. evang. Theologe u. Dichter; Diakon u. Superintendent in Halle/S. [DBE] 185[A]

– Trogalien zur Verdauung der Xenien (1797) u. Neudruck (1903) 185[A]

Fürst, Rudolf (1868–1922), öst. Germanist; 1893 Prom. in Prag, zunächst Bibliothekar in Prag, ab 1905 Privatgelehrter u. Journalist in Berlin [ÖBL] 138, 167, 167[A], 173, 173[A], 259, 259[A]

– August Gottlieb Meißner (1894) 167, 167[A]

– Die Vorläufer der modernen Novelle im achtzehnten Jahrhundert (1897) 167, 167[A]

– Ein Stück Altösterreich (1898) 173, 173[A]

– Goedeke (1898) 173, 173[A]

– (Hrsg.) Adalbert Stifters ausgewählte Werke. 6 Bde. (1899) 259, 259[A]

- (Hrsg.) Börnes Werke. Historisch-kritische Ausgabe in zwölf Bänden. Bd. 1–3, 6–7, 9 [mehr nicht erschienen] (1911–1913) (mit → L. Geiger, → J. Dresch, → E. Kalischer, → A. Klaar, → A. Stern u. → L. Zeitlin) 259, 259[A]
- (Rez.) A. Leitzmann (Hrsg.): Briefe und Tagebücher Georg Forsters von seiner Reise am Niederrhein, in England und Frankreich im Frühjahr 1790 (1894) 138
- (Rez.) M. Widmann: Albrecht von Hallers Staatsromane und Hallers Bedeutung als politischer Schriftsteller. Eine litteraturgeschichtliche Studie (1894) 138

G

Gautsch v. Frankenthurn, Paul (1851–1918), öst. Jurist u. Staatsmann; 1874 Beamter im k. k. Min. f. Cultus u. Unterricht, 1881 Dir. d. Theresianischen Militär-Akad., 1879–93 u. 1895/96 Unterrichts-Min., 1897/98, 1905/06 u. 1911 öst. Min.-Präs. [ÖBL] 63, 137

Gebhard, Ignaz (1847–1927), dt. Germanist; Gymn.-Lehrer in Hildesheim [BBF] 138[A]
- Friedrich Spee von Langenfeld. Sein Leben und Wirken, insbesondere seine dichterische Thätigkeit (1893) 138

Gebrüder Henninger → Henninger

Geiger, Ludwig (1848–1919), dt. Germanist; Sohn d. Reform-Rabbiners Abraham G. (1810–1874); 1873 Pd. f. Gesch., 1880–1919 ao. Prof. f. neuere dt. Lit.-Gesch. in Berlin; 1880–1913 Hrsg. d. »Goethe-Jahrbuch« [NDB; IGL] 20, 26, 27, 78[A], 86[A], 91[A], 94[A], 133, 136, 138, 139, 173[A], 176[A], 185, 185[A], 196, 196[A], 197, 203, 204, 207, 207[A], 211[A], 233, 259, 259[A], 269[A]
- Berliner Analecten (1894) 138, 139
- Das junge Deutschland und Preußen (Vortrag) (1899) 185, 185[A]
- Michael Bernays (1897) 91
- Therese Huber 1764 bis 1829: Leben und Briefe einer deutschen Frau (1901) 196[A]
- (Hrsg.) Börnes Werke. Historisch-kritische Ausgabe in zwölf Bänden. Bd. 1–3, 6–7, 9 [mehr nicht erschienen] (1911–1913) (mit → J. Dresch, → R. Fürst, → E. Kalischer, → A. Klaar, → A. Stern u. → L. Zeitlin) 259, 259[A]
- (Hrsg.) Berliner Neudrucke (1888–1894) (mit → B. A. Wagner u. → G. Ellinger) 86, 86[A], 87, 111
- (Hrsg.) A. W. Ifflands Briefe an seine Schwester Louise und andere Verwandte (1904) 211[A]
- (Hrsg.) A. W. Ifflands Briefe meist an seine Schwester nebst andern Aktenstücken und einem ungedruckten Drama (1905) 211[A]
- (Hrsg.) Briefe von M. v. Eybenberg, S. v. Gratthus und V. v. Ense an Goethe (1893) 196, 196[A], 197
- (Hrsg.) Friedrich der Große: De la Littérature Allemande (1883, 2. Aufl. 1902) 27, 27[A], 29, 29[A], 35, 35[A], 111, 203, 203[A], 204, 207, 207[A]
- (Hrsg.) Goethe-Jahrbuch (1880 ff.) 78, 133, 136, 163, 163[A], 175[A], 187, 196, 196[A], 203[A], 223, 269, 269[A]
- (Hrsg.) K. P. Moritz: Anton Reiser. Ein psychologischer Roman (1886) 20, 20[A], 26, 26[A], 27, 55[A]

Gentz, Friedrich (1764–1832), dt. Publizist u. Staatsmann; seit 1785 im preuß. Staatsdienst, 1799 Hrsg. d. »Historischen Journal«, ab 1802 im öst. Staatsdienst, 1809–1830 polit. Berater v. → C. v. Metternich [NDB; ÖBL] 193, 196, 203

Gering, Hugo (1847–1925), dt. Germanist; Schüler v. → J. Zacher in Halle/S.; 1876 Pd., 1883 ao. Prof. f. dt. Philologie in Halle/S., 1889–1921 o. Prof. f. nordische Philologie in Kiel [IGL] 78[A], 82[A], 149[A]
- (Hrsg.) Zeitschrift für deutsche Philologie (ab 1889) 78, 134[A], 208, 208[A]

Gerle, Wolfgang Adolph (1781–1846), öst. Schriftsteller; Lehrer u. Journalredakteur in Prag [DBE] 205, 205[A], 288[A]
- Böhmens Heilquellen (1829) 205, 205[A]

Gerstenberg, Heinrich Wilhelm v. (1737–1823), dt. Dichter u. Übersetzer; Freund v. → F. G. Klopstock, → J. E. Schlegel, → M. Claudius u. Christian u. → F. L. Grafen zu Stolberg-Stolberg; 1760 Eintritt ins dän. Heer, war 1775–1783 dän. Konsul in Lübeck [NDB] 86[A], 97[A], 213, 213[A], 214, 217, 217[A]
- Über Merkwürdigkeiten der Litteratur. Der Fortsetzung 1. Stück (1770) 86
- Briefe über Merkwürdigkeiten der Litteratur (1766–1767) u. Neudruck (1890) 86, 97, 102

Gervinus, Georg Gottfried (1805–1871), dt. Historiker, Literaturhistoriker u. Publizist; Schüler v. Friedrich Christoph Schlosser in Heidelberg; 1830 Pd., 1835 ao. Prof. f. Gesch. in Heidelberg, 1836 o. Prof. f. Gesch. u. Lit. in Göttingen, 1837 aus polit. Gründen (»Göttinger Sieben«) entl., 1844–1848 Hon.-Prof. in Heidelberg, dann Privatgelehrter das. [NDB; IGL] 139
- G. G. Gervinus Leben. Von ihm selbst. 1860. Mit vier Bildnissen in Stahlstich (1893) 139

Gesemann, Gerhard (1888–1948), dt. Slawist u. Volkskundler; 1913 Prom., dann Gymn.-Lehrer in Belgrad, 1920 Pd. in München, 1922 ao. Prof., 1923–1945 o. Prof. f. Slawistik in Prag [NDB] 291[A]

Gierach, Erich Clemens (1881–1943), öst. Germanist; Schüler v. → C. v. Kraus in Prag; 1908 Prom., dann Lehrer an d. Handels-Akad. in Reichenberg, 1921 o. Prof. f. dt. Sprache u. ältere dt. Literatur in Prag, 1936–1943 f. dt. Philologie in München [ÖBL; IGL] 291[A], 293[A]

Gizycki, Georg v. (1851–1895), dt. Philosoph; Schüler v. Eduard Zeller in Berlin; 1878 Pd., 1883–1895 ao. Prof. f. Philosophie in Berlin [Eisler] 155

Glaser, Rudolf (1801–1868), öst. Dichter u. Schriftsteller; Stud. d. Rechtswissenschaften u. Philosophie in Prag, 1833 Adjunkt d. philosophischen Lehrkanzel in Prag, seit 1837 Skriptor d. Univ.-Bibl. das. [ÖBL] 232[A]
- (Hrsg.) Ost und West. Blätter für Kunst, Literatur und geselliges Leben (1837–1848) 232, 232[A]

Gleim, Ludwig (1719–1803), dt. Dichter; Freund v. → J. P. Uz, → J. N. Götz, → E. v. Kleist u. → F. G. Klopstock; seit 1747 Sekr. d. Halberstädter Domkapitels [NDB] 1, 2, 4, 6[A], 7, 8, 21, 22, 33[A], 47, 51[A], 92, 94, 115, 136
- Der Grenadier an die Kriegsmuse nach dem Siege bei Zorndorf, den 25. August 1758 (1759) 10[A]
- Preussische Kriegslieder in den Feldzügen 1756 und 1757 von einem Grenadier (1758) u. Neudruck 5, 6, 7, 8, 9, 10, 11[A], 22[A], 33, 34
- Sämmtliche Werke (1811–1813) → W. Körte 6
- Schlachtgesang bey Eröffnung des Feldzuges 1757 (1757) 10
- Siegeslied der Preussen nach der Schlacht bey Prag (1757) 10

Glöckel, Otto (1874–1935), öst. Pädagoge u. soz.-demokr. Bildungspolitiker; 1894–1897 (aus polit. Gründen entl.) Volksschullehrer in Wien, ab 1907 Mitgl. d. öst. Abg.-Hauses, 1918

Staatssekr. f. Unterricht, 1920–1934 Präs. d. Stadtschulrates f. Wien, 1934 aus polit. Gründen entl. u. interniert. [NDB; ÖBL] 194[A]
Glossy, Karl (1848–1937), öst. Literatur- u. Theaterhistoriker; 1877 Prom. (Dr. jur.), seit 1875 Konzipist beim Wiener Magistrat, 1882 Kustos, 1890–1904 Dir. d. städtischen Sammlungen (Bibliothek u. Museum) in Wien [NDB; ÖBL; IGL] 24, 36[A], 40, 63, 80[A], 88[A], 89, 96, 103, 107, 152[A], 178, 183, 185, 187, 188, 200, 200[A], 201, 201[A], 203, 207, 208, 209, 211, 211[A], 213, 222, 222[A], 223, 247, 248, 251[A], 293[A]
– (Hrsg.) F. Grillparzer: Briefe und Tagebücher (1903) (mit → A. Sauer) 63, 96, 200, 200[A], 201, 221, 221[A], 251[A]
– (Hrsg.) Jahrbuch der Grillparzer-Gesellschaft (1891–1937) 98, 193, 193[A], 201, 201[A], 207[A], 211[A], 217[A]
– (Hrsg.) Österreichische Rundschau (1904–1924) (mit → A. v. Berger u. → L. v. Chlumecky) 222, 222[A], 223, 288[A]
– (Hrsg.) F. Raimund: Briefe an Toni Wagner. Mitgetheilt (1894) 24[A]
– (Hrsg.) F. Raimund: Dramatische Werke. Nach den Original- und Theater-Manuscripten (1891) (mit → A. Sauer) 96
– (Hrsg.) F. Raimund: Sämmtliche Werke. Nach den Original- und Theater-Manuskripten nebst Nachlaß und Biographie (1881) (mit → A. Sauer) 24[A], 88, 96[A]
– (Hrsg.) J. Schreyvogel: Tagebücher 1810–1823 (1903) 96
– (Hrsg.) Vier dramatische Spiele über die zweite Türkenbelagerung aus den Jahren 1683–1685 (1884) 36[A], 40, 40[A]
Gneist, Rudolf (v.) (1816–1895), dt. Jurist u. Politiker; 1839 Pd., 1845 ao. Prof., 1858–1895 o. Prof. f. öffentliches Recht in Berlin, daneben führender nat.-lib. Parlamentarier, 1859–1893 Mitgl. d. Preuß. Abg.-Hauses, 1867–1884 d. Reichstags [NDB; DBE] 155
Göchhausen, Louise v. (1752–1807), dt.; Erste Hofdame d. Großherzogin → Anna Amalia v. Sachsen-Weimar-Eisenach [NDB] 80[A]
Goeckingk, Hermann Adrian Günther v. (1846–1927), dt. Offizier u. Heraldiker; Premierlieutnant a. D. u. Kgl. Kammerherr in Wiesbaden; Urenkel v. → L. F. G. v. Goeckingk 3, 94, 156
Goeckingk, Leopold Friedrich Günther (v.) (1748–1828), dt. Dichter u. Ökonomiebeamter in Halberstadt, Magdeburg, Berlin u. Fulda; Freund v. → G. A. Bürger, → L. Gleim u. → J. G. Jacobi [NDB] 3, 51[A], 79, 81, 92, 94
– (Hrsg.) Göttinger Musenalmanach (1770–1804) u. Neudruck (1894, 1895, 1897) (mit → J. H. Voß, → G. A. Bürger, → H. C. Boie u.a.) 12, 51, 111, 120, 166, 166[A]
– (Hrsg.) Musenalmanach (1776–1800) (mit → J. H. Voß) 51
Goedeke, Karl (1814–1887), dt. Germanist; seit 1838 Privatgelehrter in Celle, Hannover u. Göttingen, 1873–1887 ao. Prof. f. dt. Lit.-Gesch. in Göttingen [NDB; IGL] 45[A], 82, 86, 93, 99, 105, 139[A], 146, 156[A], 172, 172[A], 173, 173[A], 191[A], 197, 198, 198[A], 199[A], 204, 207, 207[A], 211, 211[A], 217, 217[A], 248, 248[A]
– Grundriss zur Geschichte der deutschen Dichtung, 1. Aufl. (1857–1881) 24[A], 211, 211[A]
– Grundriss zur Geschichte der deutschen Dichtung, 2. Aufl./3. Aufl. (1884 ff.) 86, 97, 156, 156[A], 172, 172[A], 173, 173[A], 196, 196[A], 197, 198, 198[A], 199, 199[A], 205, 205[A], 207, 207[A], 217, 217[A], 248, 248[A]
– (Hrsg.) Schillers sämmtliche Schriften (1867–1876) 99, 191[A], 204

Goethe, Christiane v., geb. Vulpius (1765–1816), dt.; seit 1806 Ehefrau v. → J. W. v. Goethe 204^A

Goethe, Johann Wolfgang (v.) (1749–1832), dt. Dichter [NDB] 10, 21, 23, 27^A, 29, 38^A, 40, 42, 43^A, 51, 52^A, 54^A, 56, 59^A, 60, 62^A, 63, 64, 73, 75, 77^A, 78, 79, 80, 82^A, 84^A, 86, 87, 88, 90, 91, 92, 94, 95^A, 99, 106, 115, 130, 131, 132, 133, 134^A, 135, 136, 138^A, 139^A, 145, 146, 147^A, 148, 149, 154^A, 157, 157^A, 162^A, 163, 163^A, 164^A, 166^A, 170, 170^A, 173^A, 174^A, 175^A, 177^A, 185, 185^A, 186, 186^A, 187, 188, 189^A, 190, 190^A, 191^A, 192, 192^A, 193, 193^A, 196, 196^A, 197, 197^A, 198^A, 199, 199^A, 200, 200^A, 201, 203, 203^A, 204, 204^A, 205, 205^A, 206, 207, 207^A, 209^A, 210, 210^A, 211, 211^A, 214, 217^A, 218, 220, 223, 227, 227^A, 228, 228^A, 233^A, 254^A, 255^A, 256^A, 258, 259, 266^A, 268, 268^A, 269^A, 270, 279, 281^A, 282^A, 283, 283^A, 284, 284^A, 285^A, 287, 288^A, 289^A, 290^A, 291^A, 295^A

- Aus meinem Leben. Dichtung und Wahrheit (1811–1822) 254^A
- Egmont (1788) 266, 266^A
- Elpenor (1781/84) 64, 173^A
- Ephemerides und Volkslieder (1770/1771) u. Neudruck (1883) 27, 27^A
- Faust. Ein Fragment (1790) u. Neudruck (1882) 11, 12, 16, 21, 24, 25, 33, 40, 42, 43^A, 52^A, 54, 56, 73^A, 75^A, 76, 77, 80, 115^A, 192^A, 198^A, 199, 289, 289^A
- Faust. Der Tragödie erster Teil (1808) 162^A, 192^A, 197
- Faust. Der Tragödie zweiter Teil (1832) 87^A, 134^A, 197
- Geschichte Gottfriedens von Berlichingen mit der eisernen Hand (Urfassung) (1771) 76^A, 90^A
- Götz von Berlichingen (1773) (Erstdruck) 75^A, 76^A, 77, 86, 87, 90, 289
- Götz von Berlichingen (1804 ff.) (Theaterfassung) 76^A, 77, 86, 90, 120, 190, 190^A, 191, 191^A, 196, 196^A, 197, 199, 289
- Die guten Weiber als Gegenbilder der bösen Weiber (1801) u. Neudruck (1885) 149^A, 190, 190^A
- Die Jagd (Vorstufe zur → Novelle) (1797) 204, 204^A
- Der Hausball. Eine deutsche Nationalgeschichte (1781) u. Neudruck (1872, 1895) 23^A, 148^A
- Iphigenie auf Tauris (1786) 40
- Journal von Tiefurt (1781) 23, 23^A
- Die Leiden des jungen Werthers (1774) 86, 115^A, 167, 167^A, 169, 175, 175^A, 186, 186^A, 187, 190, 190^A, 285^A, 287
- Noten und Abhandlungen zu besserem Verständnis des »Westöstlichen Divans« (1819) 86^A, 87^A
- Marienbader Elegie (1823) 191, 191^A
- Novelle (1828) 175, 175^A, 204, 204^A, 209^A, 210^A, 211^A, 214^A, 220^A
- Satyros oder Der vergötterte Waldteufel (1773) 64
- Schriften (Göschen) (1787) 86
- Der Triumph der Empfindsamkeit. Eine dramatische Grille in sechs Aufzügen (1787) 203, 203^A
- Urfaust (1887) 80, 84^A, 148, 192^A, 199
- Vermischte Gedichte (1789) 185, 185^A
- Vollständige Ausgabe letzter Hand (1827–1835) 62^A, 77^A, 86^A, 87, 90
- Die Vögel (1787) 192^A
- Die Wahlverwandtschaften (1809) 148

- Wandrers Nachtlied (1780) 203[A]
- Weimarer Ausgabe (1887 ff.) 62, 63, 64, 65, 68, 75, 76, 77[A], 85, 86, 87, 90[A], 106, 115[A], 164[A], 166[A], 167, 167[A], 175, 189, 189[A], 190, 191[A], 191, 191[A], 197, 199, 204, 211, 213[A], 289, 289[A]
- West-östlicher Divan (1819) u. Erweiterung (1827) 86, 87
- Wilhelm Meisters Lehrjahre (1795–1796) 40, 40[A], 41, 295[A]
- Xenien (1797) 185[A]
- Zur Farbenlehre. 2 Bde. (1810) 295[A]
- (Mithrsg.) Über Kunst und Altertum (1816–1832) 204, 204[A]

Goethe, Ottilie v., geb. v. Pogwisch (1796–1872), dt. Salondame in Weimar u. Wien; durch Heirat mit August v. Goethe seit 1817 Schwiegertochter v. → J. W. v. Goethe [NDB] 268, 268[A]

Goethe, Walter (v.) (1818–1885), dt. Komponist u. Kammerherr in Weimar; Sohn v. August u. → O. v. Goethe, Enkel v. → J. W. v. Goethe [DBE] 56[A]

Goetz, Wolfgang (1885–1955), dt. Germanist, Dramatiker u. Journalist; Schüler v. → E. Schmidt in Berlin; 1920–1933 Reg.-Rat in der Filmprüfstelle in Berlin [NDB] 40, 63[A]
- Fünfzig Jahre Goethe-Gesellschaft (1936) 63[A]

Goetze, Edmund (1843–1920), dt. Altphilologe u. Germanist; Schüler v. Georg Curtius in Leipzig; 1868 Prom. in Leipzig, 1871–1909 Lehrer am Kgl. Kadettenhaus in Dresden; seit 1891 Hrsg. d. 2. Aufl. v. → K. Goedekes »Grundriß zur Geschichte der deutschen Dichtung« [IGL] 86[A], 105, 106, 139[A], 173, 173[A], 198[A]
- Wieland (Goedekes Grundriß; Vorarbeit: → B. Seuffert) (1891) 86[A], 105, 106
- (Hrsg.) Grundrisz zur Geschichte der deutschen Dichtung aus den Quellen (1884/91–1920) 156, 156[A], 172, 172[A], 173, 173[A]

Goeze, Johann Melchior (1717–1786), dt. evang. Theologe u. Schriftsteller; Vertreter d. lutherischen Orthodoxie u. Kontrahent → G. E. Lessings; 1755–86 Hauptpastor in Hamburg [NDB] 111, 120, 122, 123
- Streitschriften gegen Lessing u. Neudruck (1893) 111, 120, 122, 123

Goldbacher, Alois (1837–1934), öst. Altphilologe; Schüler v. Hermann Bonitz u. → J. Vahlen in Wien; 1862–1870 Gymn.-Lehrer in Olmütz, Troppau u. Graz, 1871 Pd. f. klass. Philologie in Graz, 1875 o. Prof. in Czernowitz, 1882–1908 in Graz [NDB; ÖBL] 69

Goldbacher, Anna, geb. Mayer (1845–1916), öst.; Ehefrau v. → A. Goldbacher [NDB: Art. A. Goldbacher] 69

Goldschmiedt, Guido (1850–1915), öst. Chemiker; 1872 Prom. in Heidelberg, 1875 Pd. in Wien, 1880 Oberassistent am Chemischen Institut, 1891 o. Prof. f. Chemie in Prag, 1911–1915 o. Prof. in Wien [ÖBL] 122[A], 164, 164[A], 242[A]

Golz, Bruno (1873–1955), dt. Germanist u. Kulturhistoriker; 1898 Prom. in Breslau, 1897–1955 Privatgelehrter u. Kritiker in Leipzig [Kosch: Lit.-Lex.] 170, 170[A], 193[A]
- Pfalzgräfin Genoveva in der deutschen Dichtung (1897) 170, 170[A], 193, 193[A]

Gomperz, Theodor (1832–1912), öst. Altphilologe; Schüler v. Hermann Bonitz in Wien; 1867 Pd., 1869 ao. Prof., 1873–1900 o. Prof. f. klass. Philologie in Wien [NDB; ÖBL] 228, 228[A], 252, 265, 265[A]

Görtz, Johann Eustach Graf v. (1737–1821), dt. Diplomat; 1762–1775 Prinzenerzieher in Weimar, nach d. Berufung → J. W. v. Goethes zum Ersten Min. ab 1778 in preuß. Diensten [NDB] 88, 228, 252, 265, 265[A]

Gotter, Friedrich Wilhelm (1746–1797), dt. Lyriker u. Dramatiker; 1770 mit → H. C. Boie Begründer d. »Göttinger Musenalmanach«, 1772–1797 herzogl. Geheimsekr. in Gotha [NDB] 12, 111[A], 211, 211[A]
- (Hrsg.) Göttinger Musenalmanach (1770–1804) u. Neudruck (1894, 1895, 1897) (mit → H. C. Boie u. a.) 12, 51, 111, 120, 166, 166[A]

Gottfried v. Straßburg (gest. um 1215), mhdt. Dichter [NDB] 42[A]

Göttling, Karl Wilhelm (1793–1869), dt. Altphilologe; 1822 ao. Prof., 1831–1869 o. Prof. f. Philologie in Jena, seit 1845 zugl. erster Dir. d. Archäologischen Museums; seit 1824 mit der sprachlichen Durchsicht v. → J. W. v. Goethes Werken beauftragt [DBE] 62, 87, 94[A]

Gottsched, Johann (1700–1766), dt. Dichter u. Poetiker in Königsberg u. Leipzig [NDB] 3[A], 87[A], 108, 139, 143, 149, 184, 184[A], 186[A], 194[A], 196, 196[A], 197, 197[A]
- Nötiger Vorrat zur Geschichte der deutschen dramatischen Dichtkunst (1757–1765) 87
- Die Vernünfftigen Tadlerinnen (1725–1726, 1738, 1748) 108
- Versuch einer critischen Dichtkunst vor die Deutschen (1730) 184, 184[A], 196, 196[A]

Götz, Gottlieb Christian (1752–1803), dt. Verlagsbuchhändler; Sohn v. → J. N. Götz [NDB: Art.: J. N. Götz] 211[A]

Götz, Johann Nikolaus (1721–1781), dt. Dichter u. Übersetzer; Freund v. → L. Gleim u.→ J. P. Uz; Vater v. → G. C. Götz; 1761–1781 evang. Pfarrer, später Superintendent in Winterburg bei Bad Kreuznach [NDB] 21, 22, 23, 34, 40, 50, 51, 52, 79, 86, 87, 108, 211, 211[A], 213
- Gedichte aus den Jahren 1745–1765 in ursprünglicher Gestalt (1893) 21[A], 86, 87, 108
- Versuch eines Wormsers in Gedichten (1745) 21, 21[A], 22, 34, 86
- (Hrsg.) Die Oden Anakreons in reimlosen Versen (1746) (mit → J. P. Uz und → P. J. Rudnick) 23[A], 86[A]

Goué, August Siegfried v. (1743–1789), dt. Jurist, Schriftsteller u. Freimaurer; 1767–1771 Legations-Sekr. am Reichskammergericht in Wetzlar, dort 1772 im Bekanntenkreis → Goethes [NDB] 12
- Masuren oder der junge Werther. Ein Trauerspiel aus dem Illyrischen (1775) 12[A]

Gräf, Hans Gerhard (1864–1942), dt. Germanist u. Goetheforscher; Schüler v. → F. Kluge in Jena; 1892–1901 Hilfsarbeiter an d. Herzogl. Bibl. in Wolfenbüttel, ab 1898 Mitarbeiter d. Weimarer Goethe-Ausgabe, 1905–1921 Mitarbeiter d. Goethe- u. Schillerarchivs in Weimar [NDB; IGL] 42[A], 269[A], 284[A]

Graff de Panscova, Ludwig (1851–1924), öst. Zoologe; Schüler v. Oscar Schmidt in Graz u. Straßburg; 1874 Pd. in München, 1876 Prof. an d. bayer. Forst-Akad. in Aschaffenburg, 1884–1920 o. Prof. f. Zoologie in Graz [NDB; ÖBL] 69,70, 74, 93

Graff de Panscova, Eugenie, geb. Schorisch (1855–1943), öst.; Ehefrau v. → L. Graff de Panscova [NDB: Art. L. G. de Panscova] 69, 74, 93

Grave, Johann Friedrich (v.) (1688–1751), dt. Jurist u. Schriftsteller [Rudin] 26[A]
- Ollapatrida des durchgetriebenen Fuchsmundi (1711) u. Neudruck (1886) (früher → J. A. Stranitzky zugeschrieben) 26

Gray, John (1724–1811), engl. Ökonom u. Schriftsteller 116[A]
- Allgemeine Weltgeschichte (1785–1805) (mit → W. Guthrie) 116[A]

Grazie, Marie Eugenie delle (1864–1931), öst. Dichterin [NDB] 208

Grillparzer, Franz (1791–1872), öst. Dichter u. Dramatiker in Wien [NDB; ÖBL] 15, 24, 42,

51ᴬ, 55, 59, 60, 63, 64, 67, 68, 78, 79, 80, 81, 83, 86ᴬ, 88, 89, 92, 93, 96, 97, 98, 99, 103, 106, 109ᴬ, 110, 111, 114ᴬ, 115, 116, 119, 121, 126, 127, 145, 147, 151, 157, 157ᴬ, 158, 161, 161ᴬ, 173ᴬ, 193, 194ᴬ, 200, 200ᴬ, 201, 201ᴬ, 206, 207, 207ᴬ, 208, 211, 211ᴬ, 213, 213ᴬ, 214, 215, 217, 221, 221ᴬ, 227, 227ᴬ, 228ᴬ, 232ᴬ, 241, 243, 244, 244ᴬ, 245, 247, 247ᴬ, 251, 251ᴬ, 260ᴬ, 264, 265ᴬ, 273ᴬ, 276ᴬ, 277, 278ᴬ, 279ᴬ, 281, 283, 284, 285ᴬ, 286, 286ᴬ, 287, 288, 293, 293ᴬ
- Die Ahnfrau (1817) 13ᴬ, 15, 80, 115ᴬ, 116, 187, 187ᴬ, 194, 194ᴬ, 195, 201, 201ᴬ, 244ᴬ, 247, 273ᴬ
- Der arme Spielmann (1847) 293, 293ᴬ
- Des Meeres und der Liebe Wellen (nach Hero und Leander) (1831) 63
- Blanka von Castilien (Fragment) (1807–1809) 63, 88ᴬ, 273ᴬ
- Drahomira (um 1810) 207ᴬ
- Esther (Fragment) (1848) 63, 96
- Das goldene Vlies: Medea (1819) 96, 207ᴬ
- Der Zauberflöte zweiter Teil (1826) 63
- Heirat aus Rache III (Fragment) (1835/39) 116ᴬ
- Die Jüdin von Toledo (1855) 96
- Libussa (1872) 207ᴬ, 251, 251ᴬ
- Lola Montez (1847) 281
- Psyche (Fragment) 63
- Rosamunde Clifford (Fragment) (1807) 88ᴬ
- Sämmtliche Werke (1887–1893) → A. Sauer
- Sappho (1818) 116, 247, 273ᴬ
- Selbstbiographie (1872) 92

Grimm, Herman (1828–1901), dt. Kunsthistoriker, Schriftsteller u. Goethe-Forscher; Sohn v. → W. u. Neffe v. → J. Grimm; 1870 Pd., 1873–1901 o. Prof. für neue Kunst-Gesch. in Berlin [NDB] 78, 87, 94ᴬ, 115ᴬ, 134, 116ᴬ, 163, 163ᴬ, 189, 189ᴬ, 284, 284ᴬ
- Goethe. Vorlesungen gehalten an der Kgl. Universität zu Berlin (1877) 284, 284ᴬ
- Die neue Goethe-Ausgabe (1887)

Grimm, Jacob (1785–1863), dt. Germanist; Bruder v. → W. Grimm; 1808–1829 Diplomat, später Bibliothekar an d. kurfürstl. Bibl. in Kassel, 1830 o. Prof. f. dt. Spr. u. Lit. in Göttingen, 1837 aus polit. Gründen entl. (»Göttinger Sieben«), 1841–1863 Prof. an d. Kgl. Akad. d. Wiss. in Berlin [NDB; IGL] 39, 48, 118, 251, 251ᴬ, 287, 287ᴬ
- Deutsches Wörterbuch 39, 87, 118, 139, 234ᴬ, 251ᴬ

Grimm, Wilhelm (1786–1859), dt. Germanist; Bruder v. → J. Grimm u. Vater v. → H. Grimm; 1814–1829 Sekr. an d. kurfürstl. Bibl. in Kassel, 1830 Bibliothekar, 1831 ao. Prof., 1835–1837 o. Prof. f. dt. Spr. u. Lit. in Göttingen, 1837 aus polit. Gründen entl. (»Göttinger Sieben«), 1841–1859 Prof. an d. Kgl. Akad. d. Wiss. in Berlin [NDB; IGL] 39, 48, 118, 251ᴬ
- Deutsches Wörterbuch 39, 87, 118, 139, 234ᴬ, 251ᴬ

Grimm, (Walther) Ludwig (1869–1938), dt. Germanist; 1890–1893 Hilfslehrer in Falkenstein u. Lengenfeld, 1896 Prom., 1897 Rektor in Elsterberg bei Greiz, ab 1922 Kreisschulrat in Greiz [Thüringen] 185ᴬ
- (Hrsg.) C. F. Fulda: Trogalien zur Verdauung der Xenien (1797) u. Neudruck (1903) 185, 185ᴬ

Grisebach, Eduard (1845–1906), dt. Jurist, Diplomat, Lyriker u. Literaturhistoriker; 1872–1889 im preuß. diplomatischen Dienst, dann Privatgelehrter in Berlin [NDB] 134

Gross, Hanns (1847–1915), öst. Jurist u. Kriminologe; Richter in Leoben u. Graz, 1897 o. Prof. f. Strafrecht u. Strafprozess in Czernowitz, 1902 in Prag, 1905–1915 in Graz; Vater d. Psychoanalytikers Otto G. (1877–1920) [NDB; ÖBL] 84, 207

Grotthuis, Sara v., vorm. Sara Wulff, geb. Sara Meyer (1763–1828), dt. Schriftstellerin u. Salonière; Briefpartnerin v. → J. W. v. Goethe [NBD] 196^A

Grün, Anastasius → Auersperg, Anton Alexander Graf v.

Grüner, Joseph Sebastian (1780–1864), öst. Jurist u. Gelehrter; Kriminal- u. Magistratsrat in Eger/Böhmen, Briefpartner v. → J. W. v. Goethe [ÖBL] 193, 193^A, 200, 200^A, 203, 203^A, 207

Grüwel, Johann (1638–1710), dt. Dichter; Bürgermeister in Cremmen/Mark Brandenburg [Noack/Splett] 86^A

Gryphius, Andreas (1616–1664), dt. Dichter [NDB] 174^A, 288^A

Guarinonius, Hippolytus (1571–1654), öst. Arzt, Schriftsteller u. Übersetzer [Killy] 281, 281^A

– Die Grewel der Verwüstung Menschlichen Geschlechts (1610) 281^A

Gundolf, Friedrich (1880–1931), dt. Germanist, Dichter u. Übersetzer; Schüler v. → E. Schmidt in Berlin; im Kreis um Stefan George; 1911 Pd., 1917 ao. Prof., 1920–31 o. Prof. f. neuere dt. Lit.-Gesch. in Heidelberg [NDB; IGL] 279, 280, 283, 283^A, 284, 288, 288^A

– Goethe (1916) 279, 280, 283, 283^A, 284

– Heinrich von Kleist (1922) 288, 288^A

Gurlitt, Brigitta <Gitta> (1889–1956), öst. Malerin u. Restauratorin; Tochter v. → M. A. u. → W. Gurlitt [Gurlitt] 93, 99, 115, 121

Gurlitt, Louis (1812–1897), dt. Maler; Vater v. → W. Gurlitt 167, 167^A

Gurlitt, Mary Angelique, geb. Sabatt (1857–1940), öst.; seit 1884 Ehefrau v. → W. Gurlitt [DGb; Gurlitt] 69, 70, 77, 78, 93, 99, 115, 121

Gurlitt, Wilhelm (1844–1905), dt. Archäologe, Sohn v. → L. Gurlitt, 1875 Pd. in Wien, 1877 ao. Prof., 1890–1905 o. Prof. f. Archäologie in Graz [ÖBL] 69, 70, 74, 77, 78, 82, 86, 87, 93, 99, 115, 121, 122, 155, 167, 167^A, 206, 207, 208, 209, 224, 224^A

– Über Pausanias. Untersuchungen (1890) 87

Guthrie, William (1708–1770), schott. Schriftsteller u. Historiker 116^A

– Allgemeine Weltgeschichte (1785–1805) (mit → J. Gray) 116, 116^A

H

Haberlandt, Charlotte, geb. Haecker (1858–1911), öst.; Ehefrau v. → G. Haberlandt [NDB: Art. G. Haberlandt] 69, 74

Haberlandt, Gottlieb (1854–1945), öst. Botaniker; Schüler v. Julius v. Wiesner in Wien u. Simon Schwendener in Tübingen; 1878 Pd. in Wien, 1880 Vertretungs-Prof. an d. TH Graz, 1884 ao., 1888 o. Prof. f. Botanik an d. Univ. das., ab 1909 in Berlin [NDB; ÖBL] 69, 74

Hafner, Philipp (1735–1764), öst. Komödiendichter u. Schauspieler in Wien [NDB] 15, 23^A

Hagedorn, Friedrich v. (1708–1754), dt. Dichter in Hamburg [NDB] 20, 21, 22, 23, 24, 25, 55^A, 56, 102, 111

– Versuch einiger Gedichte, oder Erlesene Proben Poetischer Neben-Stunden (1729) u. Neudruck (1883) 20, 22, 23, 24, 56, 102

- Versuch in poetischen Fabeln und Erzehlungen (1738) 111
Hahn, Johann Friedrich (1753–1779), dt. Dichter in Göttingen u. Zweibrücken, gründete 1772 mit → J. H. Voß u. a. den Göttinger Hain [NDB] 21
- Gedichte und Briefe (1880) → C. Redlich 21^A
Haller, Albrecht (v.) (1708–1777), schweiz. Mediziner, Naturforscher, Dichter u. Staatsmann in Bern u. Göttingen [NDB] 138^A
Hallwich, Hermann (1838–1913), öst. Historiker u. Volkswirtschaftler; auch Wallensteinforscher; 1862 Prom. in Prag, dann Lehrer in Reichenberg, wurde 1870 Sekr. d. Handels- u. Gewerbekammer in Prag, 1871 Mitgl. d. Landtags u. d. Reichsrats, gründete 1892 in Wien d. Zentralverband d. Industriellen Österreichs [NDB] 204, 204^A, 205, 205^A
- Töplitz. Eine deutschböhmische Stadtgeschichte (1886) 204, 204^A
- Zur Geschichte des Teplitzer Thales (1871) 205, 205^A
Halm, Friedrich <eigtl.: Eligius Franz Josef v. Münch-Bellinghausen> (1806–1871), öst. Dichter u. Dramatiker; seit 1830 im niederöst. Staatsdienst, 1844 1. Kustos, 1867 Präfekt d. Wiener Hof-Bibl., zugl. seit 1867 Intendant d. Wiener Hoftheaters [NDB; ÖBL] 42, 96
- Briefwechsel zwischen Michael Enk von der Burg und Eligius Freiherr von Münch-Bellinghausen [Ps.: Friedrich Halm] (1890) 96
Halusa, Tezelin (1870–1953), öst. kath. Theologe u. Schriftsteller; Zisterzienserpater im Stift Heiligenkreuz bei Wien [Giebisch; Kosch: Kath.;] 157^A
- (Hrsg.) Ein Brief Grillparzers (1897) 157, 157^A
Hamann, Johann Georg (1730–1788), dt. Philosoph u. Schriftsteller in Königsberg [NDB] 59, 60, 82, 76, 93, 174^A
Hamel, Johann Georg (1811–1872), dt. Kaufmann u. Lokalhistoriker; Strumpffabrikant u. Stadtverordneter in Homburg vor der Höhe, 1841–1872 Leiter d. Stadt-Bibl. [Renkhoff] 51^A
Hamel, Richard (1853–1924), dt. Journalist, Schriftsteller u. Klopstockforscher; 1878–1880 Lehrer in Helsingfors, seit 1882 Journalist, 1903–1922 Feuilleton-Redakteur d. »Nachrichten für Stadt und Land« in Oldenburg [Kosch: 20. Jht.] 12^A
- Klopstocks Werke. Erster Theil: Der Messias (1884) 12, 12^A, 25, 25^A
- Zur Textgeschichte des Klopstock'schen Messias (1879–1880) 12^A
Hampe, Theodor (1866–1933), dt. Germanist u. Kunsthistoriker; Schüler v. → W. Wilmanns in Bonn; 1890 Prom., seit 1893 Mitarbeiter d. Germanischen Nationalmuseums in Nürnberg, 1909–1931 dessen Vize-Dir. [NDB] 175, 175^A
- (Rez.) K. Drescher (Hrsg.): Nürnberger Meistersinger-Protokolle von 1575–1689 (1899) 175, 175^A
Hanausek, Gustav (1855–1927), öst. Jurist; 1879 Pd., 1883 ao. Prof. f. röm. Recht in Wien, 1892 o. Prof in Prag, 1893–1926 in Graz [ÖBL] 250, 250^A
Hanslick, Eduard (1825–1904), öst. Musikwissenschaftler; 1849 Prom. (Dr. jur.), 1850 Fiskalbeamter, dann Musikkritiker, 1856 Pd. f. Gesch. d. Musik u. Ästhetik in Wien, dort 1861 ao. Prof., 1870–1895 o. Prof. [NDB] 172^A
Harnack, Adolf v. (1851–1930), dt. evang. Theologe; Bruder v. → O. Harnack; 1873 Prom. in Leipzig, dort 1874 Pd. u. 1976 ao. Prof. f. Kirchen-Gesch., 1879 o. Prof. in Gießen, 1886 in Marburg/L., 1888–1921 in Berlin, 1906–1921 nebenamtlich Gen.-Dir. d. Kgl. Bibl.[NBD] 252, 252^A

- Universität und Schule. Vortrag (1907) (mit → F. Klein, → P. Wendland u. → A. Brandl) 252, 252^A

Harnack, Otto (1857–1914), dt. Historiker u. Germanist; Schüler v. Julius Weizsäcker in Göttingen; 1882–1891 Gymn.-Lehrer in Dorpat u. Berlin, 1891–1896 Journalist u. Sekr. d. Deutschen Künstlervereins in Rom, 1896 o. Prof. f. Lit. u. Gesch. an d. TU Darmstadt, 1904–1914 f. Dt. Spr. u. Lit. an d. TU Stuttgart; Bruder v. → Adolf v. H. (1851–1930) [DBE; IGL] 131, 132, 139, 143, 169, 169^A, 175^A

- Offener Brief an den Herausgeber (1894) 139, 143
- Schiller (1898) 169, 169^A, 175^A

Harrach, Karl Borromäus Graf v. (1761–1829), öst. Mediziner u. Philanthrop; Freund u. Briefpartner v. → J. W. v. Goethe; 1803 Prom. in Wien, 1806 Eintritt in den Dt. Orden, 1814–1829 Primararzt im Institut d. Elisabethinen in Wien [ÖBL] 193

Harrassowitz, Otto (1845–1920), dt. Verleger; 1872 mit Oskar Richter Gründung d. Antiquariats- u. Verlagsbuchhandlung Richter & Harrasowitz in Leipzig, seit 1875 Alleininhaber [NDB] 155^A

Hartel, Wilhelm (v.) (1839–1907), öst. Altphilologe u. Staatsmann; Schüler v. Hermann Bonitz u. → J. Vahlen in Wien; 1866 Pd., 1869 ao. Prof., 1872 o. Prof. f. klass. Philologie in Wien, 1896 Sektions-Chef f. d. Hoch- u. Mittelschulen im k. k. Min. f. Cultus u. Unterricht, 1900–1905 Unterrichts-Min. [NDB; ÖBL] 42, 169, 169^A, 183, 211, 211^A, 213

Hartfelder, Karl (1848–1893), dt. Altphilologe u. Historiker; 1875 Prom. in Heidelberg; seit 1876 Gymn.-Lehrer in Freiburg/Br., 1880–1882 Archivrat am Gen.-Landesarchiv in Karlsruhe, 1882–1893 Gymn.-Lehrer in Heidelberg [Leesch] 121^A

Harscher, Barbara s. → Sachs, Barbara

Hartmann v. Aue (unbekannt), mhdt. Dichter [NDB] 179, 179^A, 181^A

- Gregorius 181, 181^A

Hartmann, Hugo (1866–1922), dt. Germanist; Schüler v. → K. Weinhold u. → E. Schröder in Berlin; 1890 Prom. in Berlin, 1894–1920 Gymn.- u. Realschullehrer in Berlin u. Steglitz [BBF] 86^A

Hartmann, Moritz (1821–1872), öst. Publizist u. Schriftsteller [NDB] 240^A

- Gesammelte Werke. 2. Tl. (1907) 240^A

Hartwig, Otto (1830–1903), dt. evang. Theologe; 1857 Prom. in Marburg/L., 1860 Prediger in Messina, 1867 Bibliothekar an d. Univ.-Bibl. Marburg/L., 1876–1898 Dir. d. Univ.-Bibl. Halle/S., 1884–1903 Hrsg. d. »Centralblattes für Bibliothekswesen« [NDB] 155^A

- (Hrsg.) Centralblatt für Bibliothekswesen (1884–1903) (mit → K. Schulz) 155, 155^A

Hauffen, Adolf (1863–1930), öst. Germanist u. Volkskundler; Schüler v. → A. Sauer u. → A. E. Schönbach in Graz; 1889 Pd., 1898 ao. Prof., 1919–1930 o. Prof. f. dt. Spr. u. Lit. an d. dt. Univ. Prag, seit 1919 zugl. f. Volkskunde [NDB; IGL] 85, 94, 97, 105, 106, 115, 157, 159, 159^A, 168, 169, 169^A, 171, 183, 183^A, 188, 188^A, 189, 193^A, 200, 231, 235, 235^A, 261, 276, 283^A, 288, 288^A, 289, 291^A, 293^A

- Die deutsche Sprachinsel Gottschee (1895)
- Johann Fischart. Ein Literaturbild aus der Zeit der Gegenreformation. Bd. 1 (1921) 283^A, 288, 288^A, 289, 290
- (Hrsg.) Beiträge zur deutschböhmischen Volkskunde (1896–1922) 169, 169^A

– (Hrsg.) Deutsche Arbeit (1901–1905) 193^A, 203^A, 204, 204^A, 205, 232

Hauffen, Klothilde, geb. Pistl, öst.; seit 1892 Ehefrau v. → A. Hauffen [NDB: Art. A. Hauffen] 155^A

Hassencamp, Robert (1848–1902); dt. Altphilologe, Sprach- u. Literaturhistoriker; 1869 Prom. in Göttingen, danach Gymn.-Lehrer in Marburg/L., Beuthen/Oberschlesien, Bromberg, Posen, Ostrowo, Düsseldorf u. Düren [Hinrichsen; Kössler] 224, 224^A

– (Hrsg.) Neue Briefe Chr. Mart. Wielands vornehmlich an Sophie von La Roche (1894) 224, 224^A

Haug, Friedrich (1761–1829), dt. Dichter; Hofrat u. Bibliothekar in Karlsruhe, 1807–1817 zugl. Redakteur an Cottas »Morgenblatt« [NDB] 135^A

Hauptmann, Gerhart (1862–1946), dt. Dichter; 1912 Nobelpreis f. Lit. [NDB] 167

Haym, Rudolf (1821–1901), dt. Philosoph, Literaturhistoriker u. Publizist, seit 1850 Redakteur d. »Constitutionellen Zeitung« in Berlin, 1858–1865 Hrsg. d. »Preußischen Jahrbücher«, 1850 Pd., 1860 ao. Prof., 1868–1899 o. Prof. f. Philosophie u. dt. Lit.-Gesch. in Halle/S. [NDB; IGL] 46, 99, 128, 132, 134, 147^A, 148

– Herder nach seinen Leben und Werken (1880, 1885) 46^A, 99

Hebbel, Friedrich (1813–1863), dt. Dichter u. Publizist in Hamburg, Heidelberg, München u. Wien [NDB] 96^A, 139, 174, 174^A, 187, 211, 211^A, 213, 228, 228^A, 287^A

– Agnes Bernauer (1855) 211, 211^A

– Gyges und sein Ring (1854) 96

– Herodes und Mariamne (1850) 228, 228^A

– Maria Magdalena (1844) 287, 287^A

Hebler, Carl (1821–1898), schweiz. Philosoph u. Shakespeareforscher; 1863 ao. Prof., 1872–1891 o. Prof. f. Philosophie in Bern [BJ 3] 143, 145

– Die Hamlet-Frage mit besonderer Beziehung auf Richard Loening: »Die Hamlet-Tragödie Shakespeares« (1894) 143, 145

Hecker, Max (1870–1948), dt. Germanist; Schüler v. Wilhelm Bender in Bonn; 1900–1945 Archivar am Goethe- u. Schillerarchiv in Weimar, zuletzt als dessen Vize-Dir. [NDB; IGL] 196, 196^A, 200, 200^A, 204, 211, 284, 284^A, 295, 295^A

– Ein Bündlein von Fündlein. III. Lanx satura (1926) 295, 295^A

– [Hrsg.] Funde und Forschungen. Eine Festgabe für Julius Wahle zum 15. Februar 1921 (1921) 284, 284^A

Heine, Carl (1861–1927), dt. Germanist, Regisseur u. Dramaturg; 1887 Prom. in Halle/S., ab 1895 Regisseur in Leipzig, Hamburg u. Frankfurt/M., zuletzt Oberspielleiter am Deutschen Theater in Berlin [Kosch: 20. Jht.] 134

Heine, Heinrich (1797–1856), dt. Dichter u. Publizist in Hamburg, Berlin u. Paris [NDB] 79^A, 80, 84, 101, 174^A, 287^A

– Buch der Lieder. Nebst einer Nachlese nach den ersten Drucken oder Handschriften (1827) u. Neudruck (1887) 79, 80, 84^A, 101

Heinemann, Karl (1857–1927), dt. Altphilologe u. Goetheforscher; 1881 Prom. in Leipzig, 1881–1922 Gymn.-Lehrer das. [Kössler] 170^A

– Goethe Bd. 1–2 (1895) 170, 170^A

Heinrich v. Veldeke (vor 1150–zw. 1190 u. 1200), mhdt. Dichter [NDB] 182^A

Heinse, Wilhelm (1746–1803), dt. Dichter in Halberstadt, Düsseldorf u. Aschaffenburg; Freund v. → L. Gleim, → J. G. Jacobi u. → F. M. Klinger [NDB] 95^A, 196, 196^A, 211^A
- Sämmtliche Werke 10 Bde. (1902–1925) 196, 196^A, 211, 211^A

Heinzel, Richard (1838–1905), öst. Germanist; 1862 Prom. in Wien, 1860–1868 Gymn.-Lehrer in Triest, Wien u. Linz, 1868 o. Prof. f. ältere dt. Spr. u. Lit. in Graz, 1873–1905 o. Prof. f. dt. Spr. u. Lit. in Wien [NDB; IGL] 24, 42, 57, 61, 64, 65, 71, 73, 74, 92, 96, 97, 134, 143, 155, 155^A, 162, 162^A, 167^A, 173, 173^A, 174^A, 175, 178, 179, 179^A, 181, 182, 182^A, 183, 187, 187^A, 188, 188^A, 189, 198, 212, 212^A, 217, 217^A, 224, 224^A, 266, 266^A

Heitmüller, Franz Ferdinand (1864–1919), dt. Germanist u. Schriftsteller; 1888 Prom. in Jena, seit 1893 Assistent am Goethe- u. Schiller-Archiv in Weimar, später dessen auswärtiger Mitarbeiter in Berlin [Kosch: 20. Jht.] 120^A
- (Hrsg.) H. Borkenstein: Der Bookesbeutel. Ein Lustspiel von Drey Aufzügen (1896) 120, 120^A

Hellen, Eduard v. der (1863–1927), dt. Germanist; Schüler v. → W. Wilmanns in Bonn; 1888 Prom., 1888–1894 Archivar am Goethearchiv in Weimar, 1894/95 Mitarbeiter am Nietzsche-Archiv in Naumburg/S., 1900–1927 Lektor d. Cotta-Verlags in Stuttgart [IGL] 88

Helly, Karl v. (1826–1891), öst. Mediziner; seit 1849 Sekundararzt am Allgemeinen Krankenhaus in Prag, 1859 zugl. Pd. f. Operative Geburtshilfe an d. Univ., 1860 Prof. an d. Hebammenlehranstalt Alle Laste bei Trient, 1863–1891 o. Prof. f. Geburtshilfe u. Gynäkologie in Graz [Egglmaier, S. 127] 69

Helly, Josefina, geb. Skraup (1832–1923), öst.; seit 1860 Ehefrau v. → K. v. Helly 69

Hemmerde, Carl Hermann (1708–1782), dt. Verlagsbuchhändler; seit 1737 Inhaber d. Verlagsbuchhandlung C. H. Hemmerde in Leipzig; Verleger v. → F. G. Klopstocks »Messias« [Kertscher] 46, 78^A

Hempel, Gustav (1819–1877), dt. Verlagsbuchhändler; 1846–1877 Inhaber d. Hempel'schen Verlagshandlung in Leipzig [NDB] 19, 21, 23, 42, 76^A, 190^A
- (Hrsg.) Nationalbibliothek sämmtlicher deutscher Classiker (1867–1877) 19, 21^A, 262^A

Henning, Rudolf (1852–1930), dt. Germanist; Schüler v. → W. Scherer in Straßburg; 1877 Pd. in Berlin, 1881 ao. Prof., 1895–1918 o. Prof. f. neuere dt. Lit.-Gesch. in Straßburg [IGL] 27, 35, 41, 149, 174, 174^A, 175

Henninger, Hermann u. Henninger, Albert, dt. Verleger, 1874 bis ca. 1890 Inhaber d. Verlags Gebrüder Henninger in Heilbronn [Würffel] 3^A, 5, 7, 29, 50, 51, 94, 97, 101, 102, 103, 106, 108

Hensler, Karl Friedrich (1759–1825), dt. Dramatiker u. Theaterleiter in Wien [NDB; ÖBL] 15

Hepp, Carl (1841–1912), dt. Schriftsteller u. Maler in Darmstadt [DBE] 63
- Schillers Leben und Dichten (1885) 63

Herbst, Wilhelm (1825–1882), dt. Pädagoge u. Literaturhistoriker; 1847–1872 Gymn.-Lehrer in Köln, Dresden, Kleve, Elberfeld, Bielefeld u. Magdeburg, 1873–1878 Rektor d. Kgl. Landesschule in Schulpforte, 1881/82 Hon.-Prof. f. Pädagogik in Halle/S.; 1878–1881 Hrsg. d. »Deutschen Literaturblatts« [ADB 50; IGL] 147^A

Herchner, Hans (1853–1930); dt. Altphilologe u. Literaturhistoriker; Prom. 1875 in Halle/S., 1878–1918 Gymn.-Lehrer in Berlin [BBF; Kössler] 153, 153^A
- Die Cyropädie in Wielands Werken. Bd. 1–2 (1892, 1896) 153, 153^A

Herder, Johann Gottfried (v.) (1744–1803), dt. evang. Theologe, Philosoph u. Schriftsteller in

Riga, Bückeburg u. Weimar [NDB] 1, 10^A, 38^A, 46^A, 56^A, 64, 74^A, 80, 82^A, 76, 77^A, 88, 99^A, 111^A, 117^A, 136, 148, 174^A, 191^A, 211, 211^A, 213^A, 228, 256^A
- Sämmtliche Werke (1877–1909) → B. Suphan 99
- (Hrsg.) Von Deutscher Art und Kunst. Einige fliegende Blätter (1773) u. Neudruck (1892) 111, 116, 117

Herodot (490/480 – um 424 v. Chr.), griech. Geschichtsschreiber 42

Herrmann, Max (1865–1942), dt. Germanist; 1891 Pd. f. german. Philologie, 1919 ao. Prof., 1930–1933 o. Prof. f. dt. Philologie in Berlin, seit 1923 zugl. Vize-Dir. d. Instituts f. Theaterwiss., 1933 aufgrund seiner jüd. Herkunft entl., starb im Mordlager Theresienstadt [IGL] 135^A, 139^A, 159, 159^A, 160, 160^A, 161, 161^A, 162, 187, 203, 203^A, 204
- Stichreim und Dreireim bei Hans Sachs und anderen Dramatikern des 15. und 16. Jahrhunderts (1894) 159^A, 162
- Unehrliche Fehde (1896) 159^A
- Erklärung [I] (1896) 159, 159^A
- Erklärung [II] (1896) 159, 159^A
- (Hrsg.) Jahresberichte für Neuere deutsche Litteraturgeschichte (1892 ff.) (mit → S. Szamatólski u. → J. Elias) 135, 137^A, 140, 141, 150, 154, 155, 167, 167^A, 174^A, 176, 199, 199^A, 205, 207, 207^A, 234, 238

Hertz, Wilhelm (v.) (1835–1902), dt. Dichter u. Literaturhistoriker; im Münchener Freundeskreis um Emanuel Geibel u. → P. Heyse; 1858 Prom. in Tübingen, 1862 Pd. f. dt. Spr. u. Lit. in München, 1869 ao. Prof., 1878–1902 o. Prof. an d. TH München [NDB; IGL] 99, 152^A

Herz, Henriette, geb. de Lemos (1764–1847), dt. Salonière in Berlin; Freundin v. → A. u. → W. v. Humboldt u. → F. Schleiermacher [NDB] 53, 55^A

Herz, Ludwig (1863–1942), dt. Jurist; Amtsgerichtsrat in Berlin; Schatzmeister d. Deutschen Bibliographischen Gesellschaft 233^A

Herzlieb, Wilhelmine <Minna> (1789–1865), dt.; Freundin v. → J. W. v. Goethe [NDB] 95^A

Heß, Heinrich v. (1788–1870), öst. Feldmarschall; seit 1805 im öst. Heeresdienst, 1839 Gen.-Quartiermeister, 1850–1860 Chef d. Gen.-Stabs [ÖBL] 203

Hettner, Hermann (1821–1881), dt. Literatur- u. Kunsthistoriker; 1850 Pd. in Heidelberg, 1851 ao. Prof. f. Ästhetik, Kunst- u. Lit.-Gesch. in Jena, 1855 Dir. d. Kgl. Antikensammlung in Dresden, 1868–1881 d. Historischen Museums das. [NDB; IGL] 12, 19, 20, 23, 28, 41, 42
- Die deutsche Literatur im achtzehnten Jahrhundert (1862–1870) 41
- (Hrsg.) Dichtungen von Maler Müller (1868) 19

Heuer, Otto (1854–1931), dt. Historiker u. Literaturhistoriker; seit 1888 Gen.-Sekr. d. Freien Deutschen Hochstifts in Frankfurt/M., 1897–1925 zugl. Dir. d. Goethe-Museums [Frankf. Biogr.] 40^A, 284^A

Heyne, Christian Gottlob (1729–1812), dt. Altphilologe u. Bibliothekar, 1763–1809 Prof. f. Poesie u. Beredsamkeit sowie Bibliothekar an d. Univ.-Bibl. in Göttingen [NDB] 116^A, 137^A
- [Übers.] Allgemeine Weltgeschichte (1785–1805) 116^A

Heyne, Moritz (1837–1906), dt. Germanist; Schüler v. Heinrich Leo in Halle/S.; 1864 Pd. in Halle, 1869 ao. Prof., 1870 o. Prof. f. dt. Spr. u. Lit. in Basel, 1883–1906 in Göttingen [NDB; IGL] 27^A, 35^A, 49, 53, 139^A, 185, 185^A, 233^A, 234, 234^A
- Deutsches Wörterbuch (1890–1895) 234^A

Heyse, Paul (1830–1914), dt. Schriftsteller in Berlin u. München; Freund v. Emanuel Geibel, →
 G. Keller u. Theodor Storm; 1910 Nobelpreis f. Lit. [NDB] 132[A], 145
Hildebrand, Richard (1840–1918), dt. Nationalökonom; 1867 Pd. in Leipzig, 1869 ao., 1873 o.
 Prof. d. polit. Ökonomie u. Finanzwissenschaft in Graz [NDB; ÖBL] 252, 252[A]
Hildebrand, Rudolf (1824–1894), dt. Germanist; Schüler v. Moriz Haupt in Leipzig; 1848–1868
 Lehrer an d. Thomasschule in Leipzig, 1868 ao. Prof., 1874–1894 o. Prof. f. dt. Spr. u. Lit. in
 Leipzig [NDB; IGL] 136[A], 149[A], 155, 155[A], 173[A], 185[A], 251[A], 287[A]
Hinrichs, Johann Conrad (1765–1813), dt. Verlagsbuchhändler in Leipzig [Schmidt; ADB 50]
 136
Hippel, Theodor Gottlieb v. (1741–1796), dt. Schriftsteller; Advokat u. Kommunalpolitiker in
 Königsberg [NDB] 261, 261[A]
Hirzel, Hans Caspar (1725–1803), schweiz. Mediziner u. Philanthrop in Zürich; Freund v. →
 J. J. Bodmer, → J. J. Breitinger, → L. Gleim, → E. v. Kleist, → F. G. Klopstock u. → C. M.
 Wieland; 1762 Mitbegr. d. Helvetischen Gesellschaft [NDB] 1, 2
Hirzel, Ludwig (1838–1897), schweiz. Altphilologe u. Germanist; 1862 Prom. in Zürich, 1862–
 1874 Gymn.-Lehrer in Frauenfeld/Thurgau u. Aarau, 1874–1897 o. Prof. f. dt. Spr. u. Lit. in
 Bern [BJ 2; IGL] 135, 137, 167[A]
– Ein Brief Schillers (1894) 135, 137, 145
Hirzel, Salomon (1804–1877), dt. Verleger u. Goetheforscher in Leipzig [NDB] 251[A]
Hochenegg, Adolf, öst. Jurist u. Verwaltungsbeamter; 1910 Univ.-Kanzlei-Dir. in Graz 252[A]
Hock, Stefan (1877–1947), öst. Germanist u. Dramaturg; Schüler v. → J. Minor in Wien; 1905
 Pd. f. neuere dt. Lit.-Gesch. in Wien, 1919 Dramaturg am Wiener Burgtheater, als Mitarbeiter
 v. Max Reinhardt seit 1921 am Deutschen Theater Berlin, 1934–1935 Dir. d. Raimund-Theaters in Wien, 1938 Emigration nach England [NDB; ÖBL] 251, 251[A], 260, 260[A], 273, 273[A]
– (Hrsg.) Grillparzers Werke in sechzehn Teilen. 7 Bde. (1911) 251[A], 273[A]
– (Hrsg.) L. A. Frankl: Erinnerungen (1910) 260, 260[A]
– (Rez.) A. Sauer (Hrsg.): Grillparzers Werke, Bd. I,1, II,1–II,2 (1913) 273, 273[A]
Hoffmann v. Fallersleben, Heinrich (1798–1874), dt. Dichter, Altphilologe u. Germanist; Schüler
 v. Friedrich Gottlieb Welcker in Göttingen; 1823–1838 Bibliothekar an d. Univ.-Bibl. in Breslau, 1830 zugl. ao. Prof., 1835–1842 o. Prof. f. dt. Spr. u. Lit. an d. Univ. das., 1842 aus polit.
 Gründen entl., dann Privatgelehrter in Weimar, seit 1860 Bibliothekar auf Schloss Corvey bei
 Höxter/Westfalen [NDB; IGL] 141[A]
– (Hrsg.) Weimarisches Jahrbuch für deutsche Sprache, Litteratur und Kunst (1854–1857) (mit
 → O. Schade) 141
Hoffmann, Ernst Theodor Amadeus <E. T. A.> (1776–1882), dt. Dichter [NDB] 211, 286, 286[A],
 287
Hoffmann, Otto (1839–1903), dt. Altphilologe u. Herderforscher; 1868–1903 Gymn.-Lehrer in
 Berlin [BBF; BJ 8] 94[A]
Hoffmann, Paul (1866–1945), dt. Literaturhistoriker u. Kleistforscher; 1886–1931 Volks- u. Mittelschullehrer in Frankfurt/O. u. Berlin, zuletzt Konrektor einer Mädchenmittelschule, 1925
 Prom. in Heidelberg [Barthel] 255, 255[A], 256
– Urkundliches von Michael Beer und über seine Familie (1908) 255, 255[A]
Hofmann v. Hofmannswaldau, Christian (1616–1679), dt. Dichter [NDB] 285[A]

Hohenlohe, Chlodwig Fürst zu (1819–1901), dt. Staatsmann; 1842 im preuß. Staatsdienst, ab 1846 Mitgl. in d. bayer. Kammer d. Reichsräte, 1866–1870 bayer. Min.-Präs. u. Außen-Min., 1871–1881 Mitgl. d. Reichstags [NDB] 155

Hölderlin, Friedrich (1770–1843), dt. Dichter [NDB] 50, 51, 52, 82, 83, 85, 206, 288[A]
- Empedokles (1797–1800) 50[A]
- Gesammelte Dichtungen (1895) 50[A]
- Hyperion (1797, 1799) 50[A]
- Sämmtliche Werke (1846) 50[A]

Holland, Wilhelm Ludwig (1822–1891), dt. Germanist u. Romanist; 1847 Pd., 1853–1866 ao. Tit.-Prof., 1866–1891 ao. Prof. f. german. u. roman. Philologie in Tübingen, seit 1883 zugl. Präs. d. Litterarischen Vereins in Stuttgart [IGL] 11, 21, 33
- (Hrsg.) Goethe's Faust ein Fragment in der ursprünglichen Gestalt (1882) 11, 11[A], 16, 20, 20[A], 33, 33[A]

Holstein, Hugo (1834–1904), dt. Historiker u. Literaturhistoriker; seit 1858 Gymn.-Lehrer in Naumburg, Magdeburg, Verden u. Geestemünde, zuletzt 1885–1901 Rektor in Wilhelmshaven [BBF; BJ 9] 52[A], 56
- (Hrsg.) A. W. Iffland: Ueber meine theatralische Laufbahn (1886) 52, 56

Hölty, Ludwig (1748–1776), dt. Dichter; Mitgl. d. Göttinger Hains; Freund v. → H. C. Boie, → G. A. Bürger, → J. F. Hahn u. → J. H. Voß [NDB] 21

Höpfner, Ernst (1836–1915), dt. Germanist u. Verwaltungsbeamter; 1859–1868 Gymn.-Lehrer in Berlin u. Neu-Ruppin, 1868 Gymn.-Dir. in Breslau, 1873 Provinzialschulrat in Koblenz, 1888 Regierungs-, 1891 Vortragender Rat im preuß. Kultus-Min., 1894–1907 Kurator d. Univ. Göttingen, 1868–1881 Mithrsg. d. »Zeitschrift für dt. Philologie« [IGL] 162[A]

Hörmann v. Hörbach, Ludwig (1837–1924), öst. Historiker u. Volkskundler; 1863 Prom. in Innsbruck, 1864 Gymn.-Lehrer das., 1866–1877 Bibliothekar an den Univ.-Bibl. in Innsbruck, Klagenfurt u. Graz, 1877 Kustos, 1888–1902 Dir. d. Univ.-Bibl. Innsbruck [ÖBL; DBE] 86[A], 87

Holzhausen, Paul (1860–1943), dt. Germanist u. Kulturhistoriker; Schüler v. → R. Haym in Halle/S.; 1882 Prom., 1888–1898 Gymn.-Lehrer in Köln, Mülheim, Altona, Oberhausen, Mönchengladbach u. Bonn, dann freier Schriftsteller u. Journalist in Bonn [Kosch: 20. Jht.; BBF] 196, 196[A]
- Der Urgroßväter Jahrhundertfeier (1901) 196, 196[A]

Holtzmann, Michael (1860–1930), öst. Germanist; Schüler v. → R. M. Werner in Lemberg; 1888 Prom., 1891 Volontär, später Amanuensis u. Skriptor an d. Univ.-Bibl. Wien, 1912–1922 deren Dir. [NDB; IGL]
- Aus dem Lager der Goethe-Gegner (1904) 207[A]

Homer (7./8. Jh. v. Chr.), griech. Epiker 121, 122[A], 136

Hopfen, Hans (v.) (1835–1904), dt. Schriftsteller in München, Paris, Wien u. Berlin; Freund v. Emanuel Geibel, → F. Grillparzer u. → F. Halm [NDB] 63

Horaz <Quintus Horatius Flaccus> (65–27 v. Chr.), röm. Dichter 148, 171[A], 256[A]
- Epoden (etwa 30 v. Chr.) 171[A]

Horčička, Adalbert (1858–1913), öst. Historiker u. Stifterforscher; 1880 Prom. in Prag, 1880–1912 Gymn.-Lehrer in Prag, Linz u. Wien [ÖBL] 203, 203[A], 204, 204[A], 205, 205[A]

- (Hrsg.) Stifters sämmtliche Werke, Bd. 14: Vermischte Schriften (1902) 203, 203[A], 205, 205[A], 207[A]

Hormayr, Joseph Freiherr v. (1781–1848), öst. Historiker; 1808 Dir. d. k. k. Geheimen Hausarchivs, 1813 aus polit. Gründen entl., 1816 öst. Reichshistoriograf, 1828–1848 im bayer. Staatsdienst, zuletzt 1847/48 Dir. d. Reichsarchivs in München [NDB; ÖBL] 193, 203, 210

Hoser, Joseph Carl Eduard (1770–1848), öst. Mediziner u. Naturforscher in Prag [ÖBL] 204[A]
- Beschreibung von Teplitz in Böhmen (1798) 204, 204[A]

Houben, Heinrich Hubert (1875–1935), dt. Germanist u. Publizist; Schüler v. Alexander Reifferscheid in Greifswald; 1898 Prom., 1898–1905 Doz. an d. Humboldt-Akad., d. Lessing-Hochschule sowie d. Schule d. Deutschen Theaters in Berlin, 1902–1907 Gründer u. Sekr. d. Deutschen Bibliographischen Gesellschaft, 1907–1919 Mitarbeiter d. Brockhaus-Verlags in Leipzig, dann freier Schriftsteller in Berlin [NDB; IGL] 233, 233[A]
- (Hrsg./Bearb.) Bibliographisches Repertorium (1904–1912) 233[A]

Huber, Therese, geb. Heyne (1764–1829), dt. Schriftstellerin; Tochter v. → C. G. Heyne; Ehefrau v. → G. Forster, später v. Ludwig Ferdinand H., 1816–1824 Leiterin v. Cottas »Morgenblatt« in Stuttgart [NDB] 131[A], 196, 196[A]
- (Hrsg.) Morgenblatt für gebildete Stände (1817–1823) 196[A]

Hübler, Rudolf (1886–1965), öst. Germanist u. Politiker; Schüler v. → B. Seuffert in Graz; 1911 Prom. 1920–1930 Landesrat in der Steiermark, 1923–1934 f. d. Großdeutsche Volkspartei Mitgl. d. steiermärkischen Landtags 262, 262[A]
- Kleist »Käthchen von Heilbronn«. Komposition und Quellen (1911) (unveröffentlichte Promotionsschrift) 262, 262[A]

Hübner, Johann (1668–1731), dt. Pädagoge u. Lehrbuchautor; 1694 Gymn.-Dir. in Merseburg, 1711–31 Dir. d. Johanneums in Hamburg [Killy] 174, 174[A], 184, 184[A]
- Christ-Comoedia (ungedruckt) u. Erstdruck (1899) 174, 174[A], 184, 184[A]

Hübscher, Arthur (1897–1985), dt. Philosoph u. Schopenhauerforscher; 1921 Prom. in München, 1924–1936 Redakteur d. »Süddeutschen Monatshefte«, 1936–1982 Präs. d. Schopenhauer-Gesellschaft sowie Hrsg. d. Werke Schopenhauers in Frankfurt/M. [DBE; Frankf. Biogr.] 285[A], 287, 287[A]
- Barock als Gestaltung antithetischen Lebensgefühls (1922) 287, 287[A]
- Die Dichter der Neukirch'schen Sammlung (1922) sowie Nachträge und Berichtigungen (1925) 285, 285[A], 287

Hüffer, Hermann (1830–1905), dt. Jurist u. Literaturhistoriker; 1853 Prom., 1855 Pd., 1860 ao. Prof., 1873–1905 o. Prof. f. Rechts-Gesch. in Bonn [NDB] 271

Hüller, Franz (1885–1967), öst. Germanist; Schüler v. → A. Sauer in Prag; Redakteur u. Mithrsg. d. Prag-Reichenberger Stifter-Ausgabe; Gymn.-Lehrer in Asch, Graslitz, Aussig u. Rosenheim [Weinmann] 196[A], 207[A], 241[A], 293[A]
- (Mitarbeiter:). Stifters sämmtliche Werke, Bd. 5: Bunte Steine (1908) (mit Hugo Sturm) 207, 207[A], 239[A]

Humboldt, Alexander v. (1769–1859), dt. Naturforscher; Bruder v. → W. Humboldt [NDB] 131

Humboldt, Wilhelm v. (1767–1835), dt. Staatsmann u. Gelehrter; Bruder v. → A. v. Humboldt [NDB] 122, 175[A]
- Sechs ungedruckte Aufsätze über das klassische Altertum (1896) 122

I

Iffland, August Wilhelm (1759–1814), dt. Schauspieler, Regisseur, Theaterleiter u. Dramatiker; seit 1779 am Nationaltheater in Mannheim, 1796–1811 Dir. d. Nationaltheaters in Berlin [NDB] 50, 52, 55^A, 56, 211, 211^A, 285^A, 287^A
- Dramatische Werke (1798) u. Neudruck (1886) 52
- Ueber meine Laufbahn (1798) u. Neudruck (1886) 52, 55, 56

Iffland, Louise → Eisendecher, Louise

Imelmann, Johannes (1840–1917), dt. Altphilologe u. Germanist; 1864 Prom. in Halle/S., 1865–1902 Gymn.-Lehrer in Berlin, seit 1870 am Kgl. Joachimsthalschen Gymn. [BBF; Kössler] 132^A, 134, 167, 167^A
- (Rez.) S. Tropsch: Flemings Verhältnis zur römischen Dichtung (1897) 167, 167^A

Immermann, Karl (1796–1840), dt. Jurist u. Schriftsteller in Oschersleben, Magdeburg, Münster u. Düsseldorf; Freund v. → L. Tieck u. → H. Heine [NDB] 82, 85^A, 288, 288^A

Ingenmey, Maria, öst.; 1879/80 Verlobte v. → A. Sauer; Tochter v. Wilhelm I., Prokurist bei d. Gerold'schen Buchhandlung in Wien 42, 53

J

Jacobi, Bernhard v. 262^A, 285^A
- (Hrsg.) Wielands Werke. Auswahl in 10 Teilen. 3 Bde. (1910) 200, 262, 262^A, 285, 285^A

Jacobi, Johann Georg (1740–1814), dt. Dichter u. Schriftsteller in Düsseldorf, Göttingen, Halberstadt u. Freiburg/Br.; Bruder d. Dichters Friedrich Heinrich J. u. Freund v. → L. Gleim; 1784–1814 Prof. d. schönen Wiss. in Freiburg/Br. [NDB] 86, 87
- Poetische Versuche (1764) 86^A, 87
- Nachtgedanken (1769) 86^A, 87
- Die Winterreise (1769) 86^A, 87

Jacobs, Eduard (1833–1919), dt. Historiker; Schüler v. Leopold v. Ranke in Berlin; 1859 Prom. in Berlin, dann Gymn.-Lehrer in Neuruppin, Berlin u. Cottbus, 1864 Archivar am Staatsarchiv Marburg/L., 1866–1917 Archivrat u. Bibliothekar beim Grafen Stolberg-Wernigerode [NDB] 133, 134
- Ludwig August Unzer. Dichter und Kunstrichter (1895) 134
- L. A. Unzer [ADB] (1895) 134

Jacoby, Daniel (1844–1918), dt. Germanist; Schüler v. → W. Scherer in Wien; 1867 Prom. in Philosophie in Berlin, 1872 Prof. an d. Handels-Akad. in Wien, 1873 Prof. an d. Kantonsschule Aarau/Schweiz, 1876/77 zugl. Pd. f. dt. Lit. in Zürich, 1877–1910 Lehrer am Königstädtischen Gymn. in Berlin [Wrede/Reinfels; Wininger] 86^A, 89, 111^A, 145, 146, 185, 191^A
- Ausgabe der Joh. Georg Jacobischen Jugendgedichte (Plan) 86, 89
- (Hrsg.) C. F. Weiße: Richard der Dritte (1904) (mit → A. Sauer) 111, 185, 186, 200

Jacomini, Kaspar Andreas (v.) (1726–1805), öst. Unternehmer u. Grundstücksspekulant; Gründer d. Jacomini-Viertels in Graz [NDB] 69^A

Jahn, Friedrich Ludwig ‹›Turnvater J.‹› (1778–1852), dt. Turnpädagoge u. polit. Aktivist; ab 1809 Lehrer in Berlin, dort Initiator d. ›Turnerbewegung‹, 1819–1825 Festungshaft wegen Hochverrats, dann Publizist in Freyburg/Unstrut, 1840 rehabilitiert, 1848 Mitgl. d. Deutschen Nationalversammlung [NDB] 168

Jaksch v. Wartenhorst, Rudolf (1855–1947), öst. Mediziner; 1878 Prom. in Prag, 1883 Pd. in Wien, 1887 ao. Prof. f. Kinderheilkunde in Graz, 1889–1925 o. Prof. f. innere Med. an d. dt. Univ. in Prag [ÖBL; NDB] 255[A]

Janota, Eugeniusz Arnold (1823–1878), poln. Germanist; 1847 kath. Priester, seit 1850 Gymn.-Lehrer in Teschen u. Krakau, 1860 Prom. in Geografie, 1871 ao. Prof., 1873–1878 o. Prof. f. dt. Spr. u. Lit. in Lemberg [Czajka] 24[A]

Jean Paul <eigtl.: J. P. Friedrich Richter> (1763–1825), dt. Dichter u. Schriftsteller [NDB] 53[A], 165[A], 187, 187[A], 192, 192[A], 240[A]

Jellinek, Max Hermann (1868–1938), öst. Germanist; Schüler v. → R. Heinzel in Wien; 1892 Pd., 1900 ao. Prof., 1906–1934 o. Prof. f. dt. Spr. u. Lit. in Wien [NDB; IGL] 159, 159[A], 160[A], 167, 167[A], 170, 170[A], 173[A], 175, 178, 179, 179[A], 182, 182[A], 183, 183[A], 188, 212, 212[A], 264, 264[A]
- Ein Kapitel aus der Geschichte der deutschen Grammatik (1898) 179, 179[A]
- Die Psalmenübersetzungen des Paul Schede Melissus (1896) 179, 179[A]
- Die Sage von Hero und Leander (1890) 179, 179[A]
- Widersprüche in Kunstdichtungen (1893) (mit → C. v. Kraus) 167[A]
- Widersprüche in Kunstdichtungen und höhere Kritik an sich (1897) (mit → C. v. Kraus) 167, 167[A], 170

Jerusalem, Karl Wilhelm (1747–1772), dt. Jurist u. Schriftsteller; Freund v. → G. E. Lessing u. → J. W. v. Goethe; 1771 Legations-Sekr. am Reichskammergericht in Wetzlar; »Urbild« d. Goethe'schen »Werther« [NDB; Killy] 184, 184[A], 185, 191[A], 192
- Philosophische Aufsätze (1776) u. Neudruck (1900) 184, 184[A], 185, 191[A], 192

Jodl, Friedrich (1849–1914), dt. Philosoph; 1872 Prom., 1873–1876 Doz. f. Universalgeschichte an d. Kriegs-Akad. in München, 1880 Pd. f. Philosophie an d. Univ. das., 1885 o. Prof. an d. dt. Univ. Prag, 1896–1914 in Wien [NDB; ÖBL] 148
- Geschichte der Ethik in der neueren Philosophie (1882–1889) 148

Joerdens, Karl Heinrich (1757–1835), dt. Literaturhistoriker u. Pädagoge; 1776–1825 Lehrer in Berlin, Bunzlau u. Lauban/Schlesien [NDB] 42, 51[A]
- (Hrsg.) Berliner Musenalmanach (1791) 51, 51[A]
- (Hrsg.) Lexikon deutscher Dichter und Prosaisten (1806–1811) 42, 42[A]

Jonas, Friedrich <Fritz> (1845–1920), dt. Altphilologe u. Literaturhistoriker; Schüler v. → Th. Mommsen in Berlin; 1871 Erzieher d. Erbprinzen v. Waldeck-Pyrmont in Arolsen, 1875 Lehrer am Berliner Gymn. zum Grauen Kloster, 1882–1912 Berliner Stadtschulinspektor [IGL; BBF] 63[A], 227, 227[A], 233[A]
- Des jungen Schillers Kenntnis Goethischer Werke (1905) 227, 227[A]
- (Hrsg.) Schillers Briefe. Kritische Gesammtausgabe (1892–1896) 63[A]

Jüthner, Julius (1866–1945), öst. Altphilologe u. Archäologe; 1897 Pd. f. klass. Philologie an d. dt. Univ. Prag, 1898 o. Prof. in Fribourg/Schweiz, 1903 in Czernowitz, 1912–1936 in Innsbruck [NDB; ÖBL] 169, 169[A]

Jung, Julius (1851–1910), öst. Historiker; 1875 Pd. f. allg. Gesch. in Innsbruck, 1877 ao. Prof., 1884–1910 o. Prof. f. alte Gesch. an d. dt. Univ. Prag [ÖBL] 193, 193[A]
- Zur Erinnerung an Adolf Pichler (1901) 193, 193[A]

Justi, Carl (1832–1912), dt. Philosoph u. Kunsthistoriker; 1859 Pd., 1867 ao. Prof., 1869 o.

Prof. f. Philosophie in Marburg/L., 1871 in Kiel, 1872–1901 o. Prof. f. Kunst-Gesch. in Bonn [NDB] 63

K

Kainz, Josef (1858–1910), öst. Schauspieler; ab 1875 Engagements in Marbach/Steiermark, Leipzig, Meiningen, München, ab 1883 in Berlin, 1899–1910 am Wiener Burgtheater [NDB; ÖBL] 251^A

Kalb, Charlotte v., geb. Marschall v. Ostheim (1761–1843), dt. Schriftstellerin in Weimar u. Waltershausen; Freundin v. → F. v. Schiller u. → Jean Paul [NDB] 53
- Briefe an Jean Paul und dessen Gattin (1882) 53^A

Kalischer, Alfred Christian (1842–1909), dt. Musikschriftsteller u. -pädagoge; 1866 Prom. in Leipzig, 1873 Redakteur d. »Neuen Berliner Musikzeitung«, seit 1884 Doz. f. Musik u. Moralphilosophie an d. Humboldt-Akad. Berlin [DBE] 152^A, 200, 200^A
- Beethovens sämtliche Briefe 5 Bde. (1906–1908) 200^A
- Clemens Brentanos Beziehungen zu Beethoven (1895) 152^A

Kalischer, Erwin <Ps. E. Kalser> (1883–1958), dt. Schauspieler u. Regisseur; Sohn v. → S. Kalischer; 1907 Prom. in Germanistik in Berlin, ab 1911 Bühnenlaufbahn in München, 1923–1933 am Berliner Schauspielhaus, 1933 Emigration in d. Schweiz, 1939–1946 in den USA, später in Zürich u. Berlin [DBE] 259^A
- (Hrsg.) Börnes Werke. Historisch-kritische Ausgabe in zwölf Bänden. Bd. 1–3, 6–7, 9 [mehr nicht erschienen] (1911–1913) (mit → L. Geiger, → J. Dresch, → R. Fürst, → A. Klaar, → A. Stern u. → L. Zeitlin) 259, 259^A

Kalischer, Salomon (1845–1924), dt. Physiker u. Goetheforscher; 1868 Prom. in Philosophie in Halle/S., 1876 Pd. an d. Berliner Bau-Akad., 1894 Doz., 1896 Prof. an d. TH Charlottenburg, Hrsg. v. → J. W. v. Goethes Schriften zur Naturwiss. in d. Weimarer Ausgabe [DBE] 94^A

Kállay v. Nagy-Kálló, Benjámin (1839–1903), öst.-ung. Staatsmann u. Diplomat, 1867 Gen.-Konsul in Belgrad, seit 1879 Sektionschef im k. k. Außen-Min., 1882–1903 öst.-ung. Finanz-Min. u. zugl. Gouverneur v. Bosnien u. Herzegowina [ÖBL] 63

Karajan, Auguste v., geb. Deninger (1838–1896), dt.; seit 1859 Ehefrau v. .→ M. Th. v. Karajan [WI 1912: Art. M. T. v. Karajan] 69

Karajan, Max Theodor v. (1833–1914), öst. Altphilologe; Sohn d. Germanisten Theodor Georg v. K. (1810–1873); 1857 Pd., 1859 ao. Tit.-Prof., 1863 ao. Prof., 1867–1904 o. Prof. f. klass. Philologie in Graz [ÖBL] 69, 88^A, 189^A

Karl Alexander (1818–1901), dt.; seit 1853 Großherzog v. Sachsen-Weimar-Eisenach; Großvater v. → Wilhelm Ernst v. S.-W.-E.; 1864 Protektor d. Deutschen Shakespeare-Gesellschaft, 1885 mit seiner Frau → Sophie v. S.-W.-E. auch d. Goethe-Gesellschaft [NDB] 43, 115^A, 196^A

Karl I. (1887–1922), seit 1916 Kaiser v. Österreich, König v. Ungarn [NDB] 281

Karl August (1757–1828), dt.; seit 1815 Großherzog v. Sachsen-Weimar-Eisenach; Freund u. Förderer → J. W. v. Goethes [NDB] 42^A, 88, 148, 204^A, 207^A

Karl Eugen (1728–1793), dt.; Herzog v. Württemberg [NDB] 98^A, 110

Karl Friedrich (1783–1853), dt.; Großherzog v. Sachsen-Weimar-Eisenach [ADB 15] 148

Karoline (1786–1816), dt.; Prinzessin v. Sachsen-Weimar-Eisenach, durch Heirat Erbgroßherzogin v. Mecklenburg-Schwerin 148

Karpeles, Gustav (1848–1909), öst. Germanist u. Journalist; Schüler v. Heinrich Graetz u. Heinrich Rückert in Breslau; 1869 Prom., dann Journalist u. Redakteur in Berlin u. Breslau, 1878–1882 Mithrsg. v. »Westermann's Monatsheften«, 1890–1809 Redakteur d. »Allgemeinen Zeitung des Judenthums« in Berlin, 1893 Gründer u. Vors. d. Vereins f. jüd. Gesch. u. Lit. [NDB; IGL] 204, 204^A, 205, 233^A
- Literarisches Wanderbuch (1898) 204, 204^A, 205

Karsch, Anna Louisa, geb. Dürbach (1722–1791), dt. Dichterin in Groß-Glogau u. Berlin; Freundin v. → L. Gleim u. → K. W. Ramler [NDB] 2^A

Katharina II. <die Große> (1729–1796), Kaiserin v. Russland, geb. Sophie Friederike Auguste Prinzessin v. Anhalt-Zerbst 120
- Drey Lustspiele wider Schwärmerey und Aberglauben [Der Betrüger. Der Verblendete. Der sibirische Schaman] (1788) 120

Keil, Robert (1826–1894), dt. Jurist u. Goetheforscher; Rechtsanwalt in Weimar [Hinrichsen] 13^A

Kelchner, Ernst (1831–1895), dt. Lokalhistoriker u. Bibliothekar; 1859–1894 Vorsteher d. Stadt-Bibl. Frankfurt/M. [Bader] 51
- Friedrich Hölderlin in seinen Beziehungen zu Homburg vor der Höhe (1883) 51^A

Kelle, Johann v. (1828–1909), dt. Germanist; 1854 Prom. in Würzburg, 1857–1899 o. Prof. f. dt. Spr. u. Lit. in Prag [ÖBL; IGL] 25, 53, 55, 56, 63, 86, 112, 114, 117^A, 118, 137, 138^A, 152^A, 169, 171, 174, 174^A, 175, 182^A, 185, 185^A, 188, 188^A, 189^A, 190, 198, 212, 212^A, 217^A, 228, 228^A, 240, 240^A, 264^A
- Geschichte der Deutschen Litteratur von der ältesten Zeit bis zur Mitte des elften Jahrhunderts [Bd. 1] (1892) 114, 138
- Geschichte der Deutschen Litteratur von der ältesten Zeit bis zum dreizehnten Jahrhundert [Bd. 2] (1896) 114
- (Hrsg.) Otfried von Weißenburg: Evangelienbuch (1856–1881) 55^A

Keller, Gottfried (1819–1890), schweiz. Schriftsteller in Zürich [NDB] 42^A, 139, 191^A, 254^A, 254^A, 279^A
- Der grüne Heinrich (1854–1855) 254, 254^A, 279, 279^A
- Sieben Legenden (1872) 254, 254^A

Keller, Ludwig (1849–1915), dt. Historiker; 1872 Prom. in Marburg/L., 1874 Archivar, 1881–1895 Dir. d. Staatsarchivs Münster, seit 1895 am preuß. Geheimen Staatsarchiv in Berlin; Gründer d. Comenius-Gesellschaft (1892) [NDB] 155^A

Kergel, Anna, geb. Pohlmann (?–1888), dt.; seit 1863 Ehefrau d. Grazer Altphilologen Wilhelm Kergel (1822–1891) [BJA 1892: Art. W. Kergel] 84

Kettner, Gustav (1852–1914), dt. Germanist; 1876 Prom. in Halle/S., 1875–1911 Gymn.-Lehrer an d. Kgl. Landesschule in Pforta/Sachsen [WI 1909; BBF] 13, 14, 152^A, 167^A
- (Hrsg.) Schillers Dramatischer Nachlaß. 2 Bde. (1895) 167^A
- (Rez.) L. Stettenheim: Schillers Fragment »Die Polizey«, mit Berücksichtigung anderer Fragmente des Nachlasses (1894) 138, 143

Khull-Kholwald, Ferdinand (1854–1942), öst. Germanist; Schüler v. → A. E. Schönbach in Graz; 1878 Prom., 1879–1916 Gymn.-Lehrer in Graz [ÖBL; IGL] 183, 183^A

Kinkel, Gottfried (1815–1882), dt.-schweiz. Theologe, Kunsthistoriker, Dichter u. Politiker; 1837 Pd. f. Kirchen-Gesch. in Bonn, 1845 Umhabilitation in d. Philosophische Fakultät, 1846 ao.

Prof. f. Kunst- u. Lit.-Gesch., nach Beteiligung an d. Bewegung v. 1848 seit 1850 im engl. Exil, dort Lehrer an verschiedenen Colleges, 1866–1882 Prof. f. Archäologie u. Kunst-Gesch. am Polytechnicum in Zürich [NDB; BJA 1882] 42[A]

Kirchhoff, Alfred (1838–1907), dt. Geograf u. Volkskundler; 1861 Prom. in Bonn, 1861–1871 Real- u. Gewerbeschullehrer in Mülheim/Ruhr, Erfurt u. Berlin, 1871 Doz. f. Geografie an d. Kriegs-Akad. in Berlin, 1873–1904 o. Prof. f. Geografie in Halle/S. [DBE; BJ 12] 253, 253[A]
– Die deutschen Landschaften und Stämme (1899) 253, 253[A]

Klahre, Rudolf, dt. Germanist; Schüler v. → M. Herrmann in Berlin 159[A]
– Zur Abwehr [gegen J. Minor] (1897) (mit → C. Alt, → E. Cassirer, → F. Düsel, → H. Stockhausen) 159[A]

Klaar, Alfred (1848–1927), öst. Literaturhistoriker u. Journalist; seit 1873 Theater- u. Kunstkritiker d. Prager Zeitung »Bohemia«, 1886 Prom. in Leipzig, 1885 Doz., 1898 ao. Prof. f. dt. Lit.-Gesch. an d. TH in Prag, seit 1899 in Berlin, 1901 Theaterreferent d. »Vossischen Zeitung«, ab 1912 Redakteur v. deren Sonntagsbeilage [NDB; ÖBL] 259, 259[A]
– (Hrsg.) Börnes Werke. Historisch-kritische Ausgabe in zwölf Bänden. Bd. 1–3, 6–7, 9 [mehr nicht erschienen] (1911–1913) (mit → L. Geiger, → J. Dresch, → R. Fürst, → E. Kalischer, → A. Stern u. → L. Zeitlin) 259, 259[A]

Klee, Gotthold (1850–1916), dt. Germanist; Schüler v. → F. Zarncke in Leipzig; 1873 Prom., 1874 Dir. d. Lateinschule in Desesheim/Rheinpfalz, 1885–1916 Gymn.-Lehrer in Bautzen [DBJ 1; IGL] 157[A], 169[A]
– (Hrsg.) Ein Brief von Ludwig Tieck aus Jena vom 6. Dezember 1799 (1897) 157[A]
– (Hrsg.) Wielands Werke (1900) 169, 169[A]

Kleemann, August v. (1843–1912), öst. Jurist u. Verwaltungsbeamter; Sektionsrat im k. k. Min. f. Cultus u. Unterricht [Hainisch, S. 98 f., 388] 92[A], 150, 151

Klein, Felix (1849–1925), dt. Mathematiker; 1868 Prom. in Bonn, 1871 Pd. in Göttingen, 1872 o. Prof. f. Mathematik in Erlangen, 1875 an d. TH München, 1880 in Leipzig, 1886–1913 in Göttingen [NDB] 252[A]
– Universität und Schule. Vortrag (1907) (mit → P. Wendland, → A. Brandl u. → A. Harnack) 252, 252[A]

Kleist, Ewald Christian v. (1715–1759), dt. Dichter u. Offizier; Freund v. → J. W. v. Brawe, → L. Gleim, → G. E. Lessing, → F. Nicolai, → K. W. Ramler, → J. P. Uz u. → C. F. Weiße [NDB] 1, 2, 3, 4, 7, 8, 10, 14, 16, 17, 21, 40[A], 48, 51[A], 79, 92, 95, 99, 115
– Ewald von Kleist's Werke (1881–1882) → A. Sauer 1, 3[A], 4, 4[A], 6, 10, 10[A], 12, 12[A], 14, 40, 47, 47[A]
– Filinde lag am Strauche (1777) 95

Kleist, Heinrich v. (1777–1811) dt. Dichter [NDB] 86[A], 94, 132[A], 145, 147, 148, 149[A], 167[A], 218, 218[A], 228, 228[A], 249[A], 255[A], 262[A], 288, 288[A]
– Das Käthchen von Heilbronn (1810) 262, 262[A]
– Penthesilea (1808) 167[A], 228[A]
– (Hrsg.) Phöbus. Ein Journal für die Kunst (1808) (mit → A. H. Müller) 86, 87

Klemm, Christian Gottlob (1736–1802), öst. Schriftsteller u. Dramatiker in Wien [Killy] 26, 28[A]
– Der auf den Parnass versetzte gruene Hut (1767) u. Neudruck (1883) 26, 28

Klinger, Friedrich Maximilian (v.) (1752–1831), dt. Dichter u. Offizier in Frankfurt/M., Gießen,

St. Petersburg u. Dorpat; Freund v. → J. W. v. Goethe, → J. M. R. Lenz u. → H. L. Wagner [NDB] 3, 20, 21, 96, 167^A, 198
- Fausts Leben, Thaten und Höllenfahrt in fünf Büchern (1791) u. Neudruck (1883) 21, 21^A, 96, 98
- Otto. Ein Trauerspiel (1775) u. Neudruck (1881) 3^A, 6^A
- Plimplamplasko, der hohe Geist. (heut Genie). Eine Handschrift aus den Zeiten Knipperdollings und Doctor Martin Luthers (1780) 20
- Sturm und Drang (1776) u. Neudruck (1883) 21
- Die Zwillinge (1776) u. Neudruck (1883) 21

Klinger, Max (1857–1920), dt. Maler, Grafiker u. Bildhauer in Berlin, Rom, Paris u. Leipzig, seit 1897 Prof. an d. Akad. d. grafischen Künste in Leipzig [NDB; Killy] 198

Klopstock, Friedrich Gottlieb (1724–1803), dt. Dichter [NDB] 1, 3^A, 45, 46, 59^A, 78^A, 99^A, 102^A, 130, 137^A, 147^A, 173^A, 174^A, 228
- Friedrich Gottlieb Klopstocks Oden (1889) → F. Muncker und → J. Pawel 12^A
- Hamburger Klopstock-Ausgabe (1974) 12^A
- Klopstocks Werke. Erster Theil: Der Messias (1884) → R. Hamel 12^A
- Der Meßias. Ein Heldengedicht (1749) u. Neudruck (1883) 12, 25, 46, 137^A
- Oden und Elegien. Vier und dreyssigmal gedruckt (1771) 12^A

Kluckhohn, Paul (1886–1957), dt. Germanist; Schüler v. Karl Brandi in Göttingen; 1913 Pd., 1920 ao. Prof. f. german. Philologie in Münster, 1925 o. Prof. f. dt. Spr. u. Lit. an d. TH Danzig, 1927 o. Prof. in Wien, 1931–1954 in Tübingen [NDB; IGL] 286^A, 288, 288^A, 291^A
- Die Auffassung der Liebe in der Literatur des 18. Jahrhunderts und der deutschen Romantik (1922) 288, 288^A
- Erklärung [gegen A. Sauer] (1925) (mit F. Brüggemann, → E. Castle, → H. A. Korff, → A. Leitzmann, → P. Merker, → L. Spitzer, → K. Viëtor, → O. Walzel u. → G. Witkowski) 291^A
- (Hrsg.) Deutsche Vierteljahresschrift für Literaturwissenschaft und Geistesgeschichte (1923 ff.) (mit → E. Rothacker) 286, 286^A, 287, 287^A

Kluge, Friedrich (1856–1926), dt. Germanist; Schüler v. → F. Zarncke in Leipzig u. → B. ten Brink in Straßburg; 1880 Pd. f. dt. u. engl. Philologie in Straßburg, 1884 ao. Prof., 1886 o. Prof. in Jena, 1893–1919 o. Prof. f. dt. Spr. u. Lit. in Freiburg/Br. [NDB; IGL] 35, 36, 213

Knoll, Philipp (1841–1900), öst. Mediziner; 1864 Prom. in Prag, 1869 Pd. f. Anatomie u. Physiologie in Gießen, 1870 Pd., 1872 ao. Prof., 1879 o. Prof. f. allg. u. experimentelle Pathologie in Prag, 1898–1900 in Wien [ÖBL] 152^A

Koch, Günther (1862–1907), dt. Altphilologe u. Germanist; 1887 Prom. in Halle/S., Realschul- u. Gymn.-Lehrer in Jena u. Eisenach [BJ 12; Kössler]
- Beiträge zur Würdigung der ältesten deutschen Übersetzungen anakreontischer Gedichte (1893) 133, 133^A

Koch, Max (1855–1931), dt. Germanist; Schüler v.→ M. Bernays in München; 1879 Pd., 1885 ao. Prof. f. dt. Lit.-Gesch. in Marburg/L., 1890 in Breslau, 1895–1924 o. Prof. das. [NDB; IGL] 51, 52, 63, 64, 78^A, 121, 122, 124, 125, 134, 135, 136, 149, 167, 167^A, 176, 176^A, 203, 204, 224
- Ein Brief Goethes nebst Auszügen aus Briefen P. A. Wolfs (1893) 136
- Helferich Peter Sturz (1879) 125

- Neuere Goethe- und Schillerlitteratur IX (1894) 149
- Das Quellenverhältnis in Wielands Oberon (1879) 167^A
- Wieland, Christoph Martin (1897) 167, 167^A
- (Hrsg.) Studien zur vergleichenden Litteraturgeschichte (1901–1909) 203, 203^A, 204, 204^A, 224, 224^A
- (Hrsg.) Zeitschrift für vergleichende Litteraturgeschichte (1886–1901) 63, 63, 78, 121, 125, 132, 126, 145^A, 167^A, 176, 176^A, 177, 177^A
- (Hrsg.) Zur ersten Jahrhundertfeier von Schillers Todestag am 9. Mai 1805 (1905) 224, 224^A
- (Rez.) H. Düntzer: Abhandlungen zu Goethes Leben und Werken (1885) 64

Koch, Rudolf (1844–1922), dt. Verlagsbuchhändler; 1874–1892 Prokurist d. Cotta'schen Buchhandlung in Stuttgart, ab 1893 Inhaber d. Verlags C. C. Buchner in Bamberg, 1894–1896 Verleger d. »Euphorion« [Kanzog, S. 150] 122^A, 126, 128, 129, 134^A, 136, 137^A, 139, 140, 141, 145, 146, 147, 150, 151, 154, 154^A, 155, 157, 157^A, 158, 176

Kochanowski, Jan (1530–1584), poln. Dichter 230^A

Kögel, Rudolf (1855–1899), dt. Germanist; Schüler v. → F. Zarncke in Leipzig; 1879–1888 Gymn.-Lehrer in Leipzig, seit 1883 zugl. Pd. f. german. Philologie an d. Univ., 1888–1899 o. Prof. f. dt. Spr. u. Lit. in Basel [IGL] 84, 174^A
- Kleinigkeiten zu Goethe (1888) 84

Köhler, Reinhold (1830–1892), dt. Altphilologe u. Germanist; Schüler v. → K. W. Göttling in Jena; 1856 Mitarbeiter, seit 1881 Leiter, 1886–1890 Oberbibliothekar an d. Großherzoglichen Bibl. in Weimar [NDB; IGL] 76, 77, 78, 94^A, 138^A

Kolbenheyer, Erwin Guido (1878–1962), öst. Schriftsteller [NDB] 293^A

König, Johann Ulrich (v.) (1688–1744), dt. Dichter [NDB] 186, 186^A, 187
- Des Freyherrn von Canitz Gedichte […] Nebst dessen Leben (1727) 186^A

Körner, Theodor (1791–1813), dt. Dichter [NDB] 281^A

Körner, Josef (1888–1950), dt. Germanist; Schüler v. → J. Minor in Wien; 1910 Prom., 1912–1930 Realschul- u. Gymn.-Lehrer in Prag, 1930 Pd., 1930–1938 (aufgrund seiner jüd. Herkunft entl.) Tit.-Prof. f. dt. Lit.-Gesch. an d. dt. Univ. Prag [NDB; IGL] 289^A, 291, 291^A
- Romantiker und Klassiker. Die Brüder Schlegel in ihrer Beziehung zu Schiller und Goethe (1924) 291, 291^A

Körte, Wilhelm (1776–1846), dt. Literaturhistoriker; Privatgelehrter in Halberstadt; Großneffe v. → L. Gleim, Verwalter u. Hrsg. v. dessen Nachlass [DBE] 6, 10^A

Köster, Albert (1862–1924), dt. Germanist; Schüler v. → E. Schmidt in Berlin; 1887 Prom. in Leipzig, 1892 ao. Prof. f. neuere dt. Lit.-Gesch. in Marburg/L., 1899–1924 o. Prof. f. neuere dt. Spr. u. Lit. in Leipzig [NDB; IGL] 87^A, 125, 139, 143, 149^A, 152^A, 167, 167^A, 173, 173^A, 174, 174^A, 184, 184^A, 185^A, 191, 198, 198^A, 264^A, 268^A, 271, 271^A, 273, 273^A, 283, 287, 287^A
- Gottfried Keller. Sieben Vorlesungen (1900) 191^A
- Lessing und Gottsched (1894) 139, 143
- Über Goethes Elpenor (1898) 173, 173^A
- Ziele der Theaterforschung (1922) 287, 287^A
- (Hrsg.) C. O. v. Schönaich: Die ganze Ästhetik in einer Nuß, oder Neologisches Wörterbuch (1900) 87, 174, 184, 184^A
- (Rez.) M. Bernays: Schriften zur Kritik und Litteraturgeschichte. Bd. 1 (1897) 167, 167^A

Konegen, Carl (1842–1903), dt.-öst. Verlagsbuchhändler; seit 1877 Inhaber d. Verlagsbuchhandlung C. Konegen in Wien [Hall, s. Register] 24[A], 40, 41, 80, 98[A], 106, 176, 176[A], 177, 183

Kopisch, August (1799–1853), dt. Maler u. Schriftsteller in Breslau, Wien, Rom, Neapel u. Berlin [DBE] 148

Korff, Hermann August (1882–1963), dt. Germanist; Schüler v. → M. v. Waldberg in Heidelberg; 1913 Pd. , 1921 ao. Prof. f. neuere dt. Lit.-Gesch. in Frankfurt/M., 1923 o. Prof. in Gießen, 1925–1954 o. Prof. f. neuere dt. Spr. u. Lit. in Leipzig [NDB; IGL] 288[A], 289, 289[A], 290, 290[A], 291[A]

- Erklärung [gegen A. Sauer] (1924) 289, 289[A], 290
- Erklärung [gegen A. Sauer] (1925) (mit → F. Brüggemann, → E. Castle, → P. Kluckhohn, → A. Leitzmann, → P. Merker, → L. Spitzer, → K. Viëtor, → O. Walzel u. → G. Witkowski) 291[A]
- Voltaire im literarischen Deutschland des XVIII. Jahrhunderts (1917) 288[A], 290, 290[A]
- (Rez.) G. Stefansky: Das Wesen der deutschen Romantik (1924) 289, 289[A]
- (Hrsg.) L. Gleim: Sämmtliche Werke (1811–1813) 6, 6[A], 8, 8[A]

Kosch, Wilhelm (1879–1960), öst. Germanist; Schüler v. → A. Sauer in Prag; 1904 Prom., dann Redakteur d. Zs. »Deutsche Arbeit« u. Mitarbeiter d. Adalbert-Stifter-Archivs in Prag, 1905 Bibliothekar an d. dt. Univ., 1906 ao. Prof. f. dt. Lit.-Gesch. in Fribourg/Schweiz, 1911 ao. Prof. in Czernowitz, 1914–1921 freier Schriftsteller in München, 1921 ao. Prof. f. Lit.-Gesch. an d. Montanistischen Hochschule in Leoben/Steiermark, 1923–1949 o. Prof. f. dt. Lit.-Wiss. in Nimwegen [NDB; IGL] 260, 260[A], 271, 271[A]

- Romantische Jahresrundschau (1912) 271[A]
- (Hrsg.) Sämtliche Werke des Freiherrn Joseph von Eichendorff. Historisch-Kritische Ausgabe. 22 Bde. (1908 ff.) (mit → P. A. Becker u. → A. Sauer) 260, 260[A]

Kotzebue, August (v.) (1761–1819), dt. Dramatiker, Theaterleiter, Jurist u. Diplomat in Weimar, St. Petersburg, Jena, Berlin u. Königsberg [NDB] 42

Kraeger, Heinrich (1870–1945), dt. Germanist u. völkischer Publizist; Schüler v. → E. Schmidt in Berlin; 1897 Pd. in Zürich, 1900 Lektor d. dt. Spr. f. Ausländer an d. Univ. Berlin, 1902 Lehrer, 1904–1921 Prof. f. Kunst-Gesch. u. Lit. an d. Kunst-Akad. in Düsseldorf, 1926–1936 Pd. f. dt. Spr. u. Lit. an d. TH Berlin, zugl. 1934–1937 Lehrauftrag f. neuere dt. Lit. u. Lit. d. völkischen Bewegung an d. Univ. Berlin [IGL] 194[A]

- Zur Geschichte von C. F. Meyers Gedichten 3 Tle. (1900) 194, 194[A]

Krafft-Ebing, Luise, geb. Kissling (1846–1903), dt.; Ehefrau v. → R. v. Krafft-Ebing [NDB: Art. R. v. Krafft-Ebing] 69

Krafft-Ebing, Richard v. (1840–1902), dt. Mediziner u. Psychiater; 1863 Prom. in Heidelberg, 1864 Assistent an d. Irrenanstalt Illenau in Baden, 1872 ao. Prof. f. Psychiatrie in Straßburg, 1873 o. Prof. u. Dir. d. Irrenanstalt Feldhof in Graz, 1889–1902 o. Prof. in Wien [NDB] 69

Kralik, Dietrich v. (1884–1959), öst. Germanist; Schüler v. → J. Seemüller u. → R. Much in Wien; 1914 Pd., 1922 ao. Prof. f. german. Spr.-Wiss. u. Altertumskunde in Wien, 1923 o. Prof. f. dt. Philologie in Würzburg, 1924–1955 o. Prof. in Wien [NDB; ÖBL; IGL] 284[A]

Kramer, Arnold (1863–1919), dt. Bildhauer u. Medailleur in Braunschweig u. Dresden [Thieme/Becker] 265[A]

Kraus, Arnošt (1859–1943), tschech. Germanist; Schüler v. → J. Kelle in Prag; 1886–1898

Gymn.-Lehrer in Prag, zugl. 1884–1898 Lektor f. dt. Spr. u. Lit. an d. tschech. Univ., später auch an d. TH, 1886 Pd., 1895 ao. Tit.-Prof., 1898 ao. Prof., 1905–1930 o. Prof. f. dt. Spr. u. Lit. an d. tschech. Univ. [IGL] 207, 207[A]
- Goethe a Čechy (1893) 207, 207[A]

Kraus, Carl v. (1868–1952), öst. Germanist; Schüler v. → R. Heinzel in Wien; 1894 Pd. f. ältere german. Spr. u. Lit., 1901 ao. Tit.-Prof., 1903 ao. Prof. f. dt. Philologie in Wien, 1904 o. Prof. f. ältere dt. Spr. u. Lit. in Prag, 1911 f. dt. Philologie in Bonn, 1913 f. dt. Spr. u. Lit. in Wien, 1917–1935 in München [NDB; IGL] 159, 159[A], 160, 160[A], 167, 167[A], 169, 169[A], 170, 170[A], 171, 173[A], 175, 178, 179, 179[A], 180, 181, 182, 182[A], 183, 183[A], 188, 190, 202, 202[A], 212, 212[A], 217, 217[A], 218, 230, 237, 240, 261, 264, 264[A], 268[A], 273[A], 279
- Das sogenannte II. Büchlein und Hartmanns Werke (1898) 179, 179[A]
- Widersprüche in Kunstdichtungen (1893) (mit → M. H. Jellinek) 167
- Widersprüche in Kunstdichtungen und höhere Kritik an sich (1897) (mit → M. H. Jellinek) 167, 167[A], 170

Krauß, Rudolf (1861–1945), dt. Altphilologe u. Literaturhistoriker; 1884 Prom. in Tübingen, Gymn.-Lehrer in Ulm u. Stuttgart, 1892–1919 Archivar am Geheimen Staatsarchiv in Stuttgart [Leesch; IGL] 135, 138, 227, 227[A]
- Eduard Mörike und die Politik (1894) 135, 138
- Die Erstaufführungen von Schillers Dramen auf dem Stuttgarter Hoftheater (1905) 227, 227[A]

Krebs, Georg (1833–1907), dt. Physiker; 1858 Prom. in Marburg/L., 1856–1893 Lehrer f. Physik, Chemie u. Algebra in Wiesbaden, Hadamar u. Frankfurt/M., 1879–1893 zugl. Doz. am Physikalischen Verein in Frankfurt/M. [Poggendorff 6] 131[A]
- (Hrsg.) Humboldt. Monatsschrift für die gesamten Naturwissenschaften (1882–1890) 131

Kremer v. Auenrode, Hugo (1833–1888), öst. Jurist; 1859 Pd. in Pest, 1868 ao. Prof. in Wien, 1874–1888 o. Prof. f. dt. Recht in Prag [ÖBL] 86[A]

Krimmel, Otto (1853–1937), dt. Geologe u. Lokalhistoriker; 1886 Prom. in Tübingen, dann Studienrat in Reutlingen u. Stuttgart 175[A]
- Beiträge zur Beurteilung der hohen Karlsschule in Stuttgart (1896) 175[A]

Krinner, Grete <Gretl>, öst. Germanistin; Schülerin v. → B. Seuffert in Graz; Lehrerin an d. Deutschen Schule in Meran 285, 285[A]
- Anzengrubers Kalendergeschichte (Seminararbeit) 285, 285[A]

Kroner, Richard (1884–1974), dt. Philosoph; Schüler v. Heinrich Rickert in Freiburg/Br.; 1912 Pd., 1919 ao. Prof. d. Philosophie in Freiburg/Br., 1924 o. Prof. an d. TH Dresden, 1928 in Kiel, 1934 in Frankfurt/M., dort im selben Jahr aus polit. Gründen entl., 1938 Emigration nach England, Lehrtätigkeit in Oxford u. St. Andrews, 1939 Emigration in d. USA, 1941–1952 Doz. an d. Temple Univ. in New York [NDB] 283[A]
- (Hrsg.) Logos. Internationale Zeitschrift für Philosophie der Kultur (1910/11–1933) 283, 283[A]

Kröner, Adolf (v.) (1836–1911) u. Kröner, Paul (1839–1900), dt. Verlagsbuchhändler; Inhaber d. Verlage Kröner u. Cotta in Stuttgart [NDB: Art. A. v. Kröner] 89[A]

Krones, Franz (v.) (1835–1902), öst. Historiker; 1858 Prom. in Wien, 1857 Prof. an d. Rechts-Akad. in Kaschau, 1861 Gymn.-Lehrer in Graz, dort 1862 Pd., 1864 ao. Prof., 1865–1902 o. Prof. f. öst. Gesch. [NDB; ÖBL] 69, 189[A]

Krüger, Hermann Anders (1871–1945), dt. Literaturhistoriker u. Schriftsteller; Stud. d. Germa-

nistik u. Theologie, Lehrer in Genua u. Dresden, 1898 Prom. in Leipzig, dann Assistent am Historischen Museum in Dresden, 1905 Pd., 1909–1913 Prof. f. dt. Lit.-Gesch. an d. TH Hannover, dann freier Schriftsteller in Dresden, 1918–1920 Mitgl. d. thüring. Landesregierung (DDP), 1921–1934 Bibl.-Dir. in Gotha u. Altenburg [NDB] 191^A, 194, 194^A
- Der junge Eichendorff (1898) 191^A, 194^A

Kühnemann, Eugen (1868–1946), dt. Philosoph u. Literaturhistoriker; Schüler v. Hermann Cohen in Marburg/L.; 1895 Pd., 1901 ao. Prof. f. Philosophie in Marburg, 1903 erster Dir. d. Akad. Posen, 1906–1935 o. Prof. f. Philosophie in Breslau [NDB] 136^A, 148, 154^A, 173, 173^A, 174, 174^A, 175
- Herders letzter Kampf gegen Kant (1893) 136
- Herders Persönlichkeit in seiner Weltanschauung. Ein Beitrag zur Begründung der Biologie des Geistes (1893) 148
- (Hrsg.) Herders Werke (1892) 148

Kummer, Karl Ferdinand (v.) (1848–1918), öst. Germanist; Schüler v. → R. Heinzel in Wien; 1878 Prom. in Wien, 1870–1885 Gymn.-Lehrer in Cilli, Triest u. Wien, 1879–1885 zugl. Lehrer d. Erzherzogin Valerie, 1885–1915 Landesschulinspektor f. Niederöst. [ÖBL] 152^A

Künzli, Martin (1709–1765), schweiz. Pädagoge, Theologe u. Schriftsteller; Freund u. Mitarbeiter v. → J. J. Bodmer; seit 1728 Lehrer, 1760–1765 Rektor d. Stadtschule in Winterthur [Kosch: Lit.-Lex.] 101

Kürschner, Emma, geb. Haarhaus (1859–1928), dt.; seit 1881 Ehefrau v. → J. Kürschner 211, 211^A, 213

Kürschner, Joseph (1853–1902), dt. Schriftsteller, Verlagsredakteur u. Lexikograf in Berlin, Stuttgart u. Eisenach; 1882–1899 Hrsg. d. Reihe »Deutsche National-Litteratur« im Verlag v. W. Spemann, später Deutsche Verlags-Union-Gesellschaft, seit 1883 d. »Allgemeinen deutschen Litteratur-Kalenders« [NDB] 12, 19, 20, 21, 22, 29, 40, 45^A, 50, 51, 52, 79, 86, 96^A, 98, 174^A, 211, 211^A, 214, 218, 218^A
- Quart-Lexikon. Ein Buch für Jedermann (1888) 51
- (Hrsg.) Deutsche Nationallitteratur (1882-1890) 19, 52, 96

Kuhnau, Johann (1660–1722), dt. Komponist; 1701–1722 Kantor an d. Thomasschule u. Kirchenmusikdir. in Leipzig [NDB] 184, 184^A
- Der Musicalische Quack-Salber (1700) u. Neudruck (1900) 184, 184^A

Kurz, Joseph Felix <Ps.: Bernardon> (1717–1784), öst. Schauspieler, Theaterleiter u. Komödiendichter in Wien, Frankfurt/M., Dresden u. Prag [NDB] 23
- Eine neue Tragödie, Betitult: Bernardon Die getreue Prinzeßinn Pumphia, und Hannswurst der tyrannische Tartar-Kulican (1756) u. Neudruck (1883) 23, 24^A

L

Laas, Ernst (1837–1885), dt. Philosoph; Schüler v. Adolf v. Trendelenburg in Berlin; 1859 Prom., 1860–1872 Gymn.-Lehrer in Berlin, 1872–1885 o. Prof. f. Philosophie in Straßburg [NDB] 35^A

Lachmann, Karl (1793–1851), dt. Altphilologe u. Germanist; Schüler v. Gottfried Herrmann in Leipzig u. → C. G. Heyne u. Georg Friedrich Benecke in Göttingen; 1815 Pd. f. klass. Philologie in Göttingen, 1816 Gymn.-Lehrer u. Pd. in Berlin, 1818 ao. Prof. f. Theorie, Kritik

u. Lit. d. schönen Künste u. Wiss. in Königsberg, 1825 ao. Prof., 1827–1851 o. Prof. f. dt. u. klass. Philologie in Berlin; Lehrer u. a. v. Moriz Haupt, → K. Müllenhoff, → W. Wackernagel, → K. Weinhold u. → J. Zacher [NDB; IGL] 45, 46[A], 71, 99
- (Hrsg.) G. E. Lessing: Sämtliche Schriften (1838–1840) 45, 99

Laistner, Ludwig (1845–1896), dt. Literaturhistoriker; nach Stud. d. Theologie ab 1870 Privatgelehrter in München, dort Freund u. Mitarbeiter v. → P. Heyse u. → W. v. Hertz, 1889–1896 Literarischer Berater d. Cotta-Verlags in Stuttgart [NDB] 134

Lambel, Hans (1842–1921), öst. Germanist; Schüler v. → F. Pfeiffer in Wien; 1864–1870 Amanuensis an d. k. k. Hof-Bibl. in Wien, 1870–1874 Gymn.-Lehrer in Oberhollabrunn, 1874–1912 Gymn.-Prof. in Prag, 1876 zugl. Pd. u. 1884–1912 ao. Tit.-Prof. für mhdt. u. neuhochdt. Spr. u. Lit. in Prag [ÖBL; IGL] 24, 53, 54, 55, 56, 111, 116, 117, 168, 169, 176, 183, 183[A]
- (Hrsg.) Von Deutscher Art und Kunst. Einige fliegende Blätter (1892) 111, 116, 117

Lamp, Karl (1866–1962), öst. Jurist; 1891 Prom. in Graz, 1891-1904 polit. Verwaltungsbeamter beim Grazer Stadtrat, 1902 zugl. Pd. f. Staats-, Verwaltungs- u. Völkerrecht u. Rechtsphilosophie an d. Univ. Graz, 1904–08 auch Vorstand d. Univ.-Kanzlei, 1908 ao. Prof., 1910 o. Prof. in Czernowitz, 1911–1933 in Innsbruck [DBE] 250, 250[A], 252, 252[A]

Lamprecht, Karl (1856–1915), dt. Historiker; Schüler v. Julius Weizsäcker in Göttingen u. Wilhelm Roscher in Leipzig; 1880 Pd., 1885 ao. Prof. in Bonn, 1890 o. Prof. f. mittlere u. neuere Gesch. in Marburg/L., 1891–1915 o. Prof. in Leipzig [NDB; DBE] 149[A], 286, 286[A]

Lang, Wilhelm (1832–1915), dt. Schriftsteller u. Journalist; 1860–1904 Redakteur d. »Schwäbischen Merkur« in Stuttgart, 1866 Mitbegründer d. Deutschen Partei in Württemberg, 1879–1881 Hrsg. d. Zs. »Im neuen Reich« [NDB] 157[A]
- (Hrsg.) Ein ungedruckter Brief Schillers (1897) 157, 157[A]

Lange, Samuel Gotthold <Ps.: Damon> (1711–1781), dt. Dichter u. evang. Theologe; Freund u. Mitarbeiter v. → J. I. Pyra; seit 1737 Prediger in Laublingen bei Halle/S. [NDB]
- Einer Gesellschaft auf dem Lande poetische, moralische, ökonomische und kritische Beschäftigungen (1777) 23, 33, 45[A], 46[A], 47[A], 48, 51[A], 95[A], 102[A]
- Thirsis und Damons Freundschaftliche Lieder (1749) u. Neudruck (1885) 23[A], 33, 34, 45, 45[A], 46, 46[A], 47, 47[A], 48, 48[A], 51[A], 95[A], 102

La Roche, Georg Michael Frank v. (1720–1788), dt.; seit 1775 kurtrierischer Kanzler, Ehemann v. → S. v. La Roche [NDB] 295[A]

La Roche, Sophie v., geb. Gutermann Edle v. Gutershofen (1730–1807), dt. Schriftstellerin; Ehefrau v. → G. M. F. v. La Roche, Freundin v. → C. M. Wieland; Großmutter v. → C. Brentano u. → B. v. Arnim [NDB] 204[A], 213[A], 224, 224[A], 232[A], 241, 241[A], 295[A]
- Geschichte des Fräuleins von Sternheim (1771) 241[A]

Lassen, Eduard (1830–1904), dän. Komponist u. Dirigent; Stud. am Konservatorium in Brüssel, ab 1851 Stipendiat d. belg. Regierung, Reisen nach Deutschland u. Italien, 1858–1895 Hofkapellmeister in Weimar [NDB] 200, 203[A]

Laube, Gustav Karl (1839–1923), öst. Geologe; 1865 Prom. (Dr. rer. nat.) dann Assistent am Lehrstuhl f. Mineralogie u. Geologie am Polytechnicum in Wien, dort 1866 Pd. f. Paläontologie, 1867 Pd. an d. Univ. das., 1871 o. Prof. am Polytechnikum in Prag, 1878–1910 f. Geologie an d. dt. Univ. das. [NDB] 205, 205[A]

Laube, Heinrich (1806–1884), dt. Schriftsteller u. Journalist; Theaterleiter u. Grillparzerforscher

in Leipzig, Berlin u. Wien; 1849–1867 artistischer Dir. d. Wiener Burgtheaters, 1872–1880 Dir. d. Wiener Stadttheaters [NDB; ÖBL] 51^A, 200^A, 251, 251^A
- (Hrsg.) Grillparzer's Sämmtliche Werke. 10 Bde. (1872) (mit → J. Weilen) 251, 251^A

Laubmann, Georg Ritter v. (1843–1909), dt. Altphilologe; 1866 Hilfsarbeiter an d. bayer. Hof- und Staats-Bibl. in München, 1875 Oberbibliothekar an d. Univ.-Bibl. Würzburg, 1878–1882 stellv. Dir., 1882–1909 Dir. d. Hof- und Staats-Bibl. [NDB] 185, 191^A
- (Hrsg.) Die Tagebücher des Grafen August von Platen. 2 Bde. (1896, 1900) (mit → L. v. Scheffler) 191^A

Lauchert, Friedrich (1863–1944), dt. kath. Theologe u. Bibliothekar; 1886 Prom. in München, 1888–1890 u. 1893–1895 Hilfsarbeiter an d. Univ.-Bibl. Straßburg, 1891 Pd. f. Patrologie u. christliche Lit.-Gesch. in Bern, 1895–1899 Prof. f. Dogmatik am altkath. Seminar d. Univ. Bonn, 1899 Amtsniederlegung, 1901–1928 Stadtbibliothekar in Aachen [NDB] 138^A, 141
- G. Chr. Lichtenberg's schriftstellerische Thätigkeit in chronologischer Übersicht dargestellt. Mit Nachträgen zu Lichtenberg's »Vermischten Schriften« und textkritischen Berichtigungen (1893) 138, 141

Lavater, Johann Caspar (1741–1801), schweiz. evang. Theologe, Philosoph u. Schriftsteller; Pfarrer in Zürich [NDB] 27^A; 3, 39, 194^A
- Abraham und Isaak (1776) 27^A
- Physiognomische Fragmente zur Beförderung der Menschenkenntnis und Menschenliebe (1775–1778) 37^A

Lazius, Wolfgang (1514–1565), öst. Geschichtsschreiber u. Humanist in Wien [NDB] 138^A

Learned, Marion Dexter (1857–1917), US-amerik. Germanist; Schüler v. Henry Wood in Baltimore/Maryland; 1876 Landschullehrer in Williamsburg/Maryland, 1880 Prof. of Ancient and Modern Languages am Dickinson Coll. Williamsport/Pennsylvania, Studienaufenthalt in Leipzig, 1887 Prom. an d. Johns Hopkins Univ. Baltimore, dort 1887 Instructor u. 1892 Prof. of German, 1895–1917 Prof. of Germanic Languages and Literatures an d. Univ. of Pennsylvania in Philadelphia [IGL] 213, 213^A
- Herder and America (1904) 213^A
- (Hrsg.) German American Annals (1903–1919) 213^A

Lechner <Lochner/Lachner?>, [N. N.], dt. Literaturhistoriker in Nürnberg 152^A

Lehmann, Emil (1880–1964), öst. Germanist u. Volkskundler; Schüler v. → A. Sauer in Prag; 1904 Prom., 1906–1928 Gymn.-Lehrer in Graz u. Prag, 1928–1935 Geschäftsführer d. Gesellschaft f. dt. Volksbildung in Reichenberg/Böhmen, 1935 aufgrund großdt.-völkischer Propaganda verurteilt, 1936 Flucht nach Deutschland, dort Hon.-Prof. an d. TH in Dresden [Kosch: Lit.-Lex.] 288^A, 293^A
- Hölderlins Lyrik (1922) 288, 288^A

Leisewitz, Johann Anton (1752–1806), dt. Dichter; Freund v. → G. E. Lessing; 1774 im Göttinger Hain, seit 1778 im herzogl. braunschweigischen Dienst, zuletzt Präs. d. Obersanitätskollegiums [NDB] 21, 86^A, 94, 102^A
- Julius von Tarent (1776) u. Neudruck (1883, 1889) 21, 86, 102

Leitgeb, Hubert (1835–1888), öst. Botaniker; 1856–1865 Gymn.-Lehrer in Görz, Linz u. Graz, 1866 Pd., 1867 ao. Prof., 1868–1888 o. Prof. f. Botanik in Graz [ÖBL] 84

Leitner, Karl Gottfried v. (1800–1890), öst. Dichter u. Lokalhistoriker in Graz; Sohn v. → C. F.

Leitner; seit 1834 Redakteur d. »Steiermärkischen Zeitschrift«, 1836–1856 Sekr. d. Steiermärkischen Landstände [ÖBL] 149

Leitzmann, Albert (1867–1950), dt. Germanist; Schüler v. → H. Paul in Freiburg/Br.; 1891 Pd. f. dt. Philologie, 1898 ao. Prof., 1923–1935 o. Prof. f. dt. Spr. u. Lit. in Jena [NDB; IGL] 108, 111, 120, 122, 123, 131, 135, 138^A, 145, 156, 156^A, 157^A, 159, 159^A, 173, 173^A, 175, 175^A, 185, 185^A, 191, 191^A, 192, 196^A, 198, 198^A, 200, 203, 227, 227^A, 276, 284^A, 291^A, 295^A
- Ein Bericht von Therese Heyne über Weimar und Jena 1783 (1894) 131, 135
- Ein Bündlein von Fündlein. II. Der Kosakenhetmann in Goethes ›Farbenlehre‹ (1926) 295, 295^A
- Erklärung [gegen A. Sauer] (1925) (mit F. Brüggemann, → E. Castle, → P. Kluckhohn, → H. A. Korff, → P. Merker, → L. Spitzer, → K. Viëtor, → O. Walzel u. → G. Witkowski) 291^A
- Die Quellen von Schillers »Pompeji und Herkulanum« (1905) 227, 227^A
- (Hrsg.) G. Forster: Ausgewählte kleine Schriften (1894) 108, 120
- (Hrsg.) Briefe und Tagebücher Georg Forsters von seiner Reise am Niederrhein, in England und Frankreich im Frühjahr 1790 (1893) 122, 138^A
- (Hrsg.) Ein Brief Lessings an Lichtenberg (1897) 157, 157^A
- (Hrsg.) Georg Christoph Lichtenbergs Aphorismen 5 Tle. (1902–1908) 185, 185^A, 196, 196^A, 198^A, 200, 203, 207
- (Hrsg.) G. C. Lichtenberg: Briefe. 3 Bde. (1901–1904) (mit → C. Schüddekopf) 196, 196^A
- (Hrsg.) Quellenschriften zur neueren Litteratur- und Geistesgeschichte (1894–1895) 122, 123
- (Hrsg.) Tagebuch Wilhelm von Humboldts von seiner Reise im Jahre 1796 (1894) 122
- (Hrsg.) W. v. Humboldt: Sechs ungedruckte Aufsätze über das klassische Altertum (1896) 122
- (Rez.) L. Bellermann (Hrsg.): Schillers Werke (1899) 175^A
- (Rez.) A. Farinelli: Guillaume de Humboldt et l'Espagne (1899) 175^A
- (Rez.) O. Harnack: Schiller (1899) 175^A
- (Rez.) Schriften über Schillers Jugend: O. Krimmel: Beiträge zur Beurteilung der hohen Karlsschule in Stuttgart; E. Müller: Schillers Jugenddichtung und Jugendleben; M. Möller: Studien zum Don Carlos (1899) 175^A

Leitzmann, Else, geb. Altwasser (1874–1950), dt. Dichterin in Jena; seit 1892 Ehefrau v. → A. Leitzmann [IGL: Art. A. Leitzmann; Steinbach] 122, 156, 191

Lenz, Jakob Michael Reinhold (1751–1792), dt. Dichter [NDB] 19, 20, 21, 86, 203, 203^A, 285^A
- Gesammelte Schriften (1828) → L. Tieck 20
- Der Hofmeister oder Vortheile der Privaterziehung (1774) u. Neudruck (1883) 21
- Die Soldaten (1776) u. Neudruck (1883) 21
- Vertheidigung des Herrn W. gegen die Wolken von dem Verfasser der Wolken (1776) u. Neudruck (1902) 200^A, 203, 203^A

Leopold Herzog zu Braunschweig-Lüneburg (1752–1785) [DBE] 51

Lessiak, Primus (1878–1937), öst. Germanist; Schüler v. → R. Heinzel in Wien; 1906 Pd. an d. dt. Univ. Prag, 1906 o. Prof. f. ältere dt. Spr. u. Lit. in Fribourg/Schweiz, 1911 in Prag, 1920–1937 o. Prof. f. dt. Philologie in Würzburg [NDB; IGL; ÖBL] 230, 230^A, 237, 237^A, 264, 264^A, 280, 280^A, 284, 284^A

Lessing, Eva, geb. Hahn, verw. König (1736–1778), dt.; Briefpartnerin u. seit 1777 Ehefrau v. → G. E. Lessing [Killy] 55^A

Lessing, Gotthold Ephraim (1729–1781), dt. Dichter [NDB] 1, 2, 10^A, 21, 40, 42, 45, 46, 52^A, 56, 59^A, 71, 79, 80, 97^A, 99^A, 111, 115^A, 120, 122, 123, 136, 137, 139, 143, 157, 157^A, 162^A, 174^A, 184^A, 185^A, 197^A, 228
- Hamburgische Dramaturgie (1767–1769) 111, 174^A, 185, 185^A, 186, 187, 200
- Der junge Gelehrte (1747) 24
- Miss Sara Sampson (1755) 24
- Sämtliche Schriften (1838–1840) → K. Lachmann 45, 99
- (Hrsg.) L. Gleim: Im Lager bey Prag (1757) 10
- (Hrsg.) L. Gleim: Preussische Kriegslieder (1758) u. Neudruck (1882) 5^A, 6, 8^A, 34
- (Hrsg.) Philosophische Aufsätze von Karl Wilhelm Jerusalem (1776) u. Neudruck (1900) 184, 184^A, 185, 191^A, 192

Lessing, Otto Eduard (1875–1942), dt. Germanist; Stud. in Tübingen, 1896 Emigration in d. USA, 1896–1903 Instructor of German in Michigan, Wisconsin u. Northhampton, 1901 Prom. an d. Univ. of. Michigan, 1903–1907 Studienaufenthalt in München, 1907 Assoc. Prof., 1913 Prof. of German an d. Univ. of Illinois in Chicago, 1922–1942 Prof. an d. Univ. of Williamstown/Mass. [WI 1935] 184, 185, 213, 213^A
- Bemerkungen zu Grillparzers Bancbanus (1901) 213^A

Leverkühn, Paul (1867–1905), dt. Mediziner u. Ornithologe; 1891 Prom. in München, seit 1892 Priv.-Sekr. d. Fürsten → Ferdinand I. v. Bulgarien in Sofia, 1893–1905 zugl. Dir. d. wiss. Sammlungen u. d. Naturhistorischen Museums [BJ 10; Taschenberg] 194, 194^A
- (Hrsg.) Ein Brief Wielands an Lavater (1900) 194, 194^A

Levetzow, Ulrike v. (1804–1899), dt., Freundin v. → J. W. v. Goethe [NDB] 191^A

Lewinsky, Josef (1835–1907), öst. Schauspieler, Regisseur u. Schriftsteller; 1858–1906 am Wiener Burgtheater [NDB; ÖBL] 265, 265^A

Lewis, Matthew Gregory (1775–1818), engl. Schriftsteller u. Übersetzer [Br. an Goethe] 194^A
- The Monk (1797) 194^A

Lex, Michael, dt. Germanist 228^A
- Die Idee im Drama bei Goethe, Schiller, Grillparzer, Kleist (1904) 228^A

Lexer, Matthias (v.) (1830–1892), dt.-öst. Germanist; Gymn.-Lehrer in Krakau, 1861 Mitarbeiter d. Hist. Komm. bei d. Bayer. Akad. d. Wiss. in München, 1863 ao. Prof., 1866 o. Prof. f. dt. Philologie in Freiburg/Br., 1868–1891 in Würzburg, 1891/92 in München [NDB; IGL] 41, 49^A, 68, 251^A

Lichnowsky, Karl Fürst v. (1761–1814), öst. Philanthrop; kaiserl. Kammerherr in Wien; Förderer v. Wolfgang Amadeus Mozart u. → L. van Beethoven [Czeike] 203

Lichtenberg, Georg Christoph (1742–1799), dt. Naturforscher u. Schriftsteller; 1770 ao. Prof. f. Philosophie, 1775–1799 o. Prof. f. Physik in Göttingen [NDB] 55, 138^A, 157^A, 185, 185^A, 196, 196^A, 198^A, 200, 203, 207
- Aphorismen (1902–1908) 185, 185^A, 196, 196^A, 198^A, 200, 203, 207

Lichtenheld, Adolf (1844–1915), dt. Altphilologe u. Grillparzerforscher; Schüler v. → K. Müllenhoff in Berlin; 1874–1907 Gymn.-Lehrer in Wien [ÖBL; Hinrichsen] 116
- (Hrsg.) F. Grillparzers Werke (1889–1892) 116^A

Lichtenstein, Franz (1852–1884), dt. Germanist; Schüler v. Konrad Hofmann in München u. →

W. Scherer in Straßburg; 1877 Pd., 1884 ao. Prof. f. dt. Philologie in Breslau [ADB 51; IGL] 80^A, 96^A
- (Hrsg.) Eilhart von Oberge: [Tristant] 80^A

Liepe, Wolfgang (1888–1962), dt. Germanist; Schüler v. Kurt Jahn in Halle/S.; 1919 Pd., 1925 ao. Prof. f. dt. Lit.-Gesch. in Halle, 1928 o. Prof. in Kiel, 1934–1936 aufgrund d. jüd. Herkunft seiner Frau nach Frankfurt/M. zwangsversetzt, 1936 in Kiel zwangsemeritiert, Emigration in d. USA, 1939 Prof. f. dt. Kultur- und Lit.-Gesch. am Xankton Coll./South Dakota, 1947 Assoc. Prof. f. dt. Lit.-Wiss. in Chicago, 1954–1956 erneut o. Prof. in Kiel [NDB; IGL] 288, 288^A
- Elisabeth von Nassau-Saarbrücken. Entstehung und Anfänge des Prosaromans in Deutschland (1920) 288, 288^A

Ligne, Charles Joseph de (1735–1814), öst. Offizier, Diplomat u. Schriftsteller; seit 1752 im öst. Heeresdienst, 1808 Feldmarschall; Briefpartner v. → J. W. v. Goethe; Vater v. → C. O'Donell v. Tyrconell [NDB] 196^A, 207, 209, 209^A, 210

Liliencron, Detlev <eigtl.: Friedrich> v. (1844–1909), dt. Dichter [NDB] 251^A

Liliencron, Rochus v. (1820–1912), dt. Germanist u. Musikhistoriker; Schüler v. → K. Müllenhoff in Kiel; 1848 Pd. in Bonn, 1851 Prof. f. nord. Spr.n in Kiel, 1852 ao. Prof. f. dt. Lit. in Jena, 1855–1868 in Diensten d. Herzogs v. Meiningen, zuletzt als Geheimer Kabinettsrat, seit 1869 Redaktor d. »Allgemeinen deutschen Biographie«, 1876–1908 Propst des Johannisstifts vor Schleswig [NDB] 152^A

Linde, Otto zur (1873–1938), dt. Germanist u. Schriftsteller; 1898 Prom. in Freiburg/Br., danach freier Schriftsteller u. Journalist in London u. Berlin [NDB] 185^A, 213, 213^A
- (Hrsg.) C. P. Moritz: Reisen eines Deutschen in England im Jahr 1782 (1903) 185, 185^A, 213, 213^A

Lindner, Albert (1831–1888), dt. Dramatiker in Rudolfstadt u. Berlin [NDB] 96^A
- Die Bluthochzeit oder die Bartholomäusnacht (1871) 96

Lippich, Ferdinand (1838–1913), öst. Mathematiker u. Physiker; 1863 Pd. f. mathematische Physik in Prag, 1865 o. Prof. f. Mechanik u. Statik an d. TH Graz, 1874–1909 o. Prof. f. mathematische Physik an d. dt. Univ. Prag [ÖBL] 189^A

Litzmann, Berthold (1857–1926), dt. Literaturhistoriker; Sohn v. → C. Litzmann; Schüler v. → W. Scherer in Berlin; 1883 Pd. in Kiel, 1884 Umhabilitation nach Jena, dort 1885 ao. Prof. f. neuere dt. Lit.-Gesch., 1892 ao. Prof., 1897–1921 o. Prof. in Bonn [NDB; IGL] 50^A, 51^A, 94^A, 146
- Das deutsche Drama in den litterarischen Bewegungen der Gegenwart. Vorlesungen, gehalten an der Universität Bonn (1894) 146

Litzmann, Carl (1815–1890), dt. Mediziner u. Hölderlinforscher; 1840 Pd. in Halle/S., 1844 ao. Prof., 1846 o. Prof. f. theoretische Med. in Greifswald, 1849–1885 o. Prof. f. Geburtshilfe, Frauen- u. Kinderkrankheiten in Kiel, dann Privatgelehrter in Berlin; Vater v. → B. Litzmann [NDB] 50^A, 51^A, 83^A

Lobkowitz, Georg Christian Fürst v. (1835–1908), öst. Politiker; 1865–1867 u. 1870/71 Mitgl. d. böhmischen Landtags, 1871/72 u. 1883–1907 Oberstlandmarschall Böhmens, 1881–1883 Vize-Präs. d. Reichsrates [ÖBL] 207, 207^A

Lobmeyr, Ludwig (1829–1917), öst. Glaswarenfabrikant; 1859 Teilhaber, 1864 Alleininhaber d. v.

seinem Vater gegründeten Fa. J. & L. Lobmeyr k. k. Hofglaswarenhändler [NDB; ÖBL] 183[A], 207

Lobwasser, Ambrosius (1515–1585), dt. Schriftsteller u. Übersetzer [NDB] 121[A]
- Übers. der Psalmen (1573) 121[A]

Loening, Richard (1848–1913), dt. Jurist u. Shakespeareforscher; 1875 Pd., 1878 ao. Prof. in Heidelberg, 1882–1913 o. Prof. f. Strafrecht u. Strafprozess in Jena [WI 1909; BJ 18] 143[A]
- Die Hamlet-Tragödie Shakespeares (1893) 143[A]

Loeper, Gustav v. (1822–1891), dt. Jurist, Verwaltungsbeamter u. Goetheforscher; 1854 Mitarbeiter, seit 1865 Vortragender Rat im preuß. Haus-Min., seit 1876 zugl. Dir. d. Kgl. Preuß. Hausarchivs in Berlin [NDB; IGL] 23, 62, 63, 64, 78, 85, 87, 94[A], 99
- Goethe-Biographie (Plan) 63
- Grundsätze für die Weimarische Ausgabe von Goethes Werken (1886) (mit → W. Scherer u. → E. Schmidt) 64, 86, 87
- Zu den Grundsätzen für die Weimarische Goetheausgabe (1887) (mit → E. Schmidt u. → W. Scherer) 87
- (Hrsg.) J. W. Goethe: Gedichte. Erster Theil (WA I, Bd. 1) (1887) 85, 86[A]
- (Hrsg.) J. W. Goethe: Der Hausball. Eine deutsche Nationalgeschichte (1872) 23, 148
- (Mitarb.) Goethe's Werke (1872) → F. Strehlke 23[A], 42, 99

Loesche, Georg (1855–1932), dt. evang. Theologe; 1880 Prom. in Jena, 1885 Pd. in Berlin, 1887 ao. Prof., 1889–1915 o. Prof. f. Kirchen-Gesch. in Wien [NDB] 207[A]
- (Hrsg.) J. Mathesius: Ausgewählte Werke. Bd. 4: Handsteine (1904) 207[A]

Loewe, Anna, verh. Gräfin Potocky (1821–1884), öst. Schauspielerin in Wien, Brünn, Breslau u. seit 1850 in Lemberg, dort 1869–1871 zugl. Leiterin d. dt. Bühne; Tochter v. → L. Loewe; enge Freundin v. → A. Sauer [ÖBL] 40[A], 42[A], 43, 44, 52[A], 53, 53[A]

Loewe, Ludwig (1794–1871), öst. Schauspieler in Wien, Prag u. Kassel, 1826–1871 am Wiener Burgtheater; Vater v. → A. Loewe [ÖBL] 42, 51, 94

Loiseau, Hippolyte (1868–1942), franz. Germanist; 1911 Prom. in Paris, dann Prof. f. dt. Spr. u. Lit. in Toulouse [Qev] 213, 213[A]

Lorenz, Ottokar (1832–1904), öst. Historiker; 1857–1865 Amanuensis am k. k. Hofarchiv, 1856 Pd., 1860 ao., 1861 o. Prof. f. allg. u. öst. Gesch. in Wien, 1885–1904 in Jena [NDB] 42

Loserth, Johann (1846–1936), öst. Historiker; Schüler v. → O. Lorenz u. Theodor Sickel in Wien; 1871 Prom., dann Gymn.-Lehrer in Wien, 1875 ao. Prof., 1877 o. Prof. f. allg. Gesch. in Czernowitz, 1893–1917 o. Prof. f. mittelalterliche u. neuere Gesch. in Graz [ÖBL] 157[A], 160, 160[A], 162, 162[A], 189[A]

Lucae, Karl (1833–1888), dt. Germanist; Schüler v. Moriz Haupt in Berlin; 1862 Pd. in Halle/S., 1868–1888 o. Prof. f. dt. Spr. u. Lit. in Marburg/L. [IGL] 89[A]

Lucrez <Titus Lucretius Carus> (um 99/94 – um 55/53 v. Chr.), röm. Dichter u. Philosoph 121

Ludwig II. (1845–1886), dt.; seit 1864 König v. Bayern [NDB] 35[A], 63, 64

Ludwig, Otto (1813–1865), dt. Schriftsteller [NDB] 206, 227[A], 265, 265[A], 285[A], 287[A]

Lueger, Karl (1844–1910), öst. Politiker; 1870 Prom. (Dr. jur.), 1874–1896 Rechtsanwalt in Wien, 1893 Gründer d. christlich-sozialen Partei, 1897–1910 Bürgermeister v. Wien [NDB] 244[A], 250[A]

Luick, Karl (1865–1935), öst. Anglist; Schüler v. → J. Schipper in Wien; 1890 Pd. f. engl. Philologie in Wien, 1891 Umhabilitierung nach Graz, dort 1893 ao. Prof., 1898 o. Prof. f. engl. Spr. u. Lit., 1908–1935 o. Prof. in Wien [NDB; ÖBL] 1

Luise Großherzogin v. Sachsen-Weimar-Eisenach, geb. Prinzessin v. Hessen-Darmstadt (1757–1830), dt.; Ehefrau v. → Karl August v. S.-W.-E. [NDB] 148

Luise Königin v. Preußen (1776–1810), geb. Prinzessin zu Mecklenburg-Strelitz 36

Lunzer Edler v. Lindhausen, Justus, öst. Germanist; Schüler v. → A. E. Schönbach u. → B. Seuffert in Graz; Gymn.-Lehrer in Wien u. Graz 133, 283[A]

Luthardt, August Emil (1824–1906), dt. Jurist, Publizist u. Politiker; 1854 Landgerichts-Assessor in Göggingen u. Augsburg, 1863–1894 Kgl. Reg.-Rat bei d. Kammer d. Innern d. Kreisregierung v. Schwaben, 1881–1887 Mitgl. d. bayer. Landtags [Augsburg] 56[A]

Luther, Bernhard (1876–1942), dt. Germanist; 1900 Prom. in Halle/S., 1903–1926 Oberlehrer in Haspe/Kr. Hagen u. Mühlheim/Ruhr [BBF] 227, 227[A]

– Don Carlos und Hamlet (1905) 227, 227[A]

Luther, Martin (1483–1546), dt. Kirchenreformator [NDB] 20[A], 86[A], 146, 167[A], 174[A], 253[A].

Lutz, Johann v. (1826–1890), dt. Jurist u. Politiker; 1867–1871 bayer. Justiz-Min.; 1869–1890 bayer. Min. f. Kirchen- u. Schulangelegenheiten [NDB] 52, 60

Lyon, Otto (1853–1912), dt. Germanist; Schüler v. → F. Zarncke in Leipzig; 1879–1900 Gymn.-Lehrer in Döbeln/Sachsen u. Dresden, 1900–1912 Stadtschulrat in Dresden [NDB] 136

– (Hrsg.) Zeitschrift für den deutschen Unterricht (1887–1919) (mit → R. Hildebrand) 136

M

Madeyski-Poray, Stanisław v. (1841–1910), poln. Jurist u. Politiker; seit 1870 Rechtsanwalt u. Notar in Krakau, 1879 zugl. Pd. f. allg. öst. Zivilrecht, 1886–1893 o. Prof. f. öst. Zivilrecht, seit 1883 Mitgl. d. galiz. Landtags,1893–1895 Min. f. Cultus u. Unterricht [ÖBL] 137[A], 147

Magon, Leopold (1887–1968), dt. Germanist u. Nordist; 1912 Prom., 1917 Pd., 1926 ao. Prof. f. neuere dt. Lit-Gesch. in Münster, 1928 o. Prof. f. neuere dt. u. nord. Spr.n u. Lit. in Greifswald, 1950–1955 f. neuere dt. u. nord. Philologie u. Theaterwiss. an d. Humboldt-Univ. zu Berlin [IGL] 293[A]

Maintenon, Françoise d'Aubigné Marquise de (1635–1719), franz.; in heimlicher Ehe ab 1683 zweite Gemahlin Ludwigs XIV. 268[A]

Maltzahn, Wendelin v. (1815–1889), dt. Offizier u. Literaturhistoriker; seit 1840 Privatgelehrter in Berlin u. Weimar [Kosch.-Lex.] 45

– (Hrsg.) G. E. Lessing: Sämtliche Schriften (1853–1857) 45

Maly, Richard (1839–1891), öst. Chemiker; 1864 Pd. in Graz, 1866 Prof. an d. med.-chirurgischen Lehranstalt in Olmütz, 1869 Prof. f. physiologische Chemie in Innsbruck, 1875 Prof. f. allg. Chemie an d. TH Graz, 1886–1891 an d. dt. Univ. in Prag [NDB; ÖBL] 86, 122[A]

Marchet, Gustav (1846–1916), öst. Jurist u. Staatsmann; 1869 Prom. in Wien, 1870 Hon.-Doz. an d. Forst-Akad. Mariabrunn, 1875 ao. Prof., 1876 o. Tit.-Prof., 1883–1906 o. Prof. f. Verwaltungs- u. Rechtslehre an d. Hochschule f. Bodenkultur in Wien, 1891–1897 u. 1901–1907 Mitgl. d. Reichsrats, 1906–1908 k. k. Min. f. Cultus u. Unterricht [NDB; ÖBL] 250, 250[A]

Marcks, Albrecht (1827–1892), dt. Schauspieler u. Regisseur; 1871–1892 Oberregisseur am

Hoftheater u. Lehrer an d. Schauspielschule am Kgl. Konservatorium in Dresden [Kosch: Theater] 25[A]

Mareta, Hugo (1827–1913), öst. Benediktiner u. Sprachforscher; 1846 Novize im Wiener Schottenstift, 1847–1851 Stud. d. kath. Theologie u. klass. Philologie in Wien, 1851 Priesterweihe, 1856–1902 Prof. am Schotten-Gymn.; Lehrer v. → A. Sauer u. → J. Minor [ÖBL] 25[A], 42, 114

Maria Ludovika (1787–1816), geb. Erzherzogin v. Österreich, öst.; als Gattin → Franz I. seit 1808 Kaiserin v. Österreich [NDB] 193, 193[A], 203, 204[A], 207[A], 210, 210[A]

Maria Pawlowna (1786–1856) Großherzogin v. Sachsen-Weimar-Eisenach, geb. Großfürstin v. Russland 148, 234[A]

Martin, Ernst (1841–1910), dt. Germanist; Schüler v. Moriz Haupt u. → K. Müllenhoff in Berlin; 1863–1865 Gymn.-Lehrer in Berlin, 1866 Pd. in Heidelberg, 1868 ao., 1872 o. Prof. f. dt. Spr. u. Lit. in Freiburg/Br., 1874 o. Prof. f. german. Philologie in Prag, 1877–1910 o. Prof. f. dt. Philologie in Straßburg [IGL] 25, 27, 35[A], 68, 70, 84, 94[A], 117[A], 149[A], 203, 240
- Verse in antiken Massen zur Zeit von Opitz (1888) 84
- Geschichte der Deutschen Litteratur. Ein Handbuch (1879–1894) 70
- (Hrsg.) J. W. Goethe: Ephemerides und Volkslieder (1883) 27
- (Rez.) H. Paul: Grundriß der Germanischen Philologie (1890) 94[A]

Martinak, Eduard (1859–1943), öst. Philosoph u. Pädagoge; 1882 Prom. in Germanistik in Graz, 1883–1909 Gymn.-Lehrer in Leoben u. Graz, seit 1899 Dir. am 2. Staats-Gymn., 1894 zugl. Pd., 1904 ao. Prof., 1909–1930 o. Prof. f. Pädagogik [NDB; ÖBL] 183, 183[A]

Marty, Anton (1847–1914), schweiz. Philosoph; Schüler v. → F. Brentano in Würzburg; 1869–1874 Prof. am Lyzeum in Schwyz, 1870 Priesterweihe, 1875 ao. Prof., 1879 o. Prof. f. Philosophie in Czernowitz, 1890–1913 o. Prof. an d. dt. Univ. in Prag [NDB] 147, 152[A]

Mathesius, Johannes (1504–1565), dt. evang. Theologe in St. Joachimsthal/Böhmen; Freund v. → M. Luther [NDB] 207, 207[A]

Matthisson, Friedrich (v.) (1761–1831), dt. Dichter [NDB] 51

Maync, Harry (1874–1947), dt. Germanist; Schüler v. → E. Schmidt in Berlin; 1899 Prom., danach Verlagsredakteur in Leipzig u. Doz. an d. Lessing-Hochschule in Berlin, 1905 Pd. f. neuere dt. Lit. in Marburg, 1907 o. Prof. f. dt. Lit. in Bern, 1909–1939 f. neuere dt. Lit.-Gesch. in Marburg/L. [NDB; IGL] 288, 288[A]
- Eduard Mörike. Sein Leben und Dichten (1902) 288[A]
- Immermann. Der Mann und sein Werk im Rahmen der Zeit- und Literaturgeschichte (1921) 288, 288[A]

Mayer, Anton (1838–1924), öst. Historiker; 1870 Prom. in Jena, 1865–1886 Sekr. d. Vereins f. Landeskunde in Niederöst., 1886 Kustos am niederöst. Landesarchiv u. d. Landes-Bibl. in Wien, ab 1895 deren Dir. [ÖBL] 198[A]

Mayr, Michael (1864–1922), öst. Historiker u. christlich-sozialer Politiker; 1890 Prom. in Wien, 1889–1891 o. Mitgl. d. Instituts f. öst. Geschichtsforschung, 1892–1920 Archivar bei d. Statthalterei in Innsbruck, 1896 zugl. Pd., 1900 ao. Prof. f. öst. u. allg. Gesch. in Innsbruck; seit 1908 Mitgl. d. Tiroler Landtags, 1919 in d. Konstituierende Nationalversammlung gewählt, 1920 erster Bundeskanzler Österreichs [NDB; ÖBL] 138[A]

- Wolfgang Lazius als Geschichtsschreiber Österreichs. Ein Beitrag zur Historiographie des 16. Jahrhunderts. Mit Nachträgen zur Biographie (1894) 138
Mehlis, Georg (1878–1942), dt. Philosoph; Schüler v. Wilhelm Windelband in Heidelberg u. Heinrich Rickert in Freiburg/Br.; 1910 Pd. f. Philosophie, 1915–1924 o. Prof. f. Philosophie in Freiburg/Br., 1910 Mitbegründer u. Hrsg. d. Zs. »Logos«, 1924 nach Ermittlungen wegen § 175 Emigration nach Italien [WI 1935; Wikipedia] 283[A]
- (Hrsg.) Logos. Internationale Zeitschrift für Philosophie der Kultur (1910/11–1933) 283, 283[A]
Meier, Georg Friedrich (1718–1777), dt. Philosoph; 1746 ao. Prof., 1748–1777 o. Prof. f. Philosophie in Halle/S. [NDB] 47
Meier, John (1864–1953), dt. Germanist u. Volkskundler; Schüler v. → H. Paul in Freiburg/Br.; 1891 Pd. f. dt. Philologie in Halle/S., 1899 o. Prof. in Basel, 1914 o. Hon. Prof., 1914–1953 Leitung d. dt. Volksliedarchivs in Freiburg/Br. [NDB; IGL] 154, 154[A], 174[A], 195[A]
- Ein Liederbuch des XVI. Jahrhunderts (1892) 195[A]
Meinong v. Handschuchsheim, Alexius (1853–1920), öst. Philosoph; Schüler v. → F. Brentano in Wien; 1878 Pd. in Wien, 1882 ao. Prof., 1889 o. Prof. f. Philosophie u. Psychologie in Graz [NDB; ÖBL] 85[A]
Meißner, August Gottlieb (1753–1807), dt. Schriftsteller u. Ästhetiker; seit 1776 Archivbeamter in Dresden, 1785 Prof. f. Ästhetik in Prag, 1805 Gymn.-Dir. in Fulda [NDB] 167[A]
Melissus, Paulus <eigtl.: Paul Schede> (1539–1602), dt. Dichter u. Humanist [NDB] 179, 179[A]
Mendelssohn, Moses (1729–1786), dt. Philosoph u. Schriftsteller in Berlin; Freund v. → G. E. Lessing, → F. Nicolai u. → C. F. Weiße [NDB] 10
- (Hrsg.) Bibliothek der schönen Wissenschaften und der freyen Künste (1757) 10[A]
Menger, Carl (1840–1921), öst. Jurist u. Nationalökonom; 1867 Prom. in Krakau, 1872 Pd., 1873 ao. Prof., 1879 o. Prof. f. polit. Ökonomie in Wien [NDB; ÖBL] 212, 212[A]
Menzel, Adolf (1815–1905), dt. Maler u. Illustrator [NDB] 155
Meringer, Rudolf (1859–1931), öst. Sprachwissenschaftler; Schüler v. → R. Heinzel in Wien; 1885 Pd. f. indogerman. Spr., 1892 ao. Prof. f. vgl. Grammatik d. indogerman. Spr. in Wien, 1899–1930 o. Prof. f. Sanskrit u. vgl. Spr.-Wiss. in Graz [NDB; ÖBL] 173[A], 192, 192[A]
Merker, Paul (1881–1945), dt. Germanist; Schüler v. → A. Köster in Leipzig; 1906 Prom. (Dr. phil.), 1908 Prom. (Dr. jur.), 1909 Pd., 1917 ao. Prof. f. dt. Philologie u. Lit.-Gesch. in Leipzig, 1921 o. Prof. f. dt. u. nord. Philologie in Greifswald, 1928–1945 f. neuere dt. Spr. u. Lit. in Breslau [NDB; IGL] 291[A]
- Erklärung [gegen A. Sauer] (1925) (mit F. Brüggemann, → E. Castle, → P. Kluckhohn, → H. A. Korff, → A. Leitzmann, → L. Spitzer, → K. Viëtor, → O. Walzel u. → G. Witkowski) 291[A]
Messer, August (1867–1937), dt. Philosoph; Schüler v. Hermann Siebeck in Gießen, 1893 Prom., dann Gymn.-Lehrer in Bensheim an d. Bergstraße u. Gießen, 1899 Pd., 1904 ao. Prof., 1910–1933 (aus polit. Gründen entl.) o. Prof. f. Philosophie u. Pädagogik in Gießen [NDB] 167, 167[A]
- Die Reform des Schulwesens im Kurfürstentum Mainz unter Emmerich Joseph (1897) 167, 167[A]
Metternich, Clemens Fürst v. (1773–1859), öst. Staatsmann [NDB; ÖBL] 63, 193, 203
Meyer, Conrad Ferdinand (1825–1898), schweiz. Dichter [NDB] 194[A], 288[A]

Meyer, Estella, geb. Goldschmidt (1870–1942), dt.; seit 1889 Ehefrau v. → R. M. Meyer [NDB Art.: R. M. Meyer] 145, 193, 193ᴬ, 213

Meyer, Fritz (1893–1910), dt.; Sohn v. → E. u. → R. M. Meyer [Auskunft Myriam Richter, Hamburg] 287ᴬ

Meyer, Gustav (1850–1900), dt. Sprachwissenschaftler u. Balkanologe; 1871–1877 Gymn.-Lehrer in Gotha u. Prag, 1876 Pd. f. vgl. Grammatik d. griech. u. lat. Spr. in Prag, 1877 ao., 1881–1897 o. Prof. f. Sanskrit u. vgl. Spr.-Wiss. in Graz [NDB] 165, 165ᴬ, 167, 167ᴬ, 191, 191ᴬ, 192, 192ᴬ

Meyer, Heinrich (1760–1832), schweiz. Zeichner u. Kunsthistoriker in Weimar; Freund v. → J. W. v. Goethe [NDB] 60, 78ᴬ

– Kleine Schriften zur Kunst (1886) → P. Weizsäcker 60

Meyer, Richard M<oritz> (1860–1914), dt. Germanist; Schüler v. → K. Müllenhoff u. → W. Scherer in Berlin; 1886 Pd. f. dt. Philologie, 1901–1914 ao. Prof. f. dt. Spr. u. Lit. in Berlin [NDB; IGL] 114ᴬ, 115ᴬ, 124, 125, 126ᴬ, 139, 143, 145, 151, 153, 161, 174, 174ᴬ, 175, 175ᴬ, 178, 179, 179ᴬ, 180, 180ᴬ, 185, 185ᴬ, 188, 191, 191ᴬ, 192, 193, 193ᴬ, 203, 203ᴬ, 207, 213, 253, 276, 276ᴬ, 287ᴬ

– Die Deutsche Litteratur des Neunzehnten Jahrhunderts (1900) 185, 185ᴬ, 191, 191ᴬ, 192

– Goethe (1895) 125ᴬ, 139, 188

– Goethe als Naturforscher (Auszug aus »Goethe«) (1894) 139, 143

– Über Grillparzers Traum ein Leben (1892) 115, 116

– (Rez.) E. Elster: Prinzipien der Litteraturwissenschaft (1897)

– (Rez.) C. Busse: Novalis' Lyrik (1899) 175, 175ᴬ

Meyer, Wilhelm (1845–1917), dt. Altphilologe; Schüler v. Karl v. Halm in München; 1872 Hilfsarbeiter, 1875 Sekr. f. d. Katalogisierung d. lat. Handschriften an d. Haus- u. Hof-Bibl. in München, 1886–1917 o. Prof. f. klass. Philologie in Göttingen [NDB] 167, 167ᴬ

– (Hrsg.) Nürnberger Faustgeschichten (1895) 167, 167ᴬ

Meyer-Cohn, Alexander (1853–1904), dt. Bankier in Berlin; vielseitiger Philanthrop, Kunst- u. Autografensammler; Freund v. → E. Schmidt [BJ 9] 203

Meyer-Cohn, Helene, geb. Majdanska (1859–?), öst. Schriftstellerin u. Übersetzerin; Ehefrau v. → A. Meyer-Cohn [Kosch: Lit.-Lex.; Wininger] 145

Michels, Victor (1866–1929), dt. Germanist; Schüler v. → F. Zarncke in Leipzig; 1892 Pd. in Göttingen, 1895–1929 o. Prof. f. dt. Philologie in Jena [NDB; IGL] 98ᴬ, 137, 173, 181, 203, 237, 237ᴬ, 284ᴬ

– Ein Brief Lessings an Heyne (1894) 137

– Zur Geschichte des Nürnberger Theaters im 16. Jahrhundert (1890) 98

Milchsack, Gustav (1850–1919), dt. Germanist; Schüler v. → F. Zarncke in Leipzig; 1876 Prom., seit 1878 Mitarbeiter, 1904–1919 Dir. d. Herzog August Bibl. Wolfenbüttel [DBE] 167, 167ᴬ

– (Hrsg.) Historia D. Johannis Fausti des Zauberers (1892/97) 167, 167ᴬ

– (Rez.) W. Meyer (Hrsg.): Nürnberger Faustgeschichten (1898) 167, 167ᴬ

Miller, Johann Martin (1750–1814), dt. evang. Theologe u. Dichter; Mitbegründer d. Göttinger Hains; Freund v. → H. C. Boie, → J. C. Lavater, → C. F. D. Schubart u. → J. H. Voß; seit 1783 Prediger am Münster in Ulm [NDB] 21

Milton, John (1608–1674), engl. Dichter u. Philosoph 121ᴬ, 136

Minor, Jakob (1855–1912), öst. Germanist; Schüler v. → R. Heinzel u. → K. Tomaschek in Wien u. v. → W. Scherer in Berlin; 1880 Pd. in Wien, 1882 Doz. an d. Accademia scientifico-letteraria in Mailand u. Umhabilitation nach Prag, dort 1884 ao. Prof. f. dt. Spr. u. Lit. in Prag, 1885 ao. Prof., 1888–1912 o. Prof. in Wien [NDB; IGL] 10, 19, 20, 24, 25, 26, 27, 29^A, 30^A, 37, 38^A, 39, 40, 41, 42, 44^A, 51, 52^A, 55, 63, 63, 64, 73, 77, 78, 79, 81, 82, 84, 86, 90^A, 96, 97, 98, 99, 108, 110, 111, 114, 118, 124, 125, 128, 130, 131, 138, 139, 143, 145, 146, 147, 148, 152^A, 157, 157^A, 159, 159^A, 160, 160^A, 161, 161^A, 162, 162^A, 163, 167^A, 169, 169^A, 176^A, 179, 183^A, 186, 187, 187^A, 188, 188^A, 189, 192, 192^A, 196, 196^A, 197, 203, 203^A, 207, 207^A, 211, 211^A, 216^A, 217, 217^A, 218, 222^A, 251, 251^A, 252, 260, 260^A, 268^A, 270, 270^A, 271, 272, 272^A, 273^A, 283, 283^A, 284, 288, 288^A

- Die Ahnfrau und die Schicksalstragödie (1898) 187, 187^A
- Amor und Tod (1897) 161, 161^A
- Die Aufgaben und Methoden der neueren Literaturgeschichte (1904) 217^A
- Centralanstalten für die literaturgeschichtlichen Hilfsarbeiten (1894) 131, 138, 139, 143, 146, 162
- Christian Thomasius (1888) 82
- Entgegnung (1896) 159^A
- Der Falke (1894) 148
- Ein fraglicher Grillparzerscher Vers (1908) 251, 251^A
- Ein Gegenstück zu Mahomets Gesang (1894) 148
- Goethes Faust. 2 Bde. (1901) 192, 192^A, 197
- Großstadtkunst und Heimatkunst (1902) 207, 207^A
- Herder und der junge Goethe (1880) 38^A
- Die innere Form (1897) 161, 161^A, 162
- Der junge Schiller als Journalist (1890) 82, 84
- Moderne Klassikerausgaben (1907) 251, 251^A
- Neuhochdeutsche Metrik (1893, 1902) 145, 159^A
- The Problems and Methods of Modern History of Literature (1906) 217^A
- Quellenstudien zur Litteraturgeschichte des 18. Jahrhunderts. 2 Tle. (1887) 77, 79, 162, 162^A, 169, 169^A
- Rede auf Grillparzer, gehalten am 15. Jänner 1891 im Festsaale der Universität (1891) 110
- Schillers Hymnus an die Deutschen (Die Zeit, Wien) (1902) 207, 207^A
- Schillers Hymnus an die Deutschen (Vossische Zeitung) (1902) 207, 207^A
- Stichreim und Dreireim bei Hans Sachs (1896) 159, 159^A, 161, 162
- Stichreim und Dreireim bei Hans Sachs. II–V (1897) 159, 159^A, 161, 161^A, 162
- Studien zur Goethe-Philologie (1880) (mit → A. Sauer) 38^A, 90
- Studien zu Heinrich von Kleist (1894) 145, 147, 148
- Unehrliche Fehde (1896) 159, 159^A
- Zu Hoffmannswaldau (1897) 161, 161^A
- Zu Grillparzers Entwürfen (1892) 147
- Zum Jubiläum Kuno Fischers (1894) 146, 148
- Zur Bibliographie und Quellenkunde der österreichischen Literaturgeschichte (1886) 79
- Zwei Goethische Lesarten (1894) 148

- Die zweite Aufführung von Kabale und Liebe in Frankfurt a. M. (1894) 148
- (Hrsg.) Beiträge zur Geschichte der deutschen Litteratur und des geistigen Lebens in Österreich (1883/84) (mit → A. Sauer und → R. M. Werner) 13, 14, 17, 18, 24, 80
- (Hrsg.) C. Brentano: Gustav Wasa (1883) 10^A, 20^A, 25^A, 29
- (Hrsg.) Dem hochwürdigen Herrn P. Hugo Mareta […] zum vierzigjährigen Dienst-Jubiläum von alten Schülern (1892) 114
- (Hrsg.) Ferdinand II.: Speculum vitae humanae (1889) 125
- (Hrsg.) Franz Grillparzers Werke (1903) 251, 251^A
- (Hrsg.) Novalis Schriften (1907) 108, 108^A, 187^A
- (Hrsg.) F. Schiller. Sein Leben und seine Werke. Zwei Bände. (1890) 63, 96, 98, 99
- (Hrsg.) A. W. Schlegel: Vorlesungen über schöne Litteratur und Kunst (1884) 10^A, 20^A, 37, 40, 108
- (Hrsg.) Tieck's Werke. Zwei Theile (1886) 77^A
- (Rez.) M. Rubensohn (Hrsg.): Griechische Epigramme und andere kleine Dichtungen (1901) 196, 196^A, 197
- (Rez.) M. Koch: Helferich Peter Sturz (1880) 125
- (Rez.) Die neue Eichendorff-Ausgabe (1909) 260, 260^A

Minor, Margarethe <Daisy>, geb. Oberleitner (1860–1927), öst. Frauenrechtlerin; Mitbegründerin u. Vize-Präs. d. Bundes öst. Frauenvereine; seit 1882 Ehefrau v. → J. Minor [NDB] 26^A, 44^A, 217, 217^A

Möller, Marx (1868–1921), dt. Germanist u. Schriftsteller; 1896 Prom. in Greifswald, dann Journalist u. Schriftsteller in Berlin, 1914–1918 Doz. f. dt. Lit.-Gesch. in Warschau, dann Dramaturg am Altonaer Stadttheater [DBJ 3; Kosch: Kath.] 175^A
- Studien zum Don Carlos (1896) 175^A

Moltke, Helmuth Graf v. (1800–1891), dt. Generalfeldmarschall; 1857–1887 Chef d. preuß. Gen.-Stabs [NDB] 75

Mommsen, Theodor (1817–1903), dt. Historiker; 1843 Prom. (Dr. jur.), 1848–1851 (aus polit. Gründen entl.) ao. Prof. f. Rechtswiss. in Leipzig, 1852 o. Prof. f. röm. Recht in Zürich, 1854 in Breslau, 1858 Prof. an d. Kgl. Akad. d. Wiss. in Berlin, 1861–1885 o. Prof. f. röm. Altertumskunde in Berlin, 1902 Nobelpreis f. Lit. [NDB] 155^A

Mörtl, Hans (1880–1936), öst. Germanist; 1903 Prom. in Graz, 1903–1919 Gymn.-Lehrer in Marburg an d. Drau u. Graz, seit 1920 Landesschulinspektor f. Mittelschulen in Kärnten u. Steiermark [Nachlassverzeichnis] 284

Mörike, Eduard (1804–1875), dt. Dichter [NDB] 135^A, 138, 288^A

Moritz, Karl Philipp (1756–1793), dt. Schriftsteller u. Philosoph [NDB] 20, 22, 26, 55^A, 86, 185, 185^A, 213, 213^A
- Anton Reiser. Ein psychologischer Roman (1785–1790) u. Neudruck (1886) 20, 22, 26, 27, 55^A
- Reisen eines Deutschen in England im Jahr 1782 (1783) u. Neudruck (1903) 185, 185^A, 213
- Ueber die bildende Nachahmung des Schönen (1788) u. Neudruck (1888) 86

Morris, Max (1859–1918), dt. Mediziner u. Goetheforscher; 1882 Prom. in Berlin, 1883–1897 Arzt in Berlin, dann Privatgelehrter das. u. in Weimar [NDB] 42^A, 192, 192^A, 203
- Der Schuhu in Goethes Vögeln (1900) 192, 192^A

Möser, Justus (1720–1794), dt. Jurist, Staatsmann u. Schriftsteller; Rechtsanwalt in Osnabrück, 1765–1783 leitender Regierungsbeamter d. Fürstbistums [NDB] 111[A], 191, 191[A], 200, 200[A], 207[A]
- Über die deutsche Sprache und Litteratur (1781) u. Neudruck (1902) 111, 200, 200[A]

Much, Rudolf (1862–1936), öst. Germanist; Schüler v. → R. Heinzel in Wien; 1893 Pd., 1901 ao. Tit.-Prof., 1904 ao. Prof., 1906–1934 o. Prof. f. german. Spr.-Gesch. u. Altertumskunde in Wien [ÖBL; IGL] 173[A], 178, 179, 180, 182, 183[A]

Müllenhoff, Karl (1818–1884), dt. Germanist; Schüler v. → K. Lachmann in Berlin; 1843 Pd., 1846 ao. Prof., 1854 o. Prof. f. dt. Spr., Lit. u. Altertumskunde in Kiel, 1858–1884 o. Prof. f. dt. Spr. u. Lit. in Berlin [NDB; IGL] 40[A], 42, 54[A], 67[A], 74[A], 75, 94, 155, 155[A], 198, 202, 202[A], 287, 287[A]

Müller-Guttenbrunn, Adam (1852–1923), öst. Schriftsteller u. Theaterleiter; ab 1873 Post- u. Telegrafenbeamter in Linz u. Wien, 1886 Mitarbeiter d. »Deutschen Zeitung« in Wien, 1893–1896 Dir. d. Wiener Raimundtheaters, Mitbegründer u. 1898–1903 Dir. d. Kaiserjubiläums-Stadttheaters [NDB] 211, 211[A]

Müller, Adam (v.) (1779–1829), dt. Jurist, Diplomat u. Staatstheoretiker in Berlin, Dresden, Leipzig u. Wien; Freund v. → H. v. Kleist [NDB] 86[A]
- (Hrsg.) Phöbus. Ein Journal für die Kunst (1808) (mit → H. v. Kleist) 86, 87

Müller, Ernst (1857–1926), dt. Literaturhistoriker u. Schillerforscher; Gymn.-Lehrer in Tübingen und Stuttgart [WI 1909] 175[A]
- Schillers Jugenddichtung und Jugendleben (1896) 175[A]

Müller, Friedrich <Maler M.> (1749–1825), dt. Maler u. Dichter in Zweibrücken, Mannheim u. Rom; Freund v. → J. W. v. Goethe [NDB] 11, 19, 20, 21, 23, 40, 50, 51, 79, 211, 211[A], 213, 218
- Dichtungen (1868) → H. Hettner 19, 19[A]
- Faust's Leben dramatisirt (1778) u. Neudruck (1881, 1883) 10, 11[A], 19[A], 20, 21, 40, 211, 211[A]
- Golo und Genovefa (1775/1781) → L. Tieck u. Neudruck (1883) 19[A], 20, 21, 23
- Situationen aus Fausts Leben (1776) u. Neudruck (1881, 1883) 10, 19[A], 20, 21, 211, 211[A]

Müller, Josef (1855–1942), dt. kath. Theologe, Philosoph u. Literaturhistoriker; 1877 Priesterweihe, dann Kaplan in Forchheim, Lichtenfels, Nürnberg, seit 1889 Kommorant u. Privatgelehrter in München u. Bamberg, 1900–1907 Hrsg. d. reform-kath. Zeitschrift »Renaissance« [Kosch: Kath.] 192[A]
- Jean Pauls litterarischer Nachlaß 5 Tle. (1899–1900) 192, 192[A]

Muncker, Franz (1855–1926), dt. Germanist; Schüler v. → M. Bernays in München 1879 Pd., 1890 ao. Prof., 1896–1926 o. Prof. f. neuere dt. Lit.-Gesch. in München [NDB; IGL] 10, 12[A], 20, 45, 46, 52, 99, 130, 136, 140, 141, 152[A], 154[A], 159, 159[A], 283, 285, 285[A], 288, 293[A]
- Friedrich Gottlieb Klopstock. Geschichte seines Lebens und seiner Schriften (1888) 99, 130
- Wieland (Einleitung) (Goedekes Grundriß) (1891) 86[A]
- (Hrsg.) Forschungen zur neueren Literaturgeschichte (1896–1926) (mit → W. Brecht) 285, 285[A]
- (Hrsg.) Friedrich Gottlieb Klopstocks Oden (1889) 12[A]
- (Hrsg.) F. G. Klopstock: Der Meßias. Ein Fragment (1883) 12, 46
- (Hrsg.) G. E. Lessing: Sämtliche Schriften (1886-1924) 45

- (Hrsg.) C. M. Wieland: Gesammelte Werke (1889) 45^A, 46
- (Hrsg.) C. M. Wieland: Hermann (1882) 20
- (Hrsg.) C. M. Wieland: Kritische Ausgabe (Plan) 45
- (Rez.) B. Seuffert (Hrsg.): Vierteljahrschrift für Litteraturgeschichte. Bd. 2 u. 3 (1893) 130

Murko, Mathias (1861–1952), öst. Slawist; Schüler v. Franz v. Miklosich in Wien; 1886 Prom., 1889 Mitarbeiter d. Pressestelle d. Außen-Min. u. Lehrer f. Russisch in Wien, 1897 Pd. f. slaw. Philologie in Wien, 1902 o. Prof. in Graz, 1917 in Leipzig, 1920–1931 in Prag [NDB] 207, 207^A
- Deutsche Einflüsse auf die Anfänge der böhmischen Romantik (1897) 207, 207^A

Mussafia, Adolfo (1835–1905), öst. Romanist; seit 1855 Lektor f. Italienisch an d. Univ. Wien, 1857–1877 zugl. Skriptor an d. Hof-Bibl., 1860 ao. Prof., 1867–1905 o. Prof. f. roman. Spr. u. Lit. das. [ÖBL] 42

N

Nadler, Josef (1884–1963), öst. Germanist; Schüler v. → A. Sauer in Prag; 1912 Pd., zugl. ao. Prof. f. neuere dt. Lit.-Gesch. in Fribourg/Schweiz, 1914 o. Prof. f. neudt. Philologie das., 1925 o. Prof. f. neuere dt. Lit.-Gesch. in Königsberg, 1931–1945 (entl.) in Wien [NDB; IGL] 122^A, 200^A, 277, 277^A, 278, 278^A, 286^A, 288, 288^A, 293^A
- Biographie August Sauer (Plan) 278^A
- Literaturgeschichte der deutschen Stämme und Landschaften (1912–1928) 278, 278^A, 288, 288^A, 288^A
- Die Wissenschaftslehre der Literaturgeschichte (1914) 277, 277^A, 278^A

Nagel, Siegfried Robert (1875–1945), öst. Germanist u. Schriftsteller; Schüler v. → R. Heinzel u. → J. Minor in Wien; 1898 Prom., 1900–1916 Gymn.-Lehrer in Pola, Steyr, Linz u. Wien, dann freier Schriftsteller in Wien [ÖBL; DBE] 253, 253^A
- Deutscher Literaturatlas (1907) 253, 253^A

Nagl, Johann Willibald (1856–1918), öst. Germanist; Schüler v. → R. Heinzel u. → E. Schmidt in Wien; 1884–1890 Privatlehrer in Prag u. Graz, seit 1890 Pd. f. dt. Spr.-Wiss. in Wien, bis 1906 Lehrer an verschiedenen Schulen das., 1906–1918 Prof. an d. Wiener Handels-Akad. [ÖBL; IGL] 98^A, 154, 154^A, 155, 155^A, 156, 156^A, 165, 166, 176^A, 197
- An die Herren Mitarbeiter des Leitfadens und der Zeitschrift für die deutsche Literatur in Oesterreich-Ungarn (1896) (mit → J. Zeidler)
- Die Conjugation des starken und schwachen Verbums im niederösterreichischen Dialekt (1886) 155^A
- Deutsch-österreichische Literaturgeschichte Bd. 1–2 (1898, 1914) (mit → J. Zeidler u. → E. Castle) 165, 165^A, 176, 176^A, 177, 178, 179, 197
- (Hrsg.) Zeitschrift für die deutsche Literatur in Oesterreich-Ungarn (mit → J. Zeidler) (Plan) 154, 154^A, 165

Nassau-Saarbrücken, Elisabeth Gräfin v. → Elisabeth Gräfin v. Nassau-Saarbrücken

Nast, Adolf (1851–1909), dt. Verleger; 1879–1896 Inhaber d. J. B. Metzerschen Sortimentsbuchhandlung in Stuttgart, 1896 kurzzeitig Besitzer d. G. J. Göschenschen Verlagsbuchhandlung das. 108, 110, 141

Naumann, Ernst (1853–1925), dt. Altphilologe u. Herderforscher; 1876 Prom. in Berlin, 1877–

1921 Gymn.-Lehrer in Berlin, zuletzt Dir. am Hohenzollern-Gymn. Berlin-Schöneberg [BBF] 148[A]
- (Rez.) E. Kühnemann (Hrsg.): Herders Werke (1894) 148[A]

Napoleon I. <urspr.: N. Bonaparte>(1769–1821), Kaiser d. Franzosen 189[A]

Necker, Moritz (1857–1915), öst. Literaturhistoriker u. Journalist; Schüler v. → E. Schmidt in Wien; 1884 Prom. in Philosophie in Innsbruck, 1885–1915 Privatgelehrter u. Journalist (u. a. »Grenzboten«, »Neue freie Presse« u. »Neues Wiener Tageblatt«) in Wien, ab 1902 auch Lehrer f. Dramaturgie u. Lit.-Gesch. an d. Akad. f. Musik u. darstellende Kunst [NDB; IGL] 138, 143
- (Rez.) O. Roquette: Geschichte meines Lebens (1894) 138, 143

Neidhart, Hans (um 1430–nach 1502), dt. Frühhumanist u. Übersetzer [Killy] 122[A]
- (Übers.) Eunuchus von Terenz (1486) 122

Nerrlich, Paul (1844–1904), dt. Altphilologe u. Literaturhistoriker; 1871 Prom. in Jena, 1870–1904 Gymn.-Lehrer in Berlin [IGL] 53[A]
- (Hrsg.) C. v. Kalb: Briefe an Jean Paul und dessen Gattin (1882) 53[A]

Neuber, Friederike Caroline, geb. Weißenborn (1697–1790), dt. Schauspielerin u. Dichterin [NDB] 108
- Ein deutsches Vorspiel (1734) u. Neudruck (1897) 108[A]

Neukirch, Benjamin (1665–1729), dt. Dichter; 1703 Prof. f. Poesie an d. Ritter-Akad. in Berlin [NDB] 86[A], 285, 285[A], 287
- (Hrsg.) Herrn von Hoffmannswaldaus und andrer Deutschen auserlesene und bisher ungedruckte Gedichte. 7 Bde. (1695–1727) 285, 285[A]

Neumann, Friedrich 287[A], 288, 288[A]
- Geschichte des neuhochdeutschen Reims von Opitz bis Wieland (1920) 287[A], 288, 288[A]

Neumark, Georg (1621–1681), dt. Dichter; 1651 Bibliothekar, später Kanzleiregistrator u. Archiv-Sekr. d. Großherzogs v. Sachsen-Weimar, seit 1656 auch Sekr. d. »Fruchtbringenden Gesellschaft« in Weimar [NDB] 165, 165[A]

Neuwirth, Joseph (1855–1934), öst. Kunsthistoriker; 1885 Pd., 1894 ao. Prof., 1897 o. Prof. f. Kunst-Gesch. an d. dt. Univ. in Prag, 1899–1926 o. Prof. f. allg. Kunst-Gesch. u. Baukunst an d. TH Wien [NDB; ÖBL] 138
- (Rez.) K. Lange u. F. Fuhse (Hrsg.): Dürers schriftlicher Nachlaß (1894) 138

Nicoladoni, Alexander (1847–1927), öst. Jurist u. Kulturhistoriker; Schüler v. Rudolf Ihering in Wien; seit 1877 Rechtsanwalt u. Privatgelehrter in Linz [Kosch: Lit.-Lex.] 138[A]
- Johannes Bünderlin von Linz und die oberösterreichischen Täufergemeinden in den Jahren 1525–1531 (1893) 138

Nicolai, Friedrich (1733–1811), dt. Verlagsbuchhändler u. Schriftsteller; Freund v. → G. E. Lessing u. → M. Mendelssohn; seit 1752 Inhaber d. Nicolai'schen Buchhandlung in Berlin, 1765–1805 Hrsg. d. »Allgemeinen deutschen Bibliothek« [NDB] 10, 13[A], 128[A], 115[A], 232[A]
- (Hrsg.) Bibliothek der schönen Wissenschaften und der freyen Künste (1757) 10[A]

Niejahr, Johannes (1850–?), dt. Altphilologe u. Literaturhistoriker; 1877 Prom. in Greifswald, 1877–1917 Gymn.-Lehrer in Greifswald u. Halle/S. [BBF] 123, 132, 138, 143, 160, 160[A], 162, 162[A], 167, 167[A], 170, 170[A], 173, 173[A]
- Goethes »Helena« (1894) 138, 143

- H. v. Kleists Penthesilea (1893) 132, 133
- Kleists ›Penthesilea‹ und die psychologische Richtung in der modernen literarhistorischen Forschung (1896) 167, 167^A
- Kritische Untersuchungen zu Goethes Faust. 2 Tle. (1897) 162, 162^A
- Methode und Schablone (1898) 167^A, 170

Niemeyer, Max (1841–1911), dt. Verleger; 1869–1911 Inhaber d. Verlags M. Niemeyer in Halle/S. [NDB] 25^A, 150, 174^A, 276, 287^A

Niesner, Franz, öst. Germanist; Gymn.-Lehrer in Prag, Innsbruck u. Bregenz 168

Novalis <eigtl.: Friedrich Freiherr v. Hardenberg> (1772–1801), dt. Dichter u. Philosoph [NDB] 108, 175^A, 186, 187, 187^A, 256^A
- Blüthenstaub (1798) 108, 186, 187
- Hymnen an die Nacht (1800) 187, 187^A

O

O'Donell v. Tyrconell, Christine Gräfin v., geb. de Ligne (1788–1867), öst.; Tochter d. Fürsten → Ch. de Ligne; Ehefrau v. Moritz Graf O. v. T. (1780–1843); Briefpartnerin v. → J. W. v. Goethe [Br. an Goethe] 93, 203, 205, 205^A, 207^A, 209, 209^A

Oelven, Christian (1657–1716/20), dt. Offizier, Literat u. Projektemacher in Berlin [Hartkopf] 86^A

Oest, Johann Heinrich (1727–?), dt. ref. Theologe u. Dichter; 1759 Stiftsprediger in Neuwied, später Pfarrer u. Kirchenrat in Runkel [Kosch: Lit.-Lex.] 120, 185, 187

Oettingen, Wolfgang v. (1859–1943), dt. Germanist u. Kunsthistoriker; 1882 Prom. in Germanistik in Straßburg, 1888 Pd. f. neuere Kunst-Gesch. in Marburg/L., 1892 Prof. f. Kunst- u. Lit.-Gesch. an d. kgl. Kunst-Akad. in Düsseldorf, 1897–1905 ständiger Sekr. d. Kgl. Akad. d. Künste in Berlin, 1909–1918 Dir. d. Goethe-Nationalmuseums in Weimar, seit 1911 auch d. Goethe- u. Schiller-Archivs [DBE; IGL] 94^A, 268^A, 284^A
- Aus Ottilie von Goethes Nachlaß. Briefe von ihr und an sie 1806–22 (1912) 268, 268^A
- Aus Ottilie von Goethes Nachlaß. Briefe und Tagebücher von ihr und an sie bis 1832 (1913) 268^A

Ohonowskyj, Omeljan <auch: Emilian Ogonowski> (1833–1894), ukrain. Literatur- u. Sprachhistoriker; Schüler v. Franz v. Miklosich in Wien; griech.-kath. Priester, seit 1858 Gymn.-Lehrer in Lemberg, 1865 zugl. Pd., 1867 Supplent, 1870–1894 o. Prof. f. ukrain. Spr. u. Lit. das. [ÖBL] 26^A

Ompteda, Georg von (1863–1931), dt. Schriftsteller in Berlin u. Dresden [Killy] 218

Opitz, Martin (1597–1639), dt. Dichter u. Gelehrter [NDB] 131, 138, 173, 173^A, 174^A

Otfrid v. Weißenburg (um 800 – um 870), althdt. Dichter u. Theologe [Killy] 55
- Evangelienbuch (1856–1881) → J. Kelle 55^A

Ottokar aus der Gaal <früher: O. v. Steiermark> (um 1260/65–um 1320), öst. Reimchronist [NDB] 96

Ottokar v. Steiermark → Ottokar aus der Gaal

P

Pálffy, Ferdinand Graf (1774–1840), öst. Theaterdirektor; 1810 Dir. u. Pächter d. Wiener Hoftheaters, 1817–1825 Leitung d. Theaters an d. Wien [NDB; ÖBL] 193, 193^A

Pallavicini, Alexander <sen.> Markgraf v. (1853–1933), öst. Philanthrop in Wien; Präs. d. Verwaltungsrates d. k. k. Kaiser-Ferdinands-Nordbahn u. Mitgl. d. Oberhauses im ungar. Parlament; 1898–1928 Obmann d. Grillparzer-Gesellschaft in Wien [WI 1909; Riess, S. 51–53] 183, 183^A

Panitsa, Konstantin <Kosta> Atanatow (1857–1890), bulg. Offizier; Major im serb.-bulg. Krieg, als Verschwörer hingerichtet 99

Pannasch, Anton (1789–1855), öst. Offizier, Militärschriftsteller u. Dramatiker; 1809–1855 im k. k. Heeresdienst, zuletzt Oberst u. Dir. d. Bibl. im Kriegsarchiv, seit 1847 auch Redakteur d. »Österreichischen Militärischen Zeitschrift« [ÖBL] 211, 211^A

Paul, Hermann (1846–1921), dt. Germanist; Schüler v. → F. Zarncke in Leipzig; 1872 Pd. f. german. Spr. u. Lit. in Leipzig, 1874 ao. Prof. f. dt. Spr. u. Lit., 1877 o. Prof. f. dt. Philologie in Freiburg/Br., 1893–1916 in München [NDB; IGL] 75, 94, 95^A, 154, 154^A, 155, 155^A
– Geschichte der Germanischen Philologie (Pauls Grundriß) (1889) 94^A
– Methodenlehre (Pauls Grundriß) (1889) 94^A
– (Hrsg.) Beiträge zur Geschichte der deutschen Sprache und Literatur (ab 1877) (mit → W. Braune) 75, 77^A
– (Hrsg.) Grundriß der Germanischen Philologie (1891–1893) 94
– (Hrsg.) Grundriß der Germanischen Philologie (1891–1893) u. weitere Aufl. 154, 154^A

Paulsen, Friedrich (1846–1908), dt. Philosoph; Schüler v. Friedrich Adolf Trendelenburg in Berlin; 1875 Pd., 1878 ao. Prof., 1894 o. Prof. f. Philosophie u. Pädagogik in Berlin [NDB] 203, 203^A
– Goethes ethische Vorstellungen (Festvortrag) (1902) 203, 203^A

Pawel, Jaroslaus <Jaro> (1850–1917), öst. Turnpädagoge, Dichter u. Klopstockforscher; 1878–1917 Gymn.-Lehrer f. Turnen, Dt. u. Musik in Wien, St. Pölten u. Baden, 1884–1917 zugl. Lektor f. Theorie u. Geschichte d. Turnens an d. Univ. Wien [ÖBL] 12^A, 24, 45, 136, 137
– Ein ungedruckter Brief Rabeners an Gleim (1894) 136, 137
– (Hrsg.) Friedrich Gottlieb Klopstocks Oden (1889) 12^A
– (Hrsg.) Kritische Klopstock-Ausgabe (Plan) 45

Payer v. Thurn, Rudolf (1867–1932), öst. Germanist u. Verwaltungsbeamter; Schüler v. → J. Minor u. → R. Heinzel in Wien; 1888–1910 Beamter im k. k. Min. f. Cultus u. Unterricht, zuletzt als Verwalter d. Kabinettsarchivs, 1896–1922 zugl. Kustos, später Dir. d. kaiserl. Familien-Fideikommiß-Bibl. in Wien, 1905 Promotion an d. dt. Univ. in Prag, seit 1921 Pd. f. neuere dt. Lit.-Gesch. in Wien [ÖBL; IGL] 148^A, 193^A, 278^A
– Joseph Schreyvogels Beziehungen zu Goethe (1900) 193, 193^A

Pebal, Leopold v. (1826–1887), öst. Chemiker; Schüler v. Johann Gottlieb in Graz; 1851 Assistent, 1855 Pd. f. theoretische Chemie in Graz, 1857 ao. Prof. in Lemberg, 1865–1887 o. Prof. in Graz [ÖBL] 69

Perinet, Joachim (1763–1816), öst. Dramatiker u. Schauspieler in Wien u. Brünn [NDB; ÖBL] 15

Petersen, Julius (1878–1941), dt. Germanist; Schüler v. → G. Roethe in Berlin; 1909 Pd., 1911 ao. Prof. f. dt. Philologie in München, 1912 o. Prof. in New Haven/Connecticut, 1912 o. Prof. f. neuere dt. Spr. u. Lit. in Basel, 1914 in Frankfurt/M., 1920–1941 o. Prof. f. neuere dt.

Lit.-Gesch. in Berlin; ab 1928 Mithrsg. d. »Euphorion« [NDB; IGL] 284[A], 288, 288[A], 291, 291[A], 293[A]
- (Rez.) J. Körner: Romantiker und Klassiker. Die Brüder Schlegel in ihren Beziehungen zu Schiller und Goethe (1925) 291, 291[A]

Petsch, Robert (1875–1945), dt. Germanist; Schüler v. Oscar Brenner in Würzburg; 1900 Pd. f. dt. Philologie in Würzburg, 1904 Pd., 1907 ao. Prof. in Heidelberg, 1911 o. Prof. f. dt. Spr. u. Lit. in Liverpool, 1914 Prof. an d. Akad. in Posen, 1919 ao. Prof., 1923–1945 o. Prof. f. dt. Lit.-Gesch. u. allg. Lit.-Wiss. in Hamburg [IGL] 227, 228, 228[A]
- Zu Kleists »Penthesilea« (1906) 228[A]
- (Hrsg.) F. Hebbel: Herodes und Mariamne (Schulausgabe) (1902) 228, 228[A]
- (Rez.) M. Lex: Die Idee im Drama bei Goethe, Schiller, Grillparzer, Kleist (1905) 228, 228[A]

Petzet, Erich (1870–1928), dt. Germanist; Schüler v. → F. Muncker in München; 1892 Prom., seit 1894 Mitarbeiter, später Assistent u. Bibliothekar, 1919–1921 Oberbibliothekar an d. Hof- u. Staats-Bibl. in München [NDB; IGL] 184[A], 185, 191, 191[A], 200, 203, 203[A]
- (Hrsg.) Platens Dramatischer Nachlass (1902) 184, 184[A], 185, 200, 203
- (Rez.) G. v. Laubmann u. L. v. Scheffler (Hrsg.): Die Tagebücher des Grafen August von Platen (1900) 191, 191[A]

Petzold, Emil (1859–1932), öst. Germanist; Schüler v. → A. Sauer u. → R. M. Werner in Lemberg; 1889–1921 Gymn.- u. Gewerbeschullehrer in Sambor u. Lemberg, seit 1914 zugl. Pd. f. dt. Philologie u. Lit.-Gesch. an d. Univ. das., 1918/19 provisorischer Doz. f. Germanistik in Warschau [ÖBL] 51, 85
- Brot und Wein. Ein exegetischer Versuch (1896) u. Neudruck (1967) 51, 85

Pfeiffer, Franz (1815–1868), schweiz. Germanist; Schüler v. Hans Ferdinand Maßmann in München; 1843 Sekr. d. Literarischen Vereins in Stuttgart, 1846 Bibliothekar d. Kgl. Bibl. das., 1849 Dr. phil. h. c. Univ. Basel, 1857–1868 Prof. f. dt. Spr. u. Lit. in Wien [NDB; IGL] 119[A]
- (Hrsg.) Germania. Vierteljahrsschrift für Deutsche Alterthumskunde (1856-1892) 119

Pfeiffer, Friedrich Wilhelm (1827–1893), dt. Germanist; 1855 Pd., 1873 ao. Prof. f. altdt. Spr. u. Lit. in Breslau, seit 1865 zugl. Dir. d. Stadtarchivs das., 1876–1884 o. Prof. f. dt. Spr. u. Lit. in Kiel [Volbehr/Weyl; Leesch] 35[A]

Pfeiffer, Georg Joseph (?–1888), öst. Germanist; Schüler v. → B. Seuffert in Graz; 1887 Prom. in Graz [Seuffert: Vorbemerkung] 96, 98
- Klinger's Faust (Dissertation) (1887) 96[A]
- Klinger's Faust. Eine litterarhistorische Untersuchung (1890) → B. Seuffert 96, 98

Pichler, Adolf (1819–1900), öst. Naturforscher u. Dichter; 1848 Prom. (Dr. med.) in Wien, 1848–1850 Supplent d. Lehrkanzel f. Natur-Gesch. u. allg. Landwirtschaftslehre in Innsbruck, ab 1851 Gymn.-Lehrer 1867–1900 o. Prof. f. Mineralogie u. Geologie in Innsbruck [ÖBL] 193, 193[A]

Pichler, Caroline (1769–1843), geb. v. Greiner, öst. Schriftstellerin u. Salonière in Wien [NDB; ÖBL] 203, 210, 210[A]

Pick, Albert (1852–1907), dt. Altphilologe u. Literaturhistoriker; 1879 Prom. in Halle/S., 1882–1907 Realschul- u. Gymn.-Lehrer in Schwerin, Erfurt u. Meseritz/Posen [BBF; Kössler] 233, 233[A]

Pilger, Robert (1835–1906), dt. Altphilologe u. Literaturhistoriker; 1862 Gymn.-Lehrer in Berlin,

1869 Prom. das., 1875 Gymn.-Dir. in Luckau, 1880 in Essen, 1884–1906 Provinzialschulrat in Berlin [BJ 11, Kössler] 152[A], 156, 156[A], 185
– Die Dramatisierungen der Susanna (1879) 156 [A]
Pirker, Max (1886–1931), öst. Germanist u. Theaterhistoriker; 1914 Mitarbeiter d. Hof-Bibl. in Wien, 1925–1931 Dir. d. Studien-Bibl. in Klagenfurt [ÖBL] 286, 286[A], 287
– E. T. A. Hoffmann und das Zauberstück (1920) 286[A]
– Mystik und Symbolik bei E. T. A. Hoffmann (1912) 286[A]
Pissin, Raimund (1878–1961), dt. Germanist; Schüler v. → G. Roethe in Berlin; Prom. um 1905 [Kürschner-Nekr. 2] 233[A]
Platen-Hallermünde, August Graf von (1796–1835), dt. Dichter [NDB] 55, 70, 184, 184[A], 185, 191[A], 200, 203
– Ungedruckte Gedichte (1879) → J. E. Wackernell 55, 55[A]
– Die Tochter Kadmus (1816) u. Erstdruck (1902) 184, 184[A]
Platon (428/427–348/347 v. Chr.), griech. Philosoph 59
Plautus <Titus Maccius Plautus> (um 254 – um 184 v. Chr.) 121[A]
Pniower, Otto (1859–1932), dt. Germanist; Schüler v. → K. Müllenhoff u. → W. Scherer in Berlin; 1883 Prom., dann Bearbeiter d. posthumen Ausgabe v. → K. Müllenhoffs »Deutsche Altertumskunde«, ab 1893 Mitarbeiter, später Assistent u. Kustos, 1918–1924 Dir. d. Märkischen Museums in Berlin [NDB; IGL] 191, 191[A], 192, 192[A], 284[A]
– Goethes Faust (1899) 192, 192[A]
– (Rez.) A. Köster: Gottfried Keller. Sieben Vorlesungen (1900) 191, 191[A]
Pöltl, Anna → Schönbach, Anna
Pogatscher, Alois (1852–1935), öst. Anglist u. Romanist; 1875–1889 Lehrer an Realschulen u. Lyzeen in Salzburg u. Graz, 1889 Prom. in Straßburg, 1888 Pd. f. engl. Philologie in Graz, 1889 ao. Prof., 1896 o. Prof. an d. dt. Univ. in Prag, 1908–1911 in Graz [ÖBL] 86, 161, 178, 182
Polheim, Karl (1883–1967), öst. Germanist; Schüler v. → A. E. Schönbach in Graz; 1912 Pd., 1924 ao. Prof., 1929–1945 o. Prof. f. dt. Spr. u. Lit. in Graz [IGL] 254, 254[A], 255, 256, 283, 283[A], 284
– Die Überlieferung des Wieland'schen Combabus (1923) 283[A]
– Die zyklische Komposition der Sieben Legenden Gottfried Kellers (1908) 254, 254[A], 255, 256
Poll, Max (1859–1937), dt.-US-amerik. Germanist; Schüler v. → E. Martin in Straßburg; 1888 Prom. in Straßburg, 1889 Emigration in d. USA, 1890 Instructor of German an d. Harvard Univ. in Cambridge/Mass., 1900–1937 Prof. of Germanic Languages an d. Univ. of Cincinnati/Ohio [IGL] 134[A]
– Aufsätze über deutsche Literatur (1894–1906) 134[A]
Polybius (ca. 200 – ca. 120 v. Chr.), griech. Geschichtsschreiber 42, 111[A]
Posner, Max (1850–1882), dt. Altphilologe u. Historiker; 1874 Prom. in Bonn, 1877 Archiv-Assistent in Berlin, 1879 Archivar in Marburg/L., 1880–1882 am Geheimen Staatsarchiv in Berlin [Leesch] 64[A]
Potocki, [N. N.] Graf, poln. Aristokrat; seit 1871 Ehemann v. → A. Loewe [ÖBL: Art. A. Loewe] 42
Prehauser, Gottfried (1699–1769), öst. Schauspieler, Theaterleiter u. Dramatiker in Wien [Killy] 15[A]

Preller, Ludwig (1809–1861), dt. Altphilologe; 1832 Prom., 1833 Pd. in Kiel, 1838 o. Prof. in Dorpat, 1846 in Jena, 1847 Oberbibliothekar in Weimar [ADB 26] 234, 234[A]
- Ein fürstliches Leben (1859) 233, 234, 234[A]

Prem, Simon Marian (1853–1920), öst. Germanist; Schüler v. → I. Zingerle in Innsbruck; 1890 Prom. in Innsbruck, seit 1880 Gymn.-Lehrer in Wien, Linz, Innsbruck, Bielitz u. Marburg an d. Drau, zuletzt 1899–1912 in Graz [ÖBL] 134[A]
- Literaturbericht aus Tirol (1894, 1896, 1897, 1906, 1909) 134[A]

Prior, Matthew (1664–1721), engl. Schriftsteller u. Diplomat 149[A], 161[A], 162[A], 169, 169[A]

Prix, Johann Nepomuk (1836–1894), öst. Jurist u. Kommunalpolitiker; 1861 Dr. jur., Rechtsanwalt in Wien, ab 1869 Mitgl. im Wiener Gemeinderat, 1882 Vize-Bürgermeister, 1889–1894 Bürgermeister v. Wien [ÖBL] 98

Pröhle, Heinrich (1822–1895), dt. Altphilologe u. Literaturhistoriker; 1846–1857 Schriftsteller u. Journalist in Wien u. Wernigerode, 1855 Prom. in Bonn, seit 1857 Lehrer in Berlin, 1860–1893 an d. Luisenstädtischen Realschule [BBF; Killy] 1, 2, 21
- Friedrich der Große und die deutsche Literatur (1878) 1, 2
- (Hrsg.) C. M. Wieland: Werke (1883–1887) 21

Prosch, Franz (1854 – nach 1912), öst. Germanist; Gymn.-Lehrer in Wien, Hernals u. Weidenau 41

Puls, Alfred (1857– nach 1914), dt. Germanist; 1881 Prom. in Kiel, ab 1883 Gymn.-Lehrer in Flensburg u. Altona, 1905 Gymn.-Dir. in Husum [BBF; Kössler] 148
- Über einige Quellen der Gedichte von August Kopisch [1895] 148

Pyra, Immanuel <Ps.: Thirsis> (1715–1744), dt. Dichter u. Übersetzer; Freund u. Mitarbeiter v. → S. G. Lange [NDB] 23, 33, 45[A], 46[A], 47, 48, 51, 95[A], 102
- Thirsis und Damons Freundschaftliche Lieder (1749) u. Neudruck (1885) 23[A], 33, 34, 45, 45[A], 46, 46[A], 47, 47[A], 48, 48[A], 51[A], 95[A], 102

Q

Quidde, Ludwig (1858–1941), dt. Historiker u. Friedensaktivist; Schüler v. Julius Weizsäcker in Göttingen; 1881 Prom., dann Mitarbeiter, seit 1889 Leiter d. Edition d. »Deutschen Reichstagsakten« bei d. Hist. Komm. d. Bayer. Akad. d. Wiss. in München, 1890–1892 Prof. u. Sekr. d. Dt. Hist. Instituts in Rom, seit 1902 im Vorstand, 1912 Präs. d. Dt. Friedensgesellschaft, 1927 Friedensnobelpreis [NDB] 135, 136
- (Hrsg.) Deutsche Zeitschrift für Geschichtswissenschaft (1888–1895) 135, 136

R

Rabener, Gottlieb Wilhelm (1714–1771), dt. Satiriker; Freund v. Christian Fürchtegott Gellert u. → C. F. Weiße; 1741–1771 Steuerbeamter in Leipzig u. Dresden [NDB] 136, 137

Raber, Vigil (letztes Viertel 15. Jh. – 1552), öst. Wappenmaler in Bozen u. Sterzing; Sammler u. Bearbeiter geistlicher u. weltlicher Fastnachtspiele [NDB] 53[A]

Rachel, Max (1843–1904), dt. Altphilologe u. Literaturhistoriker; 1865 Prom. in Leipzig, dann Gymn.-Lehrer in Bautzen u. Freiberg, 1895–1904 Konrektor in Dresden [Dresden; Kössler] 159[A]

Radaković, Michael (1866–1934), öst. Physiker; 1889 Prom. (Dr. phil.), 1891 Lehramtsprüfung,

1894 Realschullehrer in Graz, 1897 Pd., 1902 ao. Prof. f. theoretische Physik in Innsbruck, 1906 o. Prof. f. mathematische Physik in Czernowitz, 1915–1934 o. Prof. f. theoretische Physik in Graz [ÖBL] 285, 285^A

Raimund, Ferdinand (1790–1836), öst. Schauspieler u. Dramatiker in Wien [NDB] 3, 24, 42, 80, 71, 88, 89, 96, 98, 206
- Der Alpenkönig und der Menschenfeind (1828) 42, 42^A
- Der Verschwender (1834) 96

Raiz, Ägidius <Ägid>, öst. Germanist; Schüler v. → B. Seuffert in Graz; Gymn.-Lehrer in Marburg an d. Drau, Karlsbad, Pettau u. Linz 133

Ramler, Karl Wilhelm (1725–1798), dt. Dichter, Übersetzer u. Herausgeber; Freund v. → L. Gleim, → J. N. Götz, → G. E. Lessing u. → E. v. Kleist; 1748–1790 Lehrer f. Philosophie am Kadettenkorps in Berlin, 1786–1796 zugl. Vize-Dir. d. Kgl. Schauspiele [NDB] 1, 3, 10^A, 40^A, 52^A
- (Hrsg.) E. Chr. v. Kleist: Sämtliche Werke (1760) 3^A, 10^A, 40

Ranftl, Johann (1865–1937), öst. kath. Theologe, Kunst- u. Literaturhistoriker; Schüler v. → B. Seuffert in Graz; Stud. d. kath. Theologie, Germanistik u. Kunst-Gesch., 1888 Priesterweihe, 1896 Prom. (Dr. phil.), ab 1898 Lehrer am Knabenseminar in Graz, seit 1919 zugl. Pd., 1925 ao. Tit.-Prof. f. christliche Archäologie u. Kunst-Gesch. an d. Univ. das. [ÖBL] 170, 170^A, 183, 183^A
- Ludwig Tiecks Genoveva als romantische Dichtung betrachtet (1899) 170, 170^A, 183, 183^A

Raspe, Rudolf Erich (ca. 1736–1794), dt. Geologe, Schriftsteller u. Übersetzer in Hannover, Kassel u. London [NDB] 111^A
- Wunderbare Reisen zu Wasser und Lande, Feldzüge und lustige Abentheuer des Freyherrn von Münchhausen, wie er dieselben bey der Flasche im Cirkel seiner Freunde selbst zu erzählen pflegt (1786) 111

Ratschky, Joseph Franz (1757–1810), öst. Schriftsteller; seit 1783 im Staatsdienst, zuletzt Staats- u. Konferenzrat in Wien, Begründer d. »Wiener Musenalmanach« u. Mitarbeiter d. »Österreichischen Wochenschrift« [NDB] 51^A
- (Hrsg.) Wienerischer Musenalmanach (1777–1802) (ab 1786: Wiener Musenalmanach) (mit → A. Blumauer) 51, 223, 223^A, 231^A, 235^A, 237, 237^A

Redern, Wilhelm Graf v. (1802–1883), dt. Komponist u. Theaterleiter; 1832 Intendant d. kgl. Schauspiele in Berlin, seit 1842 d. kgl. Hofmusik, 1861–1883 zugl. Oberstkämmerer [ADB 27] 293^A

Redlich, Carl Christian (1832–1900), dt. Altphilologe u. Literaturhistoriker; Schüler v. Karl Friedrich Hermann in Göttingen; 1854 Prom. in Kiel, 1856 Lehrer an d. Realschule d. Johanneums in Hamburg, 1873–1896 Dir. d. Bürgerschule vor dem Holstentor das. [IGL; Kössler] 1, 21, 51^A, 99, 115^A, 120, 145, 152^A, 163, 166, 166^A
- (Hrsg.) Göttinger Musenalmanach auf 1770 (1894, 1895, 1897) 13, 51, 111, 120, 166, 166^A
- (Hrsg.) J. F. Hahn: Gedichte und Briefe (1880) 21, 21^A
- (Hrsg.) Lessings Werke. 20. Teil. Briefe von und an Lessing (1880) 1^A, 99

Reich, Emil (1864–1940), öst. Philosoph u. Pionier d. Volksbildungsbewegung; 1886 Prom., 1890 Pd. f. Philosophie, 1904–1933 ao. Prof. f. Ästhetik in Wien, 1901 Mitbegründer u. bis

1934 Schriftführer d. Volkshochschule Ottakring, 1890 Mitbegründer u. bis 1928 Sekr. d. Grillparzer-Gesellschaft [ÖBL] 211, 211[A]
- Bericht über die Gründung der Grillparzer-Gesellschaft (1890) 98

Reichel, Eugen (1853–1916), dt. Schriftsteller, Literaturhistoriker u. Gottschedforscher; Stud. in Königsberg, ab 1883 Privatgelehrter in Berlin, Mitbegründer d. Gottsched-Gesellschaft u. seit 1902 Hrsg. d. Zs. »Gottsched-Halle« [Kosch: Lit.-Lex.] 186[A], 197, 197[A]
- Gottsched. Ein Kämpfer für die Aufklärung und die Volksbildung (1900) 186[A], 197, 197[A]
- Kleines Gottsched-Denkmal. Dem deutschen Volke zur Mahnung errichtet (1900) 186[A], 197, 197[A]
- Gottsched der Deutsche. Dem deutschen Volke vor Augen geführt (1901) 186[A], 197, 197[A]

Reimer, Hans (1839–1887), dt. Verlagsbuchhändler; 1865–1887 Inhaber d. Weidmannschen Verlagsbuchhandlung in Berlin [DBE] 77, 78

Reimarus, Sophie, geb. Hennings (1742–1817), dt. Aufklärerin u. Salonière in Hamburg [Hamb. Biogr. 1] 227[A]

Reinhardt, Karl (1818–1877), dt. Maler u. Karikaturist (u. a. »Kladderadatsch«, »Fliegende Blätter«, »Gartenlaube«) [ADB 28] 204[A]
- Ein Sommer in Teplitz (1857) 204, 204[A]

Reinhardstöttner, Karl v. (1847–1909), dt. Romanist; 1874 Pd. f. roman. Spr.n in Würzburg, 1872–1909 Prof. f. neuere Spr.n am Kadettenkorps in München, zugl. Doz., ab 1902 Hon.-Prof. an d. TH München [BJ 14; WI 1909] 122, 123

Reissenberger, Karl Friedrich (1849–1921), öst. Historiker; 1871 Prom. in Graz, dann Gymn.-Lehrer in Hermannstadt, Cilli u. Graz, 1887–1905 Dir. d. Staatsoberrealschule in Bielitz, 1905 Reg.-Rat [ÖBL] 252[A]

Renner, Karl (1870–1950), öst. Politiker; 1918–1919/20 Staatskanzler Deutschösterreichs bzw. der Republik Österreich, 1945–1950 1. Bundespräsident d. 2. Republik [NDB] 284[A]

Reuß, Jeremias David (1750–1837), dt. Literaturhistoriker u. Bibliothekar; nach theolog. Stud. seit 1774 Bibliothekar an d. Univ.-Bibl. in Tübingen, 1782 ao. Prof., 1785 o. Prof. f. Gelehrten-Gesch. in Göttingen, seit 1789 zugl. an d. Univ.-Bibl., 1829 Oberbibliothekar [DBE] 55[A]

Reuter, Christian <Ps.: Schelmuffsky> (1665 – um 1712), dt. Schriftsteller u. Komödiendichter in Leipzig, Dresden u. Berlin [NDB] 45[A], 46, 55, 56
- Schelmuffskys Warhafftig Curiöse und sehr gefährliche Reißebeschreibung Zu Wasser und Lande (1696) 45[A], 46, 55

Rhenanus, Beatus <eigtl.: B. Bild> (1485–1547), dt. Geschichtsschreiber u. Humanist [NDB; Killy] 121[A]
- Speculum aistheticum 121[A]

Richter, Arthur (1862–1925), dt. Historiker; 1891 Prom. in Leipzig, seit 1888 Hilfsarbeiter an d. Kgl. Öffentlichen Bibl. in Dresden, 1894 Kustos, 1907 Bibliothekar, 1919–1925 Oberbibliothekar [Habermann] 108 [A]
- (Hrsg.) Ein deutsches Vorspiel (1897) 108[A]

Richter, Eduard (1847–1905), öst. Geograf; Schüler v. Theodor Sickel in Wien; 1871–1886 Gymn.-Lehrer in Salzburg, 1885 Prom. in Wien, 1886–1905 o. Prof. f. Geografie in Graz [NDB; ÖBL] 74

Richter, Karoline, geb. Meyer (1777–1860), dt.; Ehefrau v. → Jean Paul [NDB: Art.: Jean Paul] 53[A]

Richter, Luise, geb. Seefeldner (?–1913), öst.; Ehefrau v. → E. Richter [NDB: Art. E. Richter] 74

Ridderhoff, Kuno (1869–1940), dt. Germanist u. Schriftsteller; Schüler v. → G. Roethe in Göttingen; 1895 Prom., dann Gymn.-Lehrer in Goslar u. Cuxhaven, 1899–1933 an d. Gelehrtenschule d. Johanneums in Hamburg [DÖS] 241, 241[A]

– Sophie von La Roche und Wieland (1907) 241, 241[A]

– (Hrsg.) S. v. La Roche: Geschichte des Fräuleins von Sternheim (1907) 241[A]

Rieger, Max (1828–1909), dt. Altphilologe u. Germanist; Schüler v. → K. Lachmann u. → J. Grimm in Berlin; 1849 Prom., 1853 Pd. f. german. Philologie in Gießen, 1856 Pd. in Basel, seit 1858 Privatgelehrter in Darmstadt, später auch Präs. d. hess. Landessynode; Großneffe v. → F. M. Klinger [Hess. Biogr.; NDB: Art. F. M. Klinger] 167[A]

– Friedrich Maximilian Klinger. 2. Tl. (1896) 167[A]

Riemann, Robert (1877–1962), dt. Germanist; Sohn d. Musikwissenschaftlers Hugo R. (1849–1919); Schüler v. → A. Köster in Leipzig; 1901 Prom., 1904–1933 (als Sozialdemokrat entl.) Lehrer in Leipzig, 1933–1946 Mitarbeiter d. Leipziger Verlags F. W. Hendel, 1946–1953 Dir. d. Leibniz-Oberschule in Leipzig [IGL; Kössler] 192[A], 227, 227[A]

– Johann Jakob Engels »Herr Lorenz Stark« (1900) 192

– Schiller als Novellist (1905) 227, 227[A]

Rietsch, Heinrich (1860–1927), öst. Musikwissenschaftler u. Komponist; 1883 Prom. (Dr. jur.), dann Finanzbeamter in Wien, 1895 Pd. f. Musikwiss. an d. Univ. Wien, 1900 ao. Prof., 1905 o. Tit.-Prof., 1909–1927 o. Prof. f. Musikwiss. an d. dt. Univ. in Prag [ÖBL] 172, 172[A]

Ritter, Louise, dt.; Verwandte (?) v. → K. W. Ramler in Berlin 3[A]

Rizy, Theobald v. (1807–1882), öst. Jurist; Cousin, Freund u. Nachlaßverwalter v. → F. Grillparzer, seit 1842 Advokat in Wien, 1849 Gen.-Prokurator beim Oberlandesgericht f. Niederöst., 1857 Vize-Präs. d Oberlandesgerichts Wien, 1861 provisorischer Sektionschef im k. k. Justiz-Min., 1866 Zweiter Präs. d. Oberlandesgerichts, 1872 Präs. d. Obersten Gerichtshofs [ÖBL] 24[A]

Rochlitz, Friedrich (1769–1842), dt. Musikschriftsteller u. Lustspieldichter; Freund v. → J. W. v. Goethe, → F. Schiller, → E. T. A. Hoffmann u. → C. M. Wieland; 1798–1818 Hrsg. d. »Leipziger Allgemeinen Musikalischen Zeitung« [DBE] 90

Rodenberg, Julius (1831–1914), dt. Schriftsteller u. Journalist; 1874–1914 Hrsg. d. »Deutschen Rundschau« in Berlin [NDB] 163[A], 166, 166[A], 223

– Die Großherzogin Sophie von Sachsen (1897) 163[A], 166, 166[A]

– (Hrsg.) Deutsche Rundschau (1874–1914) 78[A], 163, 163[A], 166, 189[A], 222, 223

Roediger, Max (1850–1918), dt. Germanist; Schüler v. → K. Müllenhoff in Berlin u. → W. Scherer in Straßburg; 1876 Pd. in Straßburg, 1880 in Berlin, dort 1880–1888 Redakteur d. »Deutschen Literaturzeitung«, 1883–1917 ao. Prof. f. dt. Philologie in Berlin [IGL] 27, 35[A], 60[A], 77, 86, 87, 155[A], 174, 174[A], 175, 202, 202[A]

– (Hrsg.) Deutsche Litteraturzeitung (1880 ff.) (mit → A. Fresenius) 77[A], 134[A], 155, 155[A], 159, 159[A], 161, 175, 175[A], 213[A]

– (Hrsg.) Schriften zur germanischen Philologie (1888–1899) 86

Roethe, Gustav (1859–1926), dt. Germanist; Schüler v. → F. Zarncke in Leipzig u. → K. Müllenhoff u. → W. Scherer in Berlin; 1886 Pd., 1888 ao. Prof., 1890 o. Prof. f. dt. Philologie in Göttingen, 1902–1926 in Berlin [NDB; IGL] 78[A], 82, 134, 149[A], 152[A], 174[A], 176[A], 181, 182[A], 191[A], 200, 200[A], 202, 202[A], 213[A], 215, 283, 284[A], 287[A], 288, 288[A]

- Brentanos »Ponce de Leon«. Eine Säcularstudie (1901) 200, 200[A]
- Wege der deutschen Philologie. Rede zum Antritt des Rektorats (1923) 288, 288[A]
- (Hrsg.) Palaestra. Untersuchungen und Texte aus der deutschen und englischen Philologie (1904 ff.) (mit → A. Brandl u. → E. Schmidt) 176, 176[A]
- (Hrsg.) Zeitschrift für deutsches Altertum (1891–1926) 77[A], 78, 125, 134, 154, 155[A], 175, 175[A], 181, 181[A], 198, 198[A]

Röll, Maria (1851–?), öst.; Tochter v. → M. F. Röll [Stöckl, S. 164] 70, 71

Röll, Moritz Friedrich (1818–1907), öst. Veterinärmediziner; 1842 Dr. med., 1845 Magister d. Tierheilkunde in Wien, 1847 Landestierarzt in Böhmen, 1849 Prof. f. pathologische Zootomie am Militär-Thierarznei-Institut in Wien, 1853–1879 Dir. d. Instituts, 1862–1879 zugl. ao. Prof. f. vgl. Pathologie u. Seuchenlehre an d. Univ. Wien, 1879–1888 Fachreferent f. Veterinärwesen im k. k. Min. d. Innern [ÖBL] 70

Rollett, Alexander (1834–1903), öst. Mediziner; Schüler v. Wilhelm Brücke in Wien; 1858 Prom., 1863–1903 o. Prof. f. Physiologie u. Histologie in Graz [ÖBL] 149, 216, 216[A]

Rollett, Edwin (1889–1964), öst. Germanist u. Journalist; Sohn v. → A. Rollett; Schüler v. → A. Sauer in Prag; 1912 Prom., 1913–1915 Redakteur d. »Österreichischen Rundschau« in Wien, 1921–1927 Theaterkritiker d. »Wiener Zeitung«, 1938 Chefredakteur d. »Österreichischen Volkszeitung«, nach d. ›Anschluss‹ 1938–1941 im Mordlager Flossenbürg interniert, 1946 Cheflektor d. Paul Zsolnay-Verlags in Wien, 1946–1948 lit. Leiter d. Ullstein-Verlags, dann Redakteur d. »Wiener Zeitung« [NDB; Nachlassverzeichnis] 276, 278[A], 283[A], 287, 287[A]

- (Hrsg.) F. Grillparzer. Gesammelte Werke. Auf Grund der von der Gemeinde Wien veranstalteten kritischen Gesamtausgabe. 9 Bde. (1924–1925) (mit → A. Sauer) 287, 287[A]

Rommel, Otto (1880–1965), öst. Germanist; Schüler v. → B. Seuffert in Graz; 1904 Prom., 1905–1919 Gymn.-Lehrer in Teschen u. Wien, 1919 Leiter d. Schwarzwaldschule f. Mädchen in Wien, 1919–1937 Dir. d. Bundeserziehungsanstalt f. Knaben in Wien [IGL] 223[A], 231[A], 233, 233[A], 235, 235[A], 236, 237, 237[A], 283[A]

- Der Wiener Musenalmanach. Eine literarhistorische Untersuchung (1903/1906) 223, 223[A], 231[A], 235, 235[A], 236, 237, 237[A]

Roquette, Otto (1824–1896), dt. Literaturhistoriker u. Schriftsteller; Freund v. → P. Heyse; Schüler v. Robert Eduard Prutz in Halle/S.; 1851 Prom. in Halle, 1853 Gymn.-Lehrer in Dresden, ab 1857 in Berlin, dort 1863 Prof. f. Lit.-Gesch. an d. Kriegs-Akad. u. 1867 Lehrer an d. Kgl. Gewerbeschule, 1869–1896 Prof. f. dt. Spr. u. Lit. an d. TH Darmstadt [Killy; DBE] 138[A]

- Geschichte meines Lebens (1894) 138[A]

Rosenbaum, Alfred (1861–1942), öst. Germanist u. Bibliograf; Stud. in Prag u. Wien (ohne Examen), u. a. bei → R. Heinzel u. → J. Minor, dann im Kreis um → A. Sauer in Prag, seit 1894 Mitarbeiter an »Goedekes Grundriß zur Geschichte der deutschen Dichtung« u. Redakteur d. lit.-wiss. Zs. »Euphorion«, wurde 1919 Mithrsg., 1927–1934 Hrsg. d. »Grundriß«, dann aufgrund seiner jüd. Herkunft verdrängt, starb im Mordlager Theresienstadt [ÖBL]

- August Sauer. Ein bibliographischer Versuch (1925) 293, 293[A]

Rosenbaum, Richard (1867–1942), öst. Germanist, Dramaturg u. Verleger; Schüler v. → A. Sauer in Prag; 1893 Prom., bis 1898 Privatgelehrter in Berlin, 1898–1915 Dramaturg, später artistischer Sekr. am Wiener Burgtheater, 1920–1929 Inhaber d. Donau-Verlags in Wien; starb im Mordlager Theresienstadt [ÖBL] 120[A], 130[A], 168
- (Hrsg.) M. A. v. Thümmel: Wilhelmine (1894) 120

Rosenthal, Eduard (1853–1926), dt. Jurist; Schüler v. Richard Schröder in Würzburg; 1880 Pd., 1883 ao. Prof., 1896–1926 o. Prof. f. dt. Rechts-Gesch. u. Öffentliches Recht in Jena [NDB] 77

Rosmer, Ernst <eigtl.: Elsa Bernstein, geb. Porges> (1866–1949), öst. Schriftstellerin; 1884–1887 Schauspielerin, lebte ab 1891 als erfolgreiche Dramatikerin in München, wurde 1942–1945 aufgrund ihrer jüd. Herkunft im Mordlager Theresienstadt interniert; Ehefrau d. Juristen u. Dramatikers Max Bernstein (1854–1925) [NDB] 167

Rost, Johann Christoph (1717–1765), dt. Dichter u. Journalist in Leipzig, Berlin u. Dresden; zunächst Protegé, später Gegner v. → J. C. Gottsched [DBE] 87, 120
- Das Vorspiel (1742) u. Neudruck (1910) 87, 120

Rothacker, Erich (1888–1965), dt. Philosoph; Schüler v. Max Scheler in München u. Heinrich Meier in Tübingen; 1912 Prom., 1920 Pd., 1924 ao. Prof. f. Philosophie in Heidelberg, 1928–1956 o. Prof. f. Philosophie u. Psychologie in Bonn [NDB] 286[A]
- (Hrsg.) Deutsche Vierteljahresschrift für Literaturwissenschaft und Geistesgeschichte (1923–1944 u. 1949–1955) (mit → P. Kluckhohn) 286, 286[A], 287, 287[A]

Rothenhöfer, Georg Friedrich, dt.; Schwiegervater v. → B. Seuffert 175, 175[A]

Rothenhöfer, Maria Margaretha Apollonia, geb. Seuffert (?–1915), dt.; Schwiegermutter v. → B. Seuffert 192, 277, 277[A], 278

Rousseau, Jean-Jacques (1712–1778), schweiz. Philosoph u. Schriftsteller 256[A], 287

Rubensohn, Max (1864–1913), dt. Altphilologe u. Literaturhistoriker; Schüler v. → J. Vahlen in Berlin; 1887 Prom., 1890/91 Lehramtskandidat in Berlin, dann Privatgelehrter u. Journalist in Berlin, Hannover u. Kassel [BBF; Seidel] 122, 131, 138, 149, 167, 167[A], 173, 173[A], 175, 196, 197, 227, 227[A]
- Aus Schillers Übersetzungswerkstätte (1905) 227, 227[A]
- Der junge Opitz 1. Tl. (1895) 131, 138, 149, 173, 173[A]
- Der junge Opitz 2. Tl. (1899) 173, 173[A], 175
- (Hrsg.) Griechische Epigramme (1897) 122, 131, 167, 167[A], 196, 196[A], 197

Rubinstein, Anton G. (1829–1894), russ. Komponist, Pianist u. Dirigent in Moskau, Berlin, Wien u. St. Petersburg [Ehrlich] 40

Rückert, Friedrich (1788–1866), dt. Dichter u. Orientalist; 1811/12 Pd. f. Altphilologie in Jena, dann Privatgelehrter, ab 1826 o. Prof. f. orientalische Spr.n in Erlangen, 1841–1848 o. Prof. in Berlin [NDB] 70, 86, 110

Rudnick, Paul Jakob (1718–1740), dt. Dichter u. Satiriker; Freund v. → L. Gleim, → J. P. Uz u. → J. N. Götz [Killy] 23
- (Hrsg.) Die Oden Anakreons (1746) (mit → J. N. Götz und → J. P. Uz) 23[A], 86[A]

Rudolf Erzherzog v. Österreich-Ungarn (1858–1889), öst. Kronprinz [ÖBL] 85[A], 86[A]

Rugo, August Wilhelm (1806–?), dt. Schriftsteller u. Journalist in Weimar; 1848 Redakteur d. »Weimarer Zeitung« [Meyer] 97

– Weimar's Erinnerungen (1839–1843, 1875) 97

Ruland, Anton (1809–1874), kath. Theologe u. Bibliothekar; 1832 Priesterweihe, 1834 Prom., 1833–1837 Bibliothekar an d. Univ.-Bibl. Würzburg, dort als Dir. 1837 aus polit. Gründen entlassen, dann Stadtpfarrer in Arnstein, 1850–1874 erneut Oberbibliothekar in Würzburg [ABD 29; Bader] 42[A], 76

Ruland, Karl (1834–1907), dt. Kunst- und Literaturhistoriker; 1859 Bibliothekar, Priv.-Sekr. u. Verwalter d. Kunstsammlung d. Prinzen Albert in London, 1870–1906 Dir. d. großherzogl. Kunstsammlung u. Museen in Weimar, seit 1886 zugl. Dir. d. Goethe-Nationalmuseums [BJ 14] 205, 205[A], 211

– Zweiundzwanzig Handzeichnungen von Goethe (1888) 205, 205[A]

Rzach, Alois (1850–1935), öst. Altphilologe; Vater v. → H. Sauer, Schwiegervater v. → A. Sauer; 1876 Pd. in Prag, 1883 ao. Tit.-Prof., 1884 ao. Prof., 1887–1923 o. Prof. f. klass. Philologie an d. dt. Univ. Prag [ÖBL] 115[A], 189, 189[A]

Rzach, Edith (1878–1941), verh. Buhre, öst.; Tochter v. → A. Rzach u. Schwester v. → H. Sauer [Buxbaum, S. 205] 145

S

Sabatt, James Gotthold (1830–1862), engl.; leiblicher Vater v. → M. A. Gurlitt [DGb] 69[A]

Sabatt, Josephine Maria (1837–1864), geb. v. Gaupp-Berghausen; leibliche Mutter v. → M. A. Gurlitt [DGb] 69[A]

Sachs, Barbara, geb. Harscher (1534–1583); dt.; zweite Ehefrau v. → H. Sachs [NDB: H. Sachs] 175[A]

Sachs, Hans (1494–1576), dt. Spruchdichter, Meistersinger u. Dramatiker [NDB] 98, 145, 159[A], 162, 175[A], 203, 203[A]

Sachse, Johann Christoph (1761–1822), dt.; Bibliotheksdiener in Weimar; Verfasser einer v. → J. W. v. Goethe herausgegebenen Autobiografie [Killy] 204[A]

Sack, August Friedrich Wilhelm (1703–1786), dt. evang. Theologe; 1740 Hof- u. Domprediger, später Erster Hofprediger in Berlin [ADB 37; Killy] 101

Salm-Reifferscheidt-Raitz, Elisabeth Fürstin u. Altgräfin zu (1832–1894), geb. Prinzessin v. und zu Liechtenstein; Ehefrau v. → H. K. F. zu Salm-Reifferscheidt-Raitz u. Pflegemutter v. → M. A. Gurlitt 69[A]

Salm-Reifferscheidt-Raitz, Hugo Karl Franz Fürst u. Altgraf zu (1832–1890), öst. Gutsbesitzer u. Industrieller in Wien; Pflegevater v. → M. A. Gurlitt [NDB: Art. Hugo Franz Erb- u. Altgraf zu S.-R.-R. (Großvater)] 69[A]

Sandberger, Adolf (1864–1943), dt. Musikwissenschaftler u. Komponist; 1887 Prom. in Würzburg, 1889 Konservator an d. Hof- und Staats-Bibl. das., 1894 Pd., 1900 ao. Prof., 1909–1930 o. Prof. f. Musikwissenschaft in München [NDB] 172, 172[A]

Sanders, Daniel (1819–1897), dt. Germanist; 1842 Prom. in Halle/S., 1842–1852 Dir. d. israelitischen Freischule in Altstrelitz, ab 1852 Bearbeiter eines Wörterbuches d. dt. Spr. im Auftrag d. Verlags J. J. Weber u. Privatgelehrter in Strelitz [ADB 53; IGL] 136

– (Hrsg.) Zeitschrift für deutsche Sprache (1887–1897) 136

Saran, Franz (1866–1931), dt. Germanist; Schüler v. → E. Sievers in Halle/S.; 1889 Prom., danach Lehrer an d. Franckeschen Stiftungen, 1896 Pd. f. dt. Spr. u. Lit., 1905 ao. Tit.-Prof., 1905 ao. Prof. f. dt. Philologie in Halle, 1913-1931 o. Prof. in Erlangen [IGL] 276

Sauer, August (1855-1926), öst. Germanist; Schüler v. → K. Tomaschek in Wien u. → W. Scherer in Berlin; 1879 Pd. in Wien u. Supplent d. Lehrkanzel f. dt. Philologie in Lemberg, 1883 ao. Prof. in Graz, 1886 ao. Prof., 1892-1926 o. Prof. f. dt. Spr. u. Lit. an d. dt. Univ. in Prag; 1894-1926 Hrsg. d. Zs. »Euphorion« [NDB; ÖBL; IGL]

— Akademische Festrede zu Grillparzers hundertstem Geburtstag (1891) 110, 111, 207, 207^A
— Alte und neue Literaturgeschichten (1895) 149
— Aus dem Briefwechsel zwischen Bürger und Goeckingk (1890) 79, 81, 92, 94
— Böhmen/Mähren/Schlesien (Goedekes Grundriß) (1929) 86^A
— Bibliographisches Handbuch für neuere deutsche Literaturgeschichte (Plan) 154
— Briefwechsel zwischen Goeckingk und Gleim (Plan) 94
— Darstellung der Anakreontik (Plan) 21^A, 47^A, 86
— Das Phantom in Lessings Faust (1888) 80^A, 83
— Deutsche Literaturdenkmale (1903) 207^A
— Die besonderen Aufgaben der Literaturgeschichtsforschung in Österreich (1918) 211^A
— Die Natürliche Tochter und die Helenadichtung (1921) 284^A
— Die neue Stifter-Ausgabe (1901)
— Die neuen Grillparzerausgaben (1904) 200^A
— Die Prager Hochschulen (1910) 261^A
— Die Quelle von Grillparzers Ahnfrau (1886)
— Ein Brief Kathis an Grillparzer (1893) (mit → H. Sauer) 121
— Ein treuer Diener seines Herrn (Vortrag) (1893) 207, 207^A
— Eine bibliographische Gesellschaft (1902) 233^A
— Entwickelungsgeschichte der deutschen Lyrik im 18. + 19. Jh. (Plan) 51^A
— Erster Bericht <...> über die geplante kritische Gesamtausgabe der Werke A. Stifters (1900) 191, 191^A, 211^A
— Franz Grillparzer (1941), s. → H. Sauer 59^A
— Franz Grillparzer (Goedekes Grundriß) (1900) 86^A, 207, 217, 248, 248^A
— Franz Grillparzer: Eine litterarhistorische Skizze (1887) 59, 81, 83, 88, 89
— Franz Grillparzer. Eine litterarhistorische Skizze. 2. Aufl. (1892) 114
— Franz Grillparzer: Zur Einführung (1909) 24^A
— Frauenbilder aus der Blütezeit der deutschen Litteratur (1885) 52, 97^A
— Feststellung (gegen → H. A. Korff) (1924) 289, 289^A, 290
— Ferdinand Raimund. Rede zur Enthüllung der Gedenktafel in Pottenstein (1886) 71
— Geniezeit/Sturm und Drang (Goedekes Grundriß) (1891) 24, 79^A, 86^A
— Gesammelte Reden und Aufsätze (1903) 61^A, 71^A, 203, 203^A, 205, 205^A, 206, 206^A, 207, 207^A
— Geschichte der deutschen Literatur in Österreich (Plan) 96, 199
— Geschichte der Musenalmanache (Plan) 51, 92
— Goethe in Teplitz (1896) 205, 205^A
— Graf Kaspar Sternberg (1901) 193^A, 196, 196^A, 201, 201^A, 207, 207^A, 208
— Grillparzer-Biografie (Plan) 59, 63, 89, 96, 97, 98, 99, 103, 106, 109, 126, 161, 161^A, 207^A
— Grillparzer und das Königliche Schauspielhaus in Berlin (1926) 293, 293^A

- Grillparzer und Katharina Fröhlich (1894) 151, 207, 207[A]
- Grillparzers Gespräche (1904–1916/1941) 211, 211[A], 227, 227[A], 228, 228[A], 237, 237[A], 260, 260[A]
- Grundriß der neueren deutschen Literaturgeschichte (Plan) 154
- Grundriß zur Geschichte der deutschen Literatur in Österreich (Plan) 24, 79[A]
- Grundsätze für die Wiener Grillparzer-Ausgabe (1907) 241, 241[A]
- Heinelitteratur (1888) 84
- Jakob Minor (1913) 271, 271[A]
- Joachim Wilhelm von Brawe der Schüler Lessings (1878) 2, 42
- Johann Gottfried Seume (Festrede) (1896) 207, 207[A]
- Joseph Viktor von Scheffel (1886) 61, 63, 64, 207, 207[A]
- Joseph Kürschner (1904) 211[A]
- Kleists Todeslitanei (1907) 249, 249[A]
- Literarischer Verein in Wien (1904) 211[A]
- Literaturgeschichte und Volkskunde (1907) 110, 252, 252[A], 253, 253[A]
- Nachträge zu Bürgers Gedichten und Briefen (1888) 79, 83, 99
- Neue Mittheilungen über Ewald von Kleist (1890) 3, 99
- Neue Beiträge zum Verständnis <…> einiger Gedichte Grillparzers (1898) 173, 173[A]
- Nikolaus Dumba (1900) 207[A]
- Österreich (Goedekes Grundriß) (1898) 86[A]
- Raimund-Biographie (Plan) 88, 89
- Raimund, Ferdinand (ADB) (1888) 88, 89
- Säculardichtungen (1902) 191[A]
- Studie über Grillparzers »Ahnfrau« (Plan) 13[A], 15, 63, 80, 92
- Studien zur Goethe-Philologie (1880) (mit → J. Minor) 38[A], 90
- Studien zur Familiengeschichte Grillparzers (1893) 118
- Ueber Clemens Brentanos Beiträge zu Carl Bernhards Dramaturgischem Beobachter (1895) 152, 184[A]
- Ueber den fünffüssigen Iambus vor Lessing's Nathan (1878) 2
- Ueber die Ramlerische Bearbeitung der Gedichte E. C. v. Kleists (1880) 3, 79, 92
- Über die österreichischen Zeitschriften des 19. Jahrhunderts (1906) 232, 232[A], 233
- Ueber das Zauberische bei Grillparzer (1904) 207, 207[A]
- Über den Einfluß der nordamerikanischen Literatur auf die deutsche (1906) u. engl. Fassung (1906) 217[A], 219, 219[A], 236, 236[A]
- Ungedruckte Dichtungen Hölderlins (1885) 50[A]
- Verwahrung [gegen A. Korff] (1924) 289, 289[A]
- Zeit des Weltkrieges, Österreich (Goedekes Grundriß) (1886–1887/1900) 156, 156[A], 172, 172[A], 173, 196, 196[A], 197, 198, 198[A], 199, 199[A], 205, 205[A]
- Zeitschrift für deutsche Literatur in Österreich-Ungarn (Plan) 98
- Zu Goethes Epigramm Grundbedingung (1915 [1920]) 283, 283[A]
- Zu Grillparzers dramatischen Fragmenten (1888) 88[A], 116[A]
- Zwei ungedruckte Fragmente aus Grillparzers Nachlass (1892) 114
- (Mitarbeit) Goedekes Grundriß zur Geschichte der deutschen Dichtung 24, 79[A], 86, 96

- (Hrsg.) A. a Sancta Clara: Auf auf ihr Christen! (1883) 21, 23
- (Hrsg.) Beiträge zur Geschichte der deutschen Litteratur und des geistigen Lebens in Österreich (1883/84) (mit → J. Minor u. → R. M. Werner) 13, 14, 17, 18, 23, 24, 30, 80
- (Hrsg.) Bibliothek älterer deutscher Uebersetzungen (1894–1899) 121, 122, 123, 134, 167, 167^A
- (Hrsg.) Bibliothek deutscher Schriftsteller aus Böhmen (1894 ff.) 169, 169^A, 191, 191^A, 192, 196, 196^A, 200, 200^A, 203, 203^A, 205, 205^A, 207, 207^A, 208, 211^A, 213^A, 215, 220, 220^A, 221, 231, 239, 239^A, 240, 241, 241^A, 257, 257^A, 258, 259, 259^A, 260, 260^A, 283
- (Hrsg.) Briefwechsel zwischen Goethe und Sternberg (1902) 193^A, 196, 196^A, 197, 200, 200^A, 203, 203^A, 205^A, 207, 207^A, 211
- (Hrsg.) G. A. Bürger: Gedichte (1884) 21, 37, 40, 51^A, 96
- (Hrsg.) Deutsche Arbeit (1905–1906) 193^A, 203^A, 204, 204^A, 205, 232, 235, 260, 260^A, 216^A, 263^A, 271^A
- (Hrsg.) Deutsche Literatur-Denkmale des 18. und 19. Jahrhunderts in Neudrucken (ab 1891) 109, 120, 121, 122, 141, 157, 157^A, 158, 166, 166^A, 174 174^A, 175, 176, 184, 184^A, 185, 185^A, 186, 187, 187^A, 190, 191, 191^A, 198, 198^A, 199, 199^A, 200, 200^A, 203, 203^A, 204, 204^A, 207, 207^A, 208, 213, 213^A, 214, 215, 215^A, 217, 217^A
- (Hrsg.) Die Deutschen Säculardichtungen an der Wende des 18. und 19. Jahrhunderts (1901) 191, 191^A, 192, 196, 196^A, 197, 207, 207^A
- (Hrsg.) J. v. Eichendorff: Sämtliche Werke. Historisch-Kritische Ausgabe. 22 Bde. (1908 ff.) (mit → P. A. Becker u. → W. Kosch) 260, 260^A
- (Hrsg.) Euphorion. Vierteljahrschrift für Literaturgeschichte (1894–1926) 98^A, 122, 124, 125, (126), 128, 130, 131, 132, 133, 134, 135, 136, 137, 138, 139, 140, 141, 142, 143, 144, 145, 146, 147, 148, 149, 150, 152, 153, 154, 154^A, 155, 156, 156^A, 157, 157^A, 158, 159, 159^A, 160, 160^A, 161, 161^A, 162, 162^A, 163, 163^A, 165, 165^A, 167, 167^A, 169, 169^A, 170, 170^A, 171, 173, 173^A, 174, 175, 175^A, 176, 176^A, 177, 177^A, 178, 179, 180, 183, 183^A, 185, 186, 186^A, 187, 189, 189^A, 190, 190^A, 191, 191^A, 192, 192^A, 193, 193^A, 194, 194^A, 195, 196, 196^A, 197, 197^A, 198, 198^A, 199, 200, 200^A, 201, 203, 203^A, 204, 204^A, 205, 207, 207^A, 208, 208^A, 209, 211^A, 212^A, 213, 213^A, 214, 214^A, 215, 215^A, 216, 217, 217^A, 218, 218^A, 219, 222, 222^A, 223, 223^A, 227, 227^A, 228, 228^A, 231^A, 232, 232^A, 233^A, 238, 238^A, 239, 240, 241, 241^A, 244, 250, 251^A, 254, 254^A, 255, 255^A, 256, 260, 260^A, 261, 262, 262^A, 264, 268, 268^A, 269, 271, 271^A, 276, 276^A, 283, 283^A, 284, 285, 285^A, 286, 287, 287^A, 289, 289^A, 291, 291^A, 293, 293^A, 295, 295^A
- (Hrsg.) Euphorion. Ergänzungsheft 2: Literatur des 19. Jahrhunderts (1896) 149^A, 150^A, 173, 173^A
- (Hrsg.) Euphorion. Ergänzungsheft 3 (1897) 156, 156^A, 157, 157^A, 160, 162^A, 163, 163^A, 165, 165^A, 167
- (Hrsg.) Euphorion. Ergänzungsheft 4 (1899) 173, 173^A
- (Hrsg.) Euphorion. Ergänzungsheft 6: Der Wiener Musenalmanach (1906) 223^A, 231^A
- (Hrsg.) Euphorion. Ergänzungsheft 14: Gundolf-Sonderheft (1921) 283, 283^A, 284
- (Hrsg.) Euphorion. Ergänzungsheft 16: Seuffert-Festschrift (1923) 283^A
- (Hrsg.) L. Gleim: Preussische Kriegslieder von einem Grenadier (1882) 5, 6, 7, 8, 9, 21^A, 33, 34, 51^A

- (Hrsg.) J. W. Goethe: Götz von Berlichingen (WA I, Bd. 8) (1889) 76, 85, 86, 87, 89, 90, 91, 92, 120, 121, 190, 190^A, 191, 191^A, 196, 196^A, 197, 199, 289
- (Hrsg.) J. W. Goethe: Der Hausball (1895) 23^A, 148
- (Hrsg.) Goethe und Österreich. 2 Tle. (1902, 1904) 191, 191^A, 192, 193, 193^A, 196, 196^A, 197, 199, 199^A, 200, 203, 203^A, 204, 205, 205^A, 207, 207^A, 209, 209^A, 210, 210^A, 211, 211^A, 213, 213^A, 214, 214^A, 217, 217^A
- (Hrsg.) Goethes Briefwechsel mit J. S. Grüner und J. S. Zauper (1917) 200, 200^A, 203, 203^A, 207
- (Hrsg.) Der Göttinger Dichterbund (1887–1895) 19, 40^A, 79, 96
- (Hrsg.) F. Grillparzer: Briefe und Tagebücher (1903) (mit → K. Glossy) 63, 96, 200, 200^A, 201, 221, 221^A, 251^A
- (Hrsg.) F. Grillparzer. Gesammelte Werke. Auf Grund der von der Gemeinde Wien veranstalteten kritischen Gesamtausgabe. 9 Bde. (1924–1925) (mit → E. Rollet) 287, 287^A
- (Hrsg.) F. Grillparzer: Sämmtliche Werke. 16. Bde. (1887) 59, 79, 99, 110, 115, 116, 119, 126, 127 200^A, 244^A, 245, 245^A, 251, 251^A
- (Hrsg.) F. Grillparzer: Sämmtliche Werke. 20 Bde. (1892/1893) 244^A, 246, 251, 251^A
- (Hrsg.) F. Grillparzer: Sämmtliche Werke. 8 Bde. (1901/1902) 200^A, 201, 201^A, 244^A, 251, 251^A
- (Hrsg.) F. Grillparzer: Sämmtliche Werke. 3. Ausgabe. Bd. 11–16 (1888) 251^A
- (Hrsg.) F. Grillparzer: Sämtliche Werke. Historisch-kritische Gesamtausgabe (1909–1948) 24^A, 194^A, 201, 201^A, 211, 211^A, 213, 214, 215, 241, 241^A, 243, 244, 244^A, 245, 247, 247^A, 248, 251, 251^A, 259, 259^A, 260, 260^A, 264, 264^A, 265, 265^A, 266, 273, 273^A, 276, 276^A, 278, 279, 279^A, 283, 284, 285, 287, 287^A, 288, 293, 293^A
- (Hrsg.) F. v. Hagedorn: Versuch einiger Gedichte (1883) 20, 23, 24, 25, 56, 102
- (Hrsg.) E. v. Kleist: Werke (1881–1882) 1, 3^A, 4, 6, 12, 14, 19^A, 20, 21^A, 33, 40, 47, 48, 51^A, 95, 115^A
- (Hrsg.) C. G. Klemm: Der auf den Parnass versetzte gruene Hut (1883) 26, 28
- (Hrsg.) Kriegs-Volkslyrik des 7 jähr. Krieges (Plan) 22, 23
- (Hrsg.) J. Kurz: Prinzessin Pumphia (1883) 23, 24
- (Hrsg.) S. G. Lange, I. Pyra: Freundschaftliche Lieder (1885) 23^A, 45, 46, 47, 48, 95, 102
- (Hrsg.) [L. Löwe]: Aus Ludwig Löwe's Nachlaß (1885) 51, 94
- (Hrsg.) F. Raimund: Dramatische Werke (1891) (mit → K. Glossy) 96
- (Hrsg.) F. Raimund: Sämmtliche Werke (1881) (mit → K. Glossy) 24^A, 88, 96^A
- (Hrsg.) A. Stifter: Sämmtliche Werke (1901–1979) 191, 191^A, 192, 196, 196^A, 203, 203^A, 205, 205^A, 207, 207^A, 208, 211^A, 213^A, 215, 220, 221, 231, 239, 239^A, 240, 241, 241^A, 257, 257^A, 258, 259, 259^A, 260, 283
- (Hrsg.) J. v. Sonnenfels: Briefe über die Wienerische Schaubühne (1884) 15, 28, 34, 40, 48
- (Hrsg.) Stürmer und Dränger (1883) 19, 20, 21, 26, 28, 29, 96, 98
- (Hrsg.) C. Thomasius: Von der Nachahmung der Franzosen (1894) 120
- (Hrsg.) J. P. Uz: Sämmtliche Poetische Werke (1890) 21^A, 22^A, 35, 40, 47, 48, 51^A, 59, 60, 61, 63, 64, 90, 92, 94, 96, 98, 99, 100, 102, 103, 111
- (Hrsg.) Vier dramatische Spiele über die zweite Türkenbelagerung aus den Jahren 1683–1685 (1884) 36^A, 40

- (Hrsg.) [M. Voll]: Der Hausball (1883) 23
- (Hrsg.) C. F. Weiße: Richard der Dritte (1904) (mit → D. Jacoby) 111, 185, 186, 200
- (Hrsg.) Wiener Neudrucke (1883–1886) 13, 20, 25, , 29, 33, 36, 40, 63, 99, 106, 109, 125, 176^A
- (Rez.) O. Brahm: Das deutsche Ritterdrama (1880) 3^A
- (Rez.) W. L. Holland (Hrsg.): Goethe's Faust ein Fragment (1882) 11^A
- (Rez.) F. Lauchert: G. Chr. Lichtenberg's schriftstellerische Thätigkeit (1894) 141
- (Rez.) J. Körner: Romantiker und Klassiker (1925) 291, 291^A
- (Rez.) R. M. Meyer: Die deutsche Litteratur des 19. Jahrhunderts (1900) 191, 191^A, 192
- (Rez.) C. C. Redlich: Lessings Werke. 20. Teil. Briefe von und an Lessing (1880) 1^A
- (Rez.) E. Schmidt: Beiträge zur Kenntnis der Klopstockschen Jugendlyrik (1880) 3^A
- (Rez.) A. E. Schönbach: Gesammelte Aufsätze zur neueren Litteratur (1900) 192, 192^A
- (Rez.) B. Seuffert (Hrsg.): J. W. Goethe: Faust. Ein Fragment (1882) 11, 12
- (Rez.) B. Seuffert (Hrsg.): F. M. Klinger: Otto. Ein Trauerspiel (1882) 6^A
- (Rez.) B. Seuffert (Hrsg.): Maler Müller: Faust's Leben (1882) 11
- (Rez.) B. Seuffert (Hrsg.): H. L. Wagner: Voltaire am Abend seiner Apotheose (1882) 6^A
- (Rez.) B. Seuffert: Teplitz in Goethes Novelle (1903) 214, 214^A
- (Rez.) O. Walzel (Hrsg.): Handbuch der Literaturwissenschaft (1924) 289, 289^A
- (Rez.) K. Goedeke: Grundriß der Geschichte der deutschen Dichtung. Bd. 5: Vom siebenjährigen bis zum Weltkriege (1894) 139

Sauer, Franz Josef, öst. Kaufmann; Großvater v. → A. Sauer 42

Sauer, Hedda, geb. Rzach (1875–1953), öst. Schriftstellerin u. Übersetzerin in Prag; Tochter d. Altphilologen → A. Rzach, seit 1892 Ehefrau v. → A. Sauer [Killy] 42^A, 59^A, 115, 116, 121, 145, 146^A, 169, 171, 173, 174, 175, 183, 186, 193, 196, 200, 202, 203, 204, 211^A, 213, 222, 222^A, 223, 225, 226, 227, 228, 230, 240, 247, 248, 251, 251^A, 255, 264, 267^A, 276, 278, 278^A, 282, 284

- Ins Land der Liebe (1900) 222^A
- Wenn es rote Rosen schneit (1904) 222, 222^A, 251^A
- (Hrsg.) A. Sauer: Franz Grillparzer (1941) 59^A

Sauer, Josef, öst. Schullehrer bei Leitmeritz; Urgroßvater v. → A. Sauer 42

Sauer, Josepha, geb. Höpfinger; 2. Ehefrau v. → K. J. Sauer; Mutter v. → A. Sauer [NDB: Art. A. Sauer] 42, 55, 59, 60, 63, 79, 122

Sauer, Julius (1849–1911), öst. Bergbauingenieur; Bruder v. → A. Sauer; 1870–1886 leitender Ingenieur in Wien u. Zbeschau/Mähren, 1886–1890 amtlich autorisierter Bergingenieur f. Rossitz-Oslawana, 1890–1911 Dir. d. Berghauptmannschaft Wien [ÖBL] 42, 55, 86, 96, 261, 261^A

Sauer, Karl Joseph (1815–1898), öst. Kaufmann in Wien; Vater v. → A. u. → Jul. Sauer [NDB: Art. A. Sauer] 42, 51, 55, 63, 79, 83^A, 84^A, 98, 134, 156, 172, 172^A, 278, 278^A

Sauer, [N. N.], öst.; 1. Ehefrau v. → K. J. Sauer 42

Sauer, [N. N.] (?–1888), öst.; 3. Ehefrau v. → K. J. Sauer; Stiefmutter v. → A. Sauer 42

Sauer, [N. N.] (?–1908), öst.; Bruder v. → A. Sauer 261^A

Scala, Rudolf v. (1860–1919), öst. Historiker; 1882 Prom. in Wien, 1883/84 stellv. Hauptlehrer

an d. Lehrerbildungsanstalt in Salzburg, 1885 Pd. in Innsbruck, 1892 ao., 1896 o. Prof. f. alte Gesch. in Innsbruck, 1917–1919 in Graz [ÖBL] 111
- Die Studien des Polybios (1890) 111

Schachinger, Rudolf (1854–1926), öst. Germanist u. Benediktiner; 1878 Priesterweihe, 1887 Prom. in Germanistik in Wien, seit 1881 Lehrer am Stifts-Gymn. in Melk, 1910–1920 dessen Dir. [ÖBL] 96[A]
- (Hrsg.) Briefwechsel zwischen Michael Enk von der Burg und Eligius Freiherr von Münch-Bellinghausen (1890) 96

Schade, Oskar (1829–1906), dt. Germanist; Schüler v. Emil Sommer in Halle/S. u. → K. Lachmann in Berlin; 1849 Prom. in Halle, dann Privatgelehrter, 1860 Pd. in Halle, 1863–1906 o. Prof f. dt. Spr. u. Lit. in Königsberg [IGL] 141[A]
- (Hrsg.) Weimarisches Jahrbuch für deutsche Sprache, Litteratur und Kunst (1854–1857) (mit → H. Hoffmann v. Fallersleben) 141

Schaidenreisser, Simon (um 1500–1573), dt. Dichter u. Übersetzer; 1538–1573 Stadtunterrichter in München [ADB 30] 121[A], 122, 123
- [Übers.] Homer: Odyssea (1537) 121[A], 122, 123

Schatz, Josef (1871–1950), öst. Germanist; Schüler v. → J. Seemüller u. → J. Wackernell in Innsbruck; 1897 Pd. das., 1905 ao. Prof., 1911 o. Prof. f. ältere dt. Spr. u. Lit. in Lemberg, 1912–1939 in Innsbruck [IGL; ÖBL] 178, 179, 182, 264, 264[A]

Schauenstein, Adolf (1827–1891), öst. Mediziner; 1858 Pd. f. forensische Toxikologie, 1863 ao. Prof. f. gerichtliche Chemie in Wien, 1863–1891 o. Prof. f. gerichtliche Med. in Graz [ÖBL] 73, 73[A]

Scheel, Willy (1869–1929), dt. Germanist; Schüler v. → E. Schröder in Marburg/L.; 1891 Prom., 1893 Hilfsarbeiter an d. Kgl. Bibl. in Berlin, ab 1895 Gymn.-Lehrer in Berlin, 1898 Oberlehrer am Gymn. in Steglitz, 1909–1929 Dir. d. Real-Gymn. in Nowawes [BBF; IGL] 175, 175[A]

Scheffel, Joseph Victor v. (1826–1886), dt. Schriftsteller [NDB] 61, 64, 154, 206, 207, 207[A]
- Ekkehard. Eine Geschichte aus dem zehnten Jahrhundert (1855) 64
- Gaudeamus! Lieder aus dem Engeren und Weiteren (1868) 64
- Der Trompeter von Säckingen. Ein Sang vom Oberrhein (1854) 64

Scheffler, Ludwig v. (1854–1925), dt. Kunst- u. Literaturhistoriker; Freund v. Friedrich Nietzsche; 1881 Prom. in Basel; Privatgelehrter in München u. Weimar [Kürschner-Nekr. 1; Hergemöller] 191[A]
- (Hrsg.) Die Tagebücher des Grafen August von Platen. 2 Bde. (1896, 1900) (mit → G. v. Laubmann) 191[A]

Schelle, Reinhold (1845–1930), dt. Kaufmann u. Fabrikant; 1907 Gründer d. Wieland-Museums in Biberach am Riß [Württemb. Biogr. 1] 268[A]

Schenk v. Stauffenberg, Franz August (1834–1901), dt. Jurist u. Politiker; 1860 Staatsanwalt in Augsburg, 1866 Mitbegründer d. Nat.-lib. Partei, 1866–1877 Mitgl., 1871–1875 zugl. Präs. d. Bayer. Landtags, 1871–1892 Mitgl. d. Reichstags [NDB] 56[A]

Schenkl, Heinrich (1859–1919), öst. Altphilologe; 1881 Prom., 1882 Pd. f. klass. Philologie u. Gymn.-Lehrer in Wien, 1892 ao., 1896 o. Prof. in Graz, 1917–1919 o. Prof. in Wien [ÖBL] 208, 252, 252[A]

Scherer, Georg (1824–1909), dt. Dichter, Literaturhistoriker u. Volksliedforscher; 1857 Prom. in

Tübingen, 1865 Pd. f. Lit.- u. Kunst-Gesch. an d. TH in Stuttgart, 1875–1881 Prof. u. Bibliothekar an d. Kgl. Kunstschule das., dann freier Schriftsteller in München [DBE] 134
Scherer, Marie, geb. Leeder (1855–1939), öst. Sängerin in Straßburg, Hamburg u. Berlin; seit 1879 Ehefrau v. → W. Scherer [NDB; IGL: jeweils Art. W. Scherer] 153[A]
Scherer, Wilhelm (1841–1886), öst. Germanist; Schüler v. → F. Pfeiffer in Wien u. v. Moriz Haupt u. → K. Müllenhoff in Berlin; 1864 Pd., 1868 o. Prof. f. dt. Spr. u. Lit. in Wien, 1872 in Straßburg, 1877–1886 f. neuere dt. Lit.-Gesch. in Berlin [NDB; IGL] 3[A], 5, 9, 10[A], 19[A], 20[A], 21[A], 22, 24[A], 25[A], 27, 28, 29, 34[A], 35[A], 36[A], 37[A], 38, 39, 40[A], 41, 42, 44, 45, 46[A], 49, 50[A], 53, 54, 55[A], 56[A], 57, 61, 63, 64, 66, 67, 68, 71, 74[A], 75[A], 78[A], 80, 83[A], 85[A], 86[A], 88[A], 94, 108, 109, 115[A], 116[A], 134, 138, 139, 141[A], 143, 146, 147[A], 148[A], 153[A], 154, 154[A], 155, 155[A], 167[A], 174, 174[A], 187, 189[A], 207[A], 216[A], 287[A], 288
- Aufsätze über Goethe (1886) 10[A]
- Aus Goethes Frühzeit. Bruchstücke eines Commentares zum jungen Goethe (1879) 64[A]
- Der junge Goethe als Journalist (1878) 10[A]
- Einleitung in die deutsche Philologie (1894) 138, 143
- Geschichte der deutschen Litteratur (1883) 28, 83
- Grundsätze für die Weimarische Ausgabe von Goethes Werken (1886) (mit → G. v. Loeper u. → E. Schmidt) 64, 86, 87
- Zu den Grundsätzen für die Weimarische Goetheausgabe (1887) (mit → G. v. Loeper u. → E. Schmidt) 87
- Zur Geschichte der deutschen Sprache (1868) 80[A]
- (Hrsg.) Quellen und Forschungen (1874 ff.) (mit → B. ten Brink) 86
Scherr, Johannes (1817–1886), dt. Germanist u. Schriftsteller; 1840 Prom. in Tübingen, dann Privatschullehrer in Winterthur, seit 1843 freier Schriftsteller in Stuttgart, dort 1848 Mitgründer d. Demokratischen Vereins, 1849 wegen revolutionärer Umtriebe zu 15 Jahren Festungshaft verurteilt, Exil in d. Schweiz, 1850 Pd. f. Gesch. in Zürich, 1852 Lehrer u. Schriftsteller in Winterthur, 1860–1886 Prof. f. Gesch., Ästhetik u. dt. Lit. an d. TH in Zürich [NDB] 42[A], 43
Schikaneder, Johann Emanuel (1751–1812), dt. Schauspieler, Dichter u. Theaterleiter 186[A]
- Die Zauberflöte (Libretto) (1791) 186[A]
Schiller, Charlotte v., geb. v. Lengefeld (1766–1826), dt.; Ehefrau v. → F. v. Schiller [NDB: Art. F. v. Schiller] 218[A], 219, 222, 222[A], 223
Schiller, Friedrich (v.) (1759–1805), dt. Dichter [NDB] 21, 41, 42, 51, 52[A], 55, 56, 59[A], 63, 64, 77[A], 78[A], 80, 82, 87, 94, 96, 98, 99, 110, 111, 114, 115[A], 116[A], 130, 135[A], 136, 137, 138[A], 145, 149[A], 154[A], 157, 157[A], 163[A], 167[A], 169, 169[A], 174[A], 175[A], 185[A], 191, 191[A], 204, 207[A], 217, 218, 218[A], 219, 222, 223, 223[A], 224, 224[A], 227, 227[A], 228, 228[A], 233[A], 251[A], 255[A], 256[A], 266[A], 268[A], 281[A], 291[A]
- Die Braut von Messina (1803) 227[A]
- »Deutsche Größe« (Fragment) 191, 191[A], 207, 207[A]
- Don Carlos, Infant von Spanien (1787) 42, 227, 227[A]
- Das Lied von der Glocke (1799) 218
- Die Malteser (Fragment) (1904–05?) 82[A]
- Pompeji und Herkulanum (1797) 227[A]
- Die Räuber (1781) 96

- Sämmtliche Schriften (1867–1876) → K. Goedeke 99
- Über naive und sentimentalische Dichtung (1795) 115[A]
- Wallenstein (1800) 196
- Wilhelm Tell (1804) 77[A]
- Xenien (1797) 185[A]
- (Hrsg.) Musenalmanach (1796–1800) 51, 82[A], 111

Schipper, Jakob Markus (1842–1915), dt. Anglist; 1867 Prom. in Bonn, 1871 ao., 1872 o. Prof. f. neuere Spr.n in Königsberg, 1877–1913 o. Prof. f. engl. Philologie in Wien; 1894 Gründung d. Wiener Neuphilologischen Vereins [ÖBL] 189, 189[A]

Schissel, Otmar v. Fleschenberg (1884–1943), öst. Germanist; 1911 Pd. f. dt. Spr. u. Lit. in Innsbruck, 1919 Pd. f. allg. Lit.-Wiss., 1921 Pd. f. spätantike u. byzantinische Philologie, 1926–1943 ao. Prof. in Graz [ÖBL] 233, 233[A]

Schlegel, August Wilhelm (v.) (1767–1845), dt. Philologe, Dichter u. Übersetzer; Bruder v. → F. v. Schlegel [NDB] 10, 20, 29, 37, 40, 99, 108[A], 256[A], 291[A]
- Ueber Litteratur, Kunst und Geist des Zeitalters. Einige Vorlesungen in Berlin, zu Endes des J. 1802, gehalten (1803) u. Neudruck (1884) 20, 20[A], 29, 29[A]
- (Hrsg.) Athenaeum. Eine Zeitschrift von August Wilhelm Schlegel und Friedrich Schlegel (1798–1800) 108[A], 187[A]
- Vorlesungen über schöne Litteratur und Kunst (1801–1804) → J. Minor 10[A], 20[A], 37, 37[A], 40

Schlegel, Friedrich (v.) (1772–1829), dt. Philosoph, Dichter u. Sprachforscher; Bruder v. → A. W. Schlegel [NDB] 108[A], 256, 256[A], 291[A]
- (Hrsg.) Athenaeum. Eine Zeitschrift von August Wilhelm Schlegel und Friedrich Schlegel (1798–1800) 108[A], 187[A]
- (Hrsg.) Europa. Eine Zeitschrift (1803) 20[A]

Schlegel, Johann Elias (1719–1749), dt. Jurist u. Dramatiker; Freund v. Ludvig Holberg; Gegner v. → J. C. Gottsched u. Mitarbeiter d. »Bremer Beiträge«; 1748 Prof. f. Gesch. u. Staatsrecht an d. dän. Ritter-Akad. in Sorø [NDB] 108
- Aesthetische und dramaturgische Schriften (Neudruck 1887) 108, 108[A]

Schleiermacher, Friedrich (1768–1834), dt. evang. Theologe u. Philosoph [NDB] 253, 253[A], 256[A]
- Ueber die verschiedenen Methoden des Uebersetzens (1816) 253, 253[A]

Schlenther, Paul (1854–1916), dt. Germanist, Kritiker u. Theaterleiter; Schüler v. → W. Scherer u. → E. Schmidt in Straßburg; 1880 Prom. in Tübingen, 1883/84 Redakteur d. »Deutschen Literaturzeitung« in Berlin, 1886–1898 Theaterreferent d. »Vossischen Zeitung«, 1889 mit → O. Brahm Gründer d. »Freien Bühne« in Berlin, 1898–1910 Dir. d. k. k. Hofburgtheaters in Wien [NDB; IGL] 120, 185, 185[A]
- Frau Gottsched und die bürgerliche Komödie. Ein Kulturbild aus der Zopfzeit (1886) 120[A]
- (Hrsg.) Das Neunzehnte Jahrhundert in Deutschlands Entwicklung. 9 Bde. (1899–1914) 185, 185[A]

Schlossar, Anton (1849–1942), öst. Literaturhistoriker u. Bibliothekar; 1873 Prom. (Dr. jur.) in Graz, 1872–1875 Justizdienst in Graz, Leoben u. Cilli, seit 1875 Bibliothekar an d. Univ.-Bibl. Graz, 1903–1910 deren Dir. [ÖBL] 149
- Karl Gottfried von Leitner [ADB] (1906) 149[A]
- (Hrsg.) Anastasius Grün: Sämtliche Werke (1906) 149[A]

Schlösser, Rudolf (1867–1920), dt. Germanist; Schüler v. → F. Zarncke in Leipzig, 1895–1917 Pd. f. neuere dt. Lit.-Gesch. in Jena, seit 1901 ao. Prof. das., 1918–1920 Dir. d. Goethe- u. Schiller-Archivs in Weimar [IGL] 145, 173, 201

Schmetzl, Wolfgang (um 1500–um 1564), dt.-öst. Geistlicher u. Verfasser v. Schuldramen; etwa 1540–1552 Schulmeister am Schottenstift in Wien, später kath. Pfarrer in St. Lorenzen am Steinfeld [NDB] 26, 28[A]
- Samuel und Saul (1551) u. Neudruck (1883) 26, 28

Schmidt, Erich (1853–1913); dt. Germanist; Schüler v. → W. Scherer in Straßburg; 1875 Pd. in Würzburg, 1877 ao. Prof. f. dt. Philologie in Straßburg, 1880 in Wien, 1881 o. Prof. f. dt. Spr. u. Lit. das., 1885/86 Dir. d. neu gegründeten Goethe-Archivs in Weimar, 1887–1913 als Nachf. Scherers o. Prof. f. neuere dt. Lit.-Gesch. in Berlin [NDB; IGL] 1, 19, 20, 23, 24, 27, 29, 35, 36, 40, 41, 42, 46[A], 51[A], 53, 54, 56, 57, 61, 62, 63, 64, 66, 67[A], 68, 69, 70, 71, 74, 75, 76, 77, 78, 79, 80, 81, 82, 84, 85[A], 86, 87, 89, 90, 94[A], 96, 99, 108, 111, 115[A], 116, 120, 121, 122, 123, 128, 130, 131, 132, 133, 134, 137, 138[A], 140, 141, 142, 143, 145, 147, 148, 149[A], 150, 151, 152[A], 154, 154[A], 155, 155[A], 156, 161, 161[A], 163, 163[A], 173, 173[A], 176, 176[A], 177, 190, 191, 191[A], 192, 196, 196[A], 197, 202, 202[A], 203, 203[A], 213, 213[A], 214, 216, 216[A], 221[A], 227, 231[A], 233[A], 255, 255[A], 259, 259[A], 265, 265[A], 270, 270[A], 271, 271[A], 273[A], 277, 284[A], 287[A]
- Beiträge zur Kenntnis der Klopstockschen Jugendlyrik. Aus Drucken und Handschriften nebst ungedruckten Oden Wielands gesammelt (1880) 3[A]
- Charakteristiken [1. Reihe] (1886, 1902) 11[A], 89
- Ferdinand Raimund (1882) 89
- Goethes Proserpina (1888) 82, 84
- Grundsätze für die Weimarische Ausgabe von Goethes Werken (1886) (mit → W. Scherer u. → G. v. Loeper) 64, 86, 87
- Lessing. Geschichte seines Lebens und seiner Werke (1884–1892) 24, 40, 46[A], 56, 79, 80, 99
- Ludwig Uhland als Dolmetsch Lopes de Vega (1898) 173, 173[A]
- Schriften zur Kritik und Litteraturgeschichte (1898) 51[A]
- Sophie. Grossherzogin von Sachsen, Königliche Prinzessin der Niederlande (1897) 163, 163[A]
- Zu den Grundsätzen für die Weimarische Goetheausgabe (1887) (mit → G. v. Loeper u. → W. Scherer) 87
- Zu den Quellen des ältesten Faustbuches: Agrippa. Homer (1888) 86
- Zu den Xenien (1894) 145
- Zur Vorgeschichte des Goetheschen Faust. 2. Faust und das 16. Jahrhundert (1882) 11
- (Hrsg.) J. W. Goethe: Faust. Erster Theil (WA I, Bd. 14)(1887) 85
- (Hrsg.) J. W. Goethe: Faust. Zweiter Theil (WA I, Bd. 15) (1888) 87
- (Hrsg.) Palaestra. Untersuchungen und Texte aus der deutschen und englischen Philologie (1898 ff.) (mit → A. Brandl u. → G. Roethe) 176, 176[A], 177
- (Hrsg.) R. Köhler: Schnell wie der Gedanke. Aus Reinhold Köhlers Collectaneen (1894) 138
- (Hrsg.) W. Scherer: Aufsätze über Goethe (1886) 10[A]
- (Hrsg.) W. Scherer: Wissenschaftliche Pflichten. Aus einer Vorlesung (1894) 138, 139
- (Hrsg.) H. L. Wagner: Die Kindermörderin ein Trauerspiel. Nebst Scenen aus den Bearbeitungen K. G. Lessings Wagners (1883) 19[A], 20, 27

- (Hrsg.) Goethes Faust in ursprünglicher Gestalt, nach der Göchhausenschen Abschrift (1887) 80
- (Hrsg.) M. Goeze: Streitschriften gegen Lessing (1893) 111, 120, 122, 123
- (Hrsg.) Vertheidigung des Herrn Wieland gegen die Wolken von dem Verfasser der Wolken (1776) von J. M. R. Lenz (1902) 200[A]
- (Hrsg.) Vierteljahrschrift für Litteraturgeschichte (1888–1894) (mit → B. Seuffert u. → B. Suphan 77, 78, 80, 81, 82, 84, 86, 88, 89, 92, 93, 94, 95, 96, 97, 98, 99, 101, 106, 114, 116, 119, 121, 122[A], 125, 126, 128, 129[A], 130, 132, 136, 137, 141, 143, 146, 147, 148, 155, 175, 177, 204
- (Rez.) F. Braitmaier: Goethekult und Goethephilologie (1892) 116[A]

Schmidt, Friedrich Wilhelm August (1764–1838), dt. evang. Theologe u. Dichter, 1795–1838 Pfarrer in Werneuchen [ADB 32; Killy] 51
- (Hrsg.) Neuer Berlinischer Musenalmanach (1793–1797) (mit → E. C. Bindemann) 51

Schmidt, Walburg ‹Wally›, geb. Strecker (1857–1936), dt.; Ehefrau v. → E. Schmidt [NDB: Art. E. Schmidt] 77

Schnabel, Johann Gottfried (1692–um 1750), dt. Schriftsteller u. Journalist; Barbier u. Hofagent in Stolberg/Harz [NDB] 184[A]
- [Insel Felsenburg] Wunderliche Fata einiger See-Fahrer Tl. 1 (1731) 174[A], 184, 184[A], 185, 200

Schneider, Ferdinand Josef (1879–1954), dt. Germanist; Schüler v. → A. Sauer u. → A. Hauffen in Prag; 1906 Pd. f. neuere dt. Spr. u. Lit., 1920 ao. Prof. an d. dt. Univ. in Prag, 1921–1949 o. Prof. in Halle/S. [IGL] 240, 240[A], 261, 261[A], 284, 284[A]
- Jean Pauls Jugend und erstes Auftreten in der Literatur (1905) 240[A]
- Theodor Gottlieb von Hippel in den Jahren von 1741 bis 1781 (1911) 261, 261[A]

Schneider, Robert (1854–1909), öst. Archäologe; 1880 Prom. in Wien; 1880 Adjunkt, 1883 Kustos, 1900 Dir. d. Antikensammlung d. Kunsthistorischen Hofmuseums in Wien, 1894 zugl. Pd. f. klass. Archäologie in Wien, dort 1895 ao. Prof., 1898 o. Tit.-Prof., 1898 Vize-Dir., 1907–1909 Dir. d. öst. Archäologischen Instituts in Wien [ÖBL] 212, 212[A]

Schnizlein, Carl (1827–1899), dt. Jurist u. Lokalhistoriker; seit 1857 im bayer. Justizdienst, 1870 Bezirksgerichtsrat, 1886–1896 Landgerichts-Dir. in Ansbach, 1873–1898 Sekr. d. Hist. Vereins f. Mittelfranken [Dombart] 47[A], 92, 96

Schnitzler, Arthur (1862–1931), öst. Schriftsteller [NDB] 222[A]

Schnorr v. Carolsfeld, Franz (1842–1915), dt. Altphilologe u. Literaturhistoriker; 1864 Prom. in Berlin, 1866 Bibliothekar, 1887 Oberbibliothekar, 1896–1907 Dir. d. Kgl. Bibl. in Dresden; 1874–1887 Hrsg. d. »Archiv für Literaturgeschichte« [WI 1909; Bader] 1, 77[A], 122[A], 152[A]
- (Hrsg.) Archiv für Literaturgeschichte (14 Jgg., 1874–1887) 1, 41[A], 77[A], 78, 122[A]

Schnorr v. Carolsfeld, Hans (1862–1933), dt. Altphilologe u. Bibliothekar; 1886 Prom. in München, 1885 Assistent, später Sekr. an d. Kgl. Hof- u. Staats-Bibl. in München, 1892 Oberbibliothekar an d. Univ.-Bibl. das., 1908 Oberbibliothekar an d. Kgl. Hof- u. Staats-Bibl., 1920–1929 Gen.-Dir. d. Bayer. Staats-Bibl. [Habermann] 41, 136[A]
- Briefe Georg Rodolf Weckherlins (1893) 136[A]

Schnürer, Franz (1859–1942), öst. Germanist u. Historiker; 1884 Prom. in Innsbruck, seit 1884 Bibliothekar im Dienst d. habsburgischen Familien-Fideikommiß-Bibl. in Wien, 1906–1918 deren Vorstand [ÖBL] 35

– Cronegk-Biografie (Plan) 35^A

Schoeller, Philipp Joseph Ritter v. (1864–1906), öst. Großindustrieller; 1892–1906 Inhaber u. Dir. d. Schoellerschen Zuckerfabrik in Groß-Čakowitz bei Prag [ÖBL] 183^A

Schönaich, Otto v. (1725–1807), dt. Dichter in Amtitz bei Guben/Niederlausitz; Freund v. → J. C. Gottsched u. Kontrahent v.→ F. G. Klopstock u. → G. E. Lessing [ADB 32, Killy] 87^A, 174, 184^A, 197^A, 198^A

– Die ganze Ästhetik in einer Nuß, oder Neologisches Wörterbuch (1754) u. Neudruck (1900) 87, 174, 184, 184^A

Schönbach, Anna, geb. Pöltl (1874–1918), öst.; Haushälterin u. seit 1903 Ehefrau v. → A. E. Schönbach [IGL: Art. A. E. Schönbach] 70, 71, 263, 264

Schönbach, Anton Emanuel (1848–1911), öst. Germanist; Schüler v. → W. Scherer in Wien u. → K. Müllenhoff in Berlin; 1872 Pd. in Wien, 1873 ao. Prof., 1876–1911 o. Prof. f. dt. Spr. u. Lit. in Graz [ÖBL; IGL] 1, 24, 26, 40, 53^A, 57, 59, 60, 61, 62, 63, 64, 65, 66, 68, 69, 70, 71, 73, 74, 77, 78, 79, 80, 81, 82, 85^A, 86, 87, 88, 89, 92, 94, 96, 97, 98, 99, 105, 108, 110, 114, 115, 121, 122, 126, 128, 129, 130, 131, 132, 134, 136, 137, 138, 139, 141, 142, 143, 145, 146, 147, 149, 150, 152^A, 154, 155, 155^A, 157^A, 158, 166, 166^A, 167, 167^A, 169, 171, 174^A, 175, 175^A, 176, 177, 178, 178^A, 180, 182, 183, 188, 189^A, 190, 190^A, 192, 192^A, 193, 196, 196^A, 202, 207, 208, 211, 211^A, 218, 224, 227, 228, 231^A, 237, 245, 246, 248, 249, 250, 250^A, 252^A, 255, 259, 262, 263, 263^A, 264, 264^A, 271, 271^A, 286

– Gesammelte Aufsätze zur neueren Litteratur in Deutschland, Österreich, Amerika (1900) 192, 192^A

– Legende vom Engel und Waldbruder (1901) 196, 196^A

– Offener Brief an den Herausgeber (1894) 129, 131, 138, 139, 145, 147

– Über Lesen und Bildung. Umschau und Rathschläge (1888) 80

– Walther von der Vogelweide. Ein Dichterleben (1890, 1895, 1910) 97

– Wolfram von Eschenbach (1891) 110

– (Hrsg.) Altdeutsche Predigten (1886–1891) 74, 81, 89

Schönbach, Joseph (1818–1900), öst. Uhrmacher u. Mechaniker, später Telegrafeningenieur in Wien; Vater v. → A. E. Schönbach [IGL: Art. A. E. Schönbach] 97

Schreyer, Albin (1866–nach 1907), poln. Germanist; Schüler v. → R. M. Werner in Lemberg u. → A. E. Schönbach sowie → B. Seuffert in Graz; Gymn.-Lehrer in Lemberg u. Krakau 97

– Rubin's Gedichte ins Neuhochdeutsche übersetzt (1889/90) (Seminararbeit) 97^A

Schreyer, Hermann (1840–1907), dt. evang. Theologe, Altphilologe u. Goetheforscher; 1862 theologische Staatsprüfung, 1869 Prom. in Halle/S., 1866–1907 Lehrer an d. Kgl. Landesschule Pforta in Naumburg [BJ 12; BBF] 203

Schreyvogel, Joseph (1768–1832), öst. Schriftsteller u. Dramaturg in Wien, Jena u. Weimar; befreundet mit → J. W. v. Goethe, → F. v. Schiller u. → C. M. Wieland; 1802–1804 u. 1814–1832 Sekr. u. Dramaturg am k. k. Hoftheater in Wien [NDB] 15, 96, 193, 193^A, 201^A, 206, 232^A

– Das Sonntagsblatt oder Unterhaltungen (1807–1809) 15, 232^A

Schröder, Edward (1858–1942), dt. Germanist; Schüler v. → W. Scherer in Straßburg; 1883–1886 Pd. in Göttingen u. Berlin, 1885/86 Assistent Scherers, 1887 ao. Prof. f. dt. Spr. u. Lit. in Berlin, 1889 o. Prof. in Marburg/L., 1902–1926 in Göttingen; 1891–1942 Hrsg. d. »Zeit-

schrift für deutsches Altertum« [NDB; IGL] 59ᴬ, 78ᴬ, 89ᴬ, 125, 134, 161ᴬ, 174, 174ᴬ, 175, 191ᴬ, 199, 199ᴬ, 202, 202ᴬ, 234ᴬ, 237, 273, 273ᴬ, 288
- (Hrsg.) Zeitschrift für deutsches Altertum (1891 ff.) 77ᴬ, 78, 125, 134, 175, 175ᴬ, 181, 181ᴬ, 198, 198ᴬ, 208, 208ᴬ
- (Rez.) A. Sauer (Hrsg.): Grillparzers Werke (1913) 273, 273ᴬ

Schröer, Karl Julius (1825–1900), öst. Germanist; Stud. in Leipzig u. Halle/S., 1846 Lehrer in Preßburg, 1849 supplierender Prof. f. dt. Lit. in Pest, 1852–1866 Realschullehrer in Preßburg u. Wien, 1866 Doz., 1867 ao. Prof., 1891–1895 o. Prof. f. dt. Lit.-Gesch. an d. TH in Wien, 1878–1894 Gründungs-Mitgl. u. zuletzt stellvertr. Vors. d. Wiener Goethe-Vereins [ÖBL; IGL] 64ᴬ, 148
- (Hrsg.) Chronik des Wiener Goethe-Vereins (1894) 148, 148ᴬ

Schröter, Corona (1751–1802), dt. Sängerin u. Schauspielerin; Ausbildung u. Auftritte in Leipzig, 1776–1798 Hoftheater in Weimar, Bekanntschaft mit → J. W. v. Goethe [NDB] 203, 203ᴬ

Schubart, Christian Friedrich Daniel (1739–1791); dt. Dichter, Komponist u. Publizist in Geislingen/Steige, Ludwigsburg, Augsburg u. Stuttgart [NDB] 21, 86

Schubert, Franz (1797–1828), öst. Komponist in Wien [NDB] 40

Schuchardt, Hugo (1842–1927), dt. Romanist u. Sprachforscher; 1870 Pd. in Leipzig, 1873 o. Prof. in Halle/S., 1876–1900 o. Prof. f. Romanistik in Graz [NDB; ÖBL] 192, 192ᴬ, 197, 197ᴬ, 283ᴬ

Schüddekopf, Carl (1861–1917), dt. Germanist; Schüler v. → W. Scherer in Berlin u. → F. Zarncke in Leipzig; 1886 Prom. in Leipzig, 1884–1896 Aushilfslehrer an versch. Schulen, Hauslehrer in London, Amanuensis an d. Herzogl. Bibl. in Wolfenbüttel u. Bibliothekar d. Fürsten Stolberg–Roßla, 1896–1912 Assistent am Goethe- u. Schiller-Archiv in Weimar, dann Mitarbeiter d. Verlags G. Müller in München [IGL] 3ᴬ, 21, 52ᴬ, 86, 87, 108, 110, 111, 115ᴬ, 127, 131, 145, 191, 192, 192ᴬ, 196, 196ᴬ, 200, 207, 207ᴬ, 211, 211ᴬ, 213, 268
- Ein Brief Gleims an E. v. Kleist (1892) 115, 116
- Karl Wilhelm Ramler bis zu seiner Verbindung mit Lessing (1886) 3ᴬ, 52ᴬ
- (Hrsg.) W. Heinse: Sämmtliche Werke 10 Bde. (1902–1925) 196, 196ᴬ, 211, 211ᴬ
- (Hrsg.) J. N. Götz: Gedichte aus den Jahren 1745–1765 in ursprünglicher Gestalt (1893) 21ᴬ, 86, 87, 106
- (Hrsg.) G. C. Lichtenberg: Briefe 3 Bde. (1901–1904) (mit → A. Leitzmann) 196, 196ᴬ
- (Hrsg.) J. Möser: Über die deutsche Sprache und Litteratur (1902) 111, 200, 200ᴬ

Schultz, Franz (1877–1950), dt. Germanist; Schüler v. → E. Schmidt in Berlin; 1903 Pd. f. dt. Philologie in Bonn, dort 1910 Tit.-Prof., 1910 ao. Prof., 1912 o. Prof. f. neuere dt. Lit.-Gesch. in Straßburg, 1920 o. Prof. in Freiburg/Br. u. Köln, 1921–1949 in Frankfurt/M. [DBE; IGL] 207ᴬ, 227, 227ᴬ
- Ein Urteil über die »Braut von Messina« (1905) 227, 227ᴬ

Schulz, Hermann (1840–1909), dt. Antiquar u. Verleger; seit 1868 Inhaber d. Fa. Otto August Schulz in Leipzig 213

Schulz, Karl (1844–1929), dt. Jurist u. Bibliothekar; 1867 Prom., 1868–1879 Assessor in Jena, 1875 zugl. Pd., 1878 ao. Prof. an d. Univ. das., 1880 Bibliothekar, 1898–1917 Oberbibliothekar an d. Bibl. d. Reichsgerichts in Leipzig, 1884/85 Mithrsg. d. »Centralblatt für Bibliothekswesen« [Habermann] 155ᴬ

- (Hrsg.) Centralblatt für Bibliothekswesen (1884–1885) (mit → O. Hartwig) 155, 155[A]
Schurz, Karl nicht ermittelt; nicht der gleichnamige dt. Revolutionär u. US-amerik. Staatsmann (1829–1906) 157[A]
Schuster, Heinrich Maria (1847–1906), öst. Jurist u. Musikschriftsteller; Schüler v. Heinrich Siegel in Wien; 1873 Pd., 1879 ao. Prof. f. dt. Recht in Wien, 1885 ao. Prof. f. öst. Bergrecht das., 1889–1906 o. Prof. f. dt. Recht u. öst. Reichsgeschichte an d. dt. Univ. in Prag [ÖBL] 86
Schwab, Christoph Theodor (1821–1883), dt. evang. Theologe u. Hölderlinforscher; Sohn d. Stuttgarter Dichters → G. Schwab; 1851 Prom. in Tübingen, 1852–1881 Gymn.-Lehrer am Katharinenstift in Stuttgart [BJA 1883] 50[A], 51[A]
- (Hrsg.) F. Hölderlin: Sämmtliche Werke (1846) 50[A]
Schwab, Gustav (1792–1850), dt. Schriftsteller u. Sagensammler; 1817 Gymn.-Lehrer f. alte Spr.n in Stuttgart, 1837 Pfarrer in Gomaringen/Schwäbische Alb, 1837 Stadtpfarrer v. Stuttgart, 1842 Dekan, 1845–1850 Oberkonsistorialrat f. das höhere Schulwesen in Stuttgart; Vater v. → Chr. Th. Schwab [NDB] 157[A]
Schwabe, Johann Gottlob Samuel (1746–1835), dt. Bibliothekar u. Lehrer; 1770 Herzogl. Bibl. in Weimar, 1775 Schulrektor in Buttstädt, 1786–1824 Konrektor am Gymn. in Weimar [Bader] 200, 200[A]
Schwan, Christian Friedrich (1733–1815), dt. Buchhändler, Verleger u. Journalherausgeber; 1765–1794 Leiter, später Inhaber d. Eßlingerschen Verlagsbuchhandlung in Mannheim; Freund v. → F. Schiller, geschäftliche u. freundschaftliche Beziehungen u. a. zu → J. N. Götz, → J. G. Herder, → G. E. Lessing, → Maler Müller, → J. W. v. Goethe u. → C. M. Wieland [ADB 33; Killy] 211[A]
Schwarz, Heinrich (1824–1890), dt. Chemiker; 1849 Pd. f. Gewerbechemie in Breslau, bekleidete ab 1855 leitende Positionen in d. chemischen u. Glashüttenindustrie, 1857 erneut Pd. in Breslau, 1863 ao. Prof. f. Gewerbekunde das., 1865–1890 o. Prof. f. chemische Technologie an d. TH Graz [ÖBL] 69
Schwarz, [N. N.], dt.; Ehefrau v. → H. Schwarz 69
Schwarzenberg, Marie Eleonore Prinzessin zu → Windisch-Graetz, Eleonore Fürstin zu
Schwering, Franz Julius (1863–1941), dt. Germanist; Schüler v. Wilhelm Storck in Münster; 1891 Prom., 1895 Pd., 1901 Tit.-Prof. f. dt. Spr. u. Lit. an d. Akad. in Münster, 1902 ao. Prof. f. neuere dt. Philologie an d. Univ. Münster, dort 1906–1929 o. Prof. f. dt. Spr. u. Lit. [IGL] 293[A]
Seckendorf-Aberdar, Leopold v. (1775–1809), dt. Jurist u. Dichter in Weimar, Stuttgart u. Wien; 1798–1802 Regierungsassistent in Weimar, dort in freundschaftlichen Beziehungen zu → J. W. v. Goethe, → J. G. v. Herder, → F. v. Schiller u. → C. M. Wieland [ADB 33; Killy] 87[A], 193, 193[A]
- (Hrsg.) Prometheus. Eine Zeitschrift (1808) (mit → J. L. Stoll) 87, 193, 193[A]
Seemüller, Joseph (1855–1920), öst. Germanist; Schüler v. → R. Heinzel u. → K. Tomaschek in Wien u. → W. Scherer in Straßburg; 1879 Pd. in Wien, bis 1890 Gymn.-Lehrer in Wien u. Hernals bei Wien, 1890 ao. Prof., 1893 o. Prof. f. dt. Spr. u. Lit. in Innsbruck, 1905–1912 in Wien [ÖBL; IGL] 24, 89, 96, 138, 139, 143, 145, 169, 173[A], 174[A], 175, 176, 177, 178, 178[A], 179, 180, 187, 198, 198[A], 221, 264, 264[A], 269, 269[A], 273[A], 279, 279[A], 280, 284[A]
- (Hrsg.) Ottokars österreichische Reimchronik (1890–1893) 96

- (Rez.) K. Burdach: Vom Mittelalter zur Reformation (1894) 138, 139, 143
- (Rez.) J. Kelle: Geschichte der deutschen Literatur (1894) 138, 139, 143
- (Rez.) M. Mayr: Wolfgang Lazius als Geschichtsschreiber Österreichs (1894) 138, 139, 143
- (Rez.) A. Nicoladoni: Johannes Bünderlin von Linz (1894) 138, 139, 143

Seemüller, Marietta, geb. v. Jaden (gest. 1916); öst.; seit 1882 Ehefrau v. → J. Seemüller [IGL: Art. J. Seemüller] 180

Semerau, Alfred (1874–1958), dt. Schriftsteller u. Übersetzer; Prom. (Dr. phil.), ab 1904 Verfasser, Übersetzer, Hrsg. u. Verleger erotischer Lit. in München, 1909–1911 aufsehenerregender Prozess u. Verurteilung wegen Verbreitung unsittlicher Schriften (Affäre Semerau) [Wittmann; Wikipedia] 175[A]
- (Rez.) J. Falke: Lebenserinnerungen (1899) 175[A]

Sénil, [N. N.], franz. Germanist; Prof. f. dt. Spr. u. Lit. am Collège Rollin in Paris 187

Seuffert, Amalie, geb. Scheiner (1817–1886), dt.; Ehefrau v. → J. B. Seuffert u. Mutter v. → B., → E., → L. v. Seuffert u. → B. Eussner, geb. Seuffert 41, 47, 48, 56, 57, 58, 277[A]

Seuffert, Anna, geb. Rothenhöfer (1855–1919), dt.; seit 1886 Frau v. → B. Seuffert 41, 53, 54, 57, 63, 68, 69, 70, 71, 74, 75, 77, 78, 79, 81, 85, 86, 88, 92, 94, 96, 97, 98, 99, 101, 104, 109, 111, 112, 113, 115, 116, 121, 146, 158, 175, 175[A], 183, 202, 204, 213, 217[A], 218, 223, 227, 228, 240, 240[A], 247, 260[A], 262, 267, 277, 282, 284[A]

Seuffert, Auguste, geb. Schierlinger (?–nach 1928), dt.; seit 1873 Ehefrau v. → L. v. Seuffert 58

Seuffert, Bernhard (1853–1938), dt. Germanist; Schüler v. → E. Schmidt in Würzburg u. v. → W. Scherer in Straßburg; 1877 Pd. in Würzburg, 1886 ao. Prof., 1892–1924 o. Prof. f. dt. Spr. u. Lit. in Graz [ÖBL; IGL]
- Anastasius Grün (1892) 114
- Anton E. Schönbach (1911) 263[A], 271, 271[A]
- Der älteste dichterische Versuch von Sophie Gutermann-La Roche (1906) 232, 232[A]
- Björnstjerne Björnsons Schauspiel Über unsere Kraft (1902) 200, 200[A], 202, 202[A]
- Briefe von Herder und Ramler an Benzler (1880) 1[A]
- Briefe von Minna Herzlieb (1889) 95
- Beobachtungen über dichterische Komposition (3 Tle.) (1909–1911) 155[A], 227[A], 262, 262[A], 266, 266[A], 281[A]
- Christoph Martin Wieland (Goedekes Grundriß) (Plan) 86, 93, 106
- Einleitungen zu einzelnen Werken Wielands (Plan) 169, 169[A], 171
- Elias von Steinmeyer zum 8. Februar 1918 (1918) 281, 281[A]
- Frischlins Beziehung zu Graz und Laibach (1898) 157, 157[A], 158, 159, 160, 160[A], 162, 162[A], 164, 164[A]
- Goethes Erzählung »Die Guten Weiber« (1894) 149
- Goethes »Novelle« (1898) 175, 175[A]
- Goethes Theater-Roman (1924) 290, 290[A]
- Grillparzers Spielmann (1925) 293, 293[A]
- Gedichte Hölderlins (1891) 82[A]
- Handschriftliches von und über Heinrich von Kleist (1889) 94
- Hermann Hettner (1883/1884) 28
- Der Herzogin Anna Amalia Reise nach Italien. In Briefen ihrer Begleiter (1890) 97[A]

- Ifflands Jäger – Ludwigs Erbförster (1924) 285, 285ᴬ, 287, 287ᴬ
- Der junge Goethe und Wieland (1882) 51
- Die Karschin und die Grafen zu Stolberg-Wernigerode (1880) 2
- Maler Müller (1877) 19ᴬ, 50ᴬ
- Maler Müllers Faust (1876) 211ᴬ, 218, 218ᴬ
- Mitteilungen aus Wielands Jünglingsalter 1. Tl. (1897) 156, 156ᴬ, 160, 163, 163ᴬ, 164, 165, 165ᴬ, 232ᴬ
- Mitteilungen aus Wielands Jünglingsalter 2. u. 3. Tl. (1907) 232, 232ᴬ
- Nochmals der Fragmentdruck von Goethes Faust (1924) 289, 289ᴬ, 290
- Prolegomena zu einer Wieland-Ausgabe 9 Tle. (1905–1941) 213ᴬ, 221, 221ᴬ, 231, 231ᴬ, 239ᴬ, 241, 241ᴬ, 248ᴬ, 269ᴬ, 284, 284ᴬ, 285
- Philologische Betrachtungen im Anschluß an Goethes Werther (1900) 175, 175ᴬ, 186, 186ᴬ, 187, 189, 189ᴬ, 190, 190ᴬ
- Rechtfertigung der berühmten Frau von Maintenon durch Christoph Martin Wieland (1913) 268, 268ᴬ
- Sophie Großherzogin von Sachsen (1897) 163, 163ᴬ, 164
- Statt eines Schlusswortes [zur VfLg] (1893) 132ᴬ
- Ein Stück der ›Bekenntnisse einer schönen Seele‹ in unbekannter Fassung (1926) 295, 295ᴬ
- Teplitz in Goethes Novelle (1903) 204, 204ᴬ, 205, 205ᴬ, 207, 207ᴬ, 209, 209ᴬ, 210, 210ᴬ, 211, 211ᴬ, 214, 214ᴬ, 220, 220ᴬ
- Volksstück – Dorfgeschichte. Anzengrubers Einsam-Dichtungen (1929) 198, 198ᴬ, 202, 209, 213
- Wielands Abderiten. Ein Vortrag (1878) 55ᴬ
- Wieland-Biografie (Plan) 5ᴬ, 11ᴬ, 12, 17ᴬ, 32, 40, 62, 78, 79, 98, 99, 106, 155, 155ᴬ
- Wielands Berufung nach Weimar (1888) 84ᴬ, 88, 89
- Wielands Einfluß auf die deutsch-österreichische Literatur (Plan) 17, 30, 33, 34
- Wielands Erfurter Schüler vor der Inquisition (1896) 154, 154ᴬ, 157ᴬ
- Wieland-Epistolographie (Plan) 46ᴬ
- Wielands höfische Dichtungen (1892) und Nachdruck (1894) 145, 147
- Wielands Hymne auf die Sonne (1898) 162, 162ᴬ, 164
- Wieland in Biberach. Fest-Vortrag (1907) 245, 245ᴬ, 251, 251ᴬ
- Wielands Pervonte (1903) 208, 208ᴬ, 209
- Wieland. Vortrag bei der Gedächtnisfeier der Goethe-Gesellschaft (1914) 269, 269ᴬ
- Wielands Vorfahren (1921) 284ᴬ
- Zwei Briefe Johann Arnold Eberts. Mitgeteilt (1895) 149
- (Hrsg.) Ein Brief Wielands an W. D. Sulzer. (1897) (mit → R. Batka) 157, 157ᴬ, 158, 160, 160ᴬ, 167, 167ᴬ
- (Hrsg.) J. J. Bodmer: Karl von Burgund (1883) 29, 102
- (Hrsg.) Deutsche Literatur-Denkmale des 18. [ab Bd. 15 (1883): 18. und 19.] Jahrhunderts in Neudrucken (ab 1881–1891) 3ᴬ, 4, 5, 6, 10ᴬ, 14, 25, 37, 52, 63, 64, 78, 79, 86, 87, 94, 96, 99, 100, 101, 102, 103, 106, 108
- (Hrsg.) Frankfurter Gelehrte Anzeigen (1882–1883) 10, 20, 22, 25, 27, 29, 33, 34, 36, 38ᴬ
- (Hrsg.) A. Fresenius: Die Verserzählung des 18. Jahrhunderts (1927) 20ᴬ

- (Hrsg.) J. W. Goethe: Faust. Ein Fragment (1882) 11, 198[A]
- (Hrsg.) J. W. Goethe: Die guten Frauen (1885) 149[A], 191[A]
- (Hrsg.) J. W. Goethe: Die Leiden des jungen Werther (WA I, Bd. 19) (1899) 167, 167[A], 175, 190, 190[A]
- (Hrsg.) J. W. Goethe: Noten und Abhandlungen zu besserem Verständnis des West-östlichen Divans (WA I, Bd. 7) (1888) (mit Carl Siegfried) 86[A], 87
- (Hrsg.) F. M. Klinger: Otto (1881) 3
- (Hrsg.) Maler Müller: Faust's Leben (1881) 10, 11[A]
- (Hrsg.) G. Pfeiffer: Klinger's Faust. Eine litterarhistorische Untersuchung (1890) 96, 98
- (Hrsg.) S. v. La Roche: Geschichte des Fräuleins von Sternheim (1907) (1908)
- (Hrsg.) H. L. Wagner: Voltaire am Abend seiner Apotheose (1881) 6[A], 8
- (Hrsg.) C. M. Wieland: Gesammelte Schriften (1909 ff.) 5[A], 19[A], 191, 191[A], 192, 213, 213[A], 214, 215, 216, 216[A], 217, 218, 218[A], 221, 234[A], 241, 241[A], 255, 255[A], 256, 277, 279, 282, 284
- (Hrsg.) Vierteljahrschrift für Litteraturgeschichte (1888–1894) (mit → E. Schmidt und → B. Suphan) 77, 78, 80, 81, 82, 84, 86, 88, 89, 92, 93, 94, 95, 96, 97, 98, 99, 101, 106, 114, 116, 119, 121, 122[A], 125, 126, 128, 129[A], 130, 132, 136, 137, 141, 143, 146, 147, 148, 155, 175, 177, 204
- (Hrsg.) Zehn Briefe von Charlotte Schiller (1905) 218[A], 219, 222, 222[A], 223
- (Hrsg.) Zum 8. October (1892) (mit → H. Grimm, → C. Redlich, → E. Schmidt, → B. Suphan u. → H. Böhlau) 115[A], 145[A]
- (Rez.) R. Asmus: G. M. De La Roche (1904) 213, 213[A], 215, 215[A], 216
- (Rez.) M. G. Bach: Wieland's attitude toward woman and her cultural and social relations (1924) 287, 287[A]
- (Rez.) A. Biach: Biblische Sprache und biblische Motive in Wielands Oberon (1898) 173, 173[A]
- (Rez.) W. v. Biedermann: Goethe-Forschung. Neue Folge (1886) 56, 64, 80
- (Rez.) F. Braitmaier: Geschichte der Poetischen Theorie und Kritik (1889) 97, 115
- (Rez.) W. Eigenbrodt: Hagedorn und die Erzählung in Reimversen (1884) 55
- (Rez.) M. Foth: Das Drama in seinem Gegensatz zur Dichtung. 1. Bd. (1904) 213, 213[A], 215, 215[A], 216
- (Rez.) I. Gebhard: Friedrich Spe von Langenfeld (1893) 138, 139
- (Rez.) G. v. Böhm: Ludwig Wekhrlin (1893) 138, 139
- (Rez.) B. Golz: Pfalzgräfin Genovefa in der deutschen Dichtung (1901) 193, 193[A]
- (Rez.) G. Kettner (Hrsg.): Schillers Dramatischer Nachlaß (1898) 167, 167[A]
- (Rez.) E. Kühnemann: Herders Persönlichkeit in seiner Weltanschauung (1894) 148
- (Rez.) F. Lauchert: G. Chr. Lichtenberg's schriftstellerische Thätigkeit (1893) 138, 139, 141
- (Rez.) F. Muncker: Friedrich Gottlieb Klopstock (1881) 99, 130
- (Rez.) Neue Gottsched-Litteratur (1901) 186[A], 194, 194[A], 196, 196[A], 197, 197[A]
- (Rez.) K. Ridderhoff: Sophie von La Roche und Wieland; K. Ridderhoff (Hrsg.): Sophie von La Roche: Geschichte des Fräuleins von Sternheim (1907) 241, 241[A]
- (Rez.) M. Rieger: Friedrich Maximilian Klinger. Tl. 2 (1898) 167, 167[A]
- (Rez.) A. Sauer (Hrsg.): Ewald von Kleist's Werke (1881–1884) 10, 12, 33
- (Rez.) A. Sauer (Hrsg.): Wiener Neudrucke (1883–1886) 27, 31, 34
- (Rez.) E. Schmidt: Lessing. Geschichte seines Lebens und seiner Werke (1886) 56

- (Rez.) O. Vogt: »Der goldene Spiegel« und Wielands politische Ansichten (1906) 224, 224[A]
- (Rez.) B. v. Jacobi (Hrsg.): Wielands Werke. Auswahl in 10 Teilen (1922) 262[A], 285, 285[A]
- (Rez.) E. Wolff: Gottscheds Stellung im deutschen Bildungswesen (1901) 149[A]
- (Rez.) F. Zarncke: Christian Reuter, der Verfasser des Schelmuffsky, sein Leben und seine Werke (1884) 45[A], 55, 56

Seuffert, Burkhard (1894–1972), öst. Historiker; Sohn v. → A. u. → B. Seuffert; 1925 Prom. in Graz, 1927 Archivar am Steiermärkischen Landesarchiv, 1933 zugl. Pd., 1940–1945 (entl.) ao. Prof. f. allg. Gesch. u. historische Hilfswissenschaften in Graz, danach Privatgelehrter [Pickl; Fellner/Corradini] 144, 146, 158, 172, 175, 175[A], 192, 204, 240, 247, 252, 262, 276, 276[A], 277, 278, 282, 282[A]

Seuffert, Elise, dt.; Schwester v. → B. Seuffert 58, 192, 192[A], 245

Seuffert, Gertraud (1888–1891), dt.; Tochter v. → A. u. → B. Seuffert 85, 88, 92, 98, 99, 101, 104, 105

Seuffert, Hermann (1836–1902), dt. Jurist; 1862 Pd., 1868 ao. Prof. in München, 1872 o. Prof. f. Straf- u. Zivilprozeßrecht in Gießen, 1879 in Breslau, 1890–1902 f. Rechtsphilosophie u. Strafrecht in Bonn [NDB] 207, 207[A]

Seuffert, Johann Baptist (1809–1874), dt. Jurist; Dir. d. Oberpflegamtes d. Juliusspitals in Würzburg; Vater v. → B., → E., → L. v. Seuffert u. → B. Eussner, geb. Seuffert 41, 42, 175[A]

Seuffert, Lothar (1891–1916), öst. Mathematiker; Sohn v. → A. u. → B. Seuffert; 1914 Prom. in Graz; an d. rumän. Front gefallen 113, 115, 121, 146, 158, 172, 175, 192, 204, 204[A], 240, 247, 252, 260[A], 262, 267, 267[A], 276, 276[A], 277, 278, 279, 282, 282[A]

Seuffert, Lothar (v.) (1843–1920), dt. Jurist; Bruder v. → B. Seuffert; 1868 Prom. in Würzburg, seit 1873 im bayer. Justizdienst, 1875 Protokollführer d. Justizgesetzgebungs-Komm. d. Reichstags in Berlin, 1876 o. Prof. f. Zivilrecht in Gießen, 1881 in Greifswald, 1884 in Erlangen, 1888 in Würzburg, 1895–1916 f. dt. u. röm. Zivilrecht in München [DBJ 2] 42, 58, 175, 175[A], 192, 192[A], 207, 207[A], 245

Seuffert, Margarethe, geb. Fiala (1893–?), öst. Germanistin; Ehefrau v. → Burkh. Seuffert; Schwiegertochter u. Mitarbeiterin v. → Bernh. Seuffert; Prom. vmtl. in Graz 213[A]
- (Mitarbeit) Prolegomena zu einer Wieland-Ausgabe. IX. Briefwechsel 2. Hälfte 1791–1812 (1941) 213[A]

Seume, Johann Gottfried (1763–1810), dt. Dichter [NDB] 206, 207, 207[A]

Shaftesbury, Anthony Ashley-Cooper, Earl of (1671–1713), engl. Philosoph 115[A]

Shakespeare, William (1564–1616), engl. Dichter u. Dramatiker 111, 121[A], 136
- Hamlet (1603) 143, 255[A], 227[A]
- Macbeth (um 1606) 255[A]
- The Tragedy of Julius Caesar (1599) 111

Siebeck, Paul (1855–1920), dt. Verlagsbuchhändler; 1878 Teilhaber, seit 1880 Inhaber d. Verlags J. C. B. Mohr (P. Siebeck) in Freiburg/Br. [NDB] 11[A], 16, 20, 283[A]

Siegen, Karl (1851–1917), dt. Schriftsteller, Journalist u. Kleistforscher; 1875 Prom. in Jena, danach Redakteur in Dresden u. Chemnitz, ab 1880 freier Schriftsteller u. Herausgeber in Leipzig [DBE] 127
- (Hrsg.) Westöstliche Rundschau. Politisch-literarische Halbmonatsschrift zur Pflege der Interessen des Dreibundes (1894–1897) 127

Sievers, Eduard (1850–1932), dt. Germanist; Schüler v. → F. Zarncke in Leipzig; 1871 ao., 1876 o. Prof. f. german. Philologie in Halle/S., bis 1881 zugl. f. roman. Philologie, 1883 o. Prof. in Tübingen, 1892–1922 in Leipzig [IGL; DBE] 35[A], 71, 74, 75[A], 82[A], 149[A], 154[A], 155[A], 159, 159[A], 161, 162, 162[A], 185, 251[A]

Sievers, Otto (1849–1889), dt. Altphilologe, Literaturhistoriker u. Dramatiker; 1872 Prom. in Leipzig, 1872–1889 Gymn.-Lehrer in Braunschweig, seit 1876 zugl. Doz. f. dt. Lit.-Gesch. an der TH das., 1889 Gymn.-Dir. in Wolfenbüttel [ADB 34; Kössler] 141[A]

– (Hrsg.) Akademische Blätter. Beiträge zur Litteratur-Wissenschaft (1884) 141

Silesius, Angelus → Angelus Silesius

Simonsfeld, Henry (1852–1913), dt. Historiker; Schüler v. Georg Waitz in Göttingen; 1878 Pd. in München, zugl. Bibliothekar an d. Hof- u. Staats-Bibl. das., 1898 ao. Prof., 1912 o. Prof. f. hist. Hilfswiss. in München [Weber] 136[A]

– Zur Geschichte der Cassandra Fedele (1893) 136

Simson, Eduard (v.) (1810–1899), dt. Jurist u. nat.-lib. Politiker; 1831 Pd., 1833 ao. Prof., 1836–1860 o. Prof. f. röm. u. preuß. Recht in Königsberg, seit 1834 nebenamtlich im preuß. Justizdienst, 1848 Mitgl. d. Nationalversammlung in Frankfurt/M., 1849–1852 u. ab 1858 Mitgl. d. Preuß. Abg.-Hauses, 1860 Vize-Präs., 1869 Präs. d. Appellationsgerichts in Frankfurt/M., 1871–1877 Mitgl., bis 1874 zugl. Präs. d. Reichstags in Berlin, 1877–1891 Präs. d. Reichsgerichts in Leipzig, 1885–1899 Vors. d. Weimarer Goethe-Gesellschaft [NDB] 94[A]

Singer, Hans Wolfgang (1867–1957), dt.-US-amerik. Kunsthistoriker; 1891 Prom. in Germanistik in Leipzig, 1891–1932 Kustos im Kupferstichkabinett in Dresden [DBE; WI 1935] 136[A]

– Einige englische Urteile über die Dramen deutscher Klassiker (1893) 136[A]

Singer, Samuel (1860–1948), öst. Germanist u. Jurist; Schüler v. → R. Heinzel in Wien; 1891 Pd. f. dt. Spr. u. Lit., 1896 ao. Prof. f. vgl. Lit.-Gesch. u. Sagenkunde, 1899 ao. Prof. f. ältere dt. Spr. u. Lit., 1910 o. Prof. f. dt. Philologie u. Lit. d. Mittelalters in Bern [IGL; ÖBL] 167, 167[A], 173[A], 175, 179, 179[A], 180, 182

– Apollonius von Tyrus. Untersuchungen über das Fortleben des antiken Romans (1895) 179, 179[A]

– Zu Wolframs Parzival (1898) 179, 179[A]

Sittenberger, Johann <Hans> (1863–1943), öst. Germanist u. Schriftsteller; Schüler v. → B. Seuffert in Graz; 1889 Prom., dann Lehrer u. Theaterreferent d. »Deutschen Zeitung« in Wien, seit 1901 Lehrer an d. Höheren Obst- u. Gartenbauschule in Eisgrub, 1917/18 Dramaturg d. Wiener Burgtheaters [ÖBL] 108, 109, 110, 111, 133

Skraup, Zdenko Hans (1850–1910), tschech.-öst. Chemiker; seit 1873 Assistent v. Adolf v. Lieben am Chemischen Institut in Wien, 1879 Pd. f. Chemie d. Pflanzenstoffe an d. TH Wien, 1881 Pd. f. allg. Chemie an d. Univ. das., zugl. Prof. an d. Wiener Handels-Akad., 1886 Prof. an d. TH Graz, 1887 o. Prof. an d. Univ. das., 1906–1910 in Wien [NDB; ÖBL] 112[A]

Soden, Julius Graf v. (1754–1831), dt. Diplomat, Theaterleiter u. Dichter; 1781–1795 in ansbachischen u. preuß. Diensten, 1802 bzw. 1805 Gründer v. Theaterbühnen in Bamberg u. Nürnberg [DBE] 185, 185[A]

– Doktor Faust. Volks-Schauspiel in fünf Aufzügen (1797) 185, 185[A]

Söderhjelm, Jarl Werner (1859–1931), finn. Romanist, Germanist u. Diplomat; 1885 Prom., 1886 Doz. f. neuere Lit., Pd. f. Ästhetik u. moderne Lit. in Helsinki, das. 1889 Pd., 1894 ao.

Prof. f. roman. Philologie, 1898 o. Prof. f. german. u. roman. Philologie, 1908 Teilung d. Ordinariats u. o. Prof. f. roman. Philologie, 1913–1919 f. finn. Lit.-Gesch. das., 1919–1928 finn. Botschafter in Stockholm [IGL] 136[A]
- Über zwei Guillaume Coquillart zugeschriebene Monologe (1893) 136, 136[A]

Sokrates (469–399 v. Chr.), griech. Philosoph 54

Sommerfeld, Martin (1894–1939), dt. Germanist; Schüler v. → F. Muncker in München; 1922 Pd., 1927–1933 (aufgrund seiner jüd. Herkunft entl.) ao. Prof. f. neuere dt. Lit.-Gesch. in Frankfurt/M., Emigration in d. USA, 1933 Gast-Prof. an d. Columbia Univ. in New York, 1936–1939 Prof. of German am Smith Coll. Northampton/Mass. [NDB; IGL] 285[A]
- J. M. R. Lenz und Goethes Werther (1922) 285, 285[A]

Sonnenfels, Joseph Reichsfreiherr v. (1733–1817), öst. Staatsmann, Nationalökonom, Publizist, Theaterkritiker u. -reformer; 1763 Prof. f. Kameral-Wiss. in Wien, 1766–1784 zugl. Lehrer am Theresianum, 1768 Sekr., 1810 Präs. d. Akad. d. Bildenden Künste [NDB] 13, 15, 28, 34
- Briefe über die Wienerische Schaubühne (1768) u. Neudruck (1884) 15, 15[A], 28, 34, 40[A], 48
- Gesammelte Schriften (1783–1787) 34
- Ueber die Abschaffung der Tortur (1775) 15

Sophie Großherzogin v. Sachsen-Weimar-Eisenach, geb. Prinzessin v. Oranien-Nassau (1824–1897), dt.-ndl.; seit 1842 Ehefrau v. → Karl Alexander v. S.-W.-E.; 1885 Stifterin d. Goethe-Archivs u. Protektorin d. Weimarer Goethe-Gesellschaft [NDB] 56[A], 63[A], 77[A], 78, 88[A], 115[A], 120, 126, 130, 163, 163[A], 164, 164[A], 165, 166[A], 167

Spee v. Langenfeld, Friedrich (1591–1635), dt. Jesuit u. Dichter; 1622 Priesterweihe, 1623–1626 Prof. f. Philosophie, 1629/30 Prof. f. Moraltheologie in Paderborn, 1632–35 Prof. f. Moraltheologie u. Bibelwiss. in Trier [NDB] 138[A], 249, 249[A]
- Sein Leben und Wirken, insbesondere seine dichterische Thätigkeit (1893) 138

Spemann, Wilhelm (1844–1910), dt. Verlagsbuchhändler; 1870 Inhaber d. Weise'schen Verlagsbuchhandlung, 1873–1910 d. Verlags W. Spemann in Stuttgart, 1890–1897 auch Teilhaber d. Union Deutsche Verlagsgesellschaft, Verleger v. → J. Kürschners »Deutsche National-Litteratur« (1882–1890) [DBE] 19, 19[A], 20, 21

Spengler, Franz, öst. Germanist; Schüler v. → E. Schmidt in Wien u. → W. Scherer in Berlin; 1882 Prom. in Wien; Gymn.-Lehrer u. in Iglau, Znaim, Teschen u. Wien 26, 26[A], 28
- Wolfgang Schmeltzl. Zur Geschichte der deutschen Literatur im XVI. Jahrhundert (1883) 26
- (Hrsg.) W. Schmeltzl: Samuel und Saul (1883) 26, 26[A], 28

Spengler, Oswald (1880–1936), dt. Philosoph; 1904 Prom. in Halle/S., 1904–1910 Gymn.-Lehrer in Saarbrücken, Düsseldorf u. Hamburg, dann Privatgelehrter in München [NDB] 283, 283[A]
- Der Untergang des Abendlandes. 2 Bde. (1918–1922) 283, 283[A]

Spina, Franz (1868–1938), öst. Germanist, Slawist u. Politiker; Schüler v. → A. Sauer in Prag; 1892–1906 Gymn.-Lehrer u. a. in Braunau, Mährisch Neustadt u. Prag, 1901 Prom. in Germanistik, 1909 Pd. f. Slawistik, 1909 Doz., 1917 ao., 1921–1938 o. Prof. f. tschech. Spr. u. Lit. an d. dt. Univ. in Prag, 1929–1938 Redakteur d. »Slawischen Rundschau« [NDB; ÖBL] 240, 240[A]
- Die alttschechische Schelmenzunft »Frantowa práva« (1909) 240[A]

Spitzer, Hugo (1854–1937), öst. Philosoph u. Mediziner; Schüler v. Alois Adolf Riehl in Graz;

1875 Prom. (Dr. phil.), 1881 Prom. (Dr. med.), 1881 Pd., 1893 ao. Prof., 1905–1925 o. Prof. f. Philosophie in Graz [ÖBL] 147, 148, 149, 197, 197[A]
- Freiherr von Schönaich und das Prinzip der Korrektheit in der Dichtkunst (1902) 197, 197[A],
- (Rez.) A. Biese: Die Philosophie des Metaphorischen. In Grundlinien dargestellt (1895) 149, 149[A]
- (Rez.) T. Alt: Vom charakteristisch Schönen. Ein Beitrag zur Lösung der Frage des künstlerischen Individualismus (1895) 147, 148

Spitzer, Leo (1887–1969), öst. Romanist; Schüler v. Wilhelm Meyer-Lübke in Wien; 1910 Prom., 1913 Pd. in Wien, 1918 in Bonn, 1925 o. Prof. f. roman. Philologie in Marburg/L., 1930 in Köln, 1933 aufgrund seiner jüd. Herkunft entl., 1936 o. Prof. in Istanbul, 1936–1955 in Baltimore/Maryland [NDB] 291[A]
- Erklärung [gegen A. Sauer] (1925) (mit F. Brüggemann, → E. Castle, → P. Kluckhohn, → H. A. Korff, → A. Leitzmann, → P. Merker, → K. Viëtor, → O. Walzel u. → G. Witkowski) 291[A]

Spohr, Louis (1784–1859); dt. Komponist, Violinist u. Dirigent [NDB] 227[A]

Srbik, Heinrich Ritter v. (1878–1951), öst. Historiker; 1904 Bibliothekar am Institut f. öst. Gesch.-Forschung, 1907 Pd. f. öst. Gesch., 1910 f. allg. Gesch. in Wien, 1912 ao. Prof. f. allg. Gesch., 1917 o. Prof. f. neuere Gesch. u. Wirtschafts-Gesch. in Graz, 1922–1945 o. Prof. f. Gesch. d. Neuzeit in Wien [NDB] 287

Stockhausen, Hermann (1872–?), dt. Germanist; Schüler v. → M. Herrmann in Berlin; 1899 Prom. u. Lehramtsprüfung in Berlin, dann vmtl. Gymn.-Lehrer [BBF] 159[A]
- Zur Abwehr [gegen J. Minor] (1897) (mit → C. Alt, → E. Cassirer, → F. Düsel, → R. Klahre) 159[A]

Stadler-Scherer, Anna, geb. Rieck, verw. Scherer (1817–1896), öst.; Mutter v. → W. Scherer; seit 1840 verh. mit Wilhelm Scherer <sen.> (1792–1845), seit 1845 mit Anton v. Stadler (um 1800–1870) [NDB: Art. W. Scherer] 67

Staël, Anna Louise Germaine de, geb. Necker (1766–1817), franz. Schriftstellerin in Paris u. Coppet bei Genf [Schweizer Lex.] 138[A]

Stambolow, Stefan (1854–1895), bulg. Staatsmann; 1887–1894 Min.-Präs. v. Bulgarien [Südosteuropa] 99[A]

Stäudlin, Gotthold Friedrich (1758–1796), dt. Jurist, Dichter u. Publizist; 1785–1793 Kanzleiadvokat in Tübingen [Killy] 51[A]
- (Hrsg.) Musenalmanach (1792) 51[A]
- (Hrsg.) Poetische Blumenlese (1793) 51[A]
- (Hrsg.) Schwäbischer Musenalmanach (1782–1786) (ab 1783: Schwäbische Blumenlese) 51, 51[A]

Stefanowicz, Julian, poln. Germanist; Schüler v. → R. M. Werner in Lemberg u. → A. E. Schönbach sowie → B. Seuffert in Graz 97

Stefansky, Georg (1897–1957), öst. Germanist; Schüler v. → A. Sauer in Prag; 1922 Prom., 1923–1927 Mitarbeiter d. Preuß. Akad. d. Wiss. in Berlin, seit 1926 Mithrsg., 1928–1933 Hrsg. d. »Euphorion«, 1927 Pd. f. neuere dt. Lit. u. Spr. an d. dt. Univ. in Prag, 1929–1933 Pd. in Münster, 1933 Entzug d. Lehrerlaubnis, 1938 Gast.-Prof. in Genf, 1939 Emigration in

d. USA, Lehrbeauftragter am City Coll. New York, ab 1945 Doz. f. Soziologie an d. New York Univ. [IGL] 122^A, 276^A, 289^A, 293^A
- Das Wesen der deutschen Romantik (1923) 289, 289^A

Steig, Reinhold (1857–1918), dt. Altphilologe u. Germanist; 1882 Prom., 1884–1915 Gymn.-Lehrer in Berlin; Protegé v. → H. Grimm, d. ihn als Verwalter d. Nachlasses v. → J. u. → W. Grimm einsetzte [IGL; BBF] 135, 152^A, 184^A, 189, 189^A, 200, 200^A
- Bemerkungen zu dem Probleme Goethe und Napoleon (1899)
- Ein ungedruckter Beitrag Clemens Brentanos zu Arnims »Trösteinsamkeit« (1894) 135
- (Hrsg.) Valeria oder Vaterlist (Bühnenbearbeitung des ›Ponce de Leon‹) 1901 184^A, 200, 200^A

Stein, Charlotte v., geb. v. Schardt (1742–1827), dt. Dichterin, Hofdame d. Großherzogin → Anna Amalia v. S.-W. u. Freundin v. → J. W. v. Goethe in Weimar [NDB] 53, 55

Stein, Karl Heinrich v. (1857–1887), dt. Philosoph; Schüler v. → K. Fischer in Heidelberg; 1877 Prom., 1879/80 Erzieher v. Siegfried Wagner in Bayreuth, 1881 Pd. f. Philosophie in Halle/S., 1884–1887 in Berlin [ADB 54; DBE] 148
- Die Entstehung der neueren Ästhetik (1886) 148

Stein, Ludwig (1859–1930), ung. Philosoph; 1886 Pd. in Zürich, 1889 Prof. an d. TH das., 1891–1911 o. Prof. f. Philosophie in Bern, dann Publizist u. Hrsg. d. Zs. »Nord und Süd« in Berlin [Killy; WI 1909] 140
- (Hrsg.) Archiv für Geschichte der Philosophie (1888 ff.) 140

Steinberger, Julius (1878–1942), dt. Germanist u. Bibliothekar; 1901 Prom. in Göttingen, 1902–1938 Bibliothekar in Greifswald, Halle/S., Bonn u. Göttingen; Forschung zu → C. M. Wieland; [Habermann] 215, 215^A, 287, 287^A
- Pseudonyme Rätsel-Gedichte Wielands (1926) 287, 287^A

Steindorff, Georg (1861–1951), dt. Ägyptologe; 1890 Pd. in Berlin, 1893 ao. Prof., 1900 Hon.-Prof., 1904–1934 o. Prof. in Leipzig; 1939 Emigration in d. USA [Kosch: Lit.-Lex.] 191

Steiner, Rudolf (1861–1925), öst. Philosoph, Goetheforscher u. Begründer d. Anthroposophie; seit 1882 Hauslehrer, Hrsg. u. Publizist in Wien, 1890–1897 Mitarbeiter am Goethe-Schiller-Archiv in Weimar, dann Publizist u. Privatgelehrter in Berlin u. Dornach/Schweiz [NDB; ÖBL] 122

Steinmeyer, Elias (v.) (1848–1922), dt. Germanist; Schüler v. → K. Müllenhoff in Berlin; 1873 ao. Prof. f. dt. Philologie in Straßburg, 1877–1913 o. Prof. f. dt. Spr. u. Lit. in Erlangen, 1873–1890 zugl. Schriftleiter d. »Zeitschrift für deutsches Alterthum« [NDB; IGL] 3^A, 12, 27, 35^A, 41, 68, 78, 79, 80^A, 127, 134, 136, 143, 146, 174, 174^A, 175, 186, 281^A
- (Hrsg.) Anzeiger für deutsches Alterthum und deutsche Litteratur (1876–1890) 127^A, 135
- (Hrsg.) Zeitschrift für deutsches Alterthum und deutsche Litteratur (1874–1890) 127^A, 128, 145, 181, 181^A, 198, 198^A, 208, 208^A

Stejskal, Karl (1854–1932), tschech. Germanist; 1878 Prom. in Wien, 1876–1889 Gymn.-Lehrer in Wien u. Znaim, 1889 Bezirksschulinspektor in Wien, seit 1899 Landesschulinspektor f. d. dt. Volksschulwesen in Böhmen [ÖBL; WI 1909] 152^A

Stelzel, Karl (1845/46–1912), öst. Ingenieur; 1876–1911 Prof. f. Baumechanik u. grafische Statik an d. TH in Graz [BJ 18] 59

Stern, Adolf (1835–1907), dt. Literaturhistoriker u. Schriftsteller; Freund v. → F. Hebbel u. Otto

Ludwig; 1859 Prom. in Jena, dann Lehrer in Dresden, 1868 ao. Prof., 1869 o. Prof. f. Lit.- u. Kultur-Gesch. an d. TH das. [Killy] 42[A], 196, 197, 198, 233[A]

Stern, Alfred (1846–1936), dt. Historiker; Freund v. → L. Geiger; 1868 Prom., 1872 Pd. in Göttingen, 1873 ao., 1878 o. Prof. f. Gesch. in Bern, 1887–1922 o. Prof. an d. Eigenössischen TH in Zürich [DBE] 259[A]

– (Hrsg.) Börnes Werke. Historisch-kritische Ausgabe in zwölf Bänden. Bd. 1–3, 6–7, 9 [mehr nicht erschienen] (1911–1913) (mit → L. Geiger, → J. Dresch, → R. Fürst, → E. Kalischer, → A. Klaar u. → L. Zeitlin) 259, 259[A]

Stepischnegg, geb. Stifter, Emilie, öst.; Rechtsanwaltsgattin in Graz; Verwandte v . → A. Stifter 204, 204[A], 205, 205[A]

Sternberg, Kaspar v. (1761–1838), öst. Paläontologe u. Botaniker; Bekanntschaft mit → J. W. v. Goethe; 1875–1810 Regensburger Domkapitel, 1818 Gründung d. Vaterländischen Museums d. Königreichs Böhmen in Prag [ÖBL] 193, 193[A], 196, 196[A], 197, 200, 200[A], 201, 203, 203[A], 205[A], 206, 207, 207[A], 208, 211, 240[A]

– Ausgewählte Werke des Grafen Kaspar von Sternberg. Bd. 1 (1902) 193[A], 196, 196[A], 197, 200, 200[A], 203, 203[A], 205[A], 207, 207[A], 211

– Ausgewählte Werke des Grafen Kaspar von Sternberg. Bd. 2 (1909) 240[A]

Sterne, Laurence (1713–1768), engl. Dichter 224[A]

Stettenheim, Ludwig (1866–nach 1935), dt. Germanist u. Journalist; Schüler v. Reinhold Bechstein in Rostock; 1893 Prom., dann Redakteur u. Kritiker in Königsberg, Berlin, Bremen, Halle/S. u. Leipzig [WI 1935] 138

– Schillers Fragment »Die Polizey«, mit Berücksichtigung anderer Fragmente des Nachlasses (1893) 138

Stiefel, Arthur Ludwig (1853–?), dt. Germanist u. Romanist; Realschullehrer in Nürnberg 203, 203[A], 204

– Zu den Quellen der Erasmus Alberschen Fabeln (1902) 203, 203[A]

– Zu den Quellen der Fabeln und Schwänke des Hans Sachs (1902) 203, 203[A]

Stiefel, Julius (1847–1908), schweiz. Germanist; Schüler v. → J. Scherr u. Friedrich Theodor Vischer in Zürich; 1870 Prom., 1876 Lehrer f. dt. Lit. an d. Industrieschule in Zürich, seit 1885 Prof. f. Ästhetik u. dt. Literatur am Polytechnikum das., 1887 zugl. ao. Prof. f. Ästhetik u. Geschichte d. Ästhetik an d. Univ. Zürich [BJ 13] 42[A]

Stieler, Karl (1842–1885), dt. Schriftsteller in München; Freund v. Emanuel Geibel u. → P. Heyse [Killy] 154

Stifter, Adalbert (1805–1868), öst. Dichter [NDB; ÖBL] 169[A], 187[A], 191, 191[A], 192, 196, 196[A], 203, 203[A], 204, 205, 205[A], 207, 207[A], 208, 211, 211[A], 213, 213[A], 215, 220, 221, 231, 236, 236[A], 239, 239[A], 240[A], 241, 257, 259, 259[A], 283

– Bunte Steine. 2 Bde. (1853) 241[A]

– Die Mappe meines Urgroßvaters (1847) 241[A], 257, 257[A], 258

– Nachkommenschaften (1864) 259, 259[A]

– Die Narrenburg (1844) 239, 239[A], 241[A], 257[A]

– Sämmtliche Werke (1901–1979) → A. Sauer 191, 191[A], 192

– Studien. 6 Bde. (1844–1850) 203, 203[A], 207, 207[A], 220, 220[A], 239[A]

Stifter, Amalia, geb. Mohaupt (1811–1883), öst.; Ehefrau v. → A. Stifter [NDB: Art. Ad. Stifter] 211[A]

Stolberg-Roßla, Botho Fürst zu (1850–1893), dt.; seit 1870 Standesherr d. Grafschaft Stolberg-Roßla-Ortenberg, 1878–1893 Mitgl. d. preuß. Herrenhauses [Götz/Rack] 192[A]

Stolberg-Stolberg, Friedrich Leopold Graf zu (1750–1819), dt. Dichter u. Diplomat [NDB] 21, 81[A]

– Die Insel (1788) 78[A]

Stoll, Joseph Ludwig (1777–1815), öst. Dichter u. Dramatiker; 1801 Privatgelehrter in Weimar, 1806–1809 Regisseur am Wiener Hofburgtheater [ÖBL] 87[A], 193, 193[A]

– (Hrsg.) Prometheus. Eine Zeitschrift (1808) (mit → L. v. Seckendorf-Aberdar) 87, 193, 193[A]

Strack, Adolf (1860–1906), dt. Germanist u. Volkskundler; 1883 Prom. in Berlin, 1884–1906 Gymn.-Lehrer in Gießen, seit 1893 zugl. Pd., 1903–1906 ao. Prof. dt. Philologie an d. Univ. das. [Berisch] 138

– Goethes Leipziger Liederbuch (1893) 138

Stranitzky, Josef Anton (1676–1726), öst. Schauspieler, Puppenspieler u. Theaterleiter in Wien [NDB] 26, 27, 28, 39, 285, 285[A]

– Ollapatrida des durchgetriebenen Fuchsmundi (1711) u. Neudruck (1886) → J. F. Grave 26

– (Hrsg.) Lustige Reyß-Beschreibung Aus Saltzburg in verschiedene Länder (1883) 26, 28, 39

Strauch, Philipp (1852–1934), dt. Germanist; Schüler v. → K. Müllenhoff in Berlin u. → W. Scherer in Straßburg; 1878 Pd., 1883 ao. Prof. f. german. Philologie in Tübingen, 1893 in Halle/S., 1895–1921 o. Prof. f. dt. Philologie das. [IGL] 78[A], 79, 84, 85, 85[A], 94[A], 141, 149, 198, 198[A], 199, 199[A], 202[A], 283[A]

– Zwei fliegende Blätter von Caspar Scheit (1888) 84

– (Mitarb.) Verzeichnis der auf dem Gebiete der neueren deutschen Litteratur […] erschienenen wissenschaftlichen Publikationen [Anzeiger f. dt. Alterthum] (1885–1887, 1889–1890) 78, 141

– (Rez.) Grundriss zur Geschichte der deutschen Dichtung aus den Quellen von Karl Goedeke. Zweite ganz neu bearbeitete Aufl. Bd. 5 (1901) 198, 198[A], 199, 199[A]

Strauß, David Friedrich (1808–1874), dt. evang. Theologe u. Schriftsteller; Schüler v. Ferdinand Christian Baur in Tübingen; 1831 Prom., 1832–1835 Repetent am Tübinger Stift, infolge seiner »Leben Jesu«-Darstellung (1838) an einer akad. Laufbahn gehindert, lebte als Privatgelehrter u. Schriftsteller in Stuttgart, Heidelberg, München, Darmstadt, Heilbronn u. Ludwigsburg [NDB] 42

Strehlke, Friedrich (1825–1896), dt. Altphilologe u. Goetheforscher; 1847–1884 Gymn.-Lehrer in Danzig, Marienburg u. Thorn, dann Privatgelehrter in Berlin [ADB 54; BBF] 77, 190[A]

– (Hrsg.) Goethe's Werke (1872) 23[A], 42, 99, 190[A]

Stremayr, Carl v. (1823–1904), öst. Politiker; 1846 Prom. (Dr. jur.), 1848 jüngster Abgeordneter d. Frankfurter Nationalversammlung, 1891–1899 1. Präsident d. Obersten Gerichtshofes [NDB] 157[A]

Strich, Fritz (1882–1963), dt. Germanist; Schüler v. → F. Muncker in München; 1910 Pd. f. neuere dt. Lit.-Gesch., 1916 ao. Prof. in München, 1929–1953 o. Prof. f. dt. Spr. u. Lit. in Bern [IGL] 287, 287[A], 288, 288[A]

– Deutsche Klassik und Romantik oder Vollendung und Unendlichkeit (1922) 287, 287[A], 288[A]

Strodtmann, Adolf (1829–1879), dt. Dichter, Übersetzer u. Literaturhistoriker; als Schüler v. →

G. Kinkel 1849 in Bonn relegiert, Exil in Paris, London u. USA, 1856 Journalist in Hamburg, 1871 Privatgelehrter u. Schriftsteller in Steglitz bei Berlin [Killy] 81, 94[A]
– Briefe von und an Gottfried August Bürger (1874) 81
Stuckenberg, John Henry Wilburn (1835–1903), dt.-US-amerik. evang. Theologe; seit 1858 Geistlicher in den USA, 1862 Prof. am Wittenberg Coll. in Springfield/Ohio, 1880–1894 Pastor d. American Church in Berlin, dann Privatgelehrter u. Gast-Prof. in Cambridge/Mass., Berlin, Paris u. London [Carey/Lienhard] 86[A]
– Zu den Quellen des ältesten Faustbuches: Verse aus Luther (1888) 86
Stuckenberger, H. → Stuckenberg, John Henry Wilburn
Studemund, Wilhelm (1843–1889), dt. Altphilologe; Schüler v. Moriz Haupt u. → Th. Mommsen in Berlin u. v. Wilhelm Theodor Bergk in Halle/S.; 1868 ao., 1869 o. Prof. f. klass. Philologie in Würzburg, 1870 in Greifswald, 1872 in Straßburg, 1885–1889 in Breslau [ADB 36; DBE] 41
Stumpf, Carl (1848–1936), dt. Philosoph u. Psychologe; 1870 Pd. f. Philosophie in Göttingen, 1873 o. Prof. in Würzburg, 1879 in Prag, 1884 in Halle/S., 1889 in München, 1894 in Berlin [DBE] 191
Sturm, Joseph (1855–?), dt. Altphilologe; 1883 Gymn.-Lehrer in Würzburg, 1888–1898 (Rücktritt) o. Prof. f. klass. Philologie in Freiburg/Br., 1898–1921 Gymn.-Lehrer in Eichstädt, Würzburg, Bamberg u. Speyer [WI 1909] 169[A]
Sudermann, Hermann (1857–1928), dt. Schriftsteller [NDB] 167
Sulzer, Wolfgang Dietrich (1732–1794), schweiz. Ästhetiker u. Kommunalbeamter; Freund v. → C. M. Wieland; 1759–1794 Stadtschreiber in Winterthur [HLS] 157[A]
Suphan, Bernhard (1845–1911), dt. Altphilologe u. Germanist; Schüler v. Wilhelm Theodor Bergk in Halle/S.; 1867 Lehrer an den Francke'schen Stiftungen in Halle, 1868 Gymn.-Lehrer in Berlin, 1887–1910 Dir. d. Goethe- bzw. Goethe-Schiller-Archivs in Weimar [DBE; IGL] 46, 74, 75, 76, 77, 78, 80, 82, 84, 85, 86, 87, 88, 90, 91, 94, 96, 97, 99, 113, 115[A], 116, 117, 122, 123, 125, 130, 131, 132, 133, 143, 145, 146, 152[A], 163, 163[A], 166[A], 167, 190[A], 191, 191[A], 192, 196, 196[A], 197, 200, 201, 203, 203[A], 205[A], 207, 207[A], 208, 211, 213, 217, 237, 271, 271[A], 284
– Aus ungedruckten Briefen Herders an Hamann (1888) 82, 84
– C. C. Redlich (1902) 166[A]
– Goethe im Conseil. Urkundliches (1893) 132, 133
– Das Goethe- und Schiller-Archiv in Weimar (1889) 94
– Die Großherzogin Sophie von Sachsen und ihre Verfügungen (1897) 163, 163[A]
– Meine Herder-Ausgabe (1907)
– (Hrsg.) Ein unvollendetes Gedicht Schillers 1801 (1902) 191, 191[A], 207, 207[A]
– (Hrsg.) Elegie. September 1823. Goethes Reinschrift (1900) 191, 191[A]
– (Hrsg.) Herders Sämmtliche Werke (1877–1913) 46[A], 74[A], 99, 191, 191[A]
– (Hrsg.) Vierteljahrschrift für Litteraturgeschichte (1888–1894) (mit → B. Seuffert u. → E. Schmidt) 77, 78, 80, 81, 82, 84, 86, 88, 89, 92, 93, 94, 95, 96, 97, 98, 99, 101, 106, 114, 116, 119, 121, 122[A], 125, 126, 128, 129[A], 130, 132, 136, 137, 141, 143, 146, 147, 148, 155, 175, 177, 204
– (Rez.) Tieck's Werke von Jakob Minor 1886) 77[A]
Swift, Jonathan (1667–1745), engl.-irischer Schriftsteller u. Satiriker 77[A]

Swoboda, Heinrich (1856–1927), öst. Historiker; 1884 Pd., 1891 ao. Prof. f. alte Geschichte, 1899–1926 o. Prof. f. griech. Altertumskunde u. Epigrafik an d. dt. Univ. in Prag [ÖBL] 111, 276

Sybel, Heinrich (v.) (1817–1895), dt. Historiker; Schüler v. Leopold v. Ranke in Berlin; 1840 Pd., 1844 ao. Prof. f. Gesch. in Bonn, 1845 o. Prof. in Marburg/L., 1856 in München, 1858 Gründung u. Leitung d. Hist. Komm. bei d. Bayer. Akad. d. Wiss. das., 1861 o. Prof. in Bonn, 1875 Dir. d. Staatsarchivs in Berlin [NDB] 135, 136, 155

– (Hrsg.) Historische Zeitschrift (1859 ff.) 135, 136, 140

Szamatólski, Siegfried (1866–1894), dt. Germanist; Schüler v. → E. Schmidt in Berlin; 1889 Prom. in Berlin, 1892–1894 Mithrsg. d. »Jahresberichte für Neuere deutsche Literaturgeschichte« 86[A], 108, 135[A], 139[A], 149

– Faust in Erfurt. Beilage Hogels Erzählung (1895) 149

– Zu den Quellen des ältesten Faustbuches: Kosmographisches aus dem Elucidarius (1888) 86

– (Hrsg.) Das Faustbuch des Christlich Meynenden. Nach dem Druck von 1725 (1891) 108, 111

– (Hrsg.) Jahresberichte für Neuere deutsche Litteraturgeschichte (1892 ff.) (mit → M. Herrmann u. → J. Elias) 135, 137[A], 140, 141, 150

T

Taaffe, Eduard Graf (1822–1895), öst. Jurist u. Staatsmann; seit 1852 im Staatsdienst, 1863 Landes-Präs. in Salzburg, 1867 Statthalter v. Oberösterreich, 1867–1871 in hohen Regierungsämtern, u. a. Innen-Min. u. Min.-Präs., 1871–1879 Statthalter in Tirol, 1879–1893 erneut Min.-Präs. u. zugl. Innen-Min. [NDB] 63[A], 137[A]

Taubmann, Josef (1859–1938), öst. Volkskundler u. Heimatdichter; 1879 – um 1925 Volksschullehrer in Aussig u. Altschiedl bei Reichstadt [Kürschner Nekr.] 196[A]

Terenz <Publius Terentius Afer> (193 od. 183–159 v. Chr.), röm. Komödiendichter 121[A], 122, 136

– Eunuchus 122[A]

Thalmann, Marianne (1888–1975), öst. Germanistin; Schülerin v. → B. Seuffert in Graz u. v. → W. Brecht in Wien; 1924 Pd., 1932 ao. Prof. f. neuere dt. Lit.-Gesch. in Wien, 1933 Assoc. Prof., 1940–1953 Prof. of German am Wellesley Coll. bei Boston/Mass. [IGL; Grabenweger] 286, 286[A], 287

– Der Trivialroman des 18. Jahrhunderts und der romantische Roman (1923) 286, 286[A], 287

Thiele, Franz (1868–1945), öst. Maler u. Zeichner; 1884–1892 Stud. in Wien, preisgekrönter Historien- u. Landschaftsmaler, 1902 ao., 1905–1938 o. Prof. an d. tschech. Akad. d. bildenden Künste in Prag [ÖBL] 207, 207[A]

Thiele, Georg Friedrich (1866–1917), dt. Altphilologe; Schüler v. Adolph Kießling in Greifswald; 1889 Prom., 1891 Gymn.-Lehrer in Stettin, 1892 Erzieher im Hause d. preuß. Gesandten Philipp Graf zu Eulenburg in München u. Wien, 1895 Hilfsarbeiter u. Volontär an d. Kgl. Bibl. zu Berlin, 1897 Pd., 1907 ao. Tit.-Prof., 1914–1917 ao. Prof. f. klass. Philologie in Marburg/L. [Auerbach] 203

Thomasius, Christian (1655–1728), dt. Jurist, Philosoph u. Aufklärer [NDB] 82[A], 120

– Christian Thomasens alerhand bisher publicirte Kleine Teutsche Schriften (1701) 120

- Welcher Gestalt man denen Frantzosen in gemeinem Leben und Wandel nachahmen solle (1687) u. Neudruck [u. d. T.: Von Nachahmung der Franzosen] (1894) 120

Thorvaldsen, Bertel (1770–1844), dän. Bildhauer in Rom u. Kopenhagen 139

Thukydides (vor 454–zw. 399 u. 396 v. Chr.), griech. Geschichtsschreiber 111

Thümmel, Moritz August v. (1738–1817), dt. Dichter; Freund v. Christian Fürchtegott Gellert u. → C. F. Weiße; 1761–1783 Hofbeamter beim Herzog v. Coburg-Saalfeld, dann Privatier auf Gut Sonneborn u. in Gotha [Killy] 120

- Wilhelmine oder der vermählte Pedant. Ein prosaisches comisches Gedicht (1764) u. Neudruck (1894) 120

Tieck, Ludwig (1773–1853), dt. Dichter, Kritiker u. Übersetzer in Berlin, Ziebingen u. Dresden; Freund v. → Novalis, → A. W. u. → F. v. Schlegel sowie → W. H. Wackenroder [NDB] 10, 19, 20, 51^A, 77^A, 157^A, 170^A, 183^A, 218, 287

- Der gestiefelte Kater (1797) 77^A
- Leben und Tod der heiligen Genoveva (1800) 170^A
- (Hrsg.) J. M. R. Lenz: Gesammelte Schriften (1828) 20
- (Hrsg.) Mahler Müllers Werke (1811) 19

Tille, Armin (1870–1941), dt. Historiker; 1894 Prom. in Leipzig, 1895–1899 Volontär am Stadtarchiv Köln, dann Privatgelehrter in Leipzig, 1907 Leiter d. Landtags-Bibl. in Dresden, 1913 Dir. d. Staatsarchivs Sachsen-Weimar, 1926–1934 Dir. d. Thüringischen Staatsarchive [Leesch] 284^A

Tischbein, Johann Heinrich <T. der Ältere> (1722–1789), dt. Maler u. Radierer [Hess. Biogr.] 295^A

Titze, Adolf (1839–1928), dt. Verlagsbuchhändler; seit 1877 Inhaber d. Verlags A. Titze in Berlin u. Leipzig [Menzel-Br., S. 1371] 52

Tobler, Adolf (1835–1910), schweiz. Romanist; Schüler v. Friedrich Christian Diez in Bonn; 1857 Prom., 1861–1867 Gymn.-Lehrer in Solothurn u. Bern, 1867 zugl. Pd. in Bern, 1867 ao. Prof., 1870–1910 o. Prof. f. roman. Philologie in Berlin [BJ 15; NDB] 173^A, 204^A

- (Hrsg.) Archiv für das Studium der neueren Sprachen und Litteraturen (1895–1903) (mit → A. Brandl) 173, 173^A, 177, 204, 204^A

Tomaschek, Karl (1828–1878), öst. Germanist; 1850 Gymn.-Lehrer in Wien, 1855 zugl. Pd. f. neuere dt. Lit. das., 1862 o. Prof. f. dt. Spr. u. Lit. in Graz, 1868–1878 in Wien; Großonkel v. → R. M. Werner [ADB 38; IGL] 2^A, 42, 42^A

Trefftz, Johannes (1864–1913), dt. Historiker; 1890 Prom. in Leipzig, 1893 Assistent an d. Univ.-Bibl. Leipzig, 1900 Archivar, 1908–1913 Dir. d. Staatsarchivs Sachsen-Weimar [Leesch] 260^A

Triller, Daniel Wilhelm (1695–1782), dt. Dichter u. Mediziner; 1729 Leibarzt u. Begleiter d. Erbprinzen v. Nassau-Saarbrücken, 1732–1744 Arzt in Usingen u. Frankfurt/M., 1745 Leibarzt u. Hofrat d. Kürfürsten v. Sachsen in Dresden, seit 1749 Prof f. Pathologie u. Therapie in Wittenberg [Killy] 87

Tropš, Stjepan <auch: Stephan Tropsch> (1871–1942), öst.-kroat. Germanist; Schüler v. → B. Seuffert in Graz; 1897 Pd., 1899 ao. Prof., 1904–1940 f. dt. Philologie o. Prof. in Zagreb [IGL] 167, 167^A, 283^A

- Flemings Verhältnis zur römischen Dichtung (1895) 167, 167^A

Tropsch, Stephan → Tropš, Stjepan

Trübner, Karl Ignaz (1846–1907), dt. Verleger; Ausbildung in Heidelberg, Leipzig u. London, 1872–1907 Inhaber d. Verlags Karl I. Trübner in Straßburg, 1898 Ehren-Prom. an d. Univ. Straßburg [DBE] 150

Trutter, Hans E., dt. Literaturhistoriker in Berlin 285[A]
- Neue Forschungen über Stranitzky und seine Werke (1922) 285, 285[A]

Tscharner, Vincenz Bernhard (1728–1778), schweiz. Schriftsteller u. Historiker [DBE] 207

Tschinkel, Hans (1872–1926), dt. Germanist u. Dialektforscher; Schüler v. → A. Hauffen u. → A. Sauer Prag; 1896 Prom., dann Gymn.-Lehrer in Smichow bei Prag u. Graz [Kosch: Lit.-Lex.] 168, 183, 183[A]
- Grammatik der Gotscheer Mundart (1908) 183, 183[A]

Türck, Hermann (1856–1933), dt. Philosoph u. Literaturhistoriker; 1890 Prom. in Leipzig, Privatgelehrter in Jena u. Weimar [WI 1909] 203, 203[A]
- Der geniale Mensch (1897) 203[A]

U

Ude, Johannes (1874–1965), öst. kath. Theologe u. Philosoph; auch Pazifist u. Abstinenzaktivist; 1900 Priesterweihe, 1905 Pd., 1910–1936 o. Prof. f. Philosophie u. spekulative Dogmatik in Graz, später Pfarrer in Grundlsee/Steiermark [DBE] 250, 250[A]

Uhland, Ludwig (1787–1862), dt. Dichter, Jurist, Germanist u. Politiker; 1810 Prom. (Dr. jur.) in Tübingen, 1811–1829 Rechtsanwalt das. u. in Stuttgart, zugl. 1819–1826 Mitgl. d. württembergischen Landtags, 1830–1833 ao. Prof. f. dt. Spr. u. Lit. in Tübingen, 1833–1839 Mitgl. d. Stuttgarter Parlaments, später Privatgelehrter in Tübingen [NDB; IGL] 82[A], 165[A], 173[A], 194[A]

Ulbrich, Franz (1885–1950), dt. Theaterleiter, Regisseur u. Dramatiker; Schüler v. → A. Köster in Leipzig; 1910 Prom., 1910/11 Assistent am Institut f. Theaterwiss. in Leipzig, 1911 Dramaturg u. Regisseur in Oldenburg, 1915 Oberregisseur u. stellv. Dir. am Hoftheater in Meiningen, 1919 Intendant am Landestheater das., 1924 am Nationaltheater in Weimar, 1933 am Staatlichen Schauspielhaus in Berlin, 1934–1945 am Staatstheater in Kassel [Kosch: Lit.-Lex.] 87[A]
- (Hrsg.) J. C. Rost: Das Vorspiel (1910) 87

Ullrich, Hermann (1854–1932), dt. Anglist u. Germanist; Prom.; Realschul- u. Lyzealoberlehrer in Dresden u. Gotha [Kürschner 1931] 184[A]
- (Hrsg.) J. G. Schnabel: Die Insel Felsenburg (1902) 184, 184[A], 185, 200

Ullmann, Hermann (1884–1958), öst. Germanist, Publizist u. Volkstumsaktivist; Schüler v. → A. Sauer in Prag; 1906 Prom. in Wien, dann Gymn.-Lehrer in Salzburg, Linz u. Mährisch-Trübau, 1910–1912 Redakteur d. Zs. »Der Kunstwart«, ab 1912 Redakteur, 1918–1937 Hrsg. d. Zs. »Deutsche Arbeit« in Prag u. Berlin, 1926–1929 in d. Leitung d. Scherl-Verlags, 1933–1937 in d. Bundesleitung d. Volksbunds f. d. Deutschen im Ausland, später freier Lektor u. Journalist [WI 1935; Kürschner-Nekr. 2] 193[A], 235[A]
- (Hrsg.) Deutsche Arbeit (1912 ff) 193[A]

Unger, Rudolf (1876–1942), dt. Germanist; Schüler v. → F. Muncker in München; 1902 Prom., 1905 Pd. f. neuere dt. Lit.-Gesch., 1911 ao. Prof. in München, 1915 o. Prof. f. neuere dt. Spr. u. Lit. in Basel, 1917 f. neuere dt. Lit.-Gesch. in Halle/S., 1921 f. dt. Lit.-Gesch. in Königsberg, 1924 in Breslau u. 1924–1942 f. dt. Philologie in Göttingen [NDB; IGL] 284[A], 293[A]

Unzer, Ludwig August (1748–1774), dt. Dichter; nach Jura-Stud. Hofmeister in Halle/S., dann Kandidat d. Theologie in Ilsenburg bei Wernigerode [Killy] 134, 134^A

Urlichs, Ludwig (v.) (1813–1889), dt. Archäologe u. Altphilologe; Schüler v. Friedrich Gottlieb Welcker in Bonn; 1835 Hauslehrer in Rom, 1840 Pd., 1844 ao. Prof. f. klass. Philologie in Bonn, 1847 o. Prof. in Greifwald, 1855–1889 f. klass. Philologie, Archäologie u. Ästhetik in Würzburg [ADB 39] 41, 141^A

Usener, Hermann (1834–1905), dt. Altphilologe; 1858 Prom. in Bonn, dann Gymn.-Lehrer in Berlin, 1861 ao. Prof. f. klass. Philologie in Bern, 1863 o. Prof. in Greifswald, 1866–1902 in Bonn [DBE; Renkhoff] 181, 181^A
- Acta S. Marinae et S. Christophori (1886) 181, 181^A
- Legenden der Pelagia (1879) 181, 181^A

Uz, Johann Peter (1720–1796), dt. Dichter u. Jurist; Freund v. → L. Gleim u. → J. N. Götz; 1743 Justiz-Sekr. in Ansbach, 1763 Assessor am Landgericht in Nürnberg, 1790 Landgerichts-Dir. [NDB] 7, 8, 21, 22, 23, 34, 35, 40, 47, 48, 51, 52, 59, 60, 61, 63, 64, 86^A, 87, 90, 92, 94, 96, 98, 99, 100^A, 101, 102, 103, 111, 232^A
- Lyrische Gedichte (1749) 21, 21^A, 34
- Lyrische und andere Gedichte (1755–1767) 47, 47^A
- Poetische Werke (1768) 47, 47^A
- Poetische Werke (1804) → Ch. F. Weiße
- Sämmtliche Poetische Werke (1772) u. Neudruck (1890) → A. Sauer
- (Hrsg.) Die Oden Anakreons (1746) (mit → J. N. Götz und → P. J. Rudnick) 23^A, 86^A

V

Vahlen, Johannes (1830–1911), dt. Altphilologe; Schüler v. Friedrich Ritschl in Bonn; Lehrer v. → W. Scherer in Wien; 1854 Pd. in Bonn, 1856 ao. Prof. in Breslau, 1858 o. Prof. f. klass. Philologie in Wien, 1874–1911 als Nachf. v. Moriz Haupt in Berlin [NDB] 42

Valentin, Veit (1842–1900), dt. Literatur- u. Kunsthistoriker; 1863–1865 wiss. Mitarbeiter d. Archäologen Eduard Gerhard in Berlin, 1866 Prom. in Göttingen, dann Privatlehrer in Frankfurt/M., 1868 Lehrer an d. Handelsschule, 1871–1900 Lehrer an d. Wöhler-Realschule das., seit 1885 zugl. Vors. d. Akad. Gesamtauschusses beim Freien Deutschen Hochstift, seit 1890 Mitgl. im Vorstand d. Goethe-Gesellschaft [NDB; Frankf. Biogr.] 134

Varnhagen v. Ense, Karl August (1785–1858), dt. Diplomat u. Publizist [NDB] 196^A, 205^A
- Denkwürdigkeiten und vermischte Schriften. 9 Bde. (1837–1859) 205, 205^A

Vega, Lope de <eigtl.: Félix L. d. V. Carpio) (1562–1535), span. Dichter 173^A

Veldeke, Heinrich v. → Heinrich v. Veldeke 182^A

Viëtor, Karl (1892–1951), dt. Germanist; Schüler v. → J. Petersen in Frankfurt/M.; 1922 Pd. f. dt. Philologie in Frankfurt/M., 1925 o. Prof. in Gießen, 1937–1951 Prof. of German Art and Culture in Cambridge/Mass. [NDB; IGL] 287^A, 288, 288^A, 291^A
- Erklärung [gegen → A. Sauer] (1925) (mit F. Brüggemann, → E. Castle, → P. Kluckhohn, → H. A. Korff, → A. Leitzmann, → P. Merker, → L. Spitzer, → O. Walzel u. → G. Witkowski) 291^A
- Geschichte der deutschen Ode (1923) 287^A, 288
- Die Oden und Elegien Hölderlins (1920) 288^A

- Die Lyrik Hölderlins (1921) 288, 288[A]

Violet, Franz (1859–1935), dt. Altphilologe u. Literaturhistoriker; 1882 Prom. in Leipzig, 1886 Realschul- u. Lyceal-Oberlehrer in Berlin, im Ehrenamt 1890–1935 Schriftführer d. Gesellschaft f. dt. Lit. in Berlin [BBF] 233[A]

Vogel, Henriette, geb. Kaeber (1780–1811), dt.; Freundin u. Todesgefährtin v. → H. v. Kleist [NDB: Art. H. v. Kleist] 249[A]

Vogl, Franz (1861–1921), öst. Bildhauer in Wien [Czeike] 98[A]

Vogt, Friedrich (1851–1923), dt. Germanist; Schüler v. → F. Zarncke in Leipzig; 1874 Pd. f. dt. Philologie u. Lit.-Gesch., zugl. Kustos an d. Univ.-Bibl. in Greifswald, dort 1883 ao. Prof. f. dt. Spr. u. Lit., 1885 o. Prof. in Kiel, 1889 f. dt. Philologie in Breslau, 1902–1920 f. dt. Spr. u. Lit. in Marburg/L. [DBE; IGL] 35[A], 203

Vogt, Oskar, dt. Germanist; um 1904 Prom. in München 224[A]

- »Der goldene Spiegel« und Wielands politische Ansichten (1904) 224, 224[A]

Volkelt, Johannes (1848–1930), öst. Philosoph; Schüler v. → K. Fischer in Jena; 1876 Pd., 1879 ao. Prof. f. Philosophie in Jena, 1883 o. Prof. in Basel, 1889 in Würzburg, 1894–1921 in Leipzig [Kosch: Lit.-Lex.] 149

- Ästhetische Zeitfragen. Vorträge (1895) 149

Voll, Mathäus ‹auch: Matthias› (1759–1822), öst. Dramatiker u. Verwaltungsbeamter; 1803–1821 Adjunkt d. obersten Justizbehörde in Wien, daneben Theaterdichter beim Leopoldstädter u. beim Josefstädter Theater [ADB 40 (ohne Lebensdaten)] 23[A]

- Der Hausball (1781) u. Neudruck (1883) (zugeschrieben) 23

Vollmer, Wilhelm (1828–1887), dt. Literaturhistoriker u. Journalist; 1853 Redakteur d. »Korrespondenten von und für Deutschland« in Nürnberg, 1866 d. »Allgemeinen Zeitung« in Stuttgart, zuvor 1865 Prom. (Dr. phil.) in Tübingen, 1869–1887 Berater d. Cotta'schen Verlagsbuchhandlung in Stuttgart, f. diese u. a. Hrsg. d. Werke v. → F. Grillparzer, → F. M. Klinger, → F. Schiller u. → L. Uhland [ADB 40; DBE] 59, 251, 251[A]

- (Hrsg.) Grillparzer's Sämmtliche Werke. 10 Bde. Dritte Ausgabe (1881) 251, 251[A]

Vollmöller, Karl (1848–1922), dt. Romanist u. Anglist; 1875 Pd. f. roman. Philologie, 1878 ao. Prof. f. roman. u. engl. Philologie in Erlangen, 1881–1891 o. Prof. in Göttingen, dann Privatgelehrter in Dresden [DBE; WI 1909] 3[A], 136[A]

- Eine unbekannte altspanische Übersetzung der Ilias (1893) 136

Voltaire ‹eigtl.: François Marie Arouet› (1694–1778), franz. Philosoph 6[A], 288[A], 290[A]

Voltelini, Hans (1862–1938), öst. Rechtswissenschaftler; 1887 Prom. (Dr. phil.), 1892 Prom. (Dr. jur.), 1899 Pd. f. dt. Recht u. öst. Reichs-Gesch. in Wien, 1900 ao., 1902 o. Prof. f. öst. Rechts-Gesch. in Innsbruck, 1908–1934 in Wien [Kosch: Lit.-Lex.] 212, 212[A]

Völderndorff u. Waradein, Otto v. (1825–1899), dt. Jurist; 1850 Prom., Min.-Rat im bayer. Justiz-Min., 1862 am Handelsappellationsgericht in Nürnberg, 1867–1895 Min.-Rat im Außen-Min. [Bosl] 155

Voß, Ernestine, geb. Boie (1756–1834), Ehefrau v. → J. H. Voß, Schwester v. → H. C. Boie [ADB 40] 285[A]

Voß, Johann Heinrich (1751–1826), dt. Schriftsteller, Übersetzer u. Pädagoge in Göttingen, Wandsbek, Otterndorf, Eutin u. Heidelberg; Freund v. → H. C. Boie u. → F. L. Graf zu Stolberg-Stolberg [ADB 40; DBE] 21, 51, 79, 80, 92, 96, 285[A]

- Luise. Ein laendliches Gedicht in drei Idyllen (1795) u. Neudruck (1883) 21
- (Hrsg.) Göttinger Musenalmanach (1770–1804) u. Neudruck (1894, 1895, 1897) (mit → L. F. G. v. Goeckingk, → G. A. Bürger, → H. C. Boie u. a.) 12, 51, 111, 120, 166, 166[A]
- (Hrsg.) Musenalmanach (1776–1800) (mit → L. F. G. v. Goeckingk) 51

Vulpius, Christiane → Goethe, Christiane v.

W

Wackenroder, Wilhelm Heinrich (1773–1798), dt. Dichter u. Jurist in Berlin; Freund v. → L. Tieck [DBE] 136

Wackernagel, Wilhelm (1806–1869), dt. Germanist u. Dichter; Schüler v. → K. Lachmann in Berlin; 1824 Privatgelehrter u. Journalist in Berlin u. Breslau, 1833–1867 Lehrer am Pädagogium in Basel, zugl. 1833 Pd., 1835–1869 o. Prof. f. dt. Spr. u. Lit. an d. Univ. das. [ADB 40; IGL] 70
- Geschichte der Deutschen Litteratur. Ein Handbuch (1879–1894) 70

Wackernell, Josef Eduard (1850–1920), öst. Germanist; Schüler v. → I. v. Zingerle in Innsbruck u. → W. Scherer in Berlin; seit 1877 Hauslehrer, 1882 Pd., 1888 ao. Prof. f. dt. Spr. u. Lit., 1890–1920 o. Prof. f. neuere dt. Lit.-Gesch. in Innsbruck [DBE, IGL] 54, 55, 65, 173[A], 175, 179, 211, 284, 284[A]
- Lichtenberg-Biographie (Plan) 55[A]
- (Hrsg.) Ungedruckte Briefe Georg Christoph Lichtenberg's (1879) 55
- (Hrsg.) Ungedruckte Gedichte Platen's (1879) 55
- (Rez.) E. Belling: Die Metrik Schillers (1885) 55

Waetzoldt, Stephan (1849–1904), dt. Romanist u. Germanist; 1875 Prom. in Halle/S., 1878–1894 Gymn.-Lehrer in Hamburg u. Berlin, dort 1886 Dir. d. Elisabethschule, 1889 zugl. ao. Prof. f. franz. Spr. u. Lit. an d. Univ., 1893 Schulrat in Magdeburg, 1897 Provinzialschulrat in Breslau, 1899 Geheimer Reg.-Rat im preuß. Kultus-Min., 1902 auch Dezernent f. d. höhere Mädchenschulwesen [BJ 9; DBE] 185

Wagner, Antonie (1799–1879), öst.; Lebensgefährtin v. → F. Raimund in Wien [Czeike] 24[A]

Wagner, Bruno Alwin (1835–1917), dt. Germanist; Schüler v. Reinhold Bechstein in Rostock; 1866–1903 Realschul- u. Gymn.-Lehrer in Potsdam u. Berlin, 1872 Prom. in Rostock [BBF; Peters, S. 65] 86[A]
- (Hrsg.) Berliner Neudrucke (1888–1894) (mit → L. Geiger u. → G. Ellinger) 86, 86[A], 87, 111

Wagner, Heinrich Leopold (1747–1779), dt. Dichter u. Jurist; Freund v. → J. W. v. Goethe u. → J. M. R. Lenz; Rechtsanwalt in Frankfurt/M. [ADB 40; DBE] 6, 19, 20, 21, 27[A], 29
- Die Kindermörderin (1776) u. Neudruck (1883) 19, 20, 21, 27
- Prometheus Deukalion und seine Recensenten (1775) u. Neudruck (1883) 29
- Voltaire am Abend seiner Apotheose (1881) → B. Seuffert 6[A], 8

Wagner, Joseph (1818–1870), öst. Schauspieler in Leipzig, Berlin u. Wien; 1850–1870 Mitgl. d. Hofburgtheaters [ABD 40; DBE] 42

Wahl, Hans <Pseud.: Hans W. Burkersdorf> (1885–1949), dt. Germanist; Schüler v. → E. Schmidt u. → G. Roethe in Berlin, 1914 Prom., 1913–1917 wiss. Hilfsarbeiter am Goethe- u. Schiller-Archiv in Weimar, 1918 Dir.-Assistent d. Goethe-Nationalmuseums in Weimar, 1918–1949 dessen Dir., 1928–1949 zugl. Dir. d. Goethe- u. -Schillerarchivs 284[A]

Wahle, Julius (1861–1940), öst. Germanist; Schüler v. → E. Schmidt in Wien; seit 1886 wiss. Hilfsarbeiter am Goethe-Archiv (ab 1889: G.- u. Schiller-Archiv), dort 1894 Assistent, 1896 Archivar, zuletzt 1920–1928 Dir. [IGL] 62^A, 76^A, 86, 87, 94^A, 96, 121, 136^A, 143, 191, 196, 196^A, 199, 284, 284^A
- Das Weimarer Hoftheater unter Goethes Leitung. Aus den Quellen bearbeitet (1892) 136^A

Wahrmund, Ludwig (1860–1932), öst. Jurist; 1889 Pd. in Wien, 1891 ao. Prof., 1894 o. Prof. f. Kirchenrecht in Czernowitz, 1897–1908 o. Prof. in Innsbruck, 1908 infolge seines Vortrags »Katholische Weltanschauung und freie Wissenschaft« (»Wahrmund-Affaire«) an d. dt. Univ. in Prag versetzt [Kürschner 1931; DBE] 250^A, 254^A, 255^A, 256^A, 275^A

Waldberg, Max v. (1858–1938), öst. Germanist; Schüler v. Josef Strobl in Czernowitz u. v. → K. Müllenhoff u. → W. Scherer in Berlin; 1884 Pd. f. neuere dt. Spr. u. Lit., 1888 ao. Prof. f. dt. Spr. u. Lit. in Czernowitz, 1889 Pd. u. ao. Tit.-Prof. f. neuere dt. Spr. u. Lit. in Heidelberg, 1908–1935 (aufgrund seiner jüd. Herkunft entl.) o. Hon.-Prof. das. [IGL] 62, 87, 94^A, 96, 111, 145, 150, 152^A
- Der empfindsame Roman in Frankreich. Teil 1: Die Anfänge bis zum Beginne des XVIII. Jahrhunderts (1906) 96
- (Hrsg.) Studien und Quellen zur Geschichte des Romans (Bd. 1) (1910) 96

Waldhausen, Agnes (1877–?), dt. Germanistin; Schülerin v. → B. Litzmann in Bonn; 1901–1905 kath. Volksschullehrerin in Marburg/L., 1910 Seminar-Oberlehrerin in Eltville am Rhein, 1923 Hilfsarbeiterin bei d. badischen Regierung in Wiesbaden, 1926–1934 (aus polit. Gründen entl.) Studien-Dir. an d. Kriemhildschule in Xanten [BBF] 254^A
- Gottfried Kellers »Grüner Heinrich« in seinen Beziehungen zu Goethes »Dichtung und Wahrheit« (1909) 254^A

Wallner, Julius (1852–1915), öst. Historiker; Schüler v. → F. Krones in Graz; 1875 Prom., 1877–1894 Gymn.-Lehrer in Iglau u. Laibach, 1894 Dir. d. Staats-Gymn. Iglau, 1899–1906 d. dt. Staats-Gymn. in Brünn [Steinwenter] 159^A
- Nicodemus Frischlins Entwurf einer Laibacher Schulordnung aus dem Jahre 1582 (1888) 159, 159^A

Walther, Johannes (1860–1937), dt. Geologe u. Paläontologe; 1886 Pd., 1890 ao. Prof., 1894 o. Prof. f. Geologie u. Paläontologie in Jena, 1906–29 in Halle/S. [DBE; WI 1935] 77

Walther v. der Vogelweide (um 1170–um 1230), mhdt. Dichter 2, 97, 192, 192^A

Walzel, Oskar (1864–1944), öst. Germanist; Schüler v. → J. Minor in Wien; 1894 Pd. f. dt. Philologie in Wien, 1897 o. Prof. f. dt. Lit. in Bern, 1907 o. Prof. f. Lit.- u. Kunst-Gesch. an d. TH Dresden, zugl. Lehrbeauftragter an d. Akad. d. bildenden Künste das., 1921–1933 o. Prof. f. neuere dt. Spr. u. Lit.-Gesch. in Bonn, 1936 als Emeritus Entzug d. Lehrerlaubnis aufgrund seiner Ehe mit einer Frau jüd. Herkunft [IGL; Killy] 110, 167, 167^A, 191, 191^A, 194, 194^A, 232^A, 233, 233^A, 252^A, 255, 255^A, 256, 256^A, 258, 260^A, 268, 268^A, 270^A, 271^A, 273, 273^A, 276, 276^A, 284^A, 289, 289^A, 290, 291^A
- Deutsche Romantik. 2 Bde. (1908) 255, 255^A, 256, 256^A, 258
- Erklärung [gegen → A. Sauer] (1925) (mit F. Brüggemann, → E. Castle, → P. Kluckhohn, → H. A. Korff, → A. Leitzmann, → P. Merker, → L. Spitzer, → K. Viëtor u. → G. Witkowski) 291^A
- Gehalt und Gestalt (1923) 289, 289^A, 290

- (Hrsg.) Handbuch der Literaturwissenschaft (1923) (mit → E. Bethe) 289, 289^A
- (Rez.) H. A. Krüger: Der junge Eichendorff (1900) 191, 191^A, 194, 194^A

Waniek, Gustav (1849–1918), öst. Germanist; 1873–1918 Realschul- u. Gymn. Lehrer in Bielitz u. Wien, zuletzt seit 1894 Dir. am k. k. Sophien-Gymn. in Wien [Kosch: Lit.-Lex.] 152^A, 186^A, 196, 196^A
- Gottsched und die deutsche Litteratur seiner Zeit (1897) 186^A, 194^A, 196, 196^A

Warbeck, Veit (vor 1490–1534), dt. evang. Theologe, Hofbeamter u. Übersetzer; kurfürstl. Rat u. Vizekanzler in Wittenberg [Killy] 122^A, 167^A
- [Übers.] Die schöne Magelone (1527) u. Neudruck (1894) 122, 167^A

Weckherlin, Georg Rudolf (1584–1653), dt. Dichter, Diplomat u. Hofbeamter in württembergischen u. engl. Diensten [Killy] 136

Wegele, Franz Xaver (v.) (1823–1897), dt. Historiker; Schüler v. → G. G. Gervinus in Heidelberg; 1849 Pd., 1851 ao. Prof. in Jena, 1857–1897 o. Prof. f. Gesch. in Würzburg [BJ 2; DBE] 41

Weilen, Alexander v. <auch: Weil Ritter v. W.> (1863–1918), öst. Germanist; Schüler v. → E. Schmidt in Wien; 1885–1918 Amanuensis, später Kustos d. Hof-Bibl. in Wien, 1887 zugl. Pd., 1899 ao. Tit.-Prof., 1904 ao. Prof., 1909–1918 o. Tit.-Prof. f. neuere dt. Lit.-Gesch. in Wien [IGL] 86^A, 98^A, 97, 99, 102, 103, 106, 192, 211, 268, 268^A, 270^A, 273
- (Hrsg.) H. W. Gerstenberg: Briefe über Merkwürdigkeiten der Litteratur (1890) 86, 97, 102

Weilen, Josef (v.) <auch: Weil Ritter v. W.> (1828–1889), öst. Dichter u. Literaturhistoriker; Freund v. → F. Grillparzer; ab 1848 Lehrer f. Gesch. u. Geografie in Hainburg u. Znaim, 1861–1873 Skriptor an d. Hof-Bibl. u. Prof. f. dt. Lit. an d. Kriegsschule in Wien [ADB 51] 251^A
- (Hrsg.) Grillparzer's Sämmtliche Werke. 10 Bde. (1872) (mit → H. Laube) 251, 251^A

Weilen, Margarethe (v.), geb. Kron (1871–1938); Ehefrau v. → A. v. Weilen [IGL: Art. A. v. Weilen: ohne Lebensdaten] 192

Weinhold, Karl (1823–1901), dt. Germanist; Schüler v. → K. Lachmann in Berlin; 1847 Pd. in Halle/S., 1849 ao. Prof. f. dt. Philologie in Breslau, 1850 o. Prof. f. dt. Spr. u. Lit. in Krakau, 1851 o. Prof. f. dt. Philologie in Graz, 1861 o. Prof. f. dt. Spr., Lit. u. Altertumskunde in Kiel, 1876 o. Prof. f. dt. Philologie in Breslau, 1889–1901 o. Prof. f. dt. Spr. u. Lit. in Berlin [IGL; Killy] 67^A, 134, 161, 161^A, 202^A

Weiser, Karl (1848–1913), dt. Schauspieler u. Dramatiker; 1866–1882 in Freiburg/Br., Königsberg, Berlin, Karlsruhe u. Hamburg engagiert, 1882 erster Charakter u. Heldendarsteller am Hoftheater in Meiningen, 1892–1913 Oberregisseur am Hoftheater in Weimar [DBE] 203^A

Weiße, Christian Felix (1726–1804), dt. Dichter, Dramatiker u. Übersetzer in Leipzig; Freund v. → E. C. v. Kleist, → G. E. Lessing, → M. Mendelssohn u. → G. W. Rabener [Killy] 47^A, 111^A, 185, 185^A, 186, 200
- Richard der Dritte (1759) u. Neudruck (1904) 111, 185, 186, 200
- (Hrsg.) J. P. Uz: Poetische Werke. Nach seinen eigenhändigen Verbesserungen (1804) 47

Weissenfels, Richard (1857–1944), dt. Germanist; Schüler v. → W. Wilmanns in Bonn u. → H. Paul in Freiburg/Br.; 1887 Pd., 1894 ao. Prof. f. dt. Philologie in Freiburg/Br., 1899 Amtsverzicht, ab 1902 in Berlin, dort 1904 Lehrer d. dt. Kurse f. Lehrerinnen am Victoria-Lyceum,

1906 ao. Prof. f. dt. Philologie, 1913 f. neuere dt. Lit.-Gesch. in Göttingen, dort 1920–1925 o. Prof. [IGL] 233[A]

Weizsäcker, Paul (1850–1917), dt. Archäologe u. Literaturhistoriker; Schüler v. Adolf Michaelis am Tübinger Stift; seit 1874 im württemb. Schuldienst, 1875 Prom. in Tübingen, 1886–1912 Rektor am Real-Gymn. in Calw [DBJ 2; Kosch: Lit.-Lex.] 60[A], 245[A]

– (Hrsg.) H. Meyer: Kleine Schriften zur Kunst (1886) 60

Wekhrlin, Wilhelm Ludwig (1739–1792), dt. Publizist; Hrsg. v. Zeitungen u. Zs. in Wien, Augsburg, Nördlingen, Nürnberg u. Ansbach [Killy] 138[A]

Weltrich, Richard (1844–1913), dt. Philosoph u. Literaturhistoriker; Schüler v. Friedrich Theodor Vischer in Tübingen; seit 1866 im bayer. Schuldienst, Prom. in Tübingen, 1873 Lehrer an d. Kgl. Kadettenschule in München, 1875–1890 Prof. f. Lit.-Gesch. an d. Kriegs-Akad. das., dann Privatgelehrter in München [WI 1909; BJ 18] 63, 64, 110, 134, 203

– Friedrich Schiller. Geschichte seines Lebens und Charakteristik seiner Werke. Bd. 1 (1885) (²1899) 63, 64, 110

Wendland, Paul (1864–1915), dt. Altphilologe; 1886 Prom. in Bonn, 1890 Gymn.-Lehrer in Berlin, 1902 o. Prof. f. klass. Philologie in Kiel, 1906 in Kiel, 1909–1915 in Göttingen [DBE] 252, 252[A]

– Universität und Schule. Vortrag (1907) (mit → F. Klein, → A. Brandl u. → A. Harnack) 252, 252[A]

Wendt, Gustav (1827–1912), dt. Altphilologe; 1848 Prom. in Berlin, dann Gymn.-Lehrer in Posen, Stettin, Greifenberg a. d. Rega u. Hamm, 1867–1907 Dir. am Großherzogl. Gymn. in Karlsruhe, dort zugl. Mitgl. d. Oberschulrats u. Reorganisator d. badischen Schulwesens [BJ 17; Bad. Biogr.] 150, 152[A]

Werder, Diederich v. dem (1584–1657), dt. Dichter, Übersetzer u. Hofbeamter; Oberhofmarschall d. Landgrafen Moritz v. Hessen in Kassel [Killy] 121[A]

– Übers. des Ariost 121[A]

Werner, Anna, geb. Gugenbichler (1863–1938), öst.; seit 1885 Ehefrau v. → R. M. Werner [WI 1909: Art. R. M. Werner; Todesjahr: Grabstein auf d. Friedhof Ober St. Veit, Wien] 121

Werner, Anton v. (1843–1915), dt. Maler; 1873 Prof., seit 1875 Dir. d. Akad. Hochschule f. bildende Künste in Berlin [DBE] 96

Werner, Karl (1828–1898), öst. Pädagoge u. Literaturhistoriker; Freund v. → F. Hebbel; seit 1853 Gymn.-Lehrer in Iglau/Mähren u. Znaim, 1869 Landesschulinspektor f. d. dt. Volksschulen in Böhmen, 1872–1889 f. Oberöst. in Salzburg; Vater v. → R. M. Werner [BJ 3] 139

– Hebbel und Thorwaldsen (1894) 138

Werner, Richard Maria (1854–1913), öst. Germanist; Schüler v. → R. Heinzel in Wien u. → W. Scherer in Straßburg; 1878 Pd., 1883 ao. Prof. in Graz, 1886–1910 o. Prof. f. dt. Spr. u. Lit. in Lemberg; Sohn v. → K. Werner u. Großneffe v. → K. Tomaschek [IGL] 13[A], 18, 19[A], 15, 21, 24, 26, 27, 28, 29, 30, 38[A], 39, 40, 42[A], 51[A], 52, 53[A], 54, 55[A], 56, 69, 79, 82, 86[A], 87, 92, 94, 96, 97, 106, 111, 133, 137, 146, 149, 152[A], 174, 174[A], 176[A], 187, 192[A], 205, 205[A], 207, 207[A], 211, 227, 227[A], 236, 266, 266[A], 271, 271[A]

– Der deutsche Unterricht an den galizischen Mittelschulen (1889) 94

– Die Gruppen im Drama (1898) 266, 266[A]

– Lyrik und Lyriker (1890) 236[A]

- Des Sängers Fluch von Ludwig Uhland (1888) 82[A]
- Zur Physiologie der Lyrik (1888) 82
- Der schwarze Ritter (1905) 227, 227[A]
- (Hrsg.) Beiträge zur Geschichte der deutschen Litteratur und des geistigen Lebens in Österreich (1883/84) (mit → J. Minor u. → A. Sauer) 13, 13[A], 14, 17, 17[A], 18, 24, 24[A], 80, 176[A]
- (Hrsg.) Friedrich Hebbels Briefe. Nachlese 2 Bde. (1900) 174, 174[A], 187
- (Hrsg.) J. F. Grave: Ollapatrida des durchgetriebenen Fuchsmundi (1886) 26, 26[A]
- (Hrsg.) Goethe und Gräfin O'Donell (1884) 205, 205[A], 207, 207[A]
- (Hrsg.) J. A. Leisewitz: Julius von Tarent (1889) 21[A], 86, 94, 102
- (Hrsg.) J. A. Stranitzky: Lustige Reyß-Beschreibung Aus Saltzburg in verschiedene Länder (1883) 28, 39, 39[A]
- (Hrsg.) Der Wiener Hanswurst. Stranitzky und seiner Nachfolger ausgewälte Schriften (1886) 26, 26[A], 53, 53[A], 55, 55[A]

Werner, Zacharias (1768–1823), dt. Schriftsteller in Königsberg, Rom u. Wien; 1793–1807 Subalternbeamter im preuß. Staatsdienst, seit 1814 kath. Priester [DBE] 137[A]
- Die Mutter der Makkabäer (1820) 137[A]

Wernicke, Christian (1661–1725), dt. Epigrammatiker u. Diplomat; in kgl. dän. Diensten, seit 1708 dän. Kanzleirat in Frankreich [Killy] 108, 185, 185[A]
- Poetischer Versuch, In einem Helden-Gedicht Und etlichen Schäffer-Gedichten, Mehrentheils aber in Uberschrifften bestehend (1704) 108

Wesche, Laura Maria Elisabeth → Fresenius, Laura Maria Elisabeth 201[A]

Wettstein, Richard (1863–1931), öst. Botaniker; Schüler v. Anton Kerner v. Marilaun in Wien; 1886 Pd. f. systematische Botanik in Wien, 1892 o. Prof. an d. dt. Univ. in Prag, 1899–1931 o. Prof. u. Dir. d. Botanischen Gartens in Wien [Czeike] 174, 174[A]

Weyde, Johann (1870–1960), öst. Germanist; Realschullehrer in Smichow bei Prag, später Dir. am Real-Gymn. in Aussig; Mitarbeiter d. Stifter-Ausgabe [Kosch: Lit.-Lex.] 168

Widmann, Max (1867–1946), schweiz. Literaturhistoriker, Journalist u. Schriftsteller; Schüler v. → E. Schmidt in Berlin; 1894 Prom. in Bern, seit 1889 Redakteur in Chur, Biel u. Aargau, 1911–1946 beim »Burgdorfer Tageblatt« [Kosch: Lit.-Lex.] 138[A]
- Albrecht von Hallers Staatsromane und Hallers Bedeutung als politischer Schriftsteller. Eine litteraturgeschichtliche Studie (1894) 138[A]

Wieland, Christoph Martin (1733–1813), dt. Dichter [NDB] 10[A], 11, 40, 53, 56, 61[A], 3, 18, 17, 20, 21, 22, 32, 34, 43, 45, 46, 51, 52, 54, 59, 60, 62, 64, 78, 79, 84[A], 87, 88, 89, 93, 94, 95, 98, 99, 101, 105, 106, 108, 115[A], 121, 122, 132[A], 145, 147[A], 149[A], 153, 153[A], 155, 155[A], 156[A], 157, 157[A], 158, 160, 160[A], 162, 162[A], 163[A], 164, 165, 165[A], 167, 167[A], 169, 169[A], 171, 173[A], 174[A], 191, 191[A], 192, 194, 203[A], 204[A], 206, 208, 208[A], 211, 211[A], 213, 213[A], 214, 215, 215[A], 216, 217, 218, 218[A], 221[A], 224[A], 227, 228, 232[A], 234[A], 241, 245, 245[A], 248[A], 255, 255[A], 256, 258, 260[A], 262, 262[A], 268[A], 269, 269[A], 279, 280, 282, 282[A], 284, 284[A], 285, 285[A], 287, 287[A]
- Die Abderiten. Eine sehr wahrscheinliche Geschichte (1774–1780) 55
- Combabus (1770) 283[A]
- Comische Erzählungen (1765) 108, 109, 215, 215[A]
- Empfindungen eines Christen (1757) 101[A]
- Empfindungen eines Christen. Neue Aufl. (1769) 101[A]

- Erzaehlungen (1752) 20, 56
- Gesammelte Schriften (1909 ff.) → B. Seuffert 5[A], 19[A]
- Der Goldne Spiegel, oder Die Könige von Scheschian 4 Bde. (1772) 224[A]
- Hermann (1882) → F. Muncker 20
- Hymne auf die Sonne 162, 162[A], 164
- Hymnen. Von dem Verfasser des gepryften Abrahams (1754) 162[A]
- Menander und Glycerion (1803) 94
- Musarion. Die Philosophie der Grazien (1768) 169, 169[A]
- Oberon. Ein Gedicht in vierzehn Gesängen (1780) 21, 22, 173, 173[A]
- Pervonte (1778) 208, 208[A]
- Poetische Schriften (1762) 21, 22
- Sammlung einiger Prosaischer Schriften (1758) 21, 22
- Sympathien (1756) 101
- Teutscher Merkur (1773–1789) 55[A], 248, 248[A]
- Die Wahl des Herkules (1773) 11, 115[A]
- Werke (1883–1887), s. H. Pröhle 21
- Zuschrift an August Wilhelm Sack (1757) 101

Wihan, Josef (1874–1930), öst. Germanist; Schüler v. → A. Sauer in Prag; 1899 Prom., dann Lehrer am Staats-Gymn. Prag-Altstadt, dort 1900/01 Dt.-Lehrer v. Franz Kafka, 1907 zugl. Pd. f. vgl. Lit.-Gesch. an d. dt. Univ. in Prag, dort 1923 ao. Prof., 1927–1930 o. Prof. f. vgl. Lit.-Wiss. [Gansel/Siwczyk; MdSA] 240, 240[A], 291[A]
- Johann Joachim Christoph Bode als Vermittler englischer Geisteswerke in Deutschland (1906) 240[A]

Wilbrandt, Adolf (v.) (1837–1911), dt. Schriftsteller u. Theaterleiter; 1881–1887 Dir. d. Hofburgtheaters in Wien [Killy] 24[A]

Wilhelm Ernst (1876–1923), dt.; Großherzog v. Sachsen-Weimar-Eisenach; Enkel v. → Karl Alexander v. S.-W.-E.; 1901–1918 als regierender Großherzog Protektor d. Weimarer Goethe-Gesellschaft [DBJ 5] 196, 196[A]

Wilhelm II. (1859–1941), dt. Kaiser 94[A], 99[A], 190[A]

Wilhelm, Gustav (1869–1949), öst. Germanist; Schüler v. → A. E. Schönbach u. → B. Seuffert in Graz; 1893 Prom., 1896 Lehrer an d. Marineunterrealschule in Pola, 1899–1919 Gymn.-Lehrer in Triest u. Wien, 1919–1925 Dir. d. Akad. Gymn. in Wien [IGL] 153[A], 196[A], 283[A]

Wilmanns, August (1833–1917), dt. Altphilologe; 1870 ao. Prof. f. klass. Philologie in Freiburg/Br., 1871 o. Prof. in Innsbruck, 1873 in Kiel, 1874 o. Prof. u. Oberbibliothekar in Königsberg, 1875 Oberbibliothekar in Göttingen, 1886–1905 Gen.-Dir. d. Kgl. Bibl. in Berlin [DBE] 71

Wilmanns, Wilhelm (1842–1911), dt. Germanist; Schüler v. → K. Müllenhoff in Berlin; 1864 Prom. in klass. Philologie, 1867 Gymn.-Lehrer in Berlin, 1874 o. Prof. f. dt. Spr. u. Lit. in Greifswald, 1877–1911 in Bonn [IGL] 230, 230[A]
- Deutsche Grammatik. 3 Bde. (1897–1906) 230, 230[A]

Winckelmann, Johann Joachim (1717–1768), dt. Archäologe u. Kunsthistoriker [DBE] 191, 191[A]

Windisch-Graetz, Alfred I. Fürst zu (1787–1862), öst. Feldmarschall; seit 1804 im öst. Heeresdienst, 1840–1848 kommandierender Gen. in Böhmen [Südosteuropa] 209, 209[A]

Windisch-Graetz, Marie Eleonore zu (1796–1848), geb. Prinzessin zu Schwarzenberg, dt.; seit

1817 Ehefrau v. → Alfred I. Fürst zu Windisch-Graetz [NDB: Art. Joseph II. Fürst zu Schwarzenberg <Vater>] 209, 209[A]

Winter, Fritz, dt. Literatur- u. Theaterhistoriker in Hamburg 108

Withof, Johann Philipp (1725–1789), dt. Arzt, Historiker u. Lehrdichter; 1747 Prom. (Dr. med.), 1752 Gymn.-Lehrer in Hamm, 1765 in Burgsteinfurt, 1770–1789 Prof. f. Gesch., Beredsamkeit u. Moral in Duisburg [Killy] 120, 187, 187[A]

– Akademische Gedichte (1782–1783) 120[A]

Witkop, Philipp (1880–1942), dt. Germanist u. Lyriker; Schüler v. Wilhelm Windelband in Heidelberg; 1909 Pd. f. Ästhetik u. neuere dt. Lit. in Heidelberg, 1910 ao., 1922–1942 o. Prof. f. neuere dt. Lit.-Gesch. in Freiburg/Br. [IGL] 288, 288[A]

– Heinrich von Kleist (1922) 288, 288[A]

Witkowski, Georg (1863–1939), dt. Germanist; Schüler v. → M. Bernays in München; 1889 Pd., 1897 ao. Prof., 1930–1933 o. Prof. f. dt. Spr. u. Lit. in Leipzig, dort 1899 Mitbegründer u. Vors. d. Gesellschaft d. Bibliophilen, 1933 aufgrund seiner jüd. Herkunft Entzug d. Lehrerlaubnis, 1939 Emigration in d. Niederlande [IGL] 94[A], 95, 136, 145, 148, 154[A], 167, 167[A], 170, 170[A], 203, 284[A], 291

– Erklärung [gegen A. Sauer] (1925) (mit F. Brüggemann, → E. Castle, → P. Kluckhohn, → H. A. Korff, → A. Leitzmann, → P. Merker, → L. Spitzer, → K. Viëtor u. → O. Walzel) 291[A]

– Erzaehltes aus sieben Jahrzehnten 1863–1933 (um 1935) / Von Menschen und Büchern. Erinnerungen 1863–1933 (2003) 193[A]

– Ein Gedicht Ewald von Kleists (1890) 95[A]

– Goethe und Falconet (1893) 136

– Neue Faustschriften (1894) 145, 148

– (Rez.) G. Milchsack (Hrsg.): Historia D. Johannis Fausti des Zauberers nach der Wolfenbütteler Handschrift nebst dem Nachweis eines Teils ihrer Quellen (1898) 167, 167[A]

– (Rez.) K. Heinemann: Goethe (1898) 170, 170[A]

– (Rez.) E. Wolff: Goethes Leben und Werke (1898) 170, 170[A]

– (Rez.) A. Bielschowsky: Goethe. Sein Leben und seine Werke (1898) 170, 170[A]

Witkowski, Petronella (1871–?), geb. Pleyte, dt.; seit 1896 Ehefrau v. → G. Witkowski [IGL: Art. G. Witkowski] 203, 203[A]

Witthauer, Friedrich (1793–1846), dt. Journalist u. Schriftsteller; seit 1825 Literaturkritiker u. Journalherausgeber in Wien [Giebisch: Art. F. Witthauer u. Wiener Modenzeitung] 232[A]

– (Hrsg.) Wiener Zeitschrift für Kunst, Literatur, Theater und Mode (1816–1849) 232, 232[A]

Wocke, Helmut (1890–1966), dt. Germanist; 1912 Prom. in Breslau; 1912–1953 Studienrat in Liegnitz u. Bad Oeynhausen [Westf. Aut.-Lex.] 287[A]

– (Hrsg.) Drei Briefe an Rudolf Hildebrand (1924) 287[A]

Wolf, Maria Sabina <Sabine> Apollonia Viktoria, geb. Schropp (1754–1821), dt.; Ehefrau d. Augsburger Buchhändlers Franz Xaver Karl Borromäus W.; Mutter v. → P. A. Wolff [Br. an Goethe] 136

Wolff, Eugen (1863–1929), dt. Germanist; Schüler v. → F. Kluge in Jena; 1888 Pd., 1904 ao. Prof., 1921–1928 o. Prof. f. neuere dt. Spr. u. Lit. in Kiel [IGL] 108, 149, 170[A], 186[A]

– Goethes Leben und Werke (1895) 170, 170[A]

– Gottscheds Stellung im deutschen Bildungswesen. Bd. 1–2 (1895, 1897) 149, 186[A]

Wolff, Pius Alexander (1782–1828), dt. Schauspieler u. Dramatiker in Weimar u. Berlin; wurde 1803 durch → J. W. v. Goethe an das Weimarer Hoftheater verpflichtet [Killy] 136

Wolfram v. Eschenbach (gest. um 1220), mhdt. Dichter [Killy] 110[A], 179, 179[A]

– Parzival (um 1200) 179[A]

Wolkan, Rudolf (1860–1927), öst. Germanist; 1885 Prom. in Prag, 1885–1889 Gymn.-Lehrer in Prag u. Reichenberg, 1889–1902 Amanuensis an d. Univ.-Bibl. in Czernowitz, 1896 zugl. Pd. f. neuere dt. Lit.-Gesch. an d. Univ. das.; 1902–1907 Skriptor an d. Univ.-Bibl. Wien, 1908–1923 ao. Tit.-Prof. f. neuere dt. Lit.-Gesch. an d. Univ. das., 1920–1923 zugl. Vize-Dir. d. Univ.-Bibl. [IGL] 218[A]

Wölfflin, Heinrich (1864–1945), schweiz. Kunsthistoriker; Schüler v. Jacob Burkhardt in Basel u. Heinrich Brunn in München; 1888 Pd., 1893 o. Prof. f. Kunst-Gesch. in Basel, 1901 in Berlin, 1912 in München, 1914–1935 in Zürich [DBE; Killy] 136[A]

– Die Herzensergießungen eines kunstliebenden Klosterbruders (1893) 136[A]

Wukadinović, Spiridion (1870–1938), öst. Germanist; Schüler v. → B. Seuffert in Graz; 1894 Prom., 1895 Amanuensis an d. Univ.-Bibl. in Graz, ab 1897 an d. Univ.-Bibl. in Prag, dort 1903 Oberbibliothekar, zugl. 1907 Pd. an d. dt. Univ. das., 1914 ao. Prof., 1916–1932 o. Prof. f. dt. Spr. u. Lit. in Krakau [IGL] 149, 161, 161[A], 162, 162[A], 166, 168, 169, 169[A], 171, 171[A], 208, 209, 209[A], 218, 218[A], 228, 230, 230[A], 233[A], 240, 240[A], 261, 261[A], 262, 283[A]

– Kleist-Studien (1904) 218, 218[A]

– Prior in Deutschland (1895) 149, 149[A], 161, 161[A], 162, 162[A], 169, 169[A]

– Ueber Kleist's »Käthchen von Heilbronn« (1895) 149

Wukadinović, Anna, geb. Novak, öst.; Ehefrau v. → S. Wukadinović [IGL: Art. S. Wukadinović] 208

Wunderlich, Hermann (1858–1916), dt. Germanist; Schüler v. → W. Scherer in Berlin; 1889 Pd. f. german. Philologie, 1893 ao. Prof. f. dt. Spr. u. Lit. in Heidelberg, seit 1895 nebenamtlich Mitarbeiter am »Deutschen Wörterbuch« d. Brüder Grimm, 1902 Bibliothekar, 1909–1916 Oberbibliothekar an d. Kgl. Bibl. in Berlin [IGL] 122, 136[A]

– Der erste deutsche Terenz (1893) 136[A]

Wundt, Wilhelm (1832–1920), dt. Philosoph, Mediziner u. Psychologe; 1855 Prom. (Dr. med.) in Heidelberg, dort 1857 Pd., 1858 Assistent bei Hermann v. Helmholtz, 1864 ao. Prof. f. Anthropologie u. med. Psychologie, 1874 o. Prof. f. induktive Philosophie in Zürich, 1875–1915 o. Prof. f. Philosophie in Leipzig, dort 1879 Gründer d. Instituts f. experimentelle Psychologie [DBE; Bad. Biogr.] 147, 148

Wurzbach, Wolfgang (1879–1957), öst. Romanist; 1906 Pd. f. roman. Lit.-Gesch., 1911 Pd. f. roman. Philologie, 1922–1938 u. 1946–1950 ao. Prof. f. roman. Spr. u. Lit. an d. Univ. Wien [DBE] 170, 170[A], 183[A], 192, 192[A]

– Gottfried August Bürger. Sein Leben und seine Werke (1900) 192, 192[A]

– (Rez.) B. Golz: Pfalzgräfin Genoveva; J. Ranftl: Ludwig Tiecks Genoveva (1900) 170, 170[A], 183[A]

Wyplel, Ludwig (um 1855–nach 1926), öst. Germanist; Realschullehrer in Wien 161, 161[A], 162[A], 194[A]

– Ein Schauerroman als Quelle der ›Ahnfrau‹ (1900) 194, 194[A], 195

– (Rez.) S. Wukadinović: Prior in Deutschland (1897) 161, 161[A], 162, 162[A]

Z

Zacher, Julius (1816–1887); dt. Germanist; Schüler v. → K. Lachmann in Berlin; 1837 Amanuensis an d. Univ.-Bibl. Breslau, 1839–1842 Hauslehrer in Berlin, 1847–1859 Kustos an d. Univ.-Bibl. Halle/S., 1853 zugl. Pd., 1856 ao. Prof., 1859 o. Prof. f. dt. Spr. u. Lit. das., 1859 o. Prof. u. Oberbibliothekar in Königsberg, 1863–1887 o. Prof. in Halle [IGL] 21, 75, 78, 79, 80^A, 82^A, 96, 97, 143, 156, 156^A, 162, 162^A, 287^A

– (Hrsg.) Zeitschrift für deutsche Philologie (bis 1869–1888) 78, 79, 96, 134^A, 143, 156^A, 162, 162^A, 169^A, 185^A, 208, 208^A

Zarncke, Friedrich (1825–1891), dt. Germanist; Schüler v. Carl Wilbrandt in Rostock u. Moriz Haupt in Berlin; 1852 Pd. f. dt. Philologie in Leipzig, 1854 ao. Prof. f. Philosophie, 1857 ao. Prof., 1858–1891 o. Prof. f. dt. Spr. u. Lit. das., 1850–1891 Hrsg. d. »Litterarischen Centralblatt für Deutschland« [IGL] 35^A, 45, 46, 52^A, 55^A, 64^A, 75^A, 80, 82^A, 94, 136^A, 154, 154^A, 155^A, 181

– Christian Reuter, der Verfasser des Schelmuffsky, sein Leben und seine Werke (1884) 45, 46, 55

– (Hrsg.) Litterarisches Centralblatt für Deutschland (1850 ff.) 80, 134^A, 136, 155^A

– (Hrsg.) Das Nibelungenlied (1887) 80

Zauper, Stanislaus <urspr.: Franz Joseph Z.> (1783–1850), öst. Ordensmann, Philologe u. Schriftsteller; Briefpartner v. → J. W. v. Goethe; seit 1804 im Prämonstratenser-Orden, 1809–1850 Gymn.-Lehrer f. griech. Spr. u. Grammatik in Pilsen, seit 1839 zugl. erzbischöflicher Notar [DBE] 193, 193^A, 200, 200^A, 203, 203^A, 207

Zedlitz, Joseph Christian Freiherr v. (1790–1862), öst. Staatsmann u. Lyriker; Jugendfreund v. → J. v. Eichendorff; 1837–1848 als Mitarbeiter d. öst. Staatskanzlei im Umkreis v. → C. v. Metternich, ab 1851 Min.-Resident [Killy] 217

Zeidler, Jakob (1855–1911), öst. Germanist; Schüler v. → R. Heinzel u. → K. Tomaschek in Wien; 1881 Doz. an d. Handels-Akad. in Wien, 1885–1911 Gymn.-Lehrer in Oberhollabrunn u. Wien [IGL] 98^A, 154, 154^A, 156, 156^A, 165, 176^A, 197, 211

– An die Herren Mitarbeiter des Leitfadens und der Zeitschrift für die deutsche Literatur in Oesterreich-Ungarn (1896) (mit → W. Nagl) 154, 154^A

– Deutsch-österreichische Literaturgeschichte Bd. 1–2 (1898, 1914) (mit → W. Nagl) 165, 165^A, 176, 176^A, 177, 178, 179, 197

– (Hrsg.) Zeitschrift für die deutsche Literatur in Oesterreich-Ungarn (mit → W. Nagl) (Plan) 154, 154^A, 165

Zeitlin, Leon (1876–1967), dt. Nationalökonom u. Publizist; 1902 Prom. in Leipzig; bis 1907 freier Journalist u. US-amerik. Konsul, danach Leiter v. Wirtschaftsverbänden, 1920–1932 Mitgl. d. Vorläufigen Reichswirtschaftsrats, 1928–1932 Mitgl. d. preuß. Landtags (DDP), 1935 Emigration nach England, Tätigkeit als Publizist u. Wirtschaftsberater [DBE] 259^A

– (Hrsg.) Börnes Werke. Historisch-kritische Ausgabe in zwölf Bänden. Bd. 1–3, 6–7, 9 [mehr nicht erschienen] (1911–1913) (mit → L. Geiger, → J. Dresch, → R. Fürst, → E. Kalischer, → A. Klaar u. → A. Stern) 259, 259^A

Zellweger, Laurenz (1692–1764), schweiz. Mediziner u. Philosoph; Freund v. → J. J. Bodmer, → J. J. Breitinger u. → C. M. Wieland; Arzt in Trogen [DBE] 14, 16

Zeynek, Richard Ritter v. (1869–1945), öst. Mediziner u. Chemiker; Schüler v. Ernst Ludwig in

Wien; 1892–1900 Assistent am Institut f. med. Chemie in Wien, dort 1899 Pd., 1902 ao. Prof. f. med. Chemie, 1903–1939 o. Prof. an d. dt. Univ. in Prag [DBE] 274, 274[A], 275

Zimmermann, Robert (v.) (1824–1898), öst. Philosoph; 1849 Pd. in Wien, im selben Jahr ao. Prof. f. Philosophie in Olmütz, 1852 o. Prof. in Prag, 1861–1898 in Wien, 1890 1. Vors. d. Grillparzer-Gesellschaft [BJ 3; DBE] 147

Zingerle, Ignaz Vinzenz (v.) <Edler v. Summersberg> (1825–1892), öst. Germanist u. Dichter; 1848–1858 Gymn.-Lehrer in Innsbruck, 1856 Prom. in Tübingen, 1859–1890 o. Prof. f. dt. Spr. u. Lit. in Innsbruck [IGL] 54

Zingerle, Oswald (1855–1927), öst. Germanist; Sohn v. → I. V. v. Zingerle; Schüler v. → E. v. Steinmeyer in Erlangen u. → K. Müllenhoff u. → W. Scherer in Berlin; 1881 Pd., 1892 ao. Prof. in Graz, 1894–1918 o. Prof. f. dt. Spr. u. Lit. in Czernowitz [IGL (CD)] 40, 53, 169, 169[A], 171, 176, 194, 194[A], 227, 228, 285, 285[A]

– Uhlands ›Speerwurf‹ (1900) 194, 194[A]

– (Hrsg.) Sterzinger Spiele. Nach Aufzeichnungen des Vigil Raber (1886) 53[A]

Zipper, Albert (1855–1936), poln. Germanist, Lyriker u. Übersetzer; Schüler v. → F. T. Bratranek in Krakau; 1882–1924 Gymn.-Lehrer in Lemberg u. Jasło, 1885–1921 zugl. Doz. f. dt. Spr. u. Lit. am Polytechnicum in Lemberg [WI 1909; IGL] 137[A]

Zucker, Friedrich (1881–1973), dt. Altphilologe u. Papyrologe; 1904 Prom. in München, 1904 wiss. Hilfsarbeiter, 1907–1910 Leiter d. dt. Papyrusausgrabungen in Ägypten, 1911 Pd., 1917 ao. Prof. f. klass. Philologie u. Altertumskunde in München, 1918 ao. Prof. in Tübingen, 1918–1961 o. Prof. f. klass. Philologie in Jena, [DBE] 295[A]

– Ein Bündlein von Fündlein. I. Goethes Vierzeiler auf sein und Blüchers Denkmal (1926) 295, 295[A]

Zupitza, Julius (1844–1895), dt. Germanist u. Anglist; Schüler v. → K. Müllenhoff in Berlin; 1866–1868 Gymn.-Lehrer in Oppeln u. Breslau, 1871 Pd. f. dt. Philologie in Breslau, 1872 ao. Prof., 1875 o. Prof. f. german. Spr. in Wien, 1876–1895 o. Prof. f. engl. Spr. u. Lit. in Berlin [IGL] 42

Zwiedineck-Südenhorst, Anna Adele v., geb. Dettelbach (1847–1925), öst.; Ehefrau v. → H. v. Zwiedineck-Südenhorst [Zwiedineck, S. 9 f.] 69, 74, 77, 86, 207, 217, 217[A]

Zwiedineck-Südenhorst, Hans v. (1845–1906), dt. Historiker; 1867 Bibliothekar an d. Landes-Bibl. Graz, 1869–1890 Gymn.-Lehrer das., 1875 Pd., 1885 ao. Prof., 1890–1906 o. Prof. f. neuere u. neueste Gesch. in Graz [Weber] 69, 74, 77, 81, 96, 97, 207[A], 217, 217[A]

– Edwina, eine Bibliotheksgeschichte (1889) 97

Zwiedineck-Südenhorst, Otto v. (1871–1957), öst. Nationalökonom; 1895 Prom. (Dr. jur.) in Graz, 1898 Konzipist im öst. Innen-Min., 1901 Pd. in Wien, 1902 ao., 1903 o. Prof. f. Volkswirtschaftslehre an d. TH Karlsruhe, 1920 in Breslau, 1921–1938 o. Prof. f. Nationalökonomie in München; Sohn v. → A. u. H. v. Zwiedineck-Südenhorst [DBE; Bosl]

– (Hrsg.) Zeitschrift für allgemeine Geschichte, Kultur-, Litteratur- und Kunstgeschichte (1884–1887) 81[A]

Zwierzina, Konrad (1864–1941), öst. Germanist; Schüler v. → R. Heinzel in Wien; 1897 Pd. f. dt. Spr. u. Lit. in Graz, 1899 o. Prof. f. german. Philologie in Freiburg/Schweiz, 1906 in Innsbruck, 1912–1934 in Graz [IGL] 167, 167[A], 171, 173[A], 179, 179[A], 180, 181, 181[A], 182, 182[A], 183, 183[A], 186, 186[A], 190, 217, 237, 237[A], 252, 252[A], 264, 264[A], 271, 283[A], 284, 284[A], 290[A]

- Beobachtungen zum Reimgebrauch Hartmanns und Wolframs (1898) 179, 179^A, 181
- Die Legende der Heiligen Margaretha (1897) 179, 179^A, 180, 181, 182, 183
- Mittelhochdeutsche Studien 2 Tle. (1900/1901) 181, 181^A
- Überlieferung und Kritik von Hartmanns Gregorius (1893) 181, 181^A

Zwierzina, Minka, geb. Alaunek, öst.; seit 1898 Ehefrau v. → K. Zwierzina 181, 181^A

Zwierzina, Ladislaus, öst. Bergwerksbesitzer u. Gelegenheitsdichter; Besitzer d. Zwierzina'schen Kohlengruben in Mährisch-Ostrau; Vater v. → K. Zwierzina [IGL: Art. K. Zwierzina] 179

Zwierzina, N. N., öst.; Bruder v. → K. Zwierzina 179

EPISCHE KULTURREFLEXION PRÄGT DEN KLASSISCH MODERNEN ROMAN

Anja Gerigk
Kulturromane
Narrative Kulturologie von Goethe bis Musil

2019. 243 Seiten, gebunden
€ 35,00 D | € 36,00 A
ISBN 978-3-205-23259-9

eBook € 27,99 D | € 28,80 A
ISBN 978-3-205-23260-5

Der „Kulturroman" beruht auf einer Verbindung von Gattungstypologie und Wissensbildung; er gleicht weder dem Bildungsroman noch archivierenden Schreibweisen. Erzählte Kulturtechniken sowie das Bündnis aus Medien und Diskursen führen zur Kennzeichnung grundsätzlich verschiedener Signaturen. Dieser Zugang erwächst aus der Parallellektüre von Goethes „Wahlverwandtschaften" und Stifters „Nachsommer". Den tieferen Umbruch vom normativ-deskriptiven Einheitsbild nach Art des Rosenhauses hin zur querläufigen Funktionslogik im Stil der Wahlverwandtschaften offenbart der klassisch moderne Kanon: u.a. Elias Canettis „Die Blendung", Alfred Döblins „Wang-lun", Robert Müllers „Tropen", Thomas Manns „Zauberberg", Robert Musils „Mann ohne Eigenschaften"; Hermann Brochs „Tod des Vergil", Hanns Henny Jahnns „Perrudja". Anja Gerigk stellt in ihrer Studie erstmals heraus, was Ausnahmewerke der modernen Großepik für unser Verständnis des Kulturbegriffs geleistet haben.

Vandenhoeck & Ruprecht Verlage

www.vandenhoeck-ruprecht-verlage.com

Preisstand 1.10.2019

FRANZ KAFKA UND PRAG: EINE INTERKULTURELLE NEUBESTIMMUNG

Steffen Höhne |
Manfred Weinberg (Hg.)

Franz Kafka im interkulturellen Kontext

Intellektuelles Prag im 19. und 20. Jahrhundert, Band 13
2019. 388 Seiten, mit 9 s/w-Abb., gebunden
€ 60,00 D | € 62,00 A
ISBN 978-3-412-51551-5

eBook € 49,99 D | € 51,40 A
ISBN 978-3-412-51552-2

Das Buch widmet sich der Bedeutung des interkulturellen Umfelds für Kafkas Leben und Schreiben. Dabei geht es um die spezifischen kulturellen Einflüsse in Prag und den Böhmischen Ländern, die bisher – in essentialisierter Weise – auf die Formel eines Zusammenlebens von Tschechen, Deutschen und Juden gebracht wurde. Hier erscheint eine Neuperspektivierung im Licht der realen, so vielfältigen wie heterogenen Identitätsentwürfe bzw. -optionen im Prag Kafkas sinnvoll, um damit die Einflüsse dieser spezifischen Interkulturalität auf Kafkas Werk vertieft bestimmen zu können. Zugleich wird die wirkungsmächtige These eines »dreifachen Ghettos«, in dem die Autoren der Prager deutschen Literatur gelebt haben sollen (als Deutsche unter Tschechen, als Juden unter Christen sowie als sozial Höhergestellte unter sozial niedriger Gestellten), überprüft.

Vandenhoeck & Ruprecht Verlage

www.vandenhoeck-ruprecht-verlage.com

Preisstand 1.10.2019